I0084337

L'ATMOSPHÈRE

MÉTÉOROLOGIE POPULAIRE

OUVRAGES DU MÊME AUTEUR

1834. — BOURLOTON. — Imprimeries réunies, A, rue Mignon, 2, Paris.

Achard pinxt   Krakow. sc. ?ulp

LES PERSPECTIVES AÉRIENNES

Hachette et C^le.

CAMILLE FLAMMARION

L'ATMOSPHÈRE

MÉTÉOROLOGIE POPULAIRE

OUVRAGE CONTENANT

QUINZE PLANCHES TIRÉES EN CHROMOTYPOGRAPHIE

DEUX CARTES EN COULEUR

ET TROIS CENT SEPT FIGURES INSÉRÉES DANS LE TEXTE

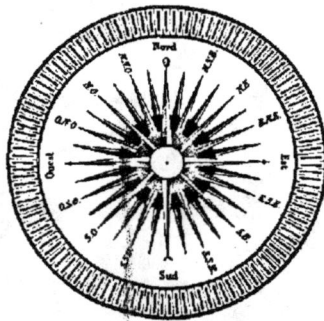

PARIS

LIBRAIRIE HACHETTE ET Cie

79, BOULEVARD SAINT-GERMAIN, 79

1888

Droits de traduction et de reproduction réservés.

L'ATMOSPHÈRE

MÉTÉOROLOGIE POPULAIRE

CHAPITRE PRÉLIMINAIRE

« In *eá* vivimus, movemur et sumus. »

De tous les sujets qui peuvent solliciter notre attention studieuse, serait-il possible d'en trouver un qui fût d'un intérêt plus direct, plus perpétuel, plus important, que celui dont nous allons nous occuper? L'Atmosphère fait vivre la Terre. Océans, mers, fleuves, ruisseaux, paysages, forêts, plantes, animaux, hommes, tout vit dans l'atmosphère et par elle. Mer aérienne répandue sur le monde, ses vagues baignent les montagnes et les vallées, et nous vivons au fond de cette mer, pénétrés par elle. C'est elle qui glisse en vivifiant fluide à travers nos poumons qui respirent, ouvre la frêle existence de l'enfant qui vient de naître, et reçoit le dernier soupir du moribond étendu sur son lit de douleur. C'est elle qui répand la verdure sur les riantes prairies, nourrissant les petites fleurs endormies comme les grands arbres qui travaillent à emmagasiner les rayons solaires pour nous les livrer plus tard. C'est elle qui décore d'une voûte d'azur la planète où nous vivons, et nous fait une demeure au milieu de laquelle nous agissons comme si nous étions les seuls locataires de l'infini, les maîtres de l'univers. C'est elle qui illumine la nue des doux flamboiements du crépuscule, des splendeurs ondoyantes de l'aurore boréale, des palpitations de l'éclair, des multiples phénomènes aériens. Tantôt elle nous inonde de lumière et de chaleur; tantôt elle nous couvre d'un ciel sombre. Tantôt elle dessine des nuages de toute forme et de toute couleur; tantôt elle verse la pluie à torrents sur les campagnes altérées. Elle est le véhicule des suaves parfums qui descendent des collines, du son qui permet aux êtres vivants de communiquer entre eux, du chant des oiseaux, des soupirs de la forêt, des plaintes de la vague écumante. Sans elle, la planète serait inerte et aride, silencieuse et sans vie. Par elle, le globe est peuplé d'habitants de toutes formes.

Elle enveloppe la Terre d'un fluide transparent, à travers lequel passent les doux rayons de la lumière, à travers lequel notre vue plonge jusqu'aux astres de l'infini, heureuse transparence, qu'un rien eût pu troubler pour toujours, et sans laquelle, l'Astronomie n'ayant pu naître, nous serions restés à jamais ignorants de notre situation dans l'immense univers. Nous aurions vécu au milieu d'un perpétuel brouillard, comme des aveugles-nés, comme des plantes. Puissante et bienfaisante atmosphère, elle fait vivre la pensée, et elle fait vivre les corps. Ses atomes indestructibles composent tour à tour les organismes vivants ; nos corps, ceux des animaux, ceux des plantes, ne sont pour ainsi dire que de l'air solidifié ; la molécule qui s'échappe de notre respiration va se fixer dans une cellule végétale, et, par un long voyage, revenir à d'autres corps humains ; les mêmes éléments forment successivement les êtres divers ; ce que nous respirons, buvons et mangeons, a déjà été respiré, bu, mangé, des millions de fois : morts et vivants, c'est la même substance qui nous constitue, à travers l'éternelle métamorphose des êtres et des choses... L'Atmosphère, c'est la Vie ! Plantes, fleurs, animaux, hommes, tout respire. Mais si elle entretient la flamme sans cesse renaissante de la vie universelle, elle transporte aussi dans ses vagues invisibles les germes de la mort, les infiniment petits qui se jouent des grandeurs, les microbes microscopiques dont la science étudie actuellement avec un soin si scrupuleux l'action sur la santé et la maladie... Quel sujet d'étude d'un intérêt plus vaste et plus direct que celui du fluide vital auquel nous devons la manière d'être et l'entretien de notre vie !

Oui, nous ne sommes nous-mêmes que de l'air solidifié, nous, ainsi que tous les êtres vivants, animaux et végétaux. Notre sang, notre chair, viennent de l'Atmosphère et y retournent. Par la respiration, par l'alimentation, nous transformons incessamment la constitution physique de notre corps, composé de molécules qui se renouvellent sans cesse, molécules qui sont en elles-mêmes invisibles à l'œil nu, comme celles du gaz, et qui ne se touchent pas. De même que l'eau liquide a d'abord été gazeuse, quand le Soleil l'éleva dans les hauteurs de l'Atmosphère d'où elle est redescendue à l'état de gouttes de pluie, ainsi tous les atomes qui nous constituent, oxygène, hydrogène, azote, carbone, etc., passent par l'état aérien pour former les plantes, les animaux et les hommes. Au surplus il n'y a rien de solide : la chair, le bois, le plomb, le fer, l'acier, le platine, sont composés de molécules qui ne se touchent pas et circulent les unes autour des autres.

La connaissance de l'Atmosphère, de son état physique, de ses mouvements, de son œuvre dans la vie, des forces déployées dans son sein, des lois qui régissent ses phénomènes, forme une branche spéciale des connaissances humaines. Cette science, que l'on désigne depuis Aristote sous le nom de *Météorologie*, touche d'une part à l'Astronomie, qui fait connaître les mouvements de la planète autour du Soleil, mouvements auxquels nous devons le jour et la nuit, les saisons, les climats, l'action solaire, en un mot la base de la météorologie. Elle touche d'autre part à la Physique et à la Mécanique, qui expliquent et mesurent les forces déployées, et à la Physiologie, qui expose son action dans la vie de tous les êtres. Estimée en elle-même et dans son ensemble, la *Météorologie* constitue une science nouvelle, déjà considérable et très importante, à laquelle les gouvernements de tous les pays consacrent désormais chaque année des budgets dont l'ensemble s'élève à plusieurs millions.

Nous assistons à son élaboration, à son grand travail d'enfantement. C'est pendant la génération actuelle que se sont fondées les Sociétés météorologiques des diverses nations de l'Europe, et que des Observatoires spéciaux se sont établis pour l'étude exclusive des problèmes de l'Atmosphère. C'est également en notre ère d'investigations et de conquêtes scientifiques que l'exploration de l'océan aérien a été faite par des aéronautes qui l'ont parcouru dans tous les sens et jusqu'aux plus grandes hauteurs qu'il soit possible d'atteindre. L'analyse des climats, des saisons, des courants, des périodicités, est à peine terminée. L'examen des perturbations atmosphériques, des mouvements tempêtueux, des orages, vient d'être fait sous nos yeux pour ainsi dire. La science de l'Atmosphère est la science à l'ordre du jour. Nous sommes aujourd'hui sur ce point dans une situation analogue à celle où se trouvait l'Astronomie moderne du temps de Képler. L'Astronomie a été fondée au dix-septième siècle, sur les bases inébranlables de l'observation directe. Nous pouvons espérer que la Météorologie sera l'œuvre du dix-neuvième.

L'ATMOSPHÈRE OUVRE LA FRÊLE EXISTENCE DE L'ENFANT ET REÇOIT LE DERNIER SOUPIR DU MORIBOND.

J'ai voulu réunir dans cet ouvrage tout ce que l'on sait actuellement de positif sur ce grand sujet; j'ai voulu représenter aussi complètement que possible l'état actuel de nos connaissances sur l'Atmosphère et son œuvre, c'est-à-dire sur l'air, la température, les saisons, les climats, les vents, les nuages, les phénomènes aériens souvent si merveilleux, le ciel atmosphérique, les pluies, les ouragans, les orages, la foudre, les météores, en un mot la marche du temps, et, par-dessus tout, sur l'entretien général de la vie terrestre. C'est ici une synthèse des travaux accomplis depuis un demi-siècle, et un quart de siècle surtout, sur les grands phénomènes de la nature et les forces qui les produisent. La plupart d'entre nous, hommes de la Terre, à quelque nation que nous appartenions, vivons ici-bas sans nous rendre compte de notre situation, sans nous demander quelle est la force qui prépare notre pain de chaque jour, qui mûrit notre vin, qui préside à la métamorphose des saisons, qui déploie sur nos têtes la gaieté d'un ciel pur ou la tristesse des longues pluies et des froids sombres d'hiver. Cependant, qu'est-ce que vivre pour rester dans une telle ignorance? — J'ose espérer qu'après la lecture de ce livre on se rendra facilement compte de l'état de la vie du globe : tout ce qui se passe autour de nous est intéressant, lorsque, au lieu de rester comme des aveugles-nés, on a appris à apprécier les choses, à se tenir en communication intelligente avec la Nature.

Le Soleil est la cause première de tous les phénomènes météorologiques, température, chaleur, froid, beau ou mauvais temps, air pur, brumes, pluies, neiges, vents, ouragans, tempêtes, orages, etc., etc. La Météorologie se rattache ainsi à l'Astronomie, dont elle est pour ainsi dire la conséquence. Pourrons-nous un jour prédire longtemps à l'avance les événements de la Météorologie comme nous prédisons ceux de l'Astronomie, connaître la marche complexe des jeux atmosphériques comme nous connaissons le mécanisme grandiose des mouvements célestes? Les pages qui vont suivre feront apprécier exactement l'état actuel de la science dans cet ordre d'études si éminemment intéressant. et si essentiellement pratique pour la vie quotidienne.

Il m'eût été agréable d'éloigner de cet ouvrage, écrit pour tout le monde, les chiffres et les procédés scientifiques qui en constituent la base. Je l'ai fait autant que je l'ai pu ; mais je n'ai rien voulu sacrifier à l'exactitude et à la précision des faits observés. Il m'a semblé d'ailleurs que ce qu'on appelle le public, c'est-à-dire tout le monde, est devenu quelque peu scientifique lui-même, depuis que tant de belles publications ont répandu dans ses rangs des notions jusqu'alors réservées à un petit nombre d'élus. Les agitations politiques, les souvenirs encore douloureux de la guerre, l'instabilité des assises sociales, l'incapacité du suffrage universel, sont des causes permanentes d'inquiétude pour un grand nombre d'esprits sincères et de cœurs généreux ; mais ces agitations ne satisfont pas la pensée, et peut-être leur résultat le plus sûr a-t-il été de nous rendre plus sérieux et de nous inviter à nous instruire. Nous ne sommes plus aussi frivoles qu'au temps où nous nous passionnions pour des romans, des comédies ou des contes de fées, et nous paraissons mieux disposés que jamais à employer utilement le temps que nous pouvons consacrer à la lecture, à meubler notre esprit de notions exactes et fécondes. D'ailleurs, nul poème, nulle scène, nul roman n'est aussi poétique à entendre, aussi admirable à voir, aussi agréable à lire, que le livre de la Nature.

Tout marche, tout agit, tout vit, tout se transforme, par l'air, l'eau, la chaleur, l'humidité, la respiration, la nutrition, l'échange d'éléments inorganiques ou organiques, végétaux ou animaux. Ici le Soleil verse ses rayons sur les moissons dorées, là-bas la pluie féconde les vertes prairies, ailleurs le clair de lune déploie les ombres spectrales de la nuit silencieuse, ou les étoiles scintillent et planent au-dessus de

la terre endormie. Heures, jours, saisons, années se succèdent avec
leurs aspects divers. Le soleil brille, le vent souffle, le ruisseau murmure, les prés, les champs et les bois se succèdent à travers vallées et
collines, l'oiseau chante, charmant la couveuse, la pluie sillonne
l'atmosphère, la foudre éclate et se précipite, l'aurore boréale s'allume
dans les cieux, et par la transition perpétuelle des choses et des êtres,

La foudre éclate et se précipite.... (Éclair en chapelet observé sur Paris).

dans l'agitation comme dans le calme, par le plaisir ou par les peines,
la nature mystérieuse et énigmatique poursuit son cours vers la
destinée inconnue qui nous emporte tous.

Et maintenant, mon cher lecteur, sans nous attarder davantage au
vestibule du sanctuaire, pénétrons dans ce monde mystérieux des météores. Voici l'*Atmosphère*, l'air lumineux, la première divinité aimée
et redoutée sur la Terre, le DYAUS du Sanscrit, le *Zeus* des Grecs, le
Θεός d'Athènes, le *Dies* et le *Deus* des Latins. C'est le père des dieux

L'ATMOSPHÈRE, C'EST LA VIE! PLANTES, FLEURS, ANIMAUX, HOMMES, TOUT RESPIRE.

eux-mêmes, le *Zeus-pater*, ou Jupiter! C'est l'AIR, en qui tout vit e
tout respire, et dans lequel les mythologies saluaient l'Esprit créateu
invisible qui régit l'univers. Il est en effet la manifestation la plu
voisine de nous, et la plus sensible, des lois éternelles qui organisen
le Cosmos. Il enveloppe le monde d'un vivifiant fluide; il annonce l
jour et reconduit le soir ; il porte les nuages et distribue les pluies
il caresse la violette et déracine le chêne ; il féconde ou stérilise ; i
brûle ou gèle ; il mêle le feu du tonnerre avec la grêle glacée ; il fix
l'eau aux sommets des montagnes ; il couvre d'un manteau de neig
les plaines dépouillées des paysages d'hiver ; il fond la glace, ressuscit
les sources gazouillantes et ramène le printemps ; il règne enfin su
nous, avec son caractère changeant et variable, tantôt gai, tantô
triste, calme ici, furieux là, agissant partout de mille manières
et finalement entretenant, depuis le commencement des temps, la
vie brillante et multipliée qui rayonne à la surface de la Terre.

LIVRE PREMIER

NOTRE PLANÈTE ET SON FLUIDE VITAL

CHAPITRE PREMIER

Porté dans l'étendue par les lois mystérieuses de la gravitation universelle, notre globe vogue dans l'espace avec une rapidité que notre pensée la plus attentive peut difficilement saisir. Imaginons-nous une sphère absolument libre, isolée de toutes parts, sans point d'appui comme soutien, placée au sein du vide éternel. Si cette sphère était unique dans l'immensité, elle resterait ainsi suspendue, immobile, sans pouvoir tomber d'un côté plutôt que de l'autre. Éternellement fixe dans l'infini, elle serait à la fois le centre et la totalité de l'univers, elle serait le haut et le bas, la gauche et la droite du monde, et constituerait à elle seule la création entière ; l'astronomie comme la physique, la mécanique comme la biologie, seraient renfermées dans sa notion. Mais la Terre n'est pas le seul monde existant dans l'espace. Des millions de corps célestes ont été formés comme elle dans l'infini des cieux, et leur coexistence établit entre eux des rapports inhérents à la constitution même de la matière. La Terre en particulier appartient à un système de planètes analogues à elle, ayant la même origine et la même destinée, situées à diverses distances autour d'un même centre, et régies par le même moteur. C'est le système planétaire, composé essentiellement de huit mondes, emportés respectivement sur des orbites successives, dont la plus extérieure mesure sept milliards de lieues d'étendue. Le Soleil, astre colossal, 1 283 000 fois plus gros que la Terre et 324 000 fois plus lourd, occupe le centre de ces orbites, ou, pour parler plus exactement, l'un des foyers des ellipses presque circulaires qu'elles décrivent. C'est autour de cet astre gigantesque que s'accomplissent les révolutions des planètes, lesquelles s'effectuent avec une vitesse indescriptible, en raison de la longueur des circonférences à parcourir. Loin d'être immobile comme il nous le semble, le globe que nous habitons voyage, à la distance moyenne de 148 millions de kilomètres du Soleil, au sein de l'immensité éthérée, et sur une orbite qui ne mesure pas moins de 235 millions de lieues à parcourir en 365 jours 6 heures! C'est-à-dire qu'il court, en tourbillonnant dans l'espace, avec une vitesse de 2 572 000 kilomètres par jour, de 107 000 kilomètres à l'heure.

Le train express le plus rapide, emporté par l'ardeur dévorante de la vapeur aux ailes de feu, ne peut parcourir, au maximum, plus de 120 kilomètres à l'heure. Sur les routes invisibles du ciel, la Terre vogue avec une vitesse huit cent quatre-vingt-onze fois plus rapide. La différence est telle, qu'on ne saurait l'exprimer géométriquement ici par une figure. Si l'on représentait par 1 millimètre seulement la longueur parcourue en une heure par la locomotive, il faudrait tracer à côté une ligne de 891 millimètres pour représenter le chemin comparatif parcouru par notre planète pendant le même temps. Nulle machine en mouvement ne saurait donc, même dans notre pensée, suivre ce globe dans son cours. J'ajouterai, comme point de comparaison, que la marche d'une tortue est environ mille fois moins rapide que celle d'un train express. Si donc l'on pouvait envoyer un train express courir après la Terre, c'est exactement comme si l'on envoyait une tortue courir après un train express.

Situés comme nous le sommes autour du globe, mollusques infiniment petits, collés à sa surface par son attraction centrale, et emportés par son mouvement, nous ne pouvons apprécier ce mouvement ni nous en rendre compte directement. Ce n'est que par l'observation du déplacement correspondant des perspectives célestes, et par le calcul, que nous avons pu, depuis quelques siècles à peine du reste, en connaître la nature, la forme et la valeur. Sous le pont d'un navire, dans un compartiment de wagon, ou dans la nacelle d'un aérostat, nous ne pouvons pas davantage nous rendre compte du mouvement qui nous emporte, parce que nous participons à ce mouvement, et qu'en fait nous sommes immobiles dans le salon du navire en marche ou du convoi rapide, aussi bien que sous l'aérostat, immobile lui-même relativement aux molécules d'air environnantes. Sans objets de comparaison étrangers au mouvement, il nous est impossible de l'apprécier. Pour nous former une idée de la puissance prodigieuse qui emporte incessamment dans l'infini la Terre que nous habitons, il faudrait nous supposer placés non plus à la surface de cette Terre, mais en dehors, dans l'espace même, non loin de la ligne éthérée le long de laquelle elle roule impétueuse.

Alors nous verrions au loin, à notre gauche, je suppose, une petite étoile brillant au milieu des autres dans la nuit de l'espace. Puis

Fig. 4. — La Terre est régie par le Soleil.

cette étoile paraîtrait grossir et s'approcher. Bientôt elle offrirait un disque sensible, semblable à celui de la lune, sur lequel nous remarquerions aussi des taches formées par la différence optique des continents et des mers, par les neiges des pôles, par les bandes nuageuses des tropiques. Nous chercherions à reconnaître sur ce globe grossissant les principaux contours géographiques visibles à travers les vapeurs et les nuées de l'atmosphère, et vers le milieu de la masse

des continents nous finirions peut-être par deviner notre petite France
— qui occupe à peu près la millième partie du globe, — quand soudain, se dressant dans le ciel et couvrant l'immensité de son dôme,
le globe arriverait devant notre vue terrifiée, comme un géant sorti des
abimes de l'espace! Puis, rapidement, sans que le temps nous soit
donné même de le reconnaître, le colosse passerait devant nous,
énorme boulet lancé dans l'immensité, et s'enfuirait à notre droite, en
diminuant rapidement de grandeur, et en s'enfonçant silencieux dans
les noires profondeurs du vide éternel!...

C'est sur ce globe que nous habitons, emportés par lui, dans une
situation semblable à celle des grains de poussière qui se trouvent
adhérents à la surface tourbillonnante d'un boulet de canon lancé dans
l'espace.

Qu'il y a loin de cette vérité à l'antique erreur qui représentait la
Terre comme le soutien du firmament! Pendant le règne de cette illusion, si ancienne, — et si difficile à déraciner encore, à notre époque
même, parmi certains esprits, — la Terre était considérée comme
formant à elle seule l'univers vivant, la nature tout entière. Elle était
le centre et le but de la création, et l'immensité infinie n'était qu'une
vaste et silencieuse solitude. Il y avait dans l'univers une région supérieure : le Ciel, l'empyrée... et une région inférieure : la Terre, les
limbes, les enfers ; le mysticisme avait créé le monde pour la seule
humanité terrestre, centre des volontés divines. Aujourd'hui, nous
savons que le ciel n'est autre chose que l'espace sans bornes, et que
la Terre est dans le ciel, aussi bien que tout autre astre ; nous contemplons dans l'étendue des mondes semblables au nôtre ; la nuit
étoilée parle à nos âmes avec une éloquence nouvelle ; et à travers les
espaces insondables ouverts par le télescope à notre curiosité studieuse, nous saluons les humanités nos sœurs, vivant comme nous à la
surface des mondes.

Sublime couronnement de l'astronomie mathématique et physique,
le nouvel aspect philosophique de la création développe devant nos
esprits le règne universel de la vie et de la pensée ; le globe terrestre
avec son humanité n'est plus qu'un atome jeté au sein de l'infini, un
des rouages innombrables qui par myriades constituent le mystérieux
mécanisme du monde physique et moral. Notre système planétaire,
malgré son immensité comparative auprès du microscopique volume
de cette terre, s'évanouit lui-même avec son radieux soleil devant
l'étendue et le nombre des étoiles, — centres solaires de systèmes

ICI LE SOLEIL VERSE SES RAYONS SUR LES MOISSONS DORÉES ;
LA-BAS LA PLUIE FÉCONDE LES VERTES PRAIRIES.

différents du nôtre. L'œil étonné rencontre, dans l'infini, des soleils
lointains dont la lumière emploie des centaines et des milliers
d'années à venir jusqu'à nous, malgré sa vitesse inouïe de 300 000
.kilomètres par seconde; plus loin, l'œil contemple de pâles amas
d'étoiles qui, vus de près, seraient semblables à notre Voie lactée et se
montreraient composés de plusieurs millions de soleils et de systèmes;
au delà, l'œil et la pensée cherchent encore à découvrir ces créations
lointaines, où résident des existences inconnues, où s'accomplissent
au même titre qu'ici les mystérieuses destinées des êtres;... mais
l'essor de nos conceptions fatiguées ne tarde pas à s'abattre, exténué,
perdu par ce vol interminable dans les régions de l'infini, et, comme
l'aigle posé sur une île lointaine, notre âme éblouie s'étonne de
n'avoir jamais devant elle que le vestibule d'une immensité sans cesse
renaissante.

Astre invisible, perdu dans les myriades d'astres qui gravitent à
toutes les distances imaginables dans l'étendue profonde, la Terre
est emportée dans le ciel par divers mouvements, beaucoup plus nombreux et plus singuliers que nous ne sommes généralement portés à le
croire. Le plus important est celui de *translation*, qui vient de s'offrir
à nos regards, mouvement en vertu duquel elle vogue autour du Soleil
en raison de 2 572 000 kilomètres par jour, 107 000 kilomètres à
l'heure ou 29 000 mètres par seconde.— Un second mouvement, celui
de la *rotation*, la fait tourner sur elle-même, pirouetter en quelque
sorte, en 24 heures : on voit immédiatement, en examinant ce mouvement du globe sur lui-même, que les différents points de la surface
terrestre ont une vitesse différente suivant leur distance à l'axe de
rotation ; notre globe mesurant 12 742 kilomètres de diamètre, à
l'équateur, où la vitesse est maximum, la surface terrestre est forcée
de parcourir quarante mille kilomètres en 24 heures (le mètre est la
dix-millionième partie du quart du grand cercle, égal par conséquent à quarante mille kilomètres) : c'est donc 465 mètres à parcourir
par seconde ; à la latitude de Paris, où le cercle est sensiblement
moins grand, la vitesse est de 305 mètres par seconde ; au Groenland,
sur le 70° degré de latitude, cette même vitesse n'est plus que de
160 mètres; aux pôles mêmes elle est nulle. — Un troisième mouvement, celui qui constitue la *précession des équinoxes*, fait accomplir à l'axe terrestre une rotation lente qui ne dure pas moins de
25 765 ans, et en vertu de laquelle toutes les étoiles du ciel changent

chaque année de position apparente, pour ne revenir au même point qu'après ce grand cycle séculaire. — Un quatrième mouvement déplace lentement le *grand axe* de l'orbite qui fait le tour de son plan en 21 000 ans, si bien que dans cet autre cycle les saisons prennent successivement la place l'une de l'autre. — Un cinquième mouvement fait osciller la Terre sur le plan de l'orbite qu'elle décrit autour du Soleil et diminue actuellement *l'obliquité de l'écliptique* pour la relever dans l'avenir. — Un sixième mouvement fait varier la courbe que notre planète décrit autour du Soleil, allongeant ou raccourcissant *l'excentricité* de cette ellipse. — Un septième mouvement, dû à l'action de la Lune, et nommé *nutation*, fait décrire au pôle de l'équateur sur la sphère céleste une petite ellipse en 18 ans 2/3. — Un huitième mouvement, dû également à l'attraction de notre satellite, accélère ou ralentit la marche de notre globe, selon que la Lune est devant ou derrière nous dans cette marche. — Un neuvième ordre de mouvements, causé par l'attraction des planètes, et principalement par le monde gigantesque de Jupiter et par notre voisine Vénus, occasionne des *perturbations*, calculées d'avance, dans la ligne décrite par notre planète autour du Soleil, accélérant ou ralentissant son cours, selon les variations de la distance. — Un dixième mouvement fait tourner le Soleil le long d'une petite ellipse dont le foyer est dans l'intérieur de la masse solaire, et fait tourner le système planétaire tout entier autour de ce *centre* commun *de gravité*.— Enfin, un onzième mouvement, plus considérable et moins exactement mesuré que les précédents, quoique son existence soit incontestable, c'est le *transport* du système planétaire entier à la remorque du Soleil, à travers les cieux incommensurables. Le Soleil n'est pas immobile dans l'espace, mais se meut le long d'une ligne orbitale gigantesque, dont la direction est actuellement portée vers la constellation d'Hercule. La vitesse de ce mouvement général est évaluée à sept cent mille kilomètres par jour. Les lois du mouvement invitent à croire que le Soleil gravite autour d'un centre encore inconnu pour nous : quelle doit être l'étendue de la circonférence ou de l'ellipse décrite par lui, puisque la ligne suivie depuis un siècle ne se présente encore que sous forme de ligne droite ! Peut-être le Soleil tombe-t-il en ligne droite dans l'infini, entraînant avec lui tout son système de planètes et de comètes... Il pourrait tomber *éternellement*, sans jamais atteindre le fond de l'espace, et sans que nous puissions même nous apercevoir de cette chute immense, autrement que par l'examen minutieux des perspectives changeantes de la position des étoiles. Mais, assurément, cette translation n'est pas rectiligne : sollicité par les attractions des étoiles voisines, il gravite, lui aussi, dans l'espace, suivant une ligne sinueuse, tournant peut-être lui-même autour d'un centre de gravité prépondérant

Ces mouvements différents qui emportent l'astre-Terre dans l'espace sont connus, grâce au nombre colossal d'observations faites sur les étoiles depuis plus de quatre mille ans, et grâce à la rigueur des principes modernes de la mécanique céleste. Leur connaissance constitue la base essentielle de la plus haute et de la plus solide des sciences. La Terre est désormais inscrite au rang des astres, malgré le témoignage des sens, malgré des illusions et des erreurs séculaires, et surtout malgré la vanité humaine qui longtemps s'était formé avec complaisance une création à son image. Sollicitée par tous ces mouvements divers, dont quelques-uns, comme celui des perturbations, sont d'une complication extrème, le globe terrestre vogue dans le vide, tourbillonnant, se balançant sous des inflexions variées, saluant les planètes ses sœurs, courant avec une vitesse insaisissable vers un but qu'il ignore. Depuis le commencement du monde, la Terre n'est pas passée deux fois au même endroit, et le lieu que nous occupons à cette heure même s'enfonce avec rapidité derrière notre sillage pour ne plus jamais revenir. La surface terrestre elle-même se modifie du reste chaque siècle, chaque année, chaque jour, et les conditions de la vie changent à travers l'éternité comme à travers l'espace. C'est ainsi que la marche du monde effectue son cours mystérieux, et que les êtres comme les choses ne continuent d'exister qu'en subissant de perpétuelles métamorphoses.

Après avoir apprécié de la sorte le mouvement de l'astre-Terre dans l'espace, nous devons lui adjoindre, pour compléter sa physionomie astronomique, le mouvement que la Lune décrit en 29 jours et demi autour du centre terrestre. La Lune est 49 fois plus petite que la Terre et 81 fois moins lourde. Son action sur l'Océan et sur l'Atmosphère est cependant comparable à celle du Soleil, et même plus importante dans la production des marées; il n'est pas moins utile de connaître son mouvement que celui de la planète terrestre autour du foyer radieux. C'est en 27 jours 7 heures que s'effectue sa translation circulaire autour de la Terre; mais pendant ces 27 jours la Terre n'est pas restée immobile, et s'est au contraire avancée d'une certaine quantité dans son mouvement autour du Soleil; la Lune emploie

Krakow. sc. imp.

LA TERRE DANS L'ESPACE

Hachette et Cie.

environ deux jours de plus pour achever sa révolution et revenir au
même point relativement au Soleil : ce qui donne 29 jours 12 heures
pour la lunaison ou le cycle des phases. La révolution en 27 jours est
nommée révolution *sidérale*, parce que l'astre revient sur la sphère
céleste à une même position par rapport aux étoiles ; on voit que, pour
revenir à la même position relativement au Soleil et accomplir sa
révolution *synodique*, notre satellite doit faire plus d'un tour sur la

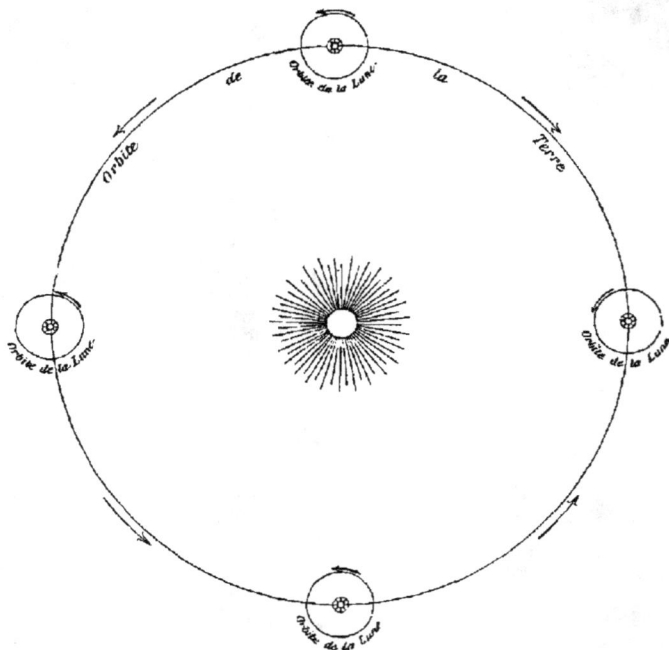

F IG. 6. — Orbites de la Terre et de la Lune.

sphère céleste et lui ajouter le chemin que la planète a décrit pendant
le temps dont il s'agit. En supposant la Terre immobile, le mouvement
de la Lune autour d'elle peut être représenté par une circonférence.
En réalité, c'est une courbe toujours concave vers le Soleil, résultant
de la combinaison des deux mouvements [1].

Trois astres commandent ainsi notre attention dans l'histoire
générale de la nature : le Soleil, la Terre et la Lune. Ils sont soutenus, isolés, dans l'espace, selon leurs poids respectifs. Le Soleil pèse

1. Nous n'avons pu que résumer brièvement ici la partie astronomique de notre grand sujet.
Pour les détails, les explications et les figures, voyez notre *Astronomie populaire* et surtout *les
Terres du Ciel* au livre de *la Terre*.

deux nonillions de kilogrammes (2 suivi de 30 zéros), la Terre 6000 sextillions de kilogrammes, et la Lune 75 sextillions. Le Soleil est 324000
fois plus lourd que la Terre, et la Terre 80 fois plus lourde que la
Lune. Le Soleil tient la Terre, à bras tendu, pour ainsi dire, à 37 millions de lieues de distance ; la Terre tient la Lune, également sous
l'influence de sa masse, à 96000 lieues de distance. La Terre tourne
autour du Soleil, et la Lune autour de la Terre, avec des vitesses telles,
qu'elles créent la force centrifuge nécessaire et suffisante pour contre-
balancer exactement l'attraction et maintenir un état d'équilibre perpétuel.

En gravitant autour de l'astre lumineux, la planète terrestre, baignée constamment dans ses rayons, amène successivement ses méridiens dans la féconde effluve lumineuse[1]. Le matin succède au soir et
le printemps à l'automne ; la nuit comme l'hiver ne sont que transition
d'une lumière à l'autre. La chaleur solaire meut sans cesse l'usine
colossale de l'Atmosphère terrestre, formant les courants, les vents,
les tempêtes comme les brises ; gardant l'eau liquide et l'air gazeux ;
pompant les puits intarissables de l'Océan ; développant les brouillards,
les nuées, les pluies, les orages ; organisant, en un mot, le système
permanent de la circulation vitale du globe.

C'est ce système de circulation que nous allons étudier dans cet
ouvrage, avec les phénomènes variés qui constituent ce monde à la fois
puissant et fantastique de l'Atmosphère. Il est vaste et grandiose, ce
système, car c'est la vie elle-même, la vie terrestre tout entière, qui en
dépend. En l'étudiant, nous apprenons donc à connaître l'organisation
de LA VIE, sur cette intéressante planète dont nous sommes les citoyens
temporaires.

1. Nous écrivons *effluve* au féminin, malgré les Dictionnaires.

CHAPITRE II

L'AIR ET LES MÉTAMORPHOSES

Le globe que nous venons de contempler circulant dans l'espace sur l'aile de la gravitation universelle, est enveloppé d'un duvet gazeux adhérent à sa surface sphérique tout entière. Cette couche aérienne est uniformément répandue autour du globe, et l'environne de toutes parts. Nous avons comparé la Terre dans l'espace à un boulet de canon lancé dans le vide ; en supposant ce boulet enveloppé d'une mince couche de vapeur, qui ne mesurerait même pas 1 millimètre d'épaisseur, et serait adhérente à sa surface, nous nous formerons une image de la situation de l'Atmosphère tout autour du globe. C'est précisément de cette situation que dérive le nom même de l'Atmosphère (ἀτμός, vapeur, σφαῖρα, sphère) ; c'est en effet comme une seconde sphère, de vapeur, concentrique à la sphère solide du globe terrestre.

On ne songe pas assez, en général, à la valeur, à l'importance de cette enveloppe atmosphérique. C'est elle qui nous fait vivre. C'est par elle que la Terre entière respire. Plantes, animaux, hommes, puisent en elle leur première condition d'existence. L'organisation terrestre est ainsi construite, que l'Atmosphère est la souveraine de toutes choses, et que le savant peut dire d'elle ce que le théologien disait de Dieu lui-même : En elle nous vivons, nous nous mouvons et nous sommes. Condition suprême des existences terrestres, elle ne constitue pas seulement la force virtuelle de la Terre, mais elle en est encore la parure et le parfum. Comme une caresse éternelle enveloppant notre planète voyageuse dans une affection inaltérable, elle porte doucement la Terre dans les champs glacés du ciel, la réchauffant avec une sollicitude incessante, charmant son voyage solitaire par les doux sourires de la lumière et par les fantaisies des météores. Elle n'a pas seulement pour objet, comme nous le verrons bientôt, de nourrir toutes les poitrines et de vivifier tous les cœurs, mais son action la plus générale est encore de garder précieusement à la surface terrestre la tiède chaleur venue du lointain Soleil, de veiller à ce qu'elle ne s'éteigne jamais, et de conserver à notre planète le degré normal de la vie qui lui est attribuée : fonction qui se manifeste dans les courants réguliers, dans les vents, les pluies, les orages et les tempêtes. Ce travail infatigable, elle le voile ordinairement sous un air de fête, sous une coquetterie, qui ne

Les plus singuliers effets de lumière..... (D'après un croquis de M. Schweinfurth.)

laissent point deviner sa puissance. Ici, les merveilles optiques de l'air décèlent les préparatifs de la vapeur d'eau et produisent les plus singuliers effets de lumière ; là, les magnificences d'un coucher de soleil captivent le regard étonné ; plus loin, les palpitations électriques de l'aurore boréale animent les nuits polaires, où les étoiles filantes glissent à travers l'espace silencieux ; et au-dessus de toutes ces broderies domine la mystérieuse et indescriptible transparence d'une belle nuit étoilée. Si quelque loi suprême nous privait un jour de cette douce atmosphère, la Terre roulerait bientôt glacée dans les déserts de l'immensité, n'emportant désormais avec elle que des cadavres

LES PALPITATIONS ÉLECTRIQUES DE L'AURORE BORÉALE ANIMENT LES NUITS POLAIRES.

immobiles et des paysages muets, un sépulcre immense tombant silencieusement dans le lugubre espace.

L'air est le premier lien des sociétés. Si l'Atmosphère s'évanouissait
dans l'espace, un silence éternel planant sur un sinistre séjour d'inaltérable immobilité, tel serait le sort de la surface terrestre décorée
aujourd'hui de l'activité luxuriante de la vie. Nous n'y songeons pas,
dans notre oubli de la nature, mais l'air est le grand médium du son,
le milieu fluide où voyagent nos paroles, le véhicule du langage, des
idées, des relations sociales. Que serait le monde s'il demeurait éternellement sans bruits, sans voix, sans paroles? N'eût-elle que le chant
de l'oiseau, le cri du grillon caché dans l'herbe, ou même seulement
le bruit du vent dans le feuillage, la Terre ne serait déjà plus sans vie
et semblerait préparée pour l'intelligence contemplative.

L'air est aussi le premier élément du tissu de nos corps. Nous sommes de l'air organisé. La respiration nous nourrit aux trois quarts; le
dernier quart, nous le puisons dans les aliments, solides ou liquides,
dans lesquels dominent encore l'oxygène, la vapeur d'eau, l'azote,
l'acide carbonique. De plus, telle molécule qui est maintenant incorporée dans notre organisme, va s'en échapper par l'expiration, la
transpiration, etc., appartenir à l'Atmosphère pendant un temps plus
ou moins long, puis être incorporée dans un autre organisme, plante,
animal ou homme. Les atomes qui constituent actuellement votre
corps, ô lecteur ou lectrice qui tournez cette page, n'étaient pas tous
hier intégrés à votre personne, et aucun n'y était il y a quelques mois.
Où étaient-ils? — Soit dans l'air, soit dans un autre corps. Tous les
atomes qui forment maintenant vos tissus organiques, vos poumons,
vos yeux, votre cerveau, vos jambes, etc., ont déjà servi à former d'autres tissus organiques... Nous sommes tous des morts ressuscités,
fabriqués de la poussière de nos ancêtres. Si tous les hommes qui ont
vécu jusqu'à cette année ressuscitaient, il y en aurait cinq par pied
carré, sur toute la surface des continents, obligés pour se tenir de
monter sur les épaules les uns des autres; mais ils ne pourraient ressusciter tous intégralement, car bien des molécules ont successivement
servi à plusieurs corps. De même nos organes actuels, divisés un jour
en leurs dernières particules, se trouveront incorporés dans nos suc-
cesseurs, et je sais que ma main droite, qui écrit en ce moment ces
lignes, sera dans une époque prochaine absolument dissoute, et que
les éléments qui la constituent fleuriront dans la plante, voleront dans
l'oiseau, agiront dans un nouvel homme. Véhicule sans cesse renou-

velé des émigrations des atomes terrestres, l'air établit ainsi une fraternité universelle et indissoluble entre tous les hommes, entre tous les êtres.

Métamorphose incessante des êtres et des choses : entre les produits de la nature et les flots mobiles de l'Atmosphère, il s'opère incessamment un échange, en vertu duquel les gaz de l'air se fixent dans l'animal, la plante ou la pierre, tandis que les éléments primitifs, un instant incorporés dans un organisme ou dans les couches terrestres, se dégagent et recomposent le fluide aérien. Chaque atome d'air passe donc éternellement de vie en vie et s'en échappe de mort en mort; tour à tour vent, flot, terre, animal ou fleur, il est successivement incorporé à la substance des innombrables organismes. Source inépuisable où tout ce qui vit prend son haleine, l'air est encore un réservoir immense, où tout ce qui meurt verse son dernier souffle : sous son absorption, végétaux et animaux, organismes divers naissent, puis dépérissent. La vie, la mort sont également dans l'air que nous respirons, et se succèdent perpétuellement l'une à l'autre par l'échange des molécules gazeuses; l'atome d'oxygène qui s'exhale de ce vieux chêne va s'envoler aux poumons de l'enfant au berceau; les derniers soupirs d'un mourant vont tisser la brillante corolle de la fleur, ou se répandre comme un sourire sur la verdoyante prairie. La brise qui caresse doucement les tiges des herbes va plus loin se transformer en tempête, déraciner les arbres séculaires, donner naissance à des trombes fantastiques, soulever les flots et faire sombrer les navires; et ainsi, par un enchaînement infini de morts partielles, l'Atmosphère alimente incessamment la vie universelle déployée à la surface de la Terre.

C'est l'incessante activité de l'enveloppe gazeuse aérienne qui forme, nourrit et entretient le tapis végétal déployé à la surface des continents. Du plus pauvre brin d'herbe au colossal baobab, ce tapis riche et varié puise dans l'air ses conditions d'existence, et enveloppe d'une parure sans cesse renouvelée le squelette géologique du globe, qui resterait dans sa froide et rude nudité, comme on le voit sur certaines roches dépouillées, sans l'humus végétal formé de saisons en saisons par l'action de l'Atmosphère.

Tout en entretenant la circulation vitale de la Terre par les échanges incessants dont elle est le véhicule, l'Atmosphère est encore le laboratoire aérien et léger du monde splendide des couleurs qui égayent la surface de notre planète. C'est grâce à la réflexion des rayons bleus que le ciel et les hauteurs lointaines de l'horizon prennent cette belle parure azurée, qui varie avec l'altitude des lieux, l'abondance de la vapeur d'eau, le contraste des nuages; c'est à cause de la réfraction subie par les rayons lumineux en passant obliquement à travers les couches aériennes que le Soleil se fait annoncer chaque matin par la mélodie suave et pure de l'aurore grandissante, et se montre lui-même avant l'heure astronomique de son lever; c'est à un phénomène analogue qu'il doit, le soir, de ralentir en apparence sa descente au-dessous de l'horizon, puis, lorsqu'il a disparu, de laisser flotter dans les hauteurs du couchant les lambeaux fantastiques de sa couche incendiée.

Sans l'enveloppe gazeuse de notre planète, nous n'aurions jamais ces jeux de lumière si variés, ces harmonies changeantes de couleur, ces transformations graduelles de nuances délicates qui éclairent le monde, depuis l'ardeur étincelante du soleil d'été jusqu'à l'ombre dont les voiles discrets s'étendent au fond des bois silencieux. Nous en avons dans l'astronomie des exemples variés, qui nous offrent autant de types d'illuminations atmosphériques différentes. Tandis que sur Vénus, par exemple, nous distinguons facilement, sur les méridiens du levant ou du couchant, l'aube et le déclin du jour suivant la rotation de cette planète dont la journée est presque égale à la nôtre, sur la Lune, au contraire, nous ne voyons ni crépuscules ni pénombres, car le ciel de ce monde voisin est constamment noir, étoilé de jour comme de nuit, et dépourvu, aussi bien que le sol lunaire, des colorations vaporeuses qui sont la beauté de nos paysages.

L'étude de l'Atmosphère embrasse donc, comme on le devine dès ces premières pages, l'ensemble des conditions de la vie terrestre. La notion de la vie est tellement unie, dans toutes nos conceptions, à celle des forces que nous voyons incessamment à l'œuvre dans la nature, soit pour créer, soit pour détruire, que les mythes des peuples primitifs ont toujours attribué à ces forces l'engendrement des plantes et des animaux, et présenté l'époque antérieure à la vie comme celle du chaos primitif et de la lutte des éléments. « Si l'on ne considère pas l'étude des phénomènes physiques dans ses rapports avec nos besoins matériels, dit A. de Humboldt, mais dans son influence générale sur les progrès intellectuels de l'humanité, on trouve, comme résultat le plus élevé et le plus important de cette investigation, la connaissance de la connexité des forces de la nature, le sentiment intime de leur dépendance mutuelle. C'est l'intuition de ces rapports qui agrandit les vues et ennoblit nos jouissances. Cet agrandissement des vues est l'œuvre de

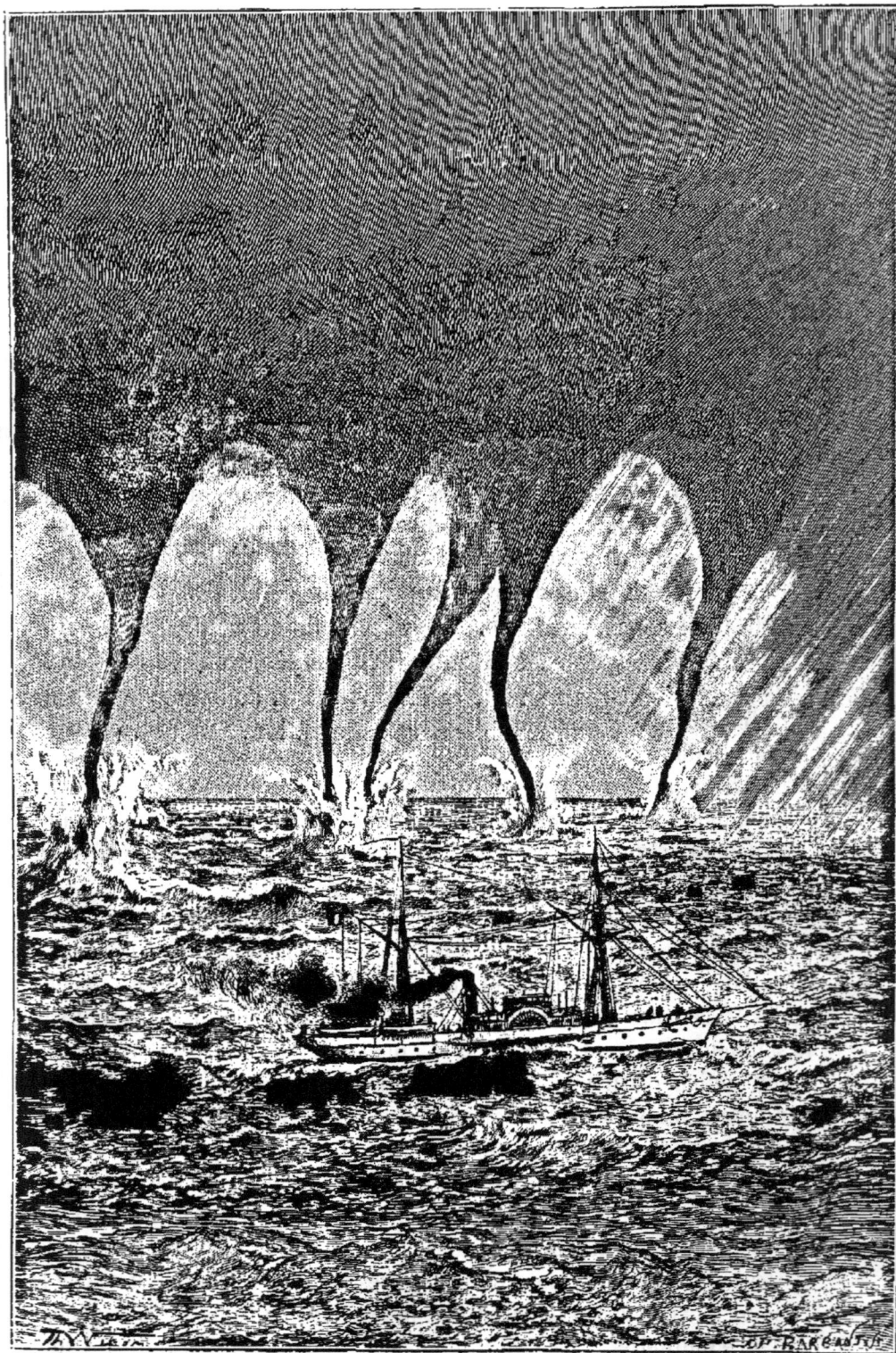

LA BRISE SE TRANSFORME EN TEMPÊTE ET DONNE NAISSANCE A DES TROMBES FANTASTIQUES....

(D'après un croquis pris sur nature par M. Coffinières de Nordeck.)

l'observation, de la méditation et de l'esprit du temps dans lequel se concentrent toutes les directions de la pensée. L'histoire révèle à quiconque sait remonter, à travers les couches des siècles antérieurs, jusqu'aux racines profondes de nos connaissances, comment depuis des milliers d'années le genre humain a travaillé à saisir, dans des mutations sans cesse renaissantes, l'invariabilité des lois de la nature, et à conquérir progressivement une grande partie du monde physique par la force de l'intelligence. »

La nature étudiée rationnellement, c'est-à-dire soumise dans son ensemble au travail de la pensée, est l'unité dans la diversité des phénomènes, l'harmonie entre les choses créées, qui diffèrent par leur constitution propre, par les forces qui les animent; c'est le tout (τὸ πᾶν), pénétré d'un souffle de vie. Le résultat le plus important d'un examen rationnel de la nature est de saisir l'unité et l'harmonie dans cet immense assemblage de choses et de forces, d'embrasser avec une même ardeur ce qui est dû aux découvertes des siècles écoulés et à celles du temps où nous vivons, d'analyser le détail des phénomènes sans succomber sous leur masse. C'est ainsi qu'il est donné à l'homme de se montrer digne de sa haute destinée, en pénétrant le sens de la nature, en dévoilant ses secrets, et en dominant, dans la synthèse de sa pensée, les matériaux recueillis par l'observation.

Nous pouvons maintenant contempler notre planète voguant dans l'espace en gardant autour d'elle l'enveloppe aérienne qui lui est adhérente. Notre pensée voit clairement la forme générale de cette sphère gazeuse enveloppant le globe solide, et relativement mince et légère. Des auditeurs de cours d'astronomie et de conférences m'ont souvent confié qu'à leur idée, avant d'être éclairés sur ce point, la Terre s'appuyait sur l'air remplissant l'espace, était portée par lui. Il n'en est rien. C'est l'Atmosphère, au contraire, qui est supportée par le globe. Le globe est soutenu dans l'immensité par la puissance invisible de la gravitation universelle.

La surface extérieure de l'Atmosphère est donc courbe, comme celle de la mer; car, de même que l'eau, l'air tend sans cesse à être de niveau, à égale distance du centre. Aux yeux des commençants dans la géométrie, il paraît difficile de concilier l'idée de surface sphérique avec celle de niveau; l'idée que l'air a un niveau horizontal comme l'eau, et que, semblable à un océan aérien, ce niveau tend sans cesse à s'équilibrer, semble d'abord un peu obscure. Cependant, non seulement l'air possède toutes les propriétés d'élasticité et de mobilité, à un degré illimité, comme fluide tendant vers l'équilibre, mais encore il est au plus haut degré compressible, et proportionnellement susceptible d'une extrême expansion. Ce sont là des faits qu'il faut avoir constamment présents à l'esprit, car ils aideront à l'intelligence d'un grand nombre de conditions atmosphériques étudiées dans les chapitres suivants.

Quelle est l'épaisseur de cette couche gazeuse qui enveloppe notre globe de trois mille lieues de diamètre ? A mesure que l'on s'élève, l'air devient plus rare, et, arrivé aux dernières couches, rien ne presse sur celles-ci ; cependant, l'Atmosphère étant limitée, il est nécessaire que ces couches ne se perdent pas dans l'espace, et que, vu leur raréfaction et leur grand abaissement de température, leur état physique soit modifié de telle sorte que la force élastique soit nulle. Laplace a indiqué cette condition indispensable ; Poisson l'a spécifiée, en montrant que l'équilibre serait encore possible avec une densité limite très considérable, pourvu que le fluide ne fût pas expansible ; enfin J.-B. Biot, qui a résumé ces conditions, indique très bien cet état des dernières couches atmosphériques non expansibles, en disant qu'elles doivent être comme un « liquide non évaporable ». Nous allons, dans le chapitre suivant, examiner les conditions mécaniques et physiques de cette enveloppe aérienne, apprécier sa forme extérieure et mesurer sa hauteur.

CHAPITRE III

HAUTEUR DE L'ATMOSPHÈRE

FORME DE L'ENVELOPPE AÉRIENNE AUTOUR DE LA TERRE;
SES CONDITIONS; SON ORIGINE.

Puisque la Terre, astre rapide, vogue dans l'immensité, emportée par une vitesse vertigineuse, et entraîne adhérente à sa surface la couche gazeuse qui l'enveloppe, il en résulte que cette couche gazeuse ne s'étend pas à l'infini dans l'immensité, mais cesse d'exister à une certaine distance de la surface.

Jusqu'à quelle distance peut-elle s'étendre? La rotation du globe l'entraînant dans son mouvement diurne, nous pouvons remarquer d'abord qu'à une certaine hauteur au-dessus du sol, le mouvement de l'Atmosphère est si rapide, que la force centrifuge déployée par lui jetterait dans l'espace les molécules d'air extérieures, qui cesseraient d'être adhérentes et par cela même de continuer l'Atmosphère.

Certains inventeurs de procédés de navigation aérienne s'étaient vaguement imaginé que l'Atmosphère ne tourne pas entièrement avec la Terre, qu'en s'élevant à une certaine hauteur on verrait le globe rouler sous soi, et que l'on n'aurait qu'à attendre que le méridien où l'on veut descendre passe sous la nacelle pour s'y trouver transporté par la rotation du globe.

Exposer cette hypothèse, c'est la réfuter. Tout ce qui environne la Terre lui est soumis. L'Atmosphère tourne avec le globe, jusqu'à ses dernières limites.

La force centrifuge créée par la rotation du globe s'accroît en raison du carré de la vitesse. A l'équateur elle est le 289ᵉ de la pesanteur. Or, remarque curieuse, si la Terre tournait 17 fois plus vite, comme $17 \times 17 = 289$, les corps ne pèseraient plus rien à l'équa-

L'AURORE ANNONCE LONGTEMPS D'AVANCE LE RETOUR DU SOLEIL.

teur ! un objet, une pierre, détaché du sol par la main n'y retomberait
plus. On serait si léger, qu'en dansant à la surface on serait semblable
à des sylphes aériens déplacés par le vent. Les circonférences étant
entre elles comme les rayons, à 17 fois la distance d'ici au centre de
la Terre, à 108307 kilomètres du centre, ou 101936 de hauteur,
toutes choses restant égales d'ailleurs, l'Atmosphère cesserait de se
tenir. Mais, d'autre part, la pesanteur diminue à mesure qu'on s'éloigne du centre d'attraction.

En combinant cette diminution avec l'accroissement de la force
centrifuge, j'ai calculé que c'est à six fois et demie environ (6,64)
le rayon du globe, c'est-à-dire à 42300 kilomètres au-dessus de
la surface de la Terre, que l'attraction égale la pesanteur, et que
par conséquent les molécules aérien-
nes qui pourraient encore se trouver
dans ces espaces doivent forcément
s'échapper. C'est la distance à laquelle
graviterait un satellite précisément en
$23^h 56^m$, durée de la rotation de notre
planète. C'est la *limite théorique maximum* de l'Atmosphère. Celle-ci est bien
loin de s'étendre jusque-là, comme nous
allons le voir, mais mathématiquement

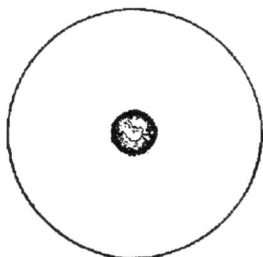

Fig. 11. — Limite théorique maximum
de l'Atmosphère.

elle le pourrait, et ce n'est qu'à cette énorme distance que la force
centrifuge serait assez grande pour s'opposer à l'existence d'une
atmosphère.

Peut-être, dans ces régions élevées, aux limites mêmes des sphères
d'attraction des astres, s'opère-t-il un échange de leurs molécules
gazeuses.

Telle est la limite extrême maximum de l'Atmosphère; mais c'est
à une hauteur incomparablement moindre que s'arrête le fluide
respirable pour l'homme. Ainsi à la hauteur de 3300 mètres, que j'ai
souvent atteinte en ballon (c'est la hauteur de l'Etna), on a déjà sous
les pieds près du tiers de la masse aérienne; à 5500 mètres, hauteur
au-dessus de laquelle un grand nombre de montagnes élèvent encore
leurs cimes, la colonne d'air qui pèse sur le sol a perdu la moitié
de son poids; par conséquent, toute la masse gazeuse qui s'étend au
loin dans le ciel, jusqu'à des distances immesurées, est simplement
égale aux couches aériennes comprimées au-dessous dans les régions
inférieures.

En vertu de ces forces, la forme de l'Atmosphère n'est pas absolument sphérique, mais gonflée à l'équateur, où elle est plus élevée qu'aux pôles. La figure de l'atmosphère des corps célestes est telle que la résultante de la force centrifuge et de la force attractive lui est perpendiculaire. La limite maximum de cette figure, dans le cas où l'aplatissement est le plus grand, a été donnée par Laplace : le diamètre de l'Atmosphère dans le sens de l'équateur est d'un tiers plus grand que le diamètre dans le sens du pôle. C'est la *limite mathématique* vers laquelle tend l'atmosphère terrestre. Mais elle n'a pas cette forme exagérée, quoique en réalité elle soit sensiblement plus épaisse à l'équateur qu'aux pôles. Ajoutons que l'état moyen d'équilibre varie constamment par suite des marées atmosphériques, dues à l'attraction variable de la Lune et du Soleil.

Le poids décroissant des couches atmosphériques nous offre le premier procédé pour calculer une limite minimum de la hauteur de l'Atmosphère ; de même que tout à l'heure la mécanique vient de nous présenter une limite maximum, ici c'est la physique qui va nous servir.

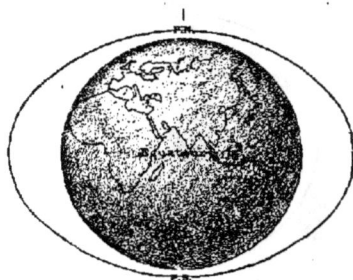

Fig. 12. — Limite mathématique de la figure de l'Atmosphère.

Chaque molécule de l'air exerce, en vertu de son poids, une pression sur les molécules situées au-dessous d'elle ; de haut en bas cette pression s'ajoute au poids de chaque couche successive et contribue, en se combinant avec l'attraction du globe terrestre, à les retenir autour de lui. Dans une colonne d'air verticale, on trouve près du sol les couches les plus denses ; cette densité diminue à mesure qu'on s'élève, parce que la portion d'atmosphère placée au-dessous de l'observateur n'exerce plus aucune pression sur celles qui sont placées à son niveau. Le baromètre, qui mesure cette pression, se tient plus bas au sommet qu'au pied d'une montagne ; et le rapport qui existe entre la pression et la hauteur est tellement intime, qu'on peut déduire la différence de niveau de deux points de la différence de longueur des colonnes barométriques observées simultanément à ces deux stations. Le baromètre descend (en moyenne dans les régions inférieures de l'Atmosphère) de 1 millimètre par 10 mètres et demi d'ascension : un observateur exercé peut, à l'aide d'un instrument bien construit, mesurer une hauteur de mètre en mètre, par dixièmes de millimètre d'abaissement barométrique.

Plus la pression diminue, plus l'air tend à se dilater; aussi semblerait-il au premier abord que l'Atmosphère doive s'étendre à une très grande distance.

Un physicien célèbre, Mariotte, a cherché à déterminer la loi de la compression des gaz, et il a trouvé que la quantité d'air contenue dans le même volume, ou, en d'autres termes, la densité de l'air, est proportionnelle à la pression supportée. Cette propriété est enseignée dans les cours de physique sous le nom de *loi de Mariotte*. Jusqu'en ces dernières années, on l'a considérée comme parfaitement exacte; mais alors on trouvait d'énormes difficultés à concevoir comment il se fait que l'Atmosphère terrestre ne s'étende pas très loin dans l'espace, tandis que d'autres considérations indiquent qu'elle est nécessairement limitée et cesse à une distance moins élevée que ne l'indiquerait cette loi. Cette contradiction apparente était le résultat d'une trop grande généralisation de la loi de Mariotte, qui est simplement approchée au lieu d'être rigoureuse. Regnault a étudié les différences réelles qui existent entre la loi théorique et les faits. Depuis cette constatation, mon ancien collègue de l'Observatoire de Paris, M. Emmanuel Liais, en introduisant de très petites bulles d'air dans un grand vide barométrique, d'une forme spéciale, a reconnu que les différences entre les données de l'observation et la théorie usuellement adoptée sont beaucoup plus grandes encore. En diminuant suffisamment la quantité d'air, on parvient même à trouver une limite où les particules, loin de se repousser, comme cela aurait lieu si les gaz étaient dilatables à l'infini, semblent au contraire avoir entre elles une adhérence semblable à celle des molécules d'un liquide visqueux. L'élasticité de l'air produisant l'expansion cesse donc à un certain degré de dilatation, à partir duquel ce gaz se comporte comme un liquide incomparablement plus léger que tous ceux que nous connaissons.

En vertu de cette décroissance observée de la densité de l'air avec la hauteur, en examinant à ce point de vue spécial les conditions physiques de l'équilibre, et en prenant pour éléments trois séries d'observations barométriques, thermométriques et hygrométriques faites à des altitudes différentes par Gay-Lussac, Humboldt et Boussingault, J.-B. Biot a démontré que la hauteur *minimum* de l'Atmosphère est de 48 kilomètres.

Ainsi, le minimum a été fixé à 48 kilomètres, et le maximum est de 423 000. Voilà deux limites certaines, mais bien écartées l'une de l'autre. N'existe-t-il pas d'autres méthodes d'approcher davantage de la réalité ?

En effet, on a essayé de mesurer optiquement la hauteur de l'Atmosphère, en étudiant la durée des crépuscules, le temps que les rayons solaires continuent à atteindre les régions aériennes pendant que l'astre lui-même est descendu sous l'horizon.

Si l'Atmosphère terrestre était illimitée, le phénomène de la nuit

Les silhouettes se détachent dans la clarté crépusculaire....

nous serait complètement inconnu : la lumière du Soleil, en atteignant à des couches d'air suffisamment éloignées de la Terre, pourrait toujours nous être renvoyée par la réflexion que ces couches lui feraient subir. D'un autre côté, l'absence de toute enveloppe aérienne aurait pour résultat de nous donner une nuit succédant brusquement au coucher du soleil, et la lumière du jour se déployant à l'instant même du lever. Or tout le monde sait que le crépuscule du soir et l'aurore du matin allongent la durée du temps pendant lequel on est éclairé par la lumière solaire. L'aurore annonce longtemps d'avance le retour du soleil et le crépuscule prolonge le jour dans les hauteurs de l'Atmosphère à l'heure où les silhouettes se détachent dans la clarté crépusculaire. On conçoit que l'observation de ces phénomènes a dù faire naître de bonne heure l'idée d'y chercher la mesure de la hauteur de l'Atmosphère.

Supposons que la Terre soit figurée par le cercle de rayon OA (fig. 14), que son atmosphère soit limitée par la circonférence FGHIC. Il est évident que lorsque le Soleil sera descendu au-dessous de l'horizon FACB du lieu A, il n'éclairera plus qu'une portion de l'Atmosphère, Ainsi, quand le Soleil sera en J, si l'on imagine un cône tangent à la Terre et ayant le Soleil pour sommet, toutes les parties de l'Atmosphère situées au-dessous de JG cesseront d'être éclairées pour l'observateur placé en A, et la partie CIHG seule le sera encore. Plus tard, quand le Soleil sera en J', il n'y aura plus d'éclairée que la partie CIH; plus tard encore, que la partie CI; enfin, quand le Soleil sera en J''' sur la ligne tangentielle menée par l'intersection de l'horizon FACB avec la circonférence limitée de l'Atmosphère, le crépuscule cessera.|Dès que le Soleil est couché, on doit donc voir une sorte d'arc apparaître du côté opposé à l'orient, s'élever de plus en plus, atteindre le zénith, puis s'abaisser vers l'occident, et enfin disparaître. Les phénomènes se passaient d'une manière inverse pour l'aurore ou crépuscule du matin. Telle est la théorie que les plus anciens astronomes avaient conçue des phénomènes crépusculaires. On trouve dans l'*Optique* d'Alhasen (dixième siècle) que l'angle d'abaissement du Soleil pour la fin du crépuscule ou le commencement de l'aurore est de 10 degrés; et c'est encore cette valeur que les astronomes modernes adoptent comme moyenne.

Dans nos climats, on aperçoit difficilement avec netteté la limite de séparation entre la partie de l'Atmosphère éclairée par le Soleil et celle qui ne reçoit pas ses rayons directs. Cependant cette courbe crépusculaire est visible pendant nos soirées d'été. Sous les tropiques cette observation est fréquente. Dès le siècle dernier, Lacaille, dans son voyage au Cap de Bonne-Espérance, a constaté toutes les phases que nous venons d'indiquer d'après la théorie. « Les 16 et 17 avril 1751, écrit-il, étant en mer et en calme, par un ciel extrêmement calme et serein, où je distinguais Vénus à l'horizon comme une étoile de seconde grandeur, je vis la lumière crépusculaire terminée en arc de et cercle, aussi régulièrement que possible. Ayant réglé ma montre à l'heure vraie, au coucher du Soleil, je vis cet arc confondu avec l'horizon; et je calculai, par l'heure où je fis cette observation, que le Soleil était abaissé le 16 avril de 16°38'; le 17, de 17°13'. » D'autres observations ont été faites depuis, comme nous le verrons plus loin.

On comprend que, connaissant le cercle diurne apparent décrit par le Soleil un jour donné et la position de l'observateur sur la Terre, on puisse calculer, par le temps écoulé entre l'heure du coucher et celle de la disparition de l'arc crépusculaire, l'angle parcouru par l'astre radieux au-dessous de l'horizon. On comprend aussi que, suivant les saisons et suivant les lieux, on trouve une durée différente pour le crépuscule ou l'aurore, puisque l'éloignement plus ou moins grand du Soleil et l'état de l'air doivent influer sur la direction et sur la quantité de lumière qui, après des réflexions et des réfractions multiples, arrive à chaque observateur, pour la mesure géométrique de cette hauteur.

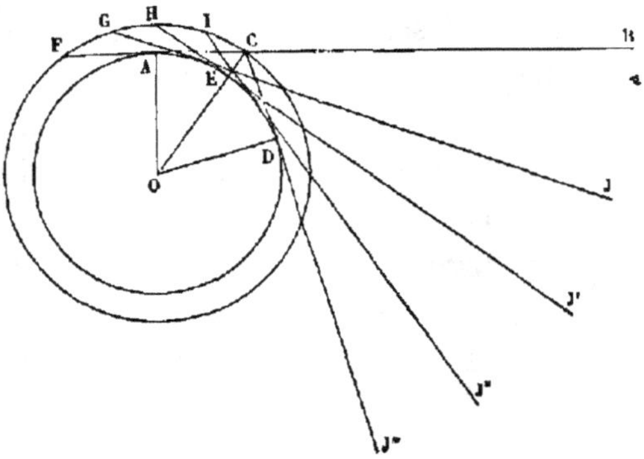

Nous étudierons dans notre deuxième Livre les effets optiques du crépuscule ; ici nous n'avons à nous occuper que du rapport qui existe entre sa durée et la hauteur de l'Atmosphère.

Or le temps pendant lequel le Soleil, après être

FIG. 14. — Mesure de la hauteur de l'Atmosphère par la durée du crépuscule.

descendu au-dessous de l'horizon d'un lieu, continue à éclairer directement une partie de l'Atmosphère visible de ce lieu, dépend de l'épaisseur des couches aériennes qui enveloppent la Terre. En effet, imaginons que nous fassions passer un plan par le lieu A de la figure que nous venons de tracer, par le centre O de la Terre et par le centre du Soleil ; ce plan coupera la Terre suivant le cercle OA. Soit FAB la trace de l'horizon du lieu A dans ce même plan ; par la rencontre C du cercle OA et de la ligne AB, menons la tangente CD à la Terre. Toute la partie de l'Atmosphère visible en A cessera d'être éclairée par le Soleil lorsque l'astre radieux, dans son mouvement diurne apparent, sera descendu au-dessous de CDJ'''. Or nous venons de voir que l'on concluait de la durée du crépuscule qu'il se terminait lorsque l'angle BCJ''' d'abaissement au-dessous de l'horizon était de 18 degrés. Comme l'angle OAC est droit et que OA est le rayon de la Terre, on connaît un côté et les angles du triangle OAC, et par conséquent on peut en calculer tous les éléments. On peut donc regarder OC comme connu, et de là il résulte qu'on a la hauteur EC de l'Atmosphère, différence entre OC et le rayon OE.

Telle est la méthode imaginée par Képler pour conclure des phénomènes crépusculaires la hauteur de l'Atmosphère. Les résultats qu'elle a fournis diffèrent selon les observations.

En étudiant au sommet du Faulhorn, dans les Alpes, la marche des arcs crépusculaires, l'habile météorologiste Bravais a obtenu pour résultat 115 kilomètres.

Par l'observation de la durée du crépuscule et de la courbe crépusculaire qui colore le ciel de cette ravissante teinte rose si remarquable surtout dans les pays du Sud, études faites d'une part sur l'Atlantique dans une traversée de France à Rio de Janeiro, d'autre part dans la baie de cette capitale, M. Liais a trouvé le chiffre, presque trois fois plus élevé, de 330 kilomètres. D'après ces observations, les particules atmosphériques situées à cette hauteur seraient encore assez denses pour réfléchir la lumière solaire!

Signalons encore une autre méthode, celle-ci astronomique plutôt que météorologique, qui me paraît pouvoir être demandée à l'aspect de l'ombre de l'Atmosphère terrestre pendant les éclipses de Lune. Notre satellite traverse alors le cône d'ombre que la Terre forme constamment derrière elle, à l'opposé du Soleil. Ce cône d'ombre varie en longueur, suivant la distance de la Terre au Soleil, depuis 1 357 000 jusqu'à 1 400 000 kilomètres, du périhélie à l'aphélie, et à sa base, tout près de la Terre, il a naturellement pour largeur le diamètre même de notre planète, c'est-à-dire 12 742 kilomètres; il se termine en pointe à son extrémité.

Cette ombre de la Terre est entourée par une *pénombre* très large, due au diamètre du Soleil. Tous les points qui, autour de l'ombre totale produite par la Terre voient une partie du Soleil, sont dans cette pénombre, dont la largeur égale presque le tiers du diamètre de l'ombre, et qui va s'épaississant graduellement depuis le bord, insensible, jusqu'à l'ombre. Dans une éclipse totale de Lune qui dure, par exemple, trois heures et demie, comme celle que nous avons récemment observée en France (4 octobre 1884), le passage à travers la pénombre ne dure pas moins d'une heure, avant et après l'éclipse totale.

Si l'on examine avec soin l'*ombre* de la Terre à mesure qu'elle s'avance sur le disque lunaire, on s'aperçoit que cette ombre se termine par une bordure moins foncée que l'ensemble de l'ombre, bordure vaporeuse, transparente et d'une faible largeur. Cette *ombre transparente* ne serait-elle pas celle de l'Atmosphère terrestre ? Le 4 octobre 1884, observant l'éclipse totale de Lune à l'observatoire de Juvisy, près Paris, j'ai trouvé la largeur de cette bordure d'ombre égale à 2 minutes d'arc. Or, à la distance de la Lune (384 000 kilomètres), l'ombre de la Terre mesure 69 minutes d'arc environ. Une

FIG. 15. — Ombre transparente, bordant l'ombre de la Terre, observée pendant les éclipses de Lune.

minute correspond donc à 182 kilomètres du diamètre terrestre ; si cette ombre transparente est bien celle de l'Atmosphère (et cette explication nous paraît la plus simple), nous pouvons en conclure que jusqu'à 364 kilomètres de hauteur, l'Atmosphère terrestre est assez dense pour porter ombre et former contraste avec la complète transparence de l'espace. Au surplus, le « vide » de nos machines pneumatiques est du « plein » en comparaison de l'espace interplanétaire.

La transparence de l'air le plus pur est loin d'être absolue. Nous en

avons tous les jours une preuve immédiate par la différence de visibilité du Soleil à l'horizon et au méridien. A sa plus grande hauteur dans
le ciel le Soleil est éblouissant, tandis qu'à l'horizon chacun peut le
regarder sans fatigue, même par l'atmosphère la plus transparente.
Les rayons solaires qui parviennent à l'observateur O (fig. 16) traversent des épaisseurs d'air très inégales, selon la hauteur apparente du
Soleil sur l'horizon. Si l'astre est au zénith, c'est-à-dire perpendiculairement au-dessus de l'observateur, les rayons traversent l'Atmosphère
suivant ZO dans le sens de sa plus petite épaisseur. S'il est au contraire à l'horizon, les rayons doivent parcourir dans l'air le trajet
IIO, beaucoup plus considérable. Suivant ZO, le Soleil versait sa
lumière et sa chaleur dans toute leur force ; suivant IIO, l'œil peut
facilement en soutenir l'éclat. L'extinction des rayons dans l'Atmosphère est l'unique cause de cette différence. Il est même à remarquer
que l'effet produit a principalement son siège dans les couches inférieures de l'Atmosphère, qui sont les plus pesantes et les moins diaphanes, car le trajet i O du rayon IIO dans la petite couche M mn N est
immense relativement au trajet KO du rayon ZO dans la même couche.

Il est facile maintenant de s'expliquer comment les rayons solaires
ont des intensités si différentes d'après l'inclinaison suivant laquelle
ils ont traversé notre Atmosphère. L'expérience montre que près de la
moitié des rayons calorifiques et lumineux du Soleil est éteinte par
l'Atmosphère dès le trajet vertical ; la couche atmosphérique traversée
par les rayons horizontaux est 35 fois plus épaisse que la couche traversée par les rayons zénithaux [1].

L'inclinaison que les rayons solaires atteignent dans les différentes
saisons de l'année, fournit donc la mesure de la quantité de chaleur
et de lumière qui peut traverser la couche atmosphérique et parvenir
jusqu'à l'observateur. C'est la différence de cette inclinaison qui fait
qu'aux mêmes heures du jour le Soleil est moins chaud en hiver
qu'en été, et que, dans les mêmes circonstances atmosphériques,
la chaleur des rayons solaires dépend de l'élévation de l'astre sur
l'horizon.

L'éclipse totale de Lune, dont nous parlions plus haut, a suivi de
près le cataclysme de Java et la fameuse éruption de Krakatoa qui
lança jusqu'à une hauteur considérable des kilomètres cubes de
vapeur d'eau et de poussière, dont l'extension dans l'Atmosphère pro-

---

1. Voy. à l'Appendice la table des épaisseurs de la couche traversée suivant les hauteurs.

duisit les remarquables illuminations crépusculaires qui ont frappé l'attention du monde entier pendant les derniers mois de l'année 1883 et toute l'année 1884.

Ces lueurs crépusculaires ont fourni, de leur côté, des éléments d'observation suffsants pour permettre de déterminer leur hauteur. Un observateur délicat et consciencieux, le professeur Dufour, de Morges, a trouvé, par une série concordante de calculs, que ces lueurs planaient à 70 000 mètres de hauteur [1]. Il y avait donc à cette élévation des particules assez denses pour réfléchir fortement la lumière solaire.

Cette fantastique éruption, le plus grand phénomène géologique de l'histoire entière, arrivée le 26 août 1883, a lancé dans les airs un panache qui s'étendait à vingt mille mètres de hauteur, a bouleversé la mer de telle sorte que la

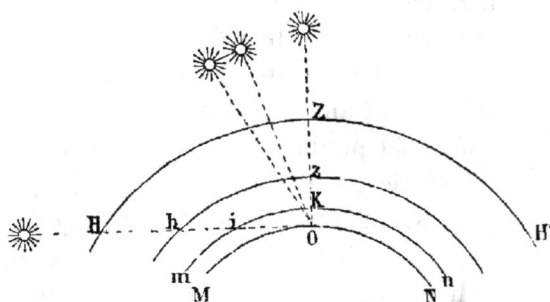

FIG. 16. — Épaisseur d'atmosphère traversée par les rayons de lumière, suivant la hauteur de l'astre.

commotion océanique a traversé l'Océan tout entier, a sillonné l'Atmosphère de vagues qui ont fait jusqu'à trois fois le tour du monde avant de s'éteindre, a projeté dans les hauteurs aériennes dix-huit kilomètres cubes (dix-huit milliards de mètres cubes) de poussière et de vapeur d'eau, trente-six milliards de kilogrammes !!... Elle a été entendue jusqu'à ses antipodes, à travers le globe terrestre tout entier [2]! Quoi de surprenant qu'elle ait produit ces voiles atmosphériques et ces lumières crépusculaires qui, commencées précisément le lendemain du cataclysme de Java, ont duré près de deux ans ?

Les aurores boréales, les étoiles filantes et les bolides fournissent encore d'autres méthodes de mesure pour la hauteur de l'Atmosphère.

D'après les récentes observations faites par Nordenskiold pendant l'hivernage de la *Véga* dans les mers polaires (1879), les aurores étu-

1. Voy. notre *Revue mensuelle d'Astronomie populaire, de Météorologie et de Physique du Globe,* juin 1885, p. 216, 221.
2. Voy. même *Revue,* années 1884 et 1885.

diées pendant cette expédition seraient dues à un anneau lumineux entourant le pôle Nord à une grande distance, anneau arrivant à 200 kilomètres au zénith du 80e parallèle de latitude boréale. Il y a des aurores plus basses, souvent à 100 kilomètres et au-dessous ; mais, d'autre part, on en a mesuré de plus élevées. Les discussions faites sur l'aurore du 25 octobre 1870 ont indiqué 250 kilomètres.

Les étoiles filantes et les bolides donnent de leur côté des hauteurs non moins grandes. L'observation de la trajectoire d'une étoile filante faite par deux observateurs éloignés à une certaine distance l'un de l'autre permet de calculer la hauteur de cette trajectoire. Elle a été renouvelée plusieurs fois et tout récemment encore. La hauteur *moyenne* conclue de ces observations établit que les étoiles filantes s'allument dans notre Atmosphère à la hauteur de 120 kilomètres. Les calculs des trajectoires de bolides conduisent à une élévation supérieure à celle-là. Citons, entre autres, les deux exemples suivants :

Le 5 septembre 1868, à 8 heures 30 minutes du soir, un énorme bolide, se dirigeant de l'est à l'ouest, a traversé l'Autriche et la France. D'après les calculs de M. Tissot, fondés sur de nombreuses observations, le bolide s'est trouvé à sa plus courte distance de la terre à 111 kilomètres de hauteur au zénith de Belgrade (Servie), est passé une seconde après, à 112 kilomètres de là, au zénith d'Oukava (Slavonie) ; quatre secondes plus tard, à 340 kilomètres plus loin, au zénith de Laybach (Carniole), à 126 kilomètres de hauteur ; dix secondes plus tard, à 862 kilomètres, au zénith de Saulieu (Côte-d'Or), à 242 kilomètres de hauteur ; trois secondes après, à 292 kilomètres au delà, au zénith de Mettray (Indre-et-Loire), à 367 kilomètres de hauteur. On le vit encore de Clermont-Ferrand, puis il disparut à l'horizon occidental. En dix-sept secondes, le bolide avait parcouru une distance de 1493 kilomètres, sa vitesse était de 79 kilomètres par seconde. Le bolide *arrivait de l'infini et y retournait.*

Le 14 juin 1877, à 8 heures 52 minutes du soir, un bolide non moins remarquable que le précédent est venu éclater entre Bordeaux et Angoulême, à 252 kilomètres de hauteur. Sa vitesse était de 68 kilomètres par seconde. Ce bolide, arrivant de l'infini, comme le précédent, traversait le système solaire presque en ligne droite.

La hauteur des étoiles filantes peut être déterminée par des considérations géométriques fort simples.

Supposons que deux observateurs, situés à 20 kilomètres l'un de l'autre par exemple, voient la même étoile filante et marquent son tracé

sur une carte céleste : ce tracé ne sera pas le même pour les deux observateurs. Si l'un, par exemple, est au nord et l'autre au sud, le premier
aura vu l'étoile plus au sud que le second ; la différence entre les deux
positions sera d'autant plus grande que l'étoile filante sera moins éloignée. Si la distance entre les deux tracés n'était que de 1 degré (le double
environ du diamètre de la Lune), il en résulterait pour la hauteur du
bolide 57 fois la base, c'est-à-dire 57 fois 20 kilomètres, attendu
qu'une différence de 1 degré correspond à 57 fois la distance des

FIG. 17. — Cercle de l'aurore boréale indiquant, d'après Nordenskiold, 200 kilomètres de hauteur.

observateurs. Mais aucun météore n'a été vu à une telle distance. Si la
différence des deux séries de positions observées était de 2 degrés,
la hauteur serait de 28 fois 1/2 la base ; 3 degrés indiqueraient 19 fois
cette même base ; 4 degrés, 14 fois ; 5 degrés, 11 fois 1/2 ; 6 degrés,
9 fois 1/2 ; 7 degrés, 8 fois ; 8 degrés, 7 fois ; 9 degrés. 6 fois, etc.
10 degrés de parallaxe indiquent 5,73 pour la distance ; 11 degrés, 5,21 ;
12 degrés, 4,78 et ainsi de suite. Si donc deux observateurs éloignés
à 20 kilomètres l'un de l'autre trouvent 12 degrés de différence dans
leurs tracés de la route d'une même étoile filante (fig. 18), c'est que
cette étoile est à 4,78 × 20, ou 95 kilomètres de hauteur environ.
100 kilomètres produisent une parallaxe de 11° 1/2. Cette dernière
hauteur a été fréquemment observée.

Les premières recherches sur ce point datent de 1798. Deux jeunes étudiants de l'université de Gœttingue, Brandes et Benzenberg, constatant que l'on ne savait encore rien sur ce chapitre-là, résolurent de chercher eux-mêmes et observèrent d'abord à 9 kilomètres de distance. Comme ils n'avaient pas trouvé de parallaxes sensibles, ils s'écartèrent à 15 kilomètres et observèrent en même temps, ayant une carte du ciel, une lanterne pour marquer les observations sur la carte, et leurs montres mises d'accord pour ne pas se tromper dans l'identification des météores. Ils trouvèrent des hauteurs variant depuis 52 jusqu'à 170 kilomètres.

Par des procédés plus précis et des observations faites notamment en 1855, 1864, 1866 et 1868, MM. Newton en Amérique, Heiss en Allemagne, Secchi en Italie, A. S. Herschel en Angleterre, ont trouvé qu'en moyenne les étoiles filantes s'enflamment à 120 kilomètres de hauteur et s'éteignent à 80 kilomètres. (On sait que les étoiles filantes ne brillent pas par elles-mêmes : ce sont des corpuscules cosmiques qui gravitent dans l'espace et qui, rencontrant la Terre dans leur cours, pénètrent dans notre Atmosphère et s'enflamment par suite du frottement et de la transformation de leur mouvement en chaleur. La plupart de celles qui rencontrent la Terre s'évaporent dans notre atmosphère et tombent sur la Terre à l'état de poussières ferrugineuses impalpables. Ce sont de grands courants, analogues aux orbites cométaires, qui gravitent autour du Soleil le long d'ellipses très allongées [1].)

C'est ainsi que les étoiles filantes témoignent, par le fait même de leur visibilité, que notre Atmosphère s'étend à plus de 120 kilomètres au-dessus du sol. Un observateur distingué, Heiss, a même trouvé, lors de la pluie d'étoiles filantes du 10 août 1866, 290 kilomètres pour la hauteur initiale de l'une des plus remarquables et 124 kilomètres pour la disparition. On en a même signalé une, vue de Berlin et de Breslau, qui a donné 460 et 310 kilomètres. En 1855, des étoiles filantes observées à la fois de Paris et d'Orléans ont donné 400 kilomètres. — Un météore qui passe au zénith d'un lieu, à 100 kilomètres de hauteur, est à l'horizon pour un observateur éloigné à 1129 kilomètres.

Ces mesures reposent sur les mêmes principes de trigonométrie que celles qui ont fait connaître la distance de la Lune. De temps en temps la Lune passe devant des étoiles brillantes et les occulte ; mais elle ne

---

1. Voy. notre *Astronomie populaire*.

se projette pas non plus sur le même point du ciel pour des observateurs suffisamment éloignés l'un de l'autre. Une étoile peut être occultée par la Lune pour un observateur placé à Paris et non pour un autre placé à Lyon. Pour deux observateurs situés aux deux extrémités d'un diamètre terrestre, la parallaxe de la Lune est de près de 2 degrés (1°54′) ; c'est une preuve que la distance de la Lune est d'environ 30 fois le diamètre de la Terre.

D'après tout ce qui précède, l'Atmosphère s'étend beaucoup plus haut qu'on ne le pensait récemment encore. Nous avons comme comparaisons :

Par l'observation du crépuscule.............	115 à 330 kilomètres
Par l'ombre de la Terre....................	364 —
Par les lueurs crépusculaires de 1883-84......	70 —
Par les aurores boréales...................	100 à 250 —
Par les étoiles filantes et les bolides..........	100 à 400 —

Nous pouvons en conclure qu'elle n'est pas encore nulle à 300, 350, 400 kilomètres de hauteur, et peut-être même davantage : mais rien ne prouve qu'elle garde jusqu'en ces régions ultimes la même composition qu'ici-bas. L'atmosphère supérieure doit être *éthérée*, extrêmement rare et d'une nature différente de celle de l'atmosphère *terrestre* dans laquelle nous vivons. C'est la région où l'on voit spécialement les étoiles filantes, qui disparaissent ensuite en pénétrant plus profondément dans l'atmosphère dense qui les absorbe. Toute étoile filante est éteinte avant d'arriver à 12 kilomètres de hauteur. Sous un ciel couvert, lors même que la couche de nuages se trouve à 4000 ou 5000 mètres de hauteur, on n'en voit pas une seule. Seuls les bolides et les uranolithes arrivent lumineux jusque dans les couches inférieures, parfois même jusqu'au sol.

L'atmosphère supérieure serait *stable;* l'inférieure *instable* et sans cesse agitée. Les mouvements spéciaux, causés par l'action des vents et des tempêtes, seraient limités dans leur hauteur par l'effet des saisons, et ne paraissent pas s'étendre, du reste, au delà de 12 à 15 kilomètres d'élévation en hiver, et du double peut-être en été. Les régions aériennes situées au delà ne doivent éprouver qu'un mouvement très affaibli et à peine sensible, provenant de la base mobile sur laquelle elles reposent.

En raison des bouleversements continuels qui agitent les régions inférieures, l'air qu'on y recueille est sensiblement partout le même, quant à la composition chimique : on ne trouve point de différence aux diverses hauteurs où l'on peut s'élever pour y prendre l'air et le soumettre à l'analyse. Dans la couche immobile, placée plus haut, où les

FIG. 18. — Mesure de la hauteur de l'Atmosphère par les étoiles filantes.

êtres vivants n'ont pas accès, et où les nuages ne s'élèvent pas (les plus élevés, les cirrus de glace, ne dépassent pas 12000 mètres), on pourrait admettre au contraire que les milieux s'y étendent avec

LES ORIGINES DE L'ATMOSPHÈRE.

facilité dans l'ordre de leurs densités et qu'ils s'y développent par couches uniformes, soit en se mêlant, soit en se tenant séparés. Il n'est pas nécessaire de supposer chaque couche composée comme celle qui lui est inférieure : elle peut même porter à sa surface des substances d'une pesanteur spécifique moindre, et non susceptibles de se composer ou de se mêler avec les substances inférieures

Sir John Herschel, de la Rive, Hansteen, Quételet partagent cette opinion. Nous pouvons parfaitement admettre qu'au-dessus de notre atmosphère d'oxygène, d'azote, de vapeur d'eau et d'acide carbonique réside une atmosphère extrêmement légère, qui se trouve naturellement composée des gaz les plus légers qui se soient formés dans les temps primitifs, et sans doute surtout d'hydrogène.

Quant à la base de l'Atmosphère, nous pouvons nous demander maintenant si elle s'arrête à la surface du sol et ne descend pas dans l'intérieur du globe lui-même.

Pesant sur tous les corps situés à la surface de la Terre, elle tend à pénétrer partout, entre les molécules des liquides comme dans les interstices des roches ; l'eau en contient, de même que les végétaux et tous les composés organiques ; la terre, les pierres poreuses en sont imprégnées, et cela d'autant plus que la pression est plus considérable. On voit donc que l'air ne doit pas être limité à la portion qui est à l'état d'enveloppe gazeuse, et qu'une fraction notable de ses éléments constituants a pénétré les eaux de l'Océan et les interstices des terrains. Quelques savants ont supposé que l'air qui compose l'Atmosphère n'était qu'un prolongement d'une atmosphère intérieure ; mais l'élévation de température due à la chaleur centrale s'oppose à la condensation des gaz, et doit limiter la présence de l'air dans les couches profondes.

On peut avoir une valeur approchée de la quantité d'air qui est ainsi engagée dans les eaux de l'Océan par la mesure de l'absorption des gaz par les liquides : à la pression ordinaire, l'eau absorbe de deux à trois centièmes de son volume d'air.

Voilà donc cette Atmosphère terrestre complètement déterminée pour nous dans sa hauteur et dans sa forme. Il nous reste encore ici toutefois un point curieux à élucider, c'est de remonter, s'il est possible, aux *causes* de l'existence de cette enveloppe, respiration de la Terre entière.

En discutant les trois états des corps comme dépendants de la quantité de calorique qu'ils possèdent, Lavoisier est arrivé à des vues remarquables sur ce problème. L'étude du calorique, dit-il, jette un grand jour sur la manière dont se sont formées, dans l'origine des choses, les atmosphères des planètes, et notamment celle de la Terre. On conçoit que cette dernière doit être le résultat et le mélange : 1° de toutes les substances susceptibles de se vaporiser ou plutôt de rester dans l'état aériforme, au degré de température dans lequel nous vivons, et à une pression égale à celle de l'air ; 2° de toutes les substances susceptibles de se dissoudre dans cet assemblage de différents gaz.

Pour fixer nos idées sur ce sujet, considérons un moment ce qui arriverait aux différentes substances qui composent le globe, si la température en était brusquement changée. Supposons, par exemple, que la Terre se trouvât transportée tout à coup dans une région beaucoup plus chaude du système solaire, soit dans la région de Mercure, où la chaleur habituelle est probablement fort supérieure à celle de l'eau bouillante. Bientôt l'eau et les autres liquides terrestres, le mercure lui-même, entreraient en ébullition ; ils se transformeraient en fluides aériformes, qui viendraient s'ajouter à l'Atmosphère. Ces nouvelles espèces d'air se mêleraient avec celles déjà existantes, et il en résulterait des combinaisons nouvelles, jusqu'à ce que, les diverses affinités se trouvant satisfaites, les principes qui composeraient ces différents gaz arrivassent à un état de repos. Mais cette vaporisation même aurait des bornes : à mesure que la quantité des fluides augmenterait, leur pesanteur s'accroîtrait ; et la nouvelle atmosphère arriverait à un degré de pesanteur tel, que l'eau cesserait de bouillir et resterait à l'état liquide. D'autre part, les pierres, les sels et les substances fusibles qui composent le globe se ramolliraient, entreraient en fusion et formeraient des liquides.

Par un effet contraire, si la Terre se trouvait tout à coup placée dans des régions très froides, l'eau qui forme aujourd'hui nos fleuves et nos mers, et probablement le plus grand nombre des liquides que nous connaissons, se transformeraient en montagnes solides, en rochers d'abord diaphanes, homogènes et blancs comme le cristal de roche, mais qui, se mêlant avec des substances de différente nature, formeraient ensuite des pierres opaques diversement colorées. L'air, dans cette supposition, ou au moins une partie des substances aériformes qui le composent, cesseraient d'exister à l'état de vapeurs élastiques, faute d'un degré de chaleur suffisant ; il en résulterait de nouveaux liquides dont nous n'avons aucune idée.

Ces deux suppositions extrêmes font voir clairement : 1° que *solides*, *liquides*, *gaz* sont trois états différents de la même matière, trois modifications particulières, par lesquelles toutes les substances peuvent successivement passer, et qui dépendent uniquement du degré de chaleur auquel elles sont exposées; 2° que notre Atmosphère est un composé de tous les fluides susceptibles d'exister dans un état de vapeur et d'élasticité constante au degré habituel de chaleur et de pression que nous éprouvons; 3° qu'il ne serait pas impossible qu'il se rencontrât dans notre Atmosphère des substances extrêmement compactes, des métaux même; une substance métallique, par exemple, qui serait un peu plus volatile que le mercure, serait dans ce cas.

On sait, ajoute encore l'illustre et infortuné chimiste, que certains liquides « sont, comme l'eau et l'alcool, susceptibles de se mêler les uns avec les autres dans toutes proportions; les autres, au contraire, comme le mercure, l'eau et l'huile, ne peuvent contracter que des adhérences momentanées; ils se séparent lorsqu'ils ont été mélangés et se rangent en raison de leur gravité spécifique. La même chose doit arriver dans l'Atmosphère; il est probable qu'il s'est formé dans l'origine et qu'il se forme tous les jours des gaz qui ne sont que difficilement miscibles à l'air et qui s'en séparent; si ces gaz sont plus légers, ils doivent se rassembler dans les régions élevées et y former des couches qui nagent sur l'air. Les phénomènes qui accompagnent les météores ignés me portent à croire qu'il existe ainsi dans le haut de l'Atmosphère une couche d'un fluide inflammable, et que c'est au point de contact de ces deux couches d'air que s'opèrent les phénomènes de l'aurore boréale et des autres météores ignés ».

On voit que l'éminent chimiste français nous avait précédés dans l'idée de l'existence d'une atmosphère supérieure. Remarquons maintenant que, d'après ces conditions de température, l'origine de l'Atmosphère doit être cherchée dans les périodes primitives, où le globe, encore incandescent et liquide, se couvrait lentement d'une mince pellicule solide, et développait à sa surface des quantités indescriptibles de gaz et de vapeurs se livrant des batailles incessantes. L'eau, combinaison d'oxygène et d'hydrogène, prit naissance au sein de ce gigantesque laboratoire primordial. L'air, mélange d'oxygène et d'azote, ne dut arriver qu'après mille variations à sa composition actuelle.

Qui pourrait dire les combats tumultueux livrés jadis sur ce globe par les éléments primitifs? Qui pourrait dire à quelles conflagrations épouvantables nous devons aujourd'hui cette eau pure et souriante des ruisseaux, cet air azuré du ciel? Arrivés tard sur ce globe antique, il nous est difficile de remonter à cette origine mystérieuse, à ces transformations étranges du monde antédiluvien.

Les pluies chaudes sur les métaux incandescents ont dû décomposer et former bien des corps. Comme l'a écrit A.-M. Ampère dans une théorie cosmogonique qui complète celle de Laplace, nous trouvons aujourd'hui dans l'Atmosphère même un grand monument des bouleversements qu'a produits sur le globe la décomposition des corps oxygénés par les métaux : c'est l'énorme quantité d'azote qui forme la plus grande partie de l'enveloppe aérienne. Il est peu naturel de supposer que cet azote n'ait pas été primitivement combiné, et tout porte à croire qu'il l'était avec l'oxygène sous la forme d'acide nitreux ou nitrique. Pour cela, il lui fallait huit ou dix fois plus d'oxygène qu'il n'en reste. Où sera passé cet oxygène? Suivant toute apparence, il aura servi à l'oxydation de substances autrefois métalliques et aujourd'hui converties en alumine, en chaux, en oxyde de fer, de manganèse, etc. Remarque profonde : le *feu* primitif de la Terre, celui du Soleil, celui des étoiles est dû à de l'hydrogène combiné avec de l'oxygène. Or c'est cette même combinaison qui forme l'*eau*. Le feu et l'eau ont la même substance! Les mers actuelles sont dues aux flammes de la Terre primordiale.

Des précipitations chimiques, des dégagements de gaz et de vapeurs, des réactions énergiques, ont commencé l'Atmosphère sous l'aspect de tourbillons immenses, de pluies universelles, d'évaporations sans fin. La mer et l'Atmosphère n'ont pendant longtemps formé qu'un seul élément. La prédominance du sel marin donne lieu de penser que parmi les gaz qui entraient dans la composition de ces vapeurs primitives, le chlore n'était pas le moins abondant. Ampère suppose qu'après un refroidissement nouveau, une nouvelle mer s'étant formée, elle ne recouvrit plus toute la surface du noyau solide ; que des îles apparurent au-dessus des eaux, et que la surface du globe fut entourée d'une enveloppe formée, comme la nôtre, de fluides élastiques permanents, mais dans des proportions probablement fort différentes. A ces époques reculées, cette enveloppe contenait beaucoup plus d'acide carbonique qu'aujourd'hui. Elle était impropre à la respiration des animaux, mais très favorable à la végétation. Aussi la Terre se couvrit-elle de plantes qui trouvèrent dans l'air riche en carbone une nourriture abondante et féconde; il en résulta un développement

L'ATMOSPHÈRE S'ÉPURA... LES PREMIERS RAYONS DE SOLEIL VERSÈRENT LEUR LUMIÈRE CÉLESTE
A TRAVERS LES ÉCLAIRCIES DES FORÊTS.

beaucoup plus considérable, que favorisait en outre un haut degré de température. C'est de cette époque que datent les houilles, immenses dépôts de végétaux carbonisés.

L'absorption et la destruction continuelles de l'acide carbonique par les végétaux purifièrent l'Atmosphère. Cependant l'enveloppe gazeuse n'était pas encore propre à entretenir la vie des animaux qui respirent l'air directement. Ce fut en effet dans l'eau qu'apparurent les premiers êtres appartenant au règne animal : les rayonnés et les mollusques. La première population des mers fut uniquement composée d'invertébrés ; puis vinrent les poissons, et plus tard les reptiles marins. Après l'époque des poissons, après celle des sauriens féroces et monstrueux, vinrent les mammifères ; l'Atmosphère se constitua peu à peu dans ses éléments chimiques et physiques qui la caractérisent aujourd'hui, et les organismes plus parfaits dominèrent le globe dont la conquête appartient aujourd'hui à l'espèce humaine... Le vent qui mugissait dans ces forêts antédiluviennes, les foudres qui grondaient, les illuminations des crépuscules, les parfums des plantes sauvages et les panoramas solitaires des grands paysages, n'avaient alors aucun œil humain pour les contempler, aucune oreille pour les entendre, aucune pensée pour les connaître...; mais de siècle en siècle se préparaient les conditions de l'existence humaine sur notre planète habitée, et le jour vint, après les siècles et les siècles de tourmentes primordiales, où l'Atmosphère lourde et chaude des premiers âges s'épura et se rafraîchit, où les premiers rayons de soleil pur versèrent leur lumière céleste à travers les éclaircies des forêts, où la fleur, l'abeille, l'oiseau apparurent, où la Terre fut prête pour la contemplation, pour la raison et pour la pensée. C'était à l'époque tertiaire. L'humanité sortit de la chrysalide animale et inaugura le règne de l'intelligence sur notre planète.

CHAPITRE IV

LE BAROMÈTRE ET LA PRESSION ATMOSPHÉRIQUE

En nous occupant de la hauteur de l'Atmosphère, nous venons déjà de remarquer que l'air est plus dense dans les régions inférieures de l'océan aérien, c'est-à-dire à la surface du sol où nous rampons, que dans les régions supérieures. L'air, quelque léger, transparent, fluide, qu'il nous paraisse, a donc un poids réel. Chaque mètre carré de la surface du globe supporte une pression considérable, que nous allons tout à l'heure évaluer, et qui correspond à la hauteur et à la densité de la colonne d'air d'égale section posée sur lui.

Pour les anciens, l'air intangible, impondérable, invisible, n'existait pas. Ce n'était rien ! Ils ne se doutaient pas qu'en fait on le voit dans le bleu du ciel et qu'on peut le peser aussi bien que tout autre corps. Ils n'ignoraient certainement pas les effets de la pression atmosphérique, qu'ils avaient remarqués dans les vents, les ouragans, les tempêtes ; mais cette force, que chacun éprouvait sans songer à l'apprécier, ne fut déterminée que vers le milieu du dix-septième siècle.

Le grand-duc de Toscane, ayant eu, en 1640, la fantaisie alors princière de voir des jets d'eau sur la terrasse de son palais, voulut y faire monter l'eau d'un bassin voisin à l'aide d'une pompe aspirante ; mais les fontainiers de Florence trouvèrent qu'il était absolument impossible d'amener l'eau au-dessus de 32 pieds. Le duc écrivit à l'illustre Galilée, depuis longtemps persécuté et presque octogénaire, sur ce singulier refus de l'eau d'obéir aux pompes. On disait alors que si l'eau s'élevait dans les corps de pompe, c'était parce que la nature avait « horreur du vide ». C'était un peu l'explication du médecin de Molière déclarant que si l'opium fait dormir, c'est parce qu'il y a en lui une propriété dormitive ! On s'est longtemps contenté

TORRICELLI INVENTANT LE BAROMÈTRE (1642).

de ces explications qui n'expliquent rien. Pourtant il était difficile de
supposer que la nature n'eût horreur du vide que jusqu'à ⸢32 pieds!
Galilée pensa que la pression de l'air devait intervenir dans l'ascension
du liquide ; mais cette explication exigeait nécessairement que l'air fût
pesant. Pour vérifier le fait, il expulsa l'air d'une bouteille, en faisant
bouillir dans son intérieur une petite quantité d'eau ; la bouteille,
hermétiquement fermée, fut pesée vide, et son poids augmenta lorsqu'en la débouchant il permit à l'air de la
remplir [1].

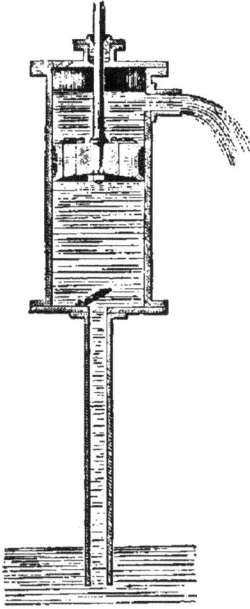

FIG. 22. — Pompe aspirante.

Torricelli, l'élève et l'ami de Galilée, réso-
lut entièrement le problème en établissant
que la colonne d'eau de 32 pieds fait
équilibre à la pression de l'Atmosphère
prise dans toute sa hauteur.

On a quelquefois, par un malentendu,
attribué à Pascal la belle invention de Torricelli. Voici comment le grand penseur
français rend lui-même compte de cette mé-
prise, en exposant ce qui lui appartient :
« Le bruit de mes expériences s'étant répandu dans Paris, on les confondit avec
celle d'Italie, et, dans ce mélange, les uns
me faisant un honneur qui ne m'était pas
dû, m'attribuaient cette expérience d'Italie,
et les autres, par une injustice contraire,
m'ôtaient celles que j'avais faites. Pour
rendre aux autres et à moi-même la justice
qui nous était due, je fis imprimer en 1647 les expériences qu'un an
auparavant j'avais faites en Normandie ; et afin qu'on ne les confondît

1. Cette expérience avait été faite d'une autre f. çon dix ans auparavant en France par JEAN REY,
comme nous l'a appris M. Moitessier. Ce médecin, né à Bugue sur la Dordogne, vers la fin du seizième siècle, publia en 1630 un remarquable opuscule, dans lequel il réfute l'opinion et les expériences des anciens, et établit lui-même la pesanteur de l'air de la manière suivante·

« Balançant l'air dans l'air mesme, et ne lui trouvant point de pesanteur, ils ont cru qu'il n'en
avait point. Mais qu'ils balancent l'eau (qu'ils croient pesante) dans l'eau mesme, ils ne lui en trouveront non plus; estant très véritable que nul élément pèse dans soi-mesme. Tout ce qui pèse dans
l'air, tout ce qui pèse dans l'eau, doidt soubs esgal volume contenir plus de poids (pour plus de
matière) que l'air ou l'eau dans lequel le balancement se pratique.

« Remplissez d'air à grand force un ballon avec un soufflet, vous trouverez plus de poids à ce
ballon plein qu'à lui-même étant vide. »

Ces quelques lignes établissent d'une manière indiscutable la priorité de la découverte du médecin français ; ce n'est, en effet, qu'en 1640 que Galilée fut conduit à soupçonner la pesanteur de
l'air.

plus avec celle d'Italie, j'annonçai celle-ci à part, et de plus en caractères italiques, au lieu que les miennes sont en romain ; et ne m'étant
pas contenté de la distinguer par toutes ces marques, j'ai déclaré en
mots exprès, dans cet avis au lecteur, que je ne suis pas inventeur de
celle-là ; qu'elle a été faite en Italie quatre ans avant les miennes, que
même elle a été l'occasion qui me les a fait entreprendre. »

C'est donc le refus de l'eau à s'élever au-dessus de dix mètres dans
les corps de pompe qui révéla à Torricelli
le poids de l'Atmosphère. Examinons d'abord
un instant le mécanisme et le jeu des pompes.

Tout le monde sait que ces appareils simples et antiques servent à élever l'eau par
aspiration, par pression ou par les deux
effets combinés. De là leur division en
pompe aspirante, *pompe foulante*, et *pompe
aspirante et foulante*. Avant Galilée, on attribuait, comme nous l'avons dit, l'ascension de
l'eau dans les pompes aspirantes à « l'horreur
de la nature pour le vide » ; mais cette ascension est simplement un effet de la pression
atmosphérique.

Concevons un tube à la partie inférieure
duquel se trouve un piston, et plongeons sa
partie inférieure dans l'eau. Si l'on vient à
élever le piston, le vide se fait au-dessous de

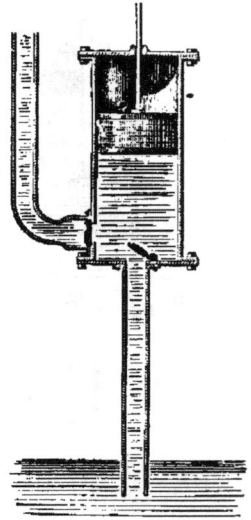

FIG. 23. — Pompe aspirante
et foulante.

lui, et la pression atmosphérique *s'exerçant sur la surface extérieure
du liquide* force celui-ci à s'élever dans le tube et à suivre le piston dans
son mouvement. C'est là simplement le principe de la pompe aspirante, qui se compose essentiellement d'un corps de pompe, dans lequel se meut un piston communiquant par un tuyau avec un réservoir
d'eau (fig. 22). Au point de jonction du corps de pompe et du tuyau
d'aspiration se trouve une soupape s'ouvrant de bas en haut ; de
même, dans l'épaisseur du piston se trouve une ouverture formée par
une soupape analogue.

Pour que l'eau puisse arriver jusqu'au corps de pompe, il faut que
la soupape d'aspiration soit à moins de 10 mètres au-dessus du niveau
de l'eau dans le puisard ; s'il en était autrement, l'eau s'arrêterait en
un certain point du tuyau, sans que le mouvement du piston pût la
faire élever davantage.

En outre, pour qu'à chaque ascension du piston on enlève un volume d'eau égal au volume du corps de pompe, il faut que le déversoir lui-même soit fait à moins de 10 mètres au-dessus du réservoir. On voit donc que la pompe aspirante ne permet pas d'élever l'eau à plus de 10 mètres de hauteur.

Mais une fois que l'eau a passé au-dessus du piston, la hauteur à laquelle on peut alors la porter ne dépend que de la force qui fait mouvoir le piston.

La pompe *aspirante et foulante* (fig. 23), après avoir élevé l'eau par aspiration, la renvoie plus loin par pression. A la base du corps de pompe, sur l'orifice du tube d'aspiration, est encore une soupape ouvrant de bas en haut. Une autre soupape s'ouvrant dans le même sens ferme l'ouverture du tube coudé qui vient se terminer dans un vase nommé le réservoir d'air. Enfin, de ce réservoir part un tube d'ascension destiné à élever l'eau à une hauteur plus ou moins considérable.

Enfin, la pompe *foulante* n'agit que par action mécanique et n'utilise pas la pression atmosphérique. Elle ne diffère de la précédente que parce qu'elle n'a pas de tuyau d'aspiration, son corps de pompe plongeant dans l'eau même qu'on veut élever.

Sur cette élévation de l'eau jusqu'à une certaine hauteur, le compatriote de Galilée, éloignant comme son maître toute idée de cause occulte, exposa que *le poids de l'air du réservoir force l'eau à monter dans le tube dont on soutire l'air*, et cela jusqu'à ce que le poids de l'eau élevée dans le tube équivaille celui de l'air pesant sur une section égale du réservoir. Il arriva, par une simple conséquence de ce raisonnement, à créer le Baromètre.

Pour exercer des pressions égales, les colonnes liquides doivent avoir des hauteurs qui soient en raison inverse de leur densité ; donc un liquide qui pèserait deux fois plus que l'eau ferait équilibre à l'Atmosphère avec une colonne de 16 pieds, et le mercure, qui pèse à peu près 13 fois et demie (13,6) plus que l'eau, doit faire équilibre avec une colonne égale à 32 pieds divisés par 13,6, ce qui donne 760 millimètres. C'est une conséquence facile à vérifier. On prend un tube de verre d'un mètre de longueur, fermé par un bout ; on le remplit de mercure, et ensuite, après l'avoir bouché avec le doigt (fig. 25), on le retourne verticalement pour en plonger l'extrémité dans une cuvette remplie de même liquide. Aussitôt qu'on enlève le doigt, *le mercure intérieur descend de plusieurs centimètres*, puis il

EXPÉRIENCE FAITE A ROUEN PAR PASCAL POUR CONSTATER LA PRESSION ATMOSPHÉRIQUE
AU MOYEN D'UN GRAND BAROMÈTRE (1646).

s'arrête (fig. 26) ; l'équilibre est établi, la colonne liquide qui reste
suspendue dans le tube est une véritable balance, car son poids, c'est-
à-dire sa hauteur, fait précisément équilibre à la pression atmosphérique. C'est le poids de l'air sur le mercure de la cuvette qui tient en
équilibre la colonne.

A ce tube de mercure ainsi posé verticalement sur une cuvette de

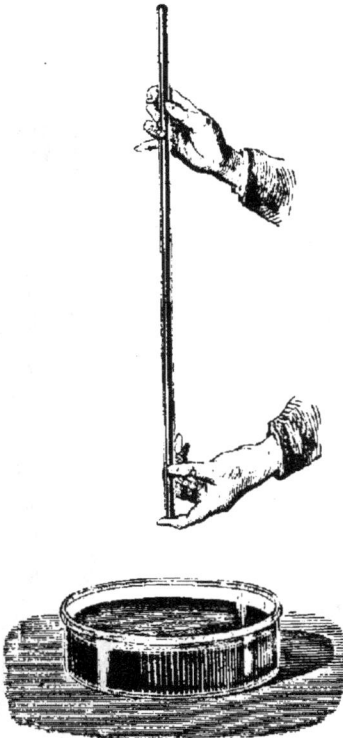

FIG. 25. — Le tube plein de mercure.   FIG. 26. — Le tube dans la cuvette.

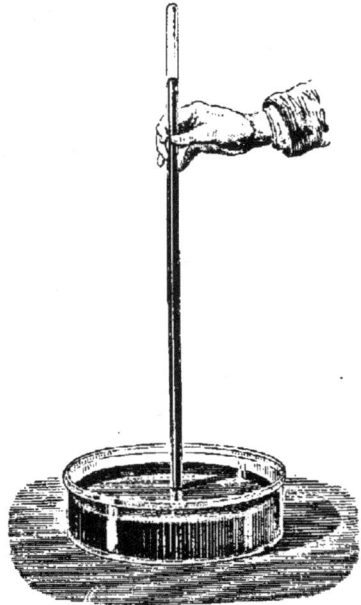

mercure, Torricelli donna le nom de *baromètre*, c'est-à-dire d'appareil
indiquant le poids de l'air (du grec βάρος, poids, et μέτρον, mesure).

Le baromètre se compose donc essentiellement d'un tube de mercure plongé dans une cuvette. Nous verrons plus loin quelles sont ses
nombreuses applications ; ici l'important était de définir son principe. Ce baromètre réduit à ses plus simples conditions s'appelle le
baromètre normal (fig. 27) [1].

1. On peut remarquer sur cette figure que le sommet de la colonne est légèrement bombé, ce qui
arrive toutes les fois que le baromètre monte. Quand le baromètre descend, c'est au contraire un

L'invention du baromètre par Torricelli date de l'année 1642.

Quatre ans plus tard, en 1646, Pascal renouvela l'expérience en France par un véritable *baromètre à eau*, et même par un *baromètre à vin*. C'était à Rouen : son tube avait 46 pieds de long, et pour s'éviter la difficulté, insurmontable à cette époque, d'en épuiser l'air directement, il le fit sceller à un bout, le remplit de vin, et ferma l'autre bout par un bouchon. Alors, à l'aide de cordes et de poulies, le tube fut redressé verticalement, et l'extrémité inférieure fut plongée dans un vase d'eau. Au moment où l'on enleva le bouchon qui la tenait fermée, toute la colonne liquide s'abaissa dans le tube jusqu'à ce que son sommet fût à environ 32 pieds au-dessus du niveau de l'eau du vase. Les 14 pieds qui étaient au-dessus étaient privés d'air. Ainsi la colonne liquide faisait à elle seule équilibre à la pression atmosphérique : d'où il conclut qu'une colonne d'eau (ou de vin de même densité) de 32 pieds de hauteur pèse autant qu'une colonne d'air de même base. La surface de la Terre est pressée comme si elle était recouverte d'une couche d'eau de 32 pieds de hauteur ; et nous, qui vivons au fond de l'océan de l'air, nous subissons la même pression.

Si c'est la pression de l'air qui cause l'élévation du mercure ou de l'eau, en s'élevant à diverses hauteurs dans l'Atmosphère, le poids de la colonne de mercure soulevée, et par conséquent la grandeur de cette colonne, doit diminuer graduellement de quantités correspondantes aux couches d'air laissées au-dessous de soi. L'expérience fut exécutée sur le Puy de Dôme d'après les instructions de Pascal, par son beau-frère, Florin Périer, le 19 septembre 1648. A Clermont, au couvent

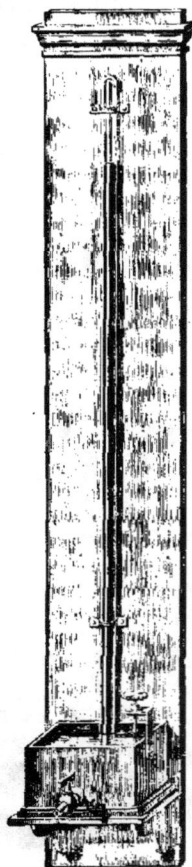

FIG. 27.
Baromètre normal.

creux, dû à l'attraction du tube de verre auquel le liquide tend à rester adhérent. Sur la cuvette, une petite pointe mobile à l'aide d'une vis peut être descendue juste au contact avec son image à la surface du mercure. La hauteur barométrique peut de la sorte être mesurée avec la plus grande précision. C'est le sommet du ménisque (ou le creux si le baromètre descend) qui donne la hauteur précise. Plus le tube est large, meilleur est l'instrument, à cause de la capillarité du verre. Il faut que l'intérieur du tube ait *plus de* 1 centimètre de diamètre, autrement le mercure restera au-dessous du niveau qu'il doit avoir (à 1 centimètre il est encore trop bas de $0^{mm},3$, à 1 centimètre 1/2 de $0^{mm},1$).

des Minimes, le mercure s'arrêta à 26 pouces 3 lignes et demie, tandis qu'au sommet de la montagne, à 500 toises au-dessus du couvent, il descendit à 23 pouces 2 lignes. Aujourd'hui le fait se constate tous les jours depuis qu'un observatoire a été installé au sommet du Puy de Dôme. L'expérience fut répétée par Pascal même sur la tour Saint-Jacques à Paris. (La hauteur de cette tour étant de 52 mètres, la différence de hauteur du baromètre est d'environ 5 millimètres.)

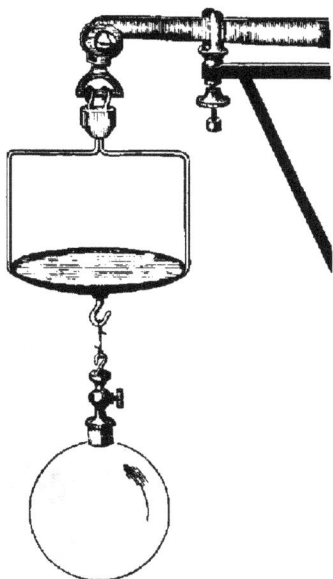

FIG. 28. — Globe de verre pesé vide d'air et plein d'air

Les résultats furent décisifs, et l'on eut dans le baromètre un moyen facile et sûr de mesurer le poids total de l'Atmosphère et les variations de la pression qu'elle exerce en divers temps et en divers lieux à la surface du globe.

Ainsi, c'est de 1640 à 1648 que fut démontrée la pression atmosphérique, par la construction du baromètre et les expériences auxquelles les chercheurs se livrèrent immédiatement.

Par une coïncidence très fréquente dans l'histoire des sciences, tandis qu'on étudiait en Italie et en France les indications du baromètre, on s'occupait en Hollande de constater précisément le poids de l'air, mais par une tout autre méthode.

En 1650, Otto de Guéricke, bourgmestre de Magdebourg, invente la machine pneumatique, par laquelle on peut soutirer l'air contenu dans un récipient, et faire le *vide* presque absolu.

La même année, l'ingénieux inventeur imagine de peser un globe de verre, d'abord en lui laissant l'air qu'il contient, puis en lui enlevant cet air par la machine pneumatique. Le globe vide d'air est trouvé moins lourd que plein d'air, avec une différence de 1^{gr},29 pour chaque litre dont se compose la capacité du globe.

Déjà Aristote avait soupçonné que l'air est pesant. Pour s'en assurer, il avait pesé une outre, d'abord vide, puis *gonflée* d'air ; car, disait-il, si l'air est pesant, l'outre doit être plus lourde dans le second cas que dans le premier. L'expérience n'ayant pas confirmé ses prévisions, il en avait conclu que l'air n'a pas de poids. Cependant, plusieurs philosophes

EXPÉRIENCE BAROMÉTRIQUE DE PASCAL, SUR LA TOUR SAINT-JACQUES, A PARIS (1648).

de l'antiquité admettaient la matérialité de l'air comme un fait. Ainsi l'école d'Épicure comparait les effets du vent à ceux de l'eau en mouvement, et regardait les éléments de l'air comme des corps invisibles; Lucrèce en parle longuement. Toutefois, pendant le règne de la philosophie péripatéticienne, on admit que l'air était sans poids, et un petit nombre seulement de philosophes ne partagèrent pas cette erreur.

Nous venons de voir qu'en répétant d'une manière judicieuse l'expérience d'Aristote, Otto de Guéricke a prouvé le poids réel de l'air. Si Aristote avait trouvé le contraire, cela tient au changement de volume de l'outre dans ses deux essais; car tout corps pesé dans un fluide perd en poids une quantité égale au poids du fluide déplacé. L'outre employée par Aristote eût été plus lourde pesée dans le vide. Supposons qu'on y introduisit par insufflation environ 30 décimètres cubes d'air : son poids augmentait de 4 grammes environ, mais en même temps l'outre s'était gonflée; son volume s'était accru de 30 décimètres cubes, et déplaçait un volume d'air d'un poids égal, de telle sorte que sa perte en poids était également de 4 grammes, et qu'en définitive son poids restait le même; mais dans l'expérience d'Otto de Guéricke le vase avait toujours la même capacité, qu'il fût vide ou plein d'air; et sa perte en poids par l'air déplacé étant la même dans les deux cas, on devait trouver une différence qui démontrât la pesanteur de l'air.

Otto de Guéricke imagina en même temps les *hémisphères de Magdebourg*, ainsi nommés de la ville où ils furent inventés, et qui consistent en deux hémisphères creux, de cuivre, de 10 à 12 centimètres de diamètre (fig. 30). Ils s'emboîtent hermétiquement l'un dans l'autre. L'un des hémisphères porte un robinet qui peut se visser sur la platine de la machine pneumatique, et l'autre un anneau qui sert de poignée pour le saisir et le tirer. Tant que les deux hémisphères, étant en contact, comprennent entre eux de l'air, on les sépare sans difficulté, car il y a équilibre entre la force expansive de l'air intérieur et la pression extérieure de l'Atmosphère; mais une fois que le vide est fait, on ne peut plus les séparer sans un effort considérable. Dans une de ses expériences, le savant bourgmestre fit tirer chaque hémisphère par *quatre forts chevaux* (et non pas huit ou douze, comme le montrent beaucoup de figures populaires) sans parvenir à les séparer : le diamètre était de 65 centimètres: ce qui donne le chiffre de 3428 kilogrammes pour la pression atmosphérique exercée dans la direction de la résistance.

La pression de l'Atmosphère sur un centimètre carré de surface est équivalente au poids d'une colonne de mercure dont le volume est de 76 centimètres cubes, ce qui correspond à 1^{kg},033.

Il est facile (et curieux) d'en conclure que, la superficie du corps d'un homme de taille moyenne étant d'un mètre carré et demi, c'est-à-dire de 15000 centimètres carrés, chacun de nous porte une charge de 15500 kilogrammes!

Si nous ne sommes pas écrasés sous cette énorme pression, c'est parce qu'elle n'agit pas seulement dans le sens de la verticale; l'air nous entourant de tous côtés, sa pression se transmet sur notre corps dans tous les sens, et par suite se neutralise. L'air pénètre librement et avec sa pression tout entière dans les cavités les plus profondes de notre organisme; dès lors nous supportons *du dedans au dehors* la même charge que du dehors au dedans, et par suite ces poids s'équilibrent exactement.

On démontre facilement cette pression atmosphérique par l'expérience bien connue du *crève-vessie*.

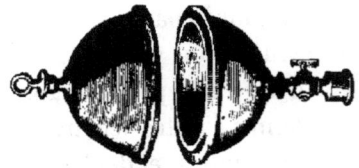

FIG. 30. — Hémisphères de Magdebourg.

Prenons un manchon de verre fermé hermétiquement, à sa partie supérieure, par une membrane de baudruche, et dont l'autre extrémité s'applique exactement (fig. 31) sur le récipient de la machine pneumatique. Aussitôt qu'on commence à faire le vide dans ce manchon, la membrane se déprime sous la pression atmosphérique qu'elle supporte, et bientôt crève avec une détonation causée par la rentrée subite de l'air.

L'inverse arrive si l'on diminue la pression extérieure. En plaçant un oiseau sous le vide de la machine pneumatique, nous voyons son corps se gonfler, le sang en jaillir avec violence, et peu après le petit être périr, boursouflé, victime d'une sorte d'explosion inverse de la précédente.

Ce fait est encore confirmé, comme nous le verrons plus loin, par les ascensions à de grandes hauteurs. Quand on atteint des régions où l'air est notablement raréfié, les membres se gonflent et le sang tend à s'échapper de l'épiderme par suite du manque d'équilibre entre sa propre tension et celle de l'air extérieur.

On s'amuse parfois à constater la pression atmosphérique par une expérience fort simple : On remplit exactement d'eau un verre, et l'on pose à la partie supérieure une feuille de papier; en y appliquant la paume de la main, on peut le renverser sans que le liquide tombe : ce qu'il faut attribuer à la pression normale que l'Atmosphère exerce sur la feuille de papier (fig. 32). Le rôle de cette feuille est d'empêcher le mouvement individuel des molécules liquides, qui sans elle obéiraient séparément à l'action de la pesanteur, en même temps que l'air s'introduirait dans le verre. Toutefois, si l'ouverture était suffisamment petite, l'adhérence du liquide contre les parois produirait le même effet et la feuille deviendrait inutile. C'est ainsi, par exemple, que bien que l'on pratique une petite ouverture sous un tonneau plein, le liquide ne s'écoule pas, et il faut, pour que l'écoulement ait lieu, « donner de

FIG. 31. — Pression atmosphérique.
Rupture d'équilibre.

FIG. 32. — Pression atmosphérique
sous un verre renversé.

l'air » à la partie supérieure par une seconde ouverture. Le petit tube appelé pipette, qui garde le vin tant que le doigt reste appliqué au-dessus, fonctionne par le même principe.

Nous venons de dire que là où l'on fait le vide, la pression de l'air atmosphérique est d'environ 1^{kg},033 par centimètre carré. C'est cette pression qui retient aux rochers les mollusques qui ont fait le vide sous leur coquille. La mouche pompant l'air et se collant au plafond nous en fournit un autre exemple. Les ventouses appliquées sur les membres n'agissent que par le même principe, et à chaque pas l'observation peut nous montrer un fait organique fondé sur les effets de la pression atmosphérique.

Tels sont les faits généraux et les expériences qui ont démontré la réalité du poids de l'air et sa valeur numérique, et donné naissance à l'instrument destiné à la mesure permanente de ce poids : au baromètre. Il importe maintenant d'appliquer ces notions à l'étendue de l'Atmosphère, que déjà nous avons essayé d'apprécier dans le chapitre précédent.

Au fond de l'océan aérien, la pression soutient en moyenne la colonne barométrique à la hauteur de 760 millimètres, quel que soit d'ailleurs le diamètre du tube.

Des expériences plusieurs fois répétées par les physiciens les plus habiles, et dont on a vérifié la complète exactitude, ont montré que le poids de l'air à 0 degré de température, et sous une pression de 760 millimètres, est au poids d'un volume égal de mercure dans le rapport de l'unité à 10 509, c'est-à-dire que 10 509 millimètres cubes

Expérience des hémisphères de Magdebourg (1650).

d'air, par exemple, pèsent autant que 1 millimètre cube de mercure. Il suit de là qu'il faut s'élever de 10 509 millimètres, ou de 10 mètres et demi, pour que le mercure s'abaisse de 1 millimètre dans le tube du baromètre. Si la densité des couches d'air était partout la même, on pourrait facilement déduire du résultat précédent, non seulement la hauteur d'un lieu quelconque dans lequel le baromètre aurait été observé, mais encore la hauteur totale de l'Atmosphère. Il est clair, en effet, que si un abaissement de 1 millimètre dans la hauteur du baromètre correspondait à un déplacement vertical de $10^m,509$, un abaissement de 760 millimètres, qui est la hauteur totale du baromètre, devrait correspondre à $10^m,509$ pris 760 fois, ou à 7986 mètres.

Telle serait la hauteur de l'Atmosphère si sa densité restait la même avec la hauteur; mais comme ces couches fluides pèsent les unes sur les autres : les plus basses sont les plus comprimées, les plus denses, tandis que les plus élevées, ne supportant aucune pression, peuvent s'étendre au loin. Il résulte de là qu'il faudra parcourir en hauteur, pour faire baisser le mercure du baromètre de 1 millimètre, un espace qui dépassera d'autant plus $10^m,509$ qu'on se trouvera dans une couche d'air plus rare ou plus élevée.

Halley est le premier qui ait cherché à calculer une formule permettant d'obtenir les hauteurs par les observations barométriques.

Nous avons traité, dans le chapitre précédent, l'intéressante question de la hauteur de l'Atmosphère et nous n'avons pas à y revenir ici. Dans un chapitre prochain, nous passerons en revue les plus hautes excursions faites dans l'Atmosphère, soit en ballon, soit sur les plus hautes montagnes. Constatons simplement ici que le baromètre peut servir à mesurer ces altitudes. Si l'on s'élève verticalement dans l'Atmosphère, à des hauteurs successives qui croissent en progression arithmétique, la densité des couches d'air correspondantes diminue en progression géométrique. Cette progression existerait mathématiquement si la température était partout la même, et le calcul des hauteurs ne serait guère plus compliqué qu'en admettant une densité constante ; mais la température de l'air diminue à mesure qu'on s'élève : la loi de la variation des densités n'est donc pas aussi simple, puisque les couches supérieures sont plus condensées par le froid que les couches inférieures. La variation de la température avec la hauteur est même assez compliquée.

D'autre part, les couches atmosphériques renferment toujours une certaine quantité de vapeur d'eau, dont le poids s'ajoute irrégulièrement à celui de l'air supposé sec. De plus, le poids d'un corps quelconque, et par conséquent celui d'une couche d'air, est d'autant moindre que le corps est plus loin du centre de la Terre. La pesanteur des corps variant, en outre, avec la latitude, à cause de la force centrifuge qui naît du mouvement de rotation diurne, il en résulte que, pour qu'une même formule puisse être indistinctement employée dans le calcul des observations en différents points du globe, il est indispensable qu'elle renferme la latitude du lieu de l'observation, comme élément variable.

Laplace a publié dans la *Mécanique céleste* les corrections auxquelles ces diverses causes donnent lieu dans la mesure des hauteurs, et a déduit ainsi de la seule théorie une formule dont l'exactitude a été constatée par un grand nombre d'expériences. Dans la pratique, on abrège les calculs que nécessite la formule de Laplace, et l'on se sert de tables, dont la plus commode est celle que publie chaque année l'*Annuaire du Bureau des Longitudes*.

Pour obtenir la hauteur d'une montagne, deux personnes, munies d'instruments comparés, font au même instant, l'une au sommet et l'autre au pied, l'observation de la hauteur du baromètre; elles ont soin d'observer en même temps les thermomètres qui sont enchâssés dans les montures de ces instruments, et ceux qui sont destinés à donner la température de l'air libre. Deux observations suffisent à la rigueur; mais, lorsqu'on le peut, il est bon de multiplier les déterminations, parce qu'on augmente alors les chances de compensation des erreurs.

Un observateur isolé et muni de bons instruments peut aussi déterminer la différence de niveau de deux stations peu éloignées, avec une exactitude suffisante, s'il a l'attention d'observer le thermomètre et le baromètre dans la station inférieure au moment du départ et à son retour. La comparaison de ces observations lui donne, en effet, la marche horaire des deux instruments.

Lorsqu'on est parvenu, par une longue suite d'observations, à déterminer les hauteurs moyennes du baromètre et du thermomètre dans un lieu quelconque, on peut les employer à calculer l'élévation absolue de ce lieu, en prenant pour observations correspondantes les hauteurs moyennes du baromètre et du thermomètre au niveau de l'Océan.

Nous avons vu qu'au niveau de la mer et à 0 degré de température il faut s'élever de 10 mètres et demi pour voir le mercure s'abaisser de 1 millimètre. En s'élevant à 21 mètres, le mercure sera abaissé de 2 millimètres, et ainsi de suite, pour une faible hauteur; mais la diminution de pression ne tarde pas à devenir rapide, et l'intervalle augmente vite pour une différence de 1 millimètre [1].

On a fait aujourd'hui un nombre assez considérable d'observations barométriques à différentes hauteurs pour que nous puissions nous représenter exactement cette décroissance, non plus théoriquement, mais par l'observation directe. En prenant une série d'observations

1. Voy. à l'Appendice le tableau de la Hauteur en mètres pour une différence de 1 millimètre de pression barométrique.

faites à des hauteurs bien différentes, nous formons la petite table suivante. Les hauteurs sont ramenées à la température de zéro.

	Altitude.	Hauteur du baromètre.
Au niveau de la mer	0^m	760^{mm}
Hauteur moyenne à l'observatoire de Paris	67	756
Hauteur moyenne à Strasbourg	144	751
Dijon (Côte-d'Or)	245	742
Observatoire de Genève	408	726
A Rodez (Aveyron)	630	709
Au sommet du Vésuve	1200	660
Guatemala (Amérique)	1480	641
A Guanaxuato	2084	600
A l'hospice du Grand Saint-Bernard	2478	563
Au sommet du Faulhorn	2674	555
Ville de Quito	2906	534
Au sommet de l'Etna	3320	510
Au sommet du Mont-Blanc	4800	424
Plus haut village du monde, Thock-Jalung (Thibet).	4979	413
Sur le Chimboraço	6100	360
Au sommet de l'Ibi-Gamin (Himalaya), plus haute montagne escaladée (Schlagintweit)	6760	340

Cette série satisfaisante d'observations barométriques, que nous pouvons établir grâce aux nombreuses ascensions faites sur les montagnes, et qui a donné la formule pour déduire la hauteur d'un ballon de l'observation barométrique faite dans la nacelle, cette série d'expériences nous permet aussi d'essayer de représenter par une courbe et par une teinte cette décroissance si rapide du poids de l'Atmosphère. Dans la figure 34, la ligne horizontale qui forme la base représente l'état du baromètre au niveau de la mer (760 millimètres). Chaque ligne horizontale reproduit la hauteur relative du baromètre suivant l'élévation, représentée elle-même par la verticale. On voit par la teinte qu'à 2600 mètres la pression est déjà diminuée d'un quart, qu'à 5500 elle l'est de moitié, et qu'à 9500 elle l'est des trois quarts! La hauteur supérieure représente celle que M. Glaisher croit avoir atteinte en ballon; mais il avait perdu connaissance à 8838 mètres.

La hauteur du baromètre diminue donc rapidement à mesure qu'on s'élève au-dessus du niveau de la mer. Mais *elle n'est pas la même sur la surface entière du globe,* au niveau de la mer. Elle est plus basse à l'équateur que sous les tropiques. De part et d'autre de l'équateur, où, corrigée de la pesanteur, elle est de 758 millimètres, elle s'élève jusqu'au 33e degré de latitude, où elle atteint 766 millimètres. Puis elle décroît jusqu'au 43ᵉ degré (762 millimètres), vers lequel elle reste stationnaire jusqu'au 48ᵉ. Elle continue ensuite de décroître jusqu'au 64ᵉ degré, où elle est descendue à 753 millimètres. Enfin, de là elle remonte jusqu'aux dernières latitudes observées, au Spitzberg, 75ᵉ degré, où la hauteur du baromètre est de 768. Entre la pression

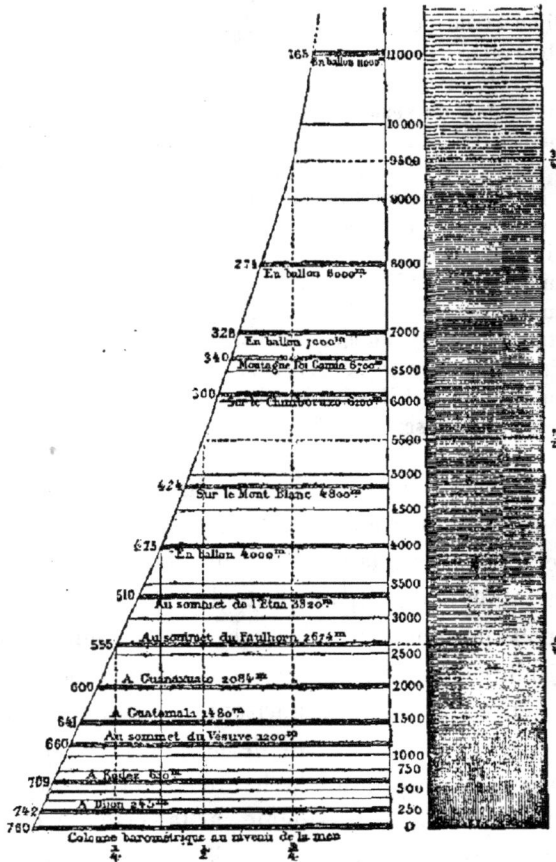

Fig. 34. — Diagramme de la décroissance rapide de la pression atmosphérique selon la hauteur. Colonnes barométriques pour diverses hauteurs.

au 33ᵉ degré et celle au 64ᵉ, il y a donc 12 millimètres de différence.

Je résume ces observations, et j'en trace la courbe suivante (fig. 35) d'après les mémoires de Humboldt, sir John Herschel, Beechey, Poggendorf et Erman. Chaque millimètre du baromètre est représenté par 1 millimètre d'élévation sur les ordonnées, tracées de 5 en 5 degrés de latitude. L'irrégularité de la courbe provient de l'insuffisance des observations. En réalité, elle doit être plus harmonieuse.

Ces variations dans la pression atmosphérique sont probablement dues aux alisés et aux courants supérieurs, qui soulèvent légèrement la masse entière de l'atmosphère.

On conçoit facilement que la latitude puisse avoir une influence sur la pression de l'air, puisque les conditions de température, de pesanteur et de mouvement rotatoire varient avec elle. On s'explique moins facilement celle de la longitude. Cependant elle existe. A latitude égale, la pression moyenne de l'Atmosphère est de $3^{mm},5$ plus forte sur l'océan Atlantique que sur l'océan Pacifique.

La hauteur du baromètre change à chaque instant. Cependant, en

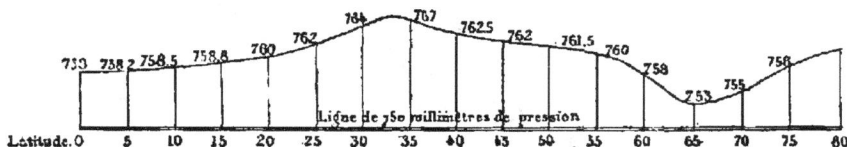

Fig. 35. — Variation de la pression atmosphérique, au niveau de la mer, de l'équateur aux pôles.

examinant les hauteurs moyennes, on peut construire une carte des lignes d'égale pression moyenne ou *isobares* à la surface de notre planète. Ainsi on a vu au tableau précédent que la pression barométrique moyenne à l'Observatoire de Paris est de 756 millimètres, et que l'altitude est là de 67 mètres. Cette altitude donne pour la réduction au niveau de la mer et à zéro une différence de 6 millimètres ; donc la pression moyenne à Paris, au niveau de la mer, est de 762 millimètres [1].

La principale difficulté dans le calcul des altitudes est la connaissance du niveau moyen de la mer. L'équilibre n'est pas absolu à la surface des mers; leur niveau est influencé par plusieurs causes : la force centrifuge dans la zone équatoriale, les vents, la pression barométrique et la température; ajoutons la configuration des côtes, qui donne à l'action des vents et à celle de la marée un effet différent.

---

1. La carte des lignes isobares en France (fig. 36) a été construite par M. Renou, d'après un certain nombre de séries d'observations faites avec de bons instruments à des altitudes bien connues. Ces points y sont indiqués avec les hauteurs barométriques réduites au niveau de la mer: pour faire cette réduction, l'auteur s'est servi des températures telles qu'elles résultent du tracé des isothermes de la France. Il a tenu compte de toutes les corrections de variation de la pesanteur en latitude et altitude ; comme partout il s'agit de plateaux, la correction a été réduite aux 5/8 de celle qui correspondrait à des hauteurs en ballon, d'après les calculs de Poisson.

Ce travail est l'analogue de celui que Humboldt a fait autrefois pour la distribution de la température à la surface du globe.

Les lignes d'égale pression ou *isobares* sont d'abord assez régulièrement distribuées quand on va du nord au sud : elles se dirigent de l'ouest-sud-ouest à l'est-nord-est ; la ligne isobare de 761 millimètres passe par le midi de l'Angleterre et des Pays-Bas; celle de $762^{mm},50$ près de Tours et de Nancy. Mais le centre de la France offre une ligne de pression maximum très remarquable : la

Tout le monde sait que la mer monte plus vite qu'elle ne descend ; quand les golfes sont resserrés, cet effet est plus prononcé : le long des côtes, la mer doit être plus haute qu'à une certaine distance. Le niveau de la mer à Marseille est plus bas de 80 centimètres que

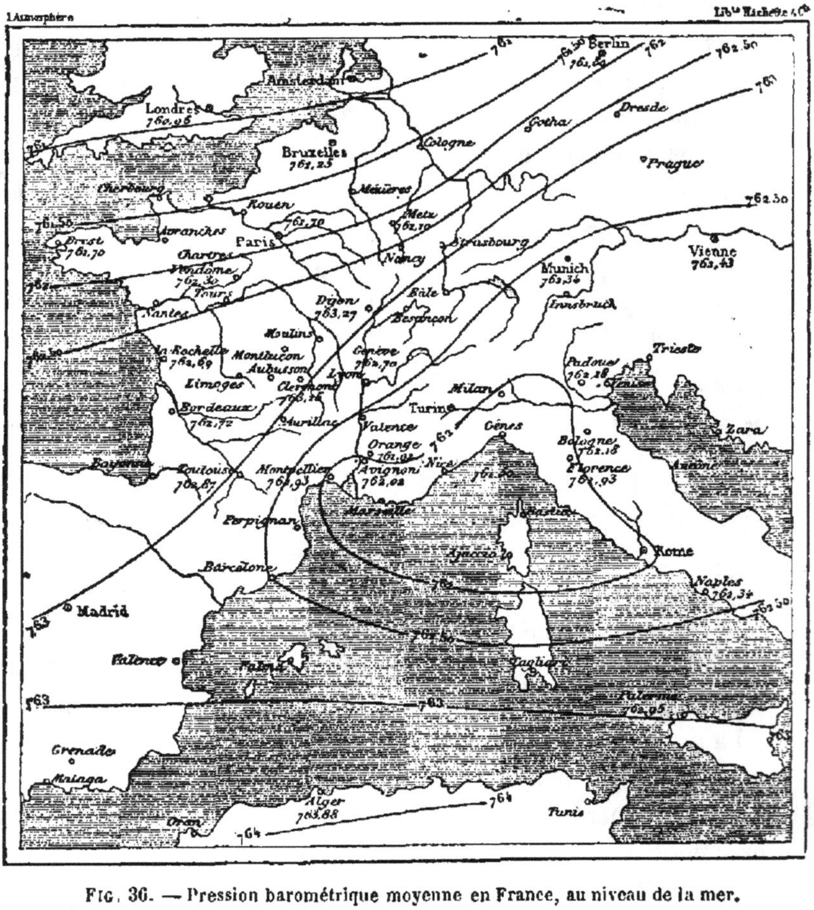

FIG. 36. — Pression barométrique moyenne en France, au niveau de la mer.

le niveau moyen de l'Océan sur nos côtes. La Méditerranée doit être un plan incliné qui s'abaisse du détroit de Gibraltar jusqu'aux côtes

ligne isobare de 763 millimètres traverse diagonalement la France, en passant près de Strasbourg, Chaumont, Dijon, Clermont et Toulouse ; de l'autre côté, vers le sud-est, la pression diminue, et elle atteint un minimum non moins remarquable sur le golfe de Gênes, où la pression se réduit à 761mm,50 environ. La courbe de 762 millimètres est fermée, et son tracé est assez bien connu, à cause des points nombreux où l'on a fait de bonnes observations.

Sur l'Atlantique, on trouve un maximum de pression à 35 degrés de latitude nord et un minimum vers l'Islande. On rencontre un minimum de pression considérable à 16 degrés de latitude sud, vers Sainte-Hélène, puis le minimum principal du monde au sud du cap Horn : la pression n'y dépasse pas 745 millimètres.

Sur le continent asiatique, la distribution est absolument différente, et la Sibérie offre un maximum de 768 millimètres environ entre Nertchinsk et Barnaoul.

de Syrie. L'attraction des continents et des montagnes modifie de son côté le niveau de la mer en l'élevant graduellement vers les rivages : à Nice la mer paraît de 20 mètres plus élevée qu'au large.

Ce premier tableau général du poids de l'air et de sa pression sur la surface sphérique du globe doit s'arrêter à cette esquisse. C'est en quelque sorte la statique. Nous arriverons bientôt à la dynamique. L'Atmosphère est sans cesse en mouvement, par ses déplacements partiels, horizontaux, verticaux et obliques, à la surface du globe. Il en résulte que le poids de l'air sur un lieu donné, ou la hauteur du baromètre, varie sans cesse. La chaleur solaire donne naissance à des *variations diurnes* et à des *variations mensuelles* régulières, dont l'intensité diffère suivant les latitudes. Le déplacement des grands courants donne naissance à des variations étendues sur d'immenses surfaces.

Les changements de temps s'annoncent par ces fluctuations liées à la pression générale. Ces variations dans la pression barométrique seront présentées et analysées plus loin, dans l'exposé de l'état actuel des déductions de la science relatives au grand problème pratique de la prévision du temps.

A propos du poids général de l'Atmosphère, nous ne pouvons clore ce chapitre sans signaler ce poids numérique lui-même.

Sous ce titre : *Combien pèse la masse entière de tout l'air qui est au monde*, Pascal a écrit, au moment où il s'adonnait à ses célèbres expériences sur la pression atmosphérique, un petit travail aussi simple que curieux, première ébauche de tout ce qui a été composé depuis sur ce sujet, et qui contient dès le principe la réponse absolue à la question que nous venons de souligner.

Nous apprenons par ces expériences, dit-il, que l'air qui est sur le niveau de la mer pèse autant que l'eau à la hauteur de 31 pieds 2 pouces ; mais parce que l'air pèse moins sur les lieux plus élevés, et qu'ainsi il ne pèse pas sur tous les points de la terre également, on ne peut pas prendre un pied fixe qui marque combien tous les lieux du monde sont chargés ; mais on peut en prendre un par conjecture, bien approchant du juste ; comme, par exemple, on peut faire état que tous les lieux de la terre en général, considérés comme également chargés d'air, le fort portant le faible, en sont autant pressés que s'ils portaient de l'eau à la hauteur de 31 pieds ; et il est certain qu'il n'y a pas un demi-pied d'eau d'erreur en cette supposition.

Or nous avons vu que l'air qui est au-dessus des montagnes hautes de 500 toises pèse autant que l'eau à la hauteur de 26 pieds 11 pouces. Par conséquent, tout l'air qui s'étend depuis le niveau de la mer jusqu'au haut des montagnes hautes de 500 toises pèse à peu près la septième partie de la hauteur entière.

L'EXPLORATION DE L'ATMOSPHÈRE ET LES PLUS HAUTES MONTAGNES DU MONDE.

Nous voyons aussi de là que si toute la sphère de l'air était pressée et comprimée contre la terre par une force qui, la poussant par le haut, la réduisit en bas à la moindre place qu'elle puisse occuper, et qu'elle la réduisît comme en eau, elle aurait alors la hauteur de 31 pieds seulement. On peut considérer toute la masse de l'air de la même sorte que si elle eût été raréfiée et dilatée extrêmement, et convertie en cet état où nous l'appelons air, auquel elle occupe, à la vérité, plus de place, mais auquel elle conserve précisément le même poids.

Et comme il n'y aurait rien de plus aisé que de supputer combien l'eau qui environnerait toute la terre à 31 pieds pèserait de livres, et qu'un enfant pourrait le faire, on trouverait, par le même moyen, combien tout l'air de la nature pèse, puisque c'est la même chose; et si on en fait l'épreuve, on trouvera qu'il pèse à peu près huit millions de millions de millions de livres.

J'ai voulu avoir ce plaisir, et j'en ai fait le compte en cette sorte : En multipliant le diamètre de la terre par la circonférence de son grand cercle, on trouve qu'elle a en toute sa superficie sphérique 16 495 200 lieues carrées ;

C'est-à-dire 103 095 000 000 000 toises carrées ;

C'est-à-dire 3 711 420 000 000 000 pieds carrés.

Et parce qu'un pied cube d'eau pèse 72 livres, il s'ensuit qu'un prisme d'eau d'un pied carré de base et de 31 pieds de haut pèse 2232 livres.

Donc, si la terre était couverte d'eau jusqu'à la hauteur de 31 pieds, il y aurait autant de prismes d'eau de 31 pieds qu'elle a de pieds carrés en toute sa surface.

Donc cette masse d'eau entière pèserait 8 283 889 440 000 000 000 livres. Et tout l'air qui est au monde pèse ce même poids, c'est-à-dire huit millions de millions de millions, deux cent quatre-vingt-trois mille huit cent quatre-vingt-neuf millions de millions, quatre cent quarante mille millions de livres.

Ce curieux calcul de Pascal n'est pas essentiellement modifié par les mesures contemporaines. Nous pouvons arriver à la même détermination par un autre procédé.

La pression atmosphérique est de 1033 grammes par centimètre carré, ou de 103 kilogrammes par décimètre carré, ou de 10 330 kilogrammes par mètre carré.

Une surface de 10 mètres carrés, supportant un poids d'air cent fois plus grand que le précédent, représente 1 033 000 kilogrammes. Une surface de 100 mètres carrés supporte 103 300 000 ; et une surface de 1000 mètres carrés 10 330 000 000 : 10 milliards 330 millions de kilogrammes d'air.

Or la surface totale du globe est d'environ 510 millions de kilomètres carrés. En multipliant le nombre précédent par 510 millions, on obtient le poids colossal de 5 quintillions 268 quatrillions de kilogrammes. A cause des plateaux qui s'élèvent sensiblement au-dessus du niveau de la mer, nous pouvons admettre, en nombre rond,

CHAPITRE V

C'est au grand chimiste français Lavoisier que la science est redevable de la découverte de la composition chimique de l'air.

Remontons directement aux recherches de ce laborieux observateur, et écoutons de sa propre bouche le résumé de ses curieuses études.

Notre Atmosphère, remarque-t-il, doit être formée de la réunion de toutes les substances susceptibles de demeurer dans l'état aériforme au degré habituel de température et de pression que nous éprouvons.

Ces fluides forment une masse de nature à peu près homogène, depuis la surface de la Terre jusqu'à la plus grande hauteur à laquelle on soit encore parvenu, et dont la densité décroît en raison inverse des poids dont elle est chargée; mais il est possible que cette première couche soit recouverte d'une ou de plusieurs autres, de fluides très différents.

Quel est le nombre et quelle est la nature des fluides élastiques qui composent cette couche inférieure que nous habitons?

Après avoir établi que la chimie présente deux méthodes essentielles pour l'étude des corps, savoir l'analyse et la synthèse, Lavoisier décrit comme il suit sa fameuse expérience de la première analyse de l'air :

J'ai pris un matras (fig. 39) de 36 pouces cubiques environ de capacité, dont le col était très long et avait 6 à 7 lignes de grosseur intérieurement. Je l'ai courbé, comme on le voit représenté (fig. 40), de manière qu'il pût être placé sur un fourneau (M), tandis que l'extrémité (e) de son col irait s'engager sous la cloche (G), placée dans le bain de mercure. J'ai introduit dans ce matras 4 onces de mercure très pur, puis, en suçant avec un siphon que j'ai introduit sous la cloche, j'ai élevé le mercure jusqu'en L ; j'ai marqué soigneusement cette hauteur avec une bande de papier collé, et j'ai observé exactement le baromètre et le thermomètre.

Les choses ainsi préparées, j'ai allumé du feu dans le fourneau, et je l'ai entre-

5 quintillions (Pascal n'avait trouvé que 4 quintillions). C'est le poids réel de toute l'atmosphère terrestre.

Le volume de la Terre est de 1 079 540 millions de kilomètres cubes. Si la Terre était un globe d'eau à sa densité maximum de 4 degrés, elle pèserait 1 079 540 quintillions de kilogrammes; mais comme les matériaux constitutifs du globe terrestre sont 5,56 fois plus denses que l'eau, nous devons multiplier le nombre précédent par 5,56 pour avoir le poids de la Terre en kilogrammes. Ce poids est donc, en nombre rond, de *six mille sextillions* (6 000 000 000 000 000 000 000 000) de kilogrammes.

On voit que le poids de l'Atmosphère est à peu près la millionième partie du poids de la planète, ou, plus exactement, la onze cent millième partie.

Si toute cette masse d'air se trouvait agglomérée en une seule boule, elle pèserait autant qu'une boule de cuivre massive de près de 100 kilomètres de diamètre! C'est le poids de 730 000 kilomètres cubes de fer. Comme un litre d'eau pèse précisément 1 kilogramme, le poids de l'Atmosphère est égal à celui de cinq millions de kilomètres cubes d'eau.

Le poids de l'air est donc loin d'être insignifiant, et nous nous expliquerons facilement plus tard les terribles ravages du vent et des ouragans dont nous aurons à nous entretenir.

Nous vivons au fond de cet océan aérien, supportant une pression de 15 500 kilogrammes pour la surface totale de notre corps, qui est d'environ un mètre carré et demi, pression dans laquelle nos organes sont absolument en équilibre, attendu qu'elle est la même pour toutes les molécules intérieures de notre corps. Nos organes, nos poumons, notre cœur, notre cerveau, se sont formés sous cette pression et agissent en elle. Si on la diminue, comme par exemple lorsqu'on s'élève à une grande hauteur dans les airs, la pression habituelle intérieure, telle que celle du sang dans les artères et dans les veines, n'est plus contre-balancée, et elle tend à produire des congestions funestes. Il semble que l'organisme humain — qui paraît le plus résistant de tous — ne puisse pas dépasser la hauteur des cimes les plus élevées des montagnes, soit 9000 mètres d'altitude.

Le tableau de la page 77 représente les plus grandes hauteurs atteintes jusqu'à ce jour et les principales montagnes du globe.

LAVOISIER ANALYSANT L'AIR ATMOSPHÉRIQUE.

tenu presque continuellement pendant douze jours, de manière que le mercure fût échauffé jusqu'au degré nécessaire pour le faire bouillir.

Il ne s'est rien passé de remarquable pendant tout le premier jour : le mercure, quoique non bouillant, était dans un état d'évaporation continuelle, il tapissait l'intérieur des vaisseaux de gouttelettes, d'abord très fines, qui allaient ensuite en augmentant, et qui, lorsqu'elles avaient acquis un certain volume, retombaient d'elles-mêmes au fond du vase et se réunissaient au reste du mercure. Le second jour, j'ai commencé à voir nager à la surface du mercure de petites parcelles rouges, qui pendant quatre ou cinq jours ont augmenté en nombre et en volume, après quoi elles ont cessé de grossir et sont restées absolument dans le même état. Au bout de douze jours, voyant que la calcination du mercure ne faisait plus aucun progrès, j'ai éteint le feu et j'ai laissé refroidir les vaisseaux. Le volume de l'air

Fig. 39. — Le matras.   Fig. 40. — L'appareil.

contenu tant dans le matras que dans son col et sous la partie vide de la cloche était, avant l'opération, de 50 pouces cubiques environ. Lorsque l'évaporation a été finie, ce même volume, à pression et à température égales, ne s'est plus trouvé que de 42 à 43 pouces ; il y avait eu, par conséquent, une diminution de volume d'un sixième environ. D'un autre côté, ayant rassemblé soigneusement les parcelles rouges qui s'étaient formées, et les ayant séparées, autant qu'il était possible, du mercure coulant dont elles étaient baignées, leur poids s'est trouvé de 45 grains.

L'air qui restait après cette opération, et qui avait été réduit aux cinq sixièmes de son volume par la calcination du mercure, n'était plus propre à la respiration ni à la combustion; car les animaux qu'on y introduisait y périssaient en peu d'instants, et les lumières s'y éteignaient sur-le-champ, comme si on les eût plongées dans l'eau.

D'un autre côté, j'ai pris les 45 grains de matière rouge qui s'était formée pendant l'opération, je les ai introduits dans une très petite cornue de verre à laquelle était adapté un appareil propre à recevoir les produits liquides et aériformes qui pourraient se séparer; ayant allumé du feu dans le fourneau, j'ai observé qu'à mesure que la matière rouge était chauffée, sa couleur augmentait d'intensité. Lorsque ensuite la cornue a approché de l'incandescence, la matière rouge a commencé à perdre peu à peu de son volume, et en quelques minutes elle a entièrement disparu; en même temps, il s'est condensé dans le petit récipient 41 grains 1/2 de mercure coulant, et il a passé sous la cloche de 7 à 8 pouces cubiques d'un fluide élastique beaucoup plus propre que l'air de l'Atmosphère à entretenir la combustion et la respiration des animaux.

Ayant fait passer une portion de cet air dans un tube de verre d'un pouce de diamètre, et y ayant plongé une bougie, elle y répandait un éclat éblouissant ; le charbon, au lieu de s'y consumer paisiblement comme dans l'air ordinaire, y brûlait avec flamme et crépitation, à la manière du phosphore, et avec une vivacité de lumière que les yeux avaient peine à supporter. Cet air que nous avons découvert presque en même temps, M. Priestley, M. Scheele et moi, a été nommé, par le premier, *air déphlogistiqué* ; par le second, *air empyrial*. Je lui avais d'abord donné le nom d'*air éminemment respirable* ; depuis on y a substitué celui d'*air vital*.

En réfléchissant sur les circonstances de cette expérience, on voit que le mercure, en se calcinant, absorbe la partie salubre et respirable de l'air, ou, pour parler d'une manière plus rigoureuse, la base de cette partie respirable ; que la portion d'air qui reste est une espèce de mofette incapable d'entretenir la combustion et la respiration ; *l'air est donc composé de deux fluides élastiques de nature différente* et pour ainsi dire opposée.

Une preuve de cette importante vérité, c'est qu'en recombinant les deux fluides élastiques qu'on a ainsi obtenus séparément, c'est-à-dire les 42 pouces cubiques de mofette ou air non respirable et les 8 pouces cubiques d'air respirable, on reforme de l'air en tout semblable à celui de l'atmosphère, et qui est propre, à peu près au même degré, à la combustion, à la calcination des métaux et à la respiration des animaux.

Arrivant plus loin aux dénominations à donner aux substances découvertes, Lavoisier ajoute :

La température de la planète que nous habitons se trouvant très voisine du degré où l'eau passe de l'état liquide à l'état solide, et réciproquement, et ce phénomène s'opérant fréquemment sous nos yeux, il n'est pas étonnant que, dans toutes les langues, au moins dans les climats où l'on éprouve une sorte d'hiver, on ait donné un nom à l'eau devenue solide par l'absence du calorique.

Nous n'avons pas jugé qu'il nous fût permis de changer des noms reçus et consacrés dans la société par un antique usage. Nous avons donc attaché aux mots d'*eau* et de *glace* leur signification vulgaire ; nous avons de même exprimé par le mot d'*air* la collection des fluides élastiques qui composent notre Atmosphère.

C'est principalement du grec que nous avons tiré les mots nouveaux, et nous avons fait en sorte que leur étymologie rappelât l'idée des choses que nous nous proposions d'indiquer ; nous nous sommes surtout attaché à n'admettre que des mots courts et, autant qu'il était possible, qui fussent susceptibles de former des adjectifs et des verbes.

D'après ces principes, nous avons conservé le nom de *gaz*, employé par Van Helmont, et nous avons rangé sous cette dénomination la classe nombreuse des fluides élastiques aériformes.

L'air de l'Atmosphère est principalement composé de deux fluides aériformes ou gaz : l'un respirable, susceptible d'entretenir la vie des animaux, dans lequel les métaux se calcinent et les corps combustibles peuvent brûler ; l'autre, qui a des propriétés absolument opposées, que les animaux ne peuvent respirer, qui ne peut entretenir la combustion, etc. Nous avons donné à la base de la portion respirable de l'air le nom d'*oxygène*, en le dérivant des deux mots grecs ὀξύς, *acide*, γεννάω *j'engendre*, parce qu'en effet une des propriétés les plus générales de cette base est de former des acides en se combinant avec la plupart des substances. Nous appellerons donc oxygène la réunion de cette base avec le calorique. Sa pesanteur dans cet état est assez exactement d'un demi-grain poids de marc par pouce cube, ou d'une once et demie par pied cube, le tout à 10 degrés de température et à 28 pouces du baromètre.

Les propriétés chimiques de la partie non respirable de l'air de l'Atmosphère n'étant pas encore très bien connues, nous nous sommes contenté de déduire le nom de sa base de la propriété qu'a ce gaz de priver de la vie les animaux qui le respirent; nous l'avons donc nommé *azote*, de l'α privatif des Grecs, et de ζωή, *vie*; ainsi, la partie non respirable de l'air sera le gaz azotique. Sa pesanteur est de 1 once 2 gros 48 grains le pied cube, ou de 0 grain, 4444 le pouce cube [1].

Fig. 41. — Eudiomètre à mercure, pour l'analyse de l'air.

La nature de l'air était donc établie nettement par ces expériences, qui sont de l'année 1777.

Hélas! seize ans plus tard, les sauvages ignorants qui composaient le tribunal révolutionnaire condamnaient à mort l'illustre chimiste, accusé, comme fermier général, de crimes reconnus quelque temps après purement imaginaires. 93 faisait sombrer 89 et préparait le retour du despotisme.

La première *analyse précise* de l'air remonte au commencement de ce siècle, et elle est due à Gay-Lussac et Humboldt, qui l'exécutèrent par l'hydrogène au moyen de l'*eudiomètre*.

Lorsqu'on opère la combustion d'un mélange de volumes égaux

1. *Œuvres de Lavoisier*, édition du ministère, t. I.

d'air et d'hydrogène pur, dans l'eudiomètre à mercure, tout l'oxygène
disparaît sous forme d'eau qui se condense en rosée, dont le volume
est négligeable, et il reste un mélange formé d'azote et de l'excès
d'hydrogène employé; or l'hydrogène fait disparaître, à l'état d'eau,
un volume d'oxygène égal à la moitié du sien. Il suit de là que le
volume de l'oxygène contenu dans l'air mesuré est égal au tiers du
volume disparu. Si la mesure de l'air, de l'hydrogène, puis des gaz
après l'explosion, est faite à la même pression et à la même tempéra-

FIG. 42. — Appareil pour l'analyse de l'air par la méthode des pesées.

ture, si, de plus, les gaz ont été saturés d'humidité avant l'explosion,
les déterminations faites ne comportent aucune correction. Tel est le
principe de la méthode.

Gay-Lussac et Humboldt trouvèrent en volume 21 pour 100 d'oxygène et 79 d'azote. Cette analyse a été reprise depuis par presque tous
les chimistes, dans le but d'étudier les modifications que la vie
des animaux et des végétaux peut apporter dans la composition de
l'air, et de mieux connaître toutes les substances qui s'y trouvent
mêlées.

Une autre méthode a été imaginée par Dumas et Boussingault.
Elle permet de *peser* les quantités relatives d'oxygène et d'azote que
contient l'air atmosphérique : ce qui donne des résultats beaucoup plus
exacts que la mesure des volumes, toujours très petits, des gaz employés
dans les autres méthodes. L'appareil dont on fait usage (fig. 42) se
compose : 1° d'un tube allant puiser l'air hors de la chambre où l'on
opère ; 2° d'un appareil à boules de Liebig, L, contenant une disso-

lution concentrée de potasse caustique; 3° d'un tube f, ayant la forme de plusieurs U et rempli de fragments de potasse caustique; 4° d'un second appareil à boules, O, contenant de l'acide sulfurique concentré; 5° d'un second tube t, de même forme que le précédent, rempli de pierre ponce imbibée d'acide sulfurique concentré; 6° d'un tube droit T, en verre réfractaire : ce tube est rempli de tournure de cuivre et est déposé sur un fourneau long en tôle, de manière à pouvoir être chauffé dans toute sa longueur; il porte en outre à ses extrémités deux robinets r et r', qui permettent d'y faire le vide; 7° enfin d'un ballon de verre B, de 10 à 15 litres de capacité, et dont le col est muni d'un robinet R.

Cela posé, on fait le vide aussi complètement que possible dans le tube T; on ferme les deux robinets r et r', puis on pèse ce tube ainsi vide d'air. On fait ensuite le vide dans le ballon B, que l'on pèse également.

On ajuste alors l'appareil dans l'ordre où nous l'avons décrit, et l'on chauffe au rouge le tube T. Puis on ouvre successivement les robinets r, r' du tube et le robinet R du ballon. L'air, entrant par le tube aspirateur de droite, traverse d'abord l'appareil à boules et les tubes f, où il se dépouille de son acide carbonique; puis il passe dans le second appareil à boules et dans les tubes, où il abandonne à l'acide sulfurique la totalité de sa vapeur d'eau. Ainsi débarrassé de son acide carbonique et de sa vapeur d'eau, l'air arrive dans le tube T, qui contient le cuivre chauffé au rouge; il abandonne alors son oxygène au métal, et se précipite dans le ballon vide à l'état d'azote pur.

L'augmentation de poids que ce tube a subie donne le poids de l'oxygène qui s'est fixé sur le cuivre; la différence entre le poids du ballon vide et le poids du ballon plein d'azote représente également le poids de ce gaz. C'est au moyen de cette analyse que Dumas et Boussingault ont constaté que 100 parties d'air contiennent :

Oxygène, 23 en poids;   20,8 en volume.
Azote,   77 —   79,2 —

La différence que l'on remarque entre le rapport des volumes et le rapport des poids tient à ce qu'à poids égal l'oxygène pèse un peu plus que l'azote.

On peut encore faire l'analyse de l'air, et séparer l'oxygène de l'azote par un procédé très simple. Dans un tube gradué contenant un certain volume d'air, mesuré sur l'eau ou sur le mercure, on introduit une

boule de phosphore (fig. 43). Au bout de six ou sept heures, généralement, l'oxygène est absorbé, et l'on peut retirer la boule et mesurer
le gaz qui reste, c'est-à-dire l'azote. L'absorption est jugée complète
(l'appareil étant porté dans l'obscurité) lorsqu'on ne voit plus de lueurs
au phosphore.

L'oxygène est l'agent ordinaire des combustions, qu'elles aient lieu
dans nos foyers ou dans l'intimité de nos organes. L'azote, au contraire, est le modérateur du premier. On est parvenu récemment
(M. Cailletet, en 1883) à liquéfier l'oxygène en obtenant un froid de

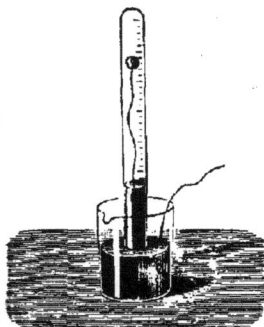

FIG. 43. — Appareil pour séparer
l'oxygène de l'azote.

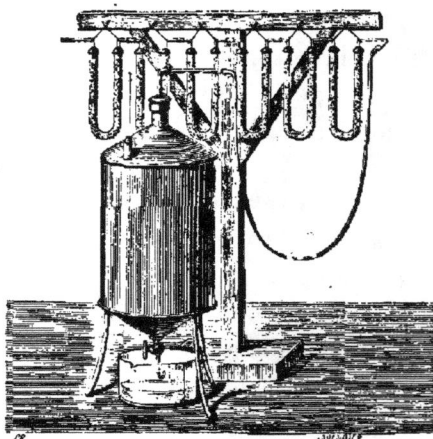

FIG. 44. — Appareil pour doser
l'acide carbonique de l'air et la vapeur d'eau.

— 123 degrés par l'évaporation de l'éthylène. A 200 degrés au-dessous
de zéro, et à la pression normale, l'oxygène, l'azote et l'air sont condensés à l'état de *liquides*. Ainsi, voilà les deux éléments fondamentaux de la constitution chimique de l'air.

Mais il y a encore dans l'air d'autres éléments en quantité beaucoup
plus petite : tels sont d'abord l'acide carbonique et la vapeur d'eau.
Leur quantité se détermine par divers procédés, entre autres par
l'appareil de Boussingault (fig. 44). Un vase en tôle est rempli d'eau,
et se vide par le robinet situé à sa partie inférieure. L'eau qui s'écoule
est remplacée à mesure par de l'air provenant du dehors, mais qui ne
peut arriver au réservoir qu'après avoir traversé six tubes recourbés.
Les deux premiers tubes à traverser sont remplis de pierre ponce imbibée d'acide sulfurique, et l'air en les traversant y laisse son humidité. Les deux tubes du milieu sont remplis d'une dissolution

concentrée de potasse, qui prend à son tour l'acide carbonique. Des deux derniers tubes, contenant de la pierre ponce imbibée d'acide sulfurique, l'avant-dernier est destiné à retirer l'humidité prise à la potasse par l'air, et le dernier à empêcher l'humidité de rebrousser chemin de l'aspirateur dans les tubes. En pesant avant, puis après l'expérience, les séries de tubes analyseurs, on obtient le poids de l'*eau* et le poids de l'*acide carbonique* contenus dans un volume d'air égal au volume du réservoir.

En 1812, Thénard avait constaté que l'Atmosphère contenait environ 4 dix-millièmes de son volume d'acide carbonique. De Saussure en 1816, et Boussingault en 1840 ont trouvé le même chiffre. En 1872, M. Risler a trouvé 3 dix-millièmes, à Nyon ; de 1872 à 1879, M. A. Lévy a trouvé également 3 dix-millièmes à l'observatoire de Montsouris.

FIG. 45. — Transvasement de l'acide carbonique.

En 1882, MM. Müntz et Aubin, en opérant des dosages à des altitudes différentes, depuis le niveau de la mer dans l'Amérique du Sud jusqu'au sommet du pic du Midi à 2877 mètres de hauteur, ont trouvé 28 cent-millièmes, soit un peu moins de 3 dix-millièmes. Il y a une légère augmentation pendant la nuit. Des résultats analogues avaient été obtenus par MM. Reiset et Schulze. On doit donc désormais admettre que l'air contient environ *trois* dix-millièmes de son volume d'acide carbonique.

Ce gaz joue le plus grand rôle dans la vie du monde végétal. Les plantes, sous l'influence de la lumière, décomposent l'acide carbonique de l'air, fixent le carbone et exhalent de l'oxygène ; les animaux, au contraire, font, en respirant, une consommation continue d'oxygène, et exhalent de l'acide carbonique et de la vapeur d'eau.

On constate facilement cette présence de l'acide carbonique dans l'air en versant dans une cuvette une solution limpide d'eau de chaux.

Ce liquide ne tarde pas à se recouvrir d'une mince pellicule blanchâtre, qui prend des teintes irisées à la lumière du jour : la matière formant cette pellicule n'est autre chose que le résultat de la combinaison de l'acide carbonique avec la chaux, autrement dit du carbonate de chaux.

La densité de ce gaz surpasse une fois et demie (1,529) celle de l'air, de sorte qu'on peut le transvaser comme un liquide. En versant de

FIG. 46. — La grotte du Chien.

l'acide carbonique dans une éprouvette, on constate à la fois sa densité supérieure à celle de l'air et sa nature : une bougie allumée qui brûlait tranquillement au fond de l'éprouvette s'éteint dès que la quantité de gaz versé atteint sa hauteur. Il a pu être liquéfié (Thilorier, 1834) sous une forte pression (36 atmosphères) aidée d'un froid très vif; il a même pu être *solidifié*. Il présente alors l'aspect d'une neige légère et très compressible, dont le contact avec la peau produit l'effet d'une brûlure : l'épiderme est désorganisé par ce froid excessif comme par la chaleur. Aux doses minimes où il se trouve généralement dans l'air, l'acide carbonique est sans inconvénient; à des doses plus fortes, il nuit à la respiration et finit par produire l'asphyxie.

Les émanations, les sources abondantes de gaz acide carbonique se rencontrent fréquemment dans les contrées volcaniques.

Lorsque Boussingault explora les cratères de l'équateur, on lui signala une localité où les animaux ne pouvaient rester impunément : c'est le Tunguravilla, situé à peu de distance du volcan de Tunguragua, et que le chimiste visita en décembre 1831. « Nos chevaux, dit-il dans sa relation, nous indiquèrent bientôt que nous approchions ; ils n'obéissaient plus à l'éperon, levaient la tête par saccades et de la manière la plus déplaisante pour le cavalier. La terre était jonchée d'oiseaux morts, parmi lesquels se trouvait un magnifique coq de bruyère, que nos guides s'empressèrent de ramasser. Il y avait aussi dans les asphyxiés plusieurs reptiles et une multitude de papillons. La chasse fut bonne, le gibier ne parut pas trop faisandé. Un vieil Indien Quichua, qui nous accompagnait, assurait que lorsqu'on voulait dormir longtemps et paisiblement, il fallait faire son lit sur le Tunguravilla. »

L'acide carbonique exerce une action directe et délétère sur les nerfs et le cerveau ; de là les effets anesthésiques qu'il peut produire, et que tous les voyageurs ont pu observer dans une grotte devenue célèbre précisément par ce caractère : la grotte du Chien, à Pouzzoles, près de Naples.

Le gardien a un chien dont il lie les pattes pour l'empêcher de fuir et qu'il dépose au milieu de la grotte. L'animal manifeste une vive anxiété, se débat et paraît bientôt expirant ; son maître l'emporte alors au dehors et l'expose au grand air. Peu à peu l'animal revient à la vie, et l'un de ces chiens a fait ce service pendant plus de trois ans. Il est très probable que les convulsions des pythies chargées de faire connaître les décrets des dieux étaient produites par les prêtres au moyen du même gaz.... lorsqu'elles n'étaient pas simplement jouées.

Cette grotte est située sur le penchant d'une petite montagne extrêmement fertile, en face et à peu de distance du lac d'Agnano. L'entrée est fermée par une porte dont un gardien a la clef. La grotte a l'apparence et la forme d'un petit cabanon dont les parois et la voûte seraient grossièrement taillées dans le rocher. Sa largeur est d'environ un mètre, sa profondeur de trois mètres, sa hauteur d'un mètre et demi. Il serait difficile de juger par son aspect si elle est l'œuvre de l'homme ou de la nature. Le sol en est terreux, humide, noir, parfois brûlant. Il est souvent baigné par un brouillard blanchâtre, dans lequel on distingue de petites bulles : ce nuage est formé d'acide carbonique que colore un peu de vapeur d'eau. La couche de gaz a une hauteur de vingt à soixante centimètres. Elle représente donc un plan incliné, dont la plus grande hauteur correspond à la partie la plus profonde de la grotte. C'est là une conséquence toute physique de la disposition du sol. L'aire de la grotte étant à peu près au même niveau que l'ouverture extérieure, le gaz trouve une issue au dehors par le seuil de la porte, et coule comme un ruisseau le long du sentier de la montagne. On peut suivre le courant à une assez grande distance : par un temps calme, une bougie qu'on y plonge s'éteint à plus de deux mètres extérieurement au-dessous de l'entrée.

Un chien meurt dans la grotte au bout de trois minutes, un chat en quatre minutes, les lapins en soixante-quinze secondes. Un homme y périt en moins de dix minutes, quand il est couché horizontalement sur ce sol funèbre. On raconte que l'empereur Tibère y fit enchaîner deux esclaves qui moururent aussitôt, et que Pierre de Tolède, viceroi de Naples, y enferma deux condamnés qui eurent le même sort.

Deux analyses de l'air de cette grotte recueilli à deux époques différentes ont donné en volume (Ch. Deville et F. Le Blanc) :

Acide carbonique.............................	67.1	73.6
Oxygène....................................	6.5	5.3
Azote.....................................	26.4	21.1
	100.0	100.0

J'ai visité cette grotte au mois de décembre 1872. Le gaz acide carbonique y est toujours aussi abondant qu'autrefois, comme si la source était inépuisable, et l'expérience du chien s'y fait tous les jours, suivant la curiosité des visiteurs. On pourrait sans doute ne pas les multiplier inutilement, car le pauvre animal paraît beaucoup souffrir et ne se laisse amener ou plutôt traîner qu'avec peine au lieu du supplice [1].

Outre l'oxygène, l'azote et l'acide carbonique, l'air renferme un certain nombre d'autres substances, en quantité plus faible, et d'ailleurs très variable.

1. Du reste, il n'est pas besoin d'aller aussi loin pour trouver cette prédominance de l'acide carbonique. Il y a près de Paris, à Montrouge et dans les environs, des carrières abandonnées, des caves même, qui se remplissent, à certaines époques, de ce gaz méphitique.

Il existe sur les bords du lac de Laach, dans le voisinage du Rhin, et près d'Aigueperse, en Auvergne, deux sources d'acide carbonique d'une abondance telle qu'elles produisent des accidents en pleine campagne. Le gaz sort de petits enfoncements de terrain sur les bords desquels la végétation est très belle : les insectes, les petits animaux attirés par la richesse de la verdure viennent s'y mettre à couvert et tombent asphyxiés ; leurs cadavres attirent les oiseaux, qui périssent également ; enfin arrivent des bergers du voisinage qui, connaissant le danger, retirent de loin ces ani-

La plus importante est la *vapeur d'eau*, dont nous venons de parler à propos de la méthode d'analyse qui sert à la déterminer. L'air contient en tout temps, en tous lieux, une certaine proportion de vapeur aqueuse en dissolution, à l'état invisible ; tout le monde a pu le remarquer en voyant, par exemple, une carafe d'eau fraîche se couvrir de buée, qui n'est autre que la vapeur d'eau répandue dans l'air et condensée par le froid de la carafe. Dans certaines conditions d'abondance et surtout de température que nous analyserons plus loin, elle constitue les brouillards et les nuages.

Cette quantité de vapeur d'eau est variable, suivant les saisons, la température, l'altitude, la situation géographique, etc. Pour une même température et une même pression, la quantité maximum tenue en dissolution dans l'air est invariable. L'état hygrométrique de l'air, pour une température indéterminée, n'est autre chose que le rapport entre la quantité d'humidité existant réellement dans l'air et celle qui y existerait si l'air était saturé à cette même température.

La quantité de vapeur d'eau répandue dans l'air décroît à mesure qu'on s'élève : dans mes divers voyages aériens, j'ai constamment constaté cette diminution. Les hauteurs atmosphériques sont, en général, très sèches. La circulation de cette vapeur d'eau invisible et sa transformation en nuages visibles jouent un rôle considérable dans la vie terrestre. Les millions de mètres cubes de vapeur d'eau qui, charriés dans l'air, forment les nuages et les pluies constituent l'élément le plus important de l'Atmosphère au point de vue de la circulation de la vie. Aussi *l'eau* sera-t-elle plus loin l'objet d'études toutes spéciales dans ce livre sur *l'air*.

On a pu déterminer la quantité de calorique employée à évaporer les eaux à la surface du globe. L'évaporation qui se produit annuellement peut être représentée par le volume d'eau météorique qui tombe de l'Atmosphère pendant le même laps de temps. Or, en rapprochant les résultats des observations faites à différentes latitudes et dans les deux hémisphères, on est amené à fixer ce volume au chiffre de 703 435 kilomètres cubes ! ce qui équivaut à une couche d'eau de l'épaisseur de 1ᵐ,379 qui couvrirait la Terre entière. La quantité de chaleur

maux et font ainsi sans frais une chasse souvent fructueuse. Depuis quelque temps, la source d'Aigueperse s'est à peu près tarie.

Au moyen âge, les accidents que ce gaz amenait dans les caves, dans les mines, dans les puits même, avaient donné naissance aux fables les plus extravagantes. Ces localités étaient, disait-on, hantées par des démons, des gnomes, ou par des génies gardant des trésors souterrains, dont le regard seul produisait la mort, car c'était en vain qu'on cherchait des lésions, des plaies, des marques quelconques sur les malheureux frappés d'une manière aussi soudaine.

enlevée ainsi suffirait à liquéfier une couche de glace de 10^m,70 d'épaisseur enveloppant le globe tout entier.

D'après les calculs de Dalton, l'Atmosphère renferme environ 0,0142 parties de son poids d'eau; les couches supérieures en sont presque totalement privées.

Quelles sont les substances que l'Atmosphère renferme encore dans son sein?

Elle contient incontestablement de petites quantités d'*ammoniaque*, en partie à l'état de carbonate d'ammoniaque, en partie peut-être aussi à l'état d'azotate ou même d'azotite d'ammoniaque. L'origine de cette ammoniaque doit être évidemment attribuée surtout à la décomposition des matières végétales et animales; et sa présence dans l'air a une importance toute particulière au point de vue des phénomènes de la végétation et de la statique chimique des plantes. Plusieurs chimistes se sont occupés d'en déterminer la proportion exacte. Elle ne paraît pas dépasser quelques millionièmes du volume d'air.

La quantité d'ammoniaque trouvée dans les eaux est, en poids :

Dans les eaux pluviales...................... 0,0000008
Dans les eaux des rivières.................... 0,0000002
Dans les eaux de source...................... 0,0000001

La neige et le brouillard en renferment des quantités beaucoup plus grandes. Ces produits météoriques balayent et absorbent en quelque sorte toutes les impuretés de l'Atmosphère. La neige, en particulier, est par ce fait une espèce d'engrais pour la terre, aussi bien que de couverture pour la préserver du froid. Les analyses faites à l'Observatoire de Montsouris de 1875 à 1884 montrent que chaque litre d'eau de pluie contient en moyenne 1^{gr},79 d'azote ammoniacal, ce qui donne 979 milligrammes par mètre carré, ou 9^{kg},8 par hectare.

On a trouvé dans l'eau de la mer de 2 à 5 dixièmes de milligramme d'ammoniaque par litre. C'est une proportion assez faible, sans doute; mais, si l'on réfléchit que l'Océan recouvre plus des trois quarts du globe, et si l'on envisage sa masse, il est permis de le considérer comme un immense réservoir de sels ammoniacaux, où l'Atmosphère peut réparer les pertes qu'elle éprouve continuellement.

Les fleuves portent d'ailleurs à la mer de prodigieuses quantités de matières ammoniacales. Ainsi, pour en citer un exemple, le Rhin, à Lauterbourg, débite, lors des eaux moyennes, 1400 mètres cubes par seconde. Un litre de cette eau contient au minimum 17 cent-millièmes d'ammoniaque. Il en résulte qu'en vingt-quatre heures le Rhin entraîne dans ses eaux au moins 16 245 kilogrammes d'ammoniaque, c'est-à-dire certainement plus de 6 millions de kilogrammes par année!

L'Atmosphère, — incessamment reconstituée, dans ses principes actuellement invariables, par le travail immense des êtres vivants qui, semblables à autant de soufflets chimiques, agissent sans trêve au fond de l'océan aérien, — est le théâtre de modifications chimiques accidentelles qui ont leur part dans l'organisation générale. Nous voyons jaillir du sol des vapeurs aqueuses, des effluves d'acide carbonique, presque toujours sans mélange d'azote; du gaz hydrogène sulfuré, des vapeurs sulfureuses, plus rarement des vapeurs d'acide sulfureux ou d'acide chlorhydrique; enfin du gaz hydrogène carboné, dont on se sert, depuis des milliers d'années, chez différents peuples, pour l'éclairage et le chauffage.

De toutes ces émanations gazéiformes, les plus nombreuses et les plus abondantes sont celles d'acide carbonique. Aux époques antérieures, la chaleur plus forte du globe et le nombre considérable de failles que les roches ignées n'avaient pas encore comblées, favorisèrent puissamment ces émissions; de grandes quantités de vapeur d'eau chaude et de ce gaz se mêlèrent au fluide aérien, et produisirent cette végétation exubérante à laquelle on doit le charbon de terre, source presque inépuisable de force physique pour les nations. L'énorme quantité d'acide carbonique dont la combinaison avec la chaux a produit les roches calcaires, sortit alors du sein du globe, sous l'influence prédominante des forces volcaniques. Ce que les terres alcalines ne purent absorber se répandit dans l'air, où les végétaux de l'ancien monde puisèrent incessamment. L'introduction du carbonate d'ammoniaque dans l'air est probablement antérieure à l'apparition de la vie organique sur la surface du globe.

Outre les vapeurs ammoniacales, l'Atmosphère contient encore des traces non insignifiantes d'acide *azotique* et d'acide *azoteux*. Plusieurs observateurs ont aussi démontré, surtout dans les grandes villes, la présence d'une petite quantité d'un *principe hydrogéné* et probablement carburé. Boussingault a le premier constaté par des expériences précises, dans l'air de Lyon, la présence d'un gaz ou d'une vapeur hydrogénée dont la teneur en hydrogène atteignait au maximum 0,0001 dans 1 partie d'air en volume [1].

---

1. L'atmosphère des villes industrielles où l'on brûle de la houille contient une certaine quantité d'acide sulfureux qui provoque une diminution notable de l'azote ainsi que la formation d'acide

L'analyse y a décelé aussi une quantité variable d'*iode*.

Nous arrivons maintenant à l'examen d'un élément constaté dans l'Atmosphère par des études toutes spéciales, à l'*ozone*.

Vers 1780, Van Marum, se servant de puissantes machines électriques, excita dans un tube plein d'oxygène un grand nombre d'étincelles de près de 15 centimètres de longueur. Après en avoir fait passer dans le tube 500 environ, il reconnut que le gaz avait pris une odeur très forte, qui, dit-il, « parut être très clairement l'odeur de la matière électrique ». Tout le monde sait, en effet, que la foudre laisse souvent en tombant ce qu'on appelle vulgairement une odeur de soufre. Van Marum reconnut aussi que le gaz possédait après l'expérience la propriété d'oxyder le mercure à froid. Soixante ans après, en 1839, Schœnbein, professeur à Bâle, informait l'Académie des sciences de Munich qu'ayant décomposé l'eau par la pile, il avait été frappé de l'odeur du gaz dégagé au pôle positif. Après quelques recherches, il conclut qu'un corps simple nouveau se trouvait mis en évidence par son expérience, et il l'appela *ozone*, de ὄζω (émettre une odeur). Un grand nombre de mémoires furent successivement présentés sur la question par différents savants.

L'ozone est intéressant au point de vue chimique, tant par sa nature que par l'énergie de ses affinités; il oxyde en effet directement l'argent et le mercure, du moins quand ces métaux sont humides; il chasse l'iode de l'iodure de potassium et forme un oxyde. Le chlore, le brome, l'iode passent, au moyen de l'ozone, à l'état d'acides chlorique, bromique, iodique, pourvu qu'ils soient humides. Il bleuit la teinture de gaïac, déteint les matières colorantes et altère le caoutchouc, qui devient friable sous son action.

Cet agent excite les poumons, provoque la toux, la suffocation, et présente tous les caractères d'une substance toxique.

Malgré toutes les recherches faites sur l'ozone, sa connaissance au point de vue physique et chimique laisse encore beaucoup à désirer : ce que l'on comprendra facilement, si l'on pense que par les moyens les plus parfaits on ne peut transformer que 1/1300 d'une masse d'oxygène en ozone libre ; parvenue à ce maximum, l'action cesse.

sulfurique : un chimiste, M. Witz, a constaté ce fait d'une manière assez singulière en 1885, à Rouen. Les affiches imprimées en orange vif et en rouge à l'aide du minium deviennent en quelques mois presque entièrement blanches, tandis qu'à quelques kilomètres de la ville elles restent coloriées. Le peroxyde de plomb du minium est détruit et sulfaté, ce que prouve une opération chimique très simple. On a là assurément un moyen inattendu d'étudier l'atmosphère des grandes agglomérations.

Comment étudier un corps forcément répandu dans au moins 1300 fois son volume d'un autre gaz?

On a songé à adjoindre aux observations météorologiques ordinaires des observations ozonoscopiques ou même ozonométriques. Parmi les expérimentateurs qui ont suivi cette voie, il faut citer MM. Schœnbein, Bérigny, Pouriau, Bœckel, Houzeau et Scoutetten.

En 1851, MM. Marignac et de la Rive se livrèrent sur l'ozone à de nombreuses recherches expérimentales, et ils en conclurent que cette substance doit être simplement de l'oxygène dans un état particulier d'activité chimique déterminé par l'électricité. Berzelius et Faraday se rangèrent à l'opinion des physiciens génevois ; MM. Fremy et Becquerel, en 1852, démontrèrent, par de nouvelles expériences, la légitimité de cette explication. Les travaux de Thomas Andrews, en 1855, ne laissèrent aucun doute à cet égard. L'ozone, de quelque source qu'il dérive, est un seul et même corps, ayant des propriétés identiques et la même constitution, et ce n'est point un corps composé, mais un état allotropique de l'oxygène. Cet état allotropique est dû à l'action de l'électricité sur l'oxygène.

Cette opinion, basée sur de belles expériences, a prévalu partout, et l'existence de l'ozone est désormais incontestable. On peut considérer ce corps comme une condensation de l'oxygène produite sous l'influence de l'électricité (peut-être le soufre n'est-il lui-même que de l'oxygène condensé). La densité de l'ozone dépasse de moitié celle de l'oxygène ; sa proportion dans l'air tient de l'ordre des infiniment petits : on l'évalue à la 450000e partie de l'air.

Un dernier mot encore.

L'Atmosphère renferme encore bien d'autres substances en quantité plus ou moins microscopique. Ainsi, dans le voisinage de la mer, le vent jette au loin ses particules d'eau salée, à ce point qu'à Caen, par exemple, d'après des analyses de M. Is. Pierre, un hectare de terre reçoit annuellement au moins 147 kilogrammes de matières solides en dissolution dans les eaux pluviales, dont 37kg,5 de sel marin. A Paris, pour la même surface, M. Barral a trouvé 10kg,6 de ce même sel.

On y trouve également des poussières minéralogiques d'origine volcanique, et d'autres venues des sables des déserts, d'autres provenant de la désagrégation des étoiles filantes et des bolides, et celles-ci sont beaucoup plus fréquentes et plus nombreuses qu'on ne l'imaginerait. M. Nordenskiold a trouvé en 1872 et 1879 dans ses expéditions polaires

de la neige contenant des cristaux de carbonate de chaux de 1 millimètre environ et des granules de fer, de cobalt et de nickel qu'il
attribue à des apports cosmiques.

Tout en absorbant pour nos poumons la quantité d'air qui leur est
due, nous respirons souvent sans le savoir des armées d'animalcules

L'atmosphère des villes industrielles...

microscopiques en suspension dans le fluide atmo phérique, et même des
animaux antédiluviens, des momies et des squelettes des temps disparus!

Paris est presque entièrement bâti de carapaces et de squelettes
calcaires microscopiques. Les coquilles des foraminifères, entre
autres, à l'état fossile, forment à elles seules des chaînes entières de
collines élevées et des bancs immenses de pierre à bâtir. Le calcaire
des environs de Paris est, dans certains endroits, tellement rempli de
ces dépouilles, qu'un centimètre cube de pierre en renferme au
moins 20 000 : ce qui donne par mètre cube le chiffre énorme de
20 000 000 000.

Quand nous passons près d'une maison en démolition ou d'un

édifice que l'on construit, et que nous sommes enveloppés par un nuage de poussière qui pénètre dans notre gosier, nous avalons souvent, sans nous en douter, des centaines de ces infiniment petits.

Chaque jour, chaque heure, nous aspirons et faisons pénétrer dans notre poitrine des légions animales et végétales. Ici ce sont des microzoaires vivants, dont plusieurs espèces sont les poissons de notre sang; là ce sont des vibrions, qui viennent s'attacher à nos dents comme des bancs d'huîtres aux rochers; plus loin c'est de la poussière d'animalcules microscopiques si petits qu'il en faut 1 111 500 000 pour un gramme; ailleurs ce sont des grains de pollen qui vont germer sur nos poumons et répandre la vie parasite, incomparablement plus développée que la vie normale visible à nos yeux.

Les vents et les ouragans, en agitant violemment l'Atmosphère, les courants ascendants dus aux inégalités de température, les volcans en émettant d'une manière incessante des gaz, des vapeurs et des cendres tellement divisées, que souvent elles vont s'abattre à de prodigieuses distances, portent et maintiennent dans les plus hautes régions des corpuscules enlevés à la surface du sol ou arrachés à ses entrailles. Dans les phénomènes liés à l'organisme des plantes et des animaux, ces substances si ténues, d'origines si diverses, dont l'air est le véhicule, exercent vraisemblablement une action bien plus prononcée qu'on n'est communément porté à le supposer. Leur permanence est d'ailleurs mise hors de doute par le seul témoignage des sens, lorsqu'un rayon de soleil pénètre dans un lieu peu éclairé; l'imagination se figure aisément tout ce que renferment ces poussières que nous respirons sans cesse. Elles établissent en quelque sorte le contact entre les individus les plus éloignés les uns des autres, et, bien que leur proportion, leur nature, et par conséquent leurs effets, soient des plus variés, ce n'est pas s'avancer trop que de leur attribuer une partie de l'insalubrité qui se manifeste habituellement dans les grandes agglomérations d'hommes.

On aura une idée de ce que nous pouvons absorber en respirant, en jetant un coup d'œil sur la collection d'objets des figures 48 et 49. Dans la figure 48, les quatre premiers sont des foraminifères; les deux suivants, des écailles d'ailes de papillon. Au second rang, nous voyons deux milioles, coquilles de la pierre à bâtir, et deux animalcules qui sèchent et ressuscitent sur les toits: le tardigrade et le rotifère. Le dernier rang nous représente de petits grains de pollen, comme il y en a des milliers en suspension dans l'air au printemps. Dans la figure 49, les quatre dessins représentent, d'après le docteur Miquel, les microbes, bacilles et bactéries recueillis dans l'air atmosphérique. Il est superflu d'ajouter que tous ces êtres et germes sont extrêmement grossis. Nous respirons tout cela ! Mais nous en buvons et mangeons bien d'autres.

Il y a en moyenne, d'après les analyses du docteur Miquel, 130 000 bactériens dans *un gramme* de poussière des rues de Paris, et dix fois plus dans la poussière des appartements! On rencontre souvent par mètre cube d'air, en apparence très pur, dix, douze et *quinze mille* bactéries. Dans un hôpital (à la Pitié) le chiffre des microphytes absorbés par jour dépasse un million ! On a dit avec raison : *aer plus occidit quam gladius*, « l'air tue plus que le glaive ».

Les eaux météoriques entraînent ces poussières et ces germes en même temps qu'elles en dissolvent les matières solubles, parmi lesquelles se trouvent des sels fixes ammoniacaux, comme elles dissolvent la vapeur de carbonate d'ammoniaque et le gaz acide carbonique répandus dans l'air. Une pluie, lorsqu'elle commence, doit donc renfermer plus de principes solubles que lorsqu'elle finit ; et si cette pluie se prolonge sans interruption par un temps calme, il arrive un moment où l'eau ne contient plus que de très faibles indices de ces principes. Néanmoins, la pluie renferme toujours beaucoup de microbes ; en moyenne 4000 par litre. La pluie qui tombe par an sur Paris dépose plus de quatre millions cinq cent mille germes par mètre carré de surface ! Miasmes, germes, microbes propagateurs des épidémies, sont entraînés par les courants aériens, et il vaut mieux ne pas habiter sous les vents dominants ; toutefois les statistiques prouvent que les maladies épidémiques, le choléra, la fièvre typhoïde, se transmettent surtout *par l'eau* contaminée, que l'on boit sans se douter qu'elle apporte la mort.

L'air rapporté de 7000 mètres de hauteur par Gay-Lussac, lors de son voyage aérostatique, avait la même composition que celui qui se trouvait à la surface de la terre. Les expériences récentes faites dans les divers pays du monde et à toutes les hauteurs conduisent aux mêmes conclusions. Cette similitude dans les résultats provient de ce que les courants d'air et les variations continuelles de densité mélangent sans cesse les couches atmosphériques.

En est-il encore de même à des hauteurs considérables? Ce n'est pas probable, car l'azote et l'oxygène étant à l'état de mélange et non de combinaison, les gaz doivent se disposer suivant l'ordre des densités, eu égard, bien entendu, à la loi d'expansion, c'est-à-dire qu'ils se comportent comme deux atmosphères distinctes, le plus dense devant s'étendre moins loin que l'autre : de sorte que la proportion d'azote, dont la densité est 0,972, celle de l'air étant 1, doit s'accroître à mesure que l'on s'élève dans l'Atmosphère, tandis que l'oxygène, dont la densité est 1,057, doit se trouver en plus grande proportion à la surface. Suivant cette hypothèse, à 7000 mètres, ce dernier gaz

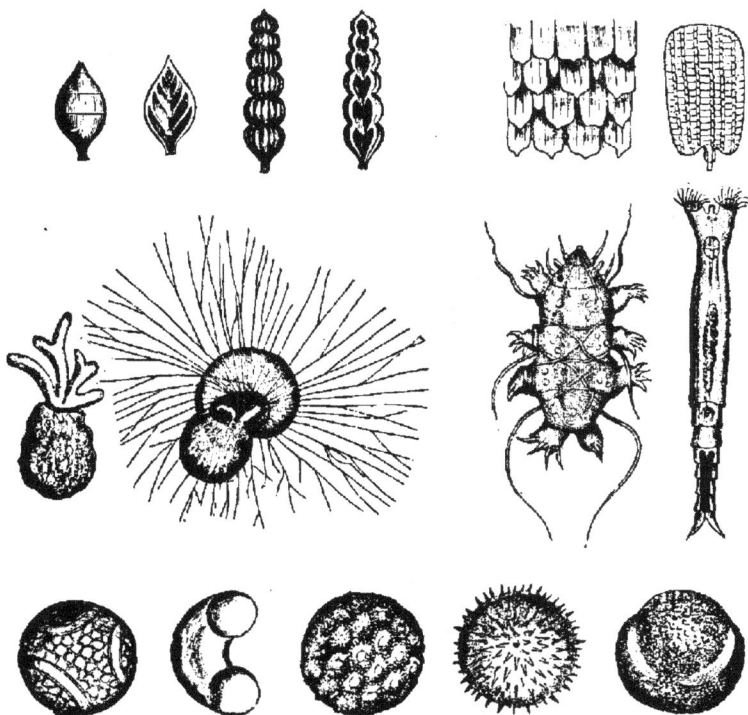

Fig. 48. — Ce que nous respirons. Corpuscules en suspension dans l'air.

n'entrerait plus que pour 19 centièmes dans le volume de l'air ; mais jusqu'à présent l'expérience n'a pu constater une telle différence, attendu que cette évaluation suppose l'air tranquille, et qu'entre ces limites il est continuellement agité. Les courants ascendants s'élèvent même beaucoup plus haut. La vapeur d'eau forme des cirrus jusqu'à 12 000 mètres de hauteur ; le volcan de Krakatoa a lancé des matériaux, fumée, vapeur, poussière, jusqu'à 20 000 mètres. Au-delà de 30 et 40 000 mètres, l'Atmosphère, isolée des agitations inférieures, peut être composée d'un gaz plus stable, plus pur et plus léger.

Nous pouvons nous demander amintenant, en terminant cette étude de la composition chimique de l'air, si cette constitution varie actuellement sur le globe terrestre.

En vertu d'une de ces grandes harmonies naturelles qui lient le règne animal et le règne végétal, tandis que les animaux fonctionnent

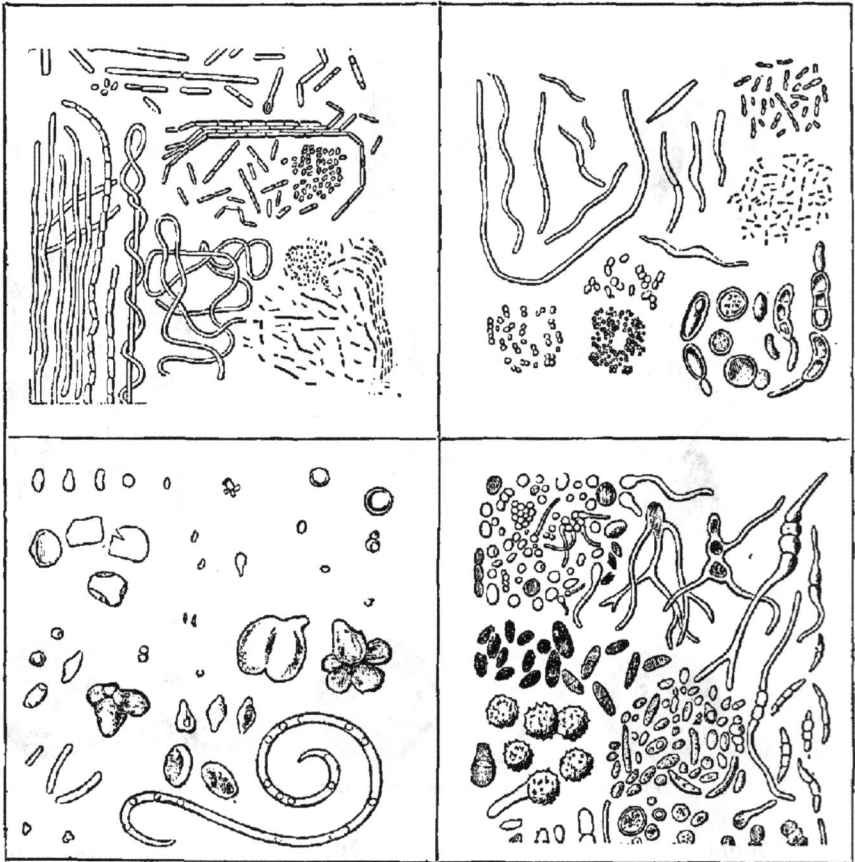

FIG. 49. — Ce que nous respirons. Microbes, bacilles et bactéries.

comme des appareils de combustion, fixent l'oxygène de l'air et le rejettent à l'état d'acide carbonique dans l'Atmosphère, les végétaux jouent un rôle inverse ; ils fonctionnent en effet comme des appareils de réduction : sous l'influence des rayons solaires, les partics vertes des plantes réagissent sur l'acide carbonique, le décomposent, fixent le carbone et restituent l'oxygène à l'air. L'Atmosphère, que les animaux tendent à vicier, est purifiée par l'action des végétaux. L'équilibre chimique de composition de l'air tend donc à se conserver en vertu de ces actions inverses exercées sur ses éléments constitutifs.

Certains phénomènes dus à la décomposition des roches par oxydation sembleraient d'abord de nature à modifier à la longue la composition de l'air ; mais une série d'actions inverses de réduction tend à restituer, sous la forme d'acide carbonique, l'oxygène disparu. Comme le fait observer Ebelmen, dans son mémoire sur les altérations des roches, le jeu des réactions de la matière minérale à la surface du globe semble aussi de nature à établir une compensation pour maintenir la constance de composition chimique de l'Atmosphère.

Dans leur beau mémoire sur la véritable constitution de l'air atmosphérique, en 1841, Dumas et Bousssingault ont établi que toute la respiration des hommes et des animaux n'absorbe pas en un siècle la millième partie de l'oxygène de l'Atmosphère.

Telle est l'Atmosphère terrestre, à la fois usine et substance de la vie à la surface de notre planète. Une combinaison chimique quelconque effectuée dans son sein pourrait la mettre en conflagration et anéantir la vie, comme on peut facilement l'imaginer en supposant, par exemple, la rencontre d'une queue de comète formée de gaz hydrogène ou quelque émanation expulsée des entrailles du globe. Les astronomes ont assisté plusieurs fois à des conflagrations de mondes arrivées dans les cieux, notamment en 1866 dans la constellation de la Couronne boréale, en 1876 dans le Cygne, et en 1885 dans Andromède. C'est le spectacle que nous pourrions aussi donner d'un jour à l'autre aux habitants des autres planètes. Mais cet événement n'aurait pas l'importance que nous serions tentés de lui attribuer, et la destruction de la vie terrestre tout entière passerait inaperçue dans l'ensemble des mondes. Une simple modification dans la composition de notre Atmosphère pourrait causer ici la mort universelle, et peut-être préparer des conditions nouvelles à des générations inconnues. Il est probable, en effet, que, quoique l'oxygène soit sur la Terre le principe de la vie, les milliards de mondes de l'infini ne sont pas identiquement organisés de la même façon, et qu'il y a des modes d'existence divers fonctionnant en des atmosphères tout à fait différentes de la nôtre. Peut-être dans cent siècles les hommes de la Terre seront-ils tout différents de ce que nous sommes aujourd'hui, et vivront-ils eux-mêmes dans les régions aériennes, conquises et hospitalières.

CHAPITRE VI

L'ŒUVRE DE L'AIR DANS LA VIE TERRESTRE

RESPIRATION ET ALIMENTATION DES PLANTES, DES ANIMAUX ET DES HOMMES

Maintenant que nous connaissons le volume, le poids et la nature de l'Atmosphère terrestre, il convient que nous embrassions dans une esquisse rapide l'œuvre permanente de ce fluide vivifiant à la surface de notre planète, et que nous nous rendions un compte aussi exact que possible du fonctionnement de cette œuvre à travers les corps vivants.

La constitution organique de la Terre est construite par l'air et pour l'air. C'est l'air qui a joué le premier rôle dans la formation des êtres. Depuis le plus humble jusqu'au plus élevé, tous respirent, tous renouvellent leurs tissus par la respiration, et par l'alimentation, qui n'est elle-même qu'une sorte de respiration. L'air baigne, emplit, compose toutes choses. L'herbe des champs, l'arbre des forêts, le fruit du poirier ou de l'oranger, la pêche ou l'amande, le grain de blé ou la grappe de la vigne : autant de fruits de l'air. L'animal n'est lui-même que de l'air organisé, et l'homme est une *âme vêtue d'air* plus ou moins condensé, plus ou moins agréablement disposé par la force vitale suivant la forme du type humain terrestre.

L'âme de la plante, l'âme de l'animal, l'âme de l'homme se fabrique son organisme planétaire à l'aide du milieu ambiant. Là, elle pousse une feuille dans la lumière pour saisir et fixer avec avidité l'acide carbonique de l'air. Ici, elle ouvre et ferme alternativement les poumons destinés à extraire l'oxygène du même milieu aérien qui nous imbibe. Là encore, elle dirige une racine haletante vers tel suc terrestre qui conviendra à son espèce ; ici, elle nous engage à choisir tel aliment, à laisser tel autre ; et ainsi dans chaque être vivant elle entretient sans oubli l'organisme qu'elle s'est formé

Considérons un instant cet entretien de la vie végétale, animale et humaine ; et puisque notre propre personne nous intéresse ordinairement plus que les autres productions de la nature, voyons d'abord de quoi vit l'homme.

L'alimentation est multiple en apparence, mais elle se résume en définitive pour tous en des éléments analogues à ceux de la respiration.

L'indigène de l'Amérique du Sud, toujours en chasse à cheval sur son coursier sauvage, consomme de dix à douze livres de viande par jour ; une tranche de citrouille qu'on lui offre dans une hacienda est pour lui une véritable jouissance ; le mot de *pain* ne se trouve pas dans son vocabulaire. Las de son travail de chaque jour, l'Irlandais plein d'insouciance se régale de ses *potatoes* et ne cesse d'égayer son repas frugal par des plaisanteries ; la viande lui est une chose étrangère, et heureux celui qui a pu se procurer quatre fois par année un hareng pour assaisonner ses pommes de terre. Le chasseur des prairies, qui abat le bison d'un coup infaillible, savoure avec plaisir la loupe succulente et entrelardée qu'il vient de rôtir entre deux pierres brûlantes ; pendant ce temps, l'industrieux Chinois porte au marché ses rats engraissés avec soin et ses nids d'hirondelles, bien assuré de trouver parmi les gourmets de Pékin des chalands généreux ; et dans sa hutte enfumée, presque ensevelie sous la neige et la glace, le Groenlandais dévore le lard cru qu'il vient de couper aux flancs d'une baleine échouée. Ici l'esclave nègre mâche la canne à sucre et mange ses bananes ; là le négociant africain vide son sachet de dattes, seule nourriture à travers le désert ; plus loin, le Siamois se remplit l'estomac d'une quantité de riz effrayante, qui ferait reculer l'Européen le plus affamé. Et quel que soit l'endroit de la terre habitée où nous demandions l'hospitalité, partout on nous offre un aliment différent, « le pain quotidien » sous les formes les plus variées.

Cependant, se demande Schleiden, « l'homme est-il un être tellement accommodant, qu'il puisse se construire à l'aide des matières les plus hétérogènes l'habitation corporelle de son esprit, ou bien toutes ces différentes espèces d'aliments ne contiennent-elles qu'un seul ou petit nombre d'éléments similaires qui constituent la nourriture de l'homme ? » C'est cette dernière hypothèse qui est la vraie.

Tout ce qui nous entoure est constitué d'un petit nombre d'éléments simples découverts successivement par la chimie. Quatre d'entre eux surtout forment la composition de tout être organisé vivant sur la terre : l'azote et l'oxygène sont les éléments les plus importants de l'air atmosphérique ; l'oxygène et l'hydrogène forment l'eau par leur combinaison ; le carbone et l'oxygène produisent l'acide carbonique, et, enfin, l'azote et l'hydrogène se réunissent pour composer l'ammoniaque. Ce sont ces quatre éléments, le carbone, l'hydrogène, l'oxygène et l'azote, qui dans leurs combinaisons diverses forment presque entièrement les substances dont se composent les plantes et les animaux.

Les quatre corps que nous venons de nommer, en se réunissant dans différentes proportions, constituent une infinité de substances organiques que l'on pourrait classer en deux séries distinctes. L'une comprend les corps composés des quatre éléments réunis; telles sont l'albumine, la fibrine, la caséine et la gélatine. Le corps animal entier est tissé de ces matières, et, quand elles en sont séparées ou que la vie les quitte, elles se décomposent en fort peu de temps et donnent de l'eau, de l'ammoniaque et de l'acide carbonique, qui se dégagent dans l'air. La seconde série contient, au contraire, des substances privées d'azote, savoir la gomme, le sucre, l'amidon, les liquides qui en dérivent, tels que l'alcool, le vin, le beurre et enfin les corps gras. Ceux-ci passent par le corps animal, en ce sens que leur carbone et l'hydrogène sont consumés par l'oxygène aspiré pendant la respiration, et ensuite exhalés sous forme de gaz acide carbonique et d'eau.

Les mêmes atomes des corps simples passent en proportions différentes, et dans des combinaisons ou mélanges différents, à travers les organismes végétaux et animaux, venant de l'air et y retournant. La vie se nourrit de la mort et les décompositions apportent de nouveaux mets sur la table toujours servie de l'entretien de la vie terrestre. Le naturaliste a raison de dire que l'homme vit en définitive de l'air par l'intermédiaire des plantes. La plante absorbe dans l'Atmosphère les substances dont elle compose sa nourriture. Que nous mangions du végétal, de l'animal, ou que nous respirions simplement, nous ne faisons jamais que remplacer les molécules éliminées par de nouvelles, qui ont appartenu à d'autres corps, et en définitive absorber ce qui a été rejeté par d'autres et rejeter ce qui va être repris par d'autres.

L'homme adulte pèse en moyenne 70 kilogrammes. Sur cette quantité, il y a près de 52 kilogrammes d'eau, dans le sang et dans la chair, et il ne reste guère de solide que 10 kilogrammes, formant les os, les fibres, etc. Si l'on brûle un corps, il ne reste que quelques kilogrammes de cendre. A part ce sable, ce phosphate de chaux, nous prenons tout dans l'air, directement ou indirectement.

Nous nous nourrissons aux trois quarts d'air par la respiration. Nous devons demander le dernier quart à des aliments en apparence plus solides ; mais nous voyons que ces aliments eux-mêmes sont surtout composés des principes constitutifs de l'air. Tel est l'état de notre planète. Il existe certainement des mondes où l'on vit plus agréablement, sans être astreint à ce travail grossier du manger et du boire et à leurs désagréables conséquences, — où l'air, un peu plus nutritif qu'ici, l'est suffisamment. A l'opposé, il existe sans doute des mondes où l'on est encore plus malheureux qu'ici, où l'on ne possède pas cette Atmosphère qui nous nourrit aux trois quarts à notre insu, et où l'on est obligé de gagner, par le travail, des déjeuners d'oxygène ou d'autres gaz.

En résumé, l'air transparent est composé des mêmes principes qui se trouvent en plus grande abondance dans la terre. Les quatre éléments principaux de tout organisme végétal ou animal, l'oxygène, l'azote, l'hydrogène et le carbone, s'y retrouvent également : les deux premiers, comme éléments constituants de l'air ; le troisième, mélangé avec l'oxygène sous forme de vapeur d'eau ; et le quatrième enfin, mêlé au souffle expiré par les animaux et à maint autre gaz provenant de la décomposition des plantes.

Si nous reconnaissons ainsi dans les principes de l'alimentation la prépondérance de l'oxygène, de l'eau et de l'azote, en diverses combinaisons, il nous sera incomparablement plus facile de constater maintenant dans la respiration l'œuvre constante et unique de l'Atmosphère.

Examinons donc ce grand rôle de l'air dans la vie.

Le système sanguin qui se développe dans tout notre corps se divise principalement en deux sortes de conduits : les *artères*, par lesquelles le sang se transporte du cœur à tous les organes ; les *veines*, par lesquelles il revient au cœur. On désigne sous le nom de *circulation* cette marche du sang parcourant le corps entier, et revenant au cœur, son point de départ.

Le *cœur* est un organe creux et musculaire, de forme conique, et de la grosseur du poing chez l'adulte (fig. 50). Il est divisé par une cloison musculaire en deux moitiés à peu près égales, adossées l'une à l'autre et partagées, chacune dans sa hauteur, en deux cavités, dont la supérieure est l'oreillette, et l'inférieure le ventricule. Les oreillettes doivent leur nom à un appendice aplati qui retombe sur leur face externe.

L'oreillette droite (C) communique avec le ventricule droit (A), l'oreillette gauche (D) avec le ventricule gauche (B). Il n'existe pas de communication entre les deux ventricules.

Agent principal de la circulation, le cœur est le siège de mouvements qui ne sont pas soumis à la volonté, mais qui néanmoins (comme chacun l'a plus d'une fois éprouvé sur soi-même) sont influencés sans cesse par les impressions et les sensations. Ces mouvements consistent dans la contraction et le relâchement alternatifs des parois du cœur. Les ventricules se contractent simultanément, puis à leur contraction succède une période de relâchement, pendant laquelle les oreillettes se contractent à leur tour, pour se relâcher pendant la nouvelle contraction des ventricules. Pendant la dilatation, le sang afflue dans les cavités du cœur;

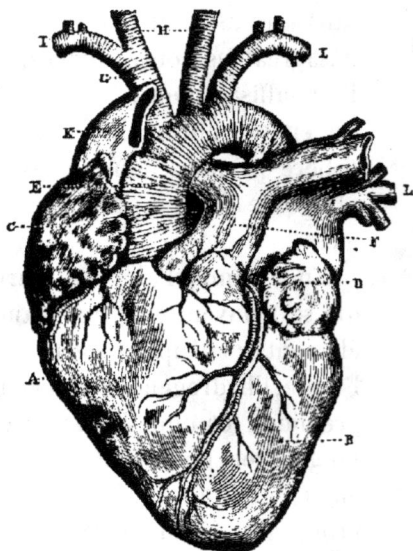

FIG. 50. — Cœur de l'homme.

il en est chassé par la contraction :. celle des oreillettes le fait passer dans les ventricules; celle des ventricules le lance dans les artères.

C'est cette alternance qui constitue le rythme du cœur et les battements régulièrement espacés qu'il fait entendre et sentir à travers les parois de la poitrine. Voyons d'abord comment s'accomplit la circulation artérielle.

La contraction du ventricule gauche (B) pousse le sang dans l'artère aorte (E), et par là dans toutes les artères, où il coule sous la triple action de la contraction ventriculaire, de l'élasticité et de la contractilité des parois artérielles. Dans les vaisseaux d'un certain calibre, son mouvement est rythmé comme celui du cœur; si l'on appuie le doigt sur le trajet d'une artère, on perçoit le choc du sang, le pouls. A mesure qu'il avance dans les ramifications artérielles, le sang coule par un mouvement continu et sans secousse, transmet aux tissus les principes dont il se compose, et les livre à l'assimilation, pour reprendre en échange les molécules désassimilées qui doivent être rejetées de l'organisme ou soumises à une élaboration nouvelle. Fluide vivant et nourricier, il porte dans les organes la vie, la chaleur et les éléments de la nutrition.

A son entrée dans l'aorte et pendant sa marche dans le système artériel, il était d'un rouge éclatant; maintenant sa couleur est sombre, le sang rouge s'est transformé en sang noir. Privé d'une grande partie de ses principes constituants, il revient, par le système veineux, en puiser de nouveaux à leur source dans la poitrine, où les éléments de nutrition doivent remplacer ceux qui tout à l'heure ont été livrés à l'assimilation. Ainsi reconstitué partiellement, le sang va se jeter, par la veine cave (K), dans l'oreillette droite (C), et l'oreillette, en se contractant, le chasse dans le ventricule droit (A).

Voilà le sang revenu au cœur; mais, bien qu'enrichi des produits assimilables de la digestion, il est incomplet, et doit se transformer pour redevenir un sang parfait, en même temps que la combustion d'une partie de ses principes produira la chaleur qu'il distribuera bientôt à l'organisme. C'est dans les poumons que cette élaboration s'effectue

Le ventricule droit se contracte, le flot de sang veineux passe dans l'artère pulmonaire (F), traverse les poumons et se transforme en sang artériel. Les globules rouge brun du sang veineux prennent, au contact de l'oxygène, une couleur vermeille et rutilante; ils se chargent du calorique dégagé par la combustion du carbone, et, revivifié, le sang pénètre jusqu'à l'oreillette gauche, qui le transmet immédiatement au ventricule, où son trajet circulaire se termine pour recommencer aussitôt.

La circulation peut donc être divisée en deux périodes simultanées. Le cercle fictif parcouru par le sang se compose de deux segments inégaux que décrit la colonne liquide (fig. 51); le segment supérieur est la circulation pulmonaire ou petite circulation, le segment inférieur est la circulation générale ou grande circulation. Le sang veineux-noir (v) devient rouge dans la circulation pulmonaire, et, recommençant son cours en a, est sang artériel.

Comme leur nom l'indique, les poumons (πνεύμων, de πνέω, je respire) sont l'organe essentiel de la respiration. Au nombre de deux, mais recevant l'air d'un même canal et le sang d'un seul vaisseau, ils doivent être considérés comme l'expansion terminale des ramifications de la trachée-artère (A, fig. 52 et 53), ou, si l'on veut, comme les deux têtes d'un même arbre. Placés dans la poitrine, dont ils occupent la plus grande partie et qui est comme leur moule, ils représentent deux cônes irréguliers, reposant par leurs bases sur le diaphragme.

Les poumons reçoivent l'air par le larynx, la trachée-artère et les bronches. Le larynx, organe de la voix, se continue par son orifice

FIG. 51. — Trajet fictif du sang.

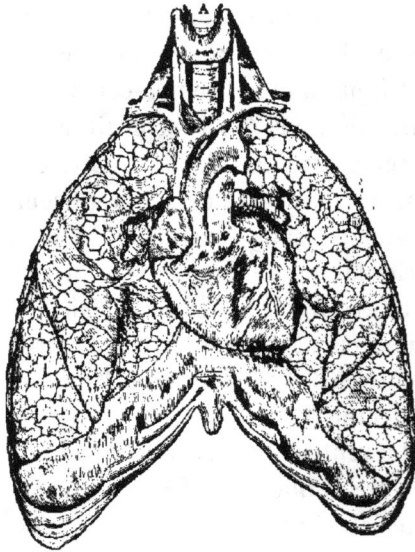

FIG. 52. — Cœur et poumons de l'homme.

inférieur avec la trachée-artère. Celle-ci se divise en deux conduits que l'on nomme les *bronches*, et qui, parvenus à la racine des poumons, donnent naissance à des ramifications nombreuses. Ils continuent à se subdiviser et se terminent par les cellules pulmonaires dont l'agglomération en grappes constitue les lobules du poumon.

La respiration est une fonction caractérisée par l'introduction de l'oxygène de l'air dans le sang et l'expulsion, sous forme gazeuse, d'une partie des matériaux inutiles ou nuisibles à l'organisme. Elle se divise en deux temps : l'*inspiration*, pendant laquelle l'air atmosphérique pénètre dans les cellules pulmonaires, et l'*expiration*, qui chasse des poumons cet air modifié. On peut comparer les poumons à un fin tissu (dont le développement serait 120 fois plus grand que la surface du corps entier), qui est replié sur lui-même et criblé de 40 à 50 millions de petits trous. Ces pores sont juste trop petits pour laisser filtrer le sang, et assez grands pour laisser pénétrer l'air. Quand l'oxygène de l'air les traverse pour se combiner avec le sang, celui-ci se régénère par ce contact et laisse ses molécules inutiles se mêler à l'air qui les emporte avec lui dans l'expiration. C'est, comme on voit, un échange de gaz qui se fait entre l'air et le sang, le premier fournissant au second de l'oxygène et en recevant d'autres fluides gazeux, parmi lesquels l'acide carbonique domine. Ce dernier gaz, en excès dans le sang veineux, s'exhale au dehors, tandis que l'oxygène de l'air revivifie le sang rapporté au cœur par les veines.

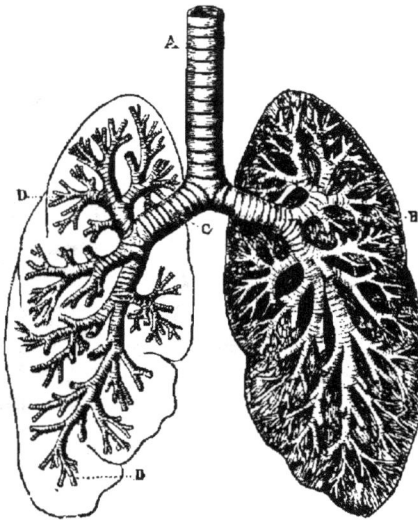

FIG. 53. — Ramifications des bronches.
A, trachée-artère ; B et C, bronches ; D, D, ramuscules bronchiques.

Ainsi, d'une part l'oxygène atmosphérique brûle dans le poumon du carbone ; d'autre part le poumon exhale de l'acide carbonique, de l'azote et de la vapeur d'eau. L'oxygène combiné au sang pendant la respiration s'en est séparé peu à peu dans les capillaires du corps entier, pour faire naître des produits nombreux, et, entre autres, de l'acide carbonique. Au sortir du cœur et dans les artères, le sang contenait 25 centimètres cubes pour 1000 d'oxygène, dans les veines il n'en contient plus que 11. Quant à l'azote et à la vapeur d'eau, l'un est dégagé, l'autre produite pendant ce même travail, et tous deux sont puisés par l'organisme dans les principes qu'y introduisent l'alimentation et la respiration.

Ce n'est pas seulement par les poumons que l'homme respire, mais encore par la peau, criblée de millions de petites ouvertures, par lesquelles s'effectuent constamment l'expiration et l'inspiration. Et la respiration cutanée n'est pas moins importante que la respiration pulmonaire.

Lavoisier, qui, nous l'avons vu, fut le premier analyseur de l'air, fut aussi le premier qui ait constaté l'absorption de l'oxygène dans la respiration, et montré par des expériences l'analogie qui existe entre les fonctions respiratoires et la combustion. « La respiration n'est, dit-il, qu'une combustion lente de carbone et d'oxygène, qui est semblable en tout à celle qui s'opère dans une lampe. Dans la respiration comme dans la combustion, c'est l'air qui fournit l'oxygène... Mais, comme dans la respiration c'est la substance même de l'animal qui fournit le combustible, si les animaux ne réparaient pas habituellement par les aliments ce qu'ils perdent par la respiration, l'huile manquerait bientôt à la lampe, et l'animal périrait comme la lampe s'éteint lorsqu'elle manque de nourriture. » La plupart des physiologistes ont admis la théorie de Lavoisier et considèrent la respiration comme une combustion lente des matériaux du sang par l'oxygène de l'air ambiant, et comme la source de la chaleur animale.

Une bougie d'une part, un petit animal d'autre part, placés

Fig. 54. — Respiration et combustion.

chacun sous une cloche, effectuent la même opération. L'un et l'autre usent l'oxygène pour faire de l'acide carbonique. Aussi l'un et l'autre s'éteignent-ils, meurent-ils, lorsqu'il n'y a plus assez d'oxygène pour les entretenir.

On comprend, d'après ce qui précède, que l'air exhalé n'a pas le même volume ni les mêmes proportions d'éléments constituants que l'air inspiré. En effet, l'homme adulte absorbe par la respiration de 20 à 25 litres, c'est-à-dire 29 à 36 grammes d'oxygène par heure ou 500 litres par jour. En évaluant la population humaine du globe à 1 milliard et demi, il en résulte que l'humanité enlève par jour à l'Atmosphère 750 milliards de litres, ou 750 *millions de mètres cubes d'oxygène !*

L'homme exhale par heure 20 litres ou 41 grammes d'acide carbonique, 480 litres par jour ou près de 1 kilogramme. En un jour la race humaine donne donc à l'Atmosphère 680 millions de mètres cubes ou 1500 millions de kilogrammes d'acide carbonique !

La ville de Paris seule exhale dans l'air 4 500 000 mètres cubes d'acide carbonique par jour, dont 1 000 000 par la population et les animaux, et 3 500 000 par les combustions diverses.

Avec une petite quantité d'azote (un centième de l'oxygène absorbé) l'expiration humaine renvoie encore par heure 630 grammes d'eau environ, sous forme de vapeur, ou plus de 15 kilogrammes par jour. C'est donc plus de 20 *milliards de kilogrammes d'eau* qui s'échappent par jour des lèvres de l'humanité.

Enfin, comme chaque individu introduit à peu près 10 mètres cubes d'air dans ses poumons par jour, c'est 15 *milliards de mètres cubes d'air* qui traversent par jour les poumons insatiables des fils d'Adam et des filles d'Ève.

Aussi voit-on survenir les accidents les plus graves chez les êtres confinés dans un espace clos où l'air ne peut se renouveler. Au siècle dernier, pendant la guerre des Anglais dans l'Inde, cent quarante-six prisonniers furent enfermés dans une salle à peine suffisante pour les contenir, et où l'air ne pénétrait que par deux étroites fenêtres; au bout de huit heures, vingt-trois de ces hommes restaient seuls vivants et dans un état déplorable. Percy rapporte qu'après la bataille d'Austerlitz, trois cents prisonniers russes ayant été renfermés dans une caverne, deux cent soixante de ces malheureux succombèrent en quelques heures à l'asphyxie.

En analysant l'air des enceintes habitées, vicié par la respiration, on a obtenu des résultats intéressants, parmi lesquels on peut citer les suivants :

	Acide carbonique (en poids).
Chambre de caserne de l'École militaire de Paris (onze soldats y passaient la nuit), portes et fenêtres fermées et calfeutrées..................	19 millièmes.
Id., portes et fenêtres fermées et non calfeutrées...	11 millièmes.
Amphithéâtre de chimie non ventilé, après le séjour de 900 personnes pendant 1 heure 1/2 environ...	10 millièmes.
Salles d'hôpital non ventilées et encombrées (à la fin de la nuit).............................	8 millièmes.
Salle d'école primaire avec ventilation imparfaite..	5 millièmes.
Salle de spectacle à la fin de la représentation (parterre)......................................	4 millièmes.
Air pris dans la cheminée d'appel de la Chambre des Députés, à Paris, à la fin d'une séance.......	2 millièmes.
Chambre à coucher ventilée (à la fin de la nuit)....	0,5 millième.

Les atmosphères rendues asphyxiantes par la combustion du charbon doivent leurs propriétés délétères non à l'acide carbonique, mais à une faible proportion d'oxyde de carbone. C'est là véritablement le gaz qui

produit l'asphyxie lors de la combustion du charbon en l'absence
d'appareils de tirage pour l'expulsion des gaz brûlés. L'influence
toxique de l'oxyde de carbone est démontrée par la mort presque
immédiate des animaux à sang chaud portés dans un air auquel on a
ajouté 1 pour 100 en volume d'oxyde de carbone pur.

La combustion du charbon ou des matières combustibles destinées
à l'éclairage est encore une source d'altération de l'air. Une bougie
stéarique, brûlant 10 grammes de matière combustible par heure,
consomme environ 20 litres d'oxygène et produit environ 15 litres d'acide carbonique. Un bec de gaz qui débite par heure 140 litres (plus petits becs des lanternes de l'éclairage public à Paris) consomme environ 230 litres d'oxygène et produit environ 112 litres d'acide carbo-

FIG. 55. — Production de l'acide carbonique par la respiration.

nique. Une lampe Carcel, brûlant 42 grammes d'huile de colza
épurée à l'heure, consomme un peu plus de 80 litres d'oxygène, en
produisant près de 60 litres d'acide carbonique.

Une expérience bien simple met en évidence cette production d'acide
carbonique par la respiration. Dans deux verres semblables, versons
une dissolution limpide d'eau de chaux ; dans l'un envoyons de l'air
ordinaire à l'aide d'un soufflet ; dans l'autre, qu'un expérimentateur
souffle avec sa bouche : on verra l'eau du second verre se troubler rapidement par suite de l'action de l'acide carbonique sur l'eau de chaux,
tandis que celle du premier ne se troublera que très lentement, parce
qu'il y a très peu d'acide carbonique dans l'air ordinaire.

Telle est l'œuvre chimique de l'air dans la vie. Occupons-nous un
instant de son œuvre mécanique.

Chez l'adulte au repos, le cœur bat communément soixante-dix fois
par minute ; l'acte de l'inspiration pulmonaire dure un peu moins de
trois battements de pouls et il en est de même de l'expiration. On

respire à peu près quinze fois par minute. Comme les battements du cœur, la respiration devient plus active sous l'influence de toute cause d'excitation physique ou morale, et plus lente dans l'attention que l'on donne à un travail difficile[1].

Quoique tout le monde respire, tout le monde cependant ne sait pas *bien* respirer. C'est la fonction la plus importante de la vie, et qui s'effectue pendant le travail, la marche, le sommeil. C'est un fait merveilleux, lorsqu'on y songe, de pouvoir combiner sans le savoir la parole d'un long discours avec la respiration. L'inspiration facile et sans effort permet de prolonger longtemps, sans fatigue, les exercices du chant aussi bien que ceux de la gymnastique. Au contraire, les personnes qui respirent surtout par l'élévation des côtes supérieures, se fatiguent et s'essoufflent rapidement. C'est ce qu'on observe chez les femmes, lorsque le corset comprime la base de la poitrine.

On estime que chez l'homme dans la force de l'âge la capacité des poumons est d'environ 3 lit., 70 d'air; elle est moindre avant cet âge et tombe à 3 litres vers soixante ans. Chez la femme, elle est plus faible; elle varie d'ailleurs suivant les personnes.

La pression atmosphérique influe aussi sur la fréquence des battements du cœur, mais seulement dans certaines conditions. Si l'on s'élève rapidement à une grande hauteur, on remarque dans le pouls une augmentation de fréquence très sensible. Les ascensions aérostatiques et les voyages dans les montagnes en fournissent la preuve. Une augmentation dans la pression atmosphérique diminue la fréquence du pouls. On a vu le pouls tomber à 50 et même à 45 pulsations chez des sujets placés dans un appareil à air comprimé, où la pression était portée à 2 atmosphères et plus.

Les fonctions les plus importantes de la nature passent inaperçues pour nous lorsqu'elles sont permanentes. Telle est la respiration. Depuis la première minute qui succéda à notre naissance en ce monde, nous respirons incessamment, nuit et jour, dans le travail comme dans le repos, dans le plaisir comme dans la peine, et nous semblons ne point nous en apercevoir. Ce grand acte de la vie mérite cependant toute notre attention.

Ce n'est point au milieu des agitations du jour que nous pouvons jamais donner un instant d'observation à la production incessante et infatigable de ce phénomène, mais bien plutôt lorsque le soir, étendus

---

1. Napoléon, diplomate très peu nerveux, avait un pouls très lent : 55 battements par minute.

rêveurs sur le divan du repos, ou mieux encore dans les moments qui précèdent le sommeil, lorsque sous l'ombre silencieuse de la nuit nous laissons lentement s'assoupir nos pensées et nos membres. Alors le mouvement léger des poumons qui se gonflent et se dégonflent en cadence peut appeler notre attention solitaire sur cette force insouciante et fatale qui régit notre vie. Nous pouvons penser que durant le sommeil ce mouvement isochrone se perpétue dans notre poitrine, et tandis qu'une mort apparente enveloppe nos sens et que notre esprit voltige dans le monde chatoyant des rêves, incessamment, sans oubli, notre sein appellera l'air extérieur et expulsera d'instant en instant l'acide carbonique qui nous asphyxierait. Peut-être pourrions-nous aussi penser au désagrément qui résulterait pour nous de l'offuscation accidentelle des conduits respiratoires, si pendant ce même sommeil un objet malencontreux venait, par l'extérieur ou par l'intérieur, fermer notre gorge et intercepter la communication permanente qui doit sans cesse régner entre les poumons et l'air qui baigne notre visage. Mais une telle crainte serait peu propre à amener le sommeil, et nous n'avons garde de la susciter.

En ces instants de calme et de repos où il nous est permis de *nous sentir vivre* par la respiration, nous sommes en excellente condition pour nous rendre compte non seulement de la nécessité absolue de cette fonction, mais encore de notre vraie situation *au fond de l'océan* aérien. En effet, observons-nous. Couchés ou debout à la surface du sol, nous sommes, relativement à l'océan aérien placé sur nos têtes, dans la même situation que les coraux, les crustacés et les zoophytes qui habitent le fond de la mer. L'océan aérien se déploie sur nos têtes avec ses oiseaux, ses insectes et ses animalcules invisibles pour poissons. Nous, nous sommes attachés au fond comme de pauvres et lourds crustacés, comme de grossiers poissons ouvrant et fermant leurs branchies de seconde en seconde. Voilà notre situation réelle, à laquelle on ne songe guère. Nous ne sommes pas à la surface, à l'extérieur véritable du monde terrestre, mais nous respirons grossièrement et fatalement au fond de son océan aérien.

Une différence dans les degrés de pression atmosphérique, ou, en d'autres termes, les oscillations journalières et les variations accidentelles du baromètre, ont-elles de l'influence sur le corps humain? Dans quelles circonstances et par quels symptômes cette action se manifeste-t-elle? Il est certain que les fonctions s'exécutent avec plus d'énergie lorsque le baromètre monte et que la pression ambiante est plus forte.

On conçoit, en effet, que la pression extérieure étant accrue, le ressort des parois membraneuses est favorisé par cet excès de pression. S'il arrive, au contraire, que le baromètre baisse d'une quantité un peu considérable, nous éprouvons un sentiment de gêne et de fatigue, une propension au repos; nos liquides tiennent quelques gaz en dissolution, et tendent d'ailleurs à se vaporiser par la température propre du corps. Le ralentissement des fonctions, qui est la suite de ce trouble, nous rend plus pénible toute espèce de mouvement; et, rapportant alors à l'air qui nous environne le sentiment produit dans nos organes mêmes, nous avons coutume de nous plaindre que *l'air est lourd*, précisément parce qu'il est trop léger[1].

Ainsi nous régit le ciel, ainsi notre état physiologique de corps et même d'esprit peut presque toujours se traduire en chiffres barométriques.

Nous venons d'apprécier le rôle de l'air dans la vie humaine et dans

---

1. Le poids total supporté par un homme de taille moyenne étant de 15500 kilogrammes, la différence de pression, pendant les variations atmosphériques les plus extrêmes, atteint 1000 à 1200 kilogrammes, c'est-à-dire environ un douzième. La température, l'électricité de l'air, son degré de sécheresse ou d'humidité, s'unissent d'ailleurs à l'action de la pression atmosphérique.

Nous avons tous éprouvé l'abattement produit dans notre organisme par l'abaissement parfois considérable du baromètre. Une différence plus prononcée serait capable de briser les constitutions délicates ou affaiblies, et ce n'est pas un petit sujet de réflexion que de supposer un état de l'Atmosphère susceptible d'endormir du dernier sommeil la race humaine entière.

Les physiologistes ont cité plusieurs exemples fort remarquables de l'influence produite par une simple diminution de la pression atmosphérique. Suivant Mead, dans le mois de février 1687, le baromètre tomba à un degré où jamais on ne l'avait vu descendre : le professeur Cockburn mourut subitement d'une hémoptysie; le même jour, à la même heure, plusieurs personnages connus éprouvèrent des épistaxis et diverses hémorragies dangereuses que rien n'avait annoncées et qui n'avaient été précédées que d'un sentiment de lassitude et de faiblesse. Le 2 septembre 1658, il s'éleva une tempête violente, et Mead prétend qu'elle fut l'une des causes de la mort de Cromwell.

Certaines personnes sont de véritables baromètres. Celles dont les nerfs sont affaiblis ou d'une sensibilité maladive, celles qui ont subi une amputation ressentent les mouvements barométriques aussi exactement que l'oscillante colonne de mercure elle-même. Chacun a pu observer maint exemple de ce genre.

Si, libre de préventions et sans idée préconçue, l'homme pouvait noter tout ce qu'il ressent dans un temps donné, il reconnaîtrait promptement qu'il est un point dans la hauteur du baromètre où ses fonctions s'exécutent avec plus de vigueur, où son esprit est mieux disposé, plus libre, plus vif, où l'étude devient plus facile et la vie plus pleine. Dans les zones tempérées, à Paris en particulier, une hauteur moyenne est la plus favorable à la santé du plus grand nombre d'individus, au plein exercice de leurs facultés, ainsi qu'aux manifestations les plus puissantes de leur vie morale. En général, le point où s'accomplit, avec la plus entière perfection, le jeu des fonctions vitales, est celui de 764 millimètres.

Quand le baromètre a dépassé cette hauteur favorable, on sent un plus grand bien-être aux heures où l'oscillation diurne descend à son *minimum*. Le baromètre, au contraire, se trouve-t-il bas, c'est aux heures où l'oscillation atteint son *maximum* que se manifeste la tendance à l'amélioration et au bien-être. Il en est de même pour les variations accidentelles.

Ces règles, ces indications ne sont pas applicables à tous, dirons-nous avec le docteur Foissac; et comme la sécheresse ou l'humidité, le froid ou la chaleur, sont favorables aux uns, nuisibles à d'autres, de même la différence dans la pression atmosphérique produit des effets divers, selon l'état de santé, les tempéraments et les habitudes. On voit d'ailleurs certaines constitutions sous-

celle des animaux supérieurs. Nous ne pouvons omettre de compléter cette appréciation par l'étude du même rôle chez les autres ordres organiques : chez les oiseaux, les insectes et les poissons, et dans la respiration des plantes. Nous constaterons par là, une fois pour toutes, l'universalité du règne de l'air dans l'organisation de la vie terrestre tout entière.

Chez les oiseaux, la circulation est double. Le cœur est formé de

deux moitiés distinctes, et leur sang est même plus riche en globules que celui de l'homme, parce qu'il est abondamment pénétré par l'air, non seulement dans les poumons, comme chez les mammifères, mais dans les derniers rameaux de l'arbre artériel, du tronc et des membres. Ce qui distingue, en effet, l'oiseau, ce n'est pas seulement le vol, c'est surtout son mode de respiration. On ne trouve pas chez les oiseaux cette cloison mobile appelée *diaphragme*, qui chez les mammifères

traites à ces influences délicates; tels sont, par exemple, ces êtres tranquilles qui sentent et pensent comme ils digèrent, que les orages physiques non plus que les accidents moraux ne troublent, ni ne dérangent de leur voie accoutumée, et dont la vie, renfermée dans les réalités du positivisme, ne connaît ni les écarts de l'imagination, ni les nuances multiformes de la sensibilité. Les réflexions précédentes s'appliquent principalement à ces natures malheureuses (privilégiées?) pour lesquelles la somme de bonheur et de souffrance est doublée par leur manière de les ressentir; elles s'appliquent à ces sensitives intelligentes pour qui une épine légère, physique ou morale, est un dard acéré, à ces personnes enfin vouées à l'étude et à la contemplation, inquiètes du passé, soucieuses de l'avenir et plus ou moins effleurées par le *tædium vitæ*, qui pénètre dans leur cœur comme le ver dans le calice de la fleur ou dans le fruit mûri par l'été. C'est, nous n'en doutons pas, de ces natures que le poète de *Tristram Shandy* parlait lorsque par une réflexion morale il formulait une loi physique en disant que *la marée de nos passions monte et s'abaisse plusieurs fois par jour.*

arrête l'air à la poitrine : l'air extérieur pénètre dans toutes les parties
de leur corps, par les voies respiratoires, qui se ramifient dans tout le
tissu cellulaire et jusque dans les plumes, dans l'intérieur des os et
même entre les muscles. Leur corps, dilaté par l'air inspiré, est allégé
d'une portion considérable de son poids.

Aux ailes dont les battements le soutiennent dans l'air, l'oiseau
ajoute donc une respiration double, qui donne à son corps une suffisante légèreté spécifique, et de plus une circulation activée, échauffée
par la pénétration de l'oxygène. La chaleur vitale est, on le sait, en
rapport avec la respiration. Aussi les oiseaux, grâce à leur riche organisation, peuvent-ils vivre dans les régions les plus froides de l'Atmosphère.

Joyeux et charmants habitants de l'air, cœurs palpitants, chansons
vivantes, ne semble-t-il pas que ces petits êtres, si puissants dans leur
apparente faiblesse, planent au-dessus de nous dans les hauteurs
aériennes comme un défi perpétuel jeté à notre vanité humaine? Peut-
on contempler un groupe d'oiseaux suivant en chantant les vastes
plaines de l'air, sans voir en eux quelque promesse anticipée de
l'avenir réservé aux efforts de l'homme, poursuivant la conquête non
chimérique de l'Atmosphère?

Mais l'homme n'aura jamais cette respiration des oiseaux et ne
volera jamais par sa seule force musculaire.

Si nous considérons maintenant les insectes, plus aériens que nous,
eux aussi, nous observons (et ceci n'est connu que depuis Malpighi,
1669) que leur délicat appareil respiratoire est essentiellement composé de conduits membraneux d'une grande délicatesse, dont les
ramifications en nombre incalculable se répandent partout et s'enfoncent dans la substance des organes, à peu près comme les racines
chevelues d'une plante s'enfoncent dans le sol. Ces vaisseaux ont reçu
le nom de *trachées*. Leurs communications avec l'air s'établissent ensuite de diverses façons, selon le milieu dans lequel vivent les insectes.

On sait que la plus grande partie d'entre eux passent leur vie bercés
sur les ondes aériennes. Or l'air ambiant pénètre dans les trachées par
un grand nombre d'orifices situés sur les côtés du corps, et qui ont
été nommés *stigmates*. Ce sont ces points, ordinairement en forme de
boutonnières, qu'on aperçoit, pour peu qu'on y regarde de près, chez
un très grand nombre d'espèces.

Le nombre des trachées est considérable. Telle chenille des plus
infimes est munie de 1572 tubes aérifères, visibles au microscope.

Le mécanisme de la respiration chez les insectes est facile à comprendre. La cavité abdominale, qui loge la plus grande partie de l'appareil trachéen, est susceptible de se contracter et de se dilater alternativement. Quand le corps de l'insecte se resserre, les trachées sont comprimées et l'air en est chassé. Mais, lorsque la cavité viscérale reprend sa capacité première ou se dilate davantage, ces canaux s'agrandissent, et l'air dont ils sont remplis, se raréfiant par suite de cet agrandissement, ne fait plus équilibre à l'air extérieur avec lequel il communique par l'intermédiaire des stigmates. Cet air se précipite dans l'intérieur, et l'inspiration s'effectue.

Les mouvements respiratoires peuvent, du reste, s'accélérer ou se ralentir, suivant les besoins de l'animal. En général, on en compte entre trente et cinquante par minute. Dans l'état de repos, les stigmates sont béants, et l'air arrive librement dans toutes les trachées chaque fois que la cavité viscérale se dilate. Mais ces orifices peuvent se fermer, et les insectes possèdent ainsi la faculté de suspendre à volonté toute communication entre leur appareil respiratoire et le milieu ambiant.

Nous venons de voir que l'appareil de la respiration acquiert chez les insectes un développement considérable. Il est dès lors facile de prévoir que cette fonction doit s'exercer avec une vive activité chez ces légers petits êtres. En effet, si on la compare à la quantité pondérable de la matière organique dont leur corps se compose, les insectes font une énorme consommation d'oxygène. Les papillons, par exemple, brûlent constamment d'une flamme éternelle.

Arrivons maintenant aux poissons. Ceux-ci sont beaucoup plus calmes.

Il suffit de regarder un instant un poisson dans l'eau pour remarquer deux grandes ouvertures derrière la tête : ce sont les ouïes ; leur bord antérieur est mobile, se soulève et s'abaisse comme un battant de porte, pour servir à la respiration.

Sous cette espèce de couvercle sont situées les *branchies*, organes de la respiration de ces animaux aquatiques. Ce sont des lamelles étroites, longues et aplaties, disposées en séries parallèles, à la manière de dents de peigne, et qui sont attachées sur des tiges osseuses, désignées sous le nom d'*arcs branchiaux*. Elles flottent ainsi dans l'eau aérée qui doit servir à la respiration de l'animal.

Voici comment s'exécute la fonction respiratoire. L'eau entre par la bouche, passe, par un mouvement de déglutition, sur les fentes que les arcs branchiaux laissent entre eux, arrive aux branchies dont elle inonde la large et multiple surface, et s'échappe enfin au dehors, par les ouvertures des *ouïes*. Chacun a pu observer ce double mouvement.

Pendant le contact de l'eau et des branchies, le sang qui circule dans la trame de ces organes et qui leur communique la coloration rouge qu'on leur connaît, se combine chimiquement avec l'oxygène de l'air, que l'eau tient toujours en dissolution quand elle coule librement, à la température ordinaire, en présence de l'air. Le sang devient ainsi oxygéné ou artériel[1]. Tout le monde sait que les poissons vivent dans l'eau, mais tout le monde ne sait pas que si l'on retirait l'air de l'eau, les poissons périraient !

C'est ainsi que dans les habitants des eaux aussi bien que dans ceux du sol et de l'air, l'Atmosphère régit partout en souveraine les fonctions de la vie sur cette planète.

La même conclusion résulte de l'étude attentive du règne végétal. La plante *respire*. Elle respire aussi bien que les animaux, c'est-à-dire que sa sève, qui n'est autre chose que son sang, est mise en contact avec l'air au moyen de ses feuilles et de ses parties vertes, qui représentent les organes respiratoires. Sous l'influence des rayons solaires, ses organes absorbent l'acide carbonique répandu dans l'air, le décomposent, dégagent le carbone qui se fixe dans le tissu végétal et rendent l'oxygène à l'Atmosphère.

Mais la respiration des plantes n'est pas toujours la même. Tandis que les animaux, le jour comme la nuit, exhalent sans cesse de la vapeur d'eau et de l'acide carbonique, la plante possède deux modes de respiration : l'un diurne, dans lequel les feuilles absorbent l'acide carbonique, décomposent ce gaz et dégagent de l'oxygène ; l'autre nocturne et inverse, dans lequel la plante absorbe de l'oxygène et dégage de l'acide carbonique, c'est-à-dire respire à la façon de l'animal. Voilà pourquoi les plantes et les fleurs ne doivent pas être conservées la nuit dans les chambres à coucher. Plusieurs (exemple :

1. Mettons des poissons dans l'eau d'un globe hermétiquement clos. Au bout de quelques heures, les poissons donneront des signes non équivoques d'asphyxie; encore un peu et ils mourraient. Ils mourraient parce que, pour respirer, ils auraient bientôt absorbé tout l'oxygène et l'auraient remplacé par l'acide carbonique de leur respiration.

Maintenant, dans ce globe, exposé en pleine lumière, introduisons des plantes aquatiques ou aériennes. Même après une journée d'attente, les poissons ne donnent plus signe d'asphyxie et se portent à merveille. C'est que les parties vertes des plantes exposées à la lumière absorbent, comme nous allons le voir, l'acide carbonique et dégagent de l'oxygène. L'acide carbonique fabriqué par les poissons est détruit par les plantes et la vie de la plante assure la vie de l'animal. Singulières harmonies de la nature ! Cette expérience qui vient d'être faite (1887) par M. Gréhant à la Sorbonne, est une variante intéressante de l'expérience fondamentale de Lavoisier sur la respiration.

le lis) ont des émanations très intenses et peuvent empoisonner, leurs principes odoriférants s'ajoutant à l'acide carbonique qu'elles expirent.

Les parties vertes des végétaux respirent seules suivant le mode végétal. Les parties non colorées en vert, comme les fleurs, les fruits mûrs, les graines, les feuilles rouges ou jaunes, etc., respirent, soit à la lumière, soit dans l'obscurité, à la manière des animaux : elles absorbent l'oxygène et dégagent de l'acide carbonique.

Si l'on considère que les parties vertes des plantes sont très nombreuses comparativement à celles qui sont autrement colorées ; que les nuits claires des pays chauds et lumineux ne font que diminuer plutôt qu'interrompre leur respiration diurne ; que la saison des longs jours est celle de la plus grande activité végétale, on sera conduit à conclure que les plantes vivent beaucoup plus à la lumière que dans l'obscurité, et que, par conséquent, leur respiration diurne est prépondérante sur leur respiration nocturne.

Ces organes respiratoires de la plante, qui ont reçu le nom de *stomates* (du mot grec στόμα, bouche), se composent d'une multitude de petites chambres à air situées sous l'épiderme des feuilles ; les plus grandes ont 33 millièmes de millimètre de diamètre. Sur la feuille de chêne on en compte 250 par millimètre carré. Chacune de ces *chambres* est mise en communication avec l'air extérieur au moyen d'une petite ouverture laissée entre deux cellules d'une forme spéciale et dont le rapprochement constitue *deux lèvres*. C'est par ces petites bouches que l'air se met en rapport, à travers les parois cellulaires, avec les liquides séreux qui exhalent (pendant la durée du jour) un excès de gaz oxygène, et absorbent, en revanche, une certaine quantité d'acide carbonique.

Les cellules qui bordent l'ouverture du stomate sont hygroscopiques ; elles peuvent, sous l'influence de l'humidité ou de la sécheresse, s'écarter ou se resserrer, par conséquent élargir l'ouverture ou la rétrécir, et, par ce moyen, favoriser ou gêner la sortie des gaz et des vapeurs.

Cette respiration diurne des plantes, qui verse dans l'air des masses considérables de gaz oxygène, vient compenser les effets de la respiration animale. Les plantes purifient l'air altéré par la respiration de l'homme et des animaux. Si les animaux transforment en acide carbonique l'oxygène de l'air, les plantes reprennent cet acide carbonique par leur respiration diurne ; elles fixent le carbone dans les profonrondeurs de leurs tissus, et rendent à l'Atmosphère un oxygène réparateur.

Nous ne pouvons mieux terminer cette étude du travail de l'air dans l'organisation des plantes qu'en cherchant le chiffre de ce travail accompli sur la surface entière des continents.

Un hectare de forêt emprunte à l'air et fixe annuellement dans ses tissus 4000 kilogrammes de carbone. Un hectare d'herbe en fixe 3500 ; un hectare de topinambours, 6000. Or un hectare représente 100 millions de centimètres carrés, et il arrive du Soleil à la surface du sol 115 000 unités de chaleur en un an, c'est-à-dire 115 000 fois la chaleur qui élèverait un gramme d'eau de zéro à 1 degré.

Or un kilogramme de carbone fournit 8000 unités de chaleur. En prenant la fixation de l'acide carbonique comme équivalant en moyenne à 3000 kilogrammes de carbone par hectare, il y aurait donc 24 000 000 d'unités de chaleur absorbées sur un hectare par la fixation de l'acide carbonique de l'air dans les plantes respirant sous l'influence de la lumière ; 24 milliards sur 1000 hectares.

La France ayant 55 350 000 hectares de superficie, il y a en une année 166 milliards de kilogrammes de carbone fabriqués par les végétaux : ce qui représente une quantité de chaleur capable d'élever de 1 degré centigrade 1 328 000 milliards de kilogrammes d'eau à zéro degré.

L'Europe, ayant une superficie de 1 milliard d'hectares, représente une fabrication annuelle de 3000 milliards de kilogrammes de carbone

La surface terrestre occupée par le règne végétal mesure 13 milliards d'hectares. Sur cette surface entière, les plantes absorbent en un an l'énorme quantité de carbone représentée par le chiffre de 40 trillions de kilogrammes de charbon pur.

Un homme brûle, en une heure, un poids minimum de carbone égal à 9 grammes. En un jour, le poids de carbone brûlé est de 216 grammes ; en un an, il est d'environ 79 kilogrammes. De sorte que, en un an, un homme de proportion ordinaire brûle un morceau de carbone dont le poids est au moins égal au sien. Si l'on essaye de se représenter le volume du carbone consommé pour faire de l'acide carbonique, pendant une vie humaine seulement, par tous les représentants de l'humanité, par tous les animaux, par tous les végétaux pendant les nuits et leurs parties colorées pendant le jour, par tous les foyers de combustion lente et de combustion vive, il se dresse, devant l'imagination effrayée, une immense montagne de charbon.

En se nourrissant des végétaux, l'homme ou l'animal mange donc du charbon ; il devient comparable à un fourneau ; son combustible est constitué par sa nourriture, et l'oxygène qu'il prend à l'air exécute en lui cette combustion appelée respiration.

Ainsi la plante nourrit l'animal, et l'animal nourrit la plante. Tous les êtres vivants sont liés entre eux par la plus étroite solidarité.

En résumé, notre mode d'existence terrestre est réglé pour fonctionner sous la pression atmosphérique. On pourrait supposer tous les êtres terrestres réduits à leur plus simple expression, à leurs poumons, et tous ces poumons se gonflant et se dégonflant de seconde en seconde : c'est le tableau de la vie terrestre. Nous sommes tous comme *autant de soufflets*, les uns plus gros, les autres plus petits, mais tous soufflant sous peine de mort, aspirant l'oxygène, rejetant l'acide carbonique, et sans cesse s'emplissant et se vidant, recevant la molécule partie d'un être voisin, en envoyant une extraite de nous-mêmes à un autre être animé, et établissant entre tous les êtres, végétaux et animaux, un échange continuel de molécules qui entretient l'immense, profonde et absolue fraternité de tous les enfants de la nature.

La pression atmosphérique inaugure le premier acte de la pièce que nous venons jouer sur la Terre, et le dénoûment est pour tous le dernier *soupir*. L'enfant qui vient de naître ouvre sa petite bouche pour aspirer cet air qui restera son soutien dans la vie : c'est son premier besoin. Respirer est le premier point, mais se nourrir est le second. Or c'est encore la pression atmosphérique qui lui donnera celui-ci, car en appliquant ses lèvres sur le sein qui lui est offert, il va précisément inventer une petite machine pneumatique, qui soutirera pour sa bouche la douce liqueur destinée à ses premiers mois.

Les aliments eux-mêmes que nous prendrons pendant la vie entière sont constitués des principes chimiques de l'air. Nous ne mangeons et buvons que des combinaisons d'air, comme je le disais en commençant ce chapitre, et nous sommes vraiment de l'air organisé. Respiration, alimentation, entretien des tissus, fonctionnement des organes : c'est l'Atmosphère qui règne en souveraine sur la vie tout entière.

CHAPITRE VII

LE SON ET LA VOIX

LA VITESSE DU SON DANS L'AIR; LA VOIX HUMAINE;
LA RÉFLEXION DU SON; LES ÉCHOS. — LES ODEURS.

Parmi les œuvres de l'Atmosphère dans la vie terrestre, au milieu des heureux résultats dus à sa présence autour du globe, l'un des effets les plus importants et les plus féconds, c'est sans contredit d'être le véhicule des pensées humaines, c'est d'envelopper le monde d'une sphère d'harmonie et d'activité qui n'existerait point sans elle.

Si, ayant vécu quelques années seulement dans la Lune, nous montions un jour de l'astre-Lune à l'astre-Terre, et que nous arrivions ici au milieu de nos paysages animés ou de nos cités populeuses, nous sentirions brusquement alors quelle est l'immensité du travail opéré par le son dans la nature.

Le rivage des mers entend sans cesse l'éternelle plainte des flots et des vagues, et la voix de l'Océan trône sur les vastes falaises de granit, élevant vers les cieux son tourment sans trêve. A cette clameur solennelle des plaines liquides répondent les mille bruits de la Terre. Au sein du bois silencieux, l'oreille attentive sent s'évanouir l'apparent silence et saisit le murmure confus des mille voix de la nature : les oiseaux qui s'appellent, le ruisseau qui gazouille, le vent qui courbe les branches, la sève ardente qui s'élève et fait éclater l'épiderme des arbres, la feuille qui tombe ou l'insecte qui bruit. L'Atmosphère est pleine de voix diverses; au soupir rêveur de la cascade qui tombe succède le roulement de l'avalanche; au chant du nid succède l'éclat fulgurant du tonnerre ; après la paix sereine et pure des paysages solitaires, nous retrouvons le tumulte des grandes villes, les cris, tristes ou gais, de l'humanité, puis le charme de la conversation, les douces causeries du soir, ou les bercements voluptueux de la musique aux ailes frémissantes.

L'homme dont les premières impressions n'ont pas été émoussées par la société d'un monde banal, ne voit jamais sans charme les vives teintes de l'aurore et du crépuscule, les nuances gracieuses de l'arc-en-ciel, les magnificences d'une aurore boréale. Combien, si nous l'observions pour la première fois, la reproduction fidèle de notre propre image, avec les expressions les plus fines et les plus délicates de la physionomie, n'exciterait-elle pas notre surprise et notre enthousiasme! Un phénomène plus admirable peut-être est celui de la parole. Quelle merveille de la voir se communiquer avec tant de fidélité à l'oreille de plusieurs milliers d'auditeurs, dont elle tient les cœurs et les esprits suspendus! Comment quelques vibrations de l'air peuvent-elles donner un corps à la pensée, traduire et faire partager jusqu'aux nuances les plus subtiles des passions et des sentiments?

Qu'est-ce que le *son* ?

C'est un mouvement produit dans l'air et qui s'y transmet par des ondulations successives. Pour être perçu par l'oreille, il faut que ce mouvement vibratoire ne soit ni trop lent ni trop rapide. Lorsque l'air agité par le son vibre en raison de 60 ondulations par seconde, il donne le son le plus *sourd* que nous puissions entendre. Lorsque ces vibrations atteignent le chiffre

Fig. 57. — Vibrations d'une lame.

de 40 000, c'est le son le plus aigu que notre nerf auditif puisse percevoir.

Pour apprécier la nature du mouvement sonore, supposons qu'entre les mâchoires d'un étau on fixe l'une des extrémités d'une lame élastique, qu'on écarte l'extrémité supérieure de sa position verticale, et qu'on l'abandonne à elle-même (fig. 57). En vertu de son élasticité, la lame reviendra à sa position primitive ; mais par suite de sa vitesse acquise, elle la dépassera et exécutera autour de la verticale une série d'oscillations, dont l'amplitude ira graduellement en décroissant et finira par s'éteindre au bout d'un temps plus ou moins long.

Tant que la lame élastique est suffisamment longue, les vibrations s'exécutent avec assez de lenteur, et l'œil peut les suivre directement ; mais à mesure qu'on raccourcit la lame, le mouvement vibratoire devient

de plus en plus rapide, et il arrive un instant où il cesse d'être perceptible à la vue. Mais alors que cesse pour ainsi dire le rôle de l'organe de
la vision, celui de l'organe de l'ouïe commence, et l'oreille entend
un son parfaitement net, dont la nature dépend d'ailleurs des conditions physiques du corps vibrant.

Un autre exemple de la production du son nous est fourni par la
vibration d'une corde arrêtée à ses extrémités AB et pincée en son
milieu (fig. 58). Son état vibratoire est rendu sensible par la forme de
fuseau allongé qu'elle présente. C'est qu'à raison de la persistance des
impressions sur la rétine et de la vitesse du mouvement
vibratoire, l'œil voit la corde dans toutes ses positions
à la fois, la durée d'une vibration étant inférieure à
celle d'une impression lumineuse, qui est d'un dixième
de seconde.

Le son n'est donc qu'une impression sur l'organe
de l'ouïe, occasionnée par l'état vibratoire d'un corps.
Mais l'existence d'un corps vibrant d'une part et de
l'oreille de l'autre ne suffit point pour déterminer l'impression : il faut qu'un rapport s'établisse entre le corps
et l'organe ; cette communication est produite par
l'intermédiaire d'un milieu pondérable, liquide ou
gazeux, constitué par une matière plus ou moins élastique. Si l'on suppose un corps vibrant dans un espace
absolument vide ou au sein d'un milieu complètement
dépourvu d'élasticité, l'oreille placée à une certaine

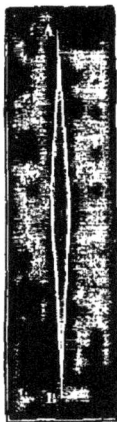

FIG. 58.
Vibration d'une
corde.

distance ne perçoit, n'entend aucun son ; le son, dans le sens propre
du mot, n'existe pas.

On peut donc, en résumé, donner la définition suivante du son :

*Le son est une impression produite par les vibrations d'un corps,
transmises jusqu'à l'organe de l'ouïe à l'aide d'un milieu pondérable et
élastique quelconque.*

Avec quelle vitesse le son se propage-t-il?

Les premières mesures exactes ont été effectuées en 1738, par une
commission de l'Académie des sciences, dans laquelle se trouvaient
Lacaille et Cassini de Thury.

Des pièces de canon avaient été installées à Montlhéry et à Montmartre,
et on était convenu qu'à partir d'une certaine heure des coups seraient
tirés à des intervalles de temps égaux ; les observateurs mesuraient le
temps écoulé entre l'apparition de la lumière et l'arrivée du bruit. Cette

durée fut trouvée en moyenne d'une minute vingt-quatre secondes pour une distance de 29 000 mètres environ : ce qui donne une vitesse d'à peu près 337 mètres par seconde.

Ces expériences furent répétées en 1822 par le Bureau des Longitudes ; les observateurs étaient Arago, Gay-Lussac, de Humboldt, Prony, Bouvard et Mathieu. On choisit pour stations Montlhéry et Villejuif, distants de 18 613 mètres, et on trouva à la température de 16 degrés, pour la vitesse de transmission, 340 mètres par seconde.

Un grand nombre d'expériences du même genre ont été exécutées dans différents pays. Elles n'ont fait que confirmer les premières. Regnault s'est occupé du même sujet en utilisant toutes les ressources de la physique moderne, et particulièrement les signaux télégraphiques pour l'enregistrement de l'instant des coups de feu et de l'arrivée du son.

La vitesse du son varie avec la densité et l'élasticité de l'air, et par conséquent avec sa température. D'après les mesures les plus précises, nous pouvons former la petite table suivante pour la vitesse du son dans l'air :

Température.	Vitesse par seconde.	Température.	Vitesse par seconde.
— 15°	322^m	+ 20°	342^m
— 10	326	+ 25	345
— 5	329	+ 30	348
0	332	+ 35	351
+ 5	334	+ 40	354
+ 10	336	+ 45	357
+ 15	339	+ 50	360

Le son se propage dans l'air par ondulations successives, que l'on peut comparer grossièrement aux ondes circulaires qui se produisent à la surface de l'eau autour d'un point troublé par la chute d'une pierre. Mais ce sont en réalité des phénomènes très différents. Dans les ondes liquides, les molécules sont alternativement soulevées et abaissées par rapport au niveau général, mais elles n'éprouvent aucun changement de densité ; ce changement est au contraire caractéristique dans les ondes sonores. Il y a toutefois dans ces deux phénomènes une circonstance commune importante à signaler. L'onde ne produit aucun mouvement véritable de transport ; ainsi, quand des ondes liquides se suivent, si l'on observe un petit corps flottant, on le voit alternativement soulevé et abaissé, mais il conserve la même place à la surface de l'eau. De même, dans les ondes sonores, les molécules d'air exécutent des mouvements alternatifs dans le sens de la propagation du son ; mais le centre de ces mouvements reste invariable.

L'éducation scientifique doit nous apprendre à voir dans la nature l'invisible aussi bien que le visible, et peindre aux yeux de notre esprit ce qui échappe aux yeux du corps. Nous pouvons, avec quelque attention, nous former une idée vraie d'une onde sonore : voir mentalement les molécules d'air pressées d'abord les unes contre les autres, puis ramenées immédiatement après cette condensation, par un effet contraire de dilatation ou de raréfaction ; nous nous représentons ainsi une onde sonore comme composée de deux parties : dans l'une, l'air est condensé, tandis que dans l'autre, au contraire, il est raréfié. Une condensation et une dilatation, voilà donc ce qui constitue essentiellement une onde de son.

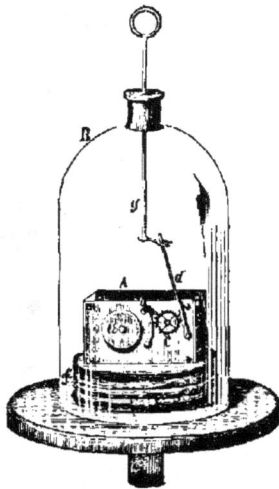

FIG. 59. — Timbre frappé dans le vide.

Mais, si l'air est nécessaire à la propagation du son, qu'arrivera-t-il lorsqu'un corps sonore, par exemple un timbre d'horloge, sera placé dans un espace vide d'air? Il arrivera qu'aucun son ne pourra sortir de l'espace vide. Le marteau frappera le timbre, mais silencieusement.

Le physicien Hawksbee démontra ce fait en 1705, par une expérience mémorable, devant la Société royale de Londres. Il plaça une cloche sous le récipient d'une machine pneumatique, de telle sorte que le choc du battant pouvait continuer de se produire après que l'air avait été épuisé. Tant que le récipient était plein d'air, on entendait le son de la cloche ; mais on ne l'entendit plus, ou du moins il devint extrêmement faible aussitôt qu'on eut fait le vide. Voici un appareil qui permet de mieux répéter l'expérience de Hawksbee. Sous le récipient B, pressé contre le plateau d'une machine pneumatique, se trouve un mouvement d'horlogerie A avec sonnerie (fig. 59). Le marteau est retenu par un cliquetage c. On épuise l'air aussi parfaitement que possible ; puis, au moyen d'une tige g, qui traverse le sommet du récipient sans permettre à l'air extérieur de s'y introduire, on lâche la détente d qui retient le marteau b. Le timbre a vibre *silencieusement*. Mais, si nous laissons l'air rentrer dans le récipient, nous entendons immédiatement un son d'abord très faible, qui devient plus fort à mesure que l'air devient plus dense. Ce mouvement d'horlogerie est posé sur un coussin *f* destiné à amortir les vibrations, qui autrement se transmettraient au plateau de la table et se propageraient.

A de grandes hauteurs dans l'Atmosphère, l'intensité du son est notablement diminuée. Suivant les estimations de Saussure, la déto-

Fig. 60. — Mesure de la vitesse du son dans l'air, par le Bureau des Longitudes (voy. p. 127).

nation d'un coup de pistolet au sommet du Mont-Blanc équivaut à celle d'un simple pétard ordinaire au niveau de la plaine.

Puisqu'il est démontré qu'il n'y a pas de son dans le vide, des catastrophes épouvantables surviendraient à travers les espaces planétaires sans que le plus léger bruit pût arriver jusqu'à la surface de la Terre.

On a représenté le mouvement vibratoire de l'air comme une onde circulaire qui se propage dans tous les sens avec une égale vitesse, et va s'affaiblissant en raison de la distance. Où s'arrête, où s'éteint le son? Il semble que ce soit dans le point de l'espace où il cesse d'être perçu par le sens le plus délicat; mais cette limite varie chez les individus suivant l'organisation et les habitudes. Il n'est pas douteux que l'onde aérienne continue à se propager au loin, alors même que l'organe le plus exercé n'en a pas la sensation. Dans les lieux couverts d'une nombreuse population, le bruit incessant entretenu dans l'air par tant de milliers de personnes établit des différences caractéristiques entre le jour et la nuit ; ces bruits se croisent, se confondent, se propagent, quoique d'une manière confuse, et dominent tout bruit particulier. Le silence est le compagnon des ténèbres et 'du désert. Pendant la nuit, rien ne diminue l'intensité du son, et l'oreille perçoit dans toute leur force le grondement de la tempête, le sifflement du vent, le mugissement des vagues, le cri perçant de l'oiseau sauvage et des bêtes fauves ; c'est alors aussi que naissent dans l'âme timorée les craintes pusillanimes et les terreurs superstitieuses... Traversant par une nuit profonde les plaines de la Charente en ballon, le cours d'une rivière me paraissait aussi intense que le bruit de lourdes chutes d'eau, et le coassement des grenouilles élevait sa note plaintive à près de 1 kilomètre de hauteur. Au delà de 3 kilomètres, tout bruit cesse. Je n'ai jamais éprouvé de silence plus absolu et plus solennel que dans les grandes hauteurs de l'Atmosphère, dans ces solitudes glacées où nul son terrestre n'arrive.

Deux conditions déterminent la vitesse de l'onde sonore : l'élasticité et la densité du milieu qu'elle traverse. L'élasticité de l'air se mesure par la pression qu'il supporte et à laquelle il fait équilibre. Nous avons vu qu'au niveau de la mer cette pression est égale à celle d'une colonne de mercure de 76 centimètres. Au sommet du Mont-Blanc, la colonne barométrique dépasse à peine la moitié de cette hauteur, et par conséquent, au point le plus élevé de cette montagne, l'élasticité n'a que la moitié environ de sa valeur sur le rivage des mers.

Si nous pouvions accroître l'élasticité de l'air sans augmenter en même temps sa densité, nous augmenterions la vitesse du son. Nous l'augmenterions encore, si nous pouvions diminuer la densité sans faire varier l'élasticité. Cela posé, l'air chauffé au sein d'un vase clos, où il ne peut pas se dilater, a son élasticité accrue par la chaleur, en même temps que sa densité reste la même. Au travers de l'air ainsi échauffé, le son se propagera donc plus rapidement qu'à travers l'air libre. Pareillement, l'air auquel on laisse la liberté de se dilater a sa densité diminuée par la chaleur, tandis que son élasticité reste la même, et par conséquent il propagera le son avec plus de vitesse que l'air froid : c'est ce qui arrive lorsque notre atmosphère est échauffée par le soleil. L'air se dilate et devient plus léger, volume pour volume, tandis que sa pression ou, en d'autres termes, son élasticité reste la même. Ainsi s'explique cette assertion que la vitesse du son dans l'air est de 332 *mètres par seconde, à la température de la glace fondante.* A de plus basses températures, la vitesse est moindre, et à de plus hautes températures elle est plus grande : ce qui revient en moyenne à une différence de 6 décimètres pour chaque degré de température.

Sous la même pression, c'est-à-dire avec la même élasticité, la densité de l'hydrogène est beaucoup moindre que celle de l'air, et par conséquent la vitesse du son dans le gaz hydrogène *surpasse* considérablement sa vitesse dans l'air. L'inverse a lieu pour l'acide carbonique, qui est plus dense que l'air : dans ce gaz, sous la même pression, la vitesse du son est moindre que dans l'air.

Le fait qu'un air, même très raréfié, peut transmettre des sons intenses est démontré par les explosions de météorites à de grandes hauteurs ; il est vrai que, dans ces derniers cas, la cause initiale de la commotion atmosphérique doit être extrêmement violente.

Le mouvement sonore, comme tout autre mouvement, s'affaiblit lorsqu'il se communique d'un corps léger à un corps pesant. L'action de l'hydrogène sur la voix est un phénomène du même genre. La voix se forme par l'injection de l'air des poumons dans le larynx. Dans son passage à travers cet organe, l'air est mis en vibration par les cordes vocales, qui engendrent ainsi le son. Or, si l'on remplit ses poumons d'hydrogène et qu'on veuille parler, les cordes vocales impriment encore leur mouvement à l'hydrogène, qui le transmet à l'air extérieur ; mais cette transmission d'un gaz léger à un gaz beaucoup plus pesant a pour conséquence une diminution considérable de la force du son. Cet effet est véritablement curieux. John Tyndall l'a montré à l'Institution royale de Londres. Ayant rempli ses poumons d'hydrogène par une forte inspiration, il parla : sa voix, ordinairement puissante, était rauque et caverneuse, son timbre était tombé, sa parole semblait venir des profondeurs d'un tombeau.

L'intensité du son dépend de l'intensité de l'air au sein duquel il prend naissance, et non de celle de l'air au sein duquel il est entendu.

Propagée dans tous les sens à partir du point où le son a été produit, l'onde sonore se diffuse dans la masse d'air ébranlée, qui va sans cesse en augmentant, et qui par conséquent affaiblit de plus en plus le mouvement propagé. Supposons autour du centre d'ébranlement une couche d'air sphérique d'un mètre de rayon ; une couche d'air de

même épaisseur et dont le rayon est de deux mètres contient quatre
fois plus d'air; une couche de trois mètres de rayon en contient neuf
fois plus; une couche de quatre mètres en contient seize fois plus, et
ainsi de suite. La quantité de matière mise en mouvement augmente
donc comme le carré de la distance au centre d'ébranlement. L'*intensité* ou l'éclat du son diminue dans le même rapport. On énonce cette
loi en disant que l'intensité du son varie en raison inverse du carré de
la distance.

L'affaiblissement du son en raison inverse du carré de la distance
n'aurait plus lieu si l'onde sonore se propageait dans des conditions
qui ne permissent pas sa diffusion latérale. En lançant le son dans un
tube dont la surface intérieure est exempte de toute aspérité, nous
réalisons ces conditions essentielles, et l'onde ainsi confinée se propage à de grandes distances, presque sans rien perdre de son intensité. Ainsi Biot, observant la transmission du son dans les tuyaux vides
des conduites d'eau de la ville de Paris, trouva qu'à voix basse il pouvait entretenir une conversation à la distance d'un kilomètre. Le plus
faible murmure de la voix était entendu à cette distance, et la détonation d'un pistolet à l'une des extrémités du tube éteignait une bougie
placée à l'autre extrémité.

Le son se réfléchit comme la lumière, comme une balle élastique
lancée contre un mur : l'angle de réflexion est toujours égal à l'angle
d'incidence. C'est ce qui donne naissance aux échos. Pour que l'écho
se produise avec netteté, il faut une distance d'un dixième de seconde,
ou de 17 mètres au moins, entre l'observateur et la surface réfléchissante. A un trop grand rapprochement, l'écho est remplacé par une
résonance confuse, qui dans certains édifices ne permet pas d'entendre la voix des orateurs.

Aigus ou graves, les sons ont une vitesse égale, ils parcourent
340 mètres par seconde dans l'air à 16 ou 17 degrés. A la moitié de cette
distance, l'écho répond à quatre syllabes répétées rapidement; à un
éloignement plus considérable, il peut réfléchir nettement un plus
grand nombre de syllabes et de phrases entières. L'écho du parc de
Woodstock, en Angleterre, répète dix-sept syllabes le jour et vingt
la nuit. Suivant Pline, on avait construit à Olympie un portique qui
rendait les sons vingt fois. J'ai visité en 1872 l'écho du château de
Simonetta, près de Milan, dont parlaient avec admiration les auteurs
du dix-huitième siècle, notamment le P. Kircher, dont nous reproduisons le dessin (fig. 61). On peut croire que cette cour a été con-

struite exprès dans ce but. En se plaçant à une fenêtre du premier étage
et en tirant un coup de pistolet, il est répété quarante fois. En donnant séparément les quatre notes de l'accord parfait, on entend le
plus délicieux accord qui se puisse imaginer[1].

Les sons perceptibles se trouvent renfermés entre les limites d'environ 60 et 40 000 vibrations simples par seconde, limites qui pour des
oreilles exceptionnellement sensibles se reculent peut-être des deux
côtés. Les ondulations de l'éther qui produisent la chaleur et la

FIG. 61. — L'écho de la villa Simonetta, près Milan.

lumière sont infiniment plus rapides. La chaleur obscure commence
à 65 trillions de vibrations, les couleurs visibles sont comprises entre
400 et 900 trillions, les rayons chimiques atteignent déjà au quatrillion.
Que deviennent les vibrations dont le champ s'étend depuis 40 000 jus

1. On rapporte qu'un Anglais, ayant rencontré en Italie un écho presque aussi remarquable,
acheta la maison, la fit démolir en numérotant les pierres et rebâtir en Angleterre telle qu'elle
était. Puis il inaugura avec pompe sa nouvelle villa et au dessert conduisit ses invités pour les
surprendre. Il tira un coup de revolver, mais l'écho ne répondit pas. Il en tira un second, sans
meilleur résultat... Il s'en tira un troisième dans la tête et tomba mort.

A Derenbourg, près Halberstadt, existe, dit-on, un écho qui répète distinctement les vingt-sept
syllabes de la baroque phrase suivante : *Conturbabantur Constantinopolitani innumerabilibus
sollicitudinibus*. Il faut avouer que c'est là un écho bien complaisant.

En Bohême, près d'Aderbach, dans un cirque naturel de rochers sauvages, un écho répète trois
fois une phrase de sept syllabes sans la moindre confusion.

A Paris on peut citer, comme échos curieux, la Halle au Blé, les caveaux du Panthéon, la salle
des tableaux à l'Observatoire, une salle du musée des Antiques au Louvre, etc.

La théorie ne diffère point pour les échos multiples : ils résultent de surfaces réfléchissantes
opposées où l'onde aérienne est renvoyée plusieurs fois de l'une à l'autre, comme un rayon de
lumière entre deux glaces parallèles.

qu'à 480 trillions, qui sont trop rapides pour être sonores et trop lentes pour se faire sentir comme lumière?

_ L'organisme humain est comparable à une harpe à deux cordes, qui sont le nerf auditif et le nerf optique. Le premier perçoit les mouvements vibratoires de la nature qui sont compris entre 60 et 40 000. Le second perçoit ceux qui sont compris entre 400 trillions et 900 trillions. Tous les autres mouvements ne rencontrent pas en nous de nerf susceptible de les sentir. D'où il résulte que nous ne connaissons, de la nature qui nous entoure, que deux ordres de faits très limités, et qu'il peut exister, sur la Terre même, à côté de nous, une quantité de choses qui, ne pouvant être vues ni entendues, agissent ici sans que nous puissions le savoir.

Les limites extrêmes de la voix humaine sont le dernier *fa* de 87 et l'*ut* le plus élevé de 4200 vibrations :

L'intensité des sons émis à la surface de la terre se propage de bas en

haut bien plus facilement que dans toute autre direction, et se transmet sans s'éteindre jusqu'à de grandes hauteurs dans l'Atmosphère. Pour en citer quelques exemples pris dans mes voyages aéronautiques, je remarquerai d'abord qu'un bruit immense, colossal, indescriptible, règne constamment à trois et quatre cents mètres au-dessus de Paris. En s'élevant d'un jardin relativement silencieux, comme par exemple de l'Observatoire ou du Conservatoire des Arts et Métiers, on est tout surpris de pénétrer dans un chaos de sons et de mille bruits divers. On trouvera à l'Appendice quelques détails qui montreront mieux encore cette ascension de son.

La meilleure surface pour renvoyer l'écho est celle d'une eau tranquille. Il arrive parfois qu'un lac renvoie distinctement une première moitié de phrase, tandis que la seconde partie est difficilement achevée par la surface irrégulière du terrain de la rive.

J'ai pu, en particulier, observer la réflexion du son par diverses surfaces et étudier sa propagation dans la verticale, à travers des couches de densité différente. Lorsqu'on plane à une certaine hauteur, un son violent est renvoyé par la terre avec un timbre si singulier, qu'il ne

paraît point venir d'en bas, et donne la sensation d'un accent envoyé
d'un autre monde. Lorsque à une faible hauteur (300 à 500 mètres) on
lance vers la terre un cri monosyllabique, on constate que la surface
des eaux tranquilles est la meilleure pour la réflexion du son. L'eau
agitée par une brise, même légère, renvoie déjà le son avec trouble.
La surface des prés et des champs est encore plus mauvaise. J'ai fait
ces constatations avec un soin particulier, et muni du chronomètre,

FIG. 63. — Étude de la réflexion du son à la surface des eaux tranquilles.

notamment dans mon voyage du 18 juin 1867, en passant sur le lac
de Saint-Hubert, non loin de la forêt de Rambouillet. La surface élastique d'une eau calme renvoie intégralement les ondes sonores, avec
une fidélité analogue à celle d'un miroir pour la lumière.

Lorsque le son a cessé, il règne encore dans l'air un mouvement qui
peut faire vibrer les membranes disposées pour recevoir et traduire
cette impression. Regnault a mesuré ces *ondes silencieuses*, il a déterminé les limites de longueur auxquelles s'arrête l'onde sonore et le
parcours de l'onde silencieuse qui lui fait suite. Dans une conduite de
gaz de 3 décimètres de diamètre, un coup de pistolet chargé de
1 gramme de poudre était entendu à l'autre extrémité éloignée de
1905 mètres, et en fermant le tuyau par une plaque de tôle, l'écho de ce

bruit était perceptible au point de départ de ce tuyau, en prêtant une attention soutenue. La limite de la portée de l'onde sonore était donc ici de 3810 mètres. La portée des *ondes silencieuses* est beaucoup plus grande. Quand elles n'affectent plus l'oreille, elles mettent en vibration des membranes bien au delà du point où s'arrêtent ces vibrations sonores. Ici la portée de l'onde silencieuse était de 11 834 mètres, c'est-à-dire trois fois plus longue. On a noté des parcours encore plus considérables de l'onde silencieuse.

Véhicule du son, l'air est en même temps le véhicule des odeurs et de toutes les émanations exhalées de la surface terrestre. Mais les odeurs ne sont pas constituées par un mouvement vibratoire comme le son et la lumière ; Fourcroy a le premier établi que les émanations odorantes sont dues à la volatilité, que les odeurs sont formées par de véritables molécules en suspension dans l'air, particules matérielles extrêmement ténues et volatilisées dans l'Atmosphère. Les parfums des prairies et des bois s'élèvent jusqu'à une certaine hauteur, où ils planent pour le seul plaisir des aéronautes, et non pour les sens vulgaires de ceux qui restent en bas.

Rien ne donne une idée plus exacte de la divisibilité de la matière que la diffusion des odeurs. 5 centigrammes de musc placés dans une chambre y développent une odeur très forte, pendant plusieurs années, sans perdre sensiblement de leur poids, et la boîte qui les a contenus conserve presque indéfiniment cette odeur. Haller rapporte que des papiers parfumés par un grain d'ambre gris étaient encore très odorants après quarante années. Je me souviens d'avoir acheté sur les quais, étant enfant, une brochure de Reichenbach sur l'*Od*, qui avait une odeur de musc très prononcée. Elle était restée là sans doute pendant bien des mois, exposée au soleil, au vent et à la pluie. Depuis, elle a été placée sur un rayon de bibliothèque non fermée. Je viens par hasard de la feuilleter : elle est aussi musquée que jamais.

Les odeurs sont transportées par l'air à des distances considérables. Un chien reconnaît de fort loin par l'odorat l'approche de son maître, et l'on assure qu'à dix lieues des côtes de Ceylan le vent transporte l'odeur délicieuse de ses forêts embaumées. Ces doux parfums, comme l'harmonie et l'activité de la surface terrestre, nous les devons à la présence de l'Atmosphère.

CHAPITRE VIII

ASCENSIONS AÉRONAUTIQUES

ASCENSIONS DE MONTAGNES. — DIMINUTION DES CONDITIONS DE LA VIE
SELON LA HAUTEUR. — LES NAUFRAGES AÉRIENS.

L'air étant un fluide d'une certaine pesanteur, analogue à l'eau
quant au principe de la pression, mais incomparablement plus léger,
comme nous l'avons vu, un instant de réflexion suffit pour faire concevoir que, si l'on place dans l'air un objet plus léger que l'air lui-même,
cet objet s'élèvera vers les régions supérieures, de même qu'un corps
plus léger que l'eau, tel que le bois ou le liège, placé au fond de l'eau,
s'élève vers la surface en raison de sa légèreté spécifique.

Si l'Atmosphère formait au-dessus de la surface du globe un océan
homogène, de même densité dans toute sa profondeur, et terminé
comme la mer par une surface plane définie, tout corps dont la densité
serait inférieure à la densité homogène de cet océan aérien s'élèverait,
lorsqu'il serait abandonné à lui-même, par la force ascensionnelle
d'une poussée égale à sa différence de densité, et viendrait flotter à la
surface supérieure de cette Atmosphère. C'est ce qu'avaient supposé
plusieurs prédécesseurs de Montgolfier, entre autres le bon P. Galien
dans son fantastique projet de navigation aérienne édité en 1755. Son
fameux navire pouvait contenir « 54 fois plus de poids que l'arche de
Noé »; ses dimensions étaient celles de la ville d'Avignon, et il devait
dépasser de 83 toises sa ligne de flottaison, car l'hypothèse laborieuse
de cet excellent religieux déclarait que ce grand vaisseau de tôle flotte-
rait sur l'Atmosphère en vertu des mêmes principes qu'un vaisseau de
ligne flotte sur l'océan !

Mais, la densité des couches atmosphériques diminuant à mesure
qu'on s'élève, tout objet plus léger que les couches inférieures monte
simplement jusqu'à la région de densité égale au poids du volume d'air

qu'il déplace : ce qui ne tarde pas à se présenter, attendu que les objets
les plus légers que l'on ait pu construire jusqu'aujourd'hui (aérostats
gonflés à l'hydrogène pur) n'offrent avec le poids du volume d'air qu'ils
déplacent qu'une différence égale à celle qui sépare de la densité des
couches inférieures celles situées à une hauteur relativement faible
(10 à 15000 mètres au maximum).

Archimède a établi pour les liquides un principe que nous pouvons
exactement appliquer au fluide atmosphérique, en l'énonçant ainsi :
Tout corps situé dans l'Atmosphère perd une partie de son poids
absolu égale au poids de l'air qu'il déplace.

On démontre cette perte réelle de poids dans l'air par une balance
spéciale, destinée, comme son nom
l'indique, à *voir le poids*: le *baroscope*.
Un bout du fléau porte une sphère de
cuivre creuse; l'autre bout porte une
petite masse de plomb faisant équilibre, dans l'air, à la sphère de cuivre.
Si l'on place cet appareil sous une cloche de machine pneumatique, lorsqu'on a fait le vide, la balance s'incline
du côté de la sphère : ce qui montre
qu'*en réalité* elle pèse plus que la
masse de plomb qui lui faisait équilibre

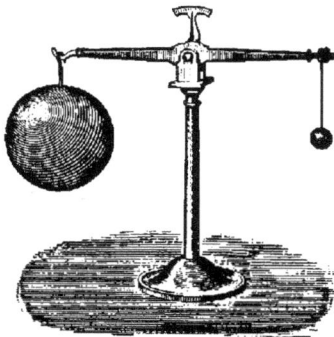

FIG. 64. — Le baroscope.

dans l'air, ou, en d'autres termes, qu'elle perdait dans l'air une partie
de son poids, en raison de la supériorité de son volume sur celui du
morceau de plomb. Si l'on veut vérifier, à l'aide du même appareil,
que cette perte est bien égale au poids de l'air déplacé, on mesure
le volume de la sphère; s'il est, par exemple, d'un demi-litre, le poids
d'un pareil volume d'air étant de $0^{gr},65$, on attache un poids égal au
morceau de plomb, et l'équilibre se rétablit dans le vide, pour se rompre dans l'air.

Remarquons en passant, à ce propos, que lorsqu'on pèse un objet
quelconque dans une balance, ce n'est pas son poids exact que l'on
obtient : c'est son poids apparent. Pour avoir le poids réel d'un objet,
il faudrait le peser dans le vide. Aussi voilà une erreur constante et
habituelle, à laquelle on ne songe guère. Mais d'ailleurs, en poussant la question jusqu'au bout, nous pouvons nous demander ce que
c'est que le poids réel d'un corps. Or le poids réel d'un corps n'existe
pas. C'est un pur rapport, résultant du volume et de la densité de la

planète sur laquelle nous vivons. Un kilogramme ne constitue pas une quantité absolue, malgré les apparences. La preuve, c'est que, transporté à la surface du Soleil, ledit kilogramme en pèserait près de trente (29,37), tandis qu'il pèserait 2550 grammes à la surface de Jupiter et ne vaudrait plus que 220 grammes sur la Lune ! Et même, sans aller aussi loin, il suffirait de supposer notre Atmosphère douée d'une plus grande densité pour que nous devinssions de plus en plus légers, et d'autant plus légers proportionnellement que nous occuperions plus de place ; ou encore de supposer que la Terre tournât 17 fois plus vite, pour que nous ne pesassions plus rien du tout dans les pays tropicaux, et quelques grammes insignifiants à la latitude de Paris. Ceci pourrait servir à confirmer la doctrine de ces philosophes sceptiques, Berkeley en tête, qui soutenaient que la seule réalité certaine, c'est qu'il n'y a rien de réel dans le monde.

Mais revenons au poids de l'air. Un aérostat n'est pas autre chose qu'un corps plus léger que le poids de l'air qu'il déplace, et qui, par conséquent, va chercher son équilibre dans une région supérieure, de faible densité, où il ne déplacera plus qu'un volume d'air égal à son propre poids. On voit immédiatement que, loin d'être en opposition avec les lois de la pesanteur, l'ascension des ballons en est au contraire une confirmation spéciale.

Quelle que soit la substance dont on se serve pour remplir un globe de soie ou de taffetas, si l'ensemble formé par l'enveloppe, le gaz qui la gonfle, la nacelle, le filet qui la soutient, les aéronautes et les instruments, si cet ensemble, dis-je, pèse moins que l'air qu'il déplace, il constitue par là même un appareil aérostatique, et s'élève dans l'Atmosphère.

Lorsque Montgolfier lança pour la première fois un ballon dans l'espace, ce ballon était seulement gonflé par de l'air chaud. La densité de l'air chauffé à 50 degrés est de 0,84, celle de l'air à zéro étant représentée par 1. La densité à 100 degrés, température de l'eau bouillante, est de 0,72 : ce qui ne donne guère qu'un tiers de différence pour la force ascensionnelle.

La densité de l'hydrogène pur est incomparablement plus faible, puisqu'elle est de 0,07, c'est-à-dire 14 fois moindre que celle de l'air. Celle de l'hydrogène protocarboné est de 0,55 ; celle du gaz d'éclairage présente la même valeur, c'est-à-dire une légèreté environ double de celle de l'air. Le plus généralement, on se sert de ce gaz d'éclairage, que l'on amène sous le ballon par un tuyau de conduite.

Par une heureuse coïncidence, fréquente dans l'histoire des sciences, le gaz hydrogène fut découvert précisément à l'époque de l'invention des aérostats. En 1782, le physicien Cavallo montra à Londres, dans l'amphithéâtre de ses cours, des bulles de savon formées à l'hydrogène, qui s'élevaient par leur légèreté spécifique jusqu'au plafond de la salle. C'est l'année suivante (5 juin 1783) que Montgolfier lança le premier aérostat. Avec un peu d'attention ou d'ingéniosité, Tibère Cavallo aurait pu ravir au fabricant d'Annonay l'immortalité de son invention.

Un ballon gonflé par l'air chaud garde le nom de *montgolfière*, en souvenir de la découverte du savant d'Annonay. Un ballon gonflé par le gaz prend le nom d'*aérostat*, adopté depuis le premier gonflement au gaz, qui fut

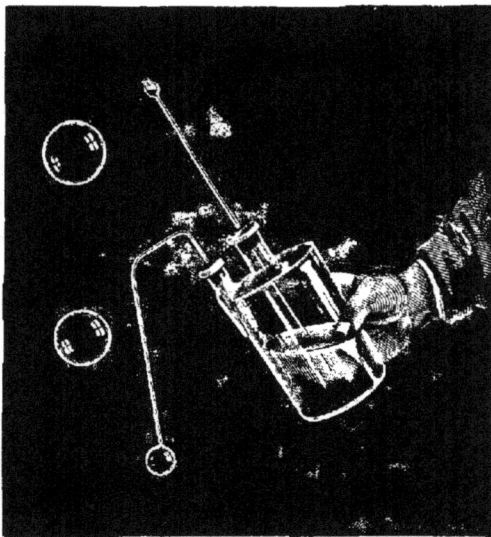

Fig. 65. — Bulles de savon gonflées à l'hydrogène (1782).

opéré par le physicien Charles et les frères Robert, le 27 août 1783, à Paris. La première fois qu'une nacelle fut suspendue à un ballon, c'est sous les yeux de Louis XVI et de Marie-Antoinette, à Versailles, le 19 septembre 1783 ; mais les passagers d'essai etaient simplement un mouton, un coq et un canard... Le premier véritable voyage aérien fut accompli le 21 octobre suivant par Pilâtre de Rosier et le marquis d'Arlandes, qui s'élevèrent en montgolfière du château de la Muette (Bois de Boulogne), et descendirent au sud de Paris (Montrouge), après avoir traversé le ciel de la capitale.

Le moment du départ en ballon pénètre toujours l'âme d'une impression solennelle. J'ai parcouru 600 lieues dans l'Atmosphère, en douze voyages différents, dont cinq nuits passées dans ces ténébreuses hauteurs, et lorsque j'ai le plaisir de monter de nouveau dans la nacelle qui va s'élever au sein des régions aériennes, j'éprouve chaque fois une impression analogue à celle qui me domina lorsque pour la première fois je me sentis emporté dans les airs.

Se sentir emporté ne donne peut-être pas exactement l'idée de la situation particulière que l'on subit alors. Il vaut mieux dire *se voir*

SIC·ITUR·AD·ASTRA

Le premier ballon : Expérience de Montgolfier à Annonay, le 5 juin 1783.

emporté, car on ne sent aucune espèce de mouvement, on se croirait absolument immobile, et *c'est la terre qui descend*.

Ces impressions personnelles sont sans contredit celles dont le récit

peut donner l'idée la plus exacte de la réalité. Aussi me permettrai-je
d'en rappeler ici quelques-unes.

Ma première ascension eut lieu le jour de l'Ascension (25 mai) de
l'année 1867. Une foule nombreuse était venue me souhaiter bon
voyage. Quelques intimes se tenaient tout près de la nacelle, et au-
dessous, car déjà elle ne touchait plus terre. Eugène Godard, ayant
vérifié l'équilibre parfait du ballon, ordonne à quatre aides de laisser
glisser dans leurs mains, sans les lâcher, les cordes qui retiennent
la nacelle, et nous nous trouvons ainsi à quelques mètres au-dessus
du niveau commun des hommes. Le ciel est pur, le vent est doux, la
sphère aérostatique gonflée d'hydrogène s'impatiente, et cherche à
s'élever dans son lumineux domaine. Prenant alors un sac de
lest, Godard ordonne de « lâcher tout », verse quelques kilogrammes
de sable, et l'aérostat s'élève avec une majestueuse lenteur vers le ciel
qui l'appelle. Pour moi, mes instruments installés, je salue de la main
notre groupe d'amis, qui déjà se resserre et bientôt ne paraît plus
qu'un point au milieu de l'immensité de Paris, ouverte pour la première fois sous mes yeux, avec ses tours, ses clochers, ses flèches, ses
édifices, ses boulevards, ses jardins, son fleuve... capitale imposante
dont la voix colossale monte dans l'Atmosphère comme un brouhaha
gigantesque.

L'aérostat s'élève suivant une courbe oblique, résultante de deux
forces composantes : sa force ascensionnelle d'une part, et la vitesse
du courant aérien d'autre part. Si, comme il convient à tous les points
de vue, scientifique et esthétique, on a soin de ne mesurer à l'aérostat
qu'une légère force ascensionnelle, on voit lentement se révéler sous
le regard ébloui le plus magnifique des panoramas, et lentement aussi
on note les indications des instruments, qui seraient fausses si l'on
n'avait la précaution de leur laisser le temps nécessaire pour se mettre
au degré du milieu ambiant.

Si l'on désire voguer à une faible hauteur, comme 800, 1000 ou
1200 mètres, pour des études hygrométriques spéciales, on laisse
l'aérostat prendre une marche horizontale dès qu'il arrive à la couche
atmosphérique de densité égale à son volume.

Si l'on désire s'élever à de grandes hauteurs, on allège l'aérostat d'un
lest successivement mesuré.

L'aéronaute, le météorologiste, l'astronome, qui plane ainsi dans
les airs, se trouve dans la situation la plus digne d'envie pour l'homme
qui veut étudier l'Atmosphère.

Pénétrant au sein des nues, les traversant pour constater la lumière et la chaleur qui les dominent, suivant l'orage dans sa formation mystérieuse, étudiant la production de la pluie, de la neige, de la grêle, se transportant, en un mot, dans le lieu même où se passent les phénomènes à examiner, l'observateur plane véritablement là seule-ment au-dessus du monde, supérieur à la nature par son intelligence contemplative. En vain pas-sera-t-on des années à imaginer des hypothèses au coin de son feu avec des livres et des appareils sous les yeux ; ici comme ailleurs, le meilleur moyen de savoir ce qui se passe, c'est d'*y aller voir*, comme le dit un vieux proverbe. Et certes, nulle ten-tative n'est plus féconde en résul-tats utiles.

Je ne veux point revenir ici sur un sujet largement et

Le premier voyage aérien. — Paris, 21 octobre 1783.

complètement exposé dans un ouvrage spécial [1]. Le but de ce chapitre n'est pas de raconter mes voyages aériens, et les résultats scienti-fiques obtenus dans ces excursions se trouveront employés d'ailleurs dans les différentes études qui composent le présent ouvrage. Il impor-tait seulement ici d'établir la théorie générale de l'ascension des

1. Voyez mes *Voyages aériens*, journal de bord de douze voyages scientifiques en ballon, 1 vol. in-12, avec plans topographiques.

aérostats, dans ses rapports avec l'étude de l'Atmosphère et de donner une idée de ces curieuses impressions de voyage.

Si les voyages aériens peuvent être fructueusement appliqués à l'étude des forces en action dans l'Atmosphère et des lois qui président à ses mouvements si multiples, ils sont encore pour l'esprit observateur un sujet spécial d'intérêt et lui ouvrent une voie particulière de contemplation vaste et féconde. Porté dans les champs du ciel par le souffle invisible du vent et par sa légèreté spécifique, l'aérostat soli-

Fig. 68. — Gonflement d'un aérostat.

taire domine les immenses scènes de la nature, les plaines terrestres où s'accomplissent les phases de l'histoire humaine. Semblable à un planisphère, à une carte géographique déployée sur la plaine indéfinie, la terre se présente avec tous ses caractères de topographie locale. Capitales assises au bord des fleuves, cités centrales des provinces ; villages innombrables disséminés dans la campagne, et se succédant par centaines comme ces petits châteaux dessinés en pied sur les anciennes cartes ; coteaux brunis par la vigne, sillons dorés par les blés, verdoyantes prairies, bois où gazouillent les oiseaux chanteurs, monts sourcilleux au crâne couvert de noires forêts, ruisseaux

émaillés et longs fleuves descendant aux mers lointaines : toutes les
beautés, souriantes ou sévères, des paysages et des perspectives se
succèdent lentement sous l'œil charmé de l'aéronaute, qui, sans
éprouver la secousse la plus légère, plane comme dans un rêve jusqu'au moment où il met pied à terre sur ce sol qu'il vient de contempler du haut des airs.

Une impression moins puissante, mais cependant de même ordre,
nous frappe dans les ascensions de montagnes. La pureté chimique de

FIG. 69. — L'ascension.

l'air supérieur, ses qualités vives et apéritives, la variation de la
pression atmosphérique, sont des éléments physiques qu'il faut
faire intervenir pour expliquer l'influence favorable du séjour des
altitudes modérées. Quant à l'action toute morale que peut exercer sur
les organisations impressionnables la contemplation des montagnes
où la nature a versé à flots ce mélange du gracieux et du terrible avec
lequel elle atteint si aisément le pittoresque, personne ne saurait
la nier.

« C'est, dit J.-J. Rousseau, une impression générale qu'éprouvent
tous les hommes, quoiqu'ils ne l'observent pas tous, que sur les montagnes, où l'air est plus pur et plus subtil, on se sent plus de facilité

dans la respiration, plus de légèreté dans le corps, plus de sérénité dans l'esprit; les plaisirs y sont moins ardents, les passions plus modérées. Les méditations prennent je ne sais quelle volupté tranquille qui n'a rien d'âcre et de sensuel. Il semble qu'en s'élevant

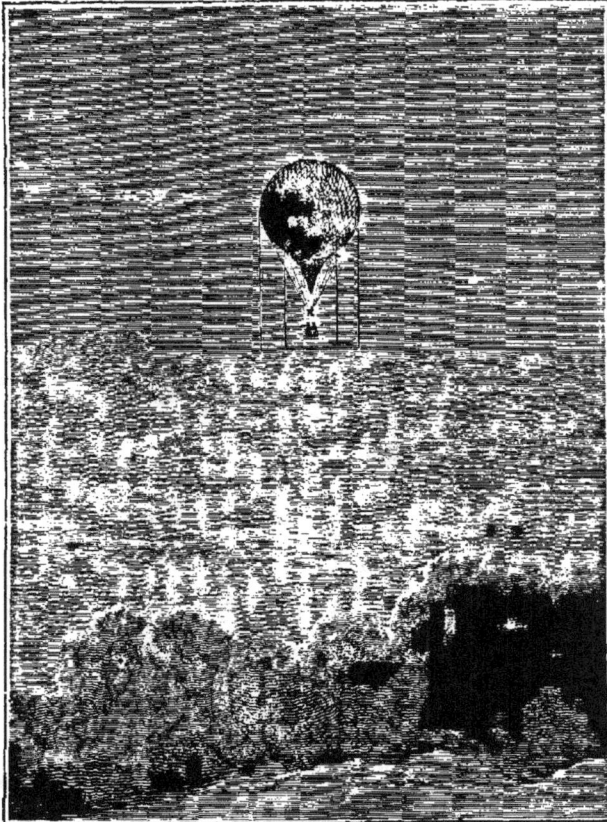

FIG. 70. — L'aérostat dans les airs.

au-dessus du séjour des hommes, on y laisse tous les sentiments bas et terrestres, et qu'à mesure qu'on approche des régions éthérées, l'âme contracte quelque chose de leur inaltérable pureté. On y est grave sans mélancolie, paisible sans indolence, content d'être et de penser. Je doute qu'aucune agitation violente, aucune maladie de vapeurs, pût tenir contre un pareil séjour prolongé, et je suis surpris que des bains de l'air salutaire des montagnes ne soient pas un des grands remèdes de la médecine. »

Cependant il est nécessaire de remarquer ici qu'au delà des altitudes modérées l'organisme humain peut subir une influence funeste

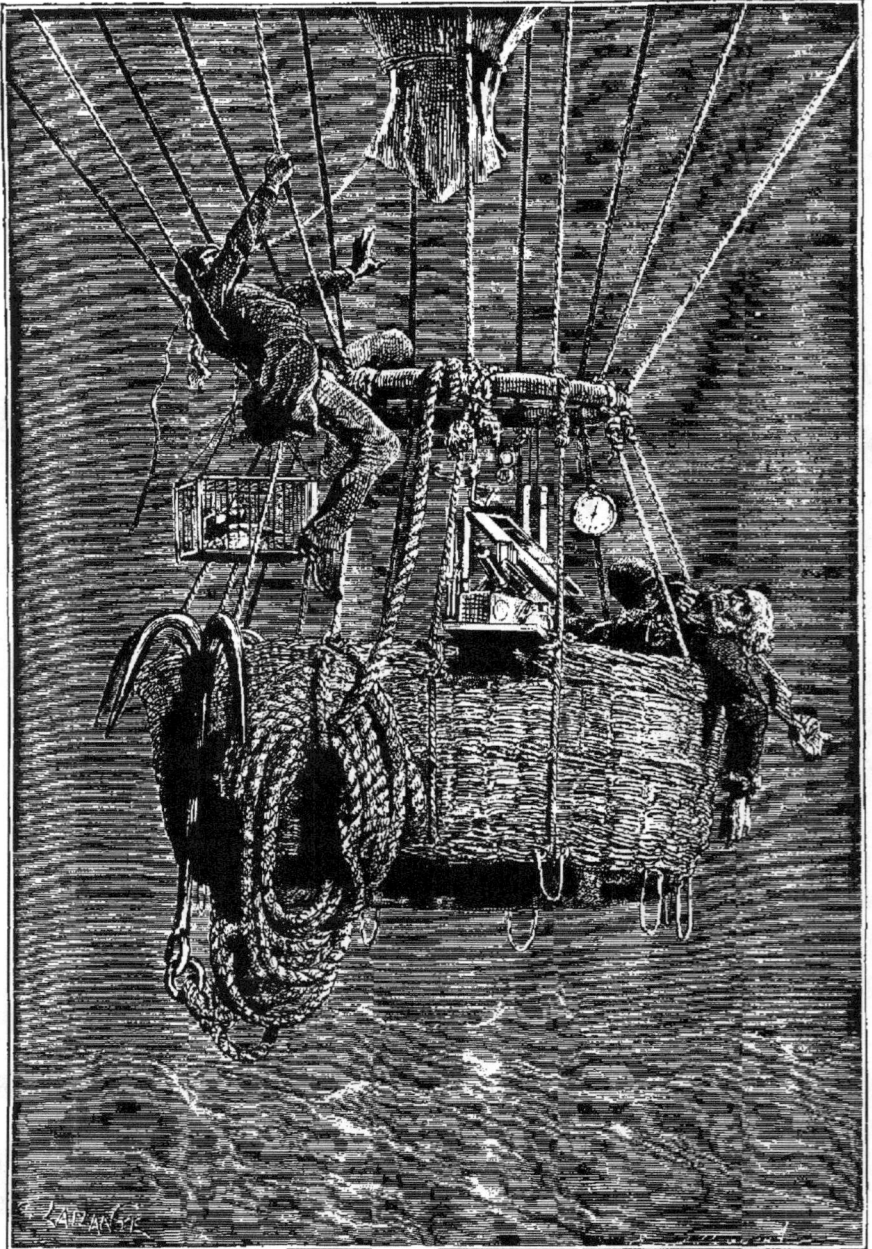

L'aéronaute dut tirer la corde de la soupape avec les dents. (Voy. p. 150).
(Glaisher et Coxwell, 17 juillet 1862).

du changement de pression atmosphérique, de la sécheresse de l'air et

du froid. Les troubles physiologiques et les malaises qu'on ressent
à de grandes hauteurs sont connus depuis longtemps. Dès le quinzième siècle, ils furent observés et décrits par Da Costa sous le nom de
mal de montagne. Plus tard, tous les ascensionnistes, soit dans les Alpes,

FIG. 72. — La catastrophe du *Zénith*, 15 avril 1875. (Voy. p. 150).
Le ballon arrivant à 8800 mètres de hauteur.

soit dans les Andes ou l'Himalaya, soit en aérostat, notèrent ces perturbations singulières de l'organisme et émirent des théories plus ou moins
rationnelles pour les expliquer. La principale cause évoquée depuis Saussure était tout simplement la raréfaction de l'air ; mais par quelle série
de troubles organiques cette raréfaction agit-elle sur le corps humain ?

En septembre 1804, Gay-Lussac s'éleva jusqu'à une hauteur de

L'AÉROSTAT S'ÉCHAPPA, ET L'AÉRONAUTE FUT PRÉCIPITÉ AVEC LA NACELLE... (Voy. p. 151)

7000 mètres. Son pouls et sa respiration étaient très accélérés, mais il déclare que sa situation n'avait rien de douloureux.

En juillet 1852, Barral et Bixio s'élevèrent jusqu'à 7049 mètres, hauteur à laquelle ils trouvèrent un froid de 39 degrés au-dessous de zéro : ils ont été surtout incommodés par ce froid.

Dans la mémorable ascension du 17 juillet 1862, MM. Glaisher et Coxwell pensent avoir atteint l'énorme élévation de 11 000 mètres ; mais comme le premier s'était évanoui à 8850 mètres, et que le second ne s'occupait en ce moment que de la situation critique, il n'est pas sûr qu'ils aient de beaucoup dépassé 9000 mètres. Avant le départ, le pouls de M. Coxwell était à 74 pulsations par minute ; celui de Glaisher à 76. A 5200 mètres, le premier comptait 100 pulsations, le second 84. A 5800 mètres, les mains et les lèvres de Glaisher étaient toutes bleues, mais non la figure. A 6400 mètres, il entendit les battements de son cœur, et sa respiration était très gênée ; à 8850 mètres, il tomba sans connaissance, et ne revint à lui que lorsque le ballon fut redescendu au même niveau. Au maximum de la hauteur, son aéronaute ne put plus se servir de ses mains et dut tirer la corde de la soupape avec les dents ! Quelques minutes de plus, et il perdait connaissance et probablement aussi la vie. La température de l'air à ce moment était de 32 degrés au-dessous de zéro.

Tout le monde a encore présente à la mémoire la terrible catastrophe du *Zénith* (15 avril 1875), dans laquelle Crocé-Spinelli et Sivel trouvèrent la mort à 8800 mètres, et de laquelle M. Tissandier n'est revenu que par un miracle de la nature. Dès l'altitude de 7000 mètres environ, les aéronautes étaient pris par la syncope, et la mort des deux premiers est due à une apoplexie par la pression organique intérieure, cessant d'être contre-balancée par la pression extérieure : leur visage était noir, la bouche ensanglantée ; le salut du troisième ne peut être dû qu'à une différence de tempérament ; il s'en fallut de peu que lui aussi ne se réveillât pas. Une torpeur immense avait envahi leurs sens, et, sur le point de mourir, ils n'auraient pu lever le doigt pour empêcher la mort d'arriver. La hauteur atteinte a été constatée par des tubes barométriques scellés, que l'on n'ouvrit qu'après la descente. Suivant les conseils de Paul Bert, les aéronautes avaient cru qu'en respirant de l'oxygène ils résisteraient à cette colossale différence de pression ; il n'en fut rien.

D'après ces lamentables expériences, on peut conclure que la hauteur maximum que l'homme ne doit pas franchir, est de 8000 mètres.

Ces excursions aériennes ne sont d'ailleurs pas sans périls, et le nécrologe de l'aérostation, qui commença par le premier des navigateurs aériens (Pilâtre de Rosier, 1785), compte déjà une cinquantaine de victimes. Quelques-unes de ces catastrophes ont été dues à d'impardonnables imprudences[1].

Dans les aérostats, toutefois, l'observateur reste immobile, il dépense peu ou point de forces, et peut ainsi atteindre de grandes hauteurs avant d'éprouver les troubles qui arrêtent bien plus bas celui qui s'élève par la seule puissance de ses muscles sur les flancs d'une haute montagne.

De Saussure, dans son ascension au Mont-Blanc, le 2 août 1787, a rendu compte des malaises que ses compagnons et lui-même éprouvaient déjà à une altitude assez peu élevée. Ainsi, à 3890 mètres, sur le Petit-Plateau où il passa la nuit, les guides robustes qui l'accompagnaient, pour lesquels quelques heures de marche antérieures n'étaient absolument rien, n'avaient pas soulevé cinq ou six pelletées de neige pour établir la tente, qu'ils se trouvèrent dans l'impossibilité de continuer; il fallut qu'ils se relayassent à chaque instant; plusieurs même se trouvèrent mal et furent obligés de s'étendre sur la neige pour ne pas perdre connaissance. « Le lendemain, dit de Saussure, en montant la dernière pente qui mène au sommet, j'étais obligé de reprendre haleine tous les quinze ou seize pas; je le faisais le plus souvent debout, appuyé sur mon bâton; mais à peu près de trois fois l'une il fallait m'asseoir, ce besoin de repos étant absolument invincible. Si j'essayais de le surmonter, mes jambes me refusaient leur service; je sentais un commencement de défaillance et j'étais saisi par des éblouissements tout à fait indépendants de l'action de la lumière, puisque le crepe double qui me couvrait le visage me garantissait parfaitement les yeux. Comme c'était avec un vif regret que je voyais ainsi passer le temps que j'espérais consacrer sur la cime à mes expériences, je fis diverses épreuves pour abréger ces repos : j'essayai, par exemple, de ne point aller au terme de mes forces et de m'arrêter un instant à tous

1. Exemple, le naufrage aérien de La Mountain (4 juillet 1873) aux États Unis. Ce malheureux aéronaute avait eu l'idée funeste de suspendre la nacelle, non pas à un filet enveloppant le ballon, mais à une série de cordes indépendantes les unes des autres. La nacelle ne s'étant pas trouvée exactement dans la verticale, les cordes se rapprochèrent peu à peu, le ballon s'écarta et finit par s'échapper! La nacelle tomba alors comme une pierre, tandis que le malheureux aéronaute, qui s'y accrochait convulsivement, avait encore la présence d'esprit d'essayer de la retourner sur sa tête, et de s'en servir comme parachute. Mais à trente mètres du sol il lâcha prise et son corps s'abattit sur le sol avec un bruit sourd, en s'y enfonçant de 15 centimètres. Les os furent broyés, la tête horriblement écrasée.

les quatre ou cinq pas; mais je n'y gagnais rien, j'étais obligé, au bout
de quinze ou seize pas, de prendre un repos aussi long que si je les avais
faits de suite; le plus grand malaise ne se fait même sentir que huit à
dix secondes après qu'on a cessé de marcher. La seule chose qui me
fit du bien et qui augmentât mes forces, c'était l'air frais du vent du

FIG. 74. — La plus haute montagne de la Terre, le Gaourisankar (Himalaya). Hauteur : 8840 mètres

nord; lorsque en montant j'avais le visage tourné de ce côté et que j'*a-
valais* à grands traits l'air qui en venait, je pouvais sans m'arrêter faire
jusqu'à vingt-cinq ou vingt-six pas. »

Bravais, Martins et Le Pileur, dans leur célèbre expédition au Mont-
Blanc, en 1844, éprouvèrent et étudièrent les mêmes phénomènes sur
le Grand-Plateau; en déblayant la tente en partie recouverte de neige,
les guides s'arrêtaient à chaque instant pour respirer. « Un secret
malaise, dit Charles Martins, se traduisait sur toutes les physionomies,
l'appétit était nul. Le plus fort, le plus grand, le plus vaillant des
guides s'affaissa sur la neige, et faillit tomber en syncope pendant que

le docteur Le Pileur lui tâtait le pouls. Tout près du sommet, Bravais

FIG. 75. — La navigation aérienne. L'aérostat dirigeable de MM. Renard et Krebs revenant à sa gare de départ. Expérience du 9 août 1884. (p. 155.)

voulut savoir combien de temps il pourrait marcher en montant le plus vite possible : il s'arrêta au trente-deuxième pas sans pouvoir en faire un de plus[1]. »

1. Les malaises éprouvés à de grandes élévations ont été classés dans un tableau technique, que l'on trouvera à l'Appendice.

Depuis, Tyndall et Lortet ont décrit des symptômes analogues. La différence de 500 mètres, entre 4300 et 4800, est énorme. — En ballon, la fatigue est incomparablement moindre et l'ascension beaucoup plus facile.

Nous terminerons ici ces considérations relatives aux grandes hauteurs en remarquant que l'endroit habité le plus haut du globe est le cloître bouddhiste de Hanle (Thibet), où vingt prêtres vivent à l'énorme altitude de 5039 mètres. D'autres cloîtres sont bâtis à une hauteur presque égale dans la province de Gueri-Khorsum, sur les rives des lacs Monsaraour et Bakous; et l'on y habite aussi l'année entière. Dans ces régions équatoriales, on peut vivre facilement, pendant dix ou douze jours, à 5500 mètres; mais on ne peut y demeurer longtemps. Les frères Schlagintweit, quand ils exploraient les glaciers de l'Ibi-Gamin, au Thibet, ont campé et dormi, avec les huit hommes de leur suite, du 13 au 24 août 1855, à ces hauteurs exceptionnelles rarement visitées par un être humain. Pendant dix jours leur campement varia entre 5547 et 6442 mètres, c'est-à-dire à l'altitude la plus considérable à laquelle Européen ait jamais passé la nuit. Ces trois frères ont réussi, le 19 août 1856, à monter jusqu'à la hauteur de 6704 mètres, la plus considérable où l'homme soit encore arrivé sur une montagne. Dans les premiers temps ils souffraient beaucoup dès que les cols qu'ils franchissaient atteignaient 5700 mètres; mais après quelques jours ils ne ressentaient plus, même à 6300 mètres, qu'un malaise passager. Il est probable cependant qu'un séjour prolongé à une pareille altitude ne pourrait avoir pour la santé que des suites désastreuses.

La science aéronautique sera-t-elle couronnée bientôt par la solution du grand problème de la navigation aérienne? La direction des ballons sera-t-elle bientôt un fait accompli? On peut le penser. Déjà le navire aérien, mû par une hélice qu'un moteur électrique fait avancer dans l'air, se dirige avec une vitesse de 6 mètres par seconde. Par un air calme, l'aérostat peut donc *revenir à son point de départ*, et c'est ce qui est arrivé lors de la belle expérience de MM. Renard et Krebs, faite à Meudon le 9 avril 1884[1]. On peut donc déjà naviguer la moitié du temps, car la moitié du temps le vent est inférieur à 6 mètres par seconde. Mais ce n'est évidemment là qu'un commencement : c'est la locomotive lente et lourde de 1835; l'avenir amènera le progrès.

---

1. Voyez la carte de ce voyage et les détails de l'expérience dans notre *Revue mensuelle d'astronomie et de météorologie*, octobre 1884, p. 361-370.

Pour compléter notre panorama atmosphérique, il est intéressant de voir quels sont les plus hauts points des crêtes montagneuses sur lesquels la vie humaine se soit fixée, et quelles sont les plus hautes cimes des chaînes minéralogiques qui percent l'épiderme de la Terre pour allonger dans l'Atmosphère raréfiée leur squelette muet et glacé.

Ces plus hauts lieux habités du globe sont :

Le cloître bouddhiste de Hanle (Thibet)...............	5039 mètres.
Village de Thock Jaloung (id.)......................	4977 —
Cloîtres sur les flancs de l'Himalaya............ 4500 à	4900 —
Village de Kursak (Asie)...........................	4541 —
La maison de poste d'Apo (Pérou)...................	4382 —
Pike (Amérique du Sud)...........................	4358 —
La maison de poste d'Ancomarca (Pérou)............	4330 —
Le village de Tacora (id.).........................	4173 —
La ville de Calamarca (Bolivie).....................	4161 —
La métairie d'Antisana (république de l'Équateur)......	4101 —
La ville de Potosi (Bolivie), pop. ancienne : 100000....	4061 —
La ville de Puno (Pérou)..........................	3923 —
La ville d'Oruro (Bolivie).........................	3796 —
La ville de La Paz (id.).........................	3726 —

Quito, capitale de la république de l'Équateur, est située à 2908 mètres d'altitude. La Plata, capitale de la Bolivie, est à 2844 mètres ; Bogota, à 2661.

Le plus haut lieu habité de l'Europe est l'hospice du Grand-Saint-Bernard, à 2474 mètres.

Les plus hauts passages des Alpes sont : le passage du Mont-Cervin, à 3410 mètres ; celui du Grand-Saint-Bernard, à 2472 ; du col de Seigne (2461) et de la Furka (2439). Les plus hauts passages des Pyrénées sont : le port d'Oo (3000), le port Viel-d'Estaube (2561) et le port de Pinede (2500).

Les plus hautes montagnes du globe sont :

Asie : Le Gaourisankar, ou mont Everest (Himalaya)....	8840 mètres.
Le Kanchinjinga (Sikkim, id.).......	8582 —
Le Dhaulagiri (Népal, id.).......	8176 —
Le Juwahir (Kemaou, id.).......	7824 —
Le Choomalari (Thibet, id.).......	7298 —
Amérique : L'Aconcaga (Chili)....................	6834 —
Le Sahama (Pérou).....................	6812 —
Le Chimborazo (répub. de l'Équateur).....	6530 —
Le Sorata (Bolivie)....................	6487 —
Afrique : Le Kilimandjaro.........................	6096 —
Le mont Woso (Éthiopie).................	5060 —
Océanie : Le Mowna-Roa, volcan (île Sandwich).......	4838 —
Europe : Le Mont-Blanc...........................	4815 —
Le Mont-Rose...........................	4636 —

Ce sont naturellement les oiseaux qui représentent la population des

plus hautes altitudes. Dans les Andes le condor, dans les Alpes
l'aigle et le vautour, peuvent planer au-dessus des cimes les plus élevées; ces animaux, organisés pour les plus longs voyages, sont les
grands voiliers de l'océan atmosphérique, de même que les pétrels et
les géantes hirondelles de mer sont les grands voiliers de l'Atlantique.
Le choucas, cette espèce de corbeau d'un noir intense, qui a le bec
jaune et les pattes d'un rouge vif, n'atteint pas de si grandes élévations
dans l'atmosphère, mais il est par excellence l'oiseau des hautes cimes,
celui de la région des neiges et des pitons stériles. On le rencontre au
sommet du Mont-Rose et au col du Géant, à plus de 4500 mètres.

Il est des oiseaux plus gracieux qui résident aussi dans la région des
frimas et en animent quelque peu l'immobile et triste paysage. Le
pinson de neige affectionne tellement cette froide patrie, qu'il descend
rarement jusqu'à la zone des bois. L'*accenteur* des Alpes le suit à ces
grandes élévations; il préfère la région pierreuse et stérile qui sépare
la zone de la végétation de celle des neiges perpétuelles; les uns et les
autres s'avancent parfois à la poursuite des insectes jusqu'à 3400 ou
3500 mètres de haut.

La terre a ses oiseaux comme l'air. Certaines espèces ne se servent
de leurs ailes que quelques instants et quand la marche leur devient
tout à fait impossible; tels sont les gallinacés. La région des neiges a
son espèce propre, comme elle a ses passereaux caractéristiques. Le
lagopède ou poule de neige se rencontre en Islande comme en Suisse.
Il s'élève bien au-dessus des frimas perpétuels et reste cantonné à ces
altitudes glacées; il aime tant la neige, qu'aux approches de l'été il
remonte pour la trouver; il y niche et s'y roule avec délices. Quelques
lichens, des graines apportées par les airs suffisent à sa nourriture; il
fait la chasse aux insectes, dont il nourrit ses poussins.

Les insectes sont, en effet, les seuls animaux qui pullulent encore
dans ces régions déshéritées : c'est une nouvelle analogie avec les contrées polaires. C'est également la classe des coléoptères qui prédomine
dans les hautes régions des Alpes; ils atteignent, sur le versant méridional, 3000 mètres, et 2400 sur le versant opposé. Leurs ailes sont si
courtes, qu'ils semblent en être dépourvus; on dirait que la nature a
voulu les mettre à l'abri des grands courants d'air qui les entraîneraient
infailliblement si leurs voiles n'eussent été en quelque sorte carguées.
En effet, on rencontre quelquefois d'autres insectes, des névroptères
et des papillons, que les vents enlèvent jusqu'à ces hauteurs, et qui
vont se perdre au milieu des neiges. Les mers de glace sont couvertes

FIG. 76. — Distribution des espèces d'oiseaux selon la hauteur de leur vol.

1. Condor (a été observé volant jusqu'à 9000 mètres). — 2. Gypaète. — 3. Vautour fauve. — 4. Sarcoromphe. — 5. Aigle. — 6. Urubu. — 7 Milan. — 8. Faucon. — 9. Épervier. — 10. Oiseau-mouche. — 11. Pigeon. — — 12. Buse. — 13. Hirondelle. — 14. Héron. — 15. Grue. — 16. Canard et cygne (vivant sur les lacs jusqu'à 1800 mètres d'altitude). — 17. Corbeau. — 18. Alouette. — 19. Caille. — 20. Perroquet. — 21. Perdrix et faisan. — 22. Pingouin.

de victimes qui ont ainsi péri. Cependant il est certaines espèces qui paraissent se porter librement jusqu'à des hauteurs de 4000 ou 5000 mètres. Dans mes voyages aériens, j'ai rencontré des papillons à des hauteurs où je n'ai jamais rencontré d'oiseaux, jusqu'à 3000 mètres au-dessus du sol! M. J. D. Hooker en a observé au mont Momay, à une altitude de plus de 5400 mètres.

Tel est le tableau de la vie animale dans ces zones alpestres où la faune se réduit graduellement pour ne plus laisser place qu'à la soli-

... J'ai rencontré des papillons à 3000 mètres de hauteur.

tude et à la désolation. Au delà du dernier étage de la végétation, au delà de l'extrême région qu'atteignent les insectes et les mammifères, tout devient silencieux et inhabité; toutefois l'air est encore plein d'infusoires, d'animalcules microscopiques, que le vent soulève comme de la poussière, et qui sont disséminés jusqu'à une hauteur inconnue. Ce sont, dit Alfred Maury, des germes nageant dans l'espace, qui attendent, pour se fixer et devenir le point de départ d'une faune nouvelle, l'apparition d'un autre soulèvement, d'un nouvel exhaussement du globe.

Nous nous occuperons, au troisième Livre de cet ouvrage, des glaciers et du rôle des montagnes dans la météorologie. Il était important ici de terminer ce premier Livre, sur le fluide vital, par l'examen de la diminution de la vie avec la hauteur. — Nous arrivons maintenant à l'étude de la Lumière et des merveilleux phénomènes optiques de l'air.

LIVRE DEUXIÈME

LA LUMIÈRE
ET LES PHÉNOMÈNES OPTIQUES DE L'AIR

CHAPITRE PREMIER

LE JOUR

LA FORME DU CIEL. — LA LUMIÈRE

Si l'Atmosphère remplit sur notre planète le rôle fondamental d'organisatrice de la vie, si tous les êtres, végétaux et animaux, sont constitués pour respirer dans son sein et construire à l'aide de ses molécules fluides le tissu solide des organismes, nous allons admirer maintenant que cette brillante Atmosphère est encore la grande joie de la nature ; que non seulement le fond, mais encore la forme, sont dus à sa présence ; que sans elle le monde se traînerait péniblement dans l'espace, triste et décoloré ; que par elle il est joyeusement transporté dans les champs du ciel, au milieu des brises et des parfums, sur une couche éthérée de pourpre et d'azur, et sous l'éclat rayonnant d'un éternel sourire.

Voûte bleue d'un ciel calme et pur, douce coloration des aurores, magnificences enflammées des crépuscules, beauté charmante des paysages solitaires, perspectives vaporeuses des campagnes, et vous, miroirs limpides des lacs, qui reflétez si magnifiquement les grands cieux d'azur et montrez l'infini dans vos profondeurs, votre existence et votre beauté ne sont dues qu'à ce fluide léger et puissant étendu sur le globe terrestre. Sans lui, nulle de ces perspectives, nulle de ces nuances n'existerait. Au lieu d'un ciel d'azur, nous n'aurions qu'un espace noir insondable ; au lieu des sublimes levers et couchers de Soleil, le jour et la nuit se succéderaient brusquement ; au lieu de ces demi-teintes qui font régner une douce lumière partout où Phœbus ne lance pas directement ses flèches éblouissantes, il n'y aurait de clarté qu'aux points éclairés par l'astre brillant, et l'obscurité partout ailleurs : notre planète n'offrirait aucune demeure habitable. Mais, au contraire, la lumière répand la gaieté sur la Terre, se joue dans les paysages, se réfléchit dans le miroir des lacs, donne à la nature sa grâce et sa beauté.

Que le ciel soit pur ou couvert, il se présente toujours à nos yeux sous l'aspect d'une voûte surbaissée. Loin d'offrir la forme d'une circonférence, il paraît étendu, aplati au-dessus de nos têtes, et semble se prolonger insensiblement en descendant peu à peu jusqu'à l'horizon. Les anciens avaient pris cette voûte bleue au sérieux. Mais, comme le dit Voltaire, c'était aussi intelligent que si un ver à soie prenait sa coque pour les limites de l'univers. Les astronomes grecs la représentaient comme formée d'une substance cristalline solide, et jusqu'à Copernic un grand nombre d'astronomes l'ont considérée comme aussi matérielle que du verre fondu et durci. Les poètes latins placèrent sur cette voûte, au-dessus des planètes et des étoiles fixes, les divinités de l'Olympe et l'élégante cour mythologique. Avant de savoir que la Terre est dans le ciel et que le ciel est partout, les théologiens avaient installé dans l'empyrée la Trinité, le corps glorifié de Jésus, celui de la vierge Marie, les hiérarchies angéliques, les saints et toute la milice céleste... Un naïf missionnaire du moyen âge raconte même que, dans un de ses voyages à la recherche du Paradis terrestre, il atteignit l'horizon où le ciel et la Terre se touchent, et qu'il trouva un certain point où ils n'étaient pas soudés, où il passa en pliant les épaules sous le couvercle des cieux.... Or cette belle voûte n'existe pas! Déjà je me suis élevé en ballon plus haut que l'Olympe grec, sans être jamais parvenu à toucher cette tente qui fuit à mesure qu'on la poursuit, comme les pommes de Tantale.

Mais quel est donc ce bleu qui certainement existe, et dont le voile nous cache les étoiles pendant le jour?

Cette voûte, que nos regards contemplent, est formée par les couches atmosphériques qui, en réfléchissant la lumière émanée du Soleil, interposent entre l'espace et nous une sorte de voile fluide qui varie d'intensité et de hauteur suivant la densité variable des zones aériennes. On a été très longtemps à s'affranchir de cette illusion et à constater que la forme et les dimensions de la voûte céleste changent avec la constitution de l'Atmosphère, avec son état de transparence, avec son degré d'illumination.

Une partie des rayons lumineux envoyés par le Soleil à notre planète est absorbée par l'air, l'autre réfléchie; l'air néanmoins n'agit pas également sur tous les rayons colorés dont se compose la lumière blanche: il se comporte comme un verre laiteux, laisse passer plutôt les rayons de l'extrémité rouge du spectre solaire, et réfléchit au contraire les rayons bleus ; mais cette différence n'est sensible que lorsque la lumière traverse de grandes masses d'air. Les montagnes lointaines se nuancent d'une teinte bleuâtre due à cette réflexion des particules de l'air et surtout de la vapeur d'eau qui s'interpose entre ces montagnes et l'observateur. Une expérience de Hassenfratz prouve aussi que le rayon bleu est réfléchi avec plus de force. En effet, plus la couche

Un missionnaire du moyen âge raconte qu'il avait trouvé le point où le ciel et la Terre se touchent...

atmosphérique qu'un rayon traverse est épaisse, plus les rayons bleus disparaissent pour laisser la place aux rouges ; or, quand le soleil est près de l'horizon, le rayon parcourt une plus grande épaisseur d'air : aussi cet astre nous paraît-il rouge, pourpre ou jaune. Les rayons bleus manquent souvent aussi dans les arcs-en-ciel qui apparaissent peu de temps avant le coucher du Soleil.

Nous verrons plus loin que c'est la vapeur d'eau répandue dans l'air qui joue le rôle principal dans cette réflexion de la lumière à laquelle est dû l'azur du ciel aussi bien que la clarté diffuse du jour.

Tout récemment, John Tyndall, le savant professeur anglais, vient de reproduire la couleur bleue du ciel et la teinte des nuages dans une expérience de l'Institution royale. On introduit dans un tube de verre de la vapeur de diverses substances, soit de nitrite de butyle, soit de benzine, soit de sulfure de carbone. Puis on fait passer un faisceau de lumière électrique à travers, et l'on augmente à volonté la condensation et la raréfaction de la vapeur. Dans tous les cas où les vapeurs employées, quelle qu'en soit la nature, sont suffisamment atténuées, la réflexion de la lumière se manifeste d'abord par la formation d'un nuage bleu de ciel. Le nuage vaporeux, après avoir offert la teinte bleue, se condense, blanchit, et, en s'épaississant, devient semblable aux véritables nuages, offrant à la polarisation les mêmes variations de phénomènes.

L'air atmosphérique est un des corps les plus transparents qui soient connus ; quand il n'est point chargé de brouillards ou obscurci par d'autres corps, nous pouvons voir des objets placés à une très grande distance : les montagnes ne disparaissent à nos regards que lorsqu'elles se trouvent au-dessous de l'horizon. Mais, malgré son faible pouvoir absorbant, l'air n'est cependant pas complètement transparent. Ses molécules absorbent une portion de la lumière qu'elles reçoivent, en laissent passer une partie et réfléchissent la troisième : de là vient qu'elles donnent naissance à une voûte apparente, illuminent les objets terrestres que le Soleil n'éclaire pas directement, et déterminent une transition insensible entre le jour et la nuit.

On peut s'assurer par des observations journalières de la variation de cette transparence, celle-ci étant la plus grande avant et après la pluie. Si l'on considère pendant plusieurs jours un même objet situé à l'horizon, on constate qu'il est tantôt très visible, tantôt beaucoup moins. La distance à laquelle les détails disparaissent varie considérablement : on peut s'en convaincre par des mesures directes et exprimer la transparence de l'air par des nombres, comme de Saussure l'a fait au moyen de son *diaphanomètre*[1].

Cette distance varie aussi avec le mode d'éclairement des objets et

1. Pour mesurer l'intensité de la couleur bleue, de Saussure a inventé le *cyanomètre*, qui se compose simplement d'une bande de papier divisée en 30 rectangles dont le premier est du bleu de cobalt le plus foncé, tandis que le dernier est presque blanc ; les rectangles intermédiaires offrent toutes les nuances imaginables entre le bleu foncé et le blanc. Si l'on trouve que le bleu de l'un de ces rectangles est identique avec celui du ciel, alors on exprime cette identité par un numéro correspondant à l'un des rectangles, et tout se réduit à dresser l'échelle de l'instrument. Humboldt a perfectionné l'appareil de Saussure et l'a mis en état de donner des mesures très délicates de la teinte bleue. (On peut même se souvenir à ce propos de la boutade de lord Byron ,qui avait proposé de s'en servir pour apprécier la nuance exacte des *bas-bleus*.)

LA LUMIÈRE SE JOUE DANS LES PAYSAGES ET SE RÉFLÉCHIT DANS LE MIROIR DES LACS...
(Le lac du Miroir, vallée du Yosémiti, d'après une photographie.)

avec le contraste de leur coloration. C'est là une affaire de lumière. Malgré leur imperceptible diamètre, les étoiles sont visibles sur la voûte du ciel. Il en est de même des objets terrestres : on a de la peine à distinguer un homme lorsqu'il se projette sur des champs ou des surfaces noires, mais il est très visible s'il est placé sur une élévation de manière à se projeter sur un ciel éclairé : de là les illusions d'optique si communes dans les pays de montagnes. Ainsi, tandis que la chaîne des Alpes vue de la plaine à une grande distance est nettement visible dans ses moindres contours, le spectateur placé sur un de ses sommets ne distingue presque rien dans la plaine. Tous ceux qui ont passé quelques mois sur les lacs et les montagnes de la Suisse ont fait la même observation sur la variation de la visibilité des objets. Un homme marchant est visible, pour de bons yeux, à 3 kilomètres, s'il se projette avec contraste sur le fond. Parfois le Mont-Blanc est reconnaissable de Langres, à 240 kilomètres ; le mont Canigou est visible de Marseille, à 253 kilomètres ; l'Algérie est visible de l'Espagne, à 270 kilomètres, etc. [1].

La contemplation seule du ciel nous prouve déjà que sa couleur n'est pas la même à tous les points d'une même verticale ; elle est ordinairement plus foncée au zénith, puis s'éclaircit vers l'horizon, où elle est souvent complètement blanche. Le contraste est très frappant si l'on se sert du cyanomètre pour l'apprécier. Ainsi, on trouve parfois que la couleur correspond au numéro 23 dans le voisinage du zénith, et au numéro 4 près de l'horizon. Mais la couleur de la même partie du ciel change aussi assez régulièrement pendant le jour, en ce qu'elle devient plus foncée depuis le matin jusqu'à midi et redevient plus claire depuis ce moment jusqu'au soir. Dans nos climats, le ciel a la couleur bleue la plus foncée lorsque après une pluie de plusieurs jours le vent d'est épure complètement l'Atmosphère.

La couleur du ciel est modifiée par la combinaison de trois teintes : le bleu qui est réfléchi par les molécules de l'air, le noir de l'espace infini, qui forme le fond de l'Atmosphère, et enfin le blanc des vésicules de brume, des particules glacées ou des poussières diverses, qui nagent dans les hauteurs. Quand nous nous élevons assez haut, nous laissons au-dessous de nous une grande partie de la vapeur d'eau, les rayons blancs arrivent à l'œil en moindre proportion, et le ciel étant couvert de moins de particules qui réfléchissent la lumière, sa couleur devient d'un bleu plus foncé. « Au-dessus de 3000 mètres de

1. Voy. notre *Revue mensuelle d'Astronomie populaire*, décembre 1886, p. 463.

hauteur, le ciel paraît obscur et impénétrable, disais-je dans une communication à l'Institut (juillet 1868) sur mes Études météorologiques faites en ballon, sa nuance est un gris bleu foncé dans les régions qui avoisinent le zénith ; il est bleu-azur dans la zone élevée de 40 à 50 degrés, bleu pâle et blanchissant en approchant de l'horizon. L'obscurité du ciel supérieur est ordinairement proportionnelle à la décroissance de l'humidité. Lorsque l'Atmosphère est très pure, il semble qu'un léger voile bleu transparent s'interpose au-dessous de nous, entre la nacelle et les intenses colorations de la surface terrestre. » De Saussure affirme, d'après les récits des guides, que certainement on voit parfois les étoiles pendant le jour au sommet du Mont-Blanc

La nature du sol joue un rôle important dans ces effets de réflexion et de transparence atmosphérique.

Dans les régions où existent de vastes surfaces presque dénuées de végétation, comme dans une grande partie de l'Afrique, l'air est très sec et perd une partie de sa transparence, surtout à cause des poussières enlevées par les vents et de l'absence des grandes pluies pour nettoyer l'air. Dans les autres parties de la zone intertropicale, sur le continent américain, dans les îles de la mer du Sud et dans certaines régions de l'Inde, la vapeur d'eau à l'état de gaz transparent est abondamment mêlée à l'air et, au lieu de la couleur bleu-grisâtre qu'il possède dans nos climats et dans les déserts sablonneux, le ciel présente une teinte d'un bleu d'azur vigoureusement accentué qui lui donne un caractère spécial.

La couleur du ciel est donc expliquée. Maintenant, qu'elle est la cause de la forme très sensible de *voûte* surbaissée offerte par le ciel soit couvert soit même affranchi de tout nuage?

Pour moi, je m'explique ce surbaissement de la voûte apparente du ciel par un simple effet de perspective.

Je suppose que nous ayons devant nous une avenue de peupliers d'égale hauteur (fig. 82). Tout le monde sait que cette hauteur ira en diminuant selon la distance, et que les peupliers de l'extrémité de l'avenue arriveront à se confondre même avec la surface générale du sol.

Les pieds des arbres restent sur une surface horizontale parce que nous sommes sur le sol. C'est *par la ligne de fuite* que s'opère l'inclinaison vers la terre. Si nous étions perchés sur le premier arbre, les têtes resteraient au niveau de notre œil, et c'est *par le bas* que la diminution perspective s'opérerait (fig. 83).

Le même raisonnement peut s'appliquer aux nuages. A partir de

ceux qui sont à notre zénith, perpendiculairement au-dessus de nos
têtes, ils vont en s'abaissant progressivement, selon leurs distances
jusqu'à l'horizon. Directement au-dessus de nos têtes, c'est une sorte
de plafond horizontal ; mais ce plafond ne tarde pas à s'abaisser graduellement tout autour du zénith, et cet abaissement graduel ne peut
que prendre à nos yeux la forme d'une voûte de four, puisque au zénith
il nous paraît plat. Il n'y a ni angles ni arêtes. Au surplus, un effet ana-

Fig. 80. — Les nuages s'étendent comme un immense océan de laine cardée.

logue se produit lorsqu'on a dominé d'un kilomètre ou deux les nuages
dans la nacelle de l'aérostat.

Lorsqu'on a dépassé les nuages en ballon, on ne les voit point
s'abaisser comme une voûte sur la Terre, mais s'étendre comme la
surface plane d'un immense océan de neige ou de laine cardée.

Lorsqu'on atteint une hauteur de quelques kilomètres au-dessus
d'eux, on les voit courbés en sens contraire. Il arrive souvent que les
nuages inférieurs (cumuli) planent à 800 ou 1000 mètres environ de
hauteur et s'étendent sur une couche de 200 mètres d'épaisseur, puis
qu'au-dessus, à 1500 ou 2000 mètres, plane une seconde couche de
nuages. L'aérostat vogue alors entre deux cieux.

Par un ciel pur, la surface de la Terre, vue d'une grande hauteur, est *creuse* au-dessous de la nacelle et se relève lentement tout autour jusqu'à l'horizon circulaire. Loin de paraître bombée comme on pourrait s'y attendre en supposant qu'à une grande hauteur dans l'Atmosphère on reconnaîtrait déjà la sphéricité du globe, la surface du sol se creuse au-dessous de nous, pour s'élever jusqu'à l'horizon, qui semble rester toujours à la hauteur de notre œil. Cette illusion s'explique de la même

Fɪɢ. 81. — Entre deux cieux.

façon que la précédente. Supposons qu'une centaine de ballons soient retenus captifs chacun par un câble à une égale hauteur (par exemple 1000 mètres), et que nous soyons dans le premier de ces aérostats alignés en file. Ils se tiennent tous à la hauteur de notre œil. Mais les lignes qui les rattachent à la Terre vont diminuer de longueur apparente suivant leurs distances à notre œil. Le câble situé à deux kilomètres de nous nous paraîtra moitié plus petit que celui situé à un kilomètre. Or c'est *par le bas* que les longueurs diminueront de plus en plus, puisque tous les aérostats sont au niveau de notre œil; et comme le raisonnement est applicable à quelque direction que ce soit, on voit que la surface visible entière de la Terre se relève par la perspective jusqu'au plan horizontal passant par l'œil de l'observateur.

Cet aspect de la Terre se creusant en cuvette m'a extraordinairement surpris la première fois que je l'ai remarqué en ballon, car à la hauteur où je me trouvais, j'espérais, au contraire, la voir bombée.

Ainsi l'abaissement de la voûte apparente du ciel au-dessus de nos

Fig. 82. — Premier effet de perspective.

têtes est dû à un effet de perspective, d'autant plus facile à justifier, que nos yeux ne jugent pas du tout les longueurs verticales de la même manière que les longueurs horizontales. Un arbre de 15 mètres de hauteur nous paraît beaucoup plus long couché que debout. La tour de 300 mètres de hauteur nous paraîtrait beaucoup plus longue couchée sur le sol que perdue dans l'air. Ayant l'habitude de

Fig. 83. — Second effet de perspective.

marcher et non de nous élever, nous apprécions les longueurs à leur juste valeur, tandis que les hauteurs restent en dehors de notre jugement direct. Les oiseaux jugent probablement les choses autrement.

Il résulte de cette forme apparente de la voûte céleste que les constellations nous paraissent beaucoup plus grandes vers l'horizon qu'au zénith (exemples : la Grande-Ourse quand elle rase l'horizon et Orion à son lever), et que le Soleil et la Lune offrent un disque plus large à leur lever et à leur coucher qu'au moment de leur culmination.

Il en résulte encore que nous nous trompons constamment dans l'évaluation directe de la hauteur des astres au-dessus de l'horizon.

Une étoile qui est à 45 degrés de hauteur, c'est-à-dire juste au milieu du chemin entre l'horizon et le zénith, nous paraît singulièrement plus haute, et lorsque nous montrons du doigt une étoile que nous jugeons à 45 degrés, il se trouve qu'elle n'est qu'à 30 degrés.

Cette curieuse question de l'aspect du ciel a été discutée dans quelques ouvrages des dix-septième et dix-huitième siècles, mais plutôt sous un certain aspect philosophique que dans son explication purement géométrique. Après une grande querelle de Malebranche et Régis sur ce point, Robert Smith l'examina dans son

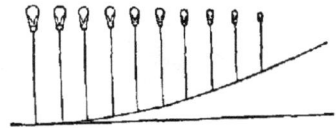

FIG. 84. — Perspective de ballons.

Optique (1728), et conclut que le diamètre horizontal de la voûte céleste doit nous paraître six fois plus long que le diamètre vertical. Il pense que cet effet est dû à ce que « notre vue ne s'étend distinctement que jusqu'au point où les objets font dans notre œil un angle de la huit-millième partie d'un pouce, de sorte que tous les objets s'abaissent pour nous à l'horizon à

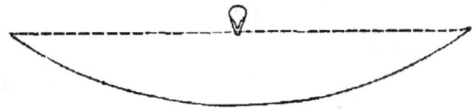

FIG. 85. — La surface de la Terre, vue d'un ballon.

la distance de 25 000 pieds, ou une lieue et deux tiers. » Voltaire, dans son édition de la *Philosophie de Newton* et dans son *Dictionnaire philosophique*, développe ce sujet controversé.

« Les lois de l'optique, dit-il, fondées sur la nature des choses, ont ordonné que de notre petit globe nous verrons toujours le ciel matériel comme si nous en étions le centre, quoique nous soyons loin d'être centre; que nous le verrons toujours comme une voûte surbaissée, quoiqu'il n'y ait d'autre voûte que celle de notre atmosphère, laquelle n'est point surbaissée;

« Que nous verrons toujours les astres roulant sur cette voûte, et comme dans un même cercle, quoiqu'il n'y ait que les planètes qui marchent ainsi que nous dans l'espace;

« Que notre Soleil et notre Lune nous paraîtront toujours d'un tiers plus grands à l'horizon qu'au zénith, quoiqu'ils soient plus près de l'observateur au zénith qu'à l'horizon. »

Puis, traçant une courbe analogue à la précédente, il ajoute :

« Voici en quelle proportion le Soleil et la Lune doivent être aperçus dans la courbe A B, et comment les astres doivent paraître plus rapprochés les uns des autres dans la même courbe.

« Telles sont les lois de l'optique, telle est la nature de nos yeux, que le ciel matériel, les nuages, la Lune, le Soleil qui est si loin de nous, les planètes qui en sont encore plus loin, tous les astres placés à des distances encore plus immenses, comètes, météores, tout doit nous paraître dans cette voûte surbaissée composée de notre Atmosphère.

« Pour moins compliquer cette vérité, observons seulement ici le Soleil, qui semble parcourir le cercle A B. Il doit nous paraître au zénith plus petit qu'à 15 degrés au-dessous, à 30 degrés encore plus gros, et enfin à l'horizon encore

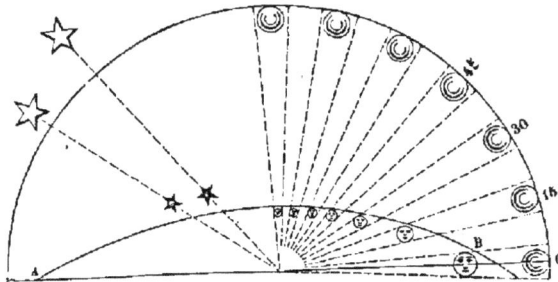

FIG. 86. — Explication de la voûte apparente du ciel et de ses effets.

davantage; tellement que ses dimensions dans le ciel inférieur décroissent en raison de ses hauteurs dans la progression suivante :

À l'horizon.. 100
À 15 degrés de hauteur........................... 68
À 30 degrés...................................... 50
À 45 degrés...................................... 40

« Ses grandeurs apparentes dans la voûte surbaissée sont comme ses hauteurs apparentes; et il en est de même de la Lune et d'une comète. Observons les deux étoiles qui, étant à une prodigieuse distance l'une de l'autre et à des profondeurs très différentes dans l'immensité de l'espace, sont considérées ici comme placées dans le cercle que le Soleil semble parcourir. Nous les voyons distantes l'une de l'autre dans le grand cercle, et se rapprochant dans le petit par les mêmes lois. »

Dans ses *Lettres à une princesse d'Allemagne* (1762), le mathématicien Euler a consacré plusieurs chapitres à cette explication. Elle peut se résumer en quelques mots : 1° la lumière des astres qui se trouvent vers l'horizon est très affaiblie, parce que leurs rayons ont un plus grand chemin à parcourir dans notre basse Atmosphère que lorsque les astres se trouvent à une certaine hauteur ; 2° étant moins lumineux, nous les jugeons plus loin, car nous jugeons plus proches les objets les plus éclairés ; ex. : un incendie, une lumière de nuit, nous paraissent plus proches qu'ils ne le sont ; tout l'art de la peinture qui représente une perspective sur une toile plate est fondé sur la différence d'intensité des tons ; 3° cet éloignement apparent des objets célestes près de l'horizon donne naissance à la voûte imaginaire surbaissée du ciel.

L'arrangement logique de ces deux derniers points paraît inverse de la théorie exposée plus haut. On peut voir cependant que ces deux faits ne dérivent pas successivement l'un de l'autre, mais sont simultanés dans notre observation. La perspective est due à la distance et à l'affaiblissement de la clarté, et elle rend parfaitement compte de la forme apparente offerte par les couches atmosphériques et des variations de grandeur suivant l'élévation au-dessus de l'horizon. C'est là un double effet de perspective géométrique et de perspective lumineuse.

Nous avons remarqué plus haut que nous avons plus l'habitude de voir et d'apprécier les objets au niveau de notre œil qu'à de grandes hauteurs, et qu'un arbre couché nous paraît plus grand qu'un arbre vertical. Un même objet vu au zénith nous paraîtra plus petit que vu à l'horizon, à la même distance.

Ces effets s'ajoutent dans le même sens pour nous faire juger le Soleil, la Lune et les constellations plus grandes à l'horizon qu'au méridien. Les variations de transparence de l'air apportent de leur côté une grande variété dans ces différences.

Ainsi s'expliquent, par les jeux multiples de la lumière, l'état du jour à la surface de notre planète, l'aspect variable du ciel et la diversité optique de l'Atmosphère suivant les lieux et les heures.

Nous n'apprécions pas la beauté ni l'importance pratique de la lumière diffuse, parce que nous avons l'habitude de nous en servir sans cesse. Un séjour de quelques heures sur notre voisine la Lune serait suffisant pour nous montrer toute l'extrême distance qui sépare un jour atmosphérique d'un jour sans air.

Si l'Atmosphère n'existait pas, chaque point de la surface terrestre ne recevrait de la lumière que celle qui lui arriverait directement du Soleil. Quand on cesserait de regarder cet astre ou les objets éclairés par ses rayons, on se trouverait aussitôt dans les ténèbres : aucune demeure habitable ! monde sans villes et sans habitations. Les rayons solaires réfléchis par la Terre iraient se perdre dans l'espace, et l'on éprouverait toujours un froid excessif. Le Soleil, quoique très près de l'horizon, brillerait de toute sa lumière ; et, immédiatement après son coucher, nous serions plongés dans une obscurité absolue. Le matin, lorsque cet astre reparaîtrait sur l'horizon, le jour succéderait à la nuit avec la même soudaineté.

L'effet étrange de l'absence d'Atmosphère serait bien plus complet et bien plus saisissant, s'il nous était donné de nous transporter sur notre satellite. Comparons le riant spectacle que nous offre la Terre, en partie couverte de son manteau humide et ondoyant, sillonnée de fleuves, comparons, dis-je, ce spectacle à l'aspect morne de la Lune, avec son sol de pierre ou de métal déchiré, crevassé et si durement bouleversé dans ses vastes déserts montagneux, avec ses volcans éteints et ses pics semblables à de gigantesques tombeaux, avec son ciel noir invariable et sans forme dans lequel règnent jour et nuit des étoiles non scintillantes, le Soleil et la Terre. Là les jours ne sont en quelque sorte que des nuits éclairées par un soleil sans rayons. Point d'aurore le matin, point de crépuscule le soir. Les nuits sont absolument noires. Celles de l'hémisphère lunaire qui nous regarde sont éclairées par un *clair de Terre* dont le premier quartier coïncide avec le coucher du Soleil, la pleine Terre avec minuit, et la nouvelle Terre avec le lever. Le jour, les rayons solaires viennent se briser, se couper aux arêtes tranchantes, aux pointes aiguës des rochers, ou s'arrêter court aux bords abrupts de ses abîmes, dessinant çà et là de bizarres figures noires aux contours anguleux et tranchés, et ne frappant les surfaces exposées à leur action que pour se réfléchir et se perdre aussitôt dans l'espace, ombres fantastiques dressées au milieu d'un monde sépulcral, éternellement muet et silencieux.

Comme contraste avec les rudes paysages lunaires, on pourrait comparer le tableau qui forme le frontispice de cet ouvrage, et dans lequel *le jour sur la Terre* se révèle dans toute sa couleur, dans *ses douces et fuyantes perspectives*, dans ses plans aériens successifs dus à la présence de l'Atmosphère. Il vaut encore mieux habiter la Terre que la Lune.

CHAPITRE II

LA RÉFRACTION ATMOSPHÉRIQUE. — LE COUCHER DU SOLEIL.
LES ILLUMINATIONS DU SOIR.

La lumière, en nous formant par sa puissance et par ses jeux ce magnifique monde atmosphérique au sein duquel nous vivons, donne naissance à des variations qui sans cesse s'opposent à l'uniformité. La blancheur des rayons lumineux cache dans son sein toutes les couleurs et toutes les nuances, et l'Atmosphère non seulement baigne les paysages terrestres par la *réflexion* multiple de la lumière dans tous les sens, mais encore elle décompose cette lumière par la *réfraction*, et jette sur notre planète l'ondoyante parure d'un ciel toujours changeant, d'une incessante variabilité d'aspects souriants ou sombres.

Lorsqu'un rayon de lumière passe d'un milieu transparent dans un autre, il subit une déviation causée par la différence de densité de ces milieux. En passant de l'air dans l'eau, le rayon se rapproche de la verticale, parce que l'eau est *plus dense* que l'air. Un bâton plongé dans l'eau paraît courbé à la surface du liquide, et la partie plongée semble se rapprocher de la verticale. Il en est de même d'un rayon qui passe d'une couche d'air supérieure dans une couche d'air inférieure, puisque, comme nous l'avons vu, les couches inférieures sont plus denses que les supérieures.

Les rayons de différentes couleurs, dont l'ensemble constitue la lumière blanche, ne sont pas tous également réfrangibles. On sait qu'il résulte de cette différence qu'en pénétrant dans un prisme ces rayons se trouvent séparés proportionnellement à leur réfrangibilité, et qu'en sortant la lumière blanche se trouve décomposée en ses éléments consécutifs.

En réfractant la lumière, l'air produit donc deux effets distincts. D'une part il courbe vers la Terre les rayons venus des astres, extérieurs à l'Atmosphère, de telle sorte que nous voyons le Soleil, la Lune, les planètes, les comètes, les étoiles *plus hauts* qu'ils ne sont en réalité. D'autre part, il opère une séparation plus ou moins grande, selon son état de transparence et de densité, entre les divers rayons constitutifs de la lumière.

Le premier effet produit les crépuscules ; le second leur donne cette douce et ondoyante beauté qui flotte dans la sérénité des soirs.

La réfraction est d'autant plus forte que le rayon lumineux traverse

Fig. 87. — Exemple de réfraction.

l'Atmosphère plus obliquement. Les observations astronomiques seraient toutes fausses, quant aux positions, si on ne les corrigeait de cet effet. Ainsi par exemple l'étoile A (fig. 89) est vue en A'; le météore B en B' ; il n'y a qu'au zénith que la déviation soit nulle. A l'horizon le Soleil et la Lune sont *relevés de tout leur diamètre*, de sorte qu'en réalité ils sont encore au-dessous de l'horizon lorsque nous les voyons au-dessus. Ils se lèvent avant le moment astronomique de leur lever et se couchent après le moment de leur coucher [1].

Il résulte de ce relèvement que l'on peut voir en même temps le Soleil à l'ouest et la Lune à l'est au moment de la pleine Lune, et même *une éclipse totale de Lune, et le Soleil encore sur l'horizon*, quoique le globe terrestre se trouve alors exactement entre les deux astres, et

---

1. Voyez à l'Appendice le détail des réfractions astronomiques et la table des corrections qui en résultent.

qu'ils soient astronomiquement tous les deux sur une ligne passant par le centre de la Terre et tous les deux au-dessous de l'horizon. C'est la réfraction qui les relève. On a observé cette curieuse circonstance dans plusieurs éclipses de Lune. Il est rare que le fait se pré-

Fig. 88. — Le disque du Soleil vers l'horizon.

sente au milieu d'une éclipse totale; mais il s'en approche assez souvent, comme on en peut juger par les exemples suivants :

Le 25 octobre 1874, la Lune est entrée dans l'ombre de la Terre à 5 h. 51 du matin; commencement de l'éclipse *totale* à 7 heures. Le Soleil s'est levé à 6 h. 37, 46 minutes après l'entrée dans l'ombre; la Lune s'est levée à 6 h. 36.

Le 10 mars 1876, la Lune est entrée dans l'ombre à 5 h. 30 du matin; milieu de l'éclipse (partielle) à 6 h. 30. Coucher de la Lune à 6 h. 30. Lever du Soleil à 6 h. 25.

Le 28 décembre 1879, le milieu d'une éclipse partielle de Lune a eu lieu à 4 h. 35 du soir; commencée à 3 h. 47. Le Soleil s'est couché à 4 h. 8, la Lune s'est levée à 4 h. 1.

Le 16 décembre 1880, milieu d'une éclipse *totale* de Lune à 3 h. 48 du soir, fin de la totalité à 4 h. 33 ; lever de la Lune à 4 heures, coucher du Soleil à 4 h. 2. *On a donc pu voir, pendant deux minutes, la Lune totalement éclipsée et le Soleil non couché.*

Le 16 octobre 1883, milieu de l'éclipse partielle à 7 h. 4 ; lever du Soleil à 6 h. 23, coucher de la Lune à 6 h. 25 : deux minutes de visibilité du Soleil pendant l'éclipse partielle.

Par la même déviation des rayons lumineux, le Soleil et la Lune paraissent aplatis à leur lever et à leur coucher, la réfraction agissant suivant la verticale pour diminuer le diamètre apparent de l'astre dont les rayons traversent les couches atmosphériques (fig. 88).

La durée du jour se trouve donc augmentée par le relèvement du

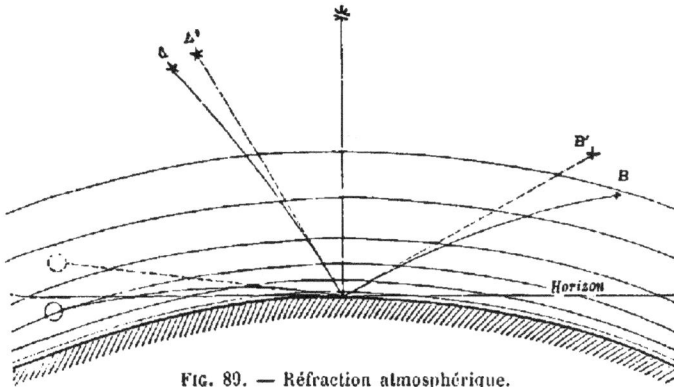

FIG. 89. — Réfraction atmosphérique.

Soleil, et celle de la nuit se trouve diminuée en conséquence. C'est ainsi qu'à Paris le plus long jour de l'année est de 16 heures 7 minutes et le jour le plus court de 8 heures 11 minutes, au lieu de 15 heures 58 minutes et 8 heures 2 minutes, durée astronomique. On voit que les jours à Paris sont augmentés de 9 minutes par cette influence, à l'époque des solstices ; ils le sont seulement de 7 minutes aux équinoxes. Au pôle boréal, le Soleil paraît dans le plan de l'horizon, non pas lorsqu'il arrive à l'équinoxe du printemps, mais lorsque sa déclinaison boréale n'est plus que d'environ 33 minutes ; il reste alors visible jusqu'à l'époque où, ayant passé à l'équinoxe d'automne, il a repris une déclinaison australe supérieure à 33 minutes. Au lieu de durer six mois, la nuit dure trois mois à peine et il y a trois mois de crépuscules. A partir de la latitude de Paris, il n'y a déjà plus de nuit complète au solstice d'été, parce que le Soleil ne descend alors qu'à 17° 42' au-dessous de notre horizon et qu'il éclaire encore à minuit les hauteurs de l'Atmosphère au nord. A la latitude de Saint-Pétersbourg, on voit encore parfaitement clair; un peu plus loin au nord, le Soleil ne se couche pas du tout ce jour-là, et on le voit à minuit glissant au-dessus de l'horizon nord.

Nous avons déjà vu (p. 38) que l'Atmosphère réfléchit les rayons du Soleil après son coucher et avant son lever, et nous gratifie des avantages du crépuscule et de l'aurore. La longueur du crépuscule est un élément utile à connaître à divers points de vue. Elle dépend de la quantité angulaire dont le Soleil est abaissé au-dessous de l'horizon ; mais elle est modifiée en outre par plusieurs autres circonstances, dont la principale est le degré de sérénité de l'Atmosphère. Immédiatement après le coucher du Soleil, la courbe qui forme la séparation entre la zone atmosphérique directement illuminée et celle qui ne l'est que par réflexion se montre à l'orient quand le ciel est très pur ; on l'appelle *courbe crépusculaire*. Cette courbe monte à mesure que le Soleil descend, et quelque temps après le coucher elle traverse d'orient en occident la région zénithale du ciel : cette époque forme la fin du *crépuscule civil;* c'est le moment où les brillantes planètes et quelques étoiles de première grandeur commencent à paraître. La moitié orientale du ciel étant soustraite à l'éclairement solaire, la nuit commence pour toute personne placée dans un appartement dont les fenêtres regardent à l'orient. Plus tard, la courbe crépusculaire, continuant son cours, arrive à l'horizon occidental : c'est alors la fin du *crépuscule astronomique ;* il est nuit close. On peut estimer que le crépuscule civil finit lorsque le Soleil est abaissé de 8 degrés sous l'horizon, et qu'il faut un abaissement de 18 degrés pour produire la fin du crépuscule astronomique.

Les phénomènes crépusculaires sont à peu près inconnus sous les tropiques ; là le jour naît brusquement et l'obscurité succède presque sans transition à la lumière. A Cumana, dit A. de Humboldt, le crépuscule dure à peine quelques minutes, quoique pourtant l'Atmosphère soit plus haute sous les tropiques que dans les autres régions.

On trouvera à l'Appendice les longueurs du crépuscule civil et du crépuscule astronomique en France pour les diverses saisons. En ajoutant cette durée à l'heure du coucher du Soleil, on aura l'époque à laquelle finit chacun de ces deux crépuscules; en la retranchant de l'heure du lever, on aura l'époque de leur commencement. La France est comprise, des Pyrénées à Dunkerque, entre le 42e et le 51e degré de latitude. Même sur cette faible distance, les heures changent sensiblement pour les différents départements de notre pays.

Le plus petit crépuscule civil (34 minutes à Paris) a lieu vers le
29 septembre et le 15 mars, le plus grand (44 minutes à Paris) au
21 juin; le plus court crépuscule astronomique (1 heure 33 minutes à
Paris) tombe au 7 octobre et au 6 mars, le plus grand dure 2 heures
36 minutes et arrive au solstice d'été. A partir du 50e degré de latitude,
le crépuscule astronomique dure toute la nuit au solstice d'été.

Dans les contrées chaudes, la présence de l'humidité dans l'air
n'agit pas seulement pour donner au ciel pendant le jour la teinte
foncée d'azur, ou pour faire développer par les rayons solaires la puissance vitale; elle agit encore pour joindre aux mille merveilles de la
nature de l'équateur des effets de lumière d'une beauté incomparable
au lever et au coucher de l'astre-roi. Le coucher surtout offre des spectacles d'une magnificence impossible à décrire; il doit la supériorité,
qu'à cet égard il possède sur le lever du Soleil, à la présence de l'humidité dans l'air. Elle est plus abondante le soir, après la chaleur de
la journée, que le matin, où elle est en partie condensée en rosée
par l'effet du refroidissement de la nuit.

Ce n'est pas non plus sur les continents qu'on observe les plus beaux
couchers de Soleil. Toutefois, sur la terre, le bleu céleste des montagnes lointaines, les teintes roses ou violettes que montrent ensemble
et suivant leur distance les collines plus rapprochées, les tons chauds
du sol, s'harmonisent d'une manière merveilleuse, quand l'astre vient
de disparaître sous l'horizon, avec l'or palpitant de l'occident, avec les
nuages rouges ou roses qui le surmontent dans le ciel, l'azur foncé du
zénith et la couleur plus sombre encore et souvent verdâtre, par effet
de contraste, qui règne à l'orient. Dans les régions équinoxiales, ces
teintes douces et fondues, jointes à la variété des formes du terrain, à
la richesse de la végétation, donnent des images plus puissantes que
celles de nos climats. Parfois des nuages roses et légers, ou des nuées
plus épaisses, frangées de rouge-cuivre, produisent des effets qui se
rapprochent de certains couchers de Soleil de nos régions; mais toutes
les fois que le ciel est pur, les nuances diffèrent entièrement de celles
de la zone tempérée et présentent un caractère spécial. Quelquefois
encore les dentelures des montagnes situées sous l'horizon, ou des
nuages invisibles interceptant une partie des rayons solaires qui, après
le coucher de l'astre, atteignent encore les hautes régions atmosphériques, donnent lieu au curieux phénomène des rayons crépusculaires.
On voit alors partir du point où le Soleil a disparu une série de rayons,
ou plutôt de gloires divergentes, s'étendant parfois jusqu'à 90 degrés,

J. Silbermann pinxt. Krakow. sc. imp.

LE COUCHER DU SOLEIL VU SUR LA MER

Hachette et Cie.

et même dans quelques cas se prolongeant jusqu'au point antisolaire.
« Sur l'océan, dit M. Liais, quand près de l'équateur le ciel est dégagé
de nuages dans la partie visible, et quand les rayons divergents se mêlent aux arcs crépusculaires, les jeux de lumière prennent des proportions et un éclat qui défient toute description et toute représentation

La gloire du Soleil couchant transfigure l'aspect du ciel.

sur un tableau. Comment, en effet, dépeindre d'une manière satisfaisante les teintes rouges et roses de l'arc frangé par les rayons crépusculaires bordant le segment encore fortement éclairé de l'occident,
segment coloré lui-même d'un jaune d'or éclatant? Comment surtout
décrire la teinte d'un bleu inimitable, différent de celui du milieu du
jour, et qui occupe la portion céleste comprise entre l'azur ordinaire,
mais foncé du zénith, et l'arc crépusculaire? À toute cette splendeur du
ciel occidental il faudrait joindre la description de ses feux réfléchis
sur la surface des eaux agitées par le vent alizé, la couleur bleu noir

de la mer à l'orient, l'écume blanche de la vague qui tranche sur ce fond obscur, l'arc rose pâle du ciel oriental et le segment sombre et verdâtre de l'horizon. » Sur les bords de la mer surtout, la gloire du Soleil couchant transfigure l'aspect du ciel.

Les ondoyantes splendeurs qui couronnent l'ensevelissement de l'astre-roi dans la pourpre des soirs sont parfois plus touchantes encore que la scène gigantesque du couchant lui-même.

Dans les campagnes de notre belle France, au milieu des champs ou dans les clairières des bois, lequel d'entre nous n'a pas admiré certains soirs d'été ou d'automne, le suave spectacle du lent et silencieux coucher du Soleil? L'astre éclatant est descendu au delà de la plaine; une brise légère transporte les parfums sauvages; des nuées diaphanes étendent sous les cieux leurs voiles dorés; les derniers oiseaux viennent retrouver leur abri du soir; une ferme au milieu du paysage semble, sous cette lumière tempérée, l'asile de la paix et du bonheur. Quelque simples, quelque familiers que soient pour nous ces tableaux si souvent renouvelés, nous admirons qu'un seul effet de lumière soit capable de développer, comme une baguette magique, les plus splendides, les plus inimitables aspects dans la nature.

Parfois aussi, dans nos climats, après des journées d'une atmosphère exceptionnellement pure, on voit, après le coucher du Soleil, le ciel occidental vivement coloré des couleurs du spectre solaire, se succédant du rouge vif à l'orangé, au jaune, au vert et au bleu, finement dégradées, plus calmes que celles de l'arc-en-ciel, mais plus larges et plus profondes. Une telle illumination est merveilleuse.

Mais c'est peut-être dans les montagnes que ces effets sont encore les plus pittoresques.

Nulle description ne saurait rendre la merveilleuse beauté de certains paysages du soir dans les Alpes. C'est un monde de grandeur et de douceur, de sévérité et de tendresse, un singulier mariage du pouvoir majestueux avec la suave délicatesse, un ensemble à la fois formidable et charmant que l'œil surpris contemple fasciné sans pouvoir d'abord le bien comprendre. Nature! ô grande nature! combien est petit le nombre des âmes qui savent entendre tes paroles! Parfois les plus magnifiques spectacles passent inaperçus devant nos yeux aveugles; parfois le moindre trait de lumière frappant nos regards nous met soudain en communication avec toi, et nous fait entrevoir ta beauté à travers les fluctuations des mouvements terrestres.... Un jour d'équinoxe d'automne, j'avais étudié les effets du coucher du Soleil sur les cimes éclatantes de la Jungfrau, de l'Eiger et du Monch. Derrière la chaîne de l'Abendberg (mont du soir) qui borde au sud le silencieux lac de Thun et dont les sommets lointains se découpaient sur l'horizon pâle comme de hautes dents noires, l'astre du jour était lentement descendu. Les trois montagnes de neige que je viens de nommer restaient seules éclairées derrière un premier plan sombre et déjà brumeux, et par un effet singulier l'éclairage oblique de la Jungfrau lui donnait exactement l'aspect d'une montagne de la Lune, de ces vastes cratères blancs circulaires et bordés d'une ombre noire échancrée. Douze minutes après le coucher du Soleil pour la plaine d'Interlaken, la dernière pointe de l'Eiger perdit sa blancheur et devint rose ; une minute après ce fut le tour du Monch, et deux minutes plus tard celui de la blanche Jungfrau, vierge baignée dans l'azur, qui pendant quelque temps trôna seule dans le ciel, légèrement colorée d'une douce nuance rose pâle. Quelques minutes après, les trois Alpes s'illuminèrent de nouveau et brillèrent comme des montagnes roses ; puis, comme par le passage d'un génie malfaisant dans les hauteurs de l'Atmosphère, elles parurent mourir tristement et perdirent leurs teintes chaudes et vivantes pour s'envelopper de la sombre et verdâtre pâleur d'un cadavre.

J'avais assisté, dis-je, à ce coucher de Soleil, et de mon observatoire improvisé sur une colline de sapins, j'étais redescendu au lac en suivant le sentier qui mène aux ruines d'un antique castel. Un pont de bois jeté sur l'Aar traversait alors le fleuve rapide et solitaire (mais, depuis, le chemin de fer a fait évanouir tout ce grand calme). La nuit tombait. Les clochettes colossales suspendues au cou des vaches semaient dans le lointain les perles sonores de leur timbre pastoral. Le parfum sauvage des plantes alpestres descendait dans la plaine sur les ailes d'une brise imperceptible. Il semblait qu'un recueillement immense enveloppait la nature entière, et le promeneur isolé dans ces campagnes ne pouvait que songer avec mélancolie à la succession rapide et fatale des jours, des saisons et des années.

Tout à coup, au détour d'un sentier bordé de buissons et d'arbustes, ma vue jusque-là masquée par ces haies eut devant elle le panorama tout entier du lac, de la plaine de roseaux, des collines boisées et, dans le fond du paysage, là-bas, à plusieurs lieues de distance, des trois géants blancs debout dans le ciel.

Oui, comme trois géants impassibles, le Moine, l'Aigle et la Vierge étaient là, silencieux, le front baigné dans les hauteurs, la tête ceinte de glaces éternelles, regardant autour d'eux la succession des choses éphémères, et dominant tout par leur âge comme par leur taille. A leur droite, le mince croissant de la Lune flottait comme un filet d'argent fluide et transparent. Les plus belles étoiles s'allumaient dans les cieux.... Quelle peinture, quelle description sauraient reproduire de telles heures pour l'âme qui ne les a point senties? La musique, la suave mélodie de la pensée rêveuse ramènerait seule en notre sein l'impression disparue. Le *Soir* de Gounod peut-être réveillerait-il au fond de l'âme les sons entendus par l'esprit solitaire, en ces moments où les silences de la nature sont si pleins d'éloquence!

C'est un spectacle admiré depuis longtemps que celui de l'illumination des Alpes. L'une de ses manifestations les plus éclatantes est certainement celle qui se produit sur le massif du Mont-Blanc vu de Genève.

Le Soleil, depuis le moment du contact de son bord inférieur avec la crête du Jura jusqu'à la disparition totale de son bord supérieur, prend en moyenne 2 minutes 15 secondes pour se coucher à Genève, au moins 3 minutes, au plus 3 minutes et demie. Une fois l'astre disparu, le ciel, à l'ouest, s'il est pur, reste brillant d'une vive lumière blanche, ou seulement légèrement teinté d'une nuance jaunâtre. S'il y a des nuages épars, leurs bords encore éclairés se colorent vivement en jaune d'or, ou en orangé, ou en rouge; mais le ciel lui-même, dans leurs intervalles, ne participe point encore à ces vives couleurs, et reste blanc sans éprouver de changement notable, sauf une diminution dans l'intensité de la lumière.

L'ombre monte rapidement sur le flanc des chaînes, dit Necker de Saussure, dans une excellente description de cet effet crépusculaire; la chaleur des teintes s'évanouit; une nuance sombre, uniforme et terne la remplace, et c'est par ce passage rapide d'un état à un autre aussi différent que l'on peut apprécier avec certitude, pour chaque lieu, le moment précis où son éclairement doit cesser.

Environ 23 ou 24 minutes après le coucher du Soleil, l'ombre a atteint la plus basse cime neigée de la chaîne centrale, le dôme de neige du Buet, élevé de 3075 mètres, et éloigné de 48 kilomètres; 3 minutes après, ou 27 minutes après le coucher, elle atteint le sommet de l'Aiguille-Verte à 4080 mètres de hauteur absolue. C'est alors que le Mont-Blanc, qui reste seul éclairé lorsque tout le reste de la surface de la terre est plongé dans l'ombre, paraît briller de la plus vive lumière, d'un rouge orangé, et, dans certaines circonstances, d'un rouge de feu comme un charbon ardent. On croit voir alors un corps étranger à la terre. Une minute plus tard, le Dôme du Goûter, qui en fait partie, est obscurci ; et enfin, environ 29 minutes après que le Soleil s'est couché pour la plaine, il se couche pour le sommet du Mont-Blanc, placé à 4810 mètres de hauteur absolue, et éloigné de 60 kilomètres.

Le soir. — Campagnes de France.

À partir du moment où l'ombre a recouvert les cimes neigées, en commençant par le Buet, un changement frappant s'est opéré dans l'aspect de chacune d'elles, à mesure qu'elle s'obscurcissait. Ces couleurs si brillantes et si chaudes, cet effet si harmonieux d'éclairement et de coloration qui confondait les neiges et les rochers dans une même teinte aurore dont ils ne présentaient que de simples nuances, tout s'est évanoui pour faire place à un aspect que l'on peut nommer vrai-

ment cadavéreux; car rien n'approche plus du contraste entre la vie et
la mort sur la figure humaine que ce passage de la lumière du jour à
l'ombre de la nuit sur ces hautes montagnes. Alors les neiges sont
devenues d'un blanc terne et livide, les bandes et les pointes des rochers
qui les traversent ou qui en sortent ont pris des teintes grises ou
bleuâtres, contrastant durement avec le blanc mat des neiges. Tout
effet a cessé, tout relief a disparu; plus de contraste d'ombre et de
clair, plus de contours arrondis; la montagne s'est aplatie et paraît
comme un mur vertical. Le ton général de la couleur est devenu
aussi froid et aussi rude qu'il était chaud et vif auparavant.

C'est ce passage si rapide à deux états si différents qui rend depuis
longtemps le coucher du Soleil sur l'immense masse neigée du Mont-
Blanc un spectacle si intéressant, non seulement pour les étrangers,
mais même pour ceux qui, nés au pied de cette montagne, et qu'une
longue habitude semblerait avoir dû accoutumer à cette vue, ne
se lassent cependant pas de l'admirer. Mais un troisième état de
lumière va succéder qui ajoute encore à l'intérêt de cette contemplation.

La partie du ciel voisine de ces monts, et sur laquelle ils se projet-
tent, que nous avons déjà observée avec une teinte rougeâtre, a pris,
depuis la décoloration et l'obscurcissement des montagnes, un éclat
toujours plus vif et une couleur toujours plus rouge. Si l'on continue à
l'observer attentivement, on voit, une ou deux minutes après que la
lumière s'est éteinte du Mont-Blanc, paraître, dans la lumière inférieure de ce ciel rouge, une zone horizontale, obscure, bleue, d'abord
très étroite, mais qui augmente rapidement de hauteur et semble
chasser en haut les vapeurs rouges dont elle prend la place. Cette
bande, c'est l'ombre qui recouvre les régions les plus élevées de l'Atmosphère des contrées situées au loin en arrière.

Enfin, lorsque la zone horizontale bleue a dépassé le sommet du
Mont-Blanc, soit lorsqu'il s'est écoulé en moyenne 33 minutes depuis
que le Soleil s'est couché pour la plaine, alors on voit les neiges se
colorer de nouveau, recouvrer en quelque sorte la vie, les montagnes
reprendre du relief, un ton chaud, une teinte orangée, quoique bien
plus faible qu'avant le coucher du Soleil; on voit les contrastes entre
les rochers et les neiges disparaître, les premiers prendre une couleur
plus chaude et plus jaune, et s'harmoniser de nouveau avec les neiges.
Peu à peu, ce même effet se produit sur des montagnes plus rapprochées, et se garde jusqu'à la nuit close.

Quelque splendide que soit le coucher du Soleil dans les montagnes, il me semble qu'il est encore plus magnifique sur la mer. L'astre enflammé descend majestueusement dans la plaine liquide, et l'infini des mers semble répondre à l'infini des mouvements célestes.

Nous avons essayé, dans la peinture reproduite ici, de rappeler ce beau spectacle! Les nuages colorés qui planent dans ce ciel du couchant sont des cirro-cumuli, dont il sera question au chapitre des nuages, et ont été peints d'après nature par mon savant ami Silbermann, du Collège de France, le 5 juillet 1865.

La réflexion de la lumière sur les molécules atmosphériques, qui constitue la douce et variable clarté répandue dans l'espace aérien, offre à toutes nos heures un théâtre de contemplation sans cesse renouvelé, car elle donne au monde terrestre sa plus éclatante parure et sa beauté la plus profonde. Les planètes dépourvues d'Atmosphère ne connaissent point cette richesse. Mais nous passons ordinairement insensibles devant les plus magnifiques spectacles, sans laisser bercer notre pensée dans les ravissements offerts à chaque instant par la contemplation de notre monde.

Au sein des cités populeuses elles-mêmes, parmi les murs vulgaires et les rues droites des villes, il y a parfois de magnifiques effets de lumière, à deux pas des boulevards, là où l'homme n'en chercherait point, tant la nature est généreuse et féconde dans la distribution de ses richesses. J'ai parfois ressenti à Paris les mêmes impressions que dans les Alpes ou dans les nues. Quelquefois, en traversant la Seine, malgré les omnibus vulgaires et les passants affairés, l'œil est attiré par un rayonnement lointain du Soleil qui projette derrière les édifices des lueurs rouges palpitantes. Certains aspects ne peuvent manquer de fixer le regard. Le promeneur qui s'égare sur les bords de la Seine, à l'est de la ville bruyante, sur ces quais solitaires qui avoisinent, par exemple, l'embouchure du canal, voit, au couchant, devant lui, sortant des flots, la haute, imposante et sombre silhouette de Notre-Dame, dont les tours carrées dominent royalement l'espace et dont la flèche perce le ciel. Il voit, plus au sud, exaltée des mille toits de la montagne Sainte-Geneviève, la coupole du Panthéon portée sur sa colonnade, élevant dans l'air son dôme païen qui rappelle Rome polythéiste. Le fleuve lent roule ses flots vers la basilique chrétienne, qu'il enserre dans son île, et, d'heure en heure, lentement transporte ses eaux, toujours renouvelées, vers le couchant, vers la mer où tout s'engloutit. Il est difficile de contempler ce panorama de Paris dans la lumière du soir, sans remarquer quelle grâce et quelle douceur répand sur toutes choses la clarté atmosphérique, dont le fluide éthéré baigne, en les caressant, les contours des vieux édifices. Il n'y a cependant, dans ce simple panorama, que deux grands objets frappants l'église du moyen âge avec ses souvenirs historiques ; le monument de la patrie, le Panthéon des hommes illustres ; mais ce revêtement général de la lumière atmosphérique, ces flots vaguement suivis par l'œil et la pensée jusqu'au Louvre, le silence de ces régions, et même le bruit monotone d'une écluse, tout cet ensemble donne, à Paris même pour ceux qui savent le voir, un spectacle émouvant de la nature, fécond en pensées sur la durée des édifices humains en contraste avec l'éphémère durée de notre vie qui, semblable à ces molécules d'eau du fleuve, ne fait que descendre incessamment vers la mort.

Le Soleil couchant est presque toujours accompagné de ces nuages *cumulo-cirri*, dont nous parlions tout à l'heure, et qui nous donnent à Paris, sur le pont des Arts et vers l'occident, ces aspects du ciel célèbres par leur beauté. Ces nuages rouges que nous voyons de Paris sont *sur la mer*, au delà des côtes normandes ; ils sont souvent élevés de trois mille mètres au-dessus de l'Océan, et formés de glace et de neige, même au mois de juillet ; ce sont eux qui produisent ces figures si variées de montagnes, de poissons, d'animaux et d'êtres fantastiques que l'on contemple agréablement le soir sur un fond éclatant et enrichi de toutes les teintes que donne la diffraction de la lumière.

Aux méditations précédentes, nous pouvons ajouter une remarque générale, singulièrement curieuse, relativement à l'influence de la lumière du soir sur la construction des cités. Les villes marchent vers l'ouest. Paris, dont l'île de la Cité est le berceau, a, dans ses agrandissements successifs, manifesté constamment une tendance vers l'ouest. Il y a deux mille ans, Paris était sur le versant nord-est de la montagne Sainte-Geneviève, où l'on voit encore aujourd'hui le palais des Thermes de l'empereur Julien et les arènes de la Lutèce romaine. Sous les Mérovingiens, il descend, commence sa marche vers l'occident : c'est la Cité ; son méridien est la longue et unique rue sud-nord qui s'appelle Saint-Jacques au sud et Saint-Martin au nord. Plus tard s'élèvent le Palais de Justice et la Sainte-Chapelle. Suivons les siècles. Le Louvre et la Tour de Nesle ont vu se briser la chaîne de fer qui fermait la capitale en ce point du fleuve, et les Champs-Élysées, de la

Madeleine aux Invalides, ont d'abord développé leurs promenades primitives. Puis se sont formés le quartier de l'Étoile et Passy. Aujourd'hui nous avons le Bois de Boulogne, et l'élégant Paris s'allonge jusqu'à Saint-Cloud. La classe riche a une tendance prononcée à se porter vers le coucher du Soleil, abandonnant le côté opposé aux diverses industries et à la classe fatiguée. Cette remarque s'applique non seulement à Paris, mais à la plupart des grandes cités : Londres,

Fig. 92. — L'illumination des Alpes au coucher du Soleil.

Vienne, Berlin, Saint-Pétersbourg, Turin, Liège, Toulouse, Montpellier, Caen, etc., et jusqu'à Pompéi.

D'où vient cette tendance ? Un fait si général n'est pas dû au hasard. Est-ce le cours de la Seine qui a entraîné Paris à l'ouest ? Non. La Tamise court en sens contraire, et Londres s'est agrandi vers l'ouest comme Paris. On peut dire que, le vent d'ouest étant le vent dominant à Paris et dans nos climats, l'air le plus pur est à l'ouest des grandes villes, l'air le plus chargé de fumées, de gaz délétères, d'odeurs malsaines à l'est. On peut admettre en effet que l'on se porte de préférence vers l'air pur, et du côté d'où le vent souffle le plus fréquemment.

Mais le vent n'est pas le même dans tous les pays. Pour moi, je suis plus particulièrement disposé à voir dans ce fait un témoignage de l'attraction de la lumière. Et c'est assez simple. Il est permis de remarquer que les citoyens aisés vont se promener le soir, et non pas le matin. Où nous dirigeons-nous le soir, en quelque lieu que nous soyons? Toujours vers les beaux spectacles du ciel du couchant. Personne n'aura jamais l'idée de tourner le dos au Soleil et de regarder à l'est : les splendeurs du Soleil couchant attirent. Cette direction générale amène à créer des promenades, des maisons de campagne, des habitations de plaisance, et petit à petit s'étend dans ce sens la population aisée des grandes villes.

La nature exerce constamment sur nous une influence muette, mais irrésistible. La composition chimique de l'air, son état physique, sa transparence optique, ses variations de lumière et d'ombre, le vent, les nuages, la périodicité des matins et des soirs, des jours et des nuits, des saisons, des années changeantes et renouvelées, tout ce qui nous entoure, ce qui nous soutient, ce qui nous nourrit, la terre, l'eau, la plante, le sol, la densité des substances qui constituent et la planète et nos propres corps, la pesanteur, la chaleur, les forces diverses qui meuvent le monde, en un mot tous les agents de la nature, agissent sur nous incessamment et à notre insu. Ce sont eux qui ont composé l'organisation de la vie sur la Terre ; ce sont eux qui l'entretiennent. Nous sommes menés, troupeaux parasites disséminés à la surface de cette planète, nous sommes menés dans les champs du Ciel par une main souveraine que nous ne voyons pas, par une destinée que nous ignorons. Tous ici nous nous agitons, nous courons au plus vite, nous combattons les combats de la vie, nous nous remuons sans cesse comme les fourmis dans les champs et les rues de leur fourmilière, et toutes les espèces animales travaillent comme l'espèce humaine, et les plantes aussi naissent, grandissent, fleurissent, fructifient et meurent, et les objets inanimés marchent aussi, le vent circule, la vapeur d'eau s'élève au nuage, la pluie tombe, le fleuve descend à la mer, et la Terre elle-même court avec une rapidité inimaginable... vers quoi? pourquoi? Qu'est-ce que cette agitation universelle et infatigable? — Nous ignorons le but et la fin de cette incompréhensible création. Mais ce que nous savons, c'est que ce mouvement perpétuel constitue la vie et la grandeur de la nature. Il faut nous résigner à ne voir que l'actualité. Étudions-la : c'est le plus grand charme de la vie; en étudiant cette nature dont nous sommes fils, nous apprenons à nous connaître sincèrement nous-mêmes.

CHAPITRE III

LE CLAIR DE LUNE. — LA MER PHOSPHORESCENTE.

La paix profonde descend des cieux, et dans le lointain s'évanouissent les derniers bruits du jour. La nature se tait dans un attentif recueillement. Les avenues sombres du bois ne sont plus éclairées que par une vague clarté répandue dans l'Atmosphère du crépuscule. Le rossignol chante au ciel sa tendre et infatigable chanson d'amour, qui résonne dans les solitudes et s'envole en perles limpides. Un souffle parfumé caresse les collines, et la transparence du ciel ne laisse encore briller dans sa pénombre que Vénus au couchant et Jupiter sur nos têtes. C'est l'heure, charmante entre toutes, où les forces mystérieuses de la nature semblent s'endormir en invitant aux expansions intimes le jeune cœur gonflé d'une sève ardente, en qui s'éveille l'aspiration vers le beau, vers le grand, vers l'idéal. Le monde paraît un instant transformé. Plus de bruit, plus d'agitation, plus de travail guerroyant et tempétueux entre les êtres. L'océan devient lac, et les paysages développent dans une tranquille douceur le sentier des promenades solitaires. O nuit pensive et silencieuse, dont les vastes ailes apportent sur leur passage la rêverie ondoyante et l'oubli des préoccupations matérielles, quelle reconnaissance ne vous doivent pas les âmes que vous avez bercées dans les ravissements du ciel! Combien de tendresses profondes et sacrées se sont communiquées et fondues ensemble sous la discrète influence de vos ombres protectrices! Et aussi combien de peines et de douleurs le sommeil n'est-il pas venu suspendre en les assoupissant? Combien de fatigues n'a-t-il pas fait évanouir, combien de désespoirs n'a-t-il pas su remplacer par les bienfaits du repos et par les promesses inattendues de la joyeuse espérance?

J'aime avec passion la Nuit sublime, qui possède la singulière puissance de substituer ainsi le monde de la pensée intime au monde de la lourde matière, et d'ouvrir le panorama des cieux au regard contemplateur ambitieux de connaître les autres mondes, invisibles pendant la lumière des jours. Mais la réflexion qui me frappe le plus fortement ici, c'est de songer que, pour produire cette étonnante transformation sur la Terre, la nature n'a qu'à élever l'horizon au-dessus du lieu du Soleil, et que par cette seule inflexion de la sphère le monde moral subit une métamorphose. non moins complète que celle du monde physique. Ce qui me frappe d'étonnement, c'est surtout de voir que pendant la nuit silencieuse amenée par la rotation du globe, les forces

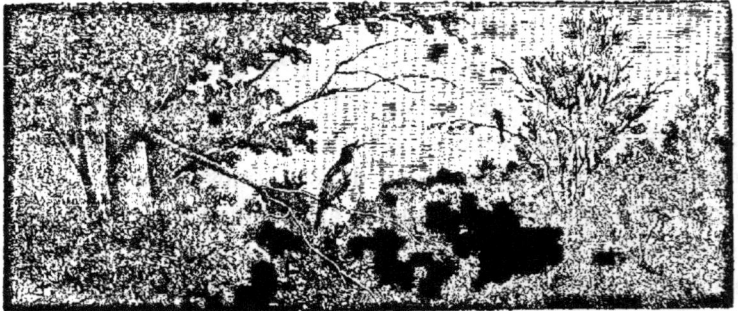

incessantes de l'univers continuent d'agir, d'emporter notre globe dans le vide du désert éternel, — de le mener avec l'énergie de la sévère puissance attractive à travers les multiples mouvements dont il est le jouet, — de lui faire parcourir 106 000 kilomètres par heure... tandis que nous dormons ou rêvons dans le bercement maternel de la nuit si douce et si tranquille.

Quel contraste! quelle merveilleuse opposition entre l'exquise sérénité d'une nuit limpide et la force colossale qui, tout en produisant cet effet, emporte la Terre dans l'espace aveugle avec une vitesse vertigineuse!

Pendant une nuit de dix heures, notre planète a traversé dans l'immensité une étendue de 268 000 lieues! Chaque point de sa surface, emporté d'ailleurs de l'ouest à l'est par la rotation diurne, a parcouru près de la moitié de la circonférence de sa latitude. Or pendant cette durée le contemplateur a pu suivre lentement le mouvement apparent insensible de la sphère étoilée sur sa tête et étudier le ciel extérieur, grâce à la transparence de l'Atmosphère.

La voûte étoilée de la nuit n'existe pas plus que la voûte bleue du jour. Elles sont causées l'une et l'autre par une même propriété de l'air, agissant en sens contraire. L'enveloppe atmosphérique est, en effet, assez *transparente* pour que les étoiles lointaines soient visibles au travers ; et elle ne l'est pas absolument, car dans ce cas le ciel serait noir, incolore, au lieu d'offrir ce voile aérien azuré et fluide qui est

Fig. 94. — Nuits polaires éclairées par la Lune (voy. p. 194).

formé par la réflexion de la lumière sur les molécules aériennes non absolument transparentes.

Au sein de l'univers étoilé, notre œil rapporte vaguement à une voûte fictive dont il est le centre tous les points lumineux disséminés dans l'espace ; la sphère céleste au milieu de laquelle on suppose la Terre est née à la fois de la propension où nous sommes de rapporter tous ces points extérieurs à une même surface courbe, à une même distance, et de la nécessité où l'on s'est vu de tracer les constellations et de les nommer pour les reconnaître. Mais en réalité les étoiles — qui sont autant de soleils — sont à des distances très diverses au delà de la prétendue voûte étoilée. On peut en sentir un exemple en observant que le ciel couvert des nuages qui donnent la pluie n'est pas à plus de 1500 mètres de hauteur (souvent moins), et que de ces nuages à la Lune il y a

256 000 fois cette étape, et en remarquant encore que la Lune, située à 96 000 lieues d'ici, n'est que la *millionième* partie de la distance qui nous sépare de l'étoile la plus rapprochée (α du Centaure), et que les étoiles qui nous semblent voisines sont situées les unes derrière les autres à des éloignements tels que de l'une à l'autre chaque distance encore se compte par trillions de lieues!

Les philosophes de l'antiquité avaient admis la réalité de la voûte céleste; pour un grand nombre, les étoiles n'étaient que des clous d'or, et les aérolithes des pierres détachées du firmament. En brisant le cristal des cieux, Copernic et Galilée ont développé l'univers à sa véritable grandeur.

Nous verrons plus loin quel caractère joue la nuit au point de vue météorologique, en laissant perdre dans l'espace une partie de la chaleur acquise pendant le jour. Dans ce chapitre, qui ne considère la nuit qu'au point de vue de la succession causée dans la distribution de la lumière par la rotation du globe, nous pouvons, après les étoiles, nous souvenir de la présence de la lune et du charme de sa lumière nocturne. Aussi bien au point de vue de la science qu'à celui de l'art, la clarté répandue par la Lune sur notre Atmosphère mériterait une étude spéciale, à cause de la variété qu'elle présente selon les climats.

C'est aux régions polaires qu'il faudrait nous transporter pour avoir une vue complète d'une longue nuit glacée, illuminée de la pâle clarté lunaire. Là, pendant cette nuit hibernale d'une demi-année, la Lune se lève une fois par mois, et elle reste quinze jours au-dessus de l'horizon. La phase du lever est celle du premier quartier. Après son apparition, l'astre s'élève peu à peu en décrivant, pendant la moitié de la durée de sa présence, sept tours et demi autour de l'horizon. En même temps la phase augmente, la pleine lune arrive, et le globe lunaire s'arrête à sa hauteur maximun, laquelle ne dépasse jamais 29 degrés. Il redescend alors en faisant encore sept tours et demi autour de l'horizon, et au dernier quartier se couche et disparaît pour quinze jours. Ce long séjour de la Lune sur l'horizon des pôles s'explique par l'inclinaison de la Terre sur le plan de son orbite, dont nous nous occuperons bientôt à propos des saisons et de la variation des jours et des nuits.

En arrivant vers nos latitudes tempérées, on voit la Lune se lever et se coucher tous les jours. En même temps, elle atteint des hauteurs de plus en plus grandes au-dessus de l'horizon.

La longue illumination des nuits polaires offre un caractère fantastique et bizarre. Les pâles reflets de la Lune s'y répandent sur l'épaisse couche de neige qui couvre le sol, et les masses gigantesques de glace varient seules l'uniformité de ce spectacle, avec leurs stalactites aux formes bizarres, tantôt simulant les dentelles de nos monuments gothiques, tantôt dessinant de longues colonnades. De beaux effets de lumière se jouent au milieu de cette nature morte et désolée. Fréquemment, de petits cristaux de glace flottant dans l'Atmosphère donnent lieu à de grands cercles blancs entourant la Lune, et à l'immense variété des arcs, des halos et parasélènes, dont nous parlerons plus loin. Souvent même la faible lueur de l'astre ne peut arriver à éteindre les brillants reflets de l'aurore boréale, dont les rayons et les arcs alors affaiblis se joignent aux cercles blancs ou colorés produits par la lumière de la Lune traversant les cristaux atmosphériques. Ailleurs, sur le sol, des aiguilles de glace situées dans l'ombre réfléchissent comme une lueur pâle et phosphorescente les neiges éclairées, ou bien les stalactites de cristal exposées à l'action directe des rayons lunaires en multiplient l'image. Si, dans nos climats, nous n'avons point ces spectacles, par compensation notre été nous donne des nuits chaudes et agréables, la présence de la Lune éclaire des campagnes couvertes de vie, les rayons de cet astre se jouant dans le feuillage des arbres répandent une sorte de douce mélancolie invitant à la pensée et à la méditation. Nos clairs de lune, dans nos régions tempérées, offrent un charme tout particulier; comme le disait Ossian, ils sont le divin accompagnement des nuits solitaires, voilées par les nuages légers que transporte la brise, animées par les notes mélancoliques du « sweet nightingale », le doux chantre de minuit.

En Europe, comme dans toutes les zones tempérées, la Lune, à l'époque de son plein, atteint une hauteur au-dessus de l'horizon beaucoup plus grande en hiver qu'en été. Cela vient de ce que la route qu'elle décrit est à peu près la même que celle du Soleil. Or, quand notre satellite nous montre sa face éclairée, il est précisément à l'opposé du Soleil, c'est-à-dire dans la partie du zodiaque où ce dernier était situé six mois plus tôt. Ainsi, en été, la pleine lune est dans la région du ciel occupée en hiver par le Soleil, région qui pour nos climats descend vers l'horizon sud. En hiver, au contraire, la pleine lune a lieu dans la portion du zodiaque où le Soleil brille en été.

Chaque année, d'ailleurs, la hauteur de la Lune varie. Elle monte pendant neuf ans et demi et descend pendant un même laps de temps, la différence de hauteur étant de 5 degrés de part et d'autre de l'écliptique (route du Soleil), c'est-à-dire d'environ dix fois le diamètre de la Lune. L'oscillation dure dix-neuf ans [1].

On peut dire en général que, dans nos climats, l'éclairage lunaire le moins intense est précisément celui de la saison où nos arbres sont en feuilles. Aussi nos clairs de lune d'été, les seuls qui pourraient être comparés à ceux des tropiques à cause du charme spécial répandu par la blanche clarté de notre satellite sur une nature à végétation active, sont cependant très inférieurs à ceux de la zone torride où la Lune arrive jusqu'à lancer du zénith même des rayons condensés sur des paysages de verdure. La transparence de l'Atmosphère tropicale favorise l'intensité de l'éclairage, et, sous une lumière plus que triple de celle qui existe en été dans nos climats, les formes majestueuses des grands arbres se dessinent au milieu de la masse générale des feuillages avec un caractère de beauté indescriptible.

On évalue la clarté lunaire à la trois cent millième partie de celle du Soleil. Les dernières mesures de sa chaleur font supposer qu'elle ne peut produire à la surface de la Terre qu'une élévation de température de 12 millionièmes de degré.

L'un des spectacles les plus curieux des nuits estivales, et qui présente comme une contre-partie du tableau de la voûte céleste, c'est assurément celui de la phosphorescence de la mer.

Dès que le Soleil a disparu de l'horizon, des essaims innombrables

1. Plus grandes déclinaisons boréales de la Lune :

1885 minimum (le 22 mars)	18° 11'
1886	19° 13'
1887	20° 29'
1888	22° 4'
1889	23° 44' (Écliptique = 23° 27')
1890	25° 20'

Et ainsi de suite.

d'animalcules lumineux sont attirés à la surface du liquide par certaines circonstances météorologiques. Une nouvelle clarté surgit du

FIG. 96. — La phosphorescence de la mer.

sein des flots. On dirait que l'océan essaye de rendre pendant la nuit les torrents de lumière qu'il a reçus pendant le jour. Cette lumière étrange naît çà et là par une foule de points qui tout à coup s'allument et scintillent.

Quand la mer est calme, on croit voir à sa surface des millions de vives étincelles qui flottent et se balancent, et, au milieu d'elles, de capricieux feux follets qui se poursuivent et se croisent. Ces soudaines apparitions se réunissent, se séparent, se rejoignent et finissent par former une vaste nappe de phosphorescence bleuâtre ou blanchâtre, pâle et vacillante, au sein de laquelle se font distinguer encore d'espace en espace de petits soleils éblouissants qui conservent leur éclat.

Quand la mer est très agitée, les flots semblent s'embraser. Ils s'élèvent, roulent, bouillonnent et se brisent en flocons d'écume qui brillent et disparaissent comme les étincelles d'un immense foyer. En déferlant sur les rochers du rivage, les vagues les ceignent d'une bordure lumineuse : le moindre écueil a son cercle de feu. Chaque coup de rame fait jaillir de l'océan des jets de lumière : ici faibles, peu mobiles et presque contigus; là resplendissants, vagabonds et dispersés comme un semis de perles chatoyantes. Les roues des bateaux à vapeur agitent, soulèvent et précipitent des gerbes enflammées. Quand un vaisseau fend les ondes, il pousse devant lui deux vagues de phosphore liquide; il trace en même temps, derrière sa poupe, un long sillon de feu qui s'efface avec lenteur, comme la queue d'une comète!

Une nuit d'août, naviguant sur les côtes de la Manche, j'étais suivi par un long sillage lumineux marquant la route de notre petit bateau à vapeur en nous enveloppant parfois d'un véritable feu d'artifice.

On avait imaginé plusieurs explications à ce brillant et curieux phénomène. On sait maintenant qu'il est dû à la présence dans les eaux d'animalcules microscopiques en nombre incalculable, qui produisent aussi de jour l'aspect de la *mer de lait* et font paraître l'océan comme une plaine de neige ou de craie.

Celui des infusoires pélagiens qui contribue le plus à la phosphorescence de la mer paraît être la « noctiluque miliaire ». Cet animalcule a été rapproché par les naturalistes tantôt des anémones, et tantôt des méduses et des foraminifères. Il est si petit, que dans 30 centimètres cubes d'eau il peut en exister 25 000!...

La noctiluque paraît, au premier abord, comme un globule de gelée transparente. Elle offre çà et là, dans son intérieur, des granules brillants, qui sans doute sont des germes. Ceux-ci paraissent et disparaissent avec rapidité, la moindre agitation détermine leur éclat. Ces points forment tout au plus la vingt-cinquième ou la trentième partie du grand diamètre du globule. Les noctiluques émaillent la surface de l'eau comme de petites constellations tombées du firmament.

Elles ne sont pas les seuls animaux producteurs de la phosphorescence. Cet état brillant de la mer est encore déterminé par des méduses, des astéries, des mollusques, des néréides, des crustacés et même des poissons... Ces animaux engendrent la lumière comme la torpille engendre l'électricité. Ils multiplient et diversifient les effets du phénomène.

La plupart paraissent maîtres de leur phosphorescence, comme les vers luisants de leur petit fanal; car plusieurs d'entre eux en augmentent ou en diminuent l'intensité suivant les circonstances, et peuvent l'éteindre tout à fait. Où il est le plus intense et le plus vif, c'est aux heures d'amour, pendant lesquelles ces petits êtres paraissent se fondre tout entiers en une flamme qui les consume.

Notre dessin représente un tableau de ce merveilleux phénomène de la phosphorescence de la mer, esquissé par M. Poussielgue dans son voyage en Floride, en septembre 1851. « Chaque vague, dit le voyageur, roulait enveloppée dans une lumière blanche, nappe frangée et lumineuse qui s'étend comme une écharpe et ondule avec l'océan. La goélette était plus noire que le ciel; nous-mêmes, sur le tillac, nous ne nous apercevions point à deux pas de distance : nous voguions sur du feu; chaque vague rebondissait en gerbes étincelantes.

« Des troupes de requins, qui flairaient la tempête et qui chassaient dans cette nuit sinistre, traçaient des traînées lumineuses dans leur puissant sillage; on aurait dit des coins de feu se croisant autour du bâtiment; mais, quand un de ces poissons battait l'onde de sa queue, il faisait jaillir des gerbes de flammes qui retombaient en cascades d'étincelles. Deux ou trois grands souffleurs qui flottaient dans notre voisinage, en lançant l'eau par leurs évents, produisaient des jets de feu d'un effet admirable.

« Ce n'est pas tout, voici le bouquet! A la lumière blanche viennent se joindre les feux de couleur : le feu Saint-Elme, d'un violet chatoyant, parcourt en frissonnant l'extrémité des mâts et des vergues ; l'électricité des nuages qui nous enveloppent se joue autour de notre paratonnerre, dont la pointe produit l'effet d'une pile de Volta. Mais ce n'est rien encore : à une certaine profondeur se forment des rosaces, des étoiles, des chaînes, des rubans de flamme d'une merveilleuse régularité, qui ondulent avec les vagues, imitant, dans ce feu d'artifice de la mer, les guirlandes de verre qu'on suspend aux mâts pavoisés de nos fêtes nationales! »

Ayant fait pêcher quelques-uns de ces mollusques phosphorescents,

l'auteur constata que chacun de ces tubes vivants portait des ventous[es]
leur servant à s'attacher à leurs congénères; ainsi réunis, ils formaien[t]
des agglomérations qui comptaient plusieurs milliers d'individus, e[t]
qui prenaient, en s'agrégeant, des figures géométriques parfaites.

La phosphorescence n'est pas rare sur nos côtes de France, quoiqu[e]
moins fréquente que dans les régions tropicales. Elle se manifeste surtout pendant la saison chaude et dans les journées orageuses. Ordinairement même elle précède l'orage e[t]
pourrait sans contredit servir de sign[e]
précurseur au changement de temps.

Sur les plages de Bretagne, à Porni-
chet, j'ai souvent fait l'essai, pendant le[s]
soirées de mer phosphorescente, de puiser de l'eau de mer dans un seau et l'apporter dans le jardin obscur de l'hôtel.
A l'état de repos, l'eau était invisible;
mais, en y plongeant nos bras, l'agita-

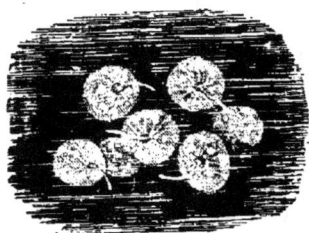

FIG. 97. — La noctiluque miliaire
vue au microscope.

tion de l'eau ramenait la phosphorescence, et, en dehors, il semblai[t]
que nous nous lavions les mains avec de la lumière fluide.

M. Decharme a constaté que, de jour, les animalcules étaien[t]
visibles avec un petit microscope grossissant quarante fois en diamètre,
et ressemblaient à de petites lentilles diaphanes, de 2 à 4 millimètres.

La cause de la phosphorescence de la mer est permanente, et le phénomène ne varie que dans son intensité. En effet, si l'on prend de l'ea[u]
de mer un jour quelconque où elle ne paraît pas phosphorescente à la
plage, on trouve qu'il y a en tout temps (du moins dans la saison
chaude, saison des orages) un nombre plus ou moins grand d'animalcules phosphorescents, nombre variable selon l'état de l'Atmosphère.
Pour constater leur existence, il suffit, quand ils ne sont pas spontanément lumineux par légère agitation, ce qui est rare, de les éveiller en
versant quelques gouttes d'un liquide excitant, d'alcool, par exemple, ou
d'un acide. Alors, en agitant le vase, on aperçoit des points phosphorescents.

L'examen attentif de l'eau de la mer, sous le rapport de la phosphorescence, pourrait sans doute fournir des données utiles à la météorologie des orages. Il serait d'ailleurs facile aux marins et aux habitant[s]
des côtes de faire à ce sujet des observations variées; on en tirerai[t]
bientôt les conséquences et les indications que comporte ce curieu[x]
phénomène.

CHAPITRE IV

LE MATIN

Attirée par la lumière, la Terre tourne dans le rayonnement lumineux, présentant son front au Soleil et se donnant un matin perpétuel par la succession régulière de ses méridiens sous l'astre-roi. Pour chaque région du globe, le matin arrive en relation avec le cours diurne apparent du ciel; pour l'ensemble du globe, le Soleil se lève constamment, distribuant sans arrêt depuis le commencement de ce monde l'heure joyeuse de son lever à la circonférence sans cesse renaissante de notre mobile planète.

Il y a des mondes qui n'ont jamais de levers de soleil, jamais de matins, jamais de soirs, jamais de nuits : ce sont les mondes à la surface desquels règne constamment une lumière soit diffuse et douce, soit éblouissante, et qui puisent dans leur propre Atmosphère cette permanente clarté. Il en est d'autres sur lesquels apparaissent et disparaissent des soleils de couleur, substituant les flammes de l'écarlate, du rubis ou de l'émeraude à la blanche lumière caractéristique de notre Soleil. Ces mondes éclairés par plusieurs soleils de couleurs différentes ne sont pas rares dans l'espace. Il en est d'autres encore pour lesquels le retour quotidien de la lumière et de la chaleur n'est pas régulier comme ici-bas, mais soumis à des fluctuations qui tantôt donnent des matins enflammés par des torrents de lumière, et tantôt laissent la nuit empiéter sur le domaine du jour.

Ainsi, ce que nous voyons sur la Terre n'est pas l'image de similitudes absolues pour les autres mondes. Nous ne saurions trop apprécier le système organique dont la nature a gratifié notre planète. Quel spectacle plus digne d'attention que celui du retour quotidien de la lumière dans l'Atmosphère de notre monde obscur, surtout lorsque en songeant

à ce retour on embrasse en un même coup d'œil toutes ses conséquences sur le renouvellement incessant de la vie !

C'est une heure de paix et en même temps d'activité que celle du
réveil de la nature à l'aurore. Tous les êtres, se levant d'un repos régé-
nérateur, reprennent le cycle interrompu de leur destinée terrestre, et,
comme le printemps dans l'année, le matin est dans le jour l'instant du
renouvellement. Les oiseaux chantent à l'astre radieux leur cantique
matinal, de leur voix aussi pure dans l'ordre du son que l'aurore dans
l'ordre de la lumière. Il est remarquable, toutefois, que c'est plutôt
l'aurore qu'ils célèbrent que le Soleil lui-même, car ils se taisent géné-

Le chant de l'aurore.

ralement dès que l'astre resplendit au-dessus de l'horizon. Autour des
habitations champêtres, nos animaux domestiques cherchent instinctivement la liberté dans la lumière, l'activité, l'agitation, sortant avec
bonheur de l'inactive léthargie. Notre espèce humaine, toutefois, par
une malencontreuse exception, s'est accoutumée dans ses grandes
cités à faire du jour la nuit et de la nuit le jour. Minuit n'est plus le
milieu du sommeil, et la « matinée » commence à Paris peu avant
midi, pour s'étendre jusqu'au coucher du Soleil. C'est là une singulière transformation, que les astronomes seuls pourraient justifier,
mais qui forme maintenant la règle générale des villes humaines, et,
sans aucun doute, exerce une funeste influence sur la santé et sur la
force organique générale.

Comme nous l'avons vu, la réfraction atmosphérique fait naître le
jour avant le lever du Soleil et le prolonge après son coucher. Dans
mes voyages scientifiques en ballon, j'ai pu faire quelques expériences
spéciales sur la lumière de l'aurore.

À l'époque du solstice d'été, quand l'Atmosphère est sereine et la

Lune absente, une élévation de 200 mètres, à minuit, hors de la brume inférieure, est suffisante pour observer au nord, nettement dessinée, la clarté du crépuscule.

Lorsque la Lune brille dans sa plénitude, il est facile de suivre la comparaison de sa lumière avec celle de l'aurore. C'est ce que j'ai fait entre autres pendant la nuit du 18 au 19 juin 1867. Comparant simultanément la lumière de la Lune, qui venait de passer au méridien, avec celle de l'aurore et suivant l'accroissement de celle-ci, j'ai reconnu que les deux clartés se sont égalées à deux heures quarante-cinq minutes du

La matinée.

matin, une heure treize minutes avant le lever du Soleil. A partir de cet instant, la lumière de l'aurore alla en augmentant sur celle de notre satellite.

Ce qui me surprit le plus dans cette observation, ce fut de reconnaître que la blancheur légendaire de la lumière de la Lune n'est blanche que par comparaison avec nos lumières artificielles. Elle rougit devant celle de l'aurore, comme celle du gaz devant elle.

Une différence remarquable distingue également la lumière de l'aurore de celle de la pâle Phœbé. Lors même qu'elle n'a pas encore atteint l'intensité de la seconde, la première *pénètre* les objets de la nature, tandis que celle de la Lune *glisse* à leur surface et les estompe vaguement.

Même par le ciel le plus pur, les régions qui avoisinent la Terre paraissent d'en haut toujours voilées et troublées par des vapeurs. C'est en ces hauteurs qu'il serait utile d'édifier des observatoires.

Quel spectacle plus sublime que celui du lever du Soleil, observé soit des hauteurs de l'Atmosphère, soit du faite des montagnes? Au désert, l'astre éclatant apparaît comme un roi — un roi céleste! — sortant de la pourpre glorieuse; les rayons de son diadème s'élancent à travers les nuées supérieures, et, comme autrefois l'habitant des îles parfumées du Péléponnèse saluait Hélios ou Phœbus-Apollon, l'Arabe salue le radieux Chems, image du grand Allah, trois fois saint! Sur la mer, son premier rayon d'or flamboie tout d'un coup, puis le disque lumineux monte solennellement au-dessus des flots. Quelle que soit la situation d'où l'on contemple ce spectacle, l'âme la plus indifférente ne peut s'empêcher de saluer en lui un spectacle grandiose et majestueux.

Des divers tableaux de la nature qu'il m'a été donné d'admirer, celui dont le souvenir me frappe le plus encore, c'est un rare lever de Soleil auquel j'ai assisté en ballon, par une belle matinée d'été, à 2400 mètres de hauteur au-dessus du Rhin.

Les nuages venaient de se former, de deux heures à trois heures du matin, dans des régions aériennes inférieures à la nôtre, et parsemaient la vaste campagne. Les immenses forêts de l'Allemagne se développaient à plus de 2000 mètres au-dessous de nous; nous distinguions presque à notre nadir Aix-la-Chapelle; à notre gauche, au loin, les terrains marécageux de la Hollande; à notre droite, le duché de Luxembourg; derrière nous, les propriétés entourées de haies de la Belgique; devant nous, près du Soleil, la Westphalie; au loin, le Rhin qui déroulait ses anneaux blancs et serpentiformes. Cologne approchait avec sa noire cathédrale au centre du demi-cercle. Depuis longtemps, l'aurore répandait sur la Terre une clarté toujours croissante, et, par un singulier effet de mirage ou par la disposition fortuite des ombres dans les nuées situées à notre hauteur, un vaste paysage se dessinait à l'orient avec des teintes et des nuances vagues semblables à celles du marbre.

On pressentait, derrière ces décors féeriques, ces murailles, ces tours et ces clochers projetés sur cette couche lointaine de nuées, on pressentait l'arrivée prochaine du dieu de la lumière, qui par sa majesté allait faire soudain disparaître toutes les ombres du crépuscule. Un silence absolu environnait notre navire, tandis que les nuages se formaient et se déformaient au-dessous de nous.

En vérité, je ne saurais mieux comparer l'accroissement successif de la lumière orientale et les symptômes précurseurs du lever de l'astre-roi qu'à une mélodie extrêmement pure qui se laisserait d'abord deviner plutôt qu'entendre, comme venant d'une grande distance. Puis ce murmure, ce prélude, s'accentue davantage, et déjà l'on distingue les

Le lever du Soleil au désert.

accords des diverses parties. L'oreille charmée par l'enivrante harmonie, comme l'œil baigné par la lumière céleste, cherche à discerner dans l'ensemble le motif qui se dégage de l'accompagnement sonore.

Mais, à travers les frémissements des cordes basses, sous les chatoie-
ments et les broderies de l'art musical, la pensée ne peut parvenir à distinguer la trame du mélodieux concert. A peine l'attention a-t-elle
pénétré dans ce monde merveilleux de l'harmonie, que tout à coup
éclate dans sa grandeur la puissante et éblouissante fanfare... : Le dieu
de la lumière vient d'apparaître! L'Atmosphère est soudain pénétrée
dans ses régions immenses par les feux de son rayonnement intarissable.

Ces spectacles aériens sont rares. Plus fréquente est l'observation du
lever du Soleil sur les montagnes.

A mon avis, les plus beaux couchers de Soleil sont ceux de la mer,
et les plus beaux levers ceux des montagnes ou des ascensions
aériennes.

Tous les touristes qui chaque année parcourent les Alpes de la Suisse
sont montés une fois au moins au sommet du Righi, cette petite montagne de 1800 mètres qui s'élève, isolée, au milieu des lacs et donne
au naturaliste la succession de tous les climats jusqu'aux dernières
espèces végétales. Pour permettre à ceux qui ne l'ont pas ressentie de
se rendre compte de l'impression d'un lever de Soleil dans les Alpes,
j'extrais ici de mes notes de voyage l'observation que j'en ai faite moi-
même au mois de septembre 1868 (avant le chemin de fer). C'est une
description simple, qui peut donner une idée de la nature de ce beau
spectacle.

... J'ai assisté ce matin au lever du Soleil, du haut de cette belle montagne qui
domine par son heureuse situation le panorama de la Suisse. C'est inouï. On ne
peut se former une idée de cette illumination des glaciers dans le ciel avant l'arrivée visible du Soleil sur la montagne, lorsqu'on ne l'a pas contemplée soi-même.
Hier, vers une heure, nous avons commencé l'ascension — une véritable caravane : — guides porteurs de vêtements pour l'arrivée, chevaux et mulets pour les
dames qui n'osent pas aventurer leurs pieds délicats sur ces rudes versants, palan-
quins pour les invalides ou les timides, etc., — tout cela se met en marche dans
l'étroit chemin qui commence au lac de Zug, à Art, et serpente par des forêts, des
broussailles, des rochers et des torrents jusqu'au Kulm, jusqu'au sommet du pic.
A six heures nous étions sur ce faîte splendide, d'où l'on découvre l'immense
chaîne des glaciers des Alpes de l'Oberland, les sommets successifs des plus hautes
montagnes, le relief si diversifié de cette contrée morcelée, les versants des collines plus rapprochées, les pâturages et les prairies verdoyantes de ce paradis
terrestre, les lacs innombrables qui réfléchissent le ciel, les villes coquettes en
miniature, les villages et les chalets rouges qui sont disséminés à tous les points
de ce parterre. Nous avions fait, le long de la route, quelques haltes bien nécessaires pour nos poumons, nos jambes, et même pour nos gosiers.

On admire, en montant, la belle vallée qui s'étend au pied du Righi, mais le

Karl Girardet pinxt.   Krakow. sc. imp.

LE LEVER DU SOLEIL VU DU BIGHI

Hachette et Cⁱᵉ

regard et la pensée sont péniblement surpris du fameux éboulement du Rosberg, qui en 1806 engloutit tout le riant village de Goldau et combla une partie de son lac. Cette arête encore blanche de la haute montagne, ces rochers gris amoncelés dans la plaine, invitent à songer aux mouvements incessants de la nature, qui s'accomplissent comme si l'homme n'était pas sur la Terre.

Quant au lever du Soleil, je ne pense pas qu'il puisse être plus magnifique en aucun lieu de la Terre, si ce n'est en ballon. C'est sublime et c'est indescriptible.

D'ailleurs la scène, l'instant, la situation, la nouveauté forment un excellent prélude à ce spectacle. Une heure avant le lever du Soleil, le chant pastoral d'une trompette de bois éveille les voyageurs. Nous étions deux cent trente! La Lune répandait une faible clarté dans l'Atmosphère, et l'on distinguait dans le lointain les glaciers blancs éclairés par une teinte mélancolique et silencieuse. Jupiter brillait à côté de la Lune, et Vénus resplendissait à l'orient. A ce tableau particulier de la nuit succéda la toilette des montagnes. Peu à peu, lentement, elles se lèvent en quelque sorte de l'obscurité qui les environnait, et se montrent dans leurs formes et dans leur fraternité. Une lumière diffuse se manifeste et s'accroît dans l'air froid et humide du matin. A l'est, l'horizon est crénelé par les dentelures grises qui dessinent seulement sur l'espace plus lumineux la silhouette des sommets.

C'est alors que vers le sud les glaciers pâles, à peine visibles sous le règne de la Lune et de l'aurore, deviennent roses, d'un rose tendre et véritablement céleste : le Soleil vient de se lever pour ces sommets lointains. Les cimes argentées se dorent et se réunissent, et forment dans l'espace un paysage singulier et frappant, qu'on croirait arrangé par les nuages. Cette illumination des Alpes au lever du Soleil offre un caractère d'immensité et de puissance qui donne de la surface terrestre et de son *mouvement vers la lumière* une idée tout à fait spéciale.

Après ces glaciers d'autres glaciers s'illuminent à leur tour. Du sommet du Righi on domine l'horizon dans toute sa circonférence. Le Finsteraarhorn, l'Aigle, le Moine, la Jungfrau, le Blakenstock, l'Uri, le Sæntis, le Gloernich, et cent autres apparaissent dans la douce splendeur. Des glaciers roses l'œil revient aux découpures de l'horizon oriental... lorsque soudain un mince rayon rouge apparaît et remplit l'espace. Alors, lentement, majestueusement, l'astre flamboyant semble sortir des cieux gris, et peu à peu, distribuant la clarté matinale sur tous les points, fait surgir de l'ombre montagnes après montagnes, paysages après paysages, développant pour ainsi dire le panorama comme une série de plans qui s'écarteraient et reculeraient, de telle sorte que les glaciers primitivement apparus semblent s'éloigner de plus en plus, et laisser un immense espace à la succession des montagnes, des collines et des vallées plus rapprochées...

La lumière du Soleil donne à notre planète sa parure et sa beauté, aux campagnes le verdoyant tapis des prairies, aux sillons l'or des blonds épis, aux fleurs leurs chatoyantes couleurs, au ciel son azur et ses nuances variables. Mais, en traversant l'Atmosphère, cette lumière est en partie absorbée par les couches d'air qu'elle traverse, et c'est cette absorption qui nous donne notre ciel atmosphérique.

Par des recherches fort curieuses, on a pu évaluer cette absorption.

Pour donner une idée de cette méthode, je rappellerai d'abord à nos lecteurs que la lumière, toute coquette et insaisissable qu'elle paraît, est cependant douée d'un pouvoir mécanique aussi réel que celui de la chaleur ; je citerai, entre cent exemples, celui de l'explosion d'un mélange de chlore et d'hydrogène dans un flacon. Cette explosion est produite par la seule action de la lumière, attendu qu'en gardant le flacon dans l'obscurité les deux gaz restent en présence sans se combiner. Or, dans des recherches spéciales à cet égard, Bunsen et Roscoe ont eu l'idée d'évaluer en fonction de *l'acide chlorhydrique produit* la quantité d'action chimique exercée par la lumière.

Pour cela, ils ont fait agir un faisceau de rayons introduit dans une chambre obscure sur le mélange gazeux de chlore et d'hydrogène ; en opérant à des hauteurs de Soleil différentes, ils ont évalué l'influence absorbante de l'Atmosphère sur les rayons qui avaient ainsi traversé des couches d'air d'épaisseur variable. Ils ont donc pu en déduire la quantité d'action chimique qui serait exercée par le Soleil à la limite de notre Atmosphère sur un mélange de chlore et d'hydrogène.

Le calcul appliqué à leurs observations a montré que si les rayons solaires ne subissaient aucune absorption atmosphérique en tombant verticalement sur la Terre dans une atmosphère indéfinie de chlore et d'hydrogène, ils provoqueraient, pendant chaque minute, la formation d'une couche d'acide chlorhydrique d'une épaisseur d'environ 35 mètres. Après avoir traversé l'Atmosphère, ces rayons n'ont plus qu'une force représentée par 14 mètres et demi, c'est-à-dire qu'ils ont perdu environ les deux tiers de leur intensité primitive. Les recherches sur le rayonnement solaire ont montré que dans les mêmes conditions l'action calorifique est au plus diminuée d'un tiers de sa valeur. Ainsi, les rayons les plus réfrangibles de la lumière sont absorbés en plus grande proportion par l'Atmosphère que les rayons les moins réfrangibles. L'air garde, emploie, réfléchit, fait jouer et travailler les deux tiers de la force lumineuse que le Soleil nous envoie ; il n'absorbe au contraire qu'un tiers de la chaleur que nous recevons du même astre. Il semble donc que la lumière ait une fonction plus grande que la chaleur dans l'Atmosphère. Nous verrons du reste bientôt quelle immense importance joue la lumière dans la vie terrestre, végétale et animale.

Les mêmes physiciens cités plus haut ont étudié les intensités totales solaire et atmosphérique dans un certain nombre de localités variant de latitude, depuis 15 degrés du pôle (île Melville) jusqu'à 30 degrés de

l'équateur (le Caire), évaluées en épaisseur d'acide chlorhydrique
formé, comme si les rayons pénétraient dans une atmosphère indéfinie
de chlore et d'hydrogène. Les résultats suivants expriment l'action
pendant l'intervalle de temps qui s'écoule entre le lever et le coucher
du Soleil, le jour de l'équinoxe. On peut remarquer que les différences
entre les effets qui seraient produits dans ces divers pays sont moins
grandes qu'on n'aurait pu le penser, à cause de la puissante dissémi-

Le lever du Soleil en ballon (voyez page 204).

nation lumineuse produite par l'Atmosphère; en effet, l'action photo-
chimique directe du Soleil varie comme 1 : 15 : 30 entre l'île Melville,
Heidelberg et le Caire, tandis que l'effet de la diffusion atmosphérique
varie seulement comme 9 : 16 : 18.

L'absorption des rayons actifs très réfrangibles augmente rapidement avec l'épaisseur de l'Atmosphère; ainsi, lorsque le Soleil a une
hauteur moyenne de 25 degrés sur l'horizon, le rapport des intensités
chimiques de la lumière directe et de la lumière diffuse sur un papier
sensible préparé avec un sel d'argent étant 0,23, celui des intensités
lumineuses est 4, c'est-à-dire que l'action de l'Atmosphère est 17 fois

plus grande sur les rayons impressionnant chimiquement les composés d'argent que sur les rayons agissant sur la rétine. Lorsque cette hauteur du Soleil sur l'horizon n'est plus que de moitié (12 degrés environ), le rapport moyen des intensités chimiques de la lumière directe et de la lumière diffuse n'est plus que de 0,053 et celui des intensités des rayons lumineux que de 1,4, c'est-à-dire que l'action de l'Atmosphère est alors 26 fois plus grande sur les rayons chimiques du Soleil que sur ses rayons lumineux. A des hauteurs moindres, l'action chimique directe du Soleil devient inappréciable, tandis que l'intensité des rayons visibles est encore assez grande; les rayons les plus réfrangibles manquent : ce qui est indiqué par la couleur rouge du disque solaire près de l'horizon.

Bunsen et Roscoe ont comparé l'action exercée par le Soleil sur le mélange de chlore et d'hydrogène avec celle d'une source lumineuse terrestre, d'une masse de magnésium en combustion dans l'air vue sous une grandeur apparente égale à celle sous laquelle nous voyons le Soleil : un disque de magnésium en combustion de 1 mètre de diamètre, placé à 107 mètres, produirait la même action sur le mélange de chlore et d'hydrogène que le Soleil à la hauteur de 10 degrés.

La lumière solaire directe, ayant été comparée à l'arc voltaïque, a donné le rapport de 1000 à 240, c'est-à-dire que le Soleil a produit sur les plaques daguerriennes une action chimique quatre fois plus énergique que la lumière de la pile.

Nous analyserons plus loin les radiations lumineuses, calorifiques et chimiques dont le Soleil inonde constamment les planètes qui gravitent autour de lui. Qu'il nous suffise ici de sentir l'importance du rôle de la Lumière dans la nature. L'astre gigantesque du Soleil, 1 283 000 fois plus gros que la Terre, est un globe incandescent, liquide ou gazeux. Les flots considérables de lumière et de chaleur qu'il verse constamment dans l'espace entretiennent sur notre planète la vie immense et multipliée qui pullule à sa surface. Bientôt nous apprécierons directement toute la grandeur de la radiation solaire. Nous venons d'admirer le lever du Soleil et de prendre une idée de l'action mécanique de la Lumière. Pénétrons tout à fait dans les œuvres du Jour, étudions les manifestations diverses de la Lumière, et continuons notre panorama de la nature par l'étude des phénomènes optiques que cet agent admirable crée incessamment dans notre Atmosphère.

CHAPITRE V

L'ARC-EN-CIEL

L'action générale de la Lumière dans la nature vient de se présenter à nos yeux par le cours régulier de son œuvre permanente. Ses jeux dans l'Atmosphère sont divers et produisent mille phénomènes optiques toujours curieux, parfois bizarres, aujourd'hui expliqués par les lois de la physique. Nous consacrerons les chapitres suivants à l'examen des phénomènes exclusivement dus à cet agent, à la fois si puissant et si délicat, si doux et si fort.

Le plus fréquent de ces phénomènes, celui dont l'explication simple nous aidera à saisir les autres, c'est la production de l'*arc-en-ciel*.

Parmi nos lecteurs, il en est bien peu sans doute qui n'aient remarqué dans la pluie d'un jet d'eau ou d'une cascade la production d'un petit arc-en-ciel en miniature, analogue à l'arche grandiose qui se projette dans l'espace aérien. Toutes les fois que ces petits arcs se présentent, nous pouvons observer trois circonstances : 1° des gouttes de pluie ; 2° la présence du Soleil ; 3° la situation précise de l'observateur entre les gouttes d'eau et le Soleil.

Ces trois conditions de la production de l'arc-en-ciel vont nous fournir elles-mêmes l'explication de ce gracieux phénomène, dans lequel la religion juive salua la protection de Jéhovah, et la mythologie grecque l'influence agréable de la déesse Iris. Pour voir un arc-en-ciel, soit dans une pluie artificielle, soit dans l'Atmosphère, il faut toujours tourner le dos au Soleil. Dans cette situation, les rayons solaires qui éclairent les gouttes d'eau sont réfléchis et réfractés par elles. Voici comment : Soit, je suppose, le cercle ci-dessous (fig. 102), une goutte d'eau dans l'Atmosphère. Un rayon solaire arrive sur cette goutte en I, pénètre dans son intérieur en déviant de la ligne droite, puisque tout rayon lumineux subit cette déviation en passant dans une substance

transparente plus dense que l'air. Arrivé au fond A de la petite sphère
liquide qui constitue la goutte, il est réfléchi par ce fond et revient vers
le côté du Soleil avec une déviation nouvelle I'M qui le rapproche de la
Terre.

Ce rayon, qui était blanc en arrivant sur la goutte, est décomposé,
à sa sortie, en ses couleurs constitutives, parce que les couleurs
dont se compose la lumière blanche ont des réfrangibilités différentes :
*elles se séparent en traversant un prisme ou une goutte d'eau telle que
celle-ci.* Les rayons de l'extrémité rouge du spectre solaire sont peu
déviés de la réflexion directe,
les jaunes s'écartent davantage, les verts encore plus, etc.
L'inclinaison va en croissant
du rouge au violet, de sorte
que, si le rayon rouge atteint
l'œil, les autres rayons venus
de la même goutte ne peuvent
l'atteindre, mais une goutte
moins élevée pourra lui envoyer un rayon violet. L'observateur voit donc dans la direction de ces gouttes un endroit

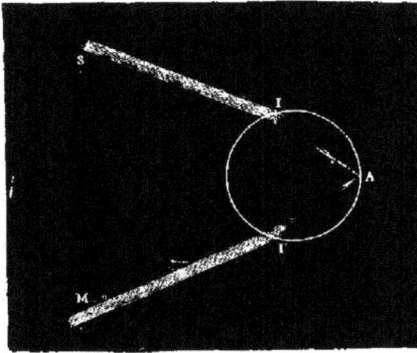

FIG. 102. — Réflexion simple des rayons
dans une goutte de pluie.

rouge en haut, un violet en bas. Les gouttes intermédiaires envoient
semblablement à l'œil les rayons compris entre le rouge et le violet.
On a ainsi un spectre solaire dont les couleurs sont, en partant du
point le plus bas, *violet, indigo, bleu, vert, jaune, orangé, rouge.*

Imaginons maintenant une surface en forme de cône, ou de cornet,
ayant pour axe une ligne menée de l'œil de l'observateur au Soleil et
passant par la goutte. Chacune des gouttes d'eau qui se trouvent sur
cette surface produit le même effet, puisqu'elle forme le même angle
avec le Soleil et l'observateur ; on a donc un ensemble de spectres formant une bande *circulaire*, irisée, dans laquelle les couleurs simples
se succèdent suivant l'ordre indiqué, le violet *a* (fig. 105) étant en
dedans et le rouge *b* en dehors. Le phénomène se reproduit tant que
les gouttes d'eau se succèdent dans la même région de l'espace ; l'apparence lumineuse se renouvelle en même temps que le passage de
ces gouttes, et l'on voit l'arc persister. On démontre par le calcul que
l'angle du cône des rayons rouges est de 42 degrés (42° 20′), et celui du
cône des rayons violets de 40 degrés (40° 30′) : telle est la distance de

A. Marie pinxt.

Krakow, sc. imp.

L'ARC-EN-CIEL

Hachette et Cⁱᵉ.

l'arc au centre, point où se projetterait l'ombre de la tête du spectateur P (fig. 105). Le diamètre IIII' (même figure) de l'arc total sous-
tend un angle de 84 degrés; la largeur de l'arc est de 2 degrés,
c'est-à-dire à peu près quatre fois le diamètre apparent du Soleil. —
L'arc-en-ciel constate donc l'existence de petites sphères d'eau liquide
tombant en pluie au sein de l'Atmosphère. L'arc est d'autant plus
brillant que leur grosseur est plus grande. Il faut qu'elles soient
beaucoup plus grosses que les vésicules qui forment les nuages pour

Fig. 103. — Formation de l'arc-en-ciel

que l'œil puisse distinguer les couleurs. Voilà pourquoi les brouillards
et les nuages ne produisent pas d'arc-en-ciel.

Sachant que l'arc-en-ciel a pour cause la réfraction des rayons du
Soleil par les gouttes de pluie qui tombent, nous pouvons en déduire
non seulement la grandeur de cet arc, mais aussi les conditions sans
lesquelles il ne saurait avoir lieu. Si le Soleil était à l'horizon, l'ombre
de la tête du spectateur y arriverait aussi; et, comme l'axe du cône
serait horizontal, il s'ensuit que nous verrions une demi-circonférence
complète d'un demi-diamètre apparent de 41 degrés. Dès que le Soleil
s'élève, l'axe du cône s'abaisse et l'arc devient plus petit; enfin, si le
Soleil atteint une hauteur de 41 degrés, l'axe du cône forme le même
angle avec le plan de l'horizon, et l'arc devient tangent à ce plan. C'est
pourquoi on ne saurait voir d'arc-en-ciel à midi en été. Si le Soleil

était encore plus élevé, l'arc se projetterait sur la Terre. On voit rarement le phénomène quand il se présente ainsi. Le second arc, dont nous allons parler, disparaît quand le Soleil atteint 52 degrés. L'observateur placé sur la Terre ne peut donc jamais voir plus d'une demi-circonférence (Soleil à l'horizon), et ordinairement ce n'est qu'un arc de 100 à 150 degrés. Quand la Terre ne s'oppose pas à la production de la partie inférieure, on peut voir plus d'une demi-circonférence et même une circonférence complète. C'est ce qui m'est arrivé une fois en ballon : par une circonstance curieuse, la partie supérieure se trouvant cachée, je voyais un *arc-en-ciel à l'envers*, dans lequel le violet était intérieur.

On remarque souvent, au-dessus de l'arc-en-ciel, un *second arc* dans

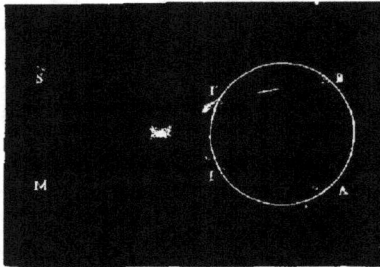

FIG. 104. — Double réflexion des rayons dans une goutte de pluie.

lequel les couleurs sont disposées dans un ordre inverse du précédent. Ce second arc s'explique par une double réflexion SIABI'M (fig. 104) et S'a'O, S'b'O (fig. 105). Dans ce cas, les déviations subies par les rayons après leur émergence de la sphère liquide sont de 51 degrés pour les rayons rouges et de 54 degrés pour les violets. Cet arc secondaire est toujours plus pâle que le premier.

La zone comprise entre l'arc principal et l'arc secondaire est ordinairement plus foncée que le reste du ciel, et, d'après un grand nombre d'observations, me paraît être une région d'absorption pour les rayons lumineux. Elle présente généralement une teinte plate, grise.

Telle est l'explication de l'arc-en-ciel ordinaire, telle est aussi celle du deuxième arc. Un plus grand nombre de réflexions peuvent se produire, et d'autres arcs, de plus en plus pâles, peuvent exister. Mais la lumière diffuse empêche de les voir. On a cependant remarqué parfois le troisième, et parfois aussi le quatrième et le cinquième. Ainsi, le 15 juin 1877, entre autres, à cinq heures du matin, M. P. C. Wotruba, professeur de physique, et un ami qui l'accompagnait ont observé à Santa-Quiteria (Portugal) l'arc-en-ciel quintuple reproduit ici (fig. 107).

En faisant tomber dans une pièce obscure les rayons solaires sur un jet d'eau, on a observé jusqu'au dix-septième arc !

Il peut arriver que le Soleil soit réfléchi vers un nuage par la surface d'une eau tranquille, et que cette réflexion engendre aussi un arc-en-ciel. Le calcul montre qu'alors cet arc doit couper l'arc formé directement à une hauteur qui dépend de celle de l'astre. Si les deux phénomènes produisent l'arc secondaire, les quatre courbes entrelacées présentent un très beau spectacle. Une circonstance où elles se trouvaient complètes et parfaitement distinctes est citée par Monge. Halley a observé trois arcs, dont l'un était formé par les rayons réfléchis sur une rivière. Cet arc coupait l'arc extérieur de manière à le

partager en trois parties égales. Quand le Soleil s'abaissa vers l'horizon, les points de rencontre se rapprochèrent. Il n'y en eut bientôt plus qu'un seul, et comme les couleurs étaient dans un ordre inverse, le blanc parfait se forma par la superposition des deux séries. Le Soleil peut du reste produire, après s'être réfléchi sur une nappe d'eau, un cercle complet. Quelquefois la partie supérieure manque, et il reste le singulier phénomène de l'arc-en-ciel renversé.

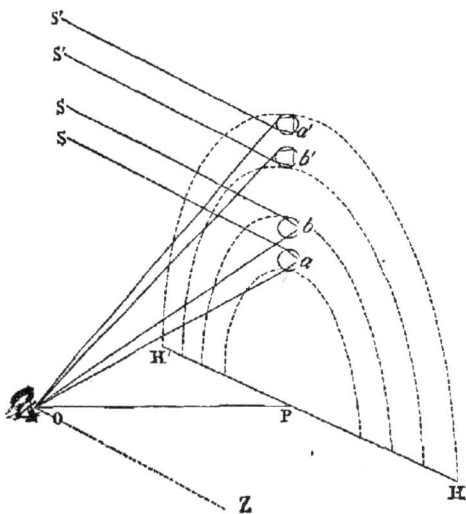

Fig. 105. — Théorie des deux arcs de l'arc-en-ciel

Les académiciens envoyés au cercle polaire pour la mesure du méridien observèrent, le 17 juillet 1736, sur la montagne de Ketima, un *arc-en-ciel triple* analogue à celui dont parle Halley. Dans celui du bas, le violet était en bas, le rouge en dehors, comme toujours : c'est l'arc principal. Le second, qui lui est parallèle, est l'arc secondaire, chez lequel le rouge est en bas et le violet en haut. Le troisième arc, partant des pieds du premier, traversait le second et avait, comme le principal, le violet en dedans et le rouge en dehors. C'est cette observation que nous reproduisons figure 106.

Le 11 septembre 1874, à cinq heures quarante minutes du soir, M. Tait a observé en Angleterre un arc-en-ciel de ce genre, dans lequel on voyait l'arc-en-ciel ordinaire et une branche de l'arc produit par la réflexion du Soleil dans les eaux de la mer (fig. 108).

Nous pourrions encore signaler d'autres observations d'arcs-en-ciel irréguliers, entre autres celle qui a été faite en Écosse, le 20 octobre 1879, par M. Garloch, à huit heures du soir (fig. 109).

Quelques nuages à grain, chassés par un vent de sud-ouest, arrivaient de l'embouchure de la Clyde, mais la baie était très calme et la mer unie comme un miroir. L'arc habituel était accompagné de deux autres, irréguliers, formés par la réflexion de l'eau.

Puisque l'arc-en-ciel est dû à la réfraction et à la réflexion des rayons solaires sur des gouttelettes d'eau tombant dans l'air, on

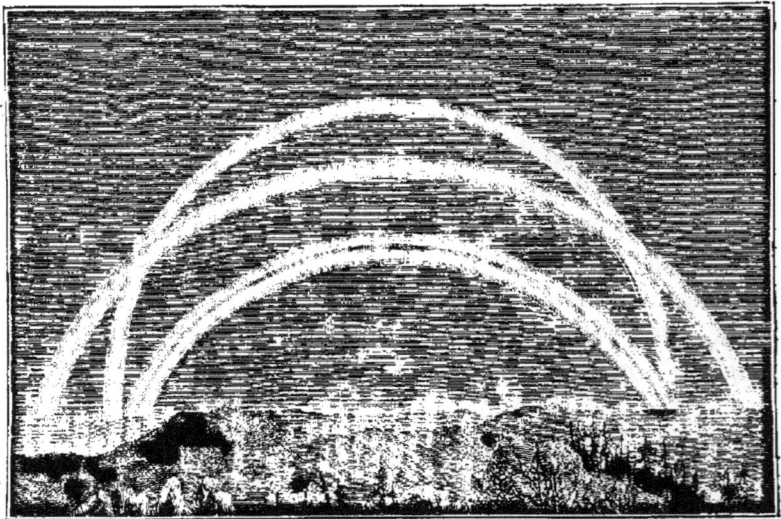

FIG. 106. — Arc-en-ciel triple.

conçoit que la lumière de la Lune puisse donner naissance à une apparition analogue, quoique moins intense. C'est ce qu'il m'a été donné de constater un soir de printemps à Compiègne. C'était le 9 mai 1865, à dix heures trente minutes du soir. Le principal du collège eut l'obligeance de venir me prévenir de l'apparition qu'il venait de remarquer, et nous pûmes l'étudier à loisir. C'était la veille de la pleine lune. L'astre était élevé de 60 degrés au-dessus de l'horizon oriental. L'*arc-en-ciel lunaire* se déployait à l'ouest avec une grande netteté de teintes. On distinguait les sept couleurs prismatiques dans leur ordre normal. Au-dessus de l'arc principal, on remarquait l'arc secondaire, plus faible, mais encore nettement dessiné. Ce phénomène météorologique, qui ne laissait rien à désirer, est d'autant plus rare

Krakow. sc. imp.

ARC-EN-CIEL LUNAIRE OBSERVÉ A COMPIÉGNE

Huchette et Cie.

que sa visibilité réunit plus de conditions difficiles à trouver réunies [1].
La journée avait été orageuse et une petite averse venait tout récemment d'arroser le parc : ce qui avait élevé dans l'Atmosphère les parfums des lilas et des giroflées et donnait un charme particulier à cette douce soirée du mois de Maïa.

Brandes, Dyonis Duséjour, Sennert, de Tessan, Rozier, Bravais ont

Fig. 107. — Arc-en-ciel quintuple observé le 15 juin 1877 [2].

observé et décrit l'arc-en-ciel nocturne. Je lis aussi dans Améric Vespuce (1501) qu'il a observé plusieurs fois « l'iris pendant la nuit » et des météores rares dans l'ancien continent. Il croit que le rouge de l'arc vient du feu, le vert de la terre, le blanc de l'air et le bleu de l'eau ; et il ajoute : « Ce signe cessera de paraître quand les éléments seront usés, quarante ans avant la fin du monde. »

On peut voir dans un ancien traité de météorologie, celui du P. Cotte, qu'en outre de l'arc-en-ciel ordinaire, de l'arc secondaire, des arcs

1. Les arcs-en-ciel lunaires sont, par conséquent, fort rares. Cependant on peut en voir presque chaque année plusieurs exemples signalés dans notre *Revue mensuelle d'astronomie populaire, de météorologie et de physique du globe.* En général, on n'y remarque que trois couleurs : le rouge, le jaune vert et le bleu.

2. Les figures 107, 108, 109, 137 ont été dessinées d'après des documents communiqués par M. G. Tissandier.

réfléchis et de l'arc-en-ciel lunaire, on a mentionné une autre sorte
d'effet optique nommé « arc-en-ciel marin », formé sur la surface de la
mer, composé d'un grand nombre de zones, et apparaissant parfois
sur les prairies humides à l'opposite du Soleil. Ce cinquième aspect
est une espèce d'anthélie, que nous étudierons plus loin, à la fin du
chapitre suivant. On a aussi donné le nom d'arc-en-ciel « blanc »
au cercle anthélique dont il sera question dans le même chapitre.

Enfin on remarque parfois des bandes colorées au-dessous du violet

Fig. 108. — Arcs irréguliers dus à la réflexion du Soleil dans l'eau.

de l'arc-en-ciel ordinaire ; elles paraissent appartenir à un arc super-
posé au premier. Cet arc prend alors le nom d'arc *surnuméraire;* il est
dû à des effets très complexes d'interférence.

J'ai quelquefois observé un arc-en-ciel entièrement visible sur le ciel
resté bleu. Les couleurs sont dans ce cas plus légères et plus aériennes
encore que dans l'état ordinaire. Le fait s'explique en remarquant
que la pluie rare qui tombe alors n'est pas assez épaisse pour modifier
l'azur du ciel situé derrière elle, et que les nuages passagers d'où
viennent ces gouttelettes ne s'étendent pas jusqu'à la région sur
laquelle l'arc se projette.

Le premier qui ait tenté d'expliquer le phénomène de l'arc-en-ciel
par une réflexion de la lumière à l'intérieur des gouttes de pluie est

un moine allemand nommé Théodoric; le second est un archevêque,
A. de Dominis (1611). Mais la véritable théorie a été donnée pour
la première fois par Descartes, sauf la séparation des couleurs, qui ne

FIG. 109. — Arc-en-ciel double, dont l'un est produit par la réflexion du Soleil dans la mer.

fut déterminée que par la découverte de Newton sur l'inégale réfrangibilité des rayons du spectre solaire.

1. Avant que la science eût donné l'explication de ce simple phénomène optique, on l'interpré-
tait comme un signe céleste, et il n'est pas sans intérêt de revoir ce qu'on en pensait alors.

L'*arc-en-ciel* était, aux yeux des Hébreux, le gage de l'alliance que Jéhovah avait contractée
avec les hommes, suivant la promesse faite à Noé après le déluge.

Ayant paru comme un signe d'alliance entre Dieu et les hommes, il semblait conséquent d'admettre que ce phénomène ne pouvait être antérieur au déluge. Les théologiens ont sérieusement
discuté ce point de dogme. Luther n'hésite pas à déclarer que l'arc-en-ciel parut miraculeusement
après le déluge. Fromond, au contraire, admet que, du jour où Dieu eut créé le Soleil et l'eau,
l'arc-en-ciel dut exister, mais qu'il devint seulement après le déluge un signe du pacte conclu
entre Dieu et les hommes.

Chez les Grecs, *Iris* (Ἶρις, arc) était fille de *Thaumas* (merveille) et d'*Électre* (splendeur du
Soleil); elle était sœur des *Harpies* et d'*Aello* (tempête). Ce symbole rappelait que pour faire
naître l'arc-en-ciel il faut que le Soleil brille et que le temps soit pluvieux. Bien que messagère de
Junon, on voit par l'*Iliade* que le maître des dieux avait parfois aussi recours à Iris. Les divinités
ne pouvaient, en effet, avoir de plus gracieux envoyé. Elle servait de ceinture au ciel; les poètes
la représentaient ornée des plus belles couleurs. On lui attribuait la formation des nuages pluvieux.

Les théologiens, saint Basile entre autres, voyaient dans les trois couleurs de l'iris un symbole
de la Trinité. Plusieurs Pères n'y reconnaissaient cependant que deux couleurs, le bleu et le rouge,
qui étaient, pour eux, emblématiques des deux natures du Christ, etc. On conçoit que toutes ces
imaginations n'étaient pas faites pour amener la théorie scientifique.

CHAPITRE VI

ANTHÉLIES

SPECTRES AÉRIENS. — OMBRES DES MONTAGNES. — ÉTRANGES EFFETS
DE LUMIÈRE. — AURÉOLES, APOTHÉOSES. — CERCLE D'ULLOA.
CERCLE ÉTUDIÉ EN BALLON.

Les traités de météorologie n'ont pas, jusqu'à ce jour, mis l'ordre
nécessaire dans la classification des divers phénomènes optiques de
l'air. Quelques-uns de ces phénomènes n'ont d'ailleurs été vus que
rarement, et leur étude avait été insuffisante pour cette classification.
Cependant la méthode de description scientifique est assez importante
pour que nous nous arrêtions un instant à nous en rendre compte, car
c'est la condition même de toute clarté dans un sujet aussi complexe.

Nous venons d'examiner le phénomène si fréquent de la production
de l'arc-en-ciel, et nous avons vu qu'il est dû à la réfraction et à la
réflexion de la lumière dans des gouttes d'eau, et qu'il se produit à
l'*opposé* du Soleil ou de l'astre éclairant. Nous allons maintenant
aborder un ordre de phénomènes plus rares, mais qui offrent avec
l'arc-en-ciel le lien commun de se produire également à l'opposé du
Soleil. Je réunirai ici ces divers effets optiques sous le nom d'*anthélies*
(de ἀντι, à l'opposé, et ἥλιος, Soleil).

Les phénomènes optiques qui se produisent du côté du Soleil, ou
autour de lui, tels que les halos, parhélies, etc., formeront le sujet du
chapitre suivant.

Avant d'arriver aux anthélies proprement dits ou aux cercles colorés
qui apparaissent autour d'une ombre, il est bon de signaler d'abord
les effets produits à l'opposite du Soleil, sur les nuages ou les vapeurs,
au lever ou au coucher de l'astre du jour.

Sur les hautes montagnes, on voit assez souvent l'ombre de la montagne se dessiner soit sur la nappe des brouillards inférieurs, soit sur
les monts voisins, projetée à l'opposé du Soleil presque horizontal.

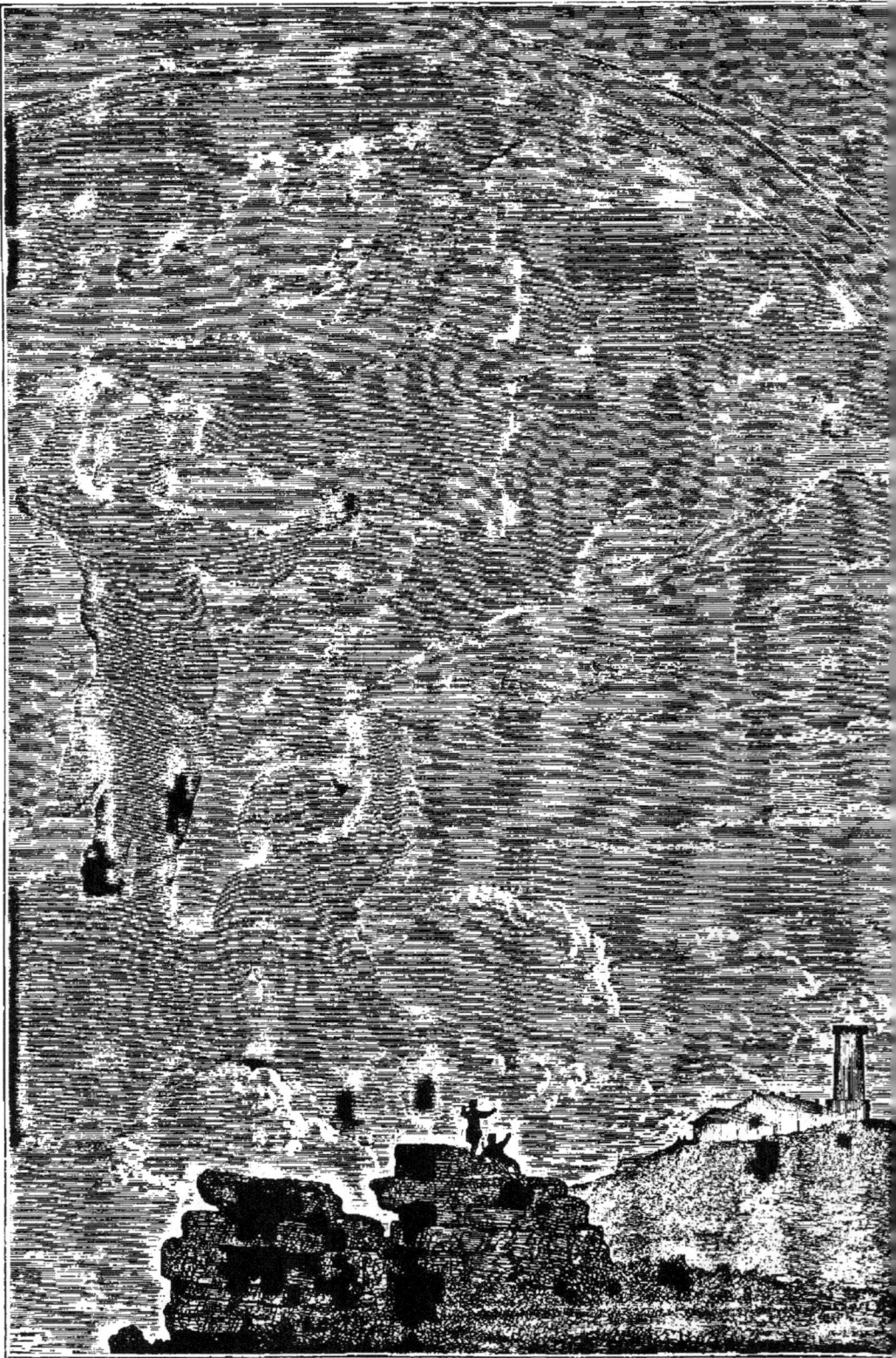

LE SPECTRE DU BROCKEN.

J'ai vu distinctement l'*ombre du Righi* se dessiner nettement sur le mont Pilate situé à l'ouest du Righi, de l'autre côté du lac de Lucerne. Ce phénomène se produit quelques minutes après le lever du Soleil, et la forme triangulaire du Righi est dessinée dans une esquisse très facile à reconnaître.

L'*ombre du Mont-Blanc* se voit plus facilement au coucher du Soleil. Dans l'une de leurs ascensions scientifiques, MM. Bravais et Martins l'observèrent entre autres en des conditions très favorables; elle se dessinait sur les montagnes couvertes de neige, et elle s'éleva graduellement dans l'Atmosphère jusqu'à atteindre la hauteur d'un degré, restant encore parfaitement visible : l'air, au-dessus du cône d'ombre, était teint de ce rose pourpre que l'on voit, dans les beaux couchers du Soleil, colorer les hautes cimes. « Qu'on imagine, dit Bravais, les autres montagnes projetant, elles aussi, à ce même moment, leur ombre dans l'Atmosphère, la partie inférieure sombre avec un peu de verdâtre, et au-dessus de chacune de ces ombres la nappe rose purpurine avec la ceinture rose foncé qui la séparait d'elle; qu'on ajoute à cela la rectitude du contour des cônes d'ombre, principalement de leur arête supérieure, et enfin les lois de la perspective faisant converger toutes ces lignes l'une sur l'autre, vers le sommet même de l'ombre du Mont-Blanc, c'est-à-dire au point du ciel où les ombres de nos corps devaient être placées, et l'on n'aura encore qu'une idée incomplète de la richesse du phénomène météorologique qui se déploya pour nous pendant quelques instants. Il semblait qu'un être invisible était placé sur un trône bordé de feu, et que, à genoux, des anges aux ailes étincelantes l'adoraient, tous inclinés vers lui! A la vue de tant de magnificence, nos bras et ceux de nos guides restèrent inactifs, et des cris d'enthousiasme s'échappèrent de nos poitrines. »

Parmi les phénomènes naturels qui s'offrent à nos regards sans exciter notre surprise ou attirer notre attention, il s'en rencontre quelquefois qui possèdent les caractères d'une intervention surnaturelle. Les noms qu'ils ont reçus témoignent encore de la terreur qu'ils inspiraient; et même aujourd'hui que la science les a dépouillés de leur origine merveilleuse et a expliqué les causes de leur production, ces phénomènes ont conservé une partie de leur importance primitive et sont accueillis par le savant avec autant d'intérêt que lorsqu'on les considérait comme des effets immédiats de la puissance divine.

Dans leur multitude assez variée, nous signalerons d'abord ici le *Spectre du Brocken*.

Le *Brocken* est le nom de la montagne la plus élevée de la chaîne pittoresque du Hartz, dans le royaume de Hanovre. Il est élevé d'environ 1100 mètres au-dessus du niveau de la mer, et de son sommet on découvre une plaine de 70 lieues d'étendue, occupant presque la vingtième partie de l'Europe, et dont la population est de cinq millions d'habitants [1].

L'une des meilleures descriptions de ce phénomène est celle qu'en a donnée le voyageur Hane, qui en fut témoin le 23 mai 1797. Après être monté plus de trente fois au sommet de la montagne, il eut le bonheur de contempler l'objet de sa curiosité. Le Soleil se levait à environ quatre heures du matin, par un temps serein; le vent chassait devant lui, à l'ouest, des vapeurs transparentes qui n'avaient pas encore eu le temps de se condenser en nuages. Vers quatre heures un quart, le voyageur aperçut dans cette direction une figure humaine de dimensions monstrueuses. Un coup de vent ayant failli emporter le chapeau du touriste, il y porta la main, et la figure colossale fit le même geste. Hane fit immédiatement un autre mouvement en se baissant, et cette action fut reproduite par le spectre. Le voyageur appela alors une autre personne. Celle-ci vint le rejoindre; et tous deux s'étant placés sur le lieu même d'où l'apparition avait été vue d'abord, ils dirigèrent leurs regards vers l'Achtermannshöhe, mais ils ne virent plus rien. Peu après, deux figures colossales parurent dans la même direction, reproduisirent les gestes des deux spectateurs, puis disparurent.

Pendant l'été de 1862, un artiste français, M. Stroobant, a pu observer et dessiner avec soin ce phénomène. C'est ce dessin que l'on voit ici. L'observateur était allé coucher à l'auberge du Brocken, et s'étant fait éveiller vers deux heures du matin, il parcourut le sommet du plateau en compagnie d'un guide. Ils arrivèrent au bord d'un point culminant au moment où les premières lueurs du Soleil levant permettaient de distinguer avec netteté les objets qui se trouvaient à une assez grande distance. « Mon guide, dit M. Stroobant, qui depuis quelque

---

1. Dès les époques historiques les plus reculées, le Brocken a été le théâtre du merveilleux. On voit encore sur son sommet des blocs de granit, désignés sous les noms de *siège* et d'*autel de la sorcière;* une source d'eau limpide s'appelle la *fontaine magique,* et l'anémone du Brocken est pour le peuple la *fleur de la sorcière.* On peut présumer que ces dénominations doivent leur origine aux rites de la grande idole que les Saxons adoraient en secret au sommet du Brocken, lorsque le christianisme était déjà dominant dans la plaine. Comme le lieu où se célébrait ce culte doit avoir été très fréquenté, il n'est pas douteux que le spectre, qui aujourd'hui le hante si souvent au lever du Soleil, ne se soit montré également à ces époques reculées. Aussi la tradition annonce-t-elle que ce spectre avait sa part des tributs d'une idolâtre superstition.

temps marchait le nez au vent, regardant tantôt à droite, tantôt à gauche, m'entraîna tout à coup sur une élévation, d'où j'eus le rare bonheur de contempler pendant quelques instants ce magnifique effet de mirage que l'on appelle le Spectre du Brocken. L'effet en est saisissant ; un brouillard épais, qui semblait sortir des nuages comme un immense rideau, s'éleva tout à coup à l'ouest de la montagne ; un arc-en-ciel se forma, puis certaines formes indécises se dessinèrent. C'était d'abord la grande tour de l'auberge qui s'y trouvait reproduite dans des proportions gigantesques, puis nos deux silhouettes plus vagues et moins correctes ; toutes ces ombres portées étaient entourées des couleurs de l'arc-en-ciel servant de cadre à ce tableau féerique. Quelques touristes qui se trouvaient à l'hôtel avaient vu, de leur fenêtre, apparaître l'astre à l'horizon, mais personne n'avait aperçu la grande scène qui se passait de l'autre côté de la montagne. »

Comme on le voit, ces spectres curieux se montrent parfois entourés d'arcs colorés concentriques. En d'autres cas, ils sont entourés d'un arc extérieur pâle auquel on a donné le nom d' « arc-en-ciel blanc », lequel enveloppe souvent une série d'arcs colorés intérieurs. Le voyageur espagnol Ulloa a été l'un des premiers observateurs de cet effet d'optique.

Ulloa se trouvait au point du jour sur le Pambamarca, avec six compagnons de voyage ; le sommet de la montagne était entièrement couvert de nuages épais ; le Soleil, en se levant, dissipa ces nuages, et il ne resta à leur place que des vapeurs légères qu'il était presque impossible de distinguer. Tout à coup, au côté opposé à celui où se levait le Soleil, chacun des voyageurs aperçut, « à une douzaine de toises de la place qu'il occupait », son image réfléchie dans l'air comme dans un miroir ; l'image était au centre de trois arcs-en-ciel nuancés de diverses couleurs et entourés à une certaine distance par un quatrième arc d'une seule couleur. La couleur la plus intérieure de chaque arc était incarnat ou rouge ; la nuance voisine était orangée, la troisième était jaune, la quatrième paille, la dernière verte. Tous ces arcs étaient perpendiculaires à l'horizon ; ils se mouvaient et suivaient dans toutes les directions la personne dont ils enveloppaient l'image comme une gloire. Ce qu'il y avait de plus remarquable, c'est que, bien que les sept voyageurs fussent réunis en un seul groupe, chacun d'eux ne voyait le phénomène que relativement à lui et était disposé à nier qu'il fût répété pour les autres. L'étendue des arcs augmenta progressivement en proportion avec la hauteur du Soleil ; en même temps

leurs couleurs s'évanouirent, les spectres devinrent de plus en plus
pâles et vagues, et enfin le phénomène disparut entièrement. Au commencement de l'apparition, la figure des arcs était ovale ; vers la fin,
elle était parfaitement circulaire. La même apparition a été observée

FIG. 111. — Spectre aérien observé en Andalousie, le 4 avril 1883.

dans les régions polaires par Scoresby, et décrite par lui. Quand
une couche de brouillard peu épaisse s'élève sur la mer, un observateur, placé sur le mât de misaine, aperçoit un ou plusieurs cercles
sur le brouillard. Ces cercles sont concentriques, et leur centre
commun se trouve sur une ligne droite qui va de l'œil de l'observateur

au brouillard, du côté opposé au soleil. Le nombre des cercles varie d'un à cinq ; ils sont surtout nombreux et bien colorés quand le soleil est très brillant et le brouillard épais et bas. Le 23 juillet 1821, Scoresby vit quatre cercles concentriques autour de sa tête. Les couleurs du premier et du second étaient très vives ; celles du troisième, visibles seulement par intervalles, étaient très faibles, et le quatrième n'offrait qu'une légère teinte de vert.

Le météorologiste Kaemtz a souvent observé le même fait dans les Alpes. Dès que son ombre était portée sur un nuage, sa tête se montrait entourée d'une auréole lumineuse.

Du reste, ce phénomène se montre chaque fois qu'il y a simultanément du brouillard et du soleil, et la constatation n'en est pas rare sur les montagnes. Dès que notre ombre est projetée sur un brouillard, notre tête dessine une silhouette d'ombre entourée d'une auréole lumineuse.

Le 4 avril 1883, un groupe de membres de la Société scientifique Flammarion, de Jaen (Espagne), a observé le curieux phénomène reproduit ici (fig. 111). Ce jour-là, à six heures vingt minutes du matin, M. Ildefonse Rincon se trouvait, accompagné d'un garde et d'un domestique, au sommet de la Sierra de Valdepegnas, à 15 kilomètres au sud de Jaen. Un brouillard très épais cachait entièrement aux regards la vallée et le ciel du côté de l'ouest, tandis qu'à l'est de légères vapeurs laissaient percer les rayons solaires et permettaient d'admirer le plus splendide lever de soleil.

En se retournant du côté de l'ouest, l'observateur fut tout surpris d'avoir exactement sous les yeux le spectacle ci-dessus. Son spectre, celui de ses deux compagnons, celui du chien, leurs silhouettes précises, leurs moindres gestes, étaient fidèlement reproduits. Un cercle blanc, dont le diamètre apparent semblait être de trois mètres, enveloppait d'une même auréole la tête des trois spectres, puis quatre anneaux concentriques, nuancés des plus brillantes couleurs de l'arc-en-ciel, complétaient cet admirable tableau : le rouge dominait dans le cercle intérieur, le jaune dans le second, le bleu dans le troisième, et le violet dans le plus grand. L'observateur s'empressa de dessiner le croquis de ce curieux spectacle, qui ne tarda pas à s'évanouir lorsque le brouillard se dissipa, et c'est à regret, nous écrivait-il, qu'il s'éloigna des lieux où il lui avait été donné d'observer un aussi merveilleux phénomène.

Le 8 septembre 1881, je me trouvais sur les hauteurs de l'Abendberg

(Oberland bernois), à 1140 mètres d'altitude. La matinée avait été belle, mais vers deux heures le temps s'était mis à la pluie, et pendant trois heures elle n'avait cessé de tomber, fine et serrée. La plaine d'Interlaken, qui s'étend comme une nappe à 570 mètres au-dessous de la station d'où j'observais, avait entièrement disparu derrière le voile brumeux de la pluie, ainsi que le lac de Brienz, qui la continue à l'orient, et les hautes montagnes qui encadrent de toutes parts ce charmant paysage si connu des touristes. Mais vers cinq heures et demie le ciel s'éclaircit et la pluie diminua par gradations entremêlées de légères reprises.

Tandis que la pluie tombait encore, de légers nuages se formèrent au-dessous de nous, s'élevant de la plaine et de quelques vallées, vapeurs produites par l'évaporation de l'eau même qui venait de tomber sur les tièdes prairies. La campagne étendue à nos pieds reparut graduellement, avec ses tons variés de verdure et son damier multicolore, à mesure que la pluie s'éclaircit; les nouveaux nuages suspendus dans l'air flottèrent comme des flocons sur les prés et les bois, en se déchiquetant et se métamorphosant en mille formes imprévues.

Aucun souffle d'air, aucun bruit, à peine un léger bruissement produit par l'agitation du feuillage des hêtres de la forêt voisine. Tout à coup nous vîmes se dresser devant nous une colonne géante, droite et mince, formée dans l'air, colorée des nuances translucides de l'*arc-en-ciel*, transparente, laissant voir derrière elle les prairies, les jardins, les bouquets d'arbres, les habitations de la plaine, et, plus loin, les rives du lac, et, plus loin encore, le lac lui-même, et, plus loin encore, le village de Brienz éclairé par le soleil et dominé par les montagnes.

Au premier aspect, cette colonne paraissait bien droite; mais, en l'examinant avec attention, on reconnaissait qu'elle était légèrement courbée au-dessus et au-dessous d'une ligne un peu inférieure à notre ligne d'horizon. Il n'y avait aucun doute : c'était le côté gauche d'un arc-en-ciel immense, et, au lieu de s'arrêter comme d'habitude sur un terrain solide devant nous, ce côté gauche continuait de descendre sous notre horizon; mais la courbure était à peine sensible, et la colonne était presque droite.

Devant nous, à l'est, et à notre gauche, au nord, l'Atmosphère s'illuminait de plus en plus, et le panorama s'égayait de toutes les tendres colorations du paysage et des montagnes, rehaussées par cette arche

aérienne dont les nuances devenaient de plus en plus vives; mais, à
notre droite, au sud, d'épais nuages, des cumulus, formés dans la
froide vallée de la Lutschine, s'élevaient gris, sombres, s'entassaient
et se dirigeaient lentement vers l'arc-en-ciel. Ils ne l'avaient pas
encore atteint, quand de nos quatre poitrines s'échappa à la fois le
même cri : « Regardez! » Et mille exclamations. Là, à notre droite,
devant nous, dans les nuages sombres, apparaissait un étrange foyer
de lumière, ovale, jaune-orange, vaguement bordé de violet, d'une
intensité lumineuse égale à celle de la pleine lune enveloppée de
légers nuages. En traçant par la pensée le cercle immense de l'arc-
en-ciel, continué au-dessus et au-dessous de nous et à droite, ce foyer
de lumière en occupait juste le centre.

Le Soleil était derrière nous, masqué par l'hôtel de l'Abendberg
et par des arbres. Le foyer de lumière occupait précisément la place
de notre ombre. Il pouvait être à 4 ou 500 cents mètres devant nous,
sur les nuages qui se condensaient là, en avant du massif de montagnes de la Scheinige-Platte (2100 mètres d'altitude).

Nous avions sous les yeux un double phénomène atmosphérique :
une branche d'arc-en-ciel plongeant sous notre horizon, et un anthélie
brillant au centre sur des nuées sombres. C'est là un spectacle que,
pour ma part, je n'avais jamais vu, et dont je ne connais non plus
aucune description. Il faut, du reste, pour en être témoin, se trouver
après la pluie, vers le coucher du soleil, sur une montagne élevée et
escarpée, avoir alors à l'est, devant soi, un horizon assez lointain, et,
vers le centre de l'arc-en-ciel, des nuages disposés pour donner naissance à un anthélie.

L'apparition a été si soudaine et si merveilleuse, et les tableaux qui
l'ont suivie ont été si bizarres, si captivants, que je ne songeai
pas à regarder ma montre et à noter l'heure. Il pouvait être environ
six heures.

Bientôt toute l'Atmosphère à notre droite (sud) s'assombrit, tandis
qu'à notre gauche le soleil continuait d'illuminer les montagnes et la
coquette petite ville d'Interlaken. Alors, des profondes et froides vallées
de Saxeten, de Lauterbrunnen, de Grindelwald, arrivèrent en bataillons serrés des nuages énormes. qui se précipitèrent vers nous en roulant silencieusement leurs dômes; tantôt ils s'élevaient plus haut que
nous et nous cachaient entièrement le ciel et la terre ; tantôt ils n'arrivaient pas à notre hauteur et développaient au-dessous de nos pieds
leurs collines de neige, en laissant apparaître au loin les montagnes

rougies par les feux du soleil couchant, le ciel bleu marbré de cirrus et le clair miroir du lac calme et tranquille. Pendant une demi-heure, ils passèrent ainsi devant nos yeux émerveillés, comme une toile fan-

Fig. 112. — Phénomène d'optique observé en Suisse le 8 septembre 1881.

tastique déroulée par la fée Morgane, avec mille fantasmagories de formes, d'aspects et de couleurs, transformant ciel, terre, lac, montagnes, chalets, villages, prairies; ils passaient silencieux, parfois formidables, parfois si légers qu'ils se dissolvaient en fumée au moindre souffle d'air, se levant de l'abîme comme des fantômes, étendant leurs ailes plus vastes que les glaciers de la Jungfrau, et tout d'un coup disparaissant comme dans une trappe, au moment même où de nouveaux venus semblaient se précipiter sur eux pour les terrasser. On se serait cru dans un rêve, et dans un *rêve ultra-terrestre*, en quelque monde imaginaire. Pourtant, en bas, au casino d'Interlaken, personne ne se doutait de ce qui se passait là. Le vent s'éleva ; les nuages arrivèrent plus nombreux, plus denses, plus froids, et posèrent devant nous une muraille impénétrable, tandis que l'Atmosphère restait absolument pure derrière nous, à dix mètres de cette muraille, et que le Soleil se couchait dans un beau ciel d'été, environné de gloire et de splendeur. Vers huit heures, la Lune apparut dans un halo au sommet des Alpes, les vents du sud et du nord se livrèrent un violent combat, et pendant toute la nuit la tempête sévit sur la montagne.

Un mois dans les Alpes vaut des années. L'air qu'on y respire, le calme et la sérénité des hauteurs, l'étendue des horizons, la grandeur des spectacles et surtout l'étonnante variété des phénomènes météorologiques développent là, sous nos yeux, les plus belles pages du livre de la nature, ouvertes devant nous dans les meilleures conditions d'étude et d'appréciation.

Il est impossible de séjourner quelque temps dans les montagnes, au-dessus de la hauteur moyenne des nuages, à 1500 ou 2000 mètres d'altitude par exemple, sans être témoin de ce genre particulier de phénomènes optiques, dont l'imagination la moins vive ne peut s'empêcher d'être plus ou moins profondément frappée.

Le brave et infatigable général de Nansouty nous a envoyé du Pic du Midi un grand nombre de dessins dans lesquels on voit, au coucher du soleil, l'ombre triangulaire du Pic se projeter sur les brumes étendues au-dessus des collines et des plaines du nord-est. Assez souvent, le sommet de l'ombre du Pic est environné d'un halo coloré.

L'un des plus beaux spectacles observés de ces hauteurs est, sans contredit, celui que nous reproduisons ici (fig. 113), d'après un dessin fait par M. Albert Tissandier.

Du côté du midi, écrivait cet habile artiste, l'immense panorama des montagnes se voyait dans une resplendissante lumière, tandis que, du côté du nord, les plaines de Pau et de Tarbes étaient complètement voilées par une mer de nuages d'un blanc éclatant et par les vapeurs lumineuses qui s'en détachaient pour se perdre ensuite dans le ciel bleu. Vers trois heures et demie, ces vapeurs commençaient à entourer fréquemment le Pic, passant au-dessus des terrasses de l'Observatoire ou allant s'engouffrer dans le ravin d'Étrises. Je dessinais en ce moment dans les rochers, lorsque je fus tout à coup émerveillé par l'aspect lumineux que prirent les brumes qui venaient de me voiler une partie de la vue dont je désirais prendre le croquis. Un arc-en-ciel d'un blanc pâle se forma au-dessus de ma tête, puis deux halos aux teintes éblouissantes se montrèrent dans le fond du ravin d'Étrises, enfin je vis mon ombre tout entière se découper dans le centre même de ces halos. Mon ombre était entourée d'une auréole jaune pâle, puis de lueurs blanches, ensuite de teintes éblouissantes nettement marquées, rougeâtres, orangées et violettes.

J'appelai à ce moment un de mes compagnons de voyage, qui vint admirer avec moi ce curieux effet de spectre du Brocken vu au Pic du Midi ; en nous approchant l'un contre l'autre, les ombres de nos têtes se trouvèrent dans la même auréole, elles semblaient surmontées de rayons sombres qui venaient couper les lueurs d'arc-en-ciel de nos halos. Nous remuons les bras, et, sur l'ombre, nos doigts semblent jeter aussi un rayon plus sombre qui se meut suivant notre volonté comme les ailes d'un moulin.

On peut ranger ces spectres aériens dans la classe des *anthélies* (de ἀντὶ, à l'opposite, et ἥλιος, soleil) : ils se produisent juste à l'opposé du soleil, dans la direction de l'ombre même de l'observateur. Chacun voit son spectre et les effets optiques qui l'accompagnent, comme, au surplus, lors de la production d'un arc-en-ciel, chaque spectateur voit le sien, chacun se trouvant au centre de l'arc qu'il observe. Mais, tandis que les couleurs de l'arc-en-ciel s'expliquent par la réflexion et la réfraction de la lumière sur les gouttelettes limpides de la pluie, les auréoles, rayons ou cercles lumineux qui accompagnent les anthélies sont produits par la *diffraction* de la lumière sur des molécules de brouillard ou même parfois simplement sur la rosée.

A quel jeu de la lumière ce phénomène est-il dû ? — Bouguer émet l'opinion qu'il est dû au passage de la lumière à travers des particules glacées. Telle est aussi l'opinion de Saussure, de Scoresby et d'autres météorologistes.

Sur les montagnes, comme on ne peut s'assurer directement du fait en s'envolant dans le nuage, on en est réduit à des conjectures. Il faudrait pouvoir se transporter en ballon au milieu de la nuée. L'aérostat traversant les nuages de part en part, résidant au milieu d'eux et passant sur les points mêmes où l'apparition se montre, on peut facilement se rendre compte de l'état du nuage. C'est l'observation qu'il m'a été donné de faire, et qui m'a permis d'avoir l'explication du phénomène.

En même temps que le ballon vogue emporté par le vent, son ombre voyage soit sur la campagne, soit sur les nuages. Cette ombre est ordinairement noire, comme toute ombre. Mais il arrive fréquemment aussi qu'elle se détache en clair sur le fond de la campagne, et paraît ainsi lumineuse.

En examinant cette ombre à l'aide d'une lunette, j'ai remarqué que très souvent elle se compose d'un noyau foncé et d'une pénombre en forme d'auréole. Cette auréole, souvent très large relativement au diamètre du noyau central, l'éclipse à la simple vue, de sorte que l'ombre tout entière paraît comme un nébuleuse circulaire se projetant en jaune sur le fond vert des bois et des prés.

Dès mon deuxième voyage aérien, le 9 juin 1867, j'ai remarqué l'ombre du ballon que nous voyions gracieusement glisser sur les prairies, entourée d'une auréole lumineuse plus claire que le fond de la campagne. Le lendemain, de cinq heures du matin jusqu'à sept heures, j'ai pu constater que cette auréole, passant sur des villages, par exemple sur celui de Milly (Seine-et-Oise), occupait un espace plus grand que ce village tout entier. Mais cette ombre encadrée d'une auréole n'est qu'un diminutif du magnifique phénomène qui se présente lorsque l'ombre du ballon tombe sur des nuages placés à une faible distance et formée de vapeurs disposées en cumulus. Là le spectacle est véritablement merveilleux. Il m'a été donné de l'admirer et de l'étudier complètement pendant mon voyage aérien du 15 avril 1868.

Ce jour-là, à quatre heures de l'après-midi, l'aérostat arrivant au niveau supérieur des nuages, à 1415 mètres de hauteur, nous voyons sortir du nuage devant nous, à l'opposé du soleil, un ballon presque aussi gros que le nôtre, soutenant une nacelle comme la nôtre, dans laquelle nous voyons aussi deux voyageurs aériens si faciles à distinguer, qu'on aurait pu les reconnaître sans peine à leurs silhouettes caractéristiques.

Cette ombre du ballon était environnée de cercles concentriques colorés, dont la nacelle formait le centre. Celle-ci se détachait admirablement sur un fond jaune blanc. Un premier cercle bleu pâle ceignait ce fond et la nacelle en forme d'anneau. Autour de cet anneau s'en dessinait un second jaunâtre ; puis une zone rouge gris, et enfin, comme circonférence extérieure, un quatrième cercle violet, et se fondant insensiblement avec la tonalité grise des nuages. On distinguait les plus petits détails : filet, cordes de la nacelle, instruments. Chacun de nos gestes était instantanément reproduit par les sosies du spectre aérien. Je lève le bras par surprise : l'un des spectres aériens lève le sien. Mon aéronaute agite le drapeau français : le pilote de

SPECTRE AÉRIEN OBSERVÉ AU PIC DU MIDI, LE 17 JUILLET 1882.

l'autre aérostat nous présente le même étendard... L'anthélie resta
sur les nuages, assez nettement dessiné et assez longtemps pour que
j'aie pu en prendre un croquis sur mon journal de bord et étudier
l'état physique des nuages sur lesquels il se produisit. La figure ci-
dessous (fig. 114) représente cette ombre et ces cercles tels que je les
ai observés ce jour-là.

J'ai pu déterminer directement les circonstances de sa production.
En effet, comme ce brillant phénomène optique se produisait sur les
nuages mêmes au milieu desquels je naviguais, il m'a été facile de
constater que ces nuages n'étaient point formés de particules glacées;
le thermomètre marquait 2 degrés au-dessus de zéro. L'hygromètre
avait indiqué un maximum d'humidité (77) à 1150 mètres, et l'aérostat planait alors à 1400, où l'humidité n'était plus que de 73. Il est
donc certain que c'est là un phénomène de *diffraction* de la lumière
produit simplement sur les *vésicules des nuages.*

On donne le nom de diffraction à l'ensemble des modifications
qu'éprouvent les rayons lumineux lorsqu'ils viennent à raser la surface
des corps. La lumière éprouve, dans ces circonstances, une sorte de
déviation, en même temps qu'elle est décomposée, d'où résultent dans
l'ombre des corps des apparences fort curieuses, qui ont été observées
pour la première fois par Grimaldi et Newton [1].

Quoique assez rares, ces curieux phénomènes d'optique ont pu être
maintenant étudiés par un certain nombre d'observateurs. Quatre ans
après l'observation précédente, le 8 juin 1872, M. Gaston Tissandier
a pu observer aussi en ballon le même phénomène, se présentant dans
les mêmes conditions météorologiques. D'autres aéronautes l'ont éga-

---

1. Les phénomènes les plus intéressants de la diffraction sont ceux que présentent les *réseaux;*
on appelle ainsi un système d'ouvertures linéaires très étroites placées à côté les unes des autres à
une très petite distance. On peut réaliser un système de ce genre en traçant au diamant des
traits équidistants sur une plaque de verre (cent traits dans la longueur d'un millimètre). La
lumière pouvant passer dans les intervalles des traits, tandis qu'elle est arrêtée par les lignes où
le verre a été dépoli, on a, en réalité, comme un système d'ouvertures très rapprochées. La
lumière est alors décomposée en spectres empiétant les uns sur les autres. C'est un phénomène de ce genre qu'on observe quand on regarde une lumière en clignant des yeux; les cils,
dans ce cas, servent de réseaux.

Les réseaux peuvent aussi se produire par réflexion, et c'est à cette circonstance que sont dues
les brillantes couleurs que l'on observe en faisant réfléchir un faisceau lumineux sur une surface
métallique régulièrement striée.

C'est au phénomène des réseaux qu'on doit attribuer les nuances ravissantes de la nacre de
perle. Cette substance est à structure feuilletée, et lorsqu'on la taille, on coupe ces différents feuil-
lets de telle sorte que leur tranche vient former à la surface un véritable réseau. C'est encore à
un phénomène du même genre qu'est due l'irisation que présentent les plumes de certains oiseaux
et aussi quelquefois les fils d'araignée. Ces derniers, quoique très fins, ne sont pas simples; ils
sont formés d'un grand nombre de brins réunis par une substance visqueuse, et constituent ainsi
une sorte de réseau.

lement signalé depuis. Si le soleil est près de l'horizon et que l'ombre de l'observateur tombe sur de l'herbe, un champ de céréales ou une

Fig. 114. — Spectre aérien observé en ballon, le 15 avril 1868.

autre surface couverte de rosée, alors on observe une auréole dont la lueur est vive surtout dans le voisinage de la tête, mais qui va en diminuant à partir de ce centre. Cette lueur est due à la réflexion de

la lumière par les chaumes mouillés et les gouttes de rosée ; elle est
plus vive autour de la tête, parce que les chaumes situés dans le
voisinage de l'ombre de la tête lui montrent toute leur portion
éclairée, tandis que ceux qui sont plus éloignés lui montrent des parties éclairées et d'autres qui ne le sont pas : ce qui diminue leur
clarté proportionnellement à leur distance de la tête.

Mon savant collègue de la Société des Sciences naturelles de Strasbourg, M. Gay (Bulletin de cette Académie, novembre 1868) a observé
à la Grande-Chartreuse un phénomène analogue au précédent. C'était
le 3 septembre 1868. Le narrateur se trouvait, vers cinq heures du
soir, avec plusieurs personnes, sur l'étroite plate-forme qui termine le
Grand-Som (2033 mètres d'altitude), et dont les parois se dressent à
pic au-dessus de la Grande-Chartreuse. « Le soleil, dit-il, était près
de se coucher derrière les montagnes, lorsque, en nous retournant
du côté de la Savoie, nous fûmes témoins d'un très beau spectacle :
notre ombre et celle de la croix plantée sur le sommet se projetaient un peu agrandies sur le nuage, entourées d'un cercle irisé.
Nous pouvions voir distinctement nos mouvements reproduits par
l'ombre : elle paraissait être à une centaine de pas un peu au-dessous
de nous ; elle se détachait sur un fond vivement éclairé, à l'exception
du cône formé par l'ombre de la montagne ; un cercle présentant
toutes les couleurs du spectre, le violet à l'intérieur, le rouge au
dehors, l'entourait complètement et se voyait encore fort bien à
travers le cône obscur formé par l'ombre du Grand-Som. »

D'autres apparences optiques analogues se manifestent en d'autres
conditions. Ainsi, par exemple, si, tournant le dos au soleil, on regarde
dans l'eau, on aperçoit très bien l'ombre de sa tête, ombre très déformée toutefois ; mais on voit, en même temps, partir de cette ombre
comme des faisceaux lumineux assez intenses qui dardent, en rayonnant dans tous les sens, avec une très grande rapidité et jusqu'à une
très grande distance. Ces faisceaux lumineux auréolaires ont, outre le
mouvement dans le sens des rayons, un mouvement de rotation
rapide autour de l'ombre de la tête, et le sens de rotation est inverse
des deux côtés de l'ombre.

Nous allons arriver maintenant à un ordre de phénomènes optiques
plus curieux encore, et surtout plus compliqués que les précédents.

CHAPITRE VII

LES HALOS

Le panorama des phénomènes optiques de l'air nous amène maintenant à l'un des effets les plus singuliers et les plus compliqués de la réflexion de la Lumière dans le monde atmosphérique.

On désigne sous le nom de *halo* (ἅλως, *area*, aire) un cercle brillant qui, dans certaines conditions atmosphériques, entoure le Soleil de toutes parts, à une distance de 22 degrés ; et l'on nomme *parhélies* ou *faux soleils* (παρὰ, auprès, ἥλιος, soleil) des taches lumineuses ordinairement colorées en rouge, en jaune et en verdâtre, qui se montrent à sa droite et à sa gauche, à la même distance de 22 degrés environ, simulant une ressemblance, généralement assez grossière, avec l'astre lui-même. Les mêmes apparitions peuvent se produire autour de la Lune ; il est même plus facile de les y observer, la douceur tempérée de la lumière lunaire permettant d'examiner sans fatigue les zones qui l'environnent : ces taches lumineuses prennent alors le nom de *parasélènes* (παρὰ, auprès, σελήνη, lune) ou de *fausses lunes*. Ces deux cas ne diffèrent entre eux que par l'intensité de l'astre qui leur donne naissance ; c'est une différence analogue à celle que l'on peut observer entre les arcs-en-ciel ordinaires et ceux qui se produisent à la lumière de la Lune.

Outre le halo et les deux parhélies, il peut encore se former sur le ciel une multitude d'autres cercles, arcs, bandes ou taches lumineuses, d'un éclat plus ou moins considérable et qui accompagnent le halo.

Tout le monde sait que, lorsqu'on présente un prisme triangulaire de verre à l'action des rayons du Soleil, une partie de la lumière incidente se réfléchit sur les faces du prisme comme sur un miroir, et qu'une autre partie pénètre dans son intérieur et en sort suivant une direction différente de sa direction primitive, en produisant une image colorée.

C'est sur ce fait que Mariotte, physicien du dix-septième siècle, a basé l'explication du phénomène qui va nous occuper.

La cause des halos, suivant lui, réside dans des filaments de neige en forme de prismes triangulaires équilatéraux. Ces prismes peuvent être orientés de toutes les manières possibles dans l'Atmosphère : parmi eux, il s'en trouve un certain nombre tournés de manière à produire le minimum absolu de déviation sur les rayons qui, pénétrant par une des trois faces latérales des prismes, sortent en traversant l'une des deux autres. Mariotte a démontré qu'à une distance angulaire du Soleil égale à cette déviation minimum, qui est de 22 degrés, il doit se former un cercle brillant : c'est le halo ordinaire. Si, par suite d'une cause quelconque, tous les prismes deviennent verticaux, le halo n'a plus lieu, mais il est remplacé par les deux parhélies.

Les arcs tangents qui se voient près du halo ordinaire, le halo de 46 degrés de rayon, et le cercle parhélique, ont été expliqués par Young, en admettant que, dans certains cas, les prismes peuvent se placer de telle sorte que leurs axes soient horizontaux.

Bravais a consacré à l'analyse de ces phénomènes un travail synthétique qui nous servira de guide ici. La théorie de ces phénomènes est assez complexe et réclame une certaine attention pour être bien comprise. Voltaire avouait qu'il fallait lire souvent deux fois les mêmes descriptions pour les bien saisir ; c'est peut-être ici le cas de l'imiter, — pour ceux d'entre nous toutefois qui ne se croient pas supérieurs en perspicacité au malin philosophe de Ferney.

Lorsqu'un halo se dessine sur le ciel, on aperçoit ordinairement de légers nuages, appelés cirrus (avec lesquels nous ferons bientôt connaissance), et c'est sur eux que semble se peindre le météore. Quelquefois aussi ces cirrus sont tellement fondus en une seule masse, que l'œil ne peut en saisir les contours ; une *vapeur blanchâtre* occupe le ciel, principalement dans la partie qui avoisine l'astre du jour ; la teinte bleue de l'Atmosphère a disparu et se trouve remplacée par une sorte de léger brouillard, dont l'éclat est parfois intolérable pour l'œil. Mais ces nuages filamenteux de neige disséminée dans les hauteurs de l'air sont fort éloignés de nous, de sorte qu'il était assez difficile de se prononcer sur leur véritable nature : d'où l'on voit que l'on a pu ignorer pendant longtemps le mode de production du météore, et c'est là certainement l'une des causes pour lesquelles les halos et parhélies ont été réputés autrefois des phénomènes merveilleux, signes de la colère céleste, présages de catastrophes politiques, etc.

Il ne suffit pas que les nuées des hautes couches de l'Atmosphère soient formées de particules neigeuses pour que le phénomène du halo se présente; il faut encore les deux conditions suivantes. Le nuage doit avoir une épaisseur convenable : trop faible, le halo ne se produirait pas; trop grande, la lumière serait interceptée. De plus il faut que la cristallisation de l'eau se soit opérée avec lenteur, et que le vent ne l'ait pas troublée; avec une cristallisation rapide et par conséquent confuse, les aiguilles perdent leur transparence, les angles des faces la constance de leurs valeurs, les surfaces d'entrée et de sortie leur poli. D'ailleurs cette apparition est moins rare qu'elle ne le paraît. On peut estimer que, dans nos climats, le nombre des journées qui présentent le phénomène, au moins à l'état rudimentaire, est d'une cinquantaine par an, et dans le nord de l'Europe ce nombre est plus considérable encore.

La forme la plus simple des cristaux de glace, de neige ou de givre, celle qui se montre dans la cristallisation commençante, est celle d'un prisme droit, ayant pour section un hexagone régulier, et terminé par deux bases perpendiculaires aux faces latérales.

Ces formes simples se présentent cependant rarement dans les chutes de neige : cela tient à ce qu'avant d'atteindre le sol, des cristallisations latérales, dues à la condensation de la vapeur dans les couches inférieures, viennent se surajouter au noyau primitif.

Le prisme droit hexagonal suffit pour toutes les taches ou courbes dont l'apparition a été mise hors de doute par l'observation.

Ainsi les halos, avec tous leurs aspects, s'expliquent en admettant que de minuscules cristaux de neige ou de glace tombent lentement dans une Atmosphère calme. Ils sont donc dus à la réfraction des rayons solaires sur des cristallisations de glace. La disposition des prismes de glace est la cause de la diversité des apparences. On peut partager en trois cas la situation de ces aiguilles de glace dans l'Atmosphère : 1° prismes à orientation indifférente ; 2° prismes à axes verticaux ; 3° prismes disposés horizontalement.

Pour nous rendre compte de la production des phénomènes comme nous l'avons fait pour l'arc-en-ciel, commençons par le premier cas et voyons ses effets.

Si l'on fait tourner un prisme sur lui-même, on voit le rayon qui sort
du prisme faire un angle variable avec celui qui entre dans le prisme.
Mais il y a une certaine position dans laquelle le rayon qui entre et le
rayon qui sort font entre eux le plus petit angle possible : c'est le
minimum de déviation. Or, dans cette position, on peut continuer de
tourner le prisme un peu plus ou un peu moins, sans que la direction
du rayon réfracté change sensiblement.

Si un prisme de ce genre tourne sur lui-même dans l'Atmosphère, il
en part continuellement des rayons qui arrivent à notre œil pour disparaître immédiatement après ; mais, comme nous venons de le voir,
le rayon frappera l'œil le plus longtemps possible quand sa déviation atteindra son minimum. Si le nombre de ces prismes est
très grand, nous recevrons en même temps les rayons réfractés
par un prisme au moment où ceux de l'autre disparaissaient,
de sorte que l'impression sur notre œil sera persistante, quoique
les rayons ne lui soient pas envoyés par les mêmes cristaux.

Un rayon solaire pénètre dans un prisme triangulaire par la face A
(fig. 115) et subit une déviation. Sa partie violette sort par la face B et
vient atteindre l'œil de l'observateur situé en O. Un autre prisme C,
placé plus près de la direction OS du soleil, enverra des rayons rouges,
qui sont les moins déviés, de sorte qu'en définitive le cône passant
par A sera violet, le cône passant par C rouge, et la zone intermédiaire
colorée des divers rayons décomposés.

La réfraction des rayons solaires produira donc tout autour de
l'astre, et à la même distance, une série d'impressions lumineuses.
La déviation est de 22 degrés environ, et n'est pas la même pour
toutes les couleurs ; le calcul, d'accord avec l'observation, donne
21°37' pour le rouge, qui est la couleur la moins réfrangible, 21°48'
pour le jaune, 21°57' pour le vert, 22°10' pour le bleu et 22°40' pour
le violet.

Ce cercle de 22 degrés de rayon qui se forme ainsi, autour du soleil
et de la lune, est le *halo ordinaire*, qui se présente le plus fréquemment. Le rouge est en dedans ; puis on remarque l'orangé, le jaune,
le vert ; mais ces nuances vont en s'affaiblissant, parce qu'elles sont
lavées par l'influence des prismes qui ne sont pas dans la position
de déviation maximum, et c'est le cercle intérieur rouge qui reste le
plus apparent.

Comme le soleil n'est pas un simple point lumineux, mais que
chacune des parties de son disque concourt à la production du phéno-

mène, cette circonstance contribue à mêler encore plus entre elles les
diverses couleurs; aussi ne sont-elles jamais bien nettes, et le plus
souvent le halo se présente-t-il sous la forme d'un anneau brillant,
offrant une teinte rousse sur son côté interne, de 2 à 3 degrés de
largeur, entourant de toutes parts une aire circulaire obscure, dont
le Soleil occupe le centre.

Par un effet d'optique bien connu, un spectateur non prévenu
d'avance attribuera volontiers au halo une forme elliptique, en ovale

Fig. 115. — Théorie du halo.

allongé et à grand axe vertical; mais cette illusion, que fait naître
aussi l'arc-en-ciel lorsqu'on le voit complet, disparaît devant des
mesures angulaires. C'est par suite d'une cause pareille que le halo
paraît se rétrécir à mesure que l'astre s'élève, de même que la Lune
perd à une certaine hauteur les proportions gigantesques qu'offrait
son disque au moment du lever.

Outre le halo de 22 degrés de rayon, on en observe aussi un second
dont le diamètre paraît sensiblement égaler deux fois celui du précédent.

Celui-ci est produit par la réfraction de la lumière à travers les
angles dièdres de 90 degrés que les faces latérales des prismes font
avec les bases, de la même manière que les angles de 60 degrés produisent le halo ordinaire. Comme ce dernier, il se compose d'anneaux

successifs, dont le premier est rouge. Mais, par suite d'une superposition de couleurs pareille à celle qui se produit dans le halo de
22 degrés, on ne voit guère qu'un anneau rougeâtre sur son côté
interne et jaunâtre au milieu, tandis que le côté externe paraît blanchâtre et va en se fondant d'une manière vague avec l'illumination
générale de l'Atmosphère.

La largeur totale de ce halo atteint environ 3 degrés, entre 45 et
48 degrés de distance du soleil, en y comprenant la lumière blanche
extérieure qui le borde.

Ces deux cercles sont donc formés par la réflexion de la lumière
sur les prismes de glace orientés dans tous les sens.

Voyons maintenant ce que peuvent produire les prismes placés verticalement.

Lorsque la réflexion de la lumière s'opère dans les angles dièdres
de 60 degrés, que forment entre elles les six faces des prismes de
glace tombant verticalement, il y a production de deux *parhélies*, l'un
à droite, l'autre à gauche du soleil, et situés à la même hauteur. On
se rend compte de ce fait, en remarquant que l'illumination produite
par un groupe de prismes à axes verticaux, mais tournés d'ailleurs de
toutes les manières possibles quant à l'orientation de leurs faces latérales, est pareille à celle que donnerait un prisme unique tournant
rapidement autour de son axe.

On voit en effet que, dans ce mouvement, le prisme passe successivement par toutes les positions compatibles avec la verticalité de
l'axe [1].

Les parhélies sont quelquefois extrêmement brillants, et leur éclat

---

1. Lorsque le soleil est à l'horizon, la distance à laquelle ces images se forment est précisément
l'angle de déviation minimum, en d'autres termes, le rayon du halo ; si celui-ci et les parhélies se
montrent à la fois, ces derniers paraissent situés précisément sur la circonférence du halo, et y
occupent une étendue en hauteur égale au diamètre du soleil. Les diverses teintes sont ici plus
pures que dans le halo : le jaune est bien distinct, et même le vert ; quant au bleu, il est très lavé
et à peine visible ; le violet, recouvert par les couleurs précédentes, est trop pâle pour être aperçu ;
le tout se termine par une queue de lumière blanche, quelquefois peu apparente, mais pouvant
atteindre une longueur de 10 à 20 degrés, et dirigée à l'opposite du soleil parallèlement à l'horizon : cette dernière lumière est due aux prismes dont la position s'écarte considérablement de
celle qui correspond à la déviation minimum.
Lorsque le soleil s'élève au-dessus de l'horizon, les rayons lumineux traversent les prismes, en
se mouvant suivant des plans obliques, et la plus petite des déviations qui se produisent pendant
la rotation est supérieure au minimum absolu correspondant au cas du soleil horizontal : d'où
l'on voit que les parhélies doivent se dégager lentement de la circonférence du halo, à mesure que
la hauteur s'accroît ; mais d'autre part, comme le halo a une largeur assez considérable et de près
de 2 degrés (la lumière blanche qui le borde à l'extérieur y étant comprise), les parhélies n'en
sont complètement séparés que lorsque le soleil a atteint une élévation de 25 à 30 degrés.
On démontre par le calcul que la formation des parhélies est impossible dès que la hauteur du
soleil atteint 60 degrés.

peut alors jusqu'à un certain point être comparé à celui du soleil lui-même; on comprend dès lors que chaque parhélie puisse devenir à son tour l'origine de deux autres, qui seront des parhélies de parhélie, ou des *parhélies secondaires*.

L'effet produit par la réfraction de la lumière dans les angles de

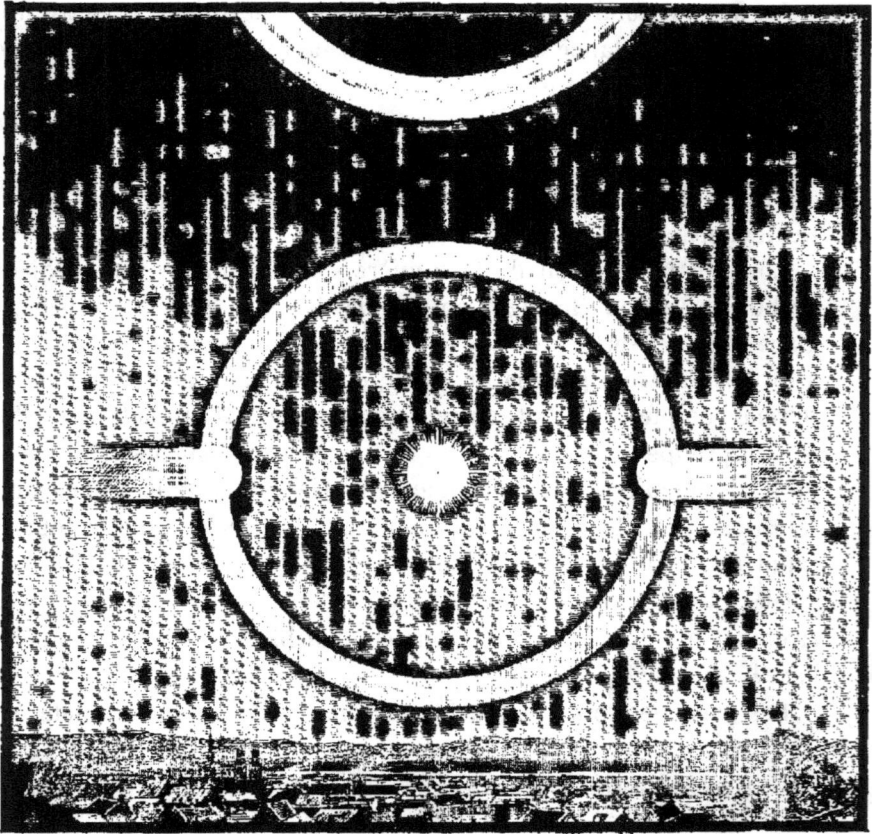

FIG. 116. — Halo et parhélies observés à Orléans le 17 janvier 1885 (halo ordinaire de 22 degrés, parhélies et cercle circumzénithal).

90 degrés, qui donnent le grand halo, est plus remarquable encore. Les rayons solaires, arrivant obliquement sur la base supérieure du prisme, pénètrent dans son intérieur et surtout par l'une de ses faces verticales. Si l'on imagine que le prisme vienne à tourner rapidement autour de son axe, on peut démontrer par le calcul que la lumière émergente se développera suivant une portion de cône droit à axe vertical; d'où il est facile de conclure que le phénomène optique cor-

respondant sur la sphère céleste sera un axe lumineux parallèle
à l'horizon, et situé à une grande élévation au-dessus du soleil.

L'arc qui se produit ainsi et que l'on peut appeler *arc tangent supérieur du halo de* 46 *degrés*, ou plus brièvement *arc circumzénithal*,
mérite une mention particulière; car c'est sans contredit la plus
remarquable de toutes les apparitions qui peuvent accompagner le
halo; la vivacité de ses teintes, la précision de ses couleurs, la netteté
avec laquelle ses bords, ainsi que ses limites extrêmes, se détachent
sur le ciel, en font un véritable arc-en-ciel. Des anneaux successifs
qui le composent, celui de teinte rouge est le plus rapproché du soleil;
le violet est sur la partie concave de l'arc et du côté opposé; la largeur
des divers anneaux est à peu près la même que dans l'arc-en-ciel, et
paraît un peu moindre par suite d'une illusion qui tient à la proximité du zénith.

Lorsque le halo de 46 degrés se dessine sur le ciel, l'arc circumzénithal paraît ordinairement le toucher à son point le plus élevé, le
rouge de l'arc étant là en contact avec le rouge du halo, l'orangé avec
l'orangé, et ainsi de suite pour les autres couleurs; mais très souvent
l'arc circumzénithal se montre sans le halo de 46 degrés, de même que
les parhélies peuvent paraître sans le halo de 22 degrés, quoique la
même espèce d'angles dièdres leur donne naissance.

Il résulte de l'ensemble des observations faites sur cet arc qu'il ne se
montre jamais dès que la hauteur du soleil est inférieure à 12 degrés
ou supérieure à 31 degrés.

On calcule encore que les prismes, en tombant et tournant dans la
verticale, peuvent réfléchir le soleil en dessinant sur la sphère céleste
une bande lumineuse horizontale, faisant le tour complet de l'horizon, et passant par le centre même de l'astre. Comme la réflexion
spéculaire ne sépare pas les couleurs qui composent la lumière
blanche, ce cercle devra paraître complètement blanc, et sa largeur
apparente sera égale au diamètre du soleil. Telle est l'origine du cercle
blanchâtre que l'on désigne sous le nom de *cercle parhélique*. C'est sur
sa circonférence que se montrent toujours les parhélies ordinaires,
ainsi que les parhélies secondaires, situés à environ 45 degrés du
soleil : de là sa dénomination.

Quelquefois les rayons solaires éprouvent deux réflexions successives sur les faces verticales de l'un de nos prismes. On voit alors
à 120 degrés du soleil une image blanche plus ou moins diffuse, qui
a reçu le nom de *paranthélie*.

A. Marie pinxt.

Krakow, sc. imp.

HALO

Hachette et Cⁱᵉ.

Enfin, ajoutons que les prismes de glace disposés *horizontalement* dans l'Atmosphère donnent naissance, par des réflexions et réfractions analogues aux précédentes, aux arcs tangents qui se montrent souvent de chaque côté du halo [1].

Le grand halo caractéristique que nous représentons ici en peinture (p. 244) est le plus complet que l'on ait encore observé. C'est celui que Lowitz a étudié à Saint-Pétersbourg, le 29 juin 1790, de sept heures trente minutes du matin à midi trente minutes. Il y a eu naturellement depuis cette époque un grand nombre d'observations, mais celle-ci reste la plus remarquable, le phénomène s'étant manifesté en offrant à la fois tous ses caractères. Le halo que Bravais et Martins observèrent à Pitéo, en Suède, le 4 octobre 1839, était comparable à celui-ci, mais cependant moins complet.

En projection, on analyse mieux ce curieux phénomène; on y voit d'abord (fig. 117): 1° le halo de 22 degrés de diamètre *hhhh* autour du soleil S. En place de ce cercle, Lowitz en a vu deux qui se coupaient en haut et en bas; en Norvège on en a vu trois;

2° Le cercle de 47 degrés, HHHH, offrant des couleurs plus tranchées que le premier et large du double;

3° Le cercle *horizontal* SP'HpApHP passant par le soleil et faisant le tour de l'horizon;

4° Deux parhélies P et P au point d'intersection du halo de 22 degrés et du cercle horizontal, leur côté rouge tourné vers le soleil et présentant des prolongements en queue de comète;

5° Trois pseudhélies App situés derrière l'observateur, sur le cercle horizontal;

6° Accroissement de vivacité des couleurs au point culminant *d* du halo de 22 degrés : l'œil avait de la peine à les soutenir;

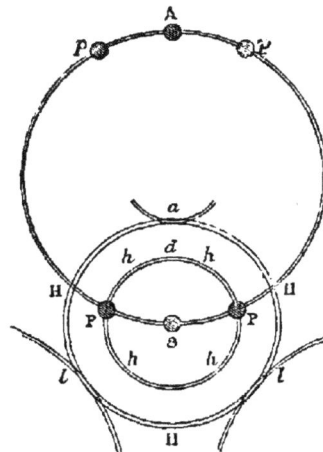

FIG. 117. — Projection du grand halo reproduit en peinture.

7° Au point culminant *a* du grand cercle vertical, l'arc *a* convexe vers le soleil très vivement coloré;

8° Deux cercles *ll* tangents au grand cercle vertical; leur largeur et leur coloration étaient celles de l'arc-en-ciel.

Ce halo remarquable est, disons-nous, le plus complet qui ait été décrit. Mais le halo ordinaire n'est pas très rare, même dans nos climats relativement méridionaux. Nous avons dit plus haut qu'on peut observer par an une cinquantaine de cercles solaires ou lunaires de cet ordre, la plupart du temps pâles et incolores. Nous en citerons quel-

1. Pour les différentes positions et apparences du halo, voy. l'Appendice.

ques exemples récents, extraits de notre *Revue mensuelle d'astronomie et de météorologie*.

Le 17 janvier 1885, à Orléans, M. D. Luzet a été témoin du phénomène reproduit plus haut (fig. 116). A midi quarante minutes, on pouvait voir autour du soleil un cercle de 20 degrés de rayon, très brillant. Aux deux extrémités du diamètre horizontal de ce cercle se formèrent deux taches blanches qui, pendant un quart d'heure, augmentèrent graduellement d'intensité, jusqu'à devenir éblouissantes à midi cinquante-cinq minutes. Il y avait alors *trois soleils*, le vrai au centre du halo, et les deux faux de chaque côté. Puis l'éclat diminua, et les deux faux soleils s'irisèrent d'une teinte jaunâtre dans leur moitié opposée au soleil.

Dans le ciel, pas un nuage, seulement une brume légère (précisément la brume glaciale qui donne naissance aux halos et parhélies). Le thermomètre était à 1 degré au-dessus de zéro.

Un arc-en-ciel non tangent au halo fut visible pendant toute la durée du phénomène, et cet arc-en-ciel était à cheval sur le méridien, ses extrémités s'éteignant dans l'azur du ciel, suivant une ligne passant par le zénith. On voyait ainsi les couleurs de l'arc-en-ciel, à midi, au-dessus de sa tête. Dans toute son étendue, cet arc semblait limiter la brume, cause du halo.

Ce dernier arc est fort rare. C'est l'arc circumzénithal qui est tangent au halo de 46 degrés quand celui-ci est formé. La vivacité de ses teintes, la netteté avec laquelle ses bords se détachent dans le ciel en font un véritable arc-en-ciel. Le rouge est en dehors, le violet en dedans. Cet arc ne peut se produire que lorsque la hauteur du soleil est comprise entre 20 et 31 degrés.

Un magnifique halo solaire a été observé le 3 mai 1886 dans tout le nord de la France, rappelant par sa complexité et sa beauté les phénomènes météorologiques que les anciens avaient coutume de relater et de conserver dans leurs chroniques sous le titre de prodiges. Nous en avons reçu un grand nombre de relations, parmi lesquelles nous signalons la suivante, due à M. Vimont, directeur de la Société scientifique Flammarion d'Argentan.

Ce halo remarquable a réuni, pour ainsi dire, suivant les lieux et les heures, tous les aspects caractéristiques. Il est rare que les halos soient à la fois aussi brillants et aussi riches que celui-ci, et visibles d'une aussi vaste étendue de pays. Il a fallu pour cela que les hauteurs de l'Atmosphère fussent dans la même condition sur tout le nord et le centre de la France, car chaque observateur voit son halo, comme chacun voit son arc-en-ciel. Sans nos yeux, ces phénomènes n'existeraient pas.

On a constaté : 1° le halo ordinaire de 22 degrés de rayon autour du soleil, offrant les vives couleurs de l'arc-en-ciel, le rouge à l'intérieur (l'intérieur du cercle entre le halo et le soleil était de teinte violacée blafarde); 2° le grand halo de 46 degrés; 3° les deux parhélies ou faux soleils situés horizontalement, de chaque côté du soleil, sur le halo de 22 degrés; 4° le cercle horizontal (blanc) passant par le soleil et par la position de ces parhélies visibles ou non ; 5° le halo circonscrit presque tangentiellement au halo de 22 degrés (ce halo est une ellipse qui touche le premier halo en haut et en bas et s'en écarte à gauche et à droite, halo violet); 6° les arcs tangents infra-latéraux du halo de 46 degrés qui se montrent en bas, à gauche et à droite de la verticale passant par le soleil; 7° un arc tangent inférieur au halo circonscrit; 8° un arc tangent supérieur à ce même halo. Cependant l'arc circumzénithal tangent au halo de 46 degrés ne s'est pas produit.

La figure 118 reproduit ce qui a été observé à Argentan. On a, en face de soi, le soleil, autour duquel se montre le petit halo de 22 degrés et son halo elliptique circonscrit. Contigu à celui-ci, et au-dessous, se voient l'arc tangent (n° 7), et, plus bas, les deux halos circonscrits au halo (invisible d'ici) de 46 degrés. Un cercle horizontal, faisant le tour de l'horizon, et passant par conséquent derrière l'observateur, est dessiné dans sa partie visible. (Certains journaux illustrés ont représenté ce cercle comme s'il était vu verticalement; c'est une erreur : il est horizontal et passe derrière l'observateur [1]).

Ces phénomènes n'ont pas été sans causer une assez vive émotion dans les rangs populaires, notamment en Basse-Normandie : on les considérait unanimement comme annonçant quelque catastrophe politique prochaine. Cependant tout le monde doit savoir aujourd'hui que les hommes ne peuvent s'en prendre qu'à eux-mêmes de ce qui arrive dans les événements de l'histoire contemporaine, et qu'en général on récolte ce qu'on a semé.

Le 6 juin 1885, on a observé un singulier halo en Angleterre. En voici la description par M. Alex. Hodgkinson.

Il faisait chaud, une légère bise soufflait de l'est, le ciel était sans nuage, à l'exception de quelques cirrus et cirro-stratus réunis à l'horizon septentrional. Occupé à pêcher en bateau sur l'un des lacs de l'Irlande, je fus surpris d'un changement dans le caractère de la lumière réfléchie par la surface de l'eau et par les objets éloignés. Ayant dirigé mes regards vers le soleil, je remarquai qu'il était entouré d'un halo extrêmement brillant d'environ 48 degrés de diamètre; l'espace intérieur était rempli d'une vapeur d'un aspect lourd et d'une couleur bleu sombre qui, en obscurcissant les rayons du soleil, produisait vraisemblablement l'effet de lumière particulier qui avait d'abord attiré mon attention. Il était alors une heure trente minutes de l'après-midi. Je fis remarquer le phénomène à l'un de mes amis, le docteur Simpson, et voici le détail des apparences dont nous nous sommes souvenus. Le cercle principal a (fig. 119) était formé d'une bande brillante et bien définie d'environ 8 degrés de largeur où les couleurs du spectre se succédaient dans leur ordre habituel, le rouge à l'intérieur et le plus près du soleil; toute la bande était parfaitement nette, mais la partie boréale était la plus brillante. Vers deux heures, je remarquai une sorte de protubérance en forme de croissant formée par les vapeurs de couleur sombre de l'intérieur du halo principal, et s'étendant sur une largeur de 6 à 7 degrés, dans le quadrant sud-ouest de celui-ci. Cette protubérance était d'abord limitée extérieurement par une frange faiblement colorée, mais bientôt elle

---

1. Si l'on voulait compléter ce dessin par les aspects observés ailleurs, il faudrait tracer, autour du premier halo de 22 degrés de rayon, un second cercle du double environ (46 degrés), observé par M. Duménil à Yébleron et par M. Cheux à Angers, et deux parhélies situés à gauche et à droite du halo de 22 degrés, comme M. Duménil les a observés. Dans ce cas, on ne voyait que l'arc supérieur du halo circonscrit.

Le 8 mai suivant, un autre halo a été vu de plusieurs points de la France du Nord et de la Belgique. A Anvers, M. Schleusner a même réussi à en prendre une très belle photographie. Le halo de 46 degrés a impressionné la plaque en une exposition presque instantanée ($\frac{1}{45}$ de seconde), pose toutefois trop longue pour le soleil, dont l'image renversée est venue noire comme dans une éclipse. La région voisine du soleil offre un éclat remarquable.

fut bordée d'un arc *e*, au moins aussi brillant que la région la plus brillante du halo principal. Les portions adjacentes de celui-ci, soit par comparaison, soit par l'effet des vapeurs de la protubérance qui en obscurcissaient l'éclat, me parurent beaucoup plus pâles que le reste du cercle. En même temps que se formait cet arc secondaire *e*, un large anneau blanc *b* se dessinait lentement autour d'un centre situé au nord du soleil et ne tardait pas à prendre un contour bien défini : son diamètre était de 72 degrés. S'il eût été complet, sa portion australe aurait passé

FIG. 118. — Halo multiple observé à Argentan le 3 mai 1886.

devant le disque solaire ; mais, après avoir coupé le halo primitif en deux endroits qu'il rendait par cela même plus ternes, il s'éteignait graduellement avant d'atteindre le soleil. Ce dernier anneau commença à disparaître environ un quart d'heure après la première remarque que j'en avais faite, la portion nord-ouest s'affaiblissant la première. Je ne remarquai pas de faux soleils aux points d'intersection des anneaux excentriques avec le cercle principal, et comme je n'étais malheureusement pas muni de mon petit polariscope de poche, je ne pus savoir jusqu'à quel point le phénomène était dû à la double réfraction. L'arc *e* pouvait bien avoir une pareille origine ; mais, en tout cas, il appartenait à un cercle de rayon *plus petit* que celui de *a*. Le Rév. T.-G. Beaumont, qui observa aussi ce spectacle, assure qu'il vit d'abord à la place du cercle principal un anneau beaucoup plus petit autour du soleil, lequel aurait pour ainsi dire *sauté* de sa première position à celle de l'anneau *a*. La figure 119, quoique faite d'après un dessin pris assez rapidement sur nature, représente le phénomène aussi bien que cela a été possible en l'absence de tout instrument de mesure.

Signalons encore le phénomène suivant :

Le 28 janvier 1887, un magnifique halo solaire a été vu sur tout l'est de la

Fig. 119. — Remarquable halo observé au-dessus d'un lac.

France, de Paris à Reims. L'une des meilleures observations est celle de M. Bouisson, à Fontainebleau.

Le phénomène a été aperçu dès huit heures trente minutes du matin. Observé entre neuf heures trente minutes et dix heures du matin, il présentait les caractères suivants (fig. 121) :

1° Un cercle lumineux, dont le rayon mesure environ 23 degrés, concentrique au soleil, présente des couleurs passant insensiblement d'un brun pâle à l'intérieur au jaune grisâtre à l'extérieur.

2° Un deuxième cercle lumineux, concentrique au précédent, d'un rayon d'env
ron 47 degrés, laisse nettement apparaître, à sa partie la plus haute, les couleu
de l'arc-en-ciel, le rouge à l'intérieur.

3° Tangent au point le plus élevé *d* du cercle le plus grand, on aperçoit un a
vivement coloré sur une amplitude d'environ 45 degrés.

4° Tangent également au point le plus élevé du cercle le plus petit, appara
d'abord, au commencement de l'observation, un arc tel que *bac*, qui se prolon
peu de temps après par deux branches recourbées vers le bas, *ab'* et *ac'*, do
l'éclat décroît rapidement vers les extrémités. Au point de contact, c'est-à-di
sur la verticale du soleil, un renfoncement lumineux se manifeste.

5° Une bande lumineuse, horizontale, passant par le centre du soleil, s'éten
dans le ciel ; elle cesse d'être visible vers l'ouest aux trois quarts du rayon d
cercle extérieur, et vers l'est seulement en dehors de ce cercle. Sur cette band
apparaissent trois parhélies : deux sur le petit cercle, très éclatants ; le dernie
placé à l'est sur le cercle extérieur, faiblement éclairé.

Autre exemple non moins singulier.

Le 23 juin 1870, on a également vu en Angleterre un halo solaire d'une forn
rare, et des parhélies dignes d'attention. Voici le dessin qui en a été pris à No

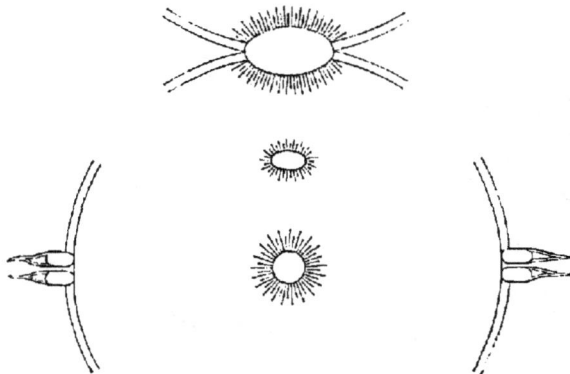

tingham à sept heur
rente-six minutes d
soir. Au-dessus du s
leil, à la distance d
22 degrés, apparaissa
une fausse image ova
sans couleur et p
brillante. A la distan
de 46 degrés et à
même hauteur que
soleil au-dessus d
l'horizon, on voya
deux doubles faux s
leils présentant l
couleurs prismatiqu
et très brillants. I

FIG. 120. — Parhélies observés en Angleterre le 23 juin 1870.

étaient ovales, et de chacun d'eux s'échappait une sorte de flamme opposé
à la direction du soleil. Au sommet du grand cercle, on voyait en outre u
immense parhélie très coloré et d'un éclat difficile à soutenir. Les fractions d
cercle se montraient comme on le voit sur la figure. Le phénomène dura vin
minutes.

La Lune produit parfois des halos analogues. J'en ai notammen
observé un à Paris, d'un éclat remarquable, le 12 mai 1870, vers d
heures du soir, la Lune étant au méridien. C'était le grand cercle d
46 degrés, mais on n'y distinguait pas de couleurs, et il n'y avait pa
non plus de parasélènes. L'apparition dura jusqu'à onze heures. Le ci
était pur, aucun nuage apparent ne s'y montrait, seulement les étoile

étaient peu brillantes, et lors même que la production du halo n'aurait pas démontré l'existence d'une couche de vapeurs étendue dans l'Atmosphère, ce voile eût été rendu sensible par l'opacité relative de l'air. Le lendemain, une pluie fine tomba à Paris et le ciel resta

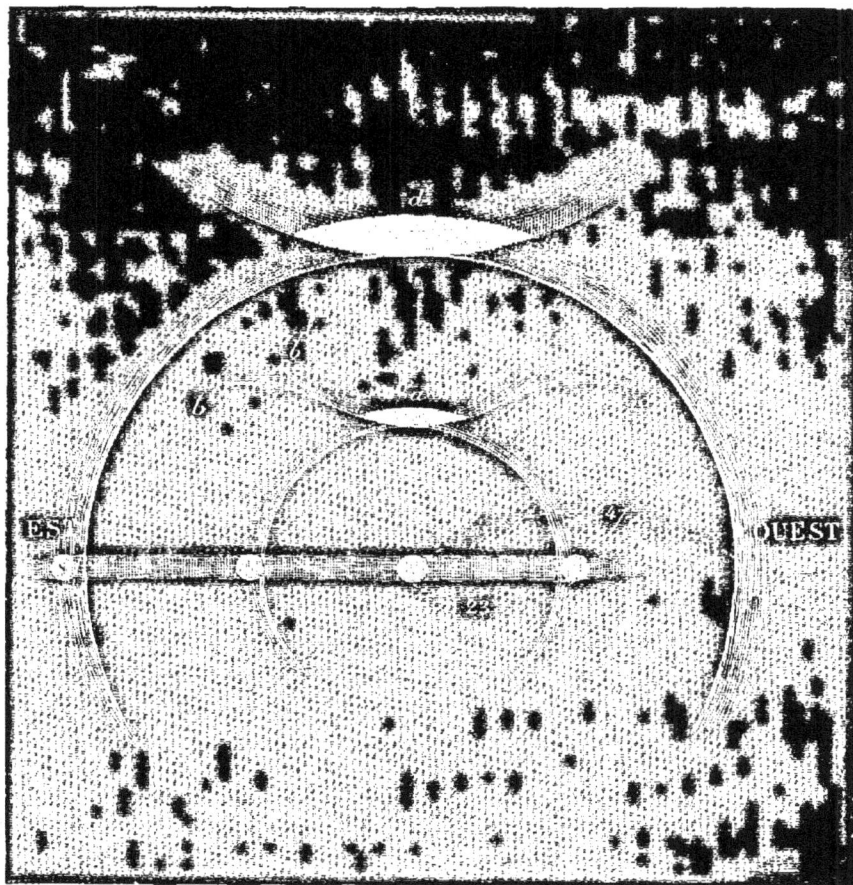

FIG. 121. — Halo, cercles et parhélies observés à Fontainebleau le 28 janvier 1887.

pluvieux pendant quelques jours. — L'étude que nous venons de faire du phénomène général des halos nous amène à parler maintenant d'autres effets optiques dont l'explication se rapproche plus ou moins des précédentes.

Les *colonnes* de lumière blanche, les *croix*, les divers aspects lumineux qui se montrent parfois au lever et au coucher du soleil, sont dus à la réflexion de la lumière sur une nappe de cristaux d'eau glacée située dans les hauteurs de l'Atmosphère. Tout le monde a pu remarquer que, lorsqu'on regarde l'image d'un flambeau (le Soleil, la Lune, un réverbère) se formant obliquement sur une nappe d'eau légèrement agitée, l'image s'étend beaucoup dans le sens de la verticale : la mobilité de l'eau donne naissance à une multitude de petites faces planes, dont les normales se balancent sans cesse autour de la verticale, dans toutes les directions possibles. Un effet analogue peut se produire dans les particules d'eau glacée formant certaines brumes flottantes dans l'Atmosphère. Telle est l'origine de ces colonnes de lumière blanche que l'on voit quelquefois se former au moment du coucher du soleil, et grandir à mesure que l'astre s'abaisse de plus en plus. Il est à peine nécessaire d'ajouter que, lorsque le soleil est descendu au-dessous de l'horizon, la réflexion de sa lumière s'opère sur les bases inférieures des particules prismatiques.

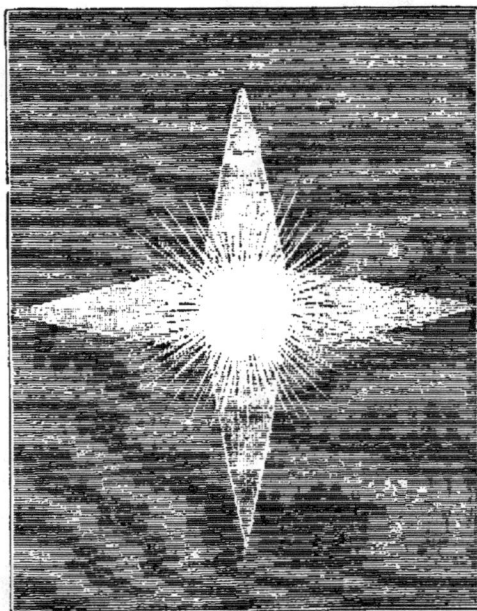

FIG. 122. — Croix formée dans l'atmosphère par la réflexion.

Le 22 avril 1847, avant le coucher du soleil, on a observé à Paris quatre colonnes lumineuses d'une étendue d'environ 15 degrés chacune, offrant l'aspect d'une croix dont l'astre du jour occupait le centre. Après le coucher du soleil, une des quatre colonnes, bien entendu la supérieure, persista encore quelque temps.

Leur base est quelquefois assez large pour leur donner des formes bizarres. Ainsi, en 1816, mon ami regretté Coulvier-Gravier, se trouvant près de Festieux, à deux lieues de Laon, entendit les habitants de ce pays, qui regardaient le lever du soleil (on était au mois de septembre), trouver que le phénomène représentait tout à fait un tricorne. Ces braves gens ajoutaient même à ce propos dans leur simplicité : « Vous voyez bien que Napoléon reviendra, puique le soleil nous montre son chapeau. » (Voy. fig. 123.)

Cassini avait déjà signalé ce genre de phénomènes, à l'observatoire de Paris, en 1672 et 1692. Depuis, les annales de la météorologie en ont conservé un certain nombre d'observations. Le 8 juin 1824, on

en signala dans plusieurs parties de l'Allemagne. A Dohna, près
de Dresde, à huit heures du soir, au moment où le soleil venait de
disparaître derrière les montagnes, Lohrmann vit une bande lumineuse perpendiculaire à l'arc crépusculaire et semblable à la queue
d'une comète; cette colonne avait 30 degrés de haut et 1 degré de
large. Roth avait vu et décrit un phénomène plus complet encore, le
2 janvier 1586, à Cassel. Avant le lever du soleil, une colonne lumineuse verticale, d'un dia-
mètre égal à celui de
l'astre, s'éleva au point
où l'astre allait paraître;
elle ressemblait à une
flamme brillante : seule-
ment son éclat était uni-
forme dans toute sa hau-
teur. Bientôt on vit se former une image du soleil
tellement lumineuse,
qu'on la prit pour l'astre
lui-même; à peine ce
parhélie eut-il quitté l'horizon, que le soleil se
leva immédiatement au-
dessous, suivi d'une répétition de la colonne supérieure. Cette colonne avec
ses trois soleils resta toujours verticale; les trois so-

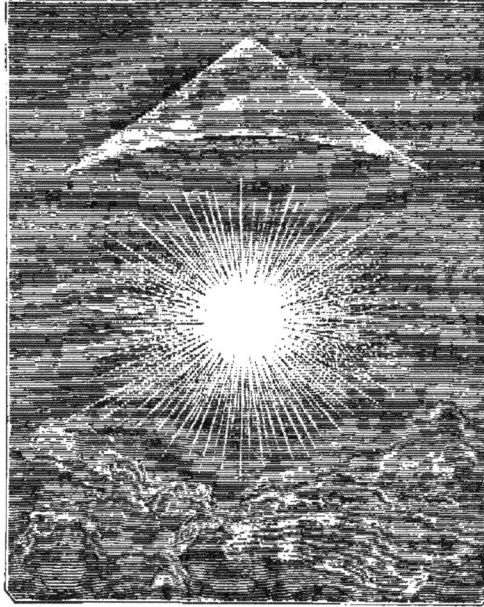

FIG. 123. — Phénomène atmosphérique dû à la réflexion.

leils étaient parfaitement semblables, seulement le véritable avait
plus d'éclat. Le phénomène dura environ une heure.

Si le soleil, au lieu d'être à l'horizon, est à quelques degrés
au-dessus de son plan, la colonne lumineuse qui s'élève du pseudhélie, alors situé au-dessous de ce plan et par conséquent invisible,
peut atteindre le centre de l'astre, sans le dépasser sensiblement.
On a alors l'apparence d'une colonne lumineuse ascendante, qui
semble supporter le disque solaire à sa partie supérieure : l'observation faite par Parry à l'île Melville le 8 mars 1820, celle faite par
Sturm le 9 décembre 1689, etc., en offrent des exemples.

Ces colonnes de lumière qui succèdent parfois au coucher du soleil sont souvent très brillantes. Le 12 juillet 1877, revenant le soir de Fontaine-Française à Vaux-sous-Aubigny (Haute-Marne) en compagnie de plusieurs amis, nous en observâmes une (fig. 126), qui ne s'effaça que trois quarts d'heure après le coucher du soleil. Remarque assez curieuse, en même temps cette colonne de lumière était vue d'Orsay près de Paris par mon savant ami Amédée Guillemin.

La combinaison du cercle parhélique avec la strie verticale passant par le centre de l'astre donne le phénomène des croix solaires ou lunaires, que l'on aperçoit souvent sans que le halo de 22 degrés soit visible. Il peut arriver que les bras de la croix soient sensiblement égaux, mais souvent aussi la longueur des branches horizontales est plus considérable que celle des branches verticales.

Mais, de tous les phénomènes de ce genre, le plus étrange et le plus bizarre encore est sans contredit celui dont M. Whymper a été témoin sur le Cervin, le 14 juillet 1865, surtout à cause des dramatiques circonstances au milieu desquelles l'apparition s'est produite. On se souvient de cette horrible catastrophe. Après une ascension fort heureuse, les périls de la descente s'ouvrirent tout d'un coup sous les pas des infortunés touristes, et deux compagnons de M. Whymper furent précipités dans les abîmes de la montagne. Les survivants reprenaient, au milieu du silence et de l'effroi, le chemin de la descente, lorsque en levant les yeux ils aperçurent devant eux, dans le ciel, un halo partagé en deux par une colonne verticale, et, dans chaque compartiment aérien ainsi formé, une croix gigantesque (fig. 129). Ces deux croix aériennes semblaient planer dans le ciel au-dessus de l'abîme où les deux infortunés venaient de rendre le dernier soupir. Elles étaient sans doute dessinées par l'intersection de cercles dont le reste était invisible, et leur formation s'explique par la théorie des halos. Le hasard seul, sans contredit, a fait coïncider ces deux croix avec ces deux morts, et nous serions mal fondés à laisser courir notre imagination à travers le surnaturel pour justifier la coïncidence. Mais le fait n'en est pas moins remarquable en lui-même.

Les colonnes verticales, les croix solaires ou lunaires se voient surtout dans les contrées boréales, pendant les longs hivers qui enveloppent ces régions de neiges et de frimas.

Les *couronnes* qui apparaissent autour du Soleil et de la Lune lorsque l'air n'est pas pur, et que des gouttelettes de vapeur vésiculaire ou des nuages légers viennent à passer devant ces astres, ne doivent pas leur origine à la réfraction, mais bien à la diffraction; ils ont le rouge en dehors et le violet en dedans comme le premier arc-en-ciel, et leurs couleurs sont inverses de celles des deux halos concentriques aux astres. Les diamètres des couronnes de même couleur suivent la série des nombres 1, 2, 3, 4.....; le diamètre du premier anneau semble agrandi. Ce diamètre, qui varie de 1 à 4 degrés, dépend d'ailleurs de celui des vésicules d'eau interposées entre l'astre éclairant et l'observateur. En général, il est bleu mêlé de blanc depuis l'astre jusqu'à une

FIG. 124. — Couronne formée autour de la Lune par la diffraction.

certaine distance; puis vient un cercle rouge et ensuite d'autres cercles colorés, disposés comme dans les anneaux de Newton. Il est nécessaire, pour que le phénomène ait lieu, qu'il y ait un certain nombre de globules de même diamètre, et même un beaucoup plus grand nombre de ce diamètre que de tout autre. Si les diamètres des sphérules des nuages étaient tous différents, la couronne ne se produirait pas.

On observe un effet absolument semblable lorsqu'on examine un objet lumineux à travers une lame de verre sur laquelle on a répandu du lycopode, ou bien, à un degré moins marqué, lorsque avec l'haleine on a simplement recouvert cette lame d'une légère couche d'humidité.

Les bases horizontales des cristaux de glace réfléchissent aussi la lumière solaire, mais en renvoyant ses rayons vers le haut, dans une direction qui ne permet pas à l'observateur de les recevoir. Il faudrait pour cela que celui-ci fût placé au sommet d'une montagne escarpée, ou dans la nacelle d'un aérostat, et que de là il dominât le nuage à particules glacées. On accordera sans peine que ces conditions doivent se trouver bien rarement réunies. Elles se sont réalisées pour MM. Barral et Bixio le 27 juillet 1850. L'image du Soleil ainsi réfléchie paraissait presque aussi lumineuse que le Soleil lui-même (fig. 125).

Fig. 125. — Le Soleil réfléchi par les nuages, ou pseudhélie.

Bravais a proposé de désigner ce remarquable et si rare phénomène sous le nom de *pseudhélie*.

A ces différents aspects, dus à la réfraction et à la réflexion de la lumière dans les couches atmosphériques, ajoutons enfin la déformation du soleil à l'horizon, qui présente parfois les apparences les plus bizarres par suite du défaut d'homogénéité des couches inférieures et des jeux singuliers de la réfraction. La figure 127 reproduit l'une des observations les plus curieuses qui aient été faites sur ce point. C'est celle que Biot et Mathieu ont faite sur les bords de la mer à Dunkerque.

Tous ces brillants météores n'étaient pas inconnus aux anciens.

De tous les phénomènes optiques, ce sont ces halos, parhélies, croix, couronnes, apparences fantastiques, qui ont le plus frappé les populations, et qui occupent le plus de place dans les annales météorologiques superstitieuses, dans l'histoire des phénomènes célestes. Effrayés par ces aspects insolites, comme par les mirages, pluies d'étoiles, tremblements de terre, etc., les hommes, dont l'ignorante vanité se représentait Dieu sous la forme d'un vieil empereur assis sur les nuages, interprétaient ces phénomènes comme autant de signes de la volonté divine, tantôt compatissante, tantôt courroucée. Plusieurs critiques du siècle dernier et de celui-ci ont nié ces apparitions et déclaré absolument mensongères les curieuses relations du moyen âge. Or, après avoir comparé ces relations, on ne peut partager cet esprit de négation absolue ; seulement tous ces récits ont grossi, exagéré, altéré la réalité par suite des terreurs causées par ces mystérieux phénomènes. Plusieurs d'entre eux restent encore difficiles à expliquer,

Fig. 126. — Colonne de lumière observée après le coucher du soleil, 12 juillet 1877. (Voy. p. 254.)

malgré les progrès des sciences ; mais la plupart rentrent dans les classifications que nous avons adoptées ici.

Il est curieux d'en rappeler quelques-uns.

L'apparition de ce genre qui eut le plus grand retentissement dans l'histoire de notre civilisation chrétienne est certainement celle du fameux LABARUM de Constantin. Dans sa guerre contre Maximien Hercule, cet empereur et son armée furent témoins de l'apparition d'une *croix brillante* qui fixa dans le ciel les regards étonnés de plusieurs milliers d'hommes. Les auteurs se sont peu étendus sur les circonstances météorologiques du phénomène ; cependant ils ont remarqué que le ciel était couvert d'un voile gris et que le temps devint pluvieux. Ce sont bien là les conditions du halo. Nous pouvons parfaitement admettre la réalité de la vision, mais en lui restituant son caractère purement naturel.

On conçoit d'ailleurs qu'elle ait frappé le fondateur du christianisme politique et qu'on l'ait regardée comme une manifestation divine.
La nuit suivante, Constantin revit la même croix en rêve et un ange lui
ordonnant de prendre la croix pour enseigne militaire. Ce songe s'explique facilement aussi. Il reste d'inexpliqué l'inscription que Constantin dit avoir lue sur cette croix lumineuse : IN HOC SIGNO VINCES, ou,
pour mieux dire : ἐν τούτο νίκε, car c'était en grec. A-t-il cru voir cette
inscription dans le moment même? C'est possible. Son état-major, qui
ne savait guère le grec, et ses soldats, qui ne savaient même pas lire,
ont pu, comme le personnage emplumé de la lanterne magique, répondre qu'ils voyaient « quelque chose », mais qu'ils ne distinguaient pas

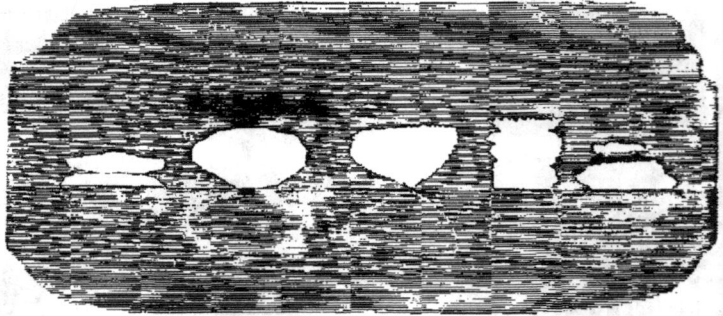

FIG. 127. — Apparences présentées par le Soleil à l'horizon, dues aux jeux de la réfraction.

très bien. Quelque arrangement partiel de stries nuageuses a pu donner
lieu à l'illusion. Zonare raconte bien que la veille de la mort de Julien
l'Apostat on vit une agglomération d'étoiles représenter par des lettres
la phrase suivante : *Aujourd'hui Julien est tué par les Perses !...* Mais il
est plus probable que l'inscription de Constantin a été faite après
coup.

Les phénomènes optiques de l'Atmosphère, tels que halos, parhélies,
parasélènes, arcs-en-ciel, etc., ont de tout temps joué un grand rôle
dans le mysticisme des météores. Les annalistes romains en mentionnent
un grand nombre. Cette histoire des apparitions prodigieuses est assez
curieuse pour que nous la résumions ici, d'après le travail sur la
météorologie mystique de notre savant confrère le docteur Grellois.

L'an de Rome 636, vers le commencement de la guerre de Jugurtha, peu avant
l'irruption des Cimbres et des Teutons, on vit à Rome trois soleils. En 680, le ciel
étant pur et serein, on vit en l'air, au-dessus du temple de Saturne, trois soleils
et un arc-en-ciel. En même temps les Grecs et les Carthaginois s'unirent à Persée
pour combattre les Romains. En 710, Octave faisant son entrée à Rome, le soleil

se trouva, par un ciel serein, environné d'un grand cercle semblable à l'arc-en-ciel. — Est-il vrai que le ciel ait été pur dans ces deux exemples? C'est ce qu'il serait difficile de vérifier.

La même année, trois soleils brillèrent en même temps; le plus bas des trois parut entouré d'une couronne en forme d'épis, qui éblouit toute la ville; le soleil, revenu à son unité, n'eut pendant plusieurs mois qu'une lumière pâle et languissante. C'est-à-dire que ces parhélies, comme toujours, durent leur naissance à un ciel nuageux, et que l'humidité atmosphérique, persistant durant plusieurs mois, laissa à la lumière solaire un aspect pâle et languissant. En 712, on eut trois soleils, vers la troisième heure du jour, pendant les sacrifices expiatoires.

Les annales mentionnent, l'an 1118 de notre ère, sous le règne de Henri II, roi d'Angleterre, paraissant en même temps, deux pleines lunes, l'une à l'orient, l'autre à l'occident. La même année, le roi vainquit son père Robert, duc de Normandie, et subjugua cette contrée.

On signala en 1104 des phénomènes atmosphériques qui semblent résumer tous les prodiges aériens : le ciel parut souvent enflammé (les éclipses de soleil et de lune y furent fréquentes). Plusieurs étoiles tombèrent du ciel; des torches ardentes, des traits de feu, des feux volants apparurent. Les monuments, les maisons, les hommes, les troupeaux, les champs et leurs produits

Fig. 128. — Les trois soleils de 1492.

furent affligés par la foudre, la grêle, la tempête. Des armées de feu, des troupes de chevaux, des cohortes d'infanterie, offrirent au ciel de fantastiques combats.

En 1120, au milieu des nuées sanglantes, *il parut un homme et une croix embrasés*. Il plut du sang, on crut être au dernier jour[1]. Ces prodiges annonçaient une guerre civile.

En 1156, sous le même règne, on vit pendant plusieurs heures trois cercles autour du soleil, et lorsqu'ils disparurent, on aperçut trois soleils. Ce prodige signifia la discorde du roi et de l'archevêque Thomas de Cantorbéry. L'empereur détruisit Milan, après sept ans de siège.

L'année suivante, on vit encore trois soleils, et, au milieu de la lune, une *croix blanche*. En même temps éclata une discorde entre les cardinaux pour l'élection du souverain pontife, et entre les princes électeurs pour l'élection du roi des Romains.

En 1463, dans la Petite Pologne, on vit pendant plus de deux heures, dans la soirée, *l'image de Jésus crucifié* se diriger dans l'air, avec un glaive, de l'occident vers le midi. De grands malheurs survinrent en ce pays.   •

1 Voyez plus loin les *pluies de sang*, pluies d'insectes, etc.

En 1480, comète, vents violents, *combats de cavaliers et de fantassins; des villes, des glaives, des armées ensanglantées.* Ces signes horribles furent suivis de pluies diluviennes, de stérilité, de famine et de peste.

En janvier 1514, dans le duché de Wurtemberg, on aperçut trois soleils, celui du milieu étant plus grand que les autres. En même temps, on vit au ciel des glaives sanglants et embrasés. Au mois de mars suivant, on vit encore trois soleils et trois lunes; la même année, les Russes furent vaincus par les Polonais près du Borysthène. Smolensk, place forte de la Lithuanie, fut livrée à la Russie. Les Turcs perdirent une grande bataille contre les Persans dans l'Arménie Majeure. En 1520, deux parhélies. L'année suivante, les Turcs envahirent la Hongrie et s'emparèrent par trahison de l'Albanie. Luther soutint sa doctrine contre l'Église de Rome.

En 1526, des *enseignes militaires tachées de sang* parurent au ciel pendant la nuit, dans le grand-duché de Wurtemberg.

En 1529, *un corps et un glaive sanglants, une citadelle de feu, des chevaux de feu, quatre comètes jetant des flammes aux quatre coins du monde,* tels sont les prodiges qui annoncèrent les agitations de l'Allemagne, la dévastation, les massacres des chrétiens par les Turcs.

Johnston dit qu'en 1532, non loin d'Inspruck (Œnipons), on vit dans l'air *des images miraculeuses, un chameau entouré de flammes, un loup vomissant du feu, au milieu d'un cercle de flammes; un lion le suivait.*

En 1548, on vit, en Saxe, des *armées célestes* tomber sur des villes.

Le 21 avril 1551, trois soleils et trois arcs-en-ciel furent aperçus à Magdebourg. Cette circonstance fit abandonner, par ordre de l'empereur Charles V, le siège de cette ville, qui durait depuis quinze mois, par Maurice de Saxe et Albert, marquis de Brandebourg.

Voici un bon type de ces exagérations.

En 1549, la lune fut vue entourée d'un halo et de parasélènes. Près de ceux-ci on vit un lion de feu et un aigle se perçant la poitrine. A cela succéda une apparition horrible de villes enflammées et, autour d'elles, des chameaux, et l'image du Christ en croix, avec les deux larrons, et une assemblée qui paraissait être celle des apôtres. Une dernière vision fut la plus terrible de toutes : on aperçut un homme debout, d'aspect féroce, armé d'un glaive, menaçant une jeune fille qui le suppliait, en pleurant, de ne pas la frapper.... Quels yeux il fallait pour distinguer tous ces détails !

En 1557, un savant professeur d'Heidelberg, Théobald Wolffhart, écrivit, sous le pseudonyme de Conrad Lycosthènes, un *Livre des Prodiges,* qui se compose de tous ces phénomènes météorologiques et astronomiques, illustrés à plaisir. Les aspects divers sous lesquels se produit la double réfraction de l'astre sont innombrables dans son livre. Ce n'était pas seulement dans les régions du Nord que les parhélies frappaient les esprits de terreur. A Rome même et dans les villes scientifiques de l'Italie, sièges du mouvement intellectuel, la crainte qu'ils inspiraient aux populations n'était pas moindre qu'à Nuremberg ou à Rotterdam. Celui qui parut en 1469, par exemple, troubla au plus haut degré les esprits; et ce n'était pas sans sujet, nous dit le *Livre des Prodiges.* Dans la même année, Georges Scanderbeg, le fléau des musulmans, remporta une victoire signalée sur les Turcs, et la mort de Sforce, fils du duc de Milan, suscita des guerres déplorables en Italie. Florence fut désolée; l'Allemagne troublée par de nouveaux combats du duc de Brunswick. Des séditions violentes ensanglantèrent l'Angleterre. En 1492, le parhélie se combine, au mois de décembre, avec l'apparition successive de deux

comètes, et certes ce n'eût pas été un phénomène trop magnifique pour annoncer
la découverte d'un nouveau monde; mais le triple soleil a été vu en Pologne, et les

Fig. 129. — Croix aériennes vues dans les Alpes, le 14 juillet 1865.

prodiges sont pour le Nord. L'empereur Maximilien est vaincu par Ladislas, roi de
Hongrie; Casimir, roi des Polonais, expire, et une grande portion de la ville de
Cracovie est dévorée par les flammes. — Nous reproduisons plus haut ce fameux
triple soleil du *Livre des Prodiges* (fig. 128).

Avec les progrès de l'astronomie et de la physique, la décadence d
l'astrologie et la liberté d'examen, ces phénomènes optiques perdiren
leur caractère surnaturel. Depuis le siècle dernier on les observe d'u
œil calme, on les analyse ; et nous avons vu par ce chapitre que l
théorie les explique, et que les observatoires et les savants les enregis
trent comme autant de faits physiques appartenant au vaste domain
de la météorologie. L'historien Josèphe rapporte qu'au commencemen
du siège de Jérusalem par les Romains, l'an 70 de notre ère, les Jui
devinèrent leur désastre en voyant « des armées marcher dans le
nuages rouges ». Des apparences presque analogues ont été visibles a
commencement du siège de Paris, en septembre 1870, sans compte
l'aurore boréale du 24 octobre ; mais nous savons maintenant d
science certaine que ces effets physiques sont uniquement naturels e
qu'ils proviennent des jeux de la Lumière dans l'Atmosphère.

Les hommes sont assez fous pour se faire la guerre, tantôt pou
une raison tantôt pour une autre — et presque toujours sans raison
— il ne se passe pas d'année sans quelque tuerie ou sans quelqu
révolution politique, ici ou là ; il n'est pas difficile de trouver u
évènement quelconque qui coïncide avec un phénomène météorolo
gique plus ou moins remarquable.

CHAPITRE VIII

LE MIRAGE

L'Atmosphère ne produit pas seulement de singuliers phénomènes optiques dans les hauteurs aériennes où se joue le monde gracieux des météores ; elle manifeste sa fantaisie jusque dans cette région vulgaire où notre poids organique nous enchaîne tous, et la surface même du sol et des eaux est parfois illustrée de métamorphoses étranges dues au jeu des rayons de la lumière dans l'air qui baigne cette surface terrestre.

On désigne sous le nom de *mirage* des apparences optiques causées par un état particulier des *densités* des couches atmosphériques, état faisant varier les réfractions ordinaires dont nous avons parlé dans un chapitre précédent.

Par suite de cette variation, les objets lointains paraissent soit déformés eux-mêmes, soit transportés à une certaine distance, soit renversés ou réfléchis, suivant la déviation qu'imprime aux rayons lumineux la densité anormale de l'air.

Ce n'est pas d'aujourd'hui qu'on observe le mirage. En relisant, il y a quelques mois, la « Bibliothèque historique », de Diodore de Sicile, je trouvai une description du phénomène, qui date de deux mille ans, et qui ne manquera certainement pas d'intéresser les lecteurs de *l'Atmosphère*. La voici :

« Il se passe un phénomène extraordinaire en Afrique. A certaines époques, surtout pendant les calmes, l'air y est rempli d'images de toutes sortes d'animaux, les unes immobiles, et les autres flottantes. Tantôt elles paraissent fuir, tantôt elles semblent poursuivre ; elles sont toutes d'une grandeur démesurée, et ce spectacle remplit de terreur et d'épouvante ceux qui n'y sont pas habitués. Quand ces figures atteignent les passants qu'elles poursuivent, elles leur entourent le corps, froides et tremblotantes. Les étrangers, qui ne sont point accoutumés à cet étrange phénomène, sont saisis de frayeur; mais les habitants du pays, qui y sont exposés, ne s'en mettent point en peine.

« Quelques physiciens essayent d'expliquer les véritables causes de ce phénomène, qui semble extraordinaire et fabuleux. Il ne souffle, disent-ils, point de vent dans ce pays, ou seulement un vent faible et léger. Les masses d'air condensées produisent en Libye ce que produisent chez nous quelquefois les nuages dans les jours de pluie, savoir, des images de toute forme qui surgissent de tout côté dans l'air. Ces couches d'air, suspendues par des brises légères, se confondent avec d'autres couches en exécutant des mouvements oscillatoires très rapides; tandis que le calme se fait, elles s'abaissent sur le sol par leur poids et en conservant leurs figures qu'elles tenaient du hasard; si aucune cause ne les disperse, elles s'appliquent spontanément sur les premiers animaux qui se présentent. Les mouvements qu'elles paraissent avoir ne sont pas l'effet d'une volonté; car il est impossible qu'un être inanimé puisse marcher en avant ou reculer. Mais ce sont les êtres animés qui, à leur insu, produisent ces mouvements de vibration; car, en s'avançant, ils font violemment reculer les images qui semblent fuir devant eux. Par une raison inverse, ceux qui reculent paraissent, en produisant un vide et un relâchement dans les couches d'air, être poursuivis par des spectres aériens. Les fuyards, lorsqu'ils se retournent ou qu'ils s'arrêtent, sont probablement atteints par la matière de ces images, qui se brise sur eux et produit, au moment du choc, la sensation du froid. »

Il y a là une assez forte exagération. On voit que si, dès avant l'époque de Diodore, on observait le mirage, on était fort loin d'en avoir aucune idée rationnelle. L'imagination seule faisait tous les frais de la prétendue explication.

Ce même phénomène (dont Quinte-Curce a également parlé) a été remarqué depuis longtemps par les Arabes, et il en est question à plusieurs reprises dans les écrivains de l'Orient. On trouve entre autres dans le Coran que « les actions de l'incrédule sont semblables au sérab (mirage) de la plaine : celui qui a soif le prend pour de l'eau jusqu'à ce qu'il s'en approche, et il trouve que ce n'est rien ».

C'est surtout dans le milieu du dix-septième siècle que le mirage a commencé à attirer l'attention des physiciens. La découverte des lunettes a permis de faire un grand nombre d'observations qui n'eussent pas été possibles à l'œil nu; la connaissance des lois de la réfraction de la lumière, celle des variations de la densité de l'air par suite des changements de sa température, sont venues de leur côté préparer les voies à l'explication théorique de ces bizarres apparences.

Il faut arriver à l'année 1783 pour trouver le premier travail véritablement scientifique qui ait été publié sur le mirage. Ce travail est dû au professeur Busch, qui l'avait observé sur l'Elbe, auprès de Hambourg, et sur les côtes de la mer du Nord et de la Baltique. Il s'était servi souvent d'une lunette, et l'emploi de ce procédé avait mis en évi-

LE MIRAGE EN AFRIQUE — Dessin de M. G. Vuillier, d'après un croquis pris au chott Melrhir par M. Largeau (1875).

dence pour lui des détails jusque-là inconnus. Il étudia ce *miroir des eaux*, ce *faux rivage* en dessous duquel paraissent se peindre les images renversées; il vit des navires suspendus dans les airs, et portant sous leur carène l'image renversée de leurs mâts et de leurs voiles. Le 5 octobre 1779, il apercevait, à deux milles allemands de distance de la ville de Brême, l'image ordinaire de cette ville et une deuxième image très nette et renversée; entre la ville et lui s'étendait une vaste et verte prairie. Les circonstances principales du phénomène sont clairement indiquées dans ce travail, toutefois sans explication théorique.

C'est pendant l'expédition de Bonaparte en Égypte que cette explication théorique a été donnée.

Le sol de la basse Égypte forme une vaste plaine parfaitement horizontale; son uniformité n'est interrompue que par de petites éminences, sur lesquelles s'élèvent des villages qui se trouvent ainsi à l'abri des inondations du Nil. Le matin et le soir, rien n'est changé dans l'aspect de la contrée; mais lorsque le soleil a échauffé la surface du sol, celui-ci semble terminé à une certaine distance par une inondation. Les villages paraissent comme des îles au milieu d'un lac immense, et au-dessous de chaque village on en voit l'image renversée. Pour compléter l'illusion, le sol s'efface et la voûte du firmament se réfléchit dans une eau tranquille. On comprend les déceptions cruelles que dut éprouver l'armée française. Accablée de fatigue, dévorée par la soif sous un ciel embrasé, elle croyait toucher à cette grande nappe d'eau transparente dans laquelle se dessine l'ombre des villages et des palmiers; mais, à mesure que l'on approche, les limites de cette inondation apparente s'éloignent; le lac imaginaire qui semblait entourer le village se retire; enfin il disparaît entièrement, et l'illusion se reproduit pour un autre village plus éloigné. Témoins de ce phénomène, les savants attachés à l'expédition n'éprouvèrent pas moins de surprise que le reste de l'armée; mais Monge en donna l'explication.

La théorie du mirage demande, pour être exactement comprise, une attention toute particulière. Ce phénomène se produit lorsque les rayons lumineux, grâce auxquels nous voyons les objets, subissent avant d'arriver à notre œil une déviation causée par la différence de densité des couches d'air qu'ils traversent. Nous avons vu, à propos des crépuscules, que lorsqu'un rayon lumineux pénètre d'un milieu moins dense dans un milieu *plus* dense, il subit une déviation qui

N. Berchère pinxt.   Krakow. éc. imp.

LE MIRAGE EN AFRIQUE

Hachette et Cⁱᵉ.

l'*abaisse* vers le sol. Or, lorsqu'il passe au contraire d'un milieu plus dense dans un milieu *moins* dense, il subit une déviation qui le *relève* vers le ciel.

De plus, l'angle de réfraction est plus grand que l'angle d'incidence, et il arrive un moment où tel rayon produit en se réfractant un angle de 90 degrés, ou angle droit avec la verticale. Cet angle s'appelle l'*angle limite*.

Au delà de l'angle limite, les rayons sont réfléchis et remontent. C'est ce qu'on désigne en physique sous le nom de *réflexion totale*.

On peut prendre un exemple de ce fait en remplissant d'eau un verre que l'on tient de manière à voir la surface du liquide par en dessous.

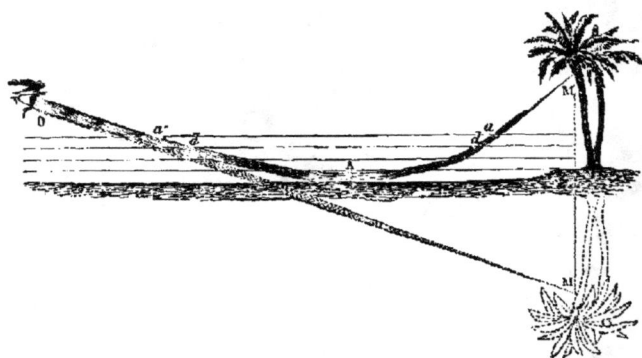

FIG. 131. — Explication du mirage ordinaire.

Cette surface se comporte comme un miroir. Une cuiller plongée s'y réfléchit. Autre exemple : un prisme de verre placé à l'ouverture d'une chambre obscure peut intercepter entièrement le passage de la lumière par ce même fait de réflexion totale. En résumé, lorsqu'un rayon lumineux tend à sortir d'un milieu plus réfringent dans un milieu moins réfringent, sous un angle plus grand que l'angle limite, le rayon est totalement réfléchi.

Cela posé, nous pouvons dire maintenant que le mirage est un phénomène de réflexion totale.

Par l'effet des rayons solaires, lorsque l'Atmosphère est calme, les couches d'air qui sont en contact avec le sol s'échauffent beaucoup, et il peut arriver que dans une petite épaisseur leur densité soit décroissante à mesure qu'elles s'approchent du sol lui-même. C'est un fait purement accidentel, qui dépend de diverses circonstances propres au lieu où on l'observe, qui ne s'étend que très peu et ne porte aucune atteinte, par conséquent, à la loi générale du décroissement de la densité à mesure qu'on s'élève. Dans le cas où ces conditions physiques se rencontrent, voici ce qui peut arriver : un rayon lumineux venu du point M (fig. 131) va se réfracter successivement en *a d* en s'éloignant de la normale ; à un certain moment sa direction coïncidera avec celle de la couche d'air A, et cette dernière fera l'office d'un miroir ; le rayon suivra donc en sens inverse une route pareille A, *d'*, *a'* à celle qu'il a déjà suivie et atteindra l'œil de l'observateur, qui verra dans la direction inférieure OM une image du palmier M, en même temps qu'il verra l'objet directement. C'est donc la couche d'air qui, à un certain moment, devient miroir et joue, par conséquent, le même rôle qu'une nappe d'eau réfléchissante.

Tel est le mirage ordinaire, ou mirage inférieur.

Cette déviation inférieure et réfléchie des rayons lumineux ne frappe pas toujours autant qu'on pourrait le croire. Bien des hommes passeront à côté sans la remarquer, et même, prévenus du fait, déclareront ne rien constater d'extraordinaire ou de digne d'être noté. Pour bien discerner le mirage, il faut non seulement une vue longue et étendue, mais savoir observer des détails, et avoir l'habitude de l'horizon ; aux voyageurs, aux marins, aux météorologistes, cet exercice est devenu familier ; mais très souvent des yeux non scientifiques ne le remarquent pas. Cependant dans certains cas, et surtout en certaines régions du globe, le mirage se révèle avec une telle évidence qu'il frappe les yeux les plus inattentifs. Tel paraît quelquefois le mirage sur les côtes du détroit de Messine ; tel il paraît, mais bien plus souvent encore, dans les plaines sablonneuses de l'Arabie ou de l'Égypte.

Le mirage se montre tantôt sur la surface de la mer, des lacs ou des grands fleuves, tantôt sur les grandes plaines sèches et principalement dans les régions sablonneuses, sur les grandes routes ou sur les grèves du littoral de la mer.

Notre tableau en couleur (p. 268) représente l'effet le plus fréquent du mirage en Égypte. La vue est prise dans le désert de Suez, en allant vers la presqu'île du Sinaï. C'est l'heure de midi, moment où le mirage y est en général le plus sensible. L'Atmosphère ondule, grise et brumeuse, de sorte que l'horizon s'accuse à peine. Les eaux et les oasis qui apparaissent au loin sont un effet de mirage. Elles paraissent être à quatre kilomètres environ de l'observateur. Les couches inférieures de l'Atmosphère deviennent un véritable miroir sur lequel apparaît la reproduction agrandie et déformée de simples broussailles fort éloignées. C'est l'image trompeuse qui souvent attire la caravane fatiguée, qui vient y tomber et s'endormir du dernier sommeil. C'est la « soif de la gazelle », qui toujours renaît et jamais n'est assouvie.

Souvent ces images trompeuses, dues au jeu des rayons solaires et à leur réfraction prismatique à travers des couches d'air d'inégale densité, présentent des formes purement imaginaires et que l'on est tenté de considérer comme réelles, quoique leur origine soit aussi fortuite que celle des apparitions manifestées parfois dans les nuages.

Autant dirons-nous de ces îles inconnues qui apparaissent, au milieu des océans, aux navigateurs étonnés et les égarent vers de riantes contrées imaginaires. Les marins suédois ont cherché long-temps une île magique qui semblait s'élever entre les îles d'Aland et d'Upland : ce n'était qu'un mirage. Ces villes, qui paraissent élevées par la baguette d'une fée, ne sont parfois que le reflet de constructions réelles éloignées, mais souvent aussi rien ne saurait expliquer, sinon leur nature, du moins leur origine. Durant l'été de 1847, « par une brûlante journée de juillet, dit M. Grellois, je cheminais lentement, au pas de mon cheval, entre Ghelma et Bône, en compagnie d'un ami. Arrivés à deux lieues environ de la ville de Bône, vers une heure du soir, nous nous arrêtons tout à coup, au détour d'un sentier, émerveillés en présence du tableau qui s'étalait à nos yeux. A l'est de Bône, sur un terrain sablonneux dont, quelques jours auparavant, nous avions constaté l'aride et plate nudité, s'élevait en ce moment, sur une colline doucement inclinée et baignant ses pieds dans la mer, une belle et vaste cité ornée de monuments, de dômes et de clochers. L'illusion était telle que la raison seule se refusait à admettre la réalité de cette vision, dont nous eûmes le ravissant spectacle pendant près d'une demi-heure. D'où venait cette apparence? Rien, dans cette ville fantastique, ne ressemblait à Bône, moins encore à La Calle ou à Ghelma, distantes d'ailleurs d'une vingtaine de lieues. Admettons-nous l'image réfléchie de quelque grande cité de la côte de Sicile? Ce serait, il me semble, dépasser toute vraisemblance [1]. »

---

1. Le mirage inférieur se traduit parfois par de simples effets de réfraction : altération ou gros-sissement des objets, effets souvent curieux. Au mois de mai 1837, par exemple, pendant l'expédi-tion d'Algérie qui précéda le traité conclu avec Abd-el-Kader, M. Bonnefont observa entre autres effets de mirage le curieux exemple que voici :

Un troupeau de flamants, échassiers fort communs dans cette province, défila sur la route sud-est, à six kilomètres de distance. Ces volatiles, à mesure qu'ils quittaient le sol pour marcher sur le lac du mirage, prenaient des dimensions telles, qu'ils ressemblaient, à s'y méprendre, à des cavaliers arabes défilant en ordre! L'illusion fut un instant si complète, que le général en chef,

Voici maintenant une seconde sorte de mirage qu'il n'est pas rare de rencontrer, mais dont les effets sont moins frappants, et qui, en conséquence, a été moins souvent étudié : c'est le rapprochement des objets situés au delà de l'horizon, et qui se trouvent relevés au-dessus de lui. Dans le mirage ordinaire que nous venons de décrire, les densités de l'air croissent avec la hauteur, les trajectoires sont convexes vers la terre, au moins dans toute leur partie inférieure. Dans le cas actuel, les densités vont en décroissant, et les trajectoires deviennent concaves et même fortement concaves vers le sol. Une trajectoire lumineuse, d'abord horizontale, devrait, se dirigeant dans le vide, rester rectiligne ; la réfraction atmosphérique *ordinaire* infléchit cette trajectoire, dans le sens des grands cercles du globe, en lui donnant environ la douzième partie de la courbure terrestre. Mais, si l'état des couches est modifié par suite d'un accroissement anormal dans la température, l'effet réfringent de ces couches peut donner à ces trajectoires une courbure plus considérable et qui soit le quart, la moitié ou même la totalité de la courbure d'un grand cercle de la Terre ; quelquefois même cet effet pourra leur faire surpasser cette limite.

Dans ces nouvelles conditions, les diverses trajectoires passant par l'œil et situées dans un même plan vertical, au lieu de se couper deux à deux, comme cela a lieu dans le cas du mirage ordinaire, vont *ordinairement* en divergeant. Il en résulte que l'on ne peut alors obtenir deux images d'un même objet. Si l'on mesure la dépression de l'horizon apparent, on le trouve très relevé, quelquefois presque au

Bugeaud, dépêcha un spahis en éclaireur. Ce cavalier traversa le lac en ligne droite ; mais, arrivé au point où les ondulations commençaient à se produire, les jambes du cheval prirent insensiblement de telles dimensions en hauteur, que cheval et cavalier semblaient être supportés par un animal fantastique ayant plusieurs mètres de hauteur, et se jouant au milieu des flots qui semblaient le submerger... Tout le monde contemplait ce phénomène curieux, lorsqu'un épais nuage, interceptant les rayons du soleil, fit disparaître ces effets d'optique et rétablit la réalité de tous les objets.

Parfois il se produisait un autre effet, qui devint bientôt un sujet de récréation pour les militaires. Si, pendant que le soleil était à l'est, le vent soufflant du côté opposé, on projetait sur le lac un petit corps léger, susceptible d'être emporté par le vent, il était curieux de le voir grossir à mesure qu'il s'éloignait, et dès que le vent lui avait fait atteindre les ondulations, il affectait tout à coup la forme d'une petite nacelle, dont l'agitation au-dessus des vagues était en raison des secousses que lui donnait le vent. Ce qui réussissait le mieux, c'était des têtes de chardon, qui obéissaient plus facilement à la plus légère brise ; alors l'illusion était complète. Dans la matinée du 18 juin, par une température de 26 degrés centigrades, une brise un peu forte de l'orient et une couche nébuleuse qui commençait à dissiper la chaleur, on lança, à huit heures et demie du matin, un certain nombre de têtes de chardon : dès que le vent les eut poussées jusqu'au point où les ondulations se prononçaient, elles offrirent tout à coup le spectacle curieux d'une flottille en désordre... Les nacelles semblaient se heurter les unes contre les autres ; puis, poussées par le vent jusqu'à une très grande distance, elles disparurent complètement comme si elles avaient sombré !

niveau de l'horizon rationnel; des objets habituellement invisibles, à cause de leur grand éloignement et de la courbure de la Terre, peuvent devenir visibles. La position accidentelle de ces objets en deçà du contour apparent de l'horizon sensible les fait juger beaucoup plus rapprochés que de coutume; une autre circonstance favorise encore cette illusion : c'est la transparence de l'air pendant que le phénomène se produit.

Comme d'ailleurs aucun renversement des objets n'a lieu, il est clair que l'on sera moins frappé de cette forme particulière du mirage que de celle qui correspond au cas précédemment examiné; aussi l'a-t-on observé moins souvent. Woltmann et Biot font remarquer que l'on peut reconnaître cet état particulier de l'Atmosphère à ce signe que la mer paraît concave, qu'en même temps l'horizon se voit par-dessus la coque des navires, que les rivages éloignés prennent l'aspect de hautes falaises, et que les objets très distants paraissent s'élever en l'air comme des nuages.

Une circonstance optique bien digne d'attention est la suivante :. en même temps que les objets sont ainsi relevés par-dessus d'autres objets qui les masquaient habituellement, et qu'ils sont transportés bien en deçà de l'horizon apparent, ils paraissent beaucoup moins éloignés de l'œil. Heim a décrit un effet de ce genre observé dans les montagnes de la Thuringe : il a vu tout d'un coup trois hauts sommets paraître par-dessus une chaîne intermédiaire qui aurait dû en masquer la vue, et ces sommets paraissaient si nets, qu'il pouvait distinguer, avec une simple lorgnette, les touffes de gazon à une distance de 4 milles d'Allemagne (30 000 mètres). M. de Tessan a observé un phénomène du même genre dans le port San-Blas en Californie.

Après les deux grandes catégories de faits appartenant au phénomène du mirage et dont l'une se rapporte au cas de la dépression des objets, et l'autre à celui de leur élévation, nous devons maintenant considérer un autre effet non moins curieux : le *mirage supérieur*.

Ce mirage présente trois cas divers. Tantôt, en effet, on aperçoit au-dessus de l'objet son image renversée, et au-dessus de celle-ci une seconde image droite comme l'objet; tantôt, de ces deux images supérieures, c'est l'image renversée qui existe seule, l'image droite supérieure ayant disparu; tantôt enfin il n'existe que l'image directe supérieure, sans image renversée au-dessous.

Woltmann a observé à trois reprises différentes le mirage supérieur:

les objets paraissaient réfléchis dans le ciel; on voyait dans l'air l'image de l'horizon des eaux, et en dessous pendaient renversés les objets du rivage, maisons, arbres, collines, moulins : souvent une strie d'air séparait l'image renversée des objets placés au-dessous; mais le plus souvent l'image et l'objet se rencontraient et se pénétraient de telle sorte qu'il en résultait l'apparence d'une haute falaise avec des stries verticales.

Welterling a fait des observations analogues sur les Svenska-Hogar,

Fig. 132. — Mirage au Pôle Nord. (Expédition de la *Germania*, 1869.)

îles placées à l'entrée du port de Stockholm. « Au-dessus de chacun des écueils, un point noir se montre et paraît dans l'air; puis ces points vont en s'allongeant par le bas, et finissent par se souder avec l'écueil, qui prend la forme d'une colonne neuf ou dix fois plus haute que lui. De là résulte un faux horizon sur lequel tous les objets se trouvent transportés; ils paraissent ainsi tous alignés sur un même niveau, et en ligne droite, quoique leur hauteur absolue soit fort différente. »

Cranz, au Groenland, a vu les îles Kokernen élever leurs rivages sous forme de falaises, de vieilles tours, de ruines. Brandes remarque que l'image supérieure et directe manque le plus souvent, et attribue ce fait au défaut de sphéricité des couches homogènes. Il remarque aussi que c'est un phénomène très local; quelquefois il se montrait sur les maisons orientales du bourg de Damgast, et en même temps on ne le voyait pas sur celles de l'occident du bourg.

Parfois ces objets se peignent dans le ciel à une assez grande hauteur au-dessus de l'horizon. Les uns se meuvent avec beaucoup de vitesse, les autres sont en repos, leurs contours brillent parfois de

Fig. 133. — Mirage supérieur observé en ballon.

couleurs irisées. A mesure que la lumière augmente, les formes deviennent plus aériennes, et elles s'évanouissent quand le soleil se montre dans tout son éclat[1].

1. Bernardin de Saint-Pierre rapporte à ce propos les faits suivants :
Un phénomène très singulier m'a été raconté par notre célèbre peintre Vernet, mon ami. Étant, dans sa jeunesse, en Italie, il se livrait particulièrement à l'étude du ciel, plus intéressante sans doute que celle de l'antique, puisque c'est des sources de la lumière que partent les couleurs et les perspectives aériennes qui font le charme des tableaux ainsi que de la nature. Vernet, pour en fixer les variations, avait imaginé de peindre sur les feuilles d'un livre toutes les nuances de chaque couleur principale et de les marquer de différents numéros. Lorsqu'il dessinait un ciel, après avoir esquissé le plan et la forme des nuages, il en notait rapidement les teintes fugitives sur son tableau avec des chiffres correspondants à ceux de son livre, et il les coloriait ensuite à loisir. Un jour, il fut bien surpris d'apercevoir au ciel la forme d'une ville renversée, il en distin-

Le mirage supérieur se produit plus souvent au-dessus des rivages de la mer qu'en pleine terre, car la variation de densité des couches atmosphériques y est plus fréquente. Dans son ascension aéronautique du 16 août 1868, au-dessus de Calais, M. G. Tissandier a distingué, avec une grande netteté, l'image du bateau à vapeur et de plusieurs barques naviguant à l'envers sur un océan renversé. Le ciel supérieur réfléchissait la mer avec la nuance verdâtre des eaux et les effets de lumière du rivage. Citons encore le curieux fait suivant, qui rappelle les apparitions du siège de Jérusalem, et celles qui accompagnèrent la guerre de Cinna et de Marius.

Le 20 septembre 1835, les habitants des campagnes voisines de l'Agar, l'une des collines du Mendip, en Angleterre, furent témoins d'un étrange spectacle : vers cinq heures du soir, on aperçut dans le ciel, couvert de vapeurs assez épaisses, un immense corps de troupes à cheval, qui semblait défiler tantôt au pas, tantôt au grand trot ; les cavaliers, le sabre en main, étaient tous uniformément équipés, et l'on distinguait presque jusqu'aux brides et aux étriers. Pendant quelque temps on les vit manœuvrer six de front, puis se former par deux rangs ou par files. Pendant plusieurs jours ce spectacle extraordinaire a fait le sujet de toutes les conversations de la ville de Bristol. Garnier, qui rapporte ce fait remarquable (*Traité de Météorologie*, Bruxelles, 1837), n'hésite point à le considérer comme un mirage, quoique personne n'ait pu savoir où se trouvaient les *objets mirés*. D'après le témoignage de plusieurs personnes dignes de foi, je pourrais ajouter à ce fait une

guait parfaitement les clochers, les tours, les maisons. Il se hâta de dessiner ce phénomène, et, résolu d'en connaître la cause, il s'achemina, suivant le même rumb de vent, dans les montagnes. Mais quelle fut sa surprise de trouver à sept lieues de là la ville dont il avait vu le spectre dans le ciel, et dont il avait le dessin dans son portefeuille !

C'est peut-être à des effets de mirage qu'il faut rapporter une faculté extraordinaire de vision célèbre à l'île de France. Vers la fin du dernier siècle, un colon de cette île, M. Baltineau, signalait des navires placés bien au delà des limites de l'horizon jusqu'à une distance considérable La science nouvelle qu'il prétendait avoir constituée en combinant les effets produits par les objets éloignés sur l'Atmosphère et sur l'eau était nommée par lui la *Nauscopie*. Il vint à Paris, muni de certificats de l'intendant et du gouverneur de l'île de France attestant la réalité de sa découverte; mais il ne réussit même pas à obtenir une audience de M. de Castries, alors ministre de la marine. Personne ne s'enquit des moyens par lesquels il obtenait de si étonnants résultats, auxquels un juge compétent, Arago, ne refusait pas de croire en cherchant si certains phénomènes crépusculaires où les ombres portées de montagnes éloignées jouent probablement un rôle, ne pouvaient pas mettre sur la voie de cet important secret. Le pauvre colon retourna dans son île, où on le vit, jusqu'à la fin de sa vie, passer presque tout son temps sur le bord de la mer, l'œil fixé sur l'horizon, continuant à exciter l'étonnement de tous par l'exactitude de ses indications.

En 1874, nous avons reçu une brochure intitulée *Amphiorama, ou la vue du monde des montagnes de la Spezia*, par F.-W.-C. Trafford, dans laquelle ce voyageur prétend avoir vu, du fort Castellanara, à 500 mètres au-dessus de la Spezia (Ligurie), l'Afrique, l'Espagne. Paris, l'Angleterre, le Groenland et le pôle nord! On pourrait, sans doute, qualifier cette vue d'un mirage du cerveau.

observation analogue qui a été faite à Verviers en juin 1815. Trois habitants de cette ville ont vu distinctement, un matin, une armée dans le ciel, et avec tant de précision qu'ils ont reconnu les costumes de l'artillerie, et, entre autres objets, une pièce de canon dont une roue venait d'être brisée et qui était près de tomber. Je n'ai pu, d'après les récits, calculer en quel lieu pouvait être cette armée.

Il se passe peu de saisons sans que les journaux reproduisent l'observation d'un phénomène de mirage supérieur produit dans nos régions tempérées, tel que la réflexion d'une cité dans le ciel; mais en général les images sont fugitives et diffuses. En 1869, nous avons eu à Paris l'un de ces effets, d'autant plus remarquable qu'il a été produit par un clair de lune. Dans la nuit du 14 décembre 1869, entre trois et quatre heures du matin, les personnes revenant de soirée qui traversaient les ponts et les quais, furent témoins de ce curieux phénomène. Il faisait un beau clair de lune, mais la lune et le ciel étaient voilés par des nuages qu'on eût dit éclairés par la lumière d'une aurore boréale. C'était un bel effet de mirage supérieur, dont pendant plus d'une heure quelques rares spectateurs purent examiner l'intéressant spectacle.

Paris, ses palais, ses monuments et son fleuve se montraient sur les nuages qui masquaient le ciel, mais renversés, comme cela aurait lieu si au-dessus de Paris on avait placé une immense glace. Le Panthéon, les Invalides, Notre-Dame, les palais du Louvre et des Tuileries étaient dessinés. Du pont des Arts on voyait à l'ouest la Seine, les ponts, les flèches de Sainte-Clotilde, la place de la Concorde, les Champs-Élysées et le palais de l'Industrie, qui, argentés par la clarté lunaire, présentaient une image rosée d'un effet indescriptible.

Ce ne sont pourtant pas encore là les plus curieux exemples de mirages supérieurs. Quelquefois on voit à la fois un double effet de mirage, comme s'il y avait au-dessus du premier, une sorte de miroir d'air qui montrât une seconde image redressée. Tel est le cas observé, entre autres, dans nos propres climats, sur les bords de la Manche, pendant l'été de 1880, par M. Everett, d'une maison doublement réfléchie dans l'Atmosphère (fig. 137).

Le mirage peut aussi se produire entre deux couches d'air séparées par un plan vertical. C'est ce qui arrive notamment pour les grands murs exposés au midi, lorsqu'ils sont échauffés par le soleil, et alors le mirage ordinaire peut être observé. Il est appelé, dans ce cas, *mirage latéral*. Le mur joue ici le rôle que jouait le sol exposé aux rayons du soleil, et pour l'explication une ligne perpendiculaire au mur remplace

la verticale que nous avons supposée dans le cas du mirage horizontal.
Mais, comme les couches d'air échauffées se renouvellent avec facilité
en s'élevant le long du mur, l'action perturbatrice des densités ne
s'étend pas à une distance bien considérable. Il faut donc placer son
œil peu en avant du plan du mur, et regarder dans une direction parallèle les objets qui s'en rapprochent et s'en éloignent. Les personnes
qui se dirigent vers les portes qui percent le mur, les images qui traversent dans le ciel le vertical parallèle à celui du mur, montrent toujours l'image renversée que la théorie du mirage ordinaire indique.
Grubert paraît être un des premiers observateurs qui aient vu ce phénomène. Blackadder a décrit le mirage latéral qu'il a observé contre le
mur du bastion du Roi-Georges, dans la ville de Leith. Il a été aussi
observé par Gilbert. On le voit assez souvent à Paris pendant les chaudes
journées, en plaçant son œil sur le prolongement du mur du Louvre ou
de celui des Tuileries. Le mur méridional de la Bourse, échauffé sur
les deux heures, réfléchit assez bien les objets situés près de lui pour
un observateur qui place son œil un peu en avant du prolongement du
mur. Dans les fortifications, au sud, deux personnes placées à un peu
plus de cent mètres de distance l'une de l'autre aperçoivent très bien
leur image respective réfléchie par la mince couche d'air chaud qui
monte le long du mur ; on y distingue aussi la réflexion de la campagne, des arbres et des passants. On a observé le même fait à Berlin,
et en général partout où l'attention s'est exercée. Dans le cas particulier que nous considérons, l'image a toujours paru sensiblement égale
en grandeur à l'objet. Ajoutons encore le mirage multiple qui se présente lorsque plusieurs images, toutes renversées, sont superposées à
l'objet. Biot et Arago ont vu se produire des phénomènes de ce genre,
en stationnant sur la montagne Desierto de las Palmas, et observant,
la nuit, au cercle répétiteur, un réverbère allumé dans l'île d'Iviza.
Au-dessus de l'image ordinaire, on a vu se former deux, trois ou
quatre fausses images superposées dans la même verticale. Scoresby
a observé, le 18 juillet 1822, un brick ayant au-dessus de lui trois
images superposées, renversées toutes les trois : dans chacune d'elles,
le bois du navire était en contact avec l'image pareillement renversée
de la banquise au delà de laquelle il se trouvait placé.

Le mirage ne se présente pas toujours avec les caractères de régularité que nous avons signalés : tantôt la seconde image se montre au-
dessus de la véritable ; tantôt on voit les deux images à côté ou en face
l'une de l'autre, dans certains cas se confondant, dans d'autres s'éloi-

MIRAGE SUPÉRIEUR OBSERVÉ A PARIS EN 1869

gnant ; tantôt, enfin, les images ne sont pas renversées, et paraissent suspendues dans les plaines de l'air.

De Ramsgate, on aperçoit par un beau temps le sommet des quatre plus hautes tours du château de Douvres. Le reste du bâtiment est caché par une colline qui se trouve à douze milles environ de Ramsgate. Le 6 août 1806, le docteur Vince, regardant du côté de Douvres, à sept heures du soir, aperçut non seulement les quatre tours du château, comme à l'ordinaire, mais encore le château lui-même dans toutes ses parties jusqu'à sa base. On le voyait aussi distinctement que s'il eût été transporté tout d'une pièce sur la colline du côté de Ramsgate.

Biot et Mathieu ont fait des observations analogues à Dunkerque, sur les bords de la mer, dans la plage sablonneuse qui s'étend au pied du fort Risban. Biot en a donné la théorie détaillée dans les *Mémoires de l'Institut* de 1809 ; il a fait voir qu'à partir d'un certain point l, pris à quelque distance au devant de l'observateur o (fig. 135), on peut concevoir une courbe lb, telle que tous les points qui sont au-dessous d'elle restent invisibles, tandis que tous les points qui sont au-dessus, jusqu'à une certaine hauteur, donnent deux images : l'une ordinaire et directe, l'autre extraordinaire, inférieure à la couche et renversée. Ainsi, un homme qui s'éloigne de l'observateur, en partant du point l, lui offre les apparences successives qui sont représentées sur ce dessin.

Soret et Jurine ont observé, sur le lac de Genève, en septembre 1818, à dix heures du matin, le phénomène remarquable qui est représenté dans la figure 136. La courbe abc dessine la rive orientale du lac ; une barque chargée de tonneaux, ayant ses voiles déployées, était en p, vis-à-vis la pointe de Belle-Rive, et faisait route pour Genève, les observateurs l'apercevaient, avec un télescope, dans la direction gp ; ils étaient au bord du lac, au deuxième étage de la maison de Jurine, à une distance d'environ deux lieues. Pendant que la barque prit successivement les positions q, r, s, on en vit une image *latérale* très sensible, en q', r', s', qui s'avançait comme la barque elle-même, mais qui semblait s'écarter à gauche de gp, tandis que la barque elle-même s'en écartait à droite. Quand le soleil éclairait les voiles, cette image était assez éclatante pour être aperçue à l'œil nu. La direction des rayons solaires est indiquée par ly.

Il suffit de connaître la position des lieux pour voir à l'instant que c'est un phénomène de *mirage latéral*. A droite de gp l'air était resté dans l'ombre pendant une partie de la matinée ; à gauche, au contraire, il avait été échauffé par le soleil ; la surface de séparation de l'air chaud et de l'air froid devait être à peu près *verticale*, dans une petite étendue au-dessus de l'eau ; de part et d'autre de cette couche s'était fait un mélange de densité croissante, en allant de gauche à droite, et là se produisait, dans les couches verticales, ce qui se produit ordinairement sur le sol, dans des couches horizontales.

Le 13 avril 1869, à deux heures du soir, on voyait parfaitement de Folkestone les côtes de France depuis Calais jusqu'au delà de Boulogne. Sous l'image droite des terres et des édifices, on voyait des images

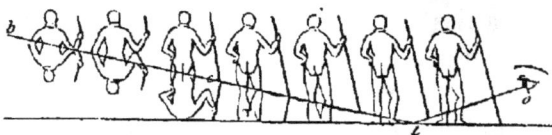

Fig. 135. — Effet de mirage simulant des figures de cartes.

renversées, du double plus grandes. Le phare du cap Griz-Nez donnait cinq images.

Dans les régions polaires, les jeux de la réfraction se présentent sous les apparences les plus capricieuses et les plus extraordinaires. « L'extrême condensation de l'air, en hiver, dit l'amiral Wrangel, et les vapeurs répandues, en été, dans l'atmosphère, donnent une grande puissance à la réfraction dans la mer Glaciale. En pareil cas, les montagnes de glace prennent souvent les formes les plus bizarres ; quelquefois même elles semblent détachées de la surface glacée qui leur sert de

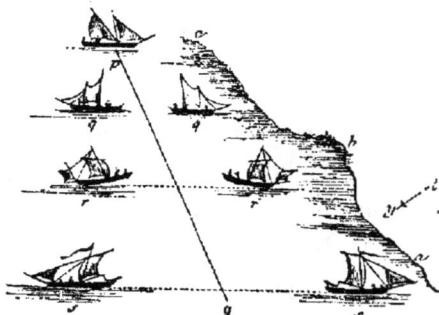

Fig. 136. — Mirage latéral observé sur le lac de Genève.

base de manière à paraître suspendues en l'air. » Combien de fois l'amiral Wrangel et ses compagnons ne crurent-ils pas apercevoir des montagnes de couleur bleuâtre dont les contours se dessinaient nettement, et entre lesquelles il leur semblait distinguer des vallées et même des rochers ! Mais au moment où ils se félicitaient d'avoir découvert la terre si ardemment souhaitée, la masse bleuâtre, emportée par le vent, s'étendait de côté et d'autre, et finissait par embrasser tout l'horizon. Scoresby, qui a recueilli au Groenland tant d'observations intéressantes, fait remarquer aussi que la glace revêt à l'horizon les formes les plus singulières, et paraît même, sur beaucoup de points, suspendue en l'air.

Le phénomène le plus curieux fut de voir l'image renversée et parfaitement nette d'un navire qui se trouvait au-dessous de l'horizon. « Nous avions observé déjà de semblables apparences, dit-il, mais celle-ci avait pour caractère particulier la netteté de l'image, malgré le grand éloignement du navire. Ses contours étaient si bien marqués, qu'en regardant cette image avec une lunette de Dollond, je distinguais les détails de la mâture et de la carcasse du navire, que je reconnus pour être celui de mon père. En comparant nos livres de loch, nous vîmes que nous étions à 55 kilomètres l'un de l'autre, c'est-à-dire à 31 kilomètres de l'horizon, et bien au delà des limites de la vue distincte. »

Sur les bords de l'Orénoque, Humboldt et Bonpland trouvèrent à midi la température du sable au soleil à 53 degrés, tandis qu'à six mètres au-dessus du sol la chaleur de l'air n'était que de 40 degrés centigrades. Les monticules de San-Juan et d'Ortez, la chaîne appelée *le Galera*, situés à 3 ou 4 lieues de distance, paraissaient suspendus ; les palmiers semblaient manquer de pied ; enfin, au milieu des savanes de Caracas, ces savants crurent voir à une distance d'environ 2000 mètres un troupeau de *vaches en l'air*. Ils ne remarquèrent point de double image. Humboldt observa également un troupeau de bœufs sauvages dont une partie paraissait avoir les jambes au-dessus de la terre, tandis que l'autre reposait sur le sol.

Ce n'est pas seulement dans les pays chauds que se forment les mirages; nous venons de voir qu'on en a observé jusqu'au sein des mers polaires. Nous remarquons entre autres une pittoresque description faite par le navigateur Hayes lors de son voyage aux mers arctiques en 1861. C'était au détroit de Smith, au 80ᵉ degré de latitude, par conséquent à 10 degrés seulement du pôle, et à la fin de juillet.

Un faible zéphir, dit-il, ridait à peine la surface de la mer, et sous un soleil éblouissant, nous glissions sur les flots paisibles, semés partout d'icebergs étincelants et de débris de vieux champs de glace; çà et là brillait quelque étroite bande de cristal détachée de la banquise. Les animaux marins et les oiseaux des cieux s'assemblaient autour de nous et animaient les eaux calmes et l'Atmosphère tranquille; les morses s'ébrouaient et mugissaient en nous regardant; sur notre passage, les phoques levaient leurs têtes intelligentes; les narvals, en troupes nombreuses et soufflant paresseusement, émergeaient leur longue corne hors de l'eau, et leurs corps mouchetés dessinaient leur courbe gracieuse au-dessus de la mer, pour jouir du soleil; des multitudes de baleines blanches fendaient les ondes.

Assis sur le pont, je passai de longues heures à essayer, sans beaucoup de succès, de rendre sur mon papier les splendides teintes vertes des icebergs qui voguaient près du navire, et à contempler un si merveilleux spectacle. Les cieux polaires sont de grands artistes en fantasmagorie magique. L'Atmosphère était d'une rare douceur, et nous fûmes témoins d'un très remarquable mirage, phénomène assez fréquent, du reste, pendant les beaux jours de l'été boréal.

L'horizon se doublait, pour ainsi dire; les objets situés à une très grande distance au delà montaient vers nous comme appelés par la baguette d'un enchanteur, et, suspendus dans les airs, changeaient de forme à chaque instant. Icebergs, banquises flottantes, lignes de côtes, montagnes éloignées apparaissaient soudain, gardaient parfois leurs contours naturels pendant quelques minutes, puis s'étendaient

FIG. 137. — Effet de double mirage supérieur.

en long ou en large, s'élevaient ou s'abaissaient, selon que le vent agitait l'Atmosphère, ou retombaient paisibles sur la surface des eaux.

Presque toujours ces évolutions étaient aussi rapides que celles d'un kaléidoscope; toutes les figures que l'imagination peut concevoir se projetaient tour à tour sur le firmament. Un clocher aigu, image allongée de quelque pic lointain, s'élançait dans les airs; il se changeait en croix, en glaive; il prenait une forme humaine, puis s'évanouissait pour être remplacé par la silhouette d'un iceberg se dressant comme une forteresse.

Les champs de glace prenaient l'aspect d'une plaine parsemée d'arbres et d'animaux; puis des montagnes déchiquetées et se dissolvant rapidement nous laissaient voir une longue suite d'ours, de chiens, d'oiseaux, d'hommes dansant dans les airs et sautant de la mer vers les cieux.... Impossible de peindre cet étrange spectacle. Fantôme après fantôme venait prendre sa place dans le branle magique, pour disparaître aussi soudainement qu'il s'était montré.

Cette merveilleuse féerie se prolongea durant une grande partie de la journée, puis la brise du nord vint soulever les eaux, et la scène entière s'évanouit à son premier souffle, sans laisser plus de traces que la vision fantastique de Prospéro.

Ainsi le mirage peut se former, avec une intensité différente, sous toutes les latitudes. Nous avons vu plus haut que le mirage latéral s'observe assez souvent à Paris dans les journées chaudes, et que le mirage supérieur, plus rare, y a également été observé.

Quand, au lieu de se produire dans les couches planes et régulières, les réfractions et les réflexions s'accomplissent dans des couches courbes et irrégulières, on a un mirage où les images sont déformées dans tous les sens, brisées ou répétées plusieurs fois, éloignées les unes des autres à des distances considérables. C'est ce qui arrive dans la fantastique vision aérienne, attribuée jadis à une fée, la *Fata Morgana*, qui attire quelquefois le peuple sur le rivage de la mer à Naples, et à Reggio sur la côte de la Sicile. Le phénomène a surtout lieu le matin, à la pointe du jour, lorsque règne un calme complet.

Sur une étendue de plusieurs lieues, la mer des côtes de Sicile prend l'apparence d'une chaîne de montagnes sombres, tandis que du côté de la Calabre les eaux restent complètement unies. Au-dessus de celle-ci on voit peinte, en clair-obscur, une rangée de plusieurs milliers de pilastres, tous égaux en élévation, en distance, et en degrés de lumière et d'ombre. Et en un clin d'œil ces pilastres perdent parfois la moitié de leur hauteur, et paraissent se replier en arcades et en voûtes, comme les aqueducs des Romains. On voit souvent aussi une longue corniche se former sur le sommet, et l'on aperçoit une quantité innombrable de châteaux, tous parfaitement semblables. Bientôt ils se fondent, et forment des tours qui disparaissent aussi pour ne plus laisser voir qu'une colonnade, puis des fenêtres, et finalement des pins, des cyprès répétés aussi un grand nombre de fois.

Ces apparences fantastiques, on les a vues avec étonnement se produire en Écosse, près d'Édimbourg même, le 17 juin 1871, veille d'un formidable orage. C'est là, à coup sûr, l'une des plus singulières espèces de mirage qui se puisse voir.

Tels sont les phénomènes optiques les plus curieux qui ont leur source dans l'Atmosphère. On classe souvent dans la Météorologie certains sujets d'étude non moins remarquables et non moins importants, tels que les *étoiles filantes*, les *bolides*, les *aérolithes*, la *lumière zodiacale*. Mais, en fait, ces sujets n'appartiennent pas au cadre de la Météorologie; — ils sont du domaine de l'Astronomie; — nous les avons traités dans notre *Astronomie populaire*, et nous n'avons pas à y revenir ici.

CHAPITRE IX

Nous venons d'assister aux jeux variés de la Lumière dans le monde atmosphérique, et, en disséquant les phénomènes optiques, nous nous sommes rendu compte de leur mode de formation et de leur nature. Ce panorama général des œuvres de la Lumière serait incomplet si nous ne pénétrions un instant dans la fonction grandiose et profonde de cet agent sur la vie terrestre tout entière. Car la Lumière est la force qui soutient dans l'infini la splendeur de cette vie, elle est le charme et la parure de la Terre, elle est pour nous le premier élément de toute existence ; mais les jeux que nous venons de saluer ne sont encore que des sourires passagers sur ce visage toujours ami qui, du haut des cieux, laisse les rayons de son regard illuminer ce monde obscur. Sans elle, le globe roulerait dans les ténèbres d'une nuit inféconde et glacée ; avec elle, tout se meut dans la joie et dans l'éternelle vie.

Il y a des mondes qui ne sont point gratifiés de cette divine lumière blanche à laquelle la nature terrestre doit son infinie variété de couleurs, de nuances et d'aspect ; il y a des mondes éclairés par des soleils verts, sans autre teinte ; par des soleils rouges, ne donnant à leurs campagnes que cette seule couleur ; par des soleils bleus, violets, ne versant à leur surface que des rayons toujours colorés de la même teinte. D'autres mondes sont éclairés par deux ou trois soleils à la fois, brillant chacun d'une couleur propre et se succédant ou se rassemblant sur l'horizon. Le spectacle du ciel nous montre ainsi, par comparaison, que sur cette Terre, toutefois, quelque modeste qu'elle soit d'ailleurs, nous ne sommes pas les moins privilégiés, puisque notre Soleil blanc nous dispense toutes les variétés possibles de la lumière multicolore.

La force lumineuse répandue par l'éclatant Soleil dans l'Atmosphère terrestre règne en souveraine sur la planète à laquelle elle distribue ses saisons et ses jours; elle tisse de ses mains délicates le léger et tendre organisme des plantes, et c'est surtout son action sur le monde végétal qui doit commander ici notre attention.

Nous pourrions nous intéresser à mettre en évidence ici l'esthétique du règne de la Lumière sur la nature animée, voir les fleurs douces et inconscientes se tourner instinctivement vers le jour comme l'enfant au berceau, et se donner en modèles à l'humanité consciente qui trop souvent ne se sert de sa volonté que pour reculer vers les ténèbres; nous pourrions assister au sommeil et au réveil des plantes, admirer leur incroyable énergie pour habiter dans la clarté, et nous inspirer de l'exquise souveraineté de cette puissance sur la nature entière. Mais le spectacle le plus important à considérer ici, c'est d'apprécier le mieux possible les *quantités de travail* représentées par l'action permanente de cet agent dans l'Atmosphère sur les plantes.

La Lumière est indispensable à la vie végétale, et si certaines plantes peuvent croître pendant quelque temps dans l'obscurité, elles restent languissantes et étiolées, et ne peuvent parcourir les différentes phases de leur existence.

Les éléments les plus essentiels qui constituent les plantes sont le carbone, l'hydrogène, l'oxygène et l'azote. Ces quatre substances se rencontrent dans l'Atmosphère; les trois dernières sont fixées dans les plantes, lors du mouvement de la sève, par des réactions chimiques dont nous n'observons que le résultat final; le carbone est fourni par l'acide carbonique de l'air, et c'est la lumière qui détermine l'action en vertu de laquelle il s'accumule dans les végétaux.

D'après les expériences faites par M. Boussingault du mois de juin au mois d'août 1865, entre huit heures du matin et cinq heures du soir, dans des atmosphères riches en acide carbonique, 1 mètre carré de feuilles de laurier a donné en moyenne, par jour :

à la lumière, acide carbonique absorbé. . . . . 1 litre 108;
à l'obscurité,   —   — dégagé . . . . . 0 — 070.

Le rapport des deux quantités est à peu près celui de 16 à 1, c'est-à-dire qu'avec ces feuilles la décomposition de l'acide carbonique à la lumière a été seize fois plus vive en moyenne que l'émission de ce gaz à l'obscurité

En analysant une certaine quantité de feuilles avant l'insolation,

puis une même quantité après, c'est-à-dire en dosant tous les éléments de la plante, on trouve que sous l'action de la lumière il y a
sensiblement autant d'oxygène émis que d'acide carbonique éliminé.

En analysant complètement des quantités équivalentes de feuilles
avant et après l'insolation, ainsi que l'atmosphère dans laquelle elles
se trouvaient, on a constaté que dans l'action de la lumière sur les
feuilles il n'y a ni absorption ni émission d'azote.

Il résulte de là que dans l'action lumineuse l'azote de l'air ne se fixe
pas dans les feuilles, et que celui qui se trouve assimilé aux végétaux
provient des composés ammoniacaux ou des matières transportées dans
le végétal pendant la circulation de la sève.

La lumière détermine la coloration verte des feuilles et des tiges;
les autres parties du tissu végétal, telles que les fleurs aux teintes si
variées et si riches, et les fruits eux-mêmes, ne doivent aussi leur
couleur qu'à son action. On pourrait dire que toutes les nuances végétales sont produites par elle, soit en vertu d'une action directe exercée
par les rayons lumineux, soit en raison d'effets secondaires, c'est-à-
dire de réactions qui se passent dans les tissus végétaux pendant l'acte
de la végétation, car, par exemple, beaucoup de fleurs sont colorées au
moment où elles s'épanouissent. L'enveloppe des fruits donne lieu,
comme les fleurs, à des effets de coloration sous l'influence de la
lumière. On sait en effet que les couleurs rouges des pêches ne sont
dues qu'à cette influence, ainsi que ces tons jaunes, rouges ou
bruns des cerises, des prunes, des pommes, du raisin, et en général
de tous les fruits. Une feuille adhérente à un fruit suffit pour empêcher
la coloration. Le côté du nord est toujours beaucoup plus pâle que
celui du midi, etc.

Il en est de même dans le règne animal. La vivacité des couleurs
des plumes des oiseaux et de la fourrure des bêtes fauves va en décroissant des tropiques aux régions polaires. L'homme des champs est
bronzé; le citadin reste pâle; le prisonnier offre à la pitié publique un
teint languissant et décoloré.

Il est très remarquable de voir que c'est par suite de la présence
d'une très petite quantité d'acide carbonique dans l'Atmosphère et
dans le sol végétal que l'assimilation du carbone a lieu à la surface de
la Terre. En supposant que l'acide carbonique soit répandu partout en
même proportion, comme le poids de l'Atmosphère équivaut au poids
d'une couche d'eau de $10^m,33$ répandue sur la surface du globe, le
poids du carbone contenu dans l'acide carbonique existant dans l'air

équivaut à celui d'une couche de houille, supposée en carbone pur, qui aurait $1^{mm},25$ d'épaisseur et qui envelopperait le globe. Cette quantité est très minime, et cependant c'est elle qui fournit le carbone qui se fixe à chaque instant dans les végétaux. On doit ajouter que la perte de l'acide carbonique est compensée à chaque instant par les quantités du même gaz que le sol peut émettre lors de la décomposition des matières organiques, ainsi que par l'acide carbonique qui provient de la respiration des animaux.

On peut avoir une idée de la quantité de travail déterminée par l'action de la lumière solaire sur la végétation et dont on pourrait trouver l'équivalent lors de la combustion des végétaux, en évaluant la quantité de carbone fixée pendant un temps donné par les végétaux. C'est l'image que nous avons déjà évoquée en nous occupant de la vie (liv. I, chap. vi).

Dans nos climats tempérés, 1 hectare de forêt produit chaque année une couche de houille qui aurait environ $\frac{13}{100}$ de millimètre d'épaisseur ; comme on vient de voir que l'acide carbonique qui se trouve dans l'air donnerait à un moment donné une couche de houille dix fois plus épaisse si tout le carbone qu'il contient venait à être fixé sur le sol, il en résulte que si toute la surface du globe était couverte d'une végétation égale à celle des forêts et que l'acide carbonique absorbé ne se renouvelât pas, au bout de dix ans environ l'air en serait entièrement dépouillé. Si l'on suppose donc que la végétation soit la même pendant toute l'année, la quantité de carbone fixée par les arbres sur la surface d'un hectare serait de 4320 kilogrammes.

Ce nombre est relatif à notre pays ; dans les régions équatoriales, où la végétation est plus active, il serait certainement supérieur. Si l'on considère les autres espèces de culture, la proportion de carbone fixée annuellement peut être également plus grande. Ainsi l'on a reconnu que pendant une année, dans une prairie bien fumée, il se forme par hectare 3500 kilogrammes de carbone fixés dans les plantes, et la culture des topinambours a donné (chiffre le plus élevé) la quantité de 6310 kilogrammes. On peut donc considérer comme variant de 1500 à 6000 kilogrammes la proportion de carbone fixée annuellement par hectare des diverses cultures dans les régions tempérées, et cela par l'action de la Lumière sur les différents végétaux.

D'après ces nombres, si l'on cherche combien cette quantité de carbone donnerait de chaleur en brûlant, on aura une idée de la quantité de travail produite par la Lumière sur les végétaux à la surface du globe. Comme 1 kilogramme de carbone fournit 8000 unités de chaleur, c'est-à-dire la quantité de chaleur qui échaufferait de 1 degré 8000 kilogrammes d'eau, les nombres ci-dessus donnent ces quantités de chaleur comme variant de 12 000 000 à 48 000 000. En prenant le chiffre de 24 millions pour la moyenne, on voit que sur la superficie de la France seule l'action annuelle de la Lumière sur la végétation correspond à un incendie de 166 millions de kilogrammes de charbon ! Sur l'Europe entière, c'est un feu de 3000 milliards de kilogrammes ! Sur la planète entière, une combustion de 40 000 milliards !

Cependant la quantité de travail effectuée par les rayons *lumineux* du Soleil pendant l'acte de la végétation dans nos climats, et qui se trouve emmagasinée dans les plantes pour être utilisée ensuite lors de la combustion ou de l'emploi de ces matières, est incomparablement inférieure, comme nous le verrons, à l'action *calorifique* produite par l'influence de ces mêmes rayons !

Un homme de trente à quarante ans fournit dans l'acte de la respiration une quantité d'acide carbonique qui équivaut à celle donnée par la combustion de 11 grammes de carbone par heure; une femme du même âge donne 7 grammes de ce gaz : on peut donc admettre en moyenne 9 grammes par personne. Il résulte de là qu'en vingt-quatre heures une personne fournit une quantité d'acide carbonique équivalant à 216 grammes, et que 23 personnes produisent dans le même temps, par l'acte de la respiration, la quantité de carbone qui est fixée en moyenne pendant l'année pour la végétation d'un hectare de forêt [1].

L'importance du rôle de la Lumière dans la nature, le désir de connaître ses variations d'intensité suivant les jours de l'année, m'avaient fait depuis longtemps songer à la mesurer par un procédé mécanique quelconque. Un fait particulier de mes excursions aéronautiques me força plus spécialement à m'occuper de ce point; c'est celui-ci. Toutes les fois que je traversais des nuages, j'étais singulièrement surpris de l'accroissement de clarté qui se produit lorsqu'on est plongé dans leur sein et qu'on s'élève vers leur surface supérieure. Parfois même la

1. Ce résultat curieux n'est pas identique pour toutes les cultures, car, par exemple, un hectare de nos plantureuses prairies donne une fixation de carbone égale à la quantité qui sortirait des lèvres de 46 personnes. Mais quels que soient les détails, la vue d'ensemble est cet échange permanent d'atomes entre le règne végétal et nous-mêmes, cette organisation de l'équilibre de l'Atmosphère par l'opposition même de la fonction organique des deux règnes. Nous le voyons une fois de plus, une loi profonde établit sur notre planète une fraternité absolue entre tous les êtres, et cette fraternité se développe dans l'histoire de la nature sous la protection active et incessante de la Lumière.

lumière diffuse qui règne sous un ciel couvert est si faible, quoique nous ne le remarquions pas, que l'œil est véritablement ébloui lorsque, ayant pénétré de quelques centaines de mètres dans l'épaisseur d'un nuage, il approche de l'air lumineux supérieur à ce sombre couvercle si souvent étendu au-dessus de nos têtes. J'ai voulu mesurer cette variation de lumière, mais la chose n'était pas facile.

Il n'y a pas encore pour la lumière d'instrument analogue au thermomètre pour la chaleur, ou au baromètre pour la pression atmosphérique. Le *photomètre* n'est pas encore inventé. On ne connaît pas de substance qui oscille avec l'intensité de la lumière ou subisse des variations instantanées. J'avais d'abord cherché quelque procédé susceptible d'imiter le jeu de la pupille de l'œil, qui se contracte ou se dilate suivant l'intensité de la lumière; mais mes recherches restèrent infructueuses.

Enfin, j'imaginai, faute de mieux, de prendre une substance qui s'impressionnât en proportion de la quantité de lumière à laquelle on l'expose, et qui gardât cette impression de manière à permettre de comparer les intensités lumineuses ainsi enregistrées. Voici les résultats :

Le papier nitraté peut servir de substance impressionnable. Un mouvement d'horlogerie met en marche, dans une boîte de cuivre, un cylindre sur lequel est enroulée une bande de papier sensibilisé. La boîte se place sur une table; à sa partie supérieure est réservée une petite fenêtre, ouverture par laquelle passe la lumière, et dont la largeur est calculée sur le diamètre du cylindre. Celui-ci tourne autour d'un axe central, soit en une heure pour les observations délicates et rapides, soit en douze heures. En passant sous la fenêtre, le papier préparé s'impressionne plus ou moins suivant l'intensité de la lumière qui agit sur lui.

L'appareil est orienté au sud dans les observations à terre. Au lever du soleil, le papier perd un peu de sa blancheur. A mesure que le soleil est moins oblique, il noircit plus vite et davantage. Si des nuages passent sur l'astre radieux et assombrissent l'Atmosphère, il reste blanc ou gris pâle pendant la durée du passage. Si le ciel reste couvert toute la journée, les douze bandes horaires, ou la bande diurne de douze heures, donnent l'intensité relative à la lumière qui a pénétré les nuages. S'il pleut, le papier est sensiblement rougi par l'humidité. S'il n'y a qu'une heure ou deux de ciel couvert dans la journée, le papier est moins noirci pendant cette période. En dosant le bain d'argent, on peut donner au papier toute la sensibilité désirable. On voit, sans autres détails, que cet appareil donne par la série de ses indications l'état diurne et horaire de la lumière, la variation de l'Atmosphère, le lever et le coucher du soleil, sa valeur lumineuse de chaque instant, la durée du jour réel et son intensité à midi. Comparé aux indications du thermomètre pour la chaleur, de l'hygromètre pour l'humidité et du baromètre pour le déplacement de l'air, il complète l'enregistrement de l'action des forces de la nature sur la vie végétale et animale.

En ballon, cet appareil, placé horizontalement, m'a indiqué les variations d'intensité de la lumière suivant les heures, les hauteurs, l'état du ciel, et surtout, ce

ESSAIS DE PHOTOMÉTRIE

(La teinte est en proportion *inverse* de l'intensité de la Lumière.)

Lumière du Ciel au lever du soleil.

| 4ʰ,40ᵐ | 5ʰ | 10ᵐ | 20ᵐ | 30ᵐ | 40ᵐ | 50ᵐ | 6ʰ | 10ᵐ | 20ᵐ | 30ᵐ | 40ᵐ | 50ᵐ | 7ʰ | 7ʰ,20ᵐ |

Passage d'un nuage sur le soleil.

| 0ᵐ | | | 10ʰ | 15ᵐ | 30ᵐ | 45ᵐ | 11ʰ | | | midi |

Traversée d'une couche de nuages en ballon (1867).

| 3ʰ,50ᵐ | 55ᵐ | 4ʰ | 5ᵐ | 10ᵐ | 15ᵐ | 20ᵐ | 30ᵐ |

Lumière diffuse inférieure.   Entrée dans le nuage.   Au-dessus des nuages.

Journée d'été, Ciel pur

| minuit | 3ʰ | 6ʰ | 9ʰ | midi | 3ʰ | 6ʰ | 9ʰ | minuit |

Journée d'hiver, Ciel couvert.

| minuit | 3ʰ | 6ʰ | 9ʰ | midi | 3ʰ | 6ʰ | 9ʰ | minuit |

Matinée de brouillard (4 mai 1868). Paris, Palais-Royal.

| 9ʰ | 10ʰ | 11ʰ | midi | 1ʰ | 2ʰ | 3ʰ |

L'éclipse du siège de Paris (22 décembre 1870).

| 9ʰ,30 | 10ʰ | 10ʰ,30 | 11ʰ | 11ʰ,30 | midi | 12ʰ,30 | 1ʰ | 1ʰ,30 | 2ʰ | 2ʰ,30 | 3ʰ |

| 11° | 12° | 13° | 14° | 13° | 11° | 8°,5 | 11° | 13° | 11° | 9° |

Commencement   Milieu   Fin
de l'éclipse.   de l'éclipse.   de l'éclipse.

que j'avais désiré, la modification apportée par les nuages dans la distribution de la lumière dans l'Atmosphère.

La page précédente représente des fac-similé de diverses bandes de papier sensibilisé exposées au photomètre. La première est celle du 20 mars 1868 : on voit la lumière s'accuser, dès avant le lever du soleil, par un ciel pur, et s'accroître graduellement. La seconde indique le passage d'un nuage sur le soleil, de dix heures trente à dix heures quarante minutes. La troisième montre qu'en traversant une couche de nuages en ballon, la lumière est plus faible au moment où l'on pénètre dans l'intérieur du nuage, redevient bientôt analogue à la lumière diffuse d'en bas, la dépasse vite en intensité, s'accroît à mesure qu'on s'élève, et devient intense aussitôt qu'on a dépassé la surface supérieure du nuage. Dans la quatrième et dans la cinquième bande, on peut comparer l'*intensité* et la *durée* de la lumière au solstice d'été (20 juin 1869) et au solstice d'hiver (22 décembre 1869).

J'ai appliqué ce photomètre à la mesure de la variation de lumière produite par l'éclipse de soleil du 22 décembre 1870 ; l'éclipse s'est peinte en quelque sorte sur la série des bandes de papier photométrique, suivant la progression exacte de ses phases et l'état de l'Atmosphère. On voit que le jour n'avait que 4 degrés de lumière à huit heures du matin, 10 degrés à neuf heures, 12 degrés à dix heures, 14 degrés à onze heures. Puis la lumière diminua progressivement jusqu'à 8 degrés 5 dixièmes au milieu de l'éclipse, remonta à 11 degrés à une heure trente minutes, à 13 degrés à deux heures, pour redescendre ensuite à 9 degrés à trois heures, et à 3 degrés à quatre heures. J'ai fait cette expérience à horizon découvert, près des remparts (sixième secteur de l'enceinte fortifiée).

Ces degrés sont ceux d'une échelle arbitraire que j'ai appliquée aux teintes progressives qui correspondent à l'intensité de la lumière. En supposant que 20 degrés, par exemple, représentent le maximum d'intensité, et 0 l'obscurité complète où le papier reste blanc, 1 à 19 degrés représenteront suffisamment tous les gris intermédiaires.

On apprécie directement de la sorte l'influence de la lumière solaire dans la nature terrestre, selon les années, les saisons, les jours et les heures, influence qui doit entrer dans l'étude des phénomènes de la vie, au même titre que les indications du thermomètre, de l'hygromètre et du baromètre.

Il y a des jours singulièrement sombres. Parfois à midi même l'obscurité est considérable à Paris. Il ne se passe pas d'année sans que de pareilles heures soient remarquées. Cette opacité de l'Atmosphère est généralement due à des brouillards d'une énorme épaisseur.

L'étude que nous venons de faire de l'œuvre de la lumière dans l'Atmosphère terrestre nous amène à nous occuper maintenant d'une œuvre incomparablement plus puissante et plus active, quoique moins visible : l'action de la *chaleur* solaire, c'est-à-dire la température, les saisons et les climats.

LIVRE TROISIÈME

LA TEMPÉRATURE

CHAPITRE PREMIER

LE SOLEIL ET SON ACTION SUR LA TERRE

LA CHALEUR. — LE THERMOMÈTRE. — QUANTITÉ DE CHALEUR REÇUE DU SOLEIL. — SA VALEUR ET SON EXPLOITATION. — TEMPÉRATURE DU SOLEIL. — TEMPÉRATURE DE L'ESPACE.

Nous avons, dans notre premier Livre, contemplé la Terre emportée au sein des espaces par la force mystérieuse de la gravitation universelle, roulant sur une orbite distante de 37 millions de lieues de l'astre solaire qui la soutient, et puisant dans la lumière permanente du foyer central l'entretien constant de sa beauté, de sa joie et de sa vie. Nous avons vu l'Atmosphère attachée autour du globe comme une couche de gaz adhérente à sa surface, et tous les êtres, grands ou petits, humbles ou glorieux, construits sur le type d'un même système organique, d'un système respiratoire, dont le fonctionnement est la condition même de leur vitalité à la surface de notre planète.

Nous avons admiré ensuite, dans notre deuxième Livre, la lumière céleste, qui pénètre doucement notre Atmosphère entière, et enveloppe la planète d'une chatoyante parure. Jusqu'à présent, en quelque sorte, nous avons étudié la forme extérieure et les brillants aspects de la nature. Il est temps maintenant de descendre dans l'usine et d'apprécier la grande force infatigablement déployée. Nous allons examiner quelle est la puissance qui produit les courants de l'Atmosphère, les vents, les brises, les tempêtes, et fait circuler la vie sur la sphère habitée. Tandis que l'attraction mène la Terre dans l'espace et la penche sur son axe pour lui donner des saisons régénératrices, la chaleur vient réveiller les organismes endormis dans la nuit de l'hiver, et fait chanter les oiseaux dans les bois. C'est elle qui fleurit dans les roses et sourit sur la verdoyante prairie ; c'est elle qui murmure dans la source jaseuse et soupire sur le rivage escarpé des mers; c'est elle encore qui fait voyager les atomes de la plante à l'animal, de l'homme au végétal, et établit sur la Terre l'immense fraternité des choses. Mieux inspirés que les anciens prophètes, qui déclaraient que nul ne peut savoir d'où vient le vent ni où il va, de même que nul ne pouvait dire sur quelles fondations le globe repose, nous allons trouver dans une seule force le principe des vents et des brises, des nuées et des orages, des pluies et des tempêtes, et juger dans sa grandeur le mécanisme de tous les mouvements qui s'accomplissent sur notre planète.

Voyons d'abord comment on apprécie la chaleur et sa distribution à la surface du globe.

Pour mesurer les variations de température, on se sert du *thermomètre* (θερμός, chaleur; μέτρον, mesure), de même qu'on a imaginé, comme nous l'avons vu plus haut, le baromètre pour mesurer les variations de la pression atmosphérique. Il est intéressant de remonter à son invention, qui date du milieu du dix-septième siècle, comme celle du baromètre.

Les anciens jugeaient de la température à peu près comme nous le faisons de nos jours, c'est-à-dire par les effets principaux qui en dépendent. Aujourd'hui, la science la mesure avec plus de soin et d'une manière uniforme, au moyen d'instruments spéciaux qui permettent de comparer les résultats d'un pays à ceux d'un autre pays, ou d'une époque à ceux d'une autre époque déterminée.

Fig. 139.—Le thermomètre.

Lorsque les académiciens de Florence établirent que tous les corps changent de volume sous l'influence de la chaleur, ils posèrent les bases de la thermométrie. L'instrument dont se servaient ces savants consistait en une sphère A (fig. 139), soudée à un tube étroit B, et contenant de l'alcool coloré. Si l'on porte cet appareil d'un milieu dans un autre plus chaud, le liquide se dilate, le niveau s'élève, accusant ainsi l'augmentation de température. Cet appareil date de 1650. Pour que les thermomètres fussent comparables entre eux, c'est-à-dire afin que dans les mêmes circonstances ils pussent donner les mêmes indications, les académiciens de Florence les firent tous conformes à un même étalon, autant du moins qu'il leur fut possible. Un physicien de Pavie, Charles Renaldi, proposa le premier, vers 1694, le moyen employé encore aujourd'hui pour avoir des thermomètres comparables. Ce moyen consiste à placer l'instrument successivement dans deux conditions calorifiques invariables et faciles à reproduire : celles qui correspondent à la fusion de la glace et à l'ébullition de l'eau (sous la pression atmosphérique normale). Entre ces limites de température, un même corps se dilate toujours de la même fraction de son volume. On marque généralement zéro au point où le liquide du thermomètre s'arrête dans la glace fondante, et 100 degrés à l'endroit où il reste stationnaire au sein de l'eau bouillante. Ces deux points étant inscrits sur la tige, on a divisé leur intervalle en 100 parties égales, et les divisions ont été prolongées de part et d'autre. Au-dessous de zéro, on continue la division centésimale. C'est le thermomètre *centigrade*, le plus commode et le plus usité (fig. 140). Il existe d'autres systèmes de graduation, notamment ceux de Fahrenheit et de Réaumur. Fahrenheit avait d'abord choisi comme points fixes, d'une part le froid d'un mélange de glace pilée et de sel marin, d'autre part la chaleur indiquée par le thermomètre sous l'aisselle d'une personne bien portante, et avait partagé l'intervalle en 96 parties égales. Depuis, on a marqué la division Fahrenheit à 32 degrés pour la glace fondante et 212 degrés à l'eau bouillante. Réaumur a inscrit zéro à la glace fondante et 80 degrés à l'eau bouillante. C'est Linné qui décida l'adoption de la division centésimale. Notre figure 141 montre la correspondance de ces trois systèmes de graduation. On peut remarquer que le thermomètre Réaumur (français) est surtout en usage en Russie, que le thermomètre Fahrenheit (allemand) est surtout en usage en Angleterre et en Amérique, et que la division de Linné (suédois) est particulièrement adoptée en France.

FIG. 140.
Le thermomètre centigrade.

L'observation du thermomètre est une étude plus délicate qu'on ne pense, si l'on veut avoir des données exactes sur la température. Dans les observations ordinaires de température que l'on fait un peu partout dans les grandes villes et que l'on voit publiées par les journaux, il n'en est presque aucune qui soit faite en des conditions convenables. La réflexion des murs, l'orientation des rues, les courants d'air font donner dix indications différentes à dix thermomètres placés dans un même quartier. Des thermomètres à l'ombre peuvent varier de plusieurs degrés, suivant les reflets qui agissent sur eux. Les murs eux-mêmes, contre lesquels on a l'habitude de les suspendre, s'échauffent et leur communiquent leur température. Aussi ne doit-on pas se fier à ces indications pour les statistiques relatives, par exemple, aux chaleurs des étés les plus chauds, comme aux froids des hivers les plus rudes.

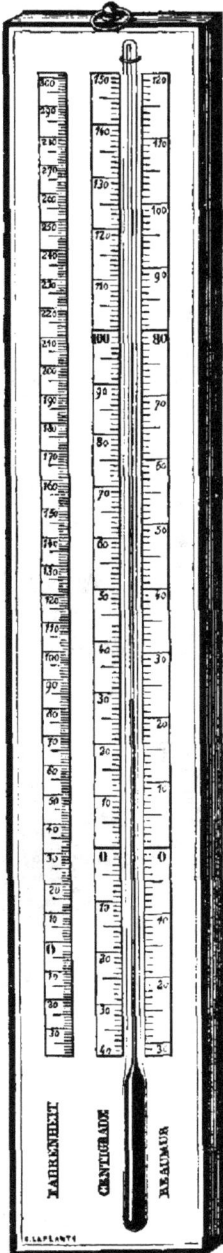

FIG. 141.
Comparaison des échelles thermométriques.

J'ai fait sur ce point, pendant plusieurs années, à l'Observatoire de Juvisy, des expériences d'où il résulte que l'intérieur des murs subit des variations considérables de température suivant les heures du jour et suivant les mois de l'année. Huit thermomètres enfoncés au milieu même de l'épaisseur de murs de $0^m,20$ indiquent constamment la température de ces murs, à l'est, au sud, à l'ouest et au nord. Or cette température varie depuis 5 degrés au-dessous de zéro jusqu'à 37 au-dessus (et certainement davantage, car je n'ai pas observé les minima les plus bas). C'est une différence de 42 degrés au moins. Parfois, en un seul jour, la différence est de 16 degrés pour le milieu d'un même mur. Le mur qui s'échauffe le plus n'est pas celui du sud, mais le sud-ouest et parfois l'ouest ; celui qui reste le plus froid est celui du nord. La couleur des objets exerce une influence considérable sur l'absorption des rayons solaires : plus elle est foncée, plus l'absorption est grande. Dix thermomètres des couleurs suivantes, violet, indigo, bleu, vert, jaune, orangé, rouge, blanc mat, blanc-verre, noir, exposés perpendiculairement aux rayons solaires, pendant les chaudes journées d'été, à midi, m'ont donné les chiffres suivants : noir : 65° ; vert : 64° ; indigo : 63°,5 ; rouge : 62° ; orangé : 61° ; violet : 60° ; bleu et jaune : 59° ; verre ordinaire : 57° ; blanc mat : 54°,5, tandis que la température de l'air à l'ombre était de 29 degrés. En même temps le plomb de la terrasse atteignait 68 degrés (juillet 1886). Ces thermomètres étaient coloriés artificiellement, et les tons des couleurs ne correspondent pas exactement à celles du spectre solaire. —

Si l'on fait passer un thermomètre sous les couleurs créées directement par un prisme, on constate que la chaleur va en augmentant du violet au rouge et atteint son maximum *au delà du rouge*, dans la région invisible (expérience faite pour la première fois par W. Herschel).

Ce que l'on veut connaître, en général, dans les études météorolo-giques, c'est la tempéra-ture *de l'air*, quoique, sans contredit, ce ne soit pas là l'élément unique, ni même le plus impor-tant, de la question des climats. Il est certain que pour les phénomènes de la végétation, pour l'éclo-sion des germes confiés au sein de la terre, pour le bourgeonnement des plantes, la feuillaison, la floraison et la fructifi-cation, l'action directe des rayons solaires sur le sol et sur les végétaux a une importance consi-dérable.

Mais, en raison même de la diversité d'absorp-tion dépendante des cou-leurs, la température de l'air constitue un élé-ment plus indépendant, qui d'ailleurs agit con-stamment, jour et nuit,

FIG. 142. — Abri employé pour rendre les indications thermométriques indépendantes des rayons solaires.

et qui peut être considéré comme l'indicateur normal des climats.

Le meilleur moyen d'obtenir exactement cette température de l'air, à un instant quelconque du jour et de la nuit, n'est pas d'observer un thermomètre suspendu à un mur, au nord et à l'ombre, comme on le fait généralement, mais de faire tourner ce thermomètre dans l'air, à la manière d'une fronde. La boule de l'instrument s'immerge ainsi violemment dans l'air comme dans un courant d'eau et en accuse la température avec précision. Il est utile de recommencer l'opération jusqu'à ce que les indications données après chaque mouvement restent constantes. Ces mesures *précises* diffèrent, suivent les heures du jour et de la nuit, des indications des thermomètres verticaux ou horizontaux.

L'installation des thermomètres fixes doit, comme nous le disions, être à l'abri de toute espèce de reflet ou d'action étrangère. On y parvient de diverses manières. L'une des meilleures dispositions est celle qui a été employée par Ch. Sainte-Claire Deville et Renou (fig. 142). Le point essentiel est que ni le soleil, ni la réflexion de ses rayons par le sol ou par des murailles ne puissent agir, et que l'air circule librement aussi, car en plein bois, par exemple, on n'aurait pas la température normale de l'air.

Pouillet s'est livré à une série d'expérimentations ingénieuses et patientes pour déterminer la quantité de chaleur envoyée à la Terre par le Soleil, et la température de l'espace, — c'est-à-dire les deux éléments constitutifs de la température qui existe à la surface du globe.

Les appareils employés pour ces déterminations ont été le *pyrhéliomètre* et l'*actinomètre*. Celui-ci n'ayant servi qu'à des recherches sur la température du zénith, nous n'avons pas à nous en occuper ici.

Le pyrhéliomètre se compose essentiellement d'un mince vase d'argent A (fig. 143) mesurant 1 décimètre de diamètre et contenant 100 grammes d'eau. Sa face tournée au soleil est recouverte de noir de fumée. Un thermomètre est fixé au vase et enchâssé dans la monture de cuivre B. L'eau du vase étant à la température ambiante, on l'expose pendant cinq minutes au soleil. Pour constater que le vase plat est bien perpendiculaire aux rayons solaires, on voit si son ombre tombe juste sur le disque inférieur C, de même diamètre. En comparant son échauffement à sa température antérieure et postérieure à son exposition, on trouve la quantité de chaleur reçue du Soleil en une minute par chaque centimètre carré. Cette élévation de température $t = 0,2624$ calorie [1].

Pouillet s'est également servi d'un pyrhéliomètre à lentille.

En tenant compte des épaisseurs atmosphériques traversées par les

1. On appelle *calorie* l'unité adoptée dans l'évaluation des quantités de chaleur, comme on appelle gramme l'unité adoptée dans l'évaluation des poids. Une calorie, c'est la quantité de chaleur nécessaire pour élever d'un degré la température de 1 kilogramme d'eau ; c'est aussi la quantité de chaleur dégagée par 1 kilogramme d'eau dont la température s'abaisse de 1 degré. — On appelle *kilogrammètre* l'unité adoptée dans l'évaluation du travail des forces : c'est le travail nécessaire pour élever un poids de 1 kilogramme à la hauteur de 1 mètre.

rayons solaires, l'expérimentateur a trouvé que le pyrhéliomètre prendrait une élévation de 6°,72, si l'Atmosphère pouvait transmettre intégralement toute la chaleur solaire sans en rien absorber, ou si l'appareil pouvait être transporté aux limites de l'Atmosphère pour recevoir là, sans aucune perte, toute la chaleur que le Soleil nous envoie. Cette chaleur, multipliée par 0,2624, donne 1,7633 calorie.

Telle est donc la quantité de chaleur que le Soleil verse en une minute sur 1 *centimètre* carré, aux limites de l'Atmosphère, et qu'il donnerait pareillement à la surface du sol, si l'air atmosphérique n'absorbait aucun des rayons incidents.

Au moyen de cette donnée et de la loi suivant laquelle la chaleur transmise diminue à mesure que l'obliquité augmente, on peut calculer la proportion de chaleur incidente qui arrive à chaque instant sur l'hémisphère éclairé du globe, et celle qui

FIG. 143. — Le pyrhéliomètre.

se trouve absorbée dans la moitié correspondante de l'Atmosphère. Le calcul fait voir que quand l'Atmosphère a toutes les apparences d'une sérénité parfaite, elle absorbe encore près de la moitié de la quantité totale de chaleur que le Soleil émet vers nous ; c'est l'autre moitié seulement de cette chaleur qui vient tomber sur le sol, et s'y trouve diversement répartie, suivant des obliquités plus ou moins grandes.

Puisque le Soleil, d'après ce qu'on vient de voir, envoie en une minute, sur chaque *mètre* carré du sol qu'il frappe perpendiculairement, une quantité de chaleur égale à 17 633 calories, il est aisé d'en conclure la quantité totale de chaleur que le globe terrestre et son atmosphère reçoivent à la fois, en une année : c'est celle que reçoit une surface égale en étendue à l'un des grands cercles de la Terre. On trouve ainsi plus de douze cents quintillions de calories, ou le nombre 1 210 000 000 000 000 000 000 !

Cette chaleur élèverait, si c'était possible, de 2315 degrés une couche d'eau de 1 mètre d'épaisseur enveloppant la Terre entière.

En transformant cette quantité de chaleur en quantité de glace fondue, l'on arrive au résultat suivant :

Si la quantité totale de chaleur que la Terre reçoit du Soleil dans le cours d'une année était uniformément répartie sur tous les points du globe, et qu'elle y fût employée sans perte aucune à fondre de la glace, elle serait capable de fondre une couche de glace qui envelopperait le globe tout entier, et qui aurait une épaisseur de 30^m,89, ou près de 31 mètres. Telle est la plus simple expression de la quantité totale de chaleur que la Terre reçoit chaque année du Soleil.

C'est cette effroyable quantité de chaleur qui meut les mécanismes de la vie terrestre, qui sépare le carbone de l'oxygène dans les végétaux, qui fait croître les animaux, qui suspend les glaçons au faîte des montagnes, qui déchaîne les tempêtes sur les abîmes de l'Océan, — en un mot qui entretient l'immense vie de cette planète.

La même donnée fondamentale nous permet de trouver la quantité totale de la chaleur qui rayonne du globe entier du Soleil dans un temps donné.

Considérons cet astre comme le centre d'une enceinte sphérique dont le rayon soit égal à la moyenne distance de la Terre à lui; il est évident que sur cette vaste enceinte chaque mètre carré reçoit en une minute, de la part du Soleil, précisément autant de chaleur que le mètre carré de la Terre, c'est-à-dire 17 633 calories ; par conséquent, la quantité totale de chaleur qu'elle reçoit est égale à sa surface entière, exprimée en mètres et multipliée par 17 633. Or le globe terrestre, avec ses 12 000 kilomètres de diamètre, n'intercepte dans cette sphère de 37 millions de lieues de rayon que $\frac{1}{2\,300\,000\,000}$ du rayonnement total, de sorte que la chaleur émise [par le Soleil est 2 300 000 000 de fois plus grande que celle que la Terre reçoit.

Cette chaleur totale est telle, que chaque centimètre carré de la surface solaire émet en une minute 84 888 unités de chaleur.

En transformant cette chaleur en quantité de glace fondue, on arrive au résultat suivant :

Si la quantité totale de chaleur émise par le Soleil était exclusivement employée à fondre une couche de glace qui serait appliquée sur le globe du Soleil lui-même, et qui l'envelopperait de toutes parts, cette quantité de chaleur serait capable de fondre en une minute une couche de 11^m,80 d'épaisseur, et en un jour une couche de 17 kilomètres d'épaisseur ! — Cette même quantité de chaleur élèverait de 1 degré par seconde 13 610 kilogrammes d'eau, ou *ferait bouillir par*

Fig. 144. — Terreur des indigènes de l'Afrique à un changement d'éclat du Soleil.
(D'après M. Révoil, 1882.)

heure 2900 *milliards de kilomètres cubes d'eau* à la température de la glace ! — Pour opposer à la radiation solaire une résistance frigorifique égale, il faudrait lui envoyer un jet d'eau glacée de 72 kilomètres de diamètre avec une vitesse incessante de 300 000 kilomètres par seconde !

En une année, chaque mètre carré de la surface de la Terre reçoit 2 318 157 calories ; c'est plus de 23 milliards de calories par hectare, c'est-à-dire 9 852 200 000 000 de kilogrammètres. Ainsi la radiation calorifique du Soleil, en s'exerçant sur un de nos hectares, y développe sous mille formes diverses une puissance qui équivaut au travail continu de 4163 chevaux-vapeur. Sur la Terre entière, c'est un travail de 510 sextillions de kilogrammètres ou de 217 316 000 000 000 de chevaux-vapeur.

543 milliards de machines à vapeur de 400 chevaux chacune, travaillant sans relâche le jour et la nuit, représenteraient la force dépensée pour notre planète seule par la radiation solaire!...

Une partie de cette puissance est employée à échauffer l'écorce terrestre jusqu'à une certaine profondeur; mais, comme le sol et l'Atmosphère rayonnent dans l'espace, et que le globe terrestre ne paraît perdre ni gagner au point de vue de la température moyenne, au moins pendant de longues périodes d'années, toute cette partie de la radiation du Soleil peut être considérée comme maintenant l'équilibre de température sur la planète.

Une autre partie se transforme en mouvements moléculaires, en actions et réactions chimiques, qui sont la source où la vie des végétaux et des animaux puise incessamment de quoi se perpétuer et s'entretenir. La chaleur qui semble ainsi propre à ces êtres n'est autre chose qu'une émanation de celle du foyer commun. « C'est ainsi, dit Tyndall à ce propos, que nous sommes, non plus dans un sens poétique, mais dans un sens purement mécanique, des enfants du Soleil. »

La vie terrestre est suspendue aux rayons du Soleil. De même que notre globe est soutenu dans l'abîme de l'espace par la main invisible de l'attraction solaire, ainsi la vie elle-même, végétale et animale, qui fleurit à sa surface, n'est entretenue que par la force incommensurable de l'activité solaire.

Les religions antiques, les premières poésies de l'humanité éveillée, saluaient déjà dans l'astre radieux le grand moteur de la création : elles ne faisaient que deviner, sous une forme bien pâle encore, la grandeur de l'action permanente du foyer de notre système sur les mondes habités qui gravitent dans son fécond rayonnement. L'homme instruit admire cet éclatant foyer, parce qu'il apprécie sa valeur; l'ignorant le vénère, parce qu'il la devine; dans les contrées encore barbares, où l'homme vit en communication plus directe que nous avec la nature, on voit les indigènes désorientés, remplis de terreur, si l'astre change d'éclat ou s'éclipse... Que deviendrait l'humanité si le soleil ne se levait pas demain?

Si l'on calcule en valeur productive la puissance des rayons solaires, on constate qu'ils versent *sur chaque mètre carré* une quantité de chaleur suffisante pour faire bouillir en moins de dix minutes un litre d'eau à la température ordinaire (ce chiffre est celui de notre climat). Le Soleil, par un beau jour d'été, lance pendant huit ou neuf heures, à Paris, un travail de près d'un cheval-vapeur par mètre carré. La chaleur solaire, émise sur une surface de cent pieds carrés, correspond, aux latitudes tropicales, à la combustion de plus de 100 000 kilogrammes de charbon par heure.

L'intensité d'un phénomène calorifique qui se traduit par une pareille consommation de houille dépasse l'imagination. L'ingénieur américain Ericsson, qui s'est occupé des machines solaires à vapeur dont nous parlerons tout à l'heure, a calculé que l'effet mécanique de la chaleur solaire tombant sur les toits de Philadelphie pourrait faire marcher plus de cinq mille machines à vapeur de la force de vingt chevaux chacune. Archimède, après l'achèvement d'un calcul sur la force du levier, disait qu'avec un point d'appui il se chargerait de soulever le monde. Le même ingénieur prétend que « la concentration de la chaleur rayonnante du Soleil produirait une force capable d'arrêter la Terre dans sa marche ! »

D'après les expériences de M. Violle le Soleil met à notre service une quantité de chaleur que l'on peut évaluer à 18 calories par minute et par mètre carré de surface d'insolation. Or, la chaleur est une *force* au même titre que le mouvement : le travail produit par l'élévation de température de 1 kilogramme d'eau à 1 degré plus haut, est exactement le même que celui qui serait nécessaire pour élever à la hauteur de 1 mètre un poids de 425 kilogrammes.

La chaleur solaire est la source des seuls travaux naturels que l'homme ait su jusqu'à présent détourner à son profit. On ne peut guère, en effet, compter parmi ces travaux que ceux qui résultent de l'emploi du combustible, des moteurs animés, des cours d'eau et du vent. Or c'est cette chaleur qui donne naissance aux vents comme aux cours des eaux; c'est le Soleil qui fait tourner les moulins, courir les locomotives, et la force du cheval a, elle aussi, pour cause productrice l'alimentation, l'assimilation de l'avoine, de la paille et du foin mûris par le Soleil.

D'ailleurs, le combustible de l'industrie vient aussi du même astre : à l'état de bois, c'est du carbone absorbé par les végétaux respirant dans l'air sous l'influence de l'astre radieux; à l'état de houille, c'est encore du carbone fixé jadis par la même influence dans les grands arbres antédiluviens.

Sous quelque forme qu'elle emprunte le concours des agents naturels, l'industrie humaine ne relève donc que du Soleil; et elle est encore loin de recueillir la majeure partie du travail engendré sur notre planète par cet immense foyer. Si, comme l'expérience l'a depuis longtemps établi, la chaleur reçue en très peu de temps par une surface de médiocre étendue soumise à l'insolation est considérable ; si, de plus, on peut préserver cette surface du refroidissement et lui conserver sur le milieu qui l'environne un excès de température suffisant, on arrivera ainsi à emmagasiner directement le travail de la chaleur solaire. On comprend d'ailleurs toute l'importance d'une pareille conquête pour les régions où cette chaleur est ardente et l'Atmosphère toujours pure; car c'est dans ces régions que l'énergie des moteurs animés, les cours d'eau et le combustible font défaut.

Les rayons du Soleil, après avoir traversé l'air, une vitre ou un corps transparent quelconque, perdent la faculté de retraverser ce même corps transparent pour retourner vers les espaces célestes. C'est par un procédé fondé sur cette loi physique que les jardiniers accélèrent au printemps la végétation des plantes délicates en les recouvrant d'un châssis ou d'une cloche de verre qui admet les rayons solaires, mais ne les laisse ensuite s'échapper qu'avec beaucoup de difficulté. Si le jardinier met deux ou trois cloches l'une sur l'autre, il fait invariablement cuire la plante ainsi recouverte, et même dans les jours sereins de mars et d'avril il est souvent obligé de relever un des bords de la cloche pour que la plante ne souffre pas du soleil de midi. Au moyen d'un appareil composé d'une boîte noircie en dedans et de plusieurs glaces superposées, Saussure a pu porter de l'eau à l'ébullition. Pendant son séjour au Cap de Bonne-Espérance, dans les jours brûlants de la fin de décembre, sir John Herschel a pu faire cuire un « bœuf à la mode », de grandeur très raisonnable, au moyen de deux boîtes noircies placées l'une dans l'autre et garnies chacune d'une seule vitre, sans aucune autre cause de chaleur que les rayons solaires qui venaient s'engouffrer sans retour possible dans cette espèce de souricière. « Il y eut de quoi, écrivait Babinet, régaler toute sa nombreuse famille et les invités, à cette cuisine opérée avec un fourneau d'un si nouveau genre. »

La boîte d'Herschel, fermée seulement par deux lames de verre, atteignit successivement 80, 100 et 120 degrés de chaleur.

Voilà donc, selon les prédictions des alchimistes du moyen âge, les rayons du Soleil mis en bouteille !

Quoique ce fourneau nous paraisse si nouveau, on pourrait presque dire cependant qu'il est renouvelé des Grecs. On trouve en effet que, cent ans avant notre ère, Héron d'Alexandrie a décrit dans ses *Pneumatiques* un grand nombre d'ingénieux appareils légués par les anciens, et sans doute par les hiérophantes d'Égypte. L'un de ces appareils, qui paraît avoir été construit par Héron, tire de l'eau d'un réservoir par le seul effet de la dilatation et de la condensation de l'air sous

Fig. 145. — Machine à vapeur mise en mouvement par la seule chaleur solaire.

l'influence du Soleil, alternativement montré et caché à l'appareil.

A la fin du seizième siècle, le savant napolitain J. B. Porta exposa dans sa *Magie naturelle* les applications mécaniques de la chaleur solaire. Si l'on place, dit-il, un globe de cuivre au sommet d'une tour, et que de ce vase un tuyau descende dans un réservoir d'eau, en échauffant le globe supérieur par du feu ou le Soleil, l'air raréfié s'échappe. Le Soleil se retirant, le vase de cuivre se refroidit et l'eau est aspirée.

Salomon de Caus a donné au commencement du dix-septième siècle la description de la première machine élévatoire *fonctionnant* à l'aide du Soleil. C'est sa *fontaine continuelle*. Imaginons, posées sur une citerne, une série de caisses de cuivre, au tiers remplies d'eau. Un tube horizontal est posé sur cette série de caisses et communique par de petits ajutages verticaux jusqu'à l'eau des caisses. La chaleur solaire, dilatant l'air, fait exercer une pression sur l'eau qu'elles renferment et la fait monter dans le tube horizontal supérieur. Une ouverture est pratiquée sur ce tube, et l'on peut ainsi produire un jet d'eau. Lorsqu'une partie de l'eau contenue dans les caisses est montée, et que, la nuit venue, l'air se trouve raréfié, l'eau de la citerne, qui est en communication avec les caisses par un tube vertical, une soupape et un tube horizontal communiquant, s'élève pour remplir les vases comme ils l'étaient auparavant, « tellement, dit Salomon de Caus, que ce mouvement continue autant comme il y aura de l'eau dans la citerne et des alternatives de soleil et de nuit ». Cette fontaine continuelle, destinée à l'embellissement des jardins, pourrait servir à résoudre économiquement le problème de l'élévation des eaux. Quoi de plus rationnel, en effet, que le projet de faire monter les eaux à l'aide de l'agent même qui les élève dans la nature ?

La concentration de la chaleur solaire dans une enceinte vitrée est un fait expérimental si facile à constater, que l'observation en a dû suivre d'assez près l'invention des vitres. Cependant, malgré les diverses constatations qu'on a pu faire à cet égard, et malgré les applications que nous venons de signaler, on ne voit point avant Saussure une étude scientifique bien complète du phénomène. Depuis Saussure et Herschel, diverses études ont été reprises par plusieurs physiciens. Ce curieux problème est actuellement dans sa phase la plus intéressante peut-être, dans celle qui donne d'une part des résultats sérieux, et qui permet d'autre part à l'imagination de deviner pour l'avenir des résultats plus considérables encore[1].

On voit que la chaleur solaire représente une force mécanique con-

1. Grâce aux travaux persévérants de M. A. Mouchot, professeur au lycée de Tours, nous pouvons maintenant posséder des appareils nous permettant de substituer les célestes rayons du Soleil au charbon vulgaire pour la cuisson des aliments.

Dans un bocal de verre, on place un vase de la même forme, en cuivre ou en fer battu, et l'on recouvre le tout d'un couvercle de verre. Cette simple marmite solaire, placée au foyer d'un réflecteur cylindrique d'argent, fait bouillir en une heure et demie trois litres d'eau à la température initiale de 15 degrés.

Le réflecteur est une simple feuille de plaqué d'argent dont l'ouverture est d'un demi-mètre carré. On atteint facilement des températures de 100, 120, 150 et 200 degrés centigrades!

Cette marmite solaire a permis à M. Mouchot de confectionner au soleil un excellent pot-au-feu, formé d'un kilogramme de bœuf et d'un assortiment de légumes. Au bout de quatre heures d'insolation, le tout s'est trouvé parfaitement cuit, malgré le passage de quelques nuages sur le Soleil, et le consommé a été d'autant meilleur que l'échauffement s'était produit avec une grande régularité. A l'aide d'une légère variation de forme, on a pu transformer cette marmite en un four, et faire cuire en moins de trois heures un kilogramme de pain, ne présentant aucune différence

sidérable. Quelle peut être la température intrinsèque de ce foyer de la vie planétaire?

On a employé plusieurs méthodes pour parvenir à s'en faire une idée. En plaçant un thermomètre au milieu d'un cylindre double rempli d'eau chaude, dont la température est donnée, et en l'exposant aux rayons du Soleil, le P. Secchi a trouvé que la chaleur que le Soleil ajoute à celle du cylindre est toujours de 12 degrés environ au niveau de la mer, quelle que soit d'ailleurs la température de ce cylindre. Il admet qu'au-dessus de l'Atmosphère, en défalquant l'absorption atmosphérique, la différence serait de 29 degrés. Au sommet du Mont-Blanc, M. Soret l'a trouvée de 24 degrés. Cela posé, comme le disque solaire a un diamètre de 31'3",6, le rapport entre sa surface et celle de la sphère céleste est de 183 960. Le P. Secchi multiplie donc 29 degrés par ce chiffre, et conclut que la température émanée du Soleil est de 5 334 000 degrés. Puis, comme l'atmosphère du Soleil absorbe elle-même la moitié des rayons fournis par l'astre, il double ce chiffre et conclut que la température du Soleil lui-même doit être de 10 millions de degrés environ.

Cette conclusion a été fortement discutée, depuis la première édition de cet ouvrage, au sein de l'Académie des sciences, surtout en 1872. Et comme, d'une part, d'autres méthodes indiqueraient moins de 3000 degrés pour cette chaleur, et que, d'autre part, ni l'esprit scientifique ni l'imagination elle-même ne peuvent se former aucune idée d'une chaleur de 10 000, 100 000, 1 000 000, 10 000 000 de degrés, il semble que nous ne pouvons encore rien conclure sur ce point, tout en affirmant l'extrême élévation de cette température.

avec celui des boulangers. En la transformant en alambic, on a pu distiller de l'alcool au soleil au bout de quarante minutes d'exposition. L'alcool était très aromatique.

On a fondu de l'étain (235 degrés), du plomb (335 degrés), du zinc (460 degrés).

Un grand nombre d'autres essais ont été faits, sur lesquels il serait superflu d'insister. Voilà donc l'emploi de la chaleur solaire comme force motrice qui commence à entrer dans le domaine de la science pratique. Il va sans dire que dans nos contrées si souvent attristées de nuages, cette application ne saurait se faire sur une vaste échelle; mais, d'une part, on pourrait d'abord l'ajouter, quand il y a lieu, à la chaleur artificielle, et, d'autre part, il y a sur la terre d'immenses contrées où elle pourrait être presque constante : Égypte, Tunisie, Algérie, Sénégal, Cochinchine, etc.

Nous saluons dans la locomotive le carbone fixé dans la houille par le Soleil; mais nous nous demandons quel combustible remplacera la houille après l'épuisement relativement prochain (dans deux siècles) des houillères. Qui sait? Ne sera-ce pas le Soleil, directement, ou bien ne saura-t-on pas extraire la chaleur intérieure du globe qui, elle aussi, vient originairement du Soleil, ou opérer la déshydrogénation grandiose de l'eau des mers?

Les expériences de M. Mouchot ont été continuées depuis 1880 par M. Abel Pifre, qui a construit entre autres l'appareil représenté ici (fig. 145), lequel utilise, pour l'échauffement de l'eau ou la production de la vapeur, jusqu'à 60, 70 et 80 pour 100 de la chaleur reçue de l'astre du jour. Ici la machine était employée à tirer un journal (le *Soleil-Journal*) à raison de 500 exempl. à l'heure.

D'après Berthelot et Sainte-Claire Deville, cette température devrait être d'environ 3000 degrés, d'après Vicaire et Violle de 2500, d'après Zöllner de 2700; d'après Soret de 5 millions, d'après Waterson de 7 millions, d'après Hirn (1883) de 2 millions. En 1884, M. Ericsson a construit un appareil thermométrique concentrant les rayons solaires sur un thermomètre central. Il a conclu de ses expériences que la température de la surface du Soleil doit être de 1 694 000 degrés. Ce résultat se rapproche de celui que Newton avait trouvé en calculant que la chaleur émanée du Soleil décroît en raison du carré de la distance, et que la comète de 1680, qui s'est approchée de la surface solaire jusqu'à un tiers du demi-diamètre du Soleil, a dû être échauffée jusqu'à 930 000 degrés, soit deux mille fois la température du fer rouge : ce qui conduirait pour la température de l'astre radieux au chiffre de 1 653 000 degrés.

C'est cette chaleur qui entretient la vie terrestre. La chaleur intérieure du globe ne paraît plus avoir aucune action sur les phénomènes de la vie qui s'accomplissent à la surface de notre planète.

Maintenant, quelle est la *température de l'espace?*

Cette question a fait, depuis le commencement de ce siècle surtout, le sujet d'un nombre assez considérable de recherches différentes, qu'il est intéressant de résumer ici en quelques mots.

Que l'espace infini soit vide dans les régions intra-stellaires, — ou (ce qui est plus probable) qu'il soit occupé par un milieu de nature inconnue extrêmement ténu, qu'on est convenu d'appeler *éther*, et si léger que tout ce qui tient dans notre système planétaire ne pèse pas 1 kilogramme! — ce qu'il y a de certain, c'est que les étoiles sont autant de soleils, émettant des rayons lumineux et calorifiques, et que l'espace n'est pas absolument froid.

La Terre même traverse de siècle en siècle des régions dont la température varie. Poisson a même supposé que la chaleur du globe peut provenir de là.

Le géomètre Fourier avait trouvé la température de l'espace au sein duquel gravite actuellement le système planétaire de 50 à 60 degrés au-dessous de zéro. Le thermomètre ayant été observé au fort Reliance à — 57 degrés, Arago en concluait (Institut, 1836) que la température de l'espace est notablement inférieure à ce chiffre, et voisine de — 65 degrés. Par des expériences faites à l'aide de l'actinomètre, Pouillet a conclu pour cette température — 140 degrés.

Il a fallu attendre jusqu'à la création toute récente de l'une des branches les plus fécondes de la physique moderne, la *théorie mécanique de la chaleur*, pour avoir sur ce point si discuté une réponse mathématique. Grâce aux principes fixés par cette science, nous savons maintenant, d'une part, que l'abaissement indéfini de la température est une pure fiction ; d'autre part, qu'il existe un *zéro absolu* où toute chaleur a disparu des corps, et que ce zéro pour tous les corps de l'univers est à 273 degrés au-dessous de la glace fondante.

Imaginons un instant que la Terre ne soit plus chauffée ni par les rayons solaires ni par aucune autre source calorifique, et suivons les phénomènes qui en résulteraient.

Toutes les molécules de l'air atmosphérique rayonneraient leur chaleur dans tous les sens et se refroidiraient de plus en plus, car leurs pertes ne seraient point réparées ; leur densité augmentant, elles tomberaient vers la Terre, tandis que d'autres molécules monteraient pour aller se refroidir à leur tour.

Après quelques siècles, toute la chaleur du globe, tant la chaleur centrale et primitive que la chaleur superficielle et maintenue par le Soleil, se trouverait dissipée dans l'espace ; mais cette dissipation serait plus ou moins prompte dans les divers pays, suivant que la surface du sol serait plus ou moins rayonnante et la conductibilité des couches inférieures plus ou moins parfaite.

Les innombrables astres lumineux qui occupent les diverses régions du ciel ne sont pas dépourvus de chaleur ; les espaces célestes sont donc à une certaine température, qui doit être de 273 degrés au-dessous de zéro, comme nous venons de le dire, et notre globe, suspendu au milieu de ces espaces avec l'Atmosphère pour enveloppe diathermane, cesserait de se refroidir lorsqu'il serait mis en équilibre avec cette température.

Mais cette « chaleur » serait un véritable froid, incomparablement plus rude que tous ceux des glaces du pôle, et aurait éteint la vie terrestre jusque dans ses racines.

Ni la température de l'espace, ni celle du globe n'ont donc d'influence sensible actuellement à la surface de la Terre, et c'est la chaleur solaire qui organise la circulation des airs, des eaux, des éléments, de la vie entière, comme nous allons le constater mieux encore dans le chapitre suivant.

CHAPITRE II

LA CHALEUR DANS L'ATMOSPHÈRE

L'USINE ET LA FORCE. — LA VAPEUR D'EAU. — FONCTION DE L'ATMOSPHÈRE DANS L'ABSORPTION DE LA CHALEUR. — LES ATMOSPHÈRES PLANÉTAIRES. — DÉCROISSANCE DE LA TEMPÉRATURE SUIVANT LA HAUTEUR.

De l'immense rayonnement calorifique incessamment émané du foyer solaire, il importe maintenant de saisir et d'apprécier à sa valeur la quantité qui est en jeu dans l'Atmosphère et en organise la circulation.

La météorologie n'est qu'un grand problème de physique : il s'agit de déterminer les lois qui règlent la manière dont se distribuent dans notre Atmosphère la chaleur, la pression barométrique, la vapeur d'eau et l'électricité, le tout en relation avec les mouvements que la chaleur solaire engendre dans la couche superficielle solide, liquide et gazeuse de notre globe. Ce problème, si vaste qu'il soit, n'est au fond qu'une application des lois les plus connues de la physique ; les difficultés de la solution tiennent plutôt au grand nombre des causes perturbatrices et aux réactions incalculables des effets sur les causes, qu'à une véritable lacune dans la théorie générale. De là la nécessité de nombreuses données expérimentales pour arriver à la solution.

L'Atmosphère est en réalité une immense machine, à l'action de laquelle est subordonné tout ce qui a vie sur notre planète. S'il n'y a dans cette machine ni rouages, ni pistons, ni engrenages, elle n'en fait pas moins le travail de plusieurs millions de chevaux, et ce travail a pour but et pour effet la conservation de la vie.

Tous les mouvements de l'Atmosphère sont la conséquence de la propriété qu'ont les gaz de se dilater par la chaleur. Ces variations de volume, et par conséquent de densité, troublent à chaque instant l'équilibre qui tendrait à s'établir dans l'air atmosphérique. L'air, échauffé dans les zones équatoriales, s'élève dans les régions supérieures pour aller redescendre près des pôles ; là il se refroidit, revient à l'équateur et recommence son mouvement de circulation. Le travail ainsi accompli par l'Atmosphère est immense. Nos flottes sillonnent la mer sur les ailes des vents, et le souffle gracieux des zéphyrs ainsi que la tourmente des ouragans sont l'effet de la puissance solaire emmagasinée dans cette gigantesque usine à gaz.

A cette propriété de l'air s'en ajoute une autre non moins importante : celle de dissoudre la vapeur d'eau, qui, s'élevant en quantité prodigieuse aux environs de l'équateur, est ensuite distribuée sur toutes les latitudes en pluie vivifiante. Ainsi s'accomplit un autre travail non moins puissant et non moins vaste : la distribution des eaux pluviales sur la surface du globe. Les eaux courantes qui font mouvoir nos machines ont été d'abord élevées dans les airs par ce puissant engin ; de là elles ruissellent sur les montagnes en forme de pluie et vont couler dans nos fleuves pour se rendre enfin à l'océan lui-même, d'où elles sont parties. Ceux qui ont visité les chutes gigantesques du Niagara en gardent un émouvant souvenir ; elles ne sont cependant qu'une fraction absolument insignifiante de ce qui se passe journellement dans l'Atmosphère.

Le Soleil est le premier moteur duquel dépendent tous les mouvements du système planétaire, non seulement pour la régularité des orbites que décrivent les différents astres, mais aussi pour les phénomènes physiques ou physiologiques qui s'accomplissent à leur surface. Sur la Terre, en particulier, les mouvements atmosphériques, le cours des eaux, le développement de la végétation, la production de force qui résulte des combustions et de la nutrition des animaux, tous ces phénomènes sont dus à l'influence des radiations solaires.

Ce qui peut nous paraître mieux organisé encore, c'est la manière dont cette force calorifique se trouve, pour ainsi dire, emmagasinée dans les végétaux, non seulement dans ceux qui, encore vivants, servent à nos usages et à notre alimentation en même temps qu'ils ornent et embellissent notre demeure ici-bas, mais aussi dans ceux qui, ensevelis depuis plusieurs millions d'années dans les entrailles du globe, en sortent maintenant pour nous échauffer et pour produire la force motrice nécessaire à notre industrie. Chaque plante est une véritable machine dans laquelle s'élaborent les substances éminemment combustibles qui servent à nous fournir, en l'absence du

Soleil, la chaleur et la lumière, ou à produire, en nous servant d'aliment, la force et la chaleur vitale dont nous avons besoin. C'est donc du Soleil en dernière analyse que dépendent tous les phénomènes de la nature et notre existence elle-même.

Dans le rayonnement solaire, ce qui frappe tout d'abord, c'est la lumière qui nous éclaire et la chaleur qui nous échauffe; mais, outre ces deux ordres de phénomènes, il y en a un troisième non moins important : ce sont les actions chimiques qui accompagnent les deux autres. Aussi doit-on distinguer trois ordres d'actions dans l'œuvre solaire : les rayons *lumineux*, les rayons *calorifiques* et les rayons *chimiques*. Les premiers donnent à la nature la beauté d'une jeunesse éternelle; les seconds donnent au monde sa force et sa valeur; les troisièmes tissent la trame sans cesse renaissante de la vie planétaire.

Chacun sait que, pour analyser un rayon du Soleil, on le fait passer à travers un prisme triangulaire de verre : la réfraction sépare les couleurs, comme nous l'avons vu en étudiant l'arc-en-ciel. Mais le spectre visible ne représente pas tout ce qui existe dans un rayon de soleil. Le ruban multicolore se continue, à chaque extrémité, par un ruban invisible. Les ondes dont la longueur est comprise entre 768 et 369 millionièmes de millimètre sont capables de faire vibrer notre nerf optique[1] : ces vibrations sont comprises entre 394 trillions et 758 trillions par seconde; elles produisent ainsi la sensation de la *lumière;* la diversité des couleurs ne dépend que de la longueur des ondes; les plus grandes se trouvent dans le rouge et elles vont en décroissant vers le violet. A gauche de l'extrémité rouge du spectre, il y a les ondes longues et lentes de la chaleur. A droite de l'extrémité violette, il y a les ondes courtes et rapides de l'action chimique. Notre œil ne voit ni les premières ni les secondes; on les reconnaît en employant des préparations photogéniques ou des substances impressionnables.

En réalité cependant, il n'existe dans la nature qu'une seule et unique série d'ondes, dont la longueur va constamment en décroissant, à partir de l'extrémité du spectre calorifique obscur jusqu'à l'extrémité du spectre chimique dans sa partie invisible. Entre ces deux extrêmes, il n'y a qu'une portion très limitée qui jouisse de la propriété d'exciter notre nerf optique.

La figure 146 montre l'étendue et l'intensité relative de ces diffé-

---

1. Les dernières recherches de M. Langley (1886) écartent cet intervalle de 81 à 36 cent-millièmes pour les rayons perceptibles à l'œil humain.

rentes actions, séparées l'une de l'autre comme nous les présente l'action dispersive des prismes. La zone qui forme la base de cette figure indique la longueur du spectre solaire. De A à H, c'est la partie *lumineuse;* la droite, de H à P, est la partie chimique *invisible;* la gauche, de A à S, est la partie *calorifique*, également *invisible*. Les courbes tracées au-dessus font connaître les intensités relatives de chaque radiation dans les différentes parties du spectre. L'intensité de la lumière est représentée par la courbe R'M'T', celle de l'action chimique par *m*M''P, celle des radiations calorifiques par RMT. Dans le spectre solaire ainsi formé le rouge commence à gauche de la ligne A et le violet finit vers H.

Ainsi, nous ne voyons pas tout ce qui se passe dans la nature. Les

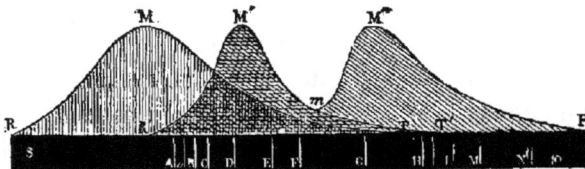

Fɪɢ. 146. — Intensité relative des rayons solaires, calorifiques, lumineux et chimiques.

rayons lumineux sont les seuls que nous voyions. Les rayons calorifiques et chimiques agissent, mais sans que nous les percevions. Nous vivons au milieu d'un immense monde invisible.

Le pouvoir éclairant des différents rayons consiste dans l'aptitude plus ou moins grande qu'ils possèdent d'exciter le nerf optique de l'homme. Il est probable que la faculté de percevoir les phénomènes lumineux n'a pas les mêmes limites pour tous et qu'elle est beaucoup plus étendue chez certains animaux que chez l'homme, soit du côté du rouge, soit du côté du violet[1]. L'eau pure possède un pouvoir absorbant très considérable pour les rayons thermiques. Les humeurs que contient l'œil diffèrent peu de l'eau pure, et c'est là ce qui rend l'organe de la vue insensible aux rayons calorifiques.

L'étendue des ondes lumineuses sensibles à l'œil correspond ordinairement à ce qu'on appelle en acoustique une octave, de sorte que l'homme n'est mis en relation avec la nature que par une très faible partie des radiations solaires. Et cependant quelle immense variété de

[1]. L'idée que nous exprimions ici, dans la première édition de cet ouvrage (1872), a été vérifiée expérimentalement depuis : les fourmis voient dans l'ultra-violet, obscur pour l'œil humain (Lubbock, 1882).

sensations et quelle beauté de contrastes! Sans entrer dans les considérations esthétiques, il est impossible de ne pas faire ici une remarque importante : on a cru pendant longtemps que la radiation lumineuse était le seul mode d'action du Soleil sur le monde ; cependant elle est très secondaire et peu importante, comparée aux autres radiations. Que sont donc les impressions produites sur la matière délicate de notre rétine, si nous les comparons avec les modifications que la chaleur fait éprouver à tous les corps et avec les actions moléculaires que produisent les rayons chimiques?

Les gaz possèdent la faculté d'absorber les rayons *calorifiques*, et par conséquent notre Atmosphère absorbe une portion très considérable de ces rayons. Les ondes les plus longues sont celles qui sont le plus facilement absorbées; aussi un grand nombre de rayons moins réfringents qui tombent sur notre Atmosphère sont arrêtés et ne parviennent pas jusqu'à nous[1].

On peut séparer les rayons lumineux des rayons calorifiques pour mesurer leur valeur respective. Pour obtenir ce résultat, on fait passer un faisceau de rayons solaires à travers une couche de sulfure de carbone contenant de l'iode en dissolution. Les rayons deviennent invisibles sans perdre leur pouvoir calorifique, et si le vase qui contient cette dissolution a la forme d'une lentille convergente, il se développe au foyer invisible de cette lentille une température assez élevée pour déterminer l'inflammation des corps combustibles[2]. Le rapport des radiations lumineuses aux radiations obscures est égal à $\frac{13}{320}$ pour le platine incandescent. Pour le Soleil, la chaleur qui accompagne la partie lumineuse est seulement $\frac{1}{9}$ de celle qui se trouve dans la partie obscure.

L'Atmosphère terrestre, en absorbant une portion si considérable

---

1. L'absorption produite par les gaz simples, oxygène et azote, est extrêmement faible; si l'on fait varier la pression de 5 à 760 millimètres, cette même absorption varie à peu près dans le rapport de 1 à 15. Il n'en est pas de même des gaz composés qui se trouvent dans notre Atmosphère, comme l'acide carbonique, la vapeur d'eau, l'ammoniaque et quelques autres. Le professeur P. M. Garibaldi, de Gênes, a prouvé, par des expériences péremptoires, que, pour une pression de 760 millimètres, ces gaz ont des pouvoirs absorbants représentés par les nombres qui suivent :

Air atmosphérique...................	1
Acide carbonique...................	92
Ammoniaque.....................	546
Vapeur d'eau.....................	7937

Une quantité de vapeur d'eau capable de produire une pression de 9 à 10 millimètres exerce déjà une absorption cent fois plus grande que celle de l'air atmosphérique.

2. Le professeur Tyndall a placé un jour son œil au foyer, et sa rétine n'a subi aucune influence lumineuse. Les rayons calorifiques étaient cependant si ardents, qu'une feuille de métal a été immédiatement portée au rouge là où l'œil n'avait rien éprouvé!

des rayons solaires, ne les anéantit pas, elle les tient en réserve pour les employer plus tard à notre avantage. Elle agit presque exactement comme une *serre*, laissant arriver jusqu'à la Terre les rayons calorifiques lumineux du Soleil et s'opposant ensuite à ce qu'ils s'en retournent se perdre dans l'espace. Les rayons à ondes très longues ne sont plus capables de traverser l'Atmosphère : ce qui produit une accumulation de chaleur dans les couches les plus basses (pourtant, d'après les dernières recherches de Langley (1886), l'air laisse passer les rayons solaires obscurs). La radiation nocturne est considérablement diminuée par la présence de l'air atmosphérique, et par là se trouve ralenti et modéré le refroidissement du globe et des plantes qu'il nourrit. La vapeur d'eau agit avec une très grande efficacité, et une couche humide ayant quelques mètres seulement d'épaisseur arrête le refroidissement nocturne autant que le fait l'Atmosphère tout entière.

Mais le spectacle qui doit le plus nous frapper ici, c'est l'absorption de calorique qui accompagne la transformation de l'eau en vapeur. L'eau s'évapore en masse considérable, surtout dans les régions équatoriales, et elle absorbe ainsi une grande quantité de chaleur de vaporisation qui demeure latente. Il faut autant de chaleur pour vaporiser un kilogramme d'eau que pour échauffer d'un degré 537 kilogrammes d'eau! La vapeur d'eau absorbe cette énorme proportion de chaleur, qu'elle restitue du reste intégralement quand elle repasse à l'état liquide par la pluie. Cette chaleur a pour destination d'être transportée vers les latitudes les plus lointaines et d'établir dans l'enveloppe atmosphérique qui entoure le globe une égalité de température que la radiation directe serait loin de produire par elle-même. La quantité de chaleur qui passe ainsi de l'équateur au pôle est inimaginable. Voyez plutôt :

Des observations nombreuses et assez précises nous ont appris que, dans les régions équatoriales, l'évaporation enlève chaque année une couche d'eau ayant au moins 5 mètres d'épaisseur. Supposons que dans les mêmes régions il tombe annuellement une couche de pluie de 2 mètres, il reste encore une quantité d'eau représentée par une couche de 3 mètres, et qui doit passer, à l'état de vapeur, dans les contrées plus rapprochées des pôles. On peut évaluer à 70 millions de milles géographiques la surface sur laquelle se produit l'évaporation ; et, en partant de cette donnée, on trouve que la couche de 3 mètres représente un volume d'eau égal à 721 trillions de mètres cubes (721×10^{12}).

La quantité de chaleur contenue dans cette masse de vapeur serait capable de faire fondre des montagnes de fer dont le volume mesurerait 11 milliards de mètres cubes!

Cette masse énorme de chaleur passe pour ainsi dire *incognito* de l'équateur aux pôles, transportée par l'action de la vapeur, et cette vapeur, en se transformant en eau et en glace, laisse échapper toute la chaleur qu'elle avait absorbée, contribuant ainsi à adoucir le climat de ces régions désolées. Les rayons solaires sont comme un agencement de poulies et de cordes, tirées sans cesse par des mains invisibles, occupées à élever des seaux d'eau jusqu'à la hauteur des nuages. Le commandant Maury fait remarquer qu'on n'aurait jamais obtenu un pareil résultat avec un gaz proprement dit, car, pour transporter par l'*air* seul la même quantité de chaleur, il aurait fallu l'échauffer jusqu'à la température des fournaises.

Ainsi se distribue la chaleur dans l'Atmosphère. Ainsi se préparent les nuages et les pluies dont nous parlerons bientôt.

Nous avons vu plus haut (p. 42 et 43) que l'épaisseur d'Atmosphère traversée augmente rapidement avec l'obliquité des rayons solaires et qu'elle est 35 fois plus épaisse à l'horizon qu'au zénith. Il en résulte que le soleil parait de 1300 à 1400 fois plus lumineux au zénith qu'à l'horizon.

La chaleur varie comme la lumière, suivant l'obliquité. Les observations les plus exactes nous prouvent que l'Atmosphère absorbe, suivant la verticale, les $\frac{28}{100}$ de la chaleur qu'elle reçoit, et l'absorption totale dans l'hémisphère illuminé est à peu près égale aux $\frac{2}{5}$ de la chaleur incidente, de sorte qu'aux différentes hauteurs la partie transmise est représentée comme il suit :

Hauteur	Quantité transmise.
Au zénith........................	0,72
A 70 degrés	0,70
A 50 —	0,64
A 30 —	0,51
A 10 —	0,16
A 0 —	0,00

On voit facilement par la petite coupe de la figure 147 que l'absorption est considérable pour l'horizon H ou H' des observateurs B et C, pour lesquels le Soleil se lève et se couche, et faible pour le zénith du point A.

Nous avons vu tout à l'heure que ce n'est pas l'air lui-même, c'est-à-dire le mélange formé des gaz oxygène et azote, qui absorbe le plus de chaleur, mais la *vapeur d'eau* qui existe dans l'air, dans des proportions d'ailleurs très variables.

Les rayons lumineux passent presque en entier et pénètrent jusqu'au sol; les calorifiques sont au contraire absorbés dans une forte proportion. Si donc l'Atmosphère empêche une bonne partie de la chaleur solaire d'arriver à la surface de notre globe, par compensation elle jouit de la propriété de retenir celle qui est parvenue à l'échauffer. Sans l'Atmosphère et sans la vapeur d'eau qu'elle renferme, le rayonnement du sol s'effectuant presque sans obstacle vers l'espace interplanétaire, la déperdition serait énorme, comme il arrive du reste dans les hautes régions. Aussitôt le soleil couché, un refroidissement rapide succéderait à la chaleur intense des rayons solaires, et il y aurait entre les maxima et les minima de température, soit diurnes, soit mensuels, des différences énormes. C'est ce qui arrive sur les plateaux élevés du Thibet, et ce qui explique la rigueur des hivers et l'abaissement des lignes isothermes dans ces régions. Tyndall a dit avec beaucoup de justesse : « La suppression pendant une seule nuit d'été de la vapeur d'eau contenue dans l'Atmosphère qui couvre l'Angleterre (et cela est vrai pour tous les pays de zones semblables), serait accompagnée de la destruction de toutes les plantes que la gelée fait périr. Dans le Sahara, où *le sol est de feu et le vent de flamme*, le froid de la nuit est souvent très pénible à supporter. On voit, dans cette contrée si chaude, de la glace se former pendant la nuit. »

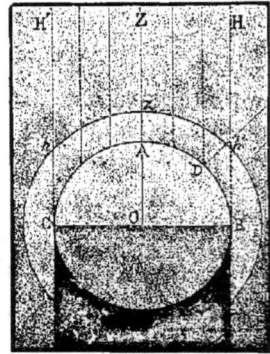

FIG. 147.—Absorption de la chaleur solaire par l'Atmosphère.

L'humidité n'est pas répandue en proportion égale dans toute la hauteur de l'Atmosphère. Nous verrons au livre V qu'elle diminue au delà d'une certaine hauteur. La chaleur *traverse d'autant mieux l'air qu'il renferme moins d'humidité*. L'air reste froid, en laissant passer la chaleur.

Lorsqu'on a dépassé les régions inférieures de l'Atmosphère et en général l'altitude de 2000 mètres, on ne peut s'empêcher de constater l'accroissement très sensible de la chaleur du soleil relativement à la température de l'air ambiant. Ce fait ne m'a jamais plus impressionné que dans une ascension aéronautique, le 10 juin 1867, lorsque, nous trouvant à sept heures du matin à une hauteur de 3300 mètres, nous avons eu pendant une demi-heure 15 degrés de différence entre la température de nos pieds et celle de nos têtes ; ou, pour mieux dire, entre la température de l'intérieur de la nacelle (ombre) et celle de l'extérieur (soleil). Le thermomètre à l'ombre marquait 8 degrés ; le thermomètre au soleil, 23 degrés. Tandis que nos pieds souffraient de ce froid relatif, un ardent soleil nous brûlait le cou, les joues, et en général les parties du corps directement exposées à la radiation solaire.

L'effet de cette chaleur est encore augmenté par l'absence du plus léger courant d'air.

Dans une ascension postérieure à celle-ci, j'ai éprouvé en même temps la différence singulière de 20 degrés entre la température de l'ombre et celle du soleil, à 4150 mètres d'altitude. Le premier thermomètre marquait — 9°,5 au-dessous de zéro ; le second, + 10°,5. Cependant ce fait me frappa moins que le premier, parce que j'avais appris à l'étudier.

Cet écart du rapport de la température de l'air à celle d'un corps exposé au Soleil s'accuse et se manifeste en raison de la décroissance de l'humidité. La radiation solaire, la différence entre la chaleur directement reçue de l'astre radieux et la température de l'air, *augmente* à mesure que *diminue* la quantité de vapeur d'eau répandue dans l'Atmosphère. Cette constatation permanente de la transparence de l'air privé d'eau par la chaleur établit que c'est la vapeur qui joue le plus grand rôle dans l'action de conserver la chaleur solaire à la surface du sol.

Ces résultats, observés en ballon, doivent être mieux dégagés de toute influence étrangère que ceux qui proviennent d'observations faites sur les montagnes, car, dans ce dernier cas, la présence des neiges et du rayonnement agit inévitablement, tandis que les observations aéronautiques s'accomplissent en des régions absolument libres [1].

1. L'influence de l'altitude sur l'intensité de l'action calorifique du Soleil en des points dont les projections sur le sol sont peu distantes entre elles a été étudiée avec beaucoup d'attention par Desains, d'une part à Lucerne, d'autre part à l'hôtel du Righi-Culm, à environ 1450 mètres au-dessus du lac. Ces expériences ont montré qu'à la même heure, et toutes choses égales d'ailleurs, la radiation solaire était plus intense au sommet du Righi qu'à Lucerne, mais qu'elle y était moins facilement transmissible à travers l'eau et l'alun. Voici des nombres :
Le 13 septembre 1869, à sept heures quarante-cinq minutes du matin, par un beau temps, l'action des rayons solaires au sommet du Righi imprimait une déviation de 27°,2 à l'aiguille de l'appareil. À Lucerne, au même instant, un second appareil accusait une déviation de 22°,5. En exprimant ces résultats en centièmes, on arrive à cette conclusion que ce jour-là les rayons solaires en traversant, sous un angle de 70 degrés environ avec la normale, la couche d'air comprise entre le niveau du Righi-Culm et celui de Lucerne, éprouvaient dans ce passage une perte de 17 pour 100.

On voit par ces considérations que les températures terrestres ne dépendent pas seulement de la quantité de chaleur reçue du Soleil, mais encore et surtout de la différence des *pouvoirs absorbants* de l'air sur les rayons des sources lumineuses et obscures. Il en est de même dans les autres planètes, et l'influence des atmosphères est telle, que, malgré son rapprochement du Soleil, Mercure peut jouir d'une température égale à celle de la Terre, si la couche de gaz qui l'entoure est constituée en conséquence, de même que Jupiter peut posséder à sa surface des climats aussi chauds que les nôtres, malgré son éloignement.

L'analyse spectrale de la lumière, qui lit dans le rayon décomposé d'une flamme les éléments qui la constituent inscrits en caractères ineffaçables, a pu récemment déterminer la nature des atmosphères planétaires. En examinant au spectroscope le rayon venu d'un feu allumé à quelques kilomètres de distance, Janssen a constaté que l'air traversé par ce rayon absorbe en partie la lumière et interpose un voile, ou pour mieux dire un tissu de lignes diversement disposées, dont les unes sont dues à l'oxygène, les autres à l'azote, les autres à la vapeur d'eau, les autres encore à l'acide carbonique, à l'ammoniaque, à l'iode. Cette méthode si ingénieuse permet de reconnaître la quantité de vapeur d'eau qui existe dans les lieux où l'on expérimente. De même, en examinant le rayon venu d'une autre planète, telle que Vénus, Mars et Jupiter, on remarque que les rayons solaires qu'elles nous réfléchissent, sont modifiés par un tissu de lignes dépendantes de leurs atmosphères traversées par ces rayons. C'est ainsi qu'on a vérifié l'existence, déjà indiquée astronomiquement, d'atmosphères à la surface des planètes, et de plus trouvé qu'il y a de la vapeur d'eau dans les trois que je viens de nommer (Huggins, 1864-1870). Dans Jupiter et dans Saturne, on a remarqué de plus l'indication illisible d'un élément gazeux qui n'existe pas dans notre Atmosphère.

La vapeur d'eau répandue dans l'Atmosphère joue le principal rôle au point de vue de la distribution de la température. Dans l'Atmosphère tranquille qui enveloppe la sphère terrestre, il y a sans cesse une action lente et silencieuse, qui s'opère invisiblement devant nos yeux aveugles et qui est si formidable que nul calcul humain ne saurait la représenter. Comparés à l'œuvre permanente de cette puissance, l'oxygène et l'azote ne sont plus rien, et les millions de tonnes d'acide carbonique qui brûlent dans la vie végétale et animale disparaissent comme une ombre.

Vapeur d'eau légère et transparente qui s'élève du lac limpide, brouillard qui flotte sur les mers, rosée du matin sur les fleurs, nuages blancs ou orangés du ciel, pluie ou neige, torrent de la montagne, source gazouillante au fond des bois, ruisseau qui murmure ou fleuves géants qui traversent les nations, depuis la source chaude minérale jusqu'au glacier suspendu au front des Alpes, depuis la petite goutte d'eau que saisit l'hirondelle rasant la rivière jusqu'à la nuée noire et horrible chargée d'éclairs, tout cet ensemble, tout ce vaste système de la circulation de l'élément liquide à la surface du globe, représente le fonctionnement d'une usine fantastique dont les travaux du pandémonium de Vulcain au fond du Tartare ne nous donneraient encore qu'une idée affaiblie. Représentons-nous la France sillonnée de rivières innombrables faisant marcher des millions de moulins, couverte d'un réseau serré de chemins de fer occupé par des milliers de locomotives circulant nuit et jour : tout le bruit, tout le mouvement, tout le travail accompli par ces moulins et ces machines infatigables ne représenterait qu'un jeu d'enfant à côté du travail accompli par la nature dans le système de circulation des eaux.

Nous avons senti plus haut quel est le travail opéré par la simple évaporation de l'eau des mers sous l'action des rayons du Soleil ; nous avons constaté que la masse d'eau évaporée s'élève à 721 trillions de mètres cubes (721 000 000 000 000). La quantité énorme de chaleur qui produit cet effet pourrait fondre par an 11 milliards de mètres cubes de fer, c'est-à-dire une masse dont le volume égalerait plusieurs fois celui du massif des Alpes !

Voilà le travail gigantesque qui s'accomplit par la force de la chaleur solaire. Mais le travail infinitésimal qui se produit par la même cause infatigable n'est pas moins merveilleux.

Un mouvement perpétuel s'accomplit incessamment dans la nature entière, mouvement inapprécié et auquel on ne songe guère ; et cependant ce mouvement est si considérable, que si nos sens nous permettaient de le percevoir, nous en serions véritablement effrayés. A chaque instant mille chocs d'intensité variée viennent frapper notre corps. Sommes-nous à la campagne, au milieu des prairies ou sur le versant d'un coteau boisé ? L'air, qui toujours marche, constitue à l'état de vent ou de brise insensible un premier mouvement général nous baignant d'un vaste effluve. La chaleur solaire, ou simplement la température ambiante, élève autour de nous des couches de densités différentes se succédant suivant les lois du calorique. La lumière

..., TOUT CE VASTE SYSTÈME DE CIRCULATION DES EAUX EST DU A LA CHALEUR SOLAIRE.

croise devant nous, à travers nos yeux, derrière nous, sur nos têtes, en tous sens, des millions de rayons agissant sur l'éther invisible par des vibrations si rapides, que chaque seconde en renferme des trillions pour un seul rayon, et cela incessamment. Les couleurs des objets qui nous entourent, des plantes, des fleurs, du ciel, des eaux, entre-croisent leurs fluctuations rapides et innombrables. Les bruits, lointains ou rapprochés, développent dans l'air les ondes sonores successives qui, semblables à des cercles, décrivent mille courbes invisibles, entremêlées, mais non confondues. L'oiseau qui chante, le gland qui tombe du chêne séculaire, le bûcheron qui frappe, la laveuse à la fontaine créent autant de mouvements ondulatoires. La chaleur propre de notre corps même forme en nous un centre de rayonnement, et incessamment des quantités définies de chaleur s'échappent de toute notre personne, quantités qui s'accentueraient tout de suite au thermomètre. Dans notre organisme, d'ailleurs, le battement de notre cœur ne s'arrête pas une seconde, la circulation du sang dans nos artères et son retour au cœur par les veines se perpétuent sans oubli, en même temps que par le jeu alternatif de notre respiration nos poumons s'occupent de distribuer à notre corps la quantité d'oxygène qui lui convient.

Sommes-nous dans notre chambre, tranquillement étendus dans un fauteuil, les pieds sur les chenets, un livre dans les mains, les mêmes mouvements que nous venons de rappeler s'accomplissent autour de nous et dans nous. Nous ne pouvons tendre le talon au feu sans qu'un système de mouvements invisibles s'établisse immédiatement entre notre pied et le charbon flamboyant. On ne peut toucher du doigt le clavier du piano sans qu'une série d'ondes sonores s'envolent dans notre appartement (et souvent même à de trop grandes distances pour les voisins!). On ne peut causer, même à voix basse, sans que l'air soit traversé de vibrations sphériques. Et ainsi nous vivons, sans nous en douter, au milieu de myriades de myriades de mouvements constamment effectués et incessamment renouvelés dans l'Atmosphère au sein de laquelle nous respirons, vivons et agissons.

Si la nature, dit A. de Humboldt, avait donné la puissance du microscope à nos yeux et une transparence parfaite aux téguments des plantes, le règne végétal serait lui-même loin d'offrir l'aspect de l'immobilité qui nous semble être un de ses attributs. A l'intérieur, le tissu cellulaire des organes est incessamment parcouru et vivifié par les courants les plus divers. Tels sont les courants de rotation qui montent et qui descendent, en se ramifiant, en changeant continuellement de direction. Tel est le fourmillement moléculaire, découvert par le grand botaniste Robert Brown, et dont toute matière, pourvu qu'elle soit réduite à un état de division extrême, doit certainement présenter quelque trace. Qu'on ajoute à ces courants et à cette agitation moléculaire les phénomènes de l'endosmose, de la nutrition et de la croissance des végétaux, ainsi que les courants formés par les gaz intérieurs, et l'on aura une idée des forces qui agissent, presque à notre insu, dans la vie en apparence si paisible des végétaux.

Ainsi travaille sans cesse la chaleur solaire absorbée par l'air atmosphérique sous lequel cette planète respire.

Après avoir apprécié l'œuvre de la chaleur solaire à travers l'Atmosphère et à la surface du globe, nous devons maintenant compléter cette première vue sommaire en remarquant que la puissance de cette chaleur diminue à mesure qu'on s'élève vers les hauteurs de l'enveloppe atmosphérique, parce qu'elle n'est plus retenue et utilisée par cette Atmosphère de plus en plus raréfiée. Nous avons vu (p. 43-44 et diagramme) que l'air diminue à mesure qu'on s'élève dans son sein. La température décroît dans une proportion analogue, que nous allons mesurer aussi exactement que possible, comme nous l'avons fait pour la diminution de la pression atmosphérique. Après les indications du baromètre, voici celles du thermomètre

Quand on s'élève en ballon vers un ciel nuageux, la température s'abaisse d'ordinaire jusqu'à ce qu'on arrive aux nuages ; quand on les a dépassés, on observe toujours une élévation de quelques degrés ; puis la température va de nouveau en s'abaissant. Quand on s'élève par un ciel clair, la température initiale est, toutes choses égales d'ailleurs, plus élevée que dans le cas précédent, et la différence est mesurée à peu près par l'élévation qu'on observe en sortant des nuages. Jamais la diminution de chaleur n'est absolument régulière ; on trouve presque toujours dans l'Atmosphère des couches d'air chaud, et parfois on en rencontre quatre ou cinq successivement jusqu'à de grandes hauteurs. Ces alternances, comme cette variabilité du ciel, n'empêchent pas un fait général de se manifester : celui de la décroissance de la température à mesure qu'on s'élève.

Voici le résultat de la série d'observations que j'ai faites sur ce sujet dans mes six cents lieues de voyages aéronautiques.

La décroissance de la température de l'air, qui joue un si grand rôle dans la formation des nuages et dans les éléments de la météorologie, est loin de suivre une proportion régulière et constante. Elle varie selon les heures, les saisons, l'état du ciel, l'origine des vents, l'état de la *vapeur d'eau*, etc. Ce n'est que par un très grand nombre d'observations qu'on pourra parvenir à dégager une loi générale, l'action de plusieurs causes secondaires agissant sans cesse et devant d'abord être connue et éliminée.

Il résulte de cinq cent cinquante observations aérostatiques, faites au sein de conditions très dissemblables, et pourtant moins mauvaises que les conditions des observations faites sur les montagnes, il en résulte, dis-je, que la décroissance de la température de l'air diffère d'abord selon que le ciel est pur ou couvert : elle est plus rapide lorsque le ciel est pur ; elle est plus lente lorsque le ciel est couvert.

Dans un ciel pur, l'abaissement moyen de la température a été trouvé de 4 degrés pour les 500 premiers mètres à partir de la surface du sol ; de 7 degrés pour 1000 mètres ; de 10°,5 pour 1500 mètres ; de 13 degrés pour 2000 mètres ; de 15 degrés pour 2500 mètres ; de 17 degrés pour 3000 mètres ; de 19 degrés pour 3500 mètres. Moyenne : 1 degré pour 189 mètres.

Dans un ciel nuageux, l'abaissement de la température a été trouvé de 3 degrés pour les 500 premiers mètres ; de 6 degrés pour 1000 mètres ; de 9 degrés pour 1000 mètres ; de 9 degrés pour 1500 mètres ; de 11°,5 pour 2000 mètres ; de 16 degrés pour 3000 mètres ; de 18 degrés pour 3500 mètres. Moyenne : 1 degré pour 194 mètres.

La température des nuages (cumulus) est supérieure à celle de l'air situé au-dessous et au-dessus.

Le décroissement est plus rapide dans les régions voisines de la surface du sol et se ralentit à mesure qu'on s'élève.

Le décroissement est plus rapide le soir que le matin, et pendant les journées chaudes que pendant les journées froides.

On rencontre parfois dans l'Atmosphère des régions plus chaudes ou plus froides que la moyenne de l'altitude, et qui traversent l'Atmosphère comme des fleuves aériens. Ces variations n'empêchent pas la loi générale énoncée plus haut d'être l'expression de la réalité.

La différence entre les indications du thermomètre à l'ombre et celles du thermomètre au soleil augmente à mesure qu'on s'élève dans les hauteurs de l'Atmosphère [1].

Ainsi, le résultat général de ces ascensions aériennes est que la température décroît de 1 degré par 191 mètres d'élévation environ, tantôt plus, tantôt un peu moins.

Le résultat des célèbres et nombreuses observations aérostatiques de Glaisher est peu différent de celui-ci.

Les ascensions de montagnes ont fourni un certain nombre de données importantes, parmi lesquelles il est intéressant de signaler les suivantes :

A. de Humboldt a trouvé que le décroissement était dans l'Amérique du Sud de 1 degré pour 191 mètres dans les montagnes et pour

1. Extrait de mes communications à l'Institut, année 1868.

243 mètres sur les plateaux. Une série de lieux a donné dans l'Inde méridionale 177 mètres, et dans le nord de l'Hindoustan au contraire 226 mètres, nombre qui se rapproche de celui que Humboldt a observé dans l'Amérique pour les plateaux. Partout on arrive à des différences de niveau analogues : 247 mètres dans la Sibérie occidentale, nombre

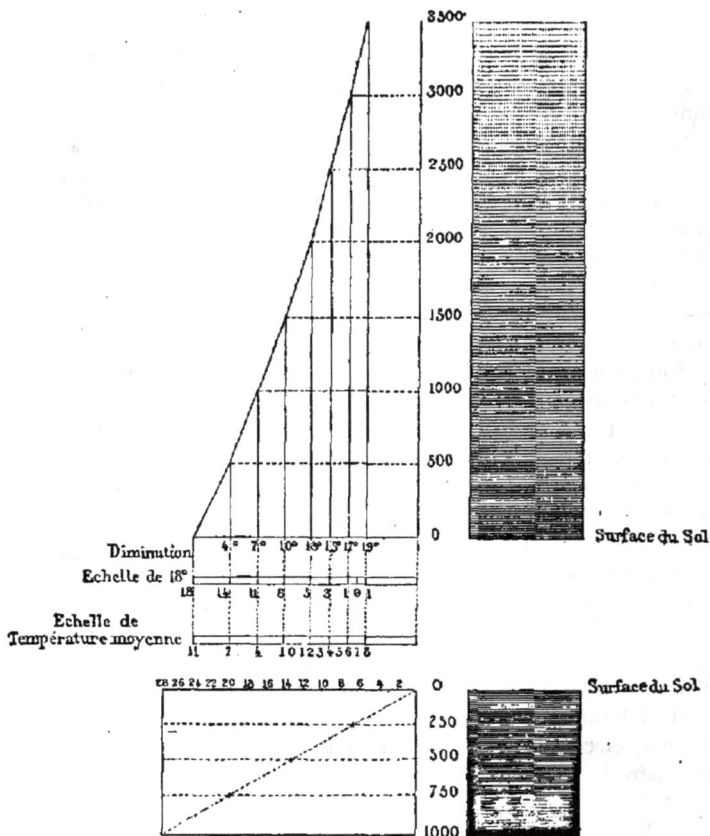

FIG. 149. — Diagramme de la décroissance de la température, selon la hauteur.

qui se change en 243, si la comparaison comprend les lieux élevés de l'Inde septentrionale. Aux États-Unis on trouve 222 mètres pour 1 degré[1].

1. Tandis qu'à l'équateur la loi du décroissement est à peu près la même en toutes saisons, les régions polaires offrent, au contraire, les plus grandes différences entre l'été et l'hiver. D'après une série de quatre jours d'observations faites de demi-heure en demi-heure, les membres de la Commission du Nord ont trouvé au Spitzberg (latitude 77° 30′), au mois d'août 1838, un décroissement moyen de 1 degré pour 172 mètres. Ce résultat, calculé par Bravais, coïncide avec les décroissements observés dans les zones tempérées. La différence de hauteur des stations était de 560 mètres.

En hiver, la température va en croissant avec la hauteur, jusqu'à une certaine limite, variable

C'est la configuration des pays qui paraît être l'élément le plus important. Si le terrain s'élève doucement ou si le pays se compose de gradins successifs, le décroissement de la température est beaucoup plus lent que sur le flanc des montagnes abruptes. Dans le premier cas, on peut admettre pour 1 degré une différence de niveau de 235 mètres, et une de 195 seulement dans le second.

Un décroissement de 1 degré pour 168 mètres a été trouvé par Schouw pour l'Italie (versant méridional des Alpes)

Sur le mont Ventoux, montagne escarpée et isolée de la Provence (lat. 44° 10′ N., long. 2° 56′, hauteur 1911 mètres), Ch. Martins a trouvé, par dix-neuf observations faites en différentes circonstances, un décroissement de 1 degré pour 188 mètres en hiver, 129 mètres en été, 144 mètres en moyenne. Les observations de Ramond, comprises entre le 43e et 44e degré de latitude, donnent en moyenne 1 degré pour 148 mètres.

La conclusion de tous ces résultats, c'est que *la température de la glace règne constamment en chaque lieu, à une hauteur suffisamment grande dans l'Atmosphère.*

Si l'on imagine qu'en chaque point de la surface de la Terre on élève des verticales jusqu'à la hauteur à laquelle règne la température moyenne de zéro, et que l'on fasse passer une surface par les sommets de toutes ces coordonnées verticales, on obtiendra la surface isotherme de zéro ; son intersection avec le globe sera la ligne isotherme correspondante ; on pourra tracer par la même considération géométrique les surfaces isothermes de 5 degrés, de 10 degrés, etc. Ces surfaces s'éloignent du centre de la terre vers l'équateur ; elles s'en rapprochent vers les pôles.

La température moyenne de l'air à Paris est de 10°,7. Pour obtenir une diminution de cette valeur par l'altitude, il faut s'élever en moyenne de 1600 mètres. C'est donc à cette hauteur que règne au-dessus de Paris la température de la glace. Mais c'est évidemment là

suivant diverses circonstances atmosphériques, dont l'influence n'est pas encore bien exactement connue. L'heure de la journée paraît être indifférente, puisqu'il n'existe aucune variation diurne thermométrique dans les couches de la surface. La moyenne de trente-six expériences faites avec des cerfs-volants ou des ballons captifs à Bosekop (latitude 69° 58′ N.) a donné un état moyen d'accroissement de 1°,6 pour les 100 premiers mètres. Au delà de cette limite et même au delà des 60 aux 80 premiers mètres, la température devient de nouveau décroissante, mais très lentement d'abord ; le décroissement s'accélère ensuite. Les observations qui ont été faites sur les flancs ou les sommets des montagnes pendant la même expédition confirment entièrement ces résultats. L'influence réfrigérante d'un sol qui rayonne sa chaleur propre durant plusieurs semaines sans rien recevoir de la part du Soleil en compensation de ses pertes, l'influence des contre-courants supérieurs venus de l'O. et du S. O. avec une température élevée rendent raison de cette anomalie, qui représente en hiver l'état normal des parties les plus boréales du continent européen.

un type autour duquel oscille sans cesse la température, en ne le réalisant qu'en avril et en octobre. En été, il faut s'élever à de très grandes hauteurs, et parfois à plus de 4000 mètres pour atteindre le zéro thermométrique. En hiver, comme chacun sait, il se trouve souvent au niveau du sol. Il y a alors de curieuses inversions de température dans les couches atmosphériques qui avoisinent la surface du globe.

J'ai essayé de représenter dans la figure 149 le décroissement moyen de la température avec la hauteur, par la même méthode que j'ai employée dans la figure 34 (p. 73) pour exprimer le décroissement de la pression atmosphérique. La température décroissante est représentée par une teinte décroissante proportionnelle. A partir de la surface du sol, la diminution est de 4 degrés pour 500 mètres, de 7 degrés pour 1000 mètres, etc. S'il y a, par exemple, 18 degrés (température d'été) à la surface, il y a 14 degrés à 500 mètres, 11 degrés à 1000 et le zéro est à 3250 mètres. Par la température moyenne de l'année, il y a 11 degrés vers la surface du sol, et le zéro est vers 1670 mètres. Au-dessous de la surface du sol, j'ai également indiqué par une teinte croissante et par une ligne géométrique l'accroissement de température de 1 degré par 35 mètres environ, plus rapide, comme on voit, que le décroissement atmosphérique, puisque à la profondeur de 250 mètres on a déjà un accroissement de chaleur de 7 degrés, 14 degrés à 500 mètres et 28 degrés à 1 kilomètre.

Nous pouvons maintenant ajouter que ce décroissement varie avec la saison et avec l'heure de la journée. Les observations que de Saussure a continuées pendant dix-sept jours au col du Géant, à 3428 mètres au-dessus de la mer, tandis qu'on observait simultanément à Genève (407 mètres) et à Chamounix (1044 mètres), ont mis l'influence horaire en évidence. Voici, d'après les observations que Kaemtz a faites sur le Righi (1810 mètres), tandis qu'on observait à Bâle, à Berne, à Genève et à Zurich, la hauteur en mètres dont il faut s'élever pour avoir un décroissement de 1 degré :

DIFFÉRENCE DE NIVEAU CORRESPONDANT A UN ABAISSEMENT DE 1 DEGRÉ THERMO-MÉTRIQUE A TOUTES LES HEURES DE LA JOURNÉE

Heures.	Righi.	Heures.	Righi.
Midi	129ᵐ,81	Minuit	163ᵐ,00
1 heure	131ᵐ,75	1 heure du matin	168ᵐ,40
2 —	128ᵐ,83	2 — —	174ᵘ,63
3 —	127ᵐ,08	3 — —	180ᵐ,68
4 —	124ᵐ,35	4 — —	185ᵘ,16
5 —	121ᵐ,81	5 — —	186ᵐ,33
6 —	122ᵐ,01	6 — —	178ᵐ,92
7 —	127ᵐ,86	7 — —	168ᵐ,01
8 —	135ᵐ,65	8 — —	153ᵐ,19
9 —	144ᵐ,42	9 — —	144ᵐ,42
10 —	152ᵐ,02	10 — —	139ᵐ,36
11 —	158ᵐ,46	11 — —	121ᵐ,93

Moyenne................ 149ᵐ,10

Cette loi de la variation de la hauteur à laquelle il faut s'élever pour avoir un abaissement de 1 degré du thermomètre, aux différentes heures de la journée, est représentée dans la figure suivante.

Les irrégularités de sa courbe indiquent que le nombre d'observations n'est pas suffisant.

De Saussure a observé pendant la nuit; Kaemtz étant seul a pu lire le baromètre depuis cinq heures du matin jusqu'à dix heures du soir, et les lois du décroissement nocturne sont déduites de celles du jour. Ce tableau met clairement en évi-

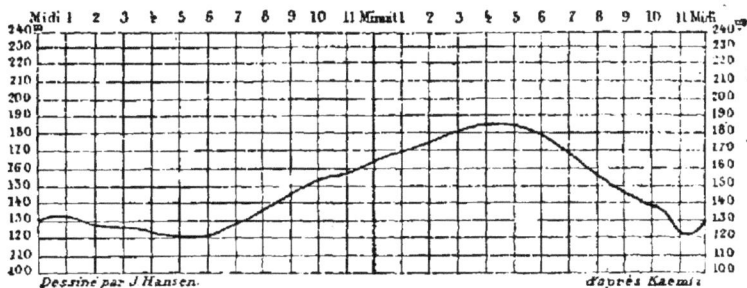

FIG. 150. — Hauteur à laquelle il faut s'élever pour trouver un abaissement de 1 degré, suivant les heures.

dence la période diurne. C'est vers cinq heures du soir que le décroissement de la température est le plus rapide et vers le lever du soleil qu'il est le plus lent. La différence correspondant à ces deux instants, déduite des observations, égale environ le tiers de la hauteur dont il faut s'élever en moyenne pour obtenir un abaissement de 1 degré.

La période annuelle n'est pas moins marquée dans nos climats; les séries météorologiques simultanées faites à Genève et sur le Saint-Bernard permettent d'en calculer les lois. Kaemtz a choisi trente points situés au sud et au nord des Alpes,

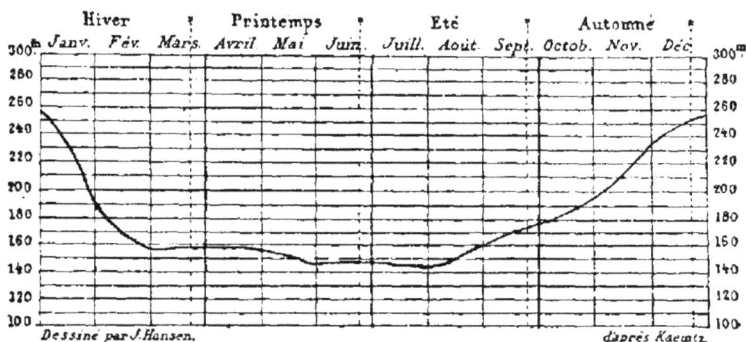

FIG. 151. — Hauteur à laquelle il faut s'élever pour trouver un abaissement de 1 degré, suivant les saisons.

entre 45 et 50 degrés de latitude et les méridiens de Vienne et de Paris, et l'on a déduit les lois de la distribution de la chaleur dans cette surface. Il a obtenu ainsi la hauteur en mètres dont il faut s'élever pour avoir un abaissement de 1 degré, suivant les mois. La table suivante contient les résultats fournis par ces différents points de comparaison.

DIFFÉRENCE DE NIVEAU CORRESPONDANT A UN ABAISSEMENT DE 1 DEGRÉ THERMO-
MÉTRIQUE DANS LES DIVERS MOIS DE L'ANNÉE

Mois.	Allemagne méridionale et Italie septentrionale.
Janvier	257^m,27
Février	193^m,54
Mars	159^m,63
Avril	160^m,60
Mai	157^m,87
Juin	148^m,32
Juillet	148^m,71
Août	145^m,98
Septembre	161^m,96
Octobre	177^m,75
Novembre	195^m,49
Décembre	233^m,49
Année	172^m,68

La loi de la différence de niveau qui correspond à un abaissement de 1 degré, suivant les différents mois de l'année, est représentée par la figure 151. C'est la courbe de l'Allemagne méridionale et de l'Italie septentrionale. Ses irrégularités indiquent aussi que les observations ne sont pas encore assez nombreuses.

En résumé, on voit qu'en été le thermomètre baisse beaucoup plus vite, à mesure qu'on s'élève, qu'en hiver.

Il résulte de ce décroissement inégal que la différence entre les moyennes de l'hiver et celles de l'été est d'autant moindre qu'on s'élève davantage dans les montagnes. Dans les plaines de la Suisse, à la hauteur de 400 mètres environ, elle est de 19 degrés. Sur le Saint-Gothard, à 2091 mètres, elle est de 14°,9, et sur le Saint-Bernard, à 2493 mètres, de 13°,5. De Saussure, qui le premier fit cette importante remarque, pensait que les différences entre les saisons doivent disparaître à la hauteur de 12 000 à 13 000 mètres.

Ce sont là des règles générales ; mais il y a des exceptions. Quelquefois la température est plus élevée à une certaine hauteur qu'au niveau du sol. Ainsi, par exemple, lors du grand froid de l'hiver 1879-1880, on a constaté que le thermomètre n'est pas descendu aussi bas sur plusieurs collines que dans les plaines, et que tandis que certains arbres ont été gelés dans la plaine, ils ne l'ont pas été sur les hauteurs. Le 26 décembre 1879, à 8 heures du matin, le thermomètre marquait — 15°,6 à Clermont et + 4°,7 au Puy-de-Dôme. On pourrait également signaler d'autres cas exceptionnels, qui se produisent surtout en hiver, lorsque le sol étant très froid, la couche en contact avec lui descend à sa température.

CHAPITRE III

LES SAISONS

MÉCANISME ASTRONOMIQUE DES SAISONS SUR LES DIFFÉRENTES PLANÈTES. — SAISONS
TERRESTRES MÉTÉOROLOGIQUES. — LEURS INFLUENCES SUR LA VIE DES PLANTES,
DES ANIMAUX ET DES HOMMES.

L'action générale du Soleil à la surface de la Terre varie, comme
tout le monde le sait, d'une semaine à l'autre, du jour au lendemain.
La cause de ces variations a été déterminée par la science aussi bien
que l'intensité de l'action générale. Saisons et climats sont expliqués
géométriquement par l'inclinaison variable du sol relativement aux
rayons solaires. Et par la même comparaison géométrique nous connaissons également la valeur des saisons sur les autres planètes de
notre système.

Pour nous rendre exactement compte des variations de température
suivant les saisons successives de l'année, il est nécessaire que nous
connaissions précisément d'abord le mécanisme astronomique auquel
les saisons elles-mêmes sont dues.

Nous avons vu que le globe terrestre circule en un an autour du
Soleil et tourne sur lui-même en un jour. Supposons d'abord que l'axe
de rotation soit *perpendiculaire au plan* dans lequel la planète se meut :
ce qui est à peu près le cas de Jupiter, dont l'équateur n'est incliné
que de trois degrés. Pendant toute la durée de l'année, le jour est égal
à la nuit (fig. 152), le Soleil demeure dans le plan de l'équateur, et
son élévation reste la même pour chaque point du globe tous les jours
de l'année. Dans cette situation de l'axe, il n'y a pas de saisons, et la
température décroît lentement de l'équateur aux pôles. Il n'y a pour
ainsi dire qu'une zone tempérée sur toute la planète

Supposons, au contraire, que l'axe de rotation soit *couché* sur le plan
dans lequel la planète se meut (fig. 153). Au solstice *a*, le Soleil se trouve

à l'extrémité de l'axe, et plane directement sur le pôle : l'équateur a le minimum de température. Un quart d'année plus tard, le Soleil se trouve sur l'équateur. Après la demi-année écoulée, c'est l'autre pôle qui a le Soleil à son zénith. Puis il repasse de nouveau par l'équateur, avant de revenir sur le pôle par lequel nous avons commencé. Dans cette situation, dont approche la planète Vénus, son inclinaison étant de 55 degrés, les saisons sont à leur maximum d'effet; chaque point du globe est soumis tour à tour à la rigueur du plus grand froid et à l'ardeur de la plus haute température. Il n'y a pas de zones tempérées, mais des zones torrides et glaciales empiétant sans cesse l'une sur l'autre.

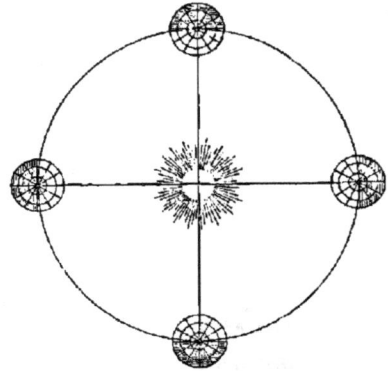

FIG. 152. — Planète dont l'axe est perpendiculaire.

Supposons enfin qu'au lieu d'être dans la première ou dans la seconde de ces positions extrêmes, l'axe de rotation soit dans une situation intermédiaire, incliné, par exemple, de 67 degrés (fig. 154) : nous avons dans ce cas des saisons qui, sans être extrêmes, sont néanmoins très sensiblement marquées. C'est le cas de la planète que nous habitons [1]. Son axe de rotation fait avec l'écliptique l'angle que je viens d'inscrire, c'est-à-dire que son équateur est incliné sur le plan

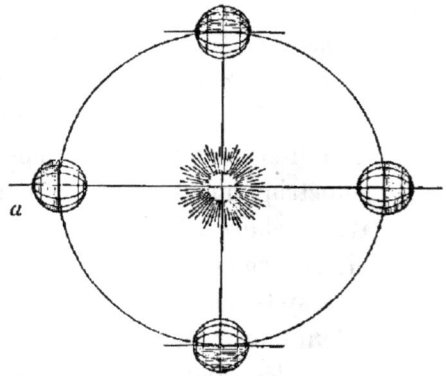

FIG. 153. — Planète dont l'axe est couché.

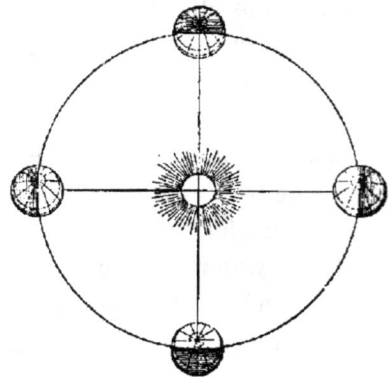

FIG. 154. — Planète dont l'axe est incliné.

1. Les saisons diffèrent pour chaque planète suivant l'inclinaison de l'axe de rotation, et restent perpétuellement les mêmes pour chaque monde. Voyez nos ouvrages *la Pluralité des mondes habités* et *les Terres du Ciel.*

de l'écliptique suivant un angle de 23 degrés. C'est cette *obliquité*
de l'écliptique qui nous donne nos saisons.

L'axe de rotation de la Terre restant toujours parallèle à lui-même
pendant le cours entier de la translation du globe autour du Soleil,
on voit qu'aux deux positions extrêmes de l'orbite le pôle nord et le
pôle sud se présentent tour à tour au Soleil sous un angle maximum
de 23 degrés. C'est l'époque des solstices. Au solstice du pôle nord,
c'est-à-dire d'été pour notre hémisphère, le 21 juin, le Soleil s'élève
jusqu'à 23 degrés au-dessus de l'horizon de ce pôle. Une situation
symétrique se présente à l'opposé au solstice d'été du pôle sud, qui
est le solstice d'hiver pour le nôtre et qui arrive le 21 décembre.

Le 20 mars, à l'époque de l'équinoxe de printemps, le plan de
l'équateur passe par le Soleil. Les deux pôles de la planète sont alors
symétriquement placés par rapport au Soleil, et le cercle de séparation de l'hémisphère éclairé et de l'hémisphère obscur est précisément
un méridien. Il en résulte que chaque point du globe, emporté par
la rotation diurne, décrit dans la lumière la moitié de la circonférence, et dans l'ombre l'autre moitié : la durée du jour est partout
égale à celle de la nuit.

Mais à mesure que la Terre va s'avancer dans son cours, comme
l'axe garde la même situation, le pôle nord s'offre de plus en plus aux
rayons solaires, et le cercle de rotation diurne d'une latitude boréale
fait progressivement un plus long chemin dans la lumière que dans
l'ombre. La durée du jour surpasse celle de la nuit, et par conséquent la quantité de chaleur reçue.

Tel est le simple mécanisme des saisons. Examinons ce qui se passe
dans la distribution de la température.

Le 21 mars, l'horizon de Paris par exemple, comme toute autre
surface de notre hémisphère, est échauffé pendant douze heures consécutives; mais en même temps cette surface est refroidie par voie de
rayonnement vers l'espace pendant les mêmes douze heures de jour et
pendant les douze heures de nuit qui leur succèdent, c'est-à-dire en tout
pendant vingt-quatre heures. Il n'est pas possible de dire à priori si la
perte surpasse le gain; mais considérons le jour suivant.

Le 22 mars, les rayons solaires échaufferont l'horizon pendant un
peu plus de douze heures. Quant au refroidissement par rayonnement,
il s'opérera comme la veille pendant vingt-quatre heures. Or ce qui
prouve incontestablement que l'action échauffante, quoique ne s'exerçant que pendant environ douze heures, est supérieure à cette époque

de l'année à l'action refroidissante, que l'horizon a plus gagné qu'il n'a perdu, c'est qu'abstraction faite des circonstances accidentelles, la température du 22 mars surpasse généralement celle du 21.

Nous arriverons au même résultat en comparant la température du 23 à celle du 22, et ainsi de suite.

Les rayons calorifiques du Soleil produisent des effets de plus en plus considérables jusqu'au 21 juin, parce qu'ils exercent leur action

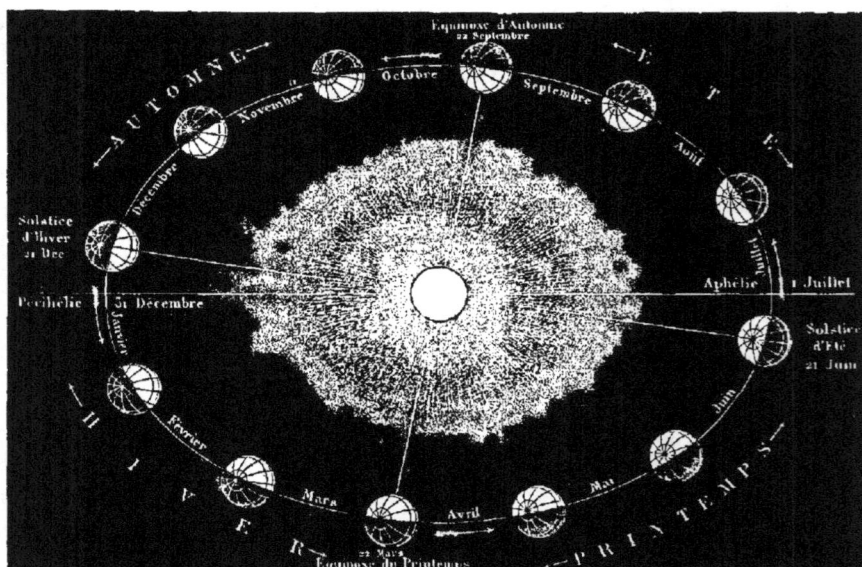

G. 155. — La translation de la Terre autour du Soleil, et les saisons.

pendant des périodes graduellement plus longues, les jours augmentant sans cesse de longueur jusqu'à l'époque du solstice. Toutefois cette cause, quoique prépondérante, n'est pas la seule qui agisse pour l'accroissement de la température.

L'inclinaison des rayons solaires diminue à mesure qu'on approche de l'été; du 21 mars au 21 juin, ces rayons nous arrivent de plus en plus haut à midi, échauffant davantage le sol et les objets.

Une troisième cause d'échauffement également influente doit être signalée ici, dirons-nous avec Arago. Le Soleil peut être considéré comme le centre d'une sphère d'où partiraient des rayons dans toutes les directions imaginables. Or, si à une certaine distance du centre de cette sphère on suppose un horizon d'une étendue déterminée exposé à l'action de ses rayons divergents, cet horizon en embrassera un nombre d'autant plus considérable qu'il se présentera à eux dans une direction plus voisine de la perpendiculaire. Qui ne voit que, dans tous les midis compris entre le 21 mars et le 21 juin, un horizon quelconque dans nos climats se présente en effet aux rayons solaires dans des directions de plus en plus voisines de la perpendiculaire?

Ainsi, en résumé, depuis le 21 mars jusqu'au 21 juin, l'horizon de Paris reçoit de jour en jour plus de rayons solaires; ces rayons arrivent sous des inclinaisons de plus en plus favorables pour l'absorption; enfin leur action a chaque jour une plus grande durée.

L'accroissement de température ne s'arrête pas au 21 juin. En effet, les jours restant plus longs que les nuits, notre hémisphère continue de recevoir plus de chaleur pendant le jour qu'il n'en perd pendant la nuit; cependant les rayons solaires devenant de plus en plus obliques diminuent graduellement d'intensité; on arrive vers le 14 juillet à égalité entre le gain et la perte. C'est le maximum de la température annuelle.

Maintenant remarquons que depuis cette époque jusqu'au 21 décembre les jours deviennent de plus en plus courts; que l'action solaire va sans cesse en diminuant; que ces rayons arrivent de plus en plus affaiblis, parce qu'ils traversent des couches atmosphériques plus étendues et moins diaphanes; que l'inclinaison de la lumière à midi et des heures voisines de ce moment de la journée, par rapport à cet horizon ou à tout autre situé dans l'hémisphère nord, et comptée à partir de sa surface, devient de plus en plus grande et est alors moins propre à l'absorption; que cet horizon reçoit une quantité de rayons solaires sans cesse décroissante. De toutes ces raisons réunies il résulte que la température de tout horizon situé dans l'hémisphère nord doit toujours aller en diminuant; mais il n'est pas évident de soi-même qu'il y aura compensation, le 21 décembre, jour du solstice d'hiver, entre le rayonnement vers l'espace et les causes échauffantes, qui ont été sans cesse en s'affaiblissant.

L'observation montre, en effet, qu'à Paris la compensation parfaite n'arrive que vers le 9 janvier; c'est, abstraction faite des causes accidentelles, la première semaine de janvier qui est la plus froide de l'année. A partir de cette époque et jusqu'au 14 juillet suivant, la température va toujours en augmentant, ainsi que nous l'avons déjà expliqué, en prenant le 21 mars pour point de départ.

Toute cette série de raisonnements s'appliquerait à l'horizon d'un ieu situé dans l'hémisphère sud, comme Paris est situé dans l'hémisphère nord. Seulement nous trouverions, et ce résultat est conforme aux observations, que les mois les plus chauds dans l'hémisphère nord seraient les plus froids dans l'hémisphère sud, et réciproquement.

Voltaire tournait en dérision notre globe, parce qu'il se présente au soleil *de biais et gauchement*. On peut remarquer que le ridicule ainsi jeté sur notre pauvre planète offre une compensation, car cette position gauche est précisément ce qui porte la vie chaque année aux deux pôles opposés. Sans elle, cette vie terrestre ne serait pas ce qu'elle est. Pourtant la situation de Jupiter est évidemment préférable. Les habitants des mondes qui jouissent d'un printemps perpétuel doivent se demander s'il est possible de vivre sur des terres comme les nôtres, affligées de saisons si disparates.

Rien n'est plus utile que de porter un regard d'ensemble sur les opérations de la nature, de s'élever au-dessus des idées étroites de ceux qui n'ont point perdu de vue leur clocher natal, pour étendre ses regards sur le pays et même sur la partie du monde qu'on habite. L'Europe, fière de sa population de 342 millions d'hommes, avec sa puissance intellectuelle et guerrière, occupe la zone tempérée, et par les deux caps extrêmes de l'Espagne et de la Grèce n'atteint même pas le 36ᵉ parallèle, laissant encore toute l'Afrique septentrionale et toute l'Égypte entre elle et la zone torride. Aussi, d'après la tendance naturelle qui nous porte à donner une importance exclusive à ce qui nous entoure, il nous semble toujours bizarre d'entendre parler des chaleurs intolérables de décembre et de janvier qu'éprouvent les habitants de l'autre hémisphère, au cap de Bonne-Espérance, dans l'Australie et dans le Chili. Les froids de juillet et d'août, dans les mêmes contrées, ne nous paraissent pas moins étranges. Cependant, puisque les saisons sur la Terre offrent déjà bien des circonstances extraordinaires, combien n'en trouverions-nous point, en allant non pas de notre pôle européen, asiatique et américain au pôle opposé, mais bien de la région ardente où la planète Mercure se meut sous les feux d'un Soleil sept fois plus chaud qu'il ne l'est pour la Terre, jusqu'aux confins du système solaire, où Neptune occupe provisoirement la dernière place, recevant des rayons neuf cents fois plus froids que ceux qui, pour notre Europe, font ces grandes divisions de l'année, le printemps, l'été, l'automne et l'hiver, dont les productions sont si capitales pour l'homme, tandis que rien de semblable n'existe dans les latitudes intertropicales!

Les saisons astronomiques sont comptées à partir des équinoxes et des solstices. Le printemps commence le 20 mars, l'été le 21 juin, l'automne le 22 septembre et l'hiver le 21 décembre. Ce sont toujours là pour chaque année, — à un jour près, à cause des six heures supplémentaires (365ʲ 6ʰ), — les époques astronomiques du commencement des saisons.

Évidemment ces époques ne devraient pas être appliquées aux *saisons météorologiques*, qui sont en définitive, pour nos impressions et nos appréciations directes, les véritables saisons. Elles devraient être établies de part et d'autre à égale distance du maximum et du minimum moyens de la température, le milieu de l'été étant le 14 juillet, le milieu de l'hiver étant le 9 janvier.

La classification la plus simple, et qui se trouve en même temps suffisamment adaptée à la marche moyenne de la température, est celle que la plupart des météorologistes emploient aujourd'hui. L'année est partagée en quatre périodes de trois mois pleins. L'Hiver se compose des mois de décembre, janvier et février ; le Printemps, des mois de mars, avril et mai ; l'Été, de juin, juillet et août ; l'Automne, de septembre, octobre et novembre.'

Sur l'hémisphère austral, les saisons sont inverses des nôtres. A notre solstice d'hiver, au 21 décembre, le Soleil arrive là-bas à sa plus grande hauteur : c'est leur solstice d'été. A notre solstice d'été, au 21 juin, le Soleil arrive pour eux à son minimum de hauteur au-dessus de leur horizon : ce sont leurs jours les plus courts et leur hiver. Quand nous avons l'automne, nos antipodes ont le printemps, et *vice versa*. On se rend facilement compte de cette inversion en considérant l'inclinaison constante de l'axe de rotation terrestre et la translation annuelle du globe autour du Soleil.

C'est à la succession harmonique des saisons que la Terre doit son éternelle parure et sa vie impérissable. Chaque printemps apporte la résurrection à la surface de la planète rayonnante, qui rajeunit dans une adolescence sans fin sous les fécondes caresses dont l'enveloppe l'astre radieux. « Saisons, filles chéries de Jupiter et de Thémis, s'écriait déjà il y a trois mille ans le premier poète Orphée, vous qui nous comblez de biens! saisons verdoyantes, fleuries, pures et délicieuses! saisons aux couleurs diaprées répandant une douce haleine! saisons toujours changeantes : accueillez nos pieux sacrifices, apportez-nous le secours des vents favorables qui font mûrir les moissons. »

Ainsi sont maintenant déterminées les causes qui donnent naissance aux variations de température suivant le cours de l'année. Après en avoir ainsi esquissé le mécanisme astronomique, nous allons entrer

FIG. 156. — L'été.

dans les détails et apprécier les chiffres exacts des mouvements thermométriques.

Figurons-nous la Terre accomplissant en un an sa course autour du

Soleil, et revenant à la même position après avoir présenté successivement ses deux pôles aux rayons de l'astre de la lumière et de la chaleur. Si nous partons du printemps, nous voyons les neiges qui ont recouvert une grande partie des continents septentrionaux disparaître, pour faire place à une active végétation ; les arbres se couvrent de verdure, et les plantes que l'hiver a fait périr renaissent de leurs graines pour rivaliser de feuillage avec les végétaux permanents ; les fleurs, les graines, les rejetons assurent la reproduction, et les espèces sociales, tant les plantes que les arbres, envahissent le sol par le seul bénéfice de la force d'association. C'est ainsi que nous observons d'immenses forêts de pins, de chênes et de hêtres, et des plaines sans bornes couvertes exclusivement de chardons, de trèfle et de bruyères. Une des plus curieuses conséquences de la marche bien observée des saisons, c'est que les riches moissons qui alimentent en Europe le quart du genre humain sont, quant à leur cause, dues à l'hiver tout autant qu'au printemps, qui développe les céréales, et à l'été, qui les mûrit.

En effet, si le blé n'était pas astreint à périr dans l'hiver, si ce n'était pas, suivant l'expression des botanistes, une plante annuelle, elle ne monterait pas en épis et ne produirait pas les utiles récoltes qui depuis Cérès et Triptolème ont assuré l'alimentation des populations nombreuses de l'Europe, et même ont donné naissance à ces populations. Pour se convaincre de cette vérité, il n'y a qu'à descendre plus au midi, dans l'Afrique, dans l'Asie et dans l'Amérique. Dès que l'on arrive dans un climat où l'hiver ne tue point nécessairement les céréales, la plante devient vivace comme l'herbe l'est chez nous ; elle se propage en rejetons, reste constamment verte et ne produit ni épis ni grains. Là ce sont d'autres végétaux, comme le millet, le maïs, le doura et diverses racines, qui donnent les fécules nutritives.

A la fin du printemps et au commencement de l'été, le Soleil, qui s'est avancé vers le nord, fait pulluler dans notre hémisphère et jusqu'auprès du pôle toutes les espèces animales, comme il fait naître et se développer les espèces végétales. Quadrupèdes, oiseaux, poissons, amphibies, insectes, mollusques, animaux microscopiques, peuplent les terres et les mers septentrionales, soit par naissance locale, soit par immigration.

Si nous suivons le Soleil dans sa marche rétrograde vers le sud, nous voyons la chaleur de la saison baisser avec la hauteur du Soleil à midi, les jours de douze heures reparaître, puis l'automne finissant avec des jours de huit heures et des nuits de seize heures, et enfin l'hiver, dont les jours sont de même longueur que ceux d'automne, mais qui, succédant à une saison froide, est pour cette raison encore plus froid que l'automne, de même que l'été, dont les jours sont semblables à ceux du printemps, est bien plus chaud que celui-ci, parce qu'il verse ses rayons sur des régions déjà échauffées.

À peine les jours sont-ils arrivés à leur plus grande durée, qu'ils diminuent rapidement; à peine la jeunesse a-t-elle brillé, que l'automne de la vie s'annonce. Mais aussi à peine les jours ont-ils raccourci, qu'ils grandissent de nouveau. Nous n'en pouvons espérer autant sur cette Terre pour nos jours d'hiver, dont la destinée est de s'éteindre dans les glaces du tombeau.

Dans les chapitres qui vont suivre, nous étudierons la marche particulière de chaque saison, et son aspect caractéristique depuis l'hiver aux neiges silencieuses jusqu'à l'été verdoyant et généreux. Complétons ici notre esquisse de la marche générale des saisons ; considérons son influence sur la vie humaine, démontrée par la statistique, qui de nos jours ne respecte plus rien.

Si nous examinons d'abord la mortalité dans chaque pays, nous voyons qu'elle éprouve des variations très sensibles selon les différents mois de l'année. Déjà de nombreuses recherches ont été présentées sur ce sujet intéressant, et l'on a reconnu que dans nos climats les rigueurs de l'hiver sont fatales pour les organisations délicates ou fatiguées.

La vie des plantes et celle des animaux sont intimement liées à la marche des saisons, comme nous l'apprécierons sous une forme spéciale dans le chapitre suivant. La vie humaine, quoique en apparence plus individuelle et plus indépendante, n'en subit pas moins les lois élémentaires de la nature terrestre qui a formé nos corps. Nous pouvons en juger par les faits résumés ci-dessous.

En analysant les proportions des décès de la Belgique selon les âges, Adolphe Quételet a vérifié mathématiquement le fait que les petits enfants sont très sensibles aux *variations* de la température. Pendant la première année, la plus grande mortalité des enfants arrive en été, en août, la moindre en avril et novembre.

Après la première année, la mortalité des enfants change complètement : le maximum se présente après l'hiver, et le minimum en été. Vers l'âge de huit à douze ans, ces termes se déplacent un peu et avancent dans l'ordre des mois jusqu'après l'époque de la puberté, de telle sorte que le maximum des décès s'observe en mai et le minimum en octobre. Après la puberté, le maximum rétrograde jusqu'à l'âge de vingt-cinq ans et vient se placer invariablement au mois de *février* jusqu'aux âges les plus avancés. Quant au minimum, il ne quitte plus l'été.

A aucun âge de la vie, l'influence des saisons n'est plus sensible sur la mortalité que dans la première enfance et dans la vieillesse, et à aucun âge elle ne l'est moins qu'entre vingt-cinq et trente ans, lorsque l'homme physique, entièrement développé, jouit de la plénitude de sa force.

Dans la figure 157, la courbe pleine est tracée suivant les nombres généraux de la mortalité en Belgique et en France, à l'exception des villes de Bruxelles, Paris et Lyon. La courbe pointillée est tracée d'après les nombres donnés par ces villes. On voit qu'en outre de la règle générale qui place le maximum de la mortalité en février et le minimum en juin, l'influence des saisons est plus marquée dans les campagnes que dans les villes, où l'on réunit plus de moyens de se préserver de l'inégalité des températures. La hauteur de la courbe dépend du nombre de morts correspondant à chaque mois [1].

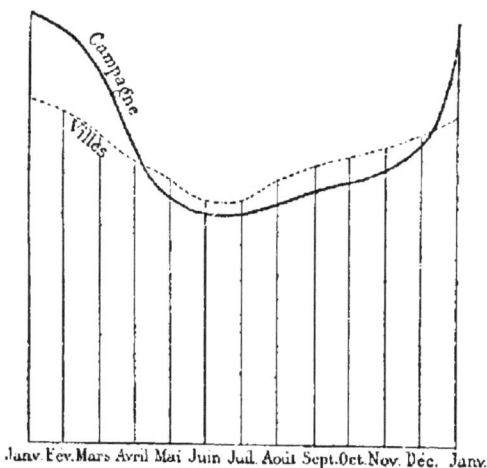

Fig. 157. — Influence des saisons sur les décès.

1. Comme exemples, choisissons deux années au hasard dans la statistique de la ville de Paris :

	1869 Population = 1 825 000 hab.		1886 Population = 2 256 000 hab.	
	Nombre mensuel.	Moyenne par jour.	Nombre mensuel.	Moyenne par jour.
Janvier...................	4153	134	5233	169
Février...................	3705	139	4941	177
Mars.....................	4485	145	6120	197
Avril....................	4289	143	5228	174
Mai......................	3691	119	5335	172
Juin.....................	3443	115	4036	134
Juillet....	3435	111	4414	142
Août.....................	3630	117	4403	142
Septembre................	3463	115	4125	137
Octobre..........	3458	112	4226	136
Novembre.................	3766	126	4270	143
Décembre.................	4154	134	4752	153

Maximum, mars ;   *Maximum*, mars ;
minimum, juillet et octobre.   *minimum*, juin et octobre
Total = 45 872.   Total = 57 092.

En 1870, la mortalité s'est accrue des deux tiers. En 1871, elle a plus que doublé et a presque atteint le chiffre de cent mille (99 945). Le chiffre mensuel des naissances n'a été que de 2530 en 1871, au lieu de 4580, ce qui ne s'était pas vu depuis un siècle. Au mois de septembre, les naissances sont tombées à 1729. En somme, en 1871, la mortalité a doublé et les naissances ont diminué de moitié. C'est ici le résultat de la stupidité humaine, qui vient de temps à autre jeter le trouble dans l'œuvre de la nature.

Après les décès, jetons un coup d'œil sur les naissances.

Les documents relatifs aux naissances présentent aujourd'hui les renseignements les plus complets. La période annuelle est bien connue, et ses effets scientifiques ont été appréciés dans la plupart des pays; on prévoit même déjà une période diurne.

Le nombre principal des naissances arrive de février à mars, quelle que soit la nation ou la ville que l'on prenne pour exemple. Les mois de juin et juillet sont ceux où il naît le moins d'enfants. On trouve un second maximum sept mois après le premier, vers le commencement de l'automne.

Il naît environ 61 000 enfants par an à Paris. Le maximum (5500) arrive en mars ; le minimum (4600 à 4800) arrive en juin et en novembre. Pour la France entière, il y a, presque en nombre rond, un million de naissances par an. Le maximum,

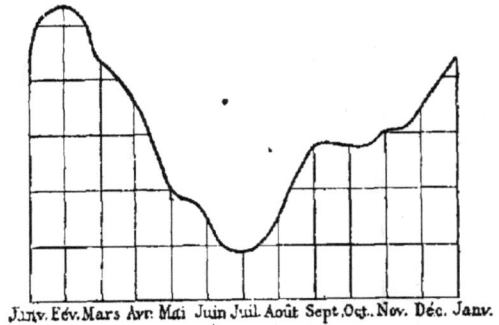

Janv. Fév. Mars Avr. Mai Juin Juil. Août Sept. Oct. Nov. Déc. Janv.

Fig. 158. — Influence des saisons sur les naissances.

qui arrive également en mars, est de 730000; le minimum, qui arrive en juin, est de 565000. On aura, du reste, une idée plus facile à saisir de cette influence des saisons sur les naissances en examinant la figure 158, dans laquelle la hauteur de la courbe et ses ondulations correspondent aux chiffres mensuels des déclarations officielles de naissances. Ces courbes sont tracées d'après les nombres réunis de la France et de la Belgique.

L'influence, soit directe, soit indirecte, de la révolution annuelle de la Terre autour du Soleil, des grandes variations de la température que cette révolution détermine, et de certaines constitutions météorologiques sur les conceptions et les naissances du genre humain paraît donc bien évidente. Cette induction est d'autant mieux démontrée que de l'autre côté de l'équateur, où les saisons se succèdent à l'opposé des nôtres, comme par exemple à Buenos-Ayres, le re-

Janv. Fév. Mars Avril Mai Juin Juil. Août Sept. Oct. Nov. Déce. Janv.

Fig. 159. — Influence des saisons sur les mariages.

tour périodique des mêmes résultats paraît s'effectuer durant les mêmes saisons, c'est-à-dire à six mois d'intervalle. Le renversement du maximum et du minimum suit exactement celui des saisons. En outre, les époques du maximum et du minimum des conceptions avancent dans les pays chauds et retardent dans les pays froids. Dans les pays très catholiques le minimum des naissances arrive en décembre, neuf mois après la carême; mais il y a un maximum compensateur en janvier

Les heures du jour ont aussi une influence sur les naissances. Il naît un cinquième plus d'enfants de six heures du soir à six heures du matin que de six heures du matin à six heures du soir. Le minimum est à dix heures du matin, le maximum à minuit.

Cette influence est moins prononcée pour les décès. Cependant l'aspect d'un grand nombre de tableaux montre qu'un minimum très accentué se manifeste entre six heures du soir et minuit. On meurt plus le matin.

Ainsi il résulte de tous les faits cités que dans notre état de civilisation nous sommes, en partie du moins, soumis aux diverses influences périodiques qu'offrent sous le rapport qui nous occupe les plantes et les animaux. Les saisons laissent une trace ineffaçable de leur passage par leur influence sur le nombre des naissances et des décès. Il peut être curieux de rechercher, d'autre part, s'il en est de même du nombre des mariages. Dans cet ordre de phénomènes, les usages établis et les volontés individuelles doivent avoir une part beaucoup plus grande; les causes constantes qui déterminent la période, plus assujetties à la volonté humaine et aux habitudes religieuses, doivent avoir des effets marqués chez les différents peuples. Cependant l'influence météorologique n'en reste pas moins marquée.

Deux maxima se présentent aux mois de mai et de novembre; le maximum de mai est celui qui se prononce surtout de la manière la plus sensible. Le minimum d'été arrive en août. — Mais on remarque pendant l'hiver deux dérangements complets, qui tiennent l'un à la fin de l'année, qui fait reporter sur janvier la moitié des mariages qu'il aurait fallu compter en décembre, et l'autre qui par l'arrivée du carême fait avancer d'un mois environ les mariages, qui sans cela auraient lieu en mars. Ces deux augmentations des nombres de décembre et de mars, faites en diminuant les valeurs de janvier et de février, donnent au diagramme (fig. 150) une régularité assez remarquable. — La courbe échancrée de mars et décembre est une courbe sociale. La courbe naturelle serait la ligne pointillée.

C'est ici surtout, dit Quételet, que l'on trouve une admirable confirmation du principe que : Plus le nombre des individus que l'on observe est grand, plus les particularités individuelles, soit physiques, soit morales, s'effacent et laissent prédominer la série des faits généraux en vertu desquels la société existe et se conserve.

CHAPITRE IV

LA TEMPÉRATURE

SON ÉTAT MOYEN. — SES VARIATIONS HORAIRES, DIURNES ET MENSUELLES. — MARCHE DE LA TEMPÉRATURE A PARIS ET EN FRANCE. — VARIATIONS DE CELLE DES EAUX ET DU SOL. — LES SAISONS DANS L'INTÉRIEUR DE LA TERRE. — TEMPÉRATURE DE CHAQUE ANNÉE A PARIS DEPUIS LE SIÈCLE DERNIER. — VARIATIONS DIURNES ET MENSUELLES DU BAROMÈTRE.

Nous venons de voir que la planète terrestre en se transportant autour du Soleil par son cours annuel et en tournant sur elle-même par sa rotation diurne fait varier l'obliquité des rayons solaires qui lui arrivent. Par sa translation annuelle elle les fait s'élever pendant six mois, du 21 décembre au 21 juin, sur notre horizon et s'abaisser pendant les six autres mois de l'année. Par sa rotation elle amène chaque matin notre horizon au soleil, fait régner l'astre calorifique et lumineux dans les hauteurs du ciel, puis le fait redescendre en apparence en inclinant vers lui d'autres méridiens. On voit donc tout d'abord que par ce double mouvement de la Terre il y a ainsi deux marches générales dans l'application de la chaleur solaire à notre planète : l'une de mois en mois pour le cours de l'année, l'autre heure par heure pour les vingt-quatre heures du jour.

Occupons-nous d'abord de la marche diurne, heure par heure.

Pour l'apprécier exactement, il faudrait nous donner la peine d'observer le thermomètre d'heure en heure, nuit et jour, pendant plusieurs semaines, plusieurs mois et même plusieurs années, afin de distinguer et d'éliminer au travers de la marche régulière due à la rotation de la Terre les exceptions si nombreuses qui viennent jeter le trouble dans l'Atmosphère. Peu de météorologistes ont consenti à s'astreindre à un pareil travail. Ciminello, de Padoue, l'a fait presque pendant seize mois consécutifs; je dis *presque*, parce que les observations de minuit, une heure, deux heures et trois heures étaient remplacées par deux, faites dans ce même intervalle à des heures variables. C'est le premier météorologiste qui ait effectué une série horaire d'observations thermométriques. Depuis, on en a fait d'autres (Gatterer, son contemporain, les officiers d'artillerie de Leith, près d'Édimbourg, Neuber, à Apenrade, en Danemark, Lohrmann, à Dresde, Koller, à Kremsmunster, Kaemtz, à Halle, et les Observatoires de Milan, Pétersbourg, Munich, Greenwich, etc.). Maintenant cette observation est organisée dans la plupart des Observatoires par des appareils *enregistreurs*, qui fonctionnent tout seuls et n'ont besoin d'être réglés qu'une fois par jour.

Il résulte de l'ensemble des observations que le maximum de la température arrive *vers deux heures du soir*, et que le minimum arrive en moyenne une demi-heure *avant le lever du soleil*. Ces deux termes varient peu en passant d'un mois à l'autre.

Entre l'heure la plus chaude et l'heure la plus froide l'écart moyen est de 7 degrés et demi à Paris. Cette valeur toutefois est très variable selon les mois et les jours.

La moyenne à l'Observatoire de Paris donne 14°,47 pour le maximum moyen de deux heures, 7°,13 pour le minimum moyen du matin, et 10°,7 pour la chaleur moyenne de tous les jours de l'année, qui se manifeste à 8ʰ 20ᵐ du matin et à 8ʰ 20ᵐ du soir. La figure 160 montre cette variation diurne, tracée d'après la moyenne conclue de plus de cent mille observations par Bouvard, prédécesseur d'Arago à l'Observatoire. La distance en temps du minimum au maximum pendant le jour est de dix heures seulement ; elle est de quatorze heures en passant de deux heures après midi à quatre heures du matin.

Le minimum de la variation diurne devance en général le lever du soleil ; au commencement de l'année, il arrive un peu avant six heures du matin, et s'en éloigne peu à peu pendant l'allongement progressif des jours. Après février, il se présente successivement à cinq heures, puis à quatre heures du matin ; il oscille ensuite entre trois et quatre heures pendant les jours les plus longs. Au commencement d'août, le minimum arrive à quatre heures du matin ; puis il revient successivement se replacer vers six heures aux jours les plus courts ; il dépasse même légèrement ce point, et reprend bientôt après la marche annuelle que nous venons d'indiquer.

On voit donc que le froid diurne le plus grand dans nos climats se manifeste un peu après six heures du matin en hiver, et entre trois et quatre heures du matin en été.

La température *moyenne* d'un jour, dans l'acception mathématique de ce terme, représente l'état des températures correspondantes à tous les instants dont le jour se compose. Si l'on fixait à une minute, par exemple, la durée de ces instants, on diviserait par 1440 (nombre de minutes contenues dans vingt-quatre heures) la somme des 1440 observations thermométriques faites entre deux minuits consécutifs, et le quotient serait le nombre cherché. En divisant ensuite par 365 la

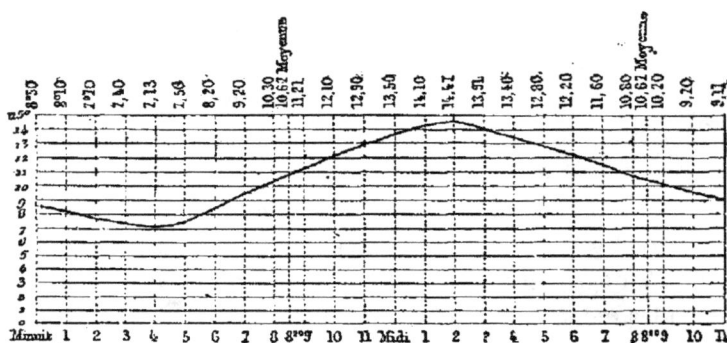

FIG. 160. — Variation diurne de la température moyenne à Paris, d'heure en heure.

somme des 365 températures moyennes correspondantes à tous les jours de l'année, on aurait la température moyenne de l'année.

Il semble, d'après la définition précédente, que pour obtenir les températures moyennes avec exactitude il serait indispensable d'avoir des observations très rapprochées; mais telle est heureusement la marche du thermomètre dans les circonstances ordinaires, que la demi-somme des températures maximum et minimum (celles de deux heures après midi et du lever du soleil) ne diffère presque pas de la moyenne rigoureuse des vingt-quatre heures.

Dès 1818, Arago avait indiqué que la température moyenne de 8^h 20^m du matin et du soir est égale à la température moyenne de l'année. Un grand nombre des observations thermométriques faites sous sa direction ont été basées sur cette remarque du passage de la température par la moyenne deux fois par jour. Mais on a reconnu depuis que cette méthode laisse à désirer, car de huit heures à neuf heures du matin, comme de huit heures à neuf heures du soir le thermomètre oscille souvent rapidement. On a pris ensuite les moyennes en lisant le thermomètre à quatre heures et dix heures du matin, à quatre heures et dix heures du soir, en additionnant et divisant par 4. La moyenne arithmétique des observations de six heures du matin, deux heures de l'après-midi et dix heures du soir donne également à peu près la moyenne réelle ; les différences peuvent atteindre 2 dixièmes de degré. Depuis que la météorologie a pris le rang qu'elle mérite au nombre des sciences exactes, on a été plus sévère : on a vérifié toutes les comparaisons, et l'on a constaté que, pour remplacer exactement les vingt-quatre observations horaires, il faut huit observations trihoraires, faites à une heure, quatre heures, sept heures et dix heures du matin ; une heure, quatre heures, sept heures et dix heures du soir. Mais les thermomè-

Fig. 161. — Thermomètre enregistreur.

tres enregistreurs font mieux encore, puisqu'ils inscrivent la température d'une manière permanente [1].

Telle est la marche horaire moyenne de la température dans nos climats.

Si maintenant nous voulons connaître la température moyenne de chacun des 365 jours de l'année à Paris, il faut prendre le plus grand nombre possible d'années d'observations et diviser les chiffres obtenus pour chaque date par celui des années utilisées. C'est ce qui a été fait pour l'Observatoire de Paris. Voici les températures moyennes diurnes conclues pour chaque jour d'après soixante-quatre années d'observations, faites de 1806 à 1870. Ce sont là les chiffres pour chacun des 365 jours de l'année (et même des 366 des années bissextiles).

On jugera mieux de cette marche graduelle par le diagramme figure 162, dans lequel nous les avons traduits. Cette courbe normale moyenne n'est pas aussi régulière que nous nous attendrions à la trouver. Elle doit être, il est vrai, dans son ensemble un peu moins accidentée à l'Observatoire de Paris qu'en pleine campagne, la tem-

1. Ces appareils sont nombreux aujourd'hui. L'un des plus simples et des plus généralement employés est le thermomètre enregistreur Richard frères (fig. 161). Un rouleau tourne et reçoit la pointe d'une aiguille en correspondance avec un thermomètre métallique : cette pointe marque automatiquement les variations de dilatation de ce thermomètre, c'est-à-dire les variations de température.

pérature des villes étant un peu moins basse en hiver, un peu moins élevée en été; mais elle représente la seule série que nous ayons d'observations thermométriques faites pour Paris, les observatoires de Montsouris et du parc Saint-Maur étant de fondation récente. L'examen de cette courbe annuelle n'en est pas moins intéressant dans son allure générale comme dans ses détails.

Températures moyennes diurnes

Conclues de 64 années d'observations faites à l'Observatoire de Paris.

Dates.	Janv.	Févr.	Mars.	Avril.	Mai.	Juin.	Juillet.	Août.	Sept.	Oct.	Nov.	Déc.
1	2,3	4,0	5,1	8,2	12,1	16,4	17,5	19,3	17,2	14,0	8,9	5,5
2	1,7	4,1	5,7	8,8	12,8	16,6	17,3	19,4	17,2	13,6	8,7	5,2
3	1,6	4,3	6,3	8,7	13,4	16,4	17,8	19,4	16,9	13,8	8,7	4,8
4	2,3	3,8	6,3	9,1	13,3	16,5	18,4	19,2	16,9	13,6	7,4	4,8
5	2,4	4,3	5,5	9,3	13,1	16,3	18,7	19,2	16,9	13,8	7,4	5,0
6	2,2	5,0	5,5	10,0	13,2	16,5	18,8	18,6	16,8	13,4	8,0	5,2
7	1,8	5,3	5,9	9,9	13,8	16,8	18,8	18,6	16,6	13,6	7,7	5,0
8	1,9	4,9	5,7	9,8	13,7	16,8	18,3	18,6	16,6	13,4	7,4	4,2
9	1,5	4,9	5,4	9,6	13,6	16,7	18,5	18,3	16,6	12,9	7,1	3,9
10	1,8	4,3	5,1	9,4	13,4	17,0	18,6	18,6	16,5	12,3	6,4	3,9
11	2,5	4,1	5,0	9,4	13,7	17,0	19,6	8,9	15,8	12,4	6,4	3,6
12	2,3	3,9	5,5	9,3	13,6	17,2	19,4	18,7	15,4	11,9	6,2	3,7
13	2,1	3,6	5,7	9,7	13,4	17,4	19,6	19,1	15,6	11,8	6,2	4,2
14	2,1	3,4	6,0	9,8	13,3	17,7	19,9	18,9	15,5	11,7	6,2	3,8
15	2,3	4,1	6,2	9,7	13,6	17,8	19,7	18,4	15,8	11,8	6,0	4,0
16	2,2	4,5	6,4	9,8	13,9	17,3	19,6	18,7	15,7	11,2	6,6	4,2
17	2,1	5,2	6,6	9,8	14,6	17,0	19,5	18,4	16,0	10,9	6,3	4,3
18	1,9	4,1	6,2	9,6	14,6	17,0	19,4	18,6	15,8	10,5	6,4	4,2
19	2,1	4,3	6,2	10,2	14,6	17,3	19,3	18,6	15,4	11,1	6,0	3,6
20	1,8	4,1	7,0	10,8	14,7	17,2	18,9	18,4	14,8	10,5	5,5	3,5
21	2,2	4,1	6,8	11,0	14,7	17,4	18,6	18,4	14,8	10,0	5,5	3,2
22	2,4	4,6	6,8	11,1	14,6	17,2	18,7	18,0	14,9	9,7	6,1	3,0
23	2,8	4,9	6,2	11,4	14,9	17,6	19,0	18,1	14,5	10,2	5,9	3,3
24	3,0	4,9	6,9	11,3	14,9	17,2	18,9	18,1	15,0	10,3	5,7	2,9
25	3,1	5,2	6,9	11,3	15,0	17,3	19,0	18,0	14,9	9,8	5,4	2,4
26	3,1	5,1	7,1	11,3	15,3	17,9	18,8	18,1	14,5	9,1	5,7	1,9
27	3,5	5,0	7,2	11,5	15,5	17,9	18,8	17,8	14,4	8,9	5,6	2,3
28	3,1	5,6	7,5	11,2	15,7	17,9	18,6	17,7	14,4	8,7	5,5	2,2
29	3,1	5,0	8,0	11,5	15,7	17,6	18,9	17,7	14,4	8,8	5,5	2,2
30	3,2		8,3	11,5	15,2	17,8	18,8	17,7	14,3	8,6	5,3	2,3
31	3,3		8,3		18,7		19,1	17,4		8,7		2,4
Moyennes...	2,4	4,5	6,4	10,0	15,9	17,2	18,8	18,5	15,7	11,3	6,5	3,7

On y remarque que la température s'élève rapidement du 28 mars au 6 avril, ainsi que du 18 au 20 avril, puis du 14 au 17 mai et du 24 au 29; elle reste sensiblement stationnaire du 15 juin au 2 juillet, puis repart rapidement pour atteindre son *maximum le 14 juillet*. Ensuite nous la voyons de nouveau stationnaire et présenter un second maximum, moins élevé que le premier, les 2 et 3 août; puis elle redescend lentement une pente graduelle. Le minimum arrive les 3 et 9 janvier. Il y a parfois d'assez singulières irrégularités dans cette allure

moyenne de soixante-quatre années : l'une des plus remarquables est
celle du 7 au 14 février, période en laquelle la température moyenne
descend de 5°,3 à 3°,4, au lieu de s'élever comme elle devrait le faire.
La période des « saints de glace », 11, 12 et 13 mai, est très marquée
sur la courbe, mais moins que celle que nous venons de signaler. On
peut voir un autre abaissement du 4 au 11 mars, et d'autres plus faibles du 6 au 12 avril et du 15 au 18 juin. Le 30 mai, il y a un sou-
bresaut bizarre, chute d'un demi-degré et saut de 1°,2 en deux
jours ; du 10 au 11 juillet saut subit de 1 degré, provenant d'un abaissement du 7 au 10; le 4 novembre, chute de 1°,3, etc. L'été de la Saint-
Martin est marqué par un arrêt dans la décroissance de la température (10 au 19 novembre), mais non par une élévation. Pour que
ces irrégularités persistent sur une courbe de soixante-quatre années,
malgré toutes les perturbations annuelles, il faut que leur cause soit
dans la nature. On ne voit pas encore de lois dans ces irrégularités,
liées sans doute au régime des vents. Les quatre dates critiques trimes-
trielles des 12 février, 12 mai, 12 août et 12 novembre n'offrent pas la
régularité que Ch. Sainte Claire-Deville avait cru trouver.

Nous avons été curieux de connaître la même marche thermométrique par semaine, et dans ce but nous avons calculé par groupes de
sept jours à partir du 1er janvier l'ensemble des mêmes observations.
Nous avons obtenu par là les chiffres suivants et la courbe qui leur
correspond (fig. 163). Ici encore, la régularité n'est pas telle qu'on
l'aurait pu croire. La sixième semaine est plus chaude que la septième,
l'accroissement est rapide de la dixième à la quatorzième, puis il se
ralentit; les plus chaudes de l'année sont la vingt-huitième et la trente-
unième, etc., etc.

Températures moyennes hebdomadaires

Conclues de 64 années d'observations faites à l'Observatoire de Paris.

Semaines.	Degrés.	Semaines.	Degrés.	Semaines.	Degrés.	Semaines.	Degrés.
1	2,0	14	9,4	27	18,3	40	13,7
2	2,0	15	9,6	28	19,3	41	12,3
3	2,1	16	10,3	29	19,1	42	10,9
4	3,0	17	11,3	30	18,9	43	9,5
5	3,7	18	12,8	31	19,2	44	8,5
6	4,7	19	13,6	32	18,6	45	7,2
7	4,1	20	14,2	33	18,7	46	6,3
8	4,6	21	15,9	34	18,3	47	5,7
9	5,6	22	15,9	35	17,5	48	5,5
10	5,5	23	16,7	36	16,8	49	4,7
11	6,1	24	17,3	37	15,8	50	3,9
12	6,7	25	17,3	38	15,2	51	3,6
13	7,8	26	17,7	39	14,6	52	2,7

C'est par la comparaison des figures 162, 163 et 164 que nos lecteurs

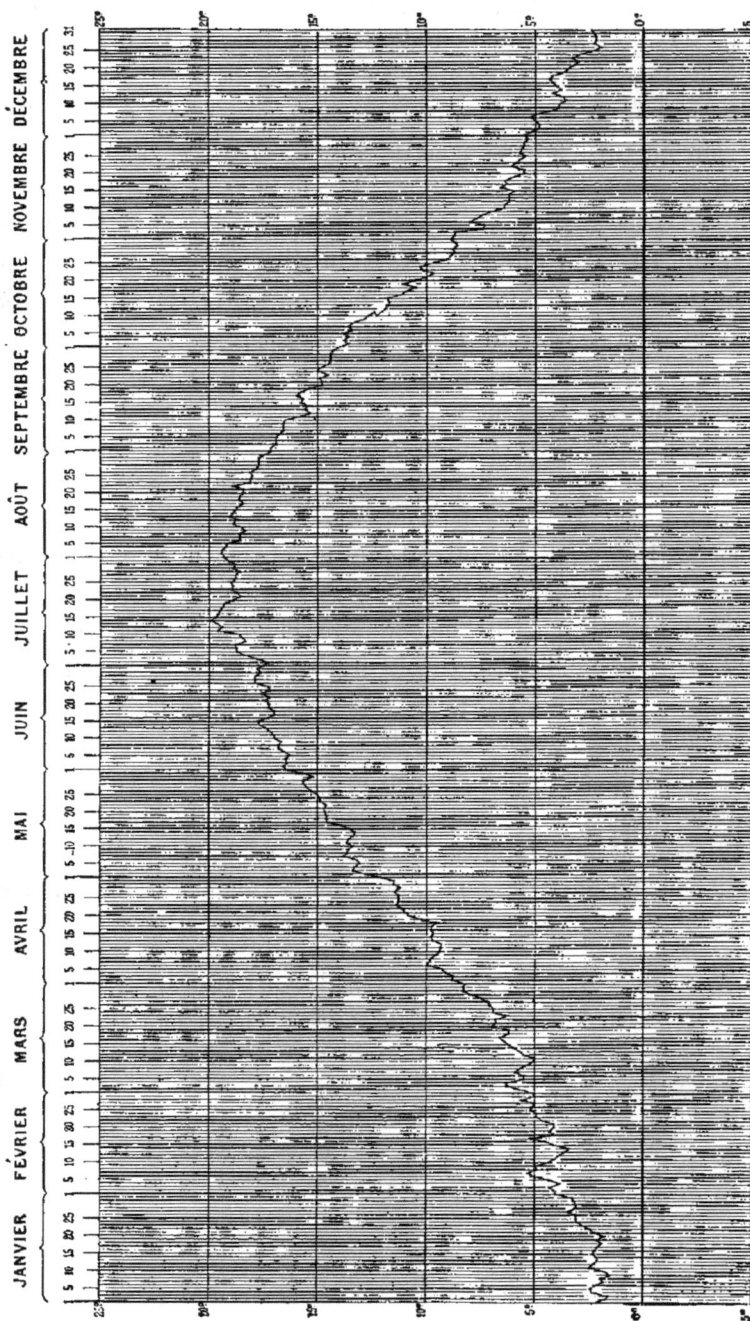

FIG. 162. — Température moyenne de chaque jour de l'année, à Paris, déduite de 64 années d'observations.

pourront le mieux juger de ces curieuses fluctuations de la température.

Par la même méthode, nous avons déterminé les chiffres et la courbe (fig. 164) des températures mensuelles :

Températures moyennes mensuelles
Conclues de 64 années d'observations faites à l'Observatoire de Paris.

Mois.	Degrés.	Mois.	Degrés.	Mois.	Degrés.
Janvier	2,4	Mai	14,2	Septembre	15,7
Février	4,5	Juin	17,2	Octobre	11,3
Mars	6,4	Juillet	18,9	Novembre	6,5
Avril	10,1	Août	18,5	Décembre	3,7

Moyenne générale : 10°,78.

La chaleur suit une marche croissante de janvier à juillet, et décroissante de juillet à décembre. Le mois le plus chaud est bien celui de juillet, qui suit le solstice d'été, et le mois le plus froid est bien celui de janvier, qui suit le solstice d'hiver. Les mois les plus froids sont décembre, janvier et février, et constituent l'hiver climatologique réel ; le printemps réel est formé par les mois de mars, d'avril et de mai ; l'été par les trois mois les plus chauds, juin, juillet et août ; les trois autres mois, septembre, octobre et novembre, forment le véritable automne.

Les chiffres qui précèdent représentent soixante-quatre années d'observations consécutives. La température varie-t-elle? La Terre se refroidit-elle, comme on le dit souvent? Avons-nous des observations suffisamment espacées pour nous former une opinion sérieuse sur ce point intéressant? Voici cinq séries d'observations faites, les quatre premières à l'Observatoire de Paris, la dernière à celui de Montsouris (qui se trouve sensiblement dans les mêmes conditions climatologiques). L'inspection de ces chiffres suffit pour répondre à la question et pour montrer que dans le cours d'une vie humaine la température ne change pas : ce sont nos impressions qui changent, ce sont nos souvenirs qui ne durent pas.

Températures moyennes observées à Paris par périodes d'années.

	1731-40	1806-20	1821-50	1851-72	1873-84
Janvier	3°,7	2°,1	1°,9	3°,0	2°,9
Février	4°,5	4°,8	4°,1	4°,3	4°,8
Mars	6°,3	6°,3	6°,6	6°,4	7°,3
Avril	8°,9	9°,6	10°,1	10°,7	10°,1
Mai	13°,9	14°,8	14°,2	13°,7	13°,2
Juin	17°,7	16°,5	17°,5	17°,0	16°,9
Juillet	19°,4	18°,5	18°,9	19°,2	19°,1
Août	18°,5	18°,0	18°,7	18°,5	18°,9
Septembre	16°,7	15°,4	15°,8	15°,7	15°,6
Octobre	11°,0	11°,1	11°,4	11°,3	10°,7
Novembre	4°,3	6°,4	7°,0	5°,9	6°,9
Décembre	3°,9	3°,4	3°,8	3°,4	3°,1
Moyenne de l'année	10°,7	10°,6	10°,8	10°,8	10°,8

On le voit, la moyenne reste à peu près la même. Il semble que le
mois de mai se rafraîchisse d'année en année; mais une ou deux années
de fortes chaleurs en mai suffiraient pour modifier les chiffres de la
dernière série, et l'on sait combien nos années se ressemblent peu.

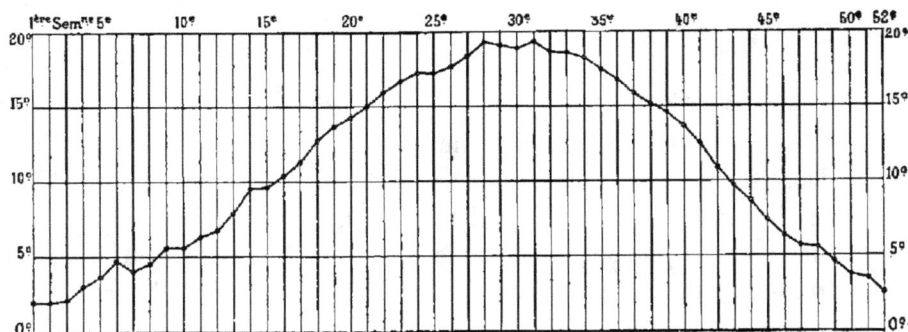

Fig. 163. — Température moyenne de chaque semaine, à Paris, déduite
de 64 années d'observations.

La série de 1806-1820 est légèrement au-dessous des suivantes, et
les nombres de Bouvard (p. 345), qui datent de 1820, sont un peu
faibles; mais dans l'ensemble, en plus d'un siècle, on ne constate
pas de changement bien sensible. La moyenne tendrait peut-être à

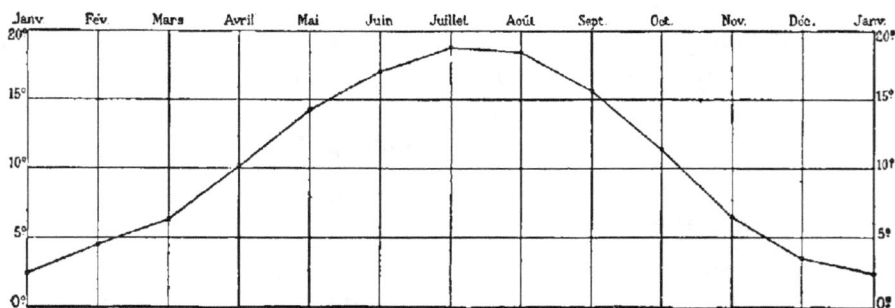

Fig. 164. — Température moyenne de chaque mois, à Paris, déduite
de 64 années d'observations.

augmenter légèrement. De 1806 à 1820, Bouvard a adopté **10°,6**; de
1820 à 1840, Arago a adopté **10°,7**; maintenant elle est de **10°,8**.
   La chaleur reçue du Soleil par la Terre variant avec le carré de la
distance et la planète ne suivant pas une orbite circulaire, il y a, en
outre de la variation mensuelle due à l'inclinaison des rayons solaires,
une variation due à la distance. En effet, pendant notre été, nous

sommes plus éloignés du Soleil que pendant notre hiver ; la différence est même assez sensible. Voici quels sont les écarts, en prenant pour unité la distance solaire moyenne :

	Distance.	Chaleur solaire.
Distance moyenne.........	1,000000	1,0000
Périhélie (en hiver).......	0,983208	1,0345
Aphélie (en été)	1,016792	0,9673

Ainsi, avant même de pénétrer dans notre Atmosphère, la différence pour le rayonnement est $1,0345 - 0,9673 = 0,0672$: ce qui donne à peu près exactement $\frac{1}{15}$, c'est-à-dire que le rayonnement solaire pendant l'hiver est pour notre globe environ un quinzième plus grand que pendant l'été. Cette différence est assez notable pour qu'on doive en tenir compte. Les étés de l'hémisphère austral sont de ce fait un peu plus chauds que les nôtres, et les hivers un peu plus froids ; mais comme les océans y dominent, ces extrêmes sont adoucis.

Les variations diurnes et mensuelles de la température sont d'autant plus grandes qu'on est plus éloigné de l'équateur. De l'équateur à 10 degrés de latitude nord, les températures moyennes de divers mois varient à peine de 2 ou 3 degrés. A 20 degrés, la variation atteint 7 degrés (juillet = 28 degrés, janvier = 21 degrés). A 30 degrés, on voit la variation régulière mensuelle moyenne s'élever à 12 degrés (août = 27 degrés ; janvier = 15 degrés). En arrivant en Italie, on voit la courbe régulière de Palerme en Sicile s'étendre de 10°,5 (janvier) à 23°,5 (août), et cette courbe est tempérée encore par le voisinage de la mer. A Paris, nous voyons la courbe moyenne marcher de 2 degrés (janvier) jusqu'à 19 degrés (juillet), et les variations subissent des écarts bien autrement considérables entre les froids de l'hiver et les chaleurs de l'été. A Moscou, la courbe moyenne mensuelle s'étend depuis — 10°,8 (janvier) jusqu'à +[24 degrés (juillet) ; total : 34°,8 de différence moyenne. Enfin à Boothia-Félix, terre boréale de l'Amérique située au delà du 72ᵉ degré, le contraste s'élève de 40 degrés au-dessous de zéro (février) jusqu'à 5 degrés au-dessus (juillet) : écart = 45 degrés entre les températures moyennes de l'année ! (Voyez au chapitre des Climats.)

La variation diurne, beaucoup moins prononcée que la variation annuelle, donne également lieu à des courbes significatives dans les températures successives. L'amplitude de l'oscillation thermométrique est plus forte dans les pays chauds et dans l'intérieur des continents que dans les pays froids et dans le voisinage de la mer. A part l'influence égalisatrice des mers, qui reste à peu près la même, la distance à l'équateur agit d'une manière opposée sur les oscillations annuelles et diurnes du thermomètre. Tandis que la première augmente à cause de la longueur des nuits d'hiver et des jours d'été, la seconde diminue, parce que dans les pays méridionaux l'ardeur des rayons solaires est plus grande et le ciel plus pur pendant la nuit. On voit, par exemple, qu'à Padoue la variation diurne en juillet est de 9 degrés; celle de Paris est en moyenne de 7°,5; celle de Leith en Écosse est de 5 degrés.

Ce sont là des moyennes; mais, si l'on examinait constamment la mobilité de la température d'un lieu déterminé, tel que Paris, par exemple, on trouverait qu'à part ces variations régulières moyennes dues au Soleil, il en est d'autres incomparablement plus étendues, qui jouent le plus grand rôle sur la santé publique : ce sont, nous ne dirons pas les différences énormes qui existent entre certains froids de janvier et certaines chaleurs de juillet, mais plutôt les variations diurnes subies en vingt-quatre heures. Ces différences sont très curieuses, surtout si l'on prend la température d'un thermomètre au soleil, et la plus basse de la nuit suivante [1].

Il y a souvent de très grandes différences entre le maximum et le minimum d'une même journée, surtout dans les mois de mai et juin, différences qui atteignent à Paris même jusqu'à 25 et 30 degrés.

On voit que dans notre climat les variations diurnes de la température sont parfois considérables. Cette extrême variabilité est du reste l'un des signes particuliers du caractère parisien, assez inconstant, dit-on. Les recherches précédentes ont eu pour objet de faire apprécier la quantité de chaleur solaire qui agit à travers les couches aériennes et qui arrive jusqu'à nous.

1. Voici, par exemple, une curieuse série de maxima observés à l'Observatoire météorologique de Montsouris (année 1870) entre une heure et quatre heures de l'après-midi sur un thermomètre à boule verdie, exposé au soleil à 10 centimètres au-dessus du sol gazonné, et de minima constatés au même thermomètre entre une heure et quatre heures du matin la nuit suivante. Je choisis ceux qui accusent les plus grandes différences :

	Maximum.	Minimum.	Différence.		Maximum.	Minimum.	Différence.
11 mai....	30°,7	4°,1	26°,6	30 mai....	34°,8	10°,2	24°,6
16 — ...	30°,2	6°,1	24°,2	8 juin....	30°,5	6°,0	24°,5
17 — ...	32°,7	6°,9	25°,8	12 — ...	32°,0	8°,0	24°,0
18 — ...	39°,4	12°,1	27°,3	13 — ...	33°,6	8°,5	25°,1
19 — ...	41°,5	14°,4	27°,1	14 — ...	41°,9	12°,0	29°,9
20 — ...	41°,9	12°,9	29°,0	16 — ...	41°,3	16°,1	25°,2
21 — ...	44°,0	16°,0	28°,0	23 — ...	40°,8	11°,7	29°,1
25 — ...	30°,5	5°,0	25°,5	29 — ...	35°,1	9°,0	26°,1
27 — ...	30°,8	6°,1	24°,7	30 — ...	35°,0	7°,1	27°,9

Il est intéressant maintenant de rechercher comment cette même chaleur solaire pénètre dans le sol terrestre et jusqu'à quelle profondeur elle peut descendre.

Les variations *diurnes* peuvent être constatées jusqu'à un mètre de profondeur; puis se présente une couche où elles cessent de se manifester. Les variations *annuelles* pénètrent plus profondément. Elles sont appréciables dans nos climats à plus de vingt mètres de profondeur. Au delà se présente une seconde couche, qu'on a nommée *couche invariable* des températures, parce que le thermomètre y reste stationnaire pendant le cours de l'année. Nous pouvons donc concevoir au-dessous du sol deux couches limites, l'une pour les variations diurnes et l'autre pour les variations annuelles de la température.

Il existe bien peu d'observations suivies sur la température de la Terre à diverses profondeurs, et la plupart de celles que nous avons ne présentent peut-être pas toutes les garanties désirables. Les physiciens qui se sont occupés de ces sortes de recherches ont en général adopté le même mode d'observation, qui consiste à suivre la marche de thermomètres dont les boules plongent en terre à des profondeurs plus ou moins grandes et dont les tubes sont assez longs pour que l'échelle des degrés se trouve placée au-dessus de la surface du sol. Ce n'est que dans ces derniers temps que l'on a tenu compte de la différence des températures que doit prendre le thermomètre à ses deux extrémités : ce qui exige une correction d'autant plus grande que la capacité de la boule est plus petite par rapport à celle du tube.

Le plus ancien observateur connu qui se soit occupé d'une manière suivie des températures de la Terre est le marchand Ott de Zurich, qui à partir de 1762 fit des recherches pendant quatre années et demie avec sept thermomètres placés à diverses profondeurs. D'autres séries d'observations ont été faites à Bruxelles par Quételet, de 1834 à 1842; à Édimbourg par Forbes, de 1837 à 1842; à Upsal par Angstrom, de 1838 à 1845; à Trévandrum par Caldecott, de 1842 à 1845; à Paris, Jardin des Plantes, par MM. Becquerel, depuis 1863 jusqu'à présent.

L'un des premiers résultats a été de constater que la chaleur solaire traverse le sol et s'y emmagasine en partie jusqu'à une certaine profondeur, au delà de laquelle les variations périodiques ne se font plus sentir. Dans les mois chauds la température du sol *décroît* depuis la surface jusqu'à la couche invariable. Dans les mois froids elle *s'accroît* avec la profondeur.

Des diverses séries d'observations qui ont été faites pour constater la marche annuelle de la température au-dessous de la surface du sol, l'une des meilleures paraît être celle de l'Observatoire de Bruxelles, de

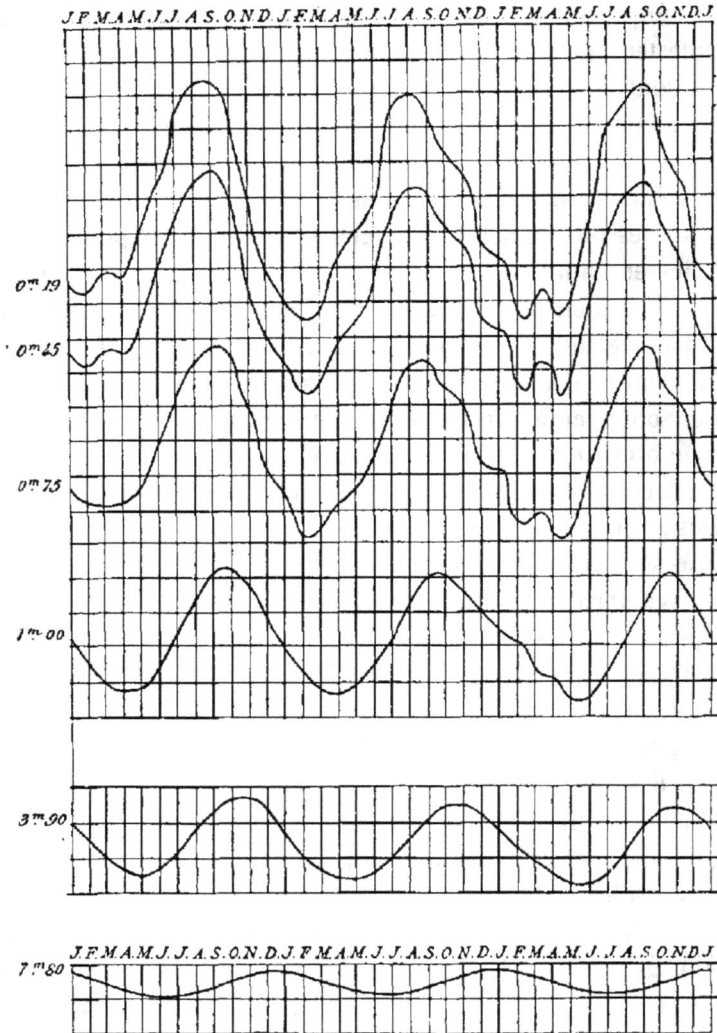

Fig. 165. — Variations annuelles de la température pour des thermomètres placés aux profondeurs de 19 centimètres, 45 centimètres, 75 centimètres, 1 mètre, 3ᵐ,90 et 7ᵐ,80. Courbes de 3 années consécutives.

1834 à 1842, organisée par Quételet. Je choisis dans cette série trois années, qui mettent bien en évidence cet effet thermométrique selon les profondeurs. Dans la figure 165, la première ligne représente la marche du thermomètre placé à 19 centimètres en terre ; la seconde, celle du thermomètre enterré à 45 centimètres; la troisième, celle de la profondeur de 75 centimètres. On voit qu'à partir de cette limite les petites oscillations cessent de se faire sentir. La quatrième ligne est la courbe de la température à 1 mètre. La cinquième courbe est celle de 3ᵐ,90, et la sixième, celle qui a été donnée par le thermomètre enfoncé à 7ᵐ,80 de profondeur. Les mois des trois années successives reproduites ici sont indiqués par leurs initiales. Ces constatations se résument ainsi :

1° La vitesse moyenne pour la transmission des variations annuelles de la chaleur à partir de la surface du sol a été de 144 jours pour 7ᵐ,80 : ce qui donne 3 décimètres parcourus en six jours.

2° Les variations annuelles sont nulles à une profondeur de 25 mètres.

3° La vitesse avec laquelle les variations *diurnes* des températures se transmettent à l'intérieur de la terre est de trois heures environ pour une couche de terre d'un décimètre d'épaisseur.

4° Les variations diurnes peuvent être considérées comme à peu près nulles à la profondeur de 1ᵐ,3, c'est-à-dire à une profondeur dix-neuf fois moindre que celles où s'éteignent les variations annuelles (19 est la racine carrée de 365).

La loi des variations de température que subit une même couche de terre, pendant la durée d'une année, est donnée par le tableau suivant, assez clair par lui-même pour nous dispenser de toute explication.

MOIS	THERMOMÈTRE placé à la surface du sol	THERMOMÈTRE à la profondeur de 0ᵐ,19	THERMOMÈTRE à la profondeur de 1ᵐ,00	THERMOMÈTRE à la profondeur de 3ᵐ,90	THERMOMÈTRE à la profondeur de 7ᵐ,80
Janvier	2°,40	3°,24	6°,01	11°,73	12°,41
Février	3°,06	3°,25	5°,77	10°,70	12°,13
Mars	4°,81	4°,55	6°,30	9°,97	11°,79
Avril	6°,94	6°,11	7°,13	9°,68	11°,44
Mai	12°,00	10°,25	9°,90	9°,91	11°,17
Juin	15°,87	13°,84	13°,18	10°,75	11°,02
Juillet	16°,94	14°,95	14°,90	11°,86	11°,12
Août	16°,71	15°,12	15°,73	13°,00	11°,41
Septembre	14°,15	13°,22	15°,08	13°,81	11°,78
Octobre	9°,96	10°,21	13°,27	14°,06	12°,11
Novembre	5°,69	6°,48	10°,06	13°,68	12°,40
Décembre	3°,37	4°,66	8°,40	12°,76	12°,47
L'année	9°,33	8°,82	10°,49	11°,82	11°,77

La moyenne annuelle de la température de l'air à Bruxelles est 9°,9. On voit que celle du sol est un peu plus faible immédiatement au-dessous de la surface (sans doute à cause de l'eau, de l'évaporation et du rayonnement) et plus élevée à 3ᵐ,90 et 7ᵐ,80 de profondeur.

Parmi les résultats obtenus à l'Observatoire de Bruxelles, l'un des plus intéressants est la mesure du temps employé par la température *diurne* pour se transmettre à différentes profondeurs :

Le thermomètre dont la boule est à la surface du sol a son maximum à midi 45 m.

—	—	à moitié enterrée..............	midi 55 m.
—	—	au-dessous de la surface du sol...	1 heure.
—	—	à 0^m,2 de profondeur..........	6 h. soir.
—	—	à 0^m,4 de profondeur..........	1 h.10 mat.
—	—	à 0^m,6 de profondeur..........	5 h.48 mat.

Le maximum de température se présente donc, vers la surface du sol, un peu avant une heure ; à 2 décimètres de profondeur, il y a un retard de cinq heures un quart ; à 4 décimètres de profondeur, le retard est de douze heures vingt-cinq, et à 6 décimètres, de dix-sept heures environ.

Ce qui donne, terme moyen, deux heures quarante minutes pour la durée de la transmission du maximum de température, à travers une couche de 1 décimètre d'épaisseur ; la couche où les maxima de température arriveraient aux mêmes instants qu'à la surface du sol se trouverait à la profondeur de 0^m,85.

Bravais et Martins, par les observations qu'ils ont faites sur le Faulhorn, en 1841, ont trouvé un résultat semblable[1] à la hauteur de 2683 mètres au-dessus du niveau de la mer. « Nos observations sur la température du sol, dit Bravais, m'ont prouvé que les maxima et minima de chaleur diurne emploient environ deux heures cinquante-

---

1. A l'Observatoire de Juvisy, j'ai fait, comme on l'a vu plus haut (p. 296), des observations sur la transmission de la chaleur solaire du lever au coucher de l'astre, non plus à travers un sol horizontal, mais à travers des murs verticaux de 0^m,20 d'épaisseur, la boule des thermomètres étant au milieu de cette épaisseur, c'est-à-dire précisément à 0^m,10, comme dans les observations ci-dessus. Voici quelques expériences.

13 septembre 1884
MAXIMUM A LA SURFACE DU MUR

Est	Sud	Ouest	Nord
11 heures 33°,5	1 heure 38°,7	3 heures 35°,4	4 heures 24°,2

MAXIMUM A L'INTÉRIEUR DU MUR

Est	Sud	Ouest	Nord
4 heures 24°,4	5 heures 32°,1	7 heures 27°,0	7 heures 21°,2

19 septembre 1884
MAXIMUM A LA SURFACE DU MUR

Est	Sud	Ouest	Nord
11 heures 5°,0	midi 39°,5	3 heures 35°,8	3 heures 27°,6

MAXIMUM A L'INTÉRIEUR DU MUR

Est	Sud	Ouest	Nord
4 heures 27°,8	4 h. 1/2 34°,6	7 heures 28°,4	7 heures 24°,8

27 juillet 1885
MAXIMUM A LA SURFACE DU MUR

Est	Sud	Ouest	Nord
9 h. 1/2 35°	midi 39°,1	3 heures 40°,2	3 heures 30°,0

MAXIMUM A L'INTÉRIEUR DU MUR

Est	Sud	Ouest	Nord
2 heures 31°,0	5 heures 35°,4	8 heures 36°,8	8 heures 28°,5

On voit que le retard a été de quatre à cinq heures pour chaque exposition. A l'ouest et au nord le maximum de température des murs arrive en été de sept à huit heures du soir.

quatre minutes pour traverser une couche de terrain épaisse d'un décimètre. La concordance de ce résultat avec ceux obtenus par M. Quételet à l'Observatoire de Bruxelles est remarquable. »

A l'Observatoire de Montsouris, des observations faites au mois de mai 1875, de trois heures en trois heures, sous la direction de M. Marié-Davy, ont montré que le maximum de la température arrive à midi à la surface du sol, à trois heures à $0^m,02$, à six heures à $0^m,10$, à neuf heures à $0^m,20$, à minuit à $0^m,30$, et le lendemain à six heures du soir à 1 mètre (mais les variations sont à peine sensibles à cette profondeur).

A ces recherches ajoutons celles que MM. Becquerel ont entreprises au Jardin des Plantes sur la distribution de la chaleur et ses variations dans le terrain parisien.

Arago a admis que la température des caves de l'Observatoire, situées à 28 mètres au-dessous du sol, et qui est de 11°,7, n'ayant éprouvé aucun changement depuis qu'on l'observe, représente celle de la couche invariable; tel a été son point de départ pour les déterminations de température qu'il a faites dans les puits artésiens.

On a creusé au Jardin des Plantes, en 1863, un puits foré, dans lequel on a descendu un câble thermométrique composé lui-même de plusieurs autres et renfermé dans un mât de bois évidé à l'intérieur et goudronné. Les câbles partiels ont permis d'observer sans interruption depuis le sol jusqu'à 36 mètres au-dessous. Le puits a été rempli en partie de béton pour éviter le contact du mât et par suite du câble avec les eaux provenant des infiltrations. La température est donnée avec exactitude par ce thermomètre électrique et ne peut être en erreur que de 1 dixième de degré au maximum. Voici quelques chiffres :

Températures observées au Jardin des Plantes de Paris

		1881	1882	1883	1884
Température de l'air (par les maxima et minima)...		11°,15	10°,95	11°,12	11°,71
—	par un thermomètre au nord à 10 mètres au-dessus du sol..	11°,26	10°,96	11°,12	11°,79
Température du sol à	$0^m,05$, sol gazonné			11°,58	12°,82
—	à $0^m,05$, sol dénudé.			10°,88	11°,92
—	à 1 mètre	11°,18	11°,93	10°,55	11°,83
—	à 2 mètres	11°,61	11°,49	10°,37	11°,63
—	à 6 mètres	11°,65	11°,95	11°,85	11°,83
—	à 11 mètres	11°,99	12°,12	12°,04	12°,16
—	à 16 mètres	12°,16	12°,27	12°,28	12°,28
—	à 21 mètres	12°,23	12°,15	12°,25	12°,27
—	à 26 mètres	12°,35	12°,36	12°,35	12°,40
—	à 31 mètres	12°,31	12°,35	12°,42	12°,39
—	à 36 mètres	12°,44	12°,45	12°,44	12°,44

La comparaison de ces chiffres est fort intéressante. On voit qu'en 1881 la température du sol à 1 mètre de profondeur a été sensiblement la même que celle de l'air, qu'en 1882 elle a été de 1 degré plus élevée, qu'en 1883 au contraire elle a été plus basse, et qu'en 1884 elle est revenue sensiblement égale à celle de l'air. Ce sont là des effets dus à l'action solaire, au rayonnement nocturne, aux pluies, etc. A 2 mètres, cette différence entre l'air et le sol varie encore d'une manière sensible. A 6 mètres, la température moyenne du sol reste constamment plus élevée que celle de l'air, sans doute parce que le sol conserve mieux la chaleur reçue. Cet état thermométrique, qui correspond à la température moyenne du lieu, est dû uniquement au soleil et n'est pas causé par la température intérieure du globe.

Cependant, à mesure que l'on descend, on constate un accroissement de température, non régulier toutefois. A 16 mètres passe une nappe d'eau souterraine qui s'écoule vers la Seine et qui alimente les puits du Jardin des Plantes. Cette nappe reçoit les eaux météoriques et participe à leurs variations de température. Il en est de même à 26 mètres, où l'on rencontre une seconde nappe d'eau, qui apporte généralement là une seconde température *plus élevée* que celle du sol, surtout quand l'année est chaude. Cette température des eaux courantes, à 16 mètres et à 26 mètres, vient évidemment aussi de l'action solaire sur les saisons et climats. A cette profondeur dans les régions polaires la terre est entièrement gelée, tandis que dans les régions équatoriales elle est à la température moyenne de chaque région. Nous conclurons donc que toute cette température vient du soleil et non de la chaleur intérieure du globe.

Ainsi, en moyenne, à une profondeur de 26 mètres à 36 mètres sous le Jardin des Plantes de Paris, la température du sol est de 12°,4; à 16 mètres et 21 mètres, elle est de 12°,3; à 11 mètres, elle est de 12°,1; à 6 mètres, de 11°,8; à 2 mètres, de 11°,5; à 1 mètre, de 11°,3.

La température moyenne de l'air est là de 11°,2.

Le sol du Jardin des Plantes est de 30 mètres environ moins élevé que celui de l'Observatoire. Ici la température moyenne de l'air est 10°,8, c'est-à-dire de 0°,4 inférieure à celle du Muséum.

La température constante des caves de l'Observatoire, à 28 mètres de profondeur, est de 11°,7, c'est-à-dire de 0°,7 inférieure à celle de la même profondeur au-dessous du Jardin des Plantes. Ce fait doit provenir : 1° de la différence réelle de la température moyenne de l'air à l'Observatoire et au Jardin des Plantes ; 2° de la différence des terrains et des conditions; 3° de ce que les rayons solaires, qui viennent directement échauffer le sol du Jardin des Plantes, n'arrivent jamais au sol sous lequel les caves de l'Observatoire sont creusées ; même du côté du sud, où ils pourraient pénétrer par transmission, ils en sont plus ou moins empêchés par des murs massifs, de 2 mètres d'épaisseur, qui descendent jusqu'à 28 mètres ; le sous-sol de l'Observatoire est constamment à l'abri des rayons solaires, qui au contraire arrivent directement sur le sol du Jardin des Plantes.

D'après ces observations, nous concluons, contrairement aux déductions d'Arago, Quételet, Marié-Davy et tous les météorologistes, que ce n'est pas à la chaleur intérieure du globe qu'est dû l'excès de température constaté entre la température moyenne de l'air et celle du sol à 20, 26, 28, 30 et 36 mètres de profondeur, mais à l'emmagasinement des rayons calorifiques solaires par ce sol. Le sol s'échauffe selon les rayons solaires qu'il reçoit en chaque lieu ; l'air coule et varie. La température de l'air change avec le vent.

Nous pensons que la chaleur intérieure du globe ne se manifeste qu'au delà de ces couches de températures variables, au delà de 40 mètres pour nos climats.

Les sources et l'eau des puits indiquent la température moyenne de l'air à condition de tenir compte de cette capacité du sol pour la chaleur. L'eau des puits du Jardin des Plantes à Paris est en moyenne à 12°,3 et ne varie que de quelques dixièmes. L'eau d'une des sources de la Seine (la Douix, à Châtillon-sur-Seine, altitude 270 mètres) a été trouvée par Arago à 10°,1 et celle d'une autre source du même fleuve (près d'Evergereaux, altitude 470 mètres) a été trouvée par Walferdin à 9°,2. La source de la Marne, près de Langres, à 381 mètres d'altitude, a été trouvée par Walferdin à 9°,7 ; les puits de Langres, dont la profondeur est de 29 mètres, accusent 9°,5. Pour nos climats on peut conclure la température moyenne de l'air en retranchant 1 degré environ à celle des sources et des puits.

A propos de la température du sol et de la température moyenne d'un lieu, on s'occupe souvent du thermomètre type des caves de l'Observatoire de Paris, qui est depuis longtemps l'une des bases fixes de la graduation des thermomètres. Voyons en quelques mots son histoire.

Les caves de l'Observatoire de Paris sont creusées à 28 mètres (86 pieds) de profondeur sous le bâtiment, dont les fondations descendent jusque-là. Depuis plus de deux siècles, on y suit l'état du thermomètre. Cet état reste à 11°,7.

C'est le 24 septembre 1671 que pour la première fois on installa dans les souterrains de l'Observatoire un thermomètre qui y resta en expérience pendant un certain temps ; le lendemain 25, on observa avec soin la hauteur qu'il indiquait. Pendant les mois d'octobre et de novembre, on descendit plusieurs fois dans les souterrains et l'on trouva toujours la température à la même élévation ; ce ther-

FIG. 166. — Thermomètre des caves de l'Observatoire.

momètre avait été construit par l'abbé Mariotte. Telles sont les plus anciennes observations faites sur la température des caves de l'Observatoire. La constance de cette température fut aussitôt admise comme un fait avéré. La Hire, dès la fin du dix-septième siècle, prit cette température pour un des points fixes de son thermomètre ; il la marqua à 48 degrés de son échelle calorifique.

Dans un mémoire publié en 1730, Réaumur donna pour la première fois une détermination de cette température qui puisse être rapportée aux degrés thermométriques comparables.

En 1783, Lavoisier construisit lui-même un nouveau thermomètre,

qui fut installé à l'Observatoire par les soins de Cassini IV. Ce thermomètre est formé d'un réservoir d'environ 0^m,07 de diamètre, surmonté
d'une tige presque capillaire de 0^m,57 de longueur ; il a été gradué par
comparaison avec un thermomètre étalon : chaque degré de la division
Réaumur occupe 0^m,109 de hauteur, et par conséquent on peut distinguer et estimer facilement le demi-centième de degré. L'instrument
est placé dans un bocal rempli de sable de grès très fin et très sec, qui
enveloppe la boule, et même le tube du thermomètre, jusqu'à 0^m,22 du
terme où se soutient le mercure dans les souterrains. Le séjour de deux
observateurs pendant huit à dix minutes ne cause aucune variation
dans la hauteur du mercure. Les divisions thermométriques sont
gravées sur une glace placée contre la tige de l'instrument. Ce thermomètre de Lavoisier, qui est le thermomètre étalon des caves de
l'Observatoire, a été placé sur un pilier isolé, en face de l'ancienne
table des thermomètres.

De 1783 à 1817 ce thermomètre s'est élevé de 11°,417 à 12°,806.
Arago se demanda si ce léger accroissement n'était pas dû au thermomètre lui-même. Pour vérifier cette conjecture, il pria Gay-Lussac de
construire personnellement un thermomètre. Ce savant physicien se
rendit à son désir et gradua avec le plus grand soin un instrument qui
fut placé à côté de celui de Lavoisier et avec les mêmes précautions.
On constata une erreur de +0°,380 dans la graduation de l'ancien thermomètre, à cause du déplacement du zéro de son échelle. (A la longue,
presque tous les thermomètres deviennent faux : le zéro, le terme de la
glace fondante, monte le long de l'échelle graduée, comme si la boule
contenant le mercure se rétrécissait.) La température de 1817 devait
être réduite à 11°,706 au lieu de 12°,086, et alors la différence avec
la température de la surface (10°,7) n'était plus que de 1 degré.

Je suis descendu dans ces caves mémorables le 24 septembre 1871,
deux siècles jour pour jour après la première observation thermométrique qui y ait été faite. Les avenues qui de là conduisaient aux cata-
combes de Paris ont été fermées; mais le silence sépulcral qui règne
en ces profondeurs invite au recueillement aussi bien et mieux peut-
être que l'ossuaire vulgaire des squelettes voisins. Le colossal édifice
de Louis XIV, qui élève la balustrade de sa terrasse à 28 mètres au-
dessus du sol, descend au-dessous en des fondations qui ont la même
profondeur : 28 mètres. A l'angle de l'une des galeries souterraines, on
remarque une statuette de la Vierge, placée là cette même année 1671,
et que des vers gravés à ses pieds invoquent sous le nom de « Notre-

Dame-de-dessoubs-terre ». De là on arrive à la galerie des thermomètres, dans laquelle plane le souvenir silencieux des savants qui l'ont
parcourue, des Cassini, des Réaumur, des Lavoisier, des Laplace, des
Humboldt, des Arago.... Les orages de l'Atmosphère et ceux de l'humanité ne pénètrent pas jusqu'en ce sanctuaire.

À cette date, un thermomètre comparé, que j'y descendis, marquait 11°,7[1].

On voit que c'est précisément 1 degré au-dessus de la température
moyenne de l'air à Paris, sans doute, comme nous l'avons remarqué
plus haut, parce que le sol s'échauffe plus que l'air.

Dans les régions équinoxiales il suffit de descendre un thermomètre
à la simple profondeur d'un tiers de mètre dans des lieux abrités pour
qu'il marque constamment le même degré à un ou deux dixièmes près.
On creuse à cet effet un trou dans des rez-de-chaussée sous des cabanes
d'Indiens, ou sous de simples hangars, dans des lieux où le sol se
trouve à l'abri de l'échauffement direct produit par l'absorption de la
lumière solaire, du rayonnement nocturne et de l'infiltration des
pluies. La température y est la même que celle de l'air (voy. Boussingault, Humboldt, etc.).

En prenant la température des sources comme indication de celle
de l'intérieur du sol, on trouve une concordance très grande pour la
zone comprise entre 30 et 55 degrés de latitude, pourvu que les lieux
ne soient pas élevés de plus de 1000 mètres au-dessus du niveau de
la mer.

Pour les latitudes supérieures à 55 degrés, la différence entre les
températures de l'air et des sources s'accroît d'une manière sensible.

Vers la cime des Alpes suisses, au delà de 1400 à 1500 mètres de
hauteur, comme dans les hautes latitudes, les sources sont de 3 degrés
plus chaudes que l'air.

Entre les tropiques, les températures des sources et du sol sont
inférieures aux températures moyennes de l'air, comme on le voit par
les relations de Humboldt et de Léopold de Buch.

Sous nos latitudes, cette température est égale à celle du sol près de
la surface, et est un peu supérieure à la moyenne du lieu.

---

1. Je suis redescendu dans ces souterrains pendant la réimpression de cette nouvelle édition de
l'Atmosphère, et j'ai retrouvé la même température (18 mars 1887 : la température extérieure,
singulièrement froide pour la saison, était de 3 degrés au-dessous de zéro et la neige étalait sa
couche blanche sur le sol. Un petit moineau était même mort de froid sur le sol gelé).
La température des caves de l'Observatoire reste perpétuellement à 11°,7, à un dixième de degré
près.

La température des fleuves varie avec les saisons, comme celle de l'air, mais avec de moindres oscillations. Ses variations s'étendent de zéro jusqu'à 30 degrés sous nos latitudes. La figure suivante montre celle de la Seine pendant une année à Paris. En juillet, cette température s'élève chaque année jusqu'à 25 degrés et quelquefois au delà. En janvier, elle descend assez souvent jusqu'à zéro ; nous verrons plus loin qu'à certaines époques le fleuve charrie et se gèle même tout à fait.

Il est intéressant maintenant pour nous de compléter cet ensemble d'études sur la météorologie de nos climats par le relevé des *tempéra-*

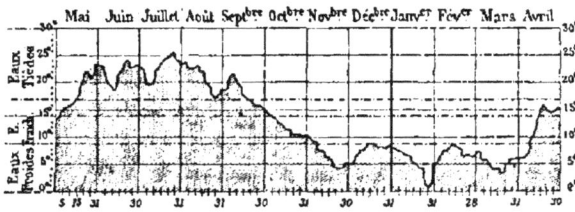

FIG. 167. — Température de la Seine à Paris pendant une année (1er mai 1868 au 30 avril 1869).

tures moyennes de Paris depuis le commencement du siècle. Nous leur ajoutons des températures exceptionnelles qui ont été notées à Paris, soit comme minima, soit comme maxima. Ces données sont celles de l'Observatoire (thermomètre du mur nord de la salle méridienne). L'hiver comprend le mois de décembre de l'année précédente, janvier et février ; l'été comprend juin, juillet et août ; l'année se compose intégralement de la période civile du 1er janvier au 31 décembre. De 1873 à 1885, les observations ont été faites à l'Observatoire de Montsouris, situé à environ 2 kilomètres au sud de l'Observatoire.

TEMPÉRATURES MOYENNES OBSERVÉES A L'OBSERVATOIRE DE PARIS

Années.	de l'hiver. (déc.-janv.-févr.).	FROIDS EXCEPTIONNELS.	de l'été. (juin-juil.-août).	CHALEURS EXCEPTIONNELLES.	de l'année.
1800......	» »		» »		10°,2
1801......	» »		» »		10°,7
1802......	» »		» »		10°,0
1803......	» »		» »		10°,6
1804......	5°,0		18°,6		11°,1
1805......	2°,2		17°,3		9°,7
1806......	4°,8		18°,5		11°,9
1807......	5°,6		19°,7		10°,8
1808	2°,1		19°,4	15 juillet 36°,2	10°,4
1809......	4°,9		16°,9		10°,6

TEMPÉRATURES MOYENNES OBSERVÉES A L'OBSERVATOIRE DE PARIS

Années.	de l'hiver. (déc.-janv.-févr.).	FROIDS EXCEPTIONNELS.	de l'été. (juin-juil.-août).	CHALEURS EXCEPTIONNELLES.	de l'année.
1810......	2°,0		17°,5		10°,6
1811......	4°,0		18°,1		12°,0
1812......	4°,1		17°,2		9°,9
1813......	1°,8		16°,5		10°,2
1814......	0°,9		17°,4		9°,8
1815......	4°,3		17°,1		10°,5
1816......	2°,2		15°,3		9°,4
1817......	5°,2		17°,1		10°,5
1818......	3°,5		19°,2		11°,3
1819......	4°,1		18°,2		11°,1
1820......	1°,9	11 janv. — 14°,3	17°,4		9°,8
1821......	2°,5		17°,2		11°,1
1822......	6°,0		19°,7		12°,1
1823......	1°,4	14 janv. — 14°,6	17°,1		10°,4
1824......	4°,4		17°,8		11°,2
1825......	4°,9		18°,9	19 juillet 36°,3	11°,7
1826......	3°,7		20°,2	1er août 36°,2	11°,4
1827......	1°,1		18°,0		10°,8
1828......	6°,0		18°,0		11°,5
1829......	3°,1	24 janv. — 17°,0	17°,5		9°,1
1830......	1°,6	17 janv. — 17°,2	17°,3		10°,1
1831......	3°,6		18°,4		11°,7
1832......	3°,5		19°,2		10°,8
1833......	3°,7		17°,7		10°,9
1834......	6°,3		20°,4		12°,3
1835......	4°,7		19 ,2		10°,7
1836......	1°,9		17°,5		10°,7
1837..	3°,9		19°,0		10°,0
1838......	0°,6	20 janv. — 19°,0	17°,5		9°,2
1839......	3°,2		18°,4		10°,9
1840......	4°,2		18°,5		10°,3
1841......	0°,9		16°,7		11°,2
1842	2°,9		20°,7	18 août 37°,2	11°,0
1843......	4°,1		17°,8		11°,3
1844......	3°,3		16°,9		10°,2
1845......	0°,4		17°,0		9°,7
1846.	5°,8		20°,6	5 juill. 36°,5	11°,7
1847......	1°,7	19 déc. 1846 — 14°,7	18°,4		10°,8
1848......	3°,3		18°,6		11°,4
1849......	5°,9		18°,4		11°,3
1850......	3°,8		18°,4		10°,6
1851......	4°,3		18°,2		10°,5
1852......	4°,0		19°,3	16 juill. 35°,1	11°,7
1853......	5°,3		17°,9		10°,0
1854......	3°,0	30 déc 1853 — 14°,0	17°,2		11°,1
1855......	2°,1	21 jan. 1855 — 13°,3	15°,6		9°,5

TEMPÉRATURES MOYENNES OBSERVÉES A L'OBSERVATOIRE DE PARIS

Années.	de l'hiver. (déc.-janv.-févr.).	FROIDS EXCEPTIONNELS.	de l'été. (juin-juill.-août).	CHALEURS EXCEPTIONNELLES.	de l'année
1856......	4°,1		18°,8		10°,8
1857......	3°,2		19°,2	4 août 36°,2	11°,1
1858......	2°,4		19°,2		10°,6
1859.....	4°,4	20 déc. 1859 —16°,2	19°,5		11°,1
1860......	3°,4		15°,6		9°,2
1861......	2°,2		18°,6		10°,7
1862......	1°,8		16°,9		11°,2
1863......	5°,1		18°,7		11°,3
1864......	3°,1		17°,0		10°,0
1865......	3°,1		18°,5		11°,5
1866......	4°,5		17°,9		11°,2
1867......	3°,8		17°,6		10°,5
1868......	2°,7		19°,4	22 juill. 34°,0	11°,7
1869......	4°,6		17°,4		10°,7
1870......	2°,5		18°,5		10°,3
1871......	1°,8	24 déc. 1870 —11°,2	18°,1		10°,0
1872......	3°,9	9 déc. 1871 — 21°,3	18°,3	22 juill. 34°,4	11°,6
1873......	4°,5		18°,7	8 août 37°,2	10°,7
1874......	4°,1		19°,1	9 juill. 38°,4	11°,0
1875.....	2°,6	1er janv. — 13°,2	18°,3	17 août 35°,8	10°,9
1876......	2°,4		19°,3	13 et 17 août 36°,0	11°,3
1877......	6°,8		19°,0		11°,4
1878......	4°,0		18°,4		10°,7
1879......	+ 1°,8		17°,0		8°,7
1880......	— 0°,8	10 déc. 1879 —23°,9	18°,1		11°,1
1881......	+ 3°,5	16 janv.1881 —13°,3	18°,0	19 juill. 37°,2	10°,2
1882......	3°,0		16°,9		10°,9
1883......	5°,3		17°,6	2 août 34°,0	10°,8
1884..... .	5°,7		18°,8	10 août 34°,0	11°,5
1885......	4°,3		18°,5		10°,5

Moyenne générale de l'année à Paris............................ 10°,8

Il résulte de cette table qu'à Paris, depuis le commencement du siècle, l'hiver le plus froid a été celui de 1830, le plus chaud celui de 1877; l'été le plus froid a été celui de 1816, et le plus chaud celui de 1842; l'année la plus froide est 1879, et la plus chaude 1834.

. Cette liste a pour but de donner simplement l'état moyen annuel, estival et hibernal de la température, constaté à l'Observatoire de Paris. Nous verrons plus loin qu'il y a eu en France et aux environs de Paris même des froids plus rigoureux et des chaleurs plus élevées que les nombres que nous venons d'inscrire et dont l'observation a été faite sur des points différents.

L'action du Soleil produit donc dans la température de l'air les variations selon les heures du jour et selon les mois de l'année, que nous constatons par nos sensations directes et que le thermomètre note d'une manière plus précise. Cette même action solaire produit une variation diurne et une variation mensuelle du *baromètre* qu'il importe d'étudier ici, puisqu'elle est une conséquence de la température.

L'Atmosphère s'élève et s'abaisse chaque jour deux fois dans un rythme dont le Soleil marque lui-même la mesure. Le baromètre, qui donne le poids de la masse aérienne, monte graduellement de quatre heures à dix heures du matin, puis redescend. Cette marée atmosphérique n'est pas due, comme celle de la mer, à l'attraction de la Lune et du Soleil, puisqu'elle arrive tous les jours à la même heure et ne suit pas le cours de la Lune. Elle est due à la dilatation produite par la chaleur solaire et à l'augmentation de la vapeur d'eau produite également par cette même chaleur.

Cette variation barométrique n'est pas énorme, car elle n'atteint jamais 3 millimètres seulement.

C'est vers l'année 1722 que les *variations diurnes* du baromètre furent constatées d'une manière certaine par les observations d'un Hollandais dont le nom reste inconnu. Depuis cette époque plusieurs observateurs ont essayé d'en déterminer l'étendue et les périodes pour différents lieux de la Terre. A. de Humboldt a démontré par de longues séries d'observations très précises que sous l'Équateur le maximum de hauteur correspond à neuf heures du matin; passé neuf heures, le baromètre descend jusqu'à quatre heures de l'après-midi, ensuite il remonte jusqu'à onze heures du soir, second maximum, et redescend enfin jusqu'à quatre heures du matin. Ainsi chaque jour il·passe par les deux minima de quatre heures du matin et de quatre heures du soir et par les deux maxima de neuf heures du matin et de onze heures du soir. Les mouvements sont si réguliers qu'on peut, à la simple inspection du baromètre, déterminer l'heure, surtout pendant le jour, sans avoir à craindre en moyenne une erreur de quinze à dix-sept minutes; elle est si permanente, que ni la tempête, ni l'orage, ni la pluie, ni les tremblements de terre ne peuvent la troubler; elle persiste dans les chaudes régions du littoral du Nouveau-Monde comme sur les plateaux élevés de plus de 4000 mètres, où la température moyenne descend à 7 degrés. L'amplitude des. oscillations diminue à mesure que la latitude augmente, de même que la température moyenne.

Aux Antilles, où Ch. Sainte-Claire Deville a recueilli l'une des plus

368   LA TEMPÉRATURE.

laborieuses séries d'observations, on trouve un maximum bien marqué

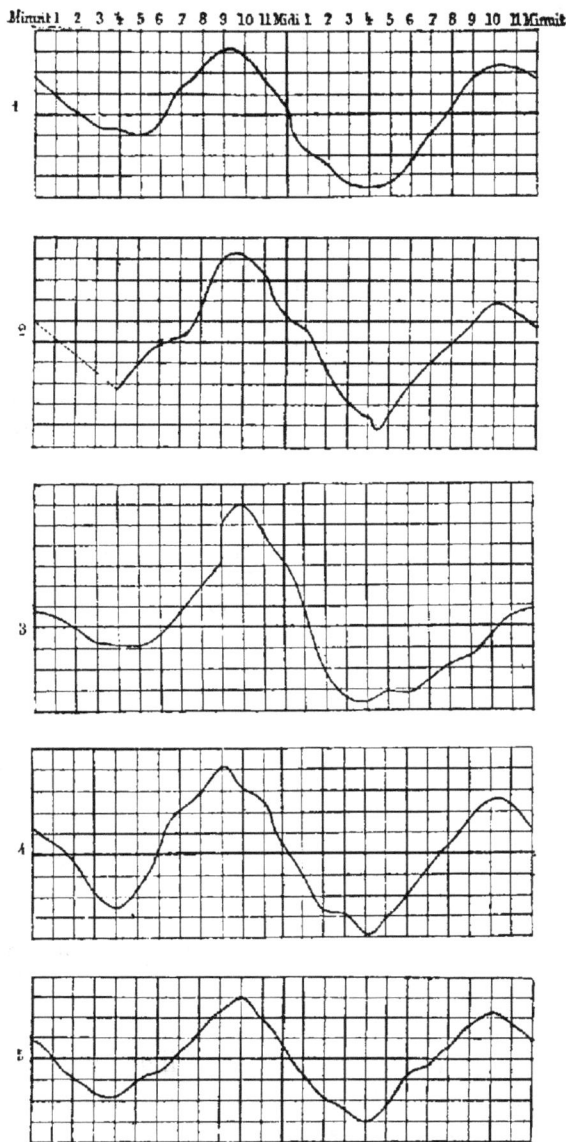

FIG. 168. — Oscillation diurne régulière du baromètre.

1. Ile de l'Ascension. — 2. Port d'Espagne. — 3. Acapulco. — 4. Cumana.
5. Basse-Terre. (Échelle de 1 millimètre pour 1 dixième de millimètre.)

pour l'oscillation diurne le long de la côte nord de l'Amérique qui regarde la mer des Antilles. Les stations de ce littoral donnent, en moyenne, une amplitude de $2^{mm},70$, tandis que cette amplitude est moindre pour toutes les autres stations, qu'elles soient situées au nord ou au sud de la région littorale dont il s'agit.

Or les côtes septentrionales du Vénézuela et de la Nouvelle-Grenade sont précisément celles que suit l'équateur thermal, qui s'élève dans ces parages jusqu'au 12e degré de latitude boréale, pour s'infléchir de nouveau vers l'équateur, des deux côtés du continent. Le lieu des oscillations maxima du baromètre est donc le même que celui des températures maxima, et les deux phénomènes suivent une marche semblable dans la zone intertropicale américaine, faits parfaitement en rapport avec les causes qui influent sur la répartition des températures aux diverses heures de la journée.

L'amplitude de l'oscillation totale diminue à mesure que croît l'altitude. On peut dire d'une manière générale que cette amplitude est une fonction de la température moyenne du lieu, et qu'elle décroît avec elle aussi bien suivant les deux coordonnées de la latitude et de la longitude que suivant la verticale.

Voici dans quelles proportions l'oscillation diurne du baromètre varie avec la latitude :

Lieux.	Latitude.	Hauteur moyenne.	Oscillation diurne.
Lima............	12°, 3' S.	741^{mm},72	2^{mm},71
Caracas..........	10°,31 N.	681^{mm},93	2^{mm},17
Payta...........	5°, 6 S.	757^{mm},96	2^{mm},08
Bogota..........	4°,36 N.	759^{mm},90	2^{mm},01
Ibagué..........	4°,28	658^{mm},70	1^{mm},92
Calcutta.........	22°,35	758^{mm},86	1^{mm},84
Cumana..........	10°,28	756^{mm},15	1^{mm},78
Rio-de-Janeiro.....	22°,54 S.	764^{mm},95	1^{mm},70
Mexico..........	19°,26 N.	583^{mm},13	1^{mm},59
Le Caire.........	30°, 2	757^{mm},28	1^{mm},54
Rome............	41°,54	761^{mm},24	1^{mm},00
Bâle............	47°,34	738^{mm},79	0^{mm},85
Bruxelles.........	50°,50	757^{mm},06	0^{mm},80
Paris............	48°,50	755^{mm},82	0^{mm},72
Francfort.........	50°, 8	752^{mm},47	0^{mm},55
Dresde..........	51°, 7	744^{mm},42	0^{mm},47
Berlin	52°,33	758^{mm},63	0^{mm},34
Cracovie.........	50°, 4	742^{mm},38	0^{mm},30
Édimbourg........	55°,55	746^{mm},90	0^{mm},21
Kœnigsberg.......	54°,42	760^{mm},88	0^{mm},19
Pétersbourg.......	59°,56	759^{mm},31	0^{mm},13

La dernière colonne de ce petit tableau montre qu'en arrivant au 60e degré de latitude, l'oscillation barométrique diurne devient presque nulle.

Dans nos climats, ces variations horaires sont tellement dissimulées par les variations accidentelles, qu'il fallait, pour les découvrir et pour les mesurer, toute la sagacité et toute la précision d'un observateur infatigable. Ce n'est que par les moyennes de plusieurs années d'observations prises avec exactitude et aux heures convenables que l'on peut trouver les périodes horaires. C'est à quoi s'est astreint Ramond. Il a reconnu que leurs époques varient avec les saisons. En hiver, le maximum est à neuf heures du matin, le minimum à trois heures de l'après-midi, et le second maximum à neuf heures du soir. En été, le maximum a lieu avant huit heures du matin, le minimum à quatre heures de l'après-midi, et le second maximum à onze heures du soir.

Nos lecteurs pourront juger par le tableau suivant de la variation atmosphérique diurne et mensuelle due à la dilatation de l'air par la chaleur solaire, telle qu'elle est représentée par les moyennes barométriques de l'Observatoire de Paris :

MOIS	HAUTEURS MOYENNES DU BAROMÈTRE réduites à la température de 0°			
	A 9 heures du matin	A midi	A 3 heures du soir	A 9 heures du soir
	mill.	mill.	mill.	mill.
Janvier.............................	757,22	757,16	756,52	756,88
Février.............................	756,86	756,43	756,06	756,45
Mars	756,22	755,97	755,38	755,92
Avril	754,49	754,09	753,80	754,20
Mai	755,31	755,05	754,54	755,02
Juin................................	756,57	756,31	755,85	756,21
Juillet.............................	756,55	756,20	756,01	756,30
Août................................	756,41	756,05	755,60	756,07
Septembre	756,22	755,93	755,41	755,93
Octobre	755,74	755,51	755,00	755,50
Novembre	755,33	755,05	754,65	755,07
Décembre...........................	757,31	756,81	756,78	757,19
Moyennes de l'année.....	756,186	755,880	755,466	755,895

Ce tableau montre le maximum du matin comme atteignant en moyenne $(756^{mm},186 — 755^{mm},466) = 0^{mm},72$ d'amplitude au-dessus du minimum de l'après-midi. Il montre de plus qu'il n'y a pas seulement une variation *diurne* du baromètre, mais encore une variation *mensuelle*. C'est là un fait analogue au premier, mais accompli sur une plus grande échelle. Le mercure s'abaisse graduellement de janvier à avril, monte un peu jusqu'en juillet, redescend un peu jusqu'en novembre et remonte en décembre et janvier. Cette marche du baromètre presque en raison inverse du thermomètre se manifeste bien plus clairement dans les régions tropicales, comme on le voit facilement par les courbes (fig. 168 et 169) que Ch. Sainte-Claire Deville a tracées aux Antilles. L'amplitude de l'oscillation mensuelle est en moyenne de $(757^{mm},16 — 754^{mm},09) = 3^{mm},07$, entre janvier et avril, pour les observations de midi. Plus on approche des tropiques, plus elle est considérable ; à Calcutta, mes collègues de l'Institut de cette ville m'envoient le nombre de 17 millimètres comme représentant l'amplitude entre janvier et juillet, courbes d'une série de dix années ; à Bénarès, elle est de 15 millimètres.

La série des observations de l'Observatoire de Bruxelles, faites par mon ami regretté Adolphe Quételet, concorde parfaitement avec celle de Paris

La cause des variations diurnes du baromètre est intimement liée au mouvement de la chaleur dans les couches de l'Atmosphère en contact avec le sol. Mais les explications qu'on en donne sont très divergentes. Il est cependant peu de météorologistes qui s'attardent à considérer le baromètre comme une balance accusant simplement le *poids* de l'Atmosphère. Le baromètre mesure la *pression* de l'Atmosphère, qui se compose de son poids et des composantes verticales résultant de l'état dynamique de l'air et de la tension de la vapeur d'eau, etc.

Telles sont les variations régulières du baromètre, dues à l'action diurne et annuelle de la chaleur solaire. Ce sont les moindres. L'Atmosphère est sans cesse en mouvement dans une amplitude beaucoup plus considérable.

Nous analyserons plus loin les variations barométriques dues aux vents, aux tempêtes, aux orages, et caractérisant les changements de temps.

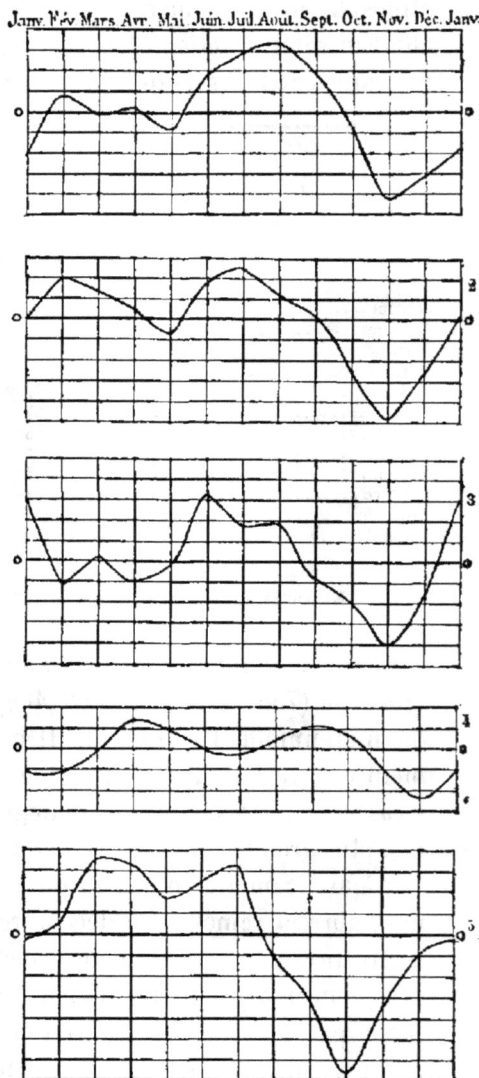

FIG. 169. — Oscillation mensuelle du baromètre. 1. Cayenne. — 2. Guyane anglaise. — 3. La Trinidad. — 4. Bogota. — 5. Guadeloupe. (Échelle de 1ᵐᵐ pour 0ᵐᵐ,1.)

Étudions maintenant les saisons considérées en elles-mêmes. Et d'abord, salut à l'œuvre du Soleil, au Printemps et à l'Été.

CHAPITRE V

LE PRINTEMPS. — L'ÉTÉ

LA VIE VÉGÉTALE ET ANIMALE. — DEGRÉS DE CHALEUR NÉCESSAIRES AUX DIVERSES
PLANTES. — LES CÉRÉALES ; LE BLÉ ; LA MOISSON ; LA VIGNE ; LA VENDANGE.

LES ÉTÉS MÉMORABLES. — LES PLUS HAUTES TEMPÉRATURES OBSERVÉES.

Nous venons d'apprécier le mécanisme des saisons et les variations
mensuelles de la température causées par le transport oblique de notre
planète autour du foyer solaire. Les chiffres que nous avons constatés
nous ont donné la mesure exacte de l'action calorifique du Soleil sur
la surface terrestre que nous habitons. Mais ce n'est là qu'une cause,
et ce sont les effets qu'elle produit qui nous intéressent le plus. Si la
Terre était un globe de marbre ou de pierre, il nous importerait peu
de mesurer la variation thermométrique qu'elle pourrait éprouver dans
le cours de l'année. Elle est enveloppée d'un fluide aérien sans cesse
agité par la force calorifique qui descend du grand astre, d'un océan
liquide dont la surface se soulève en vapeurs plus ou moins condensées
à travers l'Atmosphère, d'un tapis de plantes qui constituent à la fois
l'aliment du règne animal et la parure de la planète; et ces plantes qui
tantôt forment d'immenses prairies aux opulents pâturages, tantôt
développent dans les plaines ces sillons d'or du pain quotidien, tantôt
brunissent les côtes échauffées de la vigne aux lourdes grappes, ces
plantes sont pour nous le grand thermomètre de l'action vitale de l'astre
générateur : ce sont elles qui nous manifestent la véritable marche
des saisons sur notre planète, ce sont elles qui doivent maintenant
nous occuper, car c'est au développement de la *vie* qu'est destiné
tout le mécanisme astronomique et météorologique que nous venons
d'étudier.

Reportons-nous d'abord au sépulcre de l'hiver, et nous apprécierons
mieux la splendeur de la résurrection. Nivôse, Pluviôse, Ventôse ont

voilé le ciel de leur manteau sombre, étendu sur la terre le suaire glacé des neiges et des frimas. La mort, l'immobilité règnent sur ces tristes jours de février sans soleil et sans lumière ; un ciel de plomb pèse sur nos têtes, la nature est muette, les squelettes des arbres restent silencieusement immobiles sur la plaine blanche, et le ruisseau qui gazouillait à leurs pieds s'est arrêté, glacé sous le souffle léthargique.... Mais voici le printemps ! le radieux, le souriant sylphe avant-coureur de l'été ! Germinal, Floréal, Prairial apparaissent avec leurs ailes palpitantes tissées des rayons solaires et jettent dans l'air au divin Soleil les notes cadencées de leur carillon. Les voiles de l'Atmosphère se déchirent et s'évanouissent, le vent glacé d'hiver fait place au zéphyr et à la brise, le ruisseau reprend sa marche suspendue, la neige fond, et la verdoyante prairie se déploie de nouveau sous les caresses du printemps ! C'est le mois des roses et des parfums, des fauvettes et des chansons. La nature rajeunie se réveille d'un sommeil léthargique ; les germes des plantes sentent leur cœur éclater, leur sève monter en tige vers la lumière, les feuilles naître, les bourgeons éclore ; et les fleurs sécrètent des sources de parfums, que le souffle des beaux soirs emportera sous les cieux.

Comme image, comme symbole du printemps, de la vie renaissante et multipliée, regardons un instant l'oiseau, ce divin habitant de l'air, dans lequel toute la tendresse de la nature semble s'être incarnée, et qui à bien des titres pourrait souvent servir de modèle à notre grande humanité.

Au fond du bois silencieux, que trouble à peine le gazouillement de la source murmurante, les rayons du soleil de mai pleuvent à travers les branches, et deux petits êtres chantent et causent. Que se disent-ils en leur doux langage ? Leurs cœurs palpitent, et si fort que de loin nous pouvons même en distinguer les battements. Quel être que ce petit oiseau des bois, dont le cœur est aussi gros que le corps, et qui ne vit dans la pureté du ciel et dans l'atmosphère parfumée que pour aimer et chanter, que pour s'abandonner sans réserve à l'ardente flamme qui est toute sa vie !

Nos pères voyaient dans l'œuf le symbole du berceau du monde et de la formation de l'univers. En lui nous voyons encore se refléter pour ainsi dire tout le tableau de la nature. Ce n'est plus maintenant le soleil que nous contemplons, ni ses rayons bruts que nous mesurons numériquement, mais leur métamorphose dans la vie. Cet œuf, inerte en apparence, dur caillou pour nos mains et nos yeux, ce grain est l'espoir de cette jeune mère, hier encore légère et insouciante, et aujourd'hui déjà réfléchie, pensive et patiente jusqu'à l'abnégation absolue ; pendant bien des jours et des nuits, elle se condamnera à rester immobile sur cet objet qu'elle couvera de sa chaleur et de son inconscient amour ! Et voici que la vie se manifeste, *la vie*, sous cette écorce ; et des tressaillements dans l'œuf répondent à l'anxiété de la petite couveuse. Et puis c'est l'enfant mystérieux éclos sous l'influence de cette chaleur, qui lui-même va frapper de son bec la prison qui l'enferme, et sortir de sa cage pour l'air lumineux, pour la liberté....

La correspondance qui se révèle entre les fonctions de la vie organique dans le règne végétal et dans le règne animal et l'accroissement de la chaleur solaire est si absolue, que certaines écoles philosophiques de l'antiquité et des temps modernes n'ont vu dans la vie qu'un effet des forces aveugles de la nature. Les hommes qui ont admis ces idées incomplètes n'avaient pas réfléchi qu'il existe dans l'univers deux mondes essentiellement distincts : le monde des forces et le monde de la matière. Les forces, comme la chaleur, la lumière, l'électricité, l'attraction, ne sont pas des propriétés de la matière, car il est facile de démontrer que la matière *est gouvernée* mathématiquement par elles, et sous leur dépendance[1]. Les phénomènes de la nature, tels que ceux qui se manifestent dans le renouvellement annuel d'une partie de la vie

1. Voyez notre ouvrage *Dieu dans la Nature*.

terrestre au printemps, par exemple, nous montrent en présence ces deux ordres d'entités : la *force* dans l'exécution des œuvres de la nature, et les *atomes* inertes de la matière dirigés pour développer la vie dans le progrès.

Le plan de la nature se révèle dans les actes instinctifs du petit oiseau des bois aussi bien que dans les mouvements des astres parcourant l'immensité. Et ici nous avons de plus le commencement de la pensée individuelle qui se manifeste dans l'esprit du petit être vivant et pensant. Les oiseaux viennent d'éclore, à la grande surprise peut-être de la jeune couveuse elle-même ; mais il faut les nourrir et les élever. A peine nés, les voilà affamés et criards ; il faut se mettre en chasse et apporter soigneusement au nid, morceau par morceau, chaque becquée. Le nid est construit pour éviter le soleil, le grand vent et la pluie. Que de soins ! quel incessant travail ! Et quand le corps n'a plus faim, c'est de l'esprit qu'il faut s'occuper. Le cœur sera toujours ardent et dévoué ; mais l'esprit ? L'éducation d'un oiseau n'est pas une mince affaire. Éviter les méchants — et même les bons (car sur cette planète les apparences sont trompeuses), — se bien cacher de l'oiseau de proie comme du chasseur. Et le plus grand apprentissage de l'aviation : voler « plus lourd que l'air » dans l'air même ; surpasser à la fois du premier coup d'aile et l'aéronaute, jouet du vent, et l'astronome qui ne sait s'orienter sans étoiles, et le marin dont la boussole est moins sûre que le vol instinctif de l'oiseau vers le calme.

Existe-t-il dans toute la nature un tableau plus merveilleux et plus instructif que celui du printemps ? Quel contraste entre les glaces de l'hiver et le tiède rayonnement du nouveau soleil ? entre le cadavre raide et glacé et la souriante résurrection d'une jeunesse toujours nouvelle ! C'est surtout dans les montagnes de la Suisse, sur le versant des Alpes, en face des lacs silencieux, que l'œil humain saisit le plus vivement cette profonde transformation due au balancement de l'axe terrestre relativement au soleil.

Pendant la saison glacée, les régions neigeuses sont inaccessibles ; mais aussitôt que le printemps arrive, qu'une haleine du midi fond la pâle couronne des hauts sommets, tout change, tout s'anime sur la montagne ; la vie, paralysée pendant sept mois, semble vouloir rattraper le temps perdu. Les herbes poussent avec abondance, les fleurs s'épanouissent avec une prodigalité qui enchante, qui émerveille le promeneur. Le fabuleux Éden n'aurait pu avoir ni de plus fraîches pelouses, ni des gazons plus serrés, des broderies plus élégantes, de plus somptueuses corolles. Les troupeaux, longtemps captifs, sortent des étables et des bergeries. Les pasteurs les conduisent sur les prairies embaumées, où ils trouveront désormais de savoureux festins. Les oiseaux chantent, les fenêtres s'ouvrent, et les paroles de Gœthe, quand Faust décrit « la promenade hors des murs », nous reviennent à la mémoire : « Hors des portes obscures et profondes se pousse une multitude bigarrée. Chacun aujourd'hui se chauffe si volontiers aux rayons du soleil ! Ils fêtent la résurrection du Seigneur et sont eux-mêmes ressuscités, échappés aux sombres appartements de leurs maisons basses, aux liens de leurs métiers et de leurs vils trafics, aux toits et aux plafonds qui les écrasent, à leurs rues sales et étouffantes, aux ténèbres mystérieuses de leurs églises ; tous ils renaissent à la lumière.... »

La peinture en chromotypographie qui accompagne ce chapitre est destinée à rappeler ici au souvenir de nos lecteurs l'état de nos paysages ordinaires des régions tempérées sous la douce et joyeuse influence du soleil de printemps. Il serait superflu d'entrer sur ce sujet dans aucune description : chacun a contemplé l'azur du ciel lumineux, le verdoyant tapis des prés, le clair miroir des fontaines ; chacun se souvient des paysages d'été, et des bois au sein desquels il s'est égaré pour demander à la nature le calme et la paix des beaux jours.

Afin de sentir aussi complètement que possible le contraste des saisons sur cette terre et dans notre propre climat, le *même* paysage a été peint pendant l'hiver au cœur des frimas, et placé au chapitre suivant, consacré à l'automne et à l'hiver. Dans celui-ci toute la vie, toute la joie, toute la lumière des beaux jours s'est enfuie ; les eaux de la rivière sont arrêtées dans la mort, les arbres squelettes sont couverts d'un froid linceul, le silence règne sur cette tombe, et les nuages plombés d'un ciel neigeux étendent leur manteau sombre sur la terre. — Il est intéressant, au double point de vue scientifique et esthétique, de comparer les deux tableaux.

C'est surtout dans le règne végétal que se manifeste l'œuvre de la chaleur solaire : aussi est-ce sur ce grand livre de la nature terrestre que nous pouvons le mieux lire la progression de l'influence du soleil pendant la saison printanière et estivale. Quoique le tube inanimé du thermomètre soit une excellente mesure de constatation, toutefois il est bon de compléter ses indications par l'examen du spectacle beau-

coup plus vaste de la végétation. La météorologie n'arrivera à acquérir le titre de science que du jour où par l'étude longue et patiente
des faits nous pourrons embrasser sous un même regard l'action
annuelle du Soleil sur notre planète et tous ses effets dans la nature.
Notre ami regretté Adolphe Quételet, dont nous avons déjà maintes
fois cité les travaux dans cet ouvrage, car il a été l'un des premiers
promoteurs de la météorologie, est le premier qui ait conçu un plan
vaste et fécond d'études à ce point de vue. Il a indiqué et commencé lui-même à l'Observatoire de Bruxelles une série d'observations des *phénomènes périodiques* qui dans le règne végétal surtout
enregistrent le plus clairement l'état de la température.

Pendant que la Terre parcourt son orbite annuelle, il se développe
à sa surface une série de phénomènes que le retour périodique des
saisons ramène régulièrement dans le même ordre. Ces phénomènes,
pris individuellement, ont occupé les observateurs de tous les temps ;
mais on a généralement négligé de les étudier dans leur ensemble et
de chercher à saisir les lois de dépendance et de corrélation qui existent
entre eux. Les phases de l'existence du moindre puceron, du plus chétif
insecte, sont liées aux phases de l'existence de la plante qui le nourrit ;
cette plante elle-même, dans son développement successif, est en
quelque sorte le produit de toutes les modifications antérieures du sol
et de l'Atmosphère. Ce serait une étude bien intéressante que celle qui
embrasserait à la fois tous les phénomènes périodiques, soit *diurnes*,
soit *annuels ;* elle formerait à elle seule une science aussi étendue
qu'instructive.

Linné, qui le premier comprit tout le parti que l'on pourrait tirer
de la météorologie appliquée au règne végétal, avait indiqué quatre
termes d'observations : la feuillaison, la floraison, la fructification et
la défeuillaison. De ces quatre données la plus importante est la
floraison.

C'est par la simultanéité d'observations faites sur un grand
nombre de points que ces recherches peuvent acquérir un très haut
degré d'importance. Une seule plante étudiée avec soin nous présen-
terait déjà les renseignements les plus intéressants. On pourrait tracer
à la surface du globe des lignes synchroniques pour la feuillaison, la
floraison, la fructification, etc., suivant les climats et les expositions.
Le lilas, par exemple, fleurit en moyenne dans les environs de
Paris vers le 25 avril ; on peut concevoir à la surface de l'Europe
une ligne sur laquelle la floraison est avancée ou retardée de dix,

de vingt ou de trente jours. Ces lignes alors seront-elles équidistantes? Auront-elles des analogies avec les lignes relatives à la feuillaison, ou à d'autres phases bien prononcées dans le développement de la plante. On voit déjà, en s'en tenant même aux données les plus simples, combien de rapprochements curieux peuvent être déduits d'un système d'observations simultanées, établi sur une grande échelle. Les phénomènes relatifs au règne animal, ceux particulièrement qui concernent les migrations des oiseaux voyageurs, n'offriraient pas des résultats moins remarquables.

La météorologie, malgré ses travaux persévérants, n'a pu reconnaître jusqu'à présent que l'état moyen des différents éléments scientifiques relatifs à l'Atmosphère, et les limites dans lesquelles ces éléments peuvent varier en raison des climats et des saisons. Il faut qu'elle-même continue sa marche parallèlement avec l'étude qu'il s'agit de faire, et que, pour diriger nos jugements sur les résultats observés, elle nous montre à chaque pas si les influences atmosphériques sont à l'état normal, ou bien si elles manifestent des anomalies.

Tout être organique, soit animal, soit plante, a essentiellement besoin de l'air atmosphérique; son développement, l'exercice de ses fonctions, de ses habitudes sont arrêtés ou modifiés par les modifications de ce même milieu. Ainsi l'on observe que des maladies épidémiques ou endémiques règnent en certaines saisons, en certaines années ; que la progéniture du lièvre ne se développe pas toujours également bien ; que plusieurs rongeurs pullulent une année dans une localité, tandis que l'année suivante on en retrouve à peine le nombre normal; le cerf, le chevreuil perdent leurs bois à une époque qui n'est pas invariablement la même chaque année; les perdrix sont plus ou moins abondantes; l'hirondelle, le martinet, le rossignol arrivent dans nos contrées et les quittent à des époques diverses; la chenille et le hanneton effrayent parfois les jardiniers par leur nombre, etc.

Le degré de connexion qui existe entre l'animal, la plante et l'air atmosphérique doit être observé; des observations consciencieuses et suivies peuvent indiquer l'influence que les êtres éprouvent de la part du milieu dans lequel ils vivent.

Dans le règne animal, l'époque des unions, celles des naissances, de la mue, des migrations, celles d'engourdissement et de réveil, la rareté ou l'abondance remarquable d'une espèce, sont les points qui doivent être observés et indiqués avec exactitude, conjointement avec les observations météorologiques.

Eug. Ciceri pinxt.

Krakow. sc. imp.

PAYSAGE D'ÉTÉ

Hachette et Cie.

La précocité ou le retard de la végétation, l'arrivée ou le départ des oiseaux de passage, ne sont pas des pronostics de la saison à venir, mais la conséquence du temps qu'il fait ou qu'il a fait. Les migrations des oiseaux résultent du temps qui règne dans le pays d'où ils viennent et non du temps qu'il ne fait pas encore. L'état des plantes, à un moment quelconque de l'année, dépend de la quantité de chaleur reçue. Les perdrix ne s'unissent que lorsque la température de l'air a dépassé 4 degrés, les grenouilles ne s'éveillent que lorsqu'elle a dépassé 5 degrés, les moineaux ne pensent aux nids qu'au delà de 6 degrés, etc. etc.

Nous avons vu plus haut que dans l'humanité même l'influence des saisons se manifeste sur les naissances, les mariages, les décès, les maladies, sur tout ce qui se rapporte au physique de l'homme et jusque sur ses qualités morales et intellectuelles. Les aliénations mentales, les crimes, les suicides, les travaux, les relations commerciales, etc., sont loin d'être numériquement les mêmes aux différentes époques de l'année. C'est là un immense et fertile champ de recherches.

Tous les météorologistes ont compris l'importance de ce programme ; aussi les établissements récemment organisés pour l'étude complète des mouvements de l'Atmosphère ont-ils inscrit, au nombre des observations permanentes à faire, celle des phénomènes périodiques de la vie végétale et animale. Cette branche d'observations sera sans contredit l'une des plus utiles dans la connaissance des rapports de l'Atmosphère avec la vie terrestre [1].

Trois époques principales caractérisent dans notre pays l'œuvre des saisons dans la vie pratique ; ces trois grands faits de la vie agricole sont : la fenaison, la moisson et la vendange ; la fenaison ou la coupe des prés, la récolte du foin en juin (une seconde a lieu en septembre) ; la moisson à la fin de juillet, et la vendange en septembre et octobre. Ce sont les fêtes de Flore, Cérès et Bacchus.

La plus importante est sans contredit celle de Cérès : « Sine Cerere et Baccho Venus friget, » disait le bon sens pratique des anciens. Aussi n'est-il pas d'un médiocre intérêt pour nous de pénétrer le mystère de la génération et de la fructification du grain de blé, confié

___

1. J'ai commencé en 1871, avenue de l'Observatoire, à Paris, d'inscrire jour par jour l'état de végétation des marronniers qui y sont domiciliés, ainsi que de quelques arbres des jardins voisins. Il y a des différences considérables d'une année à l'autre, dépendant, non de la température de l'hiver, mais de celle de mars et avril. Après un hiver très froid, la végétation peut être aussi précoce qu'après un hiver très chaud. Mais le plus curieux peut-être encore est qu'il y a des différences singulières entre des arbres d'une même espèce, voisins et exposés dans les mêmes conditions, différences individuelles caractéristiques. Voici quelques exemples pris dans mes observa-

au sein maternel de la Terre, et qui donne à l'été les gerbes longuement attendues par l'agriculteur.

La moisson est l'époque solennelle de l'année dans nos campagnes; c'est sur elle, c'est-à-dire sur un frêle épi, sur une goutte de pluie, sur un rayon de soleil, que repose toute l'espérance de l'agriculteur, que s'équilibre le long et rude travail du cultivateur. Aussi, malgré la chaleur torride, malgré la soif, malgré la fatigue, quel travail s'accomplit avec une plus vive ardeur, avec un entrain plus universel? Dès l'aurore les groupes de moissonneurs attaquent l'armée touffue des grands épis, qui depuis un mois se balançaient comme un champ de moire d'or sous le souffle du vent, et demain on les retrouvera couchés sur le sol où ils grandirent. Le soleil sèche les chaumes, et bientôt on les

tions. Ce tableau n'est pas aussi complet que je l'eusse désiré, diverses absences de Paris m'ayant souvent empêché d'obtenir des séries tout entières.

OBSERVATION DES MARRONNIERS DE L'AVENUE DE L'OBSERVATOIRE, A PARIS

	BOURGEONS JAUNISSANTS			BOURGEONS VERTS S'OUVRANT			FEUILLES COMMENÇANTES		
	précoces	moyenne	tardifs	précoces	moyenne	tardifs	précoces	moyenne	tardifs
1874.	20 mars	1er avril	15 avril	24 mars	3 avril	17 avril	29 mars	11 avril	19 avril
1875.	1er avril	5 avril	16 avril	4 avril	10 avril	18 avril	5 avril	15 avril	20 avril
1876.	9 mars	30 mars	7 avril	22 mars	4 avril	9 avril	23 mars	7 avril	10 avril
1878.	9 mars	30 mars	12 avril	19 mars	8 avril	14 avril	28 mars	10 avril	16 avril
1886.	23 mars	27 mars	1er avril	28 mars	29 mars	4 avril	29 mars	4 avril	7 avril
1887.	29 mars	9 avril	18 avril	10 avril	19 avril	22 avril	12 avril	21 avril	24 avril

	FEUILLES TOUFFUES			FLEURS			Premiers lilas en fleurs
	précoces	moyenne	tardifs	précoces	moyenne	tardifs	
1874.	11 avril	19 avril	21 avril	21 avril	23 avril	4 mai	21 avril
1875.	16 avril	23 avril	27 avril	26 avril	2 mai	6 mai	24 avril
1876.	19 avril	24 avril	29 avril	22 avril	30 avril	5 mai	20 avril
1878.	20 avril	25 avril	27 avril	26 avril	5 mai	7 mai	25 avril
1886.	8 avril	19 avril	24 avril	23 avril	27 avril	28 avril	28 avril
1887.	27 avril	2 mai	7 mai	5 mai	12 mai	14 mai	6 mai.

On voit quelles différences existent entre les années comme entre les individus. Jusqu'aux premières dates inscrites, les arbres sont restés à l'état de *squelettes* noirs, avec des bourgeons noirs ou roux.

La sève ne commence à monter qu'à partir d'un certain degré de chaleur, et la marche de la végétation est le résultat de la quantité de calorique reçue à partir de ce degré. Tout abaissement ultérieur du thermomètre produit un retard corrélatif. Le printemps actuel (1887) a été singulièrement long à se décider. Les mois de mars et d'avril ont été très froids. En 1886, le froid tardif du 30 avril au 3 mai est arrivé après la floraison : quelques jours plus tôt, il l'aurait retardée d'autant.

Pour que les marronniers bourgeonnent, il faut que la température moyenne ait, pendant plusieurs jours, dépassé 7 degrés ou la température maximum 12 degrés. Pour qu'ils soient en feuilles, il faut que la température moyenne ait, pendant plusieurs jours également, dépassé 10 degrés ou le maximum 14 degrés. Pour qu'ils soient en fleurs, ainsi que les lilas, il faut que la température moyenne ait dépassé 13 degrés et le maximum 17 degrés.—Les lilas fleurissent en même temps que les marronniers. — Dans les climats tropicaux, où la température ne descend jamais au-dessous de 10 degrés, les feuilles ne tombent jamais et les végétaux sont tous des espèces à feuilles persistantes. Au surplus, les saisons sur notre planète sont géologiquement récentes et ne datent que de l'époque tertiaire, de la période éocène ; jusque-là les plantes fossiles trouvées aux pôles sont les mêmes que celles trouvées à l'équateur. Voyez notre ouvrage, le *Monde avant la création de l'homme*.

voit debout de nouveau, mais rassemblés en gerbes puissantes. De ces gerbes le grain tombera dans l'urne du moulin, et la farine délayée nous donnera le pain de chaque jour, la base de toute alimentation. Et tout ce grand travail, depuis la semence jetée en terre jusqu'au pain de nos tables, tout cela, c'est le Soleil qui l'a produit, car c'est lui qui donne la température nécessaire à la germination, c'est lui qui fabrique le brouillard de l'automne, la neige de l'hiver, la pluie du printemps, c'est lui qui fait lever la céréale vers la lumière, c'est lui qui emmagasine ses rayons dans l'épi, y fixant l'azote et le sucre, c'est lui qui fait mouvoir le moulin, et c'est encore lui qui chauffe le four du boulanger, car le bois que nous brûlons n'est autre chose que du carbone fixé dans le chêne, le hêtre, le charme ou la houille elle-même par le grand et infatigable dieu du jour.

La chaleur, cet agent subtil et mystérieux, qui se fait sentir dans la matière la plus dense comme dans la plus légère, mais dont l'action sur les sens est aussi inexplicable que celle de l'électricité, ou que l'émotion produite en nous par un regard ou une parole, la chaleur engendre toutes ces merveilles, dont l'homme moissonne le meilleur fruit au soleil de messidor.

Mais les moissons s'éclipsent encore sous la gaieté des vendanges. Les grandes chaleurs sont passées, et les couchers de soleil sont plus beaux. Le souffle du soir rafraîchit les collines, et les parfums des vallées s'élèvent et remplissent l'espace. Sur la côte où la vendange vient de se faire, on aspire à pleins poumons les tièdes effluves d'oxygène qu'emportent les premiers vents d'automne; le soir descend en silence et les bruits crépusculaires des insectes s'élèvent des prés qui bordent le ruisseau de la vallée, tandis que là-bas déjà s'allument les petites lumières de la ville, car nous sommes en octobre. C'est le calme après le travail, la paix profonde et tranquille après l'agitation des grands jours. La personnalité de l'esprit voué aux recherches de la pensée s'apaise dans la contemplation de la nature, ou s'évanouit pour un instant en se mêlant à la somnolence apparente des familles patriarcales.

Tous ces fruits sont dus au Soleil. Analysons un instant son œuvre féconde.

On sait que les semailles se font en automne pour le blé, et généralement à la fin d'octobre, quand la pluie n'a pas empêché le labourage. Le grain confié au sol germe au bout de quelques jours, et dès novembre les sillons sont couverts des tiges verdoyantes du froment.

L'hiver arrive, et le grain résiste à des froids de 12, 15 et 20 degrés lorsque le champ est couvert de neige; sans cette couverture, des froids moindres gèlent le collet des racines et les tiges, si bien que, lors même qu'on a semé très dru, les semis sont éclaircis et la récolte est réduite au tiers. Aussi la résistance à un hiver rigoureux est-elle une épreuve décisive lorsqu'il s'agit d'introduire une nouvelle variété de blé dans une contrée.

Pour s'accroître, fleurir et fructifier, toute plante a besoin d'une certaine somme de chaleur et d'humidité : elle doit absorber tant de degrés de calorique et tant de millimètres cubes d'eau. Si l'on examine d'un côté le temps écoulé depuis sa naissance jusqu'à sa maturité, de l'autre la température moyenne qui a régné entre ces deux époques, on trouve, en comparant la même plante placée dans des climats différents, que le nombre des jours entre le commencement et la fin de la végétation est d'autant plus grand que cette température a été moins élevée; de sorte qu'en multipliant les jours par la température on obtient des nombres à peu près égaux.

Pour le blé, on compte en moyenne cent soixante jours entre la date des semailles et celle de la moisson à la latitude de Paris : la température moyenne est de 13°,4 pendant cette période, et le produit des jours par la température est 2144 degrés. A Turmero (Amérique) la durée est de quatre-vingt-douze jours seulement, la température moyenne est de 24 degrés : ce qui donne 2200 degrés. A Zimijaca (Amérique) la durée est de cent quarante-sept jours, et la température moyenne de 14°,7 : ce qui donne 2160 degrés. On voit qu'il faut plus de 2000 degrés au froment pour mûrir (BOUSSINGAULT). La température initiale du blé est de 6 degrés[1].

L'orge est moins exigeante. Les trois séries de chiffres précédents sont pour

	Jours.	Tempér. moyenne.	Total
La Bavière............	100	17°,2	1730 degrés.
Alsace...............	92	19°,1	1757 —
Alais...............	137	13°,1	1794 —
Bogota (Amérique)....	122	14°,7	1793 —
Cumbal............	168	10°,7	1797 —

C'est donc de 1750 à 1800 degrés qu'il faut à l'orge pour arriver à pleine maturité.

1. Tant que la température ne dépasse pas ce chiffre, la végétation du blé ne commence pas. On a trouvé qu'il faut :

Pour la levée..........................	150 degrés.	
Pour former les feuilles..................	945	—
Pour l'épiage et la floraison..............	235	—
Pour la maturation....................	810	—
Total.......	2140 degrés.	

(D'après E. Risler, à Calèves, lac de Genève). — M. Hervé-Mangon, dans le département de la Manche, a trouvé une moyenne de 2365 degrés.

Le maïs ou blé de Turquie est plus exigeant que le froment : il lui faut 2600 à 2900 degrés.

Les pommes de terre en réclament davantage encore : 2800 à 3000. On les plante à 10 ou 12 degrés, et on ne les récolte qu'après les fortes chaleurs de juillet et août.

Il faut à la vigne 2900 degrés accumulés, à partir de 10 degrés comme limite inférieure.

Le dattier a besoin d'une chaleur totale de 5000 degrés pour mûrir ses fruits.

Tous les végétaux, alors même qu'ils y peuvent vivre, ne fructifient pas sous un climat constant et réclament une chaleur supérieure à celle où ils fonctionnent en s'assimilant les principes répandus dans le sol et l'Atmosphère. Ce sont réellement les conditions météorologiques indispensables à la reproduction qui caractérisent le climat convenable à une plante. La vigne, par exemple, végète avec vigueur là où le raisin ne mûrit jamais; pour en attendre un vin potable, il faut non seulement près de 3000 degrés de chaleur, mais encore que la formation des grains soit suivie de trente à quarante jours dont la température moyenne ne soit pas inférieure à 19 degrés.

En étudiant la distribution des diverses cultures dans les plaines et sur les versants des montagnes, on ne tarde pas à reconnaître que leurs limites géographiques ne sont pas exclusivement réglées par les moyennes températures annuelles. Ainsi, pour que la vigne produise du vin potable, il ne suffit pas que la chaleur moyenne de l'année dépasse 9° 1/2; il faut encore qu'une température d'hiver supérieure à 0°,5 soit suivie d'une température moyenne de 18 degrés au moins pendant l'été. Dans la vallée de la Garonne, à Bordeaux (lat. 44° 50′), les températures moyennes de l'année, de l'hiver, de l'été et de l'automne sont respectivement : 13°,8; 6°,2; 21°,7; 14°,4. Dans les plaines du littoral de la mer Baltique (lat. 52° 1/2), où le vin n'est plus potable (il y est consommé cependant), ces nombres sont : 8°,6; —0°,7; 17°,6; 8°,6. La différence doit être plus grande encore entre deux climats dont l'un est éminemment favorable à la culture de la vigne, tandis que l'autre atteint la limite où cette culture cesse d'être productive, car un thermomètre placé à l'ombre, abrité complètement ou à peu près contre les effets de l'insolation directe et du rayonnement nocturne, ne saurait indiquer la température du sol librement exposé à toutes ces influences, ni les variations périodiques dont cette température est affectée d'une saison à l'autre.

Ce n'est pas seulement la chaleur qui agit sur les végétaux, c'est encore la *lumière* directement reçue du Soleil. « Si la vigne, pour donner un vin potable, dit Humboldt, fuit les îles et presque toutes les côtes, même les côtes occidentales, ce n'est pas seulement à cause de la faible température qui règne en été sur le littoral; la raison de ces phénomènes est ailleurs que dans les indications fournies par nos thermomètres, lorsqu'ils sont suspendus à l'ombre. Il faut la chercher dans l'influence de la lumière directe dont on n'a guère tenu compte jusqu'ici, bien qu'elle se manifeste dans une foule de phénomènes. Il existe à cet égard une différence capitale entre la lumière diffuse et la lumière directe, entre la lumière qui a traversé un ciel serein et celle qui a été affaiblie et dispersée en tous sens par un ciel nébuleux. » (*Cosmos*, I, p. 338.)

Nous verrons un peu plus loin, au chapitre VII, comment l'influence solaire est distribuée à la surface de la Terre; comment les lignes d'égales températures ne suivent pas régulièrement les cercles de latitude; comment, à égale distance de l'équateur, tels pays sont plus privilégiés que d'autres au point de vue des climats et des productions du sol. Nous verrons au chapitre VIII la conséquence des climats sur la géographie botanique, et la variation des espèces végétales naturelles, des arbres et des essences, suivant la décroissance de la température, soit qu'on marche de l'équateur aux pôles, soit qu'on s'élève du pied d'une haute montagne jusqu'à son sommet. Quant à présent, puisque nous entrons ici en relation avec les cultures dont l'homme a su faire la base de son alimentation, grâce à la chaleur solaire, voyons sommairement comment cette chaleur a dessiné les espèces cultivées à la surface du globe.

En Europe, la culture des *céréales* ne s'élève guère plus haut que le 70e degré dans la Péninsule scandinave : encore est-ce le seul point du globe où on les retrouve à ce degré; partout ailleurs la culture est loin de s'élever si haut.

Dans l'Asie septentrionale, elles décroissent en allant de l'ouest à l'est: tandis que dans la partie occidentale on les retrouve à 60 degrés, dans la partie orientale elles ne s'élèvent pas plus haut que le 51e degré.

Dans l'Amérique du Nord, on les cultive dans l'ouest jusqu'au 57e degré, et sur les côtes orientales à peine plus haut que le 51e.

Il s'en faut néanmoins que ce soient toutes les céréales qui croissent jusqu'à de si hautes latitudes; la seule espèce de graminée alimentaire qui réussisse dans ces climats glacés est l'*orge*, qui sert à la nourriture de l'homme dans toutes les régions septentrionales.

L'*avoine* ne mûrit pas à de si hautes latitudes ; il faut, pour en trouver la culture régulièrement répandue, descendre de quelques degrés plus bas ; et dans les localités où cette céréale arrive à maturité, on trouve déjà le *seigle*, qui descend jusqu'aux bords de la Baltique et remplace avantageusement les deux autres, qui n'y sont plus cultivées que pour la nourriture des animaux et la fabrication de la bière.

L'importante culture du *blé*, commune dans le nord de l'Allemagne,

Fig. 174. — La moisson.

où on le cultive concurremment avec le seigle, finit bientôt par devenir la culture dominante. Il part du sud de l'Écosse, traverse la France, l'Allemagne, la Crimée, le Caucase, et s'étend jusque dans l'Asie, sans pour cela qu'on néglige les autres céréales ; mais celles-ci n'y sont plus si fréquemment employées aux besoins de l'homme.

Les Européens ont importé le blé aux États-Unis, au Brésil, à la Plata, au Chili, dans la Nouvelle-Galles du Sud et en Australie. — Comme altitude, le blé se cultive jusqu'à 3300 mètres, le maïs jusqu'à 2400 seulement.

Le *seigle* devient la culture des régions plus froides des montagnes et, en descendant vers le sud, l'*avoine* disparaît entièrement pour faire place à l'*orge*, qui est donnée aux animaux. A mesure que l'on descend vers le midi, le *riz* et le *maïs* remplacent les autres céréales, ainsi que cela se voit dans la France méridionale, en Italie, en Espagne, et ils deviennent d'une culture presque exclusive jusqu'au nord de l'Inde, où ils sont préférés au *blé*, en traversant tous les pays intermédiaires comme une vaste zone. En Afrique, diverses espèces de *sorgho* sont cultivées comme céréales d'usage habituel. A l'extrémité orientale de l'Asie, le *riz* remplace toutes les céréales : ce qui a également lieu dans les parties méridionales de l'Amérique du Nord. On y trouve cependant aussi le *maïs*, dont la culture est même plus répandue que chez nous. Dans l'Amérique du Sud, c'est le maïs qui domine.

La *vigne*, qui mérite presque d'être assimilée au blé pour sa valeur culinaire, a une distribution assez capricieuse ; elle s'étend sur une longue zone d'environ 22 degrés de latitude. Sa limite au nord, en France, touche l'Océan à Vannes, passe entre Nantes et Rennes, entre Angers et Laval, entre Tours et le Mans, remonte par Chartres, pour passer au-dessus de Paris, puis au-dessus de Laon et au-dessous de Mézières, et atteint le Rhin à l'embouchure de la Moselle.

Les pays au nord de cette ligne sont incapables de produire du vin. Les rayons du Soleil emmaganisés dans le raisin sont apportés sur nos tables dans les délicieux vins de France, et ce sont eux qui donnent au caractère français son ardeur et sa jovialité. En vain le Prussien machinal leur oppose son houblon et sa bière ; il ne cessera d'être lourd et barbare, comme nous l'étions jadis nous-mêmes, nous les vieux Francs, quand nous habitions la rive droite du Rhin, avant de faire la conquête des Gaules, que les Germains nous disputent depuis Clovis.

Une dernière remarque sur l'échelle des températures appliquées aux végétaux.

La vie des plantes offre comme extrêmes de température les sulfuraires qui se développent dans les eaux thermales des Pyrénées à 61 degrés, et le Mélèze, qui brave en Sibérie un froid de 40 degrés. Les graines mûres sont insensibles au froid. Exposées à 100 degrés au-dessous de zéro, elles ne perdent pas leur faculté germinative. D'où l'on tire la conclusion que si par une cause quelconque la surface de la Terre se refroidissait à 100 degrés, la vie animale serait anéantie, tandis que la vie végétale renaîtrait si la température actuelle revenait ensuite elle-même.

Nous avons vu dans le chapitre précédent que chaque mois a sa température moyenne propre ; mais, si les années se suivent, comme les jours, elles ne se ressemblent pas. L'étude complète des effets de la

température est d'une complication extrême. Les années les plus
chaudes ne sont pas celles où le maximum de température a été le plus
haut un jour donné, ni les années les plus froides ne sont pas celles où
le minimum a été le plus bas un jour donné. Si nous considérons les
mois, nous trouverons de même certains mois d'une température
maximum ou minimum bien au-dessus ou bien au-dessous de la
moyenne, sans que pour cela l'année soit généralement plus chaude
ou plus froide. La végétation générale offre les mêmes différences,
car chaque espèce végétale a son époque de sensibilité critique ; une
série de jours très chauds pourra, par exemple, amener dans les vignes

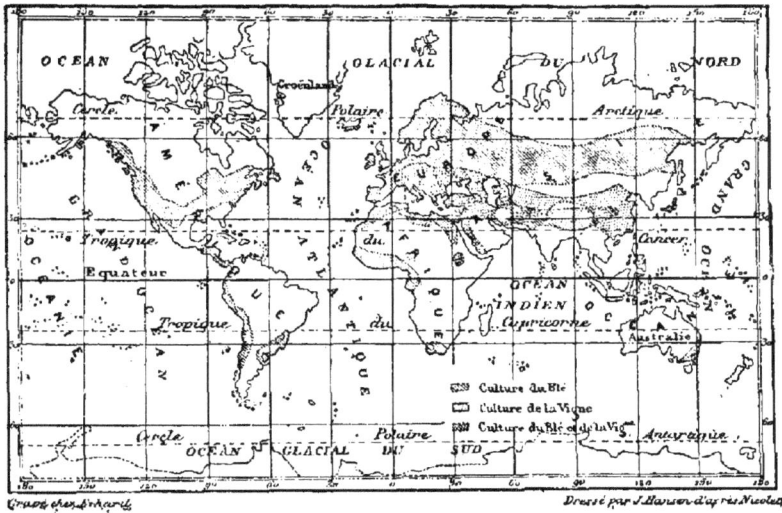

FIG. 175. — Culture du blé et de la vigne, ou le pain et le vin sur le globe.

les conditions d'un vin excellent si ces jours arrivent en un temps favorable, et dans tel autre moment de la saison les mêmes chaleurs
n'exerceront point cette utile influence. Ce sont là des faits que tous les
hommes qui vivent à la campagne ont vulgairement constatés, mais qui
néanmoins sont pour la météorologie un sujet d'études fort complexe.
    Maintenant que nous avons une connaissance exacte de la théorie
astronomique des saisons et de leur valeur météorologique et vitale pour
ainsi dire, il serait intéressant pour nous de compléter ces considérations
sur l'été par la liste des *étés les plus chauds*, afin d'apprécier jusqu'à
quel degré la chaleur peut s'élever en ces saisons exceptionnelles. C'est
ce que nous allons faire.

Arago et Barral ont rassemblé sur ce point des documents importants, qui nous permettent d'en tracer un résumé instructif. Voici quels sont les étés de ce siècle qui ont été remarqués par leur chaleur extrême en France et en Europe; on peut facilement observer dans cette revue rétrospective les particularités diverses de température dont nous venons de parler.

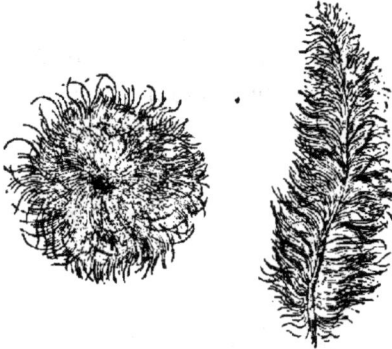

Fig. 176. — Les sulfuraires se développent, dans les eaux thermales des Pyrénées à 61 degrés. (Sulfuraires grossies six cents fois).

L'été de la première année de ce siècle, 1800, ou, pour parler exactement selon la chronologie, de la dernière année du dix-huitième siècle, a été remarquable par sa haute température, et nous ouvririons par lui notre série si, quelques années auparavant, l'Europe n'avait été sous le coup d'une chaleur exceptionnelle à une date qui restera célèbre : 1793.

Cet été est mémorable par des chaleurs extraordinaires et restées sans exemple depuis le siècle passé : elles se sont produites en juillet et en août. On compte pour Paris, d'après Cassini IV, alors directeur de l'Observatoire :

Chaleur forte (de 25° à 31° incl.) à l'ombre....	36 jours.	
— très forte (32° à 34° incl.). —	9 —	
— extraordinaire (35° et au-dessus) —	6 —	

Les plus hautes températures se sont ainsi distribuées :

Valence, le 11 juillet............................	40°,0
Paris, le 8 —	38°,4
— le 16 —	37°,3
Chartres, le 8 juillet............................	38°,0
— le 16 —	38°,1
Vérone, en juillet et août.	35°,6
Montmorency, le 8 juillet........................	33°,8
Londres, le 16 juillet............................	31°,7

Exposé au soleil, le thermomètre de l'Observatoire marqua jusqu'à 63 degrés (le 8 juillet).

Les grandes chaleurs commencèrent à se faire sentir à Paris le 1er juillet et augmentèrent rapidement. Le ciel fut pendant leur durée constamment beau, clair et sans nuage; le vent ne quitta pas le nord; le plus souvent il était calme, et le baromètre se tint à une très grande hauteur. Les jours les plus chauds ont été le 8 et le 16 juillet. Le 9, un orage épouvantable dévasta Senlis et ses environs. Une grêle dont les grains avaient la grosseur des œufs détruisit les moissons; un vent furieux renversa plus de cent vingt maisons. Une pluie énorme succéda à cette tempête ; les eaux, s'amassant dans les campagnes, emportèrent les bestiaux, les meubles, les femmes et les enfants. A Bougueval (Oise), une malheureuse mère, à bout de forces, fut entraînée par le courant après avoir sauvé ses neuf enfants. La Convention nationale accorda aux victimes du sinistre un secours provisoire de 30 000 livres, et elle décréta que 6 millions seraient remis au ministre de l'intérieur pour secourir les possesseurs des propriétés ravagées. Le 10 juillet, pour comble de maux, survint un nouvel orage de grêle.

La chaleur torride du mois de juillet continua durant une partie du mois d'août. Dans la journée du 7 de ce mois, elle fut singulièrement intense : elle se

Fig. 177. — Le Mélèze brave en Sibérie un froid de 40 degrés.

montra générale, pesante, accablante ; le ciel était resté très clair ; le vent, au nord-est, devint sensible et d'une ardeur si violente qu'il semblait sortir d'un brasier ou de la bouche d'un four à chaux. On recevait cette chaleur insolite par bouffées, de distance en distance ; elle était aussi ardente à l'ombre que si l'on eût été exposé aux rayons d'un soleil dévorant. On ressentait cette pénible sensation dans toutes les rues de Paris, et les effets étaient les mêmes en rase campagne. Cette chaleur étouffante paralysait la respiration, et l'on se sentait beaucoup plus incommodé ce jour-là où la chaleur se tenait à 30°,3 que le 8 juillet où le thermomètre était monté à 38°,4.

La sécheresse fut extrême. Le niveau de la Seine descendit aux basses eaux de 1719. Il ne tomba à Paris, dans toute l'année, que 331 millimètres d'eau. Dans la campagne, les marronniers, les pommiers, les noyers, les cerisiers, les noisetiers, le chèvrefeuille, la vigne, les groseilliers eurent leurs feuilles brûlées ; les fruits, les pommes entre autres, portaient sensiblement le caractère de la brûlure. La rareté des légumes se fit vivement sentir, et ce qui en restait monta à des prix exorbitants Les terres desséchées, endurcies, crevassées ne pouvaient plus être remuées par la charrue ni par la bêche. Dans le jardin du Luxembourg, le sol ne présenta pas, à un mètre de profondeur, la moindre apparence de fraîcheur. Des terrassiers, chargés de creuser un puits dans un lieu entièrement exposé au soleil, trouvèrent la terre desséchée à 1ᵐ,60 de profondeur. Le 1ᵉʳ septembre, les arbres du Palais-Royal étaient presque tous dépouillés de leurs feuilles ; cent cinquante d'entre eux étaient entièrement nus ; la sécheresse et la chaleur avaient fait gercer l'écorce, et les branches paraissaient mortes ; la plupart moururent. En ces heures ardentes, la chaleur solaire brûle et torréfie.

En Bourgogne, les vendanges commencèrent le 23 septembre. Le vin fut abondant, mais de qualité médiocre. Il était tombé dans cette région des pluies froides, qui en avaient altéré la qualité. L'été fut sec et chaud dans le pays toulousain ; la récolte du maïs manqua complètement. Cette triste année 1793 fut en France une année d'extrême disette.

1800. — L'été fut marqué par des chaleurs très vives, qui s'étendirent sur une partie de l'Europe. Du 6 juillet au 21 août, le thermomètre ne descendit à Paris que cinq fois au-dessous de 23°,4, et l'on eut, d'après les tableaux de Bouvard :

Chaleur forte............................	25 jours.
— très forte..........................	5 —
— extraordinaire......................	2 —

La chaleur directe du soleil fit monter le thermomètre, selon Cotte, à Montmorency, le 18 août, à trois heures du soir, à 51°,5. Les températures les plus élevées de cet été se sont ainsi distribuées :

Bordeaux, le 6 août.............................	38°,8
Nantes, le 18 août.............................	38°,8.
Montmorency, le 18 août........................	37°,9
Limoges......................................	37°,5
Paris, le 18 août..............................	35°,5
Londres, le 2 août.............................	31°,1

Des incendies se développèrent dans une proportion énorme depuis le commencement d'avril. Un village entier dans le département de l'Eure, la forêt d'Haguenau, une portion de la Forêt-Noire devinrent la proie des flammes. Des myriades de sauterelles s'abattirent sur les cantons voisins de Strasbourg. Dans la nuit du 20 juillet, le tonnerre tomba sur l'ancien couvent des Augustins à Paris et y mit le feu. On constata dans le Midi beaucoup de cas de rage.

1811. — L'été de 1811 fut l'un des plus mémorables, sous plusieurs rapports, qui se soient produits dans le nord de l'Europe :

Voici le tableau des températures maxima :

Augsbourg, le 30 juillet..........................	37°,5
Vienne (Autriche), le 6 juillet.....................	35°,7
Avignon, le 27 juillet............................	35°,0
Hambourg, le 19 juillet...........................	34°,8
Naples, le 20 juillet.............................	34°,6
Copenhague, en juillet...........................	33°,8
Liège, id......................................	33°,7
Strasbourg, id..................................	33°,0
Saint-Pétersbourg, le 27 juin.....................	31°,1
Paris, le 19 juillet..............................	31°,0

En Bourgogne, la vendange s'ouvrit le 14 septembre. Une gelée, survenue le 11 avril, avait compromis les deux tiers de la récolte ; mais l'été se montra si favorable à la vigne, que les raisins repoussèrent et que l'on eut une petite récolte d'une qualité très supérieure, qui resta longtemps célèbre sous le nom de vin de la *Comète*.

1822. — L'été de 1822 a été remarquable dans toute la France par l'élévation de sa température moyenne, supérieure à la moyenne générale au nord, au centre comme au midi.

Pour Paris, on compte :

Chaleur forte................................. 55 jours.
    — très forte............................ 3 —

Les maxima de température se sont ainsi distribués :

Malines, en juillet................................. 38°,8
Joyeuse, le 23 juin................................. 37°,3
Alais, les 14 et 23................................. 36°,5
Liège................................. 35°,0
Maestricht, le 11 juin................................. 34°,0
Paris, le 10 juin................................. 33°,8

La sécheresse fut très grande en France durant la saison chaude : depuis le 21 août jusqu'au 26 septembre, la Seine demeura presque constamment au-dessous du zéro du pont de la Tournelle. Dès le mois de mars, dans les campagnes du Midi, on était embarrassé pour abreuver le bétail. On allait chercher l'eau à des distances considérables à dos de mulet. On éprouva au printemps dans ces contrées une température égale à celle du mois d'août. La moisson était achevée dans le Languedoc avant le 23 juin : elle donna peu de gerbes, mais un grain très serré. En Bourgogne, l'année se signala par la beauté inaccoutumée du ciel. On commença la vendange le 2 *septembre;* mais, au dire des vignerons, on eût pu vendanger dès le 15 août, et dans les environs de Vesoul (Haute-Saône) on vendengea le 10 *août!* La récolte du vin fut assez abondante et de qualité tout à fait supérieure ; celle des céréales fut ordinaire.

1826. — Été très chaud et très sec, trente-six jours de chaleur forte à Paris, sept de chaleur très forte, deux d'extraordinaire. Moyenne de l'été très élevée : 20°,7. Destruction des récoltes et incendies de forêts en Suède et en Danemark. Plus hautes températures observées :

Maestricht, le 2 août................................. 38°,8
Épinal, le 1er juillet................................. 36°,5
Paris, le 1er août................................. 36°,2
Metz, le 3 août................................. 36°,1
Strasbourg................................. 34°,2

1834. — Cette année, sans être remarquable par des chaleurs vives, se distingue par une température moyenne, printanière et estivale, très élevée dans toute la France. La végétation se montra précoce, et il tomba en différents lieux des pluies d'une distribution très favorable aux cultures. On compte à Paris :

Chaleur forte................................. 43 jours.
    — très forte............................ 3 —

La moyenne de l'été, 20°,45, est l'une des plus élevées de ce siècle. La séche-

resse fut très grande en août, et la Seine descendit, le 16 de ce mois, à 0ᵐ,0
au-dessous des basses eaux de 1719. Les maxima de 1834 se sont ainsi répartis

Avignon, le 14 juillet......................	35°,0
Genève, le 18 juillet ....'.....................	34°,5
Liège.. ...	33°,5
Metz, le 12 juillet..	33°,0
Strasbourg..	32°,8
Paris, les 12 et 18 juillet..........................	32°,6

Dans le Midi, la température, modérée par des pluies abondantes, se montr
très douce. La Bourgogne, cette année, est restée célèbre par la qualité supérieur
de son vin. On vendangea dès le 15 septembre. Cette précieuse récolte fut néan
moins médiocre pour la quantité. Il en fut de même dans le Bordelais. Dan
presque toute la France la moisson fut belle.

1836. — L'été de cette année est mémorable par la constitution orageuse du moi
de juin et du commencement de juillet, et le nombre des accidents funestes pro
duits par la chaleur dans le midi de la France. En Danemark, en Russie, en Es
pagne, on a noté aussi des effets remarquables de la température.

La sécheresse était intense au mois d'août ; la Seine descendit à 0ᵐ,30 au-dessou
des basses eaux de 1719. On obtint dans le Midi une récolte moyenne de vin d'un
qualité assez bonne. Les vendanges ne commencèrent en Bourgogne que le 6 oc
tobre. La moisson des céréales fut mauvaise.

1842. — L'été de cette année a été le plus chaud de la première partie de c
siècle, surtout sous le climat de Paris et dans le Nord. Il fut aussi très sec, car i
ne tomba à l'Observatoire que 65 millimètres d'eau, c'est-à-dire 107 de moins qu
dans l'été moyen, et la Seine descendit au-dessous du zéro du pont de la Tour
nelle plusieurs jours en juillet, août, septembre et octobre. On compte pour Paris

Chaleur forte................................	51 jours.
— très forte............................	11 —
— extraordinaire....................... .	4 —

La température moyenne de la saison fut à Paris de 20°,75, c'est-à-dire de
2°.45 supérieure à la moyenne. La température de juin fut supérieure de 3 degrés
à la moyenne, celle d'août de 4 degrés.

Voici le tableau des plus hautes températures observées :

Paris, le 18 août................................	37°,2
Agen, le 4 juillet................	37°,0
Bordeaux, le 16 juillet...........................	34°,8
Toulouse, le 17 juillet...........................	34°,4

Divers accidents produits par la chaleur ont été signalés. Le feu prit aux roues
de plusieurs malles de la poste. A Badajoz, en Espagne, trois laboureurs succom
bèrent le 28 juin ; une dame mourut suffoquée dans une diligence. A Cordoue,
plusieurs moissonneurs périrent asphyxiés, et divers cas de folie furent attribués à
la même cause.

En Bourgogne, la vendange s'ouvrit le 21 septembre ; la récolte du vin fut abon
dante et de première qualité ; mais plus à l'est, dans le Doubs par exemple, la
quantité fut médiocre. Dans le Bordelais, la qualité fut faible. La récolte des
céréales fut médiocre.

1846. — La température de cet été fut très remarquable, et l'on éprouva des chaleurs intenses en France, en Belgique, en Angleterre. On compte, pour Paris :

Chaleur forte................................	48	jours.
— très forte.............................	9	—
— extraordinaire........................	2	—

La moyenne température estivale fut de 20°,6, c'est-à-dire de 2°,3 supérieure à la moyenne générale; la moyenne de Bruxelles fut encore plus élevée, d'après les observations de Quételet, et s'éleva à 21°,1. On a observé à Toulouse, 40°,0 ; à Quimper, 38°,0 ; à Rouen, 36°,8 ; à Paris, 36°,5.

Des accidents ont été signalés en Bretagne. A Beuzec, une petite fille, laissée imprudemment exposée au soleil, mourut en quelques minutes. La température de juin fut également excessive à Toulouse, Toulon et Bordeaux. Dans les Landes, on obtint une seconde récolte de seigle. Aux environs de Niort, au commencement de juillet, trois laboureurs expirèrent sur leur sillon.

Les vendanges s'ouvrirent en Bourgogne le 14 septembre : on n'ob-

Fig. 178. — La vendange.

tint qu'une demi-récolte, mais de qualité très supérieure. La récolte des céréales fut très médiocre.

1849. — On éprouva des chaleurs très fortes dans le Midi. Le maximum d'Orange (41°,4 le 9 juillet) est la température à l'ombre la plus élevée qui ait été encore constatée en France. A Toulouse, le 23 juin, le thermomètre a marqué 37°,6.

1852. — L'été a été remarquable en Russie, en Angleterre, en Hollande, en Belgique, en France. On compte, pour Paris :

Chaleur forte.......	30	jours.
— très forte.............................	6	—
— extraordinaire......................	1	—

La moyenne estivale fut, à Paris, de 19°,3, de 1 degré plus élevée que la moyenne générale. La moyenne de juillet fut de 22°,5, de 3 degrés plus forte que la moyenne de ce mois; on éprouva une succession insolite de chaleurs vives : le

9 juillet, 31°,1 ; le 10, 33°,5; le 11, 31°,0; le 12, 32°,5; le 13, 33°,8; le 14, 34°,2; le 15. 34°,2; le 16, 35°,1.

Les plus hautes températures se sont ainsi distribuées en Europe :

Constantinople, le 27 juillet.........................	38°,5
Rouen, le 5 juillet................................	36°,1
Versailles, le 16 juillet............................	35°,7
Orange, le 25 août................................	35°,3
Dunkerque, le 7 juillet............................	35°,2
Paris, le 16 juillet................................	35°,1
Verviers, le 18 juillet.............................	35°,1
Londres, le 12 juillet..............................	35°,0

A Amsterdam, un thermomètre exposé à la réverbération monta, le 12 juillet, à 39 degrés. A Alphen, près de Leyde, deux paysans, asphyxiés par la chaleur, furent trouvés morts dans un champ ; à Alkenaer, un chauffeur de machine à vapeur fut frappé d'aliénation mentale, après une congestion produite par l'insolation. Dans le centre de la France, le thermomètre resta plus de dix jours au-dessus de 30 degrés. Beaucoup d'animaux domestiques succombèrent au travail. A Madrid, on souffrit beaucoup de la chaleur. A Thourout, en Belgique, le 11 août, on vit tomber une grêle désastreuse. Beaucoup de grêlons pesaient 75 grammes et avaient de 7 à 8 centimètres de diamètre.

En France, la moisson eut lieu généralement un peu après la mi-juillet, et fut satisfaisante pour la quantité. En revanche, la vendange ne commença que dans les premiers jours d'octobre; la récolte du vin se montra faible dans beaucoup de vignobles et de mauvaise qualité.

1857. — L'été de 1857 fut plus chaud que la moyenne en France et présenta presque partout des chaleurs intenses en juillet et août. La moyenne estivale fut, d'après les observations de l'Observatoire de Paris, de 19°,38.

Voici les plus hautes températures observées :

Montpellier, le 29 juillet...........................	38°,6
Orange, le 18 juillet...............................	38°,3
Les Mesneux, le 4 août............................	37°,0
Toulouse, le 27 juillet.............................	36°,8
Clermont, les 14 et 15 juillet, et le 3 août............	36°,8
Blois, en août....................................	36°,5
Paris, le 4 août...................................	36°,2
Metz..	35°,6

Il y a eu trois courants distincts de chaleurs estivales. Le premier passe le 27 juin sur les stations les plus élevées et sur les plus méridionales de la France, et parvient, le 28, à notre frontière septentrionale; le second parcourt le nord-ouest du 14 au 16 juillet, le troisième, et le plus intense, à marche lente et successive, s'étend du midi au nord dans l'intervalle compris entre le 27 juillet et le 4 août.

Cet été fut d'une sécheresse extraordinaire dans la plus grande partie de la France; heureusement, dans le milieu d'août, il tomba sur un grand nombre de points de petites pluies bienfaisantes. La Seine à Paris est restée au-dessous du zéro de l'échelle du pont de la Tournelle pendant plusieurs jours, en juillet, août et septembre. En Bourgogne, on a commencé à vendanger le 16 septembre, et la récolte a été passable en quantité et bonne en qualité. Les céréales ont offert, en général, une bonne moyenne.

1858. — Cet été est signalé par une grande sécheresse et des chaleurs prolongées, plutôt qu'intenses, dans l'Angleterre, la Belgique, le centre de la France, une partie du midi et de l'Algérie. Il a été moins chaud dans le Nord que celui de 1857 et plus chaud dans le Midi.

Les chaleurs les plus remarquables se sont produites en France du 13 au 20 juin ; elles se sont fait sentir le 13 sur les stations élevées, ont atteint leur maximum le 15 dans un grand nombre de points, depuis Lille jusqu'à Bordeaux, et du 19 au 20 ont acquis une intensité extrême dans les alentours de Montpellier. Du 14 au 16 juillet et du 12 au 18 août il s'est encore produit des maxima élevés, quoique moins forts que ceux de juin, à l'exception du Var, de Vaucluse et de la Haute-Garonne, qui ont eu leur plus haute température en juillet. Voici le tableau de la répartition des maxima extrêmes :

Montpellier, le 20 juin..........................	38°,0
Orange, le 19 juillet........	38°,3
Vendôme, le 15 juin........................	36°,1
Tours, juin...................................	36°,0
Clermont....................................	35°,8
Lille, le 15 juin..............................	35°,5
Londres, le 16 juin...........................	34°,9
Paris, le 3 juin..............................	32°,0

La sécheresse a été très grande dans presque toute la France pendant le printemps et la moitié de l'été. La moisson, terminée le 1ᵉʳ juillet dans une grande partie du Midi et le 1ᵉʳ août dans le Nord, a donné une récolte moyenne pour la quantité, assez belle pour la qualité. Les vendanges, commencées en Bourgogne le 18 septembre, ont donné une récolte remarquable, tant pour la quantité que pour la qualité.

1865. — Les températures moyennes mensuelles, observées à l'Observatoire de Paris, ont été les suivantes :

Juin...........	17°,88	Août.........	17°,72
Juillet........	19°,85	Septembre....	19°,22

La chaleur extrême à Paris a été de 33°,3 le 6 juillet. La moyenne des trois mois d'été est de 18°,5. En ajoutant septembre, la moyenne des quatre mois est de 18°,6 ; durée rare. La moyenne de l'année est 11°,44, et dépasse par conséquent la moyenne ordinaire de 0°,66.

Le mois de janvier a été relativement chaud. En avril, à partir du 4, le temps a été exceptionnellement beau et le thermomètre très élevé, car dès le 8 la température égalait celle de juin. En mai et juin, le thermomètre est resté élevé au-dessus de la normale. Juillet et août ont été frais. En septembre la température s'élève plus haut qu'en août. Octobre et novembre sont chauds.

Les plus hautes températures observées en France ont été :

Nîmes, le 5 juillet............................	37°,9
Nice, le 10 juillet.............................	35°,3
Perpignan, le 4 juillet.........................	35°,2
Aix, le 28 août................................	34°,7
Montpellier, le 26 juillet.......................	34°,0

1868. — Les températures moyennes mensuelles observées à l'Observatoire de Paris ont été les suivantes :

Juin............	18°,0	Août..........	18°,7
Juillet..........	21°,0	Septembre.....	17°,6

La température maximum à Paris a été de 34 degrés le 22 juillet, à l'Observatoire. La moyenne des trois mois d'été est de 19°,4. Cet été fait époque dans les annales de la météorologie par son élévation thermométrique et son ensemble de circonstances favorables aux récoltes sous le double rapport de la quantité et de la qualité. La moyenne des températures de mai, juin et juillet atteignit un chiffre singulièrement élevé dans le Midi. Ainsi, à Tours, la moyenne de mai est 18°,4 ; de juin, 19°,8 ; de juillet, 21°,8. A Paris, la moyenne de mai a été de 17°,9.

Les plus hautes températures observées en France ont été :

Nimes, le 20 juillet................................	41°,4
Perpignan, le 25 juillet............................	37°,2
Draguignan, le 24 juillet...........................	36°,9
Montauban, le 20 juillet............................	36°,7
Toulouse, le 19 juillet.............................	35°,0
Montpellier, le 20 juillet..........................	34°,6
Aix, le 20 juillet..................................	34°,0

Le thermomètre était monté plus haut en 1859, sans donner une telle moyenne. Celle-ci a été due moins à la hauteur des maxima diurnes qu'à celle des minima nocturnes. En effet, malgré la sérénité presque constante des nuits, le refroidissement causé par le rayonnement nocturne n'a jamais été très marqué. Presque toujours, peu avant le lever du soleil, une brume légère, indice d'un état hygrométrique assez élevé, venait recouvrir le sol, humecter les plantes et tempérer les effets de la vive insolation des jours. La vapeur d'eau entravait les effets du rayonnement nocturne, si énergique même dans les régions tropicales, quand il s'exerce à travers un air dépouillé d'humidité.

Cet été remarquable a influé sur la température à 1 mètre de profondeur. Pendant les étés de 1864, 65, 66 et 67, la chaleur à 1 mètre avait été marquée par 14°,29, 14°,66, 14°,3 et 14°,17. En 1868, cette chaleur a été de 15°,90, presque 16 degrés.

1870. — Été aussi chaud que celui de 1868, suivi d'un hiver très froid, marqués l'un et l'autre par l'acte de folie des deux peuples qui passent, avec raison sans doute, pour les plus intelligents du globe. La température moyenne du mois de juillet a été de 21°,2 à l'Observatoire de Paris (la moyenne normale est de 19°,2). Ce mois a été très chaud sur la France entière et l'Allemagne. Vin d'excellente qualité, analogue à celui de 1868.

1874. — Été très chaud. Le thermomètre a atteint à Paris le point le plus élevé qu'on y ait jamais observé (38°,4 à l'Observatoire de Montsouris, le 9 juillet), et la moyenne de ce mois a été de 21°,5. Le maximum de l'année à l'Observatoire a été de 35°,3, le 9 juillet également. Chaleurs intenses et nombreux orages dans la France entière. Vin excellent, supérieur à celui de 1868 et 1870.

1876. — Juillet et août très chauds, température moyenne 20°,6 et 20°,2 ; les 13 et 17 août, le thermomètre de l'Observatoire de Montsouris a atteint 36 degrés. Le 13 août, 33°,6 à l'Observatoire de Paris.

1881. — Juillet très chaud. Le thermomètre a atteint 37°,2 le 19 juillet, à l'Observatoire de Montsouris et 37°,0 à l'Observatoire de Paris ; la température moyenne de juillet a été de 20°,6, mais les chaleurs n'ont pas duré : les températures de juin et août sont au-dessous de la moyenne. Le 29 juillet, au milieu de cette longue période de chaleur accablante dont tout le monde a souffert, M. Plumandon, météorologiste à l'Observatoire du Puy de Dôme, a exposé un thermomètre à 10 centimètres au-dessus d'un sol gazonné. Ce thermomètre a atteint 38 degrés (à l'ombre) vers trois heures du soir ; la nuit suivante il descendit à 2°,3 au-dessous de zéro et remonta le lendemain à 34 degrés.

Tels sont les *étés mémorables* de ce siècle.

Voici maintenant les plus hautes températures de l'air (*à l'ombre* et au nord) observées en France depuis qu'on les constate scientifiquement par le thermomètre. J'ai relevé toutes celles qui ont atteint au moins 37 degrés[1]. Les villes sont inscrites ici en allant du nord au sud.

Lieux.	Latitude.	Longitude.	Altitude.	Dates.		Maxima extrêmes.
Saint-Omer........	50°45′	0° 5′ E	23ᵐ	10 août	1777	37°,5
Cambrai..........	50°11′	0°54′ E	54	4 août	1783	37°,5
Rouen............	49°26′	1°15′ W[2]	30	18 août	1800	38°,0
Metz.............	49° 7′	3°50′ E	182	4 août	1781	38°,1
Montmorency......	49° 0′	0° 2′ E	143	18 août	1800	37°,0
Paris (Observatoire).	48° 50′	0° 0′	65	26 août	1765	40°,0
				14 août	1773	39°,4
				19 août 1763		39°,0
				5 et 6 août 1705		
				16 juillet 1782		38°,7
				8 juillet 1793		38°,4
				10 juillet 1766		37°,8
				18 août 1842		37°,0
				et 19 juillet 1881		
Paris (Montsouris)..	48°49′	0° 0′	77	9 juillet 1874		38°,4
				19 juillet 1881		37°,2
Haguenau........	48°48′	5°25′ E	134	16 juillet 1782		39°,4
Nancy...........	48°42′	3°51′ E	200	26 juillet 1782		37°,6
Chartres........	48°27′	0°51′ W	158	16 juillet 1793		38°,1
Quimper.........	48° 0′	6°26′ W	6	19 juin 1846		38°,0
Montargis........	48° 0′	0°23′ E	116	1777 et 1778		37°,5
Angers..........	47°28′	2°54′ W	47	17 juillet 1784		38°,0
Tours...........	47°24′	1°39′ W	55	août 1840		38°,0
Nantes..........	47°13′	3°53′ W	44	18 août 1800		38°,8
Chinon..........	47°10′	2° 6′ W	82	21 juillet 1783		38°,1
Seurre (Côte-d'Or)..	47° 1′	2°48′ E	150	6 juillet 1783		39°,0
Nozeroy..........	46°47′	3°42′ W	150	juillet 1787		37°,5
Poitiers.........	46°34′	2° 0′ W	118	24 juillet 1870		41°,2
Luçon...........	46°27′	3°30′ W	81	21 juillet 1777		38°,8
La Rochelle......	46° 9′	3°30′ W	25	4 et 5 juill. 1836		39°,0

1. Voy. à l'Appendice le tableau des températures les plus hautes constatées à l'Observatoire de Paris chaque année depuis 1700.

2. On est convenu de désigner l'Ouest par la lettre W pour les diverses langues de l'Europe, la lettre O étant en quelques langues l'initiale d'Est, et pouvant être, d'autre part, confondue avec zéro (0).

Lieux.	Latitude.	Longitude.	Altitude.	Dates.	Maxima extrêmes.
Saint-Jean-d'Angely	45°57'	2°52' W	24	juillet 1787	37°,5
Limoges..........	45°50'	1° 5' W	287	23, 24, 25 juillet 1800	37°,5
Valence..........	44°56'	2°33' E	128	11 juillet 1793	40°,0
Bordeaux	44°50'	2°55' W	18	6 août 1800	38°,8
Joyeuse (Ardèche)..	44°32'	2° 0' E	147	23 juin 1822	37°,3
Agen............	44°12'	1°43' W	43	4 juillet 1842	37°,0
Orange	44° 8'	2°28' E	46	9 juillet 1849	41°,4
Avignon..........	43°57'	2°28' E	36	14 août 1802 / 16 août 1803	38°,1
Nîmes	43°51'	2° 1' E	114	20 juillet 1868	41°,4
Manosque........	43°49'	3°35' E	400	18 juillet 1782	38°,8
Arles............	43°41'	2°18' E	17	20 août 1806	37°,5
Toulouse........	43°37'	0°54' W	198	30 et 31 j. 1753 / 7 juillet 1846	73°,7 / 40°,0
Montpellier........	43°37'	1°32' E	30	29 juillet 1857	38°,6
Béziers..........	43°21'	0°52' E	77	juillet 1847	37°,0
Sorèze (Tarn)......	43°19'	0°13' W	500	12 juillet 1824	37°,5
Pau	43 18'	2°43' W	205	4 août 1838	38°,8
Perpignan........	41°42'	0°34' W	42	29 juillet 1857	38°,6

Les plus fortes températures *de l'air* observées à l'ombre et à l'abri de tout reflet s'élèvent à 41°,4 pour la France (Orange, le 9 juillet 1849, et Nîmes, le
20 juillet 1868) ; à 35°,6 pour les Iles Britanniques ; à 38°,8 pour la Hollande et la
Belgique ; à 37°,5 pour le Danemark, la Suède et la Norvège ; à 38°,8 pour la
Russie ; à 39°,4 pour l'Allemagne ; à 40°,6 pour la Grèce ; à 42 degrés pour l'Italie ;
à 39 degrés pour l'Espagne et le Portugal. Quant aux contrées qui n'appartiennent
pas à l'Europe, les plus hautes températures ont été :

A Tunis, de.................................... 44°,7
A Manille, de................................... 45°,3
En Nubie, de................................... 46°,2
A Aïn-Dize (Égypte), de. .... 46°,7
A Esné (Afrique), de.............................. 47°,4
A Bagdad (Asie), de.............................. 48°,9
Près de Suez, de................................ 52°,5
Près du port Macquarie (Archipel), de.............. 53°,9
Près de Syène (Afrique), de....................... 54°,0
A Mursouk (Afrique), de........................... 56°,2

Dans l'Asie centrale, entre Merv et Samarcande, en traversant le désert du
Mourghab, au mois de juillet 1886, MM. Capus et Bonvalet ont vu leurs thermomètres s'élever jusqu'à 46 degrés à l'ombre. « Lorsque le thermomètre marquait
37 ou 38 degrés, écrivent-ils, nous éprouvions une sensation de fraîcheur. »

Ce sont là les maxima des températures de *l'air*, prises à l'ombre par conséquent. L'action directe du soleil est beaucoup plus considérable. Pour n'en choisir
que quelques types, nous avons vu plus haut (p. 396) que dans nos climats même
des métaux, du plomb, exposés à l'ardent soleil du solstice, peuvent atteindre
la température de 65 et même 68 degrés. Dans son voyage en Abyssinie, M. d'Ab-
badie a observé, dans des vallées qui étaient de véritables fournaises, 70 degrés
à la surface du sol, et les colonels d'état-major Ferret et Galinier, jusqu'à 75 degrés!
(Voyez aussi le chap. VII, *Climats*.)

Une dernière remarque à propos de toutes ces données.

Les météorologistes ont l'habitude de constater la température de l'air à l'ombre et non la température au soleil. Ce n'est pas suffisant. L'influence du Soleil sur la nature doit être mesurée entièrement, et non pas à moitié. Les plantes, n'ayant pas l'habitude de porter des parasols, reçoivent directement et sans correction les rayons du Soleil. Les extrêmes de température doivent donc être pris entre les températures glaciales observées sans abri du vent et aussi bas qu'elles peuvent descendre en réalité, et les températures torrides observées également telles qu'elles existent en plein soleil d'été.

D'ailleurs, un thermomètre à l'ombre peut donner toutes les températures imaginables, suivant le vent auquel il est exposé, le rayonnement du sol ou des édifices, et mille causes qui en certaines circonstances peuvent presque l'élever jusqu'à la température qu'il acquerrait en plein soleil en rase campagne. Ce n'est donc pas là l'influence exacte du soleil, quoique ce soit *la température de l'air*. Il est étonnant qu'on n'ait pas pris soin de faire en même temps des mesures comparatives permanentes, en toute saison, au soleil et à l'ombre. Comme la chaleur absorbée par les différents corps est d'ailleurs très variable elle-même, on pourrait, pour se rapprocher de la condition des plantes, colorier en vert l'un des thermomètres au soleil.

De telles constatations auraient leur importance en météorologie, et quant à nous, nous prenons toujours soin d'en tenir compte.

Devant de pareilles élévations de température, on peut se demander jusqu'à quel point l'organisme humain peut apporter une résistance qui ne le mette pas en danger de mort immédiate. La température moyenne du corps humain est de 37 degrés (on l'obtient facilement en plaçant la boule d'un thermomètre sous la langue). Celle des oiseaux est plus élevée et atteint 44 degrés dans certaines espèces. Celle des poissons est la plus basse et descend jusqu'à 14 degrés. Les êtres vivants semblent se soustraire aux lois générales de la chaleur, en ce qu'ils ne sont presque jamais à la température ambiante.

Il y a sur la Terre un grand nombre de lieux habités dans lesquels le thermomètre, à l'ombre et à l'exposition du nord, s'élève à plusieurs degrés au-dessus de la température du sang. C'est donc à tort qu'on supposait anciennement que l'homme était suffoqué dès qu'il se trouvait dans une atmosphère plus chaude que son corps. Il n'existe aucune expérience d'où l'on puisse déduire quel est le dernier terme d'une température *habituelle* que nous puissions supporter : on sait seulement que ce terme est extraordinairement élevé quand l'épreuve ne dure qu'un petit nombre de minutes [1].

1. Tillet rapporte, dans les *Mémoires de l'Académie* pour 1764, que les filles de service attachées au four banal de La Rochefoucauld restaient habituellement dix minutes dans ce four, sans trop souffrir, quand la température y était de 132 degrés centigrades, c'est-à-dire supérieure de 32 degrés à la température de l'eau bouillante. Au moment d'une des expériences, il y avait autour de la fille de service des pommes et de la viande de boucherie qui cuisaient.

En 1774, Fordyce, Banks, Solander, Blagden, Dundas, Home, Nooth, lord Seaforth et le capitaine

À propos des saisons, on se demande souvent si elles changent d'année en année, de siècle en siècle, et l'opinion générale paraît être, au moins pour nos climats, que les printemps et les étés sont moins chauds qu'autrefois et les hivers moins froids. Le thermomètre nous a répondu plus haut que la température du mois de mai diminue sensiblement, mais que la température moyenne de l'année tendrait plutôt à augmenter. Si l'on embrasse un ensemble de cinquante, soixante ans ou davantage, on croit remarquer, notamment à propos de la limite de la culture de la vigne, une diminution actuelle de la valeur climatologique. Cependant, si l'on considère une plus longue période, si l'on compare, par exemple, les premiers siècles de l'histoire de France à l'époque actuelle, on ne constate pas de différence sensible. Ainsi, par exemple, l'empereur Julien, dit l'Apostat, aimait beaucoup, comme on le sait, habiter Paris, et il y fit, en effet, de longs séjours vers l'an 360 de notre ère. Eh bien, l'empereur philosophe décrit dans son *Misopogon* des impressions analogues à celles que nous éprouvons aujourd'hui, et les vignes des environs de Paris y donnaient à peu près le même vin que de nos jours. Il semblerait, d'après les anciens costumes des Romains et même des Gaulois, que le climat devait être moins rude, surtout en ce qui concerne la température de l'hiver. Or il n'en est rien. Julien, qui passa plusieurs hivers dans son palais des Thermes, près de sa « chère Lutèce », comme il l'appelait, et qui ne voulait pas qu'on fît de feu dans sa chambre, raconte qu'il

Phipps entrèrent dans une chambre où la température était de 128 degrés et y restèrent huit minutes. Leur température naturelle s'accrut légèrement. Dans la même chambre, à côté des observateurs, des œufs devinrent durs, un bifteck cuisit, et l'eau entra en ébullition.

On a vu à Paris, en 1828, un homme entrer dans un four d'un mètre de hauteur, et dans lequel un thermomètre placé vers la partie supérieure marquait 137 degrés; il y resta cinq minutes; il était couvert d'abord d'un léger vêtement de coton, ensuite d'un vêtement de laine rouge, épais, doublé de toile, et par-dessus d'une sorte de carrick en laine blanche également doublé; il portait sur la tête un capuchon de pénitent en laine blanche doublée (Arago, VIII, p. 514).

On peut endurer avec la main une température

De 47°,0 dans le mercure;   De 54°,0 dans l'huile;
De 50°,5 dans l'eau;   Et de 54°,5 dans l'alcool.

On s'est assuré, par expérience, que quelques personnes boivent habituellement le café à la température de 55 degrés centigrades.

Newton a donné 42 degrés centigrades comme la plus forte chaleur d'un bain d'eau où l'on puisse tenir la main en la remuant. Il s'assura que si la main reste immobile, on peut aller à 8 degrés au delà ou à 50 degrés centigrades.

Le médecin Carrère rapporte qu'un homme robuste ne put pas rester plus de trois minutes dans un bain d'eau thermale du Roussillon dont la température était de 50 degrés centigrades.

Le docteur Berger fixe à 42 degrés centigrades la chaleur d'un bain d'eau pure qu'on ne peut endurer sans en être incommodé, sans que le pouls s'accélère d'une manière inquiétante.

Cependant et comme bouquet de ces tours de force, le maréchal Marmont, duc de Raguse, certifia à Arago qu'il avait vu à Broussa, en compagnie d'un médecin autrichien, le docteur Jeng, un Turc se baigner dans un bain d'eau de 78 degrés!

fut bien surpris un beau matin de voir la Seine arrêtée dans son cours
et l'eau métamorphosée en blocs de marbre. Il y avait donc à cette

La chaleur solaire brûle et torréfie.

époque, comme maintenant, des hivers assez rudes pour geler les
fleuves. Le climat n'a pas changé, mais les hommes d'aujourd'hui ont
l'épiderme plus sensible que leurs rudes aïeux.

CHAPITRE VI

L'AUTOMNE — L'HIVER

LA TERRE VÉGÉTALE. — LA NUTRITION DES PLANTES. — PAYSAGES D'AUTOMNE ET D'HIVER. — LE FROID. — LA NEIGE. — LA GLACE. — LE GIVRE, LE GRÉSIL, ETC.

LES HIVERS MÉMORABLES. — LES PLUS BASSES TEMPÉRATURES OBSERVÉES.

Auguste Comte avait émis l'idée de réunir toutes les forces dont le genre humain peut disposer et d'essayer de redresser l'axe du monde. Milton raconte qu'avant la faute d'Adam (et d'Ève) l'axe de rotation du globe était perpendiculaire sur l'écliptique, si bien qu'il n'y avait pas de saisons et que la Terre jouissait d'un printemps perpétuel; mais qu'après la pomme Jéhovah se fâcha et envoya un ange robuste, qui lança un tel coup de pied à notre pauvre planète, que son axe s'inclina de 23 degrés. C'est depuis ce temps-là qu'elle pirouette gauchement et subit tour à tour les ardeurs de l'été et les rigueurs de l'hiver. Sans doute, si la Terre n'avait pas ces saisons si disparates qui donnent à l'intelligence humaine une si mauvaise hospitalité, l'organisation de la nature animée aurait été faite par des forces moins rudes, et nous jouirions d'un état harmonique plus uniforme. Ce serait une condition d'habitabilité supérieure à la nôtre. Mais l'axe est incliné! il l'était avant la création de l'homme, il l'a toujours été, et il le sera toujours, de sorte qu'il n'y a pas eu et qu'il n'y aura pas vraiment d'âge d'or sur cette terre. Par suite de cette inclinaison, les organismes végétaux et animaux ont été successivement constitués pour vivre dans le milieu ambiant, moins délicats, moins sensibles, moins élevés qu'ils ne l'eussent été dans une condition supérieure. Mais, tels qu'ils sont, ils se trouvent par leur nature même en correspondance avec le régime terrestre, de telle sorte que si tout d'un coup l'axe venait à se redresser, le printemps perpétuel que nous aurions en perspective serait funeste pour la vie attribuée à la Terre, et que nous regretterions fort nos anciennes saisons et même nos hivers.

En effet, l'automne et l'hiver ne sont pas moins indispensables à la vie terrestre que le printemps et l'été. Après nous avoir donné ses fleurs et ses fruits, la Terre réclame le repos, le calme, le silence, et son sein n'est intarissable qu'à la condition d'être régénéré périodiquement. L'automne est la saison de passage entre la chaleur et le froid, passage qui, tout en s'opérant graduellement suivant l'inclinaison croissante de notre horizon jusqu'au solstice d'hiver, est toutefois traversé par des chocs météorologiques provenant des bourrasques, des vents, des glaces formées sous les hautes latitudes, de variations qui en définitive constituent les conditions de la vie de la planète. À l'époque de l'inclinaison la plus oblique du soleil et des jours les plus courts, la Terre, de plus en plus refroidie, semble tomber lentement dans les glaces de la mort. Mais la surface seule subit le dépouillement et cette dispersion glaciale : nous avons vu qu'à quelques mètres de profondeur l'hiver est l'époque la plus chaude, et que plus bas la couche terrestre jouit d'une température uniforme, égale à la moyenne du lieu.

Fructidor, Vendémiaire, Brumaire nous présentent la nature sous son aspect sérieux et sévère. La verdure uniforme du printemps et de l'été a fait place à la diversité des nuances qui précède la chute des feuilles. Les paysages sont plus modelés, les tons des nuages, comme ceux des bois, sont plus chauds et plus fixes, comme si, avant de s'éteindre, la nature voulait affirmer aux yeux de l'homme sa grandeur et son éternité. On n'entend plus les joyeuses chansons de l'oiseau bâtissant son nid dans les buissons et sur les branches; on ne respire plus les parfums légers et délicats des fleurs de mai; c'est une époque solennelle qui s'annonce dans l'Atmosphère, car la Terre, en s'inclinant de plus en plus sous les rayons du Soleil, semble se recueillir dans le sentiment de son individualité personnelle. Les broderies végétales de la lumière et de la chaleur se dissolvent et tombent, le vent souffle et emporte les feuilles, les fruits sont cueillis, depuis les produits du verger créé par la civilisation jusqu'à ceux de la vigne : Pomone a remplacé Cérès et Flore, et l'industrie humaine affirme chaque année son œuvre la plus ancienne et la plus constante en appelant l'homme dans les habitations confortables sous lesquelles il est à l'abri des intempéries de l'automne et de l'hiver, et peut vivre pendant cette rude époque au milieu des travaux de l'esprit humain, rassemblés grâce à l'invention de l'imprimerie; au milieu des douces affections de l'intérieur et de la fraternité des âmes qu'il a choisies. Frimaire, Pluviôse, Nivôse exercent une concentration physique sur le moral de l'homme bien différente de l'expansion due aux lumineuses et chaudes journées du printemps et de l'été; modelés sur la nature terrestre, nous subissons souvent à notre insu son influence variable, laquelle devrait toujours tourner à notre avantage si nous menions une vie intellectuelle et harmonique. Chaque saison peut donner à l'esprit comme au corps une salutaire variation d'activité, et, malgré les 23 degrés d'inclinaison de l'axe, cette planète pourrait être d'un séjour agréable, si nous étions quelque peu *spirituels*. Mais non : au lieu d'être tout simplement calmes et heureux, nous passons notre éphémère existence à nous battre mutuellement, par toutes les armes imaginables, depuis les propos de l'envie et de la jalousie jusqu'au fusil et au canon des guerres internationales et civiles.

Nous avons vu comment l'obliquité croissante des rayons solaires amène le refroidissement de notre hémisphère et forme les saisons d'automne et d'hiver. Nous verrons plus loin comment les pluies ajoutent leur office à celui de la chaleur et du vent pour ameublir la terre et la rendre propre à la végétation. La terre végétale n'est pas, comme les terrains géologiques, un simple produit du monde minéral : elle doit, au contraire, son existence au monde atmosphérique. L'*humus*, qui constitue l'élément fondamental et indispensable de la terre végétale, est un produit de la force organique, une combinaison de carbone, d'hydrogène, d'azote et d'oxygène que l'industrie ne parvient que difficilement à reconstituer par les engrais minéraux. L'humus donne la nourriture aux corps organisés; sans lui il ne saurait y avoir de vie individuelle, tout au moins pour les animaux et les plantes d'ordre supérieur : ainsi la mort et la destruction sont nécessaires à l'alimentation et à la reproduction d'une nouvelle vie. Nous n'avons qu'à observer les progrès de la végétation sur les rochers nus pour étudier l'histoire de la terre arable depuis le commencement du monde. D'abord, il s'y forme des lichens et des mousses, dans la décomposition desquels des plantes plus parfaites trouvent leur nourriture. Celles-ci, à leur tour, augmentent la masse du terreau, et insensiblement il s'y forme une couche d'humus, qui peut alimenter les arbres les plus vigoureux.

L'automne, en répandant à la surface de la Terre les dépouilles des bois, les débris de la végétation dont les coteaux et les plaines étaient enrichis aux beaux jours du soleil, et en arrosant le sol par ses pluies multipliées, l'hiver, en ensevelissant les campagnes endormies sous son immense couverture de neige, préparent l'un et l'autre les conditions de la vie nouvelle qui doit ressusciter au printemps. Sans l'air, les plantes ne respireraient pas et ne sauraient exister, même les plus inférieures. Sans l'air, la surface du sol ne pourrait recevoir le moindre tapis de mousse, ni le plus léger humus végétal : la terre serait partout abrupte, stérile et dénudée. Sans l'air, les nuages ne sauraient se former, ni se tenir suspendus au-dessus des campagnes. Sans l'air, il n'y aurait ni pluies, ni eau, ni humidité, ni vent, ni circulation.

L'atmosphère s'affirme, de quelque côté qu'on l'étudie, comme la condition suprême et comme l'organisatrice permanente de la double vie végétale et animale qui fonctionne sur cette planète. Les saisons modifient constamment le sol géologique lui-même. Pour l'observateur superficiel, il semble que les roches et les substances minérales soient absolument indestructibles, qu'elles représentent pour ainsi dire le type de la stabilité et de la durée. Mais un instant d'attention suffit pour nous montrer que les roches se détruisent sans cesse, et que toute substance minérale exposée à l'air et à la pluie est forcément vouée à la destruction. L'air, par son humidité, son acide carbonique et son oxygène, exerce sur les roches une puissance d'altération vraiment extraordinaire. Aucun rocher ne résiste à son influence : calcaire et basalte, granit et porphyre, rien n'est à l'abri de l'attaque chimique de l'Atmosphère et de l'eau. Ce que les poètes et les rhéteurs appellent *la main du temps* n'est autre chose que cette action chimique s'exerçant pendant un long intervalle. Les alternatives de chaleur et de froid sont de puissants auxiliaires de l'air dans cette œuvre de destruction. Le froid brise en fragments, par suite de la congélation de l'eau qui les a pénétrées, les pierres que l'action de l'air doit ensuite décomposer : c'est une division mécanique qui prépare et facilite une décomposition chimique.

Le calcaire avec lequel on bâtit les maisons de Paris subit une désagrégation lente, qui le fait tomber en poussière. Le peuple attribue cette altération à l'astre des nuits ; il dit que *la Lune mange les pierres*. — Le savant hydraulicien Bélidor fait à ce propos la consolante remarque que, les actions étant réciproques et la Terre étant bien plus grosse que la Lune, elle doit lui en manger bien davantage!

Ainsi, de nos jours et sous nos yeux, l'action combinée de l'eau et de l'Atmosphère produit, en agissant sur les roches qui composent les montagnes, des éboulements, des chutes de terrains, etc., aussi désastreux quelquefois que les tremblements de terre ou les éruptions volcaniques.

Les montagnes se détruisent sans cesse. La gelée fend et divise les roches, l'air les décompose, l'eau les lave et les emporte. C'est un nivellement général opéré par les seules forces de la nature. Si la Terre durait assez longtemps et n'avait plus de ces mouvements qui élèvent des reliefs à sa surface, et si l'eau des pluies ne s'infiltrait pas quelque peu dans les roches profondes, les montagnes finiraient par s'user, les vallées et la mer par s'exhausser; si bien que l'eau de l'océan, débordant petit à petit, finirait par s'étendre sur toute la surface du globe, avec deux cents mètres d'épaisseur, — couche suffisante pour noyer le genre humain et ses œuvres.

Ainsi l'air, soit directement par son action lente, soit par l'intermédiaire des végétaux et des animaux, modifie constamment la surface de notre planète. Aujourd'hui c'est la mince couche de terre arable qui constitue pour nous la plus grande richesse de la terre. Cette couche est extrêmement mince, et dans la plupart des pays n'atteint guère plus d'un pied d'épaisseur. La culture dépend à la fois de sa composition chimique, de l'engrais par lequel on l'enrichit et du sous-sol sur lequel elle repose. Ce sous-sol n'est pas insignifiant, car, suivant qu'il est argileux, sablonneux ou calcaire, la pluie agit en des proportions plus ou moins favorables. On peut remarquer facilement la mince épaisseur de la terre végétale par les nombreuses tranchées que l'industrie des chemins de fer a opérées un peu partout, surtout lorsque ces tranchées sont faites dans la craie blanche (comme par exemple au sud de Paris, au chemin de fer de Sceaux, de Montsouris à Arcueil, où la terre grise de la surface n'est qu'un tapis de quelques décimètres d'épaisseur).

Les substances fondamentales sont, outre l'azote, l'acide phosphorique, la potasse, la chaux, la silice et la magnésie. La silice existe généralement en quantité considérable dans les terres labourables; la magnésie ne manque presque jamais; la chaux leur fait rarement défaut et peut rentrer dans la classe des amendements.

Il ne suffit pas qu'une terre contienne de l'azote, de l'acide phospho-

Eng. Ciceri pinxt.   Krakow. sc. imp.

PAYSAGE D'HIVER

Hachette et Cie.

rique, de la potasse assimilables : elle doit les renfermer en quantités ayant entre elles des rapports déterminés. Toute insuffisance de l'une d'entre elles rend inutile ou nuisible l'excédent des deux autres. De là l'avantage énorme des engrais chimiques dits *complémentaires*.

Où les plantes puisent-elles leur azote? Dans l'air, sans doute, mais comment?

Les pluies, brouillards et rosées peuvent donner annuellement au sol de 10 à 15 kilogrammes d'azote ammoniacal ou nitrique par hectare : c'est peu, et l'évaporation ou les eaux d'infiltration peuvent en emporter beaucoup plus. L'ammoniaque existe normalement dans l'air ; les plantes peuvent l'y prendre comme l'acide carbonique. Le gain d'azote qui en résulte est encore inconnu ; il varie sans doute d'une plante à l'autre, mais il est impossible de le chiffrer dans l'état actuel de la Science.

M. Berthelot vient de jeter sur cette question, jusque-là restée très obscure, une lumière assez inattendue. Après avoir établi que, sous l'influence des actions électriques de l'air, l'azote libre est fixé par les matières organiques, il a montré (1885) que, même en l'absence de ces matières, l'azote de l'air est fixé sur l'argile des terres en proportions au moins aussi grandes que celles que les récoltes enlèvent au sol.

C'est là un fait important[1].

Les saisons, dont la valeur astronomique est due à la translation de la planète inclinée autour du Soleil relativement immobile, et dont l'œuvre météorologique est due à l'existence et à la nature de l'Atmosphère, les saisons, disons-nous, se succèdent comme nous l'avons analysé pour l'entretien de la vie terrestre. Nous arrivons à la dernière, à l'hiver, sombre, froid et glacé. Prenons une juste idée des météores qui le caractérisent.

1. Poids des substances minérales contenues dans un kilogramme :

	de grain.	de paille.	DE BLÉ	
			en tuyaux.	en fleur.
Azote	20gr,8	3gr,2	»	»
Silice	0gr,3	28gr,2	9gr,4	12gr,3
Acide phosphorique....	8gr,2	2gr,3	1gr,7	1gr,6
Acide sulfurique	0gr,4	1gr,2	0gr,4	0gr,4
Soufre...............	1gr,5	1gr,6	0gr,3	0gr,5
Chlore...............	»	»	1gr,2	0gr,6
Potasse	5gr,5	4gr,9	7gr,8	5gr,6
Soude	0gr,6	1gr,2	0gr,4	0gr,1
Magnésie	2gr,2	1gr,1	0gr,3	0gr,5
Chaux........	0gr,6	2gr,6	1gr,1	0gr,7
Cendres...............	17gr,7	42gr,6	22gr,4	21gr,7
Eau	143gr,0	411gr,0	770gr,0	690gr,0

Tout d'abord, regardons ensemble ce paysage d'hiver qui vient de passer sous nos yeux. C'est *le même* que celui que nous avons vu, coloré et plein de mouvement, par une belle journée d'été (p. 376). Il est transformé maintenant sous le ciel gris et silencieux d'hiver. Le vert feuillage a disparu des arbres, la prairie est recouverte d'une couche de neige grésillante, le ruisseau est gelé, et l'habitation du paysan semble morte elle-même comme la nature....

Avec l'abaissement progressif de la température, le thermomètre est descendu jusqu'au niveau inférieur de ses indications calorifiques, jusqu'au zéro, point remarquable, où l'eau cesse de garder son état liquide, et se fait *solide!* comme le minéral. Elle peut alors revêtir des formes diverses, soit qu'elle devienne massive, à l'état de glace, soit qu'elle s'agglomère légèrement dans les fines broderies du givre, soit qu'elle tombe lentement en paillettes de l'Atmosphère et se soude dans les flocons étoilés de la neige.

C'est ordinairement par ce dernier météore que l'hiver commence à s'affirmer, car la neige se produit dès que la température est descendue à zéro. Si cette température, égale ou inférieure à zéro, s'étend depuis les nuages jusqu'à la surface de la terre, l'eau arrive jusqu'au sol à l'état de neige. Si la neige en tombant n'a qu'une faible couche d'air au-dessus de zéro à traverser, et qu'elle soit abondante, elle arrive de même à l'état de neige et y persiste. C'est ce que l'on voit parfois en été (exemple : la chute de neige du 4 juillet 1868 près de Nice, entre la Tinée et la Vésubie, qui persista jusqu'au lendemain dans les vallées de Saint-Sauveur et de Rimplas). Si la couche d'air qui avoisine le sol est d'une haute température et d'une épaisseur de plusieurs centaines de mètres, la neige n'arrive pas jusqu'à terre, et nous recevons de la pluie plus ou moins froide.

C'est le cas d'un grand nombre d'averses de printemps et d'automne, car au-dessus de la ligne de zéro dans l'Atmosphère, que nous avons tracée plus haut, l'eau des nuages est constamment à l'état de neige, aux jours les plus chauds de l'été aussi bien qu'en hiver.

En développant son tapis à la surface de la terre, la neige forme à la fois une couverture et un écran : une couverture, parce qu'étant peu conductrice, elle s'oppose au passage de la chaleur et empêche la terre qui la supporte de se refroidir jusqu'au degré de l'air ; un écran, parce qu'elle s'oppose au rayonnement nocturne. C'est ce que M. Boussingault, entre autres, a constaté à Bechelbronn, en 1841, en plaçant un premier thermomètre *sur* la neige et en recouvrant la boule de neige, et un second *sous* la neige, en contact avec le sol.

	11 fév., 5 h. soir.	12, lev. soleil.	12, 5 h. 30 soir.	13, lev. soleil.	13, 5 h. 30 soir.
Sous la neige.	0°,0	— 3°,5	0°,0	— 2°,0	0°,0
Sur la neige.	— 1°,5	— 12°,0	— 1°,4	— 8°,2	— 1°,0

La température est toujours plus élevée au-dessous de la neige qu'au-dessus. Sans la neige, dans les matinées du 12 et du 13 février citées ci-dessus, les feuilles, les tiges, le collet des racines auraient subi un froid de — 12 degrés et de — 8 degrés. Ce sont ces refroidissements nocturnes qui font périr un grand nombre de plants de blé d'automne quand le champ n'est pas abrité.

Au sommet du Mont-Blanc, Ch. Martins a observé — 17°,6 à la surface de la neige, et — 14°,6 à deux décimètres de profondeur (28 août 1844).

Signalons aussi les expériences de Rozet,

FIG. 180. — Arborescences formées par la gelée sur les vitres.

dans lesquelles la température du sol sous la neige se montra à — 1°,5 et — 2 degrés, celle du sol découvert de neige étant à — 2°,5 et — 3 degrés (Paris, janvier 1855).

La neige ajoute encore une influence aux premières en faveur de la fertilisation du sol. Comme la pluie et comme les brouillards, elle renferme une proportion notable d'ammoniaque (plusieurs milligrammes par litre d'eau), qui existe à l'état volatil dans l'Atmosphère, et qu'elle prend et ramène sur le sol en s'opposant ensuite à sa volatilisation, qui ne manque jamais d'arriver après les pluies, et surtout après les pluies chaudes.

Si, comme il arrive généralement, la terre a subi, avant que la neige tombe, l'action d'une forte gelée, capable de tuer les insectes nuisibles, toutes les chances sont en faveur d'une année fertile.

Originairement, c'est-à-dire dans les nuages glacés des hauteurs de l'Atmosphère, la neige paraît être formée de filaments de glace extrêmement déliés. Lorsque les gouttelettes ou les vésicules d'eau qui forment les brouillards et les nuages ordinaires se congèlent, ce qui n'arrive que par des froids de 20 et 30 degrés, sous l'influence des hautes altitudes ou de courants glacials, il est probable que ces gouttelettes ne gardent pas alors leur état sphéroïdal, mais qu'elles tombent un instant et prennent la forme d'un filament qui se gèle au moment même de la transformation physique. En vertu des lois de la cristallisation, ces petits filaments de glace se soudent suivant des angles de 60 degrés, et forment les figures si nombreuses, mais toutes du même ordre géométrique, de la neige. Puis ces nuées de neige descendent plus ou moins vite dans leur atmosphère calme, se dilatent ou se resserrent plus ou moins suivant les conditions de température auxquelles elles sont soumises. C'est ainsi que nous pouvons considérer la formation de la neige, sans toutefois l'affirmer, car nul n'a encore assisté directement à cette formation, et, malgré mon grand désir, je n'ai pas encore réussi à m'élever en ballon jusqu'à l'*origine* d'une chute de neige[1].

La construction des flocons de neige a frappé depuis longtemps les observateurs. Képler parle de leur structure avec admiration, et d'autres physiciens ont cherché à en déterminer la cause ; mais c'est seulement depuis l'époque où l'on a appris à connaître les lois de la cristallisation en général (exemples : soufre, sel, etc.) qu'il a été possible de jeter quelque lumière sur ce sujet.

Nous apprenons en géométrie que de tous les polygones inscrits dans un cercle il n'y en a qu'un seul dont tous les côtés soient égaux aux rayons de ce cercle : c'est l'hexagone régulier ou figure à six côtés.

1. Dans son ascension du 26 juin 1863, M. Glaisher rencontra à 4500 mètres un nuage de neige immense, car il s'étendait sur une épaisseur de 1800 mètres. C'était une scène véritablement admirable. Cette neige était entièrement composée de petits cristaux parfaitement visibles, d'une délicatesse extrême. On voyait les pointes écartées les unes des autres, suivant deux systèmes de cristallisation, car les intervalles angulaires étaient les uns de 60 degrés et les autres de 60 + 30, ou 90 degrés. Il y avait une multitude de formes variées, qu'il était facile de reconnaître en les recueillant sur la manche de l'habit.

Quand cette neige cessa de tomber, les aéronautes n'étaient plus qu'à 3000 mètres du sol et entraient dans un brouillard épais, dont ils ne purent sortir qu'en touchant le sol.

Or c'est cette figure géométrique simple et complète que la nature semble préférer à toutes les autres. C'est elle que l'abeille et la guêpe construisent dans leurs alvéoles, et l'ingénieuse mouche à miel a résolu de plus le grand problème géométrique de « fournir le plus d'espace avec le moins de matière » en donnant pour fond à son hexagone une pyramide à trois rhombes égaux. Cette figure hexagonale est découpée sur les fleurs des champs, et nous la retrouvons dans les cristallisations de la glace et de la neige, dans l'analyse de toutes les formes présentées.

La tendance de la glace à prendre une forme cristalline est rendue sensible par les dessins de feuilles de fougère que l'on observe sur les carreaux de vitre en hiver, quand l'eau vient à s'y congeler. Chacun a vu ces cristaux arborescents sur les fenêtres des pièces non chauffées, figures souvent fantastiques dont le dessin de la figure 180 donne une idée exacte [1]. Les lignes naissent, se prolongent, se multiplient comme des rameaux, et s'étendent sur le tableau de verre en faisant constamment des angles de 60 degrés.

Si nous prenons un bloc massif de glace, nous pourrons, en le fondant lentement au foyer d'un faisceau de lumière électrique et en projetant cette dissection sur un écran, apercevoir les molécules de glace se séparant les unes des autres en laissant voir leur structure géométrique. La force cristalline avait silencieusement et symétriquement élevé atome sur atome; le faisceau électrique les fait tomber silencieusement et symétriquement. « Observez cette image, disait sir John Tyndall dans l'une de ses leçons à l'Institution royale d'Angleterre, observez cette image (fig. 181), dont la beauté est encore bien loin de l'effet réel. Voici une étoile, en voilà une autre; et à mesure que l'action continue, la glace paraît se résoudre de plus en plus en étoiles, toutes de six rayons et ressemblant chacune à une belle fleur à six pétales. En faisant aller et venir ma lentille, je mets en vue de nouvelles étoiles; et, à mesure que l'action continue, les bords des pétales se couvrent de dentelures et dessinent sur l'écran comme des feuilles de fougère. Très peu probablement des personnes ici présentes étaient initiées aux beautés cachées dans un bloc de glace ordinaire. Et pensez que la prodigue nature opère ainsi dans le monde tout entier. Chaque atome de la croûte solide qui couvre les lacs glacés du Nord a été fixé suivant cette même loi.

1. Cette figure est la reproduction d'une *photographie directe*, faite en 1874 à Moulins par M. Martin-Flammarion.

La nature dispose ses rayons avec harmonie, et la mission de la science est de purifier assez nos organes pour que nous puissions saisir ses accords. »

« L'examen des figures de la neige conduit à des impressions non moins vives sur l'existence de la géométrie, du Nombre et de la Beauté dans les œuvres de la nature. Ce ne sont plus seulement quelques fleurs de glace comme les précédentes que l'on a pu constater et dessiner dans les flocons si légers de la neige, mais *plus d'un cent*,

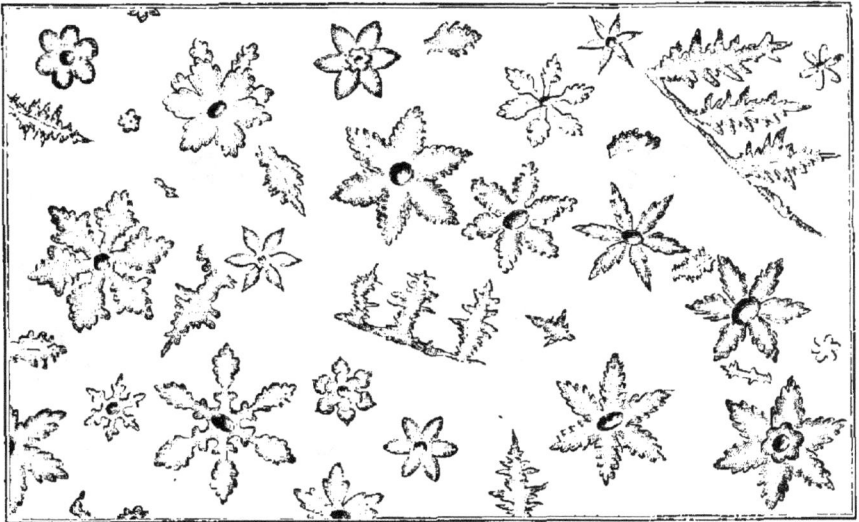

Fig. 181. — Fleurs de la glace, dégagées par la fusion.

d'espèces différentes, et toutes construites suivant ce même angle fondamental de 60 degrés. Le capitaine Scoresby, dans ses voyages aux mers polaires, en a étudié et dessiné un total de quatre-vingt-seize dans une planche remarquable que nous reproduisons ici. Kaemtz ajoute à ces quatre-vingt-seize combinaisons différentes du même angle que pour sa part il en a rencontré au moins une vingtaine de plus, et que les variétés s'élèvent probablement à plusieurs centaines. « Qui n'admirerait pas ici, s'écrie-t-il, la puissance infinie de la nature qui a su créer tant de formes diverses dans des corps d'un si petit volume ! » (*Météorologie*, trad. de Ch. Martins, p. 121.)

La première forme (fig. 182) est la plus fréquente; elle a ordinairement 2 millimètres de diamètre et se produit par des températures voisines de zéro. Les hexaèdres ne dépassent pas 3 dixièmes de millimètre et se produisent par les froids les plus intenses. Ces flocons à

FIG. 182. — Les figures de la neige : cristallisation géométrique.

noyaux et à aiguilles ramifiées se produisent par des températures

inférieures de plusieurs degrés seulement à zéro, et mesurent de 4 à 5 millimètres de diamètre.

Plus le froid est intense, plus la neige est fine. Dans les régions polaires, par des froids de 20 degrés, elle est à l'état de poudre. Ce fait se présente quelquefois sous nos latitudes ; ainsi dans l'hiver de 1829-1830, en Suisse, à Yverdun, le 1er février, cette neige, dite polaire, tomba par un froid de 20 degrés. Nous avons parfois cette même neige à Paris.

Il y a des chutes de neige d'une abondance parfois formidable. L'année 1850 entre autres a été signalée dans l'Europe entière par la quantité qu'elle a présentée. La neige s'éleva à 45 pieds sur le mont Saint-Bernard, et, pour sortir de leur couvent, les religieux étaient obligés de creuser un passage à travers les couches amoncelées. La Grèce elle-même en fut couverte à la hauteur d'un mètre. De mémoire d'homme, disent les relations, un pareil phénomène ne s'était produit ; les montagnes de l'Hymette, du Pentélique et de Parnès ne formaient avec la vaste plaine des Oliviers qu'une nappe blanche ondulée. Elle tomba abondamment dans les rues de Naples, dans les Ardennes, dans le Luxembourg, en Corse et à Constantinople ; les communications furent même interrompues pendant plusieurs jours ; on trouva un assez grand nombre de personnes gelées sur les routes.

Dans les contrées boréales, en Sibérie, les tempêtes de neige sont plus effrayantes encore et plus funestes que l'intensité du froid. Ces bourans durent d'un à trois jours, dit Humboldt ; l'atmosphère devient obscure par la masse de neige qui tombe ou qui est soulevée par la violence du vent. En 1827, tous les troupeaux de la horde intérieure des Kirghiz, entre l'extrémité de l'Oural et le Volga, furent chassés par un bouran vers Saratow. Il périt à cette occasion 280500 chevaux, 30400 bêtes à cornes, 10000 chameaux et plus d'un million de brebis.

De tels malheurs, quoique moins terribles, ne sont pas inconnus dans les climats tempérés. Le 8 janvier 1848, un convoi du train, voyageant d'Aumale à Alger, fut assailli sur les hauteurs de Sak-Hamondi par une tempête de neige qui précipita les mulets dans les ravins et qui en moins d'un quart d'heure causa la mort de quatorze hommes sur quarante-quatre qui composaient le détachement.

La neige tombe parfois en flocons si serrés, que derrière les premiers plans elle forme un voile blanc nuageux qui dérobe le paysage. Ces intenses chutes de neige se rencontrent surtout sur les plateaux élevés de l'Asie ou des Andes, où les caravanes les ont souvent observées, comme le rappelle notre dessin (fig. 183). Les chemins s'effacent

vite sous le linceul mobile qui les recouvre, l'orientation devient difficile, et, de même que dans les chutes plus rares de nos contrées les
voyageurs s'égarent sur le Saint-Bernard ou même dans nos plaines
françaises pour s'endormir du dernier sommeil, de même dans ces
chutes assez fréquentes des plateaux le voyageur s'arrête éperdu,
s'enfonce dans les ravins s'il cherche son chemin, tombe en léthargie
s'il se repose, et trop souvent n'a d'autre terme que la mort pour sortir
du météore qui l'ensevelit. Le voyageur Prjevalsky raconte que dans
son voyage au Thibet (1879) il fut assailli par des tempêtes de neige qui
faillirent plus d'une fois mettre un terme au voyage. Il paraît que le
dessin de la figure 183, fait de souvenir, quelque éloquent qu'il soit,
n'en donne encore qu'une faible idée!

On a essayé de déterminer la densité de la neige; les résultats
varient. Sedileau avait trouvé qu'en se fondant elle se réduit à un
volume cinq ou six fois moindre. La Hire a mesuré une neige qui
s'était réduite au douzième de son volume en passant à l'état liquide.
Musschenbroek assure avoir vu de son côté à Utrecht une neige
vingt fois plus légère que l'eau. Depuis les recherches de ces physiciens, Quételet a établi que la densité de la neige peut être considérée
comme étant en moyenne à peu près le dixième de celle de l'eau; on
peut, d'après cette estimation, calculer assez exactement la hauteur
de la neige tombée dans les circonstances les plus remarquables.

L'une des chutes de neige les plus fortes qui aient été enregistrées est
celle des 16 et 17 février 1843 à Bruxelles; l'eau recueillie en vingt-
quatre heures a été de 18^{mm},21; du 15 au 16, elle a été de 14^{mm},13 :
ce qui équivaut en quarante-huit heures à plus de 32 centimètres de
neige. Le vent soufflait du N. E; le thermomètre se tenait au-dessous
de zéro, et le baromètre était fort bas : 735 millimètres.

En janvier 1870, la neige atteignit 1 mètre et jusqu'à 1^m,60 de
hauteur à Collioure (Pyrénées-Orientales). Parfois, en ces contrées,
la neige tombe en des saisons où l'on est loin de l'attendre. Ainsi, le
17 avril 1887, il est tombé une couche de neige de 20 centimètres qui
détruisit tous les arbres en fleurs, et la même tempête de neige sévit
sur toute la Provence, sur Toulouse et sur Marseille. On n'avait pas vu
pareille abondance de neige dans ce pays depuis 1804. Oliviers et
orangers furent détruits.

Une neige très légère se forme dans les matinées d'hiver, d'automne
et de printemps autour des branches humides des arbres et sur les
tiges des plantes, lorsque la température de l'air est inférieure à zéro.

C'est le *givre*, que l'on pourrait nommer aussi rosée glacée, et dont les broderies souvent merveilleuses donnent à nos paysages d'hiver ce mélange particulier de sévérité et de mélancolie qui les caractérise. Le givre se forme surtout par les matinées de brouillard, et souvent le soleil n'arrive que dans l'après-midi à fondre ces légères stalactites végétales déposées par l'humidité atmosphérique. La formation du givre ou de la gelée blanche a pour explication la théorie de la rosée, dont nous parlerons plus loin.

Les bourrasques amènent parfois une pluie de neige plus dense et plus fine que la neige ordinaire, le *grésil*. Ces gouttes d'eau glacée ne proviennent probablement pas des nuages à l'état de neige, mais gèlent en tombant et ne présentent plus les formes symétriques que nous avons admirées. Peut-être est-ce de la neige dispersée par des coups de vent brusques et chauds. On remarque surtout ces chutes à la fin de l'hiver et dans les giboulées de mars. Le grésil rentre dans la classification des météores aqueux produits par le froid. La grêle, qui semble être du grésil en grand, en diffère toutefois par son origine, et nous l'étudierons dans nos chapitres spéciaux sur les pluies et les orages.

Lorsque la pluie arrive à l'état liquide sur un sol dont la surface est à une température inférieure à la glace, cette eau se congèle et couvre d'une couche glissante le terrain et parfois les plantes et tous les objets répandus sur le sol. C'est le *verglas*, dont on voit des exemples à Paris un ou deux jours chaque hiver, et un peu moins rarement dans la campagne, dont le sol en hiver est toujours d'une température inférieure à celui des grandes villes.

Parfois le verglas atteint des proportions stupéfiantes. Les 22, 23 et 24 janvier 1879, on a observé en diverses régions de la France, notamment dans la forêt de Fontainebleau, où il a causé pour plusieurs millions de dégâts, un verglas véritablement extraordinaire. Certaines feuilles d'arbustes ont été chargées d'un poids d'eau glacée égal à cinquante fois leur propre poids ; les tiges des branches furent entourées d'une gaine énorme, dont le poids les brisa ; des arbres de 2 mètres de tour et de 20 à 30 mètres de hauteur s'affaissèrent sous de pareilles masses. On n'entendait partout que de sinistres craquements. Ce verglas était dû à de la pluie glacée (au-dessous de zéro) qui se solidifiait en atteignant les corps, quoique le thermomètre fût à 2 degrés au-dessus de zéro.

Arrivons maintenant au principal phénomène de l'hiver, à la formation de la glace.

Lorsque la température reste quelque temps au-dessous de zéro, les eaux *tranquilles* se gèlent par la surface. Une petite ride commence à rendre mate cette surface, et forme une première pellicule mince, qui s'épaissit et blanchit si le froid continue. La théorie s'explique d'elle-même par l'équilibre des couches d'eau de diverses températures et de diverses densités.

Si l'on jette pêle-mêle dans un même vase des liquides de densités différentes, mais qui n'aient pas d'affinité chimique, le plus lourd finit par aller se placer au fond, et le plus léger vient à la surface.

Fig. 183. — Une chute de neige en Dzoungarie
(Voyage de Préjvalsky au Thibet, 1879).

Tous les corps augmentent de densité quand leur température diminue. L'eau seule, dans une certaine étendue fort petite de l'échelle thermométrique, offre une exception singulière à cette règle. Prenons de l'eau à 10 degrés centigrades; faisons-la refroidir graduellement; à 9 degrés, nous trouverons plus de densité qu'à 10 degrés; à 8 degrés, plus de densité qu'à 9; à 7 degrés, plus de densité qu'à 8, et ainsi de suite jusqu'à 4 degrés. A ce terme, la condensation cessera; dans le passage de 4 à 3 degrés il se manifestera déjà une diminution de densité sensible. Cette diminution se continuera quand la température descendra de 3 à 2, de 2 à 1 et de 1 à zéro. En résumé, l'eau a un maximum de densité qui ne coïncide pas avec le terme de sa congélation, et qui est à 4 degrés au-dessus de zéro.

Rien de plus simple maintenant que de déterminer de quelle manière s'opère la congélation d'une eau stagnante.

Supposons qu'au moment où le vent du nord amène la gelée, l'eau dans toute sa masse soit à 10 degrés. Le refroidissement du liquide, par le contact de l'air glacial, s'effectue de l'extérieur à l'intérieur. La surface, qui par hypothèse était à 10 degrés, ne sera bientôt qu'à 9; mais à 9 degrés l'eau est plus lourde qu'à 10; donc elle tombera au fond de la masse, et sera remplacée par une couche non encore refroidie, dont la température est à 10 degrés. Celle-ci, à son tour, éprouvera le sort de la première couche, et ainsi de suite. Dans un temps plus ou moins long la masse tout entière sera donc à 9 degrés.

De l'eau à 9 degrés se refroidira précisément comme de l'eau à 10 degrés, par couches successives. Chacune à son tour viendra à la surface perdre 1 degré de sa température. Le même phénomène se reproduira avec des circonstances exactement pareilles, à 8, à 7, à 6 et à 5 degrés; mais, dès qu'on arrivera à 4 degrés, tout se trouvera changé.

A 4 degrés, en effet, l'eau sera parvenue à son maximum de densité. Quand l'action atmosphérique aura enlevé 1 degré de chaleur à sa couche superficielle, quand elle l'aura ramenée à 3 degrés, cette couche sera moins dense que la masse qu'elle recouvre; donc elle ne s'y enfoncera pas. Une nouvelle diminution de chaleur ne la fera pas enfoncer davantage, puisque à 2 degrés l'eau est plus légère qu'à 3 degrés, etc.

En restant toujours à la surface extérieure sans cesse exposée à l'action refroidissante de l'Atmosphère, la couche en question perdra bientôt les 4 degrés primitifs de sa chaleur. Elle finira donc par arriver à zéro et par se congeler. Il en résulte que la lame de glace se trouve posée sur une masse liquide dont la température, au fond du moins, est de 4 degrés au-dessus de zéro.

La congélation d'une eau calme ne saurait évidemment s'opérer d'une autre manière.

Les rivières et les *eaux courantes* ne se gèlent pas par la surface, comme les eaux tranquilles, mais par la réunion et la soudure de glaces flottantes charriées pendant les jours de grands froids.

Dans les petits cours d'eau, tels que les ruisseaux de quelques mètres de large, la glace commence le long de chaque rive, empiète peu à peu et finit par atteindre le milieu.

Dans les grands cours d'eau, la glace formée sur les bords ne peut empiéter aussi facilement, à cause du mouvement de la masse des eaux, et jamais elle ne parviendrait à résister et à s'étendre jusqu'à couvrir entièrement le fleuve. Mais il se forme de grandes plaques de glace *au fond* du fleuve, et ces plaques, irrégulières, détachées, remontent bientôt à la surface en raison de leur moindre densité.

L'eau n'est pas disposée en couches successives d'inégale densité, dans les rivières dont le mouvement donne incessamment naissance à des remous et à des chutes. L'eau plus légère ne flotte pas alors constamment à la surface : les courants la précipitent dans la masse, qu'elle refroidit, et qui bientôt se trouve partout à la même température.

Tandis que dans une masse d'eau stagnante le fond ne saurait descendre au-dessous de 4 degrés, dans cette même masse agitée la surface, le milieu, le fond peuvent être simultanément à zéro.

Lorsque cette uniformité de température existe, la congélation s'opère par le fond et non par la surface. Pourquoi? Voici la réponse d'Arago :

Pour hâter la formation des cristaux dans une dissolution saline, il suffit d'y introduire un corps pointu ou à surface inégale ; c'est autour des aspérités de ce corps que les cristaux prennent principalement naissance et reçoivent de prompts accroissements. Tout le monde peut s'assurer qu'il en est de même des cristaux de glace, et que si le vase où l'on veut voir s'opérer la congélation présente une fente, une saillie, une solution de continuité quelconque, ces irrégularités deviendront autant de centres autour desquels les filaments d'eau solidifiée se grouperont de préférence.

Ce que nous venons de dire est précisément l'histoire de la congélation des rivières. La congélation s'opère sur le lit, où se trouvent des roches, des cailloux, des pans de bois, des herbes, etc.

Une autre circonstance qui semble pouvoir aussi jouer un certain rôle dans le phénomène, c'est le mouvement de l'eau. À la surface, ce mouvement est très rapide, très brusque : il doit donc mettre empêchement au groupement symétrique des aiguilles, à cet arrangement polaire sans lequel les cristaux, de quelque nature qu'ils soient, n'acquièrent ni régularité ni solidité ; il doit briser souvent les noyaux cristallins, même à l'état rudimentaire. Le mouvement, ce grand obstacle à la cristallisation, s'il existe au fond de l'eau comme à la surface, y est du moins très atténué. On peut donc supposer que son action n'empêchera pas qu'à la longue une multitude de petits filaments ne se lient de manière à engendrer cette espèce de glace spongieuse.

La congélation des fleuves par la soudure des glaçons charriés est visible pour tout observateur un peu attentif. On a eu du reste à Paris, pendant le grand hiver de 1709, l'expérience que cette circonstance est nécessaire pour amener la congélation : la Seine ne gela pas ; contre ce qui arrive d'habitude en des temps moins rigoureux, la violence du froid glaça tout à coup et entièrement les petites rivières qui se déversent dans la Seine au-dessus de Paris ; aussi ce fleuve charria peu, et le milieu de son courant resta toujours libre.

Les rivières ne commencent à se congeler que par une température d'environ — 6 degrés. Les grands fleuves exigent, pour être pris d'un bord à l'autre, une température d'autant plus basse qu'ils sont plus rapides. A mesure que les rigueurs du froid se prolongent, l'épaisseur de la couche de glace formée s'accroît, et elle devient assez grande pour que des hommes ou des chariots puissent y passer, de telle sorte que le fait de porter des fardeaux est la preuve, presque la mesure, de l'intensité de l'hiver. Il est donc intéressant de connaître l'épaisseur de la glace qui est nécessaire pour supporter des charges déterminées. On a reconnu qu'il faut 5 centimètres pour que la glace porte un homme, 9 centimètres pour qu'un cavalier y passe en sûreté. Quand la glace atteint 13 centimètres, elle porte des pièces de canon placées sur des traîneaux ; et quand son épaisseur s'accroît jusqu'à 20 centimètres, l'artillerie de campagne attelée peut y passer. Les plus lourdes voitures, une armée, une nombreuse foule sont en sûreté sur la glace dont l'épaisseur atteint 27 centimètres.

En 1795, la cavalerie française s'empara de la flotte hollandaise engagée sur le Texel gelé. Dans les hivers très rigoureux la glace peut atteindre sur les fleuves de Russie une épaisseur de 1 mètre ; jamais en France elle n'a dépassé 0m,66. Sa résistance est telle, qu'en 1740 on construisit à Pétersbourg un élégant palais de glace de 16m,88 de longueur, 5m,19 de largeur et 6m,49 de hauteur; le poids du comble et des parties supérieures fut parfaitement supporté par le pied de l'édifice. Devant le bâtiment, on plaça six canons de glace avec leurs affûts de même manière ; on les tira à boulet. Chaque pièce perça, à soixante pas, une planche de 0m,054 d'épaisseur. Les canons n'avaient guère que 0m,108 d'épaisseur; ils étaient chargés avec un quarteron de poudre ; aucun d'eux n'éclata. La Néva avait fourni les matériaux de ce singulier édifice.

A Montréal (Canada), on construit souvent (1885, 1887), pendant le carnaval, des châteaux de parade édifiés avec des quartiers de glaçons.

Nous avons dit que, lorsque l'eau se congèle, elle augmente de volume ; une conséquence et une preuve de cette dilatation, c'est la rupture des vases où elle est contenue, rupture qui se produit d'autant plus facilement que la congélation est plus rapide et le vase plus étroit par le haut. Huygens, pour prouver combien est grand l'effet dû à la congélation, prit un canon de fer épais d'un doigt, rempli d'eau et bien fermé ; il l'exposa à une forte gelée, et au bout de douze heures le canon creva à deux endroits avec un grand bruit. Cette expérience se répète tous les jours dans les cours de physique, en abaissant la température par des moyens artificiels. Les académiciens del Cimento firent rompre par ce moyen plusieurs vases, et Musschenbroek calcula que dans l'un de ces cas il a fallu un effort de 27 720 livres. A Québec, le major d'artillerie E. Williams remplit d'eau une bombe de 13 pouces de diamètre, puis ferma le trou de fusée avec un bouchon de fer enfoncé à force. Il exposa la bombe à un froid énergique, l'eau gela, projeta le bouchon à plus de 400 pieds,

FIG. 184. — Expérience sur la dilatation de la glace.

et il sortit par le trou un cylindre de glace de 8 pouces de long. Dans une seconde expérience, le bouchon résista, mais la bombe se fendit et une lame de glace sortit de la fente.

Il n'y a, d'après cela, rien que de très naturel à voir la gelée soulever les pavés des rues, crever les tuyaux des conduites d'eau. C'est alors, comme dit le proverbe, qu'*il gèle à pierre fendre*[1].

Complétons ce chapitre par une revue générale des *hivers les plus rigoureux*.

Il est difficile de décider à quel degré du thermomètre il convient

1. Les pierres dites gélives, qui se brisent par les temps de gelée, doivent cette propriété à leur porosité ; l'eau s'introduit dans leurs pores, et, se congelant, brise son enveloppe. Certains végétaux périssent pendant l'hiver, parce que l'eau contenue dans leurs vaisseaux se congèle et par son expansion déchire les tissus. L'un des exemples les plus désastreux de cette action nous est fourni par les pommes de terre, cet aliment devenu si général, et auquel la gelée fait éprouver une altération assez profonde pour modifier sa constitution physique. On sait qu'elle contracte par là un goût extrêmement désagréable qui la fait refuser même par les animaux, et qu'il est à peu près impossible d'en retirer la fécule après le dégel, quoique la composition chimique reste la même.

de limiter la définition de « froid rigoureux ». Nous sommes générale-
lement portés à juger le froid que nous ressentons nous-mêmes plus
sévèrement que celui qui a sévi sur nos pères, et, lorsque la température descend seulement à 10 degrés au-dessous de zéro, par exemple,
nous sommes tout disposés à croire que jamais pareils frimas n'ont
glacé la France. Or nous ne considérerons ici comme hivers rigoureux que ceux dont le froid est assez intense et assez long pour geler,
pour faire prendre certaines] sections des grands fleuves, tels que la
Seine, la Saône et le Rhin, pour solidifier le vin, pour détruire le
tissu de certains arbres et avoir de graves conséquences sur le
règne végétal comme sur le règne animal.

Voici, parmi les hivers mémorables, ceux qui ont été les plus rudes
depuis cent ans. Notons d'abord que les plus rudes hivers des siècles
passés ont été ceux de 1544, 1608 et 1709. L'année 1776 se présente
ensuite comme exceptionnelle par les froids rigoureux qui la mar-
quèrent. Le Tibre, le Rhin, la Seine, la Saône, le Rhône lui-même,
si rapide, furent pris presque entièrement. A Paris le vin gela dans les
caves et les tonneaux se brisèrent. On entendait dans les bois les
arbres se fendre et éclater avec bruit. Des voyageurs moururent de
froid sur les routes et restèrent ensevelis dans le linceul de la neige
partout répandue.

Après 1776, nous arrivons à l'hiver de 1788-1789, précurseur de la Révolution.
Cet hiver a été l'un des plus rigoureux et des plus longs qui aient sévi dans toute
l'Europe. A Paris le froid a commencé le 25 novembre, et dura, sauf une interruption de la gelée pendant un jour (le 25 décembre), cinquante jours consécutifs ;
le dégel eut lieu à partir du 13 janvier: on mesura une épaisseur de neige de 0^m,65.
Sur le grand canal de Versailles, dans les étangs et sur plusieurs rivières, la glace
atteignit jusqu'à 0^m,60 d'épaisseur. L'eau gela aussi dans plusieurs puits très profonds; le vin se congela dans les caves. La Seine commença à prendre dès
le 26 novembre 1788; durant plusieurs jours, son cours fut interrompu, et la
débâcle n'eut lieu que vers le 20 janvier. La plus basse température observée à
Paris fut, le 31 décembre, de — 21°,8. Le froid n'a pas été moins fort dans les
autres parties de la France et dans toute l'Europe. Le Rhône fut complètement
pris à Lyon ; la Garonne gela à Toulouse ; à Marseille, les bords du bassin furent
couverts de glace. Sur les côtes de l'Océan, la mer gela sur une étendue de
plusieurs lieues. La glace, sur le Rhin, fut si épaisse, que des voitures chargées
purent traverser le fleuve. L'Elbe fut entièrement couvert de glaces et porta des
chariots de transport. Le port d'Ostende fut gelé assez fortement pour qu'on pût
traverser la glace à pied et à cheval; la mer a été prise jusqu'à quatre lieues de
distance des fortifications extérieures de cette place, dont aucun navire ne pouvait
approcher. La Tamise fut gelée jusqu'à Gravesend, à six lieues en aval de
Londres; pendant les fêtes de Noël et le commencement de janvier, à Londres et
aux environs, le fleuve fut couvert de boutiques.

Voici les plus basses températures observées en divers lieux :

Bâle (Suisse), le 18 décembre.....................	— 37°,5
Brême (Allemagne), le 16 décembre..............	— 35°,6
Varsovie (Pologne), le 18 décembre..............	— 32°,5
Dresde (Allemagne), le 17 décembre.............	— 32°,1
Eosberg (Norvège), le 20 décembre..............	— 31°,3
Saint-Pétersbourg, le 12 décembre..............	— 30°,6
Berlin (Prusse), le 28 décembre.................	— 28°,8
Strasbourg, le 31 décembre......................	— 26°,3
Tours, —	— 25°,0
Lons-le-Saunier, —	— 24°,0
Troyes, —	— 23°,8
Orléans, —	— 22°,5
Lyon, —	— 21°,9
Rouen, le 30 décembre..........................	— 21°,8
Paris, le 31 décembre...........................	— 21°,8

Le froid de cet hiver a sévi cruellement sur les hommes et les animaux; les végétaux furent aussi atteints d'une manière grave. Dans le pays toulousain, le pain gela dans presque tous les ménages : on ne pouvait le couper qu'après l'avoir exposé au feu. Plusieurs voyageurs périrent dans les neiges; à Lemberg, en Gallicie, trente-sept personnes furent trouvées mortes de froid en trois jours à la fin de décembre. Les oiseaux qui habitent ordinairement le nord se montrèrent dans plusieurs provinces de la France. Les poissons périrent dans presque tous les étangs, à cause de la profondeur qu'atteignit la glace.

1794-1795. — Cet hiver a été remarquablement long et rigoureux dans toute l'Europe. A Paris, on compta 42 jours consécutifs de gelée; le 25 janvier, la température tomba à 23 degrés au-dessous de zéro. A Londres, le minimum de température eut lieu le même jour et fut de — 13°,3 ; à minuit, sur les bords du Rhône, près de Genève, de — 14 degrés. Le Mein, l'Escaut, le Rhin, la Seine furent gelés au point que des voitures et des corps d'armée les traversèrent en plusieurs endroits. La Tamise fut prise dans les premiers jours de janvier, aux environs du White-Hall, malgré la hauteur de la marée. Pichegru envoya vers le 20 janvier, dans le Nord-Hollande, des détachements de cavalerie et d'artillerie légère, avec *ordre à la cavalerie* de traverser le Texel, de s'approcher et *de s'emparer des vaisseaux* de guerre hollandais surpris à l'ancre par le froid. Les cavaliers français traversèrent au galop les plaines de glace, arrivèrent près des vaisseaux, les sommèrent de se rendre, s'en emparèrent sans combat et firent prisonnière l'armée navale !

1798-1799. — Le froid a été rigoureux durant cet hiver dans toute l'Europe. A Paris, on compte 32 jours consécutifs de gelée, et la Seine a été prise complètement du 29 décembre jusqu'au 19 janvier, du pont de la Tournelle au delà du pont Royal, mais sans pouvoir porter des piétons. La température la plus basse observée fut, le 10 décembre 1798, de — 17°,6. Un aigle des Alpes fut tué à Chaillot. La Meuse, l'Elbe, le Rhin furent gelés plus solidement que la Seine. On traversa la Meuse en voiture ; à la Haye et à Rotterdam, des boutiques de marchands et toutes sortes de spectacles furent établis sur le fleuve. Un régiment de dragons, partant de Mayence, traversa le Rhin sur la glace au lieu de passer sur le pont de Cassel qu'on avait été obligé de lever.

1812-1813. — Cet hiver est à jamais mémorable par les terribles désastres de la retraite de l'armée française à travers les plus rudes frimas de la Russie, après la prise et l'incendie de Moscou. Le froid commença à sévir de bonne heure dans toute l'Europe. Partout la température la plus basse, non seulement de l'hiver, mais des deux années 1812 et 1813, est arrivée en décembre 1812. Les premières neiges tombèrent à Moscou le 13 octobre ; la retraite de l'armée commença le 18. Napoléon sortit de la capitale de l'empire moscovite le 19, et l'évacuation complète

FIG. 185. — L'hiver. — La Seine charrie.

de la ville eut lieu le 23. L'armée se mit en marche sur Smolensk, sans que la neige eût cessé de tomber. Les froids prirent une rigueur extrême à partir du 7 novembre ; le 9, le thermomètre marqua — 15 degrés. Le 17 novembre, la température descendit à — 26°,2 d'après Larrey, qui portait un thermomètre suspendu à sa boutonnière. Le valeureux corps d'armée du maréchal Ney échappa à l'armée russe qui l'enveloppait de toutes parts, dit Arago, en traversant, durant la nuit du 18 au 19 novembre, le Dniéper gelé. La veille, un corps d'armée russe traversa avec son artillerie la Dwina sur la glace. Mais le froid faiblit, et un dégel survint le 24, sans toutefois persister ; de sorte que les 26, 27, 28 et 29, lors du long et tragique passage de la Bérésina, l'eau charriait de nombreux glaçons sans présenter nulle part un passage pour les hommes. Bientôt la rigueur du froid reprit énergiquement ; le thermomètre redescendit à 25 degrés le 30 novembre, à 30 degrés le 3 décembre, et à 37 degrés le 6 décembre à Molodeczno, le lendemain du jour où Napoléon partit de Smorgoni et quitta l'armée après la rédaction du 29e bulletin, qui apprit à la France une partie des désastres de cette terrible campagne.

Les effets du froid rigoureux auquel les soldats mal vêtus furent tout à coup soumis doivent être signalés ici comme un exemple de l'action des températures très basses sur les êtres animés. D'abord les neiges épaisses du commencement de novembre assaillirent l'armée : « Pendant que le soldat s'efforce, dit M. de Ségur,

FIG. 186. — L'hiver de 1812. La retraite de Russie.

pour se faire jour au travers de ces tourbillons de vent et de frimas, les flocons de neige, poussés par la tempête, s'amoncellent et s'arrêtent dans toutes les cavités ; leur surface cache des profondeurs inconnues qui s'ouvrent profondément sous nos pas. Là le soldat s'engouffre, et les plus faibles s'abandonnant y restent ensevelis. Ceux qui suivent se détournent, mais la tourmente leur fouette au visage la neige du ciel et celle qu'elle enlève à la terre ; leurs habits mouillés se gèlent sur eux ;

cette enveloppe de glace saisit leur corps et raidit tous leurs membres. Un vent aigu et violent coupe leur respiration ; il s'en empare au moment où ils l'exhalent et en forme des glaçons qui pendent par leur barbe autour de leur bouche. Les malheureux se traînent encore en grelottant, jusqu'à ce que la neige, qui s'attache sous leurs pieds en forme de pierres, quelque débris, une branche ou le corps de l'un de leurs compagnons, les fasse trébucher et tomber.

« Là ils gémissent en vain ; bientôt la neige les couvre ; de légères éminences les font reconnaître : voilà leur sépulture ! La route est toute parsemée de ces ondulations comme un champ funéraire. Les plus intrépides ou les plus indifférents s'affectent : ils passent rapidement en détournant leurs regards. Mais devant eux, autour d'eux, tout est neige ; leur vue se perd dans cette immense et triste uniformité, l'imagination s'étonne : c'est comme un grand linceul dont la nature enveloppe l'armée ! Les seuls objets qui s'en détachent, ce sont de sombres sapins, des arbres de tombeaux avec leur funèbre verdure, et la gigantesque immobilité de leurs noires tiges, et leur grande tristesse qui complète cet aspect désolé d'un deuil général, d'une nature sauvage et d'une armée mourante au milieu d'une nature morte. Tout, jusqu'à leurs armes naguère encore offensives, mais depuis seulement défensives, se tourna alors contre eux-mêmes. Elles parurent à leurs bras engourdis un poids insupportable ; dans les chutes fréquentes qu'ils faisaient, elles s'échappaient de leurs mains, elles se brisaient ou se perdaient dans la neige. S'ils se relevaient, c'était sans elles, car ils ne les jetèrent point : la faim et le froid les leur arrachèrent. Les doigts gelaient sur le fusil, qu'ils tenaient encore, et qui leur ôtait le mouvement nécessaire pour y entretenir un reste de chaleur et de vie. »

Un chirurgien-major de la grande armée, M. René Bourgeois, a décrit en ces termes les souffrances atroces causées par ces froids :

« Les chaussures des soldats, brûlées par les neiges, furent bientôt usées. On était obligé de s'entourer les pieds de chiffons, de morceaux de couvertures, de peaux d'animaux qu'on attachait avec des ficelles. Le froid gelait vite les parties atteintes. Ce qui rendait ses ravages encore plus funestes, c'est qu'en arrivant près des feux, on y plongeait imprudemment les parties refroidies qui, ayant perdu leur sensibilité, n'étaient plus susceptibles de ressentir l'impression de la chaleur qui les consumait. Bien loin d'éprouver le soulagement que l'on recherchait, l'action subite du feu donnait lieu à de vives douleurs et déterminait promptement la gangrène.

« Toutes les facultés étaient anéanties chez la plupart des soldats ; la certitude de la mort les empêchait de faire aucun effort pour s'y soustraire. Un grand nombre étaient dans un véritable état de démence, le regard fixe, l'œil hagard ; ils marchaient comme des automates, dans le plus profond silence. Les outrages, les coups même étaient incapables de les rappeler à eux-mêmes. Pour ne pas succomber, il ne fallait rien moins qu'un exercice continuel. Quand, affaissé sous le poids des privations, on ne pouvait surmonter le besoin du sommeil, alors la congélation s'étendait à tout le corps, et l'on passait, sans s'en apercevoir, de cet engourdissement léthargique à la mort....

« Les jeunes soldats qui venaient de rejoindre la grande armée, frappés tout à coup par l'action subite de ce froid, succombèrent bientôt à l'excès des souffrances. Ceux-ci ne périssaient ni d'épuisement ni d'inaction, et le froid seul les frappait de mort. On les voyait d'abord chanceler pendant quelques instants. Il semblait que tout leur sang fût refoulé vers leur tête, tant ils avaient la figure rouge et gonflée. Bientôt ils étaient entièrement saisis et perdaient toutes leurs forces.... Au moment où ils se sentaient défaillir, des larmes mouillaient leurs paupières, ils paraissaient avoir perdu entièrement le sens, et ils avaient un air étonné et hagard ; mais l'ensemble de leur physionomie, la contraction forcée des muscles de la face témoignaient des cruelles douleurs qu'ils ressentaient. Les yeux étaient extrêmement rouges, et le sang, transsudant à travers les pores, s'égouttait par gouttes au dehors de la membrane qui recouvre le dedans des paupières. »

L'eau glacée dans laquelle durent plus d'une fois se plonger nombre de soldats pour effectuer le passage de torrents ou de rivières non congelés complètement, produisit des maladies particulières dont l'issue fut presque constamment mortelle. C'est ainsi que mourut à Kœnigsberg, à la fin de décembre, l'illustre général Éblé, qui avait sauvé les derniers débris de l'armée au passage de la Bérésina ; des cent pontonniers qui à sa voix s'étaient plongés dans l'eau pour construire les ponts, il en restait douze ; des trois cents autres qui les secondèrent dans ce travail héroïque, il en restait un quart à peine....

Pendant que 450 000 hommes mouraient ainsi, Napoléon revenait à Paris en chaude voiture et déclarait qu'il ne s'était jamais si bien porté. Mais oublions ces malheureux souvenirs, et continuons notre liste des hivers mémorables.

1819-1820. — Le froid fut extrêmement vif cet hiver dans toute l'Europe, quoique ses rigueurs extrêmes n'aient pas duré longtemps. A Paris, on compta quarante-sept jours de gelée, dont dix-neuf consécutifs, du 30 décembre 1818 au 17 janvier 1819. Le minimum de la température fut, le 11 janvier, de — 14°,3. La Seine fut entièrement prise du 12 au 19 janvier. La Saône, le Rhône, le Rhin, le Danube, la Garonne, la Tamise, les lagunes de Venise, le Sund furent congelés de manière qu'on put se promener sur la glace. Les plus basses températures observées en différentes villes sont les suivantes :

Saint-Pétersbourg, le 18 janvier.................. — 32°,0
Berlin, le 10 janvier........................... — 24°,4
Maestricht, le 10 janvier....................... — 19°,3
Strasbourg, le 15 janvier....................... — 18°,8
Commercy (Meuse), le 12 janvier................. — 18°,8
Marseille, le 12 janvier........................ — 17°,5
Metz, le 10 janvier............................. — 16°,3
Mons, le 11 et le 15 janvier.................... — 15°,6
Paris, le 11 janvier .... — 14°,3

En France, la vivacité du froid fut annoncée par le passage sur le littoral du Pas de Calais d'un grand nombre d'oiseaux venant des régions les plus boréales, par des cygnes et des canards sauvages à plumages variés. Plusieurs voyageurs périrent de froid, notamment un cultivateur du Pas-de-Calais, près d'Arras ; un garde forestier près de Nogent, dans la Haute-Marne ; une femme et un homme dans la Côte-d'Or ; deux voyageurs sur la route de Breuil, dans le département de la Meuse ; une femme et un enfant sur la route d'Étain à Verdun ; six individus dans l'arrondissement de Château-Salins (Meurthe) ; deux petits Savoyards sur la route de Clermont à Chalon-sur-Saône. Dans des expériences faites à l'école d'artillerie de Metz, le 10 janvier, pour essayer la résistance du fer à de basses températures, plusieurs soldats eurent les mains ou les oreilles gelées.

1829-1830. — Cet hiver a été le plus précoce et le plus long des hivers de la première partie du dix-neuvième siècle ; sa continuité a été particulièrement funeste à l'agriculture dans les contrées méridionales. Ses rigueurs, sans être extrêmes, s'étendirent sur toute l'Europe : un grand nombre de fleuves furent congelés, et le dégel fut accompagné de désastreuses débàcles et de grandes inondations ; beaucoup d'hommes et d'animaux périrent ; les travaux des champs demeurèrent longtemps suspendus. Voici les principales températures observées :

Saint-Pétersbourg, le 19 décembre...............	— 32°,5
Mulhouse, le 3 février.........................	— 28°,1
Bâle, le 3 février.............................	— 27°,0
Nancy, le 3 février............................	— 26°,3
Épinal, le 3 février...........................	— 25°,6
Aurillac, le 27 décembre.......................	— 23°,6
Strasbourg, le 3 février.......................	— 23°,4
Berlin, le 23 décembre.........................	— 21°,0
Metz, le 31 janvier............................	— 20°,5
Pau, le 27 décembre...........................	— 17°,5
Paris, le 17 janvier...........................	— 17°,2

En Suisse, l'hiver fut excessif sur les points élevés. A Fribourg, on compta cent dix-huit jours de gelée, sur lesquels il y en eut soixante-neuf de consécutifs ; le minimum fut de — 18°,5. Dans les plaines, à Yverdun entre autres, on éprouva un effet très intense de rayonnement ; le thermomètre descendit en quelques heures de 10 degrés à 20 degrés. On vit aussi tomber cette neige dite *polaire*, à cristallisation peu serrée, particulière aux températures très basses.

La longue congélation de la Seine et sa débàcle excitèrent au plus haut point l'attention publique. La rivière demeura prise du 28 décembre au 26 janvier, c'est-à-dire durant vingt-neuf jours une première fois ; puis, une seconde fois, du 5 au 10 février : trente-quatre jours en tout, c'est-à-dire aussi longtemps qu'en 1763 ; elle fut prise au Havre dès le 27 décembre, et le 18 janvier on établit à Rouen une foire sur la glace. Le 25 janvier, après six jours de dégel, les glaces venues de Corbeil et de Melun s'arrêtèrent au pont de Choisy et y formèrent une muraille de 5 mètres de hauteur.

1840-1841. — Il y eut dans cet hiver, à Paris, cinquante-neuf jours de gelée, dont vingt-sept consécutifs. Les froids commencèrent le 5 décembre et durèrent, avec une interruption du 1er au 3 janvier, jusqu'au 10 de ce mois. Il y eut une reprise de la gelée du 30 janvier au 10 février. Le thermomètre marqua encore — 9°,2 le 3 février. Dès le 16 décembre, la Seine charria avec abondance, et l'une des arches du pont Royal fut obstruée ; le soir du même jour, elle s'arrêta au pont d'Austerlitz, et elle fut prise du pont Marie jusqu'à Charenton ; le lendemain, elle fut gelée au pont Notre-Dame, et le 18 on la traversa entre Bercy et la Gare. En plusieurs endroits, les glaçons amoncelés n'avaient pas moins de 2 mètres d'épaisseur.

Le 15 décembre 1840 eut lieu à Paris l'entrée solennelle, par l'arc de triomphe de l'Étoile, des cendres de l'empereur Napoléon rapportées de Sainte-Hélène. Le thermomètre avait marqué ce jour-là, dans les lieux exposés au rayonnement nocturne, — 14 degrés. Une multitude innombrable de personnes, les légions de la garde nationale de Paris et des communes voisines, des régiments nombreux stationnèrent depuis le matin jusqu'à deux heures de l'après-midi dans les Champs-

Élysées. Tout le monde souffrit cruellement du froid. Des gardes nationaux, des ouvriers crurent se réchauffer en buvant de l'eau-de-vie, et saisis par le froid périrent de congestion immédiate. D'autres individus furent victimes de leur curiosité : ayant envahi les arbres de l'avenue pour apercevoir le coup d'œil du cortège, leurs extrémités engourdies par la gelée ne purent les y maintenir ; ils tombèrent des branches et se tuèrent

Voici les plus basses températures observées en divers lieux pendant cet hiver :

Mont Saint-Bernard, le 22 janvier................	— 23°,3
Genève, le 10 janvier..........................	— 17°,8
Metz, le 17 décembre..........................	— 15°,3
Paris, le 17 décembre.........................	— 13°,2
Paris, le 8 janvier............................	— 13°,1

1853-1854. — Cet hiver a offert les caractères d'un hiver rigoureux des régions tempérées de l'Europe. Il s'étendit de novembre en mars, et amena des congélations nombreuses de rivières. Il y eut des froids intenses dans beaucoup de régions, et néanmoins son influence fut plutôt profitable que nuisible à l'agriculture.

Voici les plus basses températures observées en différents lieux :

Clermont, le 26 décembre......................	— 20°,0
Châlons-sur-Marne, le 26 décembre..............	— 20°,0
Lille, le 26 décembre..........................	— 18°,0
Kehl, le 26 décembre..........................	— 17°,6
Metz, le 27 décembre..........................	— 17°,5
Bruxelles, le 26 décembre......................	— 16°,1
Lyon, le 30 décembre..........................	— 14°,6
Paris, le 30 décembre.........................	— 14°,0

L'hiver de l'année suivante, 1854-55, s'est également montré rigoureux, surtout dans la Russie méridionale, en Danemark, en Angleterre et en France. Il a été d'une longueur inaccoutumée. Les gelées ont commencé en octobre dans l'est de la France, et se sont prolongées jusqu'au 28 avril dans la même région. La Loire charrie le 17 janvier et s'arrête le 18. La Seine charrie le 19, mais n'a pas été arrêtée. Le Rhône charrie le 20 ; la Saône est arrêtée le même jour. Le Rhin est entièrement gelé à Manheim le 21, et on le traverse à pied.

Voici le tableau des plus basses températures observées :

Vendôme, le 20 janvier........................	— 18°,0
Clermont, le 21 janvier........................	— 17°,0
Bruxelles, le 2 février.........................	— 16°,7
Turin, le 24 janvier...........................	— 16°,5
Metz, le 29 janvier...........................	— 16°,0
Strasbourg, le 29 janvier......................	— 16°,0
Montpellier, le 21 janvier.....................	— 16°,0
Lille, le 2 février.............................	— 13°,8
Paris, le 21 janvier...........................	— 11°,3
Toulouse, le 20 janvier........................	— 10°,7

L'hiver de 1857-58 a offert le type d'un hiver d'une rigueur moyenne de la zone tempérée. La Seine a charrié à Paris le 5 janvier ; le petit bras de la Cité a été couvert de glaces le 6. La Loire, le Cher, la Nièvre, le Rhône, la Saône, la Dordogne furent arrêtés en plusieurs endroits. Le Danube et les ports russes de la mer Noire furent gelés en janvier.

Les plus basses températures observées sont :

Le Puy, le 25 janvier.............................	— 14°,4
Clermont, le 7 janvier............................	— 14°,0
Bourg, le 29 janvier..............................	— 12°,5
Vendôme, le 6 janvier.............................	— 11°,0
Lille, le 7 janvier...............................	— 10°,0
Paris, le 7 janvier...............................	— 9°,0

L'hiver de 1864-65 a été plus rigoureux. La Seine a été prise à Paris et on la passait au pont des Arts. Les extrêmes de température ont été :

Haparanda, le 7 février...........................	— 33°,4
Saint-Pétersbourg, le 9 février...................	— 28°,8
Riga, le 4 février................................	— 25°,8
Berne, le 14 février..............................	— 15°,0
Dunkerque, le 15 février..........................	— 12°,0
Strasbourg, le 11 février.........................	— 11°,0

L'hiver de 1870-71 sera également classé parmi les hivers froids, à cause de la grande intensité des froids de décembre et janvier, malgré la température toute printanière de février, et aussi à cause de l'influence fatale de ces froids sur la mortalité publique à la fin de la guerre. Le grand courant équatorial, qui souffle ordinairement jusqu'en Norvège, s'est arrêté au Portugal et à l'Espagne ; le vent dominant a été celui du nord. Le 5 décembre, on constate à Paris 6 degrés au-dessous de zéro ; le 8, on observe — 8 degrés à Montpellier. Une seconde période de froid sévit du 22 décembre au 5 janvier ; à Paris, la Seine charrie et menace de se prendre entièrement ; on observe — 12 degrés le 24, — 16 degrés à Montpellier le 31. Chacun sait qu'aux environs de Paris plusieurs soldats en faction aux avant-postes et un certain nombre de blessés ramassés *quinze* heures trop tard ont été GELÉS. Du 9 au 15 janvier, une troisième période de froid montre, le 15, — 8 degrés à Paris, et — 13 degrés à Montpellier. Ce qu'il y a de plus curieux, c'est que le froid a été plus intense dans le midi que dans le nord de la France. A Bruxelles, les minima ont été — 11°,6 en décembre et — 13°,2 en janvier. Il y a eu 40 jours de gelée à Montpellier, 42 à Paris, 47 à Bruxelles pour ces deux mois. Enfin, la moyenne de l'hiver (décembre, janvier, février) est de 1°,83 à Paris, tandis que la moyenne générale est de 3°,26. Dans le nord de l'Europe, cet hiver a été également rigoureux, quoique le froid ait sévi à des dates différentes des précédentes. On a observé — 22 degrés à Copenhague le 12 février.

Minima des 25 et 26 décembre 1871 :

Paris	— 12°,0
Périgueux	— 23°,0
Moulins..	— 25°,0
Le Puy (Haute-Loire).............................	— 25°,5

Jours de gelée à Paris, 52.

L'hiver de 1871-72 ne sera pas inscrit comme hiver rigoureux, malgré l'extrême froid du 9 décembre, parce que ce courant de froid n'a fait que passer au sein d'une saison relativement tempérée. La moyenne de cet hiver est, en effet, de 3°,9 seulement pour Paris. Ce singulier courant glacial, qui a sévi dans la matinée du 9 janvier, a gelé le vin dans des caves, brisé des arbres et détruit des vignes entières en quelques heures, a fait descendre le thermomètre à de rares températures dans les localités suivantes (les nombres ont été relevés avec soin et vérifiés).

Minima du 9 décembre 1871 :

La Jacqueminière (Loiret)	— 27°,5
Vichy (Allier)	— 27°,0
Montbéliard (Doubs)	— 26°,9
Nemours (Seine-et-Marne)	— 26°,0
Épinal (Vosges)	— 25°,6
Reims (Marne)	— 25°,5
Montargis (Loiret)	— 25°,5
Aubervilliers (Seine)	— 24°,4
Montsouris (Paris)	— 23°,7
Doulevant (Haute-Marne)	— 22°,2
Observatoire de Paris	— 21°,5

L'hiver le plus froid du siècle a été sans contredit celui de 1879-1880, et son étude est aussi curieuse qu'instructive. Pour la première fois, on a pu suivre jour par jour sur les cartes la distribution du froid correspondant aux aires de haute pression. Or ce que nous pourrions appeler le pôle du froid se trouvait non pas en Russie, en Sibérie ou dans les régions boréales, mais en France même et en Autriche, dans nos climats tempérés, entre Paris et Vienne. Considérez, par exemple, la carte synoptique de la distribution de la température sur l'Europe, le 10 décembre, à huit heures du matin (fig. 187), sur laquelle on a réuni par des courbes les points d'égale température. Le minimum (— 25 degrés) se trouve à l'est de Paris et à l'ouest de Vienne. Dans ces régions le thermomètre est descendu plus bas encore. Une première courbe de 20 degrés entoure le foyer de froid ; elle se trace de Charleville à Rouen, Étampes, Orléans, Dijon, et remonte vers Charleville ; une seconde courbe de 15 degrés entoure la même zone, passant par Arlon, Soissons, le Mans, Lyon, Berne ; viennent ensuite concentriquement les courbes de 10, 5 et zéro ; la ligne de zéro passe par Tromsœ, au fond de la Suède, en plein nord, par 69 degrés de latitude, c'est-à-dire 20 degrés au nord de Paris, par Christiania, Copenhague, Utrecht, Dunkerque, le Havre, l'océan Atlantique, Bilbao en Espagne, Nice, Bastia, Naples et Constantinople ; vous voyez cela d'ici : ce jour-là, à cette heure-là (huit heures du matin), Naples avait la même température que les côtes de Suède et de Norvège, et le pôle du froid gisait près de Paris ! Un second pôle de froid se montrait à Cracovie.

Tandis que Paris subissait un froid de 22 à 26 degrés, enregistré aux thermomètres classiques, c'est à peine s'il gelait à Saint Pétersbourg et à Moscou, dont les thermomètres officiels marquaient à la même heure seulement 2 et 4 degrés au-dessous de zéro.

Depuis ce jour jusqu'à la fin de l'année, c'est à peine si le pôle du froid s'est déplacé : au lieu de remonter vers le nord, il oscille légèrement de l'ouest à l'est sur la France et l'Allemagne, et Paris reste « privilégié » ; le thermomètre descendit encore à 12°,5 le 14 et le 15, à 21°,6 le 17, à 13°,8 le 19 et le 20, à 18 degrés le 21 et le 22, à 16 degrés le 23, à 18°,5 le 21 ; jamais on n'a enregistré cette permanence de minima extrêmes sous nos latitudes.

Ces cartes synoptiques du thermomètre et du baromètre sont du plus haut intérêt, et nous pouvons les considérer comme les premiers jalons de la véritable météorologie, de la météorologie scientifique, de la science de l'avenir, de la future prévision du temps.

Quelles sont les plus basses températures qu'on ait eu à enregistrer pendant cette période de froid? Comme nous venons de le voir, c'est en France et en Allemagne

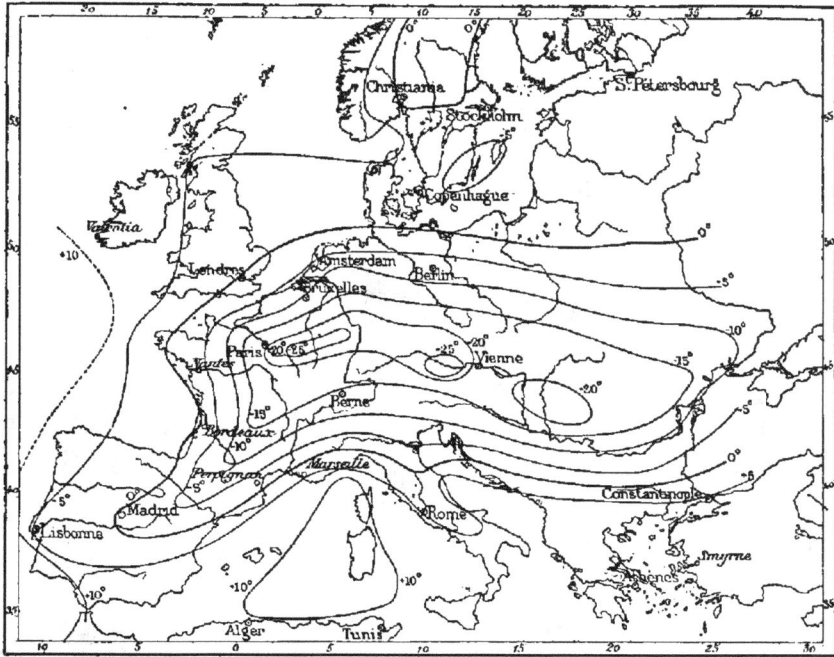

Fig. 187. — Singulière distribution de la température le 20 décembre 1879.

que le minimum s'est manifesté, et non dans les contrées boréales. Voici les minima principaux de la nuit du 9 au 10 décembre :

Langres	— 30°,0
Autun.........................!	— 29°,0
Lagny.......................................	— 28°,0
Soissons....................................	— 28°,0
Longueville.................................	— 28°,0
Lamorteau (Luxembourg).....................	— 27°,6
Logelbach, près Colmar......................	— 27°,5
Charleville.................................	— 27°,0
Breslau.....................................	— 26°,0
Cassel........	— 26°,0
Doulaincourt (Haute-Marne).................	— 26°,0
Saint-Maur, près Paris......................	— 25°,6
Montsouris..................................	— 23°,8
Observatoire de Paris........................	— 22°,0

notifications thermométriques ne sont sans doute pas comparables entre elles : il aurait fallu vérifier où, comment et dans quelles conditions elles ont été obtenues ; mais les résultats généraux n'en seraient pas diminués, au contraire, et il est incontestable que cette période de froid est l'une des plus rigoureuses que les météorologistes aient eu à enregistrer.

Des thermomètres placés sur la neige et exposés au rayonnement sont descendus plus bas encore.

La France et l'Allemagne ont été couvertes d'une neige épaisse; les principaux fleuves, la Seine, la Loire, l'Erdre, l'Aisne, l'Yonne, l'Oise, la Marne, se sont arrêtés, ainsi que le Doubs. Rien qu'en France, les morts directement occasionnées par le froid se sont élevées à plus d'une cinquantaine. Nous avions perdu depuis 1830 le souvenir de ces hivers rigoureux; mais il faut avouer que les effets du froid étaient encore plus terribles à cette époque qu'à la nôtre, le confortable étant incomparablement moins répandu qu'aujourd'hui, et les moyens de communication dont nous jouissons actuellement, sans les apprécier, n'existant pas encore.

Fig. 188. — L'embâcle de la Loire pendant le grand hiver de 1879 à 1880. Vue prise à Villobernier.

Nous avons dit plus haut que la plupart des rivières de France ont été prises. En janvier, au moment de la débâcle, il se produisit dans la Loire un phénomène extraordinaire, sans précédent dans l'histoire de France, et qui, selon toute probabilité, restera sans renouvellement pendant des siècles; au moment où le fleuve se dégelait et où les glaçons disloqués et séparés commençaient à être entraînés dans son cours, un nouveau froid arriva, qui arrêta toute cette armée en marche, les blocs s'entassèrent les uns sur les autres dans un chaos fantastique, et cet étrange paysage polaire fut pétrifié comme une armée de statues [1].

Dans l'hiver de 1879-1880, on a compté à Paris soixante-quinze jours de gelée, dont trente-trois consécutifs. La température moyenne de décembre a été de — 7°,4, c'est-à-dire de 4 degrés au-dessous de la normale.

Pour que la Seine gèle à Paris, il faut un froid d'environ 9 degrés, durant plusieurs jours de suite. Nous avons vu plus haut comment le fait se produit. Depuis le commencement du siècle, le fleuve a été pris

1. J'ai décrit cet étrange spectacle, tel que je l'ai observé sur nature, aux premiers tableaux qui composent mon ouvrage *Dans le Ciel et sur la Terre.*

entièrement treize fois : janvier 1803; décembre 1812; janvier 1820;
1821, 1823, 1829, 1830 et 1838; décembre 1840; janvier 1854;
janvier 1865, décembre 1871 et décembre 1879.

Voici les températures les plus basses observées en différentes villes
de France depuis qu'on les étudie scientifiquement par le thermomètre.
Elles sont inscrites, comme la liste précédente des températures les
plus élevées, en allant du nord au sud. J'ai relevé toutes celles qui ont
atteint au moins 20 degrés de froid, et je n'ai relevé que celles-là,
excepté pour Paris, où il y a plusieurs comparaisons [1].

PLUS GRANDS FROIDS OBSERVÉS EN FRANCE.

Lieux.	Latitude.	Longitude.	Altitude.	Dates.		Minimum.
Douai............	50°22'	0°44' E	24ᵐ	28 janvier	1776	— 20°,6
Arras............	50°17'	0°26' E	67	30 décembre	1788	— 23°,4
Amiens..........	49°53'	0° 2' W	36	27 février	1776	— 20°,3
Saint-Quentin.....	49°50'	0°57' E	104	28 janvier	1776	— 20°,6
Vervins..........	49°55'	1°34' E	175	31 décembre	1788	— 21°,9
Montdidier........	49°39'	0°14' E	99	29 janvier	1776	— 22°,5
Rouen	49°26'	1°15' W	37	30 décembre	1788	— 21°,8
Clermont (Oise)...	49°23'	0° 5' E	86	26 décembre	1853	— 20°,0
Reims...........	49°15'	1°42' E	86	9 décembre	1871	— 25°,5
Les Mesneux......	49°13'	1°37' E	85	19 janvier	1855	— 20°,2
Metz............	49° 7'	3°50' E	182	31 janvier	1830	— 20°,5
Montmorency.....	49° 0'	0° 2' E	183	janvier	1785	— 20°,0
Châlons-sur-Marne.	48°57'	2° 1' E	82	31 décembre	1788	— 20°,6
				26 décembre	1853	— 20°,0
Goersdorf........	48°57'	5°26' E	228	27 décembre	1853	— 21°,8
Paris (Observatoire)	48°50'	0° 0'	65	25 janvier	1795	— 23°,5
				13 janvier	1709	— 23°,1
				10 décembre	1879	— 22°,0
				9 décembre	1871	— 21°,5
				31 décembre	1788	— 21°,3
				6 février	1665	— 21°,1
				22 janvier	1716	— 19°,7
				29 janvier 1776 et 30 décembre 1783		— 19°,1
				20 janvier	1838	— 19°,0
				17 janvier	1830	— 17°,2
Paris (Montsouris).	48°49'	0° 0'	77	9 décembre	1871	— 23°,7
Paris (parc St-Maur)	48°48'	0° 9' E	49	10 décembre	1879	— 25°,6
Hagueneau........	48°48'	5°25' E	65	décembre	1788	— 21°,5
L'Aigle..........	48°43'	2° 0' W	136	30 décembre	1788	— 21°,8
Nancy...........	48°42'	3°51' E	200	1ᵉʳ février	1776	— 22°,6
				3 février	1830	— 26°,3

1. Voyez à l'appendice le tableau des *Températures les plus basses* constatées à l'Observatoire de
Paris depuis l'année 1700, ainsi que celui des nombres mensuels de jours pendant lesquels le
thermomètre a été noté au-dessous de zéro à Paris.

Lieux.	Latitude.	Longitude.	Altitude.	Dates.	Minimum.
Strasbourg	48°35′ N	5°25′ E	144ᵐ	31 décembre 1788 / 3 février 1830	— 26°,3 / — 23°,4
Étampes	48°26′	0°10′ E	127	31 décembre 1788	— 21°,9
Nemours	48° 0′	0°22′ E	60	9 décembre 1871	— 26°,0
Mayenne	48°18′	2°57′ W	102	décembre 1788	— 20°,0
Troyes	48°18′	1°45′ E	110	31 décembre 1788	— 23°,0
Saint-Dié	48°17′	4°37′ E	343	31 décembre 1788	— 26°,0
Épinal	48°10′	4° 7′ E	341	3 février 1830 et / 9 décembre 1871	— 25°,6
Colmar	48° 5′	5° 1′ E	195	19 décembre 1788	— 25°,6
Neuf-Brisach	48° 0′	5° 0′ E	196	18 décembre 1788	— 30°,2
Montargis	48° 0′	0°23′ E	100	9 décembre 1871	— 25°,5
Orléans	47°54′	0°26′ W	123	31 décembre 1788	— 22°,5
Langres	47°52′	3° 0′ E	480	10 décembre 1879	— 30°,0
Mulhouse	47°49′	5° 0′ E	229	janvier 1784 / 3 février 1830	— 22°,4 / — 28°,1
Beaugency	47°46′	0°46′ W	100	31 décembre 1788	— 22°,5
Montbéliard	47°30′	4°28′ E	320	9 décembre 1871	— 26°,9
Tours	47°24′	1°39′ W	55	31 décembre 1788	— 25°,0
Dijon	47°19′	2°42′ E	246	1ᵉʳ février 1776	— 20°,0
Chinon	47°10′	2° 6′ W	82	décembre 1788	— 23°,8
Bourges	47° 5′	0° 4′ E	156	janvier 1789	— 23°,0
Autun	46°57′	1°58′ E	287	10 décembre 1879	— 29°,0
Pontarlier	46°54′	4° 1′ E	838	31 décembre 1788 / 14 décembre 1846	— 23°,8 / — 31°,3
Lons-le-Saunier	46°40′	3°13′ E	258	31 décembre 1788 / 16 janvier 1838	— 24°,0 / — 24°,5
Poitiers	46°35′	2° 0′ W	118	décembre 1788	— 20°,0
Moulins	46°34′	1° 0′ E	227	31 décembre 1788 / 22 décembre 1870	— 22°,6 / — 25°,0
Vichy	46°12′	1° 0′ E	259	9 décembre 1871	— 27°,0
Roanne	46° 2′	1°44′ E	286	31 décembre 1788	— 20°,6
Limoges	45°50′	1° 5′ W	287	décembre 1788	— 23°,7
Lyon	45°46′	2°29′ E	295	31 décembre 1788 / 16 janvier 1838	— 21°,9 / — 20°,0
Grande-Chartreuse	45°48′	3°23′ E	2030	30 décembre 1788	— 26°,3
Grenoble	45°11′	3°24′ E	213	février 1776	— 21°,6
Périgueux	45°11′	1°36′ W	98	décembre 1870	— 23°,0
Puy en Velay	45° 3′	1°33′ E	650	décembre 1870	— 25°,5
Aurillac	44°56′	0° 6′ E	622	27 décembre 1829	— 23°,6

Les froids les plus excessifs que l'on ait ressentis jusqu'à ce jour sont de 31°,3 pour la France ; de 20°,6 pour les Iles-Britanniques ; de 24°,4 pour la Hollande et la Belgique ; de 55 degrés pour le Danemark, la Suède et la Norvège ; de 43°,7 pour la Russie ; de 35°,6 pour l'Allemagne ; de 17°,8 pour l'Italie ; de 12 degrés pour l'Espagne et le Portugal. Quant aux autres pays qui n'appartiennent pas à l'Europe, il faudrait de plus nombreuses observations pour qu'on pût connaître avec certitude les plus forts degrés de froid qu'on est exposé à y subir. — Il est constant néanmoins qu'on a observé à Fort-Reliance, dans l'Amérique Anglaise, un froid de

56°,7, et près de Semipalatinsk un froid de 58 degrés. En janvier 1838, on a relevé un froid de 60 degrés à Iakoutsk. Le mercure se congèle à — 40 degrés. Il y a des points habités sur le globe où il reste en cet état plusieurs mois de l'année (par exemple, l'île Melville). Le capitaine Parry affirme du reste qu'un homme bien vêtu peut se promener sans inconvénient à l'air libre par 48 degrés au-dessous de zéro, s'il n'y a pas de vent ; dans le cas contraire, la peau est rapidement brûlée. Le mercure gelé a l'aspect du plomb ; mais il est moins dur, plus fragile et moins cohérent. Au toucher, il brûle la peau comme le ferait un morceau de fer rouge. On peut en faire de petites statuettes, qui se fondent quand la température descend au-dessous de — 40 degrés.

Tels sont les plus grands froids éprouvés. Si l'on se reporte aux plus grandes chaleurs notées au chapitre précédent (75 degrés à la surface du sol africain), on conclut que les extrêmes de température sur le globe peuvent comprendre une échelle de 135 *degrés!*

Nous allons, dans le chapitre suivant, étudier la théorie des climats dans son caractère général, saisir la distribution de la chaleur à la surface du globe, et relever l'état moyen et les extrêmes de température observés sur les différents points de la planète.

L'occupation la plus agréable que l'homme puisse se donner, c'est sans contredit l'*étude de la nature*. Le travail manuel a besoin d'un complément : l'activité de l'intelligence ; ce complément, nul sujet ne peut mieux l'offrir que l'étude de la nature. La politique, qui n'a guère été jusqu'à présent qu'un tissu de duperies et de crimes, n'est pas digne de la contemplation de l'âme, et ne deviendra une science qu'à l'époque où les hommes posséderont les notions élémentaires de la réalité naturelle, où ils sauront ce qu'ils sont, quelle planète ils habitent, et cesseront d'avoir les yeux fermés par l'ignorance brutale dans laquelle ils végètent encore. L'histoire peut à bon droit fixer l'attention de l'homme ; mais elle existe à peine, elle ne consiste encore qu'en une série de guerres sans cesse renaissantes, et n'est qu'une ride à la surface de l'océan des âges. Ce qui peut légitimement et utilement occuper les instants précieux d'un esprit libre, c'est la grande, la vraie étude de la nature, source inépuisable d'émotions pures, et dont chaque branche offre à notre intelligence un aliment délectable et salutaire.

Parmi les diverses branches de l'étude de la nature, la météorologie restera toujours celle qui nous intéressera le plus utilement et le plus constamment ; car c'est de l'Atmosphère que dépendent les diverses circonstances de notre vie physique et de son entretien. Le météorologiste, l'ami de la nature, qui a appris à connaître, comme nous essayons de le faire dans cet ouvrage, l'ensemble des lois qui régissent la circulation de la vie ici-bas, trouve chaque jour un nouveau sujet d'intérêt dans l'observation du temps. Non seulement les phénomènes généraux des saisons sont pour lui un spectacle désormais raisonné et lumineux ; non seulement il voit à travers les nuages, les tempêtes, les orages, quelles sont les forces qui tiennent les fils de ce mouvement perpétuel, mais encore les variations quotidiennes de la température et les faits les plus ordinaires l'intéressent constamment et sans fatigue. C'est un si grand bonheur de *savoir* où l'on est dans ce grand univers, de se sentir chez soi, de bien connaître sa maison, et de mener une vie intellectuelle, au lieu de rester dans la fange obscure dans laquelle la masse de l'humanité traîne sa massive carapace !

J'ajouterai même que celui qui s'intéresse ainsi scientifiquement à l'observation de la nature se met au-dessus des sensations physiques qui sont pour d'autres des causes de souffrances. Il y trouve constamment de l'intérêt sur tout, et quand les extrêmes de la température se manifestent, il constate avec plaisir ces extrêmes eux-mêmes. Dans les plus grandes chaleurs de l'été, le météorologiste n'a *jamais assez chaud*, car, le thermomètre fût-il à 100 degrés de chaleur, il voudrait le voir à 101 degrés, pour la curiosité de l'exception. Dans les températures les plus glaciales, il n'a *jamais assez froid*, car, si le thermomètre est descendu jusqu'à 30 degrés, il serait encore plus satisfait de voir le mercure gelé lui-même. Ainsi, il est toujours heureux.

CHAPITRE VII

LES CLIMATS

DISTRIBUTION DE LA TEMPÉRATURE SUR LE GLOBE. — LIGNES ISOTHERMES.

L'ÉQUATEUR. — LES TROPIQUES. — LES RÉGIONS TEMPÉRÉES. — LES PÔLES.
LE CLIMAT DE LA FRANCE.

Si l'on trace sur un globe terrestre deux lignes parallèles à l'équateur, situées dans chaque hémisphère à 23° 27' de latitude, on marque ainsi deux cercles entre lesquels on voit passer le soleil au zénith à certaines époques de l'année : ce sont les *tropiques*. Celui de l'hémisphère boréal est nommé tropique du Cancer, parce qu'au solstice d'été le Soleil passe à son zénith et se trouve dans le signe zodiacal du Cancer. Celui de l'hémisphère austral se nomme tropique du Capricorne, parce que le Soleil passe à son zénith au solstice d'hiver dans le signe zodiacal du Capricorne. La zone comprise entre ces deux cercles est la plus chaude du globe, puisqu'elle renferme les lieux sur lesquels le Soleil s'élève à sa plus grande hauteur; elle prend le nom de *zone torride* ou intertro-

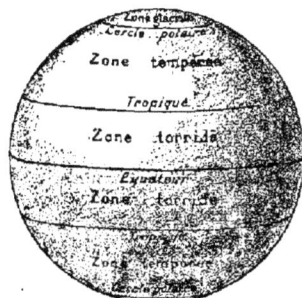

Fig. 189. — Zones et climats.

picale. Si l'on trace sur ce même globe terrestre deux autres cercles, éloignés du pôle de 23° 27', c'est-à-dire à 66° 33' de l'équateur, on marque les points au-dessous desquels le Soleil peut rester pendant plusieurs jours et au-dessus desquels il s'élève de moins en moins jusqu'au pôle : ce sont les *cercles polaires*. Pendant une moitié de l'année, le Soleil s'élève en spirale au-dessus d'eux jusqu'à la hauteur de 23°27', et pendant l'autre moitié il s'abaisse de la même quantité.

Entre ces deux zones est la *zone tempérée*, pour laquelle le Soleil se lève et se couche chaque jour, sans jamais monter jusqu'au zénith, atteignant une hauteur croissante et donnant une durée de jours de plus en plus longue pour notre hémisphère du solstice de décembre au solstice de juin, hauteur et durée auxquelles correspond une marche inverse pour l'autre hémisphère.

Les deux zones glaciales forment les 0,082 de la surface de la Terre; les deux zones tempérées en représentent ensemble les 0,520 ou un peu plus de la moitié; enfin la zone torride, composée des deux régions comprises entre les tropiques et l'équateur, est à la surface entière de notre planète comme 0,398 est à 1.

La durée des jours les plus longs et des jours les plus courts, sous les diverses latitudes de notre hémisphère, depuis l'équateur jusqu'aux cercles polaires, nous donne la succession suivante :

Latitudes.	Exemples.	Durée du jour le plus long.		Durée du jour le plus court.	
0°	Quito.................	12ʰ	0ᵐ	12ʰ	0ᵐ
5	Bogota...............	12	17	11	43
10	Gondar, Madras.........	12	35	11	25
15	Saint-Louis...........	12	53	11	07
20	Mexico, Bombay........	13	13	10	47
25	Canton	13	34	10	26
30	Le Caire..............	13	56	10	4
35	Alger.................	14	22	9	38
40	Madrid, Naples.........	14	51	9	9
45	Bordeaux, Turin........	15	26	8	34
50	Dieppe, Francfort.......	16	9	7	51
55	Édimbourg, Copenhague...	17	7	6	53
60	Pétersbourg, Christiania...	18	30	5	30
65	Arkhangel.............	21	9	2	51
66° 33′	Cercle polaire...........	24	0	0	0

Il en est naturellement de même dans l'hémisphère austral. Au delà des cercles polaires, la durée du jour varie comme il suit :

Latitudes.	Le soleil ne se couche pas dans l'hémisphère boréal, ne se lève pas dans l'hémisphère austral pendant environ :	Le soleil ne se lève pas dans l'hémisphère austral, ne se couche pas dans l'hémisphère boréal pendant environ :
66° 33′	1ʲ	1ʲ
70	65	60
75	103	97
80	134	127
85	161	152
90	186	179

Dans cette explication des climats, nous avons supposé le Soleil
réduit à son centre; nous avons, en outre, négligé les phénomènes de
l'aurore et du crépuscule produits par la réfraction de la lumière et de
la chaleur. Comme le diamètre de l'astre est de 32', il faudrait reculer
de 16' la latitude où il disparaîtrait tout entier. De plus, la réfraction
l'élevant de 33 à l'horizon, il faudrait encore éloigner de cette quantité les cercles polaires absolus. Enfin la nuit n'est entière que lorsque
le Soleil est abaissé à 18 degrés au-dessous de l'horizon; il y aurait
donc encore à tenir compte de cette circonstance, d'où il résulte que
vers les pôles le jour absolu ne cesse que rarement et que la nuit
complète y est presque inconnue.

Les saisons sont inverses dans les deux hémisphères, comme nous
l'avons dit; d'ailleurs elles ne sont pas autre chose que les intervalles
de temps que la Terre emploie à parcourir les quatre parties de son
orbite comprises entre les équinoxes et les solstices. A cause de l'excentricité de l'orbite terrestre et en vertu de la loi des aires, les
durées des saisons sont inégales; elles sont représentées par les
nombres suivants, qui montrent que le Soleil reste chaque année
environ huit jours de plus dans notre hémisphère boréal que dans
l'hémisphère austral.

Automne (22 septembre-21 décembre)........	89^j	18^h	35^m
Hiver (21 décembre-21 mars)...............	89	0	2
Séjour du soleil dans l'hémisphère austral ..	178^j	18^h	37^m
Printemps (21 mars-21 juin)...............	92^j	20^h	59^m
Été (21 juin-22 septembre)	93	14	13
Séjour du soleil dans l'hémisphère boréal...	186^j	11^h	12^m

Le Soleil étant actuellement la source unique de la chaleur pour la
surface de la Terre, il en résulte que les pays les plus chauds sont ceux
au-dessus desquels il reste le plus longtemps et darde ses rayons dans
la direction la plus voisine de la verticale, c'est-à-dire les régions
situées le long de l'équateur et de chaque côté jusqu'aux tropiques.
Aussi ces régions chaudes sont-elles désignées sous le nom générique
de *zone torride*. A mesure que l'on remonte ensuite vers les pôles, on
voit que le Soleil s'élève moins haut, et que pendant six mois les nuits
sont plus longues que les jours : ce sont les *régions tempérées*, où les
saisons donnent beaucoup plus de variation aux productions de la
nature, mais où la moyenne de la température annuelle va constamment en diminuant, suivant la diminution de la hauteur apparente du

Soleil à midi. Enfin, lorsqu'on a dépassé le 66ᵉ degré de latitude, on entre dans la *région polaire* glaciale, sur laquelle le Soleil s'élève à peine aux plus beaux jours suffisamment pour fondre les glaces éternelles de ces régions mornes et silencieuses.

Je n'ai pas besoin de dire à mes lecteurs que le pôle *sud* est froid comme le pôle nord, malgré l'idée qui s'attache à cette direction pour notre hémisphère. On voit encore quelques poètes voyager

Du pôle brûlant jusqu'au pôle glacé;

mais de telles métaphores ne devraient plus être permises avec le progrès de la science. L'équateur est au sud de notre hémisphère et les vents qui viennent de là sont chauds. L'équateur est au nord de l'autre hémisphère, et les vents qui en viennent sont également chauds, quoiqu'ils soufflent du nord. Pour l'orientation météorologique comme pour les saisons, les habitants de l'Australie, du cap de Bonne-Espérance, du cap Horn, de Buenos-Ayres ou de Santiago jugent et parlent à l'inverse de nous.

La latitude, c'est-à-dire l'angle sous lequel les rayons du Soleil arrivent à la surface du sol, étant la grande cause de la succession des climats de l'équateur aux pôles, la diminution serait progressive et régulière si la Terre était un globe d'une uniformité parfaite, au lieu d'être partagé en terres et en eaux, et traversé de montagnes, de plateaux et de vallées. La quantité de chaleur évaluée, par exemple, à 1000 sous l'équateur irait en décroissant régulièrement, serait marquée par 923 sous l'un et l'autre tropique, par 720 à la latitude de Paris, et par 500 sous le cercle polaire. Mais notre planète n'est pas une sphère uniforme et tranquille; des révolutions plus ou moins intenses s'y succèdent constamment.

Nous verrons au livre IV de cet ouvrage que l'Atmosphère est dans un état perpétuel de circulation, et qu'il y a des vents généraux qui sillonnent périodiquement les différentes contrées du globe. Ces courants réguliers modifient la distribution normale des climats. Ainsi les vents alizés, qui établissent un double courant entre l'équateur et les pôles, tempèrent à la fois le froid des latitudes élevées sur lesquelles ils passent et la chaleur des régions tropicales : ils réchauffent les premières et rafraîchissent les secondes.

Une seconde cause vient s'ajouter à celle-là pour varier la température le long des mêmes cercles de latitude. Le globe terrestre est partagé en océans et en continents. L'eau a une capacité plus grande

que la terre pour la chaleur : il en résulte que la mer est plus froide
que la terre en été, et plus chaude en hiver. Les vents qui viennent de
la mer empêchent les rivages d'être aussi froids que les terres de l'intérieur. Le vent du sud-ouest étant celui.qui souffle le plus souvent, les
côtes occidentales d'Espagne, de France, l'Écosse et la Norvège sont
plus chaudes que les pays de l'intérieur des terres à latitude égale.
Le grand courant marin du Gulf-Stream, dont nous parlerons aussi,
s'ajoute à cette modification pour l'augmenter encore.

L'eau s'échauffe moins à sa surface que les matières terreuses, parce
que celles-ci ont une chaleur spécifique très inférieure à celle de l'eau.
En sorte que la quantité de chaleur solaire nécessaire pour élever leur
température, de 10 degrés par exemple, est beaucoup moins considérable que celle qui peut élever du même nombre de degrés la température d'une couche liquide. En outre, les rayons solaires, qui s'absorbent dans une très mince couche terrestre, pénètrent en partie dans
l'eau à une profondeur considérable.

Il résulte de ces causes que l'eau et l'atmosphère qui est en contact avec elle doivent être moins chaudes l'été que les portions continentales des terrains semblablement situés. En hiver, au contraire,
elles sont plus chaudes. Les molécules superficielles, refroidies par
leur rayonnement vers les régions froides de l'espace, descendent
vers le fond à cause de leur excès de pesanteur spécifique; en conséquence, la surface de la mer doit conserver une température supérieure à celle que présente la surface des continents, puisque
ici les molécules superficielles refroidies ne s'enfoncent pas dans le
terrain.

Ces conséquences, déduites d'un examen minutieux du mode
d'action des rayons solaires sur une surface liquide et sur une surface
continentale, sont confirmées par les observations.

Ainsi, à Bordeaux, la température moyenne de l'hiver est de 5°,1,
tandis que sous la latitude de cette ville la température de l'océan
Atlantique ne s'abaisse jamais au-dessous de 10°,7. Sous le 50e degré
on n'a jamais trouvé l'océan au-dessous de 9 degrés.

L'ensemble des observations qu'on a recueillies montre que dans
l'hémisphère nord et dans la zone tempérée la température moyenne
d'un îlot situé au sein de l'océan Atlantique est plus élevée que la température moyenne d'un lieu semblablement placé sur le continent, que
les étés y sont moins chauds et les hivers moins froids. Exemples :
Madère, Jersey, etc.

La mer sert à égaliser les températures. De là une opposition importante entre le climat des îles ou des rivages, propre à tous les continents articulés, riches en péninsules et en golfes, et le climat de l'intérieur d'une grande masse compacte de terres fermes. Dans l'intérieur de l'Asie, Tobolsk, Barnaul sur l'Obi et Irkoutsk ont les mêmes étés que Berlin, Münster et Cherbourg; mais à ces étés succèdent des hivers dont l'effrayante température descend à — 18 et — 20 degrés. Pendant les mois d'été, on voit le thermomètre se maintenir des semaines entières à 30 et 31 degrés. Ces *climats continentaux* ont été à bon droit nommés *excessifs* par Buffon, et les habitants des contrées où règnent les climats excessifs paraissent être condamnés, comme les âmes en peine du Purgatoire de Dante, *a sofferir tormenti caldi e geli.*

Le climat de l'Irlande, des îles de Jersey et de Guernesey, de la presqu'île de Bretagne, des côtes de Normandie et de l'Angleterre méridionale, pays aux hivers doux, aux étés frais et nébuleux, contraste fortement avec le climat *continental* de l'intérieur de l'Europe orientale. Au nord-est de l'Irlande (54° 56′), par la même latitude que Kœnigsberg en Prusse, le myrte croît en pleine terre, comme en Portugal. La température du mois d'août atteint 23 degrés en Hongrie; elle est de 16 degrés tout au plus à Dublin (sur la même ligne isotherme moyenne de 9°,5). La température de l'hiver est de 2°,4 à Bude; à Dublin, où la température annuelle n'est que de 9°,5, celle de l'hiver est encore de 4°,3 au-dessus de la glace : c'est 2 degrés de plus qu'à Milan, Pavie, Padoue, Venise, où la chaleur moyenne de l'année monte à 12°,7. Ainsi l'hiver est moins froid en Irlande que dans l'Italie du Nord. Aux Orcades (Stromness), un peu au sud de Stockholm (la différence de latitude n'est pas d'un demi-degré), la température moyenne de l'hiver est de 4 degrés, c'est-à-dire qu'elle est plus élevée qu'à Paris et qu'à Londres. Bien plus, les eaux intérieures ne gèlent jamais aux îles Féroë, placées par 62 degrés de latitude, sous la douce influence du vent d'ouest et de la mer. Sur les côtes gracieuses du Devonshire, dont l'un des ports a été surnommé le Montpellier du Nord à cause de la douceur de son climat, on a vu l'*Agave mexicana* fleurir en pleine terre et des orangers en espalier porter des fruits, quoiqu'ils fussent à peine abrités par quelques nattes.

Là, comme à Penzance, comme à Gosport et à Cherbourg, la température moyenne de l'hiver est de 5°,5; elle n'est donc inférieure à celles de Montpellier et de Florence que de 1°,3. Il faut aller jusqu'à Rome pour retrouver la température de Nice.

La température moyenne annuelle de Londres est de 9°,4. La température moyenne de l'été est de 15°,9, et celle de l'hiver de 3°,6. L'hiver est donc plus chaud à Londres qu'à Paris et l'été plus froid, comme la moyenne annuelle.

Quoique Cherbourg se trouve à 1 degré de latitude plus au nord que Paris, cependant sa température moyenne y est plus élevée : elle est de

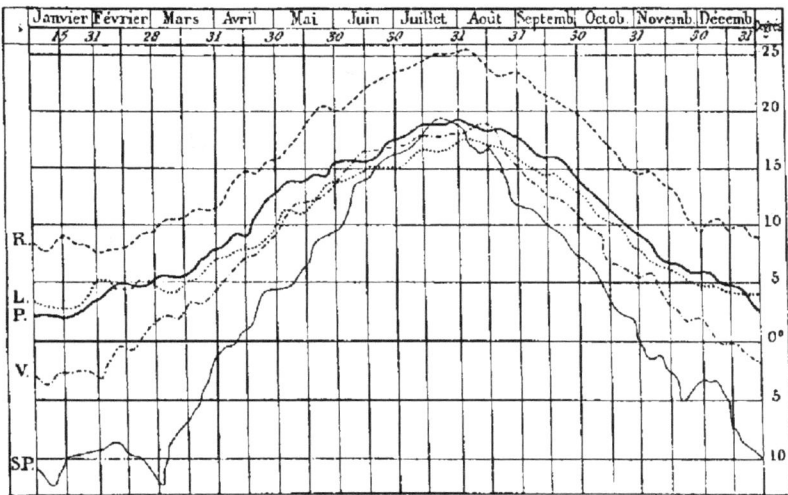

FIG. 190. — Températures comparatives des capitales de l'Europe.

de Rome , Londres , Paris ,, Vienne , Saint-Pétersbourg.

11°,3, celle de Paris étant de 10°,8. La différence est bien plus grande entre les climats d'hiver des deux villes, puisque la moyenne de l'hiver est de 6°,5 à Cherbourg et de 3°,2 à Paris. Par contre, la mer abaisse en été la température de Cherbourg et de toutes ses côtes au-dessous de celle de Paris. Aussi voit-on là des figuiers, des lauriers, des myrtes, qui périraient aux environs de Paris. L'énorme figuier que l'on voit à Roscoff en Bretagne rivalise avec ceux de Smyrne.

Ces rapprochements montrent assez en combien de manières une seule et même température moyenne annuelle peut se répartir entre les diverses saisons, et combien ces divers modes de distribution de la chaleur dans le cours de l'année exercent d'influence sur la végétation, l'agriculture, la maturation des fruits et le bien-être matériel de l'homme.

Les mêmes rapports de climat qu'on observe entre la presqu'île de Bretagne et le reste de la France, dont la masse est plus compacte, dont les étés sont plus chauds et les hivers plus rudes, se reproduisent jusqu'à un certain point entre l'Europe et le continent asiatique, dont l'Europe forme la péninsule occidentale. L'Europe doit la douceur de son climat à sa configuration richement articulée, à l'Océan qui baigne les côtes occidentales de l'ancien monde, à la mer libre de glaces qui la sépare des régions polaires, et surtout à l'existence et à la situation

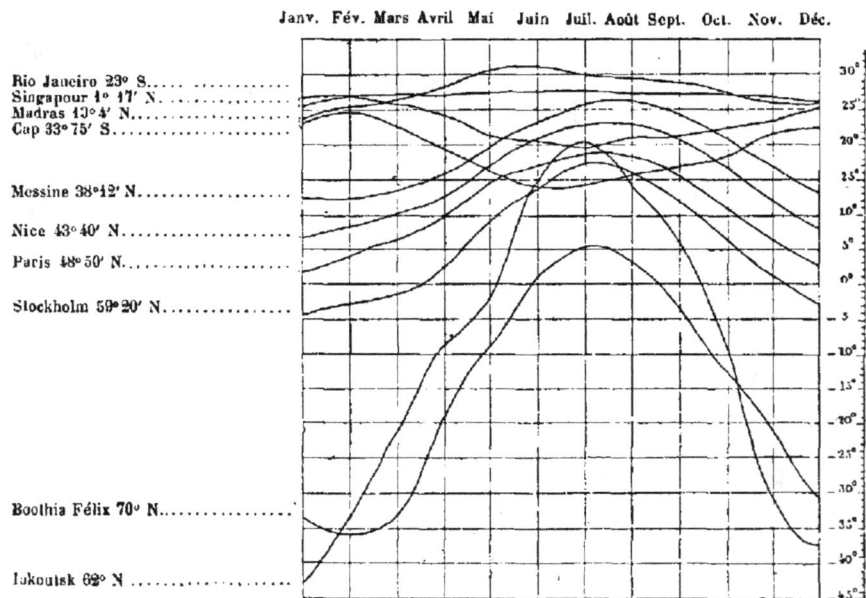

FIG. 191. — Températures comparatives suivant les latitudes.

géographique du continent africain, dont les régions intertropicales rayonnent abondamment et provoquent l'ascension d'un immense courant d'air chaud, tandis que les régions placées au sud de l'Asie sont en grande partie océaniques. L'Europe deviendrait plus froide si l'Afrique était submergée, si la fabuleuse Atlantide, sortant du sein de l'océan, venait joindre l'Europe à l'Amérique, si les eaux chaudes du Gulf-Stream ne se déversaient point dans les mers du Nord, ou si une nouvelle terre, soulevée par les forces volcaniques, s'intercalait entre la péninsule Scandinave et le Spitzberg. A mesure que l'on avance de l'ouest à l'est, en parcourant sur un même parallèle de latitude la France, l'Allemagne, la Pologne, la Russie, jusqu'à la chaîne des monts Ourals, on voit les températures moyennes de l'année suivre une série décroissante. Mais aussi, à mesure que l'on pénètre ainsi dans l'intérieur, la forme du continent devient de plus en plus compacte, sa largeur augmente, l'influence de la mer diminue, celle des vents d'ouest devient moins sensible : c'est là qu'il faut chercher la raison principale de l'abaissement progressif de la température.

La température moyenne de l'équateur est de 27°,5. En raison des causes que nous venons de spécifier et de l'absence de végétation, celle de l'intérieur de l'Afrique est de 30 degrés pour un thermomètre placé à l'ombre et à l'abri du vent chaud ; mais il y a des points où l'action des vents brûlants et la rareté des nuages se combinent pour condenser une chaleur intolérable. Ainsi, à l'intérieur de l'Abyssinie et aux abords de la mer Rouge les températures de 48 à 50 degrés à l'ombre ne sont pas rares en été. Celle du sol est bien plus élevée encore, comme nous l'avons vu plus haut. L'air est stagnant au milieu de toute la chaleur réverbérée et souvent méphitique au fond de ces gorges ; nulle brise ne vient rafraîchir cet enfer terrestre ; malheur à celui qui s'y repose avant ou après la saison des pluies ! On ne peut alors voyager que la nuit, et l'on parcourt des plaines absolument nues.

Des causes diverses influent donc, comme on voit, sur le climat des différentes contrées du globe, et l'on se tromperait fort si l'on calculait seulement sur la distance à l'équateur pour évaluer la décroissance de la température en marchant vers le pôle. Nous avons dit que la température moyenne de l'équateur est de 27°,5 ; la température moyenne de Paris est de 10°,8 ; la température moyenne de — 15 degrés a été constatée le long et au delà du cercle polaire.

Pour établir un tableau fidèle de la distribution de la température à la surface de la Terre, Alexandre de Humboldt a imaginé de marquer sur une mappemonde tous les points où des observations thermométriques sérieuses ont été faites, d'y noter les degrés observés, puis de tracer des lignes passant respectivement par tous les endroits dont la température moyenne est la même. Il a désigné ces lignes sous le nom d'*isothermes* (ίσος, égal, et θερμός, chaleur). Depuis que cette ingénieuse méthode a été adoptée, on a multiplié les observations et perfectionné les cartes. La planche en couleur que l'on voit ici reproduit ces lignes curieuses, telles qu'on les connaît aujourd'hui : en les examinant attentivement, on apprendra mieux que par toute description la distribution de la température à la surface de la Terre. Nous l'avons dessinée (1887) d'après les derniers documents qui ont apporté certaines corrections aux anciens, surtout en ce qui concerne

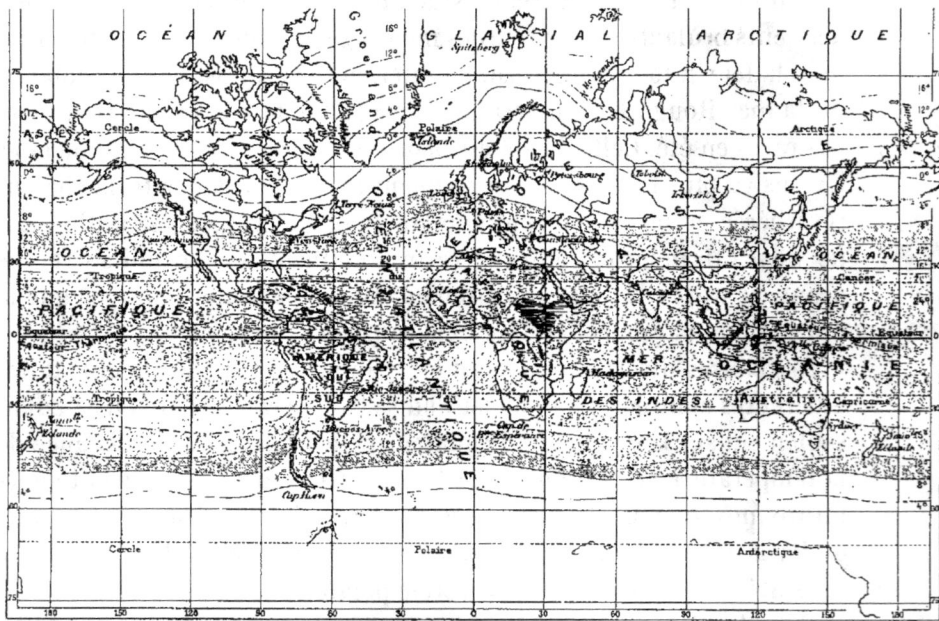

CARTE GÉNÉRALE DES LIGNES ISOTHERMES
Températures moyennes de l'air à la surface du Globe.

l'Amérique du Sud, où l'inflexion brusque de ces lignes est si curieuse.

Nous y voyons les lignes d'égale température s'élever le long des côtes occidentales de l'Europe. Si nous regardons, par exemple, en particulier la ligne de 10 degrés, nous voyons qu'elle touche le 40ᵉ degré de latitude au sud-ouest de New-York, qu'elle s'élève jusque vers le 55° degré en approchant de l'Angleterre, de telle sorte que Dublin et Londres ont la même température moyenne que New-York, quoique situées beaucoup plus au nord ; la même température redescend ensuite vers le sud, en pénétrant sur le continent et en passant par Vienne, Astrakan et Pékin, et descendant même au-dessous du 40ᵉ parallèle.

La ligne de plus grande chaleur, appelée *équateur thermique*, se tient presque partout au nord de l'équateur ; sa température varie, suivant les lieux, de 27 degrés à 30 degrés. Jusqu'aux régions polaires, la température moyenne des différents lieux décroît jusqu'à la courbe de — 17 degrés, à peine tracée encore, à cause de la difficulté des voyages d'observation dans ces régions inhospitalières.

Malgré ces grandes différences, la température décroît en moyenne à raison d'un demi-degré du thermomètre par chaque degré de latitude. Mais comme, d'autre part, la chaleur diminue de 1 degré quand la hauteur augmente de 156 à 170 mètres, il en résulte que 78 à 85 mètres d'élévation au-dessus du niveau de la mer produisent le même effet sur la température annuelle qu'un déplacement vers le nord de 1 degré en latitude. Ainsi, la température moyenne annuelle du couvent du mont Saint-Bernard, situé à 2491 mètres de hauteur, par 45° 50′ de latitude, se retrouve dans la plaine par une latitude de 75° 50′.

En étudiant la distribution de la chaleur à la surface du globe et en traçant le système des lignes isothermes, Humboldt a mis en évidence les causes qui élèvent la température d'un lieu et celles qui l'abaissent.

Les causes qui augmentent la température moyenne sont :

La proximité de l'Océan à l'ouest dans la zone tempérée ;

La configuration particulière aux continents qui sont découpés en presqu'îles nombreuses ;

Les méditerranées et les golfes pénétrant profondément dans les terres ;

L'orientation, c'est-à-dire la position d'une terre relativement à une mer libre de glaces, qui s'étend au delà du cercle polaire, ou par rapport à un continent d'une étendue considérable situé sur le même méridien, à l'équateur, ou du moins à l'intérieur de la zone tropicale ;

La direction sud-ouest des vents régnants, s'il s'agit de la bordure occidentale d'un continent situé dans la zone tempérée, les chaînes de montagnes servant de rempart et d'abri contre les vents qui viennent des contrées plus froides;

La rareté des marécages dont la surface reste couverte de glace au printemps et jusqu'au commencement de l'été;

L'absence des forêts sur un sol sec et sablonneux; la sérénité constante du ciel pendant les mois d'été; enfin le voisinage d'un courant maritime, si ce courant apporte des eaux plus chaudes que celles de la mer ambiante.

Les causes qui abaissent la température moyenne sont :

La hauteur au-dessus du niveau de la mer d'une région qui ne présente point de plateaux considérables;

L'éloignement de la mer dans la direction de l'ouest et du sud pour notre hémisphère;

La configuration compacte d'un continent dont les côtes sont dépourvues de golfes;

Une grande extension des terres vers le pôle, et jusqu'à la région des glaces éternelles, à moins qu'il n'y ait entre la terre et cette région une mer constamment libre pendant l'hiver;

Une position géographique telle, que les régions tropicales de même longitude soient occupées par la mer; en d'autres termes, l'absence de toute terre tropicale sur le méridien du pays dont il s'agit d'étudier le climat;

Une chaîne de montagnes qui, par sa forme ou sa direction, gênerait l'accès des vents chauds, ou bien encore le voisinage de pics isolés, à cause des courants d'air froid qui descendent le long de leurs versants;

Des forêts d'une grande étendue : elles empêchent les rayons solaires d'agir sur le sol; les feuilles provoquent l'évaporation d'une grande quantité d'eau en vertu de leur activité organique et augmentent la superficie capable de se refroidir par voie de rayonnement. Les forêts agissent donc de trois manières : par leur ombre, par leur évaporation, par leur rayonnement;

Les marécages nombreux qui forment, dans le nord, jusqu'au milieu de l'été de véritables glacières au milieu des plaines;

Un ciel d'été nébuleux, parce qu'il intercepte une partie des rayons du soleil;

Un ciel d'hiver très pur, parce qu'un tel ciel favorise le rayonnement de la chaleur.

Aux conditions générales des climats il est nécessaire d'ajouter l'influence que des circonstances locales peuvent apporter à l'état de la température observée. Il est beaucoup plus difficile qu'on ne le suppose généralement de connaître la température exacte d'un lieu quelconque de la surface du globe et surtout d'un lieu habité, car dix thermomètres identiques et bien comparés ne marqueront pas le même point au même moment en dix rues différentes d'une même ville. La remarque principale que nous pouvons faire ici, c'est qu'en raison du rayonnement des demeures habitées et des obstacles qu'une agglomération de maisons présente à la circulation de l'air, la température des grandes villes est toujours moins accentuée et supérieure à celle de la campagne avoisinante. La température moyenne de Londres surpasse de 1 degré centigrade celle de tous les environs. Les thermomètres de l'Observatoire de Paris donnent une moyenne moins élevée que ceux de l'intérieur de la ville, et plus que ceux installés en plein air à Montsouris et au parc Saint-Maur : les maxima de Paris sont moins élevés et les minima moins bas. Chacun a pu remarquer qu'il fait plus frais en été et moins froid en hiver dans les rues étroites de l'ancien Paris que sur les places et les larges boulevards modernes : la diffé- rence atteint souvent plusieurs degrés.

En pleine campagne même, à la même altitude et à la même expo- sition, la température diffère suivant le voisinage des bois. Les bois agissent sur la température de l'air. La température moyenne de l'air sous bois est inférieure à celle en dehors du bois. Les maxima moyens hors du bois sont plus élevés que sous bois. La température moyenne de l'été est supérieure hors du bois à celle sous bois. Ces faits résul- tent, d'après MM. Becquerel, de plus de quatorze mille observations faites par eux sur ce sujet.

Les heures des maxima et des minima ne sont pas les mêmes dans l'intérieur des arbres (même isolés) que dans l'air. Elles varient suivant l'espèce et le diamètre des arbres : dans les feuilles, les varia- tions de température ont lieu à peu près comme dans l'air ambiant; dans les jeunes branches, un peu plus tard, et ainsi de suite jusqu'au tronc, où elles sont très lentes. On fait abstraction ici de la chaleur propre des arbres résultant des diverses réactions qui ont lieu dans les tissus et de celle qu'ils empruntent aux liquides absorbés par les racines, attendu qu'elles sont faibles, comparées à celles provenant de la radiation solaire ou du rayonnement nocturne, comme le prouvent les maxima et minima de température, lesquels sont en rapport avec ceux de l'air, quoique à des heures différentes. Cette chaleur propre des arbres joue un rôle important en hiver, en empêchant un abais- sement qui leur serait fatal. Dans un arbre de 5 à 6 décimètres de diamètre, le maximum de température a lieu en été vers dix ou onze heures du soir et en hiver vers six heures, tandis que dans l'air il se montre suivant la saison entre deux ou trois heures; de cette diffé- rence entre les heures des maxima résulte, comme on l'a reconnu du reste par l'observation, que la température peut s'abaisser dans l'air par une cause quelconque, telle que le passage d'un nuage, un chan- gement dans la direction du vent, etc., et s'élever dans l'intérieur des arbres, par suite de la chaleur acquise par les couches extérieures, laquelle est transmise lentement aux couches intérieures, à cause de leur mauvaise conductibilité[1].

Les conditions locales modifient donc plus ou moins la grande esquisse des climats que nous avons tracée tout à l'heure. L'action locale la plus grande est toujours exercée par le relief du sol. Les chaînes de montagnes partagent la surface terrestre en grands bassins, en vallées profondes et étroites, en vallées circulaires. Ces vallées, souvent encaissées, comme entre des remparts, *individualisent* les climats locaux (par exemple en Grèce et dans une partie de l'Asie Mineure) et les placent dans des conditions toutes spéciales par rapport à la chaleur, à l'humidité, à la transparence de l'air, à la fréquence des vents et des orages. Cette configuration a exercé de tout temps une puissante influence sur les productions du sol, le choix des cultures, les mœurs, les formes gouvernementales et même sur les inimitiés des races voisines.

Le caractère de l'*individualité géographique* atteint pour ainsi dire son maximum lorsque la configuration du sol, dans le sens horizontal et dans le sens vertical, est aussi variée que possible. Le caractère opposé est fortement empreint dans les steppes de l'Asie septentrionale, dans les grandes plaines herbacées du Nouveau Monde, dans les landes à bruyères de l'Europe et dans les déserts de sable de l'Afrique.

Nous avons vu plus haut (p. 350) quelle est la température moyenne annuelle et mensuelle de Paris, quelles sont les variations mensuelles et diurnes du thermomètre, comment la température agit diversement sur l'air, sur l'eau et sur le sol. Par l'examen que nous venons de faire des lignes isothermes et de la distribution de la température, nous complétons la connaissance exacte de nos climats : ce qu'il était impor-

---

[1]. L'abondance des forêts et l'humidité tendent à abaisser la température, tandis que le déboisement et l'aridité produisent un effet contraire; la différence s'élève quelquefois à 2 degrés pour la température moyenne de l'année.

La conclusion des nombreuses observations faites depuis plusieurs années par MM. Becquerel dans le Loiret a été résumée par eux à l'Académie des sciences dans les termes suivants :

1° En été, les températures moyennes de l'air hors du bois sont supérieures à celles sous bois ;

2° En hiver, c'est l'inverse ;

3° La différence entre la température annuelle de l'air à plusieurs kilomètres du bois et celle sous bois s'élève à un demi-degré à peu près.

Les températures moyennes de l'air en été étant plus élevées d'environ 1°,2 hors du bois que celles sous bois, et les effets étant inverses en hiver, il en résulte que le climat sous bois est un peu moins extrême que celui en dehors; il a par conséquent le caractère des climats marins, sous le rapport seulement de la température. Les deux flores doivent donc présenter quelques différences.

tant de faire pour nous former une juste idée de l'œuvre du Soleil à la surface de notre planète.

Après avoir apprécié l'ensemble des climats et avant d'arriver aux pôles, dans cette petite revue géographique, il est intéressant pour nous de nous former une idée exacte des *différences extrêmes de température* supportées à la surface de la Terre.

Dans aucun lieu du globe ni dans aucune saison, un thermomètre élevé de 2 ou 3 mètres au-dessus du sol, placé à l'ombre et à l'abri de toute réverbération, n'a atteint le 57e degré centigrade (voy. p. 398).

En pleine mer, la température de l'air, quels que soient le lieu et la saison, ne dépasse jamais le 30e degré.

Le plus grand degré de froid qu'on ait jamais observé sur notre globe avec un thermomètre suspendu dans l'air est de 60 degrés au-dessous de zéro (p. 436).

Les températures les plus extrêmes qu'on ait constatées dans l'air atmosphérique diffèrent donc entre elles de 116 degrés.

En comparant entre elles les températures les plus extrêmes qu'on ait constatées en un même point du globe, on peut construire une table curieuse de ces différences. Voici une liste des principaux points du globe où des observations satisfaisantes ont été faites. Les lieux sont rangés par ordre de latitude décroissante :

Lieux.	Latitude.	Longitude.	Température la plus haute observée.	Température la plus basse observée.	Diffé- rences.
Ile Melville..	74°47′ N	113° 8′ W	+ 15°,6	— 48°,3	63°,9
Port Félix	70° 0′	94°13 W	+ 21°,1	— 50°,8	71°,9
Nijnei-Kolymsk...	68°32′	158°34′ E	+ 22°,5	— 53°,9	76°,4
Reikiavik	64° 8′	24°16′ W	+ 20°,5	— 25°,0	45°,5
Drontheim	63°26′	8° 3′ E	+ 28°,7	— 23°,7	52°,4
Iakoutsk	62° 2′	127°23′ E	+ 30°,0	— 60°,0	90°,0
Abo.	60°27′	19°57′ E	+ 35°,0	— 36°,0	71°,0
Saint-Pétersbourg.	59°56′	27°58′ E	+ 31°,1	— 38°,8	69°,9
Upsal.	59°52′	15°18′ E	+ 30°,0	— 31°,7	61°,7
Stockholm	59°20′	15°43′ E	+ 37°,5	— 33°,7	71°,2
Nijnei-Taguilsk...	57°56′	57°48′ E	+ 35°,0	— 51°,5	86°,5
Kazan.	55°48′	46°47′ E	+ 36°,0	— 40°,0	76°,0
Moscou.	55°45′	35°14′ E	+ 34°,5	— 43°,7	78°,2
Hambourg.	53°33′	7°38′ E	+ 35°,0	— 30°,0	65°,0
Berlin.	52°31′	11° 3′ E	+ 39°,3	— 28°,8	68°,1
Londres.	51°31′	2°28′ W	+ 35°,0	— 15°,0	50°,0
Dresde.	51° 4′	11°24′ E	+ 38°,8	— 32°,1	70°,9
Bruxelles	50°51′	2° 1′ E	+ 35°,0	— 21°,1	56°,1
Liège.	50°39′	3°11′ E	+ 37°,5	— 24°,4	61°,9

Lieux.	Latitude.	Longitude.	Température la plus haute observée.	Température la plus basse observée.	Diffé-rences.
Lille.............	50°39′ N	0° 4′ E	+ 35°,6	— 18°,0	53°,6
Dieppe..........	49°49′	1°12′ W	+ 33°,5	— 19°,8	53°,3
Rouen..........	49°26′	10°15′ W	+ 38°,0	— 21°,8	59°,8
Metz.............	49° 7′	3°50′ E	+ 38°,1	— 21°,3	59°,4
Paris (Observatoire)	48°50′	0° 0′	+ 40°,0	— 23°,5	63°,5
Strasbourg.......	48°35′	5° 2′ E	+ 35°,9	— 26°,3	62°,2
Munich (538ᵐ)....	48° 8′	9°14′ E	+ 35°,0	— 28°,8	63°,8
Bâle.............	47°33′	5°15′ E	+ 34°,0	— 37°,5	71°,5
Bude.............	47°29′	16°43′ E	+ 36°,0	— 22°,5	58°,5
Tours..........	47°24′	1°39′ W	+ 38°,0	— 25°,0	63°,0
Dijon............	47°19′	2°42′ E	+ 35°,6	— 20°,0	55°,6
Québec..	46°49′	73°36′ W	+ 37°,5	— 40°,0	77°,5
Lausanne (528ᵐ)...	46°31′	4°18′ E	+ 35°,0	— 20°,0	55°,0
Genève..........	46°12′	3°49′ E	+ 36°,2	— 25°,3	61°,5
St-Bernard (2491ᵐ)	45°50′	4°45′ E	+ 19°,7	— 30°,2	49°,9
Gr.-Chartr. (2030ᵐ)	45°18′	3°23′ E	+ 27°,5	— 26°,3	53°,8
Grenoble........	45°11′	3°34′ E	+ 35°,0	— 21°,6	56°,6
Turin............	45° 4′	5°21′ E	+ 37°,6	— 17°,8	55°,4
Le Puy (760ᵐ).....	45° 0′	1°33′ E	+ 34°,2	— 19°,8	54°,0
Orange	44° 8′	2°28′ E	+ 41°,4	— 18°,0	59°,0
Toulouse........ .	43°37′	0°54′ W	+ 40°,0	— 15°,4	55°,4
Montpellier.......	43°37′	1°32′ E	+ 38°,6	— 18°,0	56°,6
Marseille.........	43°18′	3° 2′ E	+ 36°,9	— 17°,5	54°,4
Perpignan........	42°42′	0°34′ W	+ 38°,6	— 9°,4	48°,0
Rome............	41°54′	10° 7′ E	+ 38°,0	— 6°,9	44°,9
Naples..........	40°51′	11°55′ E	+ 40°,0	— 5°,0	45°,0
Pékin....	39°54′	114° 9′ E	+ 43°,1	— 15°,6	58°,7
Lisbonne...	38°42′	11°29′ W	+ 38°,8	— 2°,7	41°,5
Palerme	38° 7′	11° 1′ E	+ 37°,7	— 0°,9	39°,7
Alger............	36° 5′	0°44′ E	+ 37°,5	— 2°,5	40°,0
La Havane.......	23° 9′	84°43′ W	+ 32°,3	+ 7°,3	25°,0
Vera-Cruz.......	19°12′	98°29′ W	+ 35°,6	+ 16°,0	19°,6
Quito (2908ᵐ)....	0°14′ S	81° 5′ W	+ 22°,0	+ 6°,0	16°,0
Ile Bourbon......	20°52′	53°10′ E	+ 37°,5	+ 16°,0	21°,5

D'une manière générale, les différences entre les plus hautes et les plus basses températures sont d'autant moindres qu'on s'éloigne plus du pôle pour avancer davantage vers l'équateur. Les variations sont dues aux inflexions des isothermes.

La température des corps solides atteint des chiffres beaucoup plus élevés. Le sable, sur les bords des rivières ou de la mer, est souvent en été à la température de 65 à 70 degrés centigrades. Humboldt a trouvé dans les llanos de Vénézuela que le sable avait, à deux heures de l'après-midi, une température de 55 degrés et quelquefois même de 60 degrés; celle de l'air, à l'ombre d'un bambou, était de 36°,2; au soleil, à 50 centimètres au-dessus du sol, elle était de 42°,8. La nuit, le sable n'avait que 28 degrés : il avait perdu plus de 24 degrés.

Le 28 août 1871, à Paris, tandis que j'observais le curieux croissant de Vénus, entre deux et trois heures de l'après-midi, par un ardent soleil, j'avais été frappé de la température de la terrasse de zinc sur laquelle j'avais les pieds. Un thermomètre à monture métallique qui marquait 22°,5 à l'ombre, ayant été couché sur la terrasse, atteignit sa température vers trois heures et marqua 60 degrés! On voit quelle différence sépare ces températures des objets exposés au soleil de celles que l'air peut atteindre.

Le 5 juillet 1886, à l'observatoire de Juvisy, j'ai vu un thermomètre peint en noir et exposé normalement aux ardents rayons du soleil atteindre 65 degrés et le plomb de la terrasse atteindre 68 degrés!

Arrivons maintenant à la limite des climats, à l'extrémité du monde,

Fig. 192. — Dernières habitations humaines. Esquimaux des régions polaires.

aux régions glacées et silencieuses des pôles. Lorsqu'on avance vers le cercle polaire, la mer se congèle et revêt un caractère tout particulier. Ce phénomène semble naître à mesure que la salure diminue et que le mouvement de rotation devient moins rapide. On rencontre déjà vers le 50e degré de latitude de gros morceaux de glace flottant sur la mer. Ces fragments ont été détachés de quelque région plus septentrionale et entraînés par les courants qui vont du pôle à l'équateur. A 55 degrés, il est assez ordinaire de voir les bords de la mer se couvrir de glace. A 60 degrés, les golfes et les mers intérieures se gèlent souvent sur toute leur surface. A 70 degrés, les glaçons flottants deviennent très nombreux et très gros. Ils forment quelquefois de véritables îles, qui mesurent parfois plusieurs kilomètres de diamètre. Enfin, vers le 80e degré, on trouve généralement des glaces fixes, c'est-à-dire accumulées, arrêtées et soudées.

C'est un beau spectacle que celui de ces régions silencieuses.

Les glaces polaires sont teintes des couleurs les plus vives : on dirait des blocs de pierres précieuses. On y trouve l'éclat du diamant et les nuances éblouissantes du saphir et de l'émeraude. Ces amas d'eau solide forment tantôt de vastes champs, tantôt des montagnes élevées.

Les champs de glace sont souvent immenses. Scoresby en a vu un flottant, sur lequel une voiture aurait pu parcourir 35 lieues en ligne droite, sans le moindre empêchement. Cook en a trouvé un autre, étroit, qui joignait l'Asie à l'Amérique septentrionale. L'Amérique a pu recevoir par là, dès les temps primitifs, des Asiatiques, qui en auraient été les premiers habitants.

Lorsque ces masses viennent à se rencontrer, il en résulte des chocs épouvantables, dont le fracas est semblable à celui du tonnerre.

Montagnes de glace, sans cesse minées par la mer, elles changent de figure à chaque instant. Elles se heurtent, se poussent, se brisent ou se soudent. De loin elles représentent de gigantesques découpures blanches se projetant sur la voûte bleue du ciel. Vues de près, elles offrent une surface unie ou hérissée de mamelons ; on dirait des pyramides de cristal ou de diamant, des colonnes élancées, des aiguilles pointues, ou bien des édifices bizarres et majestueux avec des arcades, des frontons, des chapiteaux. Mais bientôt ces pyramides se fendent et s'écroulent, une colonne s'affaisse et s'arrondit, une aiguille se transforme en escalier, un édifice se change en champignon... Spectacle toujours imposant, où l'inconstance des formes rivalise avec leur variété, et la grandeur des blocs avec leur bizarrerie !

C'est un spectacle singulier et émouvant que celui des montagnes de glace flottante vues pour la première fois par le navigateur aventuré dans les régions polaires. Dans son voyage de découvertes dans les mers arctiques en 1860, le docteur Hayes nous a conservé la première impression produite par ces apparitions.

« Nous avions rencontré notre premier iceberg, dit-il, la veille de notre arrivée au cercle polaire. En entendant la mer se briser avec fureur contre la masse encore enveloppée de brume, la vigie fut sur le point de crier : « Terre! » Mais bientôt le formidable colosse émergea du brouillard ; il venait droit sur nous, terrible et menaçant ; nous nous hâtâmes de lui laisser le champ libre. C'était une pyramide irrégulière, d'environ 300 pieds de largeur et 150 de hauteur ; le sommet était encore à demi caché dans la nue ; mais l'instant d'après, celle-ci, brusquement déchirée, nous dévoila un pic étincelant, autour duquel de légères vapeurs enroulaient leurs volutes capricieuses. Il y avait quelque chose de singulièrement étrange dans la superbe indifférence du géant. En vain les ondes lui prodiguaient leurs plus folles caresses : froid et sourd il passait, les abandonnant à leur plainte éternelle.

« Dans le détroit de Davis, nous eûmes à passer quelques heures des plus rudes ; une fois surtout, je crus que nous touchions au terme misérable de notre carrière. Nous courions vent arrière sous la misaine et la grande voile, le ris pris et sous le foc, ayant à lutter contre une mauvaise houle, lorsque la lisse de l'avant fut arrachée ; tout tomba sur le pont, il ne resta pas un pouce de toile dehors, excepté la grande voile, qui battait furieusement le mât ; c'est un miracle que nous n'ayons pas fait chapelle et sombré immédiatement. Rien n'aurait pu nous sauver, si la barre n'avait pas été tenue par une main vigoureuse.

« Pour la plupart de nos camarades, le Groenland était encore une sorte de mythe. Mais voici qu'il secouait son manteau de nuées et se dressait devant nous dans son austère magnificence : ses larges vallées, ses profondes ravines, ses nobles montagnes, ses rochers déchirés et sombres ajoutaient à sa terrible désolation.

« A mesure que le brouillard s'élevait et roulait lentement ses grisâtres traînées sur la surface des eaux bleues, les montagnes de glace se succédaient et défilaient devant les navigateurs comme les châteaux fantastiques d'un conte de fées. Oubliant qu'ils venaient de libre volonté vers cette région, il leur semblait être attirés par une main invisible dans la terre des enchantements. Les elfes du Nord, dans un accès d'enfantine gaieté, avaient jeté leur voile magnifique et semblaient les conduire à l'éternelle demeure des dieux. Voici le walhalla des hardis rois de la mer, voilà la cité de Freyer, le dieu soleil ; Alfheim et les retraites des elfes ; Glitner, aux murs d'or et aux toits d'argent, et Gimle, le séjour des bienheureux, plus brillant que le soleil ; et là-bas, bien loin, perçant les nuages, Himinborg, le mont céleste où le pont des dieux élève son arche jusqu'au firmament.

« Il est difficile d'imaginer une scène plus chargée d'impressions solennelles ; impossible de rendre quel enthousiasme chaque changement soudain de ce glorieux décor éveillait dans l'esprit des navigateurs. »

Les glaces que l'on rencontre sur les côtes du Spitzberg et du Groenland mesurent souvent 7 à 8 mètres d'épaisseur ; elles forment parfois des plaines immenses, dont on n'aperçoit pas les limites du haut des mâts du vaisseau.

Les montagnes de glace flottantes sur la mer, les icebergs s'élèvent de 10 à 15 mètres au-dessus des eaux. L'épaisseur qui surnage est en général à la partie submergée comme 1 est à 4 ; ainsi la hauteur totale de ces montagnes est de 40 à 60 mètres.

Quelquefois aussi des glaçons de 30 ou 40 mètres de longueur, chargés à leurs deux extrémités, s'enfoncent tout à fait sous les eaux à une profondeur assez grande pour que le vaisseau passe au-dessus d'eux ; mais l'équipage est alors exposé aux plus grands dangers : le moindre choc, la moindre cause peut déranger l'équilibre des poids qui tiennent le glaçon submergé ; alors il s'élèverait avec impétuosité et lancerait le bâtiment dans les airs, ou du moins le ferait chavirer inévitablement.

Dans la baie de Baffin, on trouve des montagnes de glace beaucoup plus hautes que dans les mers du Groenland : les navigateurs en ont mesuré qui s'élevaient à plus de 30 à 40 mètres au-dessus de la surface de l'eau, et qui avaient par conséquent plus de 200 mètres de hauteur totale. On suppose que ces masses effrayantes se forment sur les côtes où elles ferment les vallées qui aboutissent à la mer et qu'ensuite elles en sont détachées. Dans la *saison du soleil*, les eaux coulent du haut de leur crête et forment dans la mer d'immenses cascades, qui sont quelquefois surprises par les gelées. C'est alors un majestueux spectacle, mais les navigateurs le regardent de loin : en un instant ces colonnes, ces arceaux gigantesques, suspendus dans les airs, se brisent avec un horrible fracas et s'écroulent dans la mer.

Scoresby a vu fréquemment la glace se former en pleine mer à vingt lieues des côtes. Dès que les premiers embryons de cristaux deviennent perceptibles, la mer se calme comme si l'on avait répandu de l'huile à sa surface ; ces cristaux grossissent, et c'est alors qu'ils commencent à s'agglomérer, si le froid continue, pour former des nappes de glace plus ou moins larges, et qui ne tardent pas à avoir 2 ou 3 décimètres d'épaisseur.

Dans ces contrées, la densité de l'eau de mer est 1,026 ; en état de repos, elle se congèle à — 2 degrés. Les eaux qui ont été concentrées par la gelée peuvent atteindre à une densité de 1,104 ; alors elles ne gèlent qu'à — 10 degrés ; l'eau saturée de sel ne peut se solidifier qu'à — 21 degrés.

Ces régions désolées où le mercure se congèle à air libre sont cependant habitées par les Esquimaux. C'est le peuple qui s'avance le plus loin dans le froid, car il s'étend jusqu'au 79e degré de latitude ! Le docteur Kane visita en 1863 deux de leurs villages sur la côte groenlandaise du détroit de Smith, à 11 degrés du pôle. Ces villages se nomment Étah et Peterovik ; la capitale du pays est Upernavik, visitée en 1861 par le docteur Hayes. On peut prendre une idée des villages aujourd'hui occupés par ce peuple d'où descend probablement l'Amérique en jetant les yeux sur notre figure 192. Les huttes sont construites par assises, à l'aide de blocs de neige taillés en forme de dômes. L'entrée est une ouverture circulaire très basse. La lumière pénètre dans ces maisons d'un genre si singulier par une fenêtre formée d'une plaque bien diaphane de glace épaisse.

Le point le plus rapproché du pôle où l'on soit parvenu n'en est qu'à

GLACES DES PÔLES.

5 degrés deux tiers (lat. 83° 23′), c'est-à-dire à 570 kilomètres seulement, il a été atteint par le lieutenant Lockwood le 13 mai 1882. Parry avait atteint 82° 45′ en 1820. L'infortuné Franklin n'alla pas au delà du 77°. Le docteur Hayes navigua dans la mer polaire jusqu'à 81° 40′ au mois de mai 1861 et le capitaine Nares atteignit 83°20′ le 12 mai 1876, soit trois minutes de moins que Lockwood.

Terminons cette vue générale des climats en remarquant que la dernière ligne isotherme suffisamment établie par les observations est celle de — 15 degrés, qui descend au nord de l'Amérique, remonte au nord de la baie de Baffin et traverse le 80° degré de latitude, pour revenir au 70° et même au 65°. Cette ligne forme deux boucles, dans lesquelles on a constaté un accroissement de froid. Ce n'est pas au pôle même que la température moyenne est la plus basse, mais de chaque côté. Il y a ainsi ce que l'on peut appeler deux pôles de froid : l'un au nord du continent asiatique, non loin de l'archipel connu sous le nom de Nouvelle-Sibérie ; sa température moyenne paraît être de — 17 degrés. L'autre se trouve au nord du continent américain, dans les îles occidentales de l'archipel polaire, et sa température paraît être de — 19 degrés. Il est probable que deux pôles de froid analogues existent également dans l'océan Glacial antarctique. Quant au pôle nord même, les anciens calculs de l'astronome Halley, du mathématicien Plana et du géomètre Lambert, les recherches récentes de mon ami regretté Gustave Lambert, établissent d'une manière à peu près certaine que le froid y est beaucoup moins intense. D'après M. Mohn, la température de l'air au pôle boréal doit être au mois de juillet de — 0°,7 et au mois de janvier de — 32°,5.

Pour notre pôle, en effet, le Soleil se lève au commencement de mars, monte lentement, lentement, en rasant presque l'horizon et suivant une ligne spirale qui l'élève chaque jour un peu plus. Il ne se couche plus jusqu'à la fin de septembre. Le 21 juin il atteint sa plus grande hauteur : 24 degrés. Le maximum de chaleur règne en juillet et août. De ces calculs et des observations directes des navigateurs qui s'en sont le plus rapprochés il résulte que la mer n'est pas gelée au pôle même.... Une balle prussienne a mis à mort le projet si laborieusement préparé de l'expédition française qui devait en 1871 aller reconnaître la réalité et faire faire un pas de plus à la connaissance du globe.

CHAPITRE VIII

LES MONTAGNES

LA CHARPENTE DU GLOBE. — LES CLIMATS EN ÉLÉVATION. — GÉOGRAPHIE BOTA-
NIQUE. — NEIGES PERPÉTUELLES. — GLACIERS. — LES ASCENSIONS DE MONTAGNES.
— LES AVALANCHES.

Nous venons d'étudier successivement les œuvres générales des rayons solaires dans l'Atmosphère terrestre et à la surface du sol baigné par le fluide aérien. Les rayons lumineux nous ont d'abord ouvert la voie, puis nous venons d'assister aussi à la distribution des rayons calorifiques, à l'organisation des climats et des saisons. Cette vue analytique sera complétée, surtout au point de vue de la vie végétale, par un coup d'œil d'ensemble jeté sur les montagnes. Déjà nous l'avons vu, la température diminue à mesure qu'on s'élève au-dessus du niveau de la mer. Les végétaux, qui ne sont pour ainsi dire qu'un tissu de rayons solaires et de gaz atmosphériques, montrent méthodiquement l'intensité de ces rayons par la succession de leurs espèces. Gravir une montagne, c'est en géographie botanique aller de l'équateur aux pôles. Le globe terrestre peut être comparé à deux montagnes soudées par le plan de l'équateur : les pôles sont les sommets couronnés des glaces éternelles.

Celui dont la vie s'est écoulée au sein des pays de plaines, devant la vaste étendue des régions uniformes aux abondantes prairies, aux champs fertiles, celui qui n'a point vécu dans la contemplation des hautes montagnes blanchies de neige, des chaînes tortueuses aux versants abrupts, des roches tourmentées où de rares sapins végètent immobiles, des glaciers aux vertes cassures et des lacs bleus souriant au ciel, celui-là ne saurait comprendre le caractère de grandeur, de majesté, de domination qui appartient aux montagnes, à ces géants

issus des convulsions du globe. Là-haut, sur ces sommets baignés dans
l'azur céleste, l'âme humaine plane au-dessus des petits mouvements
moléculaires qui agitent la surface terrestre. Dans l'aérostat solitaire
emporté par les vents à travers les hauteurs de l'Atmosphère, le regard
déployé sur la Terre donne à l'esprit une idée brillante de la vie et de
plus une impression de contentement indéfinissable, de pleine quié-
tude, de joie intime, résultant de la situation particulière en laquelle
on se trouve au-dessus du monde humain et de ses vicissitudes. Sur
les montagnes, l'impression est plus sévère et moins personnelle, car
on sent plus solidement autour de soi le règne des forces physiques en
action dans la vie du globe.

A mesure que nous nous élevons, traversant des zones de température moyenne décroissante, nous remarquons la série des arbres et des
plantes qui se succèdent suivant le climat des zones, et nous faisons
en huit ou dix heures un voyage vers le froid, absolument semblable à
celui que nous ferions en allant vers les pôles. Dès qu'une montagne
dépasse 1800 ou 2000 mètres, l'ascension fait passer en revue la
curieuse succession des végétaux jusqu'à leur disparition complète.
Parfois, comme au Righi, les sapins qui règnent seuls à la dernière
limite s'arrêtent tout d'un coup en se rapetissant soudain, et diminuent
si vite sous l'action mystérieuse du climat, qu'à la hauteur d'un seul
sapin au-dessus d'arbres encore fort respectables on ne trouve plus que
des arbustes et de la broussaille.

Parfois, comme au Saint-Gothard, après avoir gravi pendant des
heures entières des roches dénudées et stériles, et suivi les abîmes d'un
désert sauvage sillonné par les torrents aux chutes retentissantes,
après avoir laissé les bancs de glaces s'éclipser derrière les crêtes
déchirées, on arrive sur de verts pâturages, arrosés par une eau cristalline et déployés comme d'opulentes prairies sur ces plateaux élevés.

Mais là encore un grand contraste attend l'œil observateur. Ces verdoyantes prairies s'étendent jusqu'aux noirs rochers ou jusqu'aux
neiges éclatantes sans qu'un seul arbre vienne y donner son ombre et
sans que nul rameau au tremblant feuillage y appelle la douce rêverie
et le repos.

La sévérité règne là comme sur les cimes alpestres dont le pas
cadencé du chamois traverse seul l'inaltérable solitude.

Ce qui frappe le plus profondément l'esprit humain dans la nature
de ces géants de pierre, debout devant les nations, c'est l'œuvre qu'ils
accomplissent en silence dans leur immobilité séculaire.

Sont-ils inertes? passifs? stériles? inutiles? Leurs têtes chargées de neiges, enveloppées du suaire glacé des nuages, sont-elles endormies comme celles des pharaons ensevelis sous les pyramides? Que font-ils là, ces êtres mystérieux, qui vivent dans la région intermédiaire entre la terre et les cieux, ces colosses de granit aux pieds desquels les armées humaines sont comme une poussière de fourmis? — Ils agissent, ils régissent, ils gouvernent le monde.

Rois de l'Atmosphère, frères de l'Océan, c'est à eux qu'est réservé le soin de distribuer à la terre la sève des existences. Ils ont le calme austère de la mort, mais la mort qui les environne est la source de la vie qu'ils dispensent. Vie et mort s'engendrent mutuellement.

Les nues élevées du sein des mers vont se condenser à l'état de neige sur les cimes alpestres qui les arrêtent et successivement amoncellent une eau solide, qui résiste là-haut au tourbillon de la nature. Ici et là les bancs de glaces assoupis dans les hauteurs silencieuses se réveillent; une source gazouille, et toute jeune, fraîche, infatigable, se trace un chemin en chantant. Elle appelle ses sœurs, et voilà que plusieurs minces filets d'une eau argentée se réunissent et courent ensemble vers les belles campagnes que déjà l'on aperçoit. De crête en crête ils jaillissent et tombent en cascades neigeuses, et de roc en roc descendent jusqu'aux plateaux où naissent les torrents écumeux. Voici des lacs transparents encadrés de leurs montagnes. Les nuages s'y mirent en passant — nuage et lac ne sont-ils pas jumeaux, et comme Castor et Pollux ne prennent-ils pas tour à tour leur place réciproque?

Les rives escarpées balancent sur leur miroir les rameaux des plantes, et les rochers nus y reflètent leurs flancs sauvages. Mais l'eau continue de chercher les plaines basses, qui l'attirent sans cesse. Elle forme alors ces cours d'eau qui jouent un si grand rôle dans l'histoire politique des nations.

Là elle trace le Rhin, éternel sujet de guerre entre deux peuples rivaux, et par ce chemin septentrional va retourner à l'Océan en s'approchant du pôle.

Ici le glacier du Rhône ouvre le cours du fleuve qui descendra arroser les plaines fertiles du Midi. Et ainsi, tout en retournant au sein des mers par son mouvement éternel, l'élément dessine sur la carte du monde les lignes diverses dont l'humanité pacifique ou belliqueuse, mais presque toujours belliqueuse et faible, composera ses annales.

De quelle importance sont donc ces massifs gigantesques dans l'histoire entière du monde! Quelle œuvre perpétuelle ils accomplissent au-dessus, au-dessous et au milieu de nous! Œuvre incessante et fatale qui nous domine singulièrement, nous, pauvres êtres mortels. Tout ce grand mécanisme fonctionne, de la mer à l'Atmosphère, de l'Atmosphère aux montagnes, des montagnes aux plaines et à la mer, sans que notre race joue là le moindre rôle. Les nuées s'élèvent, la pluie tombe, la foudre retentit, la neige s'enroule aux fronts des cimes, les vents naissent et circulent, les eaux voyagent lentement dans les lacs, bruyamment dans les torrents, lourdement dans les fleuves, la verdure décore les collines et les vallées, le ciel s'anime, le soleil brille..., et tout ce mécanisme colossal, immense, universel, marche sans cesse, étranger à nos petits mouvements lilliputiens et à notre propre existence, nous enveloppant dans sa succession, calme, austère, supérieur à nous, et continuant son cours sans s'inquiéter de notre histoire.

Ainsi tout marchait sur la Terre avant l'apparition de l'homme, pendant des milliers de siècles, où la nature souriait ainsi pour elle-même, sans que nulle pensée humaine fût là pour se reposer sur son sein et regarder le ciel. Ainsi le mécanisme du monde continuera sa marche lorsque nous n'y serons plus, lorsque les générations de l'avenir auront disparu à leur tour et lorsque la race humaine sera éteinte sur cette Terre.

Vous avez vu bien des âges, ô montagnes solitaires assises dans les nues! Vous avez vu les campagnes qui se déroulent à vos pieds sans troupeaux et sans travailleurs; vous avez vu vos lacs sans nacelles et sans hymnes; vous avez vu les fleuves sans villes à leurs bords et la Terre sans hommes. De nouveau vous reverrez ces solitudes dans l'avenir. Vous ne savez pas qu'il y a actuellement des hommes qui vous contemplent, et peut-être est-ce identique qu'il y en ait ou qu'il n'y en ait pas! . . . .
. . . .

Les hautes régions de l'Atmosphère, dit A. Maury, éveillent au plus haut degré notre curiosité. Quoique nous nous efforcions par l'induction et le calcul d'en découvrir la constitution et d'en saisir les phénomènes, elles demeurent encore environnées pour nous de bien des mystères. Nous gravissons les montagnes, nous nous élevons en ballon, nous braquons nos télescopes sur les corps célestes, et nous inventons mille instruments pour constater les moindres effets produits par des agents physiques dans l'espace qui nous sépare. Fatigués de rencontrer sans cesse sur le globe la trace de l'homme et les œuvres de ses mains, nous recherchons les régions où il n'a point encore pénétré, où la nature reste vierge et garde la physionomie des âges géologiques qui précédèrent le nôtre. Il règne sur les hauts sommets un parfum d'éternité, qui nous rapproche des conditions de l'espace infini. La Bible nous représente Moïse gravissant le Sinaï pour y converser avec Dieu et recevoir directement ses volontés; c'est l'image des impressions produites sur nous par les lieux élevés. Nous nous trouvons, en effet, sur la cime des monts, face à face avec la Divinité. L'homme n'étant plus là pour déranger, selon ses besoins et ses caprices, l'ordre primitif des choses, les lois physiques nous apparaissent dans toute leur grandeur et leur généralité.

La sublime impression qu'on reçoit de ces montagnes n'est nullement de fantaisie. Elle provient d'une véritable grandeur. C'est le réservoir de l'Europe, le trésor de sa fécondité. C'est le théâtre des échanges, de la haute correspondance des courants atmosphériques, des vents, des vapeurs, des nuages. L'eau, c'est de la vie commencée. La circulation de la vie, sous forme aérienne ou liquide, s'accomplit sur ces montagnes. Elles sont les médiateurs, les arbitres des éléments dispersés ou opposés. Elles en sont l'accord et la paix. Elles les accumulent en glaciers, et puis équitablement les distribuent aux nations.

Ces nuées, venues de si loin, doivent après la traversée se recueillir volontiers, chercher un moment de repos. La place est grande sur les Alpes. Quarante, cinquante lieues de glaciers, du Dauphiné au Tyrol, c'est un assez beau lit, ce semble. Mais telle est la légèreté, l'inconstance de ces voyageuses, que la bonne hospitalité des Alpes ne les retiendrait pas. Un ingénieux travail les arrête là sous forme de glace (Michelet).

Si la surface émergée de la planète était parfaitement unie, la régularité la plus désolante régnerait partout; les mêmes phénomènes se reproduiraient à travers toute l'étendue des continents. D'un océan à l'autre, les vents, dont aucun obstacle n'arrêterait le cours, tourneraient autour du globe avec un mouvement toujours égal, comme ces longues bandes de nuages que l'on voit sur Jupiter. Point de ces massifs élevés qui, par leur position transversale à la direction des vents, produisent une rupture d'équilibre et répercutent les courants atmosphériques dans tous les sens; point de ces grands réfrigérateurs

qui condensent l'eau des nuages et la gardent dans leurs réservoirs de
neige et de glace : partout les pluies tomberaient d'une manière à peu
près égale, et les eaux, ne trouvant point de déclivité pour s'écouler
vers l'Océan, formeraient des marécages putrides. L'équilibre parfait
des forces de la nature aurait pour conséquence la stagnation universelle et la mort. Si les hommes pouvaient exister sur une terre pareille,
loin de trouver dans l'uniformité de l'immense plaine de plus grandes
facilités pour communiquer entre eux, ils resteraient épars autour de
leurs lagunes dans toute la sauvagerie primitive. Les migrations de
peuples entiers descendant la pente des plateaux à la recherche d'une
nouvelle patrie, comme de grands fleuves à la recherche de la mer,
n'eussent jamais eu lieu. Toute civilisation eût été impossible. Peut-
être, ainsi que le pensent certains géologues, la surface du globe était-
elle unie et sans puissant relief quand l'ichtyosaure nageait
lourdement au milieu des marécages, et que le ptérodactyle étendait
ses pesantes ailes au-dessus des roseaux. C'était alors la Terre du
reptile, mais ce ne pouvait être celle de l'homme.

Quelles que soient les causes géologiques de la répartition actuelle
des plateaux sur les continents, il faut reconnaître ce fait remarquable,
que leur hauteur s'accroît avec leur proximité de la zone torride,
comme si la rotation du globe avait eu pour résultat non seulement le
gonflement général de la masse planétaire, mais aussi l'exhaussement
des continents eux-mêmes.

Centres vitaux de l'organisme planétaire, ils arrêtent les vents et les
nuages, épanchent les eaux, modifient tous les mouvements qui
s'accomplissent à la surface du globe. Grâce au circuit incessant qui
se produit entre toutes les saillies du relief continental et les deux
océans des eaux et de l'Atmosphère, les climats étagés sur les flancs
des plateaux se mêlent et mettent en rapport les unes avec les autres
les flores, les faunes, les nations et les races d'hommes.

Par la grâce ou la majesté de leur forme, par leur profil hardi dessiné en plein ciel, par la ceinture de nuées qui s'enroule autour de
leurs rochers et de leurs forêts, par les variations incessantes de
l'ombre et de la lumière qui se produisent dans les ravins et sur les
contreforts, les montagnes prennent une apparence de personnalité,
et l'on est presque tenté de voir des êtres vivants dans ces masses
rocheuses. Et puis n'offrent-elles pas dans un petit espace un résumé
de toutes les beautés de la terre? Les climats et les zones de végétation
s'étagent sur leurs pentes; on peut y embrasser d'un seul regard les

cultures, les forêts, les prairies, les glaces, les neiges, et chaque soir la lumière mourante du Soleil donne aux sommets un merveilleux aspect de transparence, comme si l'énorme masse n'était qu'une légère draperie rose flottant dans les cieux (Élisée Reclus).

Si le lecteur veut bien se reporter à la page 155, il y retrouvera la liste des plus hautes montagnes des cinq parties du monde, celle

Fig. 194. — Les montagnes : panorama des Andes.

des plus hauts lieux du globe habités, ainsi que les plus hautes ascensions faites sur les montagnes et dans les airs. Nous avons vu dans quelles proportions la température décroît à mesure qu'on s'élève dans les hauteurs de l'air. Voyons maintenant les conséquences du décroissement de la température pour ces grands massifs qui plongent leurs cimes dans les profondeurs raréfiées de l'Atmosphère.

Les premières conséquences de cet abaissement de température, c'est qu'à mesure qu'on gravit une haute montagne, on rencontre, étagées aux différentes hauteurs, des productions organiques de chaque pays, et que l'on traverse graduellement des climats de plus en plus rigoureux. Cette curieuse contiguïté des produits de l'hiver et de l'été contribue beaucoup au charme des contrées alpestres. Si l'on se place sur les sommets de la Suisse, on embrasse d'un coup d'œil le grandiose panorama des Alpes, et, comme dans une page ouverte du livre de la nature, on peut lire dans ce tableau les règles et les lois que la science a établies concernant la distribution des êtres vivants aux différentes latitudes. On aperçoit assez distinctement six zones étagées l'une sur l'autre et nettement accusées dans leurs contours par la différence de la végétation et de l'aspect du sol. Au fond, s'étend la plaine fertile entrecoupée de lacs, de grandes routes, de rivières, de forêts, parsemée de villages et de métairies : c'est la résidence de l'homme. Au-dessus de ce tapis vert s'élèvent, dans un pittoresque désordre, de riantes collines, tantôt nues, tantôt couvertes de bois et d'ombrages. Plus haut, le regard rencontre des crêtes rocailleuses, couronnées de groupes de noirs sapins. Par-dessus ces rochers on aperçoit encore des pentes couvertes de riches pâturages; mais bientôt le caractère du paysage change brusquement : la mort succède à la vie, la verdure fait place aux teintes grises et monotones des roches nues. La montagne emprunte alors son charme ou sa grandeur à d'autres aspects, aux formes capricieuses et sauvages des rochers qui constituent sa masse imposante. Plus haut enfin, les Alpes s'enveloppent d'un resplendissant manteau de neige, sous lequel s'abrite leur perpétuel hiver.

Nous avons déjà vu que la géographie botanique, la distribution des végétaux à la surface du globe, a pour base directrice l'état effectif de la chaleur transmise par le Soleil à la Terre. Ce rôle de la température dans la végétation étant des plus importants, on l'a étudié le premier pour chercher les rapports qui existent entre la distribution de la chaleur et le caractère de la végétation. Cette étude a conduit à partager le globe en huit régions assez distinctes, que voici :

1° La zone équatoriale, s'étendant à 15 degrés de chaque côté de l'équateur et jouissant d'une température annuelle moyenne de 26 à 28 degrés. L'humidité de son atmosphère contribue avec le concours de la chaleur à développer des formes végétales qui y sont aussi belles que variées.

2° La zone tropicale, qui commence au 15° degré et s'étend jusqu'aux tropiques, avec une température estivale moyenne de 26 degrés et hibernale moyenne de 15 degrés. Déjà sous cette zone on trouve des variations assez nombreuses de la température.

3° La zone subtropicale, partant des tropiques et s'élevant jusqu'au 34° degré; sa température moyenne est de 17 à 21 degrés : ce qui permet encore à des plantes équatoriales d'y fleurir. C'est la zone la plus agréable pour l'habitation de l'homme, parce que l'hiver n'y est pas assez rude pour qu'on soit obligé d'imaginer des moyens de se soustraire à sa rigueur.

4° La zone tempérée chaude, qui s'étend du 34ᵉ au 45ᵉ degré de latitude, et dont la température moyenne est de 12 à 17 degrés.

5° La zone tempérée froide, qui commence au 45ᵉ degré et finit au 58ᵉ, avec une température moyenne de 6 à 12 degrés.

6° La zone subarctique, qui s'étend du 58ᵉ degré au cercle polaire. Sa température moyenne est de 4 à 6 degrés.

7° La zone arctique, partant du cercle polaire, 66° 33′, s'étendant jusqu'au 72ᵉ, et dont la température moyenne n'est guère de plus de 2 degrés.

8° La zone polaire, commençant à 72 degrés et se prolongeant jusqu'aux pôles. La durée de l'été y est de cinq à six semaines. La température moyenne est de — 15 degrés; en été, elle est de 3°,1 ; dans le mois de juillet, elle s'élève à 5°,8 ; mais en août elle retombe à 1°,2, et l'hiver elle descend jusqu'à — 30 degrés.

Ce système paraît au premier abord capable de satisfaire l'esprit : on y voit des coupes régulières avec des températures moyennes bien tranchées ; mais, à l'exception peut-être de la première et de la dernière zone, qui sont les mieux déterminées, les autres comportent une infinité de nuances dans les climats, avec une différence en plus ou en moins souvent considérable.

Dans les prolégomènes de la *Flore de la Laponie*, Linné a caractérisé la végétation des diverses contrées du globe avec ce style concis et pittoresque qui distingue ce grand observateur : « La famille des palmiers, dit-il, règne dans les parties les plus chaudes du globe ; des plantes chargées de fruits habitent en grand nombre les zones tropicales. Une riche couronne de plantes orne les plages de l'Europe méridionale ; des moissons de graminées occupent l'Europe septentrionale. La dernière et la plus froide des régions habitées, la Laponie, est couverte d'algues blafardes et de froids lichens, végétaux de la dernière espèce sur la dernière des terres. »

La succession des climats s'opérant du pied au sommet d'une montagne suivant la même loi qui la régit de l'équateur aux pôles, la végétation s'y succède dans le même ordre. Pour la flore comme pour le climat, on croirait marcher dans la direction du cercle polaire, à mesure qu'on s'élève sur les flancs d'un pic à une plus grande altitude au-dessus des plaines; seulement les intervalles de climat que l'on emploierait des semaines à franchir, on les traverse en quelques minutes d'ascension. Nous avons vu (liv. III, p. 328) que la température décroît en moyenne de 1 degré centigrade pour 160 à 240 mètres de hauteur, suivant la distance du sol, le lieu et la saison. Si, par exemple, on suit la succession des climats sur les pentes du

Mont-Blanc, on voit que, la ligne de zéro étant à 2000 mètres, l'iso
therme de — 5 degrés passe à 2850 mètres, celle de — 10 degrés
3600, celle de — 15 degrés à 4400 ; celle de — 20 degrés gît à la
hauteur de 5200 mètres. La température moyenne de l'année étant de
11 degrés au niveau de la mer à cette latitude, on voit que le
climat varie de + 11 degrés à — 17 degrés, ou de 28 degrés pour
4800 mètres, c'est-à-dire que dans cette ascension, qui dure un
jour, on fait le même voyage physique que si l'on se rendait de
la Suisse au Spitzberg, ou 35 degrés de latitude : 137 mètres
d'élévation correspondent à 1 degré de latitude.

L'une des montagnes sur lesquelles on peut le mieux saisir la succession des espèces végétales est celle du Canigou, dans les Pyrénées

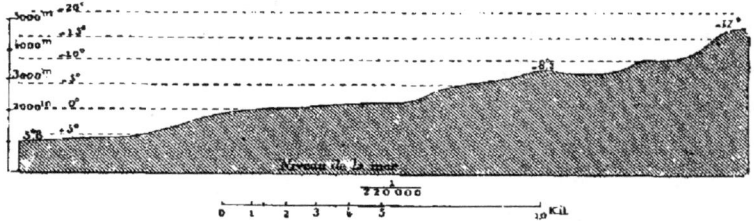

Fig. 195. — Succession des climats sur le Mont-Blanc.

qui s'élève superbement à 2785 mètres de hauteur, à 15 kilomètres de
Prades. Les oliviers des campagnes de la Têt croissent au pied du
mont, la vigne s'élève jusqu'à 550 mètres, le châtaignier jusqu'à 800.
Les derniers champs s'arrêtent à 1640 mètres ; le sapin cesse à
1950 mètres, où le chêne et le hêtre ont disparu ; le bouleau monte
jusqu'à 2000 mètres, et le pin jusqu'à 2430, pour céder la place aux
petites plantes rabougries des régions polaires. Ainsi, comme le
remarque É. Reclus, du pied au sommet du Canigou, c'est un voyage
analogue à celui que l'on ferait du 42e au 62e degré de latitude
de la Corse à la Norvège! Ici 139 mètres d'élévation correspondent
à 1 degré de latitude.

Dans les Alpes suisses, les noyers cessent les premiers, puis ce sont
les châtaigniers ; de 750 à 800 mètres, on ne trouve plus aucune trace
de ces arbres, excepté néanmoins sur le versant méridional, où ils
s'élèvent à 100 mètres plus haut. A peu près vers la même altitude, le
chêne qui composait l'essence des forêts avec le hêtre et le bouleau disparaît ; le cerisier croît jusqu'à 950 mètres, le hêtre jusqu'à 1300 mètres
les céréales mûrissent jusqu'à 1100 mètres dans le nord, et à

1510 dans les Grisons, sur les versants méridionaux; les arbres verts, tels que le sapin, le pin, le mélèze, constituent alors exclusivement les vastes forêts qui garnissent les montagnes; à 1800 mètres ils cessent à leur tour (cependant, sur le versant méridional du mont Rose, ces arbres s'élèvent jusqu'à 2270 mètres : ce sont des mélèzes, des épicéas, des pins, associés à des aunes et à des bouleaux. Sur le versant Nord, les conifères ne dépassent que très rarement et comme par exception 2000 mètres). Le bouleau, cet arbre robuste que nous trouvons le dernier dans le Nord, est presque aussi le dernier à disparaître des

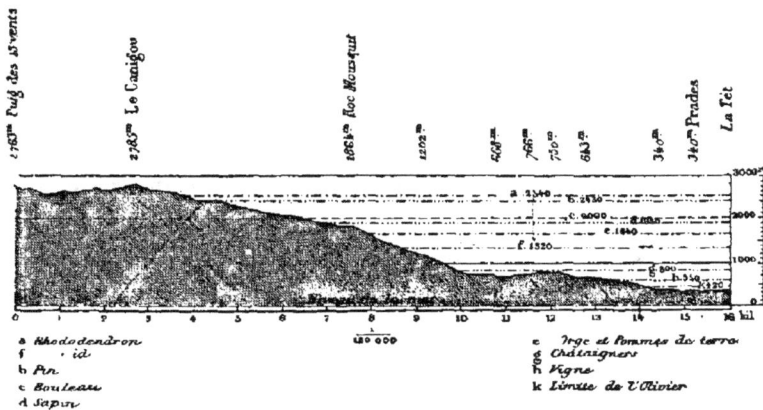

Fig. 196. — Succession des espèces végétales sur le mont Canigou.

flancs des montagnes; il s'élève jusqu'à une égale altitude. Toutefois on rencontre encore à une centaine de mètres plus haut les pins çembros et mughos. Les pâturages s'élèvent jusqu'à 2600 mètres. Puis toute végétation arborescente cesse : ce ne sont plus que de petits taillis de rhododendrons. Passé la région où ces robustes enfants des Alpes étalent leur vert feuillage, on ne trouve plus que des plantes qui excèdent à peine le sol; tel est entre autres le saule herbacé, qui n'est plus qu'une plante chétive : ce sont celles qu'on appelle *alpines*. Nous pouvons cependant faire la remarque qu'une différence réelle existe entre les conditions de la vie polaire et celles de la vie alpestre glaciale. Plus on s'élève sur les montagnes, plus l'air est sec et léger; aux pôles, au contraire, l'Atmosphère est pesante des vapeurs qui la saturent. A travers cette atmosphère, la lumière peut-elle agir comme à travers l'air subtil des hauts sommets? Non : l'Atmosphère doit apporter une différence profonde dans les conditions de la vie végétale et animale, malgré l'analogie des climats.

Plus haut enfin, on ne trouve que des lichens et la roche nue, et à peu de distance de là on rencontre la limite des neiges éternelles, qui varie suivant les latitudes, mais qui n'en est pas moins soumise à une loi constante.

De toutes les régions naturelles qui s'étagent ainsi le long des flancs d'une montagne, nulle n'a un caractère aussi tranché que la ligne des *neiges éternelles* ou persistantes, ainsi nommées avec juste raison parce qu'elles résistent aux ardeurs de l'été, ou se renouvellent aussitôt qu'une fonte partielle pendant l'été ou le printemps a diminué leur masse. Cette ligne se trouve à une hauteur absolue d'autant plus grande qu'il fait plus chaud au niveau de la mer. Elle est au niveau du sol dans les régions polaires où règne un froid continu, et située à une très grande élévation sous les tropiques.

Ce phénomène est toutefois complexe. Il dépend de la température, de l'état hygrométrique de l'air, de la forme des montagnes, de la direction des vents régnants et de leur contact soit avec la terre, soit avec la mer, de la hauteur totale de la montagne et du degré d'escarpement de ses versants, enfin de l'étendue et de l'élévation absolue des plateaux qui supportent cette montagne. Toutes ces causes réunies donnent à la limite des neiges le caractère d'une grande variabilité.

On a cherché depuis longtemps quelle relation météorologique unit l'altitude de la limite inférieure des neiges persistantes au climat de chaque contrée. Bouguer pensait que cette limite correspondait à une température annuelle moyenne égale à celle de la glace fondante. De Buch et de Humboldt ont cru qu'elle se rapportait mieux à une température moyenne de l'été égale à ce même degré ; néanmoins on s'est aperçu que la limite des neiges ne satisfaisait point du tout à cette condition. M. Renou a établi que cette limite est liée à la distribution de la température dans les diverses saisons.

La limite inférieure des neiges n'est pas uniquement une fonction de la latitude et de la température moyenne annuelle ; ce n'est ni à l'équateur, ni même dans la zone intertropicale, comme on l'a cru longtemps, que cette limite parvient à sa plus grande hauteur. Si on la soumet à une analyse détaillée, on reconnaît qu'elle dépend du concours d'un grand nombre de causes, telles que la différence des températures propres à chaque saison, le degré habituel de sécheresse ou d'humidité des couches supérieures de l'Atmosphèr^, l'épaisseur absolue de la masse de neige qui s'est accumulée, le rapport entre la hauteur de la limite inférieure des neiges et la hauteur totale de la montagne, etc.

Sous nos latitudes, la neige envahit toutes les pentes jusqu'aux plaines en hiver; au printemps, elle commence à fondre par les parties inférieures; en été, elle fond rapidement, et enfin cette fusion s'arrête en automne à une certaine limite qui reste toujours à peu près la même : c'est là ce qu'on appelle la limite des *neiges perpétuelles*, ou mieux *persistantes*. Ainsi, le phénomène est alternatif : pendant six mois les neiges empiètent considérablement; pendant six autres mois, elles reculent. Cette simple considération montre que la limite supérieure ne doit dépendre que de la moitié la plus chaude de l'année, celle comprise, pour la plupart des climats au nord de l'équateur, entre le 22 avril et le 22 octobre. On est ainsi conduit à établir cette loi générale :

Dans toutes les contrées de la Terre, la limite des neiges persistantes est l'altitude à laquelle la moitié la plus chaude de l'année a une température moyenne égale à celle de la glace fondante.

Les glaciers proprement dits constituent un phénomène à part; ce sont, en effet, des amas de glace dans des vallées où elle s'accumule considérablement, et dans lesquelles elle descend sans cesse de manière à remplacer celle qui fond à la partie inférieure.

Le petit tableau suivant indique la diminution (à partir de l'Équateur) de la hauteur de la limite des neiges et de la température moyenne de la moitié la plus chaude de l'année des plaines qui sont à leur pied.

Contrées.	Latitude.	Altitude de la limite des neiges.	Température moyenne.
Andes	1°	4795^m	27°,4
Mexique	19	4580	26°,2
Himalaya { pente S.	30	3956	25°,0
{ pente N.		5067	24°,0
Caucase	43	3216	20°,0
Pyrénées	42	2800	17°,5
Alpes	45	2700	17°,0
Karpathes	47	1592	16°,2
Altaï	49	2144	13°,4
Alpes scandinaves	61	1650	10°,3
Islande	65	940	6°,3
Norvège (Magerœ)	71	714	4°,8
Ile Cherry	75	180	1°,2
Spitzberg, côte S. O.	78	0	0°,0

Nous connaissons bien la limite *inférieure* des neiges perpétuelles;

quant à leur limite *supérieure*, il ne peut pas en être question, car les cimes les plus hautes sont encore loin d'atteindre les couches d'air qui ne contiennent plus de vapeur capable d'engendrer des cristaux de glace. Il est certain que si cependant elles s'élevaient encore à une altitude plus considérable dans les espaces aériens, elles finiraient par atteindre une limite supérieure des neiges. En effet, la froide Atmosphère des hautes régions ne contient qu'une très faible proportion de

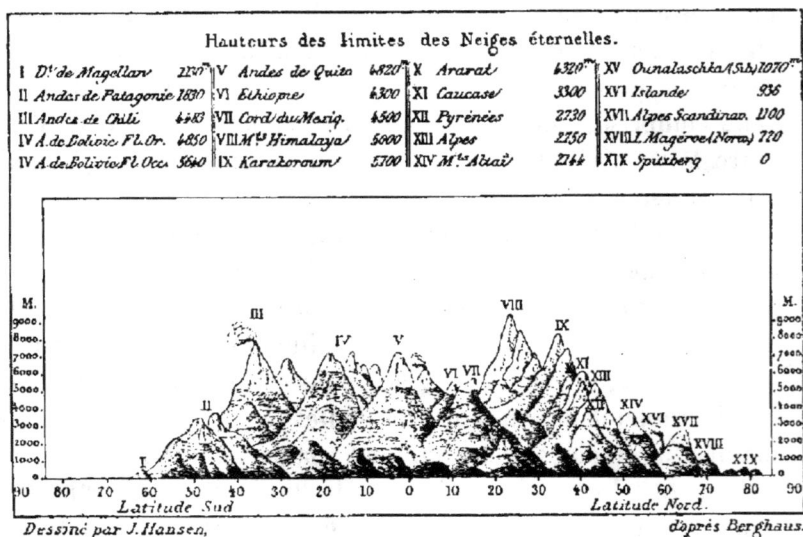

Hauteurs des limites des Neiges éternelles.

I D.ᵉ de Magellan 1270	V Andes de Quito 4820	X Ararat 4320	XV Ounalaschka (S.b) 1070
II Andes de Patagonie 1630	VI Éthiopie 4300	XI Caucase 3300	XVI Islande 935
III Andes de Chili 4483	VII Cord.ᵈᵘ Mexiq. 4500	XII Pyrénées 2730	XVII Alpes Scandinav. 1100
IV A. de Bolivie Fl. Or. 4850	VIII M.ᵗˢ Himalaya 5000	XIII Alpes 2750	XVIII L. Magéroe (Nord) 720
IV A. de Bolivie Fl. Occ. 5640	IX Karakoroum 5700	XIV M.ᵗˢ Altaï 2144	XIX Spitzberg 0

Dessiné par J. Hansen. d'après Berghaus.

FIG. 107. — Les neiges éternelles aux diverses altitudes.

vapeur, et les rares flocons de neige qui pourraient tomber sur des cimes de 15 000 ou 20 000 mètres seraient bientôt balayés par le vent ou fondus par les rayons solaires. Sur les flancs d'une montagne de cette élévation il y aurait une zone de neige persistante, limitée d'un côté par une région de pâturages, de l'autre par des espaces déserts complètement dépourvus de végétation. D'après Tschudi, il ne tomberait sur les Alpes, au-dessus de 3300 mètres d'élévation, qu'une quantité de neige relativement très faible ; c'est entre 2300 et 2600 mètres que la plupart des nuages chargés de flocons déversent leur fardeau sur les pentes. A cette hauteur, l'humidité tombe aussi quelquefois sous forme de pluie ; mais à 3000 mètres les nuées sont rarement pluvieuses ; à 3600 mètres elles ne portent que de la neige.

La neige qui tombe sur les montagnes au-dessus de la limite des neiges perpétuelles ne fond pas. Une faible partie seulement, fondant sous l'influence du soleil, s'infiltre à travers la neige et, cette eau se congelant de nouveau pendant la nuit, la neige passe à l'état de *névé*, corps intermédiaire entre la neige et la glace, masse grenue qui se compose de cristaux arrondis et agglutinés entre eux par l'effet de la pression qu'ils supportent. La densité du névé tient le milieu entre

Fig. 198. — Mer de glace.

celle de la neige et celle de la glace ; tandis qu'un mètre cube de neige pèse environ 85 kilogrammes, un mètre cube de glace compacte pèse 900 kilogrammes, et le poids d'un mètre cube de névé varie entre 300 et 600 kilogrammes (l'eau pèserait 1000 kilogrammes). La ligne de démarcation entre la glace et le névé n'est pas bien tranchée. Suivant la pression à laquelle il est exposé, le névé passe successivement par une série de densités : il devient d'abord glace bulleuse, puis glace grenue blanche, enfin glace bleue compacte qui forme la substance des glaciers.

Les conditions les plus favorables à la formation des glaciers existent, dit Agassiz, lorsque plusieurs hautes montagnes se trouvent très rapprochées. Il arrive alors que non seulement les sommités, mais même les plateaux et les vallées intermédiaires se recouvrent de glaciers jusqu'à des niveaux où probablement il n'en existerait point si les hautes cimes étaient plus éloignées l'une de l'autre. De vastes plateaux, qui ont dix, vingt et même trente lieues carrées, ne présentent aussi qu'une surface continue de glaces, du milieu de laquelle les crêtes et les cimes des plus hautes montagnes s'élèvent comme des îles volcaniques du milieu de l'Océan. Ce sont ces vastes étendues de glaciers auxquelles on donne le nom de *mers de glace*. Ces mers de glace détachent sur toute leur circonférence des émissaires qui descendent par les gorges et les anfractuosités des montagnes dans les régions inférieures. Ce sont les *glaciers* proprement dits; leur nombre est très variable et dépend essentiellement de la structure des massifs recouverts par les mers de glace. On compte en Suisse 600 glaciers proprement dits. Les Alpes, comprises dans la Suisse entre le Mont-Blanc et les frontières du Tyrol, forment une mer de glace de plus de .550 kilomètres carrés. Tels sont les réservoirs intarissables qui entretiennent les plus grands et les principaux fleuves de l'Europe.

La glace des glaciers ne ressemble en rien à la glace ordinaire. Au lieu d'être glissante et polie, elle est inégale, ridée ou striée, rarement lisse, composée enfin d'une multitude de fragments angulaires, qui ont d'ordinaire de 20 à 50 centimètres de diamètre, et qui sont séparés les uns des autres par des fissures capillaires innombrables. A mesure que l'on s'élève vers la partie supérieure des glaciers, on voit ces fragments diminuer de volume et se réduire enfin à de simples granules; la masse entière passe alors à l'état de neige grenue : le névé dont nous avons parlé plus haut.... Les glaciers ne sont, pour ainsi dire, que des transformations de névé opérées par l'eau. Quoique la température moyenne des régions où règnent les névés soit de beaucoup au-dessous de zéro, le soleil parvient cependant à en fondre annuellement une partie pendant les mois chauds de l'été. L'eau qui résulte de cette fonte s'infiltre dans la masse, où, remplaçant l'eau que le névé contient en abondance, elle se congèle pendant la nuit et transforme ainsi une partie du névé en une glace d'abord peu compacte, mais qui gagne de plus en plus en consistance et en épaisseur, à mesure que de nouvelles eaux viennent s'y infiltrer et que la masse entière chemine. La transformation du névé en glace s'opère généralement de bas en haut, par la raison fort simple que, l'eau tendant continuellement à descendre, c'est la partie inférieure du névé qui s'imbibe la première.

Aucun glacier n'est parfaitement blanc; vus de loin, ils ont généralement une teinte bleuâtre ou verdâtre, plus intense sur les parois
des aiguilles et dans l'intérieur des crevasses qu'à la surface. Lorsqu'on se trouve sur le glacier même, la surface qui n'est point recouverte par les moraines paraît d'un blanc mat. Enfin, à mesure que l'on
remonte le glacier et que la glace devient moins compacte, les teintes
perdent insensiblement de leur intensité, et le bleu des crevasses de
moins en moins foncé, de plus en plus mat, se transforme en un vert
d'une rare beauté. Quelles sont les causes qui déterminent ces teintes
variées? La science n'a pas encore résolu ce curieux problème. Ce
n'est pas l'azur du ciel, comme on l'a prétendu, car les glaciers conservent leur couleur par un temps couvert.

Le 14 septembre 1868, par un ciel couvert et après une petite pluie
fine, je visitais la grotte du glacier inférieur de Grindelwald, en compagnie du professeur Lissajous, et, comme aux plus beaux jours du ciel
azuré, le glacier apparaissait teinté des nuances variées de l'émeraude.
Dans l'intérieur de la grotte, à l'entrée, la transparence des blocs et la
réfraction de la lumière rappelaient assez singulièrement la teinte du
vitriol. Au fond de la grotte, dans une salle carrée, éclairée par une
lampe antique, était assise une vieille sorcière, jouant d'une cithare
aux cordes métalliques : les reflets de la lampe étaient blancs comme
dans une grotte de sel. La Lutschine noire sort à flots rapides du
glacier. Les ravins du torrent, les cascades, les blocs des anciens éboulements, les moraines et la succession admirable des vues de la Wen-
gernalp, réunissent en ce petit désert des Alpes une esquisse
physique et météorologique qui donne à tout esprit attentif un
ensemble assez complet des connaissances que nous résumons dans ce
chapitre.

Tous les glaciers ont des crevasses, c'est-à-dire d'énormes fissures,
qui tantôt traversent la masse de glace de part en part, tantôt ne
pénètrent que jusqu'à une certaine profondeur. Seulement, le nombre,
la forme, les dimensions et la disposition de ces crevasses varient à
l'infini dans les divers glaciers et dans les différentes parties d'un même
glacier, selon l'inclinaison plus ou moins considérable de la forme et
du fond de la vallée. En général, on les enjambe ou on les saute sans
peine et sans danger; mais on en rencontre parfois de tellement larges,
qu'il faut ou les tourner ou les franchir avec des échelles. Dans son
ascension, de Saussure en observa un qui avait plus de 32 mètres de
largeur et dont on ne voyait le fond nulle part. Ordinairement la

profondeur est de 30 à 40 mètres. La neige tombe souvent dans ces crevasses et les cache. Lorsqu'elle ne fait qu'en réunir les deux lèvres, elle forme au-dessus de l'abîme une espèce de pont qu'un simple éboulement du glacier suffit parfois à faire crouler. Ce sont ces lits de neige sans appui qui constituent le plus grand danger pour les voyageurs. Aucun indice ne révèle la large faille qui descend parfois à des centaines de mètres de profondeur ; le champ de neige est uni et semble inviter à la marche ; mais qu'on mette le pied au-dessus du gouffre caché sans avoir prudemment sondé la neige, et la masse peut s'effondrer tout à coup avec le malheureux qu'elle porte. Des accidents de cette sorte arrivent chaque année dans les montagnes.

On ne peut se défendre d'une certaine frayeur lorsqu'on se trouve sur le glacier au moment où se produit une crevasse. Le fleuve de glace, dit É. Reclus, se met tout à coup à craquer et à mugir, de sourdes détonations causées par de brusques ruptures se font entendre par moments dans l'épaisseur de la masse, tandis qu'un long bruit sifflant, semblable à celui du verre rayé par le diamant, annonce l'augmentation graduelle de la fente. Élargies petit à petit, ces crevasses offrent un spectacle saisissant. Les deux parois bleuâtres plongent jusque dans les ténèbres insondables ; des pierres qui tombent de la surface rebondissent sur les saillies, puis se perdent dans l'obscurité en réveillant de sourds échos ; un vague murmure d'eaux courantes s'élève des profondeurs, et parfois d'aigres bouffées d'un air froid et saisissant jaillissent de l'abîme ; en se penchant au-dessus de la béante ouverture, on ressent une sorte d'effroi, comme si les rumeurs et les ténèbres du gouffre étaient celles d'un monde mystérieux et terrible.

On donne dans les Alpes de la Suisse française le nom de *moraines* à ces amas de roches, de sable et de débris que l'on remarque le long des bords, à l'extrémité supérieure ou sur la surface même d'un glacier. Elles sont produites par les éboulements des montagnes qui les dominent. Leur grandeur varie selon la fréquence des avalanches dans les diverses allées, la nature des roches dont ces avalanches sont formées, la forme du glacier, etc. ; mais en général elles augmentent à mesure qu'elles avancent vers l'extrémité inférieure du glacier.

Il tombe environ dans les Alpes 18 mètres de neige par an, qui équivalent à une couche de $2^m,30$ de glace. Dans ces régions élevées, la chaleur solaire est insuffisante à fondre une pareille quantité d'eau solide ; il y a donc chaque année un résidu de stock de glace qui forme le noyau des glaciers. Amassées sur place, ces couches annuelles finiraient par former de véritables montagnes. En supposant qu'en un point déterminé pris au-dessus de la ligne des neiges la couche ajoutée chaque année soit d'un mètre, ce dépôt ajouté sans cesse à lui-même pendant la courte période de l'ère chrétienne formerait aujourd'hui

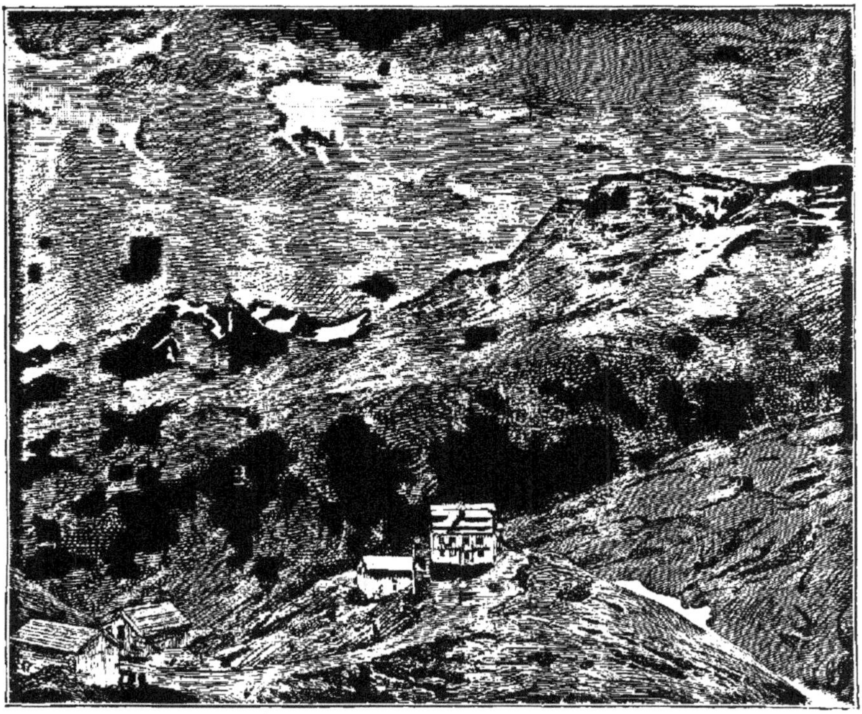

FIG. 199. — La fonte des neiges des Alpes sous l'influence du *fœhn*, vent chaud du midi.

une élévation de près de 1900 mètres. Et si cette même accumulation, au lieu de commencer avec les temps historiques, remontait jusqu'aux âges géologiques, la hauteur de la neige empilée dépasserait tout ce que nous pouvons imaginer. Il est évident qu'aucune accumulation de ce genre n'a lieu, et que la quantité de neige des montagnes n'augmente pas dans la proportion que nous venons de dire. Pour une raison ou pour une autre, il n'est pas permis au Soleil d'enlever l'Océan à son bassin et d'entasser ses eaux d'une manière permanente sur les montagnes.

Mais comment cet excès annuel de charge est-il enlevé aux épaules des montagnes? Par le Soleil lui-même et par les météores. L'astre qui élève les vapeurs de l'Océan jusqu'aux sommets aériens se charge aussi de ramener les eaux supérieures dans le grand réservoir maritime. Il en fond une partie. Les pluies et les tièdes brouillards que les vents apportent sur les pentes des montagnes l'aident énergiquement. Les vents froids y contribuent également en soulevant les neiges en tourbillons et en les faisant retomber sur les pentes inférieures où la température moyenne est plus haute. Il n'est pas une violente bourrasque d'hiver qui n'enlève des millions de mètres cubes de neige aux têtes des hautes montagnes, ainsi qu'on peut le voir d'en bas, alors que les cimes fouettées par le vent fument comme des cratères et que les couches poudreuses se dispersent en tourbillons. Toutefois les vents chauds et secs font encore plus que les tempêtes pour amoindrir les masses de neige qui pèsent sur les sommets. Ainsi le vent du midi, appelé *fœhn* par les montagnards, fond ou fait évaporer parfois en douze heures une couche de neige d'une épaisseur de trois quarts de mètre ; « il mange la neige », dit le proverbe, et ramène le printemps sur les hauteurs. Le fœhn est après le Soleil le principal agent climatique des Alpes.

Les neiges et les glaces ne restent pas d'ailleurs immobiles, mais descendent en glissant, et par degrés presque insensibles, le long des pentes. A mesure qu'une couche s'ajoute à une couche, les portions plus profondes de la masse se compriment et se consolident ; les couches inférieures sont pressées par le poids des couches supérieures, et, si elles reposent sur une pente, elles cèdent à l'effort qui les pousse et tendent à descendre.

En même temps le glacier glisse sur son lit incliné. Il descend en masse sur la pente de la montagne, émoussant les aspérités des roches et polissant leurs surfaces dures. La couche inférieure de ce puissant polissoir est aussi creusée et sillonnée par les roches sur lesquelles elle passe ; mais, à mesure que la masse complète de neige glacée descend, elle entre dans une région plus chaude, elle est plus abondamment fondue, et quelquefois, avant d'avoir atteint la base de la pente, elle est entièrement tranchée ou anéantie par la fusion. Quelquefois aussi de larges et profondes vallées reçoivent la masse gelée ainsi poussée en bas. Après s'être consolidée dans ces vallées, cette masse continue à descendre d'un pas lent, mais mesurable, imitant dans ses mouvements le cours d'une rivière. Elle est ainsi amenée au-dessous des limites des neiges perpétuelles, jusqu'à ce qu'enfin la perte en bas égale et compense le gain en haut ; en ce point le glacier cesse.

Le mouvement de translation d'un glacier n'est pas le même dans toutes ses parties. La ligne médiane, où l'épaisseur et la pente sont les plus fortes, se meut avec plus de rapidité. Les bords, où la masse est plus mince et où le frottement produit une résistance sensible, se meuvent plus lentement. Agassiz et Desor ont mesuré d'une manière précise le mouvement des différentes parties du glacier de l'Aar, en plantant à sa surface, dans le sens de sa largeur, des séries de pieux, dont ils pouvaient observer la marche, en la rapportant à des objets fixes pris sur les roches environnantes.

Une série de pieux plantés sur une ligne droite transversale de 1350 mètres de longueur décrivait au bout d'un an une courbe complexe de plus en plus convexe. En disposant les jalons sur la ligne médiane du glacier, les physiciens suisses ont reconnu que les parties moyennes marchent de 70 ou 77 mètres par an, tandis que le talus terminal ne s'avance que de 30 mètres, et la partie supérieure de 40 mètres environ.

Une échelle que Saussure avait laissée en 1788 au pied de l'aiguille Noire lors de son ascension au Mont-Blanc fut retrouvée en 1832 à la distance de 4350 mètres en aval. L'échelle était donc descendue pendant ces quarante-quatre années avec une vitesse moyenne de 99 mètres par an, ou de 27 centimètres par jour. Un havresac tombé en 1836 dans une crevasse du glacier de Talèfre, et retrouvé dix ans après, avait marché plus rapidement que l'échelle de Saussure : il avait parcouru 129 mètres par année, soit plus de 35 centimètres en vingt-quatre heures. Toutefois ces objets ne peuvent servir à mesurer la vitesse réelle du glacier, car il faudrait savoir d'une manière positive s'ils se trouvaient dans la partie centrale ou sur les bords du courant de glace, au milieu ou dans le voisinage du fond. Quoi qu'il en soit, des calculs approximatifs portent à croire que la neige tombée au col du Géant met environ cent vingt années pour arriver, transformée en glace, à l'extrémité inférieure du glacier des Bossons.

Quelques débris humains ont aussi malheureusement servi à établir le mouvement des glaces. En 1861, en 1863 et en 1865, le glacier des Bossons a rendu les restes de trois guides tombés en 1820 dans la première crevasse qui s'ouvre à la base du Mont-Blanc. Les cadavres engouffrés ont donc parcouru pendant une période de plus de quarante ans un espace de 6 kilomètres environ ; ils descendaient au taux de 140 à 150 mètres par année. Un glacier plus lent des Alpes autrichiennes, qui s'épanche dans l'Ahrenthal, a rejeté vers 1860 un cadavre bien conservé, encore revêtu d'un costume dont la coupe antique est abandonnée depuis des siècles par les montagnards.

Les héros du glacier, dit Michelet, ont été aussi ses martyrs. Par eux surtout on a connu son mouvement progressif. Ils l'ont mesuré de leur corps. Jacques Balmat fut englouti en 1834 ; Pierre Balmat en 1820 ; ses débris, rejetés du pied du glacier en 1861, démontrèrent qu'il accomplissait sa descente en quarante ans. Les pauvres restes qu'on voit sous verre au musée d'Annecy touchent fort, quand on réfléchit que cette famille héroïque non seulement monta la première au sommet, mais par son malheur constata la loi des glaciers, leur évolution régulière, qui ouvre un horizon nouveau.

La fusion des neiges entraîne parfois des déplacements du centre de gravité des grandes masses, qui alors s'écroulent le long des flancs des montagnes, heurtant avec violence tous les obstacles qui s'opposent à leur chute accélérée. Ce sont les *avalanches*, dont plusieurs trop mémorables ont détruit des villages entiers et enseveli de paisibles populations sous leurs ruines. La plupart des chutes des neiges se produisent avec une grande régularité, si bien que le vieux montagnard, habile à discerner les signes du temps, peut souvent annoncer à la vue des surfaces neigeuses à quelle heure aura lieu l'écroulement. Le chemin des avalanches est tout tracé sur le flanc des montagnes. Les amas neigeux qui se détachent des pentes supérieures se précipitent dans les lits inclinés que leur offrent les couloirs, descendent en longues traînées, puis, arrivés au ravin, s'épanchent sur de larges talus de débris. La plupart des monts sont ainsi rayés de sillons verticaux où s'engouffrent au printemps ces masses croulantes.

Sur les pentes rapides, les neiges glissent aussi par les escarpements, se tassent contre les obstacles, s'accumulent dans les parties les moins déclives, puis, lorsqu'elles sont animées d'une assez grande force d'impulsion, s'écroulent enfin avec fracas et se précipitent dans les profondeurs des gorges. Les allures de chaque avalanche varient suivant la forme de la montagne. Sur les escarpements à pic, les neiges des terrasses supérieures plongent directement dans les abîmes qui s'ouvrent au-dessous. Au printemps et en été, alors que les blanches assises, ramollies par la chaleur, se détachent d'heure en heure des hautes cimes, le gravisseur, arrêté sur quelque promontoire voisin, contemple avec admiration ces cataractes soudaines qui se précipitent du haut des sommets éclatants. On voit d'abord l'énorme couche de neige s'élancer en cataracte et s'abîmer sur les degrés inférieurs; des tourbillons de neige poudreuse s'élèvent au loin dans les airs, puis, quand le nuage s'est dissipé et que l'espace est rentré dans sa paix solennelle, on entend soudain le tonnerre de l'avalanche se prolongeant en sourds échos dans les anfractuosités des gorges : on dirait la voix de la montagne elle-même. Dans l'économie des monts, tous ces écroulements de neige sont des phénomènes non moins réguliers et normaux que l'écoulement des pluies dans les rivières, et font partie du système général de la circulation des eaux dans chaque bassin. Mais par suite de la surabondance des neiges, d'une fonte trop rapide ou de toute autre cause météorologique, certaines avalanches exceptionnelles, analogues aux inondations des rivières débordées, produisent des effets désastreux en ravageant les cultures des pentes inférieures ou même en engloutissant des villages entiers. Ces ca-

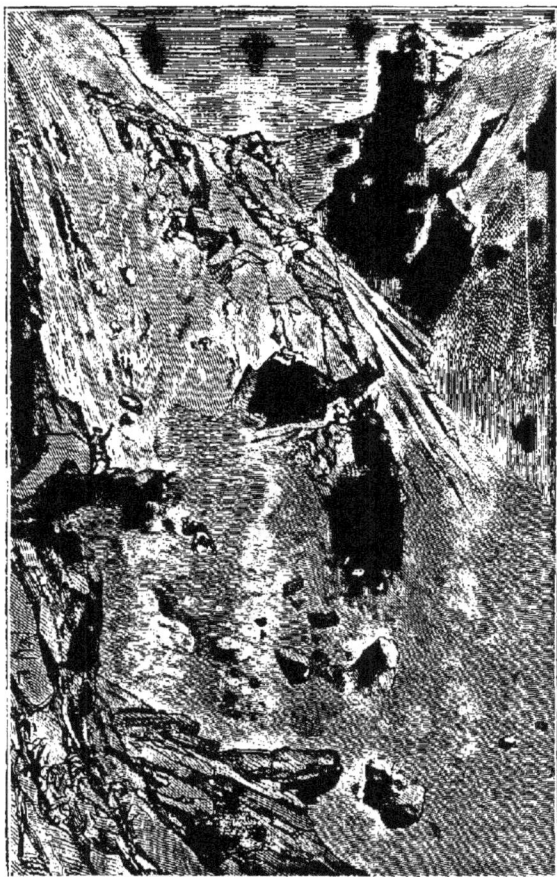

FIG. 200. — L'avalanche.

tastrophes sont, avec les chutes de rochers, les plus redoutables événements de la vie des montagnes.

« Les avalanches connues sous le nom d'avalanches poudreuses sont les plus redoutées des habitants des Alpes, ajoute É. Reclus, non seulement à cause de leurs ravages directs, mais aussi à cause des trombes qui les accompagnent souvent. Lorsque des couches nouvelles de flocons n'adhèrent pas encore aux neiges anciennes qu'elles recou-

vrent, il suffit parfois du passage d'un chamois, de la chute d'une
branche ou même d'un simple écho pour rompre l'équilibre. Elle
s'ébranle lentement en glissant sur les masses durcies, puis, là où la
pente du sol favorise sa marche, elle se précipite d'un mouvement plus
rapide. Incessamment grossie par les autres couches de neige et par
les débris, les pierres, les broussailles qu'elle entraîne, elle passe
au-dessus des corniches et des couloirs, brise les arbres, rase les
chalets qui se trouvent sur son passage, et, semblable à un pan de montagne qui s'écroule, plonge dans la vallée pour remonter sur le versant
opposé. Autour de l'avalanche, la neige poudreuse s'élève en larges
tourbillons; l'air mugit à droite et à gauche en tourmentes qui
secouent les rochers et déracinent les arbres. On a vu des milliers de
troncs renversés par le seul vent de l'avalanche, alors que celle-ci se
traçait à elle-même une large route à travers des forêts entières et
dévorait en passant les hameaux de la vallée. »

Les forêts qui dominent certains villages des Alpes les préservent
seules contre les redoutables effets des avalanches. Aussi est-il
défendu sous les peines les plus sévères d'en abattre un seul arbre. Si
ces forêts étaient détruites par une cause quelconque, les habitants des
villages qu'elles protègent se verraient contraints d'aller s'établir
ailleurs. Dans un grand nombre de localités moins exposées, on
construit au-dessus des églises ou des maisons des espèces de bastions
de pierre. Enfin des galeries voûtées et capables de résister à un choc
violent mettent les voyageurs à l'abri dans les passages les plus dangereux des routes construites en ce siècle sur les Alpes. Il ne se passe
pas d'année cependant que ces avalanches ou les tourmentes de
neige ne coûtent la vie à quelque infortuné voyageur

Tels sont les glaciers, considérés dans leur structure, leur mode de
formation, leur marche, leur œuvre météorologique. Tels sont les
caractères principaux des éminentes montagnes qui arrêtent les eaux
du ciel pour les distribuer aux populations de la Terre.

LIVRE QUATRIÈME

LE VENT

CHAPITRE PREMIER

LE VENT ET SA CAUSE

CIRCULATION GÉNÉRALE DE L'ATMOSPHÈRE. — LES VENTS RÉGULIERS
ET PÉRIODIQUES. — ALIZÉS. — MOUSSONS. — BRISES.

Le Livre précédent nous a fait apprécier la valeur de la chaleur
solaire et ses effets directs sur les saisons et les climats. Nous arrivons maintenant à l'étude des grands courants de l'Atmosphère et des
mers, qui sont eux-mêmes la manifestation incessante de l'action du
Soleil sur notre planète. Sans lui l'Atmosphère resterait immobile
autour du globe, lourde, froide, morte, enveloppant la Terre d'un
véritable linceul, jamais agitée d'un souffle ni d'une brise, réceptacle
de tous les miasmes, empoisonnée et délétère. Par lui une immense
circulation est établie d'un bout du monde à l'autre, renouvelant
toutes les couches, balayant les exhalaisons funestes, remplaçant les
chaleurs accablantes par une fraîcheur régénératrice, ou les froids des
périodes glacées par les tièdes effluves printaniers, semant partout la
richesse, la fécondité, la vie, faisant en un mot respirer à tous les êtres
son souffle maternel et toujours pur.

Qu'est-ce que le *vent?* Dans cette section de notre ouvrage et dans la
suivante sur les nuages et les pluies, nous prenons en main les données
générales de la météorologie, car les courants d'une part et d'autre
part l'œuvre de l'eau dans l'Atmosphère forment les deux grands
centres de gravité sur lesquels s'équilibre la marche du temps, l'état
météorologique des saisons et des années. C'est ici surtout qu'il
importe que nous ayons des bases exactes pour notre connaissance, et
que nous sachions bien nous rendre compte du mécanisme général de
cette colossale usine, distributrice des biens et des maux sur les
champs de la Terre et sur les générations vivantes. La météorologie

n'arrivera à soutenir la comparaison avec sa sœur aînée l'astronomie, c'est-à-dire à être fixée sur des principes connus et à permettre à la science d'annoncer les mouvements de l'Atmosphère, les vents, les pluies, les sécheresses, les tempêtes, comme l'astronomie annonce les mouvements des astres, que du jour où nous pourrons embrasser sous un même coup d'œil la circulation générale qui s'effectue constamment sur le globe entier et où nous connaîtrons les causes des diversités locales.

Qu'est-ce que le Vent?

Le Vent n'est pas autre chose qu'*une quantité quelconque d'air mise en mouvement par un changement dans l'équilibre de l'Atmosphère.*

Le Vent est de l'air qui coule. En général il coule horizontalement, et non uniformément, mais par poussées inégales. L'origine de ce mouvement de l'air est une différence de pression. Si l'Atmosphère avait partout et toujours la même densité, si tous les baromètres établis à la surface du globe donnaient continuellement les mêmes indications, les vents n'existeraient pas ; mais un grand nombre de causes tendent à détruire sans cesse l'équilibre de l'Atmosphère. Parmi ces causes, les plus importantes sont les inégalités de température et les transformations de la vapeur d'eau. Il en résulte que la pression atmosphérique est très inégale et très variable selon les régions, ainsi que selon les saisons et les heures. En général le vent souffle des régions où la pression atmosphérique est élevée vers celles où elle est moindre. Autour d'un maximum de pression, le vent souffle en dehors dans toutes les directions. Autour d'un minimum, au contraire, il souffle en dedans.

Nous avons dit que les inégalités de température sont une des premières causes de la différence de densité et par conséquent de pression. Supposons un instant l'Atmosphère absolument calme partout. Un nuage passe devant le Soleil, l'air placé dans le passage du nuage est rafraîchi et subit une condensation. Devenu plus dense, cet air va maintenant chercher à se mettre en équilibre, un premier déplacement s'opérera dans le sens de la marche du nuage, et voilà un courant d'air frais dont la tendance sera de prendre le plus vite possible la place de l'air le plus chaud, le plus dilaté, qui l'avoisinera.

Supposons que le Soleil, brillant dans un ciel sans nuage, reste immobile au-dessus de nos têtes. L'air situé directement au-dessous de lui va s'échauffer plus vite que celui qui ne reçoit que des rayons très obliques. Dilaté, il va s'élever vers les régions aériennes moins denses, celui qui l'avoisine va chercher à prendre sa place, et voilà un autre courant d'air d'engendré.

Les grands courants de l'Atmosphère, les vents généraux et particuliers sont causés par cette recherche infatigable de l'équilibre sans cesse détruit par les diverses actions de la chaleur solaire.

De quelle manière se comporteront deux portions contiguës de l'Atmosphère, si elles viennent à être inégalement échauffées ?

La difficulté du problème tient à ce qu'au milieu d'un air pur l'œil ne peut saisir aucune espèce de repère propre à lui dévoiler le sens du déplacement des couches. Cependant on est arrivé à la solution dans certaines limites.

Pour déterminer comment se mêlent les atmosphères de deux salles contiguës et inégalement échauffées, Franklin imagina de promener une chandelle à toutes les hauteurs de la porte de communication. Dans le bas, près du parquet, la flamme indiquait un courant di-

Fig. 201. — Expérience sur la cause des vents.

rigé de la salle froide vers la salle chaude. Dans le haut de la porte, la flamme, s'inclinant en sens inverse, signalait un courant dirigé de la salle chaude vers la salle froide. A une certaine hauteur, entre ces deux positions extrêmes, l'air semblait stationnaire.

De même, si en un point de la surface de la Terre il y a une cause d'échauffement, la colonne d'air superposée s'élève, un courant inférieur se dirige vers la partie chaude, et la colonne d'air échauffée fournit un courant supérieur ayant un mouvement inverse ou dirigé du lieu chaud vers le lieu froid.

Ceux qui ont résidé dans les régions chaudes sur le bord de la mer savent que tous les jours, à partir d'une certaine heure (neuf ou dix heures du matin), il s'élève un vent soufflant de la mer vers la terre, *une brise de mer ;* ce vent, attendu avec impatience par les habitants, rafraîchit l'atmosphère pendant la plus grande partie de la journée jusque vers les cinq ou six heures du soir. La cause de ce vent est facile' à trouver, d'après l'expérience de Franklin : il dépend, en effet, évidemment, des échauffements inégaux que l'action des rayons solaires fait éprouver aux terres continentales et à l'Océan.

Chaque jour, lorsque, à partir de neuf heures du matin, la température de la côte commence à dépasser la température moyenne, qui est toujours à peu près celle de la mer, l'air qui repose sur celle-ci souffle vers la terre. Après neuf heures du soir au contraire, lorsque la température de la côte est retombée au-dessous de la moyenne, l'air reflue de la terre vers la mer. A la brise de mer ou du matin succède ainsi chaque jour, après quelques heures de calme, la brise du soir ou de terre. A part les marées, les bateaux peuvent profiter de ces deux vents pour entrer dans les ports ou pour en sortir.

Les brises cessent de se faire sentir à une petite distance des côtes, et à leur place règnent en mer les vents qu'on appelle *moussons*, dont nous nous occuperons tout à l'heure. L'observation montre que dans l'hémisphère boréal la mousson de printemps commence en avril et la mousson d'automne en octobre ; dans l'hémisphère austral, où nous avons vu que les saisons sont contraires, la mousson d'automne commence en avril et la mousson de printemps en octobre. Une mousson est toujours dirigée vers l'hémisphère que le soleil échauffe le plus de ses rayons. Le passage d'une mousson à la suivante est souvent une époque critique pour la navigation, soit parce que plusieurs vents forment une espèce de conflit d'où résultent des tempêtes, soit parce qu'ailleurs il règne un calme plus ou moins prolongé entre les deux moussons contraires. La conformation des mers et des côtes influe sur les phénomènes de manière à leur imposer des lois particulières dans chaque région.

Vers l'équateur, le Soleil, frappant la Terre de ses rayons dans une direction perpendiculaire ou presque verticale, y produit, comme nous l'avons vu, une température constamment plus élevée que dans les autres points de notre globe. Il en résulte que des deux hémisphères doivent affluer vers l'équateur deux courants inférieurs.

L'air, fortement échauffé sur la zone équatoriale, s'élève en masse vers les hautes régions de l'Atmosphère. Parvenue à une certaine élévation qui nous est inconnue, mais qui dépasse plusieurs kilomètres, la nappe ascendante se partage en deux autres, s'étalant dans la direction des deux pôles.

Le mouvement ascensionnel ainsi produit donne lieu à un appel d'air des deux côtés des régions torrides ; deux autres nappes rasant la surface du sol se dirigent des régions tempérées vers cette ligne. Nous trouvons donc sur tout le pourtour de la Terre un double circuit aérien, que l'on peut expliquer comme il suit.

Envisageons d'abord l'hémisphère nord. Un courant d'air parti des régions tropicales marche vers l'équateur. Situé dans les régions inférieures de l'Atmosphère et à la surface du globe, ce courant est direc-

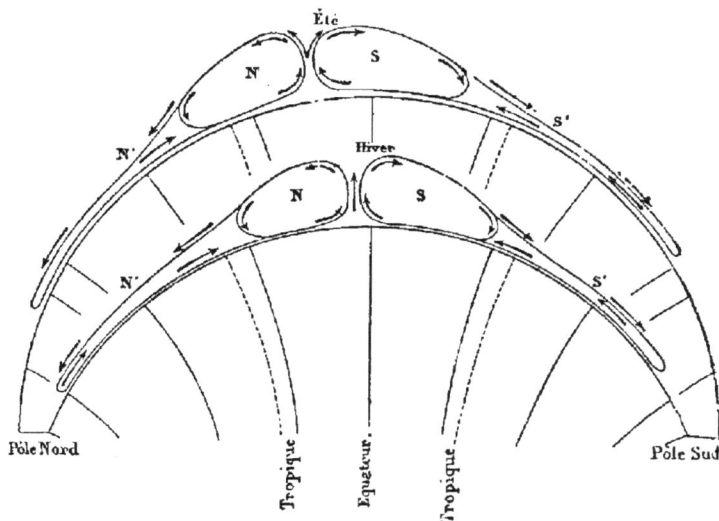

FIG. 202. — Coupe de l'Atmosphère montrant sa circulation générale.

tement accessible à notre observation, il constitue les *alizés* de l'hémisphère nord. Arrivé à une petite distance de l'équateur, variable suivant les saisons, il se redresse, s'élève dans l'air, et lorsqu'il a atteint un certain niveau, il reprend une direction sensiblement horizontale vers le pôle, en descendant toutefois graduellement à mesure qu'il s'éloigne de l'équateur. Maury a donné à cette branche du courant le nom de *contre-alizé* supérieur.

Borné là, le circuit ne serait pas complet ; les alizés et contre-alizés, reliés entre eux par la branche ascendante de la région équatoriale, ne le sont pas encore du côté nord.

Si la Terre était immobile, si sa surface était partout nomogene, la réunion des deux branches s'opérerait sans doute vers le nord, comme elle a lieu vers le sud, sauf le renversement du sens du mouvement. Le contre-alizé supérieur s'infléchirait vers le sol pour venir se relier à l'alizé, et la circulation de l'Atmosphère se trouverait presque exclusivement renfermée entre des latitudes peu élevées. Remarquons toutefois que, l'origine première du mouvement se trouvant à l'équateur, ce mouvement y sera régulier comme la cause qui le produit. L'alizé et le contre-alizé participeront eux-mêmes de cette régularité dans le voisinage de la ligne équinoxiale ; mais, à mesure qu'on s'écartera de cette ligne, l'action motrice agira d'une manière de moins en moins directe.

La nappe descendante sera donc plus diffuse, moins bien limitée et moins fixe que la nappe ascendante. Sa position moyenne dépendra de l'activité moyenne du *tirage* équatorial et de la hauteur à laquelle atteindra le contre-alizé. Cette hauteur elle-même est liée à la loi de décroissance de la température avec l'altitude ; elle varie suivant les saisons.

Le circuit sud est un peu plus étendu que le circuit nord ; il empiète sur l'hémisphère boréal, à la surface de l'Atlantique, auquel se rapporte la figure 202 ; en été cet envahissement est encore plus marqué qu'en hiver.

Une circulation, quelque régulière qu'on la suppose, ne peut s'établir au sein d'une atmosphère mobile comme la nôtre sans que la partie non directement comprise dans le mouvement en subisse le contre-coup. La décroissance de la température s'étend d'ailleurs jusque vers les pôles, et des mouvements atmosphériques en sont la conséquence obligée à ces hautes latitudes. Deux circonstances principales font sortir les courants aériens des limites embrassées par les circuits précédents et donnent naissance aux deux circuits secondaires N' et S' : ce sont la rotation du globe sur son axe et autour du Soleil et la distribution des terres et des mers à la surface du globe.

La Terre tourne sur elle-même dans le sens de l'ouest à l'est. Tous ses points effectuent une révolution complète dans une même période de vingt-quatre heures ; mais dans cet intervalle de temps tous ne parcourent pas des chemins égaux et ne se meuvent pas avec la même vitesse : tandis qu'à l'équateur la vitesse est de 465 mètres par seconde ou 1674 kilomètres par heure, nous avons vu (p. 18) qu'à la latitude de Paris elle est de 1098 kilomètres à l'heure, qu'elle descend à 576 au Groenland, et qu'au pôle elle est nulle.

L'air, qui nous semble en repos à Paris, se meut donc en réalité de l'ouest à l'est avec une vitesse d'environ 1100 kilomètres à l'heure. Imaginons que cet air soit transporté sur le 56e parallèle (Édimbourg) sans que rien soit changé dans sa vitesse : il continuera de marcher avec la même vitesse ; mais chaque point du 56ᵉ parallèle en parcourt seulement 924 ; l'air gagnera donc sur le sol et dans la direction de l'est 168 kilomètres par heure : ce qui constitue un véritable ouragan. Un effet inverse aurait lieu si une masse d'air en repos relatif sur le 56ᵉ parallèle était subitement transportée sur le 49ᵉ : cet air nous semblerait courir de l'est à l'ouest avec une vitesse de 168 kilomètres.

En réalité, ces passages de masses d'air d'un parallèle à l'autre se font toujours d'une manière graduelle et, pendant leur durée, des résistances de diverses natures tendent à égaliser les vitesses. Les différences affaiblies n'en persistent pas moins ; et comme la grandeur des parallèles diminue d'autant plus rapidement que l'on approche davantage des pôles, les effets signalés plus haut

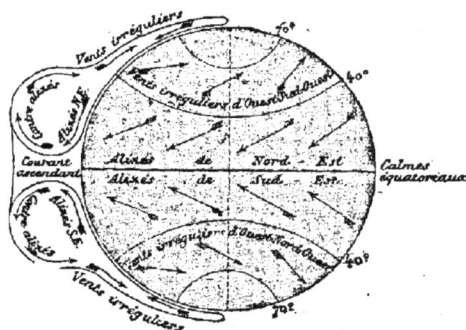

FIG. 203. —Circulation générale de l'Atmosphère.

sont de plus en plus prononcés à mesure qu'ils se produisent à des latitudes plus élevées. Un grand nombre de tempêtes n'ont pas d'autre origine.

Voici donc l'influence de la rotation terrestre sur la direction des alizés :

Considérons d'abord l'alizé du circuit nord. Nous avons supposé qu'il marchait du nord au sud vers l'équateur. Pendant ce mouvement il passe graduellement sur des parallèles dont les diamètres et par conséquent les vitesses vont en croissant. Si sa vitesse absolue ne change pas, il semblera se transporter vers l'ouest, sa route apparente ira du nord-ouest au sud-est : ce qui est en effet à peu près la direction des alizés de l'hémisphère nord. Pareil résultat sera produit sur l'alizé de l'hémisphère sud, qui semblera également rétrograder vers l'ouest ; mais, comme cet alizé marche du sud vers le nord en s'approchant de l'équateur, sa direction apparente ira du sud-est vers le nord-ouest : ce qui est aussi la direction générale des alizés de l'hémisphère sud.

Lorsque la nappe ascendante, parvenue à une certaine hauteur, s'étale en deux nappes horizontales pour former les contre-alizés supérieurs, ceux-ci conservent d'abord leur tendance vers l'ouest, tout en progressant vers le nord ; mais peu à peu ils traversent des parallèles dont la vitesse est graduellement décroissante. Ils prennent bientôt de l'avance vers l'est sur ces parallèles, et leur direction apparente s'incline vers le nord-est. Parvenus à une certaine distance dans le voisinage des tropiques, ils s'abaissent vers le sol ; là se reproduit le phénomène signalé dans la nappe ascendante ; les contre-alizés y pénètrent avec leur vitesse acquise et leur tendance vers l'est ; l'inclinaison de leur vitesse dans le sens de la verticale rend cette vitesse moins apparente, et nous retrouvons à ces latitudes deux nouvelles régions, dites des *calmes tropicaux*.

En marchant de l'équateur vers le pôle nord, nous rencontrons donc : 1° la région des calmes équatoriaux ; 2° les alizés du nord-est ; 3° les calmes tropicaux ; 4° au delà sont les vents variables d'entre sud-ouest et nord-est. Une série analogue se rencontre dans l'hémisphère sud.

Cette circulation générale de l'Atmosphère est influencée d'une certaine manière par les saisons.

Sur la fin de notre été, les régions environnant le pôle nord ont eu pendant plusieurs mois des jours sans nuits ; la température s'y est notablement adoucie et l'air s'y est raréfié. Aux jours sans nuits succèdent bientôt des nuits sans jours, accompagnées de froids d'une extrême rigueur ; l'air se condense et appelle de l'air pour combler le vide formé par le froid. A chacun de ces changements dans notre hémisphère correspond un changement inverse dans l'hémisphère opposé ; un transport général de l'Atmosphère a donc lieu chaque année alternativement de l'hémisphère sud à l'hémisphère nord, et réciproquement.

L'afflux de l'air vers le pôle nord pendant l'hiver s'effectue par l'intermédiaire des courants équatoriaux, qui acquièrent alors une très grande ampleur ; les perturbations s'y accroissent dans le même rapport : c'est la saison des tempêtes. A mesure que le soleil revient vers nous, que notre atmosphère s'échauffe et se dilate, le courant équatorial se ralentit, il atteint des latitudes moins élevées. Au contraire, les courants polaires prennent plus d'activité ; mais comme ils se répandent à la surface de l'Asie et même de l'Europe, leur vitesse est rarement très grande : l'été est la saison des calmes pour notre hémisphère. Les troubles atmosphériques de cette saison sont limités à de faibles étendues, et leur gravité toute locale est empruntée à des phénomènes électriques d'une nature toute spéciale : c'est la saison des orages.

Pendant plusieurs siècles, les alizés furent une énigme pour les météorologistes et les navigateurs. Halley et Hadley proposèrent les premiers l'explication que nous venons de développer, et que les observations contemporaines ont peu modifiée depuis le siècle dernier.

La figure ci-dessous montre le cours et la direction des alizés de l'Atlantique : on y reconnaît au premier coup d'œil l'influence des

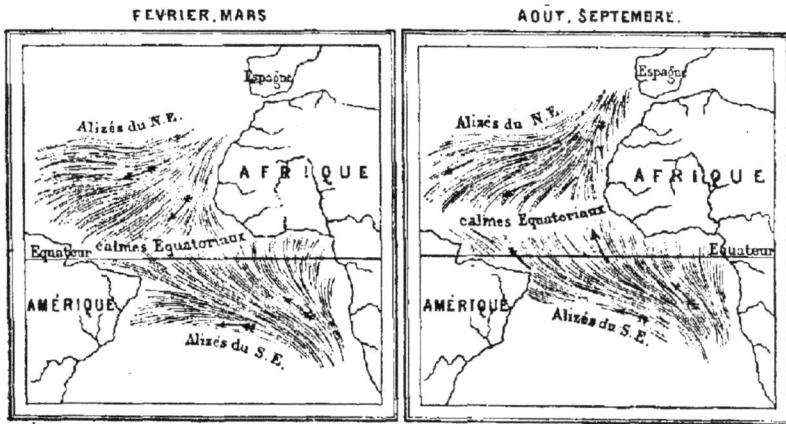

FIG. 204. — Vents alizés de l'Atlantique.

saisons et celle des continents. En février et mars, l'hémisphère sud est dans la saison d'été ; la température y est à son maximum ou s'en trouve peu éloignée. En août et septembre, le nord de l'Afrique arrive à son tour vers la fin de son été ; c'est là que la force d'aspiration a son maximum.

Entre les alizés on remarque les zones des calmes équatoriaux. Elles occupent des positions très différentes à la fin de l'hiver et de l'été, car elles suivent, mais de loin, la marche du Soleil entre les tropiques. Jamais les calmes ne franchissent l'équateur à la surface de l'Atlantique. En février et mars, mois où ils s'en approchent le plus près, l'alizé du nord-est s'arrête vers le 4e degré de latitude nord en moyenne ; en août et septembre, mois où ils s'en éloignent le plus, le même alizé s'arrête vers le 11e degré.

Lorsqu'un navire à voiles dans l'océan Atlantique se rapproche de l'équateur, une certaine anxiété saisit l'équipage, car il sait qu'au premier moment le vent favorable qui l'a poussé jusque-là faiblira de plus en plus, pour s'évanouir enfin complètement. La mer, devenue miroir, s'étend à l'infini, et le bâtiment, qui dans sa course rapide égalait le vol des oiseaux, se trouve immobilisé. Les rayons solaires tombent verticalement sur l'espace étroit où ces navigateurs sont enfermés. Le soleil, qui deux fois par an donne d'aplomb sur ces régions, ne s'éloigne jamais assez pour qu'un refroidissement puisse avoir lieu. L'Atmosphère échauffée y devient si légère, qu'elle se trouve douée d'un mouvement ascendant continuel. En même temps s'évapore de l'océan Atlantique et de l'océan Pacifique une quantité incommensurable d'eau, qui se répand dans l'air embrasé et s'élève avec lui. Mais, à mesure que l'air monte vers les hautes régions, il se refroidit de plus en plus, et parfois très brusquement, de sorte qu'une grande partie de l'eau qu'il avait enlevée se transforme en gouttes de pluie. Ces changements subits produisent des tempêtes passagères, fréquentes dans les régions équinoxiales.

Nous venons de voir qu'à mesure qu'il se rapproche des zones tempérées sur lesquelles il va retomber en les refroidissant, le courant supérieur rencontre des couches d'air animées d'une moindre vitesse dans le sens du mouvement diurne. Il en résulte que le retour des vents alizés donne lieu dans les zones tempérées à un vent qui souffle du sud-ouest pour l'hémisphère boréal, et du nord-ouest pour l'hémisphère austral.

Ainsi en France, par exemple, le vent souffle plus souvent du sud-ouest que de toute autre direction. Dans le temps des discussions sur le mouvement réel de la Terre, les coperniciens présentaient les vents alizés comme une preuve du mouvement de rotation diurne, d'occident en orient. C'était pour eux une simple illusion. Entraîné par le mouvement de notre globe, l'observateur aurait quitté l'air atmosphérique, qui dès lors aurait semblé produire un vent soufflant en sens contraire, ou de l'orient à l'occident. Mais nous venons de voir que c'est la combinaison des vitesses différentes, d'une part, des couches d'air déplacées par suite des différences de températures des divers points du globe, et, d'autre part, des couches atmosphériques entraînées dans le mouvement diurne, qui produit réellement les vents alizés. La théorie du mouvement de la Terre n'a pas besoin de cette prétendue preuve météorologique.

On a directement constaté l'existence du contre-courant supérieur. Le capitaine Basil Hall a observé que dans la région des vents alizés les nuages très élevés marchent constamment dans une direction opposée à celle du vent inférieur. Le même voyageur trouva, dans le mois d'août 1820, au sommet du pic de Ténériffe, un vent du sud-ouest, c'est-à-dire un vent diamétralement opposé au vent alizé qui soufflait à la surface du sol. C'est ce que montre la figure 205. Le 22 juin 1799, lors de l'ascension que fit Humbolt sur la même montagne, il régnait sur le sommet un vent d'ouest très violent.

Voici une autre preuve de l'existence de ce même contre-courant des vents alizés, déduite de la chute, à la Barbade, des poussières lancées par le volcan de l'île de Saint-Vincent :

Dans la soirée du 30 avril 1812, on entendit pendant quelques instants, à l'île de Barbade, des explosions semblables aux décharges de plusieurs pièces de gros calibre : la garnison du château Sainte-Anne resta sous les armes toute la nuit. Le lendemain matin, 1er mai, l'horizon de la mer, à l'orient, était clair et bien défini ;

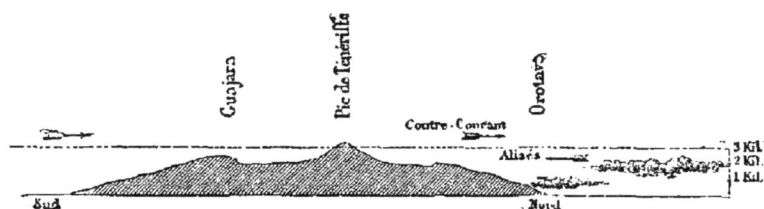

Fig. 205. — Le contre-courant alizé supérieur au sommet du Ténériffe.

mais immédiatement au-dessus on apercevait un nuage noir qui couvrait déjà le reste du ciel, et qui même, bientôt après, se répandit dans la partie où commençait à poindre la lumière du crépuscule. L'obscurité devint si épaisse, que dans les appartements il était impossible de distinguer la place des fenêtres, et qu'en plein air plusieurs personnes ne purent voir ni les arbres à côté desquels elles se trouvaient, ni les contours des maisons voisines, ni même des mouchoirs blancs placés à 15 centimètres des yeux. Ce phénomène était occasionné par la chute d'une grande quantité de poussière volcanique provenant de l'éruption d'un volcan de l'île de Saint-Vincent. Cette pluie d'un nouveau genre, et l'obscurité profonde qui en était la conséquence, ne cessèrent entièrement qu'entre midi et une heure. Les arbres d'un bois flexible ployaient sous le faix; le bruit que les branches des autres arbres faisaient en se cassant contrastait d'une manière frappante avec le calme parfait de l'atmosphère; les cannes à sucre furent totalement renversées; enfin toute l'île se trouva couverte d'une couche de cendres verdâtres qui avait 3 centimètres d'épaisseur.

Saint-Vincent est à 80 kilomètres à l'occident de la Barbade, et son volcan avait projeté cette immense quantité de poussière jusqu'à la hauteur à laquelle régnait le courant supérieur, courant assez puissant lui-même pour effectuer ce transport.

Le 20 janvier 1835, tout l'isthme de l'Amérique centrale ressentit la secousse du tremblement de terre qui accompagna l'éruption du volcan de Coseguina, sur le lac de Nicaragua. Les détonations furent entendues de la Jamaïque, située à 200 lieues dans le nord-est de Nicaragua, et même à Bogota, qui en est éloignée de

plus de 350 lieues. Union, port de mer de la côte ouest de la baie de Conchagua,
fut enveloppé d'une obscurité complète pendant quarante-trois heures. Des cendres
tombèrent à Kingston et dans d'autres parties de la Jamaïque, dont les habitants
purent savoir ainsi que les détonations qu'ils avaient entendues n'étaient pas
des coups de canon.

Pour qu'une aussi grande quantité de cendres ait pu être lancée par des mornes
bas, comme Morne-Garou et Coseguina, jusque dans la région de l'alizé de retour,
il a fallu que les éruptions atteignissent un degré de violence extraordinaire.

C'est Halley qui le premier affirma l'existence de l'alizé supérieur
comme conséquence de l'alizé ordinaire. Sans avoir encore de preuves
directes du fait avancé par lui, il en trouvait la certitude dans la rotation
presque instantanée du vent à des directions opposées, lorsqu'on
traverse les limites polaires des alizés. Pour Halley comme pour tous
les météorologistes actuels, le courant équatorial du sud-ouest qui
règne aux latitudes moyennes de notre hémisphère n'est en effet que la
continuation d'une fraction de notre alizé supérieur de retour.

La branche supérieure du circuit intertropical est à son origine
équatoriale à une si grande hauteur, qu'on n'a pas pu constater son
existence avec certitude en montant sur les pics les plus élevés des
Cordillères dans le voisinage de la région des calmes. Mais, comme
cette branche s'abaisse progressivement vers la surface du globe, à
mesure qu'elle s'avance vers les tropiques, et que d'un autre côté
elle parcourt dans sa route des régions de moins en moins chaudes,
quelques nuages apparaissent dans l'air qu'elle entraîne : ce sont
autant de témoins servant à constater sa direction.

L'existence des alizés fut reconnue dès le premier voyage de Christophe Colomb. Les vents réguliers qui poussaient ce hardi navigateur
dans la route nouvelle par laquelle il voulait arriver dans l'Inde
excitèrent la terreur de ses compagnons en leur faisant craindre l'impossibilité du retour en Europe. Si, après la découverte du nouveau
monde, que Colomb rencontra au lieu de l'Inde qu'il croyait atteindre,
cet intrépide marin n'eût pas cherché à éviter les vents alizés, en se
dirigeant au nord avant de tourner à l'ouest, nul doute qu'il ne serait
pas revenu en Espagne. Avec ses navires à la fois mal approvisionnés
et d'une construction défectueuse qui leur donnait une mauvaise
marche, il eût, ainsi que ses équipages, péri par le manque de vivres
dans l'immense région de l'alizé.

C'est de la lutte de ces deux courants, c'est du lieu où le courant
supérieur retombe et atteint la surface, c'est de leur pénétration réciproque, que dépendent les plus importantes variations de la pression

atmosphérique, les changements de température dans les couches d'air, la précipitation des vapeurs aqueuses condensées, et même, comme Dove l'a montré, la formation et les figures variées que prennent les nuages. La forme des nues, qui donne aux paysages tant de mouvement et de charme, nous annonce ce qui se passe dans les hautes régions de l'Atmosphère ; quand l'air est calme, les nuages dessinent sur le ciel d'une chaude journée d'été « l'image projetée » du sol dont le calorique rayonne abondamment vers l'espace.

Dans le grand Océan et l'océan Atlantique, les alizés s'étendent à peu

FIG. 206. — Cendres du Morne-Garou, transportées par l'alizé supérieur.

près jusque vers les tropiques ; mais dans la mer des Indes la présence des terres s'oppose à l'établissement de vents réguliers ou alizés ; tandis que dans l'hémisphère sud, à une certaine distance des terres, l'alizé sud-est règne presque constamment, dans l'hémisphère nord de l'océan Indien il règne un vent sud-ouest, dirigé vers la péninsule de l'Hindoustan, le nord de l'Inde et la Chine, depuis avril jusqu'en octobre, et depuis octobre jusqu'en avril un vent contraire a lieu et règne du nord-est au sud-ouest : ces vents sont les *moussons* de l'océan Indien. Ce mot est dérivé du malais *moussin*, qui veut dire saison. Ainsi, pendant l'été de notre hémisphère, lorsque le soleil a ses déclinaisons boréales, c'est la mousson sud-ouest qui règne seule ; tandis que dans notre hiver, lorsque le soleil a ses déclinaisons australes, c'est la mousson nord-est qui prend naissance. Ces vents pénètrent dans l'intérieur des continents, où ils sont influencés par la forme des terres.

Les chaînes de montagnes tendent en général à faire glisser les masses gazeuses parallèlement à leur direction.

Nous venons d'indiquer sommairement la direction générale de ces vents réguliers. Déjà dans l'antiquité la plus reculée ils favorisaient les communications alors si fréquentes entre l'Inde et l'Égypte. A la décadence de l'Égypte, ces rapports cessèrent, la tradition de ces vents se perdit; car, s'ils avaient été connus, Néarque n'aurait pas fait une navigation si longue et si pénible depuis les bouches de l'Indus jusqu'au fond du golfe Persique.

On trouve dans bien des parages des vents périodiques, qui alternent avec les saisons et qui sont influencés par la conformation des côtes; ainsi, par exemple au Brésil, il y a une mousson nord-est du printemps et une mousson sud-ouest d'automne. La Méditerranée a ses moussons, connues déjà des anciens, qui avaient indiqué leur dépendance des saisons par la dénomination de *vents étésiens* (ἔτος, année, saison). Au sud du bassin méditerranéen s'étend l'immense désert de Sahara. Dépourvu d'eau, uniquement formé de sable ou de cailloux roulés, il s'échauffe fortement sous l'influence d'un soleil presque vertical, tandis que la Méditerranée conserve sa température habituelle. Aussi en été l'air s'élève au-dessus du désert de Sahara avec une grande force et s'écoule surtout vers le nord, tandis que dans le bas on a des vents de nord qui s'étendent jusqu'en Grèce et en Italie. Dans le nord de l'Afrique, au Caire, à Alexandrie, on ne trouve que des vents de nord. Tous les navigateurs savent qu'en été la traversée d'Europe en Afrique est plus prompte que le retour. Ainsi, si l'on compare la demi-moyenne des traversées d'aller et retour entre Toulon et Alger, on trouve que la traversée de retour est plus longue d'un quart pour un navire à voiles, et d'un dixième pour un navire à vapeur. Cet effet ne peut être attribué aux courants, qui sont très faibles. Ensuite tout le versant nord des îles Majorque et Minorque, et surtout de cette dernière, est balayé par ce même vent, qui y occasionne un rabougrissement très sensible de la végétation. Ces vents dominent à Alger, à Toulon et à Marseille. En hiver, au contraire, où le sable rayonne fortement, l'air du désert est plus froid que celui de la mer, et en Égypte on sent un vent de sud très froid, mais infiniment moins fort que les vents du nord en été (Kaemtz et Martins).

Aux vents périodiques réguliers que nous venons d'étudier, aux alizés et aux moussons, nous pouvons ajouter les *brises* déterminées au bord des mers par l'inégalité de l'échauffement de la terre et de l'eau. Nous les avons signalées au commencement de ce chapitre comme produites par la chaleur solaire, par la même cause que les alizés.

On observe aussi des déplacements d'air périodiques diurnes dans les pays des montagnes ; ils consistent en une brise glissant le long de la montagne pendant la nuit, en une brise ascendante dans le jour. Ces déplacements sont extrêmement variés, en raison même de la configuration et de l'orientation des montagnes.

Outre les différences de température, la condensation de la vapeur d'eau, les nuages et les pluies exercent à leur tour une action secondaire importante sur la formation des courants aériens. On voit quelquefois tomber 27 millimètres d'eau en une heure sur une grande étendue de pays, particulièrement dans les régions équatoriales. Or supposons seulement que cette étendue soit de dix lieues de côté, ou de 100 lieues carrées. Si la vapeur qui est nécessaire pour produire 27 millimètres sur 100 lieues carrées était dans l'air à l'état élastique, et seulement à 10 degrés de température, elle occuperait un espace cent mille fois plus grand qu'à l'état liquide, c'est-à-dire qu'elle occuperait un espace de 100 lieues carrées sur 2 700 000 millimètres, ou 2700 mètres de hauteur. Telles seraient donc les dimensions du vide qui résulterait de cette condensation. A la vérité, la vapeur n'est pas à l'état élastique, elle est à l'état vésiculaire ; mais, par cela seul qu'elle reste suspendue dans l'Atmosphère, elle a probablement une densité moindre qu'à l'état liquide, et sa condensation en gouttes de pluie produit encore un vide immense qui ne peut se remplir sans exciter une grande secousse atmosphérique.

La circulation constante entretenue dans l'Atmosphère rend impossible qu'en un endroit quelconque une des substances nécessaires à la vie des organismes, telles que l'oxygène, les vapeurs aqueuses, etc., soit entièrement consommée, ou qu'une substance délétère, telle que l'acide carbonique, s'y accumule en quantité dangereuse : l'existence de la nature animée est intimement liée à cette circulation.

Ces traits simples semblent au premier abord ne pas s'appliquer au jeu en apparence si capricieux du temps, et|ne|pas esquisser tel qu'il est ce type de la versatilité et de l'inconstance. Le temps n'en est pas moins variable, dans nos climats surtout, comme nous allons le voir. Nous pouvons partager la surface du globe en deux moitiés inégales : la région du temps constant et celle du temps variable. Aussi loin que s'étend l'influence des vents alizés, on peut prédire la disposition de l'air, même plusieurs années d'avance. La zone moyenne (comprise entre le 2ᵉ degré et le 4ᵉ lat. N. et S.) est celle où pendant toute l'année, sans interruption, de fortes chaleurs et des calmes alternent avec des averses et des tempêtes nocturnes. A côté d'elle vient une autre zone (4 à 10 degrés lat.) où cet état de choses ne se présente qu'en été ou en hiver, et le vent alizé amène un ciel serein. Vient ensuite une troisième (10 à 28 degrés lat.) où, en hiver comme en été, les vents alizés n'amènent pas la moindre humidité, où des années se passent sans qu'une petite pluie passagère vienne rafraîchir la terre.

Enfin, une dernière zone (de 20 à 30 degrés lat.) forme la latitude du temps constant; là les vents alizés déterminent un été sans pluie et un hiver doux et pluvieux : toutefois la pluie n'y est pas toujours continuelle. L'indication approximative des latitudes se rapporte à l'hémisphère boréal et à l'océan Atlantique, le seul endroit où des observations aient été recueillies.

Nous arrivons ensuite à une zone où les luttes entre le courant polaire et le courant équatorial occasionnent un climat variable, qui nous paraît capricieux et accidentel parce que les circonstances, dont dépend la prédominance dans une localité donnée de l'un ou de l'autre des deux courants, sont compliquées au point que l'on n'a pu encore déduire des différentes observations une loi capable de régir ces modifications. Ces vents variables de nos climats, que nous étudierons dans un prochain chapitre, sont principalement liés aux transports des dépressions atmosphériques qui nous viennent de l'Atlantique, suivant en général la direction sud-ouest à nord-est.

Remarque curieuse, cette zone variable, que l'on serait tenté de regarder comme la plus défavorable au développement du genre humain, embrasse presque en entier l'Asie moyenne, l'Europe, l'Amérique septentrionale et la côte septentrionale de l'Afrique ; par conséquent, elle embrasse tout le théâtre de l'histoire de l'humanité et de son développement intellectuel. Peut-être y a-t-il une connexion secrète entre ce phénomène et le développement spécial du monde végétal de cette région.

Nous avons vu que la chaleur et sa répartition inégale dans toutes les directions est le phénomène fondamental autour duquel se groupent les autres dans une grande dépendance. L'humidité de l'air a une corrélation intime avec ce phénomène, et celle-ci, unie à la chaleur, est la raison d'être de la vie végétale. C'est à ces deux conditions que se rattache en grande partie la distribution des plantes à la surface du globe. Le monde animal suit les plantes, car à l'existence des herbivores se lie directement celle des carnivores. Le premier principe suprême, celui qui non seulement vivifie, mais excite et règle tout, c'est le Soleil ; ses rayons brûlants sont les burins dont il se sert pour tracer les lumières et les ombres, le jaune ardent du sable aride et le vert rafraîchissant des prairies, à l'aide desquels il dessine la géographie des plantes et des animaux et trace même l'esquisse d'une carte ethnographique pour le genre humain.

L'empereur Aurélien disait que, « de tous les dieux que Rome avait empruntés aux nations vaincues, aucun ne lui paraissait plus digne d'adoration que le Soleil » ; et nous disons que, de toutes les formules d'adoration du paganisme, celle du Parsi est la plus sublime, lorsqu'il attend le matin, sur les bords la mer, la réapparition de l'astre du jour ; lorsque, aux premiers rayons qui vacillent sur les ondes de l'élément humide, il se jette la face contre terre et adore en priant le retour du principe vivifiant qui anime tout (Schleiden).

En résumé, l'échauffement qui dilate et raréfie, le refroidissement qui contracte, l'évaporation et la condensation de la vapeur d'eau troublent l'équilibre de l'atmosphère et donnent naissance à des différences de pression. A la surface du sol, l'air s'écoule des hautes pressions vers les faibles et la variation perpétuelle du temps dans nos climats n'est que le résultat de la recherche d'un équilibre qui n'est jamais atteint. La direction du vent en une région quelconque est déterminée par la position de ce point relativement aux centres de haute ou de basse pression. C'est ce que nous analyserons plus en détail dans les chapitres suivants. Mais d'abord jetons un rapide coup d'œil sur les courants de la mer

CHAPITRE II

MÉTÉOROLOGIE DE L'OCÉAN. — ROUTES MARITIMES. — LE GULF-STREAM.

Nous venons de voir que la distribution de la chaleur solaire à la surface du globe détermine dans l'Atmosphère une circulation générale régulière. Dans le chapitre prochain, nous constaterons que les vents irréguliers et variables de nos climats sont également dus à cette chaleur et soumis à des lois de périodicité que la science étudie. Mais avant de quitter les grands courants de l'Atmosphère, il importe que nous prenions une idée sommaire des grands courants de la mer, déterminés aussi par l'action de cette même chaleur qui régit tout ici-bas.

La mer n'est pas immobile, ni ses eaux, ni l'atmosphère qui] repose sur elles. Une grande oscillation générale de la surface s'accomplit deux fois par jour sous l'influence attractive de la Lune et du Soleil : ce sont les marées, dont le flux et le reflux couvrent et découvrent tour à tour les plages de l'Océan et donnent aux rivages la mobilité toujours changeante qui nous y attire sans fin. Ce mouvement des eaux est dû à une cause astronomique, et nous n'avons pas à nous en occuper ici. Mais la mer est animée d'une autre circulation météorologique, plus complexe et plus variée, que l'on pourrait presque comparer à la circulation du sang chez les êtres vivants : elle est traversée de courants qui, dirigés de l'équateur aux pôles et des pôles à l'équateur et faisant communiquer les mers les plus lointaines, distribuent la chaleur parmi les régions froides, ramènent l'eau froide vers les régions torrides, égalisent la salure et la composition chimique de l'Océan, et forment en quelque sorte le circuit vital du globe, comme la sève qui monte et descend dans les plantes, comme le sang qui se régénère au cœur après avoir porté ses tributs dans les parties lointaines de l'organisme.

Ces courants de la mer méritent notre attention spéciale ici, et notre étude va embrasser en même temps les courants de l'Atmosphère qui les accompagnent et les complètent en constituant la météorologie de l'Océan. Les uns et les autres ont été, depuis trente ans surtout, l'objet des observations minutieuses de la marine.

L'industrie des transports maritimes se distingue au premier abord de l'industrie des transports terrestres par l'absence de routes. Pendant longtemps, en effet, les navigateurs modernes n'ont pas soupçonné qu'il existe à la surface de l'Océan de nombreuses routes ouvertes par la nature. La constance des moussons, le retour périodique de ces brises marines le long des côtes de la mer Rouge et dans la mer des Indes, sont des phénomènes que les anciens avaient connus et utilisés. Quand l'astronome Hippale découvrit le fait physique du renversement de la mousson d'été, les marins arabes en tiraient profit depuis plusieurs siècles déjà, notamment pour conserver le monopole du commerce des épices et des parfums de Ceylan, qu'ils vendaient comme épices et parfums de l'Arabie. La découverte d'Hippale amena une véritable révolution dans les transports maritimes chez les Européens qui vivaient au commencement de notre ère. C'est une amélioration analogue, mais sur une échelle beaucoup plus vaste, qui a été réalisée de nos jours par les travaux du commandant Maury, directeur de l'Observatoire national de Washington. A cause de leur immense commerce et de la position géographique de leur pays, qui s'appuie sur les deux plus grands océans, les Américains étaient plus intéressés qu'aucun autre peuple à trouver les routes maritimes les plus courtes. Pour cela, il fallait comparer entre elles des milliers de routes, suivies par des millions de navigateurs. Cet immense travail a permis de faire pour le globe entier ce qu'Hippale avait fait pour la petite distance qui sépare l'Égypte de la Taprobane. La découverte de Maury fit gagner plus de cent millions par an aux marines des divers peuples, à partir de l'année 1853. Mais la navigation à vapeur n'a pas tardé à se substituer à la navigation à voiles.

Analysons et apprécions ces courants si importants, en prenant pour exemple le circuit que forment les eaux dans l'océan Atlantique du Nord, qui nous est le mieux connu, et que sillonnent continuellement les navires qui vont de l'Europe à l'Amérique du Nord et à l'Amérique centrale, et qui en reviennent.

Dans les régions équatoriales, les eaux de l'Océan sont poussées à l'ouest par un mouvement incessant qui, dans l'Atlantique, les porte vers l'Amérique tropicale. Ce vaste courant de 30 degrés de largeur, dont 20 au nord et 10 au sud, vient se briser contre les rivages du Nouveau Monde. D'après la configuration de l'Amérique, dont la pointe la plus orientale est fort au-dessous de l'équateur, la plus grande partie des eaux de ce courant se dirige vers le *golfe du Mexique*, dont il longe les sinuosités pour aller ressortir sous la pointe de la Floride et côtoyer les États-Unis du sud au nord.

Ce golfe, situé sur la zone torride, est partout entouré des hautes montagnes qui y concentrent les rayons solaires comme au fond d'un vaste entonnoir et y engouffrent les feux d'un climat brûlant. C'est de ce foyer que le courant équatorial s'échappe [1]. Il se précipite à travers le détroit de la Floride et produit un flot impétueux de 300 mètres de profondeur et de 14 lieues de largeur. Il court avec une vitesse de 8 kilomètres à l'heure. Ses eaux chaudes, salées, sont d'un bleu indigo, et diffèrent de leurs rives vertes formées par l'onde de la mer. Cette masse formidable détermine sur son passage une agitation profonde et suit ainsi son cours sans se mêler à l'Océan. Comprimées entre deux murailles liquides, les eaux du Gulf-Stream forment une voûte mouvante qui glisse sur l'empire des mers, en repoussant au loin tout objet qu'on y jette en dérive. C'est un vaste fleuve au milieu de l'Océan. « Dans les plus grandes sécheresses jamais il ne tarit, dans les plus

---

1. D'après M. Ch. Dufour, l'attraction de la Lune et du Soleil ajouterait son influence à la chaleur solaire pour la formation de ces courants. Voy. l'*Astronomie*, Revue mensuelle d'astronomie populaire, de météorologie et de physique du globe, février 1887, p. 49.

grandes crues jamais il ne déborde. Ses rives et son lit sont des couches d'eau froide. Nulle part dans le monde il n'existe un courant aussi majestueux. Il est plus rapide que l'Amazone, plus impétueux que le Mississipi, et la masse de ces deux fleuves ne représente pas la millième partie du volume d'eau qu'il déplace. » (Maury.)

A l'aide du thermomètre, le navigateur peut suivre la grande veine liquide ; l'instrument, successivement plongé dans ses rives et dans son sein, indique des températures qui diffèrent de 15 degrés.

Puissant et rapide, le Gulf-Stream se dirige vers le nord, en suivant les côtes des États-Unis jusqu'au banc de Terre-Neuve. Là il subit le choc terrible d'un courant polaire, qui charrie des icebergs énormes, de véritables montagnes de glace tellement puissantes, que l'une d'elles, pesant plus de 20 billions de tonnes, entraîna à trois cents lieues vers le sud le vaisseau du lieutenant de Haven. Le Gulf-Stream aux eaux tièdes dissout les glaces flottantes; les icebergs sont fondus, et les terres, les graviers, les fragments de rochers même qu'ils transportaient sont engloutis au sein des eaux.

Arrivé dans le voisinage de l'Europe, il envoie une bonne partie de ses eaux vers la mer Glaciale, en longeant l'Irlande, l'Écosse et la Norvège; le reste des eaux tourne vers le sud à la hauteur des côtes occidentales de l'Espagne, pour venir rejoindre le grand courant tropical à la hauteur du milieu de l'Afrique. Après s'être réunies à ce courant, dont elles sont pour ainsi dire la source, elles se portent de nouveau à l'ouest pour atteindre encore les côtes du Mexique, celles des États-Unis, et traverser pour la seconde fois l'espace qui sépare les États-Unis de l'Europe, formant ainsi un circuit continu de l'Afrique au Mexique, avec retour au point de départ par le chemin que nous venons d'indiquer. Les bouteilles flottantes que les marins jettent à la mer, avec l'indication du lieu et la date du jour où elles ont été confiées à l'Océan, ont appris que ce trajet de 20 à 30 000 kilomètres s'opère en trois ans et demi environ. Les vents suivent à peu près la même marche que les eaux. Entre les États-Unis et l'Europe, de même que le courant porte la mer vers l'est, de même aussi les contre-courants des alizés soufflent vers l'Europe : d'où résulte une traversée beaucoup plus rapide des États-Unis en France et en Angleterre que d'Europe aux États-Unis, car dans ce dernier cas on a le vent et le courant contraires, lesquels favorisaient le trajet du nouveau monde vers l'ancien. On sait que lorsque Christophe Colomb tenta l'entreprise hardie de s'abandonner dans l'ouest, il descendit à la hauteur de l'Afrique pour y prendre les vents d'est, qui devaient, suivant son estime, le mener en Chine. « On ne conçoit guère qu'à cette époque, dit M. Babinet, où les connaissances géographiques étaient assez avancées pour connaître à peu près les dimensions du globe, et la distance itinéraire de l'Inde et de la Chine, un homme ait été assez confiant dans l'impossible pour espérer atteindre les côtes orientales de la Chine après une navigation égale à trois ou quatre fois la distance de l'ancien au nouveau monde. Si l'Amérique n'eût pas existé, il eût péri cent fois avant d'arriver en Chine. »

Avant de passer aux autres circuits maritimes analogues au circuit de l'Atlantique septentrional, appesantissons-nous sur les circonstances qui le caractérisent.

Les eaux tropicales, dans leur trajet des côtes de l'Afrique à celles de l'Amérique, voyagent sous les feux d'un soleil zénithal, et s'échauffent continuellement jusqu'à leur entrée dans le golfe du Mexique; elles se déversent ensuite par le détroit de Bahama, où elles forment un rapide courant d'eau chaude, qui remonte à l'est des États-Unis vers le banc de Terre-Neuve. Là le courant, comme nous l'avons dit, tourne à l'est pour venir vers l'Europe ; mais il conserve encore l'excès de chaleur qu'il doit à son origine tropicale, et c'est là un des grands moyens que la nature met en œuvre pour tempérer notre globe, en portant ainsi, par le moyen des eaux, vers des régions plus septentrionales, la chaleur que le soleil verse entre les tropiques. A mesure que ce courant s'avance, il perd de sa chaleur en la distribuant à l'atmosphère et aux mers qu'il traverse ; puis il revient, en laissant à sa gauche l'Espagne et le haut de l'Afrique, reprendre sa place dans le courant tropical, pour s'imbiber de nouveau d'une chaleur qu'il reportera encore dans les latitudes de l'Europe.

C'est par l'intermédiaire des vents que la chaleur de la mer se communique au

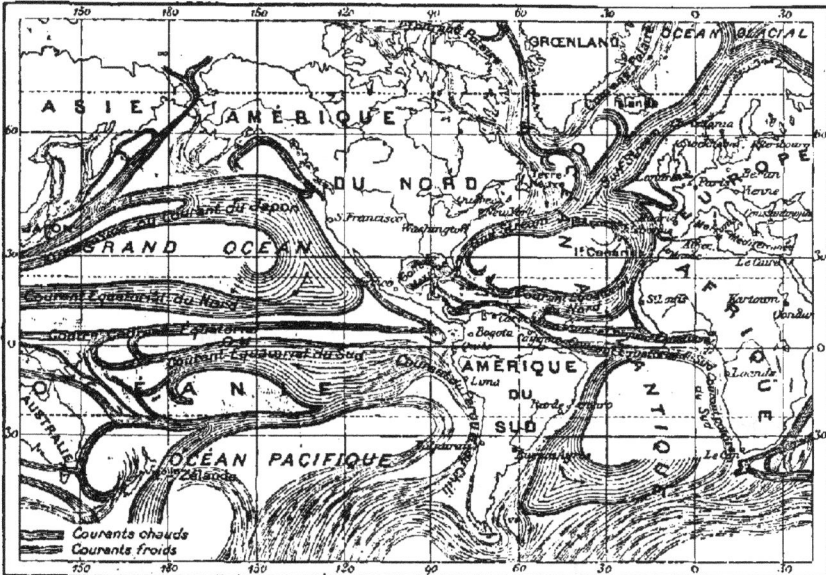

FIG. 207. — Les courants de la mer.

continent. Nous allons constater tout à l'heure qu'à la hauteur de l'Europe les vents dominants du globe sont les vents d'ouest inclinant vers le sud-ouest. On voit tout de suite que ces courants d'air, ayant pour base un courant d'eau chaude, en prendront la température et souffleront sur l'Europe avec une température bien plus élevée que si la mer, privée du courant chaud que nous avons décrit, restait au degré de chaleur que comporte sa latitude. Pour se convaincre de cette assertion, il suffit de comparer le climat et la température des villes américaines qui sont à la même latitude que nos villes de France.

Aucune des masses d'eau qui se déplacent sur la mer ne mérite d'être mieux connue que le Gulf-Stream ; aucune n'a plus d'importance pour le commerce des nations et n'exerce une influence plus considérable sur les climats ; c'est au Gulf-Stream que les Iles-Britanniques, la France et les pays voisins doivent en grande partie leur douce température, leur richesse agricole et par suite une part très notable de leur puissance matérielle et morale. Son histoire se confond presque avec celle de l'Atlantique boréal tout entier, tant est capitale l'influence hydrologique et climatique de ce courant des mers.

Grâce au mouvement de rotation du globe et probablement aussi à la direction générale des côtes, le courant suit une direction constante vers le nord-est et ne heurte aucune des pointes avancées du continent. Au large de New-York et du cap Cod, il s'infléchit de plus en plus vers l'est et, cessant de longer à distance le littoral américain, s'élance en plein Atlantique vers les côtes de l'Europe occidentale. Ainsi que le dit Maury, si de monstrueuses bouches à feu avaient assez de puissance pour lancer des boulets du détroit de Bahama au pôle boréal, *les projectiles suivraient à peu près exactement la courbe du Gulf-Stream*, et, déviant graduellement en route, atteindraient l'Europe en venant de l'ouest.

Du 43ᵉ au 47ᵉ degré de latitude septentrionale, dans les parages du banc de Terre-Neuve, le Gulf-Stream, venu du sud-ouest, rencontre à la surface des mers le courant polaire. La ligne de démarcation entre les deux fleuves océaniques n'est jamais absolument constante et se déplace suivant les saisons. En hiver, c'est-à-dire de septembre à mars, le courant froid repousse le Gulf-Stream vers le sud, car pendant cette saison tout le système circulatoire de l'Atlantique, vents, pluies et courants, se rapproche de l'hémisphère méridional, au-dessus duquel voyage le Soleil. En été, c'est-à-dire de mars à septembre, le Gulf-Stream reprend à son tour la prépondérance et rejette de plus en plus vers le nord le lieu de son conflit avec le courant polaire.

Après s'être heurtées contre les eaux du Gulf-Stream, celles du courant arctique cessent en grande partie de couler à la surface et descendent dans les profondeurs à cause du plus grand poids que leur donne leur basse température. On peut reconnaître la direction de ce contre-courant, exactement opposée à celle du Gulf-Stream, par les montagnes de glace que la tiède haleine des latitudes tempérées n'a pas encore fondues et qui voyagent vers le sud-est, à l'encontre du courant superficiel qu'elles fendent comme des proues de navires. Plus au sud, on ne reconnaît qu'au moyen des instruments de sonde l'existence de ce courant caché, dont les eaux froides servent de lit au fleuve chaud sorti du golfe du Mexique; il descend et descend de plus en plus jusqu'au détroit des îles Bahama, où le thermomètre le découvre à près de 400 mètres de profondeur (Reclus).

Le pendant du Gulf-Stream est offert dans l'océan Pacifique par le courant chaud, qui suit les côtes de la Chine et du Japon, que les géographes japonais mentionnent depuis longtemps dans leurs cartes sous le nom de *Kuro-Siwo* ou fleuve Noir, sans doute à cause de la couleur foncée de ses eaux. Dans les mers du Sud, les courants sont beaucoup moins connus; ils y sont au reste beaucoup moins développés. Il est probable d'ailleurs que les fleuves marins ne sont pas des courants isolés, mais bien les diverses parties d'un même réseau, les veines distinctes d'un système unique de circulation.

Les petits circuits qui portent au sud les eaux de l'équateur sont loin d'égaler en efficacité les deux immenses courants du nord de l'Atlantique et du Pacifique. Aussi la portion nord de notre globe jouit-elle de climats bien autrement favorables que l'hémisphère sud, et, pour n'en citer qu'un exemple, les glaces polaires descendent à peine au nord jusqu'à 10 degrés du pôle, tandis qu'au sud elles atteignent en moyenne le cercle polaire à 22 degrés et demi du pôle.

La quantité de chaleur que le courant du golfe entraîne vers les régions septentrionales est une partie très notable du calorique emmagasiné dans les eaux sous le climat torride. La chaleur totale du courant suffirait, si elle était ramassée sur un seul point, pour fondre des montagnes de fer et faire couler un fleuve de métal aussi puissant que le Mississipi; elle suffirait encore pour élever d'une température d'hiver à une température estivale constante toute la colonne d'air qui repose sur la France et les Iles-Britanniques.

En dépit de la marche du Soleil, il fait aussi chaud en moyenne en Irlande, sous le 52e degré de latitude, qu'aux États-Unis, sous le 38e degré, à 1650 kilomètres de plus dans la direction de l'équateur.

Le courant du golfe, qui porte la chaleur tropicale aux régions tempérées de l'Europe, sert aussi très souvent de grand chemin aux ouragans : de là les noms de Weatherbreeder (père des tempêtes) et Storm-King (roi des orages) que l'on a donnés au Gulf-Stream. Les mouvements de l'océan atmosphérique et ceux de l'océan des eaux se produisent suivant un parallélisme si complet, qu'on serait tenté de voir un seul et même phénomène dans l'ensemble des courants aériens et maritimes. Ainsi le Gulf-Stream semble être pour les vents, comme il l'est vraiment pour les eaux, le grand intermédiaire entre les deux mondes. Il porte aux mers du nord de l'Europe les matières salines du golfe des Antilles; il entraîne avec lui la chaleur des tropiques pour en faire profiter les régions tempérées, il marque la route que suivent les torrents d'électricité que dégagent les ouragans des Antilles. C'est bien ce grand serpent des poètes scandinaves qui développe son immense anneau à travers l'Océan, et de sa tête, qu'il balance çà et là sur les rivages, souffle une douce brise ou vomit la foudre et les tempêtes.

De même que dans l'Atlantique du Nord le courant équatorial, qui s'engouffre dans le golfe du Mexique, revient sur lui-même en passant par des latitudes élevées, une autre portion de ce courant, bien plus petite, après avoir heurté le cap Saint-Roch, qui forme la pointe orientale de l'Amérique du Sud, descend le long de la côte orientale de cette même Amérique du Sud; et ensuite, traversant l'Atlantique de l'ouest à l'est, revient vers l'Afrique inférieure pour remonter le long des côtes occidentales de cette partie du monde et rejoindre le grand courant tropical par le sud, comme le Gulf-Stream le rejoint par le nord. A la quantité près des eaux, ce courant est parfaitement semblable au circuit qui occupe le nord de cet océan. La portion qui se déverse hors des tropiques, et qui revient de l'ouest à l'est du sud de l'Amérique au sud de l'Afrique, est aussi un courant d'eau chaude, comme le Gulf-Stream l'est entre les États-Unis et l'Europe. La comparaison des masses d'eau qu'entraîne séparément chacun de ces deux circuits montre combien le Nord, dans la proportion des eaux chaudes qu'il reçoit, est favorisé comparativement au Midi. On peut assurer que le circuit du Nord forme un courant qui est cinq à six fois plus abondant que le circuit du Midi.

Si nous jetions maintenant les yeux sur l'océan Pacifique, nous y verrions de même les eaux tropicales venir se briser contre la Nouvelle-Hollande, l'archipel de la Sonde et le bas de l'Asie. La plupart de ces eaux remontent au nord en un vaste courant d'eau tiède qui vient donner à la haute Californie et à l'Orégon un climat presque comparable à celui de notre Europe.

L'Atlantique du Nord, l'Atlantique du Sud, le Pacifique du Nord, le Pacifique du Sud et la mer des Indes ont chacun un courant dont le premier est le principal. La mer Glaciale du Nord et la mer Glaciale du Sud paraissent aussi traversées chacune d'un courant qui semble dirigé vers l'est à l'entour du pôle (Babinet).

La circulation de la mer est complétée par les courants sous-marins. Un courant sous-marin doit porter les eaux de la Méditerranée dans l'Océan. Son existence résulte en quelque sorte d'un calcul par lequel on trouve que la quantité d'eau salée fournie par le courant supérieur du détroit de Gibraltar est de 12 myriamètres cubes par an, la quantité d'eau douce apportée par les fleuves de 1, et celle qui se perd en évaporation de 2 myriamètres cubes par an : de sorte qu'il y aurait un excès annuel de 11 myriamètres cubes, si l'équilibre n'était pas rétabli par un écoulement sous-marin. Cette hypothèse paraît avoir été confirmée par un fait des plus curieux.

Vers la fin du dix-septième siècle, un brick hollandais, poursuivi et atteint entre Tanger et Tarifa par le corsaire français *le Phénix*, fut coulé par une seule bordée d'artillerie. Mais, au lieu de sombrer sur place, le brick, grâce à son chargement d'huile et d'alcool, flotta entre deux eaux; il dériva vers l'ouest et finit par s'échouer après deux ou trois jours dans les environs de Tanger, à plus de 12 milles du point où il avait disparu sous les flots. Il avait donc franchi cette distance, entraîné par l'action d'un courant inférieur dans une direction opposée à celle du courant qui règne à la surface. Ce fait historique, joint à quelques expériences récentes, vient à l'appui de l'opinion qui admet l'existence d'un courant de sortie dans le détroit de Gibraltar. Le commandant Maury regarde encore comme certain qu'il y a un contre-courant sous-marin au sud du cap Horn, qui porte dans l'océan Pacifique le trop-plein de l'Atlantique. En effet, l'Atlantique est sans cesse alimenté par de très grands fleuves, tandis que le Pacifique, qui ne reçoit aucun fleuve important, doit au contraire subir une perte énorme par suite de la grande évaporation qui a lieu à sa surface.

On a constaté certains courants inférieurs en lestant un morceau de bois, pour le faire couler, mais en le retenant par une ligne de pêche, de manière à le laisser descendre à plusieurs centaines de brasses, à la volonté de l'expérimentateur. A l'autre extrémité de la ligne on attache un baril vide, assez fort pour soutenir l'appareil; puis on laisse tout aller du bord. Les marins qui observèrent ce fait pour la première fois trouvèrent fort extraordinaire de voir ce petit baril marcher contre le vent et la mer, à raison de 1 nœud et quelquefois davantage. Les hommes de l'équipage poussaient des exclamations de surprise en voyant tout cela fuir comme si un monstre marin s'en était emparé; plusieurs manifestèrent même une certaine frayeur. La vitesse du baril était évidemment égale à la différence de vitesse des courants supérieur et inférieur.

En 1773, le navire du capitaine Deslandes mouillait dans les eaux du golfe de Guinée; un fort courant qui entrait dans cette baie l'empêchait d'aller plus au sud. Deslandes s'aperçut alors qu'il existait un contre-courant inférieur, à quinze brasses (24 mètres) de profondeur, et il en tira parti d'une manière ingénieuse. Une machine, offrant beaucoup de surface, fut descendue à la profondeur du courant sous-marin. Cette machine fut entraînée avec assez de force pour remorquer le navire avec une vitesse de plus de 2 kilomètres à l'heure.

Dans la mer des Antilles un bâtiment peut quelquefois s'amarrer, par le même moyen, au milieu d'un courant.

Dans le Sund, un double courant supérieur et inférieur a été constaté depuis très longtemps.

La température moyenne à la surface de la mer est très peu différente de celle de l'air, tant que des courants chauds ne viennent pas apporter leur influence perturbatrice. Dans les parages des tropiques, il paraît que la surface de l'eau est un peu plus chaude que l'air ambiant.

En examinant les températures à la surface et à diverses profondeurs, on a été conduit aux conséquences suivantes :

1° Entre les tropiques, la température *diminue* avec la profondeur;

2° Dans les mers polaires, la température *augmente* avec la profondeur;

3° Dans les mers tempérées comprises entre 30 et 70 degrés de latitude, la température est d'autant moins décroissante que la latitude devient plus grande, et, près du parallèle de 70 degrés, elle commence à devenir croissante.

Il existe par conséquent une zone pour laquelle la température est à peu près constante depuis sa superficie jusqu'à une profondeur très grande.

On ne peut guère douter que des courants déterminés par la différence des pressions que supportent les couches de même niveau à l'équateur et vers les pôles ne contribuent puissamment à produire cette distribution de la chaleur. Il paraît certain qu'il y a en général un courant superficiel portant vers les mers polaires l'eau chaude des tropiques, et un courant inférieur rapportant des pôles vers l'équateur l'eau froide des régions polaires ; mais ces courants sont modifiés dans leur direction et leur intensité par une foule de causes qui dépendent de la profondeur des bassins des mers, de leur configuration et de l'influence du vent et des marées.

Les dernières campagnes relatives à l'exploration scientifique de la mer (*Lightning, Porcupine, Challenger, le Travailleur*) ont donné les résultats suivants pour les températures de la surface de l'océan Atlantique :

11 à 14 degrés entre 60 et 40 degrés de latitude, et 4 et 14 degrés de longitude ouest ;

17 à 20 degrés entre 30 et 23 degrés de latitude, et 10 à 35 degrés de longitude ouest ;

21 à 26 degrés entre 23 degrés et l'équateur, et au delà jusqu'à 20 degrés de latitude sud.

On a trouvé en moyenne 1, 2 et 3 degrés à 2000 et 3000 brasses de profondeur. On a trouvé de l'eau au-dessous de zéro (à — 1°,1, — 1°,2 — et 1°,3) à 500 brasses, au 60ᵉ degré de latitude.

Enfin, le degré de salure des eaux de l'Océan diffère suivant les points du globe, et joue sans contredit un rôle important dans la densité et par conséquent dans la formation même des courants maritimes.

Il semble, d'après les dernières années de la pêche à la sardine, que le courant s'écarte actuellement de nos rivages : la récolte diminue d'année en année.

Le prince Albert de Monaco a entrepris depuis 1885, sur les courants de surface de l'Océan, des recherches laborieuses qui compléteront bientôt nos connaissances sur ce sujet si important . [1]

1. Voyez l'*Astronomie*, revue mensuelle d'astronomie populaire, de météorologie et de physique du globe, mars 1886, p. 107.

CHAPITRE III

LES VENTS VARIABLES

LE VENT DANS NOS CLIMATS. — DIRECTIONS MOYENNES EN EUROPE ET EN FRANCE.
— FRÉQUENCE RELATIVE DES DIFFÉRENTS VENTS. — ROSE DES VENTS SUIVANT
LES LIEUX ET LES SAISONS. — VARIATION MENSUELLE ET DIURNE DE L'INTEN-
SITÉ. — VENTS SINGULIERS ET LOCAUX.

Après avoir observé les courants *réguliers* et périodiques de l'Atmosphère et des mers, portons notre attention sur les vents *irréguliers* qui
soufflent dans nos climats. Ceux-ci n'ont qu'une irrégularité apparente,
car le hasard n'existe pas dans la nature, et chaque molécule d'air ne se
déplace que pour obéir à des lois aussi absolues que celles qui régissent
les mondes dans l'espace. Nous allons essayer d'apporter quelque
lumière au milieu du chaos de la multitude des vents qui se succèdent
dans nos pays et de démêler les forces en action dans cette variété.

En dehors des limites changeantes où soufflent les alizés et les
périodiques des deux hémisphères, les zones tempérées sont le siège
des vents variables. L'Europe, par exemple, est entièrement soumise à
ce régime-là : les masses d'air s'écoulent tantôt dans un sens, tantôt
dans un autre ; parfois un seul vent règne pendant des semaines
entières ; parfois, au contraire, deux ou trois directions différentes se
succèdent en quelques heures ; parfois encore l'air reste calme, et la
plus légère brise n'agite pas même le feuillage du mobile peuplier.
Aussi l'instrument qui montre la direction du vent, la girouette, est-il
depuis longtemps le symbole léger et féminin de l'inconstance.

Cependant l'inconstance même a une cause, et elle est souvent
plus apparente que réelle. Les vents de nos climats, qui nous paraissent
si capricieux et si variables, vont nous laisser apercevoir derrière eux
les règles auxquelles ils obéissent.

Nous avons vu dans le chapitre 1er que l'alizé *supérieur*, qui se rend

de l'équateur au pôle, modifie sa direction primitive du sud au nord
pour notre hémisphère et tourne petit à petit au sud-ouest à mesure
qu'il avance sur des latitudes plus élevées. Il perd en même temps de
sa vitesse et de sa chaleur, et s'abaisse peu à peu. Vers le 30e degré, il
est déjà descendu presque à la surface du sol. Aux latitudes de la
France, il est tout à fait à la surface. Ce vent du *sud-ouest*, en effet,
domine dans toute l'Europe. Ainsi, au milieu de la variété des vents,
nous en remarquons déjà un qui est régulier, puisqu'il n'est autre que
l'alizé supérieur descendu jusqu'ici, et qui prend la plus grande place
dans la météorologie de nos climats.

Nous avons vu dans le chapitre II que le grand courant océanique,
le Gulf-Stream, aborde les côtes de l'Europe dans cette même direction
du *sud-ouest*. L'air circule dans le même sens et augmente encore
l'appoint de l'alizé supérieur, ou, pour mieux dire, c'est toujours le
même courant équatorial, aérien et maritime, détourné dans le
sens sud-ouest par la rotation de la Terre.

Pour connaître exactement la direction du vent, on compte la
proportion du temps pendant lequel chaque vent a soufflé, en admettant un total arbitraire auquel tout est rapporté. Ainsi, par exemple,
supposons que le vent du sud-ouest ait soufflé quatre-vingt-onze jours
pendant une année : on inscrira qu'il a régné à lui seul pendant le
quart du temps. Si ce temps est marqué par le nombre arbitraire 1000,
on inscrira 250 au compte du sud-ouest. On inscrit ainsi toutes les
directions fournies par la girouette en parties proportionnelles d'un
même total, et l'on a de la sorte un tableau comparatif qui peut
donner le résultat moyen d'un grand nombre d'années.

Examinons le résultat général de toutes les observations faites. Voici
un petit tableau qui les résume. Il montre clairement la prédominance du vent du sud-ouest pour l'ensemble du continent européen, et
même pour l'Amérique du Nord.

FRÉQUENCE RELATIVE DES VENTS

	N.	N. E.	E.	S. E.	S.	S. W.	W.	N. W.	Direction du vent moyen.	Force du vent moyen.
France	126	140	84	76	117	**192**	155	110	S. 88° W.	133
Angleterre	82	111	99	81	111	**225**	171	120	S. 66° W.	198
Allemagne	84	98	119	87	97	185	**198**	131	S. 76° W.	177
Danemark	65	98	100	129	92	**198**	161	156	S. 62° W.	170
Suède	102	104	80	110	128	**210**	159	106	S. 50° W.	200
Russie	99	191	84	130	98	143	166	**192**	N. 87° W.	167
Amérique du Nord	96	116	49	108	123	197	101	**210**	S. 86° W.	182

On voit que le vent dominant est le *sud-ouest*. En additionnant les nombres inscrits dans le sens horizontal, on forme le nombre 1000 : ainsi, en France, le vent du sud-ouest souffle les 192 millièmes parties du temps, ou les 19 centièmes, c'est-à-dire presque le cinquième du temps. La proportion est plus forte encore en Angleterre. En additionnant l'ouest et le sud, on voit que ce quart de la rose des vents fournit à lui seul près de la moitié des vents régnants : 46 centièmes pour la France, et plus de la moitié pour l'Angleterre : 51 centièmes. Les observations si soignées, faites depuis 1830 à Bruxelles, et les nombres obtenus sur différents points de la Belgique, établissent une prédominance analogue pour cette contrée; on obtient, comme pour la France, 46 centièmes pour l'apport d'entre sud et ouest ; le vent dominant est même exactement sud 45° ouest. La Russie offre une variété due à son éloignement de l'Océan.

Ainsi nous sommes sous l'influence bénigne du courant équatorial ; mais, si l'alizé de retour vient jusqu'ici et va même jusqu'au pôle, le courant polaire inférieur, qui porte l'air froid du nord au sud et forme sous les tropiques l'alizé du nord-est, doit également se faire sentir dans nos contrées. Il faut bien qu'il passe quelque part pour aller du pôle à l'équateur, et si l'air qui va de l'équateur au pôle ne s'en retournait pas, il n'y aurait plus d'atmosphère entre les tropiques. Or examinons un instant encore le tableau précédent de la fréquence relative des vents. Le maximum est au sud-ouest, comme il est souligné ; de là les nombres vont en décroissant, puis remontent, et nous offrent un second maximum au vent du *nord-est*. Voilà notre courant polaire. Le vent du nord-est prend les 14 centièmes du régime des vents en France, et les 19 centièmes en Russie.

Il existe donc dans notre hémisphère *deux directions générales* de vents. Tantôt c'est le courant équatorial qui prédomine, tantôt c'est le courant polaire. Le premier est chaud et humide, le second est froid et sec. Chacun d'eux a, sur les productions de la terre, une influence contraire, et l'état des récoltes dépend en grande partie de l'époque et de la continuité de leurs règnes.

Les vents de sud-ouest, ouest et sud d'une part, ceux de nord-est et nord d'autre part, constituent les vents *primitifs* généraux auxquels nos régions sont soumises. Toutes les autres directions de vent proviennent de ces deux courants, par les causes suivantes :

Si les deux courants soufflent à côté l'un de l'autre, occupant chacun une certaine étendue, comme ils coulent dans une direction opposée, on doit trouver sur la limite qui les sépare des tourbillons, des remous engendrés par l'action des deux fleuves d'air. Ces remous tourneront dans le sens nord-est à sud-ouest à la tangente du courant polaire, et dans le sens sud-ouest à nord-est à la tangente du courant équatorial. C'est là un simple mouvement de rotation horizontal comme celui d'une meule. Chaque point de la circonférence de cette meule d'air aura sa direction particulière, puisque nous suppo-

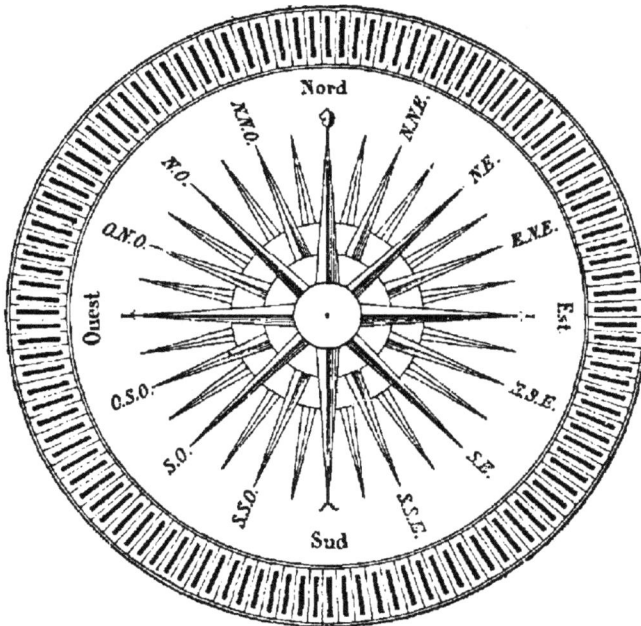

FIG. 208. — Rose des vents.

sons que cette masse tourne dans son ensemble. Ce sera là une zone de vents variables qui peut d'ailleurs changer de place sous l'influence des deux grands courants qui lui ont donné naissance, et qui changent eux-mêmes de position, de largeur et d'intensité.

Voilà une première cause de changements de vents, qui est pour ainsi dire constante, puisque les deux courants soufflent sans cesse, et qui doit se multiplier sur de vastes étendues. Il en est une seconde, non moins importante.

Une différence de température existe constamment entre les diverses régions d'un même territoire. Ici ce sont des eaux, là des terres ; ici ce sont des déserts, là des forêts ; ici ce sont des plaines basses chaudes,

là des plateaux froids. Ces différences de température modifient nos deux
courants à leur passage. Un ciel couvert favorise la marche de celui-ci,
arrête la marche de celui-là. Ainsi des vents partiels naissent, comme
des branches latérales, de ces deux grands arbres renversés.

Une troisième cause de changement s'ajoute encore aux précédentes :
les protubérances du relief continental. Les courants généraux qui
passent au-dessus d'une chaîne de montagnes n'y soufflent point avec
la même régularité que dans la plaine. En effet, les vents doivent être
d'autant plus inégaux dans leurs bouffées successives que la surface sur
laquelle ils glissent est moins unie. La même nappe aérienne, qui se
meut au-dessus des mers avec l'uniformité d'un fleuve immense, se
départ de son allure régulière dès qu'elle est interrompue dans son
cours par les inégalités du sol. Au pied des grandes montagnes de la
Suisse, et notamment aux environs de Genève où le relief terrestre est
déjà très accidenté, les alternatives qui se produisent dans la force du
vent sont telles, que l'anémomètre indique parfois une variation d'intensité du simple au triple. Dans les hautes gorges des Alpes, il arrive
souvent, même aux plus violentes tempêtes, que l'Atmosphère présente
par intervalles le calme le plus parfait. Même dans les pays faiblement
accidentés et dans les plaines parsemées de maisons et de bosquets, le
vent ne progresse point d'un souffle égal comme l'alizé des mers; il
avance par une succession de bouffées et de rafales, dont chacune
représente une victoire du courant atmosphérique sur un obstacle de
la plaine. Au ras du sol, le vent est toujours intermittent, tandis que
dans les hauteurs de l'air il marche presque toujours d'un mouvement
égal et majestueux comme le courant d'un fleuve. En général, la
vitesse du vent augmente avec la hauteur. Nous l'avons plus d'une
fois constaté dans nos voyages aéronautiques.

Ainsi des lois régissent ces détails de changement aussi bien que le
mouvement général de circulation. Nous pouvons nous demander
maintenant si l'on a remarqué une loi dans le sens de la succession
des vents.

Revenons à notre première cause de changement signalée tout à
l'heure. D'ordinaire, tout notre hémisphère est partagé en vastes
bandes obliques composées de masses d'air coulant en sens inverse,
les unes du pôle, les autres des régions équatoriales. Ces bandes se
déplacent sur la rondeur du globe, et dans le même espace c'est tantôt
le vent polaire, tantôt le vent tropical qui domine; mais il ne manque
jamais de s'opérer une compensation entre ces courants atmosphé-

riques, et le vent neutralisé ou repoussé dans une partie de l'hémisphère ne tarde pas à se faire sentir sur un autre point. Tant que la lutte existe entre les deux masses d'air animées de mouvements contraires, les vicissitudes du conflit et la prépondérance graduelle de l'un des vents ont pour résultat de modifier temporairement la marche des airs et de faire tourner successivement la girouette vers les divers points de l'horizon : c'est de la rencontre de deux vents réguliers que provient l'irrégularité apparente de tout le système atmosphérique.

Bien que la lutte ne cesse de s'engager tantôt sur un point, tantôt sur un autre, entre les deux fleuves aériens, cependant ils ne sont pas égaux en force, et l'un d'eux finit toujours par l'emporter après une période plus ou moins longue de résistance. Ce vent supérieur en impulsion est le courant de retour descendu des hauteurs de l'espace pour atteindre le niveau du sol en dehors de la zone des alizés.

Les courants atmosphériques venus de l'équateur s'infléchissent naturellement vers l'est ; il en résulte que dans l'hémisphère du nord la plupart des vents soufflent du sud-ouest.

Depuis des siècles déjà, les savants avaient constaté que dans l'hémisphère septentrional la succession des vents s'accomplit d'une manière normale dans le sens du sud-ouest au nord-est par l'ouest et le nord, et du nord-est au sud-ouest par l'est et le sud : c'est un mouvement de rotation analogue à celui que le soleil semble décrire dans le ciel, lorsque, après s'être levé à l'orient, il se dirige vers l'occident en développant sa vaste courbe autour du zénith. Aristote avait fait cette observation, il y a plus de deux mille ans : « Lorsqu'un vent vient à cesser pour faire place à un autre vent d'une direction voisine, dit-il dans sa *Météorologie*, le changement a lieu suivant la marche du soleil. » Depuis l'époque du grand naturaliste grec, plusieurs auteurs que Dove a pris soin d'énumérer ont affirmé de nouveau ce fait de la rotation régulière des vents, qui du reste était de temps immémorial parfaitement connu des marins. Dove, le premier, a réuni les témoignages épars qui confirment l'idée populaire, et transforment l'ancienne hypothèse en certitude scientifique. Désormais il est devenu tout à fait incontestable que dans l'hémisphère du nord les vents se succèdent le plus fréquemment dans l'ordre régulier suivant :

SUD-OUEST, OUEST, NORD-OUEST, NORD, NORD-EST, EST, SUD-EST, SUD, SUD-OUEST.

Dans l'hémisphère méridional, la rotation normale des courants aériens s'accomplit en sens inverse. Ainsi, dans chacun des deux

hémisphères la succession des vents concorde avec la marche apparente du soleil, qui, pour les Européens, décrit sa course diurne au
sud du zénith, et pour les Australiens passe au nord de ce même
point. Tel est l'ordre régulier auquel Dove a donné le nom de giration,
mais qui a gardé le nom de ce savant lui-même. On observe un effet
de cette giration dans les voyages aériens au long cours.

La direction du vent est son caractère le plus apparent et le plus
facile à observer. Pour la déterminer avec précision, au lieu de considérer seulement les quatre points cardinaux *nord, est, sud* et *ouest*, on
partage l'intervalle entre chacun de ces quarts, ce qui donne quatre
directions intermédiaires, *nord-est, sud-est, sud-ouest* et *nord-ouest*, et
à ces huit directions on en ajoute encore de nouvelles en partageant
les intervalles, comme on le voit par la Rose des vents (fig. 208).

Lorsqu'on sait s'orienter et qu'on peut trouver autour de soi quelques
objets susceptibles d'être impressionnés par les mouvements de l'air,
il est aisé de reconnaître la direction du vent ; mais on a souvent recours
à un instrument, le plus ancien sans doute de tous ceux qui servent aux
observations météorologiques, à la girouette. Ce simple appareil consiste en une feuille de métal, ordinairement de fer-blanc ou de zinc,
découpée d'une façon plus ou moins élégante et mobile sur une tige à
laquelle est fixée une croix horizontale, dont les bras portent à leurs
extrémités les lettres N, S, W, E. La girouette se place sur la partie la
plus élevée des édifices. Autrefois elle était le complément obligé, non
seulement des palais et des châteaux, mais même des plus modestes
maisons dont les façades à pignons semblaient faites tout exprès pour
la recevoir.

On a toujours parlé du temps, dit à ce propos A. Laugel, si l'on n'a pas toujours
parlé de la météorologie, et, bien que le nom soit récent, je suis tenté de croire que
nos aïeux avaient plus que nous souci de ce qu'il représente. En faut-il donner une
preuve ? On voit bâtir aujourd'hui nombre de belles maisons, de châteaux, où l'architecte a oublié la girouette. Jadis, dessinée avec goût, de formes originales, elle
ornait toujours les toits des maisons. Il y a quelque chose de poétique dans cet
emblème du changement et de la fixité réunis dans un seul objet. N'est-ce pas
l'image de notre pauvre vie de tant d'efforts, de troubles, de luttes sur un point
étroit où l'on naît et où il faut mourir ? La girouette domine la maison ; elle
marque fidèlement toutes les incertitudes, toutes les tempêtes du ciel ; au-dessous
s'agitent les passions humaines. Elle grince encore à demi usée, au-dessus des
vieilles demeures désertes que plus rien n'anime au dedans, et ses brusques mouvements forment un contraste lugubre avec le calme et le silence que la mort et
l'oubli ont laissés derrière eux.

Exposée aux intempéries, elle se rouille et se détériore, devient paresseuse, n'obéit plus aux impulsions du vent. Il arrive aussi que sa tige se déjette, et alors, déplacée de sa position d'équilibre, la girouette retombe toujours du même côté. Ses indications ne sont valables que si elle est vérifiée de temps en temps, et placée à une hauteur qui la mette à l'abri des déviations de vent causées par les obstacles inférieurs. Il n'est pas rare que l'Atmosphère soit parcourue par plusieurs courants superposés et entrecroisés. Dans ce cas, le courant principal, celui qui, si l'on peut dire, gouverne le temps, est en général placé à une grande hauteur, quand même il n'est pas le plus élevé de tous, et c'est la marche des nuages qui le fait connaître. Là est le meilleur et le plus sûr indice de l'aire du vent.

La masse ou la densité de l'air ne variant que dans des limites très restreintes, la force du vent dépend presque entièrement de sa vitesse, et croît comme le carré de celle-ci. Les termes « force du vent » et « vitesse du vent » sont donc presque identiques. Pour mesurer cette vitesse, on se sert d'appareils désignés sous le nom d'*anémomètres* [1].

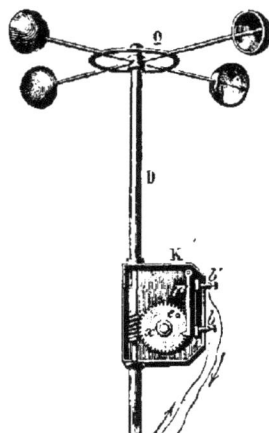

FIG. 209. — L'anémomètre de Robinson.

L'Observatoire de Paris, fondé il y a deux siècles, a inscrit dès le

[1]. L'un des plus utilisés dans les observatoires est celui dont l'invention est due au docteur Robinson, de l'Observatoire d'Armagh (Irlande). Cet instrument se compose d'un axe vertical, supportant quatre rayons horizontaux de même longueur, croisés à angles droits et à l'extrémité desquels quatre *demi-sphères creuses* sont soudées de manière à ce que le grand cercle qui termine chacune d'elles soit toujours dans un plan vertical, et que la partie concave de l'une quelconque regarde la partie convexe suivante (fig. 209).

Un instant de réflexion suffit pour montrer que le vent rencontre toujours deux demi-sphères concaves et deux autres convexes. Comme il a plus d'action sur les premières que sur les secondes, il imprime à tout le système un mouvement de rotation, et le nombre des tours du moulinet est toujours proportionnel à la vitesse du vent; le nombre 3 représente assez exactement le rapport qui existe entre l'un et l'autre. Ainsi, en mesurant la circonférence du cercle que décrit le centre d'une des demi-sphères, et en multipliant cette longueur par 3, on a le chemin parcouru par le vent pour chaque révolution du moulinet. Mais l'anémomètre ne s'arrête pas aussitôt que le vent cesse.

Le nombre des tours est donné soit par un compteur à cadran, soit par un enregistreur électrique. Dans les deux cas, l'arbre D qui porte le moulinet, ou plutôt la tige *y* communique son mouvement de rotation par l'intermédiaire d'une vis sans fin, à une roue dentée *x*. Chaque tour du moulin fait avancer cette roue d'une dent; si elle a 100 dents, une révolution de la roue correspondra à 100 tours. Dans les compteurs, la première roue engrène, par un pignon, avec une seconde roue dont la vitesse est 10 fois moindre; chaque révolution correspondra à 1000 tours du moulinet. Les index des cadrans, centrés sur des roues, permettront donc de calculer combien de tours le moulinet a faits dans un temps donné, et par suite le nombre de kilomètres parcourus par le vent, ou, selon le langage météorologique, les *kilomètres de vent* qui ont passé par l'anémomètre en vingt-quatre heures.

commencement à son programme l'étude des phénomènes atmosphériques comme étant le complément indispensable de celle des phénomènes célestes. Nous avons vu (p. 63) que le baromètre avait été
inventé en 1642, et (p. 294) que le thermomètre l'avait été vers 1650.
Dès son entrée à l'établissement, en 1670, Cassini Ier organisa l'observation quotidienne de ces deux instruments fondamentaux; celle du

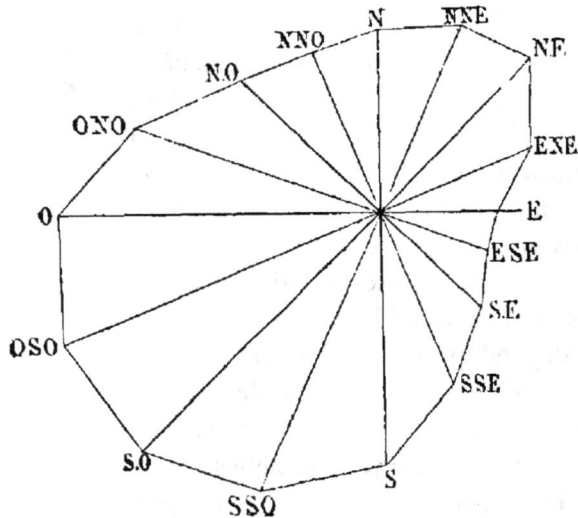

FIG. 210. — Rose moyenne annuelle des vents à Paris.

vent et de la pluie vint ensuite. Nous avons ainsi à Paris une série
respectable de plus de deux siècles d'observations météorologiques,
qui sont devenues de plus en plus précises, avec les années et avec
la discussion critique, sans laquelle la science n'existe pas.

Si nous considérons les observations faites en notre siècle, nous
trouvons, par la série déjà examinée plus haut pour la température
(1806-1870), les moyennes *annuelles* suivantes des huit vents principaux à Paris :

RÉPARTITION ANNUELLE DES VENTS A PARIS

(Proportion sur 10 000 vents)

Nord	1039
Nord-Ouest	1084
Ouest	1782
Sud-Ouest	1935
Sud	1476
Sud-Est	799
Est	694
Nord-Est	1191

On voit combien le sud-ouest et l'ouest dominent tous les autres.

Pour mieux saisir les directions de vents représentées par ces nombres, on les traduit en figures géométriques. A partir d'un point central, on élève des lignes droites dans les directions des points cardinaux N., E., S. et W., et des rumbs intermédiaires N.-E., S.-E., S.-W. et N.-W.; puis on marque sur ces lignes une mesure proportionnelle au nombre de fois qu'a soufflé le vent correspondant; on les

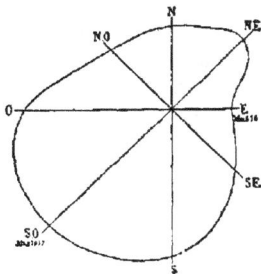

FIG. 211. — Rose moyenne des vents d'hiver à Paris

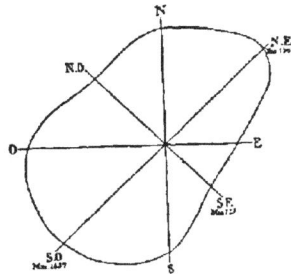

FIG. 212. — Rose moyenne des vents de printemps à Paris.

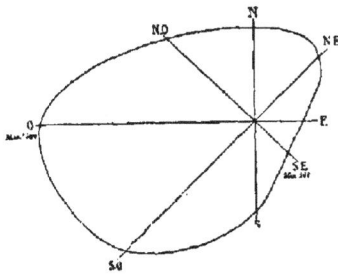

FIG. 213. — Rose moyenne des vents d'été à Paris.

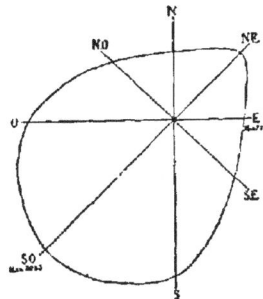

FIG. 214. — Rose moyenne des vents d'automne à Paris.

termine à cette longueur, et l'on réunit toutes ces extrémités par une courbe continue.

Si, par exemple, le vent du nord soufflait toute l'année au détriment des autres, la figure serait toute en hauteur et ressemblerait à la lettre A, laissant à peine de place pour les autres vents, rares dans notre hypothèse. Si, au contraire, c'était le vent du sud qui prédominât uniquement, la figure ressemblerait à la lettre V. Si les vents soufflaient également de toutes les directions, la figure prendrait la forme d'un cercle. On comprend facilement ce mode de représentation.

La première des courbes précédentes (fig. 210) représente l'état général du vent à Paris, d'après une moyenne de soixante-quatre ans. On voit, dès le premier coup d'œil, combien la figure a d'ampleur vers le sud-ouest, l'ouest et le sud, ampleur correspondant aux nombres du tableau.

Cette même série de soixante-quatre années d'observations quotidiennes régulières nous donne les chiffres suivants pour la direction dominante des vents suivant les *saisons*.

RÉPARTITION DES VENTS A PARIS PAR SAISONS

(Proportion sur 10 000 vents par saison)

	N.	N. W.	W.	S. W.	S.	S. E.	E.	N. E.
Hiver........	962	955	1599	1917	1725	1034	676	1132
Printemps...	1343	1078	1542	1637	1312	729	792	1567
Été..........	1055	1327	2394	2103	1070	501	635	1015
Automne....	791	971	1586	2083	1809	940	775	1045

On voit qu'en hiver les vents les plus fréquents sont ceux du sud-ouest et du sud; qu'au printemps ce sont ceux du sud-ouest et ceux du nord-est (courant polaire); qu'en été ce sont les vents d'ouest; et qu'en automne ce sont le sud-ouest et le sud qui dominent.

En examinant chaque mois séparément, nous constatons la répartition suivante :

RÉGIME MENSUEL DES VENTS A PARIS

(Proportion sur 10 000 vents par mois)

	E.	N. W.	W.	S. W.	S.	S. E.	E.	N. E.
Janvier......	115	95	155	176	158	110	68	123
Février......	104	102	175	171	193	100	62	93
Mars........	123	100	172	172	123	64	66	180
Avril	153	118	141	136	141	71	86	154
Mai.........	127	105	149	182	131	84	86	136
Juin........	131	130	211	200	93	59	53	123
Juillet......	97	144	257	210	106	49	46	91
Août........	89	124	249	220	122	43	62	91
Septembre...	99	98	150	203	162	73	87	128
Octobre	77	102	160	187	198	105	78	93
Novembre. .	62	91	165	236	182	103	68	93
Décembre...	70	90	151	226	168	100	73	122

C'est là le résultat de près de cent mille observations. Le vent dominant à Paris est exactement W. 35° S. Cette direction est la plus fréquente en moyenne.

Si, au lieu de réunir chaque point à son voisin par une ligne *droite*,

on suppose avec Haeghens que les vents intermédiaires sont pro-
portionnels aux vents observés, on trace une *courbe* réunissant, sans
former d'angles, toutes les observations faites. Dans la nature il n'y a

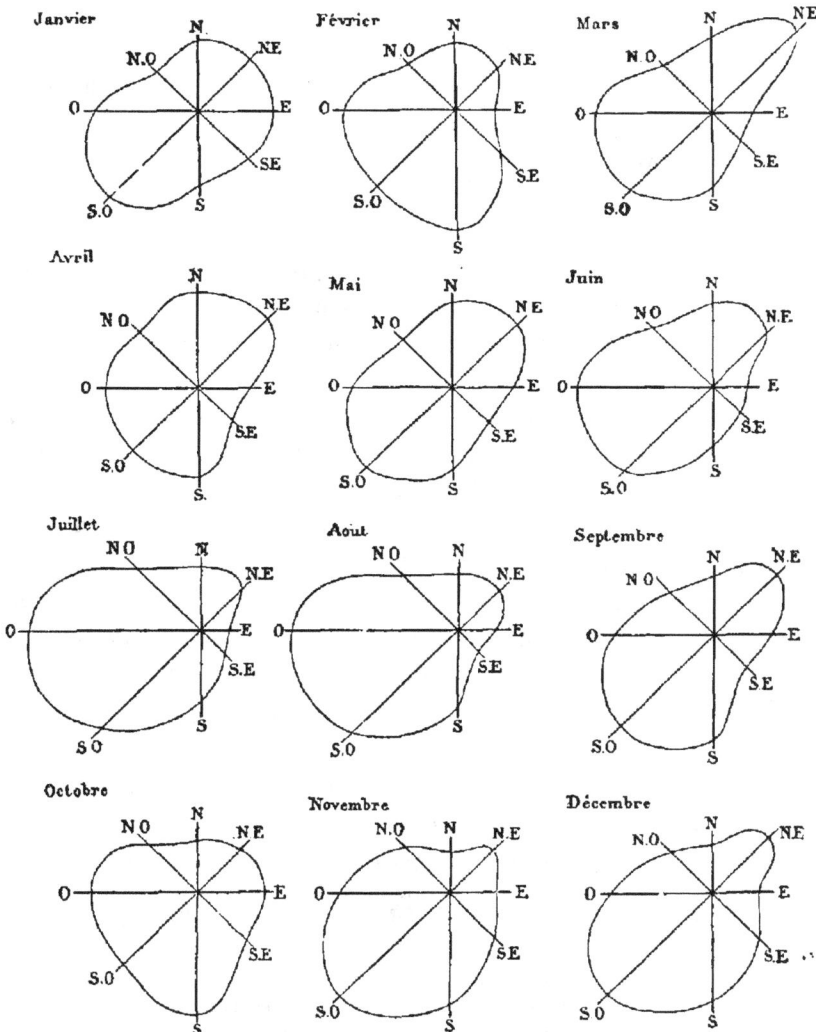

FIG. 215. — Régime moyen mensuel des différents vents à Paris.

pas de sauts brusques. C'est en tenant compte des points intermédiaires qu'ont été tracées les quatre roses précédentes pour chaque
saison, construites d'après les nombres du petit tableau des vents distribués par saisons.

En prenant séparément les nombres du dernier tableau (régime

mensuel), et en portant autour d'un centre des longueurs en millimètres proportionnelles à la fréquence relative des différents vents
(1 millimètre pour 10), j'ai tracé les douze roses de la figure 215, qui
représentent exactement la *moyenne* des vents pour chaque mois de
l'année à l'Observatoire de Paris. Le régime des vents est loin d'être
identique chaque année; les mois s'écartent plus ou moins de la
moyenne générale, et cet écart dans le régime des vents est le premier
caractère distinctif de chaque année, au point de vue de la température comme sous celui des pluies, c'est-à-dire pour toute climatologie.

Tel est le régime des vents à Paris. Si nous considérons la France
dans son ensemble, nous constatons que le sud-ouest domine dans le
nord, le nord-ouest et l'ouest, région que l'on peut appeler Atlantique, et qu'il s'abaisse vers la région méditerranéenne, si bien qu'à
Marseille, par exemple, il souffle presque constamment du nord-ouest,
et que dans presque tout le sud de la France le vent du nord est
dominant. La prédominance des vents de nord-ouest existe dans
toute cette zone autour de la Terre.

La rose mensuelle des vents à Marseille est très curieuse, en ce
sens qu'elle est constamment représentée par un trait orienté du nord-
ouest au sud-est : c'est le mistral (en patois provençal *magistraou*,
maître vent), si connu sur le littoral français de la Méditerranée.
À Toulon, l'ouest domine de mai à septembre, l'est d'octobre à
janvier. À Lisbonne, le nord et le nord-nord-ouest dominent toute
l'année, alternant avec le sud-ouest. Madrid, fortuitement influencée
par le relief du sol et par les découpures de l'Espagne, est très
variable : sa girouette tourne à tous les vents.

Les vents du nord soufflent presque constamment en été sur l'Archipel Grec, et
sont connus depuis longtemps sous le nom de vents *étésiens*. Ils commencent après
le solstice d'été et durent quelquefois jusqu'à la fin de l'automne. Ils sont inter-
rompus, surtout vers l'époque des solstices, c'est-à-dire des jours les plus longs et
des jours les plus courts, par des vents de sud-est et de sud-ouest qui soufflent
avec une grande force; en hiver cependant les coups de vent du nord sont
encore plus à craindre et sont souvent accompagnés de neige ou de grêle. Les
vents étésiens acquièrent quelquefois en été une violence extraordinaire, et, bien
qu'ils soient utiles aux navigateurs, ils ne laissent pas d'être parfois pernicieux,
froids et chargeant l'horizon d'épaisses vapeurs. Ils nuisent quelquefois beaucoup
à la végétation, et à peine ont-ils soufflé quelques heures, que les sommets des
montagnes d'Albanie et de Grèce se couvrent de neige.

Remontons-nous vers le nord-est, la tendance des vents du nord à dominer
devient de plus en plus marquée; pendant la plus grande partie de l'année, le
nord et le nord-est règnent à Constantinople.

Bercés sur la Méditerranée, les Grecs avaient étudié et décrit les diverses directions du vent qui enflait leurs voiles. Tout d'abord ils n'en distinguaient que deux :
le nord, *Boréas*, et le sud, *Notos*. Cette distinction, bientôt insuffisante, fut rapidement complétée par le vent d'ouest, *Zephyros*, et par le vent d'est, *Euros*. Du
temps d'Homère, ils avaient même déjà ajouté les intermédiaires : le nord-est
ou Boréas-Euros, le sud-est ou Notos-Apheliotes, le sud-ouest ou l'Argestes-Notos,
et le nord-ouest ou Zephyros-Boréas. On peut même remarquer dans Homère que
le vent d'ouest, le Zephyros, est représenté avec ses caractères véritables : ce n'est

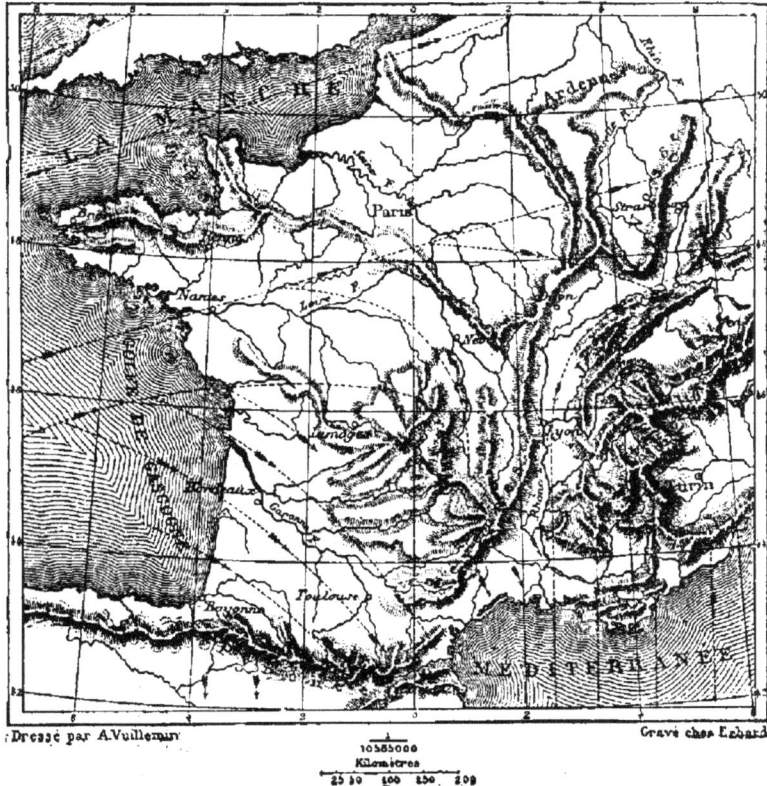

FIG. 216. — Carte des vents dominants en France.

point le vent léger et sans force qui joue et folâtre au printemps avec Flore
dans les compositions galantes du siècle de Louis XV : c'est le violent zéphire,
le vent au souffle pernicieux, celui auquel les autres ne résistent pas; c'est le
zéphire au sifflement aigu qui pousse devant lui la tempête et soulève les flots. Or
tels sont encore les caractères de notre vent d'ouest ou zéphire français, vent
dominant de l'Europe. Il y a longtemps qu'Auguste lui élevait un temple dans les
environs de Narbonne, pour l'engager à lui souffler moins fort dans les oreilles.
Sur les côtes de Bretagne, ce vent désastreux rase la tête de tous les arbres à la
hauteur des abris. Tous les pommiers de Normandie ont le tronc penché du côté
opposé à la mer par la violence et la persistance de ce vent. On voit le même effet
sur la côte d'Ingouville au-dessus du Havre, et avec un peu d'attention presque

tout le long de nos magnifiques rivages — et même jusqu'aux environs de Paris.

Tel est l'ensemble du régime des vents dans nos contrées. C'est en somme le courant équatorial qui domine ou la direction sud-ouest. Le courant polaire, ou la direction nord-est, vient ensuite. En glissant l'un contre l'autre ou l'un sur l'autre, ces deux courants généraux produisent des directions différentes, amenées d'ailleurs aussi par les conditions locales et par des phénomènes atmosphériques dont nous parlerons plus loin. Si nous dressons la rose mensuelle du régime des vents à Londres, nous constatons la domination du sud-ouest sous une forme plus marquée encore qu'à Paris. Le relevé des observations faites à l'Observatoire de Greenwich donne les moyennes suivantes pour la fréquence relative de chaque vent (fig. 217) :

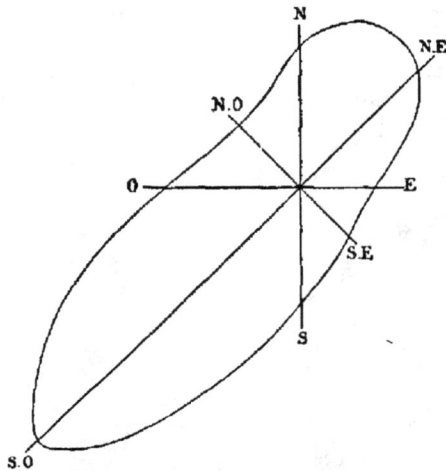

Fig. 217. — Rose moyenne annuelle des vents à Londres.

Le vent du nord souffle en moyenne pendant	41 jours.
— nord-est	48 —
— est	22 —
— sud-est	20 —
— sud	34 —
— sud-ouest	104 —
— ouest	38 —
— nord-ouest	24 —
Jours de calme	34 —
	365 jours.

La rose des vents de Bruxelles conduit à des conclusions analogues (fig. 218).

Plusieurs météorologistes ont pensé que le vent ne se propage pas seulement par *impulsion*, mais encore par *aspiration*. Cette opinion a eu pour première cause une intéressante observation de Franklin. Cet illustre savant rapporte quelque part dans ses lettres qu'ayant voulu observer une éclipse de lune à Philadelphie, il en fut empêché par un ouragan de nord-est, qui se manifesta sur les sept heures du soir et amena comme d'ordinaire des nuages épais, qui couvrirent tout le ciel. Il fut surpris, quelques jours après, d'apprendre qu'à Boston, situé à environ quatre cents milles au nord-est de Philadelphie, la tempête n'avait commencé qu'à onze heures du soir, longtemps après l'observation des premières phases de l'éclipse; et, comparant ensemble les rapports recueillis dans diverses colonies, Franklin constata que cette tempête du nord-est avait eu lieu d'autant plus tard, que la station était plus septentrionale, et qu'ainsi le vent soufflait dans un sens et avançait progressivement en sens contraire. L'observation du physicien américain était exacte, mais incomplète. Boston est au nord-est de Philadelphie. La tempête est passée à Phila-

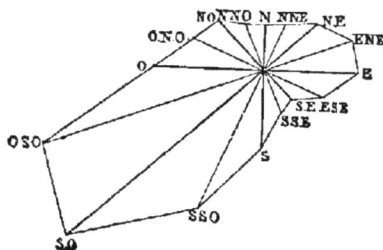

FIG. 218. — Rose moyenne annuelle des vents à Bruxelles.

delphie avant d'arriver à Boston et marchait en réalité du sud-ouest au nord-est; seulement, ces deux villes se trouvaient à gauche de la trajectoire du cyclone, sur le bord où la tangente du mouvement cyclonique circulaire est, en effet, dirigée du nord-est au sud-ouest et où le vent souffle en sens inverse de la translation.

C'était là un cas particulier de la marche des tempêtes, qui est aujourd'hui bien connu, car aux États-Unis, comme sur l'Atlantique et en Europe elles se dirigent en général du sud-ouest au nord-est. Il y a certains vents d'aspiration locaux, tels que les brises de rivage; mais cette cause est très secondaire.

Voici, en esquisse générale, la distribution dominante du vent sur l'ensemble du globe (fig. 219).|

Supposons un navire à voiles qui parte du cercle polaire arctique pour se diriger sur l'équateur, le traverser, et se rendre au cercle polaire sud. Voici quelle succession de vents il rencontrera :

1° En mettant à la voile, il navigue dans la région des vents du sud-ouest ou contre-alizés du nord, appelés ainsi parce qu'ils soufflent dans une direction opposée aux alizés de leur hémisphère.

2° Après avoir croisé le parallèle de 50 degrés, et avant d'atteindre celui de 35 degrés, il traverse la zone des vents de la partie ouest de l'océan où le vent du sud-ouest domine et où le courant du nord-est prévaut également sur les autres vents.

3° Entre le 40° et le 45° degré, il y a une région de vents très variables et de calmes. Les vents y soufflent dans l'année également des quatre quartiers pendant trois mois.

4° Aux vents d'ouest, qui ont prévalu jusqu'à présent, succède la région des calmes du tropique du Cancer, puis celle des vents alizés, qui conduisent le navire jusqu'au parallèle de 10 degrés nord, où

5° Il entre dans la zone de calme équatoriale, qui n'a qu'une largeur de 5 degrés.

6° De 5 degrés nord jusqu'au 30° degré sud soufflent les vents alizés du sud-est.

7° Vient ensuite la zone calme du tropique du Capricorne, analogue à celle que nous avons trouvée au tropique du Cancer.

8° Du 35° au 40° degré sud, dominent les vents qui soufflent moyennement de l'ouest, en s'étendant jusqu'au nord-ouest et au sud-ouest.

9° Enfin au delà du 40° degré on rencontre les contre-alizés du sud, qui ont la direction du nord-ouest, et qui se montrent aussi loin que les observations ont été faites, du côté du pôle austral.

Tel est l'état général du vent à la surface du globe, et en particulier dans nos contrées.

Si maintenant nous considérons l'*intensité* du vent, nous observons que sa variation, en apparence si irrégulière, est cependant rattachée comme toute chose aux mouvements de la Terre, aux saisons et aux jours. D'après vingt années de comparaisons faites à Bruxelles, le vent est moins intense pendant les jours les plus longs, et plus intense, au contraire, pendant les jours les plus courts : en juin, les indications de l'intensité du vent donnent 0,832, et en décembre 1,227. Le mois de septembre cependant semble faire exception, car il présente évidemment le minimum et ne donne moyennement que 0,804; mais ce mois fait en quelque sorte exception pour nos climats, à plusieurs égards (fig. 220).

Il est remarquable, du reste, que pendant les six mois où le soleil est au-dessous de l'équateur, la force du vent surpasse la moyenne de l'année, tandis que, au contraire, la force est généralement inférieure à la moyenne pour chacun des six autres mois.

L'intensité du vent varie également suivant les heures du jour. L'anémomètre de l'Observatoire de Bruxelles, qui enregistre les vents de cinq en cinq minutes, montre que cette variation diurne de l'intensité du vent s'étend en moyenne de 0,15 (minuit à quatre heures du matin) à 0,21 (dix heures), 0,26 (midi), 0,29 (deux heures), 0,28 (quatre heures) et 0,23 (six heures du soir). Cette variation est visible sur la courbe de la figure 221.

Ainsi le vent, vers deux heures de l'après-midi, a une force à peu près double de celle qu'il a vers le milieu de la nuit.

Le jour viendra où la marche des vents variables sera déterminée pour nos climats comme la circulation générale des alizés et des moussons l'est depuis longtemps pour les régions tropicales. Le jour viendra où les vents supérieurs auront révélé au météorologiste la route invisible qu'ils suivent dans les hauteurs aériennes, comme les planètes ont révélé à l'astronome l'orbite mystérieuse de laquelle elles ne s'écartent jamais, et où nous suivrons la genèse et le développe-

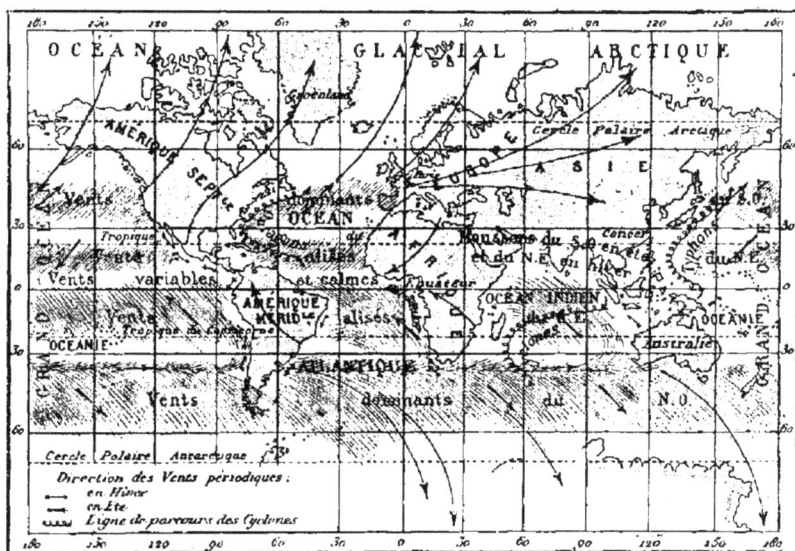

Fig. 219. — Carte des vents dominants du globe.

ment des cyclones des tropiques aux régions boréales. Alors nous connaîtrons pour chaque jour de l'année et pour chaque pays la direction de l'onde atmosphérique qui doit passer sur nos têtes. Alors nous saurons mettre le cap de l'aérostat sur un point déterminé de la rose des vents, et voyager dans les airs, sur l'aile souple et moelleuse des brises parfumées. Le grincement de la massive locomotive ne fera plus frémir l'inerte rail des voies ferrées, si ce n'est pour le transport de la lourde matière. Les voies aériennes ouvertes à l'industrie par la science, comme toutes les autres l'ont été successivement, nous offriront leurs chemins inusables pour la plus magnifique, la plus sublime des traversées.

Ce progrès serait réalisé au vingtième siècle, avant cent ans, si le militarisme disparaissait enfin de l'Europe.

Les courants, dont nous venons d'étudier les lois, jouent un grand rôle dans la nature. Ils favorisent la fécondation des fleurs en agitant les rameaux des plantes et en transportant le pollen à de grandes distances. Ils renouvellent l'air des villes et adoucissent les climats du nord en leur apportant la chaleur du midi. Sans eux les pluies seraient inconnues dans l'intérieur des continents, qui se transformeraient en déserts arides. Sans eux la Terre serait presque inhabitable, des contrées entières deviendraient des foyers d'infection, de vastes cimetières. Nous avons vu dans notre Livre premier les effets délétères de l'air confiné. L'homme devient pour l'homme le plus redoutable poison. Les vents, les vents seuls, peuvent atténuer ou prévenir ces maux, en balayant les émanations, en les disséminant dans l'espace

Janv. Fév. Mars Avril Mai Juin Juil. Aout Sep. Oct. Nov. Déc. Janv.

FIG. 220. — Intensité mensuelle des vents.

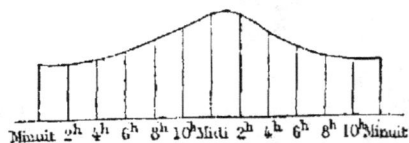

Minuit 2ʰ 4ʰ 6ʰ 8ʰ 10ʰ Midi 2ʰ 4ʰ 6ʰ 8ʰ 10ʰ Minuit

FIG. 221. — Intensité diurne des vents.

immense, en remplaçant une atmosphère viciée par un air frais et salubre. D'ailleurs, il en est de l'air comme de l'eau : le mouvement seul les conserve purs.

Les vents ne promènent pas seulement la vie; ils transportent aussi la mort sur les contrées qu'ils dominent. Vingt lieues de distance ne mettent pas Rome à l'abri de l'air meurtrier qui a traversé les Marais Pontins. A Paris, le vent de sud-ouest souffle soixante-dix jours dans l'année; placez un *agro romano* dans la Mayenne, dans la Sarthe, dans la Touraine, et la population parisienne sera décimée par des fièvres intermittentes et frappée dans sa virilité !

Nous avons vu que pour toutes les latitudes égales à celles de l'Europe, et même un peu plus méridionales, le vent dominant est le vent de sud-ouest, qui apporte à l'Europe l'air chaud de l'Atlantique et donne à notre Europe ce climat unique qui permet de cultiver l'orge et quelques céréales jusqu'au cap Nord, tandis que le Groenland, privé de ces haleines bienfaisantes, ne dégèle jamais, quoiqu'il atteigne presque les latitudes du nord de l'Écosse. La belle, riche et savante ville de Boston, aux États-Unis, est à la même latitude où les oliviers sont cultivés en Espagne ; elle éprouve cependant des hivers qui, sur les étangs et les petits lacs d'alentour, font pénétrer la glace à un mètre. Les cinq grands lacs américains, véritables mers d'eau douce, gèlent profondément et portent en hiver des chemins de fer improvisés, comme ils portent des vaisseaux pendant l'été. Quelle triste production que la glace auprès des vins et des huiles d'olive que le beau climat de Bordeaux et de l'Espagne fournit aux cultivateurs indolents ! Eh bien, l'activité intelligente du citoyen des États-Unis a transformé cette glace même en une vraie récolte qui s'exporte dans l'Inde et dans les régions tropicales, à un prix sans doute bien supérieur à ce que les Asturies retirent de leurs oliviers. Les industriels américains sont parvenus à faire croire à leurs concitoyens que la glace est excellente et aux États-Unis tout le monde prend de la glace, même en hiver.

Vers le milieu de notre pays se trouve le point du plus beau climat du monde entier, en sorte que, si vers l'orient du méridien de Paris on choisit une localité déterminée, toute autre localité quelconque dans le monde entier, à pareille latitude, aura un climat moins favorable. La nature a donc fait beaucoup pour la France, et les arguments diplomatiques d'outre-Rhin ne changeront pas ce climat devenu légendaire, ce ciel que l'on peut envier, mais auquel on ne peut ravir ni son charme ni sa douceur. Il nous reste à faire beaucoup nous-mêmes pour nous relever de notre amollissement passager et affirmer devant le monde notre puissance intellectuelle, la seule véritable, car, comme le disait Napoléon, et comme il l'a constaté lui-même en 1815, « la force ne fonde rien ».

Considérons maintenant le rôle du vent dans la climatologie.

Les vents ont une influence dominante sur la distribution des températures en apportant aux différents pays, selon leur exposition, des modifications permanentes au climat qu'ils posséderaient sans eux. Le régime des vents entraîne à sa suite un régime de température qui lui est intimement lié. Les courants de l'atmosphère apportent avec eux la température des contrées d'où ils viennent. Chacun a remarqué que le vent du nord est généralement froid et le vent du sud généralement chaud. Mais il serait vulgaire de s'en tenir à ces remarques vagues, et le rôle de la science consiste à analyser les faits. On a donc, depuis bien des années déjà, pris soin de comparer les températures constatées par le thermomètre aux directions du vent observé, et l'un des premiers résultats a été de constater qu'en France les vents provenant du sud-

est au sud-ouest produisent un accroissement de température de 3 ou
4 degrés sur ceux qui soufflent de la direction opposée. En comparant
les températures moyennes correspondant aux différents vents, pour
diverses villes de l'Europe, on a constaté que l'influence du vent
varie suivant les lieux. C'est ce que l'on peut facilement remarquer par
le petit tableau suivant :

INFLUENCE DES VENTS SUR LES TEMPÉRATURES

	N.	N. E.	E.	S. E.	S.	S. W.	W.	N. W.	Diffé- rences.
Paris.........	11°,2	11°,5	13°,2	15°,1	15°,2	14°,7	13°,4	11°,9	4°,0
Londres	7°,7	8°,1	9°,6	10°,6	11°,4	10°,8	10°,2	8 ,7	3°,7
Dublin	7°,4	8°,1	9°,0	9°,6	10°,5	10°,4	8°,9	7°,5	3°,1
Carlsruhe.....	10°,5	8°,6	10°,5	13°,1	12°,5	10°,9	12°,4	11°,2	4°,5
Hambourg	8°,0	7°,6	8°,4	9°,5	10°,0	10°,1	9°,2	8°,4	2°,5
Zecken (Silésie).	5°,7	6°,4	7°,6	8°,2	9°,6	9°,5	8°,2	6°,9	3°,9
Arys (Prusse) ..	4°,1	4°,4	3°,4	7°,9	6°,5	6°,4	7°,0	8°,1	4°,7
Reykiawick (Isle)	1°,7	2°,1	5°,1	7°,2	8°,1	3°,6	7°,7	7°,6	6°,4
Moscou........	1°,2	1°,4	3°,5	4°,0	6°,0	5°,7	5°,4	3°,3	4°,8

On voit que la différence moyenne entre l'influence des vents chauds
et celle des vents froids s'élève à 4 degrés pour Paris et même à 6°,4
pour l'Islande. Il y a souvent des différences beaucoup plus marquées
encore. Presque partout dans nos régions le vent le plus froid souffle
d'une direction comprise entre le nord et l'est et le vent le plus chaud
souffle d'une direction voisine du sud. A mesure que l'on pénètre dans
l'intérieur du continent, il se rapproche davantage de l'ouest.

La fig. 222 montre cette influence des vents sur la température
moyenne de l'année à Paris et sur celle des saisons. Elle a été construite
en comptant à partir du centre, sur les directions de chaque vent, un
millimètre par degré, et en réunissant par une courbe les chiffres
relatifs à chaque vent. C'est en hiver que le vent du sud-ouest élève le
plus la température et que le nord-est est le plus froid.

Ce qui précède est une nouvelle confirmation de cette vérité qu'en
météorologie aucun phénomène n'est isolé ; tous agissent et réagissent
les uns sur les autres. A peine le vent de sud-ouest souffle-t-il dans
nos contrées, qu'il agit sur la température, non seulement par sa chaleur, mais encore par les vapeurs qu'il entraîne, et l'état du ciel en est
la conséquence. En hiver, les vents humides de l'ouest sont remarquablement chauds, parce qu'ils couvrent le ciel de nuages et s'opposent
ainsi au rayonnement terrestre; en été, ils sont plus frais, car ils
empêchent les rayons solaires d'arriver jusqu'au sol. Ainsi on voit qu'en
été c'est le nord-ouest qui est le plus frais, et le sud-est le plus chaud.

Nous nous rendrons facilement compte de l'influence du vent sur la température en examinant une année quelconque d'observations, soit par exemple la série de juin 1869 à mai 1870 de l'observatoire de Montsouris (fig. 224). Ce sont les roses thermométriques de chaque mois pendant une année entière. On y voit dès le premier coup d'œil que c'est le vent du sud-est et de l'est-sud-est qui a été le plus chaud.

Toutes ces observations montrent combien cette influence est grande, et donnent une idée des profondes modifications qu'elle doit nécessairement apporter à la température moyenne du lieu que plusieurs de ces vents élèvent, tandis que d'autres, au contraire, l'abaissent. Ces résultats généraux font suffisamment voir que la détermination exacte des températures diurne, mensuelle et annuelle est liée d'une manière intime à la fréquence relative des vents régnants.

Les vents n'agissent pas seulement sur la température, ils agissent aussi sur la pression atmosphérique. Voici le résultat d'un grand nombre d'années d'observations faites sur ce sujet dans les principales villes de l'Europe.

INFLUENCE DES DIFFÉRENTS VENTS SUR LE BAROMÈTRE

Vents	Paris.	Londres.	Copenhague	Berlin.	Halle.	Vienne.	Stockholm.	Pétersbourg	Moscou.
	mm.	mm.	mm.	mm.	mm.	mm.	mm.	mm.	mm.
Nord	759,09	759,00	764,52	758,68	755,61	749,88	757,91	759,72	743,07
Nord-est	759,49	760,71	765,13	759,36	756,00	749,11	758,88	761,97	745,06
Est	757,24	758,93	763,69	758,77	754,51	745,78	757,31	762,00	743,90
Sud-est	754,03	756,83	759,40	754,69	752,14	748,30	754,73	762,25	741,74
Sud...........	753,15	754,37	759,54	751,33	751,10	747,74	753,90	759,90	740,63
Sud-ouest.....	753,52	755,25	759,11	752,57	751,30	745,89	751,12	759,88	740,34
Ouest.........	757,57	757,28	761,07	758,00	752,21	745,84	756,04	759,43	741,06
Nord-ouest	757,78	758,03	763,49	757,62	754,24	749,16	765,56	757,58	741,76
Moyenne...	756,22	757,58	762,26	756,02	753,29	747,79	756,18	760,64	742,19

Le résultat général de toutes ces recherches est que le baromètre atteint sa plus grande hauteur par les vents compris entre le nord et l'est, c'est-à-dire par les courants les plus froids, et sa plus faible élévation par les vents compris entre le sud et l'ouest, qui sont précisément les plus chauds.

Des conclusions analogues ont été obtenues dans d'autres contrées. Ainsi, sur la côte orientale des États-Unis et en Chine, le baromètre est moyennement plus haut par les vents de nord-ouest, qui sont les plus froids dans ces régions, et moyennement plus bas par ceux de sud-est, dont la température est la plus élevée. Le fait de l'élévation du baromètre par les vents froids et de son abaissement par les vents chauds est général partout où l'on a observé.

En Europe, les vents les plus pluvieux sont compris entre le sud et l'ouest, et les vents les plus secs entre le nord et l'est.

La figure 223 reproduit la *rose barométrique des vents* pour Paris. La courbe pointillée est la moyenne de l'année. Les quatre autres sont celles des quatre saisons. On voit que pour la moyenne de l'année c'est par les vents de nord-est que le baromètre est le plus haut et par les vents du sud qu'il est le plus bas. En hiver, c'est par le vent du nord qu'il atteint sa plus grande hauteur (qui dépasse de beaucoup la hauteur moyenne) et par le sud-sud-ouest qu'il descend au plus bas. En été, la courbe est très ample pour toute la région nord ; en automne, elle est assez irrégulière ; au printemps, le minimum barométrique le plus marqué arrive par le vent du sud-est.

De même que les vents influent, suivant la direction d'où ils viennent, sur la température et sur la pression de l'air, sur le thermomètre et sur le baromètre, de même aussi ils agissent sur l'*humidité*, annoncent, amènent ou éloignent la pluie.

L'expérience journalière nous apprend déjà que l'air n'est pas également humide par tous les vents. Quand le laboureur veut sécher ses blés et ses foins, quand la ménagère étend son linge mouillé, leurs désirs sont bientôt satisfaits si le vent d'est souffle d'une manière continue ; mais par un vent d'ouest il faut un temps beaucoup plus

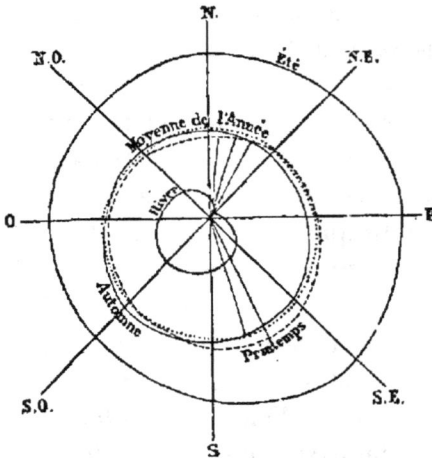

Fig. 222. — Rose thermométrique des vents.

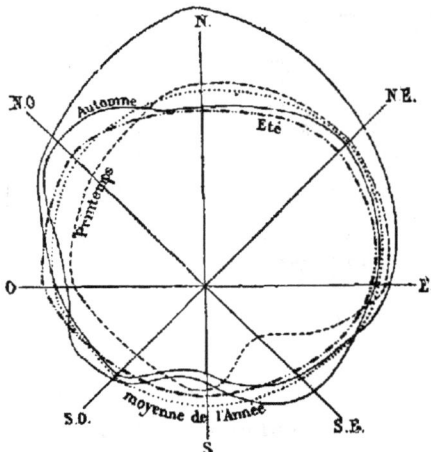

Fig. 223. — Rose barométrique des vents.

long. Certaines opérations de teinture ne réussissent que par les
vents d'est. Quelque instructives que soient ces observations, elles
ne sauraient cependant nous conduire à des lois rigoureuses.

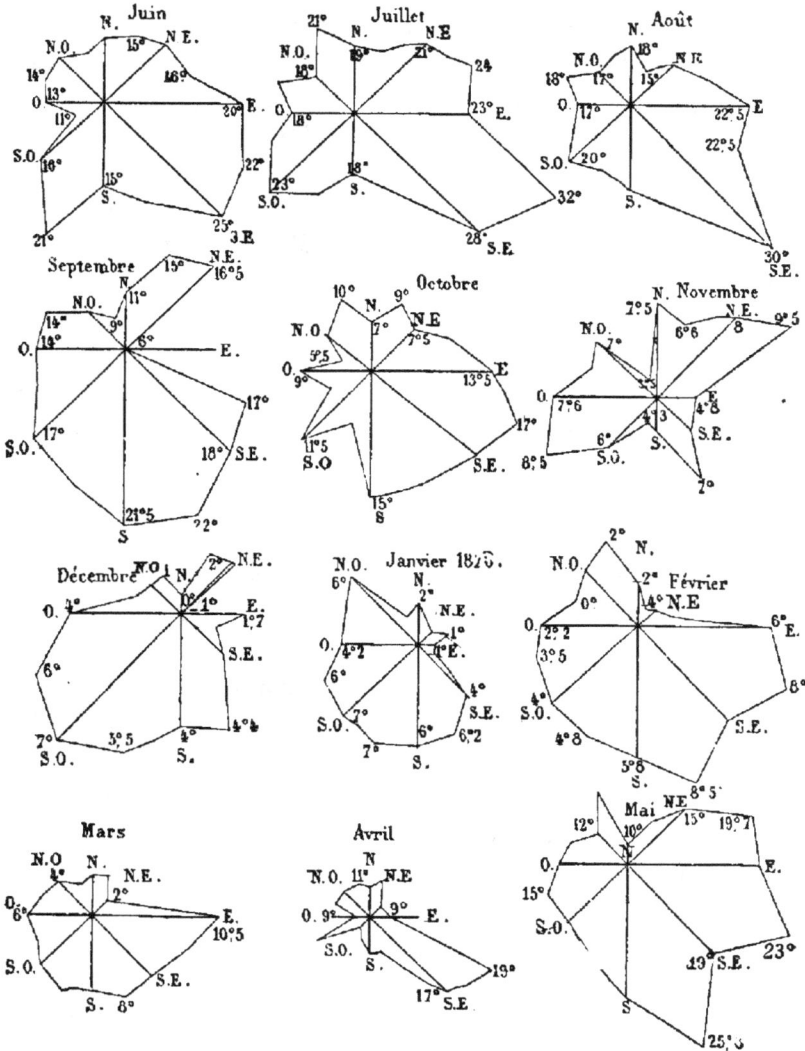

FIG. 224. — Degrés de température correspondant aux différents vents pour chaque mois
pendant une année à Paris.

Nous avons vu au Livre premier que l'air contient constamment, outre les gaz qui le composent, une certaine quantité de *vapeur
d'eau*, et que cet élément joue le principal rôle dans l'absorption et la
distribution de la chaleur à la surface du globe, l'oxygène et l'azote

n'ayant à côté qu'un rôle insignifiant. Il serait de la plus haute importance de connaître numériquement la quantité de vapeur qui existe dans les diverses régions du globe. La vie des plantes et des animaux, le caractère du paysage, dépendent de cet élément aussi bien que de la température. La sécheresse et l'humidité de l'air ont la plus grande influence sur le développement des maladies. Ce que l'on sait déjà, c'est que sur toutes les mers l'air est presque complètement saturé de vapeur d'eau. A mesure qu'on s'éloigne des rivages, cette saturation diminue. Elle est cependant parfois complète également sur la terre ferme après de longues pluies, parce que l'eau douce se vaporise plus facilement que l'eau salée. Mais en somme la quantité de vapeur d'eau contenue dans l'air varie selon les pays, et il y a des régions, comme les déserts de l'Afrique et de l'Asie, les steppes de la Sibérie, où le sol ne produit pas la moindre évaporation et où l'air est de la plus grande sécheresse. Les vents qui viennent de la mer apportent de l'air humide ; ceux qui viennent des continents apportent de l'air sec.

Nous verrons plus loin que la quantité de vapeur d'eau que l'air peut contenir en suspension varie selon la température, et que plus l'air est chaud, plus il peut contenir d'eau à l'état de vapeur invisible. Supposons 1 mètre cube d'air saturé de vapeur à 20 degrés ; il en contient 18 grammes. Or si un courant d'air froid arrive et le réduit à zéro, comme il n'en peut plus contenir que 5 grammes, il est obligé d'en laisser tomber 13 grammes, s'il n'a pas changé de volume lui-même.

Cette condensation amènerait des pluies quotidiennes si des courants froids arrivaient chaque jour sur de pareils états de saturation, et chaque bouffée d'air transportée de la surface du sol à quelques centaines de mètres de hauteur se trouverait par cela même assez refroidie pour donner lieu à des vapeurs condensées.

La quantité de vapeur est aussi petite que possible lorsque le vent souffle entre le nord et le nord-est ; elle augmente quand il tourne à l'est, au sud-est et au sud, et atteint son *maximum* entre le sud et le sud-ouest, pour diminuer de nouveau en passant à l'ouest et au nord-ouest.

La cause de ces différences est bien simple. Avant d'arriver à nous, les vents d'ouest passent sur l'Atlantique et se chargent de vapeurs, tandis que ceux qui soufflent de l'est viennent de l'intérieur des continents de l'Europe ou de l'Asie. Ces vapeurs se résolvent déjà en pluie lorsque les vents occidentaux arrivent en France; mais cette eau se vaporise presque immédiatement, et il en résulte que ces vents continuent d'être plus chargés de vapeur que ceux de l'est. Le vent d'ouest-sud-ouest, venant à la fois de la mer et de contrées plus chaudes, peut se charger d'une plus grande proportion de vapeur d'eau que le vent d'ouest, qui est plus froid. Il n'en est pas de même pour l'humidité *relative*.

Ainsi, quoique par le vent du nord l'air contienne une proportion de vapeur d'eau beaucoup moindre que par le vent du sud, il n'en est pas moins infiniment plus humide, à cause de sa basse température.

Les saisons modifient encore cette règle générale. On trouvera à l'Appendice les détails du rapport constaté entre la direction du vent, l'humidité et la *pluie*.

Nous devons maintenant nous rendre compte de la force et de la vitesse du vent considéré en lui-même.

On connaît cette boutade sur la légèreté des femmes, thème chéri du dix-septième siècle : *Quid levius plumâ? pulvis. — Quid pulvere? ventus. — Quid vento? mulier. — Quid muliere? nihil.* « Quoi de plus léger que la plume? la poussière. — Que la poussière? le vent. — Que le vent? la femme. — Que la femme? rien. »

Le satirique Bussy-Rabutin avait fait peindre dans un des encadrements d'une salle de son château une grande balance, dont un des plateaux portait un papillon et l'autre une dame. La balance penchait du côté du papillon! Mais le curieux du symbole, c'est que la dame représentée était la cousine de Bussy, Mme de Sévigné!... (Visitant ce château il y a quelques années, je n'ai pas retrouvé le tableau.)

Sans continuer la comparaison, nous pouvons remarquer, il est vrai, que le vent est à la fois d'une extrême légèreté et d'une extrême puissance. Nul élément n'est plus capricieux, ni plus mobile; nul n'est capable à la fois de plus douces caresses ni de plus étranges colères. L'échelle de ses variations est d'une telle amplitude, qu'il est même difficile de nous rendre exactement compte de toute la gamme qu'il peut parcourir, depuis le souffle qui ride à peine la surface d'un lac tranquille jusqu'à l'ouragan qui déracine les arbres et renverse les édifices. La table suivante peut donner une idée des différents degrés de vitesse qu'il peut acquérir.

La vitesse du vent est le nombre de mètres que parcourent les molécules d'air en une seconde (ou le nombre de kilomètre parcourus en une heure). L'intensité ou la force du vent est la pression qu'il exerce sur l'unité de surface, qui est le mètre carré ; on l'exprime ordinairement en kilogrammes.

VITESSE ET FORCE DU VENT

| ÉCHELLE TERRESTRE | EFFETS DU VENT | ÉCHELLE MARINE | VITESSE | | Pression du vent en kilogrammes par mètre carré |
			en mètres par seconde	en kilomèt. par heure	
			mètres	kilomèt.	kilogram.
0. Calme....	La fumée s'élève verticalement ; les feuilles des arbres sont immobiles.	0. Calme.	de 0 à 0,5	de 0 à 2	de 0 à 0,1
1. Faible....	Sensible aux mains ou à la figure ; agite les petites feuilles.	1. Presque calme. 2. Légère brise.	de 0,5 à 5	de 2 à 18	de 1 à 3
2. Modéré...	Fait flotter un drapeau ; agite les feuilles et les petites branches.	3. Petite brise. 4. Jolie brise.	de 5 à 10	de 18 à 36	de 3 à 12
3. Assez fort.	Agite les grosses branches.	5. Bonne brise. 6. Bon frais.	de 10 à 15	de 36 à 54	de 12 à 27
4. Fort.....	Agite les plus grosses branches et les arbres de petit diamètre.	7. Grand air. 8. Petit coup de vent.	de 15 à 20	de 54 à 72	de 27 à 48
5. Violent...	Secoue tous les arbres ; brise les branches et quelques arbres.	9. Coup de vent. 10. Fort coup de vent.	de 20 à 30	de 72 à 108	de 48 à 108
6. Ouragan..	Renverse les cheminées ; enlève les toits des maisons ; déracine les arbres.	11. Tempête. 12. Ouragan.	au-dessus de 30	au-dessus de 108	au-dessus de 108

On ne sait pas encore à quel degré de vitesse peuvent atteindre les masses d'air emportées par les cyclones, car c'est dans les régions supérieures de l'Atmosphère, là où le milieu n'offre qu'une faible résistance aux courants aériens, que le vent de tempête doit avoir sa plus grande rapidité. Aussi ne suffit-il point de constater la marche des molécules d'air au niveau du sol, ou à une faible hauteur, pour se faire une idée de la vitesse avec laquelle se meut la masse atmosphérique emportée par l'ouragan. J'ai constaté dans mes voyages en ballon (*Comptes rendus* de l'Académie, 1868, 1, p. 1116) que la vitesse de l'air augmente généralement avec la hauteur. Dans l'une de ses ascensions, M. Coxwel a fait un voyage de 110 kilomètres en soixante minutes, alors qu'au-dessous de lui les instruments indiquaient 23 kilomètres à peine dans la même heure. Le ballon de M. Rolier, qui pendant le siège de Paris fut porté jusqu'à Christiania, capitale de la Norvège, parcourut 1600 kilomètres en quinze heures, c'est-à-dire 106 kilomètres à l'heure; il n'y avait cependant qu'un vent ordinaire à la surface du sol. Le ballon du couronnement de Napoléon Ier,

Il arriva en Norvége après avoir fait 1600 kilomètres en quinze heures.

qui fut lancé dans le ciel de Paris le 16 décembre 1804, à onze heures du soir, vola directement vers Rome pour porter la nouvelle de l'obéissance du pape à l'empereur, et tomba vers sept heures du matin non loin de la ville, en brisant contre le « tombeau de Néron » la couronne impériale de trois mille verres de couleur qu'il portait; il avait fait 1300 kilomètres en huit heures, soit 162 kilomètres à l'heure ! Il y a encore une vitesse aérostatique plus grande : un jour, le ballon de Green fut emporté sur Londres avec une force de 64 mètres par seconde : ce qui donnerait 240 kilomètres à l'heure. Ces faits doivent nous donner une idée de la vitesse du cyclone à une certaine hauteur au-dessus du sol, quand sur la terre, semée d'obstacles, il progresse au taux de 180 kilomètres à l'heure, et sur l'océan avec la rapidité de 240 à 300 kilomètres, quintuplant la grande vitesse de nos locomotives! Cette rapidité si formidable de l'air sur l'océan et le frottement des molécules aériennes expliquent, comme Cicéron le faisait déjà remarquer il y a deux mille ans, pourquoi la température de l'eau s'élève après les tempêtes.

Quant à la pression exercée par le courant aérien qui se meut avec une pareille vitesse, elle est vraiment formidable. Dans un mémoire sur la construction des phares, Fresnel estimait la plus forte pression du vent à 275 kilogrammes par mètre carré; mais il est très probable que dans nombre d'ouragans ce chiffre a été dépassé. Sans mentionner les effets produits par les grands cyclones des tropiques, il s'est présenté sous la zone tempérée des cas où la pression exercée par le vent sur un espace peu étendu était beaucoup supérieure aux prévisions des météorologistes.

Ainsi, pour ne citer qu'un exemple, la tempête du 27 février 1860, venue de l'ouest et plongeant dans la plaine de Narbonne par l'espèce de détroit où passent le canal et le chemin de fer du Midi, eut assez de violence pour faire dérailler et renverser en partie deux trains qu'elle prit par le travers entre les stations de Salces et de Rivesaltes : la pression a dû être de 400 kilogrammes !

Le 14 février 1868, pendant la tempête, des wagons au repos sur la ligne de Napoléon-Vendée aux Sables d'Olonne se mirent en marche sous la seule impulsion du vent. Ils parcoururent ainsi une distance de 4 kilomètres environ. Les garde-barrières, qui les voyaient passer, se mettaient régulièrement au porte-guidon devant leurs maisonnettes, s'imaginant éclairer la marche d'un train supplémentaire.

Les ingénieurs de la Compagnie de l'Est ont trouvé par une série d'expériences dynamométriques qu'un vent assez fort produit une résistance de 12 kilogrammes pour une vitesse de 46 kilomètres : ce qui donne 72 kilogrammes par voiture et 936 pour un convoi de treize voitures. Cette résistance peut se traduire par un retard d'une heure et plus dans la durée du trajet de Paris à Strasbourg.

La force mécanique du vent est proportionnelle à la surface de l'objet et en raison directe du carré de la vitesse; pour une vitesse de 1 mètre par seconde pour chaque mètre carré, l'effet produit équivaut à peu près à 125 grammes. C'est donc un demi-kilogramme par 4 mètres de superficie. Dans les vents forts, dont la vitesse est de 20 mètres à la seconde, sur chaque mètre carré on a un effet de 50 kilogrammes; dans les ouragans, dont la vitesse est de 40 mètres, la pression est quadruplée et devient 200 kilogrammes; on conçoit d'après cela comment des arbres et des maisons peuvent être renversés.

La force que les molécules d'air n'ont pas par leur masse, elles la prennent par leur vitesse, et elles deviennent ainsi capables de produire des effets qui paraissent incroyables et qui sont cependant conformes aux lois de la mécanique.

Pour donner une juste idée de ces effets, nous anticiperons ici sur l'étude des cyclones, et nous citerons quelques-uns des trop fameux désastres causés par certains ouragans restés célèbres.

A la Guadeloupe, le 25 juillet 1825, des maisons solidement bâties ont été démolies, un édifice neuf, élevé aux frais de l'État avec la plus grande solidité, a eu une aile entière complètement rasée. Le vent avait imprimé aux tuiles une telle vitesse, que plusieurs pénétrèrent dans les magasins à travers des portes épaisses.

Une planche de sapin de 1 mètre de long, de 2 centimètres et demi de large et de 23 millimètres d'épaisseur se mouvait dans l'air avec une si grande rapidité, qu'elle traversa d'outre en outre une tige de palmier de 45 centimètres de diamètre.

Une pièce de bois de 20 centimètres d'équarrissage et de 4 à 5 mètres de long, projetée par le vent sur un chemin serré, battu et fréquenté, entra dans le sol de près de 1 mètre.

Une belle grille en fer, établie devant le palais du gouverneur, fut entièrement rompue. Trois canons de 24 se mirent en marche jusqu'au bout de la batterie.

En 1823, un tourbillon, dont le diamètre n'était pas de 1 kilomètre passa près de Calcutta, tua en quatre heures deux cent quinze personnes, en blessa deux cent vingt-trois, renversa douze cent trente-neuf huttes de pêcheurs, et entre autres fit pénétrer de part en part un bambou au travers d'une muraille de 1 mètre et demi d'épaisseur, c'est-à-dire que le souffle d'air en mouvement avait une force égale à celle d'un canon de 6.

À Saint-Thomas, en 1837, la forteresse qui défend l'entrée du port fut démolie comme si elle avait été bombardée. Des blocs de rocher ont été arrachés du fond de la mer par 10 et 12 mètres d'eau et lancés sur la plage. Ailleurs, de solides maisons, déracinées de leurs fondements, ont glissé sur le sol en fuyant devant la tempête. Sur les bords du Gange, sur les côtes des Antilles, à Charlestown, on a vu des navires échouer loin de la côte, en pleine campagne ou dans les bois. En 1681, un bâtiment d'Antigua fut même porté sur les falaises jusqu'à 3 mètres des plus hautes marées et resta comme un pont entre deux pointes de rochers. En 1825, les navires qui se trouvaient dans la rade de Basse-Terre disparurent, et l'un des capitaines, heureusement échappé à la mort, raconta que son brick avait été aspiré par l'ouragan, soulevé hors de l'eau, et qu'il avait pour ainsi dire « fait naufrage dans les airs ». Des meubles fracassés et quantité de débris enlevés dans les maisons de la Guadeloupe furent transportés à Montserrat par-dessus un bras de mer de 80 kilomètres de large, etc. Dans la tempête qui sévit sur la Manche le 11 janvier 1866, on a vu sur la digue de Cherbourg des pierres de 200 à 300 kilogrammes, formant l'extérieur de l'enrochement, lancées par les lames par-dessus le parapet à plus de 8 mètres de hauteur. Mise en fureur par les vents qui la bouleversaient, la mer lançait, dit le vice-amiral La Roncière le Noury, des lames qui, frappant le fort, s'élevaient à 60 mètres de hauteur... Nous développerons ces effets formidables tout à l'heure au chapitre des *Cyclones*.

Pour expliquer ces phénomènes, il n'y a qu'une seule difficulté, celle de savoir comment l'air a pu recevoir dans l'atmosphère une si prodigieuse vitesse, car, cette vitesse étant donnée, les actions mécaniques les plus étonnantes en deviennent les conséquences nécessaires. C'est du gaz en mouvement qui chasse le boulet du canon et qui lance dans les airs des quartiers de roches, lorsqu'une mine fait son explosion. On peut traverser une planche de chêne de 2 centimètres d'épaisseur avec un bout de bougie mis en place de balle dans le canon d'un fusil : la force du projectile n'est due ici qu'à sa vitesse; c'est une expérience que j'ai faite plusieurs fois; pour qu'elle réussisse, il faut tirer perpendiculairement à la planche et presque à bout portant.

Vents singuliers et locaux. — Après avoir étudié la théorie et la manière d'agir des vents généraux, réguliers et irréguliers, qui

UN OURAGAN DANS LES STEPPES MONGOLS.

soufflent à la surface du globe, nous devons porter notre attention sur les vents particuliers qui caractérisent certaines contrées, comme sur les mouvements atmosphériques qui parfois traversent les mers et les continents avec la rapidité de l'oiseau de proie, et semblent faire exception au système des lois organisées qui régit la nature. L'analyse scientifique s'est attachée à ces phénomènes eux-mêmes et elle montre qu'ils obéissent, comme toutes choses dans l'univers, à des lois définies et déterminées. Les cyclones, ouragans ou tempêtes, feront l'objet du chapitre suivant. Comme transition, occupons-nous un instant de certains vents particuliers plus ou moins célèbres, et prenons une idée exacte de leur caractère respectif.

En France, le climat tempéré qui sourit sur nos têtes éloigne de nous les phénomènes atmosphériques intenses qui se manifestent sous des cieux moins hospitaliers. Les coups de vent et tempêtes de nos côtes proviennent des mouvements cycloniques dont nous parlerons plus loin. Les orages feront également l'objet d'une étude ultérieure. Comme *vents* proprement dits, qui se distinguent un peu par leur caractère de l'ensemble des vents généraux, nous pouvons citer d'abord la *bise*, ou vent du nord très froid, et d'une intensité parfois très violente. Dans nos départements de l'Est il est très redouté, car il arrive presque en ligne droite de la mer du Nord; la Belgique et la Hollande, couvertes de neiges qu'il a traversées, n'ont servi qu'à le refroidir davantage. En Istrie et en Dalmatie, la bise est connue sous le nom de *bora*, et sa force est telle, qu'il renverse quelquefois des chevaux et des charrettes. En Espagne, ce même vent du nord, et nord-est pour ce pays, est désigné sous le nom de *gallego*.

Dans le sud de la France, le vent du sud-ouest *froid* et violent qui a passé sur les neiges des Alpes et des Pyrénées, et qui est célèbre sous le nom de *mistral*, mérite particulièrement notre attention.

On en a longtemps ignoré la cause. On l'attribuait à un refroidissement subit du vent passant sur les Pyrénées ou les Alpes. M. Marié-Davy, dans plusieurs notes publiées au *Bulletin de l'Observatoire* en juin 1864, montra que la cause de ce vent n'est pas locale et que les mouvements qui lui donnent naissance se transportent vers l'est comme les bourrasques. Kaemtz, dans une communication faite à l'Institut en juillet 1865, montra par un tableau des pressions barométriques sur la France, l'Espagne et l'Italie, avant, pendant et après le mistral, que c'est une véritable tempête venant de loin, et qu'il n'est pas dû à un refroidissement subit du vent passant sur les montagnes.

Il est remarquable qu'à mesure que les études météorologiques font des progrès, on apprend à ne plus chercher les causes de la plupart des phénomènes dans les localités où ils sont observés, mais à les rattacher à des causes générales prépondérantes auxquelles sont subordonnées les circonstances locales.

Toutes les fois que le mistral souffle, il y a un excès de pression atmosphérique à l'ouest du golfe du Lion. Quelle que soit l'origine de cette pression, elle accompagne le mistral en toute saison.

Le mistral exige pour sa production, quelle que soit la saison, les mêmes circonstances réunies. Que ce soit pendant une période de beau ou de mauvais temps pour le sud-ouest de l'Europe, il faut toujours un excès de pression à l'ouest des Cévennes.

La violence de ce vent est due à la forme de l'isthme pyrénéen. Dès que la direction générale du mouvement atmosphérique dépasse un peu l'ouest vers le nord, le Plateau central et le massif des Alpes détournent le courant vers le golfe du Lion. Ce courant, rétréci entre les Alpes et les Pyrénées dans le sens de la largeur et par les Cévennes dans le sens vertical, constitue un *rapide* sur les côtes du Languedoc : de là une des causes de l'excès de pression sur le versant nord-ouest des Cévennes et la diminution de pression sur la Méditerranée, là où le vent conserve une vitesse qui n'est plus en rapport avec la largeur du lit.

De là aussi la violence du vent du nord dans la vallée du Rhône entre les contreforts des Alpes et ceux du Plateau central.

Le mistral est le vent le plus sec de ces parages, parce qu'il s'est desséché en passant sur les Cévennes ; il est en effet pluvieux sur le versant nord-ouest de ces montagnes ; les vents des régions est ou sud y amènent de la pluie, parce que ce sont les vents marins sur les côtes et sur le versant sud-est des Cévennes ; ils sont secs sur le versant opposé.

L'antipode du mistral est le *Fœhn* (le Favonius des Romains).

Ce vent chaud d'Afrique qui arrive sur les Alpes a reçu de la nature le soin de fondre les hautes neiges des montagnes. Il arrive pendant la nuit impétueux sur les glaces, interpelle toutes ces eaux immobiles qui ont peine à se délier de leur engourdissement. Ce redoutable bienfaiteur paraît vouloir détruire la nature qu'il vient sauver. Il brise, il confond, ravage. Il lance des blocs énormes des hauteurs, roule des arbres gigantesques au lit des torrents. Il arrache, enlève, emporte au loin les toits des chalets. La panique est dans l'étable : la vache effrayée mugit. Dieu ! que va-t-il advenir ? Ce qui vient, c'est le printemps.

Le Fœhn se moque du soleil. Celui-ci demanderait quinze jours pour fondre ce que le vent d'Afrique a fondu en vingt-quatre heures. La neige ne tient pas devant lui. En quelques heures au Grindelwald il en fond un mètre de hauteur. « Elle finit, la vie souterraine des mystérieuses plantes alpines, leur neige et leur nuit de huit mois. A l'éveil du magicien, elles vivent, voient avec bonheur la lumière de leur court été, et leur petit cœur de fleurs s'éjouit d'aimer un moment.

« Quelle heureuse métamorphose ! que de bienfaits ! la vie, la fécondité, qui dormait au haut des Alpes, la voilà donc délivrée. Plus utiles qu'aucune rivière, ses rosées et ses brouillards s'en vont arroser l'Europe de ce délicat arrosage qui fait la fine prairie, le velours vert du gazon.

« Heureux qui, à la première heure de la grande métamorphose, aurait le sens et l'oreille pour entendre le début du concert de toutes ces eaux, quand des milliers, des millions de sources se mettent à parler ! » (Michelet.)

La haute température de l'intérieur de l'Afrique est l'origine des vents extraordinaires qui se font sentir sur les côtes de Guinée, sur celles de la Barbarie, en Égypte, dans l'Arabie, dans la Syrie, dans les steppes de la Russie méridionale et même jusqu'en Italie. Ces vents, nommés harmattan, simoun, khamsin, sont accompagnés de circonstances étranges, sur lesquelles il est utile de donner quelques détails; ils sont particulièrement chauds et secs et entraînent avec eux des tourbillons de poussière.

On appelle *harmattan* un vent qui souffle trois ou quatre fois chaque saison de l'intérieur de l'Afrique vers l'océan Atlantique, dans la partie de la côte comprise entre le cap Vert et le cap Lopez. L'harmattan se fait principalement sentir dans les mois de décembre, de janvier et de février. Sa direction est comprise entre l'est-sud-est et le nord-nord-est. Sa durée est ordinairement d'un ou deux jours, quelquefois de cinq ou six. Ce vent n'a qu'une force modérée.

Un brouillard d'une espèce particulière et assez épais pour ne donner passage à midi qu'à quelques rayons rouges du soleil, s'élève toujours quand l'harmattan souffle. Les particules dont ce brouillard est formé se déposent sur le gazon, sur les feuilles des arbres et sur la peau des nègres, de telle sorte que tout alors paraît blanc. On ignore quelle est la nature de ces particules; on sait seulement que le vent ne les

LE SIMOUN.

entraîne sur l'Océan qu'à une petite distance des côtes ; à une lieue en mer par exemple, le brouillard est déjà très affaibli ; à trois lieues, il n'en reste plus de traces, quoique l'harmattan s'y fasse encore sentir dans toute sa force.

L'extrême sécheresse de l'harmattan est un de ses caractères les plus tranchés. Si ce vent a quelque durée, les branches des orangers, des citronniers, etc., se dessèchent et meurent ; les reliures des livres (et l'on ne doit pas en excepter ceux-là mêmes qui sont placés dans les malles bien fermées et recouverts de linge) se courbent comme si elles avaient été exposées à un grand feu. Les panneaux des portes et des fenêtres, les meubles craquent et souvent se brisent dans les appartements. Les effets de ce vent sur le corps humain ne sont pas moins évidents. Les yeux, les lèvres deviennent secs et douloureux. Si l'harmattan dure quatre ou cinq jours consécutifs, les mains et la face se pèlent ; pour prévenir cet accident, on se frotte tout le corps avec de la graisse.

Après tout ce que nous venons de rapporter des fâcheux effets que produit l'harmattan sur les végétaux, on pourrait croire que ce vent doit être très insalubre : on a pourtant observé le contraire. Les fièvres intermittentes, par exemple, sont radicalement guéries au premier souffle. Ses propriétés vénéneuses sont purement imaginaires. Il ne serait même pas impossible qu'elles eussent été inventées par les Arabes pour effrayer les voyageurs qui tentent de s'aventurer dans ce qu'ils considèrent comme leur domaine. « De tout temps, dit Kaemtz, l'Arabe du désert, nomade et pauvre, a détesté l'habitant des villes, qui mène une vie commode et tranquille. Aussi, quand le marchand est forcé de traverser le désert, le Bédouin lui vend-il sa protection au poids de l'or.... Pour les habitants des villes, le désert était le théâtre des scènes d'horreur les plus exagérées. Tous les récits merveilleux d'aventures extraordinaires trouvaient en eux des auditeurs crédules ou prévenus, de même que de nos jours les Turcs se font de l'Europe les idées les plus fausses et les plus ridicules. Les habitants du désert n'avaient garde de détruire ces erreurs, qui faisaient leur force ; ils les accréditaient au contraire chaque fois qu'ils visitaient les villes ; les négociants qui avaient traversé le désert connaissaient seuls la vérité ; mais ils étaient en petit nombre, faisaient de grands bénéfices dans ces voyages, et cherchaient à effrayer ceux qui auraient été tentés de les imiter. C'est ainsi que ces croyances se répandirent. »

Les écrivains arabes sont remplis de mensonges sur tout ce qui regarde le désert. Les voyageurs européens ont encore enchéri sur eux. Le musulman croit faire œuvre méritoire en trompant l'infidèle et en lui fermant l'entrée du désert. Tous ceux qui y sont allés ont fait bon marché de ces craintes, dont les Arabes eux-mêmes leur ont avoué l'exagération. L. Burckhardt, de Bâle, est le premier qui nous ait fourni des renseignements positifs sur les phénomènes du désert, et en particulier sur les vents qui y règnent. Il a ainsi réduit à leur juste valeur les récits fantastiques de ses prédécesseurs, Beauchamp, Bruce et Niebuhr.

Burckhardt raconte, en effet, que ce vent du désert le surprit entre Siout et Esné.

« Lorsque le vent s'éleva, dit-il, j'étais seul, monté sur mon dromadaire, loin de tout arbre et de toute habitation. Je m'efforçai de garantir mon visage en l'enveloppant d'un mouchoir. Pendant ce temps le dromadaire, auquel le vent chassait le sable dans les yeux, devint inquiet, se mit à galoper, et me fit perdre les étriers. Je restai couché par terre sans bouger de place, car je n'y voyais pas à la distance de dix mètres, et m'enveloppai de mes vêtements jusqu'à ce que le vent se fût apaisé. Alors j'allai à la recherche de mon dromadaire, que je trouvai à une assez grande distance, couché près d'un buisson qui protégeait sa tête contre le sable enlevé par le vent. »

Cependant, sans être empoisonnés, il est admissible que des vents animés d'une vitesse formidable, emportant avec eux des flots de sable et dont la température s'élève à 40 degrés et plus, puissent exercer sur leur parcours une action malfaisante et devenir surtout funestes aux Européens, qui ne savent guère s'en garantir.

Vers l'époque de l'équinoxe, les tempêtes deviennent terribles dans le désert. Tout le monde a entendu parler du vent brûlant du désert, du *simoun* (en arabe : *semoum*, empoisonné). Ce vent redoutable souffle aussi en Égypte, où on l'appelle *khamsin* (cinquante), à cause des cinquante jours pendant lesquels on l'observe : vingt-cinq jours avant l'équinoxe du printemps et vingt-cinq jours après. On l'appelle aussi *rih'-el-yobli*, vent du sud.

Le simoun s'annonce dans le désert par un point noir qui surgit à l'horizon. Ce point noir grandit rapidement. Un voile blafard envahit le ciel, des flots de sable obscurcissent le soleil et dessèchent toute verdure. Aussitôt qu'il souffle, les oiseaux effrayés s'envolent, le dromadaire cherche un buisson où il puisse préserver ses yeux, sa bouche, ses narines, des nuages de sable; l'Arabe se couvre la face, s'enduit le corps de graisse, d'huile ou de bouc humide, se roule à terre, ou se blottit contre un arbre, jusqu'à ce que l'affreuse bourrasque soit apaisée. Le simoun est le plus redoutable ennemi des caravanes qui traversent les déserts sablonneux de l'Arabie et de l'Afrique : on lui attribue la destruction entière des cinquante mille hommes que le fou Cambyse envoya pour réduire en esclavage les Ammoniens et mettre ensuite le feu au temple de Jupiter.

En 1805, le simoun tua et ensevelit dans les sables toute une caravane, composée de deux mille personnes et dix-huit cents chameaux. Plus d'une fois nos généraux ont eu des craintes sérieuses sur le sort des colonnes de nos soldats forcées de s'engager dans le désert et que le simoun vint surprendre dans leur marche.

La poussière impalpable que l'air charrie en épais nuages pénètre dans les narines, les yeux, la bouche et les poumons, et détermine l'asphyxie. Quand les choses ne vont pas jusqu'à ce terme fatal, l'évaporation rapide qui se fait à la surface du corps sèche la peau, enflamme le gosier, accélère la respiration et cause aux voyageurs une soif ardente. Le souffle terrible du simoun aspire en passant la sève des arbres, et fait disparaître par une évaporation rapide l'eau contenue dans les outres des chameliers. La caravane est alors en proie à toutes les horreurs d'une inextinguible soif, qui allume le sang. C'est ainsi que plus d'une caravane a péri dans les mêmes solitudes. Aussi les routes habituellement suivies par les caravanes sont-elles parsemées de squelettes d'hommes et d'animaux blanchis par le temps et le soleil : ce sont les bornes miliaires de ces sinistres sentiers.

Dans son voyage dans l'Asie centrale, Arminius Vambéry, savant hongrois déguisé en derviche, observa l'ouragan de sable et les terribles influences de la chaleur sur l'organisme humain en traversant le désert entre Khiva et Bokhara (longitude, 60 degrés ; latitude, 40 degrés). Ayant quitté le pays des Turkomans et l'Oxus, sa caravane pénétra dans les sables...

Notre station matinale, dit-il, portait le nom charmant d'Adamkyrylgan (traduisez : l'endroit où périssent les hommes), et il suffisait de jeter un regard vers l'horizon pour se convaincre que cette appellation tragique ne lui avait pas été gratuitement donnée. Qu'on se représente un océan de sables, s'étendant à perte de vue, façonné d'un côté par le souffle furieux des ouragans en hautes collines semblables à des vagues, de l'autre, en revanche, représentant assez bien le niveau d'un lac paisible à peine ridé par la brise du couchant. Dans l'air pas un oiseau, sur la terre pas un animal vivant, pas même un ver, pas même un grillon. Nuls vestiges autres que ceux dont la mort a semé ces vastes espaces, des monceaux d'os blanchis que chaque passant recueille et réunit pour servir de jalons à la marche des voyageurs qui lui succéderont. Examen fait de nos outres, nous calculions que nous ne manquerions guère d'eau pendant plus d'un jour; mais elle diminua avec une rapidité surprenante. Cette découverte doubla la vigilance avec laquelle j'avais l'œil sur mes approvisionnements. Les autres voyageurs, se tenant pour avertis, agirent de même, et, nonobstant nos inquiétudes, il nous arriva parfois de sourire en contemplant ceux de nous qui, vaincus par le sommeil, s'endormaient les bras tendrement pressés autour de leur outre. En dépit d'une chaleur à tout fondre, nous étions contraints d'accomplir, le jour comme la nuit, des marches

FIG. 228. — Ouragan de sable au Thibet.

de cinq à six heures. En effet, plus tôt nous sortirions des saldes, moins nous aurions à craindre les désastreuses influences du *tebbad* (vent de fièvre), qui peut vous ensevelir sous la poussière s'il vient vous surprendre au milieu de ces dunes.

Comme nous approchions des montagnes, le Kervanbashi et ses gens, nous signalant un nuage de poussière qui semblait venir de notre côté, nous avertirent qu'il fallait sans retard mettre pied à terre. Nos pauvres chameaux, plus expérimentés que nous, avaient déjà reconnu l'approche du tebbad; après une clameur désespérée, ils tombèrent à genoux, allongeant leurs cous sur le sol et s'efforçant de cacher leurs têtes dans le sable. Contre eux, comme à l'abri d'un retranchement, nous venions nous agenouiller, quand le vent passa sur nous avec un frémissement sourd et nous enveloppa d'une croûte de sable épaisse d'environ deux doigts Les premiers grains dont je sentis le contact produisirent sur moi l'effet d'une véritable pluie de feu. Si nous avions subi le choc du tebbad à quelque six milles de là dans la profondeur du désert, nous y restions tous infailliblement. Je n'eus pas le loisir d'observer ces dispositions à la fièvre et aux vomissements que l'on dit causés par le vent lui-même; mais après son passage l'atmosphère devint plus épaisse et plus écrasante.

Abstraction faite du tebbad, l'élévation de la température diurne nous privait de nos forces, et deux de nos plus pauvres associés, se traînant comme ils pouvaient à côté de leurs bêtes chétives, tombèrent si malades, une fois que leur eau fut épuisée, qu'il fallut les attacher à plat ventre sur les chameaux.

Tant qu'ils purent articuler une parole, nous n'entendîmes sortir de leurs lèvres desséchées que cette exclamation monotone : « De l'eau, de l'eau !... par pitié, par pitié, quelques gouttes d'eau !... » Hélas! leurs meilleurs amis refusaient impitoyablement de leur sacrifier la moindre gorgée de ce liquide qui pour nous représentait la vie ; et lorsque, le quatrième jour, nous arrivâmes à Medernin-Bulag, un de ces malheureux fut soustrait par la mort aux tortures de la soif. J'assistai à l'agonie de cet infortuné. Sa langue était absolument noire ; la voûte de son palais avait pris une teinte d'un bleu grisâtre; ses lèvres étaient parcheminées, sa bouche béante, ses dents à nu. Il est fort douteux que dans ces terribles extrémités on eût pu le sauver en le faisant boire; d'ailleurs pas un de nous ne s'en serait avisé.

C'est une chose horrible à voir qu'un père cachant à son fils, un frère cachant à son frère, l'eau dont il peut être nanti; mais, je le répète, lorsque chaque goutte représente une heure de vie, et quand on est aux prises avec les angoisses de la soif, les tendances généreuses, l'esprit de sacrifice qui se manifestent fréquemment en d'autres circonstances aussi critiques, perdent toute action sur le cœur de l'homme.

Mais c'est en vain que je cherche à donner la moindre idée du martyre causé par la soif ; la mort elle-même, je le crois fermement, n'est pas accompagnée de souffrances plus cruelles. En face d'autres périls, je n'ai jamais trouvé la lutte au-dessus de mon courage ; ici je me sentais brisé, abattu, anéanti, et je me croyais parvenu au terme de mon existence.

Thomas-William Atkinson fut témoin en 1850 des ouragans rapides qui s'abattent sur les steppes mongols.

Un silence solennel, dit-il, règne sur ces vastes plaines arides également désertées par l'homme, par les quadrupèdes et les oiseaux. On parle de la solitude des forêts : j'ai souvent chevauché sous leurs voûtes sombres pendant des journées entières; mais on y entendait les soupirs de la brise, le frôlement des feuilles, le craquement des branches; quelquefois même la chute de l'un des géants de la forêt, croulant de vétusté, éveillait au loin les échos, chassait de leurs repaires les hôtes effrayés des bois et arrachait des cris d'alarme aux oiseaux épouvantés. Ce n'était pas la solitude : les feuilles et les arbres ont un langage que l'homme reconnaît de loin ; mais dans ces déserts desséchés nul son ne s'élève pour rompre le silence de mort qui plane perpétuellement sur le sol calciné.

Le sable était là, soulevé en terrasses circulaires ; quelques-unes avaient quinze à vingt pieds de haut ; il y en avait de toutes grandeurs à perte de vue dans le désert. Vues du sommet de l'une des plus considérables, elles présentaient l'apparence singulière d'une immense nécropole, semée d'innombrables tumuli.

Pendant que j'esquissais ce tableau, je fus témoin de la formation d'un ouragan au-dessus des eaux. Il venait du nord droit à nous. Les Cosaques allèrent mettre les chevaux à l'abri derrière les roseaux. La tempête arrivait avec une rapidité furieuse, lançant d'énormes vagues dans l'espace et abattant la végétation sur son passage. On voyait un long sillon blanc s'avancer sur le lac. Quand il fut à une demi-verste,

nous l'entendîmes rugir. Mes gens me pressaient de m'éloigner, je pris mes
esquisses et autres objets, puis je courus rejoindre le gros de la troupe sous les
roseaux. J'arrivais à peine à l'entrée de ce rempart mouvant, que l'ouragan éclata,
courbant jusqu'à terre les buissons et les roseaux. Lorsqu'il entra dans les sables
du steppe, il se mit à tourbillonner circulairement, enlevant des monticules
entiers dans l'espace, en élevant d'autres là où il n'y en avait pas ; il était aisé de
comprendre maintenant à quoi étaient dues nos prétendues tombelles. Cette tempête fut de courte durée ; en un quart d'heure elle était finie et tout était redevenu
calme comme auparavant.

Rien n'est plus dangereux que d'être surpris en plaine par cette espèce de
typhon. J'en ai vu plus tard descendre des montagnes ou s'élever du fond d'une
gorge profonde, sous la forme d'une masse noire, compacte, d'un diamètre de
mille mètres et plus, qui s'élance sur le steppe avec la rapidité d'un cheval de
course. Tous les animaux domestiques ou sauvages fuient épouvantés devant elle,
car une fois enveloppés dans sa sphère d'action, ils sont infailliblement perdus.
Les admirables chevaux libres s'enfuient au galop devant la tourmente qui les
chasse avec furie....

En Europe, on connaît le siroco d'Italie et le solano d'Espagne, qui
jettent les habitants dans un grand état de langueur par la chaleur
énervante qu'ils apportent avec eux.

Voici en quels termes un chirurgien de l'armée d'Afrique rend
compte des effets du siroco, pendant une marche entre Oran et
Tlemcen : « C'était à la fin de juillet ; un grand nombre de soldats
avaient succombé, foudroyés en quelque sorte par la chaleur. Le
siroco assaillit la petite colonne. Sous l'influence de cet air sec, lourd
et énervant, la respiration devint saccadée et sonore ; les lèvres, les
narines, crevassées par la poussière ardente que fouettait le vent du
désert, étaient douloureuses et arides ; une énergique constriction
serrait la gorge, une sorte de cauchemar pesait sur l'épigastre. On
ressentait à la figure des bouffées de chaleur, suivies quelquefois de
vagues frissons et d'une défaillance voisine de la syncope. La sueur
coulait à flots, et l'eau qu'on buvait avec abondance, sans apaiser une
soif insatiable, augmentait encore le malaise, la dyspnée et l'anxiété
épigastrique. Le mouvement répugnait, et une agitation invincible
portait à se retourner en tous sens ; on étouffait sous la tente ; en plein
air on se sentait suffoquer par la rafale brûlante.... C'était fait de la
colonne si l'eau eût manqué. »

Pour l'Angleterre, le vent d'est est un fléau redoutable qui souffle
le malaise et le spleen, dont nous rions en France, mais qui est
aussi sérieux en Angleterre que le khamsin en Arabie et le siroco
en Italie.

CHAPITRE IV

LES TEMPÊTES, LA PRESSION ATMOSPHÉRIQUE ET LES VARIATIONS DU TEMPS

TOURBILLONS. — CYCLONES. — OURAGANS. — LES CENTRES DE DÉPRESSION ET LEUR MARCHE.

Les deux grands courants généraux que nous avons étudiés plus haut, l'un dirigé de l'équateur aux pôles, le second des pôles à l'équateur, ne circulent pas sans se heurter, surtout dans la région d'amorce où ils se soudent, dans la zone équatoriale. Des causes diverses viennent contre-balancer l'action générale périodique des rayons solaires, et mettre des obstacles à la marche ordinaire des déplacements aériens. La diversité de température des continents et des mers fait varier d'une part la direction normale et l'intensité des courants. L'état du ciel sous les tropiques, s'il est longtemps découvert ou longtemps couvert, condense la chaleur comme dans un foyer d'absorption ou bien la dissémine sur de vastes contrées. Le relief du sol, les hautes chaînes de montagnes et leur température, les plateaux moins élevés et les vallées moyennes elles-mêmes, déterminent ici l'encaissement et le repos des masses d'air, plus loin leur écoulement sur diverses inclinaisons, et ailleurs ce même relief force les courants à se rejeter à droite et à gauche, à subir des remous comme les eaux d'un fleuve, ou à s'élancer avec furie par-dessus les obstacles qui les ont courroucés. Les souffles d'air qui se rencontrent peuvent se réunir ou se combattre, accroître leur puissance mutuelle ou la détruire. Ainsi naissent les vents forts, les ouragans, les tempêtes.

Les vents qui soufflent habituellement dans nos climats et en chaque région de la Terre sont dus, comme nous l'avons vu, à la circulation atmosphérique produite par les différences de températures entre l'équateur et les pôles, et à la rotation de la Terre qui fait diviser les courants, à droite dans l'hémisphère boréal, à gauche dans l'hémisphère austral. Mais la formation des centres de dépression atmosphérique et leur marche amènent des perturbations perpétuelles dans le régime habituel et causent ces variations de temps qu'il serait si intéressant de pouvoir analyser et prévoir.

On admet généralement que les ouragans, tempêtes ou cyclones, sont produits par des courants atmosphériques contraires dont la rencontre donne naissance à un mouvement giratoire de l'air. Il est très probable, en effet, que tous les petits tourbillons atmosphériques doivent leur origine et leur puissance au choc de deux vents opposés. Mais il n'est pas possible que les violents ouragans qui s'étendent sur une aire ayant plus de 500 lieues de diamètre, qui persistent pendant une dizaine de jours, et qui

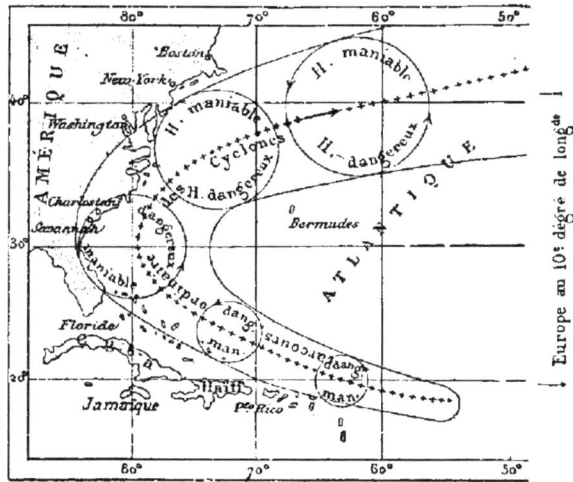

FIG. 229. — Naissance et parcours ordinaire des cyclones dans l'Atlantique.

s'avancent en augmentant d'énergie de la zone torride jusque dans les hautes latitudes septentrionales, ne dépendent que de cette seule force initiale. Car, alors même que quelques parties de l'Atmosphère recevraient une impulsion assez grande pour créer un violent ouragan, les résistances dues au frottement détruiraient bientôt tout mouvement et ramèneraient vite l'équilibre moyen.

De plus, dans le cas d'une simple impulsion première, et en admettant même qu'il n'y ait aucun frottement, le mouvement ne pourrait pas s'accélérer comme on le constate fréquemment.

Pour qu'une tempête ou un cyclone se développe, l'intervention d'une force constante est nécessaire. Lorsque cette force diminue, les résistances l'emportent sur elle et ramènent le calme.

Cette force constante est fournie par la condensation de la vapeur d'eau qui, d'après la théorie du météorologiste Espy, s'élève dans le courant ascendant des parties centrales de l'ouragan. D'après cette théorie, toutes les tempêtes sont produites par l'ascension d'une colonne d'air chaud saturé d'humidité. Cette ascension peut d'ailleurs avoir pour cause la rencontre de deux courants horizontaux créant un tourbillon circulaire et une raréfaction centrale sous l'influence de la force centrifuge. A mesure que le courant atteint des régions plus élevées et plus froides, la vapeur d'eau se condense, et le calorique latent, mis en liberté par cette condensation, entretient la raréfaction et par suite le courant ascendant lui-même. Il y a donc à la base de la région troublée d'énergiques courants convergents qui constituent la tempête, qui durent autant que l'ascension de l'air saturé de vapeur d'eau, et qui varient d'intensité suivant que la condensation dans les régions élevées sera plus ou moins considérable [1].

Toutes les basses couches atmosphériques d'une contrée. peuvent rester en repos quand même elles seraient saturées de vapeur d'eau ; mais, dès qu'un courant ascendant se produit par une cause quelconque, un cyclone plus ou moins violent se développe et persiste en se déplaçant avec la région atmosphérique dans laquelle il a pris naissance. Les causes principales de la perturbation initiale sont, ou la chaleur solaire qui crée une raréfaction locale, ou la rencontre de deux courants.

La violence et la durée de l'ouragan dépendent de la quantité de vapeur fournie par les courants inférieurs et condensés dans les hautes régions. Les ouragans des tropiques qui prennent naissance dans l'Atlantique, vers la mer des Caraïbes, ne perdent leur intensité que dans les latitudes septentrionales, où l'atmosphère est froide et contient peu de vapeur d'eau.

Redfield, Reid, Piddington, Buys-Ballot, etc., ont montré : 1° que les cyclones et même les tempêtes ordinaires ont un mouvement giratoire autour de leur centre ; 2° que les girations se font de droite à gauche (en sens contraire du mouvement des aiguilles d'une montre) dans l'hémisphère boréal, et de gauche à droite dans l'hémisphère austral.

L'un des résultats capitaux des observations est d'avoir constaté que les ouragans ne marchent pas en ligne droite, mais suivant une courbe parabolique, et tournent en même temps horizontalement sur eux-mêmes par un rapide mouvement de rotation.

Ce mouvement caractéristique de rotation horizontale a fait donner à ces gigantesques tourbillons le nom de *cyclones*, du mot grec κύκλος,

1. Voy. J. R. Plumandon, *Les mouvements généraux de l'Atmosphère*. Paris, 1887.

qui veut dire cercle. Ce sont là les véritables ouragans généraux, qui ne sont plus de petites tempêtes locales résultant de la déviation du vent par la configuration du sol ou de la rencontre de divers courants ordinaires, mais qui s'étendent sur plusieurs centaines de lieues carrées et en parcourent plusieurs milliers.

Les *cyclones* sont de vastes tourbillons, de plus ou moins grand diamètre, dans lesquels la force du vent augmente de tous les points de la circonférence jusqu'au centre, où règne un calme d'une étendue variable. En ce centre cependant, la mer reste horriblement agitée. Dans cet espace de calme il n'existe pas de nuage; le soleil resplendit, les astres reparaissent, et l'on croit au retour du beau temps, à la sécurité entière, alors que l'on est de tous côtés entouré par une vaste ceinture d'orages et de rafales terribles, dont on ne saurait éviter les assauts.

Tout autour de ce calme central, le mouvement rotatoire a la même énergie, et cette énergie est poussée au plus haut point; dans aucune partie de l'ouragan elle n'est aussi forte. Par conséquent, lorsqu'on arrive à cette région du centre, on passe de la tempête la plus violente au calme le plus complet, et réciproquement, lorsqu'on la quitte, on passe du calme le plus complet à la tempête la plus violente; mais alors les rafales soufflent dans une direction tout à fait opposée à celle qui a précédé le calme : ce qui doit être, puisque le mouvement est circulaire.

La première zone centrale, qui constitue véritablement l'ouragan, et pendant le passage de laquelle ont lieu tous les désastres, mesure en général 400 à 600 kilomètres de diamètre, quelles que soient les limites extrêmes qu'atteigne le phénomène, car sa puissance n'est pas proportionnelle à son étendue.

La vitesse de rotation qui anime les ouragans est très variable : c'est elle qui constitue principalement la violence du tourbillon et qui en fait, pour les lieux qu'il rencontre et les navires sur lesquels il frappe, un ouragan, un coup de vent ou une simple bourrasque. Dans les violentes tempêtes, on estime que les molécules d'air tournent autour du centre avec une vitesse de rotation de 240 kilomètres à l'heure, vitesse qui explique les ravages et les désastres produits par le passage de ce terrible météore.

Le cyclone prend généralement naissance dans les latitudes de 5 à 10 degrés. A peine est-il né qu'il se met en mouvement, pour notre hémisphère, dans la direction du nord-ouest, continuant la même marche jusqu'à ce qu'il ait atteint une certaine latitude, sur laquelle il tourne vers le nord-est et forme ainsi une parabole dont les deux branches s'écartent plus ou moins l'une de l'autre (voy. fig. 229).

Les navires qui se trouvent près du centre du météore sont soumis à son action oscillante : de là ces rafales terribles auxquelles succède un calme plus ou moins complet ; de là ces situations dramatiques dans lesquelles le navire en détresse voit le vent faire plusieurs fois et très rapidement le tour entier du compas.

Subites et effroyables, les sautes de vent que l'on considérait autrefois comme l'essence des ouragans, typhons, tornades, etc., ne peuvent donc se présenter et ne s'offrent en effet que pour ceux qui se trouvent directement, ou à peu près, sur le parcours du centre d'un cyclone.

Le cyclone contient en lui-même le germe de sa destruction prochaine : à mesure qu'il avance, il court vers des régions plus froides que celles de son point de départ ; les vapeurs qu'il contient se condensent en pluies torrentielles ; l'électricité se dégage à grands courants ; l'équilibre qui existait est rompu, et la force centrifuge, n'étant plus contrebalancée, permet au météore de s'étendre en d'immenses proportions.

Entre 5 et 10 degrés de latitude et 45 et 60 de longitude, alors qu'un cyclone est très près du point d'origine, on a reconnu que la vitesse de translation est assez faible et varie de 2 à 9 kilomètres à l'heure, augmentant à mesure que la latitude augmente et que la longitude diminue, c'est-à-dire à mesure que l'ouragan s'avance vers l'ouest.

De 35 à 45 degrés de latitude et de 50 à 30 de longitude, la vitesse de translation varie entre 10 et 20 kilomètres.

Par les latitudes plus élevées, la vitesse de translation augmente encore, et a été constatée de 20 jusqu'à 33 kilomètres à l'heure.

La vitesse de *translation* la plus considérable que l'on ait observée est celle du cyclone du mois d'août 1853, qui arriva des Antilles au banc de Terre-Neuve avec une vitesse de 50 kilomètres à l'heure, vitesse qui augmenta encore graduellement et atteignit les chiffres de 60, 70, 80 et jusqu'à 90 kilomètres à l'heure, sans préjudice de la vitesse de *rotation*, qui s'élève jusqu'à 240 kilomètres à l'heure. Ainsi le vent peut atteindre, à la surface des mers, une vitesse de plus de 300 kilomètres !

L'origine des cyclones est due, selon toute probabilité et d'après toutes les comparaisons faites, à la rencontre de deux courants d'air circulant en sens inverse. Le point de la ligne sur laquelle ces deux courants vont se rencontrer forme un point neutre où l'air reçoit un mouvement de rotation des deux courants qui se heurtent sur deux directions opposées : c'est comme un remous dans un fleuve.

Ils naissent tous, ces tourbillons immenses, de chaque côté de l'équateur, aux lieux et aux époques du renversement des vents réguliers. Dans le laborieux relevé qu'il a fait des ouragans qui ont sévi dans les Indes occidentales depuis l'an 1493 (découverte de l'Amérique) jusqu'à nos jours, Pocy a constaté que, sur 365 grands cyclones, 245, plus des deux tiers, ont eu lieu d'août en octobre, c'est-à-dire pendant les mois où les côtes fortement échauffées de l'Amérique du Sud commencent à rappeler vers elles l'air plus froid et plus dense du continent septentrional. Dans la mer des Indes, c'est lors du changement des moussons et après

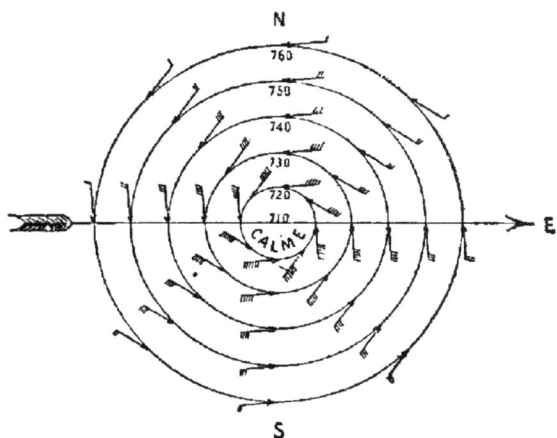

FIG. 230. — Direction et intensité des vents à l'intérieur d'un cyclone.

l'été que les cyclones sont le plus nombreux. Dans le relevé des ouragans de l'hémisphère méridional, dressé par Piddington et complété par Bridet, il n'est pas fait mention d'un seul cyclone pour les mois de juillet et d'août; plus des trois cinquièmes de ces météores ont lieu pendant les trois premiers mois de l'année. C'est à cette époque du changement des saisons que les puissantes masses aériennes, chargées d'électricité, se mettent en lutte pour la suprématie et font naître par leur rencontre ces grands remous qui se développent en spirales à travers les mers et les continents. Toutefois le tourbillon n'occupe jamais en hauteur qu'une faible partie de l'océan des airs. D'après Bridet, l'épaisseur moyenne des ouragans de la mer des Indes est d'environ 3000 mètres; suivant Redfield, elle n'est que de 1800 et souvent même elle est beaucoup moins grande.

L'analyse des cyclones est due surtout à Redfield. La position d'un observateur en Amérique est particulièrement favorable à la solution de cette partie du problème, puisque les ouragans qui côtoient les rivages des États-Unis passent dans la partie tropicale de leur route sur les îles des Indes occidentales, où leur nature extraordinaire leur a fait donner le nom « d'ouragans des Indes occidentales ». Quant aux cyclones que l'on ressent dans l'Europe centrale, ils arrivent toujours, eux aussi, de l'Atlantique et ont passé non loin des États-Unis. Comment se forment-ils ?

« Les ouragans des Indes orientales, écrivait Dove, naissent à la limite intérieure de la zone des vents alizés, soit dans la région des calmes, où l'air monte et se répand dans les couches supérieures de l'Atmosphère et dans une direction contraire à celle du vent alizé ; il est probable, d'après cela, que la cause première des cyclones est l'intrusion d'une partie de ce courant supérieur dans celui qui est en dessous.

« Imaginons aussi que l'air qui monte sur l'Asie et l'Afrique s'écoule latéralement dans les couches supérieures de l'Atmosphère, fait qui est bien évident par les sables qui tombent dans l'océan Atlantique nord, et qui s'élèvent à une hauteur très grande, car sur le pic de Ténériffe le soleil en est parfois obscurci. Un courant pareil doit avoir une tendance à s'opposer au libre passage du contre-courant alizé supérieur, et doit le forcer à revenir dans le courant inférieur ou vent alizé direct. Le point où cette intrusion a lieu doit avancer avec la même vitesse que le courant supérieur oblique, qui le produit. L'interposition d'un courant marchant de l'est à l'ouest avec un autre qui marche du sud-ouest au nord-est doit nécessairement donner naissance à un mouvement de rotation dans une direction contraire à celle de la marche des aiguilles d'une montre. D'après cela, le cyclone qui avance du sud-ouest vers le nord-est dans l'alizé inférieur, représente le point de contact et marchant des deux autres courants qui dans les couches supérieures avancent dans des directions perpendiculaires l'une à l'autre. C'est là l'origine du mouvement de rotation, et la marche ultérieure du cyclone se fera nécessairement d'après les mêmes principes. Le cyclone étant considéré ainsi comme le résultat de la rencontre des courants à différents points, et successivement, peut alors conserver son diamètre invariable pendant un temps considérable, et il peut même diminuer de dimensions, quoique le cas où il augmente soit le plus ordinaire.

« Si l'explication que nous venons de donner de l'origine du mouvement cyclonique est exacte, un cyclone qui tournera dans la même direction peut être engendré par l'interposition de quelque obstacle mécanique dans la route d'un courant qui marche vers les hautes latitudes nord, obstacle qui force ce courant à prendre une direction plus sud (celle d'un vent du sud) à son côté est qu'à son côté ouest, où il reste toujours à peu près ouest. Tel est le cas qui s'est présenté, entre autres, dans l'ouragan de la baie du Bengale les 3, 4 et 5 juin 1839. »

Le nom de cyclone est donc en quelque sorte la désignation géométrique du mot plus ancien *ouragan* (*hurrican* dans les vieilles géographies), comme des *typhons* (ti-foong) des mers de la Chine. Les grandes tempêtes observées dans ces parages sont de même ordre que les cyclones de l'Atlantique. Dampier, le prince des navigateurs, a décrit l'approche du typhon avec cette exactitude qui rend tous ses travaux si remarquables. On lit dans ses *Voyages* (II, 26) :

« Les typhons sont une espèce particulière de tempêtes violentes soufflant sur la côte du Tonquin et sur les côtes voisines dans les mois de juillet, août et septembre; elles éclatent communément aux environs de la pleine lune, et elles sont ordinairement précédées par un très beau temps, de faibles brises et un ciel clair. Ces faibles brises sont l'alizé ordinaire, qui souffle du sud-ouest dans cette saison, et qui tourne au nord et au nord-est environ. Avant le commencement de la tempête, un nuage épais se forme au nord-est; il est très noir auprès de l'horizon, d'une couleur cuivrée vers son bord supérieur, et de plus en plus clair à mesure qu'il approche du bord extérieur, qui est d'un blanc très vif. L'aspect de ce nuage est très étrange, très effrayant, et il se forme quelquefois douze heures avant que la tempête éclate. Quand il commence à marcher rapidement, le vent s'établit presque immédiatement, sa force augmente promptement, et il souffle avec une grande violence au nord-est pendant douze heures, plus ou moins. Il est aussi communément accompagné de coups de tonnerre effrayants, de larges et fréquents éclairs et d'une pluie très épaisse. Quand le vent commence à mollir, il tombe tout à coup, et il survient un calme plat qui dure près d'une heure; après quoi, le vent s'élève du sud-ouest environ, où il souffle avec la même fureur et aussi longtemps qu'au nord-est; et il pleut aussi comme avant. »

La trajectoire que doit suivre le centre partage l'ouragan en deux parties égales, mais bien différentes l'une de l'autre. Dans l'une, en effet, le mouvement de rotation et celui de translation sont dans le même sens; dans l'autre, au contraire, la direction de la translation des vents et celle du mouvement rotatoire se contrarient. Il en résulte qu'à égale distance du centre il vente beaucoup plus dans le premier hémicycle que dans le second : d'où le nom d'*hémicycle dangereux* donné à l'un et celui d'*hémicycle maniable* donné à l'autre.

Dans l'hémisphère nord, le cyclone tourne de droite à gauche, c'est-à-dire qu'un observateur placé au centre du tourbillon verrait le vent passer devant soi de droite à gauche. L'hémicycle dangereux se trouvera à la droite de cet observateur s'il suit la même route que le centre de l'ouragan, et l'hémicycle maniable à gauche.

Dans l'hémisphère sud, au contraire, l'ouragan tourne de gauche à droite : l'hémicycle dangereux se trouve à gauche et l'hémicycle maniable à droite de la ligne de parcours du centre, en faisant même route que l'ouragan.

La direction du vent observé à un point quelconque du cyclone s'éloigne peu de la tangente menée par ce point au cercle concentrique sur la circonférence duquel on se trouve. Par suite, elle est toujours à peu près perpendiculaire au rayon qui, de ce point, va au centre du cercle concentrique ou du cyclone. Or le sens de giration indique que *si l'on fait face au vent, on aura forcément le centre à sa droite* dans l'hémisphère nord et à sa gauche dans l'hémisphère sud, mais toujours à angle droit avec la direction du vent.

C'est sur ce dernier fait, indiscutable aujourd'hui après les nombreuses observations que l'on a recueillies, que sont basées toutes les théories sur les moyens d'éviter le centre d'un cyclone en s'éloignant de la ligne qu'il doit parcourir. Plus on est près du centre, plus le vent est violent et plus ses variations sont fortes et brusques. Par suite, c'est aussi l'endroit où la mer sera le plus mauvaise, car elle y reçoit, à des intervalles très courts, des vents très différents et d'une extrême violence, et cela après avoir été soulevée par des vents relativement constants qui ont eu le temps de la grossir et de lui donner une direction qui n'est plus celle du vent. D'où un tohu-bohu de lames courtes, échevelées, énormes, affolées, venant de toutes les directions et qui fatiguent d'une horrible façon le malheureux navire qu'elles ballottent.

Ce qu'il faut éviter, c'est de se trouver sur le passage du centre du cyclone. Cela est facile.

Supposons qu'un centre de cyclone se dirige vers un navire. Il passera inévitablement sur ce navire, ou à sa droite, ou à sa gauche. S'il doit passer dessus, sa direction par rapport au navire ne changera pas ; mais alors celle du vent, qui lui est toujours perpendiculaire, ne changera pas non plus, et ce navire verra le vent augmenter de violence sans changer la direction.

Si le centre doit passer à la droite du navire, il se déplacera en gagnant peu à peu vers la droite. Sa direction variera de gauche à droite; mais celle du vent, qui est liée à la première, variera dans le même sens, soit de gauche à droite.

Le contraire se produira si le centre doit passer à la gauche du navire.

Donc, si le vent augmente sans changer de direction, on se trouve sur la ligne de parcours du centre; si le vent tourne de gauche à droite, le navire sera sur la gauche de cette ligne; enfin si le vent

Fɪɢ. 231. — Le naufrage de la *Lérida* au Havre.

tourne de droite à gauche, on est sur la droite de la ligne du centre.

Il est évident, d'après les lois des cyclones que nous venons d'exposer, que la position la plus fâcheuse pour un navire par rapport à l'ouragan est celle qui le conduit au centre, et c'est à s'en éloigner que doivent tendre tous les efforts du capitaine. Dans ce but, il suffit de suivre la règle suivante, indiquée par Bujis-Ballot :

Tournons le dos au vent, comme si nous marchions avec lui. Dans cette position, d'après la loi des tempêtes, le centre de l'ouragan se trouve toujours sur la gauche de l'observateur, à angle droit avec la direction du vent. En étendant le bras gauche horizontalement et parallèlement à la surface du corps, on indiquera immédiatement la position de ce centre.

Cette méthode pratique et qui ne souffre aucune exception est si facile à retenir et à exécuter, qu'il ne peut plus être permis à un marin d'ignorer où se trouve le centre fatal *qu'il faut fuir à tout prix*.

Pour un navigateur instruit, un ouragan est un mouvement géométrique connu. Il sait d'avance quelle variation le vent doit présenter, quelle sera la violence des rafales, et il est sûr de n'être jamais fatalement entraîné au milieu de ce centre dangereux, toujours la cause de désastres inévitables.

Les premiers signes précurseurs du cyclone se lisent dans l'état du ciel. Généralement, la veille de l'ouragan, au moment du lever et du coucher du soleil, les nuages se colorent en un rouge orangé qui se reflète sur la mer, et cette coloration fait assister à ces levers et couchers de soleil si brillants et si magnifiques, qui imposent un profond sentiment d'admiration à ceux qui ne se doutent pas de l'imminence du danger annoncé par ce ravissant tableau.

À mesure que le cyclone s'approche, cette teinte rougeâtre prend une couleur plus prononcée et tirant sur le rouge cuivré; puis un bandeau noirâtre et épais étend sur le ciel un voile sinistre. Les têtes de cumulus sont d'un rouge cuivré, donnant à la mer et à tous les objets qui sont à terre un reflet analogue, qui fait paraître l'atmosphère comme embrasée d'un éclat métallique.

Les oiseaux de mer se rallient en grande hâte, cherchant vers les terres souvent trop lointaines un abri contre les fureurs d'une tempête qu'ils pressentent, espérant ainsi échapper à la mort qui les frapperait au large.

Mais, de tous les signes précurseurs de la tempête, le plus sûr et le plus facile à interpréter, c'est le mouvement du *baromètre*.

La pression de l'air allant en diminuant de la circonférence au centre du tourbillon, l'approche du phénomène se manifeste toujours par une baisse barométrique. Ce même symptôme caractérise les tempêtes de nos régions tempérées, qui ne sont en général que des suites des cyclones océaniques. Le baromètre commence à descendre douze, vingt-quatre et même quarante-huit heures avant l'arrivée du cyclone.

Un calme stupéfiant, accompagné d'un air chaud et étouffant, règne pendant vingt-quatre heures; la nature semble recueillir toutes ses forces pour accomplir l'œuvre de dévastation qui va marquer le passage du funeste météore.

Quelle que soit la marche suivie par l'ouragan, on est au point le plus rapproché du centre dès que le baromètre cesse de descendre. Alors, pendant deux ou trois heures, on voit cet instrument monter et baisser par saccades, sans avoir de mouvement prononcé.

C'est un signe certain que l'on se trouve proche du centre, que la

plus grande violence a été ressentie et que les rafales ne vont plus
désormais aller qu'en diminuant; et cet indice rassurant doit ramener
l'espoir et la confiance chez tous ceux dont les intérêts étaient si cruellement menacés.

La baisse barométrique totale est d'autant plus grande que la raréfaction centrale est plus complète, et cette raréfaction elle-même,
produite en grande partie par la force centrifuge, s'augmente en raison
de l'accroissement du mouvement rotatoire, qui fait la violence des
rafales. Le baromètre baisse donc à mesure que la violence du vent est
plus intense, et les ouragans les plus désastreux sont aussi ceux qui
l'influencent davantage.

La raréfaction de l'atmosphère au centre des cyclones est mise en
évidence d'une manière très remarquable par le petit tableau suivant
de l'abaissement, puis du relèvement, de la colonne barométrique,
pendant l'ouragan qui a passé sur Saint-Thomas le 2 août 1837, l'un
des plus violents qu'on ait observés.

2 août	6ʰ	du matin....	760ᵐᵐ		2 août	7ʰ50ᵐ	du soir....	712ᵐᵐ	
	2	du soir......	756			8 20	—	712	
	3 20ᵐ	—	753			8 22	—	721	
	4 45	—	749			8 38	—	726	
	5 45	—	744			8 50	—	731	
	6 30	—	740	Ouragan du N. W.		9	—	735	Ouragan du S. E.
	6 35	—	734			9 25	—	742	Calme (Rat.)
	7	—	731			9 50	—	747	
	7 10	—	726			11	—	752	
	7 22	—	718		3 août	2	du matin....	755	
	7 35	—	717			9	—	760	

Variation : 48 millimètres! A huit heures du soir, baromètre à 712 !

Ces profondes perturbations de l'air sont peut-être, après les
grandes éruptions volcaniques, les météores les plus effrayants de la
planète, et l'on ne saurait s'étonner, dit Élisée Reclus dans son
magnifique ouvrage sur *la Terre*, que, dans la mythologie des Hin-
dous, Rudra, le chef des vents et des orages, ait fini par devenir, sous
le nom de Siva, le dieu de la destruction et de la mort. Des lambeaux
déchirés de nuages rougeâtres ou noirs sont entraînés avec furie par
la tempête, qui plonge et traverse l'espace en fuyant; la colonne de
mercure s'agite affolée dans le baromètre et baisse rapidement; les
oiseaux se réunissent en cercle comme pour se concerter, puis s'enfuient à tire-d'aile, afin d'échapper au météore qui les poursuit.
Bientôt une masse obscure se montre dans la partie menaçante du

ciel ; cette masse grandit, s'étale peu à peu et recouvre l'azur d'un voile de ténèbres et d'un reflet sanglant. C'est le cyclone qui s'abat et prend possession de son empire en tordant ses immenses spirales, et à un silence terrible succède le hurlement de la mer et des cieux.

Au commencement des cyclones, un bruit étrange, sourd, s'élève quelquefois et tombe « avec un gémissement semblable à celui du vent dans les vieilles maisons pendant les nuits d'hiver » (Piddington). Un bruit analogue, qui vient du large et qui annonce les tempêtes, est connu en Angleterre sous le nom d'appel de mer. Les rafales qui déchirent l'air pendant le cyclone font entendre comme un rugissement de bêtes sauvages, un effroyable tumulte de voix sans nombre et de cris de terreur. Sur le passage du centre, un bruit formidable ressemblant à des décharges d'artillerie, un continuel grondement de tonnerre, la voix même de l'ouragan éclate et domine tout.

Fig. 292. — Le dieu du tonnerre, d'après un dessin japonais.

La marche des vents éprouve de la résistance sur les continents ; mais les phénomènes qui s'y produisent pendant les ouragans n'en sont pas moins terribles. Les constructions qui se trouvent sur le chemin du météore sont arrachées de leurs fondements, les eaux des fleuves sont arrêtées et refluent vers leur source, les arbres isolés éclatent et labourent la terre de leur racine, les forêts plient comme si elles ne formaient qu'une seule masse, et livrent à la tempête leurs branches rompues et leurs feuilles déchirées. L'herbe même est déracinée et balayée du sol. Dans le sillage de l'ouragan volent d'innombrables débris semblables aux épaves qu'emporte un courant fluvial ou maritime. D'ordinaire, l'action de l'électricité s'ajoute à la violence de l'air en mouvement pour augmenter les ravages de la tempête ; parfois les éclairs sont tellement nombreux, qu'ils descendent en nappes comme des cascades de feu ; les nuages, les gouttes de pluie même émettent de la lumière ; la tension électrique est tellement forte, qu'on a vu, dit Reid, des étincelles jaillir spontanément du corps d'un nègre. Une forêt de l'île de Saint-Vincent fut tuée tout entière sans que pourtant un seul tronc eût été renversé. De même, en Europe, sur les rivages du lac de Constance, un très grand nombre d'arbres restés debout malgré l'orage furent complètement dépouillés de leur écorce.

C'est principalement sur les rivages des îles et des continents, là où la tempête, arrivant avec toute sa force initiale, n'a pas encore été retardée par les obstacles du sol, que les effets du météore sont le plus violents. C'est aussi là que dans le désastre général sont dévorées le plus grand nombre de vies humaines, puisque les navires se donnent précisément rendez-vous dans les ports, et qu'en maints endroits des côtes il se trouve des terres basses que les eaux brusquement refoulées peuvent noyer sur de vastes étendues.

Depuis Colomb, le premier Européen qui ait contemplé les ouragans des Antilles, des milliers de navires se sont engloutis pendant les tempêtes tournantes des mers tropicales, soit au fond des ports et des rades, soit dans les mers qui baignent les côtes d'Amérique, de la Chine, de l'Hindoustan et les îles de l'océan Indien. Tel cyclone, comme celui de Câlcutta en 1864, ou de la Havane en 1846, a fracassé plus de cent cinquante grands vaisseaux en quelques heures ; tel autre cataclysme du même genre, notamment celui qui passa sur le delta du Gange en octobre 1737, noya plus de vingt mille personnes dans les eaux débordées.

FIG. 233. — Le dragon des typhons, d'après un dessin japonais.

Au milieu de l'Océan, les dangers que courent les navires sont moindres qu'ils ne le sont dans les rades mal fermées des côtes ; mais les sensations éprouvées par les marins doivent être d'autant plus vives qu'ils sont complètement isolés, perdus dans l'effroyable tourmente. Autour d'eux, le jour est sombre, plus sombre que la nuit, dirait-on, puisque le peu de lumière qui reste encore sert à faire valoir les ténèbres. Les vents qui hurlent et qui sifflent, les flots qui s'entre-choquent, des mâts qui se ploient et se cassent, les membrures du navire qui se plaignent, toutes ces voix sans nombre se mêlent et se confondent en un mugissement effroyable, désespéré, couvrant même les éclats de la foudre. La mer ne se déroule plus en vagues larges et puissantes ; mais elle bout à gros bouillons comme une chaudière énorme chauffée par le feu de volcans sous-marins. Les nuages bas ou même rampant sur les eaux émettent souvent une lueur qu'on dirait être le reflet de quelque géhenne invisible ; au zénith paraît environné de ténèbres un espace blanchâtre que les marins ont nommé « l'œil de la tempête », comme s'ils voyaient réellement un dieu féroce dans l'ouragan qui descend du ciel pour les étreindre et les secouer. Certes, lorsque au milieu de cette horrible tourmente les matelots acceptent la lutte contre les éléments, et, défiant la mort, essayent de manœuvrer pour ramener leur navire désemparé, sans voile et sans mâts, ils donnent un sublime exemple de la grandeur humaine.

Les Japonais, témoins journaliers de ces cataclysmes, ont personnifié dans leurs fantastiques symboles ce génie des tempêtes, qu'ils appellent le *dragon des typhons*, et qu'ils représentent au milieu de la pluie noire et sinistre comme un monstre aérien précipité des nues. Ces étranges dessins, qui mettent en scène les forces profondes de la nature, nous montrent le *dieu du tonnerre* sous la forme d'un vieillard horripilé secouant des tambours sonores, et le *dieu des vents* volant dans les airs en portant sur les épaules son outre toujours enflée.

Pour apprécier ces formidables mouvements de l'Atmosphère, il est intéressant d'avoir une description exacte des exemples les plus mémorables.

Le plus terrible cyclone qui ait été décrit est encore celui du 10 octobre 1780, que l'on a spécialement nommé le *grand ouragan* et qui semble avoir résumé toutes les horreurs de ces grandes scènes de la nature. Partant des Barbades, où rien ne resta debout, ni arbres ni demeures, il fit disparaître une flotte anglaise mouillée devant Sainte-Lucie, puis il ravagea complètement cette île, où six mille personnes furent écrasées sous les décombres. Ensuite le tourbillon, se portant sur la Martinique, enveloppa un convoi de transports français, et coula plus de quarante navires portant quatre mille hommes de troupes. Les bâtiments du convoi *disparurent :* telle est l'expression laconique dont se servit le gouverneur de la Martinique dans son rapport. Plus au nord, la Dominique, Saint-Eustache, Saint-Vincent, Puerto-Rico, furent également dévastés, et la plupart des bâtiments qui se trouvaient sur le chemin du cyclone sombrèrent avec leurs équipages. Au delà de Puerto-Rico, la tempête se replia au nord-est vers les Bermudes, et, bien que sa violence se fût graduellement affaiblie, elle n'en coula pas moins plusieurs vaisseaux anglais qui retournaient en Europe. La rage destructive de l'ouragan ne fut pas moindre à terre. Neuf mille personnes périrent à la Martinique, mille à Saint-Pierre seulement, où il ne resta pas une seule maison debout, car la mer s'éleva à une hauteur de 7^m,5, et cent cinquante maisons disparurent instantanément le long de la plage. A Port-Royal, la cathédrale, sept églises et quatorze cents maisons furent renversées; seize cents malades blessés furent ensevelis sous les ruines de l'hôpital. A Saint-Eustache, sept bâtiments furent mis en pièces sur les rochers, et des dix-neuf qui coupèrent leurs amarres et qui gagnèrent le large, un seul retourna au port. A Sainte-Lucie, six mille personnes périrent; les plus fortes constructions furent arrachées de leurs fondations; un canon fut transporté à plus de 30 mètres, et des hommes ainsi que des animaux furent enlevés du sol et jetés à plusieurs mètres de distance. La mer monta à une si grande hauteur, qu'elle démolit le fort et renversa un bâtiment contre l'hôpital, qui fut écrasé sous le poids. Des six cents maisons de Kingstown, dans l'île de Saint-Vincent, quatorze seulement restèrent debout! La frégate française la *Junon* se perdit.

Dans les îles Sous le Vent, les personnes qui habitaient le palais du gouvernement cherchèrent un refuge au centre des constructions, pendant le fort de la tempête, pensant que l'épaisseur énorme des murs (près de 1 mètre) et leur forme circulaire les préserveraient de la fureur du vent; à onze heures et demie, elles étaient forcées de se réfugier dans la cave, le vent ayant pénétré partout et arraché presque tous les toits; mais, l'eau montant à la hauteur de plus de 1 mètre, il fallut se sauver dans les batteries, où chacun chercha un abri sous les canons, dont quelques-uns furent déplacés par la force du vent. L'ouragan était si fort que, secondé par la mer, il porta un canon de douze à une distance de 126 mètres (sur son affût, sans doute, qui avait des roues). Au jour, la campagne avait le même aspect qu'en hiver : il ne restait plus une seule feuille ni une seule branche aux arbres. La colère des hommes s'arrête devant une semblable lutte des éléments. Lorsque le *Laurier* et l'*Andromède* se perdirent à la Martinique, le marquis de Bouillé mit en liberté les vingt-cinq marins anglais qui avaient survécu au naufrage, en écrivant au gouverneur anglais de Sainte-Lucie qu'il ne voulait pas garder prisonniers des hommes tombés entre ses mains pendant une catastrophe commune à tous.

L'un des plus curieux exemples de ces convulsions de l'Atmosphère nous est fourni par le cyclone des Indes du 10 août 1831, raconté dans les termes palpitants qui suivent par le major général Reid dans sa *Météorologie américaine*.

Un gentleman qui habitait Saint-Vincent depuis quarante ans, étant monté à cheval au point du jour, se trouvait à environ un mille de son habitation, lorsqu'il aperçut dans le nord un nuage d'une apparence si menaçante, que pendant sa longue résidence sous les tropiques il n'avait jamais rien vu d'aussi alarmant : ce nuage lui parut d'une couleur gris-olive. Appréhendant une horrible tempête, il se hâta de regagner son domicile et d'y clouer portes et fenêtres : précaution à laquelle il attribua la conservation de sa maison.

Vers minuit, les éclairs jaillirent avec un éclat à la fois majestueux et terrible, et un coup de vent souffla avec force du nord et du nord-est; à une heure du matin, la furie du vent augmenta, et la tempête qui avait soufflé du nord-est sauta subitement au nord-ouest et aux points intermédiaires. A partir de ce moment les régions supérieures furent constamment illuminées par des éclairs incessants, formant une vaste nappe de feu, mais dont l'éclat fut souvent dépassé par celui des décharges d'électricité qui éclataient de tous côtés.

Les éclairs ayant aussi cessé par intervalles, la ville était enveloppée d'une obscurité qui inspirait une frayeur indicible. Bientôt après, des météores de feu tombèrent du ciel; l'un d'eux, descendant perpendiculairement d'une hauteur prodigieuse, attira particulièrement l'attention : il était de forme circulaire et d'une couleur rouge foncé. Ce météore était évidemment entraîné par l'effet de son propre poids, et ne recevait d'impulsion d'aucune force étrangère. En s'approchant du sol, ce globe enflammé prit une forme allongée d'une blancheur éblouissante, et éclata en se répandant comme l'aurait fait un métal en fusion.

Quelques instants après l'apparition de ce phénomène, le bruit assourdissant du vent se transforma en un *murmure solennel*, ou, pour mieux dire, en un mugissement lointain, et les éclairs, qui depuis minuit avaient presque incessamment lancé des fourches, se succédèrent avec une activité effrayante pendant près d'une demi-minute entre les nuages et la terre. La vaste masse des nuages semblait toucher les maisons et lançait vers la terre des volumes de flammes que celle-ci renvoyait aussitôt dans l'espace.

Dès que cette singulière alternative d'éclairs cessa, l'ouragan éclata de nouveau du côté de l'ouest avec une violence prodigieuse et indescriptible, lançant de toutes parts des milliers de projectiles, fragments de toutes les constructions qui n'étaient pas à l'abri de sa violence. Pendant le passage de l'ouragan, le sol trembla et les maisons les plus solidement construites furent ébranlées jusque dans leurs fondements. Cependant, à aucun moment de la tempête, pas une seule détonation de tonnerre ne fut distinctement entendue. Le hurlement du vent, le mugissement de l'Océan, dont les vagues gigantesques menaçaient de détruire tout ce que les autres éléments auraient épargné, et le bruit des tuiles s'entre-choquant, des toits et des murs s'écroulant, etc., formaient le fracas le plus épouvantable qu'on puisse imaginer.

Vers cinq heures, la force de l'ouragan mollit par intervalles, et l'on entendit clairement pendant quelques courts instants la chute des matériaux que la queue de la tempête avait probablement portés à une hauteur extraordinaire.... A six

CYCLONE DE L'AMAZONE (10 OCTOBRE 1871)

heures, le vent était sud; à sept heures, sud-est; et à huit heures, est-sud-est. A neuf heures, le temps était redevenu beau.

Du haut de la cathédrale, de quelque côté que l'on dirigeât ses regards, on ne voyait que désolation et ruines. Toute la surface du pays était ravagée; aucune trace de végétation ne paraissait, si ce n'est çà et là quelques touffes d'herbe jaunie. Le sol était roussi et brûlé comme si une traînée de feu avait passé sur le pays et consumé tous ses produits. Les quelques arbres qui restaient encore debout, dépouillés de leurs rameaux et de leurs feuilles, avaient l'aspect triste et morne de l'hiver; et les nombreuses villas des environs de Bridgetown, naguère entourées de bosquets, étaient maintenant à nu et en ruine.

Une pluie d'eau salée tomba dans toutes les parties de l'île. Le poisson d'eau douce périt dans les étangs, et l'eau des viviers resta salée plusieurs jours après l'ouragan.

Ainsi que l'attestent la plupart des rapports, la quantité d'électricité développée dans les grands ouragans est vraiment remarquable. Les éclairs ne sont point de simples lueurs d'une durée éphémère, mais des flammes passant rapidement sur la surface de la terre, en même temps qu'elles s'élèvent jusque dans les régions supérieures.

La frégate française la *Junon*, partie de France pour une mission dans les mers de l'Inde et de la Chine, traversa, le 1er juin 1868, un cyclone qui faillit lui être funeste.

Malgré tous les efforts accomplis pour s'éloigner du centre, d'après les indications barométriques rappelées plus haut, on ne put couper à temps sa trajectoire, et l'on fut atteint par la tourmente furieuse qui inonda le pont et éteignit les fourneaux.

La mer s'élevait en véritables montagnes, qui déferlaient lourdement sur le navire. Elle avait emporté la galerie, les embarcations suspendues sur les flancs et à l'arrière. Une grande ancre, détachée de ses liens, avait produit, en défonçant un sabord de l'avant, une large voie d'eau qu'on put avec beaucoup de peine boucher en y entassant des hamacs. Une pluie torrentielle se joignait aux coups de mer continuels, et la lutte était désormais dirigée contre l'envahissement des flots. L'équipage entier, distribué entre les pompes et les chaînes de seaux, travaillait avec une admirable confiance et un sang-froid plein d'entrain.

« La tourmente durait depuis sept heures, écrit un officier, redoublant à chaque heure de violence et de bruit..., quand tout à coup un silence absolu se fit, un silence que je ne puis comparer qu'à celui qui suit l'explosion d'une mine sur un bastion pris d'assaut. C'était le calme central, calme subit et étrange, qui produisit plutôt de l'étonnement qu'une impression de sécurité, tant on s'y sentait comme en dehors des lois de la nature. Le mouvement du tourbillon continuait

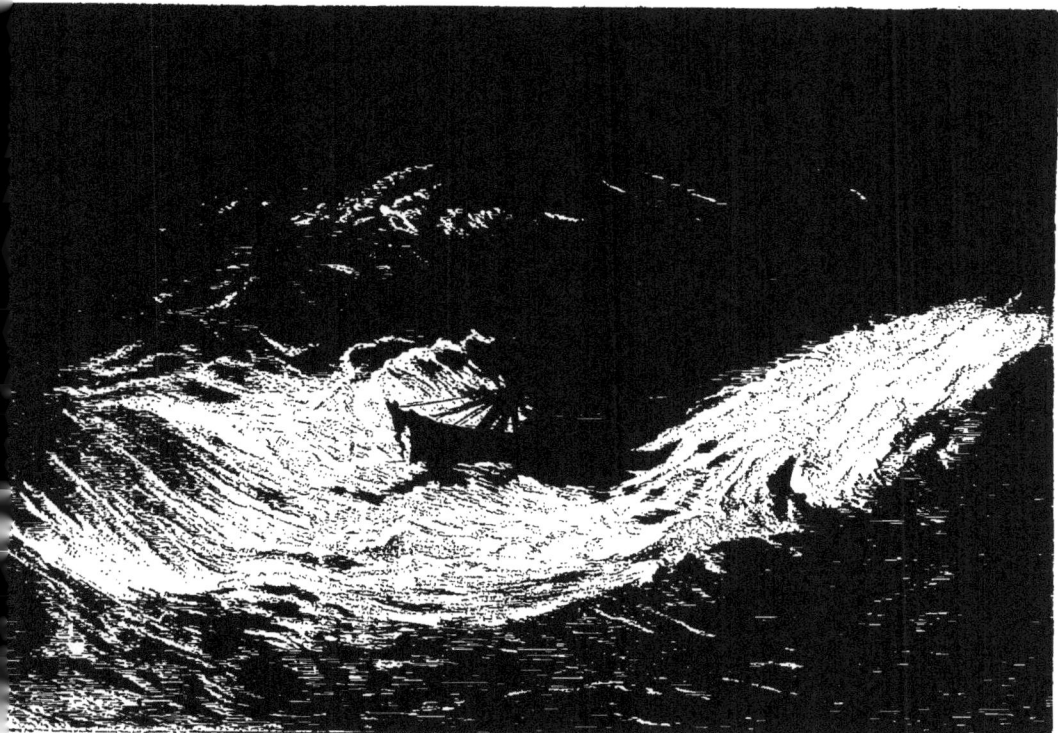

Th. Weber pinxt.   Krakow. sc. imp.

LE CYCLONE

Hachette et Cⁱᵉ.

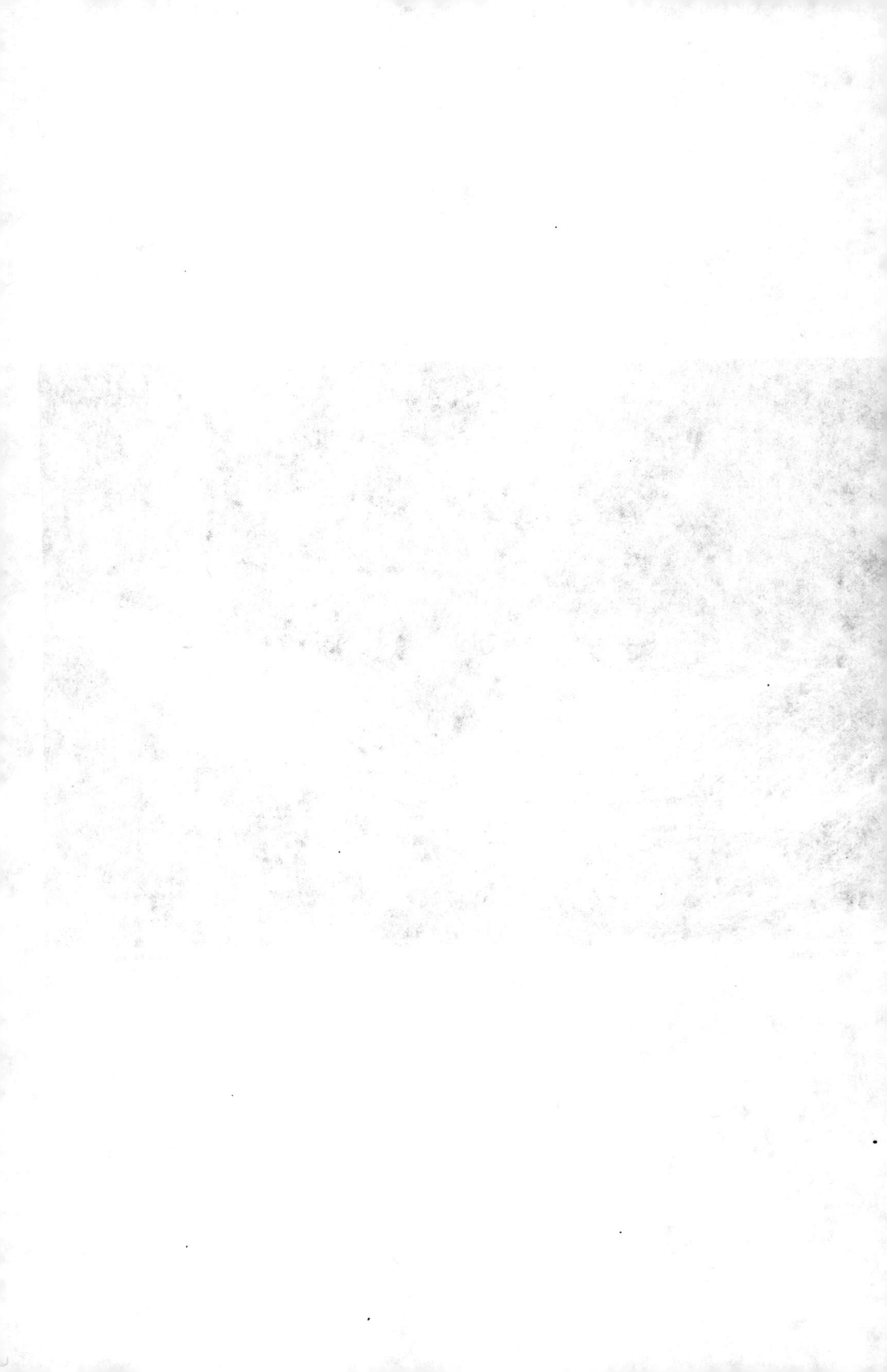

mer soulevée inonda les grandes îles de Hattials, Sundeys et Dak-
hin, situées dans une des bouches du Gange, recouvrit quelques îles
moins considérables et envahit la terre ferme sur un espace de 8 à
10 kilomètres. Ces immenses vagues roulaient avec une rapidité surprenante. A onze heures, dans la nuit du 31 octobre, les dépêches
reçues à Calcutta n'annonçaient pas encore le danger réel, à minuit,
toutes les terres précitées étaient recouvertes de 6 mètres d'eau.

, « Le cyclone a complètement dévasté ce district. Le silence de la
mort plane sur toute la contrée. Surprise par l'invasion des vagues, la
population se réfugia sur les arbres les plus élevés. Ceux qui purent y
trouver un asile durent le partager avec les bêtes féroces, les oiseaux et
les serpents. Des milliers de maisons furent démolies par les vagues
furieuses; les seuls débris d'habitations humaines trouvés après le
désastre avaient été jetés sur la plage de Chittagang, à 16 kilomètres
de distance. La gazette du gouvernement de Calcutta assure que partout où les flots passèrent les deux tiers de la population disparurent.
Des rapports officiels évaluent à plus de *deux cent cinquante mille* le
nombre des victimes des trois inondations successives qui ont submergé plus de 7500 kilomètres carrés. »

Ce cyclone de 1876 est un des plus terribles dont on ait gardé le
souvenir au Bengale. Aux précédents exemples nous pourrions en
ajouter de plus récents, tels que le cyclone du 3 juin 1885 dans le golfe
d'Aden, qui causa la perte du navire français le *Renard*, de la corvette
allemande l'*Augusta*, du vaisseau turc *Fetul-Bahri*, des vapeurs anglais
Speke Hall et *Seraglio*, et d'un grand nombre d'autres navires (on a une
liste de quatre cent vingt-sept victimes, mais il y en a probablement le
double). Ces relations n'ajouteraient rien aux descriptions typiques
que nous venons de donner.

Ajoutons, en terminant, que dans la zone torride et dans tous les
climats à haute température les ouragans sont fréquents et se
déploient avec une violence prodigieuse; dans nos climats tempérés, ils
sont à la fois plus rares et moins violents; et dans les régions polaires
les grandes secousses atmosphériques, qui sont du reste assez habituelles, se réduisent à des vents de tempête, ou seulement à des vents
très forts. Des pertes considérables sont causées chaque année sur la
vaste étendue des mers par ces violents mouvements atmosphériques.
La statistique du Bureau *Veritas* montre qu'en moyenne il y a environ seize cents navires à voile et cent trente navires à vapeur naufragés
chaque année!

Nous pouvons observer dans nos climats et sur nos continents la marche et les effets de ces grands mouvements tourbillonnants de l'Atmosphère. Ce sont eux qui produisent nos perturbations atmosphériques et les variations perpétuelles du baromètre, selon qu'ils passent plus ou moins loin de nous, selon qu'ils sont plus ou moins intenses et plus ou moins étendus. La prévision rationnelle du temps est même fondée sur leur examen, comme nous le verrons au chapitre spécial que nous consacrerons à ce sujet, et les institutions météorologiques des divers États ont pour principal objet d'établir chaque jour la carte du temps, qui n'est guère autre chose que la carte de la pression atmosphérique et de ses conséquences.

Rendons-nous compte, à ce propos, des dernières tempêtes observées en France et recevons d'elles l'enseignement qu'elles peuvent nous donner.

Pendant l'année 1886, par exemple, nous en avons eu deux très remarquables, celles des 16 octobre et 8 décembre[1]. Considérons d'abord celle du 16 octobre.

Nous avons pu la suivre, pour ainsi dire, pas à pas, à partir de son arrivée sur les côtes d'Irlande jusqu'à son extinction dans le nord de l'Allemagne. Elle arrivait de l'Atlantique, comme presque toutes les grandes bourrasques. Le 15 octobre au matin, on voit les courbes de la pression barométrique tourner régulièrement autour d'un centre de dépression considérable, la pression n'étant que de 727 millimètres en ce centre, voisin de Valentia, puis s'élevant à 735 millimètres sur la mer d'Irlande, à 740 sur l'Angleterre, à 745 sur la Manche, à 750 sur le centre de la France et la Belgique, à 755 sur Clermont, Berne, Berlin, à 760 sur Bordeaux, Perpignan, etc. (fig. 234, A).

Ce centre de dépression, ce cyclone s'avance lentement du nordouest vers le sud-est. Le lendemain, le minimum barométrique est arrivé au nord de Londres, les courbes qui l'environnent gardant à peu

1. A l'Observatoire du parc Saint-Maur, le baromètre est descendu le 16 octobre à 727^{mm},4. L'altitude de cet observatoire étant de 49 mètres, il faut ajouter en moyenne 4^{mm},5 pour réduire la hauteur barométrique à ce qu'elle serait au niveau de la mer. Le baromètre de l'Observatoire de Paris est à 67 mètres : il faut ajouter 6 millimètres (voy. plus haut, p. 71 et à l'Appendice).

Le plus grand abaissement barométrique qu'on ait observé à l'Observatoire de Paris est celui du 24 décembre 1821, à onze heures quinze minutes du soir : il a atteint 713^{mm},2 : ce qui équivaut à 719^{mm},2 au niveau de la mer. Le lendemain matin, à Boulogne-sur-Mer, il descendait à 710^{mm},4 au niveau de la mer, par conséquent 9 millimètres plus bas qu'à Paris, malgré tout ce qu'avait d'insolite, de vraiment extraordinaire la dépression observée à Paris. On a vu en Islande, en 1824, le baromètre descendre à 692 millimètres au niveau de la mer. Dans la région de Paris, le baromètre, réduit au niveau de la mer, n'est descendu que sept fois depuis un siècle au-dessous de 730 millimètres.

près la même figure que la veille. Le surlendemain 17, ce foyer de la tempête passe au nord-est de Paris, après avoir bouleversé toutes nos côtes, de Brest à Cherbourg, au Havre et à Dunkerque. Le 18 seulement, l'équilibre commence à se rétablir, la dépression arrivée sur la Hollande et l'Allemagne se relevant légèrement vers le nord et se comblant lentement sur place (fig. 234, B, C, D).

Il est excessivement rare que la pression atmosphérique descende aussi bas dans nos régions et elle ne peut le faire que lors des plus violentes tempêtes. Les courbes barométriques enregistrées en des régions voisines offrent un parallélisme d'allures remarquable : nous présentons ici à nos lecteurs celles de l'Observatoire de Paris et du parc Saint-Maur (fig. 235, A et B). Elles correspondent à 731 millimètres, au niveau de la mer.

L'ouragan soufflait avec rage, lançant furieusement des rafales de pluie de la dernière violence. On se demande comment les arbres élevés, les cheminées, les toits eux-mêmes peuvent résister à un tel siège de tous les éléments conjurés, sous un vent de 25 à 30 mètres par seconde, exerçant l'effroyable pression de près de 100 kilogrammes par mètre carré [1].

Plus encore que cette tempête du 16 octobre 1886, celle du 8 décembre restera inscrite dans les annales de la Science comme la plus curieuse et la plus violente de toutes celles qu'on ait jamais observées depuis l'organisation des services météorologiques. Le baromètre est descendu jusqu'au chiffre extraordinaire de 696 millimètres au nord de Liverpool, près de Stonyhurst.

Tout autour de cette dépression centrale on voit la pression atmosphérique s'élever graduellement, en zones concentriques, à 700, 705, 710, 715, 720, 725 millimètres du mercure barométrique sur l'en-

---

1. On a lu dans tous les journaux la relation des catastrophes causées sur nos côtes par la tempête et des dégâts occasionnés par la violence de la mer sur les travaux de protection des rivages, notamment au Havre, où ces dégâts ont été considérables. Sur les côtes du pays de Galles, trois navires ont fait naufrage, et sur les trois, le *Mableny*, de Liverpool, a entièrement sombré, corps et biens. Le *Tevistdale*, de Glascow, a perdu dix-sept hommes de son équipage, y compris le capitaine. Le trois-mâts barque norvégien *Alliance* a été jeté sur la côte et quatre hommes ont péri. Un autre trois-mâts barque norvégien, le *Frédéric-Hart*, s'est échoué près du cap Pentire ; un seul des vingt hommes qui composaient son équipage a pu être sauvé. Dans la nuit du samedi 16 au dimanche 17, à deux heures du matin, un grand trois-mâts barque, dont on ignore la nationalité, s'est perdu corps et biens sur le Gull-Rock ; la mer en a charrié pendant longtemps les débris. Toutes les côtes de la Manche ont été plus ou moins éprouvées. Du petit port de Diélette, au pied du beau cap de Flamanville, on a vu en détresse une goélette anglaise arrivant de Guernesey, sans qu'il ait été possible de lui porter secours ; à sept heures du soir, le 17, le navire était entièrement démoli. Le 18, un bateau pêcheur avec ses deux matelots a fait naufrage dans le golfe du Morbihan. La Méditerranée elle-même a ressenti les effets de cet immense mouvement tournant de l'air.

semble des îles Britanniques, le centre de dépression stationnant a
nord de l'Irlande pendant plus de vingt-quatre heures. Le 8, au matin
la courbe de 730 et même celle de 735 suivaient la Manche de Cher
bourg à la mer du Nord, et le 9 au matin toutes ces courbes baromé

A. — 15 octobre.   B. — 16 octobre.

C. — 17 octobre.   D. — 18 octobre.

Fig. 235. — Lignes d'égale pression barométrique pendant la tempête du 16 octobre 1886.

triques étaient à peine déplacées. Pendant vingt-quatre heures, la
tempête a tourné sur place, creusant toujours son tourbillon central
et soufflant avec une violence inouïe.

A l'Observatoire de Paris, le baromètre est descendu à 727^{mm},5 ;
depuis le 8 à midi jusqu'au lendemain à deux heures de l'après-midi,
il n'a pour ainsi dire pas varié, le minimum étant arrivé vers hui

heures du soir et le niveau étant resté au-dessous de 730 pendant ces vingt-six heures.

À l'Observatoire du parc Saint-Maur, il est descendu à 729ᵐᵐ,4 à la même heure et est resté au-dessous de 731 depuis le 8 à midi jusqu'au 9 à deux heures; puis il est remonté très lentement.

Annoncée par les États-Unis, arrivée le 7 de l'Atlantique, à l'ouest de l'Irlande, elle avait le 8, à sept heures du matin, son centre de dépression tout près des côtes de Mullaghmore, et le lendemain 9, à

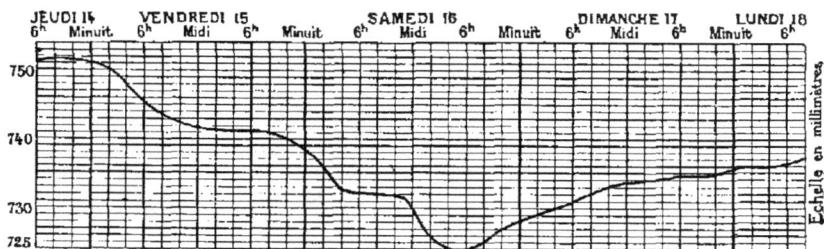

Observatoire de Paris (altitude du baromètre : 67ᵐ,35), 1ᵐᵐ = 1ᵐᵐ.

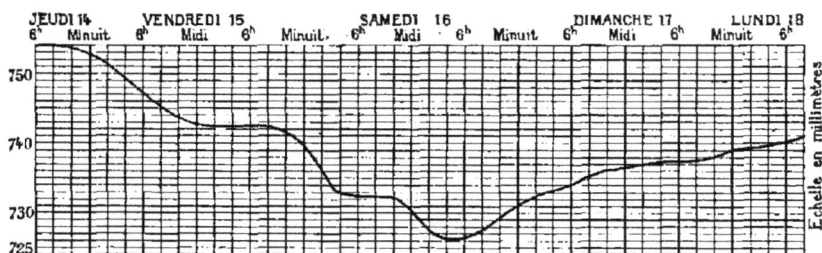

Parc Saint-Maur (altitude du baromètre : 49ᵐ,30), 1ᵐᵐ = 1ᵐᵐ.

Fɪɢ. 236. — Baisse barométrique pendant la tempête du 16 octobre 1886.

la même heure, ce centre s'était à peine déplacé de 100 kilomètres. Il est extrèmement rare que des ouragans d'une telle intensité stationnent ainsi sur place. Cependant un fait analogue a été observé cette année même sur l'Atlantique : une tempête, venue d'Amérique, est restée trois jours immobile en un même point de l'Océan; puis, après avoir été réveillée pour ainsi dire par un courant venu du sud, elle reprit sa marche vers nos côtes. Celle du 8 décembre a stationné du 8 au 9, tous les baromètres d'Angleterre et de France restant à peu près à leur minimum, puis la translation a marché vers l'est-nord-est et, le 10 au matin, le centre était en Norvège, voisin de Chris-

tiania, les courbes isobares étant beaucoup moins serrées et le mouvement étant beaucoup plus étendu.

Il résulte de ce stationnement et de cette translation que ce sont les
côtes d'Angleterre, le canal Saint-Georges et la Manche, qui ont le
plus souffert du cyclone. La tempête s'est déchaînée sur Londres et a
causé de grands dégâts dans la ville et sur le littoral. En même temps
la pluie tombait par torrents. A quatre heures du soir, le baromètre
marquait 724 millimètres et le mauvais temps sévissait. Certaines rues
de la partie sud de Londres ont été couvertes de 0m,10 d'eau. On a

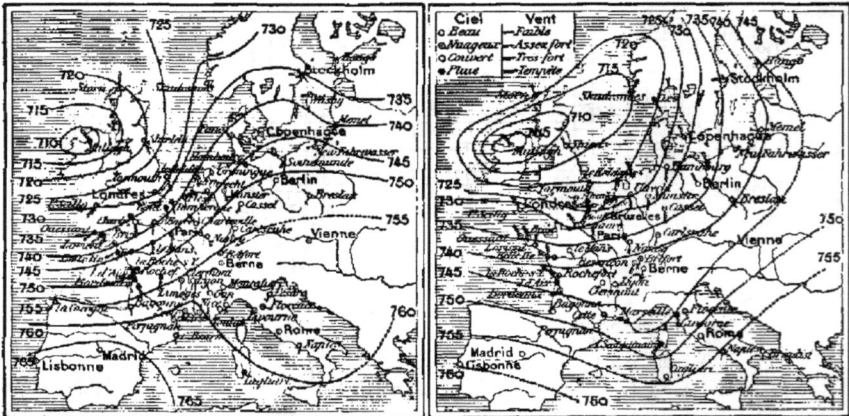

A. — 8 décembre 1886.   B. — 9 décembre 1886.

Fig. 237. — Lignes d'égale pression barométrique pendant la tempête du 8 décembre 1886.

signalé de nombreux sinistres maritimes, sur lesquels nous ne pouvons pas nous étendre ici.

Nous reproduisons (fig. 237) les deux cartes du temps du 8 et du 9,
à sept heures du matin. On voit que le centre de dépression s'est à
peine déplacé pendant ces vingt-quatre heures, en s'avançant lentement vers l'est-nord-est. Mais les courbes isobares équidistantes se
sont écartées du côté de l'est, et le surlendemain 10 décembre le
centre de dépression, relevé d'ailleurs à 720, se trouvait sur la presqu'île de Norvège, entre Skudesnes et Christiania, le baromètre s'étant
relevé jusqu'à 735 millimètres de l'Écosse à Copenhague, à 740 de
Liverpool à Berlin, à 745 de Dublin à Lille et Prague, etc. La marche
du cyclone s'effectue toujours de l'ouest vers l'est, avec une inclinaison variable, et le mouvement de rotation (indiqué par les flèches
du vent) s'exécute en sens contraire de celui des aiguilles d'une
montre.

L'examen attentif de ces grandes perturbations atmosphériques met en évidence les lois qui les régissent et commence à fournir les bases d'une météorologie rationnelle. Déjà on peut prévoir les variations du temps à très courte échéance (quelques heures d'avance seulement), en suivant avec attention la marche du baromètre et celle des nuages. Voici une règle fort simple [1] :

« Lorsqu'on verra les nuages marcher dans une certaine direction, on pourra, quelle que soit la hauteur du baromètre, en déduire qu'un centre de dépression

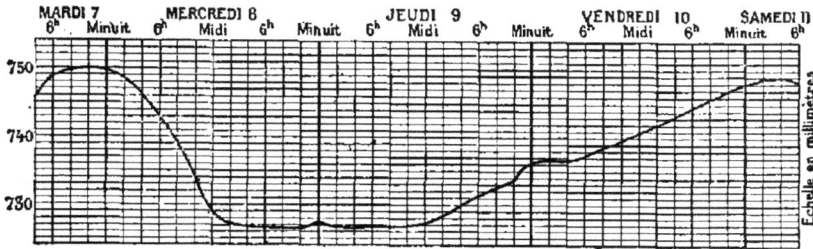

A. — Observatoire de Paris (altitude du baromètre : 67m,35), 1mm = 1mm.

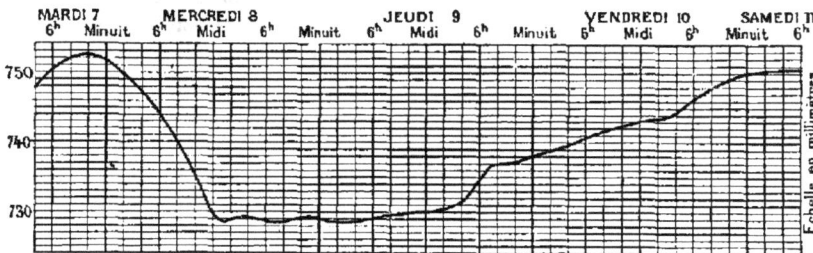

B. — Parc Saint-Maur (altitude du baromètre : 49m,30), 1mm = 1mm.

Fig. 238. — Baisse barométrique pendant la tempête du 8 décembre 1886.

existe sur la couche du courant nuageux, dans une direction à peu près perpendiculaire à ce courant. »

Si, par exemple, les nuages marchent de l'ouest à l'est, un centre de perturbation se trouve dans le nord. Il se trouve dans le sud-est, si les nuages viennent du nord-est; dans l'ouest, s'ils viennent du sud, etc.

En général, la dépression est d'autant plus importante et son centre d'autant plus proche du lieu d'observation que la vitesse des nuages est plus grande et le baromètre plus bas.

Si la baisse barométrique a été lente et considérable, l'aire de basses pressions a une vaste étendue; cette étendue est restreinte si le baromètre a baissé un peu vite.

D'autre part, la dépression se rapproche ou se creuse si le baromètre baisse; elle

1. Voy. J. R. Plumandon, *Le Baromètre appliqué à la prévision du temps.*

s'éloigne ou se comble pendant qu'il remonte, et son centre est au plus près au moment du minimum barométrique. Il est d'ailleurs facile de reconnaître de quel côté elle arrive, puisque la position du centre est toujours indiquée par la perpendiculaire au vent des nuages.

Généralement, on peut dire que la baisse du baromètre accompagne le beau temps et annonce le mauvais temps. Pendant les journées où le soleil et la pluie se succèdent fréquemment, le baromètre baisse pendant tout le temps que dure une éclaircie; dès qu'il cesse de baisser, le ciel se couvre de nouveau, et la pluie recommence lorsqu'il remonte.

La hausse du baromètre accompagne le mauvais temps et annonce le retour du beau temps, qui persiste ordinairement jusqu'à une nouvelle baisse.

Une baisse lente, régulière et modérée (de 3 à 4 millimètres) du baromètre indique qu'une dépression passe au loin. Elle n'amène pas de changement notable du temps. Une baisse soudaine, même quand elle est faible (de 2 ou 3 millimètres), annonce toujours qu'une perturbation se produit dans le voisinage. Elle occasionne généralement des coups de vent ou des averses de courte durée. Si la baisse est considérable (de 8 à 10 millimètres), elle présage une tempête.

Une forte baisse, lente et continue annonce des mauvais temps de longue durée. Ces mauvais temps seront d'autant plus accentués que le baromètre sera parti de plus haut et descendra plus bas.

Une hausse brusque du baromètre, lorsque celui-ci est autour ou au-dessus de la pression moyenne, et le temps au beau, annonce toujours l'arrivée prochaine d'une dépression, sous l'influence de laquelle le baromètre ne tarde pas à baisser.

Une hausse rapide survenant lorsque le baromètre est bas annonce un beau temps de courte durée; mais, si la hausse est considérable, on peut compter sur plusieurs jours de beau temps.

Ces lois sont aujourd'hui savamment déterminées par les météorologistes. La constance du sens de la rotation du vent autour d'un centre de dépression conduit à la relation suivante, que nous avons déjà indiquée, entre la direction du vent et la pression barométrique dans l'hémisphère Nord, surtout à la surface de la mer, où les modifications locales sont plus faibles : « Tournez le dos au vent, le baromètre sera plus bas à votre gauche qu'à votre droite. » Mais la direction du vent implique en même temps la direction dans laquelle se trouve le centre du tourbillon, et la loi peut encore être formulée ainsi : *Tournez le dos au vent, étendez le bras gauche, il sera dans la direction du centre de la tempête.*

Plusieurs jours avant l'arrivée d'une bourrasque, et avant même que le baromètre ait commencé à baisser d'une manière sensible, on voit apparaître dans le ciel, en longues bandes parallèles, des nuages fins, déliés, qui sont les premiers avant-coureurs des mauvais temps : on les appelle des *cirrus*; ils sont formés de petites aiguilles de glace flottant à des hauteurs considérables, qui atteignent et dépassent même 10 000 et 12 000 mètres. Peu à peu le ciel prend un aspect blanchâtre, laiteux, favorable à la production des halos ; puis apparaissent les cirro-cumulus, ou, comme on dit vulgairement, le ciel est pommelé ; bientôt ces nuages augmentent en étendue et en densité; ils se transforment en cumulus ou balles de coton, d'abord isolés, dans les éclaircies desquels on aperçoit par intervalles les cirrus des couches supérieures; les cumulus s'abaissent de plus en plus, l'horizon se couvre et le ciel prend peu à peu cet aspect particulier qui caractérise l'approche de la pluie. Cette succession d'aspects divers s'observe dans la portion antérieure des bourrasques, en même temps que la baisse du baromètre s'accentue. Lorsque le centre du tourbillon est passé et que la pression commence à se relever, le ciel se découvre par instants, et les alternatives de nuages et d'éclaircies, les averses, les giboulées, etc., sont les phénomènes qui se produisent d'abord dans la partie postérieure. Le baromètre continuant à monter, les nuages disparaissent peu à peu ; le temps revient au beau. Cette situation persiste jusqu'à ce qu'une nouvelle bourrasque ramène la même suite de phénomènes.

C'est dans la portion droite des bourrasques que se produisent les orages. En hiver, ces phénomènes accompagnent seulement les perturbations profondes et très étendues; en été, au contraire, la moindre dépression suffit pour en déterminer la formation. Quelquefois les orages restent localisés sur une petite région, mais le plus souvent ils se transportent, comme la bourrasque elle-même, en se propageant sur des contrées entières ; certains ont été suivis depuis Bordeaux jusqu'à Amsterdam.

Telles sont — très sommairement — les observations qui donnent à la météorologie actuelle ses principes positifs [1]. En moyenne, dans nos climats, le minimum barométrique au centre de ces perturbations circulaires est voisin de 730 millimètres, et c'est autour de cette dépression que le temps est le plus mauvais, surtout du côté sud. Le diamètre des bourrasques est très variable ; ce diamètre, rarement inférieur à 1000 kilomètres, est fréquemment deux et trois fois plus grand. Elles marchent généralement de l'ouest à l'est ou du sud-ouest au nord-est, arrivant des États-Unis, de l'Atlantique, et passant de l'Irlande à la Norvège. Leur vitesse de translation varie de 25 à 40, et même à 60 et 80 kilomètres à l'heure, en tournant comme nous l'avons dit plus haut, de sorte que le côté de droite est celui où le vent est le plus violent. Quelquefois aussi ces bourrasques tournent presque sur

1. Voy Mascart et Moureaux, *La Météorologie appliquée à la prévision du temps.*

place. Le vent atteint parfois 50 et 60 mètres par seconde, 180 et
200 kilomètres à l'heure. Grâce au service d'avertissement organisé au
Bureau météorologique de France, on connaît tous les matins l'état du
baromètre, du thermomètre, du vent, du ciel sur l'Europe entière, et
l'on suit chaque jour ces curieux mouvements. Supposons qu'une
bourrasque marchant avec une vitesse de 50 kilomètres à l'heure
arrive en Irlande à huit heures du matin : elle mettra douze heures
pour parcourir les 600 kilomètres qui séparent Valentia de Brest et
n'atteindra nos côtes que vers huit heures du soir ; on pourra donc
être prévenu à temps de son arrivée, et prendre des mesures en
conséquence. Nous reviendrons sur ce sujet au chapitre de la prévision du temps.

Tels sont les *faits* relatifs à la marche des tempêtes. Quant aux
théories, nous n'ajouterons rien aux principes généraux exposés plus
haut. Depuis un certain nombre d'années, un astronome-météoro-
logiste infatigable, M. Faye, a fait d'immenses efforts pour démontrer
que les tempêtes sont des sortes d'entonnoirs creusés par une force
venue d'en haut, qui se précipiterait sur le sol à travers l'atmosphère
mise en giration, et que ces cyclones terrestres sont analogues aux
taches solaires. Or nous avons personnellement observé et dessiné des
centaines de taches solaires : ces taches ne sont pas rondes, comme
elles devraient l'être si cette théorie était exacte, mais irrégulières,
déchiquetées, et elles présentent à peu près toutes les formes imaginables. L'assimilation d'un tourbillon tournant avec les taches solaires
nous paraît difficile à admettre. D'autre part, on trouve plutôt l'explication des cyclones dans des mouvements de l'air produits par des
courants latéraux que dans des tourbillons à axe vertical dirigé de haut
en bas. Nous nous en tiendrons donc aux principes généraux exposés
dans ce chapitre.

CHAPITRE V

Parmi les grands météores qui viennent troubler l'ordre apparent et l'harmonie de la nature, parmi les grands phénomènes qui portent la terreur et la désolation où ils apparaissent, il en est un qui se fait remarquer par ses formes bizarres et gigantesques, par les forces étrangères auxquelles il paraît obéir, par les lois inconnues et en apparence contradictoires qui le règlent, enfin par les désastres qu'il occasionne. Ces désastres sont eux-mêmes accompagnés de circonstances particulières si étranges, qu'on ne peut confondre leurs causes avec les autres météores funestes de l'humanité. Ce météore si menaçant, si extraordinaire, heureusement rare dans nos contrées, est celui que l'on désigne maintenant d'une manière générale par le mot *trombe*.

C'est par ce paragraphe que le météorologiste Peltier ouvre son ouvrage sur *les Trombes*. Avant ses études ingénieuses et patientes, l'explication de ce curieux phénomène atmosphérique laissait beaucoup à désirer. Aujourd'hui, nous pouvons désigner exactement sa nature et son caractère, en disant qu'une trombe est une colonne d'air, pivotant ordinairement avec rapidité sur elle-même et se mouvant d'une translation relativement lente, car on peut généralement la suivre à la marche. Cette colonne d'air tourbillonnant paraît avoir l'électricité pour cause et pour force motrice. Le vent souvent furieux qu'elle produit par son mouvement même, et qui détermine sur son passage les effets désastreux que nous allons rappeler, n'est pas le résultat de courants atmosphériques déployés sur une grande échelle, comme dans les cyclones, mais il est confiné aux dimensions toujours très restreintes de ce phénomène. Les trombes n'ont souvent que quelques mètres de diamètre, mais leur puissance est sans égale : elles balayent le sol suivant leur parcours, rasent les champs, les arbres, les maisons, les édifices eux-mêmes, avec une énergie telle, que nul vestige n'en reste parfois après le passage de l'effrayant météore. Voici ordinairement comment ce phénomène prend naissance.

La surface inférieure d'un nuage orageux s'abaisse vers la terre, sous la forme d'un cylindre ou mieux d'un cône, comme un grand porte-voix dont le pavillon se perd sous la nue et dont l'embouchure approche plus ou moins du sol ou de la surface de la mer. Ce cône renversé peut être plus ou moins développé, plus ou moins altéré, suivant l'état particulier des nuages et de la localité. Ce qui est constant, c'est un lien de vapeur entre les nuages et la terre.

Au-dessous de la colonne nuageuse, une grande agitation apparaît sur la mer ou sur le sol. Cette agitation est comparée par les marins à celle d'une ébullition qui lancerait des vapeurs, des filets en gerbes liquides. Sur la terre la poussière des routes, les corps légers forment une fumée analogue. Il arrive bientôt que le tourbillon inférieur s'élève assez haut et que la colonne supérieure descend assez bas pour qu'ils se joignent et se soudent en une seule et même colonne, plus épaisse du haut que du bas, et assez souvent transparente comme un tube dans lequel on voit quelquefois des vapeurs monter ou descendre.

Lorsque le milieu des eaux soulevées sur la mer est plus compact, il paraît comme un pilier placé pour soutenir la colonne descendante. Enfin il se fait dans cette colonne ou trompe marine un tapage qui varie considérablement, depuis le sifflement du serpent jusqu'au bruit de lourdes charrettes courant dans les chemins rocailleux. Ce bruit est bien plus considérable sur terre que sur mer.

Le génie de la destruction semble s'incarner dans cette singulière formation. La trombe s'avance avec une apparente lenteur, siffle des menaces effrayantes, se tord en convulsions, trace son sillage à travers les productions de la nature ou de l'humanité, faisant voler en éclats, disparaître en fumée tout ce qui s'oppose à son cours. Les désastres opérés par cet agent formidable montrent que sa pression atteint parfois 400 à 500 kilogrammes par mètre carré. On le voit prendre des troupeaux, des hommes, des rivières même, et les soulever à d'étonnantes hauteurs. Les toits des édifices sont emportés dans les airs; les murs sont écartelés par la brusque violence d'une main de fer irrésistible. Pour apprécier à sa juste valeur cet étrange météore, considérons un instant quelques-unes de ses prouesses les plus mémorables.

Voici, par exemple, deux anciennes trombes qui furent observées au sud de Paris, le 16 mai 1806, d'une à deux heures après midi, et qui semblent arrangées tout exprès pour la description théorique. Elles sont rapportées par Peltier, d'après un professeur nommé Debrun. On peut les appeler les *trombes de Paris*.

La première commença vers une heure et parut mesurer au moins 4 mètres de largeur à sa base, près du nuage, offrant la forme d'un cône renversé. Elle s'allongea

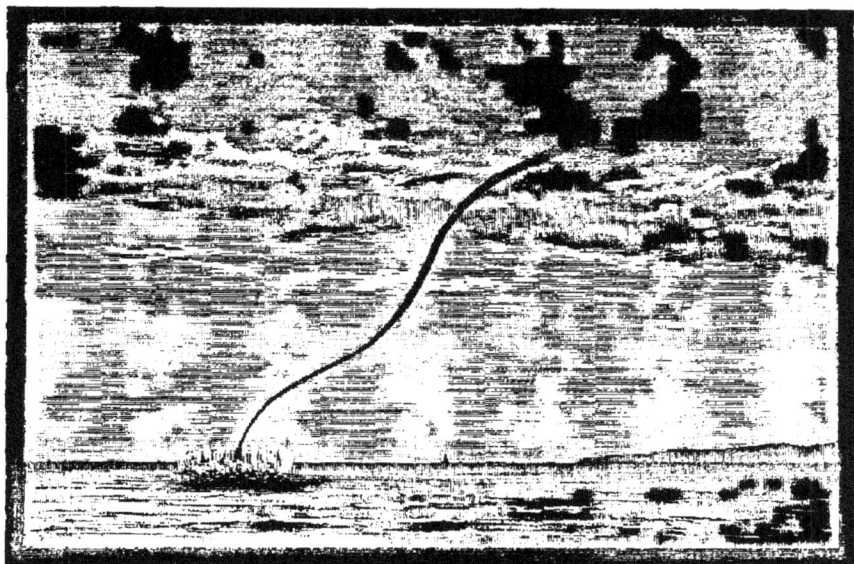

FIG. 239. — Trombe marine observée à San Remo le 13 février 1885. Dessin d'après nature.

alors successivement à 5, 10, 15 mètres; plus elle descendait, plus sa forme conique devenait aiguë, car dès le commencement de sa sortie du nuage elle formait un cône parfait. A force de gagner en longueur et de perdre en proportion dans son volume, elle ne devint pas plus grosse que le bras.

Cette trombe chassait fort doucement vers le sud, ensuite vers l'ouest et le sud-ouest, mais d'une manière infiniment lente, et paraissait être au-dessus des dernières maisons du faubourg Saint-Jacques, puis au-dessus de la plaine de Montrouge, Montsouris et la Glacière. Elle était de la couleur du blanc grisâtre des nuages ordinaires et ressortait très bien du fond noirâtre des nuées.

Ce qui frappa le plus l'attention, ce fut de voir qu'elle formait un long tuyau, en partie *demi-transparent*, prenant plusieurs courbes ou inflexions assez semblables à un long boyau flexible, dans lequel on voyait *monter les vapeurs* par ondulations, comme on verrait la fumée s'élever dans un tuyau de poêle qui serait de verre; ce qui était fort remarquable, c'est que l'ascension des vapeurs était bien plus active vers la partie inférieure, qui pouvait être alors à 1 kilomètre environ au-dessus de terre.

Comme la nue qui formait la tête de la trombe avançait, le corps de la trombe se courbait et la suivait en s'allongeant de 3000 mètres environ, pour ne pas s'en détacher ; mais, quand la trombe devint d'une grande longueur, par conséquent d'un volume très petit, et qu'elle vint à prendre une inclinaison bien considérable (formant à peu près avec l'horizon un angle de 20 degrés), alors le corps de la trombe serpenta légèrement.

Cette trombe, dans sa plus grande inclinaison, paraissait avoir sa queue au-dessus d'Arcueil et sa tête au-dessus de Châtillon ; mais, pendant le chemin que fit sa tête, il sembla en quelque sorte que la partie la plus inférieure était fortement attirée ou retenue par la vallée d'Arcueil et qu'elle ne pouvait s'en éloigner facilement.

Elle dura plus de trois quarts d'heure et parut se replier dans le nuage qui lui avait donné naissance.

Environ vingt minutes après la formation de cette trombe, on en vit commencer une seconde, qui, à la vérité, ne présenta pas de particularités aussi intéressantes que la première, mais qui fut d'un effet beaucoup plus majestueux. Elle fut produite par un nuage, bien moins élevé que celui qui avait formé la première, et se montra au-dessus de l'hospice Cochin, rue du Faubourg-Saint-Jacques, et de l'Observatoire. Elle était grisâtre, avait dans toute sa longueur un tuyau clair dans lequel on voyait les vapeurs monter très distinctement et rapidement. De temps à autre, et par petits intervalles, le corps de cette trombe s'allongeait ou se raccourcissait successivement. Elle passa devant la première et paraissait n'en être éloignée au nord que de 1600 à 2000 pas ; mais la première, vers la fin de son apparition, fuyait beaucoup plus vite vers le sud ; elle suivit un peu la même direction que la première, et sa partie inférieure se courba légèrement vers l'ouest.

Il partit un fort coup de tonnerre d'un nuage peu éloigné des trombes, surtout de la seconde, et tout près d'elle, vers son côté ouest ; elles n'en parurent nullement affectées. Il tomba aussitôt quelques gouttes d'eau larges comme le pouce, mais très rares, et aussi, presque en même temps, quelques grains de grêle de la grosseur d'une noisette.

La seconde trombe se replia graduellement vers son nuage générateur, qui l'absorba en assez peu de temps ; elle disparut totalement au bout de vingt-cinq minutes, durée entière de son existence.

Ces trombes si théoriques étaient fort inoffensives, comme on le voit. Elles ne paraissent pas avoir touché terre, du reste ; et sans doute elles l'eussent été moins pour un ballon qui se serait égaré dans leur voisinage. Mais voici des trombes à l'œuvre, dont le passage à la surface du sol a laissé des témoignages non douteux de la puissance de ces météores.

Parmi les trombes qui ont laissé les plus dramatiques souvenirs, nous devons citer celle de Monville, du 19 août 1845. Tout le monde connaît cette ravissante vallée de Maromme à Malaunay et Clères, qui décore de si charmants paysages le chemin de fer de Rouen à Dieppe. Au jour fatal que nous venons d'inscrire, à une heure de l'après-midi, par un temps chaud et accablant, un tourbillon d'une nature étrange vint fondre subitement sur la vallée. Les grandes filatures de Monville furent enveloppées soudain, secouées, tordues et renversées, en moins de temps qu'il n'en fallut pour se reconnaître, d'après ce que me racontait vingt ans plus tard l'un des témoins oculaires. La fabrique dans laquelle travaillaient des centaines d'ouvrières s'effondra au milieu d'une tempête électrique soudaine, et ces malheureuses furent

Fig. 240. — Trombes de sable.

ensevelies sous les décombres. Un certain nombre ne furent pas écrasées immédiatement. Protégées par le hasard, elles se trouvaient comme emboîtées et se communiquaient mutuellement leurs impressions sans se voir ni reconnaître à quel cataclysme elles devaient leur changement d'état. La plupart étaient convaincues que c'était la fin du monde et s'attendaient au jugement dernier.

Des ouvriers furent lancés au dehors par-dessus des haies et des clôtures ; d'autres furent écharpés par les métiers à vapeur qui continuaient à tourner au milieu de la catastrophe. Quelques-uns, sans être atteints, subirent une telle commotion de frayeur, qu'ils moururent huit jours après, subitement, sans maladie ! Des murs, des chambres entières furent retournés, de telle sorte qu'on ne les reconnaissait plus. Sur d'autres points, les bâtiments furent comme pulvérisés et la place absolument nettoyée. Des solives, des planches mesurant jusqu'à 1 mètre de long sur 12 centimètres de large et plus de 1 d'épaisseur, des archives, des papiers, furent soulevés et emportés jusqu'à 25 et 38 kilomètres de là, jusque près de Dieppe. Les arbres situés sur le passage du météore furent couchés à terre, quelle qu'ait été leur grosseur, et presque partout 'réduits en lattes et desséchés. La bande ravagée s'étendit sur 15 kilomètres ; sa largeur alla en grandissant, depuis 100 mètres vers la Seine, sous Canteleu, jusqu'à 300 mètres vers Monville, et en décroissant jusqu'à 60 mètres vers Clères. Le baromètre était subitement tombé de 710 à 705 millimètres

La catastrophe de Monville reste dans les souvenirs de la Normandie au même titre que ceux des plus funestes naufrages. Fort heureusement, les trombes n'atteignent pas souvent de pareilles proportions, ou n'arrivent pas précisément en ces points habités où le travail rassemble des multitudes humaines et concentre en quelque sorte le maximum des effets de destruction. Plusieurs, non moins énergiques peut-être, n'ont pas trouvé un pareil aliment à dévorer. — Celle qui bouleversa les environs de Trèves, en 1829, avait la forme d'une cheminée sortant d'un nuage et vomissant des jets de flammes et de vapeurs. Bientôt elle sembla pareille à un serpent, ondula au-dessus de la campagne, et traça un sillon de dix à dix-huit pas de large, sur une longueur de deux mille cent pas, hachant même les herbes, épis, plantes, légumes, qui tapisaient le sol. Mais il n'y eut ni destruction d'habitations, ni mort d'hommes. — Celle qui ravagea Châtenay (Seine-et-Oise), le 18 juin 1839, grilla les arbres qui se trouvèrent sur sa circonférence, et renversa ceux qui se trouvèrent sur son passage même ; les premiers furent même si singulièrement grillés, que leurs branches et leurs feuilles tournées du côté du météore étaient tout à fait desséchées et roussies, tandis que les autres restèrent vertes et vivantes. Des milliers d'arbres de haute futaie furent renversés et couchés dans le même sens, comme des gerbes de blé. Un pommier fut transporté à deux cents mètres de distance, sur un monceau de chênes et d'ormes. Les maisons furent bouleversées dans l'intérieur, sans être renversées pour cela. Plusieurs toits firent l'office de cerfs-volants. Un mur de clôture fut partagé en cinq portions presque égales de sept à huit mètres chacune: la première, la troisième et la cinquième furent renversées dans un

TROMBE TERRESTRE.

sens ; la seconde et la quatrième en sens opposé! Plusieurs rangs d'ardoises eurent leurs clous arrachés, sans qu'elles eussent été enlevées pour cela, ou comme si elles avaient été replacées par la main du couvreur.... Dans une trombe qui sévit sur le village d'Aubepierre (Haute-Marne), le 30 avril 1871, le toit du lavoir a eu ses tuiles *exactement* retroussées, tous les rangs sens dessus dessous. Etc., etc.

Dans les régions sablonneuses des déserts d'Afrique et d'Asie, le voyageur rencontre parfois des *trombes de sable* gigantesques qui s'élèvent de la terre aux nues, et se tordent avec des convulsions et des sifflements de serpents. C'est ce curieux phénomène que représente la figure 240 d'après le voyage aux frontières russo-chinoises de Th. W. Atkinson.

Les trombes qui se manifestent sur la mer, les lacs, les rivières, et qu'on désigne sous le nom de *trombes d'eau*, ne diffèrent des trombes d'air que par leur situation. Au lieu de poussières, de feuilles, d'objets solides attirés par la colonne tourbillonnante, c'est de l'eau, ordinairement à l'état de vapeur très condensée, quelquefois aussi à l'état liquide, qui se mêle à l'air de la trombe. Peltier rapporte un grand nombre d'exemples observés sous toutes les latitudes. Je n'en vois aucun qui ait englouti des navires, ou du moins qui l'ait fait en laissant un témoin. Quelquefois on a coupé à coups de canon la base de la colonne menaçante. Un jour cependant, le 29 octobre 1832, je vois sur la mer d'Ionie un navire pris par une trombe qui le fait basculer de la poupe à la proue, tantôt l'enfonce, tantôt l'enlève, le fait pirouetter rapidement et l'inonde d'eau, au grand effroi des passagers, qui attendaient la fin « comme quelqu'un qui du fond d'un puits en regarde le haut ».

Le nuage attiré peut s'approcher assez près de la terre pour soulever des masses d'eau avec les corps qu'ils contiennent ; les plus gros tomberont isolément en raison de leur pesanteur, mais les plus petits seront transportés plus loin et relâchés en masse. C'est par ce moyen qu'ont lieu les pluies de petites grenouilles et de petits poissons, dont nous parlerons au chapitre VI du Livre suivant.

La nature exacte de cet étrange phénomène atmosphérique n'est pas encore complètement analysée. Il semble que la partie du nuage qui descend vers la terre en forme d'entonnoir ou de trompe d'éléphant ait une sorte de consistance visqueuse, comme si elle était enveloppée dans une membrane de caoutchouc transparent. Il est certain que l'état moléculaire de ce tourbillon nuageux diffère de celui des nuages ordinaires. L'air y est sans doute très serré, très condensé; il est plus froid que l'air extérieur. Dans un rapport important fait sur treize tor-

dans le haut de la colonne d'air dont nous occupions la base. Des oiseaux, des poissons, des sauterelles, des débris sans formes tombaient de tous côtés, et l'état électrique de l'Atmosphère produisait une sensation vertigineuse sans analogue dans nos souvenirs, se manifestant par un état extraordinaire d'exaltation chez quelques hommes habituellement très calmes.

« De nombreux oiseaux étaient retenus dans cette espèce de gouffre aérien. Parmi eux se trouvaient plusieurs échassiers : ce qui indique, avec les insectes et les débris de plantes, que le cyclone avait passé sur des îles. Quelques-uns des poissons volants qui tombaient sur le pont étaient vivants ; d'autres, morts depuis quelque temps, sentaient déjà.

« On profita du calme central pour mettre des chaloupes à la mer, vider l'eau du navire, débarrasser les voiles, installer un gouvernail de fortune, et attendre avec confiance la reprise de la tempête.

« Après cinq heures de calme, vers midi, les premiers souffles du vent se firent sentir et, quelques instants après, l'ouragan dans toute sa force emportait de nouveau le bâtiment. Les rafales arrivaient maintenant du nord, mais aucune des voiles qui avaient été préparées ne put tenir. Il était par suite impossible de manœuvrer pour s'éloigner rapidement du cyclone ; le changement d'amures prescrit par la théorie, afin de prendre le vent par bâbord, put seul être opéré. On fut réduit encore à un rôle passif au milieu des fureurs de l'ouragan, qui ne devait s'éloigner qu'au bout de deux jours par l'effet de son long mouvement de translation. »

Les dernières tempêtes mémorables qui se soient déchaînées sont celles du 27 février au 3 mars 1869, dont le naufrage du navire à trois mâts la *Lérida* de Nantes, venant d'Haïti et échoué au Havre, est resté dans les annales maritimes comme un des plus émouvants épisodes de nos côtes.

Le 2 mars, à dix heures du matin, au milieu d'une mer furieuse, ce trois-mâts, que l'on suivait depuis deux heures du regard, arrivait près de la jetée, alors qu'un courant terrible, dont la puissance était encore décuplée par le vent du nord-ouest, produisait une barre infranchissable.

Bientôt il ressentit les premières atteintes du courant, qui deux heures plus tard aurait été presque sans effet. Il avait jusqu'alors pu naviguer vent arrière ; mais il dut virer du lof, et cette manœuvre, en diminuant sa vitesse, le livra presque sans défense aux éléments déchaînés.

Une angoisse poignante étreignit tous les spectateurs, parmi lesquels les hommes de mer étaient en majorité. Ils avaient compris que dès ce moment le salut de la *Lérida* était gravement compromis. Son capitaine essaya d'une manœuvre désespérée. Il voulut virer lof pour lof afin de s'élever au large ou tout au moins d'entrer en baie de Seine; mais cette manœuvre trop tardivement tentée ne put réussir. Un dernier espoir restait : les deux ancres furent mouillées; elles ne purent mordre à temps!

On put encore croire un instant que tout n'était pas désespéré; les ancres s'étaient accrochées, mais sous l'impulsion des montagnes liquides, qui venaient sans cesse se briser sur le poulier, les chaînes impuissantes se cassèrent. Tout était perdu.

En moins de temps qu'il n'en faut pour le décrire, la *Lérida*, devenue le jouet des flots, allait donner de bout dans l'angle d'un bastion, où son bout-dehors, son beaupré et son étrave furent brisés du coup.

Il ne s'agissait plus alors de sauver le navire; le salut de l'équipage devenait douteux. C'est en courant qu'on avait quitté la jetée, vingt embarcations avaient transporté de l'autre côté du port des citoyens dévoués et prêts à tout tenter pour le sauvetage. Fort heureusement, le navire était assez près de terre pour qu'on pût lancer à bord des lignes afin de ramener les hommes de l'équipage. Les lamaneurs, les douaniers de service, et beaucoup d'autres citoyens courageux furent assez heureux pour arracher ainsi à la mer presque tous les marins en danger.

Il n'y eût eu aucun deuil à déplorer si deux hommes, saisis d'une frayeur que justifie la perspective d'un pareil péril, ne s'étaient précipités ensemble sur un cordage trop faible pour les supporter. On les virait à terre, lorsqu'un coup de ressac est venu déterminer la rupture de la ligne à laquelle ils se cramponnaient.

On les voit surnager quelques instants encore parmi les épaves que broyaient les vagues; puis, plus rien!

Après ce navrant épisode, le capitaine, qui était resté le dernier à son bord, put à son tour saisir une ligne qui l'amena sain et sauf. Bientôt le navire disparut, brisé par les vagues.

Le cyclone de l'*Amazone* (10 octobre 1871), arrivé dans l'Atlantique par 26° 15' de latitude nord et 68° 10' de longitude ouest, et dans lequel le baromètre tomba à 698 millimètres, les naufrages des navires anglais la *Louisa* et la *Florida* (février 1872), l'ouragan de Zanzibar (15 avril 1872), la perte du *Northfleet* (12 novembre 1872), le naufrage de la *Ville du Havre* (29 novembre 1873), sont inscrits dans les annales météorologiques et maritimes comme autant d'exemples de tempêtes formidables.

Les cyclones de l'Inde sont aussi des plus désastreux. On n'a pas perdu le souvenir de celui qui ravagea le Bengale en 1876, en causant des désastres incalculables. En voici un résumé succinct, d'après la description consignée dans un rapport officiel :

« Le cyclone qui a sévi le 31 octobre 1876 prit naissance dans la baie du Bengale et coula de grands navires sur son passage, en se dirigeant vers le nord. Il épargna Calcutta, mais frappa Chittagang, ville située à l'angle nord-est de la baie; il jeta sur la côte tous les bâtiments abrités dans le port, et faillit détruire la ville elle-même. La

nados (les Américains donnent le nom de *tornados* aux trombes) qui
semèrent d'effroyables ravages aux États-Unis les 29 et 30 mai 1879,
M. Finley conclut que les phénomènes électriques sont absents dans
le tornado même, mais accompagnent constamment la formation des
nuages massifs qui se trouvent en relation avec lui. Il y a des observations contraires. On doit penser toutefois que ce n'est pas l'électricité qui produit les faits violents et rapides observés dans les
trombes : la giration de l'air en est la vraie cause mécanique.

L'un de ces tornados des États-Unis, région où ils sont beaucoup
plus fréquents qu'ici et ont été minutieusement étudiés, est particulièrement digne d'arrêter notre attention précisément par la série des
détails observés. Nous le résumerons comme il suit avec M. Faye.

Le tornado se montra au sud-ouest sous la forme d'une trombe, marchant rapidement vers le nord-est. Un peu avant son apparition, le nuage, d'où il paraissait
descendre, manifestait une agitation violente. Il s'y était formé une série de petits
appendices pendillant de ce nuage comme des lambeaux de toile (fig. 242). Pendant une dizaine de minutes, ils paraissaient et disparaissaient comme des fées
dansantes.

Finalement, un de ces appendices parut grandir, s'allonger vers le bas et absorber pour ainsi dire les autres. C'était la trombe susdite qui achevait de se former
et descendait en tournoyant avec rapidité de droite à gauche; elle oscillait un peu
verticalement sans atteindre encore le sol, et semblait s'incliner tantôt d'un côté,
tantôt de l'autre (fig. 243).

Quand le tornado ne fut plus qu'à 3 ou 4 milles de distance, il touchait déjà le
sol, et l'on entendait distinctement son grondement, qui jetait la terreur dans le
cœur des plus braves. Il avait alors la forme de la figure 244.

Cependant le tornado avait franchi la rivière de Salt Creek et atteint la maison
de Mᵐᵉ Sophronia Clark qui se trouvait juste sur le passage du centre. Cet édifice, à un étage et demi, fut enlevé de ses fondations et transporté au nord-est à
une distance de 90 pieds; là il tomba en un amas informe de ruines, qui furent
aussitôt dispersées vers tous les points du compas.

La maison en pierre de taille de M. J. Potter fut détruite, le toit enlevé, les
murailles s'écroulant sur place. La famille échappa au désastre : elle s'était réfu-
giée dans les caves.

La maison de M. Samuel Mac-Bride, à 4 milles de Delphos, fut ensuite attaquée.
Enlevée tout d'une pièce de ses fondations, elle fut portée d'abord à 10 pieds de là,
au nord, puis, à 12 pieds plus loin, au nord-ouest, mise en pièces. Ses débris
furent transportés sur un demi-cercle de 60 à 80 mètres de diamètre. Un domestique fut enlevé et eut les bras cassés; le propriétaire, blessé grièvement par la
chute des débris, mourut peu de temps après la tempête. Sa caisse (c'était un per-
cepteur) avait été brisée et les sacs d'argent dispersés.

La maison de M. King, enlevée en entier de ses fondations, fut portée à 300 pieds
plus loin, à l'est-nord-est, et déposée au bord de la rivière. Chose curieuse, tout
endommagée qu'elle fût, elle échappa à une ruine complète.

Après avoir démoli la maison et les étables de M. Voshman, brisé ses voitures, ses chariots et ses machines agricoles, le tornado attaqua la propriété de M. Krone. Celui-ci le voyait venir, tantôt remontant en l'air en se contractant, tantôt redescendant sur le sol en se dilatant. M. Krone attendit jusqu'à ce qu'il fût à un demi-mille de sa maison ; alors, jugeant que celle-ci allait être détruite, il poussa tout son monde dehors pour que chacun trouvât son salut dans la fuite. Malheureusement M. Krone et ses gens coururent au nord-est, juste dans la trajectoire du tornado. Ils furent bientôt rattrapés. La maison était déjà détruite, lorsque M. Krone, jeté par terre, roulé, enlevé par instants, blessé à la tête et sur le corps par les débris de sa propre habitation, fut enfin arrêté par quelque obstacle. La fille aînée de M. Krone fut emportée à une distance de 200 mètres, projetée contre un grillage et tuée sur le coup. On la retrouva toute nue sur le sol, couverte d'une boue noirâtre. Le fils aîné fut transporté dans un champ voisin, les habits en lambeaux, également couvert de boue. La seconde fille de M. Krone eut la cuisse presque entièrement percée par une pièce de bois. De sa blessure, de sept pouces de largeur, le médecin retira des fragments de bois, de la boue, des clous et de la paille. Tous les autres membres de la famille subirent un sort analogue. Ce furent, comme toujours, les femmes qui eurent le plus à souffrir : entièrement dépouillées de leurs vêtements par la trombe, elles restaient à la merci des débris qui volaient de toutes parts. Leurs cheveux étaient si bien plaqués de boue, qu'il fallut leur raser la tête. Tous ces malheureux, les yeux et les oreilles remplis de cette même boue, ne pouvaient ni voir ni entendre. Des deux étrangers qui avaient cherché un abri chez M. Krone, l'un fut tué sur le coup, l'autre, qui était caché dans une meule de foin, fut enlevé ; en passant en l'air, comme un ballon, à côté d'un cheval debout, il lui saisit la crinière, mais sans pouvoir s'y retenir. On le retrouva au loin, son chapeau dans une main, une poignée de crins dans l'autre.

Les greniers, les écuries, les étables furent entièrement détruits ; six chevaux tués, dix-huit porcs gras, pesant 300 à 500 livres chacun, furent également tués sur le coup ; six autres moururent de leurs blessures. Un chat fut transporté à un demi-mille et retrouvé sur le sol aplati comme s'il avait passé sous une presse à cidre. Les poules, entièrement plumées, furent trouvées au loin, mortes bien entendu.

Nous tenons ces détails de M. Mac-Laren, qui vint au secours de la famille Krone, dix minutes après cette catastrophe frappant subitement une famille si heureuse auparavant. Rien de plus effrayant que cette masse informe de débris, de blessés et de cadavres, au milieu de laquelle s'élevait çà et là un bras ou une voix pour appeler au secours.

Je m'arrête ici, bien que le terrible tornado ne soit encore qu'à la moitié de sa course. Arrivé à la frontière nord du comté d'Ottawa, il cessa de toucher terre et ne tarda pas à disparaître en remontant dans les nuages d'où il était descendu.

Résumons en quelques lignes les faits constatés par l'observation de six cents tornados aux États-Unis et ceux que nous avons éprouvés en Europe.

L'approche d'un tornado est signalée par un vaste nuage noir couvrant le ciel, au moins en partie, au-dessous duquel descend, en forme d'entonnoir, un énorme appendice nuageux qui atteint la surface du sol. A la pointe inférieure se trouve la très petite aire où les vents destructeurs sont condensés.

La vitesse de giration est très diversement estimée, ce qui tient en partie à la région sur laquelle chaque spectateur a porté son attention. La moyenne est de 170 mètres par seconde, la moitié à peu près de la vitesse d'une balle de fusil.

Le diamètre le plus ordinaire, variable du reste, est de 300 mètres à 400 mètres. Au delà du cercle visible du tornado, dessiné par son enveloppe nuageuse, il n'y a pas de vent violent dû à ce phénomène.

FIG. 242. — Premier aspect du tornado.

Tous, grands ou petits, sont animés d'un mouvement de translation variant de 5 mètres à 125 mètres par seconde. La moyenne 17 mètres, est celle d'un train de chemin de fer à grande vitesse. Ils viennent tous, aux États-Unis, de quelque point de l'horizon ouest et se dirigent vers le point opposé de l'horizon est. La plupart vont du sud-ouest au sud-est. Jamais tornado n'a suivi une marche inverse.

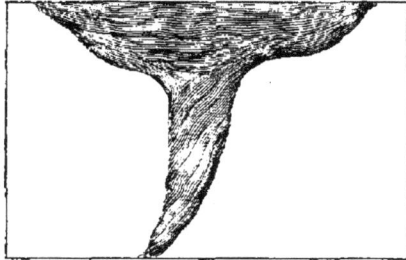

FIG. 243. — Le tornado avant d'atteindre le sol.

Ils peuvent marcher en l'air sans toucher le sol. Leur ravage commence seulement lorsqu'ils descendent jusqu'au sol. Quelquefois leur extrémité inférieure se relève, puis s'abaisse un peu plus loin. Ils ont alors l'air de danser, comme le disait un ouvrier de Malaunay en 1845.

FIG. 244. — Le tornado touchant et balayant le sol.

Leur marche est, en général, en ligne droite. Parfois cependant on a noté de légères oscillations, en sorte que la trajectoire, marquée sur le sol par des ravages, présente alors des déviations en zigzag. Leur inclinaison sur la verticale est d'ailleurs considérable, 45 degrés et plus. La pointe est d'ailleurs invariablement en arrière de l'embouchure.

Malgré cette inclinaison, les spires du tornado conservent leur horizontalité : leur mouvement si violent de giration s'opère toujours autour d'un axe vertical.

Les tornados arrivent souvent au sein d'une atmosphère chaude et oppressive. Ils sont suivis d'un abaissement immédiat de la température. Lorsqu'ils sont accompagnés d'averses, celles-ci se produisent presque indifféremment avant ou après leur passage.

Les tornados paraissent dans les temps orageux. Quelquefois (soixante-dix cas) ils offrent eux-mêmes des signes d'une électricité propre : formation de boules de feu, sorte d'incandescence à la pointe. D'autres fois (quarante-neuf cas) ils en sont entièrement privés, ou du moins ne manifestent aucune trace d'électricité.

Nos lecteurs trouveront dans notre *Revue mensuelle d'Astronomie et de Météorologie* de curieux exemples de trombes récemment observées, entre autres deux trombes violentes qui ont ravagé plusieurs communes du département de l'Orne les 16 février et 28 octobre 1885 (judicieusement étudiées par M. Vimont), six trombes marines observées de San Remo, sur la Méditerranée, le 13 janvier 1885, par M. Curtis et M. Braddon, une singulière petite trombe observée le 22 mai 1886 à Bar-sur-Aube, par M. Comte (un châssis de jardinier pesant 60 kilogrammes a été enlevé à la hauteur d'un peuplier), plusieurs trombes observées de Marseille par MM. Guérin, Léotard et Payan, en septembre 1886, etc., etc. L'espace nous manque pour entrer dans les détails de tous les exemples. Remarquons toutefois un calcul intéressant pour l'une des trombes de San Remo; allongée en forme de serpent descendant obliquement du nuage à la mer, elle mesurait 2 kilomètres de longueur, le tuyau de la trombe était cinq fois plus large que la colonne Vendôme à Paris, et la mer était comme soulevée au-dessous en forme de corbeille six fois plus large que la place Vendôme et quatre fois plus élevée que la colonne. C'est cette trombe, dessinée d'après nature, que nous avons représentée en tête de ce chapitre (figure 239, page 585).

Pendant la correction de ces épreuves, je viens d'observer (7 juillet 1887, à une heure cinquante minutes de l'après-midi) un petit tourbillon ascendant fort curieux. Sur la rive droite de la Seine, en face de Juvisy, par un air calme et tiède, j'ai vu, ainsi qu'une vingtaine d'autres spectateurs, le dessus et le tour d'une meule de foin se détacher et se disperser en tourbillonnant, suivant des spires en sens contraire du mouvement des aiguilles d'une montre et de plus en plus développées, emportés jusqu'à une hauteur de plus de 300 mètres, à laquelle ces légers débris flottèrent pendant près d'un quart d'heure. Il n'est pas très rare de voir des colonnes de poussière montantes ainsi formées, tournant toujours dans le même sens.

LIVRE CINQUIÈME

L'EAU

LES NUAGES — LES PLUIES

CHAPITRE PREMIER

L'EAU A LA SURFACE DE LA TERRE ET DANS L'ATMOSPHÈRE

LA MER. — LES FLEUVES. — VOLUME ET POIDS DE L'EAU QUI EXISTE SUR LA TERRE. — CIRCULATION PERPÉTUELLE. — LA VAPEUR D'EAU DANS L'ATMOSPHÈRE. — SES VARIATIONS SUIVANT LA HAUTEUR, SUIVANT LES LIEUX, SUIVANT LE TEMPS. — HYGROMÈTRE. — LA ROSÉE. — LA GELÉE BLANCHE.

Le globe autour duquel nous sommes fixés par l'attraction mesure 12 742 kilomètres de diamètre, c'est-à-dire 10 000 lieues de circonférence. C'est une sphère dont le volume cubique est de mille milliards de kilomètres cubes environ (1 083 000 000 000). Si c'était de l'eau, il pèserait mille milliards de milliards de kilogrammes, puisque l'eau pèse 1 kilogramme le litre ou décimètre cube, 1000 kilogrammes le mètre cube, mille milliards de kilogrammes le kilomètre cube. Mais comme la terre pèse environ cinq fois et demie plus que l'eau, le poids du globe terrestre est de 6000 sextillions de kilogrammes. L'Atmosphère qui enveloppe notre planète pèse, avons-nous dit, 5263 quatrillions de kilogrammes : ce n'est pas tout à fait la millionième partie du poids de la Terre entière (la 1 116 000ᵉ). Son volume, à la densité de la surface du sol, formerait une masse de 4072 quatrillions de mètres cubes. L'eau occupe dans le système terrestre une place de même importance que l'air. La profondeur moyenne des océans est de 4 kilomètres environ, malgré les irrégularités du fond, dont les rives, les plateaux, les montagnes et les vallées font varier le niveau depuis quelques mètres jusqu'à dix kilomètres. Cette profondeur moyenne donne pour le volume des eaux 3200 quatrillions de mètres cubes. Il faudrait quarante mille ans à tous les fleuves du monde pour remplir l'océan s'il était à sec.

Réunie en une seule goutte, cette eau des mers formerait une sphère de 240 kilomètres de diamètre. Répandue sur toute la surface sphé-

rique du globe, si cette surface était parfaitement unie, elle la submer-
gerait sur une épaisseur de 200 mètres. La densité de l'eau de mer, un
peu plus lourde que celle de l'eau douce, est égale à celle du lait de
femme ; sa masse entière formerait un poids de 3289 quintillions de
kilogrammes : c'est la 1786ᵉ partie du poids de la Terre.

La plus grande profondeur de l'océan ne dépasse pas 10 kilomètres,
et la portion respirable de l'Atmosphère s'étend à peine à 10 kilomètres également. C'est dans cette mince zone de 20 kilomètres d'épaisseur que s'accomplissent tous les phénomènes de la vie, depuis les
forêts sous-marines et les animaux étranges qui habitent les noires profondeurs, jusqu'aux plantes de la surface habitée par l'homme, jusqu'aux espèces animales si diverses qui respirent à ciel ouvert, jusqu'au condor qui dépasse les plus hautes neiges éternelles. Cette zone
de vie est bien mince devant l'épaisseur de la Terre, qui devient elle-
même si microscopique lorsqu'on la compare au système planétaire.

Pour nous rendre compte de cette mince épaisseur, nous pouvons
considérer une coupe équatoriale du globe. En exagérant même les
sinuosités de cinquante fois, on voit (fig. 245) que l'écorce terrestre est
presque exactement représentée par un cercle. Les continents et les
îles ne sont que les sommets des plateaux et des montagnes dont le pied
est submergé. L'atmosphère respirable serait représentée avec la même
exagération par une couche de 2 millimètres d'épaisseur.

Cette eau couvre à peu près les *trois quarts de la Terre*, dans l'état
qui correspond à la température moyenne de la surface, c'est-à-dire à
l'état *liquide*. Ses courants constituent, comme nous l'avons vu, la
grande circulation artificielle de la planète. Non contente de dominer
ainsi dans son état ordinaire, elle règne à l'état *solide* jusqu'aux
régions silencieuses des pôles et sur le front glacé des montagnes
inaccessibles ; et à l'état *gazeux*, elle règne en souveraine plus absolue
encore dans l'Atmosphère, dont elle régit la vie, et dans laquelle elle
répand tour à tour l'abondance et la stérilité, la joie des beaux jours ou
la tristesse des sombres cieux.

Cette eau n'est immobile ni dans la profondeur du bassin océanique,
ni dans les glaces solides, ni dans l'Atmosphère. Grâce à l'appel toujours actif du Soleil, grâce aux courants aériens, l'eau s'élève verticalement du fond de la mer à son niveau, se vaporise à toutes les températures, monte en vapeur invisible à travers l'océan aérien, se condense
en nuages, voyage au-dessus des continents, descend en pluie, filtre à
travers la surface du sol, glisse sur les couches d'argile imperméable,

sort en source à l'effleurement, descend par le ruisseau dans la rivière, et tombe dans le fleuve qui la reporte à la mer. Cette goutte d'eau en apparence insignifiante que nous versons de la carafe dans notre verre, elle a bien fait des voyages depuis qu'elle existe : elle a déjà été bue bien des fois sans doute, car rien ne se perd comme rien ne se crée ; elle a mouillé le bec rapide de l'hirondelle qui glisse en courbe gra-

cieuse au-dessus de la surface de l'onde ; elle a gémi dans la tempête au milieu des fureurs de l'ouragan ; elle a brillé dans l'arc-en-ciel ; elle a rafraîchi le sein de la rose matinale ; elle a été portée au sommet des airs dans les cirrus de glace qui dominent l'aérostat le plus téméraire ; elle s'est reposée dans le lit des neiges éternelles, et par les transitions de la

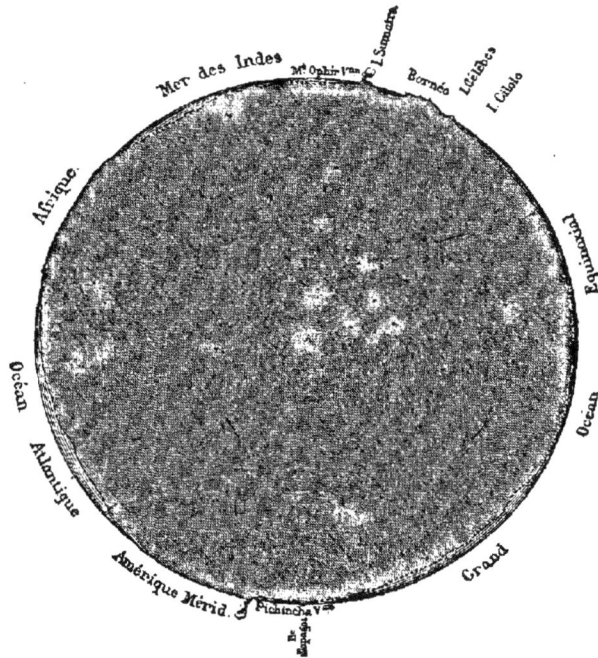

FIG. 245. — Coupe équatoriale de la Terre.

pluie, du brouillard, de l'orage, du cours d'eau, elle est arrivée des antipodes sur notre table. Quelle circulation indescriptible que celle de l'eau dans l'immense organisme de la planète !

La goutte de pluie qui tombe sur le sol pénètre plus ou moins profondément, suivant la nature du terrain et son état de sécheresse ; les premières gouttes d'une pluie d'orage sur un terrain nu et brûlant ne pénètrent même pas du tout et se vaporisent aussitôt ; mais, en général, nous pouvons suivre la goutte d'eau descendant obliquement suivant les pentes. On appelle *bassin* un ensemble de pentes qui aboutit à une ligne de plus grande profondeur, à un fleuve dans lequel arrivent les eaux tombées sur la surface de cet ensemble. Entre les bassins il y a les crêtes, ou lignes de partage : deux gouttes d'eau voisines tombant

sur un point de ces lignes de faîte descendront, celle-ci dans un
bassin, celle-là dans un autre; elles retourneront au grand collecteur
par des chemins bien différents. Trois gouttes d'eau voisines tombant,
par exemple, sur un même district du plateau de Langres, descendront
l'une par la Marne dans le bassin de la Seine, la Manche et l'océan
Atlantique, l'autre par la Meuse dans le bassin du Rhin et dans la mer
du Nord, la troisième par la Saône dans le bassin du Rhône et dans la
Méditerranée.

L'eau naturelle, l'eau des océans, est salée, le chlorure de sodium
faisant partie de sa composition. L'eau douce de la pluie, des sources
et des rivières est de l'eau de mer distillée par l'évaporation de la chaleur solaire qui donne naissance aux nuages.

Toute source, tout ruisseau, toute rivière, tout fleuve provient de la
pluie. Les eaux minérales elles-mêmes ont la même origine : leurs
propriétés chimiques et leur chaleur proviennent des terrains profonds à travers lesquels les eaux météoriques sont descendues, terrains
qu'elles traversent aussi pour revenir au niveau de leur réservoir primitif, comme dans le siphon. Le soleil, en évaporant l'eau des mers, y
laisse le sel, qui n'est pas volatil. Voilà pourquoi l'eau de la pluie est
douce, et par conséquent celle des cours d'eau. Le sel reste constamment dans la mer, et sa quantité est telle, qu'il pourrait couvrir la surface entière du globe sur une épaisseur de 10 mètres.

L'eau n'est jamais absolument pure, car elle renferme les substances
qu'elle a rencontrées dans les airs et dans la terre, notamment des
carbonates et des sulfates de chaux et de magnésie, de la silice, des
chlorures de sodium et de potassium, des substances organiques, des
germes, des microbes. Pour être bonne, saine, potable, l'eau doit être
aérée, comme celle des sources, par exemple ; contenir de l'oxygène (l'eau distillée est indigeste) et ne pas renfermer plus de 30 centigrammes de matières solides par litre; elle doit bien cuire les légumes
et dissoudre le savon sans former de grumeaux : ce qu'elle ne peut faire
quand le sulfate et le carbonate de chaux y sont abondants; dans ce cas,
on la corrige en en précipitant la chaux, sous forme de carbonate
insoluble, au moyen d'une certaine quantité de carbonate de soude.
Les bonnes eaux ne renferment pas plus de 1 à 2 dix-millièmes de matières fixes [1].

L'eau est le véhicule des transmissions des maladies infectieuses (cho-

1. Voy. A. de Vaulabelle, *Physique du globe et Météorologie populaire.*

léra, fièvre typhoïde). On ne saurait nier sans doute que les germes de ces maladies ne puissent être transmis par l'air, par la poussière et par le vent ; mais toutes les observations prouvent que *c'est surtout par l'eau* que la contagion se propage. Il ne faut jamais boire l'eau d'un pays contaminé.

De même que la couleur bleue du ciel est due à la vapeur d'eau, nous l'avons vu, de même aussi la couleur de l'eau elle-même, prise en grand, est bleue ; ses nuances descendent jusqu'au vert, suivant l'action de la lumière.

Nous avons vu dès notre Livre Ier (p. 92) qu'en outre de l'oxygène et de l'azote, l'Atmosphère contient un élément fondamental : la *vapeur d'eau*. Nous avons vu dans notre Livre III (p. 311) que cette vapeur d'eau est *de la plus haute importance dans la distribution des températures*, et que sa formation comme sa marche représentent une *force formidable en action permanente dans la grande usine aérienne.* Enfin, dans notre Livre IV (p. 534) nous avons observé que l'air contient d'autant plus de vapeur d'eau qu'il est plus chaud ; qu'un refroidissement suffisant l'amène à son point de saturation, sans rien ajouter à la quantité de vapeur qu'il renferme, mais simplement en vertu du refroidissement.

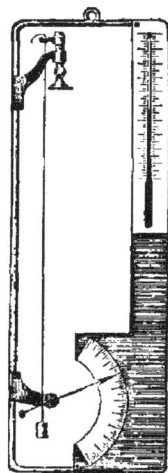

Fig. 246. — Hygromètre à cheveu.

Pour connaître la quantité de vapeur d'eau que contient l'air à un moment donné, on pourrait donc, par exemple, refroidir un thermomètre suspendu dans l'air jusqu'au moment où il indiquerait le degré de saturation, c'est-à-dire jusqu'au moment où sa boule serait recouverte de vapeur condensée, de rosée. En cherchant dans une table quelle quantité de vapeur d'eau correspond à ce degré thermométrique de saturation, on obtient la quantité réelle qui est en suspension dans l'air au moment de l'expérience. Cette méthode, inventée par Dalton et perfectionnée par Daniell, est toutefois un peu compliquée.

Les instruments destinés à mesurer l'humidité de l'air ont reçu le nom d'*hygromètres* (ὑγρός, humide, μέτρον, mesure). Le plus simple est celui qui a été inventé par Saussure, et qui est fondé sur l'allongement d'un cheveu. Les cheveux s'allongent en raison de l'humidité. La variation n'est pas apparente à l'œil nu ; mais, en attachant l'une des extrémités du cheveu à la petite branche d'une aiguille, on peut faire décrire à la grande branche un arc de cercle dont les divisions sont assez sensibles pour montrer la proportion de l'humidité. On a noté 100 au point où l'aiguille s'arrête quand l'air est complètement saturé, et 0 à celui où elle reste fixe quand l'air a été absolument desséché. On a divisé l'espace en 100 parties égales, lesquelles ne correspondent pas exactement à la proportion d'humidité. Voici cette proportion, d'après Gay-Lussac :

1 dixième =	22 degrés de l'hygr.		6 dixièmes =	79 degrés de l'hygr.	
2 —	39	—	7 —	85	—
3 —	53	—	8 —	90	—
4 —	64	—	9 —	95	—
5 —	72	—	10 —.	100	—

Un thermomètre est fixé à la monture de l'appareil.

Malgré le soin avec lequel il est construit, cet hygromètre n'est pas aussi précis que l'appareil de Daniell et que celui dont nous allons parler. Les hygromètres populaires le sont encore beaucoup moins. Ils font plutôt *voir* l'humidité qu'ils ne la mesurent ; c'est pourquoi on les nomme *hygroscopes*. Chacun connaît les moines dont le capuchon s'abaisse quand le temps est humide. Une corde à boyau fixée au bonhomme se termine vers la charnière du capuchon mobile. L'humidité la rétrécit, et par ce fait elle tire plus ou moins le capuchon.

FIG. 247. — Hygroscope.

Dans les observatoires on se sert d'un hygromètre dont la variation n'est plus causée par l'absorption, comme celui de Saussure, mais par l'évaporation, comme celui de Daniell. Cet hygromètre, très précis, est dû à Leslie et a été perfectionné par August. Comme il se base sur le refroidissement d'un thermomètre, on lui a donné le nom de *psychromètre* (ψυχρός, froid). Il est formé de deux thermomètres aussi identiques que possible placés à côté l'un de l'autre. La boule de l'un d'eux est enveloppée d'un linge mouillé, qui reste constamment humide par sa communication avec un verre d'eau. Le thermomètre humide est d'autant plus bas que l'évaporation du linge mouillé qui l'enveloppe est plus grande, et celle-ci est d'autant plus grande que l'air est plus sec. La différence des deux thermomètres s'accroît donc avec la sécheresse de l'air, et elle est en raison inverse de la proportion d'humidité qu'il renferme[1].

L'eau s'évapore sans cesse et à tous les degrés, même à l'état de glace. C'est cette évaporation qui alimente l'humidité de l'air. A la surface des mers, l'air est saturé d'humidité ; sur les continents, elle varie suivant les lieux. A Cumana, il s'évapore annuellement une couche d'eau de 3^m,52, à Madère une couche de 2 mètres, à Paris une couche de 60 à 90 centimètres, suivant la température, l'eau tombée, les vents, l'état du ciel. L'évaporation est d'autant moins grande que l'on s'avance davantage dans les climats froids. Si nous admettions un mètre d'eau de hauteur pour l'évaporation moyenne générale (et par conséquent aussi pour la pluie, la neige et la rosée), nous en conclurions que le volume total des eaux soulevées par la chaleur solaire est de 510 milliards de mètres cubes ou 510000 milliards de kilogrammes.

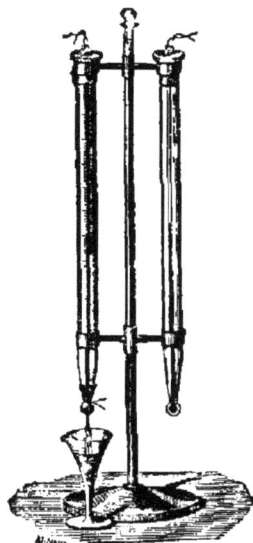

Fig. 248. — Psychromètre.

L'air saturé ne peut plus gagner d'humidité ; l'évaporation est

1. La formule algébrique qui exprime cette relation et permet de calculer l'état hygrométrique ne peut être analysée ici. Mais on trouvera à l'Appendice une table psychrométrique indiquant la tension de la vapeur d'eau, l'humidité relative et les points de rosée qui correspondent à des différences de 1 à 10 degrés entre le thermomètre mouillé et le thermomètre sec de l'hygromètre. On appelle *tension de la vapeur d'eau* l'humidité absolue et on l'exprime en millimètres : cette tension, qui s'exerce sur le baromètre en même temps que le poids de l'air, est, en effet, sensiblement proportionnelle au poids de la vapeur contenue dans l'air. Si l'on indique la quantité de vapeur par le nombre de grammes que pèsent les vapeurs d'eau contenues dans un mètre cube d'air, et la force expansive par le nombre de millimètres de la colonne de mercure qui fait équilibre à la tension de la vapeur d'eau, on obtient des nombres presque égaux ; si, par exemple, un mètre cube d'air contient 5 grammes de vapeur d'eau, la tension de la vapeur est d'à peu près 5 millimètres, et réciproquement. On appelle *humidité relative* le rapport qui existe entre la quantité de vapeur que contient réellement l'air et celle qu'il pourrait contenir à la température du moment de l'observation, ou, ce qui revient au même, le rapport entre la tension actuelle de la vapeur d'eau réellement contenue dans l'air et celle qu'elle aurait si, à cette même température, l'air était saturé. On appelle *point de rosée* le degré thermométrique auquel se condense la vapeur d'eau répandue dans l'air. Voici les POIDS DE VAPEUR D'EAU QUE PEUT CONTENIR UN MÈTRE CUBE D'AIR A DIFFÉRENTES TEMPÉRATURES.

Degrés.	Grammes.	Degrés.	Grammes.	Degrés.	Grammes.	Degrés.	Grammes.
— 25	0,93	— 2	5,01	12	11,83	26	25,96
— 20	1,38	0	5,65	14	13,33	28	28,81
— 15	2,00	+ 2	6,42	16	14,97	30	31,93
— 10	2,87	4	7,32	18	16,76	32	35,45
— 8	3,30	6	8,25	20	18,77	34	39,12
— 6	3,80	8	9,30	22	20,91	36	43,17
— 4	4,37	10	10,57	24	23,36		

d'autant plus grande que l'air est plus sec et plus renouvelé par le vent. L'acte de l'évaporation entraîne avec lui le refroidissement. Un linge mouillé étendu au vent est plus froid qu'un objet sec. Notre peau est toujours plus froide qu'elle ne le serait sans l'évaporation.

L'état hygrométrique de l'Atmosphère n'est pas le même dans toute sa hauteur, comme la proportion d'oxygène et d'azote. En général, il augmente depuis la surface du sol jusqu'à une certaine hauteur, où l'on trouve une zone d'humidité maximum ; puis il décroît à mesure qu'on s'élève davantage, de telle sorte qu'en s'élevant à une hauteur assez grande on arriverait dans une région absolument dépourvue de vapeur d'eau, absolument sèche.

L'étude de la variation de l'humidité atmosphérique était inscrite au premier rang du programme de mes ascensions scientifiques. Voici le résultat des observations que j'ai faites sur ce point.

Dans dix séries d'observations spéciales représentant environ cinq cents positions différentes, la distribution de la vapeur d'eau dans les couches atmosphériques a suivi une règle constante, que l'on peut énoncer en ces termes :

1° L'humidité de l'air s'accroît à partir de la surface du sol jusqu'à une certaine hauteur ; 2° elle atteint une zone où elle reste à son maximum ; 3° elle décroît à partir de cette zone et diminue constamment ensuite à mesure que l'on s'élève dans ces régions supérieures.

Cette *zone*, à laquelle je donnerai le nom de zone *d'humidité maximum*, varie de hauteur, suivant les heures, suivant les époques et suivant l'état du ciel.

Je ne l'ai trouvée qu'en de rares circonstances (principalement à l'aurore) voisine de la surface du sol.

Cette marche générale de l'humidité est constante, que le ciel soit pur ou couvert, et elle se manifeste dans les observations faites pendant la nuit aussi bien que dans les observations diurnes. Les tableaux hygrométriques construits après chaque voyage montrent avec évidence la permanence de cette loi.

Il se présente des différences considérables relativement à la hauteur de la zone maximum et à la proportion de l'accroissement de l'humidité. Ainsi, le 10 juin 1867, à quatre heures du matin (vent N. E.), au lever du soleil et sur la lisière de la forêt de Fontainebleau, la zone maximum était à 150 mètres seulement de la surface du sol. L'hygromètre construit spécialement pour ces études marque 93 degrés au niveau du sol et s'élève rapidement jusqu'à 98, qu'il atteint à 150 mètres. A partir de là, il redescend désormais à mesure que l'aérostat s'élève, marquant 92 à 300 mètres, 86 à 750, 65 à 1100, 60 à 1350, 54 à 1700, 48 à 1900, 43 à 2200, 36 à 2400, 30 à 2600, 28 à 2900, 26 à 3000, 25 à 3300 mètres. L'atmosphère était d'une très grande pureté et sans le moindre nuage.

Dans une autre ascension, le 15 juillet suivant, à cinq heures quarante minutes du matin (vent S. W.), descendant d'une altitude de 2400 mètres au-dessus du Rhin, sur Cologne, j'ai trouvé la zone maximum à 1100 mètres. Le ciel n'était pas entièrement pur. L'humidité relative de l'air était de 62 degrés à 2400 mètres, de 64 à 2200, de 75 à 2000, de 85 à 1800, de 90 à 1600, de 92 à 1550, de 95 à 1330, de 98 à 1100 mètres. C'est la zone maximum. Puis, à mesure que l'aérostat descend, l'humidité diminue. A 890 mètres elle est déjà descendue à 92 degrés, à 700 à 90, à 510 à 87, à 240 à 84, à 50 mètres du sol à 83, et à la surface à 82 degrés. Suivant la même descente, le thermomètre s'était élevé de 2 à 18 degrés centigrades.

Le 15 avril 1868, à trois heures après midi (vent N.), parti du jardin du Conservatoire des arts et métiers, j'ai constaté une marche analogue dans la variation de l'humidité. Au départ, dans le jardin, l'hygromètre marque 73 degrés, s'élève à 74 à 776, donne 75 à 900, 76 à 1040, 77 à 1150. C'est la position de la zone maximum. L'humidité décroît ensuite progressivement et constamment; elle est de 76 degrés à 1230 mètres, de 73 à 1345, de 71 à 1400, de 69 à 1450, de 67 à 1490, de 64 à 1545, de 62 à 1573, de 59 à 1600, de 56 degrés à 1650 mètres. A 2000 mètres l'humidité ambiante est descendue à 48 degrés, à 2400 mètres elle est de 36, à 3000 de 31, à 4000 mètres de 19 degrés.

Cette ascension a été faite par un ciel nuageux. Le maximum d'humidité était un peu au-dessous de la surface inférieure des nuages.

Le 23 juin 1867, à cinq heures du soir (vent N. N. E.), la zone maximum se trouvait à 555 mètres, également au-dessous des nuages.

Le résultat général montre donc que l'humidité augmente de la surface du sol jusqu'à une certaine hauteur variable, et décroît ensuite jusqu'aux plus grandes hauteurs. Je ne me crois pas encore en droit de préciser ces variations proportionnelles; des causes complexes rendent les règles difficiles à dégager. Indépendamment de la hauteur, l'humidité de l'air varie selon l'heure, selon l'élévation du soleil sur l'horizon, selon l'état du ciel et parfois aussi selon la nature sèche ou humide des terrains au-dessus desquels passe l'aérostat. Mais la loi générale énoncée plus haut ne m'en paraît pas moins pouvoir être adoptée comme une remarque constante. J'insiste d'autant plus fortement sur ce point que la connaissance de la variation de l'humidité relative de l'air est regardée comme l'élément le plus important des bases météorologiques [1].

Je ne me hasarderai pas à tracer un diagramme de cette variation de l'humidité suivant la hauteur, comme je l'ai fait plus haut pour la décroissance de la pression atmosphérique et de la température. Mes observations ne sont ni assez nombreuses ni assez précises. Celles de M. Glaisher, en Angleterre, sont beaucoup plus rigoureuses, et ont été faites avec tous les appareils hygrométriques comparés. Leur résultat montre que, comme forme générale, l'humidité s'accroît sur les Iles Britanniques depuis la surface du sol jusque vers 1000 mètres, et décroît ensuite fort irrégulièrement. On y voit que l'humidité, à 60 degrés au niveau du sol, s'est élevée jusqu'à 72 degrés vers 900 mètres, pour décroître ensuite à peu près constamment jusqu'à 6500 mètres, où elle n'est plus qu'à 16 degrés.

Les observations faites sur les montagnes confirment l'accroissement observé d'abord suivant la hauteur. Kaemtz a constaté une moyenne de 84°,3 sur le Righi quand elle était de 74°,6 en bas, à Zurich.

1. Extrait des *Comptes rendus de l'Académie des sciences*, 1868, p. 1052.

Bravais et Martin ont trouvé 75°,9 au sommet du Faulhorn et 63°,2 en
même temps à Milan. Au-dessus de 1000 mètres l'humidité va en
diminuant, malgré les accroissements particuliers dus, de distance en
distance, à des courants superposés.

A la surface du sol, l'humidité relative de l'air varie suivant les heures
du jour, en correspondance inverse avec la température.

Plus l'air est chaud, plus il est sec; plus il est froid, moins il lui
faut d'humidité pour le saturer. Dans nos régions tempérées on voit
assez régulièrement l'état hygrométrique de l'air augmenter vers le
lever du soleil, pendant le minimum de température, descendre ensuite

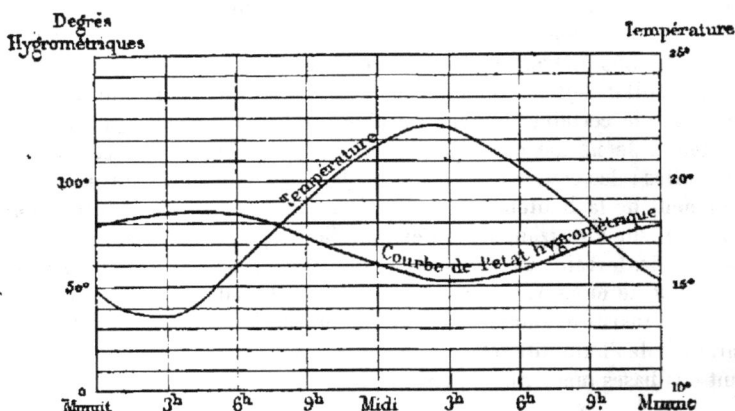

FIG. 249 — Variation diurne de l'humidité atmosphérique.

jusque vers deux heures après midi, au maximum de chaleur, et s'accroître de nouveau le soir et pendant la nuit. Cette variation diurne respectivement inverse de l'hygromètre et du thermomètre est bien facile à
saisir par la figure ci-dessus, qui représente la moyenne d'une longue
série d'observations faites par Kaemtz à Halle. Ces courbes sont celles
du mois de juillet, où le contraste est le mieux marqué.

Cet état hygrométrique de l'air, qui joue le premier rôle dans l'entretien de la vie à la surface de la planète, varie semblablement suivant
les saisons. Vingt ans d'observations quotidiennes (1843-1863) à
Bruxelles par l'hygromètre de Saussure et le psychromètre d'August
ont donné à M. Quételet pour la moyenne de midi, discutée d'après ce
dernier appareil, la série de nombres suivants :

Janvier	87°,3	Mai	64°,8	Septembre	73°,7
Février	83°,5	Juin	64°,2	Octobre	80°,4
Mars	73°,5	Juillet	66°,8	Novembre	85°,2
Avril	65°,9	Août	68°,3	Décembre	89°,0

On voit que le maximum d'humidité relative arrive en décembre et le minimum en juin. La figure 250 est tracée en représentant 1 degré hygrométrique par 1 millimètre, au-dessus de la ligne de 60 degrés prise pour base.

Cette humidité atmosphérique invisible, qui ne révèle sa présence que par les appareils délicats imaginés pour la mesurer, et qui cependant donne aux paysages toute leur valeur, — l'émeraude aux prairies de la verte Érin, l'azur au ciel de la Méditerranée, la corpulente splendeur aux végétaux des tropiques, — cette humidité invisible devient visible aussitôt qu'un abaissement de température l'amène à son point de saturation. Si c'est l'air lui-même qui subit un refroidissement, il devient opaque par le passage de la vapeur à l'état liquide, et nous avons le

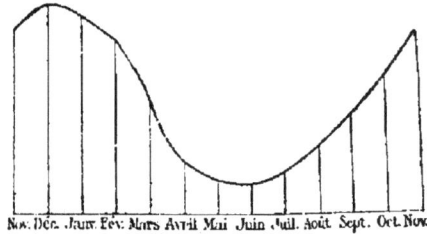

FIG. 250. — Variation mensuelle de l'humidité atmosphérique.

brouillard. Si c'est un corps solide qui soit à ce degré de froid, l'humidité se condense à sa surface, et nous avons la rosée.

La *rosée* ne descend pas du ciel, comme on le dit encore dans les insignifiants petits livres de lecture des écoles primaires. Sa production n'a rien de commun avec celle de la pluie. Elle *se forme* dans l'endroit même où on l'observe.

Si l'on place en plein air, dans une nuit calme et sereine, de petites masses d'herbes, de coton, d'édredon ou de toute autre substance filamenteuse, on trouve après un certain temps que leur température peut descendre à 6, 7 et même 8 degrés au-dessous de la température de l'atmosphère ambiante.

Dans les lieux où la lumière du soleil ne pénètre pas et d'où l'on découvre une grande étendue du ciel, cette différence entre la température des objets et celle de l'Atmosphère commence à se faire sentir vers quatre heures de l'après-midi, c'est-à-dire dès que la température diminue ; le matin, elle persiste plusieurs heures après le lever du soleil. Les observations du physicien Wells, continuées par Arago, ont montré que dans une nuit sereine l'herbe d'un pré peut être de 6 à 7 degrés plus froide que l'air ; si des nuages surviennent, aussitôt l'herbe se réchauffe de 5 à 6 degrés sans que pour cela la température de l'Atmosphère change.

Un thermomètre en contact avec un flocon de laine déposé sur une planche élevée de 1 mètre au-dessus du sol marquait, par un temps calme et serein, 5 degrés de moins qu'un second thermomètre dont la boule touchait un flocon de laine tout pareil, mais qui se trouvait placé sous la face inférieure de la même planche. Un thermomètre posé à plat sur une table, à ciel ouvert, pendant la nuit, ne donne pas la température de l'air : il est toujours plus bas quand le ciel est pur et sans vent.

Ce refroidissement est dû au rayonnement nocturne. Lorsque aucun obstacle ne s'oppose à ce que la chaleur d'un corps se disperse, il rayonne cette chaleur à distance et la perd petit à petit. L'air transparent ne suffit pas pour s'opposer à cette déperdition de chaleur. Un nuage, un écran de bois, de toile, de papier, ou même de fumée, suffiraient. Sans obstacles, le corps se refroidit selon son pouvoir rayonnant, qui diffère d'ailleurs suivant les corps (il est, par exemple, très fort pour le verre et très faible pour les métaux) ; et lorsque la température du corps ainsi exposé est descendue au degré de saturation, l'humidité atmosphérique se dépose sur lui, revêtant d'abord la forme de gouttelettes sphéroïdales, car telle est la forme que prend tout ensemble de molécules livré à ses forces intimes de cohésion ; puis, lorsque ces gouttes sont assez lourdes et assez rapprochées, elles s'étendent comme une mince nappe d'eau à la surface du corps.

La rosée n'est abondante que pendant les nuits calmes et sereines. On en aperçoit quelques traces dans des nuits couvertes s'il ne fait pas de vent, ou malgré le vent si le temps est clair, mais il ne s'en forme jamais sous les influences réunies du vent et d'un ciel couvert.

Les circonstances favorables à une précipitation abondante de rosée se trouvent réunies au printemps et en automne plutôt qu'en été. Les différences entre les températures du jour et celles de la nuit ne sont jamais plus grandes qu'au printemps et en automne.

Ces phénomènes de la précipitation de la rosée sur un corps dense et poli, sur une plaque de verre par exemple, ressemblent parfaitement à ceux qu'on observe lorsqu'une vitre est exposée à un courant de vapeur d'eau plus chaud qu'elle : une couche légère et uniforme d'humidité ternit d'abord la surface ; il se forme ensuite des gouttelettes irrégulières et aplaties qui se réunissent après avoir acquis un certain volume et qui ruissellent alors dans toutes sortes de directions.

Si l'on apporte dans une chambre échauffée des objets très froids, on voit tous ces objets se couvrir d'humidité. C'est ainsi que les riches cristaux apportés au dessert sur une table servie dans une pièce dont l'air est plein de vapeur par l'évaporation des mets, la respiration des convives et la combustion des lumières de toute sorte, sont immédiatement ternis par une épaisse couche de rosée fournie par la vapeur invisible de l'air environnant. Souvent, en entrant dans une salle de spectacle, les verres des jumelles, froides de la température extérieure, sont obscurcis par un semblable dépôt d'humidité, qui est un véritable dépôt de rosée.

Par les froids d'hiver, si l'on ouvre une fenêtre dans la salle à manger où un certain nombre de personnes viennent de faire un long repas, un nuage se forme instantanément au passage de l'air froid, et le plafond se mouille d'une longue tache de vapeur condensée. Parfois même en Russie on a vu un nuage de neige se former instantanément à l'ouverture d'une fenêtre.

La rosée est un phénomène consi-
dérable, non seulement par la quantité absolue qu'en reçoit un point du globe, mais encore par l'étendue des surfaces où elle se manifeste. C'est principale-

Fig. 251. — Gouttes de rosée.

ment dans les régions tropicales qu'elle exerce les effets les plus marqués et les plus favorables sur la végétation. Lorsque l'air, saturé de vapeur à la température d'un beau jour ensoleillé, se refroidit à la disparition du soleil, la rosée se dépose abondamment pendant la nuit; elle ruisselle des feuilles, et le matin on voit parfois l'herbe aussi mouillée par la rosée qu'elle eût pu l'être par la pluie. D'ailleurs elle remplace souvent la pluie pour l'arrosement des plantes, qui sans elle périraient de sécheresse.

On constate le plus ou moins d'abondance de la rosée; mais il est difficile de la mesurer, parce qu'elle ne tombe pas comme la pluie. Son apparition dépend du pouvoir rayonnant du corps qu'elle mouille, car elle ne se dépose que sur les substances plus froides que l'air ambiant, et en quantité d'autant plus forte que la différence de température est plus prononcée.

Les terres labourées, les jachères, les cultures, les forêts, les roches, le sable, manifesteront des quantités très variables de rosée. Il y a plus : les feuilles n'ont pas dans toutes les plantes une égale faculté

émissive ; la rapidité, l'intensité de leur refroidissement, le dépôt de
rosée qui en est la conséquence, sont liés à la distance où elles se trouvent du sol, à la couleur plus ou moins foncée, au poli et à la rugosité
de leur épiderme. La rosée dégoutte des feuilles d'une plantation de
betteraves, lorsque dans un champ voisin les fanes de la pomme de
terre sont à peine humides.

Boussingault a essayé de mesurer ces quantités de rosée. Après
certaines nuits de rosée abondante, il se rendait dans les prairies des
bords de la Saüer (Bas-Rhin avant l'année stupide). Là on essuyait
l'herbe à l'aide d'une éponge, sur une surface de 4 mètres carrés.
L'eau était mise dans un flacon et pesée. La rosée prise sur 4 mètres
carrés dépassa parfois le poids de 1 kilogramme. En moyenne, la rosée
recueillie sur la prairie représentait une pluie de 14 millimètres,
équivalant à 1400 litres d'eau tombant sur une surface d'un hectare,
volume trop faible sans doute pour remplacer l'arrosement, mais qui
n'en est pas moins très utile sur les prés comme sur les cultures, en
atténuant les mauvais effets causés par des sécheresses prolongées. En
certaines contrées où il pleut à peine, elle remplace presque la pluie
absente.

La rosée et le brouillard renferment à peu près les mêmes proportions d'ammoniaque et d'acide nitrique ; l'un et l'autre ont
d'ailleurs, au même point de vue, la plus grande analogie avec la pluie
quand elle commence à tomber, quand elle est en quelque sorte le
premier lavage de l'air. C'est effectivement dans cette eau tombée la
première, surtout après une longue sécheresse, qu'il y a le plus d'acide
carbonique, de carbonate et de nitrate d'ammoniaque, de ces matières
organiques, de ces poussières de toute nature, immondices de l'Atmosphère. Si l'on veut analyser les substances que l'air ne renferme qu'en
infiniment petites quantités, c'est dans le brouillard, dans la rosée,
dans les premières gouttes de pluie, dans les premiers flocons de neige,
dans la grêle qu'il faut aller les chercher.

La gelée blanche, qui est si funeste aux végétaux dans les matinées
de printemps, et qui a donné une si mauvaise réputation à la Lune
rousse, n'est autre chose que la rosée, gelée par la cause même qui l'a
formée : la radiation nocturne. La Lune n'entre absolument pour rien
dans ces gelées du printemps : on ne la voit pas quand le ciel est couvert et l'on a associé aux gelées du printemps l'absence et la présence
de la Lune. C'est toujours la répétition du vieil adage latin : *cum hoc,
ergo propter hoc.*

N'y a-t-il pas un moyen de préserver de son action destructive les cultures trop étendues pour être abritées par des écrans? Ce moyen existe : il consiste à troubler la transparence de l'air, et les Indiens, de temps immémorial, l'ont appliqué avec le plus grand succès.

Les indigènes du haut Pérou, exposés à voir leurs récoltes détruites par l'effet de la radiation nocturne, avaient l'habitude, lorsque la nuit s'annonçait de manière à la faire craindre, c'est-à-dire quand les étoiles brillaient d'un vif éclat et que l'air n'était pas agité, de mettre le feu à des tas de paille humide, à du fumier, afin de produire de la fumée pour troubler la transparence de l'air.

Les heureux effets de la fumée pour prévenir la congélation nocturne ont été aussi signalés par Pline : « La pleine lune, dit-il, n'est nuisible que lorsque le temps est serein et l'air parfaitement calme, car avec des nuages ou du vent la rosée ne tombe pas. Encore est-il des remèdes contre ces influences. Quand vous avez des craintes, brûlez des sarments ou des tas de paille, ou des herbes, ou des broussailles arrachées : la fumée sera un préservatif.... La constellation que nous avons nommée Canicule décide du sort des raisins. On dit alors que la vigne charbonne, brûlée par la maladie comme par un charbon. »

Le moyen de soustraire les cultures aux effets désastreux d'un abaissement trop rapide de la température, en troublant la diaphanéité d'une atmosphère stagnante, a été pratiqué dans l'ancien comme dans le nouveau monde.

La conquête renversa naturellement le culte des Incas. Il n'était plus permis aux Indiens de conjurer les effets pernicieux du froid nocturne en offrant des sacrifices à leurs divinités ; on cessa d'allumer des feux dans les champs : ce que l'on considérait sans doute comme une idolâtrie, tant on était éloigné des admirables expériences de Wells. On pria cependant pour détourner une calamité sans cesse menaçante ; mais les prières sans la fumée n'ont pas été efficaces.

En Europe, une des causes qui ont contribué à faire renoncer à prendre dans l'intérêt des cultures une précaution dont les excellents résultats ne sauraient être révoqués en doute, c'est la difficulté d'être toujours prêt à la prendre à temps. La gelée par radiation nocturne est un phénomène instantané, et l'on n'a pas constamment à sa portée le combustible nécessaire, surtout un combustible approprié, brûlant lentement en donnant beaucoup de fumée. Un vigneron d'ailleurs ne se décidera pas volontiers à sacrifier le fumier dont il n'a jamais trop. Les feux de paille humide peuvent être assez dispendieux, et, s'ils venaient à prendre une certaine intensité, ils présenteraient le double inconvénient d'être aussi dangereux qu'inutiles, car il ne s'agit pas de faire de la flamme.

Quelles sont les matières à très bas prix répandant le plus de fumée? Cette question, Boussingault l'a posée à l'Académie des sciences. Le résultat de la discussion a été que l'on devrait employer, comme combustibles capables de troubler, en brûlant, une grande masse d'air, le goudron de houille, la naphtaline, la résine, les bitumes, la tourbe. Ces substances ont une très faible valeur.

L'intervention de la fumée pour prévenir la radiation nocturne n'est justifiée qu'autant que le ciel est découvert et l'atmosphère dans un calme parfait; la précaution n'exige donc qu'une dépense minime, très peu de fumée troublant dans ce cas une énorme masse d'air nocturne, si le ciel est pur et l'atmosphère calme.

Au printemps de 1887, ces précautions ont été efficacement employées à Pagny-sur-Moselle. Trois matinées de veille ont suffi pour empêcher la gelée. Trois cent quatre-vingts feux de goudron allumés de trois à cinq heures du matin ont garanti de la gelée 110 hectares de vigne.

En 1771, A. Wilson, ayant suivi la marche d'un thermomètre pendant une nuit d'hiver qui fut à plusieurs reprises claire et brumeuse, trouva qu'il montait constamment d'environ un demi-degré dans l'instant même où l'Atmosphère s'obscurcissait, et qu'il revenait au point de départ lorsque les brumes étaient dissipées. Suivant le fils du même physicien, Patrick Wilson, l'effet instantané des nuages sur un thermomètre suspendu à l'air libre peut s'élever à 1°,7. Tel est aussi, à très peu près, le résultat obtenu par Pictet, en 1777.

Une circonstance curieuse, dont on doit la découverte à Pictet, c'est que dans des nuits calmes et sereines la température de l'air, au lieu d'aller en diminuant à mesure qu'on s'éloigne du sol, présente, au contraire, au moins jusqu'à certaines hauteurs, une progression croissante. Un thermomètre, à 2^m,50 d'élévation, marquait toute la nuit 2°,5 centigrades de moins qu'un instrument tout pareil qui était suspendu au sommet d'un mât vertical de 17 mètres. Deux heures environ après le lever du soleil, comme aussi deux heures avant son coucher, les deux instruments étaient d'accord; vers midi, le thermomètre près du sol marquait souvent 2°,5 centigrades de plus que l'autre; par un temps complètement couvert, les deux instruments avaient la même marche le jour et la nuit.

Ces observations de Pictet ont été confirmées. Wells, ayant fixé aux quatre coins d'un carré de 0^m,60 quatre piquets minces qui s'élevaient chacun de 0^m,15 perpendiculairement à la surface d'un pré, tendit horizontalement sur leurs sommets un mouchoir de batiste très fine, et compara dans des nuits claires les températures du petit carré de gazon qui correspondait verticalement à cet écran léger avec celle des parties voisines qui étaient entièrement découvertes. Le gazon garanti du rayonnement par le mouchoir de batiste se trouva quelquefois de 6 degrés centigrades plus chaud que l'autre; quand celui-ci était fortement gelé, la température du gazon privé de la vue du ciel par le même tissu qui le recouvrait à 0^m,15 de distance était encore de plusieurs degrés au-dessus de zéro. Dans un temps complètement couvert, un écran de batiste, de natte ou de toute autre matière produit à peine un effet appréciable.

À l'Observatoire de Greenwich, M. Glaisher a constaté par trois années d'expériences suivies que la température de l'air à 7 mètres de hauteur est plus haute qu'à 1 mètre à toutes les heures du jour et de la nuit pendant les mois de novembre, décembre, janvier et février ; pendant la nuit et le soir, aux mois de mai, juin et juillet ; pendant la nuit et l'après-midi, en mars, avril, août, septembre et octobre. A 13 mètres de hauteur, la température est également plus élevée durant la nuit pendant toute l'année. Par un ciel couvert, la température reste la même.

Au mois de juin 1871, l'attention de l'Académie des sciences a été appelée de nouveau sur ce sujet des gelées tardives par Charles Sainte-Claire Deville et Élie de Beaumont. Il s'agissait de la gelée du 18 mai, qui, le matin de l'Ascension, s'est étendue sur les vignobles et les cultures des environs de Paris et du centre de la France. Ayant eu moi-même une vigne gelée dans la Haute-Marne, j'ai montré par quelques comparaisons que cette gelée désastreuse s'est étendue aussi dans l'est et sur la moitié de la France à la même heure. Le seul moyen facile d'empêcher ces gelées est de faire de la fumée pendant les deux ou trois heures matinales où elles sont à craindre. Par l'association, ce moyen réussit à peu de frais.

On a observé des gelées plus tardives encore. Ainsi, le 7 juillet 1887 au matin, une gelée blanche très forte a causé de grands dommages en Belgique en gelant des champs entiers de pommes de terre, de betteraves, de tabac, de haricots, etc. Pareille gelée avait déjà été observée dans la même région (Ardennes) le 17 juillet 1863. Il y avait de la glace sur les feuilles et même sur les flaques d'eau et les étangs.

Grâce à l'intensité du rayonnement nocturne, on pourrait certainement par les nuits les plus claires de juillet et août, au centre même de la France, obtenir une mince couche de glace en exposant tout simplement de légères couches d'eau à ce rayonnement. Au lever du soleil les effets du rayonnement et de l'évaporation s'ajoutent pour amener un refroidissement intense.

A propos de la vapeur d'eau répandue dans l'Atmosphère, ajoutons, en terminant, que sa quantité totale a été évaluée à 85 millions de milliards de kilogrammes. Ce nombre énorme ne représente pourtant qu'une épaisseur de 108 millimètres sur toute la surface du globe ; mais néanmoins, si toute cette vapeur venait à se condenser en eau au-dessus du bassin d'un fleuve, la Seine par exemple, celle-ci devrait couler, avec une crue d'un mètre au-dessus de son niveau moyen, pendant 13 500 ans pour l'épuiser.

CHAPITRE II

LES NUAGES

CE QUE C'EST QU'UN NUAGE. — MODE DE FORMATION. — LE BROUILLARD. — OBSER-
VATIONS FAITES EN BALLON ET SUR LES MONTAGNES. — DIFFÉRENTES ESPÈCES
DE NUAGES. — LEURS FORMES. — LEUR HAUTEUR.

La vapeur d'eau *invisible* répandue dans l'Atmosphère, dont nous
venons d'étudier la distribution et les variations, devient *visible* lorsqu'un abaissement de température ou un surcroît d'humidité l'amène
au point de saturation. Supposons, par exemple, qu'une certaine
quantité d'air à 30 degrés contienne 31 grammes de vapeur d'eau ; cet
air est parfaitement transparent. Si par une cause quelconque cet air
se rafraîchit à 25 degrés ou reçoit de l'humidité nouvelle, il se troublera et deviendra opaque. Cinq degrés de moins de chaleur lui enlè-
veront 7 grammes de vapeur d'eau qui, en se condensant, devient
visible. Voilà tout ce que c'est qu'un nuage : de la vapeur d'eau que
l'air ne peut plus absorber quand il en est saturé, et qui s'en distingue en passant à l'état de petites vésicules.

Ce passage de l'état gazeux à l'état liquide peut s'opérer partout et
à toutes les hauteurs. Lorsqu'il s'effectue au niveau du sol, on lui
donne le nom de brouillard. Mais il n'y a pas de différence essentielle
entre un nuage et un brouillard. Lorsqu'on traverse les nuages en
ballon, comme cela m'est arrivé maintes fois, on n'éprouve aucune
résistance ; l'air est seulement plus ou moins opaque, plus ou moins
froid, plus ou moins humide, variété que l'on rencontre également à la
surface du sol suivant la diversité des brouillards. Il en est de même
lorsqu'on traverse les nuages sur les montagnes.

Quoiqu'il n'y ait pas de différence *essentielle* entre les brouillards et les nuages, il y en a cependant une de fait : c'est qu'un brouillard est un *lieu* dans lequel la vapeur d'eau passe de l'état invisible à l'état visible, tandis qu'un nuage est un *objet* individuel, un groupement de vapeurs visible suivant une forme déterminée. Le premier est *stationnaire*, le second se laisse emporter par le vent.

Occupons-nous d'abord du brouillard.

Examiné à la loupe, le brouillard se compose de petits corps opaques. Une étude plus approfondie montre que ce sont de toutes petites sphères d'eau obéissant aux lois de la gravitation universelle, les molécules d'eau se groupant sous forme de sphérules analogues à celles du mercure ou des gouttes d'eau. Ces sphérules sont-elles pleines ou creuses? L'opinion, émise déjà par Halley, que ces sphérules sont creuses et que l'eau ne sert que d'enveloppe, paraît plus fondée que l'opinion contraire. Toutefois il est probable qu'elles sont entremêlées d'une grande quantité de gouttelettes d'eau.

Prenez une tasse remplie d'un liquide de couleur foncée, tel que du café ou de l'encre de Chine dissoute dans l'eau; chauffez-le et placez-le au soleil ou dans un lieu éclairé : si l'air est tranquille, la vapeur monte et disparaît bientôt. Si on l'observe à la loupe, on voit s'élever des globules. Les plus petits traversent rapidement le champ du verre grossissant, les autres retombent à la surface du liquide. Saussure ajoute que les petites vésicules qui s'élèvent diffèrent tellement de celles qui retombent, qu'il est impossible de douter que les premières soient creuses.

La manière dont elles se comportent avec la lumière n'est pas moins favorable à cette opinion; elles n'offrent pas cette scintillation qu'on observe sur les gouttelettes pleines exposées à une vive lumière.

Tout le monde a remarqué que les bulles de savon sont souvent ornées des plus belles couleurs. On observe aussi ces couleurs sur les bulles formées de substances visqueuses, et l'on peut les étudier avec d'autant plus de facilité qu'elles persistent plus longtemps. Ces couleurs proviennent de ce que les rayons incidents sont partagés en deux portions. Les uns sont réfléchis par la surface antérieure; d'autres la traversent, mais sont en partie réfléchis par la surface postérieure. L'enveloppe de la sphère doit être très mince pour que ces apparences se produisent. Kratzenstein, ayant examiné au soleil et à travers un verre grossissant les vésicules qui s'élèvent de l'eau chaude, a observé à leur surface des anneaux colorés semblables à ceux des bulles de savon; et non seulement il s'est convaincu que leur structure est analogue à celle des bulles de savon, mais encore il a pu calculer l'épaisseur de leur enveloppe.

De Saussure et Kratzenstein ont essayé de mesurer sous le microscope le diamètre des vésicules qui composent la vapeur d'eau ; mais il est difficile d'arriver à un résultat positif, car ce sont les vésicules du brouillard et non pas celles qui s'élèvent de l'eau chaude qu'il s'agit de mesurer ; heureusement quelques-uns des phénomènes optiques qui se produisent quand le Soleil luit à travers des nuages ou des brouillards nous fournissent un moyen d'arriver à ce résultat.

Kaemtz a fait un grand nombre de mesures dans l'Allemagne centrale et en Suisse ; il a trouvé qu'en moyenne le diamètre des vésicules du brouillard est d'environ 22 millièmes de millimètre, et qu'il varie comme il suit seloo les différentes saisons :

DIAMÈTRE DES VÉSICULES DU BROUILLARD

	mm.		mm.
Janvier	0,027	Juillet	0,017
Février	0,035	Août	0,014
Mars	0,020	Septembre	0,022
Avril	0,019	Octobre	0,020
Mai	0,015	Novembre	0,024
Juin	0,018	Décembre	0,034

On voit qu'il existe une progression assez régulière depuis l'hiver jusqu'à l'été, car les anomalies dépendent du nombre insuffisant des observations existantes. Ainsi en hiver, lorsque l'air est très humide, le diamètre des vésicules est deux fois plus fort qu'en été, quand l'air est sec ; mais dans un même mois ce diamètre change aussi : il atteint son *minimum* quand le temps est très beau, il augmente dès qu'il y a des menaces de pluie, et avant qu'elle tombe il est fort inégal dans le même nuage, qui contient probablement un grand nombre de gouttes d'eau mêlées à la vapeur vésiculaire.

L'automne est, comme le printemps, la saison des rosées abondantes ; le refroidissement de la terre dans les nuits claires et l'humidité de l'air plus voisine de la précipitation que dans l'été font déposer l'eau atmosphérique sur les objets terrestres refroidis.

Souvent, en automne, le refroidissement de la terre se communique de proche en proche à la couche d'air qui la recouvre immédiatement, et de là les brouillards peu élevés que les rayons du soleil levant dis-

sipent promptement. Si le terrain est coupé de vallées, l'air froid du
brouillard y tombe et forme pour l'observateur, placé sur la plaine
élevée, une *mer* blanche parfaitement de niveau. Bien souvent dans
mon enfance je contemplais avant le lever du soleil, du haut des remparts de la ville de Langres, cet océan de vapeurs grises étendu sur la
vallée de la Marne, et dont les vagues venaient baigner les remparts à
quelques mètres au-dessous de moi. La hauteur des remparts de cette

FIG. 252. — Mer de nuages couvrant la France centrale, observée à l'Observatoire du Puy de Dôme.
Horizon nord.

Le Puy de Dôme est au premier plan (1465ᵐ d'altitude). — 1. Puy de Pariou, 1223ᵐ. — 2. Puy des Goules,
1157ᵐ. — 3. Puy de Sarcouy, dit le Chaudron, 1158ᵐ. — 4. Puy du Grand Suchet, 1249. — 5. Puy de Côme,
1272ᵐ. — 6. Puy de Clierzon, 1217ᵐ. — 7. Puy de Fraisse, 1130ᵐ. — 8. Puy Chopine, dit l'Écorché, 1102ᵐ.
— 9. Puys de Jume et de la Coquille, 1165ᵐ et 1535ᵐ. — 10. Puy de Louchadière, 1200ᵐ.

(*D'après un dessin de M. Plumandon.*)

capitale antique des Lingons est de 480 mètres au-dessus du niveau
de la mer. Parfois, en hiver, la vue s'étend, au lever du soleil, au-
dessus du brouillard de la plaine, dans un ciel absolument pur,
jusqu'à une distance si considérable, qu'on distingue parfaitement à
l'œil nu la silhouette du Mont-Blanc. Impressions lointaines qui frappez
nos premiers regards d'enfants curieux, avec quelle fidélité vous restez
sur la rétine de notre pensée, au delà des années et des troubles de la vie !

Pour avoir le spectacle dans sa plus imposante majesté, il faut du
haut d'une montagne élevée embrasser un vaste horizon au lever du
soleil, après un jour où les nuages ont couvert le ciel de la contrée

inférieure. Les nuages, tourmentés de mille manières par les rayons du soleil et les vents légers qui en sont la conséquence, n'offrent pas dans le jour une surface bien plane. Mais pendant la nuit tout se nivelle, tout s'équilibre, et une mer de vapeurs aériennes s'étend à perte de vue sous les pieds du contemplateur. Les sommets élevés des montagnes qui l'environnent percent çà et là l'océan nébuleux, au-dessus duquel il arrive rarement qu'un aigle matinal apparaisse, non point pour admirer le spectacle pittoresque et saluer l'aurore, mais bien pour y trouver quelque proie plus facile à atteindre en ce moment qu'au milieu du jour. Au premier rayon du soleil, on voit s'élever du sein de la masse nuageuse des colonnes arrondies de matière fumeuse, qui se fondent ensuite dans l'air environnant, comme la fumée blanche des locomotives se fond dans l'air où elle est portée. Si l'on est dans la vallée, au milieu du brouillard, les rayons du soleil qui se tamisent au travers du feuillage des arbres dessinent de brillantes traînées lumineuses, dont l'ensemble forme ce qu'on appelle une *gloire*, à quelques mètres seulement au-dessus de la tête de l'observateur. Cette gloire, qui émane de l'arbre plongé dans le brouillard, rappelle le buisson ardent de Moïse. Nous reproduisons ici un beau dessin fait par M. Plumandon du haut du Puy de Dôme, qui montre cette surface supérieure des nuages vue d'un point plus élevé.

Mais il n'est pas nécessaire d'occuper le sommet d'une montagne pour avoir sous les yeux la surface supérieure d'une couche de brouillards. Parfois quelques dizaines de mètres d'élévation verticale suffisent. Souvent, en octobre, avant le lever du soleil, j'ai contemplé, de l'Observatoire de Juvisy, dont la terrasse ne domine pourtant que de 66 mètres le niveau de la Seine, une véritable mer de nuages analogue à celle que l'on peut voir du Puy de Dôme ou de Langres, s'étendant sur toute la vallée de la Seine et de l'Orge, bouleversée parfois d'éruptions fantastiques lancées par les locomotives invisibles qui passent sous cette couche nuageuse à la surface blanche comme de la neige.

Quelquefois la surface seule des rivières se couvre de brouillard, parce que l'eau émet des vapeurs qui se condensent dans l'air qui les recouvre et qui se refroidit après le coucher du soleil. L'air prend en peu d'instants la température des corps avec lesquels il est en contact. Durant une nuit calme et sereine, la portion de l'Atmosphère qui reposera sur l'eau sera donc plus chaude que celle qui s'appuiera sur le rivage. Par un temps calme, là où l'eau abonde, les couches inféricures de l'Atmosphère se chargent de toute l'humidité que leur température comporte. La quantité d'humidité, nous l'avons déjà remarqué, que l'air renferme quand il est saturé, est constante pour chaque température. Si de l'air saturé se refroidit par le contact d'un corps solide, il dépose sur la surface de ce corps une portion de son humidité ; mais quand le refroidissement s'opère au sein même de la masse gazeuse, l'humidité abandonnée se précipite en petites vésicules flottantes qui troublent sa transparence : ce sont ces vésicules qui constituent les nuages et les brouillards.

Ainsi, tandis que, pour donner naissance à la rosée, il faut que l'air chaud humide rencontre des objets froids, pour produire du brouillard ou un nuage il faut que de l'air chaud soit arrêté par de l'air froid. Le brouillard se forme quand le sol a été plus chaud que l'air, condition inverse de celle de la production de la rosée. Toutes les fois qu'une quantité d'air quelconque est refroidie au-dessous de son point de saturation, la vapeur d'eau transparente de l'air se transforme en nuage.

Supposons qu'une circonstance quelconque, un léger souffle de vent, amène, la nuit, l'air du rivage à se mêler avec l'air qui repose sur une rivière ou sur un lac : le premier, qui est le plus froid, refroidit le second ; celui-ci abandonne aussitôt une partie de l'humidité qu'il renfermait et qui d'abord n'altérait pas sa transparence ; mais cette humidité tombant à l'état de vapeur vésiculaire, l'air se trouble, et, quand le nombre des vésicules flottantes devient très considérable, il en résulte un brouillard épais. Les particules en suspension dans l'air, notamment les fumées d'usines, aident beaucoup à la formation du brouillard.

La distribution des brouillards dans le courant de l'année est en rapport avec celle de l'humidité et de la température. Ils sont beaucoup plus nombreux en hiver qu'en été. L'Observatoire de Bruxelles, qui les enregistre avec soin, nous offre, par exemple, les chiffres suivants pour le *nombre des jours de brouillard* pendant trente ans :

Janvier	259	Juillet	28
Février	168	Août	76
Mars	138	Septembre	159
Avril	62	Octobre	228
Mai	71	Novembre	276
Juin	42	Décembre	315

Total : 1822.

En certaines circonstances, le brouillard est très épais, se termine

par une surface plane comme une nappe d'eau, et s'élève lentement
dans un air calme, enveloppant tout dans sa viscosité froide et humide.
L'ingénieux et hardi marin qui fit naufrage en 1864 sur le récif des
îles Auckland, aux antipodes, M. Raynal, en a observé et subi un
exemple rare. C'était le 9 août. Ayant fait l'ascension d'une montagne
de l'île, il redescendait avec l'un de ses compagnons, et suivait une
mince arête entre deux précipices, quand un brouillard épais les enveloppa tout à coup. « Impossible de faire un pas, dit-il (*le Tour du
Monde*, 1869, t. II, p. 35); nous ne voyions pas où poser le pied. Nous
passâmes ainsi une grande heure, immobiles, nous tenant par la main,
sentant le froid pénétrer nos membres que l'engourdissement gagnait de
plus en plus.... Heureusement une bise s'éleva, qui déchira le brouillard et l'emporta par lambeaux. » Dans l'état de délabrement où ils se
trouvaient, ils avaient à peine de quoi se couvrir.

Mais où les brouillards sont le plus épais, c'est dans les latitudes
glacées. Au Spitzberg les brumes sont presque continuelles, et d'une
épaisseur telle, qu'on ne distingue pas les objets à quelques pas devant
soi. Ces brumes humides, froides, pénétrantes, mouillent souvent
comme la pluie. Les orages sont inconnus dans ces parages, même
pendant l'été; jamais le bruit du tonnerre ne trouble le silence de
ces mers désertes. Aux approches de l'automne, les brumes augmentent, la pluie se change en neige.

Dans les contrées où le sol est humide et chaud, l'air humide et
froid, on doit s'attendre à des bouillards épais et fréquents : c'est le
cas de l'Angleterre, dont les côtes sont baignées par une mer à température élevée. C'est aussi le cas des mers polaires et de Terre-Neuve,
où le Gulf-Stream, qui vient du sud, a une température plus haute
que celle de l'air.

A Londres, les brouillards ont quelquefois une densité extraordinaire.
Chaque année, on lit plusieurs fois dans les journaux anglais qu'on a
été forcé d'allumer les becs de gaz en plein jour dans les rues et dans
les maisons. Ainsi, pour en donner un seul exemple, le 24 février 1832,
le brouillard était tellement épais, qu'on ne voyait pas clair à midi
dans les rues, et le soir, la ville ayant été illuminée en réjouissance du
jour de la naissance de la reine, des gamins se promenaient dans la
ville avec des torches, en criant qu'ils étaient à la recherche de l'illumination. On cite des brouillards analogues qui ont régné à Paris et à
Amsterdam, et quelquefois à une petite distance de ces villes le ciel
était parfaitement serein. Nous avons eu un brouillard de cette inten-

sité en décembre 1868 à Paris[1]. Le 4 février 1880, nous avons été littéralement plongés dans l'eau pendant vingt-quatre heures et nos poumons ont dû faire l'office de branchies ; de six heures à huit heures du

FIG. 253. — Brouillard intense s'élevant dans une île des antipodes.

soir surtout, le brouillard a été d'une telle intensité, que la lumière du gaz et même l'étincelant foyer électrique ne pouvaient plus le pénétrer,

1. Il y a parfois des *brouillards secs*. Ils n'ont aucun rapport avec les études hygrométriques qui nous occupent ici. Ils sont dus la plupart du temps à la fumée de prairies incendiées, et peuvent s'étendre sur de vastes contrées. La fumée des bruyères de la Hollande s'avance parfois jusqu'en Autriche, à des centaines de lieues. La fumée des volcans s'étend également à de très grandes distances, comme on l'a remarqué en 1868, à Honolulu, à quatre-vingt-cinq lieues du volcan. En 1865, celle de l'incendie de Limoges voilait encore le ciel à trente lieues de là. Le plus intense brouillard sec que l'on ait mentionné est celui de 1783.

et que c'est à peine si les torches secouées de distance en distance
jetaient à quelques mètres autour d'elles une lueur blafarde et sinistre.
Le train arrivant d'Argenteuil a été réduit en morceaux aux portes de
Paris, laissant de nombreuses victimes.

Les brouillards épais deviennent parfois *odorants* en s'imprégnant
des exhalaisons diverses qui peuvent arriver dans les couches inférieures de l'Atmosphère. L'ammoniaque s'y laisse deviner assez souvent.
En Belgique et dans le Nord, il n'est pas rare qu'ils aient une odeur
de tourbe. A Londres, l'odeur de la houille domine. Dans les brouillards
froids et humides des nuits d'octobre de 1871 à Paris, on a pu remarquer celui du 14, qui émettait une assez désagréable odeur de pétrole.

Quand on considère de loin une chaîne de montagnes, on voit souvent
un nuage attaché à chaque sommet, tandis que les intervalles sont parfaitement clairs. Cette apparition persiste pendant des heures et même
des journées entières ; mais cette immobilité n'est qu'apparente, car
sur ces sommets il règne souvent un vent violent, qui condense les
vapeurs à mesure qu'elles s'élèvent le long des flancs de la montagne ;
lorsqu'elles s'éloignent des sommets, elles ne tardent pas à se dissiper.
Dans les passages des Alpes, la formation, les mouvements et la disparition des nuages offrent un spectacle aussi varié qu'intéressant. Je
recommande à ce point de vue le séjour d'Interlaken.

Les nuages qui s'élèvent le long des pentes des montagnes pendant
le jour, en vertu des courants ascendants diurnes, se dissolvent fréquemment en atteignant les sommets sous l'influence d'un vent supérieur comparativement sec et chaud. C'est le soir surtout que cet effet
est le plus sensible ; c'est principalement sur les cols, au sommet des
couloirs qui viennent y aboutir, qu'il est facile d'observer ce phénomène. La brume paraît alors cheminer à l'encontre du vent, et cependant la surface qui la termine de ce côté reste stationnaire.

Souvent de sombres nuages, passant rapidement sous l'hospice du
Saint-Gothard, se précipitent en masses épaisses dans la gorge profonde
du val Tremola. On pourrait croire qu'en peu d'instants la Lombardie
tout entière va être ensevelie sous un épais brouillard ; mais, à la
sortie du val Tremola, il est déjà dissous par les courants chauds
ascendants.

Le 8 septembre 1868, après le lever du soleil, je descendais du Saint-
Gothard à Andermatt, où je devais prendre la diligence venant d'Italie
pour Altorf. Un brouillard si épais nous environnait, mes compagnons
et moi, que nous ne pouvions distinguer à quelques mètres les rochers

de granit qui bordent cette route si accidentée. Parfois l'espace
s'éclaircissait, et l'on voyait les nuages, emportés par une brise rapide,
tourbillonner sous nos pieds et se précipiter dans les abîmes de l'immense vallée. Au moment du départ du Saint-Gothard, nous nous
trouvions dans le ciel bleu, et les sommets granitiques dénudés, les
pentes stériles où toute végétation est inconnue, les glaciers du massif,
déployaient sous nos regards leur panorama silencieux, tandis qu'à
quelques centaines de mètres au-dessous de nous les nuées grises voi-
laient la descente. Nous traversâmes les nuages, et pendant une heure
de marche, nous descendîmes au milieu des vapeurs amoncelées. Mais
à mesure que nous approchions de la limite de la végétation supérieure
et du versant plus échauffé, les nuages diminuaient d'intensité, et,
quoique emportés par une brise descendant sur le flanc des Alpes, ils
se dissolvaient insensiblement et ils finirent par disparaître autour de
nous. A l'heure où nous arrivâmes au Pont-du-Diable, quelques nuées
reparurent dans la froide et profonde vallée, au fond de laquelle se
précipite le sinistre torrent de la Reuss ; d'autres, élevées par un courant d'air ascendant léchant la pente orientale du gigantesque massif,
étaient allées s'accrocher aux cimes et se mêlaient singulièrement aux
glaciers, de telle sorte que les glaciers paraissaient tout à coup multipliés.

Un jour, me rendant, au lever du soleil, de Lucerne à Fuelen par
le bateau, je fis des remarques analogues sur la formation des nuages.
Le versant nord des hautes et splendides montagnes qui bordaient, à
gauche de ma route, le lac des Quatre-Cantons, était en maint endroit
tapissé d'un duvet de brouillards ; les régions qui déjà recevaient le
soleil en étaient affranchies, et les cols traversés par des courants d'air
venant de l'autre côté (du sud) de nos montagnes de gauche ne gardaient pas non plus la moindre trace de brouillards.

C'est dans ces pays admirables, où la nature a déployé à la fois ses
forces les plus énergiques et ses flatteries les plus caressantes, c'est
dans la Suisse aux Alpes argentées et aux lacs d'azur, que l'œil contemplateur peut le mieux observer la production des œuvres de l'Atmosphère. Tandis que l'homme s'agite en ses villes bruyantes, tandis que,
livré aveuglément au travail et au plaisir, il oublie la merveilleuse
nature pour les artifices de ses mains, cette nature, éternellement
active, élève sans cesse de la terre au ciel, du sol où nous végétons
jusqu'aux régions bleues supérieures, les sphères invisibles de la vapeur
aqueuse, hydrogène marié à l'oxygène, qui, en silence, emportées par

la puissance solaire, vont dominer les régions inférieures où se livrent
les combats de l'ambition et de la faim, règnent dans les hauteurs
célestes, créent le monde fantastique des nuages, donnent au soleil
un lit de pourpre et d'or, distribuent les beaux flocons de neige
aux noires campagnes de l'hiver, versent l'ombre et la fraîcheur
sur les plaines altérées de l'été, et en certains jours d'inquiétudes
et de tourmentes bouleversent tout d'un coup le monde et renversent
l'homme lui-même dans le fracas de la foudre et le tourbillon des
tempêtes.

Les anciens croyaient qu'il y avait au-dessus de l'Atmosphère un
réservoir d'*eaux supérieures*. On n'imaginait pas que l'eau tombée
dans les pluies remontait au ciel à l'état de vapeur d'eau invisible. Les
auteurs de la Bible, les Pères de l'Église, notamment le doux saint
Basile, pensaient qu'il y avait de l'eau là-haut pour jusqu'à la fin du
monde. Telle était l'opinion générale de ceux qui en avaient une, c'est-
à-dire des plus instruits. Aujourd'hui nous savons que l'eau des
nuages est formée par l'ascension de la vapeur d'eau émanée des mers,
des lacs, des régions humides et qu'une circulation perpétuelle ramène
à la formation des nuages l'eau versée par les pluies.

Nous avons vu dans le chapitre précédent que l'humidité de l'air
s'accroît jusqu'à une certaine hauteur, jusqu'à une *zone d'humidité
maximum*, dont l'élévation varie suivant les saisons et suivant les
heures, et au-dessus de laquelle l'air devient de plus en plus sec.
Cette zone, que j'ai constatée hygrométriquement dans mes voyages
en ballon, je trouve, en m'occupant de la discussion des brouillards, qu'elle a été *vue* par de Saussure dans ses voyages dans
les Alpes, et par le commandant Rozet dans les Pyrénées et aussi dans
les Alpes. C'est une vapeur bleue transparente, qu'on n'aperçoit que
difficilement tant qu'on s'y trouve plongé, mais dont on distingue
nettement la surface supérieure quand on l'a dépassée. Cette surface
est toujours horizontale, comme celle de la mer. Lorsqu'on est très-
élevé sur les pics des Alpes ou des Pyrénées, on voit la limite supérieure de cette atmosphère de vapeur se dessiner à l'horizon par une
ligne bleuâtre semblable à celle qui termine l'horizon de la mer.
Sa hauteur varie suivant les saisons et les heures; on l'a géodésique-
ment trouvée tantôt à 1100 mètres, tantôt à 1500, tantôt à 2000 et
même à 3000 et 4000. Sa température ne descend pas au-dessous de
zéro. Le plan inférieur qui limite les nuages est déterminé par le point
de la verticale où se rencontre le point de rosée de l'air, de manière

que s'il se produit des courants obliques, ou même verticaux, le plan inférieur des nuages reste le même, l'air qui descend au-dessous de ce plan laissant dissoudre sa vapeur et celui qui s'élève se troublant à la même hauteur. C'est sur cette surface terminale de l'atmosphère de

vapeur que se forment les nuages et qu'ils semblent ensuite reposer. Le 15 juillet 1867, je voguais entre 1500 et 2000 mètres de hauteur, avant le lever du soleil. C'est une des rares circonstances où j'ai pu assister directement à la formation des nuages et me trouver dans l'officine même de la nature. C'était au-dessus de la plaine du Rhin, entre Aix-la-Chapelle et Cologne. L'Atmosphère était restée pure, quand de petits flocons blancs apparurent çà et là dans la zone d'humidité maximum. Puis,

FIG. 254. — Le brouillard dans nos climats

se soudant, ils formèrent des flocons plus gros, et ceux-ci des mamelons. Parfois ils se groupaient en grand nombre; parfois ils se dissolvaient aussi facilement qu'ils naissaient. Les petites nuées blanches réunies en masses arrondies formèrent des cumulus. Cette formation des nuages s'effectuait à plusieurs centaines de mètres au-dessous de nous. Avec le soleil l'humidité nocturne du ballon s'évapora, et nous nous élevâmes lentement jusqu'à 2400 mètres. Il en fut de même des

nuages, qui s'élevaient même un peu plus vite que l'aérostat et finirent
par nous envelopper et nous dépasser.

. Peltier et Rozet ont assisté sur les montagnes à la formation des
nuages, et ils rendent compte exactement de ce même mode de
production.

La surface supérieure des nuages est diversifiée, bombée au-dessus
des courants ascendants qui les élèvent, creusée plus loin, et donne
l'aspect d'une série de montagnes et de vallées souvent fort pittoresques
et accidentées de formes étranges. La surface inférieure, au contraire,
est plane et souvent horizontale, et elle flotte sur l'atmosphère de
vapeur comme sur un lac

Les vésicules des nuages s'attirent les unes les autres et se groupent
en masses condensées. Il me paraît indispensable de supposer cette
attraction pour expliquer les figures si nettement limitées que revêtent
les nuages divers. D'ailleurs, j'ai eu plusieurs fois l'occasion de la voir
à l'œuvre et de la surprendre, pour ainsi dire, sur le fait, entre autres
dans l'ascension dont je viens de parler. Les nuées naissaient çà et là
à l'état fragmentaire, et les groupes de vésicules se soudaient petit à
petit, comme on voit à la surface d'une tasse de café les globules d'air
provenant de la fusion du sucre se réunir et former un même système.
Cette sorte d'affinité moléculaire, je l'ai constatée sous une forme plus
arrêtée encore dans certains nuages de fumée provenant d'explosions,
comme on en a eu le spectacle plus fréquent que jamais en l'an de
guerre 1871.

Le jour de la formidable explosion de la cartoucherie de Vincennes
particulièrement, le 14 juillet 1871, le nuage qui s'éleva au milieu des
grondements volcaniques du cratère prit dans l'air calme de cette
chaude journée une forme pommelée que l'on peut exactement comparer à un immense chou-fleur. Ce nuage resta longtemps immobile,
et, de la distance dominante de l'Observatoire à Vincennes, j'ai pu
l'observer à loisir dans une lunette astronomique d'assez fort grossissement. L'adhérence des molécules était manifeste, et ce nuage eût été
solide qu'il n'aurait pas eu une forme mieux définie à la lumière du
soleil qui l'éclairait (1 heure 20 minutes).

Les nuages sont ordinairement entraînés par le vent, suivant
exactement son cours, étant comme immergés et relativement
immobiles dans le courant au sein duquel ils flottent. La mesure de
leur vitesse donne même la mesure du vent supérieur. Mais ce n'est pas
là une règle sans exception. Il y a aussi des *nuages qui ne marchent pas*,

lors même qu'un vent plus ou moins fort les traverse et semblerait devoir les entraîner.

Un jour que je passais en ballon au-dessus de la forêt de Villers-Cotterets, j'ai été fort surpris de voir pendant plus de vingt minutes un petit nuage qui pouvait avoir 200 mètres de long sur 150 de large, et qui était suspendu *immobile* à 80 mètres environ au-dessus des arbres. En approchant, nous en vîmes bientôt cinq ou six plus petits, disséminés et également immobiles. Cependant l'air marchait en raison de 8 mètres par seconde ; quelle ancre invisible retenait ces petits nuages ? En arrivant au-dessus, nous reconnûmes que le principal était suspendu au-dessus d'une pièce d'eau et que les autres marquaient le cours d'un ruisseau. — C'était un courant ascendant d'air humide qui s'élevait de là, et dont l'humidité invisible atteignait son point de saturation et devenait visible en traversant le vent frais qui soufflait au-dessus du bois.

Près de Wiesbaden, Kaemtz a été témoin d'un fait analogue après une forte pluie. « Les nuages s'étant divisés, dit-il, le soleil parut, et je vis une colonne de brouillard s'élever constamment d'un même point. J'y courus : c'était une prairie fauchée, entourée de pâturages couverts d'une herbe très haute qui, s'échauffant moins que la surface fauchée, donnaient lieu à une évaporation moins active. » En Suisse, le phénomène se montre sur une moins grande échelle : tandis que le plus beau temps règne sur le Faulhorn, les lacs de Suisse sont souvent couverts de brouillards d'une densité fort différente. Le même météorologiste a observé que celui qui cachait les lacs de Zug, Zurich et Neuchâtel était fort épais, tandis que les lacs de Thun et de Brienz étaient à peine couverts d'une légère vapeur. Ce phénomène s'est reproduit trop souvent pour l'attribuer au hasard. Le lac de Zug est assez profond, et ses affluents ne viennent pas directement de la région des neiges éternelles. Sa température doit être plus élevée que celle du lac de Brienz, où l'Aar se jette immédiatement après avoir quitté les glaciers de la Grimsel. A température égale, le premier se couvre plus facilement de brouillard que le second.

Babinet a observé ce même fait d'un nuage immobile au sommet du Canigou, le plus élevé des Pyrénées orientales. « Un vent violent poussait l'air de France vers l'Espagne, dit-il ; nulle part de nuages, excepté un petit filet à peine épais de quelques mètres, et pas beaucoup plus large, qui, malgré la violence du vent qui semblait devoir l'emporter, restait obstinément fixé sur le point où je l'observais. Ce filet de nuage était si nettement terminé, que je pouvais y mouiller la moitié seulement d'un crayon que je tenais à la main. Le secret de ce curieux phénomène, c'est que l'air était juste assez humide pour devenir nuage à la hauteur en question. Plus bas, c'est-à-dire avant comme après avoir atteint cette hauteur, il reprenait sa transparence. C'est pourquoi, avant et après ce passage, le nuage disparaissait. Ce n'était point, en réalité, une masse d'air fixe qui formait le nuage ; c'était l'air, transparent partout ailleurs, qui en atteignant ce sommet perdait momentanément sa transparence par le froid dû à la dilatation, et remplacé par un nouvel air qui, subissant la même influence, semblait perpétuer le petit filet nuageux. »

Il nous reste maintenant à nous rendre compte de la cause de la suspension des nuages dans l'Atmosphère.

Lorsqu'on voit un nuage se résoudre en pluie et verser des millions de litres d'eau, on s'étonne qu'un tel poids d'eau puisse se tenir suspendu dans l'espace aérien. La cause de sa suspension réside simplement dans son extrême divisibilité. Nous avons vu que les vésicules des nuages ne mesurent que 2 centièmes de millimètre de diamètre. Abandonnées à elles-mêmes, ces vésicules tombent. Le calcul montre qu'elles emploieraient plus d'une demi-heure pour descendre de 2 kilomètres dans l'Atmosphère, c'est-à-dire que leur vitesse de chute n'est pas de 1 mètre par seconde ; elle n'est souvent que de 3 décimètres. Mais pendant le jour l'air est constamment traversé par des courants chauds *ascendants*, qui s'élèvent avec une vitesse de plusieurs mètres par seconde. Ainsi les nuages sont incapables de descendre pendant le jour, à moins de circonstances exceptionnelles. Il n'est pas nécessaire de supposer que leurs vésicules soient remplies d'air dilaté et plus léger, comme autant de petits aérostats. Cependant, comme le pensait Fresnel, la chaleur solaire absorbée par le nuage doit aider encore à sa suspension. Pendant la nuit, les nuages se rapprochent du sol. Mais nous avons vu que les conditions de divisibilité de la vapeur d'eau dépendent de la température et du point de saturation. Il en résulte que les nuages se dissolvent par leur surface inférieure à mesure qu'ils descendent dans un air plus chaud, et assez souvent aussi par leur surface supérieure lorsqu'ils s'élèvent sous l'action du soleil. De sorte qu'en définitive ils changent constamment d'épaisseur, de forme, de substance même.

Les nuages, n'étant qu'un état particulier de l'air, nous semblent immobiles, lors même que les particules qui les composent descendent sans cesse dans leur sein pour disparaître à leur surface inférieure, au-dessous de laquelle elles se dissolvent. Ils reposent d'ailleurs sur la zone de vapeur invisible dont nous avons parlé. La marche horizontale des courants représente un effort assez considérable pour soutenir les nuages à la même hauteur, lors même que toutes les particules aqueuses seraient pleines.

Habitantes de l'espace aérien, métamorphoses incessantes et impé-

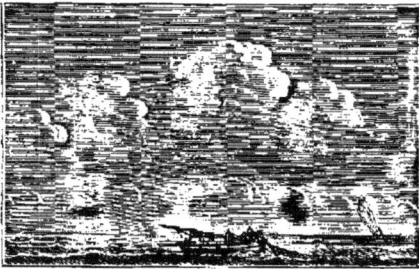

FIG. 255. — Cumulus.

FIG. 256. — Stratus.

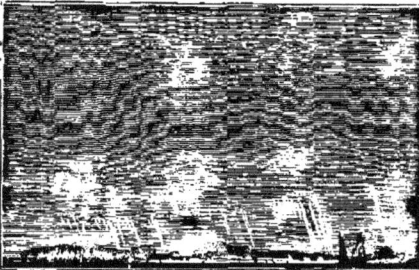

FIG. 257. — Nimbus.

FIG. 258. — Cirrus.

rissables, les nuées s'élèvent vers des hauteurs inaccessibles et peuplent l'azur de leurs formes sans nombre. « Dominons la Terre, leur faisait dire le brillant Aristophane dans sa comédie des *Nuées* contre Socrate, montrons pendant quelques minutes aux regards des hommes notre face qui change à chaque instant et qui cependant durera autant que l'Éternité ! Élançons-nous frémissantes du sein de notre père Océan ! Gravissons sans perdre haleine le sommet neigeux des montagnes ! Soutenons-nous à ces hauteurs d'où nous ne pouvons plus apercevoir notre image réfléchie sur le miroir azuré des mers ! Si nous cessons d'entendre le son grave murmuré par les flots, nous commençons à écouter la sublime harmonie des cieux. Que notre rôle est merveilleux ! N'est-ce point nous qui avons reçu de Jupiter la mission de faire briller aux yeux des hommes toutes les richesses du firmament? C'est en même temps de notre sein fécond que tombent les pluies qui mettent en mouvement le cycle de la vie terrestre. Enfin, n'est-ce point nous encore qui protégeons toute la nature vivante contre la plus cruelle des destinées? et n'est-ce pas notre enveloppe légère qui sépare le monde vivant du froid impitoyable de la mort éternelle? »

Après avoir observé la formation des nuages et leur situation dans les airs, considérons leurs formes variées et caractéristiques.

Les formes des nuages sont diversifiées à l'infini, depuis le brouillard épais qui baigne la surface du sol, jusqu'aux filaments lumineux si déliés qui planent dans les hauteurs de l'Atmosphère. Cependant la nécessité d'une classification scientifique a donné l'idée de distinguer, pour mettre quelque clarté dans cette étude souvent nébuleuse, des formes générales, des types auxquels on peut rapporter la majorité des formes présentées. C'est le météorologiste Howard qui le premier a donné des noms à ces types principaux pour les reconnaître. Sa classification n'est pas parfaite, mais on peut l'adopter comme base générale.

Les nuages dont la forme est la plus fréquente dans nos climats ont leurs contours arrondis, ils semblent posés les uns devant les autres, et leurs bords nettement définis se dessinent en courbes blanches sur l'azur du ciel. On a donné à cette forme de nuages le nom de *cumulus*. C'est surtout en été que leur forme est le mieux dessinée. Les marins les appellent *balles de coton*. Ils s'élèvent et grossissent le matin, atteignent leur plus grande hauteur au moment de la plus forte chaleur et redescendent ensuite pour disparaître, lorsqu'ils ne sont pas nombreux. Leur épaisseur varie de 400 à 500 mètres, leur hauteur varie de 500 à 3000 mètres.

Quelquefois ces demi-sphères s'entassent les unes sur les autres et forment ces gros nuages accumulés à l'horizon qui ressemblent de loin à des montagnes couvertes de neige. Ce sont les nuages qui se prêtent le plus au jeu de l'imagination, car leur légèreté et l'extrême variabilité de leurs contours leur donnent toutes les métamorphoses. On y reconnaît un peu ce que l'on veut, des hommes, des animaux, des dragons, des arbres, des montagnes. Ils fournissent des comparaisons aux poètes, et Ossian leur a emprunté ses plus belles images. Les traditions populaires des pays de montagnes sont remplies d'événements étranges où ces nuages jouent un grand rôle.

Cette forme fréquente correspond ordinairement au vent chaud du sud-ouest et du sud, c'est-à-dire au courant équatorial. Lorsque ce courant humide souffle pendant longtemps, les cumulus deviennent plus nombreux et plus denses, et s'étendent comme des couches qui peuvent couvrir entièrement le ciel. C'est là une seconde forme presque aussi fréquente que la première dans nos climats si variables, et qui caractérise l'hiver comme la première caractérise l'été ; sa différence principale avec celle-ci consiste dans sa densité, de sorte que la condensation, ou la pluie, arrive plus vite dans cet état du ciel que dans le premier. On distingue cette forme de nuages sous le nom de *cumulo-stratus*. Les nuages moutonnés, le ciel pommelé la représentent sous des aspects bien connus.

Lorsque les nuages ne sont plus dessinés et ne forment plus qu'une vaste nappe étendue par sillons horizontaux jusqu'à l'horizon, on donne à cet aspect le nom de *stratus*.

Lorsqu'un nuage va se résoudre en pluie, il acquiert une plus grande densité, devient plus sombre, et, à moins qu'il ne s'agisse d'une grêle ou d'une giboulée partielle, s'étend sur une vaste étendue. L'eau qui s'en détache tomberait verticalement si l'atmosphère était calme et les gouttes d'eau assez lourdes ; mais deux causes, dont l'une au moins existe toujours, le vent et la légèreté des gouttes de pluie, font que la quantité d'eau qui tombe du nuage forme une traî-née oblique, généralement précédée par le nuage que le vent pousse avec rapidité. On donne le nom de *nimbus* à cette situation spéciale du nuage qui se résout en pluie.

Tous ces nuages sont formés de vésicules aqueuses plus ou moins grosses et plus ou moins serrées. Mais les nuages ne résident pas seulement dans les couches aériennes dont la température est supérieure à zéro ; ils flottent également dans les régions dont la température est glaciale. Dans cette circonstance, l'eau vésiculaire se congèle en fila-ments minuscules de glace, et les nuages qui en sont formés sont des nuages de glace ou de neige, qui déjà nous ont servi à expli-quer les phénomènes optiques tels que les halos, parhélies, etc. Ces nuages de glace sont ceux qui atteignent les régions les plus élevées. Quelle que soit la hauteur à laquelle on soit monté en ballon, ils dominent toujours à une telle élévation qu'il ne semble pas qu'on s'en approche, tandis qu'une ascension même fort modeste fait vite tra-verser les cumulus et les formes diverses dont nous venons de parler. A 9000 mètres de hauteur au-dessus de l'Angleterre, M. Glaisher les a encore vus dominant toujours plus haut, *excelsior !*

Ils se composent de filaments déliés dont l'ensemble ressemble tantôt à des traînées blanches faites par un balai, tantôt à des barbes de plume, tantôt à des cheveux ou à un réseau léger et inégal. Leur hauteur moyenne est de 6000 à 7000 mètres.

Ces nuages sont désignés sous le nom de *cirrus*. Un peu d'habitude les fait reconnaître assez vite; et ce qui frappe le plus en eux, c'est qu'ils sont presque toujours orientés en longues traînées minces, droites et blanches, correspondant aux courants supérieurs.

Parfois leur blancheur se ternit, les stries s'entre-croisent, et ils deviennent plus denses parce que l'air supérieur devient plus humide. Dans ce cas, ils prennent l'apparence du coton cardé, et ordinairement cette modification annonce la pluie. En cet état de plus grande densité, ils reçoivent la désignation de *cirro-stratus*.

Parfois aussi ils se transforment en légers nuages transparents de vapeur vésiculaire, si transparents qu'on peut distinguer au travers les étoiles et les taches de la lune. Ce sont ces nuages qui donnent naissance aux couronnes. Lorsqu'ils sont bien éclairés, ils paraissent arrondis et moutonnés. Quand le ciel en est couvert, on dit qu'il est pommelé. Leur hauteur moyenne est de 3000 à 4000 mètres. On les distingue sous le nom de *cirro-cumulus*. — Les cumulus et les cirro-cumulus sont ceux qui donnent les plus belles nuances aux couchers de soleil, en réfractant et colorant ses rayons par leur transparence et leur réflexion lointaine. Les beaux couchers de soleil que l'on admire à Paris sont dus en partie à ce que ces nuages, situés au-dessus du Havre pour l'horizon de Paris, nous renvoient une douce image des effets lumineux produits sur la mer.

Telles sont les principales formes affectées par les nuages et qui sont dues à la différence de leur constitution, de leur élévation et des conditions de l'affinité moléculaire qui les définit. En somme, ces variétés ne constituent que deux grandes catégories : les cumulus formés de vésicules liquides, et les cirrus formés de particules glacées.

M. A. Poëy réunit toutes les formes de nuages dans la « classification scientifique et vulgaire » suivante :

1er type — CIRRUS. Nuage bouclé.
Dérivés. { *Cirro-stratus*. Nuage filé. / *Cirro cumulus*. Nuage pommelé. / *Pallio-cirrus*. Nuage nappé. } Nuages de glace. Hauteur : 8000 à 12 000 mètres. Nuages de neige. Hauteur : 4000 à 8000 mètres.

2° type. — CUMULUS. Nuage montagneux.
Dérivés. { *Pallio-cumulus*. Nuage de pluie. / *Fracto-cumulus*. Nuage de pluie. } Nuages de pluie vésiculaires ou de vapeur d'eau. Hauteur moyenne : 1000 mètres.

J. Silbermann pinxt.

Krakow. sc. imp.

PLUIE PARTIELLE

Hachette et Cie.

Parmi les nuages formés de vésicules liquides, nous devons maintenant porter notre attention sur des formes particulières, caractéristiques, correspondant à la production des météores aqueux qu'elles amènent ou qu'elles annoncent.

Mon excellent collègue J. Silbermann, préparateur au Collège de France et vice-président de la Société météorologique, s'est laborieusement intéressé, pendant plus de trente ans, à étudier et à dessiner ces formes typiques particulières. Parmi les espèces très nombreuses qu'il a stéréotypées et réunies en une sorte de musée météorologique, nous signalerons les principales.

Chacun se souvient de la forme des nuages qui donnent les longues pluies. Le ciel est entièrement couvert d'une immense nappe grise, et la pluie longue et perpétuelle tombe de couches

FIG. 259. — Ciel pommelé ou agglomération de cirro-cumulus.

horizontales légèrement ondulées, qui se distinguent à peine du fond sombre général. Les jours et les nuits se succèdent, et le ciel reste assombri de ce couvercle opaque dont l'épaisseur atteint parfois plusieurs milliers de mètres, occupés par plusieurs couches successives dans lesquelles la lumière du soleil d'automne est absorbée et presque éteinte. Ce sont là des nuages de pluie continentale, qui s'étendent sur de vastes contrées et ne laissent pas distinguer leurs contours.

Les *nuages de pluie partielle* les rappellent par leur extension en couches horizontales; mais ici la forme, moins étendue, est plus définie, elle ressort sur le fond du ciel, non plus obscurci par l'immensité des nappes superposées, mais partiellement couvert de cumulus qui tapissent l'azur sous une densité variable. La pluie s'échappe des flancs du nuage pour arroser les villes et les campagnes; elle se dessine sur le fond pâle du ciel en stries grises obliques, dont l'ensemble

se modèle au gré du vent. Le nuage ne se résout pas toujours entièrement. Certaines régions semblent, après avoir donné leur trop-plein,
se tarir et se replier, en quelque sorte, dans le sein du nuage, comme
ramenées par l'affinité moléculaire qui donne aux nuées leurs chan-
geants contours.

Bien différent est le *nuage de giboulée*. Il ne s'étend plus en vaste nappe
horizontale, mais forme un ensemble défini, isolé souvent dans l'air
bleu. Le soleil arrive jusqu'à lui et fait ressortir sa blanche surface sur
le fond du ciel. De ses flancs couverts tombe la pluie froide, le grésil,
la giboulée de mars que le vent disperse et fouette au visage.

Les nuages qui donnent la *grêle* présentent l'aspect d'une singulière
adhérence de molécules, comme si l'attraction tendait à les réunir en
masses condensées de forme globulaire, et leur aspect fait invo-
lontairement songer à celui d'un chou-fleur. Ils sont d'un gris cendré
caractéristique et répandent au-dessous d'eux une obscurité profonde.
Cette adhérence particulière a été semblablement constatée sur les
nuages d'orage. Le plan inférieur de cette espèce de nuées est horizontal, et de cette sorte de table s'élèvent des panaches, des fuseaux,
qui rappellent l'idée de boules de laine plus ou moins énormes, plus
ou moins étirées, attachées à un même système. Ce sont là d'ailleurs
des types, par conséquent des formes très accentuées, qui exagèrent
plutôt qu'elles n'atténuent les aspects remarqués. La couleur, la blancheur ou l'obscurité des nuées ne peuvent être prises comme caractères, car elles dépendent de leur position relativement à celle
du soleil, et relativement aussi à celle de l'observateur. Si nous voyons
un nuage d'orage à une grande distance de nous, et que nous soyons
placés entre lui et le soleil, il nous paraîtra blanc. Si nous l'observons,
au contraire, lorsqu'il arrive au-dessus de nos têtes, nous le voyons par
sa région inférieure, que la lumière solaire n'atteint pas, et il nous
paraîtra noir.

Les deux planches en couleur qui accompagnent ce chapitre représentent ces trois types de nuages, pluie partielle, giboulée et grêle,
dessinés et peints d'après nature du haut de la terrasse du Collège de
France.

Dans mes divers voyages aéronautiques, j'ai souvent mesuré la
hauteur et l'épaisseur des nuages en les traversant. J'en ai trouvé de
très bas, par exemple commençant à 630 mètres d'altitude et s'arrê-
tant à 810 mètres, ne mesurant pas 200 mètres d'épaisseur, et pourtant
ne laissant pas percer le soleil. Cette couche de nuages, mesurée à

J. Silbermann pinxt.   Krakow. sc. imp.

NUAGE A GIBOULÉE

J. Silbermann pinxt.   Krakow. sc. imp

NUAGE A GRÊLE

Hachette et Cⁱᵉ.

cinq heures du soir au mois de juin, était encore plus basse deux heures
plus tard, s'étendant alors de 590 à 760 mètres. En d'autres circonstances, ces cumulus planaient à 1200 mètres, à 1800, à 2400 et plus
haut encore. Leur hauteur dépend beaucoup de la température de l'air
et de l'heure du jour. En général, les nuages s'élèvent jusque vers une
heure ou deux de l'après-midi, et ils s'abaissent le soir.

L'épaisseur des nuages est parfois considérable. Dans leur ascension

FIG. 260. — Formation d'un nuage d'orage.

du 27 juillet 1850, Bixio et Barral ont rencontré une couche de nuages
qu'ils ont traversée sur 5000 mètres d'épaisseur sans parvenir à la
dominer.

On a essayé récemment de mesurer directement d'en bas la hauteur
des nuages à l'aide d'altazimuts. Pendant les étés de 1884 et 1885,
MM. Ekholm et Hagström, en Suède, ont réussi à prendre un grand
nombre d'angles; le résultat de 1500 mesures a donné les hauteurs suivantes pour les diverses formes de nuages : stratus, 600 mètres;
nimbus, 1500 mètres; cumulus, base, 1350 mètres, sommet,
1800 mètres; cumulo-stratus, 1380 mètres; cirro-cumulus, 6300 mètres; cirrus, depuis 8700 jusqu'à 12300 mètres. Il serait intéressant
de faire des mesures analogues dans les contrées équatoriales.

CHAPITRE III

LA PLUIE

CONDITIONS GÉNÉRALES DE LA FORMATION DE LA PLUIE. — SA DISTRIBUTION
SUR LE GLOBE. — LA PLUIE EN EUROPE ET EN FRANCE.

Maintenant que nous connaissons la distribution de l'humidité dans
l'air atmosphérique, le mode de formation et de suspension des nuages
dans l'espace, leur partage en deux espèces principales bien distinctes
et l'action de la température sur la vapeur d'eau, nous pouvons nous
rendre facilement compte de la formation de la pluie.

La pluie est la précipitation de la vapeur aqueuse qui constitue les
nuages. Pour que cette vapeur se précipite, c'est-à-dire forme des
gouttes pleines qui, par leur poids, tombent à travers l'atmosphère et
produisent la pluie, il faut que l'état moléculaire du nuage soit modifié
par une cause extérieure. Cette modification est souvent produite
tout simplement par l'influence des nuages supérieurs. Il y a des situations telles, que la moindre circonstance les trouble profondément et
les détruit. Tel est le cas des cumulus saturés ; le moindre refroidissement les condense et précipite en pluie une partie plus ou moins
grande de la vapeur vésiculaire qui les compose.

La condition ordinaire de la production de la pluie consiste donc
dans l'existence de deux couches de nuages superposées, et c'est celle
du haut qui détermine la précipitation de celle du bas. C'est là une
observation que tout le monde peut vérifier facilement quand on en
est prévenu ; pendant plusieurs années, je me suis attaché à examiner
l'état du ciel au moment de la pluie, sans jamais avoir pu une seule fois
trouver cette condition en défaut.

Monck Mason, dans ses excursions aéronautiques, a remarqué que
lorsqu'un ciel complètement couvert de nuages donne de la pluie, il y
a toujours une rangée semblable de nuages située au-dessus, à une

certaine hauteur, et qu'au contraire, quand il ne pleut pas, quoique le ciel présente inférieurement la même apparence, l'espace situé immédiatement au-dessus offre pour caractère dominant une grande étendue de ciel clair et jouissant d'un soleil qui n'est masqué par aucun nuage.

Déjà Saussure avait observé le même fait dans ses voyages dans les Alpes. Hatton avait remarqué que quand deux masses d'air saturées ou presque saturées, mais d'inégales températures, se rencontrent, il y a précipitation de la vapeur aqueuse. Peltier observa, sous un autre point de vue, qu'un ciel d'orage est toujours composé de deux rangs de nuages d'électricité contraire. Le commandant Rozet conclut d'une longue série d'observations que les orages et la pluie résultent les uns et les autres de la rencontre des cirrus avec les cumulus, de la vapeur glacée avec la vapeur vésiculaire. Kaemtz et Martins adoptent la même théorie. M. Renou ajoute de plus que l'eau peut descendre sans se glacer jusqu'à 15, 20, 25 degrés au-dessous de zéro, dans l'état d'extrême divisibilité qui constitue les brouillards et les nuages, et que la pluie et la grêle sont dues au mélange des cirrus glacés avec les cumulus encore liquides, sous l'influence variable de la température.

Des nuages disposés en une seule couche peuvent cependant donner de la pluie, s'ils sont subitement refroidis[1]. Dans un cas comme dans l'autre, nous adopterons avec M. Plumandon la succession suivante

1. La pluie tombe même parfois *par un ciel serein*. En voici plusieurs exemples :

Le 7 août 1837, à neuf heures du soir, Wartmann de Genève constata que pendant deux minutes une pluie formée de larges gouttes d'eau tiède tomba d'un ciel pur où brillaient les étoiles. Les nombreux promeneurs qui se trouvaient sur le pont des Bergues n'eurent que le temps de se sauver dans toutes les directions, fort surpris de cette averse bizarre. Le tour de l'horizon était occupé par de gros nuages noirs non continus.

Le 11 mai 1844, à dix heures du matin et à trois heures de l'après-midi, le même fait fut encore constaté par le même observateur, l'air étant parfaitement calme.

La même année, à Paris, le 21 et le 22 avril, vers deux heures et demie du soir, un capitaine du génie, de Noirfontaine, étant sur les glacis, loin de toute habitation, reçut sur le visage et sur les mains des gouttes d'eau très fines lancées avec force. Des soldats s'en aperçurent également. Les gouttes n'étaient ni assez grosses ni assez abondantes pour pouvoir être remarquées sur le sol. Il n'y avait pas dans le ciel la moindre trace de nuages ni de vapeurs. Le vent soufflait avec force du nord-nord-est.

Le 25 août 1865, M. Ragona, directeur de l'Observatoire de Modène, constata une pluie analogue qui dura un quart d'heure, entre huit heures et demie et neuf heures du soir.

Le 26 avril 1887, à huit heures du soir, M. Vimont, directeur de la Société scientifique Flammarion d'Argentan, a observé une pluie sans nuages, par un ciel absolument pur, les étoiles brillant d'un vif éclat. Les gouttes étaient rares et espacées.

Humboldt cite plusieurs exemples du même genre. Kaemtz assure que, d'après ses propres observations, le fait n'est pas très rare et arrive deux ou trois fois par an.

Cette pluie qui tombe d'un ciel serein est due, ou bien à des vapeurs qui se condensent en eau sans passer par l'état intermédiaire de vapeurs vésiculaires, ou bien à un transport de pluie par un vent puissant qui l'a prise à une certaine distance. Dalton observa un jour un transport d'eau salée en Angleterre jusqu'à plus de vingt lieues de la mer.

des phases de la formation de la pluie, telle qu'on peut l'observer d'ailleurs en ballon ou dans les montagnes, en procédant de haut en bas :

1° On se trouve dans un brouillard plus ou moins épais; l'hygromètre approche de 100; l'air est à peu près saturé de vapeur d'eau, mais on ne peut constater la chute de la moindre particule liquide, et les objets extérieurs ne sont pas mouillés.

2° On ne peut observer la chute d'aucune gouttelette liquide, si petite qu'elle soit, et cependant tous les objets enveloppés par le nuage se mouillent rapidement. Lorsque cette situation dure une journée, on recueille 3, 4 et 5 millimètres d'eau. On est dans la région où la pluie commence à se former, et les habitants des régions montagneuses disent alors que *le brouillard mouille*.

3° On remarque, au sein du brouillard, la chute de gouttelettes excessivement fines, qu'on a souvent de la peine à distinguer : *il bruine.*

4° La pluie tombe, et l'on est encore dans le brouillard.

5° La pluie tombe, et l'on est au-dessous du brouillard, c'est-à-dire au-dessous des nuages.

Ces cinq cas peuvent se rapporter au même nuage, et alors on les rencontre dans des régions placées les unes au-dessous des autres et dans l'ordre précédent. De sorte que si l'on pénètre dans ce nuage par la partie supérieure, on traverse successivement :

1° Du brouillard qui *ne mouille pas ;*

2° Du brouillard qui *mouille;*

3° Du brouillard mêlé de *bruine ;*

4° Du brouillard mêlé de *pluie;*

5° De la *pluie*, sans brouillard, lorsqu'on est sorti du nuage par sa partie inférieure.

Les gouttes de pluie seront d'autant plus grosses à la sortie du nuage, que la région où se forme la bruine sera plus élevée au-dessus de la base de ce nuage. Il y a cependant une limite à l'accroissement des gouttes de pluie, car leur vitesse de chute dans l'air augmente avec leur masse, et les gouttes se divisent à cause de la résistance que leur oppose l'air qu'elles traversent.

Il est facile de voir que les cinq cas que nous venons de considérer ne sont autre chose que *cinq phases distinguées par nos sens*, dans la transformation progressive que subit la vapeur d'eau pour passer à l'état liquide.

Quoi qu'il en soit, la pluie tombe dès que les gouttes formées par la condensation de la vapeur d'eau des nuages deviennent trop lourdes. Des gouttes très fines peuvent ne pas tomber ou se dissoudre en arrivant dans un air très sec.

Très souvent, surtout en hiver et au printemps, la pluie que nous recevons a commencé par être de la neige, dans les hauteurs glacées. N'oublions pas que la température de la glace règne constamment au-dessus de nos têtes, aux altitudes que nous avons déterminées plus haut (voy. p. 328).

Le transport des masses nuageuses joue un rôle fondamental dans la dissolution de ces masses, dans l'abondance et la distribution des pluies. Nous l'avons déjà remarqué en étudiant la correspondance des différentes directions du vent avec la quantité de pluie tombée. Le vent de sud-ouest, qui domine dans nos contrées, est aussi le plus pluvieux, parce qu'il entraîne avec lui les couches nuageuses formées sur l'Océan, ces couches d'humidité pouvant d'ailleurs être invisibles.

Ainsi, nous pouvons nous représenter l'immense évaporation qui s'accomplit journellement à la surface de l'Océan, et voir clairement en elle l'origine des nuages et des pluies. Les vents alizés, qui soufflent à la surface de la mer sous les tropiques, emportent cette vapeur d'eau jusqu'aux calmes équatoriaux, où ils s'élèvent, atteignent les froides hauteurs et s'en retournent vers les contrées tempérées, chargées d'humidité. En s'élevant à travers l'atmosphère des régions équatoriales, ils laissent se condenser une partie de leurs vapeurs, et, comme ce fait arrive tous les jours, il y a là une zone constante de nuages et de pluies. C'est l'anneau de nuages (*cloud-ring*) des marins anglais, ou le *pot au noir* des marins français. Le même fait se produit dans la planète Jupiter, dont on distingue si bien les bandes équatoriales d'ici malgré les 200 millions de lieues qui nous en séparent.

Les nuages océaniques venus du sud et du sud-ouest sèment leur eau selon leur marche, selon leur hauteur, leur température, les couches de nuages plus ou moins épaisses et plus ou moins froides qui les surplombent, selon les vents accidentels qui viennent les influencer, et selon le relief du sol qui modifie leur cours. Toutes choses égales d'ailleurs, la proportion des pluies décroît de l'équateur aux pôles, puisque, d'une part, l'évaporation se fait presque tout entière sur les chaudes latitudes, et que, d'autre part, la quantité de vapeur que l'air peut dissoudre augmente rapidement avec le degré thermométrique. Ainsi, par exemple, il tombe plus de 2 mètres de hauteur de pluie par an à la Guyane, à Panama, tandis qu'il n'en tombe pas 20 centimètres à Arkhangel.

Une seconde loi a été remarquée dans la proportion des pluies : c'est leur diminution suivant la distance à la mer, mesurée sur la direction des vents dominants. Il est facile de comprendre que les nuages ne pouvant plus se reformer dans l'intérieur des continents, deviennent d'autant plus rares et donnent d'autant moins de pluie qu'on est plus éloigné des côtes de l'Océan. L'évaporation produite sur les fleuves, les lacs, les marais, les plaines humides, donne bien naissance à des nuages, mais ce n'est là qu'une source insignifiante de pluie comparée à celle de l'Océan. Ainsi, il tombe 1^m,24 de pluie à Bayonne, 1^m,20 à Gibraltar, 1^m,30 à Nantes; seulement 42 centimètres à Francfort, 45 à Pétersbourg, 45 à Vienne. En Sibérie, il n'en tombe plus que 20 centimètres, et moins encore en s'avançant à l'est. — Nous voyons à Alger

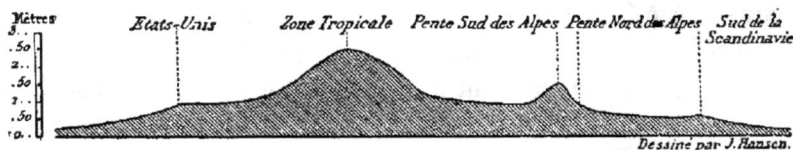

Fig. 261. — Diminution des pluies, des tropiques aux zones polaires.

une moyenne de 200 millimètres d'eau, et une moyenne de 100 millimètres à Oran et à Mostaganem. Pour peu qu'on descende vers le sud, la quantité de pluie diminue rapidement, et Biskra, sur les confins du

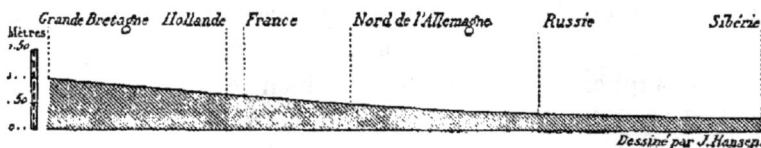

Fig. 262. — Diminution des pluies, selon l'éloignement de l'Océan.

désert, ne reçoit plus que 5 millimètres d'eau, quantité tout à fait insignifiante.

Une troisième loi s'est fait également reconnaître par la comparaison

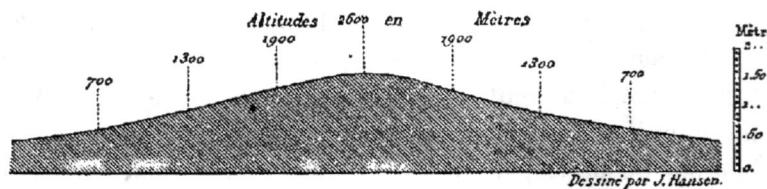

Fig. 263. — Accroissement des pluies, selon le relief du sol.

d'un très grand nombre d'observations. Le relief du sol apporte une variation dans les deux éléments de distribution que nous venons de considérer. Si une masse d'air saturée d'humidité, une couche de nuages, rencontre une chaîne de montagnes, cette proéminence du sol l'arrêtera en partie; mais les nuages ne s'arrêteront pas longtemps. Les courants d'air qui s'élèvent sur les pentes des montagnes les élèveront en même temps; ils se refroidiront en raison de 1 degré pour 120,

150, 200 mètres, suivant la saison et la température, subiront une condensation progressive, de telle sorte que, lorsqu'ils arriveront à la

FIG. 264. — Coupe de l'Atmosphère pendant une pluie.

crête de la chaîne de montagnes, ils pourront passer par-dessus ; mais une bonne partie de leur eau sera tombée sur cette crête. Le ralentissement de l'air les dépouille aussi de leur eau, un peu comme le ralentissement d'un cours d'eau favorise la chute des dépôts qu'il tient en suspension. Il tombe donc plus d'eau sur un pays hérissé de montagnes qu'il n'en tomberait si celles-ci n'existaient pas et si les nuées nageaient sans obstacle au-dessus de plaines immenses; il tombe plus d'eau également sur le versant tourné du côté du vent marin que sur le versant opposé. Ainsi les nuages qui, en passant au-dessus de Lisbonne, n'y laissent tomber que 70 centimètres d'eau par an, sont bientôt arrêtés par les montagnes aux froids sommets de Portugal et d'Espagne, et versent 2 mètres d'eau à Coïmbre. — Les nuages qui passent au zénith de Paris y versent par an 50 centimètres de hauteur d'eau; à mesure que l'altitude augmente, on voit la quantité de pluie augmenter; ainsi, sans sortir du bassin de la Seine, nous voyons 1 mètre d'eau pluviale sur le plateau de Langres, et $1^m,80$ à la station supérieure du Morvan, aux Settons (Nièvre). A Genève, au pied des Alpes, la quantité annuelle de pluie est de 825 millimètres, et au col du Grand Saint-Bernard elle est de 2 mètres

Il y a des régions où ces conditions sont si bien réunies, que les pluies s'y arrêtent comme attirées d'une manière permanente. Ainsi la haute chaîne de l'Himalaya arrête les nuages venus de l'immense évaporation de l'océan Indien. A Cherra-Ponjee, situé sur les monts Garrows, à 1360 mètres d'altitude, au sud de la vallée du Brahmapoutra, la quantité d'eau versée par les nuages est de $14^m,80$! Ces régions montagneuses et voisines du tropique sont probablement celles du maximum de pluie sur la terre; ce sont là aussi les grands réservoirs des fleuves asiatiques. Dans ces mêmes pentes inférieures de l'Himalaya, sur le versant occidental des Ghâtes, on a constaté $7^m,67$ de hauteur moyenne de pluie, d'après une période de quatorze années. On a vu dans ces montagnes une averse de quatre heures seulement recouvrir le sol d'une couche liquide évaluée à 76 centimètres, plus que Paris n'en reçoit pendant toute une année. Nulle part sans doute, dans les régions de la zone torride, la précipitation des pluies n'est favorisée d'une manière aussi remarquable. Les Antilles n'ont pas assez de largeur pour empêcher les vents et les nuages d'obliquer à droite et à gauche, mais certaines régions reçoivent néanmoins 10 mètres d'eau par an. Dans les Indes, l'entonnoir du golfe d'Uraba en reçoit plus encore. On voit au golfe du Mexique les pluies d'été, presque uniques, donner plus de 4 mètres d'eau à la Vera-Cruz. En nous éloignant des régions tropicales, nous ne trouvons plus de curieux maxima de pluie, si ce n'est sur les chaînes de montagnes qui, placées en travers du courant général, l'obligent à se redresser et l'arrêtent; tel est, par exemple, l'effet produit par les Alpes Scandinaves, qui séparent la Suède et la Norvège. Le versant occidental de cette chaîne reçoit beaucoup plus d'eau que son versant oriental; à Bergen, il en tombe annuellement 2^m,65, c'est-à-dire plus qu'en aucune autre ville de l'Europe. Enfin plusieurs points sont encore spécialement favorisés par leur position maritime ouverte au courant du sud-ouest, comme Nantes, par exemple, qui reçoit 1^m,30 d'eau pluviale par année moyenne.

En réunissant et comparant les observations faites sur un très grand nombre de points disséminés à la surface du globe, on a pu constater les trois influences que nous venons de passer en revue, marquer sur le planisphère les hauteurs d'eau observées et tracer la carte des pluies sur le globe entier. On voit par cette carte que la plus intense précipitation de vapeur aqueuse se produit au nord de l'équateur dans l'Atlantique, de chaque côté de cette même ligne dans le Pacifique, et à l'est de l'Amérique. Dans ces mêmes régions, le maximum, la hauteur de pluie supérieure à 2 mètres, se manifeste, en Asie dans les îles de Bornéo, Sumatra, Java, le long des montagnes du Cambodge, de l'Himalaya, des Ghâtes de la côte occidentale du triangle indien; — en Afrique, le long des plateaux de la côte orientale; dans l'Atlantique, entre la Guinée et la Guyane; dans l'Amérique du Sud, sur les Andes du Chili, au cap Horn, et au sommet, au-dessus du Pérou, qui par contraste est une contrée sans pluie. Enfin, la chaîne de montagnes qui borde l'Amérique du Nord à l'est, par 50 et 60 degrés de longitude, montre également un maximum de plus de 2 mètres de pluie annuelle.

Les régions sans pluie se déroulent le long du Sahara, de l'Égypte, de l'Arabie et de la Perse, pour s'étendre jusqu'à la Mongolie et même la Sibérie, à part la région de l'Asie centrale, sur laquelle les mois d'hiver versent un peu de pluie.

Si nous considérons l'Europe en particulier, nous remarquons des pluies relativement abondantes, de 1 à 2 mètres, dans les zones marines de Portugal, de Bretagne, d'Irlande et de Suède. La proportion des pluies diminue graduellement de l'ouest à l'est, avec des zones de condensation produites par les reliefs du sol. Il y a en certains points des régions où les pluies sont fort rares, en Grèce par exemple; le climat de l'Attique est sec et le ciel y est généralement clair; l'air a toujours passé pour le plus pur de la Grèce, et il l'est encore aujourd'hui; un papier peut être exposé à l'air toute la nuit, et l'on peut tout aussi bien écrire dessus le lendemain matin. On attribue même à cette grande sécheresse de l'air l'étonnante conservation de monuments athéniens.

L'hémisphère boréal reçoit une proportion de pluie plus considérable que l'hémisphère austral, un quart en plus environ. Ce surcroît de pluie est dû surtout à la zone équatoriale boréale des pluies et aux moussons. Cependant notre hémisphère possède beaucoup plus de terre ferme que l'autre, et l'évaporation s'opère sur une échelle beaucoup plus grande dans l'hémisphère austral, presque entièrement occupé par l'océan. Ainsi nos nuages, nos pluies, nos rivières et nos fleuves sont en grande partie alimentés par l'océan de l'hémisphère où se trouvent nos antipodes.

La distribution des pluies ayant pour double cause les variations de température et les vents régnants, on conçoit que, suivant les contrées, elle soit plus ou moins abondante selon les saisons. C'est ce que l'observation a constaté.

Les pays qui ont ce qu'on appelle une *saison de pluies* sont les contrées situées entre les tropiques, et où le soleil, deux fois l'an, passe perpendiculairement sur la tête des habitants, occasionnant en ces jours un excès de chaleur qui, naturellement, doit se traduire par une raréfaction énergique des couches qui reposent sur le sol, par l'élévation de ces couches devenues trop légères pour porter les couches supérieures, et enfin par le refroidissement et la pluie qui suivent toujours ces effets. Il est difficile de se faire une idée de la masse d'eau que versent les pluies de saisons dans les bassins de l'Amazone et de l'Orénoque. Après les débordements de ces fleuves et de leurs affluents à plusieurs dizaines de mètres de hauteur, toute une contrée vaste comme l'Europe devient, à la lettre, une mer d'eau douce, dont l'écoulement dans l'océan le dessale à une grande distance des côtes, et près de laquelle les immenses lacs de l'Amérique septentrionale ne sont que de petits étangs. Dans ce grand déploiement des forces physiques, où la nature supérieure et irrésistible dans son action commande l'attention à l'homme dont l'existence est menacée, la science d'observation progresse forcément, et les meilleurs physiciens sont les habitants eux-mêmes, dont la conservation dépend de la connaissance des vicissitudes des saisons.

Ainsi, aux États-unis, sur l'Atlantique, du 24e jusqu'au delà du 40e degré de latitude, en Espagne, dans le sud de la France, en Italie, en Grèce, en Turquie, en Asie, en Chine, au Japon, dans le Pacifique, sous les mêmes latitudes, les pluies tombent presque entièrement en hiver, à part la région des moussons périodiques, et, sur certains pays méridionaux, des mois entiers se passent en été sans qu'un seul nuage apparaisse dans le ciel. Il en est de même entre le 25ᵉ et le 40ᵉ degré de latitude australe, à Buenos-Ayres, au Cap, à Melbourne.

Sur une zone qui s'étend du 12ᵉ au 25ᵉ degré de latitude sud, sur presque tout le globe aussi, c'est en été que les pluies tombent.

Sur une zone qui s'étend du 40ᵉ au 60ᵉ degré de latitude nord et qui s'allonge même jusqu'au 75ᵉ, au delà de l'Islande et de la Suède, pour se rétrécir en Asie, les pluies tombent en toute saison.

La Néerlande, la Belgique, la France, l'Allemagne, la Pologne

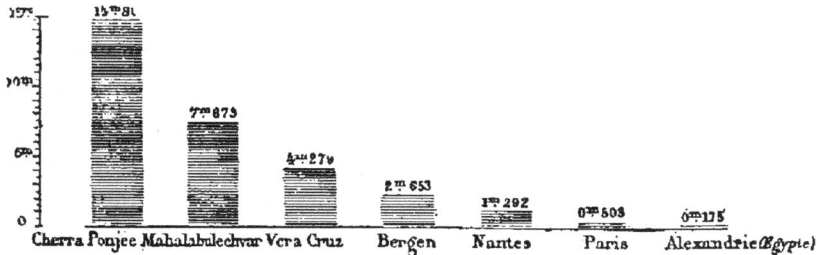

FIG. 265. — Hauteur de pluie comparées.

reçoivent 50, 60, 70 centimètres; les quantités diminuent à mesure que nous nous éloignons de la mer pour pénétrer dans l'intérieur des terres. Ainsi les villes de la Belgique reçoivent au delà de 700 millimètres d'eau, tandis qu'à égalité de latitude les villes d'Allemagne et celles qui se rapprochent le plus de l'Asie reçoivent des quantités moindres. D'une autre part, les deux saisons les plus pluvieuses sont l'été et l'automne. L'Angleterre, sous ce rapport, est dans une position toute spéciale : elle reçoit, comme entourée de mers, beaucoup plus d'eau que sa latitude ne semblerait l'indiquer.

Nous avons mentionné la quantité de pluie annuelle qui tombe à Bergen en Norvège. Cette ville forme sous ce rapport une exception surprenante dans la météorologie du globe; c'est, dans toute l'Europe, celle où la pluie est le plus abondante. Elle se trouve située au milieu d'une longue baie, exposée au souffle des vents d'ouest, qui sont arrêtés par des montagnes, de sorte que l'eau, suivant la remarque de Kaemtz, en est pour ainsi dire mécaniquement exprimée.

L'état du ciel exerce une influence constante non seulement sur la vie des humains, trop matériellement rattachée aux productions de la terre, mais encore sur le caractère et sur l'esprit. Avez-vous jamais remarqué, comme elles le mériteraient, ces sombres journées de novembre, pendant lesquelles un rideau impénétrable reste constamment étendu à quelques centaines de mètres au-dessus de nos têtes? Le soleil ne le traverse point. Au lieu de lumière, nous n'avons qu'une clarté grise, monotone et attristante ; au lieu de la riante couleur des rayons solaires, nous n'avons qu'un manteau sépulcral. La lumière, la gaieté, la vie semblent exclues de la Terre. Les pavés des rues sont glissants, l'humidité est pénétrante, la terre est boueuse, les chemins sont sales, le jour ne se lève pas, le brouillard tombe, un couvercle immense est posé sur la terre, et nous gisons dans l'obscurité sinistre des régions inférieures !

Ah ! quelle différence lorsque nous pénétrons à travers cette couche de nuages obscurs et que nous la traversons pour planer dans l'Atmosphère éclairée et joyeuse ! Là-haut règnent constamment la joie et la beauté ; le soleil ne s'éteint point, l'azur des cieux ne se laisse point voiler, l'air est sec et transparent, et, en songeant à la tourbe des humains qui, depuis des milliers d'années, consentent à se traîner comme des limaçons sur le sol gluant à travers la brume et l'odeur grossière du noir brouillard, on ne peut s'empêcher de s'étonner que le génie de l'homme n'ait pas encore conquis définitivement les pures régions aériennes et n'y réside pas plus souvent.

Si nous imaginons une coupe de l'Atmosphère pendant une pluie, nous voyons le bas séjour des humains criblé d'une averse diluvienne, bouleversé par le vent, sali de boue, tourmenté par un ridicule désordre, tandis qu'au-dessus de la double couche de nuages l'aérostat plane dans sa tranquillité lumineuse. — Mais considérons encore spécialement l'état de la pluie en France.

On peut partager la France en cinq régions climatiques : 1° le climat séquanien, occupant le Nord et le Nord-Ouest, limité au sud par la Loire, Tours, Nevers, à l'est par les départements de l'Aube et de la Marne ; 2° le climat vosgien, formé des départements de Meuse, Moselle, Meurthe, Haute-Marne, Vosges, Ardennes, Alsace ; 3° le climat rhodanien, dont la limite ouest est formée par la chaîne du plateau de Langres, de la Côte d'Or, du Charolais, du Lyonnais, des Cévennes ; 4° le climat méditerranéen, comprenant les Hautes et les Basses-Alpes, les Alpes-Maritimes, le Var, les Bouches-du-Rhône, l'Ardèche, le Gard, l'Hérault, l'Aude et les Pyrénées-Orientales, en un mot les rivages de la Méditerranée ; 5° enfin le climat girondin, occupant tout l'ouest

CARTE DES PLUIES

ANGLETERRE

LONDRES

Exeter · Winchester · Canterbury

Launceston

Plymouth

I. de Wight

MANCHE

I. de Guernesey

I. d'Aurigny

Cherbourg · le Havre · Rouen · Beauvais

Seine

I. de Jersey

Coutances · St Lô · Caen · Evreux

NORMANDIE

Dieppe

Pas de Calais

Calais · Boulogne

Dunkerque · Bruges · Anvers

Elberfeld

Cologne

Lille · Mons · Namur

BRUXELLES · Maestricht

Aix la Chapelle · Coblentz

Arras · Amiens · PICARDIE · Mézières · Laon

Luxembourg

Bischofeld

Aisne · Soissons · Château-Thierry · Verdun · Metz

Thionville

Strasbourg

Brest · Morlaix · St Brieuc

BRETAGNE

Quimper · Rennes

Belle Isle · Nantes

Emb. de la Loire

I. de Noirmoutier

Laval · Alençon

Angers · Tours

Châteaudun · Orléans

Fontainebleau · Sens · Auxerre

Melun · Provins

PARIS · Versailles · Meaux · Marne

Nancy

Chaumont · Epinal

Châlons · Bar le Duc

Dijon

Mézian

Besançon

POITOU · Poitiers · Niort

I. de Ré · La Rochelle

I. d'Oléron

Emb. de la Gironde

Bourges · Nevers · Moulins · Montluçon

Guéret

SAINTONGE · Angoulème · Limoges

St Yrieix

Lons-le-Saulnier · Lausanne

Mâcon · Bourg · Genève · Sion

Lyon · Chambéry · TURIN

Clermont · St Etienne · Valence · Grenoble

Bordeaux · Bergerac

Dordogne

Aurillac · Le Puy

Garonne · Lot

Agen · Aveyron · Rodez · Mende · Privas

Avignon · Gap

Coni

GASCOGNE · Montauban · Albi · Nîmes · Montpellier

PROVENCE · Draguignan · Nice

Auch · Toulouse · Carcassonne · Marseille · Toulon

Mont de Marsan

Bayonne · Pau · Tarbes · Foix · Perpignan

I. d'Hyères

Bilbao

Vitoria · Pampelune

Burgos · Logroño

SIGNES CONVENTIONNELS

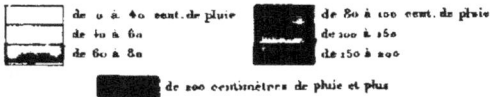

de 0 à 40 cent. de pluie

de 40 à 60

de 60 à 80

de 80 à 100 cent. de pluie

de 100 à 150

de 150 à 200

de 200 centimètres de pluie et plus

de la France, depuis le Morvan et le Charolais jusqu'à l'Océan et aux Pyrénées.

En considérant séparément la quantité de pluie annuelle afférente à ces cinq divisions, on a le tableau suivant :

CLIMATS	QUANTITÉ annuelle moyenne	QUANTITÉ RELATIVE				ORDRE des saisons eu égard à la quantité de pluie.	NOMBRE des jours de pluie.
		Hiver.	Prin-temps.	Été.	Au-tomne.		
	mill.						
Vosgien....................	669	19	23	31	27	E. A. P. H.	137
Séquanien (presqu'îles exceptées)..	548	21	22	30	27	E. A. P. H.	140
Girondin.................	586	24	21	22	34	A. H. E. P.	130
Rhodanien.................	946	20	24	23	33	A. P. E. H.	107
Méditerranéen	651	25	24	11	40	A. H. P. E.	53
Moyennes....	681	22	23	22	33		113

Ainsi la mesure annuelle moyenne de la pluie en France serait représentée par une tranche de 68 centimètres. Il y a en moyenne cent treize jours de pluie par an sur l'ensemble de la France ; mais il y a de grandes différences suivant les pays, puisque sur les bords de la Méditerranée on n'en compte que cinquante-trois, tandis que dans le Nord et à la latitude de Paris on en compte cent quarante. Le nombre des jours de pluie n'a aucun rapport avec la quantité d'eau tombée. Il y a plus de jours de pluie en hiver, mais chaque pluie donne plus d'eau en été.

Nos lecteurs se rendront exactement compte de la distribution de la pluie en France et de la quantité d'eau qui tombe annuellement sur chaque région par la carte en couleur qui accompagne ce chapitre.

La quantité de pluie qui tombe annuellement sur deux points voisins appartenant au même canton est souvent très différente. La cause de ces différences réside dans le relief du sol, dans l'existence de collines ou de vallées dirigeant et accumulant les nuages en des points particuliers qui sont inondés de pluie, tandis que les localités séparées des premières par des collines de 60 ou 70 mètres d'élévation ne reçoivent qu'une quantité d'eau insignifiante. Ces remarques sont probablement la cause pour laquelle certaines cultures réussissent dans des cantons spéciaux et ne donnent que des résultats médiocres dans les cantons voisins. L'agriculture a donc un intérêt considérable à ce que la distribution des pluies soit étudiée et connue dans ses moindres détails.

La quantité d'eau qui tombe dans une pluie se mesure à l'aide de l'instrument appelé *pluviomètre* ou *udomètre*. Cet instrument consiste essentiellement en un entonnoir destiné à recevoir l'eau de pluie et en un réservoir qui permet de la mesurer. Dans certains pluviomètres, l'eau se mesure directement elle-même en passant dans un tube gradué adhérent au réservoir; dans d'autres, un système de bascule fait tomber l'eau, aussitôt qu'elle atteint une certaine quantité, dans un déversoir latéral, et enregistre automatiquement la quantité d'eau tombée.

La surface des pluviomètres offre des dimensions variées. Dans le bassin de la Seine, M. Belgrand a opéré à Fatouville sur des appareils dont le plus grand mesurait 25 mètres carrés de surface, et le plus petit 1 décimètre carré seulement. Ceux de 2 décimètres donnent les hauteurs de pluie avec une exactitude suffisante.

A l'Observatoire de Paris, il y en a deux :

FIG. 266. — Pluviomètre de la terrasse de l'Observatoire de Paris.

l'un sur la terrasse, l'autre dans la cour. Ils mesurent 8 décimètres de diamètre. Pendant longtemps, celui du haut a présenté une différence de 4 à 5 millimètres en moins avec celui du bas, et l'on avait basé là-dessus toute une théorie de l'augmentation des gouttes de pluie pendant leur chute. Ces différences étaient dues à des courants inférieurs, tourbillons, remous, qui n'existent plus aujourd'hui. On a planté en 1854 des peupliers qui, en grandissant, ont sensiblement diminué la quantité d'eau reçue par le pluviomètre inférieur. Le pluviomètre de la terrasse est à 28 mètres au-dessus du sol, c'est-à-dire à 87 mètres au-dessus du niveau de la

mer. Il a été établi en 1803 et a fourni chaque année, depuis cette
époque, la quantité d'eau tombée annuellement à Paris. Celui de
la cour a été établi en 1817. Ce n'est pas seulement de la fin du

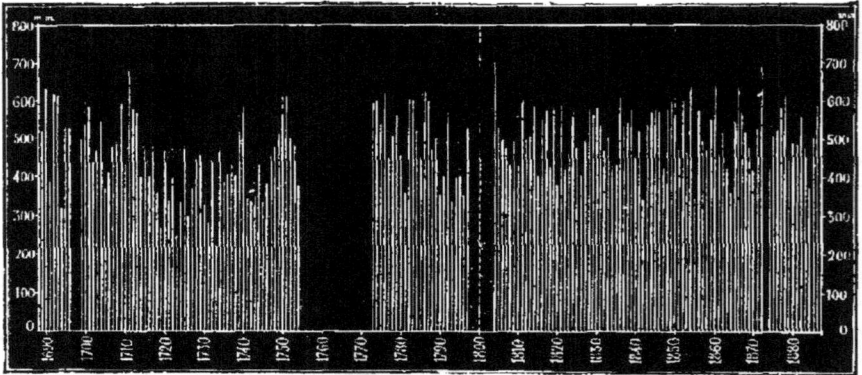

FIG. 267. — Quantités d'eau tombées annuellement à Paris depuis 1689.

siècle dernier qu'on mesure l'eau tombée à l'Observatoire de Paris.
Dès l'année 1689, la Hire avait installé un pluviomètre dans la
tour de l'Est, mais ce réservoir ne recevait l'eau que par l'intermédiaire d'un tuyau de 21 mè-
tres de longueur. Cette disposition défectueuse n'a été modifiée que par l'installation du
nouveau pluviomètre, en 1803.
Nous publierons à l'Appendice
toutes ces observations depuis
1789; mais on peut se rendre
exactement compte ici de la hauteur d'eau tombée chaque année
à Paris par l'examen de la
figure 267, qui représente toutes
ces observations.

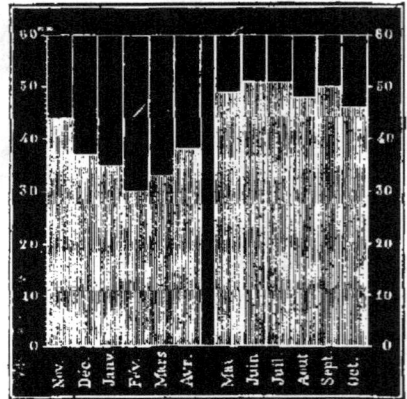

FIG. 268. — Quantités moyennes de pluies tombées
mensuellement à Paris.

Quelques lacunes existent malheureusement, de 1754 à 1773,
de 1797 à 1804, et en 1873. On peut remarquer que la période de
1713 à 1738 a été sensiblement moins pluvieuse que l'ensemble
du siècle actuel. (Mais les observations anciennes sont-elles assez
précises?)

Comme nous l'avons déjà vu, il tombe en moyenne 51 centimètres d'eau par an sur la terrasse, distribuée mensuellement comme il suit :

PROPORTION DES PLUIES PAR MOIS SUR LA TERRASSE DE L'OBSERVATOIRE
DE PARIS.

(Moyenne de 70 années d'observations, 1804 à 1873.)

	Hauteur en millimètres.	Nombre moyen des jours où il a plu.
Janvier...................................	35	20
Février............................	30	19
Mars...................................	33	16
Avril...................................	38	16
Mai...................................	49	15
Juin...................................	51	18
Juillet................................	51	15
Août...................................	48	17
Septembre......................	50	15
Octobre..............................	46	18
Novembre..........................	44	21
Décembre..........................	37	21
Moyenne annuelle.............	512	211
La moyenne mensuelle est de...........	42^{mm},7	
La moyenne diurne est de.............	1^{mm},40	

Un fort maximum se manifeste par les averses abondantes de la saison chaude, puis par les longues journées pluvieuses d'octobre et de novembre. Le minimum est très prononcé en février et mars. En hiver, il y a plus de jours couverts et pluvieux qu'en été, mais chaque pluie donne moins d'eau. Dans la saison chaude, au contraire, les pluies sont abondantes. C'est ce dont on peut se rendre compte à première vue à l'inspection de notre figure 268, dans laquelle nous avons partagé les hauteurs d'eau mensuelles en deux périodes, la saison froide et la saison chaude.

Le caractère d'une année au point de vue des récoltes et des productions de la terre dépend bien plus de la répartition des pluies sur les divers mois que de leur quantité totale. La qualité du vin, la quantité de blé, l'abondance des fourrages dépendent de la répartition de la pluie suivant la température des différents mois. L'année la plus humide, depuis 1689, a été 1873 : il est tombé 70 centimètres d'eau à Paris-Montsouris ; la plus sèche a été 1733 : il n'est tombé que 21 centimètres d'eau [1].

1. Voir à l'Appendice le tableau des *hauteurs mensuelles de pluies*, depuis 1805, et des *hauteurs annuelles*, depuis 1689, d'après les registres de l'Observatoire de Paris.

CHAPITRE IV

LES GRANDES PLUIES ET LES INONDATIONS

PLUIES FERTILISANTES. PLUIES DESTRUCTIVES. RÉGIME DES COURS D'EAU. SOURCES ET FONTAINES. — PLUS GRANDE QUANTITÉ D'EAU TOMBÉE DANS UNE AVERSE. — LES ANNÉES PLUVIEUSES.

« Le Soleil, écrivait Louis-Napoléon Bonaparte avant d'être au pouvoir, le Soleil absorbe les vapeurs de la Terre pour les répartir ensuite à l'état de pluie sur tous les lieux qui ont besoin d'eau pour être fécondés et pour produire. Lorsque cette restitution s'opère régulièrement, la fertilité s'ensuit ; mais lorsque le ciel, dans sa colère, déverse partiellement en orages, en trombes et en tempêtes les vapeurs absorbées, les germes de production sont détruits, il en résulte la stérilité, car il donne aux uns beaucoup trop et aux autres pas assez. Cependant, quelle qu'ait été l'action bienfaisante ou malfaisante de l'Atmosphère, c'est presque toujours, au bout de l'année, *la même quantité d'eau*, qui a été prise et rendue. La *répartition* seule fait donc la différence. Équitable et régulière, elle crée l'abondance ; prodigue et partiale, elle amène la disette.

« Il en est de même des effets d'une bonne ou mauvaise administration. Si les sommes prélevées chaque année sur la généralité des habitants sont employées à des usages improductifs, comme à créer des places inutiles, à élever des monuments stériles, à entretenir au milieu d'une paix profonde une armée plus dispendieuse que celle qui vainquit à Austerlitz, l'impôt dans ce cas devient un fardeau écrasant ; il épuise le pays, il prend sans rendre ; mais si, au contraire, ces ressources sont employées à créer de nouveaux éléments de production, à rétablir l'équilibre des richesses, à détruire la misère en activant et organisant le travail, à guérir enfin les maux que notre civilisation entraîne avec elle, alors certainement l'impôt devient pour les citoyens, comme l'a dit un jour un ministre à la tribune, le meilleur des placements. » (*Extinction du paupérisme*, 1844, chap. i.)

Il faut croire que c'est là un équilibre idéal bien difficile à réaliser, car du coup d'État à Sedan la France a continué de s'endetter ; la guerre de 1870-1871 a coûté plus de dix milliards, et actuellement l'équilibre entre les recettes et les dépenses est moins pondéré que jamais. En attendant qu'une république intelligente et forte réalise ce beau rêve, gardons toujours la comparaison très judicieuse que nous venons de reproduire, et apprécions-en la réalité sans sortir du sujet même qui l'a inspirée.

La pluie, en effet, verse le bien ou le mal, la fécondité ou la stérilité, l'abondance ou la misère. Elle couronne dignement le travail du cultivateur, ou bien elle le paye d'ingratitude et trompe ses plus chères espérances.

Ce n'est pas seulement par l'humidité qu'elle répand dans le sol que la pluie alimente les végétaux, elle leur apporte avec elle une certaine quantité d'ammoniaque d'où ils tirent de l'azote, gaz indispensable à leurs progrès : elle introduit avec elle dans la terre végétale les détritus des animaux et des végétaux, qui se consument sans utilité pour la végétation dans les pays où il ne pleut pas ; en humectant les engrais que le cultivateur enfouit dans le sol, elle facilite leur absorption par les plantes ; enfin il est probable que c'est par la décomposition de l'eau qu'ils aspirent que les végétaux se procurent une grande partie de leur hydrogène.

L'ammoniaque si volatil qui existe constamment dans l'Atmosphère est ramené sur la terre végétale par les pluies, et surtout par les pluies d'orage, qui constituent aussi un puissant moyen d'engrais. Un litre d'eau de pluie contient en moyenne 8 dixièmes de milligramme d'ammoniaque : c'est quatre fois et demie plus que l'eau de rivière n'en renferme, et neuf fois plus que l'eau de source et de puits. La faculté que possède la terre végétale de fixer l'ammoniaque de l'eau qui la pénètre explique du reste comment en général les eaux de source en sont privées. Quelque minimes qu'elles soient, ces quantités d'ammoniaque finissent cependant par être considérables[1]. Ainsi, par exemple, le Rhin débite à Lauterbourg 1106 mètres cubes d'eau par seconde en

---

1. En évaluant la quantité d'ammoniaque à 136 millièmes du poids de l'air, on calcule que l'air qui recouvre chaque *hectare* de terrain, pesant 103 329 858 kilogrammes, contient, prêts à être déposés, 137 429 kilogrammes d'ammoniaque.

moyenne ; par jour il n'entraîne pas moins de 17 000 kilogrammes d'ammoniaque, c'est-à-dire plus de 6 millions de kilogrammes par an. La neige renferme encore plus d'ammoniaque que l'eau de pluie, parce qu'en restant à la surface du sol elle absorbe celui qui s'en dégage ; on lui trouve parfois jusqu'à 10 milligrammes par litre lorsqu'elle a séjourné. Le brouillard en contient des proportions plus considérables encore, car Boussingault a trouvé jusqu'à 2 décigrammes de carbonate ammoniacal dans 1 litre d'eau provenant d'un fort brouillard odorant. Pour en revenir à la pluie, il est utile d'ajouter que les premiers instants des averses sont ceux qui rendent à la terre le plus de sels volatils, comme on le devine facilement, puisqu'ils le puisent dans l'air ; plus la pluie est longue moins elle en renferme proportionnellement. Ainsi un demi-millimètre de hauteur d'eau a donné en moyenne 2,94 milligrammes d'ammoniaque ; 1 millimètre en a donné 1,37 ; 5 millimètres, 0,70 ; 10 millimètres, 0,43 ; 20 millimètres, 0,36 par millimètre.

Rendons-nous compte maintenant de la marche des eaux pluviales à la surface du sol. Ou le terrain est perméable, ou il est imperméable. Dans le premier cas, l'eau pénètre plus ou moins profondément et imbibe la terre comme une éponge. Dans le second, elle pénètre à peine, ne mouille que la surface, et glisse suivant les pentes en inondant tout sur son passage. Les terrains perméables toutefois ne s'imbibent pas jusqu'à une grande profondeur, car une grande partie de l'eau tombée dans les fleuves se vaporise de nouveau ou descend obliquement pour glisser suivant les pentes. Il faut, d'après Rozet, plus d'une journée de pluie continuelle pour mouiller à 2 décimètres le sol arable cultivé de la Touraine ; et après les plus grandes pluies continuées pendant plusieurs jours de suite, le sol n'est pas mouillé au delà de 1 mètre. Les réservoirs souterrains qui criblent la terre de conduits d'eau semblables à des veines ne proviennent pas des eaux pluviales qui ont traversé les terres, mais de celles qui, tombées sur les rochers, passent entre les fissures des pierres sans être absorbées.

Le régime des cours d'eau est bien différent suivant qu'ils coulent sur des terrains perméables ou sur des terrains imperméables. La Seine et la Saône, par exemple, ont un cours lent et tranquille ; leurs eaux montent lentement et descendent plus lentement encore, car les terrains de leurs bassins sont perméables dans presque toute leur étendue. La Loire, au contraire, est un fleuve essentiellement torrentiel dans toute sa partie supérieure, où les terrains imperméables par nature ou par position l'emportent beaucoup sur les terrains perméables. Toute la région nord-ouest de la France présente une homogénéité de climat remarquable ; le bassin de la Seine, en particulier, est soumis tout entier aux mêmes influences atmosphériques sous le rapport de la pluie. Il en résulte que le niveau de tous les cours d'eau monte et baisse aux mêmes époques et que l'on peut prévoir une crue d'un ruisseau du Morvan au moyen d'observations faites sur un ruisseau de Normandie. La Loire, la Saône, la Meuse, la Seine entrent toujours en crue en même temps pendant la saison humide. Pendant la saison sèche les pluies sont plus locales, et les crues qu'elles produisent sur un bassin peuvent manquer entièrement sur un autre.

Pour mesurer la hauteur des eaux, on a coutume de placer aux piles des ponts des échelles métriques graduées de bas en haut. Le point de départ ou zéro de ces échelles se place en France au niveau des eaux prises à l'époque des plus grandes sécheresses connues : c'est ce que l'on nomme l'étiage ou niveau des plus basses eaux d'été. Ce point n'est pas rigoureusement fixé, et il n'est pas très rare qu'à Paris, par exemple, les basses eaux descendent au-dessous. L'étiage forme la base de l'échelle du pont de la Tournelle ; au Pont-Royal, le zéro se trouve 60 centimètres au-dessus.

La hauteur moyenne de la Seine à Paris est de 1^m,24 ; cette hauteur s'élève en moyenne, en hiver à 2^m,01, au printemps à 1^m,51, en été à 0^m,65, et en automne à 0^m,83. Les plus basses eaux de la Seine depuis un siècle ont été celles du 13 septembre 1803 : 26 centimètres au-dessous de l'étiage. Les plus hautes ont été celles de 1802 : 7^m,45, et de 1836 : 6^m,40. Son volume d'eau est en moyenne de 250 mètres cubes par seconde ; à l'étiage, il est réduit à 75 ; il s'est élevé à 1400 à la plus grande crue connue, celle de 1615, à 8^m,4 de hauteur. Les inondations de la Seine étaient assez fréquentes pendant les siècles passés ; mais elles sont fort heureusement plus rares aujourd'hui, parce que le fleuve est beaucoup mieux tenu qu'autrefois et que les débris qui l'encombraient ont disparu. Les ponts sont plus larges, et tandis qu'autrefois leurs arches étroites formaient de véritables barrages après les gelées, aujourd'hui les débâcles s'opèrent sans danger. A cette cause mécanique s'en ajoute une météorologique, c'est qu'actuellement le nord-ouest de la France est un peu plus sec qu'aux siècles précédents. La Seine descend presque tous les ans au-dessous de l'étiage.

Les inondations n'ont jamais d'autre origine que les pluies du ciel trop promptement écoulées dès qu'elles tombent, ou les fontes des neiges et des glaces lorsqu'elles sont à la fois très abondantes et subites. L'eau qui tombe sur le bassin d'un fleuve, étant forcée de s'écouler par lui à la mer, le fait déborder lorsqu'elle dépasse son lit. Le bassin de la Seine, par exemple, mesure 44 000 kilomètres carrés de superficie, et reçoit annuellement 28 milliards de mètres cubes de pluie. En enlevant 50 pour 100 pour l'évaporation, il reste 14 milliards de mètres cubes qui approvisionnent tous les cours d'eau de ce bassin pendant un an, et dont l'écoulement disproportionné amène les inondations.

On s'imagine en général que la masse d'eau qui tombe en pluies

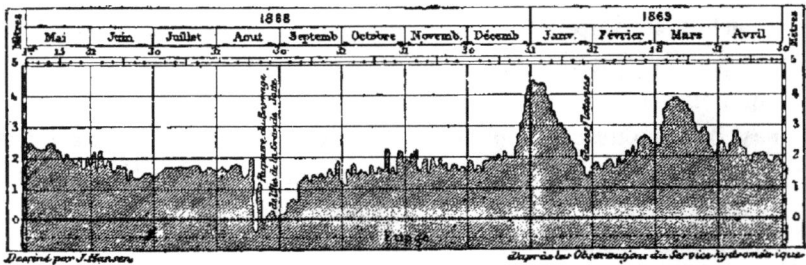

FIG. 269. — Hauteur de la Seine à Paris (Pont-Royal) pendant une année (du 1ᵉʳ mai 1868 au 30 avril 1869).

NOTA. — *Les variations brusques de niveau sont dues aux écluses de l'Yonne et de la Seine.*

chaque année est insuffisante pour alimenter les vastes cours d'eau que nous offrent les divers bassins physiques qui partagent le globe. Nous savons dans plusieurs localités combien il tombe d'eau par an : en tenant compte de l'étendue de la contrée ainsi arrosée, on trouve beaucoup plus d'eau qu'il n'en faudrait pour alimenter les rivières. Du reste, l'évaporation des terrains humectés doit renvoyer immédiatement dans l'Atmosphère la majeure partie de l'eau qui tombe, et qui en général pénètre peu dans la terre quand celle-ci n'est pas très sablonneuse ou caillouteuse. Cette masse d'eau, dont le poids mathématique confond l'imagination, reste donc toujours ballottée entre le sol et les hauteurs aériennes, tombant sans cesse en pluie pour remonter sans cesse en vapeur, descendant et remontant indéfiniment.

Admettons, ce qui reste sans doute au-dessous de la vérité, que l'ensemble des pluies annuelles sur toute la surface de la Terre formerait autour du globe une couche de 50 centimètres d'épaisseur, si les infiltrations d'un côté, si l'évaporation de l'autre ne desséchaient le sol à leur tour après chaque pluie. Nous trouverons pour le volume de cette couche le nombre 63 687 546 691 423 mètres cubes d'eau ; soit, par jour, 175 milliards de mètres cubes que l'évaporation doit rendre à l'Atmosphère, d'où, en divisant le nombre précédent par 86400 (nombre de secondes qu'il y a par jour), nous aurons pour la quantité moyenne d'eau réduite en vapeur, *dans chaque seconde*, par l'action calorifique du Soleil : deux millions vingt-cinq mille mètres cubes, c'est-à-dire un peu plus de deux milliards de litres d'eau !

Les fontaines ne sont autre chose que des eaux de pluie infiltrées dans des terrains sablonneux ou perméables, et arrêtées par des couches impénétrables de roc, de craie ou d'argile, sur lesquelles elles glissent jusqu'à ce qu'elles trouvent dans la pente une issue où elles viennent sourdre. C'est ainsi que les eaux des puits artésiens nous arrivent, entre deux couches imperméables, des extrémités de la Champagne, à plusieurs centaines de kilomètres de Paris. On a beaucoup écrit sur les fontaines qui se trouvent placées au sommet de certaines collines ou montagnes. Tout calcul fait, la quantité de pluie tombée sur ces localités, d'après les indications des pluviomètres, est plus que suffisante pour alimenter ces maigres sources[1].

Les crues extraordinaires, les débordements et inondations proviennent du régime de la pluie sur les différentes régions d'un bassin. La plus forte crue de la Seine en notre siècle a été celle de l'hiver de 1801-1802, qui a atteint 7^m,45 le 3 janvier.

1. Bernard Palissy avait imaginé de former des sources artificielles identiques à celles de la nature. Deux hectares dans la France, et notamment dans les environs de Paris, reçoivent à peu près par an 10 000 mètres cubes d'eau, dont la moitié peut être utilisée pour une fontaine artificielle. Or ce que les fontainiers appellent *pouce d'eau* est une fontaine qui fournirait aisément aux besoins de deux forts villages, hommes et bestiaux. Une fontaine donnant un *demi-pouce* d'eau fournit par an 3650 mètres cubes d'eau (à raison de 20 mètres cubes par jour pour le pouce d'eau). C'est beaucoup moins que les 5000 mètres cubes d'eau de pluie que l'on peut utiliser avec deux hectares, en admettant une perte de moitié. Il faudrait donc bien moins de deux hectares préparés, pour obtenir infailliblement une belle et utile fontaine.

Pour cela, dirons-nous avec M. Babinet, choisissons un terrain d'un hectare et demi, dont le sol soit sablonneux comme les bois qui entourent Paris, et qui offre une légère pente vers un côté quelconque pour fournir un écoulement aux eaux. Faisons dans toute sa longueur et au plus haut une tranchée de 1^m,50 à 2 mètres de profondeur sur environ 2 mètres de large. Aplanissons le fond de cette tranchée et rendons-le imperméable par le pavé, un macadamisage, un fond de bitume, ou, ce qui est plus simple et moins coûteux, par une couche de terre glaise, substance commune dans les environs de Paris. A côté de cette tranchée, faisons-en une autre pareille dont nous rejetterons la terre pour combler la première, et ainsi de suite jusqu'à ce que nous ayons pour ainsi dire rendu tout el sous-sol de notre terrain imperméable à l'eau de pluie. Plantons le tout d'arbres fruitiers et surtout d'arbres à basse tige, qui ombragent le terrain sablonneux et arrêtent les courants d'air qui tendraient à réabsorber la pluie ; enfin pratiquons dans la partie la plus basse du terrain une espèce de mur ou contre-fort en pierre avec une issue au milieu. Nous aurons infailliblement une bonne et belle source, qui coulera sans intermittence et suffira aux besoins d'un village ou d'un château.

PLUIE DILUVIENNE DANS L'AMÉRIQUE ÉQUINOXIALE

En 1836, la crue de la Seine dépassa également 7 mètres; en 1856 et 1866, elle dépassa 6 mètres; il en fut de même dans la double crue consécutive des 7 décembre 1882 et 5 janvier 1883.

Les grandes inondations de 1856, qui ont répandu la mort et la ruine sur les deux riches et immenses bassins de la Loire et du Rhône, ont été dues à l'abondance des pluies glissant sur leurs terrains imperméables. Le Rhône et la Saône ont des régimes tout à fait différents. La Saône, lente, voit son niveau mensuel varier avec les saisons, descendre de $2^m,29$ (janvier) à $0^m,53$ (août), tandis que le Rhône, rapide et constant, ne varie, à Lyon même où nous prenons ces mesures, que de $1^m,44$ (septembre) à $0^m,86$ (janvier) où il est le plus bas. Quoiqu'il soit vers sa plus grande hauteur en été, ses débordements arrivent plutôt, sous l'influence de la Saône, de novembre à mai. Il est difficile d'opposer à ces inondations des digues efficaces. La Loire, qui jadis mesurait 3500 mètres de largeur devant Orléans, a été réduite par ses digues à un lit de 280 mètres; à Jargeau, elle n'a que 250 mètres de large là où elle avait autrefois pour s'épancher latéralement un espace de 7000 mètres. Aussi s'ouvrit-elle, en 1856, soixante-treize brèches à travers ces levées : dès que la hauteur de crue s'élève à plus de 5 mètres, les crevasses deviennent inévitables.

En 1856, les inondations du Rhône eurent lieu à la fin de mai. Une abondance inusitée de pluies avait amené, vers le 20, dans toute la France, une crue générale, qui n'était que le prélude des débordements qui allaient inonder surtout le Midi, les rives du Rhône et de la Loire. Le 31, le Rhône à Lyon ressemblait à un torrent impétueux, et les parties basses de la ville étaient inondées ; l'eau montait en certains endroits jusqu'aux premiers étages des maisons, et les éboulements commencèrent. Bientôt tout le quartier de la Guillotière fut envahi ; les Charpennes, Vaux, Villeurbane paraissaient destinés à un engloutissement final. Pendant deux jours et deux nuits les maisons s'écroulèrent les unes après les autres, abandonnant leurs débris aux flots impétueux. A l'heure de la rupture de la digue, les habitants, hommes, femmes, vieillards, enfants, furent surpris dans leur sommeil. La plupart furent entraînés par les flots avant d'avoir le temps de se reconnaître et, malgré la promptitude avec laquelle les secours furent organisés, un grand nombre de victimes ne purent être retrouvées.

Habitations, plantations, routes, chemins de fer, tout fut détruit ou bouleversé en deux jours par ces effroyables débordements. On compta près de 200 millions de pertes matérielles dans la vallée du Rhône, et autant dans celle de la Loire. Presque tous les fleuves et rivières du midi de la France ont été grossis par les pluies torrentielles, mais aucune crue n'a atteint des proportions aussi considérables que celle du Rhône et de ses affluents [1].

1. Le reboisement est le seul remède efficace contre les inondations. La quantité d'eau que les pluies versent en quelques jours, et parfois même en quelques heures, sur les parties supérieures des hautes montagnes est véritablement énorme. Si le sol est dénudé, disait M. Hervé-Mangon dans son rapport de 1887 au Bureau central, ces masses liquides se précipitent comme des

La grande crue de la Garonne et l'inondation de Toulouse en juin 1875 n'ont pas été moins formidables.

Il est assez remarquable que dans le midi de la France les inondations reviennent, plus ou moins abondantes, tous les dix ans : 1836, 1846, 1856, 1866, 1875, 1886.

Les années les plus pluvieuses de ce siècle ont été les suivantes. Les quantités d'eau indiquées ici sont celles du pluviomètre de la terrasse

avalanches dans les vallées inférieures, entraînant avec elles tout ce qui s'oppose à leur passage. Les endiguements, les réservoirs artificiels proposés par les ingénieurs sont plus nuisibles qu'utiles ; ce sont, tout au plus, des palliatifs locaux, qui ne peuvent modifier l'ensemble des phénomènes ni toucher à leurs causes.

Les forêts et les pâturages des montagnes sont les régulateurs efficaces de notre climat et du mouvement des eaux à la surface du sol. Les sources cessent de couler si l'on détruit les bois ; elles reparaissent aussitôt que l'homme, mieux inspiré, laisse reverdir les forêts. Les végétaux, ces habitants silencieux de nos campagnes, sont seuls capables de lutter par leur nombre infini contre les forces bruyantes et destructives des eaux en mouvement. C'est avec leur concours que l'on procède depuis quelques années à la reconstitution de nos montagnes.

Il est bien difficile de se faire une idée nette de l'œuvre grandiose de la consolidation des montagnes dénudées et de la suppression des torrents les plus dangereux, sans avoir parcouru à pied les régions montagneuses, et sans avoir observé sur place les transformations véritablement étonnantes obtenues en quelques années par les travaux forestiers de reboisement sur les points les plus exposés autrefois aux ravages des eaux.

La violence redoutable des torrents des hautes montagnes n'est que trop connue. Des roches énormes sont précipitées des sommets dans les vallées ; des villages sont ensevelis sous les terres éboulées ; des plaines fertiles sont recouvertes d'une couche de pierres stériles. Les faits de cette nature paraissaient autrefois tellement extraordinaires, qu'on n'essayait même pas de les expliquer et moins encore de lutter contre la terrible puissance qui les produisait. Aujourd'hui le mécanisme des torrents est connu, on a mesuré la hauteur d'eau qui tombe pendant une averse ; on s'est rendu compte de la surface et des pentes des bassins de réception, et l'on sait calculer le volume et la vitesse des eaux en chaque point de leur cours. On connaît, d'autre part, la mobilité des roches désagrégées, leur tendance au glissement et la facilité avec laquelle les pluies les entraînent jusqu'au fond des ravins. La puissance d'érosion des eaux et leur force d'entraînement n'ont plus rien de mystérieux.

La cause du mal indique le remède. Il faut fixer par quelques travaux provisoires de fascinages les pentes dénudées, les planter et les ensemencer en graines forestières et fourragères sur toute l'étendue des versants latéraux des vallées des torrents.

La végétation ne tarde pas à protéger la surface contre l'action érosive des eaux de pluie ; l'épaisseur de l'humus augmente d'année en année, l'écoulement superficiel des eaux retenues par les plantes entrelacées se ralentit de plus en plus ; le torrent s'éteint bientôt, pour se transformer en un ruisseau limpide et régulier, tandis que de belles forêts et de riches pâturages remplacent la stérilité désolante des roches dénudées ou le chaos menaçant des montagnes prêtes à s'écrouler.

Nous voyons aujourd'hui les arbres, les arbustes et l'herbe du gazon arrêter l'écroulement de nos montagnes et parvenir à éteindre les plus redoutables torrents ; bien supérieurs aux travaux ordinaires du génie civil, qui perdent chaque année une partie de leur solidité et de leur valeur, les ouvrages de défense des montagnes, fondés en principe sur l'emploi des végétaux vivants, acquièrent à chaque printemps une force nouvelle et une richesse plus grande.

Jadis, quand un gentilhomme était convaincu de manquement à l'honneur et de prodigalité excessive, on abattait la cheminée de son donjon et l'on rasait ses bois. Au moment où tombait le dernier arbre, le délégué de l'autorité suprême assemblait autour de lui les assistants et s'écriait : *Souvenez-vous, souvenez-vous, quand l'arbre tombe, le sol tremble !* N'oublions pas cette sage leçon de nos pères. Si nous voulons conserver la fortune de la France, la fertilité de ses campagnes, n'abattons pas nos forêts nationales, comme ne craignent pas de le proposer encore de nos jours d'imprudents dissipateurs de la fortune publique.

Les résultats obtenus par le service du reboisement des montagnes sont déjà considérables.

de l'Observatoire, et l'année météorologique est comptée du 1er décembre au 30 novembre.

1824...................	60 cent.	1856 (avril, mai, juin = 33).	55 cent.
1828...................	62	1860	66
1845...................	61	1866	64
1849...................	59	1878	63

Les années les plus sèches ont été :

1820...................	43 cent.	1842	40 cent.
1823...................	42	1855	35
1826...................	40	1863	43
1833...................	44	1870	42

Les pluies diluviennes s'observent surtout entre les tropiques. Sur les bords du Rio Negro on reçoit presque tous les jours des pluies de six heures et de 50 millimètres d'eau. A Bombay, on s'est assuré que la terre avait reçu en un jour 108 millimètres de pluie. A Cayenne, l'amiral Roussin a trouvé un jour pour la quantité d'eau recueillie depuis huit heures du soir jusqu'à six heures du matin le chiffre de 277 millimètres.

Hooker cite une localité de l'Himalaya où un déluge de quatre heures, semblable à l'écroulement d'une trombe, recouvrit le sol d'une couche liquide évaluée à 76 centimètres.

Le 21 octobre 1817, il tomba à l'île de Grenade 20 centimètres d'eau dans le court espace de vingt et une heures. Les rivières s'élevèrent de 9 mètres au-dessus de leur niveau ordinaire.

Voici les *plus grandes averses* constatées dans nos climats :

Les inondations ont causé en 1827 de nombreux désastres dans le midi de la France. On a vu rarement une série de pluies si extraordinaire que celle de cette année, dans l'Europe entière. Le 20 mai, il est tombé à Genève 16 centimètres d'eau dans le court intervalle de trois heures. Dans la même année 1827, il est tombé à Montpellier, en cinq jours, du 23 au 27 septembre inclus, 45 centimètres d'eau. Du 24 au 26, en deux fois vingt-quatre heures, la pluie recueillie près de la même ville, à une manufacture de produits chimiques, s'est élevée à 32 centimètres. A Joyeuse, il tomba en un jour, le 9 octobre de la même année, 79 centimètres d'eau:

Valz a observé à Marseille, le 21 septembre 1839, un violent orage qui occasionna la plus forte pluie qu'on y eût encore vue : il tomba 40 millimètres d'eau en vingt-cinq minutes. La Canebière, cette rue de 30 mètres de large, avec une pente de 13 millimètres par mètre, fut entièrement submergée pendant cinq minutes; l'eau s'y était élevée à 45 centimètres au-dessus du trottoir.

Dans le bassin de la Saône, il existe une petite ville appelée Cuiseaux, où il pleut toujours plus que dans aucun autre point de la même vallée. Ainsi, immédiatement avant les terribles inondations de 1841, il y tombe 27 centimètres d'eau en soixante-huit heures. Dans le même intervalle il n'en était tombé que 15 à Oullins, près de Lyon.

« J'ai vu tomber, racontait F. Petit, directeur de l'Observatoire de Toulouse, pendant un orage à Toulouse, le 19 septembre 1844, 35 millimètres d'eau en une demi-heure, soit 1 millimètre environ par minute. C'est la plus forte pluie que je connaisse pour nos climats. Je puis citer également, pour Toulouse, les pluies du 23 avril 1841 et du 25 mars 1844, qui fournirent en trois heures, l'une 38, l'autre 40 millimètres d'eau; celles du 8 juin 1848, qui donnèrent 49 millimètres en cinq heures; du 6 septembre 1848, 19 millimètres en trente minutes; du 10 août 1854, 21 millimètres en trois quarts d'heure; du 10 août 1859, 52 millimètres en deux orages successifs de quarante minutes chacun environ, etc. »

Dans la nuit du 5 au 6 août 1857, une averse qui inonda la ville de Toulouse donna au pluviomètre de l'Observatoire 70 millimètres d'eau. Petit remarquait à ce propos que c'est une quantité de 11 200 000 hectolitres qui est tombée sur la ville, égale en superficie à une lieue carrée. C'est 7000 hectolitres par hectare, quantité bien suffisante pour refroidir le sol et pour favoriser par conséquent des pluies nouvelles. Après de longs jours de sécheresse et de chaleur, les nuages venus de la mer doivent être dissous par le rayonnement calorifique du sol, et leur précipitation à l'état de pluie est d'autant plus difficile que la chaleur a été plus considérable. Après un premier refroidissement, au contraire, les nuages se résolvent plus facilement. La sécheresse favorise la sécheresse, et la pluie amorce la pluie.

Une pluie torrentielle qui a duré douze heures, le 20 septembre 1846, a éclaté à Privas (Ardèche) et dans les environs sur une assez grande étendue; il est tombé 25 centimètres d'eau. Toutes les rivières débordèrent, firent de grands ravages et interceptèrent les communications.

L'une des plus fortes averses de pluie enregistrées au pluviomètre de la terrasse de l'Observatoire de Paris est celle du 9 septembre 1865, qui dura une demi-heure et qui donna 52 millimètres d'eau.

Pendant les inondations de septembre 1868, on a observé au Bernardino (Alpes italiennes) 25 centimètres de pluie en vingt-quatre heures.

En fait d'averses prodigieuses et d'inondations subites, on peut remarquer entre autres celle du 4 juin 1839 en Belgique :

La pluie commença avant midi, et jusque vers le soir n'offrit rien de particulier. L'orage ne commença à se déclarer avec intensité qu'après huit heures ; la pluie était chassée avec force par un vent violent, dont la direction venait du nord, et plus tard il passa vers l'ouest. Pendant plus de trois heures, la pluie tomba avec une abondance dont nous n'avons guère d'exemples dans nos climats. Dans plusieurs endroits, les récoltes ont été détruites, les campagnes inondées. Dans le jardin de l'Observatoire, plusieurs arbres ont été déracinés, trois peupliers ont été renversés ; le long des boulevards on a trouvé le lendemain un grand nombre d'oiseaux morts ou tellement abattus par la pluie et la fatigue, que les passants pouvaient les ramasser. Les communications par le chemin de fer furent interrompues en plusieurs endroits ; un grand nombre de bestiaux ont été détruits avec leurs étables ; mais le désastre le plus déplorable est sans contredit celui du hameau de Borght, près de Vilvorde, qui a été presque totalement noyé avec plus de quarante de ses habitants, morts sous les décombres ou ensevelis sous les eaux. L'orage, en général, a sévi avec le plus d'intensité dans toute l'étendue de la vallée de la Woluwe et du côté de Berthem, où l'on a eu à regretter également la perte de onze personnes.

La quantité d'eau tombée dans ces différentes localités doit avoir été considérable, car à Bruxelles, éloignée de quelques lieues du théâtre de ces grandes dévastations, l'eau recueillie sur la terrasse de l'Observatoire s'éleva à 112 millimètres en vingt-quatre heures : quantité énorme, puisqu'elle forme le sixième de l'eau qui y tombe annuellement.

L'une des plus fortes pluies que nous puissions enregistrer ici est encore celle qui est tombée à Montpellier le 2 août 1871. Le pluviomètre du Jardin des Plantes donna à M. Ch. Martins les curieuses sommes suivantes : De neuf heures trente du soir à quatre heures du matin, une pluie d'averse sans discontinuité versa 90 millimètres d'eau. Un redoublement de l'orage en versa 51 nouveaux, de six heures à midi. Dans l'après-midi, jusqu'à quatre heures, il est encore tombé 13 millimètres d'eau. C'est un total de 154 millimètres en quinze heures, supérieur à la somme de pluie tombée en avril, mai, juin et juillet, qui ne s'élève qu'à 133.

La plus formidable pluie connue est celle du 21 octobre 1822, à Gênes : 81 centimètres en vingt-quatre heures ! Ce résultat inouï, fait remarquer Arago, inspira des doutes à tous les météorologistes ; on soupçonnait une erreur d'impression ; mais le fait fut vérifié. On constata que deux seaux de bois, de 64 à 70 centimètres de hauteur, vides avant la pluie, avaient été remplis avant sa fin.

Nous avons vu qu'il arrive parfois également des chutes de neige fort abondantes. Pour en rappeler une ici, le *Moniteur* du 12 janvier 1867 faisait remarquer que la neige tombée en quelques jours sur Paris, sur une épaisseur de 15 centimètres, représentait un volume d'*un million trois cent quarante et un mille mètres cubes*, et demandait pour être enlevée 15 000 tombereaux fonctionnant pendant six jours, et 6 millions de dépense.

En songeant à l'impression de terreur que fait éprouver la vue d'un précipice, on peut se demander comment nous ne sommes pas effrayés de sentir suspendues sur nos têtes de si énormes quantités d'eau : des quantités capables de fournir sur la surface d'un hectare *cinq mille* hectolitres d'eau en trente minutes, comme à Paris en 1865, ou, comme à Gênes en 1822, *quatre-vingt-un mille* hectolitres en vingt-quatre heures.

Dans les régions équatoriales, au sein des plateaux montagneux, des forêts immenses et des lacs profonds, on assiste parfois à des scènes d'orage dont nos régions tempérées ne donnent qu'une faible idée. Pendant la saison des pluies, c'est-à-dire pendant six mois de l'année, la chaîne des Andes est le séjour de formidables orages.

Dans les Cordillères comme dans les Andes, il y a des tempêtes et des chutes de pluie dont nos averses les plus violentes ne sont qu'une lointaine image. Telle fut, par exemple, celle qui assaillit, certain jour de l'année 1876, M. Ed. André[1] dans une ascension au volcan de Puracé (Amérique équinoxiale) et dont la figure précédente rappelle l'aspect bien caractéristique. « Les arbres tordus comme paille, écrit-il, gémissaient, puis éclataient brusquement. De fulgurants éclairs se succédaient sans interruption, immédiatement suivis d'effroyables coups de tonnerre. Pas un refuge entre ces rochers dénudés, où la pluie s'engouffrait en torrents jaunis sous nos pieds, tandis que ses baguettes, serrées comme des aiguilles de glace, nous criblaient le visage et transperçaient nos vêtements. On eût vraiment cru assister à l'agonie de la nature. »

Les pluies de nos régions tempérées n'atteignent jamais cette fantastique intensité.

---

1. *Tour du monde*, 1879, t. II, p. 295.

CHAPITRE V

LA GRÊLE

PRODUCTION DE LA GRÊLE. — MARCHE DES ORAGES. — DISTRIBUTION CAPRICIEUSE
DU MÉTÉORE SUR LES CAMPAGNES. — PLUS FORTES GRÊLES OBSERVÉES.

Il n'est aucun de nos lecteurs qui n'ait été surpris par une de ces averses prodigieuses qui accompagnent les lourds orages de nos contrées. Une température suffocante règne à la surface du sol, plusieurs couches de nuages noirs et gris volent dans l'atmosphère sous des directions différentes. Des éclairs blafards embrasent le ciel, la foudre éclate, et des millions de kilogrammes de grêlons nous sont lancés du haut des nues, comme précipités des cataractes entr'ouvertes d'un réservoir immense. Pendant plusieurs minutes la grêle sillonne l'espace, crible les jardins et les arbres, roule avec fracas dans les tourbillons de la pluie orageuse ; puis elle s'éloigne avec le vent, la chaleur étouffante fait place aux fraîches senteurs des plantes mouillées, la lumière revient, l'arc-en-ciel brille et l'azur céleste reparaît au sein de la nature calmée.

Quelle est la force qui produit dans les nues ces morceaux souvent énormes de glace, les soutient dans l'espace, puis les lance sur nos récoltes et nos demeures? En étudiant la production de la pluie nous avons vu qu'elle se forme, en général, lorsqu'il y a deux ou plusieurs couches de nuages superposées. Il en est de même pour la formation de la grêle, mais avec une différence dans les conditions physiques respectives des nuages.

La grêle se produit pendant les orages, aux heures où la température est très élevée à la surface du sol et décroît rapidement avec la hauteur. Ce décroissement rapide est la condition principale de la formation de la grêle. Il est dû surtout à l'évaporation. Le froid causé par l'évaporation de l'eau est bien connu de tous les observateurs. Les alcarazas poreux exposés en plein soleil arrivent à faire descendre la température de l'eau de 20 degrés. Un thermomètre mouillé peut descendre, par un vent qui l'évapore, à 10 degrés au-dessous de son voisin sec. L'atmosphère a dans les heures d'orage des couches très hétérogènes. L'eau ou la neige qui tombe des nuages élevés à 4 ou 5000 mètres traverse des couches d'air tour à tour sèches et humides, chaudes ou glacées.

La goutte d'eau se gèle instantanément et le nuage noir que nous voyons est comme le réceptacle des globules glacés qui arrivent là, emportés par le tourbillon d'orage. Ces gouttes glacées ont le temps de se grossir d'une grande quantité d'eau qu'elles s'attachent sur leur passage, et souvent de s'agglomérer entre elles.

La formation des grêlons est toujours très rapide. Volta pensait que le nuage supérieur était formé par la condensation de la vapeur provenant de la couche inférieure, et chargé d'électricité positive, celle-ci gardant l'électricité négative. De même qu'entre deux plaques de cuivre chargées d'électricité contraire on voit des boules de sureau s'élever et redescendre tour à tour sous l'influence de la double attraction, de même il pensait que la grêle se formait par une danse analogue de corpuscules de neige ou de glace, se grossissant successivement de vapeurs condensées. On n'admet plus guère cette théorie, et il est plus simple en effet de concevoir que la grêle se forme comme la pluie, mais en des conditions de froid atmosphérique qui gèle instantanément les globules d'eau au moment où ils se forment.

L'arrivée de la grêle est précédée parfois d'un bruit caractéristique. On voit, dès l'antiquité, Aristote et Lucrèce rapporter le fait. Les météorologistes Kalm et Tissier disent l'avoir entendu, le premier en France, le 13 juillet 1788, le second à Moscou, le 30 avril 1744. Un jour, Peltier étant à Ham, dont la forteresse est devenue célèbre, entendit un bruit tellement fort à l'approche d'un orage, qu'il pensa qu'un escadron de cavalerie arrivait au galop sur la place de la ville. Il n'en était rien ; mais, vingt secondes après, une averse de grêle épouvantable tomba sur la ville. En 1871, à Doulevant-le-Château (Haute-Marne), M. Pissot, correspondant de l'Observatoire de Montsouris, rapporte avoir entendu, dans l'orage du 14 août, un roulement continu suivi d'une chute de grêle abondante à quelques lieues de lui. Le 28 juillet 1872, à six heures du soir, on a constaté le même roulement précurseur de la grêle à Semur (Côte-d'Or). Ce n'est peut-être là qu'un bruit de tonnerre analogue à celui dont je parlerai tout à l'heure, ou, plus simplement encore, le bruit même de la chute des grêlons qui tombent déjà à quelque distance.

On a vu au chapitre des Nuages la chromolithographie d'une forme type des nuages à grêle. Leur surface présente çà et là d'immenses protubérances irrégulières. Vus en dessous, ils sont généralement très foncés à cause de leur opacité, que traverse difficilement la lumière solaire. Arago avait déjà fait la remarque qu'ils semblent avoir beaucoup de profondeur et se distinguen t des autres nuages orageux par une certaine nuance cendrée.

A quelle hauteur planent-ils? De quelle élévation tombent les averses de grêle? Saussure reçut des chutes de grêle sur le col du Géant, à 3428 mètres; B almat en reçut au sommet même du Mont-Blanc, et Paccard trouva des grêlons sous la neige qui forme la cime; il grêle assez souvent sur les hauts pâturages des Alpes. Ainsi le phénomène de la grêle se produit à toutes les hauteurs. Mais dans le cas où il s'opère à ces grandes élévations, les grêlons fondent en traversant les milliers de mètres d'air au-dessus de zéro qui recouvrent la surface du globe. Dans le cas de nos averses de grêle, au contraire, les nuages qui la donnent sont moins élevés et paraissent situés entre 1500 et 2000 mètres.

En admettant 4000 mètres pour la hauteur fréquente des nuages à grêle, M. Plumandon indique les durées de chute suivantes :

Diamètre des grêlons.	Durée maximum de leur chute.
1^{mm}	30^m »
2	21^m 18^s
3	17^m 24^s
4	15^m 5^s
5	13^m 28^s
6	12^m 18^s
7	11^m 23^s
8	10^m 30^s
9	10^m 3^s
10	9^m 31^s
20	6^m 44^s
30	5^m 30^s
40	4^m 46^s

Le grêlon se développe en tombant, et son poids varie comme le cube de son rayon, tandis que la résistance de l'air est proportionnelle au carré de ce même rayon. Il en résulte que *chaque grêlon mettra, pour arriver au sol, beaucoup plus de temps que ne l'indique le tableau précédent.* La chute du gros grêlon ordinaire, qui a 1 centimètre de diamètre environ, durera au moins un quart d'heure. Celle du grêlon de 1/2 centimètre dépassera vingt minutes.

Certaines circonstances contribuent en outre à favoriser le développement des grêlons : la faible densité du noyau neigeux ou de la glace bulleuse, en prolongeant le temps de chute ; la condensation des vapeurs ambiantes et la congélation des particules liquides, en gênant le mouvement du grêlon et en ralentissant d'abord sa vitesse ; l'intensité des vents supérieurs, en obligeant les grêlons à tomber obliquement et à parcourir une trajectoire qui pourra être double, triple et au delà de la trajectoire verticale de 4000 mètres.

Remarquons encore que les grêlons ne nécessitent pas, pour se développer, des variations considérables de température. La grêle, en effet, n'est pas un phénomène aussi extraordinaire qu'elle le paraît. Elle est tout simplement la conséquence de la forme solide qu'affecte l'eau dès que sa température descend au-dessous de zéro.

Des variations énormes de température, si elles s'opèrent au-dessus de zéro et au-dessous de 100 degrés, ne changent pas l'apparence de l'eau. Au contraire, de faibles variations de 2 ou 3 degrés et souvent moins suffisent, lorsqu'elles s'opèrent autour de zéro, pour former ou pour fondre des quantités notables de glace ; à plus forte raison suffisent-elles pour transformer en grêlon un petit flocon de neige ou une goutte de pluie pendant leur chute vers le sol.

Les nuages qui versent la grêle n'occupent jamais une large étendue. Transportés par le vent, ils criblent une bande de terre étroite, dont la largeur n'est souvent que de 1 kilomètre, et ne s'étend que très rarement au delà de 15, et dont la longueur atteint parfois jusqu'à 200 lieues. L'une des plus curieuses et des plus remarquables chutes de grêle que les annales de la météorologie aient enregistrées est celle du 13 juillet 1788. Elle était divisée en deux bandes : celle de gauche, ou de l'ouest, commença en Touraine, près de Loches, à six heures et demie du matin, passa sur Chartres à sept heures et demie, sur Rambouillet à huit heures, sur Pontoise à huit heures et demie, sur Clermont en Beauvoisis à neuf heures, sur Douai à onze heures, entra en Belgique, passa sur Courtrai à midi et demi, et s'éteignit au delà de Flessingue à une heure et demie ; c'est une longueur de 175 lieues sur 4 de large. La bande de gauche, ou de l'est, commença vers Orléans à sept heures et demie du matin, passa sur Arthenay et Andonville ; atteignit Paris, au faubourg Saint-Antoine, à huit heures et demie, Crespy en Valois à neuf heures et demie, Cateau-Cambrésis à onze heures et Utrecht à deux heures et demie. C'est 200 lieues sur 2 seulement de large. L'intervalle compris entre les deux bandes était en moyenne de 5 lieues, et reçut de la pluie. Le passage de la grêle fut précédé sur les deux lignes par une obscurité profonde. La vitesse de cet orage était de 16 lieues et demie à l'heure sur les deux branches; dans chaque lieu la grêle ne tomba que pendant sept à huit minutes, mais avec tant de force que toutes les moissons furent hachées. C'est certainement là la plus remarquable chute de grêle qu'on ait suivie sur une aussi vaste échelle. On ne compta pas moins de 1039 communes ravagées en France; le dommage évalué par une enquête officielle s'éleva à 24 690 000 francs.

Les grêlons n'avaient pas toujours la même forme : les uns étaient ronds, les autres longs et armés de pointes ; on en ramassa qui pesaient jusqu'à 250 grammes!

Il est très rare qu'une même averse de grêle s'étende sur une pareille longueur et sur une ligne aussi régulière. Il est probable que les nuages producteurs de la grêle étaient ici à une hauteur supérieure à 1 kilomètre. En général, ils ne sont qu'à cette hauteur et subissent l'influence du relief des terrains. Certaines averses, sans se développer sur une pareille étendue, sont remarquables par leur abondance. Le 9 mai 1865, par exemple, un orage commence à huit heures du matin sur Bordeaux et se dirige au nord-nord-est, passe sur Périgueux à dix heures, sur Limoges à midi, sur Bourges à deux heures, arrive à Orléans à cinq heures et demie, à Paris à sept heures quarante-cinq, à Laon à onze heures et tombe après minuit en Belgique et dans la mer du Nord. Sa largeur moyenne était de 15 à 20 lieues. La grêle n'est tombée que par places : à gauche de Périgueux, sur l'arrondissement de Limoges, à droite de Châteauroux, au sud-est de Paris, de Corbeil à Lagny, et dans les arrondissements de Saint-Ouen et de Saint-Quentin; sur ce dernier point elle a été formidable. La masse de cristaux tombée du ciel sur les prairies du Câtelet formait un lit de 2 kilomètres de long sur 600 mètres de large, évalué dans son ensemble à 600 000 mètres cubes! Quatre jours après, les grêlons n'avaient pas encore disparu. Nous en donnons la carte plus loin, au chapitre de la Marche des orages.

Quelquefois il tombe des averses de grêle assez violentes pour détruire toutes les récoltes, témoin celle qui ravagea les environs d'Angoulême, le 3 août 1813. On était à la veille de la récolte, et tout annonçait au cultivateur qu'elle serait aussi belle qu'abondante. La journée fut superbe, et le vent souffla plein nord jusqu'à trois heures après midi; puis il tourna en un moment du côté opposé; le ciel se couvrit de nuages, qui bientôt s'amoncelèrent d'une manière effrayante. Le vent,

qui avait été assez violent depuis midi jusqu'à cinq heures, cessa tout
à coup de souffler. Le tonnerre se fit entendre dans le lointain, mais
bientôt ses éclats redoublèrent; ils devenaient à chaque instant plus
forts et plus fréquents; le ciel s'obscurcit enfin tout à fait, et d'épaisses
ténèbres remplacèrent le jour. A six heures, une grêle horrible se
précipite sur la terre avec fracas; les grêlons étaient gros comme des
œufs. Plusieurs personnes en furent grièvement blessées, et un enfant
fut tué dans l'arrondissement de Barbezieux. Le lendemain 4 août, la
terre présentait le triste aspect de l'hiver le plus rigoureux; les grêlons
s'étaient accumulés dans les vallons et dans les chemins à une hauteur
de 8 à 10 décimètres; les arbres étaient entièrement dépouillés de leurs
feuilles; les vignes étaient comme hachées, les moissons écrasées; les
bestiaux, et surtout les moutons et les porcs, qu'on n'avait pas eu le
temps de rentrer, furent mutilés. Ces cantons restèrent dépeuplés de
gibier, et l'on trouva même des louveteaux que la grêle avait tués. En
1818, on se ressentait encore de ce désastre; les vignes surtout n'a-
vaient pas repris leur force productive et l'on fut obligé d'en arracher
une grande partie.

L'orage qui éclata le 17 juillet 1852, vers six heures du soir, sur le
territoire de Chaumont, dans la Haute-Marne, parcourut 24 lieues de
long sur 2 de large; les blés, les vignes et presque tous les arbres furent
détruits par des grêlons d'une grosseur énorme. Le même ouragan
fondit avec impétuosité sur le département de l'Aisne, déracina les
arbres, renversa les chaumières, tua plusieurs personnes; en quelques
secondes, les champs, bouleversés par la violence du vent et de la grêle,
ne présentaient plus trace de moissons.

Le 17 juillet 1868, vers huit heures du soir, une forte grêle dévasta
plusieurs communes des environs de Reims : les grêlons avaient le
volume d'une petite noix, et l'orage a duré environ quarante-cinq
minutes. On remarqua après l'orage, dans les parties sablonneuses et
en pente, des empreintes comparables à celles que laisserait un tir à
la cible. Ces cavités, dans lesquelles les grêlons étaient d'abord
enchâssés, constituent de véritables empreintes de grêle, qui ressemblent beaucoup aux empreintes du même genre observées par des
géologues[1].

Les grêles désastreuses sont peu fréquentes dans nos climats;
cependant on voit que de temps en temps elles exercent de grands

1. Voyez notre ouvrage : *Le monde avant la création de l'homme*, p. 80.

ravages. Le 18 juin 1839, un orage commença à Bruxelles vers sept heures du soir ; des nuages épais allaient du sud-sud-ouest au nord, tandis que la girouette indiquait un courant inférieur venant du nord-ouest. Jusqu'à sept heures et demie, on n'entendit qu'un roulement continu, pendant lequel les éclairs se succédaient avec une étonnante rapidité. Bientôt après, un gros nuage, remarquable par une nuance cendrée, et dont la direction était ouest-nord-ouest au sud-est, plongea Bruxelles dans une obscurité presque complète, et creva avec une épouvantable chute de grêle qui causa les plus grands dégâts. La plupart des grêlons avaient une grosseur qui variait de 12 à 20 millimètres ; on en a trouvé qui avaient jusqu'à 30 millimètres. Quelques-uns étaient à peu près sphériques ; mais le plus grand nombre présentaient un aplatissement plus ou moins grand. Le hauteur de l'eau tombée pendant l'orage a été de 37^{mm},4. Le thermomètre centigrade s'était élevé jusqu'à 33°,4, qui est son maximum pour Bruxelles.

La chute de la grêle a une tendance à suivre les vallées et les rivières lorsque les nuages ne sont pas très élevés ; car, on le voit par les cas précédents, les orages suivent alors des courants généraux originaires de l'Atlantique, et continuent leur marche des régions du sud-ouest vers celles du nord-est. Mais dans tous les orages secondaires partiels, qui sont les plus nombreux et se bornent à quelques départements, on remarque une déviation évidente le long des vallées. Il semble aussi qu'ils évitent les forêts. Depuis que les écoles normales de France s'attachent à constater les faits météorologiques, les témoignages de l'influence des terrains sur la distribution des orages et de la grêle abondent. Tels et tels pays sont grêlés chaque année, tandis que d'autres ne le sont qu'une fois en dix ans. On a pu même construire des cartes statistiques des dégâts causés par la grêle dans chaque département, en se servant des documents des compagnies d'assurances ; mais ces cartes sont peu exactes au point de vue météorologique, puisqu'elles sont basées sur les pertes vénales : une même quantité de grêle produira dix fois plus de perte en tombant sur une plantation de tabac, comme en Alsace, ou sur des pêches, comme à Montreuil, qu'en tombant sur des terrains incultes ou sur des bois. Il n'en est pas moins vrai cependant que la quantité intrinsèque de grêle diffère pour des pays voisins selon leur situation géologique, orographique et climatologique.

Les orages à grêle sont ceux où le développement de l'électricité atteint les plus grandes proportions. Les nuages épais où s'élabore le météore sont chargés d'une forte dose du mystérieux agent, dont une partie s'épuise dans leur propre sein ou dans les décharges réciproques avec leurs congénères. Le tonnerre n'est plus seulement alors un bruit succédant à l'éclair, c'est un roulement continu, pendant lequel on n'aperçoit souvent pas les éclairs, soit qu'ils n'aient que de très petites dimensions, soit qu'ils agissent exclusivement dans l'intérieur du mouvement des nuées. Ainsi, le 4 septembre 1871, entre autres, j'ai remarqué, en suivant l'orage à grêle qui se développa sur Paris entier, qu'à trois heures trente-six minutes, après que la grêle fut passée sur le quartier de l'Observatoire, et lorsqu'elle se trouvait sur Ménilmontant, un roulement de *tonnerre sans éclairs* dura pendant six minutes, et recommença plusieurs fois. — Le 7 mai 1865, un violent orage éclate sur le département de l'Aisne et cause un désastre de plusieurs millions. Au-dessus des couches de nuages on voyait un épais cumulus, d'un blanc livide, dans lequel se produisait un pétillement continu d'éclairs; le roulement du tonnerre se prolongeait sans intensité ni fracas; un fourmillement non interrompu d'éclairs engendrait une espèce de crépitation sans intermittence, et les explosions semblaient se concentrer dans l'intérieur de la plus forte nuée. Lorsque la nuée eut franchi lentement les hauteurs de Rousoy, au faîte du bassin de la Somme et de l'Escaut, elle fondit avec une effrayante rapidité dans la vallée de ce dernier fleuve, cribla Vend'huile, le Câtelet, Beaurevoir de grêlons en nombre si considérable, qu'ils couvrirent certaines déclivités sur une épaisseur de 5 mètres ; ils y étaient encore six jours après, et formaient par endroits des bancs si compacts, que les eaux en furent endiguées; lorsqu'on se mit à les déblayer, ils glissaient comme des banquises !

Le 18 juin 1839, à Bruxelles, pendant l'orage à grêle décrit plus haut, Quételet remarqua, à sept heures et demie du soir, un roulement continu du tonnerre, pendant lequel les éclairs se succédaient avec une étonnante rapidité. Bientôt après, un gros nuage cendré plongea la ville dans une obscurité profonde, et creva avec une épouvantable chute de grêle.

Il est intéressant pour nous de nous demander ici jusqu'à quelles dimensions les grêlons peuvent atteindre. Un choix de documents authentiques nous permet de donner à ce sujet des comparaisons assez curieuses.

Après la grande grêle du 13 juillet 1788, dont nous parlions tout à l'heure, le géologue Tessier façonna des morceaux de glace qui lui parurent avoir la consistance de la grêle, de manière à leur donner la grosseur d'un œuf de pigeon, d'un œuf de poule, d'un œuf de dindon, pour faciliter aux météorologistes les moyens d'évaluer approximativement le poids des grêlons en partant de la manière habituelle de désigner leur grosseur. Le premier pesait 11 grammes, le second 23 grammes, le troisième 69 grammes.

La grosseur la plus ordinaire de la grêle est à peu près celle d'une noisette; souvent même il en tombe de la grosseur d'un gros pois seulement. Dans les averses ordinaires, les grêlons pèsent de 3 à 8 grammes.

Les trois dimensions que nous venons de rappeler se sont présentées fréquemment dans les annales de la météorologie. Ce n'est pas un fait absolument extraordinaire de recevoir des grêlons de 10 à 70 grammes. On comprend que de pareils projectiles puissent lapider, tuer en en quelques instants les personnes qui y sont exposées. Ainsi, le 13 octobre 1886, un homme et une femme ont été tués par des grêlons, gros comme des œufs, sur le territoire des Ouled-Iddir, près de Kairouan (Tunisie). Le 4 mai 1887, une jeune fille surprise par la grêle au milieu des champs, près d'une station du chemin de fer de Varsovie-Tarnspol, a été littéralement lapidée et tuée. Le 26 juillet 1887, une tempête d'une violence inouïe jeta sur le village de Saint-Anthême (Puy-de-Dôme) des grêlons dont plusieurs étaient de la grosseur d'œufs de poule.

Dans une grêle qui fit de grands ravages sur les bords du Rhin, le 13 avril 1832, le grêlon le plus lourd trouvé par Vogel, à Heinsberg, pesait 90 grammes.

Dans une grêle qui ravagea, pendant quarante-cinq minutes, une partie du Morbihan, le 21 juin 1846, les grêlons présentèrent toutes les dimensions comprises entre des noix et des œufs de dindon. On en a mesuré un de 22 centimètres de circonférence.

Au mois d'août 1879, les grêlons qui dévastèrent la ville de Queenstown (Cap de Bonne-Espérance) trouèrent des toits de tôle et tuèrent des moutons, avaient la grosseur de mandarines. On en fit sur place un dessin (fig. 271), qui donne une idée de cette dimension.

Muncke en a pesé, dans le Hainaut, dont le poids était de 120 grammes.

Le 29 avril 1697, on ramassa dans le Flintshire, suivant Halley, des grêlons pesant 130 grammes et, le 4 mai de la même année, Taylor mesura dans le Staffordshire des grêlons qui avaient 30 centimètres de tour. — Montignot et Tressan en ramassèrent à Toul, le 11 juillet 1753, qui avaient la forme de polyèdres irréguliers et un diamètre de 8 centimètres.

Volney raconte que pendant l'orage du 13 juillet 1788 il était au château de Pontchartrain, à quatre lieues de Versailles. Les rayons du soleil étaient d'une chaleur insupportable, l'air calme et étouffant, c'est-à-dire très raréfié; *le ciel était sans nuages*, et cependant on entendait des coups de tonnerre. Vers sept heures un quart parut un nuage au sud-ouest, suivi par un vent très vif. « En quelques minutes, dit-il, le nuage remplit l'horizon et accourut vers notre zénith avec un redoublement de vent alors frais, et tout à coup commença une grêle, non pas verticale, mais lancée obliquement comme par 45 degrés, d'une telle grosseur, que l'on eût dit des plâtres jetés d'un toit que l'on démolit. Je n'en pouvais croire mes yeux; nombre de grains

Fig. 271. — Grêlons gros comme des oranges.

étaient plus gros que le poing d'un homme, et je voyais qu'encore plusieurs d'entre eux n'étaient que les éclats de morceaux plus gros. Lorsque je pus avancer la main en sûreté hors de la porte de la maison où, fort à temps, je m'étais réfugié, j'en pris un, et les balances qui servaient à peser les denrées m'indiquèrent le poids de plus de 6 onces (153 grammes). Sa forme était très irrégulière : trois cornes principales, grosses comme le pouce et presque aussi longues, prédominaient du noyau qui les rassemblait ! »

Volta assure que, dans la nuit du 19 au 20 avril 1787, parmi les énormes grêlons qui ravagèrent la ville de Côme et ses environs, on en trouva qui pesaient 9 onces (280 grammes).

Parent, de l'Académie des sciences, rapporte qu'il tomba, le 15 mai 1703, dans le Perche, des grêlons de la grosseur du poing. Ils pesaient de 300 à 400 grammes.

Le 28 juillet 1872, il tomba à Semur (Côte-d'Or) des grêlons de 300 à 400 grammes. Le 5 octobre 1831, il tomba à Constantinople des masses plus grosses que le poing et pesant 500 grammes. On cite des grêlons analogues ramassés en mai 1821 à Palestrina (États Romains).

Au mois de juin 1874, l'orage de grêle qui s'abattit sur Lyon lança des grêlons pesant jusqu'à 500, 600 et même 700 grammes. Pendant les premières secondes, leur congélation n'était pas complète, car ils s'aplatissaient comme des boules de neige; mais bientôt ils devinrent plus durs et ce fut un véritable bombardement : tuiles cassées, toits démolis et arbres brisés par la violence du vent.

Mais voici des constatations plus extraordinaires encore :

Le 15 juin 1829, une grêle fut assez forte pour enfoncer les toits des maisons à Cazorta (Espagne) : les blocs de glace pesaient jusqu'à 2 kilogrammes.

De telles proportions ne peuvent être atteintes que par des grêlons agglomérés, soudés ensemble, soit là où ils tombent, soit même pendant leur chute. C'est ce que l'observation a toujours constaté du reste. Telle est, à plus forte raison, l'explication des faits suivants, si toutefois ils sont bien réels :

Dans les derniers jours d'octobre 1844, au milieu d'un ouragan épouvantable qui dévasta le midi de la France, on ramassa des grêlons de 5 kilogrammes; la ville de Cette, en particulier, éprouva les plus grands désastres : des hommes furent lapidés, des cloisons renversées et des vaisseaux coulés bas.

Il paraît que dans une grêle fantastique arrivée le 8 mai 1802 on ramassa une masse de glace qui mesurait 1 mètre en long et en large et 7 décimètres d'épaisseur.

Le docteur Foissac, qui cite ce fait, ne le tient pas pour exagéré, et il lui ajoute le suivant : « M. Huc, de la congrégation de Saint-Lazare, missionnaire apostolique dans la Tartarie, le Thibet et la Chine, rapporte que la grêle tombe fréquemment dans la Mongolie, et souvent, dit ce vénérable ecclésiastique, elle est d'une grosseur surprenante : nous y avons vu des grêlons du poids de douze livres; il suffit quelquefois d'un instant pour exterminer des troupeaux entiers.

« En 1843, pendant un grand orage, on entendit dans les airs comme le bruit d'un vent terrible, et bientôt après il tomba dans un champ, non loin de notre maison, *un morceau de glace plus gros qu'une meule de moulin.* On le cassa avec des haches, et, quoiqu'on fût au temps des plus fortes chaleurs, il fut trois jours à se fondre entièrement. »

Si le fait est réel, rien n'empêche d'admettre la chronique du temps de Charlemagne qui parle de grêlons de 15 pieds de large sur 6 de long et 11 d'épaisseur, et celle de Tippo-Saïb, qui met en scène un grêlon de la grosseur d'un éléphant!... Mais il est bon de se souvenir parfois que l'exagération n'est pas rare dans les récits des chroniqueurs.

Quant à la quantité de grêle qui peut tomber pendant certains orages, mon savant ami le professeur Ch. Dufour, de Morges, a calculé que la grêle si désastreuse qui sévit sur le canton de Vaud le

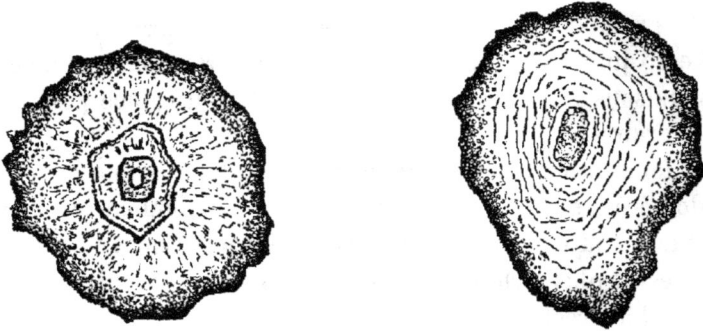

FIG. 272. — Coupe de grêlons, montrant leur structure intérieure ordinaire.

21 août 1881, et déposa en quelques minutes une couche de plus d'un centimètre d'épaisseur, représente un volume de plus d'un million de mètres cubes de glace ainsi subitement formés dans l'air. Il ajoute que la grêle du 13 juillet 1788 a dû représenter plus de 40 millions de mètres cubes! C'est une petite montagne!

Les formes des grêlons sont très diverses. Ordinairement ils sont ronds, sphériques, plus ou moins irréguliers, comme des pois, des grains de raisin, des noisettes. Un grand nombre aussi sont allongés comme des grains de blé, des cornouilles, des olives. Lorsqu'ils sont très gros, ils sont formés par la juxtaposition de parcelles cristallisées. Le 4 juillet 1819, pendant un orage de nuit qui désola une grande partie de l'ouest de la France, Delcros ramassa plusieurs grêlons sphériques entiers, dans lesquels on remarquait un premier noyau sphérique d'un blanc assez opaque, offrant des traces de couches concentriques; autour de ce noyau était une enveloppe de glace compacte, rayonnée du centre à la circonférence, et terminée extérieurement par douze grandes pyramides, entre lesquelles des pyramides moindres étaient intercalées. Le tout formait une masse sphérique de près de 9 centimètres de diamètre.

Des grêlons ramassés le 12 septembre 1863 dans un chemin situé au sud-ouest de Tiflis, et dessinés dans le Bulletin de l'Académie des sciences de Saint-Pétersbourg, avaient la forme ellipsoïdale, et leur surface était recouverte d'un grand nombre de petits mamelons. Le tissu polyédrique, examiné à la loupe, montrait l'aspect d'une série de pyramides à six pans, et une section faite dans l'intérieur montrait aussi l'existence d'un réseau à mailles hexagonales représenté par le dessin ci-contre.

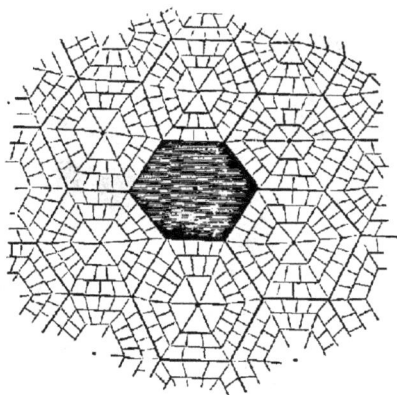
Fig. 273. — Coupe d'un grêlon, grossie.

Le 29 juillet 1871, à six heures du soir, par un beau soleil, avec quelques nuages d'apparence très innocente, on entendit à Auxerre un bruit caractéristique, comparable à la marche d'un train lourdement chargé. Quelques éclats de foudre précédèrent la chute de la grêle. Celle-ci ne tarda pas à tomber sans tempête, sans bouleversement atmosphérique, en miroitant au soleil dans sa descente tranquille. Les grêlons gardèrent leur forme en tombant sur le sol. M. Naudin a dessiné quelques-unes de leurs physionomies les plus caractéristiques. Les voici, dans leurs dimensions exactes (*Bulletin international* de l'Observatoire de Paris, du 27 août 1871). Ils occupent les quatre angles de la figure 274. Les deux grêlons taillés placés au centre sont ceux dont nous avons parlé plus haut et qui ont été dessinés pour l'Académie de Pétersbourg. Nous avons ajouté quelques grêlons moins gros et de forme plus ordinaire. Il n'y a que l'embarras du choix, car on peut remarquer que ces morceaux de glace offrent toutes les formes imaginables, depuis la simple goutte d'eau sphérique qui se gèle en tombant jusqu'aux agglomérations, réunions, cassures, soudures, fusions et transformations les plus fantastiques.

Dans ce même orage, à Montargis, M. Parant a remarqué qu'à six heures quarante-cinq minutes du soir il tomba, pendant une grêle abondante, des morceaux de glace de 3 à 5 centimètres de longueur, de forme ovoïde, et aussi transparents que le cristal.

Pendant l'orage du 22 mai 1870 à Paris, M. Trécul, de l'Institut, remarqua que plusieurs grêlons étaient coniques ou plutôt piriformes, c'est-à-dire plus larges à leur partie inférieure qu'à leur partie supé-

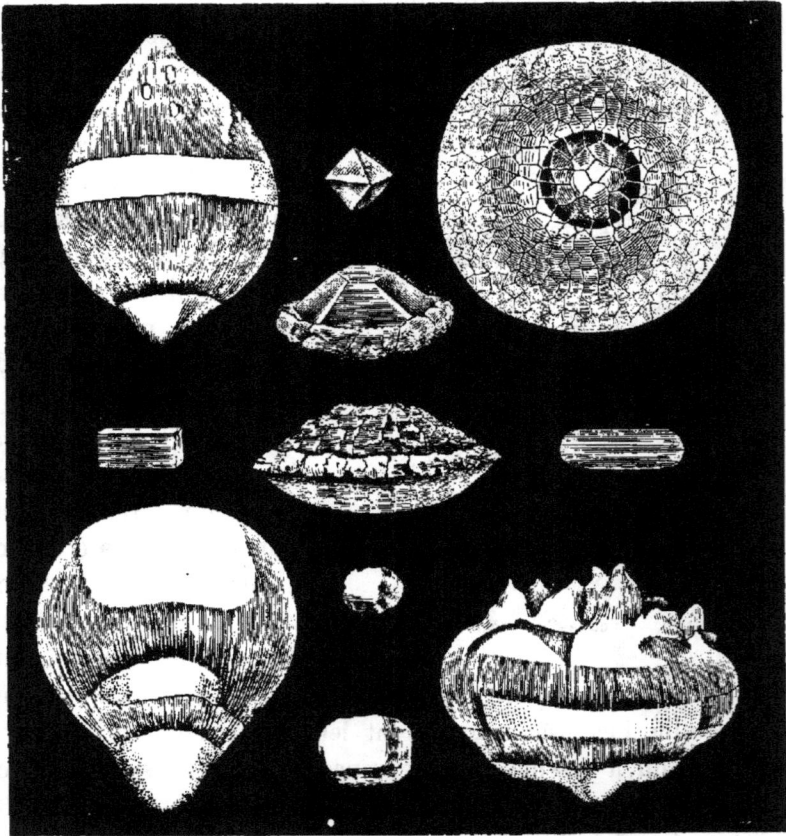

Fig. 274. — Différentes formes de grêlons.

rieure; il y en avait qui atteignaient environ 2 centimètres de longueur et 1 centimètre et demi de largeur. L'un d'entre eux présentait des caractères dignes d'attention. Le tiers supérieur (la partie la plus étroite du grêlon) était opaque et blanc, tandis que la partie inférieure ou la plus large était d'une translucidité parfaite, comme la glace la plus pure. En outre, ce grêlon, vu par le gros bout, montrait manifestement la figure d'un rhombe à angles obtus, et des côtés partaient des facettes obliques qui convergeaient et s'effaçaient vers le sommet obtus du grêlon.

Le 21 août 1877, des grêlons tombés près du mont Dore avaient la grosseur d'œufs de pigeon et se composaient d'un noyau central blanc, entouré d'une couche de glace transparente.

Le 27 septembre 1876, le P. Secchi ramassa à Grotta Ferrata, près de Rome, un grêlon formé de cristallisations rhomboédriques parfaites, soudées entre elles : il pesait 60 grammes.

Des grêlons tombés le 4 avril 1877 à la Chapelle-Saint-Mesmin (Loiret) avaient tous la forme pyramidale arrondie.

Quant aux époques de la grêle, chacun a pu remarquer qu'elle tombe principalement en été et dans l'après-midi, c'est-à-dire dans les circonstances où sont réunies les conditions météorologiques rapportées plus haut : grande chaleur à la surface du sol, diminution rapide avec la hauteur, forte évaporation des nuages sous l'action du soleil. Comme cependant le seul conflit d'un vent supérieur très froid avec un vent très chaud à la même altitude peut amener la production de la grêle, elle tombe parfois en hiver et parfois pendant la nuit ; mais ce sont là des exceptions.

Les traités de météorologie réunissent ordinairement le grésil et la grêle, et enseignent alors que ces météores aqueux tombent plus souvent en hiver et au printemps qu'en été et en automne. Mais ce n'est là qu'une apparence : le grésil diffère de la grêle, non seulement par son état de division extrême, mais encore par son mode de formation, car il ne prend pas naissance au sein des orages et ne nécessite pas les grands mouvements atmosphériques que nous avons résumés. Ce n'est qu'une pluie glacée ou qu'une neige grenue et dense.

On observe généralement le grésil dans les giboulées de printemps. Il est toujours très petit et n'est pas accompagné d'orages ni de chaleur, mais plutôt de tourbillons de pluie ou de neige. Toutefois l'électricité n'est pas étrangère à sa formation. M. Colladon a observé des mouvements singuliers dans des grains de grésil, qui, restant immobiles pendant une ou deux secondes après leur chute, étaient ensuite projetés à une hauteur pouvant atteindre 25 ou 30 centimètres, comme par une impulsion du sol. Ce curieux phénomène s'est présenté dans deux chutes de grésil à Genève, l'une le 19 janvier 1881, l'autre en mars 1883, et une troisième fois dans une chute de grêle, aux Hauts-Crêts, au sommet du coteau de Cologny. M. Melsens a fait deux observations semblables.

L'électricité est certainement en jeu dans la formation de ces météores, grêle et grésil.

CHAPITRE V

LES PLUIES DE SANG, — DE TERRE, — DE SOUFRE, — DE PLANTES, —
DE GRENOUILLES, — DE POISSONS, — D'ANIMAUX DIVERS.

A part les pluies ordinaires plus ou moins intenses, d'eau, de neige
ou de grêle, que nous avons étudiées jusqu'ici, l'histoire des météores
nous offre parfois des pluies extraordinaires qui, bien souvent, ont
jeté la terreur parmi les âmes faibles et ignorantes, qui croyaient y
voir des signes directs de la colère céleste.

Nous ne parlerons pas des pierres tombées du ciel, des uranolithes,
dans lesquels les philosophes grecs voyaient des fragments détachés de
la voûte céleste, et qui sont des corpuscules cosmiques circulant dans
l'espace. Nous ne parlerons pas non plus des pluies de pierres, de
briques, de planches, de poteries, qui sont dues à des trombes. Mais
nous devons jeter un coup d'œil critique sur certains phénomènes
essentiellement atmosphériques. Et d'abord, commençons par les
pluies de sang.

Homère fait tomber une pluie de sang sur les héros grecs, présage
de mort pour de nombreuses et vaillantes têtes, que Zeus doit précipiter dans Hadès. Obsequens cite les suivantes : Après la prise de
Fidènes, an de Rome 14, des gouttes de sang tombèrent du ciel, au
grand étonnement de tous. En 538, pluie de sang abondante sur le
mont Aventin et à Aricie. En 570 et 572, sur la place de Vulcain et sur
celle de la Concorde, il pleut du sang pendant deux jours; en 585,
pendant un jour. En 587, ce prodige apparut en plusieurs endroits de
la Campanie, au territoire de Préneste; en 626 à Céré; en 648 à
Rome; en 650 à Duna; en 652 aux environs de l'Anio. Il plut du sang
lors du meurtre de Tatius...

Plutarque parle de pluies de sang après de grands combats : dans la guerre Cimbrique, par exemple, après le massacre de tant de milliers de Cimbres dans les plaines de Marseille. Il admet que les vapeurs sanguines distillées des corps et diluées dans l'humeur des nuages communiquaient à ceux-ci leur coloration rouge.

Voici les pluies de sang que nous avons pu relever depuis le commencement de notre ère jusqu'à la fin du siècle dernier, en mettant surtout à profit les recherches de M. Grellois sur ce curieux sujet :

On lit d'abord dans Grégoire de Tours que l'an 582 de notre ère « une pluie de sang tomba sur le territoire de Paris. Beaucoup de gens la reçurent en leurs vêtements, et elle les mouilla de telles taches, qu'ils s'en dépouillèrent avec horreur».

L'histoire de Constantinople rapporte une pluie analogue sur cette ville en 652.

En 754, le ciel parut embrasé dans les Gaules, du sang s'échappa des nuages en abondance.

En 787, Fritsch signale, en Hongrie, une pluie de sang suivie d'une peste. On en vit d'autres en 869 à Brixen, et en 929 à Bagdad.

En 1117, des phénomènes extraordinaires, pluies de sang, bruits souterrains, jetèrent l'épouvante en Lombardie pendant la lutte de l'affranchissement des communes, et l'on

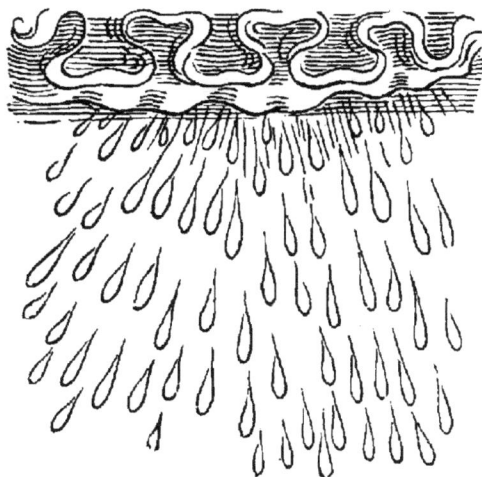

FIG. 275. — Les pluies de sang, d'après un dessin du moyen âge.

provoqua à cet effet une réunion d'évêques à Milan. Le même phénomène fut observé à Brescia pendant trois jours et trois nuits, avant la mort du pape Adrien II.

En 1144, il plut du sang sur plusieurs points de l'Allemagne; en 1163, à la Rochelle.

En 1181, au mois de mars, il plut constamment du sang pendant trois jours en France et en Allemagne ; une croix lumineuse parut dans le ciel (halo).

Vers la fin de 1543, il tomba du sang au château de Sassembourg, près de Barendorf en Westphalie; en 1560, à Louvain. Dans les environs d'Eiden (Frise orientale), en 1571, il tomba pendant la nuit une si grande quantité de sang, que sur un espace de 5 à 6 milles l'herbe et les vêtements exposés à l'air prirent une couleur pourpre. Plusieurs personnes en conservèrent dans des vases. On chercha, mais en vain, à expliquer ce prodige par la supposition que la vapeur du sang de nombreux bœufs abattus s'était élevée dans les nuages.

Nous en remarquons aussi en 1623 à Strasbourg, en 1638 à Tournai et en 1640 à Bruxelles.

On lit dans l'histoire de l'Académie des sciences que le 17 mars 1669, à quatre heures du matin, il tomba en plusieurs endroits de la ville de Châtillon-sur-Seine une espèce de pluie ou de liqueur roussâtre, épaisse, visqueuse et puante, qui ressemblait à une pluie de sang. On en voyait de grosses gouttes imprimées contre les murs, et même un mur en était fouetté de côté et d'autre : « ce qui fait croire que cette pluie était formée d'eaux stagnantes et bourbeuses, enlevées par un tourbillon de vent de quelques mares des environs ».

Venise en reçoit une en 1689.

En 1744, il tomba une pluie rouge au faubourg Saint-Pierre d'Arena de Gênes, que les horreurs de la guerre, qui était alors sur les terres de la République,

FIG. 277. — Pluie de sang en Provence. Juillet 1608.

rendirent très effrayante pour le peuple, et l'on vérifia ensuite que cette teinte résultait d'une terre rouge qu'un vent impétueux avait enlevée d'une montagne voisine.

Les pluies colorées en rouge ont été assez souvent observées à notre époque pour qu'on ne puisse émettre aucun doute sur la réalité du phénomène ; la seule erreur des anciens porte sur la nature de cette coloration, qui lui donnait une apparence de prodige. Bède pensait qu'une pluie plus épaisse et plus chaude qu'à l'ordinaire pouvait devenir rouge comme du sang et faire illusion aux ignorants. Kaswini, Al Hazen et d'autres savants du moyen âge racontent que vers le milieu du neuvième siècle il tomba une poudre rouge et une matière semblable à du sang coagulé. Ces philosophes étaient donc entrés déjà dans la voie d'une saine explication. « Ce que le vulgaire appelle pluie de sang, dit G. Schott, n'est ordinairement que la chute de vapeurs teintes par du vermillon ou de la craie rouge ; mais quand il tombe du sang véritable, ce qu'on pourrait difficilement nier, c'est un miracle dû à la volonté de Dieu » La lueur de vérité s'était bientôt évanouie ! On lit dans Eustathe, commentateur d'Homère, qu'en Arménie les nuages laissent échapper des pluies de sang, parce que cette contrée renferme des mines de cinabre, dont la poussière, mêlée à l'eau, vient colorer les gouttes de pluie.

Conrad Lycosthènes, dans son *Livre des prodiges*, dont nous avons déjà donné un fac-similé à propos des parhélies, représente les *pluies de sang* et les *pluies de croix* en des dessins enfantins qui nous donnent une idée de la naïveté d'autrefois

Au commencement de juillet 1608, une de ces prétendues *pluies de sang* vint à tomber dans les faubourgs d'Aix, en Provence, et cette pluie s'étendit à une demi-lieue de la ville. Quelques prêtres, trompés ou désireux d'exploiter la crédulité du peuple, n'hésitèrent pas à voir dans cet événement des influences sataniques. Heureusement un homme instruit, Peiresc, se livra sur ce soi-disant prodige à des recherches assidues. Il reconnut bientôt que ces gouttes n'étaient autre chose que les excréments de papillons qu'on avait observés en abondance dans les premiers jours de juillet.

Aucune tache de ce genre n'existait au centre de la ville, où les papillons n'avaient point paru, et, de plus, on n'en observait pas au-dessus de la partie moyenne des maisons, niveau auquel s'arrêtait le vol de ces animaux. D'ailleurs, la présence de ces gouttes dans des lieux couverts ne pouvait permettre qu'on leur supposât une origine atmosphérique.

Il s'empressa de montrer le fait aux amis du miracle. Il constata et fit constater que les prétendues gouttes de sang ne se trouvaient que dans des cavités, des interstices, sous le chaperon des murs, jamais à la surface des pierres tournées vers le ciel. Il prouva par ces diverses observations que les prétendues gouttes de sang étaient des gouttes de liqueur rouge déposées par les papillons.

Cependant, en dépit des remarques rassurantes de Peiresc, le peuple des faubourgs d'Aix continua de ressentir une véritable terreur à la vue de ces larmes sanglantes qui tachaient le sol de la campagne.

Réaumur signale le papillon nommé grande tortue comme le plus capable de répandre ces sortes d'alarmes. « Il y en a des milliers, dit-il, qui se transforment en chrysalides vers la fin de mai ; elles quittent les arbres, vont souvent s'appliquer contre les murs, entrent même dans les maisons de campagne, et pendent aux cintres des portes, aux planchers. Si les papillons qui en sortent vers la fin de juin volaient ensemble, il y en aurait assez pour former de petites nuées, et, par conséquent, il y en aurait assez pour couvrir les pierres de certains cantons de taches d'un rouge couleur de sang, et pour faire croire à ceux qui ne cherchent qu'à s'effrayer et qu'à voir des prodiges que pendant la nuit il a plu du sang. »

Ces faits pourraient être multipliés, et nous verrons tout à l'heure qu'ils ont été observés en notre siècle. On a attribué à des pluies de *sang* les résidus coloriés en rouge et à des pluies de *soufre* les résidus colorés en jaune; mais il n'y a pas plus de sang dans les premiers que de soufre dans les seconds. La cause précédente de cette coloration (papillons) est très rare ; en général, elle est due à de la poussière rougeâtre emportée parfois de très loin dans le vent et les nuages, ou à du pollen jaune de pins.

Ce n'est qu'en notre siècle qu'on a reconnu cette origine générale.

Le 14 mars 1813, l'une de ces étranges pluies rouges tomba dans le royaume de Naples et dans les deux Calabres. Un savant, Sementini, l'examina et en rendit compte dans les termes suivants à l'Académie des sciences de Naples :

« Un vent d'est soufflait depuis deux jours, lorsque les habitants de Gerace (l'ancienne Locres) aperçurent une nuée dense s'avancer de la mer. A deux heures après-midi, le vent se calma; mais la nuée couvrait déjà les montagnes voisines et commençait à intercepter la lumière du soleil; sa couleur, d'abord d'un rouge pâle, devint ensuite d'un rouge de feu. La ville fut alors plongée dans des ténèbres si épaisses, que vers les quatre heures on fut obligé d'allumer des chandelles dans l'intérieur des maisons. Le peuple, effrayé et par l'obscurité et par la couleur de la nuée, courut en foule dans la cathédrale faire des prières publiques. L'obscurité alla toujours en augmentant, et *tout le ciel parut de la couleur du fer rouge;* le tonnerre se mit à gronder, et la mer, quoique éloignée de six milles de la ville, augmentait l'épouvante par ses mugissements. Alors commencèrent à tomber de grosses gouttes de pluie rougeâtres, que quelques-uns regardaient comme des gouttes de sang, et d'autres comme des gouttes de feu. Enfin, aux approches de la nuit, l'air commença à s'éclaircir, la foudre et le tonnerre cessèrent, et le peuple rentra dans sa tranquillité ordinaire. »

Cette pluie laissa une couleur d'un jaune de cannelle, on y découvrit à la loupe de petits corps durs ressemblant au pyroxène. La chaleur la brunissait, puis la rendait tout à fait noire, et enfin la rougissait en devenant plus intense. Après l'action de la chaleur, elle laissa apercevoir, même à l'œil nu, une multitude de petites lames brillantes, qui étaient du mica jaune. On y reconnut de la silice, de l'albumine, de la chaux, du fer et du chrome.

D'où venait cette poussière ? C'est ce que l'on ne put encore déterminer.

Il faut arriver jusqu'à l'année 1846 pour avoir un examen général de ces pluies, qui les suivra dans l'espace jusqu'à leur origine.

Le 16 mai de cette année-là, une pluie de terre salit toutes les eaux de Syam (Jura). L'automne de la même année vit se reproduire une pluie de terre, qui fut accompagnée par un cortège d'orages désastreux. Des cyclones bouleversèrent l'Atlantique : au milieu d'épouvantables rafales, de tourmentes, de grêles, des vaisseaux furent démâtés, rasés comme des pontons; d'autres naviguaient entre des lébris flottants. Des tempêtes éclatèrent en France, en Italie, à Constantinople, et plus loin, vers l'est, les typhons exercèrent leurs fureurs sur les mers de la Chine.

Les vents furent assez intenses pour détacher une couche de terre dans les régions où la surface du sol offrait des sables ou de la terre friable, facile à enlever. Transportée au loin, cette terre devait nécessairement se déposer quelque part, et c'est ce qui arriva pour le sud-est de la France. Toutefois l'abondance du précipité variait suivant les localités : à Lyon même, il fut peu apparent, quoiqu'il se montrât sous la forme d'un limon rougeâtre, que les croyances populaires qualifièrent de *pluie de sang*. Mais à Meximieux les soldats d'un bataillon qui se rendait à la frontière suisse ont été couverts de boue : leurs fourniments en étaient tellement imprégnés, qu'il fallut les soumettre à un lavage soigné. Le château de Chamanieu reçut un crépi qui le rendit méconnaissable, et à Valence la couche se trouva si épaisse, que les habitants furent forcés de curer les gouttières des toits et de dégager les tuyaux de descente. Fournet a calculé que, pour le département de la Drôme, les nuées ont dû charrier et répandre sur la contrée le poids énorme de 7200 quintaux métriques, qui représentent la charge de cent quatre-vingts charrettes, attelées de quatre chevaux vigoureux et portant chacune 40 quintaux métriques de cette terre.

Ehrenberg, auquel on fit parvenir des échantillons de ce produit, y constata soixante-treize formes organiques, dont quelques-uns sont propres à l'Amérique méridionale. Cette terre venait du Nouveau Monde !

L'intervalle de temps écoulé entre la sortie de l'Amérique, 31 octobre, et l'arrivée sur la France, 17 octobre, fut d'environ quatre jours : c'est une vitesse de $17^m,15$ par seconde.

Une autre pluie colorée remarquable fut observée le 31 mars 1847, dans les environs de Chambéry. Elle était troublée par une matière laiteuse qui avait l'apparence d'une argile tenue en suspension. Les vêtements des passants qui reçurent quelques gouttes de cette pluie restèrent parsemés de taches blanchâtres assez visibles. Mais bientôt après les nouvelles venues de la Savoie et surtout celles du Grand Saint-Bernard apprirent qu'il y tomba une *neige rouge terreuse* poussée par le sud-ouest, et qui recouvrit le sol sur une épaisseur de plusieurs centimètres.

Cette coloration de la neige par de la poussière ne doit pas être confondue avec sa coloration plus fréquente par un petit animal qui vit sur son sein glacé, l'*Uredo nivalis*, espèce d'infusoire qui se développe sur une étendue parfois considérable dans les Alpes et dans les régions polaires.

Lors de la pluie rouge de 1847 dont nous parlons, les neiges s'étendaient sur une bonne partie de la France : à Paris, à Orléans, dans les Vosges, dans la Bresse, et les ouragans sévirent à la Havane, aux Bahamas, aux Açores, à Terre-Neuve, aux Sorlingues, dans le Portugal et l'Espagne. Des tourbillons atmosphériques bouleversaient le Nord, l'Ouest, le Havre, Paris; à Grignan, vingt-quatre cigognes descendaient des nues, asphyxiées ou brûlées par la foudre. Dans Nantua, une trombe enlevant à 3 mètres de hauteur une guérite avec la sentinelle couvrait les rues de débris de tuiles, de vitres, de cheminées. Les nombres donnés par Fournet font ressortir une baisse barométrique très prononcée et très rapide dans la journée du 31, à laquelle succéda une baisse encore plus forte le 2 avril.

Nous devons ensuite signaler la pluie de terre du 27 mars 1862, remarquable par ses résultats. A l'état humide, le résidu possédait, comme celui de 1846, une couleur rouge assez marquée pour raviver les préjugés populaires sur les *pluies de sang;* en séchant, c'était une terre fine et jaunâtre. Ehrenberg y découvrit quarante-quatre formes diverses, parmi lesquelles ces galionelles microscopiques dont un pouce cube peut contenir 466 000.

Dans la nuit du 30 avril au 1er mai 1863, vers trois heures du matin, un orage violent avec tonnerre éclata sur Perpignan; ensuite on reconnut sur plusieurs points de la ville aussi bien qu'à la campagne une poussière rougeâtre dont on ignora d'abord l'origine; mais il fut bientôt constaté qu'elle était tombée avec la pluie. La même chute s'est étendue dans la plaine du département des Pyrénées-Orientales, comme sur les points élevés, à cette différence près qu'il s'agissait pour ceux-ci d'une neige rouge.

L'apparition de ses flocons qu'on crut teints de sang causa une certaine terreur aux habitants. Enfin le même phénomène se manifesta sur plusieurs points du littoral de la Méditerranée.

On y trouva une poussière de marnes argileuses, ferrugineuses, mêlées de sables très fins qui, en traversant l'atmosphère, la dépouillèrent d'une partie des matières organiques qui s'y trouvaient en suspension. En ce sens, ces pluies deviennent des chutes d'un limon fertilisateur, des *pluies d'engrais.*

Naturellement chaque vent un peu énergique est capable de sou-

lever des flots poussiéreux; le fait se remarque encore plus particulièrement quand, animé d'un mouvement giratoire, il possède
l'espèce de force d'aspiration qui lui permet de composer les petits
follets ou tourbillons de sable que l'on rencontre si souvent sur les
routes.

Toute l'étendue de la vaste zone des déserts qui se prolonge sur
les pays intertropicaux et subtropicaux de l'ancien comme du nouveau monde, est capable de livrer aux vents des éléments terreux,
transportables au loin. L'Europe peut également livrer aux vents des
sables et de la poussière, aussi bien que les contrées lointaines de
l'Asie, de l'Afrique et de l'Amérique.

Nous avons apprécié plus haut la puissance des trombes. Pour
ne rappeler que celle de 1780, remarquable au point de vue actuel,
elle se développa près de Carcassonne, sur les bords de l'Aude, éleva
très haut d'énormes quantités de sable, découvrit quatre-vingts
maisons, emporta et dispersa au loin les gerbes qu'elle rencontra sur
les champs. De gros frênes furent déracinés; leurs plus puissantes
branches furent lancées jusqu'à 40 mètres de distance, etc., etc. Une
telle puissance suffit pour expliquer les transports les plus lointains de
sable et de terre. La pluie de sang tombée à Sienne du 28 au 31 décembre 1860, et analysée avec soin par le docteur Campani, a paru
être d'origine organique.

Le 10 mars 1869, le siroco soufflait à Naples. Ses rafales empor-
taient avec elles cette espèce de nébulosité qui lui est propre et qui
ressemble à un léger brouillard; le baromètre avait beaucoup baissé
et marquait 737 millimètres; il faisait très chaud, et de temps à autre
de brusques et courtes averses tombaient tantôt en pluie fine et serrée,
tantôt en larges gouttes d'orage. Chaque goutte de cette pluie laissait
une trace boueuse là où elle était tombée.

Ces taches, vues de près, avaient une teinte brun-jaunâtre très
prononcée et ressemblaient fort à l'empreinte produite par une eau
ferrugineuse; les gouttes laissaient une trace sur les vêtements et
marquaient sur la soie du chapeau comme les éclaboussures d'une
boue renfermant de l'oxyde de fer. Une feuille de papier blanc, préa-
lablement mouillée et exposée au vent, a présenté au bout de quelques
minutes un assez grand nombre de petits grains rougeâtres, de
forme sensiblement sphérique, dont le diamètre pouvait varier de
$\frac{1}{10}$ à $\frac{1}{100}$ de millimètre.

Si l'on se demande d'où provenait ce sable, la réponse n'est pas douteuse : en suivant la direction tracée par le vent, on arrive directement à l'Afrique sans rencontrer aucune terre d'où l'on puisse supposer que ces matières auraient été enlevées; c'est donc le simoun du Sahara qui les a semées sur la Méditerranée et projetées jusque sur l'Italie.

M. Breton, professeur à Grenoble, a remarqué que ce résidu était tout à fait analogue à celui qu'il avait ramassé à Valence en septembre 1846, après la pluie rouge dont nous parlions tout à l'heure.

Comme on l'avait présumé, ce sable venait, en effet, du Sahara. On voit par une autre relation que, le 3 mars 1869, l'Algérie a été le théâtre d'un ouragan de la plus grande violence[1].

En même temps, le 23 mars, on observe en Sicile que l'atmosphère est chargée de nuages épais et d'une poussière jaunâtre qui donne au ciel un aspect insolite. La pluie étant venue à tomber, chaque goutte laisse un résidu jaune qu'on ne peut séparer entièrement qu'après deux ou trois filtrations. Cette substance contenait de l'argile, du sable calcaire, du peroxyde d'hydrate de fer, du chlorure de sodium, de la silice et des matières organiques azotées.

Le 7 février 1870, une forte dépression barométrique se produit sur l'Angleterre; le baromètre marque 745 millimètres à Penzance; le 9, elle descend sur la Méditerranée; le 10, elle est sur la Sicile, où le baromètre est plus bas qu'à Rome. Cette baisse barométrique est accompagnée d'une violente tempête. Le 11 et le 12, le temps se calme, et le baromètre remonte; le cyclone est sur l'Afrique, où il soulève les sables du Sahara. Le 13 février, à deux heures de l'après-midi, la présence d'un sable rougeâtre dans l'eau de pluie est constatée dans les environs de Rome, à Subiaco, à Tivoli et à Mondragone. Dans la nuit du 13 au 14, il tombe à Gênes une matière terreuse et rouge, et à Moncalieri le P. Denza, directeur de l'Observatoire, recueille de la *neige rouge* contenant ce même sable.

Cet historique des pluies de sang nous montre : 1° qu'elles sont réelles,

1. Près d'El-Outaïa nos soldats ont été surpris par le vent au milieu d'une mer de sable. Ils ont dû employer quatre heures et demie pour parcourir 11 kilomètres. « Depuis dix-sept ans que je suis en Algérie, dit un témoin oculaire, je n'avais jamais été témoin d'une pareille tourmente. Toute notre petite colonne dut s'arrêter, et les précautions les plus grandes durent être prises pour la grouper et éviter de perdre des hommes. A la seconde halte forcée, nous tournâmes le dos à la rafale, et pendant une heure et demie il nous fut impossible d'apercevoir le soleil et le ciel, quoique nous n'eussions remarqué antérieurement que de très légers nuages au-dessus de nos têtes. Pendant des quarts d'heure entiers, on cessait d'entrevoir son voisin, couché à 2 ou 3 mètres de distance ».

La pluie rouge tombée à Naples avait certainement été prise, la veille sans doute, dans les sables du Sahara, aussi bouleversé par une tempête, qui du reste s'étendit sur l'Europe entière, la Méditerranée et l'Afrique.

2° qu'elles sont dues le plus souvent à des poussières enlevées par le vent à des régions souvent très éloignées, 3° qu'elles ne sont pas aussi rares qu'elles le paraissent. Ainsi en notre siècle on a, entre autres, constaté les suivantes (pluies rouges et jaunes) :

1803 Février...	Italie.	
1813 Février...	Calabre.	
1814 Octobre...	Oneglia, entre Nice et Gênes.	
1819 Septembre	Studein (Moravie).	
1821 Mai......	Giessen.	
1838 Avril.....	Philippeville (Algérie).	
1841 Février...	Gênes, Parme, Canigou.	
1842 Mars.....	Grèce.	
1846 Mai......	Syam, Chambéry.	
1846 Octobre...	Dauphiné, Savoie, Vivarais.	
1847 Mars.....	Chambéry.	
1852 Mars.....	Lyon.	
1854 Mai........	Horbourg, de près Colmar.	
1860 31 décembre	Sienne.	
1862 Mars.......	Beaunan, près de Lyon.	
1863 Mars.......	Rhodes.	
1863 Avril.......	Entre Lyon et l'Aragon.	
1868 26 avril.....	Toulouse.	
1869 10 mars.....	Naples.	
1869 23 mars.....	Sicile.	
1870 11 février...	Rome.	
1872 7 mars......	Rome.	
1875 7 mars......	Cahors.	
1887 7 mai......	Cahors.	
1887 Juin........	Fontainebleau.	

On voit que c'est au printemps et à l'automne, à l'époque des tempêtes équinoxiales, que ces pluies singulières se produisent le plus souvent. Les pluies rouges sont dues à des transports de sable rougeâtre. Les pluies jaunes, dites de soufre, sont dues à des transports de pollen. Y a-t-il eu jamais de véritables pluies de soufre? Peut-être dans certaines contrées riches en matières bitumineuses; peut-être aux environs des volcans et des solfatures; peut-être à Sodome et à Gomorrhe.

Olaus Wormius rapporte que, le 16 mai 1646, il tomba à Copenhague une pluie très abondante qui inonda toute la ville et qui contenait une poussière exactement semblable au soufre par sa couleur et son odeur. Au dire de Simon Paulli, le 19 mai 1665, il tomba en Norvège, par une tempête horrible, une poussière tout à fait semblable au soufre, qui, jetée dans le feu, donna la même odeur, et qui, mêlée avec l'esprit de térébenthine, produisit une liqueur dont l'odeur ressemblait parfaitement à celle du baume de soufre. Le voisinage des volcans de l'Islande peut suffire à l'explication de ces faits. Des phénomènes de même nature ne sont pas rares à Naples. Sigesbeck fait mention dans les *Mémoires* de Breslaw d'une pluie de soufre tombée dans la ville de Brunswick, *et qui était un vrai soufre minéral.*

Le fait demanderait confirmation.

D'après les observations critiques les plus récentes, ce n'est pas de soufre qu'il s'agit. Le 7 mai 1887, une pluie de ce genre est tombée à Cahors et sur les environs. Le surlendemain, je recevais un échantillon de la poussière jaune qui lui avait donné cet aspect. Cette substance ne brûlait pas. Grâce à l'obligeance de MM. Laroussilhe et Bourrières, de Cahors, dont le premier m'avait envoyé cette poussière, et dont le second l'avait examinée au microscope solaire avec un grossissement de 600 fois, il a été absolument constaté[1] que cette poussière n'est autre chose que du pollen de conifères de la tribu des abiétinées (pins). Ces grains de pollen mesuraient huit centièmes de millimètre. Une

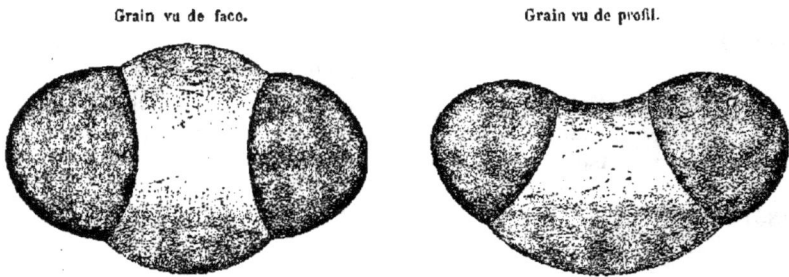

FIG. 278. — Grain de pollen formant la pluie, dite de soufre, tombée le 7 mars 1887. Grossi 600 fois en diamètre.

« pluie de soufre » tombée le mois suivant à Fontainebleau avait la même origine.

Voici maintenant une série d'autres pluies prodigieuses rapportées par les chroniques anciennes, exagérées et interprétées de manières diverses, et dont les explications ne sont pas toujours faciles à trouver.

Les *pluies de lait* sont assez souvent mentionnées. Ainsi Obsequens rapporte plusieurs pluies de lait et d'huile. L'absence de tout renseignement positif sur les faits de cette nature autorise tout au plus à hasarder quelques conjectures empruntées aux éruptions volcaniques ou à l'enlèvement de terres blanches, crayeuses, par un ouragan. Ces prétendus ruisseaux de lait sont un phénomène commun dans certaines contrées ; le lavage des terres blanches par les pluies suffit pour donner naissance à cette illusion.

Dion Cassius et Glycas signalent des pluies de mercure.

Nous pouvons rapprocher de ces pluies un phénomène qui a été trop souvent observé dans ces circonstances pour que sa réalité puisse être révoquée en doute. Nous voulons parler de l'apparence de *croix* sur les vêtements. En voici quelques exemples.

En 764, à Tours, les désordres des moines de l'église Saint-Martin attirèrent la colère de Dieu. Du sang tomba du ciel sur la terre et des croix parurent sur les vêtements des hommes (Grégoire de Tours).

1. Voyez notre *Revue mensuelle d'astronomie populaire et de météorologie*, juin et juillet 1887.

Fritsch signale, en 783, une pluie de sang et de croix sur les vêtements, sans qu'il soit question de pluie.

En 1094, des croix tombent du ciel sur les vêtements des prêtres, sans doute pour les avertir de leur impiété, dit G. Schott.

L'an 1354, en Suède, il tomba une pluie qui laissait sur les vêtements l'apparence de croix rouges. Cardan explique ce phénomène en disant que des poussières rouges étaient délayées dans l'eau de pluie et que les croix étaient formées par les gouttes tombant sur la trame des tissus.

Cette explication est sans aucun doute la véritable ; ce ne seraient là que des pluies de poussières analogues aux précédentes.

Du sang à la chair la transition est directe. Rapportons le fait suivant, cité par Obsequens : « En l'an de Rome 273, la chair tombait du ciel comme de la neige, en morceaux plus ou moins gros. Celle qui ne fut pas dévorée par les oiseaux ne répandit pas d'odeur et ne subit aucune altération. » Cette dernière caractéristique démontrerait avec évidence, s'il en était besoin, qu'il ne s'agit point ici de véritable chair animale, la chair étant essentiellement putrescible. Quelle était donc cette substance ainsi tombée du ciel ? Pourrait-on établir quelque analogie entre la chute de cette matière solide et celle de la manne des Hébreux ? Très probablement il s'agit là d'une espèce de lichen. En notre siècle, en 1824 et en 1828, on vit dans une contrée de la Perse tomber une pluie de ce genre, si abondante en quelques points qu'elle couvrait le sol à plusieurs centimètres de hauteur. C'était une espèce de lichen déjà connue ; les troupeaux, et surtout les moutons, s'en nourrirent avec avidité ; on en fit même du pain.

On peut rapprocher des faits précédents la chute de matières molles signalée par Muschenbroeck et qu'on vit en Irlande en 1675. C'était une pluie de substance grasse comme du beurre, glutineuse et qui se ramollissait dans la main, mais se détachait au feu et prenait une mauvaise odeur.

Les annales de la météorologie conservent d'autres exemples du même ordre, tels que des pluies de grains de blé, d'avoine, de feuilles, de fleurs, le tout emporté par le vent, parfois de fort loin.

Quant aux pluies de fleurs et de feuilles, elles ont été authentiquement constatées.

A Autrèche (Indre-et-Loire), le 9 avril 1869, à midi dix minutes, l'air était très calme et sans aucun nuage. Une pluie de feuilles sèches de chêne tomba des régions élevées de l'atmosphère. On les voyait apparaître comme des points brillants sur l'azur du ciel à une très grande hauteur et tomber en suivant une trajectoire presque verticale. Une pièce d'eau voisine sur laquelle ces feuilles surnageaient en montrait au moins une par mètre carré.

Ce phénomène paraît être une conséquence d'une très forte bourrasque arrivée le 3 avril ; les feuilles de chêne soulevées par un tourbillon et transportées dans les hautes régions de l'atmosphère auraient été soutenues par le vent pendant six jours, et seraient tombées lorsque le calme s'est rétabli.

Le 8 juillet 1833, une trombe qui s'était formée sur la mer, à la pointe du Pausilippe, près de Naples, fit irruption sur le rivage et vida complètement deux grandes corbeilles d'oranges ; quelques instants après, et à une assez grande distance de là, une jeune fille qui se trouvait sur une terrasse vit une pluie d'oranges tomber autour d'elle : phénomène beaucoup plus gracieux qu'une pluie de grenouilles et de crapauds, mais plus étonnant encore, puisque les oranges sont bien plus volumineuses et plus lourdes que ceux de ces animaux qu'on a vus figurer dans les pluies d'orage

Après les pluies de végétaux, voici maintenant des observations plus curieuses encore et constatées d'une manière irréfutable. Ce sont des *pluies d'animaux vivants.*

Déjà nous avons vu au chapitre des Trombes, page 583, que ces météores peuvent soulever l'eau des étangs avec les poissons qu'elle contient. Le météorologiste Peltier raconte qu'il reçut un jour sur la tête des grenouilles apportées par une trombe. C'était à Ham, en 1835, et le fait fut dûment constaté. Citons-en un beaucoup plus récent.

Dans la nuit du 29 au 30 janvier 1869, vers quatre heures trente du matin, après un violent coup de vent, la neige est tombée jusqu'au jour à Arache (Haute-Savoie) et, le matin, on a trouvé sur cette neige une grande quantité de larves vivantes. C'étaient pour la plupart celles du *Trogosita mauritanica*, qui est commun sur les vieux bois dans les forêts du midi de la France. On a trouvé aussi quelques chenilles d'un petit papillon de la tribu des noctuéliens, probablement du *Stibia stagnicola*. Cette chenille parvient à toute sa grosseur dans le courant de février et habite le centre et le midi de la France. Cette pluie d'insectes à Arache, à une altitude de 1000 à 2000 mètres, ne peut s'expliquer que par un vent violent qui les a transportés de quelque localité du midi de la France.

En novembre 1854, par un vent violent, plusieurs milliers d'insectes, en grande partie vivants, vinrent s'abattre sur un bosquet des environs de Turin. Les uns étaient à l'état de larve et les autres à l'état d'insecte parfait; ils appartenaient tous à une espèce de l'ordre des hémiptères qui n'a jamais été trouvée que dans l'île de Sardaigne.

Les auteurs anciens ont rapporté plusieurs exemples de ces chutes d'insectes.

Dans Athénée, Philarcus raconte avoir vu tomber du ciel des poissons et des grenouilles en grande quantité et en plusieurs lieux. Le même auteur fait la citation suivante : « Héraclide Lembus, au vingt et unième livre des Histoires, dit que Dieu fit pleuvoir des grenouilles autour de la Pœnie et de la Dardanie en si grande quantité, que les maisons et les chemins en étaient remplis. On ferma les habitations et l'on en tua un grand nombre ; on en trouvait mêlées aux aliments et cuites avec eux ; les eaux en étaient emplies ; on ne pouvait poser le pied à terre. La décomposition de leurs cadavres donna une odeur tellement infecte, qu'il fallut déserter le pays.

Fromond prétend qu'aux portes de Tournai, en 1685, étant avec plusieurs de ses amis, une pluie subite tomba sur une poussière sèche, et fit paraître tout à coup une telle armée de grenouilles, que de tous côtés on ne voyait presque autre chose, toutes de même grandeur et de même couleur.

Porta dit avoir vu souvent, entre Naples et Pouzzoles, des grenouilles prendre naissance au milieu de la poussière sèche subitement détrempée par la pluie. Cette particularité, ajoute-t-il, est connue de beaucoup d'habitants de ces deux villes.

Il y a eu une pluie de crapauds à Cahors en 1818 et en 1847.

Ces apparitions subites de grenouilles et de crapauds sont dues la plupart du temps à ce que ces animaux sortent volontiers de leurs bas-fonds après les pluies d'orage, et peuvent facilement traverser des routes. Ce n'est qu'en des circonstances extrèmement rares que des trombes peuvent enlever des poissons ou des grenouilles.

Les pluies de sauterelles sont dues à des caravanes volantes de ces orthoptères, du criquet nomade surtout. Ces insectes deviennent le fléau de l'agriculture. Ils arrivent, soutenus par les vents, ils s'abattent, et changent en désert aride la contrée la plus fertile. Vues de loin, leurs bandes innombrables ont l'aspect de nuages orageux. Ces nuées sinistres cachent le soleil. Aussi haut et aussi loin que les yeux peuvent porter, le ciel est noir et le sol inondé de ces insectes. Le bruissement de ces millions d'ailes est comparable au bruit d'une cataracte. Quand l'horrible armée se laisse tomber à terre, les branches des arbres cassent. En quelques heures, et sur une étendue de plusieurs lieues, toute végétation a disparu. Les blés sont rongés jusqu'à la racine, les arbres dépouillés de leurs feuilles. Tout a été détruit, scié, haché, dévoré. Quand il ne reste plus rien, le terrible essaim s'en-

Fig. 279. — Pluie de hannetons.

lève, comme à un signal donné, et repart, laissant derrière lui le désespoir et la famine.

Il arrive souvent qu'après avoir tout ravagé ils périssent de faim avant l'époque de la ponte. Leurs innombrables cadavres, amoncelés et échauffés par le soleil, ne tardent pas à entrer en putréfaction. Par les exhalaisons infectes qui s'en dégagent, des maladies épidémiques se déclarent, qui déciment les populations.

En 1749, ces criquets arrêtèrent l'armée de Charles XII, roi de Suède, en retraite dans la Bessarabie, après sa défaite de Pultava. Le roi se croyait assailli par un orage de grêle lorsqu'une nuée de ces insectes s'abattit brusquement sur son armée. L'arrivée des criquets avait été annoncée par un sifflement pareil à celui qui précède une tempête, et le bruissement de leur vol couvrait la voix de la mer Noire. Toutes les campagnes furent bientôt désolées sur leur passage.

Dans le midi de la France les criquets se multiplient quelquefois si prodigieusement, qu'on peut remplir en peu de temps plusieurs barils de leurs œufs. Ils ont causé, à diverses époques, d'immenses dégâts.

Au mois de janvier 1613, les sauterelles firent invasion dans les campagnes d'Arles. En sept ou huit heures, les blés et les fourrages furent dévorés jusqu'à la racine, sur une étendue de 15000 arpents. Elles passèrent ensuite le Rhône, vinrent à Tarascon et à Beaucaire, où elles mangèrent les plantes potagères et la luzerne. Puis elles se transportèrent à Aramon, à Monfrin, Valabrègues, etc., où elles furent heureusement détruites en grande partie par les étourneaux et d'autres oiseaux insectivores, accourus par bandes immenses à cette curée formidable. Les consuls d'Arles et de Marseille firent ramasser les œufs. Arles dépensa pour cette chasse

FIG. 280. — Pluie de sauterelles.

25 000 livres, et Marseille 20 000. Trois mille quintaux d'œufs furent enterrés ou jetés dans le Rhône. En comptant 1 750 000 œufs par quintal, cela donnerait un total de 5 milliards 250 millions de sauterelles détruites en germe et qui, sans cela, auraient bientôt renouvelé les ravages dont le pays venait d'être victime.

En 1825, dans les territoires des Saintes-Maries, non loin d'Aigues-Mortes, au bord de la Méditerranée, 1518 sacs de blé furent remplis de sauterelles mortes, d'un poids de 68 861 kilogrammes ; 165 sacs, ou 6600 kilogrammes, furent ramassés à Arles.

L'Algérie est parfois dévastée par des invasions de sauterelles. Il y a là en grand des années à sauterelles, comme il y a chez nous des années à hannetons et à chenilles, etc. Ces fléaux sont heureusement assez rares. Les plus terribles ont eu lieu en 1845, 1866 et 1887. Du 25 au 31 mai 1887 on ramassa, dans le seul arrondissement de Sétif (Algérie), 10 282 doubles décalitres d'œufs de criquets : ce qui ne représente pas moins de 7 milliards 257 millions de sauterelles !

On a vu aussi de véritables pluies de hannetons descendre comme d'un nuage épais et couvrir les campagnes, les routes et les chemins.

Comme pour les sauterelles, ce sont aussi des essaimages d'une province à une autre. Des troupes de ces coléoptères, non pas soulevées par une trombe, mais ordinairement aidées par le vent, émigrent d'un pays lorsqu'elles ont tout dévasté et qu'elles ont fait table rase.

Pour donner une idée du nombre prodigieux auquel les hannetons arrivent dans certaines circonstances, nous rapporterons quelques dates historiques.

En 1574, ces insectes furent si abondants en Angleterre, qu'ils empêchèrent plusieurs moulins de tourner sur la Severn.

En 1688, dans le comté de Galway, en Irlande, ils formaient un nuage si épais, que le ciel en était obscurci l'espace d'une lieue et que les paysans avaient peine à se frayer un chemin dans les endroits où ils s'abattaient. Ils détruisirent toute la végétation, de sorte que le paysage revêtit l'aspect désolé de l'hiver. Leurs mâchoires voraces faisaient un bruit comparable à celui que produit le sciage d'une grosse pièce de bois, et le soir le bourdonnement de leurs ailes ressemblait à des roulements lointains de tambours. Les malheureux Irlandais furent réduits à faire cuire leurs envahisseurs et à les manger à défaut d'autre nourriture.

En 1804, d'immenses nuées de hannetons, précipitées par un vent violent dans le lac de Zurich, formèrent sur le rivage un banc épais de corps amoncelés, dont les exhalaisons putrides empestaient l'atmosphère.

En 1832, le 18 mai, à neuf heures du soir, une légion de hannetons assaillit une diligence, sur la route de Gournay à Gisors, à sa sortie du village de Talmontiers, avec une telle violence, que les chevaux, aveuglés et épouvantés, refusèrent d'avancer et que le conducteur fut obligé de rétrograder jusqu'au village, pour y attendre la fin de cette grêle d'un nouveau genre (Figuier, *les Insectes*).

Les pluies d'insectes, plus ou moins abondantes, ne sont pas très rares. Le 21 juillet 1887, une pluie de grosses fourmis volantes est venue s'abattre sur les rues et les places de Nancy ; le 30 juillet suivant, la population de Mazamet (Tarn) a été surprise par une pluie analogue.

Telle est la série des pluies de sang, de terre, de végétaux et d'animaux que l'histoire de la météorologie peut enregistrer. Nous nous arrêterons ici. De même que dans le chapitre précédent nous avons vu des écrivains parler de grêlons de la grosseur d'un éléphant, de même ici l'exagération a parfois décuplé et centuplé les effets authentiques. Rappelons-nous cependant ce que nous avons dit plus haut à propos des trombes, qui peuvent enlever et transporter plus ou moins loin des animaux assez lourds.

LIVRE SIXIÈME

L'ÉLECTRICITÉ

LES ORAGES ET LA FOUDRE

CHAPITRE PREMIER

L'ÉLECTRICITÉ SUR LA TERRE ET DANS L'ATMOSPHÈRE

ÉTAT ÉLECTRIQUE DU GLOBE TERRESTRE. — DÉCOUVERTE DE L'ÉLECTRICITÉ ATMO-
SPHÉRIQUE. — EXPÉRIENCES D'OTTO DE GUÉRICKE, WALL, NOLLET, FRANKLIN,
ROMAS, RICHMANN, SAUSSURE, ETC. — ÉLECTRICITÉ DU SOL, DES NUAGES, DE
L'AIR. — FORMATION DES ORAGES.

Dans les premiers Livres de cet ouvrage, nous avons appris à apprécier l'air considéré en lui-même, son œuvre dans la nature, son importance dans la vie terrestre. Nous avons ensuite étudié la distribution de
la chaleur sur le globe et dans l'Atmosphère, et reconnu l'action
permanente de cette force colossale qui meut sans cesse la grande
usine au fond de laquelle nous respirons. Plus tard, notre attention
s'est portée sur un élément non moins considérable, sur l'eau, examinée
dans sa répartition à la surface du globe et dans l'Atmosphère, unis-
sant toujours dans notre contemplation le globe solide et le fluide vital
qui l'entoure, puisque leur action réciproque s'enchaîne étroitement
et qu'en étudiant l'Atmosphère nous n'avons pas d'autre but ni d'autre
résultat, en définitive, que d'étudier la vie terrestre elle-même dans son
ensemble général. Nous arrivons maintenant à l'agent le plus merveilleux et le plus singulier qui existe, dont l'étude complétera et fermera
l'immense panorama que nous avons développé dans cet ouvrage. Voici
maintenant l'*électricité*, les orages et la foudre. Son étude n'est pas la
moins compliquée ; mais nous serons récompensés de notre attention
par les spectacles prodigieux qui se révéleront à nos regards. Examinons d'abord, suivant notre méthode générale, sa distribution sur la
Terre et dans l'Atmosphère.

Mais, en entrant dans son domaine, rendons-nous compte d'abord
de son histoire, assez curieuse.

Nous pourrions sans doute remonter jusqu'à **Numa Pompilius**, qui
paraît avoir, comme les Étrusques, connu l'affinité de la foudre pour

les pointes, sa conductibilité par le fer, et essayé lui-même de détourner la foudre comme nous le faisons aujourd'hui par les paratonnerres. Nous pourrions mettre en scène son successeur le roi Tullus Hostilius, foudroyé comme le fut le physicien Richmann au siècle dernier, pour avoir manqué à certains rites, c'est-à-dire à certaines précautions sans lesquelles il est dangereux de jouer avec la foudre. Nous pourrions enfin raconter comment les Romains avaient interprété les différentes espèces d'éclairs et de coups de tonnerre, en les divisant en foudres nationales, foudres individuelles, foudres de famille, foudres de conseil, foudres d'autorité, foudres monitoires, postulatoires, confirmatoires, auxiliaires, foudres désagréables, perfides, pestiférées, menaçantes, meurtrières, etc., etc. Mais cet ouvrage est déjà trop volu-nineux, et je crains, mon cher lecteur, qu'il n'abuse déjà fort de votre patience éprouvée ; nous voici à la page 698, ce qui m'épouvante moi-même, et ce qui me désespérerait, si je n'avais apprécié l'immensité du monde atmosphérique. Malgré tout, il faut pourtant s'arrêter, même au milieu des plus magnifiques paysages, même au milieu des promenades du soir; il faut s'arrêter, mais cependant voir le plus possible, comme nous avons essayé de le faire en embrassant le spectacle de la nature, depuis les resplendissantes œuvres du soleil d'été jusqu'aux clartés mortes du silencieux clair de lune. Nous nous reposerons bientôt, mais nous n'aurions pas apprécié l'œuvre de l'Atmosphère dans son étendue, si nous ne voyions un orage fondre sous nos yeux, éclater dans sa fureur au sein des nuages déchirés, précipiter la foudre dans ses convulsions étourdissantes, et disparaître épuisé par des décharges multipliées. De tous les phénomènes atmosphériques, nul ne met en jeu des forces à la fois plus subtiles et plus formidables, plus brusques d'une part, et semble-t-il, plus singulièrement méticuleuses, d'autre part. C'est à n'y rien comprendre : depuis Robert-Houdin jusqu'aux somnambules extralucides, aucun tour de prestidigitation, aucun phénomène hypnotique peut-être, n'est plus stupéfiant que les actes de la foudre.

Nous disions qu'il serait superflu de remonter aux anciens dans la relation qui va nous occuper. Nous ne pouvons omettre aussi facilement les modernes. Résumons en deux mots cette histoire.

Otto de Guéricke, bourgmestre de Magdebourg et célèbre inventeur de la machine pneumatique, fut le premier qui découvrit, vers 1650, quelque apparence de lumière électrique. Le docteur Wall, presque à la même époque, en excitant l'électricité sur un grand cylindre d'am-

Eug. Cicéri pinxt.   Krakow. sc. imp.

L'ORAGE

Hachette et Cⁱᵉ.

bre, observa une étincelle plus vive et un bruit beaucoup plus fort ; et, chose digne de remarque, cette première étincelle produite par la main des hommes fut à l'instant comparée aux éclats de la foudre. Cette lumière et ce craquement, dit Wall dans son Mémoire (*Trans. philos.*), paraissent en quelque façon représenter l'éclair et le tonnerre. L'ana-logie était frappante, il ne fallait que de l'imagination pour la saisir ; mais, pour en démontrer la vérité, pour trouver dans une manifes-tation si légère les causes et les lois du plus grand phénomène de la nature, il fallait une série de preuves que l'on ne pouvait attendre que d'un génie supérieur. Cependant plusieurs physiciens cherchaient ces preuves dans des rapprochements plus ou moins ingénieux : les uns remarquaient que l'étincelle est *crochue* comme l'éclair, d'autres pensaient que la foudre est entre les mains de la nature ce que l'élec-tricité est entre les nôtres. « J'avoue que cette idée me plairait beau-coup, disait l'abbé Nollet, si elle était bien soutenue ; et, pour la sou-tenir, combien de raisons spécieuses ! »

Pendant que l'on raisonnait ainsi en Europe et dans tout l'ancien monde savant sur cette grande question, l'on expérimentait en Amé-rique, chez un peuple nouveau dans les sciences, et ces expériences s'attaquaient directement à la foudre. Franklin trouvait le moyen de la faire descendre du ciel pour l'interroger elle-même sur son origine.

Eripuit cœlo fulmen sceptrumque tyrannis.

Après avoir fait plusieurs découvertes électriques, particulièrement sur la bouteille de Leyde et sur le pouvoir des pointes, Franklin eut la pensée hardie d'aller chercher l'électricité au sein des nuages ; il avait conclu de quelques expériences décisives qu'une tige de métal pointue, élevée à une grande hauteur, au sommet d'un édifice, devait recevoir l'électricité des nuées orageuses. Il attendait avec une grande anxiété la construction d'un clocher que l'on devait à cette époque élever à Philadelphie ; mais, lassé d'attendre et impatient d'exécuter une expé-rience qui devait lever tous les doutes, il eut recours à un autre moyen plus expéditif et non moins sûr pour les résultats. Comme il ne s'agis-sait que de porter un corps dans la région du tonnerre, c'est-à-dire à une assez grande hauteur dans les airs, Franklin imagina que le cerf-volant, dont s'amusent les enfants, pourrait lui servir aussi bien qu'au-cun clocher que ce pût être. Il prépara donc deux bâtons en croix, un mouchoir de soie, une corde d'une longueur convenable, et, profitant du premier orage, il s'en alla dans les champs tenter l'expérience.

Une seule personne l'accompagnait : c'était son fils. Craignant le ridicule dont on ne manque pas de couvrir les essais infructueux, comme il dit avec ingénuité, il n'avait voulu mettre personne dans sa confidence. Le cerf-volant était lancé. Un nuage qui promettait beaucoup n'avait produit aucun effet ; d'autres nuages s'avançaient, et l'on peut juger de l'inquiétude avec laquelle ils étaient attendus. Tout paraissait tranquille, on ne voyait aucune étincelle, aucun signe électrique ; à la fin cependant quelques filaments de la corde commencèrent à se soulever comme s'ils eussent été repoussés ; un petit bruissement se fit entendre : encouragé par ces apparences électriques, Franklin présente le doigt à l'extrémité de la corde et voit paraître à l'instant une vive étincelle, qui fut bientôt suivie de plusieurs autres. Ainsi, pour la première fois, le génie de l'homme put se jouer avec la foudre et surprendre le secret de son existence.

L'expérience de Franklin eut lieu en juin 1752, elle fut répétée dans tous les pays savants, et partout avec le même succès. Un magistrat français, de Romas, assesseur au présidial de Nérac, profitant de la première pensée de Franklin, qui avait été publiée en France, avait imaginé aussi de substituer le cerf-volant aux barres élevées ; et, dès le mois de juin 1753, avant d'avoir connaissance des résultats de Franklin, il avait obtenu des signes électriques très énergiques, parce qu'il avait eu l'heureuse idée de mettre un fil de métal dans toute la longueur de la corde, qui mesurait 260 mètres. Plus tard, en 1757, de Romas répéta de nouveau ces expériences pendant un orage, et cette fois il obtint des étincelles d'une grandeur surprenante. « Imaginez-vous de voir, dit-il, des lames de feu de neuf ou dix pieds de longueur et d'un pouce de grosseur, qui faisaient autant ou plus de bruit que des coups de pistolet. En moins d'une heure, j'eus certainement trente lames de cette dimension, sans compter mille autres de sept pieds et au-dessous. » Un grand nombre de personnes, des dames auxquelles l'orage ne faisait pas peur, assistaient aux expériences, dont la nature faisait elle-même les frais.

Ces essais n'étaient pas sans danger, comme on le devine facilement. Romas fut une fois renversé par une décharge trop forte, mais sans recevoir de blessure grave. Il n'en fut pas de même de Richmann, membre de l'Académie des sciences de Saint-Pétersbourg, qui perdit la vie dans une de ses expériences. Il avait fait descendre du toit de sa maison dans son cabinet de physique une tige de fer isolée qui lui amenait l'électricité atmosphérique, dont il mesurait chaque jour l'intensité. Le 6 août 1753, au milieu d'un violent orage, il se tenait à distance de la barre pour éviter les fortes étincelles et attendait le moment de la mesurer, quand, son graveur étant entré inopinément, Richmann fit vers lui quelques pas qui l'approchèrent trop du con-ducteur. Un globe de feu bleuâtre, gros comme le poing, vint le frapper au front et l'étendit raide mort.

Depuis cent ans, l'étude de l'électricité a été doublement poursuivie par des expériences faites dans les laboratoires de physique, d'une part, et dans l'Atmosphère, d'autre part. On sait à quels splendides résultats, à quelles merveilleuses conséquences les premières sont parvenues : la galvanoplastie, qui reproduit fidèlement les chefs-d'œuvre

Fig. 281. — Le physicien Richmann foudroyé pendant une expérience.

de la statuaire et de la gravure; la télégraphie électrique, qui nous fait causer à voix basse avec nos voisins d'Amérique et porte la pensée humaine et les palpitations de la vie des peuples à travers le monde civilisé tout entier; le téléphone, qui transporte la voix transmise avec la vitesse de l'éclair, en sont bien les applications les plus extraordinaires. Les expériences sur l'électricité atmosphérique, consacrées à des phénomènes plus complexes et plus puissants, ont conduit à acquérir une notion exacte des états de cette électricité et de ses manifestations diverses. Le globe terrestre et l'Atmosphère sont deux grands réservoirs d'électricité, entre lesquels il y a des échanges perpétuels qui jouent dans la vie des plantes et des animaux un rôle complémentaire de l'œuvre de la chaleur et de l'humidité.

Le résultat général des recherches sur l'état de l'électricité à la surface du globe et dans l'Atmosphère est que dans l'état normal le globe terrestre est chargé d'électricité *négative*, tandis que l'Atmosphère est occupée par l'électricité *positive*. A la surface du sol, où s'opèrent des échanges continuels, l'électricité est à l'état neutre, ainsi que dans la couche d'air inférieure en contact avec la surface, sur les continents comme sur les mers. *L'électricité positive augmente dans l'Atmosphère avec la hauteur.*

L'évaporation considérable que nous avons vue s'effectuer à la surface des mers, dans les régions équatoriales, charge d'électricité positive les nuages, qui, transportés par les courants supérieurs, marchent vers les régions polaires et chargent leur Atmosphère d'une accumulation de cette électricité. L'influence de cette électricité positive détermine dans le sol des régions polaires une condensation contraire d'électricité négative. Les aurores boréales sont dues surtout à ces deux tensions opposées : c'est une reconstitution d'équilibre (silencieuse, mais visible) par les deux tensions contraires de l'Atmosphère et du sol ; aussi l'apparition des aurores boréales est-elle accompagnée de courants électriques circulant dans le sol à une distance assez grande pour que les mouvements de l'aiguille aimantée indiquent à l'Observatoire de Paris, par exemple, une aurore qui se produit en Suède ou en Norvège.

De l'électrisation positive de l'Atmosphère résulte un état analogue pour les nuages. Cependant on voit parfois des nuages négatifs. Il n'est pas rare de remarquer aux sommets des montagnes des nuages qui y adhèrent comme s'ils y étaient attirés, s'y arrêtent, puis s'en détachent pour suivre le mouvement général des vents. Il arrive souvent que dans ce cas les nuages ont perdu leur électricité positive en se mettant en contact avec les montagnes et ont pris en revanche l'électricité négative de celles-ci, qui, loin de continuer à les retenir, a une tendance à les repousser. D'autre part, une couche de nuages située entre le sol, négatif, et une couche supérieure, positive, est presque neutre; son électricité positive s'accumule vers sa surface inférieure, et les premières gouttes de pluie la feront disparaître. Cette couche se comportera dès lors comme la surface du sol, c'est-à-dire qu'elle deviendra négative sous l'influence de la couche supérieure, douée d'une forte tension positive. Mais, en général, les nuages sont chargés d'électricité positive.

L'électricité atmosphérique subit, comme la chaleur, comme la pression atmosphérique, une double oscillation annuelle et diurne, et des oscillations accidentelles plus considérables que les régulières. Le maximum arrive de six à sept heures du matin en été et de dix heures à midi en hiver; le minimum arrive entre cinq et six heures du soir en été, et vers trois heures en hiver. On remarque ensuite un second maximum au coucher du soleil, puis une diminution pendant la nuit jusqu'au lever du soleil. Cette oscillation est liée à celle de l'état hygrométrique de l'air. Dans la variation annuelle, le maximum arrive en janvier, et le minimum en juillet : elle est due à la grande circulation atmosphérique; l'hiver est l'époque où les courants équatoriaux ont le plus d'activité dans notre hémisphère : alors les aurores boréales sont le plus nombreuses.

Comme les états positifs ou négatifs de l'électricité, accusés aux appareils construits pour mesurer l'intensité de cet agent, ne sont qu'un rapport en plus ou en moins entre deux charges différentes, il en résulte que, lorsqu'un nuage électrisé positivement passe au-dessus de nos têtes et se résout en pluie, l'air peut accuser de l'électricité négative avant et après la pluie, et même pendant, selon l'intensité de la charge du nuage. On peut se représenter cet état de choses avec Quételet par le raisonnement suivant :

ABCDE (fig. 282) est le sol que nous supposons à l'état neutre. La couche d'air A'B'C'D'E', parallèle au sol, est électrisée positivement, en l'absence de nuages, et également dans toutes ses parties. La couche A''B''C''D''E'', plus élevée, est aussi électrisée positivement et avec plus d'intensité. Survient un nuage, B'C'D', électrisé positivement, mais plus que l'air ambiant : il en résulte que, relativement à lui, l'air qui l'avoisine montrera une électricité négative.

Pour un observateur situé en A', l'électromètre, placé au-dessus du sol, marquera de l'électricité positive. A mesure que le nuage approchera, ces indications diminuant, elles deviendront bientôt nulles, et même négatives au commencement du passage du nuage. Mais la pluie ramènera de l'électricité positive. Une variation correspondante se manifestera quand la pluie cessera et que le nuage s'éloignera : en D les indications seront négatives; en E elles redeviendront positives.

Nous avons vu, dans notre livre IV, que les conflits des grands courants de l'Atmosphère dans les régions tropicales, que l'évaporation des océans causée par la chaleur solaire en ces foyers de condensation, que la variation de la pression atmosphérique, etc., engendrent les mouvements cycloniques, les ouragans, les tempêtes, dont la marche tourbillonnante arrive jusqu'en nos latitudes tempérées. Ces mouvements énergiques développent l'électricité en d'immenses proportions, et il est rare que l'orage, les éclairs et le tonnerre n'accompagnent pas ces météores. La formation des nuages sur l'océan et les continents, les brouillards de nos contrées, la marche des nuées sur nos vallées et nos montagnes, dégagent également des quantités variables d'électricité. Il y a orage lorsque cette électricité des nuages, au lieu de s'échanger et de s'écouler tranquillement, s'amoncelle en certains points, se condense, sature en quelque sorte les nuées, et finit par éclater brusquement pour se réunir à l'électricité négative amoncelée en même temps soit sur le sol, soit dans d'autres nuages.

Certains orages proviennent des cyclones et nous arrivent tout formés de l'Atlantique ; les nuages qui les portent sont généralement à une hauteur supérieure à 1000 et 1500 mètres, marchant du sud-ouest au nord-est, sans paraître dérangés par le relief du sol. D'autres se forment dans nos contrées mêmes, sont portés par des nuages dont la hauteur est inférieure à la précédente et parfois même rasent presque le sol, si bien qu'ils subissent son influence, ne passent qu'avec peine par-dessus les montagnes, et suivent les vallées, auxquelles ils distribuent sans parcimonie les coups de foudre et les averses de grêle. On a remarqué des orages stationnaires qui se forment et s'épuisent sur place : tel celui du 17 juillet 1885 dans les Alpes, si bien étudié par M. Colladon.

La formation des orages est précédée d'une baisse lente et continue du baromètre. Le calme de l'air et une chaleur étouffante, qui tient au manque d'évaporation de la surface de notre corps, sont des circonstances tout à fait caractéristiques. Les variations de l'état électrique du sol et de l'Atmosphère, jointes aux précédentes, agissent puissamment sur notre organisation. Une anxiété singulière, indépendante de toute crainte motivée, s'empare de certaines constitutions nerveuses, qui font de vains efforts pour s'en défendre. C'est surtout dans ces circonstances que l'on reconnaît combien le physique et le moral de l'homme sont intimement associés.

Une température élevée au moment d'une dépression barométrique est la circonstance la plus favorable pour la formation d'un orage ; une

température élevée sans dépression, une forte dépression avec basse
température, ne sont pas accompagnées d'orages. La température
moyenne des jours d'orage dépasse notablement la valeur normale
pour ces mêmes jours, et les orages sont d'autant plus violents que
les différences sont plus grandes.

Les recherches de la thermodynamique ont établi d'une manière
incontestable que la chaleur n'est qu'un mode de mouvement : c'est

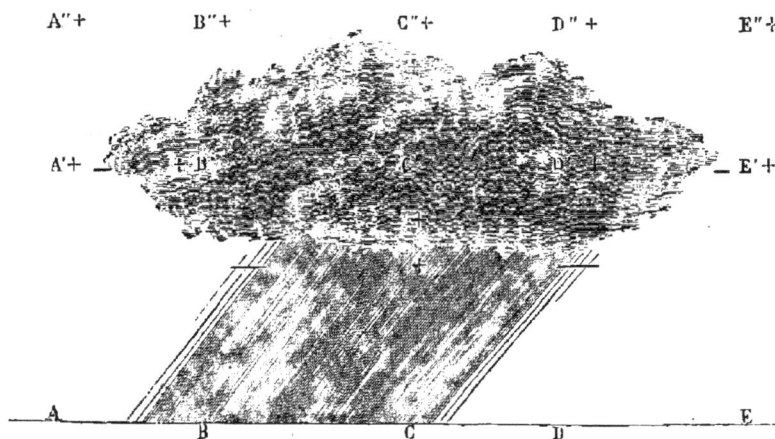

FIG. 282. — Variation de l'électricité atmosphérique sous l'influence des nuages et de la pluie.

un mouvement moléculaire des particules des corps. On peut l'engendrer par le frottement. Le mouvement peut se transformer en chaleur,
et réciproquement. La chaleur, à son tour, peut se transformer en
lumière. Il en est sans doute de même de l'électricité. Le mouvement
peut engendrer de l'électricité, comme il engendre de la chaleur, et
c'est ce qu'on produit dans certaines machines électriques. La chaleur peut probablement se transformer en électricité; les conditions
habituelles des orages sont au moins un indice de cette transformation.

Nous pouvons penser que l'électricité terrestre et atmosphérique
vient du Soleil, comme la chaleur et tous les mouvements qui
existent à la surface de notre planète. Comment se transmet-elle du
Soleil à la Terre? Sans doute par des ondes éthérées, de même que la
lumière et la chaleur. M. Becquerel a proposé d'admettre que c'était
par les protubérances solaires, qui seraient projetées jusqu'ici; mais
cette hypothèse est inutile

CHAPITRE II

LES ÉCLAIRS ET LE TONNERRE

Lorsque l'électricité se dégage d'un nuage surabondamment chargé et se précipite soit sur un autre nuage, soit sur un point du sol chargé d'électricité contraire, il y a production de lumière électrique, étincelle rapide que nous faisons apparaître en petit dans nos expériences de physique. Cette étincelle franchit instantanément la distance quelconque qui sépare les deux points électrisés. C'est cette étincelle électrique qui constitue l'*éclair*; c'est par elle que la foudre se manifeste pendant les orages.

En général, les éclairs ne nous apparaissent le plus fréquemment que sous la forme d'une lueur subite diffuse illuminant les nuages, le ciel et la terre, qui retombent immédiatement dans une ombre plus épaisse qu'auparavant, à cause du contraste. Soit que dans ce cas l'échange de l'électricité entre les nuages opère à la fois sur une grande surface qui s'illumine et s'éteint instantanément, soit qu'il y ait une étincelle comme dans les éclairs en ligne et qu'elle soit cachée par les nuages, on ne voit toujours dans ce cas, qui est le plus fréquent, qu'une clarté subite diffuse, sur laquelle se détachent un instant les contours plus ou moins accentués des nuages.

Ces éclairs diffus sont les plus communs; on en voit des centaines dans une nuit d'orage, pour un seul éclair linéaire. Celui-ci, cependant, est l'éclair caractéristique par excellence.

Ce n'est qu'une forte étincelle électrique qui s'élance du nuage surchargé sur la terre, ou d'un nuage à un autre, ou même qui monte de la terre aux nuages; la rapidité de son trajet produit l'effet d'une ligne mince et lumineuse. Il est rare que ce trajet s'effectue en ligne droite, malgré l'axiome du plus court chemin : soit à cause de la distribution variable de l'humidité dans l'air, qui le rend plus ou moins bon conducteur, soit à cause de la variabilité de la surcharge électrique des différents points du sol et des nuages, l'éclair se montre presque toujours en zigzag. Le subtil fluide nous prouve, par ses faits et gestes à travers nos habitations, qu'il saute subitement d'un point à un autre, puis à un autre encore, comme par caprice, mais évidemment en obéissant aux lois de la distribution et de la conductibilité de l'électricité. Le plus souvent les éclairs linéaires sont à zigzags à angles obtus, ou bien ils serpentent, sinueux et ondulés. Parfois ils se bifur-

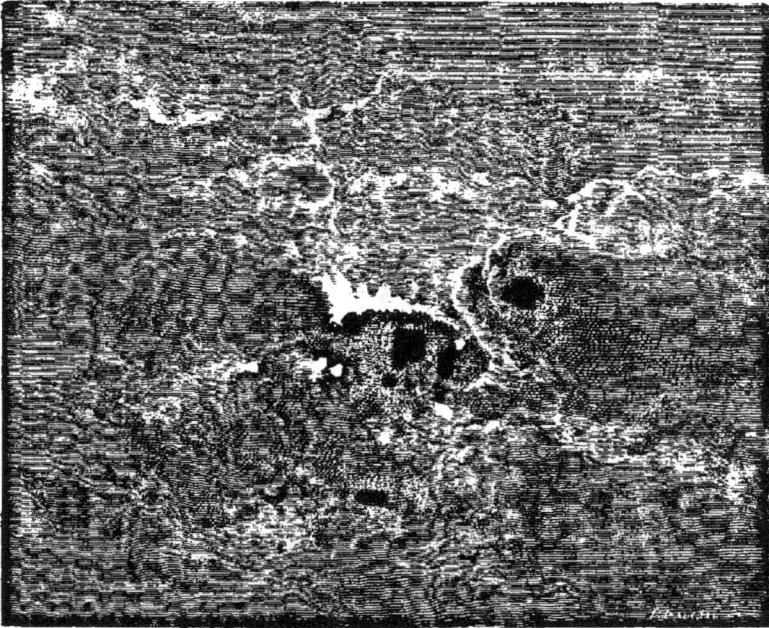

Fig. 283. — Éclair diffus.

quent en deux ou plusieurs branches et forment des éclairs fourchus. Parfois, mais plus rarement, ils se bifurquent en trois, quatre et cinq branches, ou bien les branches issues de l'éclair primitif se ramifient en plusieurs petites branches latérales.

Les éclairs ne sont pas toujours d'un blanc éblouissant, mais offrent parfois une teinte jaune, rouge, bleue, même violette et pourpre; cette couleur dépend de la quantité d'électricité qui traverse l'air, de la densité de celui-ci, de son humidité et des substances qu'il tient en suspension. Les éclairs violets annoncent en général une grande hauteur pour les nuages orageux, d'où ils descendent à travers un air raréfié qui rappelle celui des tubes de Geissler.

Grâce aux progrès de la photographie, on fixe aujourd'hui sur les plaques au gélatino-bromure l'éclair fugitif lui-même, qui s'imprime dans tous ses détails et que l'on peut ensuite examiner à loisir. La *Revue mensuelle d'astronomie populaire et de météorologie* en a publié plusieurs dans le cours de l'année 1886, notamment celui que nous reproduisons ici (fig. 285) pris par M. Schleusner pendant l'orage du 26 mai 1886, et qui est remarquable par ses bifurcations. La figure est sans retouche humaine. Dans une autre photographie d'éclairs,

FIG. 284. — Éclair en zigzag.

due à M. Moussette, l'éclair paraît s'être élancé en spirale déroulée dans l'espace comme un ruban. Que de mystères se cachent encore dans un seul jet d'éclair!

On se fait rarement une idée de la longueur des éclairs. Tandis que nous avons tant de peine dans nos cabinets de physique à produire une étincelle électrique de quelques centimètres, la nature en fait éclater qui ne mesurent pas moins de 1 kilomètre, 5, 10, 15 kilomètres de longueur. F. Petit a mesuré à Toulouse des éclairs de 17 kilomètres; d'un très grand nombre de déterminations prises, c'est la plus forte que je connaisse. Arago a trouvé, pour une série d'éclairs étudiés par lui, une longueur de 12 à 16 kilomètres.

Quelle est la hauteur des nuages orageux? D'après toutes les observations faites, il est évident qu'il y a des orages à toutes les hauteurs.

De l'Isle en a mesuré un le 6 juin 1712 qui planait à 8000 mètres
au-dessus de Paris; Chappe, le 13 juillet 1761, en a observé un à
3470 mètres au-dessus de Tobolsk; Kaemtz, le 15 juin 1834, en a
constaté un à 3100 mètres au-dessus de Halle. Ces observations,
répétées de nos jours, ont donné une série décroissante de hauteurs,
qui arrive presque jusqu'au sol. Haidinger a mesuré l'élévation de
nuages orageux qui n'étaient qu'à 70 mètres au-dessus de Gratz, le

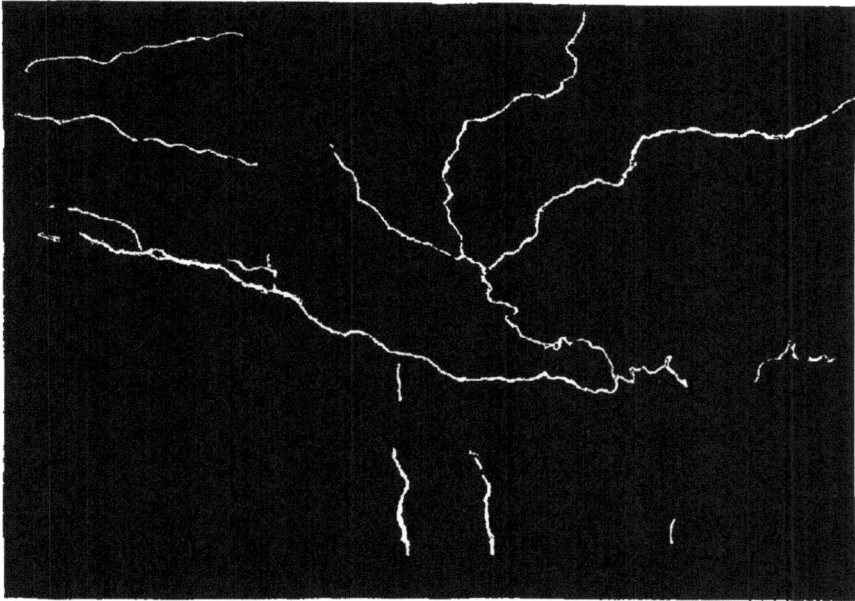

FIG. 285. — Éclair photographié le 26 mai 1886.

15 juin 1826, et même un jour à 28 mètres seulement au-dessus
d'Admont, le 26 avril 1827. Voilà pour les pays de plaine. Quant aux
pays de montagnes, Saussure en a observé au-dessus du Mont-Blanc,
Bouguer et la Condamine sur le Pichincha à 4868 mètres, Ramond
sur le mont Perdu à 3410 mètres et sur le pic du Midi à 2935 mètres,
enfin également à toutes les hauteurs. Sur l'océan, on les a trouvés
généralement situés entre 900 et 1400 mètres. C'est dans les montagnes, surtout dans les gorges des Alpes et des Pyrénées, que les
éclairs lancent leurs flèches les plus terribles et que le tonnerre jette
ses clameurs les plus épouvantables. Il semble que les roulements se
précipitent en cascades à travers les abimes terrifiés.

Que l'éclair se produise horizontalement entre deux groupes de nuages, ou obliquement soit entre des nuages de différentes couches, soit entre les nuages et la terre, il mesure ordinairement une longueur de plusieurs kilomètres. C'est cette longueur qui est la première cause du roulement du *tonnerre*.

Le tonnerre n'est autre chose, en effet, que le bruit de l'étincelle électrique opérant un échange d'électricité, une neutralisation, entre deux points plus ou moins éloignés.

Le bruit du tonnerre peut être dû à plusieurs causes différentes. L'étincelle elle-même, en traversant instantanément l'air atmosphérique, refoule les molécules sur son passage et produit un vide momentané dans lequel se précipite aussitôt l'air environnant, et ainsi de suite jusqu'à une certaine distance. Pouillet a combattu cette explication assez naturelle en objectant que, si telle était la cause du tonnerre, le passage d'un boulet de canon devrait produire un bruit analogue. L'objection pèche par la base, car le boulet de canon n'est qu'une tortue à côté de la flèche de la foudre. En second lieu, le bruit du tonnerre peut être dû à ce que les nuages se dilatent sous l'influence de la tension électrique, qui les gonfle en quelque sorte, les allonge et les tend avec assez de force en certains points pour que, si une étincelle vient à décharger le nuage, l'air extérieur, n'étant plus contre-balancé, se précipite de toutes parts vers les nuages. On peut voir là la cause du bruit du tonnerre et de l'averse qui le suit. Les états électriques des divers nuages qui composent un orage étant solidaires les uns des autres, la décharge de l'un doit amener celle de plusieurs autres plus ou moins éloignés. Dans un cas comme dans l'autre toutefois, le bruit est toujours causé par l'expansion de l'air là où le vide plus ou moins partiel vient d'être fait, ainsi qu'il arrive pour les armes à feu, pour le crève-vessie, etc. Lorsqu'on se trouve au point où la foudre aboutit, — où le tonnerre tombe, selon l'expression commune, — ce bruit n'est jamais bien long, et ressemble, à s'y méprendre, suivant l'intensité, à celui d'un coup de canon, de fusil, de pistolet. Mais l'un des caractères particuliers du tonnerre est constitué par le *roulement*, comme son nom l'imite dans toutes les langues : *tonnerre, tonitruum, bronté, thunder, donner,* etc.

On se demande quelquefois à quoi est dû le roulement, souvent fort long. Plusieurs causes sont ici en présence. La première est due à la longueur de l'éclair et à la différence de vitesse du son et de la lumière. Supposons, par exemple, un éclair horizontal AE, de 11 000 mètres de long (chaque kilomètre est représenté ici par un centimètre). L'observateur situé en O, au-dessous de l'extrémité E de l'éclair, qui se dessine à 1 kilomètre de hauteur, verra cet éclair dans toute sa longueur en un instant indivisible ; le son se formera aussi à l'instant même sur toute la ligne de l'éclair. Mais les ondes sonores n'arriveront à l'oreille de l'observateur qu'en des temps différents. Celle qui part du point E, le plus rapproché, arrivera en trois secondes, le son parcourant environ 337 mètres par seconde. Celle qui s'est formée au même moment au point D, à 2000 mètres du point O, met le double de temps à arriver. Celle qui vient du point C, à 4000 mètres, n'arrivera qu'après douze secondes.... Le son formé en B n'arrive qu'après le temps néces-

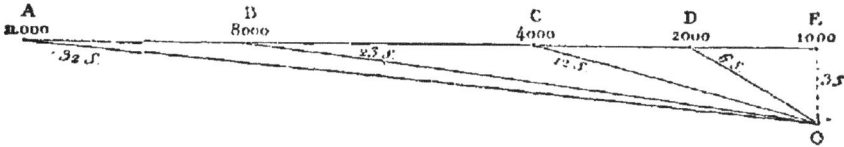

FIG. 286. — Durée du bruit du tonnerre.

saire pour franchir 8 kilomètres, c'est-à-dire après vingt-trois secondes : aussi le roulement aura duré plus d'une demi-minute, en allant en s'éteignant.

Si, ce qui est fréquent, l'observateur ne se trouve pas justement placé vers l'une des extrémités de l'éclair, mais en un point quelconque de son trajet, il entend d'abord le coup, puis une augmentation du bruit, ensuite une diminution. En effet, dans ce cas, le son parti d'un point D situé au-dessus de sa tête, et à 1000 mètres

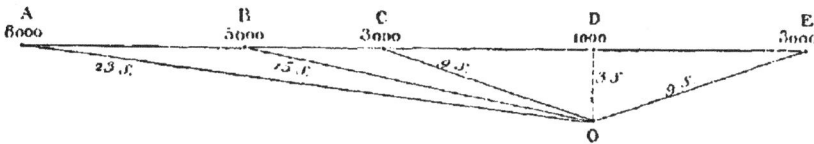

FIG. 287. — Commencement, renforcement et diminution de l'intensité du tonnerre.

de hauteur, arrive seul en trois secondes ; mais les sons formés de D en E d'une part, et de C en D d'autre part, arrivent en même temps en s'ajoutant l'un à l'autre pendant neuf secondes, temps nécessaire pour venir de 1000 à 3000 mètres. A partir de C, les sons arrivent en s'éteignant par la distance, comme dans l'exemple précédent, et le tonnerre a duré vingt-trois secondes au lieu de trente-deux.

A cette cause de roulements prolongés s'ajoute le nombre des décharges qui s'opèrent souvent très vite entre les nuages orageux, — les zigzags et les ramifications des éclairs causés par la diversité hygrométrique des différentes couches d'air, — les échos répétés par les montagnes, le sol, les eaux et les nuages eux-mêmes, — à quoi il faut encore ajouter les interférences produites par la rencontre des divers systèmes d'ondes sonores.

La durée du roulement du tonnerre est très variable, comme chacun a pu le remarquer. La plus longue durée constatée pour un seul éclair est de quarante-cinq secondes.

L'intensité du tonnerre offre d'étonnantes variations. En certains cas, les notices dont nous parlerons plus loin la comparent au bruit de *cent pièces de canon qui partiraient à la fois.* En d'autres cas, on n'entend qu'un coup de pistolet, puis un roulement plus ou moins sombre. Parfois des éclats rappellent le déchirement criard d'une pièce de soie, d'autres fois la course d'un chariot chargé de barres de fer et dégringolant sur le pavé d'une rue en pente.

Le plus long intervalle qu'on ait constaté entre l'éclair et le tonnerre est de soixante-douze secondes. Ce nombre considérable donne 24 kilomètres pour la distance du nuage. Par des constatations directes, on a reconnu qu'un orage ne s'entend *jamais* au delà de six lieues, et rarement au delà de trois ou quatre. Les éclairs se voient, mais ne portent pas si loin. Le fait est d'autant plus curieux qu'on entend le *tonnerre des hommes* bien au delà de ces distances. Le canon s'entend fort bien à dix lieues. Les canonnades des sièges ou des grandes batailles se laissent percevoir jusqu'à trente lieues et davantage. Pendant le siège de Paris, les canons Krupp — dans lesquels les hommes d'État de cette planète saluent l'engin de civilisation le plus expéditif — se faisaient entendre pendant les nuits du bombardement jusqu'à Dieppe, à trente-cinq lieues de Paris. La canonnade du 30 mars 1814, qui couronna le premier empire comme celle-là a couronné le second, fut entendue dans la commune de Casson, située entre Lisieux et Caen, à quarante-quatre lieues de Paris. Arago rapporte même qu'on entendit le canon de Waterloo jusqu'à Creil, qui en est distant de cinquante lieues. Ainsi la foudre fabriquée par la main humaine se fait entendre beaucoup plus loin que la foudre de la nature. Il est vrai qu'elle est incomparablement plus méchante et qu'elle fait infiniment plus de victimes.

À cet ensemble de documents sur la manière d'être générale du tonnerre et des éclairs, nous pouvons ajouter que, malgré l'extrême rapidité ou, pour mieux dire, l'instantanéité de l'éclair, on est parvenu cependant à en mesurer la durée et à constater que certains éclairs ne durent pas même *un millième de seconde!* Pour cela, on prend un cercle de carton partagé du centre à la circonférence en secteurs blancs et noirs. Ce cercle peut tourner comme une roue, avec une vitesse aussi grande qu'on le veut. On sait que les impressions lumineuses restent un dixième de seconde sur la rétine; ainsi, si l'on imite ce jeu d'enfant qui consiste à faire tourner un charbon allumé, si le tour est fait en un dixième de seconde, chaque position succes-

sive du charbon restant ce même temps imprimée sur la rétine, on
voit un cercle continu. En faisant tourner notre cercle de rais blancs

FIG. 288. — Un orage dans les Alpes.

et noirs, nous ne distinguons plus les secteurs et ne voyons qu'un cercle
gris, si chaque rayon passe devant notre œil en moins d'un dixième
de seconde. Or on peut imprimer à l'appareil une rotation de cent

tours par seconde et davantage. Cela posé, si notre cercle est éclairé d'une manière continue, nous n'en distinguerons pas les lignes, puisqu'elles se succèdent dans notre œil plus vite que l'impression produite par elles. Mais, si le cercle tourne devant nous dans l'obscurité, et qu'une lumière instantanée vienne à l'éclairer soudain, puis à disparaître aussi vite, l'impression produite dans notre œil par chacun des secteurs durera moins d'un dixième de seconde, sera presque instantanée, et le cercle nous apparaîtra *comme s'il était immobile*. En imprimant à l'appareil une rotation calculée, Ch. Wheatstone a constaté que certains éclairs ne durent pas un millième de seconde !

FIG. 289.
Mesure de la
durée de l'éclair.

MM. Colladon et Dufour, de Lausanne, ont constaté l'existence d'éclairs moins rapides, pendant la durée desquels on apercevait le déplacement d'un disque tournant, le mouvement des branches agitées par le vent ou celui d'un train en marche. Il est certain aussi que l'on se rend parfois bien compte de la direction de l'éclair et que l'on distingue le point de départ du point d'arrivée. Dans ce cas, la durée de l'éclair n'est pas inférieure à un dixième de seconde.

La lumière, franchissant 300 kilomètres en une seconde, ne met qu'un instant absolument inappréciable pour venir du lieu où se produit un éclair. Nous voyons donc l'éclair *au moment même* où il se produit. Mais le son ne se propage que lentement, à raison de 337 mètres par seconde, comme nous l'avons vu. Il en résulte que le bruit de la foudre, qui s'opère en même temps que l'éclair, ne sera entendu de nous que dix secondes après, si nous sommes, par exemple, éloignés de 3370 mètres de l'orage. Chacun peut calculer ainsi facilement la distance qui le sépare de l'orage par l'intervalle de temps qui existe entre l'éclair et le tonnerre.

L'éclair s'étendant sur une longueur de plusieurs kilomètres, le lieu frappé par la foudre peut être très éloigné, quoiqu'on entende le coup immédiatement après l'éclair, parce que c'est le son parti de l'extrémité la plus voisine de l'éclair qu'on entend d'abord. Ainsi, dans un orage, le 27 juin 1866, M. Hirn a entendu le coup succéder immédiatement à l'éclair, bien que ce même éclair eût foudroyé deux voyageurs sous un arbre à 5 kilomètres de distance.

CHAPITRE III

LES FAITS ET GESTES DE LA FOUDRE

Nous entrons ici dans un monde merveilleux, plus féerique que celui des *Mille et une Nuits*, plus profond que l'antre de Cerbère, plus compliqué que le labyrinthe de Crète,... monde immense et fantastique, que nous ne pourrions décrire et dépeindre qu'en un volume aussi gros et aussi condensé que celui-ci. Jusqu'ici nous avons eu d'énormes difficultés pour ne choisir que les faits les plus capitaux de l'observation météorologique et éliminer, bien malgré nous, une multitude de constatations et remarques curieuses, qui auraient développé nos chapitres sur une étendue démesurée. Désormais les difficultés redoublent encore ; car, sur les *milliers* de faits merveilleux produits par la foudre, lesquels devons-nous recevoir avec hospitalité ? lesquels devons-nous renvoyer impitoyablement ? quelle classification, quelle méthode employer pour faire la part de toutes ces diversités et rendre, sans trop de longueur, une idée exacte et suffisante des tours de force inimaginables que le subtil fluide électrique est capable d'effectuer en se jouant et avec la rapidité de l'éclair ?...

Nulle pièce de théâtre, comédie ou drame, nulle scène de prestidigitation, n'est capable de rivaliser avec ces jeux inconcevables. Il semble que la foudre soit un être subtil, qui tienne le milieu entre la force inconsciente qui vit dans les plantes, et la force consciente qui vit dans les animaux : c'est comme un esprit élémentaire, fin, bizarre, malin ou stupide, clairvoyant ou aveugle, volontaire ou indifférent, passant d'un extrême à l'autre, et d'un caractère unique et effrayant. Il n'y a pas d'explication à avoir avec lui. Être mystérieux, il ne se livre point. Il *agit*; voilà tout. Sans doute ses actions, comme les nôtres, tout en paraissant personnelles et capricieuses, sont soumises à des lois supérieures invisibles. Mais jusqu'à présent il n'est pas encore possible de les rattacher à une cause directrice. Ici il tue net et broie un homme

sans que ses vêtements, respectés, aient reçu le plus léger déran-
gement, la moindre trace de brûlure. Là il déshabille entièrement
une personne enveloppée soudain de l'éblouissant éclair et la laisse
absolument nue, sans qu'elle ait le moindre mal, la plus insignifiante
égratignure. Plus loin il vole les pièces de monnaie sans toucher au
porte-monnaie ni à la poche du possesseur; ailleurs il enlève la dorure
d'un lustre pour la porter sur les plâtres qui ornementent un salon;
ici il déchausse un voyageur et envoie ses bottes à dix mètres de distance, tandis qu'au village voisin il percera une pile d'assiettes par le
centre et alternativement de deux en deux seulement.... Quel ordre
établir dans toute cette variété?

Pour former un tableau aussi complet que possible de toutes ces
curiosités de la foudre, nous choisirons un nombre déterminé des faits
les plus importants, et nous les classerons par analogie en les partageant suivant leurs formes et leurs caractères distinctifs et en réunissant ceux qui offrent entre eux de grands points de ressemblance.

La galerie de tableaux électriques que nous ouvrons ici doit avoir
pour mérite unique l'exactitude. Nous serons donc sobres de commen-
taires et laisserons les faits se présenter eux-mêmes tels qu'ils ont eu
lieu. Le lecteur aura lui-même d'amples sujets de réflexion après la
lecture de chacune de ces relations. On me pardonnera, j'espère, de
les faire imprimer en plus petits caractères, car, malgré mon extrême
désir d'abréger, les faits sont si nombreux et si variés que, pour être
complet, j'ai dû en choisir un nombre considérable. Le lecteur n'y
perdra rien. Le sujet lui demande seulement ici un surcroît d'attention.

L'un des actes les plus formidables de la foudre est certainement celui de tuer
raide un individu en le laissant dans sa position comme s'il était vivant et en le
brûlant en même temps d'une manière si absolue, qu'il est entièrement consumé.
C'est ce que l'on constate, par exemple, dans le cas suivant :

A Vic-sur-Aisne (Aisne), en 1838, au milieu d'un violent orage, trois soldats
s'étaient mis à l'abri sous un tilleul. La foudre éclate et les frappe de mort
instantanée tous les trois et du même coup. Cependant tous trois *restent
debout*, dans leur situation primitive, comme s'ils n'avaient pas été atteints par le
fluide électrique : leurs vêtements sont intacts! Après l'orage, des passants les
remarquent, leur parlent sans obtenir de réponse, s'approchent, les touchent, et
ils tombent en un monceau de cendres, pulvérisés. (A. Poey.)

Ce fait n'est pas unique, il y en a un nombre respectable d'analogues, et déjà
les anciens avaient remarqué que des foudroyés tombaient en poussière. Il n'en
est pas moins extraordinaire. Voici maintenant un autre mode d'action tout
opposé :

Le 29 juin 1869, à Pradettes (Ariège), le maire a la malheureuse idée de s'abriter sous un peuplier très élevé. La foudre éclate quelques moments après, fend l'arbre et foudroie l'individu. Par une de ses fantaisies bizarres et inexplicables, elle le déshabille entièrement et jette autour de lui ses divers vêtements réduits en lambeaux, à l'exception d'un soulier seulement.

Le 11 mai 1869, un cultivateur des Ardillats était à labourer avec ses deux bœufs, à peu de distance de son habitation, vers quatre heures du soir ; le temps était lourd et le ciel couvert de nuages noirs. Tout à coup la foudre gronde et, fendant la nue, vient frapper le laboureur et ses bœufs, qui furent foudroyés. Ce malheureux a été complètement déshabillé par la foudre, et ses sabots furent lancés à 30 mètres de lui.

Le 1er octobre 1868, sept personnes s'étaient mises à l'abri pendant un orage sous un énorme hêtre, près du village de Bonello, dans la commune de Perret (Côtes-du-Nord), lorsque tout à coup la foudre vint à éclater sur cet arbre et tua du coup l'une d'entre elles. Les six autres personnes ont été terrassées sans être grièvement blessées. Les vêtements de la foudroyée ont été mis en lambeaux très petits ; plusieurs de ceux-ci ont même été retrouvés accrochés aux branches de l'arbre.

Le 11 août 1855, un homme fut foudroyé sur un chemin près de Vallerois (Haute-Saône) et complètement dépouillé de ses vêtements. On n'a même pu retrouver que quelques morceaux de brodequins ferrés, une manche de chemise et quelques lambeaux de vêtements. Dix minutes après la décharge, il reprit connaissance, ouvrit les yeux, se plaignit du froid et demandait comment il se trouvait là tout nu. Malgré ses blessures, il ne mourut pas.

L'un des exemples les plus curieux de ce genre est celui-ci, rapporté par Morand :

Les habits et la chaussure d'une femme, qui au moment du foudroiement était déguisée en homme, furent coupés et déchirés en bandes et jetés à cinq ou six pieds autour de son corps, en sorte que, dans l'état de nudité où elle se trouvait, on fut obligé de l'envelopper dans un drap pour l'emporter au village voisin.

Dans certains exemples, les vêtements, même les plus rapprochés du corps, sont brûlés, déchirés, troués, brisés, sans que la surface de la peau soit lésée. Dans d'autres cas, la peau est brûlée sans que les vêtements soient atteints.

Un homme eut presque tout le côté droit brûlé, depuis le bras jusqu'au pied, comme s'il eût été exposé sur un brasier ardent, sans que sa chemise, son caleçon et le reste de ses habits fussent aucunement endommagés par le feu. (Sestier.)

Th. Neale cite un cas où les mains auraient été brûlées jusqu'aux os dans les gants restés intacts.

Un homme eut ses habits déchirés en *atomes* sans présenter à la surface du corps aucune trace de l'action électrique, à l'exception d'une légère marque sur le front. (Howard.)

Ordinairement les vêtements sont consumés sans flamme ; parfois c'est un véritable feu allumé par la foudre qui les dévore. Le 10 mai 1865, vers cinq heures du soir, un cantonnier fut tué par la foudre sur la route de Bapaume à Albert (Somme). Quand on trouva ce malheureux, il était dépouillé de ses vêtements, qui brûlaient encore.

Parfois les vêtements intérieurs sont brûlés, tandis que les vêtements extérieurs sont respectés. Il y en a plusieurs exemples.

D'autres fois, ce qui est encore plus singulier, la doublure seule des vêtements est brûlée, et l'étoffe extérieure est épargnée!

Les vêtements, les souliers sont parfois *décousus* comme si on l'avait fait à la main. Exemple : le 18 juin 1872, à la Grande-Forestière, près du petit Creusot (Saône-et-Loire), le pantalon d'un foudroyé a été décousu du haut en bas sur les quatre coutures, et les chaussures enlevées.

On a remarqué que certains foudroyés n'offrent pas la plus légère lésion. C'est ce que les anciens avaient déjà observé, comme on le voit dans ce charmant passage de Plutarque : « La foudre les a frappés de mort sans laisser sur eux aucune marque ni de coups, ni de blessure, ni de brûlure; *leur âme s'en est enfuie de peur* hors de leur corps, comme l'oiseau qui s'envole de sa cage. »

Dans plusieurs cas, les personnes foudroyées, mortellement ou sans blessures graves, ont été entièrement épilées : cheveux, barbe, poils ont disparu, soit par le coup lui-même, soit quelques jours après.

Le docteur Gaultier de Claubry, atteint un jour par la foudre globulaire, près de Blois, eut la barbe rasée et anéantie, car elle ne repoussa jamais. Une singulière maladie le mit à deux doigts de la mort : sa tête enfla au point d'atteindre un mètre et demi de circonférence!

Un homme qui était, paraît-il, fort velu, ayant été atteint par la foudre, près d'Aix, la foudre lui enleva les poils du corps par sillons, de la poitrine aux pieds, les roula en pelotes et les incrusta profondément dans le mollet. (Sestier.)

Au milieu d'une telle variété d'action, il est fort difficile d'assigner des règles à la marche de la foudre. Cependant, quoique le fait soit instantané, on peut assez souvent suivre son parcours sur les jalons métalliques qu'elle a choisis de préférence, en examinant les péripéties d'un cas comme le suivant par exemple, le foudroiement du capitaine Lacroix, le 7 mai 1869, sous sa tente, au camp de Châlons.

La pluie tombait à torrents au moment où le coup de foudre a éclaté, à sept heures cinquante-trois minutes du soir. On ne s'est aperçu de l'accident que le lendemain matin. Le cadavre était couché, la figure tournée vers le ciel, la main droite crispée tenant un bougeoir métallique serré contre la poitrine. Le terrain portait, à l'emplacement des pieds, des traces circulaires indiquant clairement que le capitaine, debout et tourné vers la porte, est tombé à la renverse en pirouettant. Il était en pantalon d'uniforme, vêtu d'un habit bourgeois; il avait sur la tête son képi à trois galons. La tente était fermée et la porte en toile en était bouclée en dedans et au dehors.

D'après les traces observées, le chemin parcouru par l'électricité est le suivant : boulon en fer du faîte de la tente, toile mouillée où l'on suit le sillon, boucle extérieure, tête du capitaine et képi, montre, corps, porte-monnaie et lit de fer.

La boucle de la tente a été projetée à trente pas : sur le front du foudroyé on remarquait une plaie offrant la forme de cette boucle; le képi fut complètement brûlé, galons effilochés; le fil de fer eut sa soudure fondue.

La montre a été arrêtée par le coup, à sept heures cinquante-trois minutes; elle présenta sur le boîtier une trace de fusion d'un millimètre et demi de diamètre.

Les fils télégraphiques conduisent l'électricité pendant les orages. On a vu de petits oiseaux qui s'y étaient posés y rester suspendus, morts subitement et accrochés par leurs pattes serrées. On a vu les fils télégraphiques brisés en morceaux sur une grande étendue et disséminés à la surface des routes, les appareils des stations troublés et rendus incapables de transmettre les dépêches. Les treillis en fer, les fils d'espalier sont aussi d'excellents conducteurs, qui se surchargent facilement et près desquels il est dangereux de se placer.

Au mois de juin 1869, un trappiste fut foudroyé au monastère de Scourmont, territoire de Forges, près Chimay (Belgique).

C'était dans l'après-midi, les religieux étaient occupés au fanage ; survient un orage qui les oblige à chercher un abri. L'un d'eux, qui dirigeait la faucheuse mécanique mue par deux chevaux, conduisit l'attelage près d'une clôture en fils de fer et s'agenouilla contre ce treillis. Un horrible coup de tonnerre éclate soudain, les chevaux s'enfuient épouvantés ; le trappiste reste la face étendue contre terre. Les autres, qui l'ont vu tomber, accourent et le trouvent raide mort. Le médecin du monastère, mandé aussitôt, constata sur le corps de la victime deux brûlures larges et profondes, de forme identique et disposées symétriquement de chaque côté de la poitrine : il fit remarquer en outre aux personnes présentes une tache blanche sous l'aisselle droite formant l'image bien distincte d'un tronc d'arbre garni de ses rameaux.

Les courants d'air, les vibrations, les métaux préparant à la foudre un chemin qu'elle préfère, il est évident en théorie et démontré en pratique que sonner les cloches pendant les orages est une fort mauvaise habitude. Loin d'éloigner le tonnerre et de le renvoyer sur les pays voisins, comme on se l'imagine parfois, les cloches l'invitent à descendre. Il se passe peu d'années sans qu'un sonneur soit foudroyé.

Un savant allemand trouvait, en 1783, que, dans l'espace de trente-trois ans, la foudre était tombée sur trois cent quatre-vingt-six clochers, y avait tué cent vingt et un sonneurs et blessé davantage encore. Il y a certainement encore plus d'imprudence à se mettre en communication avec la corde d'un clocher, surtout si l'on sonne, qu'à s'abriter contre les arbres élevés, qui attirent la foudre.

Pendant la seule nuit du 14 au 15 avril 1718, la foudre tomba sur vingt-quatre clochers dans l'espace compris, le long de la côte de Bretagne, entre Landerneau et Saint-Pol-de-Léon. Ces graves désastres ne firent aucun tort à la réputation des cloches dans l'esprit des Bas-Bretons. C'était, dirent-ils, un vendredi saint, jour où les cloches doivent rester muettes, et les sonneurs furent punis de leur désobéissance.

En 1747 l'Académie des Sciences regardait déjà cet usage comme dangereux. Un arrêt du Parlement en date du 21 mai 1784 homologua une ordonnance du bailliage de Langres, qui défendait expressément de sonner les cloches quand il tonnait. Cependant on les sonne encore aujourd'hui dans ce même diocèse de Langres, si éclairé à d'autres titres.

Les coups de foudre les plus funestes par le nombre de personnes qu'ils ont frappées sont les suivants :

Un jour de solennité, la foudre pénétra dans une église près de Carpentras ; *cinquante* personnes furent tuées, ou blessées, ou rendues stupides. (Fort. Lintilius.)

Le 2 juillet 1717, la foudre frappa une église à Seidenberg, près de Zittau, pendant le service : *quarante-huit* personnes furent tuées ou blessées. (Reimarus.)

Le 26 juin 1783, la foudre tomba sur l'église de Villars-le-Terroy, dont on sonnait les cloches, tua *onze* personnes et en blessa *treize*. (Verdeil.)

A bord du sloop le *Sapho*, en février 1820, *six hommes* furent tués d'un coup de foudre et *quatorze* gravement blessés. (Sestier.)

Le 11 juillet 1819, vers onze heures du matin, la foudre pénétra dans l'église de Châteauneuf-les-Moustiers (Basses-Alpes), au moment où l'on sonnait les cloches, et pendant qu'une nombreuse assemblée y était réunie. *Neuf* personnes furent *tuées sur le coup*, et *quatre-vingt-deux* autres furent blessées. Tous les chiens qui étaient dans l'église furent trouvés morts.

A bord du navire le *Repulse*, vers les côtes de Catalogne, le 13 avril 1813, la foudre *tua huit hommes* dans les agrès et en blessa gravement *neuf*, dont plusieurs succombèrent. (Sestier.)

Le 22 octobre 1844, à Sauve (Gard), *huit* hommes furent foudroyés par un même coup.

Le 27 juillet 1789, vers trois heures de l'après-midi, la foudre, sous la forme d'un boulet de canon du plus gros calibre, tomba dans la salle de spectacle de Feltri (Marche Trévisane), où plus de six cents personnes étaient réunies, blessa *soixante-dix* personnes, en tua raide *six*, et éteignit toutes les lumières.

Le 11 juillet 1857, trois cents personnes étaient réunies dans l'église de Grosshad, petit village à deux lieues de Düren, quand la foudre vint la frapper. *Cent* personnes furent blessées, dont *trente* grièvement. *Six* furent tuées, et c'étaient six hommes vigoureux. (Follin.)

Dans les premiers jours de juillet 1865, la foudre est tombée sur le territoire de Coray (Finistère), dans une garenne où seize personnes étaient occupées à l'écobuage. *Six hommes et un enfant* ont été tués du même coup et trois autres grièvement blessés. Plusieurs ont été complètement mis à nu; leurs vêtements étaient dispersés en lambeaux sur le sol; leurs chaussures étaient hachées et brisées en tous sens. Chose extraordinaire, on dit que quelques-uns des travailleurs ont été atteints à cent mètres de distance les uns des autres.

Le 12 juillet 1887, à Mount-Pleasant (Tennessee, États-Unis), la foudre a tué *neuf* personnes qui pendant un orage s'étaient réfugiées sous un chêne. Ces personnes faisaient partie d'un cortège qui conduisait une négresse à sa dernière demeure.

Voici un autre fait bien singulier et bien complexe :

Le dernier dimanche de juin 1867, pendant les vêpres, la foudre est tombée sur l'église de Dancé, canton de Saint-Germain-Laval. Au bruit de l'explosion a succédé un silence de mort; puis un cri s'est fait entendre; cent autres ont été poussés aussitôt.

Le curé, qui croyait avoir reçu à lui seul toute la décharge électrique, ne sentant pourtant aucune douleur, quitta sa place, où l'enveloppait un nuage de poussière et de fumée, et, de la table de communion, il parla à ses paroissiens pour les rassurer : « Ce n'est rien, leur dit-il, gardez vos places, il n'y a point de mal. »

Il se trompait. Vingt-cinq ou trente personnes étaient plus ou moins atteintes; quatre ont été emportées sans connaissance; mais le plus maltraité de tous était le trésorier de la fabrique. En le relevant, on a vu ses yeux ouverts, mais ternes et voilés; il ne donnait plus aucun signe de vie. Ses vêtements étaient brûlés. Ses souliers, lacérés, pleins de sang, lui avaient été enlevés des pieds.

L'ostensoir exposé dans la niche avait été jeté à terre. Il était bossué, percé au pied, et *l'hostie avait disparu*. Le prêtre la chercha longtemps et finit par la trouver sur l'autel, au milieu du corporal, sous une couche épaisse de gravois.

Trois ou quatre mètres de la boiserie du chœur avaient volé en éclats. Au dehors, la flèche du clocher a été dénudée; ses ardoises se ramassaient dans les champs voisins. Le clocher fut lézardé en plusieurs endroits, et un des angles coupé.

MOISSONNEURS TUÉS RAIDE PAR UN COUP DE TONNERRE.

Le 27 août 1867, un orage terrible s'abattait sur les environs de Limours (Seine-et-Oise).

Pendant plusieurs heures le tonnerre a grondé sourdement, puis tout à coup plusieurs détonations formidables se sont fait entendre, et la foudre est tombée en plusieurs endroits presque simultanément. Il était alors dix heures et demie environ. Une famille habitant Cernay-la-Ville, et composée de quatre personnes, le père, la mère, une fille et un garçon de vingt-deux ans, était occupée à la moisson quand la nue électrique les a enveloppés. Effrayés, ils cherchaient à se blottir sous des gerbes, quand la foudre éclate, passe au-dessus du père, qui tombe insensible, mais revient à lui au bout d'un quart d'heure. Il n'en a pas été malheureusement ainsi du fils, qui est tombé pour ne plus se relever. La mère et la fille n'ont pas été atteintes.

La catastrophe a été marquée par ces bizarreries qui souvent accompagnent le météore électrique. En effet, le corps du malheureux jeune homme avait été presque entièrement déshabillé par la foudre. On a retrouvé à de grandes distances des morceaux de ses vêtements et particulièrement de ses bottes. Après avoir suivi la colonne vertébrale, le terrible agent de destruction est sorti par les pieds, qui présentaient deux petites plaies faites comme à l'emporte-pièce. La foudre est ensuite entrée en terre, en remuant tellement le sol que des moissonneurs qui se réfugiaient à la ferme ont, disent-ils, « sauté en l'air à plusieurs pieds de haut ».

Chez un individu cité par M. de Quatrefages, les chaussettes furent déchirées en mille pièces; un soulier fut enlevé et porté à l'autre bout de la chambre, et deux clous furent trouvés enfoncés dans le plancher, tandis qu'un autre, suivant une direction opposée, avait pénétré profondément dans le talon du foudroyé.

Les objets que l'on porte à la main sont parfois enlevés et lancés au loin.

Un gobelet que tenait un buveur fut enlevé de ses mains et porté dans une cour sans être cassé et sans que le buveur fût blessé. — Un jeune homme de dix-huit ans chantait l'épître; le missel lui fut arraché des mains et mis en pièces. — Une cravache fut enlevée des mains d'un cavalier et projetée au loin. — Deux dames tricotaient tranquillement : la foudre passe et leur vole subtilement leurs aiguilles. — Un garçon de ferme portait une fourche de fer sur ses épaules : la foudre emporte cette fourche à cinquante mètres en tordant ses deux branches d'acier en tire-bouchons, avec une exactitude mathématique. Etc., etc.

Le 22 juillet 1868, à Gien (Nièvre), une femme qui faisait des aspersions d'eau bénite pendant l'orage vit tout d'un coup sa bouteille cassée entre ses mains par le tonnerre, qui démolit en même temps le carrelage de la pièce.

Le 28 juin 1885, la foudre est tombée sur la coupole de l'observatoire de Juvisy, qui alors n'était pas munie d'un paratonnerre, a arraché avec une violence inouïe un énorme morceau de chêne d'un angle de construction, l'a réduit en lanières, a lancé le tout au loin et a enfoncé l'un de ces morceaux dans la charnière d'une fenêtre, en arrière du pivot, dans un intervalle entre le pivot et la monture, qui ne mesure pas un millimètre! Le tout sans même fendre la vitre.

En d'autres cas, on voit la foudre fendre un homme en deux, comme d'un grand coup de hache.

Le 20 janvier 1868, le tonnerre est tombé à Groix, sur le moulin à vent de Kerlard. Le garçon meunier a été atteint mortellement. Il était des pieds à la tête comme séparé en deux.

Les journaux anglais des 24 et 25 mai 1868 rapportent que l'orage qui a fondu sur Paris dans l'après-midi du 22 était passé sur Epsom dans la matinée. Là deux spectateurs étaient en voiture découverte. Un coup de tonnerre fendit en deux la tête de l'un, et asphyxia son compagnon, qui reprit bientôt ses sens.

Avec une énergie bizarre, assez souvent les chaussures sont arrachées de force par la foudre sans que le foudroyé soit mortellement frappé pour cela.

Le 8 juin 1868, un employé de la Compagnie du gaz passait rue Thouin à dix heures du soir, au moment de l'orage, lorsqu'il se sentit s'affaisser sur lui-même, en même temps qu'il aperçut un éclair éclatant. Il tomba sur ses genoux, éprouva une forte oppression dans l'estomac, et fut en proie à un tremblement général qui dura deux jours. Étant entré chez un débitant de liqueurs pour demander du vulnéraire, et en proie à une vive émotion, il examina son corps pour voir s'il n'avait pas reçu une blessure quelque part. Quelle fut sa surprise quand il s'aperçut que la plus grande partie des clous de ses bottes avaient été enlevés! Les clous étaient à vis, et les bottes presque neuves.

Le 29 mai 1867, une femme a été foudroyée pendant l'orage, sans être tuée, en subissant d'étranges commotions. Son bonnet a été brûlé, et un côté de sa tête aussi bien rasé que si le rasoir lui-même y eût passé. Pénétrant ensuite sous les vêtements, le fluide a longé le corps tout entier, ne produisant que de légères excoriations et ne brûlant même pas la chemise. Les souliers ont été mis en lambeaux, et les pieds n'ont pas été touchés.

Mais, de tous les effets de la foudre, l'un des plus extraordinaires est certainement de laisser l'homme ou l'animal *dans l'attitude même* où la mort subite l'a surpris. On en a plusieurs exemples.

Voici une jeune femme qui sans doute a été saisie par la foudre dans l'état où on l'a retrouvée après l'accident. C'était pendant un violent orage, le 16 juillet 1866. Elle était seule à la maison, à Saint-Romain-les-Atheux (Loire), pendant l'orage. Quand ses parents sont revenus des champs, un triste spectacle les attendait : la jeune femme avait été tuée par la foudre. On l'a trouvée à genoux dans un coin de sa chambre et la tête cachée dans ses mains. Elle ne portait aucune trace de blessure. Son enfant de quatre mois, qui était couché dans la chambre, n'a été que légèrement atteint.

Voici un autre exemple, vraiment stupéfiant :

Dans le courant de juillet 1844, quatre habitants d'Heiltz-le-Maurupt, près de Vitry-le-François, se réfugièrent, trois d'entre eux sous un peuplier, et le quatrième sous un saule, contre lequel sans doute il s'appuya. Bientôt après, ce malheureux fut frappé de la foudre; une flamme claire jaillissait de ses vêtements, et, toujours debout sous le saule, il paraissait ne s'apercevoir de rien. « *Tu brûles! Mais tu ne vois donc pas que tu brûles ?* » lui criaient ses camarades. N'obtenant pas de réponse, ils s'approchèrent de lui et restèrent muets de terreur en s'apercevant qu'il n'était plus qu'un cadavre. (Sestier.)

Autre observation :

Vers la fin du siècle dernier, dit l'abbé Richard, le procureur du séminaire de Troyes revenait à cheval lorsqu'il fut frappé de la foudre. Un frère qui le suivait, ne s'en étant point aperçu, crut qu'il s'était endormi, parce qu'il le voyait vaciller. Ayant essayé de le réveiller, il le trouva mort.

Un des faits les plus curieux de ce genre est peut-être celui d'un prêtre qui fut tué par la foudre pendant qu'il était à cheval. L'animal continua sa route et ramena son maître à la maison, dans l'attitude d'un homme à cheval, après avoir fait deux lieues à partir de l'endroit où la foudre l'avait frappé. (Boudin.)

Le pasteur Butler a été *témoin* du fait suivant qu'il raconte : Le 27 juillet 1691, à Everdon, dix moissonneurs se réfugièrent sous une haie à l'approche d'un orage. La foudre éclata et tua raide quatre d'entre eux, qui restèrent immobiles et comme pétrifiés. L'un fut trouvé tenant encore entre ses doigts une prise de tabac qu'il allait prendre. Un autre avait un petit chien mort sur ses genoux, une main sur la tête de l'animal ; de l'autre main il tenait un morceau de pain, comme prêt à le lui donner ; un troisième était assis, les yeux ouverts et la tête tournée du côté de l'orage. « Lorsque nous voyons le même phénomène signalé par plusieurs auteurs de temps et de pays différents, remarque à ce propos le docteur Sestier, il nous est impossible, malgré ce qu'il présente d'extraordinaire, de le reléguer dans le domaine des fables. »

Cardan rapporte que huit moissonneurs prenant leur repas sous un chêne furent frappés tous les huit par un même coup de foudre, qui se fit entendre au loin. Lorsque les passants s'approchèrent pour voir ce qui était arrivé, les moissonneurs, pétrifiés soudain par la mort, semblaient continuer leur paisible repas.

L'un tenait son verre, l'autre portait le pain à la bouche, un troisième avait la main dans le plat. La mort les avait tous saisis dans la position qu'ils occupaient lors de l'explosion du tonnerre. — C'est cette curieuse scène que M. Bayard a représentée dans son dessin (page 721).

La catastrophe est tellement rapide que le visage n'a pas le temps de prendre une expression douloureuse. La vie est si vite supprimée que les muscles restent avec la situation qu'ils avaient. Les yeux et la bouche sont ouverts comme à l'état de veille ; si la couleur de la peau est respectée, l'illusion est complète : on croit que la vie habite encore le cadavre, on s'étonne qu'aucun mouvement ne se produise.

Plusieurs de ces moissonneurs eurent la peau noircie comme s'ils eussent été enfumés par l'action de l'électricité.

En général les foudroyés tombent instantanément et sans se débattre. Il est démontré aujourd'hui, par un grand nombre d'observations, que l'homme atteint de l'éclair de manière à perdre à l'instant même connaissance tombe sans avoir *rien vu, rien entendu, rien senti* ; de sorte que ceux qui reviennent à eux ne savent absolument rien de ce qu'il s'est passé, et qu'ils ne comprennent pas, par exemple, pourquoi ils se trouvent étendus sur le sol ou dans un lit. L'électricité va plus vite que la lumière et surtout que le son : l'œil et l'oreille sont paralysés avant que la lumière ou le son aient pu faire impression sur eux.

On a un très grand nombre d'exemples d'individus laissés par la foudre dans la situation même où ils étaient. On a aussi des exemples diamétralement contraires.

Le 8 juillet 1839, la foudre atteignit un chêne près de Triel (Seine-et-Oise), et frappa deux ouvriers carriers, le père et le fils. Celui-ci fut tué raide, soulevé et transporté à 23 mètres de distance.

Le chirurgien Brillouet, surpris par un orage près de Chantilly, fut enlevé par la foudre et transporté comme une masse dans l'air pour être posé à vingt-cinq pas de l'endroit où il s'était mis.

Le 2 août 1862, la foudre tomba sur le paratonnerre du pavillon d'entrée de la caserne du Prince-Eugène, à Paris. Les soldats étaient en train de se coucher. Tous ceux qui l'étaient déjà se trouvèrent debout, tandis que ceux qui étaient levés furent couchés par terre.

Parfois le corps des foudroyés reste flexible après la mort comme pendant la vie. Le 17 septembre 1780, un violent orage éclata sur East-Burn (Grande-Bretagne). Un cocher et un valet de pied y furent tués. « Quoique les corps restassent sans être ensevelis du dimanche au mardi, dit l'observateur, tous leurs membres étaient aussi flexibles que ceux des personnes vivantes ». (Sestier.)

Parfois le cadavre est raide comme du fer et garde sa raideur. Le 30 juin 1854, un charretier de trente-cinq ans fut foudroyé à Paris. Le lendemain, le docteur Sestier vit son cadavre à la Morgue : il était raide et se mouvait tout d'une pièce ; le surlendemain, quarante-quatre heures après la mort, cette raideur était encore des plus marquées. — Il y a quelques années, la foudre frappa, dans la commune d'Hectomare (Eure), un nommé Delabarre, qui tenait un morceau de pain à la main. La contractilité des nerfs a été si forte qu'il n'a pas été possible de le lui arracher.

Parfois enfin, à l'opposé de tout cela, le cadavre des foudroyés s'amollit et se décompose rapidement au milieu d'une odeur insoutenable. Le 15 juin 1794, la foudre tua une dame dans une salle de bal à Dribourg. Le cadavre exhala rapidement une odeur de putréfaction singulière. Le médecin put à peine l'examiner sans danger de s'évanouir. Les habitants de la maison furent obligés de s'en aller trente-six heures après la mort, tant l'odeur était pénétrante. C'est à peine si l'on put mettre le fétide cadavre dans le cercueil : il tombait par morceaux.

Tous ces faits sont étranges, bizarres, inexplicables. Mais quel nom donner aux suivants, aux images gravées par la foudre sur la chair des foudroyés, à la « kéraunographie », comme on l'a appelée, à l'acte du *tonnerre photographe* ? Nous avons pourtant un grand nombre de cas authentiquement constatés d'impressions photo-électriques dues à un tatouage dessiné par les mains de la foudre.

Nous avons déjà vu plus haut deux faits qui se rattachent à ces productions d'images : celui d'une boucle de tente marquée sur le front du capitaine foudroyé au camp de Châlons, le 7 mai 1869, quoique cette boucle ait été extérieure à la tente et située à 8 ou 10 centimètres, et que, de plus, elle ait été lancée à l'opposé, jusqu'à 23 pas de la tente, et celui d'un tronc d'arbre garni de ses rameaux gravé sur le corps d'un trappiste foudroyé au mois de juin 1879.

Voici d'autres exemples plus complets :

Au mois d'août 1869, deux hommes et une femme ont été tués à Neuf-Brisach sous un peuplier, et ils sont encore aujourd'hui enterrés à l'endroit où ils furent frappés. L'un d'eux avait sur la joue une photographie très facile à reconnaître de l'écorce de l'arbre.

Le 29 mai 1868, un violent orage arriva sur Chambéry au moment où un détachement du 47ᵉ de ligne se livrait à l'exercice du tir, aux Charmettes. Tandis qu'une partie des soldats continuaient de tirer, quelques hommes se réfugièrent sous les arbres qui bordent la route. Ils y étaient à peine que la foudre, tombant sur un châtaignier, en renversa six. L'un d'eux, mortellement atteint, succomba au bout d'un quart d'heure, après avoir prononcé quelques mots. Deux heures après la mort, l'examen du cadavre a permis au médecin de l'hôpital de Chambéry de constater la production d'images photo-électriques.

Sur le membre supérieur droit existaient trois bouquets de feuilles d'une coloration rouge-violet plus ou moins foncé, et reproduits dans leurs plus petits détails avec la fidélité photographique la plus parfaite. Le premier, situé à la partie moyenne de la face antérieure de l'avant-bras, représentait une branche allongée munie de feuilles de châtaignier ; le second, paraissant formé de deux ou trois rameaux réunis, apparaissait vers le milieu du bras ; le troisième se montrait au centre de l'épaule.

Les journaux de mars 1867 ont reproduit le fait suivant, publié par les journaux anglais : Trois enfants avaient cherché asile sous un arbre. La foudre éclate, tombe sur l'arbre et décrit autour une série de cercles. Les enfants, un moment terrifiés, reprennent leurs sens, et l'un d'eux présente sur l'un des côtés de son corps l'image parfaite de l'arbre qui l'abritait. La photographie était si exacte qu'on distinguait facilement les feuilles et les fibres des branches.

Le 27 juin 1866, la foudre tomba sur un tilleul à Bergheim (Haut-Rhin). Deux voyageurs qui s'étaient mis à l'abri sous l'arbre ont été renversés sans connaissance; l'un avait été soulevé à plus d'un mètre de hauteur, il est retombé sur le dos. On les croyait morts, mais par des soins immédiats ils sont revenus à eux, et se sont rétablis.... Les deux voyageurs portent sur le dos et jusqu'aux jambes l'empreinte, comme photographiée, des feuilles du tilleul. Le dessinateur le plus habile n'aurait pu faire mieux. — La relation de ce coup de foudre a été donnée par M. Hirn, correspondant de l'Institut.

Dans l'été de 1865, un médecin des environs de Vienne (Autriche), M. le docteur Derendinger, revenait chez lui en chemin de fer. En descendant, il s'aperçut qu'il n'avait plus son porte-monnaie, qu'on lui avait sans doute volé.

Ce porte-monnaie était en écaille, portant d'un côté, en incrustation d'acier, le chiffre du docteur, deux D croisés.

Quelque temps après, le docteur fut appelé auprès d'un étranger qu'on avait trouvé gisant inanimé sous un arbre et qui avait été frappé par la foudre. La première chose que le docteur remarqua sur le malade, ce fut son chiffre comme photographié sur la peau de la cuisse. Qu'on juge de son étonnement! Ses soins parvinrent à ranimer le malade, qu'il fit transporter à l'hospice. Là le docteur annonça que dans les vêtements devait se trouver le porte-monnaie en écaille. Le fait fut vérifié. L'individu frappé par la foudre était le voleur. Le fluide, en l'atteignant, avait été attiré par le métal du porte-monnaie, et, en fondant le chiffre incrusté, en avait, par un de ses effets bizarres si connus, laissé la trace sur le corps.

Le 4 septembre 1864, trois hommes étaient occupés à cueillir des poires près du bourg de Nibelle (Loiret), lorsque la foudre tomba, contourna l'arbre en forme de vis et tua l'un des hommes. Les deux autres reprirent connaissance, et l'un d'eux portait sur sa poitrine, très distinctement daguerréotypées, des branches et des feuilles de poirier.

Nous pourrions ajouter à ces photographies produites par le tonnerre les vingt-quatre autres cas réunis par notre confrère l'astronome A. Poey; nous pourrions rappeler avec Raspail qu'un enfant, ayant été foudroyé pendant qu'il dénichait un nid sur un peuplier, garda sur sa poitrine le dessin du *nid* et de l'*oiseau*; citer l'exemple de Mme Morosa, de Lugano, qui, assise près d'une fenêtre pendant un orage, eut soudain, comme complément d'une commotion, une *fleur* parfaitement dessinée sur sa jambe, et qui ne s'effaça jamais; rapporter l'histoire de ce marin foudroyé dans la rade de Zante (îles Ioniennes) et qui reçut sur la poitrine la photographie du numéro 44 qui était attaché à l'un des agrès du bâtiment; mais nous nous bornerons à compléter ces effets étranges par celui-ci, qui impressionna singulièrement à la fin de l'avant-dernier siècle.

Le 18 juillet 1689, la foudre tomba sur le clocher de l'église Saint-Sauveur, à Lagny, et imprima sur la nappe de l'autel les paroles sacrées de la consécration, à commencer par : *Qui pridie quam pateretur...* jusqu'aux dernières : *Hæc quotiescumque feceritis, in mei memoriam facietis*, en omettant les paroles mêmes de l'Eucharistie : HOC EST CORPUS MEUM, et HIC EST SANGUIS MEUS. Ce texte était imprimé de droite à gauche. Le canon de l'autel, qui le portait, était tombé sur la nappe, et avait été reproduit, à l'exception des paroles omises qui étaient imprimées en rouge. La photographie nous aide aujourd'hui à comprendre cette reproduction partielle. Mais on conçoit qu'un tel prodige ait frappé, sous le siècle de Louis XIV, ceux qui l'ont observé.

Ce curieux exemple nous conduit aux faits de *galvanoplastie* par le même agent, et de transport de métaux en plus ou moins grande quantité.

Le 25 juillet 1868, pendant un orage, à Nantes, un voyageur, près du pont de l'Erdre, sur le quai Flesselles, fut enveloppé par un éclair très vif et continua son chemin sans éprouver aucun malaise. Il avait sur lui un porte-monnaie contenant deux pièces d'argent dans un compartiment, et une pièce d'or de 10 francs dans un autre compartiment. Le lendemain, en ouvrant son porte-monnaie, il fut très surpris de trouver à la place de la pièce d'or une pièce blanche. En examinant les choses de plus près, il reconnut que l'indication de la valeur était intacte. Une couche d'argent enlevée à une pièce d'un franc recouvrait les deux faces de la pièce de 10 francs. La pièce d'argent, légèrement diminuée, particulièrement sur une moustache du chef de l'État, était en ces endroits légèrement bleuâtre. Ce transport d'argent sur une surface d'or s'est effectué *à travers l'enveloppe de peau* du compartiment du porte-monnaie.

En d'autres cas on voit la foudre arriver dans une maison, suivre les dorures des corniches, des cadres, les enlever nettement pour aller dorer des objets qui n'étaient nullement destinés à recevoir cette ornementation. Le 15 mars 1773 elle parcourt, à Naples, les appartements de lord Tylnez, qui avait réception ce soir-là. Plus de cinq cents personnes étaient présentes; sans en blesser aucune, le tonnerre enleva nettement la dorure des corniches, des baguettes des tapisseries, des fauteuils qui y touchaient et des jambages des portes!...

Le 4 juin 1797 la foudre tomba sur le clocher de Philippshofen, en Bohême, enleva l'or du cadran pour aller dorer le plomb de la fenêtre de la chapelle.

En 1761 elle pénétra dans l'église du collège académique de Vienne, et prit l'or de la corniche d'une colonne de l'autel pour le déposer sur une burette d'argent.

Un homme fut gravement brûlé par la foudre en 1783, en Dauphiné; les coulants d'or de sa bourse furent en partie fondus, et le métal transporté sur une des boucles de ses souliers, sous forme de perles parfaitement sphériques.

A côté de cette ingénieuse fusion de perles d'or, on peut comparer la suivante, qui est vraiment formidable.

Le 20 avril 1807, une décharge électrique frappa le moulin à vent de Great-Marton, dans le Lancashire. Une grosse chaîne en fer qui servait à hisser le blé dut être, sinon fondue, du moins considérablement ramollie. En effet, les anneaux, étant tirés de haut en bas par le poids inférieur, se rejoignirent, se soudèrent, de manière qu'après le coup de foudre la chaîne était devenue une véritable barre de fer. (Arago.)

Voici, par contraste, un procédé de fusion d'une délicatesse exquise, consigné par Boyle dans ses œuvres.

Deux grands verres à boire, tout pareils, étaient l'un à côté de l'autre sur une table. La foudre arrive et se dirige si exactement sur les verres qu'il semble qu'elle a passé entre eux. Aucun cependant n'est cassé; l'un est légèrement altéré; l'autre est si fortement ployé par un ramollissement instantané, qu'il pouvait à peine rester debout sur sa base.

Il y a parfois production de chaleur fantastique. Le 4 juillet 1883, à Tarbes, la tige d'un paratonnerre de vingt-six mètres a été rougie sur une longueur d'un mètre pendant quelques minutes. Le 3 juin de la même année, à Alby (Haute-Savoie), la foudre a frappé un fil de fer soutenant une vigne et l'a suivi jusqu'à la maison, qu'elle a incendiée.

Au contraire, en juillet 1783, à Campo Sampiero Castello (Padouan), la foudre frappa un bâtiment plein de foin, qui avait des croisées garnies de vitres, et fondit les vitres sans mettre le feu au foin.

Le 5 juillet 1883, à Buffon (Côte-d'Or), au pied d'une colline, dans un pré, une femme a eu *une boucle d'oreille* fondue, mais n'a pas été tuée. Près d'elle, deux vaches ont été tuées.

Le 10 juillet 1883, un vigneron est tué à Chanvres (Yonne) : *le cœur du mort a encore battu pendant trente heures.*

A côté de ces subtilités, nous avons des coups monstrueux, comme ceux-ci :

Au château de Clermont en Beauvaisis, il y avait un mur légendaire, formidable, de dix pieds d'épaisseur, bâti du temps des Romains, selon la tradition, et dont le mortier, aussi dur que la pierre, permettait à peine la démolition. « Un jour, dit Nollet, un coup de foudre l'atteignit et y creusa instantanément un trou de deux pieds de profondeur et d'autant de largeur, en en rejetant les matériaux à plus de cinquante pieds de distance en avant. »

Le 14 mai 1865, un peuplier est fendu en deux par la foudre, à Montigny-sur-Loing. Une moitié est restée intacte dans toute sa hauteur. La moitié foudroyée a été hachée, déchiquetée en menus fragments, lancés jusqu'à 100 mètres de distance. Ces fragments, qui m'ont été envoyés, sont tellement desséchés et filamenteux qu'on les prendrait plutôt pour du chanvre que pour du bois.

Le 19 avril 1866, la foudre frappe un chêne de la forêt de Vibraye (Sarthe), coupe cet arbre, de 1^m,50 de circonférence, aux deux tiers de sa hauteur, broie les deux tiers inférieurs, dont les filaments sont semés à 50 mètres à la ronde, et plante en quelque sorte le tiers supérieur juste à l'endroit où le tronc était primitivement. On voit facilement, sur les fragments de branches, que les couches concentriques annuelles ont été séparées par la dessiccation subite de la sève, si bien que les lanières ne sont restées soudées ensemble que là où les nœuds ont opposé un obstacle plus grand à la séparation.

Le 2 juillet 1871, à la ferme d'Etiefs, près Rouvres, canton d'Auberive (Haute-Marne), la foudre est tombée sur un vieux peuplier d'Italie âgé de soixante ans, de 30 mètres de hauteur et de 3 mètres de tour à 1 mètre du sol, et lui a arraché assez de bois pour en faire un tas de 65 centimètres de côté et de 50 centimètres de hauteur.

En mars 1818, à Plymouth, un sapin de plus de cent pieds d'élévation et de quatorze pieds de circonférence, objet d'admiration dans la contrée, disparut, littéralement brisé en pièces. Quelques fragments furent lancés à deux cent cinquante pieds de là. Un chêne de 25 mètres de hauteur ayant été frappé, à Thury, le 25 août de la même année, on l'arracha pour l'examiner avec soin, et l'on constata que les couches concentriques du bois se détachaient les unes des autres, comme des tubes de lunette d'approche !

Mais quoi de plus effrayant que les exemples de la chute de la foudre sur certains navires?... Voici un bâtiment qui a été littéralement fendu en deux.

Le 3 août 1852, le navire *Moïse*, dans son passage d'Ibraïla à Queenstown, fut

NAVIRE FENDU EN DEUX PAR UN COUP DE FOUDRE.

surpris, en vue de Malte, par un violent orage. Vers minuit, la foudre tomba sur
le grand mât, le suivit et, descendant dans le corps du bâtiment, le fendit en
deux; il coula immédiatement. Équipage et passagers périrent. Le capitaine Pear-
son était sur le pont. Il eut le temps de se jeter sur une pièce de bois flottante,
sur laquelle il se soutint pendant dix-sept heures. Le navire sombra en trois
minutes (*Nautic. Mag.*, XXIII, p. 290). C'est ce formidable coup de foudre
que M. Jules Noël a représenté dans son dessin.

Au commencement de ce siècle, le navire *Royal-Charlotte*, étant à Diamond-
Harbour, dans la rivière Hoogley, sauta en mille pièces par l'explosion de son
magasin à poudre foudroyé. La détonation fut entendue au loin, et l'ébranlement
ressenti à plusieurs milles.

Le 18 août 1769, la foudre tomba sur la tour de Saint-Nazaire, à Brescia. Cette
tour reposait sur un magasin souterrain contenant un million de kilogrammes de
poudre appartenant à la république de Venise.... La tour, lancée tout entière dans
les airs, retomba comme une pluie de pierres.... Une partie de la ville fut renversée.... Trois mille personnes périrent.

Telle est la puissance de la foudre. Eh bien, avec cette puissance — et c'est par
cela que nous terminerons — elle s'amuse parfois bénévolement comme il suit :

Une jeune paysanne était dans un pré, non loin de Pavie, dit l'abbé Spallanzani,
le 29 août 1791, pendant un orage, lorsque tout à coup apparaît à ses pieds
un globe de feu de la grosseur des deux poings. Glissant sur le sol, ce petit tonnerre en boule arriva sur ses pieds nus, les caressa, s'insinua sous ses vêtements,
sortit vers le milieu de son corsage, tout en gardant la forme globulaire, et s'élança
dans l'air avec bruit. Au moment où le globe de feu pénétra sous les jupons de
la jeune fille, ils s'élargirent comme un parapluie qu'on ouvre. Elle tomba à la
renverse. Deux témoins du fait coururent la secourir. Elle n'avait aucun mal!
L'examen médical fit seulement remarquer sur son corps une érosion superficielle,
s'étendant du genou droit jusqu'au milieu de la poitrine, entre les seins; la chemise avait été mise en pièces dans toute la partie correspondante. On remarqua
un trou de deux lignes de diamètre qui traversait de part en part son petit
corset.

Le 5 juillet 1852, rue Saint-Jacques, à Paris, dans le voisinage du Val-de-Grâce,
le tonnerre en boule sortit de la cheminée d'une chambre habitée par un ouvrier
tailleur, en renversant le châssis de papier qui la fermait. Cette boule de feu ressemblait à un jeune chat, de grosseur moyenne, pelotonné sur lui-même et se
mouvant sans être porté sur ses pattes. Elle s'approcha de ses pieds comme pour
jouer avec. L'ouvrier les écarta doucement pour éviter le contact, dont il avait la plus
grande peur. Après quelques secondes, le globe de feu s'éleva verticalement à la
hauteur du visage de l'ouvrier assis qui le regardait, et qui, pour éviter d'être
touché au visage, se redressa en se renversant en arrière. Le météore continua de
s'élever, et se dirigea vers un trou percé dans le haut de la cheminée pour faire
passer un tuyau de fourneau en hiver, « mais que le tonnerre ne pouvait voir, dit
l'ouvrier, car il était fermé par du papier collé dessus ». Le globe décolle le papier
sans l'endommager, entre, toujours lentement, dans la cheminée, et, après avoir
pris le temps de monter jusqu'en haut, du train dont il y allait, produisit une explosion épouvantable qui démolit le faîte, en jeta les débris dans la cour et enfonça les
toitures de plusieurs petites constructions.

Le 10 septembre 1845, vers deux heures après midi, pendant un violent orage,
la foudre atteignit une maison du village de Salagnac (Creuse). Au coup de ton-

nerre, qui fut très violent, une boule de feu étincelante descendit par la cheminée. Un enfant et trois femmes qui étaient là n'eurent aucun mal. Elle roula ensuite vers le milieu de la cuisine et passa près des pieds d'un jeune paysan qui s'y trouvait debout. Puis elle entra dans une pièce à côté de la cuisine et y disparut sans laisser aucune trace. Les paysannes, effrayées, engageaient l'homme à mettre son pied dessus pour l'éteindre; mais celui-ci se rappela s'être fait électriser aux Champs-Élysées dans un voyage à Paris, et jugea prudent d'éviter, au contraire, tout contact. Dans une petite écurie à côté, on trouva tué un porc qui y était renfermé. La foudre avait traversé la paille sans y mettre le feu.

Le 12 juillet 1872, un nouvel exemple de *tonnerre en boule* se montra dans la

FIG. 291. — Le tonnerre en boule, traversant une cuisine et une grange.

commune d'Hécourt (Oise). Pendant l'orage on vit une boule de feu de la grosseur d'un œuf brûler sur le lit. On essaya de l'éteindre; mais tout fut inutile, et bientôt la maison entière, les habitations voisines et les granges furent la proie des flammes.

Ces cas de *tonnerre en boule* sont très authentiques. Il est probable néanmoins qu'assez souvent certains éclats de foudre, vus de loin, simulent la forme globulaire quoiqu'ils ne soient que de simples éclairs. Ainsi, le 2 juillet 1871, à midi, mon frère, M. Ernest Flammarion, se trouvant à Rouen, sous le péristyle du palais de Justice, fut enveloppé, en compagnie d'un de ses amis, par un vaste éclair de forme circulaire qui parut s'élever violemment du sol au moment où le tonnerre éclata, et frappa l'un des paratonnerres de l'édifice. De loin on crut voir une grosse boule de feu se précipiter du sol vers la nue; de près ce n'était qu'un éclair. Peut-être la foudre globulaire est-elle due à un phénomène d'électrisation par influence, l'électricité du sol n'ayant pas toujours assez de tension pour rejoindre instantanément celle du nuage, et attendant pour cela un changement de conditions.

Le 9 octobre 1885, à 8 heures 25 minutes du soir, pendant un violent orage, dans une maison de Constantinople, occupée par une famille qui se trouvait à table, dans une salle du rez-de-chaussée, on a vu un globe de feu, de la grosseur d'une petite pomme, pénétrer par la fenêtre ouverte : ce globe vint frôler un bec de gaz, puis, se dirigeant vers la table, il passa entre deux convives, fit le tour d'une lampe centrale suspendue au milieu de la table, enfin se précipita dans la rue, où il éclata avec un fracas épouvantable sans avoir commis aucun dégât ni blessé personne. Non loin du théâtre de ce phénomène se trouvent des édifices pourvus de nombreux paratonnerres. Aucune odeur n'a été signalée à la suite du phénomène.

Pendant l'orage qui a éclaté sur la ville de Gray le 7 juillet 1886, à sept heures trente minutes du soir, un large et rouge éclair a tout à coup illuminé le ciel, et, au milieu d'un fracas et d'un embrasement indescriptibles, une boule de feu, d'un diamètre apparent de 0^m,30 à 0^m,40, s'est abattue, en s'épanouissant en grenade, sur l'extrémité de l'arête d'un toit dont elle a haché, comme un paquet d'allumettes (sans toutefois y mettre le feu), l'extrémité de la poutre maîtresse sur une longueur d'environ 0^m,60, jonchant le grenier d'esquilles menues et faisant s'écrouler les plâtres de l'étage inférieur. De là *elle a rebondi* sur la toiture d'un petit escalier extérieur, y a fait un trou, en a pulvérisé et dispersé les tuiles, s'est abattue sur le chemin, et a disparu un peu plus loin en roulant au milieu de plusieurs personnes, qui en ont été quittes pour la peur.

Le 24 avril 1887, un orage éclate sur Mortrée (Orne), et la foudre hache littéralement le fil télégraphique de la route d'Argentan sur une longueur de 150 mètres : les morceaux en étaient tellement calcinés qu'ils semblaient avoir été soumis à un feu de forge ; quelques-uns, les plus longs, étaient pliés et leurs branches soudées entre elles. La foudre entra par la porte d'une étable, sous la forme d'une boule de feu, et arriva près d'une personne qui se préparait à traire une vache, puis elle passa tranquillement entre les jambes de l'animal et disparut sans causer aucun dégât. Mais la vache, épouvantée, se dressa tout debout en poussant des mugissements terribles, et son maître se sauva absolument affolé : il n'avait d'ailleurs aucun mal.

Phénomène absolument inexpliqué : au moment précis où la foudre traversait l'étable, des pierres incandescentes tombèrent en grande quantité devant une maison voisine. « Quelques-uns de ces fragments, gros comme des noix, écrivait à l'Académie le Ministre des postes et télégraphes, sont d'une matière très peu dense, d'un blanc grisâtre et qui s'écrase facilement sous le doigt, en dégageant une odeur de soufre bien caractérisée. Les autres, plus petits, ont tout à fait l'aspect du coke. Il n'est peut-être pas inutile de dire que, pendant cet orage, les coups de tonnerre n'étaient pas précédés des roulements habituels : ils éclataient brusquement comme des décharges de mousqueterie et se succédaient à de courts intervalles. La grêle est tombée en abondance, et la température était fort basse. »

Le fait le plus curieux de cet orage est assurément la chute de ces petites pierres friables dont il vient d'être question. Jusqu'à présent on n'accueillait guère que par un sourire incrédule les relations des paysans qui prétendaient avoir vu tomber des aérolithes pendant les orages et qui donnent le nom de « pierres du tonnerre » aux uranolithes. Les faits de la nature de celui qui précède nous invitent à être moins dédaigneux et moins exclusifs. Sans contredit, ces substances n'ont aucun rapport avec les véritables uranolithes, mais néanmoins il reste avéré qu'elles existent réellement et que de la matière pondérable peut accompagner la chute de la foudre. Nous pouvons en citer d'autres exemples.

Au mois d'août 1885, un orage éclata sur Sotteville (Seine-Inférieure); les éclairs sillonnèrent le ciel, le tonnerre gronda, et la pluie tomba à torrents. Tout à coup on vit tomber dans la rue Pierre Corneille plusieurs petites boules de la grosseur d'un pois ordinaire qui, en touchant terre, brûlaient en laissant échapper une petite flamme violacée. On en compta plus d'une vingtaine, et, l'un des spectateurs ayant voulu mettre le pied sur l'une d'elles, elle a de nouveau produit une flamme. Elles n'ont laissé aucune trace sur le sol.

Le 28 juillet de la même année, à la sortie de Luchon, sur la route de Bigorre, un passant vit tomber la foudre à 20 mètres de lui. Remis de la commotion, il alla par curiosité regarder l'effet produit par la foudre et remarqua, sur le mur longeant la route, sur les schistes, sur les calcaires et sur les arbres eux-mêmes, des enduits de couleur brune. Il s'agit incontestablement là aussi d'un apport effectué par la foudre. Cet enduit est fort curieux. Il se laisse rayer à l'ongle, se pulvérise sous une pression très faible, se ramollit sous une simple friction, s'enflamme au feu d'une bougie et dégage alors une odeur résineuse et beaucoup de fumée. Qu'est-ce que cette matière résineuse? C'est ce que nul ne peut encore dire.

Au mois de juillet 1885, le lendemain d'un violent coup de foudre qui avait frappé le bureau télégraphique de la station de Savigny-sur-Orge, j'ai recueilli moi-même, sur les montants en bois de l'appareil, une petite poudre noire d'une odeur sulfureuse, que le coup de foudre y avait laissée. C'était certainement là un transport de substance par l'électricité.

Le 10 août 1883, à Nevers, la foudre tomba sur une cheminée. On a trouvé au point frappé une *pierre noire* de la grosseur du poing, extrêmement légère, ressemblant à une éponge.

Le 25 août 1880, à Paris, pendant un orage assez violent, M. A. Trécul, de l'Institut, vit en plein jour sortir d'un nuage sombre un corps lumineux, très brillant, légèrement jaune, presque blanc, de forme un peu allongée, ayant en apparence $0^m,35$ à $0^m,40$ de longueur sur environ $0^m,25$ de largeur, avec les deux bouts brièvement atténués en cône.

Ce corps ne fut visible que pendant quelques instants; il disparut en paraissant rentrer dans le nuage; mais, en se retirant, il abandonna une petite quantité de sa substance, *qui tomba verticalement comme un corps grave*, comme si elle eût été sous la seule influence de la pesanteur. Elle laissa derrière elle une traînée lumineuse, aux abords de laquelle on apercevait des étincelles ou plutôt des globules rougeâtres, car leur lumière ne rayonnait pas. Près du corps tombant, la traînée lumineuse était à peu près en ligne droite (verticale), tandis que dans la partie supérieure elle devenait sinueuse. Le petit corps tombant se divisa pendant sa chute et s'éteignit bientôt après, lorsqu'il fut sur le point de disparaître derrière les maisons. A son départ et au moment de sa division, aucun bruit ne fut perçu, bien que le nuage ne fût pas éloigné.

Ces faits dénotent incontestablement la présence d'une *matière pondérable*. Que de mystères encore à expliquer!

CHAPITRE IV

Les orages étant une manifestation de l'électricité atmosphérique, et la plus éclatante de toutes, on conçoit qu'ils soient plus fréquents dans les pays chauds que dans les pays froids, et que leur nombre et leur intensité diminuent en allant de l'équateur aux pôles.

Nulle part les orages ne se montrent avec autant de force qu'entre les tropiques. Suivant les voyageurs, on ne peut, dans nos climats, se faire aucune idée de la violence de ces orages; dans la région des calmes, il y a un orage presque tous les jours : aussi pourrait-on l'appeler plutôt la région des orages éternels.

La plupart du temps, ils accompagnent les grands mouvements atmosphériques que nous avons examinés au chapitre des Cyclones. Les tempêtes, les ouragans, les typhons s'environnent des manifestations de l'électricité, développent sur une large échelle cet élément partout largement répandu, et sèment sur leur passage les fulgurations de l'éclair et les canonnades du tonnerre. Bien souvent les orages de nos climats ne sont que les suites des cyclones de l'Atlantique, et, dans notre France tempérée elle-même, leur marche s'effectue ordinairement du sud-ouest au nord-est.

A mesure qu'on s'avance vers les hautes latitudes des régions polaires, les orages diminuent. Ainsi la moyenne annuelle du nombre des jours d'orage est de 60 à Calcutta, de 40 à Maryland (États-Unis, 39 degrés de latitude), de 20 au Canada (Québec, latitude 46 degrés), de 15 à Toulon, de 12 à Paris, de 9 à Londres et à Saint-Pétersbourg, de 0 ou à peu près au Spitzberg.

Il y a cependant des exceptions, comme nous l'avons vu pour la distribution de la chaleur et pour celle des pluies. Ainsi il paraît qu'à Lima, au Pérou, il ne tonne presque jamais, quoique l'on soit dans les régions intertropicales : on n'y a entendu le tonnerre qu'en 1803 et le 31 décembre 1877. En Norvège, au contraire, on compte autant de jours de tonnerre qu'à Paris.

Dans nos climats les orages ont lieu surtout en été. Leur proportion, pour l'Europe occidentale tout entière, est de 53 pour l'été, 21 pour l'automne, 18 pour le printemps, et 8 pour l'hiver. Si l'on s'éloigne de l'Océan et qu'on regarde seulement l'intérieur de l'Europe, la proportion est de 78 pour l'été, 16 pour le printemps, 6 pour l'automne et 0 pour l'hiver. Il n'en est plus de même en s'avançant vers les pôles, où la découpure des continents, les presqu'îles si nombreuses, les courants maritimes, les glaces variables, semblent apporter divers éléments d'irrégularité. Ainsi, à Bergen, il y a plus d'orages en hiver qu'en été, très peu en automne et encore moins au printemps. Sans aller aussi loin, il est curieux de remarquer qu'en Angleterre même, il y a plus d'orages à grêle en hiver qu'en été.

Les orages s'étendent souvent à une partie considérable de la France, et quelquefois la traversent dans toute son étendue, sur une ligne plus ou moins large. Parmi les nombreuses cartes construites à l'Observatoire, l'une des plus instructives est, entre autres, celle du 9 mai 1865 (fig. 293). On y suit facilement la marche de l'orage, d'heure en heure, du midi jusqu'au nord de la France. Nous avons déjà parlé de ce long et remarquable orage dans le chapitre des grêles, page 668. Il accompagnait une forte bourrasque qui traversa la France de l'ouest-sud-ouest au nord-nord-est, et dont le centre de dépression atteignit la pointe orientale de l'Angleterre le 9 au matin. Les grands orages, par exemple celui du 15-16 août 1887, qui fondit sur Bordeaux et Périgueux à dix heures du soir et passa aux environs de Paris à trois heures du matin, suivent cette même direction du sud-sud-ouest au nord-nord-est.

Assez souvent, des orages secondaires se forment ou s'amorcent sur le continent; dans ce cas, ils ne s'étendent pas sur un grand nombre de départements, sont dus à des nuages moins élevés que les précédents, subissent l'influence du relief du sol, s'accrochent aux montagnes ou suivent les cours d'eau et les vallées, sur lesquelles ils versent la grêle sans parcimonie, comme nous l'avons vu.

Les orages accomplissent ordinairement une fonction utile et réparatrice dans le système organique terrestre. Ils nettoient l'Atmosphère et le sol, chassent les miasmes, renouvellent l'électricité, font circuler l'oxygène, distribuent l'ozone, rajeunissent la nature. Ce sont de ces secousses violentes et salutaires comme il nous en faut parfois à nous-mêmes pour secouer notre torpeur et surexciter notre vie. Quand la tempête est passée, lors même que des branches ont été trop secouées et que des feuilles jonchent le sol, le bois parfumé sourit au ciel, et exhale des parfums qui ne sont jamais si intenses ni si purs qu'après

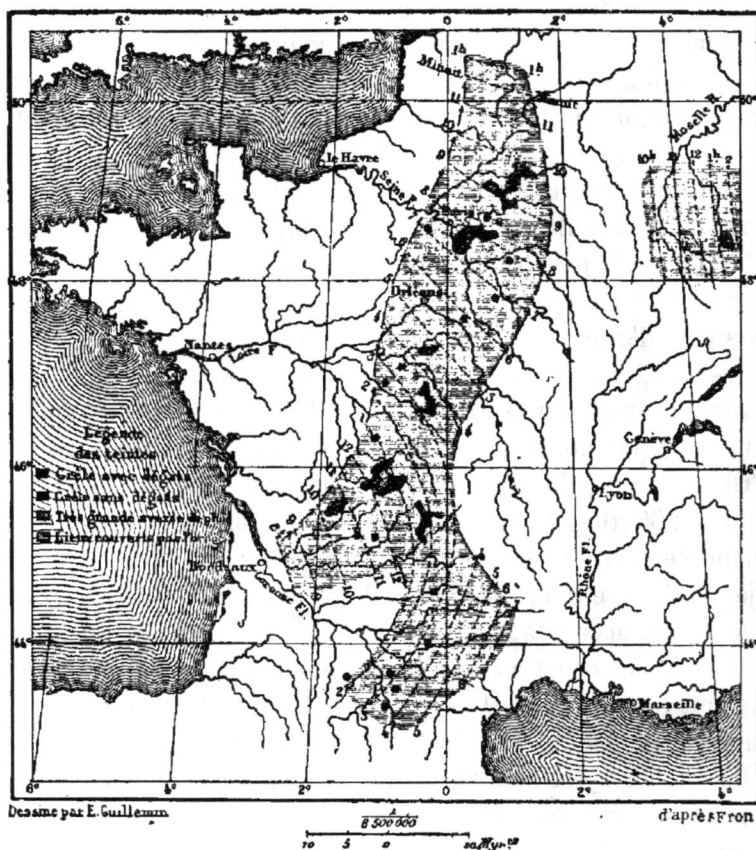

FIG. 292. — Translation de l'orage du 9 mai 1865.

une pluie d'orage. Les arbres, les plantes, les fleurs surtout semblent s'épanouir dans le bonheur.

L'action salutaire des orages en météorologie ne doit cependant pas nous faire oublier les accidents funestes parmi lesquels nous avons, dans le chapitre précédent, remarqué tant de particularités curieuses. Nous pouvons au contraire légitimement nous demander quel est le nombre des victimes de la foudre.

Depuis 1835 le ministère de la justice constate annuellement les décès causés par la foudre sur le territoire de la France. Le docteur Boudin les a relevés à cette source jusqu'en 1863, et j'ai continué avec grand intérêt cette curieuse statistique depuis cette époque. En voici le résultat :

STATISTIQUE DES FOUDROYÉS EN FRANCE

Années.	Nombre d'individus tués par la foudre.	Années.	Nombre d'individus tués par la foudre.	Années.	Nombre d'individus tués par la foudre.
1835	111	1852	184	1869	112
1836	59	1853	50	1870	118
1837	78	1854	52	1871	117
1838	54	1855	96	1872	108
1839	55	1856	92	1873	117
1840	57	1857	108	1874	178
1841	59	1858	80	1875	112
1842	73	1859	97	1876	94
1843	48	1860	51	1877	106
1844	81	1861	101	1878	100
1845	69	1862	100	1879	86
1846	76	1863	103	1880	147
1847	108	1864	87	1881	101
1848	79	1865	140	1882	94
1849	66	1866	136	1883	143
1850	77	1867	119		
1851	54	1868	156		4609

On voit qu'en certaines années le nombre des foudroyés est considérable : 184 en 1852, 178 en 1874, 156 en 1868, etc.

En examinant les faits et gestes de la foudre, on a remarqué qu'il n'y a pas égalité d'accidents pour les hommes et pour les femmes, et qu'il y a un privilège en faveur du sexe féminin. Depuis 1854 on a pris soin dans cette statistique de distinguer les sexes. Voici les cas de fulguration ainsi séparés :

Années.	Sexe masculin.	Sexe féminin.	Années.	Sexe masculin.	Sexe féminin.
1854	38	14	1869	85	27
1855	72	24	1870	89	29
1856	64	28	1871	79	38
1857	84	24	1872	74	34
1858	58	22	1873	73	44
1859	65	32	1874	127	51
1860	36	15	1875	77	35
1861	66	35	1876	69	25
1862	74	26	1877	79	27
1863	80	23	1878	70	30
1864	61	26	1879	58	28
1865	81	59	1880	112	35
1866	99	37	1881	78	23
1867	80	39	1882	71	23
1868	117	39	1883	106	37

Ce relevé nous offre 2322 hommes tués pour 947 femmes, c'est-à-dire qu'il y a plus du double d'hommes tués par la foudre que de femmes, de deux à trois fois plus. Les relevés faits dans les autres pays conduisent à peu près au même résultat. On a imaginé diverses causes à cette galanterie de la foudre : nature de l'être vivant, électricité organique, température de la chair, vêtements, etc. Elle est due sans doute tout simplement à ce qu'il y a moins de femmes que d'hommes exposées dans les travaux des champs.

On peut remarquer encore que les enfants sont rarement tués, même lorsque la foudre les frappe.

On a remarqué aussi que la foudre paraît avoir certaines prédilections pour des édifices, des objets et même des personnes. Il n'est pas rare de voir certains points, certains édifices et même certaines personnes frappés plusieurs fois. Lorsqu'un point a été frappé, c'est souvent à cause de sa situation ou de son influence relativement à la conductibilité électrique. Ces mêmes influences continuent d'agir.

On a également remarqué que l'homme est moins accessible au foudroiement que les animaux. Les chevaux menés par un conducteur, les troupeaux de bœufs et de moutons sont plus souvent tués que les hommes.

La foudre paraît aussi avoir des préférences pour certaines espèces d'arbres. Les anciens pensaient que le laurier préservait du tonnerre. Le hêtre a joui jusqu'à présent dans nos climats de la réputation d'être inaccessible à la foudre; cependant ce n'est pas tout à fait exact, comme on va le voir.

Parmi les nombreux faits et gestes de la foudre que j'ai recueillis depuis des années, j'ai cent soixante-six notifications d'espèces d'arbres, qui se classent comme il suit pour le nombre de coups de foudre relatifs à chaque espèce :

54 chênes.	6 hêtres.	2 pommiers.	1 figuier.
24 peupliers	5 frênes.	1 sorbier.	1 oranger.
14 ormes.	4 poiriers.	1 mûrier.	1 olivier.
11 noyers.	4 cerisiers.	1 aune.	0 bouleau.
10 sapins.	3 catalpas.	1 faux ébénier.	0 érable.
7 saules.	3 châtaigniers.	1 acacia.	
6 pins.	2 tilleuls.	1 robinier pseudo-acacia.	

On peut remarquer que la hauteur des arbres n'est pas la cause essentielle de leur foudroiement plus ou moins fréquent, et le tableau qui précède ferait vraiment croire que l'essence même de l'arbre a une influence réelle. Car pourquoi les oliviers, les acacias, les bouleaux, les érables, si nombreux dans certaines contrées, sont-ils à peine frappés? La hauteur des arbres joue un rôle : il est certain que, si plusieurs arbres sont rapprochés au milieu d'une plaine, la foudre frappera de préférence les plus élevés. Toutefois il n'en est pas toujours ainsi, loin de là. L'isolement des arbres, l'élévation du terrain, la situation par rapport à l'orage, la nature du sol, la forme du feuillage et celle des racines ont une influence marquée sur les effets de la foudre et sur sa tendance à frapper les arbres. Elle atteint sans doute de préférence les plus humides et les meilleurs conducteurs.

Examinons maintenant la statistique de la foudre suivant les lieux. Relevons la distribution géographique des coups de foudre : elle est singulièrement curieuse, même sur une seule contrée comme la France. La marche des orages, le relief du sol, ont une influence marquée sur le degré de fréquence des coups de foudre. Les diverses provinces sont loin d'être exposées de la même façon aux risques du tonnerre. Voici le relevé par départements de tous les décès par fulguration enregistrés depuis 1835 :

Tableau I

NOMBRE TOTAL DES FOUDROYÉS, PAR DÉPARTEMENT

N° d'ordre.	Département.	Fou-droyés depuis 1835.	N° d'ordre.	Département.	Fou-droyés depuis 1835.	N° d'ordre.	Département.	Fou-droyés depuis 1835.
1	Manche.........	13	30	Aisne...........	42	59	Meurthe-et-Mos..	62
2	Eure-et-Loir.....	15	31	Somme.........	43	60	Cher...........	63
3	Orne............	16	32	Finistère	42	61	Lot............	64
4	Calvados........	21	33	Seine-et-Marne..	43	62	Jura............	64
5	Eure	22	34	Loire-Inférieure..	43	63	Doubs	65
6	Ardennes........	22	35	Var........ ...	43	64	Vosges	65
7	Morbihan...	23	36	Ariège..........	44	65	Bass s-Pyrénées.	66
8	Tarn-et-Garonne .	24	37	Dordogne.......	44	66	Drôme..........	66
9	Loir-et-Cher.....	26	38	Charente........	44	67	Basses Alpes.....	68
10	Meuse..........	26	39	Vienne	45	68	Creuse..........	69
11	Ille-et-Vilaine....	27	40	Hérault.........	45	69	Gironde	72
12	Côtes-du-Nord ...	27	41	Indre-et-Loire ...	47	70	Côte d'Or.......	73
13	Oise............	27	42	Savoie.........	47	71	Ain,...........	74
14	Maine-et-Loire...	27	43	Vaucluse.......	47	72	Cantal.........	79
15	Seine-Inférieure..	28	44	Gers...........	47	73	Lozère..........	79
16	Vendée	28	45	Hautes-Alpes ...	47	74	Corse..........	80
17	Indre...........	28	46	Haute-Garonne...	48	75	Haute-Savoie.....	84
18	Seine..........	30	47	Haute-Marne.....	49	76	Isère...........	86
19	Loiret..........	30	48	Tarn...........	50	77	Corrèze........ .	89
20	Mayenne........	33	49	Charente Infér....	52	78	Aveyron	90
21	Landes.........	33	50	Gard...........	53	79	Rhône.... ...	91
22	Marne..........	34	51	Yonne.,........	53	80	Nord	104
23	Pyrénées-Orient..	35	52	Lot-et-Garonne ..	55	81	Allier..........	110
24	Aude...........	35	53	Nièvre..........	56	82	Ardèche........	113
25	Aube...........	38	54	Alpes-Maritimes..	56	83	Loire...........	113
26	Hautes-Pyrénées .	38	55	Haute-Saône.....	57	84	Saône-et-Loire...	131
27	Sarthe..........	39	56	Haute-Vienne...	59	85	Haute-Loire.....	152
28	Deux-Sèvres	40	57	Pas-de-Calais ...	61	86	Puy-de-Dôme	166
29	Seine-et-Oise	41	58	Bouch.-du-Rhône.	62			

On voit que les départements de la Manche, Eure-et-Loir, Orne, Calvados, Eure, Ardennes, Morbihan ne comptent qu'un très petit nombre de foudroyés, tandis que ceux de Puy-de-Dôme, Haute-Loire, Saône-et-Loire, Loire, Ardèche, Allier, Nord comptent leurs victimes en grand nombre. Plusieurs causes sont en jeu dans cette répartition. D'une part, il se forme plus d'orages dans les pays de montagnes que dans les pays de plaines; d'autre part, les cas de foudroiement sont d'autant plus nombreux qu'il y a plus d'individus exposés à les recevoir. Or on remarque que ces cas sont extrêmement rares dans les habitations. Le département de la Seine, par exemple, n'est pas à l'abri des orages,

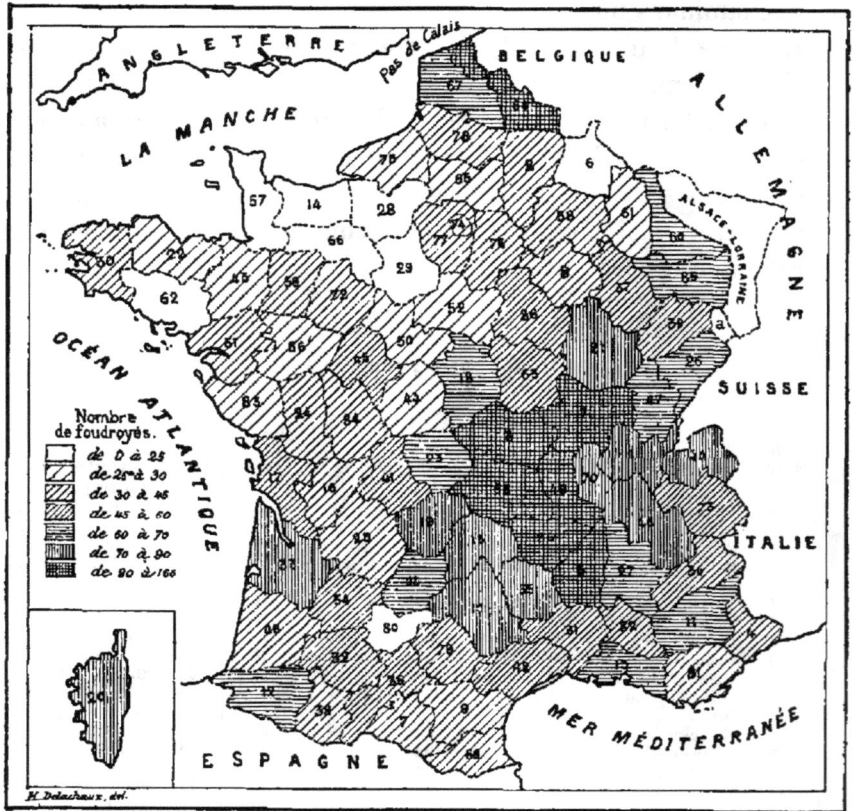

FIG. 293. — Distribution des coups de foudre en France par département[1].

La teinte est proportionnelle aux risques.

quoiqu'il s'en forme moins dans la plaine de l'Ile-de-France que dans les montagnes de l'Auvergne, dans les Alpes ou dans les Pyrénées; pourtant les cas de foudroiement sont extrêmement rares dans cette

1. Voici les noms des départements que désigne les numéros placés à l'intérieur des cartes 293 et 294.

1. Ain.	12. Basses-Pyrénées.	23. Creuse.	34. Hautes-Alpes.
2. Aisne.	13. Bouches-du-Rhône.	24. Deux-Sèvres.	35. Haute-Garonne.
3. Allier.	14. Calvados.	25. Dordogne.	36. Haute-Loire.
4. Alpes-Maritimes.	15. Cantal.	26. Doubs.	37. Haute-Marne.
5. Ardèche.	16. Charente.	27. Drôme.	38. Hautes-Pyrénées.
6. Ardennes.	17. Charente-Inférieure.	28. Eure.	39. Haute-Saône.
7. Ariège.	18. Cher.	29. Eure-et-Loir.	40. Haute-Savoie.
8. Aube.	19. Corrèze.	30. Finistère.	41. Haute-Vienne.
9. Aude.	20. Corse.	31. Gard.	42. Hérault.
10. Aveyron.	21. Côte-d'Or.	32. Gers.	43. Ille-et-Vilaine.
11. Basses-Alpes.	22. Côtes-du-Nord.	33. Gironde.	44. Indre.

région, malgré l'extrême densité de la population : les habitants sont relativement à l'abri. Les victimes de la foudre, tuées ou blessées, se classent dans l'ordre suivant :

1° Sous les arbres ;

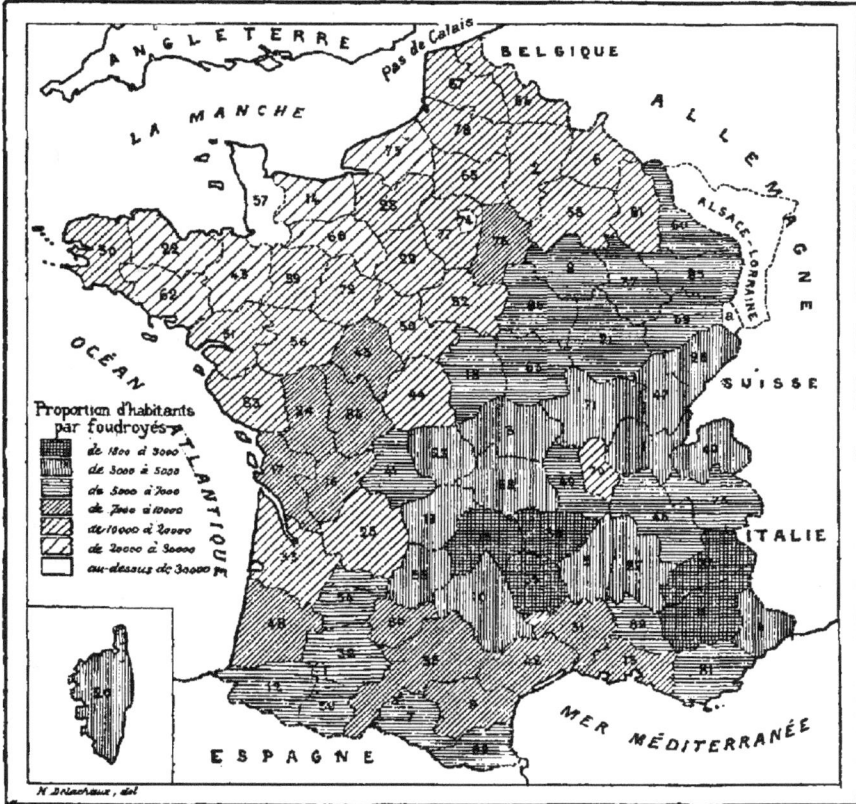

FIG. 294. — Nombre proportionnel des foudroyés par population.

2° En pleine campagne, surtout si l'on tient des objets en fer, charrue, faux, etc., ou si l'on tient des animaux à la main ;

3° Dans les maisons isolées, fermes, bergeries, etc. ;

4° Dans les églises, surtout si l'on tient la corde d'un clocher, et presque infailliblement si l'on sonne sous l'orage ;

5° Dans les maisons de garde des voies ferrées ;

6° Dans les villes.

45. Indre-et-Loire.	56. Maine-et-Loire.	67. Pas-de-Calais.	78. Somme.
46. Isère.	57. Manche.	68. Puy-de-Dôme.	79. Tarn.
47. Jura.	58. Marne.	69. Pyrénées-Orientales.	80. Tarn-et-Garonne.
48. Landes.	59. Mayenne.	70. Rhône.	81. Var.
49. Loire.	60. Meurthe-et-Moselle.	71. Saône-et-Loire.	82. Vaucluse.
50. Loir-et-Cher.	61. Meuse.	72. Sarthe.	83. Vendée.
51. Loire-Inférieure.	62. Morbihan.	73. Savoie.	84. Vienne.
52. Loiret.	63. Nièvre.	74. Seine.	85. Vosges.
53. Lot.	64. Nord.	75. Seine-Inférieure.	86. Yonne.
54. Lot-et-Garonne.	65. Oise.	76. Seine-et-Marne.	
55. Lozère.	66. Orne.	77. Seine-et-Oise.	a. Territoire de Belfort.

Remarque assurément fort curieuse, *il n'y a pas eu une seule personne tuée par la foudre* à Paris depuis 1864, quoique plusieurs orages éclatent par an sur l'immense capitale, que la foudre frappe presque chaque fois des arbres, des édifices ou des maisons, souvent des casernes. Un seul orage suffirait pour faire un grand nombre de victimes et élever notablement le chiffre de 30 qui reste depuis 1864 appliqué au département de la Seine. Tout auprès et tout autour, les départements de Seine-et-Oise et Seine-et-Marne, beaucoup moins peuplés, ont plus de victimes. On remarque des années fatales pour certaines contrées. Ainsi, en 1870, le département d'Indre-et-Loire n'a pas eu moins de 23 morts à enregistrer, et en 1874 celui de Saône-et-Loire en a compté 13. En 1883, la Mayenne, la Sarthe et la Haute-Vienne ont vu augmenter de 10 les nombres de leur statistique. Le Puy-de-Dôme et le Rhône n'ont pas encore eu, depuis 1865, une seule année indemne ; ceux de la Haute-Loire, de l'Isère, du Pas-de-Calais, de l'Ardèche et de Saône-et-Loire n'en ont eu qu'une. L'innocuité de Paris est due sans doute au grand nombre de toits, pointes, cheminées, paratonnerres, qui font pour ainsi dire de Paris un même tout, sur lequel chaque décharge électrique se divise et se diffuse, au lieu de s'isoler sur un seul point. Tout récemment encore, le 30 juillet 1887, un violent orage s'est abattu sur Paris, multipliant les coups de foudre, frappant de toutes parts, foudroyant arbres, édifices et demeures : pas une personne, heureusement, n'a été atteinte.

Afin de nous rendre mieux compte de cette distribution géographique, nous avons, à l'aide des chiffres obtenus pour le tableau de la page 739, tracé la carte de France ci-dessus (fig. 293) teintée proportionnellement au *nombre total* des foudroyés par département. Un coup d'œil jeté sur cette carte montre immédiatement cette distribution. Nous avons dû supprimer les départements du Haut-Rhin et du Bas-Rhin, pour lesquels nous n'avons pas de documents depuis 1871, ainsi que celui de la Moselle, dont une faible partie, annexée à la Meurthe, a légèrement accru le nombre relatif affecté à cette dernière région.

Mais afin de juger, d'autre part, du *nombre proportionnel* des foudroyés relativement à la densité de la population, nous avons construit un second tableau (page 743) et une seconde carte (fig. 294). En divisant le nombre des habitants de chaque département par le nombre des foudroyés depuis 1835, on obtient le nombre des habitants pour un foudroyé. Les teintes de la carte sont d'autant plus foncées qu'il y a plus de risques, ou qu'il y a moins d'habitants par foudroyé.

Tableau II

NOMBRE PROPORTIONNEL DES FOUDROYÉS PAR POPULATION

Ordre croissant des risques.

N° d'ordre.	Département.	Population.	Densité¹.	Foudroyés.	Proportion².
1	Seine	2.799.329	5.844	30	93.311
2	Manche	526.377	89	13	40.490
3	Seine-Infér.	811.068	135	28	29.074
4	Orne	376.126	62	16	23.508
5	Côt.-du-Nord	627.585	91	27	23.243
6	Ille-et-Vilaine	615.480	92	27	22.794
7	Morbihan	521.614	77	23	22.678
8	Calvados	439.830	80	21	20.944
9	Maine-et-Loire	523.491	74	27	19.388
10	Eure-et-Loir	280.097	48	15	18.673
11	Eure	364.291	64	22	16.558
12	Finistère	681.564	101	42	16.227
13	Nord	1.603.529	282	104	15.416
14	Ardennes	333.675	64	22	15.167
15	Vendée	421.642	63	28	15.058
16	Oise	404.555	69	27	14.984
17	Loire-Infér.	625.625	81	43	14.549
18	Seine-et-Oise	577.798	103	41	14.092
19	Pas-de-Calais	819.022	124	61	13.427
20	Somme	550.837	89	42	13.115
21	Aisne	556.891	76	42	12.783
22	Marne	421.800	52	34	12.406
23	Loiret	368.526	54	30	12.284
24	Sarthe	438.917	71	39	11.254
25	Dordogne	495.037	54	44	11.251
26	Meuse	289.861	47	26	11.148
27	Loir-et-Cher	275.713	43	26	10.605
28	Mayenne	344.881	67	33	10.451
29	Gironde	748.703	77	72	10.399
30	Indre	287.705	42	28	10.276
31	Hte-Garonne	478.009	76	48	9.958
32	Hérault	441.527	71	45	9.811
33	Bouches-du-Rhône	589.028	115	62	9.500
34	Aude	327.942	52	35	9.370
35	Landes	301.143	32	33	9.125
36	Tarn-et-Gar.	217.056	58	24	9.044
37	Charente-Inf.	406.416	68	52	8.769
38	Deux-Sèvres	350.103	58	40	8.752
39	Charente	370.822	62	44	8.428
40	Rhône	741.470	266	91	8.148
41	Seine-et-Mar.	348.991	61	43	8.116
42	Gard	415.629	71	53	7.842
43	Vienne	340.295	49	45	7.562
44	Tarn	359.293	63	50	7.184
45	Indre-et-Loire	329.160	54	47	7.004
46	Meurthe-et-Moselle	419.317	80	62	6.763
47	Isère	580.271	70	86	6.747
48	Yonne	357.029	48	53	6.736
49	Aube	255.323	43	38	6.719
50	Var	288.577	48	43	6.711
51	Basses-Pyrén.	434.366	57	66	6.584
52	Vosges	406.862	70	65	6.259
53	Hautes-Pyrén.	236.471	52	38	6.223
54	Nièvre	347.576	51	56	6.207
55	Gers	281.532	45	47	5.990
56	Pyrén.-Orient.	208.755	51	35	5.908
57	Haute-Vienne	349.332	63	59	5.921
58	Lot-et-Garonne	312.081	58	55	5.674
59	Savoie	266.438	46	47	5.669
60	Cher	351.105	49	63	5.578
61	Ariège	240.601	49	44	5.468
62	Loire	509.836	126	113	5.308
63	Côte-d'Or	382.819	44	73	5.244
64	Haute-Marne	254.876	41	49	5.201
65	Vaucluse	244.149	69	47	5.194
66	Haute-Saône	295.905	55	57	5.191
67	Ain	363.472	63	74	4.912
68	Doubs	310.827	59	65	4.782
69	Saône-et-Loire	625.589	83	131	4.775
70	Drôme	313.763	48	66	4.754
71	Aveyron	415.075	47	90	4.612
72	Jura	285.819	57	64	4.457
73	Lot	280.269	54	64	4.379
74	Alpes-Maritim.	226.621	61	56	4.047
75	Creuse	278.782	50	69	4.040
76	Allier	416.759	57	110	3.788
77	Corrèze	317.066	54	89	3.562
78	Puy-de-Dôme	566.064	71	166	3.413
79	Corse	272.639	31	80	3.408
80	Haute-Savoie	274.087	64	81	3.383
81	Ardèche	376.867	50	113	3.335
82	Cantal	236.190	41	79	2.989
83	Hautes-Alpes	121.787	22	47	2.591
84	Haute-Loire	316.461	64	152	2.082
85	Basses-Alpes	131.948	19	68	1.940
86	Lozère	143.565	28	79	1.818

On voit combien la proportion diffère suivant les contrées. Tandis que dans le département de la Seine il n'y a qu'un foudroyé sur 93 000 habitants, dans la Manche 1 sur 40 000, dans la Seine-Inférieure 1 sur 29 000 et dans l'Orne 1 sur 23 500, on en compte, dans la Haute-Loire 1 sur 2000, dans les Basses-Alpes 1 sur 1900, et dans la Lozère 1 sur 1800. Nos deux listes offrent dans leur classement des différences caractéristiques que chacun peut apprécier.

1. Nombre d'habitants par kilomètre carré.
2. Nombre d'habitants pour 1 foudroyé.

CHAPITRE V

Les feux Saint-Elme sont une manifestation lente de l'électricité, un écoulement léger et pacifique, comme celui de l'hydrogène dans un bec de gaz, qui rayonne doucement sur les points élevés des paratonnerres, des édifices, des navires, pendant les temps d'orage, où la tension électrique terrestre est fortement sollicitée par celle des nuages.

Sénèque écrivait déjà, il y a deux mille ans, que pendant les violents orages on voit des étoiles se poser sur les voiles des navires. Il ajoutait que les marins en péril croient alors que les divinités bienfaisantes *Castor* et *Pollux* viennent à leur secours. On lit dans Tite Live que le javelot dont Lucius venait d'armer son fils, récemment enrôlé, jeta des flammes pendant plus de deux heures, sans être consumé. Au moment où la flotte de Lysandre sortait du port de Lampsaque pour attaquer la flotte athénienne, les feux de Castor et Pollux allèrent se placer des deux côtés de la galère de l'amiral lacédémonien. Chez les anciens, ces météores lumineux étaient regardés comme des présages et recueillis scrupuleusement par les historiens. Une seule flamme, considérée comme un signe menaçant, portait le nom d'Hélène; les feux doubles présageaient le beau temps et d'heureuses entreprises. « Les gens de mer, dit le fils de Christophe Colomb, tiennent pour certain que le danger de la tempête est passé lorsque *Saint-Elme* paraît. Pendant le second voyage de l'amiral, dans une nuit d'octobre 1493, il tonnait et il pleuvait à verse, lorsque Saint-Elme se montra sur le mât de perroquet avec sept cierges allumés. A cette apparition merveilleuse, les hommes de l'équipage se répandirent en prières et en actions de grâces. » Herrera rapporte que les matelots de Magellan avaient les mêmes superstitions : « Pendant les grandes tempêtes, dit-il, Saint-Elme se montrait au sommet du mât de perroquet, tantôt avec un cierge allumé, tantôt avec deux. Ces apparitions étaient saluées par des acclamations et des larmes de joie. » Le passage suivant, emprunté aux mémoires de Forbin, présente un exemple du même phénomène avec des proportions extraordinaires. C'était en 1696, par le travers des Baléares. « La nuit devint tout à coup d'une obscurité profonde, dit-il, avec des éclairs et des tonnerres épou-

vantables. Dans la crainte d'une grande tourmente dont nous étions menacés, je fis serrer toutes les voiles. Nous vîmes sur le vaisseau plus de *trente feux Saint-Elme*. Il y en avait un, entre autres, sur le haut de la girouette du grand mât, qui avait *plus d'un pied et demi de hauteur*. J'envoyai un matelot *pour le descendre*. Quand cet homme fut en haut, il cria que ce feu faisait un bruit semblable à celui de la poudre qu'on allume après l'avoir mouillée. Je lui ordonnai d'enlever la girouette et de venir ; mais à peine l'eut-il ôtée de sa place que le feu la quitta et alla se poser sur le bout du grand mât, sans qu'il fût possible de l'en

Fig. 295. — Feux Saint-Elme sur la flèche
de Notre-Dame de Paris.

retirer. Il y resta assez longtemps et puis se consuma peu à peu. »

Les feux Saint-Elme se montrent le plus souvent sur les navires, et il ne se passe guère d'année sans qu'on en soit témoin sur un point ou sur un autre de l'Océan.

Ils se montrent également sur les clochers.

Le 8 juin 1886, vers dix heures du soir, on a observé à Gratz (Styrie) un feu Saint-Elme, qui s'est produit pendant qu'une pluie très forte tombait sur la ville ; aucun phénomène orageux ne l'accompagnait, quoique cependant un orage se fût déclaré quelques heures auparavant. Le feu Saint-Elme affectait la forme d'une langue de feu pointue, et resta pendant longtemps visible de très loin à l'extrémité de la croix qui surmonte la tour de l'église Sainte-Marie. La flamme était immobile, d'une couleur rougeâtre et d'au moins 50 centimètres de hauteur ; elle se raccourcissait par moments, puis elle disparut subitement.

A Brück (Carinthie), on observa, le 2 juin de cette même année, un phénomène du même genre. Un orage sévissait à environ 3 ou 4 kilomètres de la ville, lorsqu'on vit une lueur violette apparaître sur la croix qui surmonte la tour de la cathédrale. Cette flamme en quelques instants, neuf minutes environ, devint de plus en plus grande, jusqu'à atteindre la longueur du bras ; en même temps elle était animée de mouvements rapides et sa couleur passait du violet à un blanc éclatant. Au centre de la flamme on distinguait un noyau rouge sombre, qui disparut peu après. Elle n'était accompagnée d'aucun bruit, ou du moins, s'il y en avait, la distance empêchait de l'entendre. A chaque coup de tonnerre, cette flamme était rejetée vers le sol et ne reprenait ensuite que graduellement sa position première.

Dans les environs de la même ville de Brück, à Poleaschnig, sur le Johannserberg, le 13 août 1883, on a observé un feu Saint-Elme assez curieux. Il se montra tout à coup au sommet d'un toit couvert de chaume, sous la forme d'une flamme à large base, semblable à celle d'un grand foyer au gaz ; sa couleur était blanche, et elle était en mouvement. Les habitants de la maison, mis en émoi, crurent que le feu s'était déclaré dans le grenier ; on apporta des échelles, et un valet de ferme y grimpa ; mais, lorsqu'il avança la main pour écarter le feu, celui-ci s'éteignit subitement avec un grand bruit, et le valet reçut dans le bras une violente secousse, qui l'instruisit en même temps de la nature du phénomène. A l'endroit où la flamme s'était montrée, on n'observa aucune trace de combustion. Comme, au moment du phénomène, un orage régnait à l'horizon nord, le valet de ferme raconta qu'il avait été la victime « d'un éclair en retard ». Cette même maison semblait mal vue des feux du ciel, car le 29 juin 1885 elle fut réduite en cendres par la foudre.

On a remarqué plusieurs fois les aigrettes lumineuses de l'électricité sur la flèche de Notre-Dame de Paris, pendant certains orages du soir en été.

Les feux Saint-Elme peuvent se produire *sur l'homme lui-même,* sur ses vêtements, sur les objets qu'il tient à la main.

Jules César raconte qu'un certain mois de février, vers la deuxième veille de la nuit, il s'éleva subitement un nuage épais, suivi d'une pluie de pierres, et que, la même nuit, les pointes des piques de la cinquième légion parurent s'enflammer.

Suivant Procope, un phénomène semblable apparut sur les lances et les piques des soldats de Bélisaire dans sa guerre contre les Vandales.

Tite Live rapporte que les piques de quelques soldats, en Sicile, et une canne que tenait un cavalier, en Sardaigne, parurent être en feu. Les cottes furent elles-mêmes lumineuses et brillèrent de feux nombreux.

Lorsque, en 1769, au milieu d'un violent orage, de brillantes aigrettes apparurent sur la croix du clocher de Hohen-Gebrachim, deux voisins, accourus pour éteindre le feu qui leur paraissait envahir le clocher, furent aussi surpris qu'effrayés de se voir la tête couverte de feu et de lumière.

Le 8 mai 1831, après le coucher du soleil, toute l'Atmosphère était en feu et annonçait un violent orage; on aperçut à l'extrémité des mâts de pavillon, à Alger, une lumière blanche en forme d'aigrette, qui persista pendant une demi-heure. Des officiers d'artillerie et du génie se promenaient sur la terrasse du fort Bab-Azoun; chacun, en regardant son voisin, remarqua avec étonnement que les extrémités de ses cheveux étaient tout hérissées de petites aigrettes lumineuses. Quand ces officiers levaient les mains, des aigrettes se formaient aussi au bout de leurs doigts.

Dans quelques cas, le feu Saint-Elme s'est présenté sous forme de flammes, d'autres fois on a vu le corps de l'homme tout rayonnant de lumière.

Peytier et Hossard, dans les Pyrénées, ont été plusieurs fois enveloppés dans des foyers d'orage tellement formidables, vus de la plaine, qu'on les croyait perdus. Plusieurs fois leurs cheveux, les glands de leurs casquettes, se dressèrent et répandirent une vive lumière accompagnée d'un sifflement prononcé. — Letestu, en 1786, resta dans son aérostat pendant trois heures de la nuit au milieu d'un orage; il entendait un bruit étourdissant; sa nacelle s'emplissait de neige et de grêle, les dorures de son drapeau étaient scintillantes.

Le dégagement de l'électricité du sol dans l'Atmosphère est parfois accompagné de phénomènes singuliers, d'une espèce de *bourdonnement* électrique au sommet des montagnes.

M. Henri de Saussure se trouvait avec quelques touristes sur le sommet du pic Sarley (3200 mètres de hauteur), près de Saint-Moritz, dans les Grisons, le 22 juin 1867, vers une heure de l'après-midi. Les ascensionnistes avaient traversé une pluie de grésil et venaient d'appuyer leurs bâtons ferrés contre un rocher, pour se disposer à prendre leur repas, lorsque M. de Saussure éprouva dans le dos, aux épaules, une douleur fort vive, comme celle que produirait une épingle enfoncée lentement dans les chairs.

Supposant, dit-il, que mon pardessus de toile contenait des épingles, je le jetai; mais, loin de me trouver soulagé, je sentis que les douleurs augmentaient, envahissant tout le dos, d'une épaule à l'autre; elles étaient accompagnées de chatouillements, d'élancements douloureux, comme ceux qu'aurait pu produire une guêpe qui se serait promenée sur ma peau en me criblant de piqûres. Otant à la hâte mon second paletot, je n'y découvris rien qui fût de nature à blesser les chairs.

La douleur, qui persistait toujours, prit alors le caractère d'une brûlure. Sans y réfléchir davantage, je me figurai, sans pouvoir l'expliquer, que ma chemise de laine avait pris feu. J'allais donc jeter le reste de mes vêtements, lorsque notre attention fut attirée par un bruit qui rappelait les stridulations des bourdons. C'étaient nos trois bâtons qui, appuyés au rocher, *chantaient* avec force, émettant un bruissement analogue à celui d'une bouilloire dont l'eau est sur le point d'entrer en ébullition. Tout cela pouvait avoir duré quatre ou cinq minutes.

Je compris à l'instant que mes sensations douloureuses provenaient d'un écoulement électrique très intense qui s'effectuait par le sommet de la montagne. Quelques expériences improvisées sur nos bâtons ne laissèrent apercevoir aucune étincelle, aucune clarté appréciable de jour. Ils vibraient avec force dans la main et rendaient un son très prononcé ; qu'on les tînt dirigés verticalement, la pointe de fer soit en haut, soit en bas, ou bien horizontalement, les vibrations restaient identiques, mais aucun bruit ne s'échappait du sol.

Le ciel était devenu gris dans toute son étendue, quoique inégalement chargé de nuages. Quelques minutes après, je sentis mes cheveux et les poils de ma barbe se dresser, en me faisant éprouver une sensation analogue à celle qui résulte d'un rasoir passé à sec sur des poils raides. Un jeune Français qui m'accompagnait s'écria qu'il sentait se dresser tous les poils de sa moustache naissante et que du sommet de ses oreilles il partait des courants très forts. En élevant la main, je sentais des courants non moins prononcés s'échapper de mes doigts. Bref, une forte électricité s'échappait des bâtons, habits, oreilles, cheveux, et de toutes les parties saillantes de nos corps.

Un seul coup de tonnerre se fit entendre vers l'ouest dans le lointain. Nous quittâmes la cime de la montagne avec une certaine précipitation, et nous descendîmes une centaine de mètres. A mesure que nous avancions, nos bâtons vibraient de moins en moins fort, et nous nous arrêtâmes lorsque leur son fut devenu assez faible pour ne plus être perçu qu'en les approchant de l'oreille.

Le même observateur a été témoin d'un autre cas d'écoulement de l'électricité par le sommet des montagnes, lorsqu'il visita, il y a plusieurs années, le Nevado de Toluca, au Mexique ; et ici le phénomène avait plus d'intensité encore, comme on pouvait s'y attendre, puisqu'il se passait sous les tropiques et à une altitude d'environ 4500 mètres.

L'écoulement de l'électricité par les rochers culminants se produit souvent par un ciel chargé de nuages bas, enveloppant les cimes, en passant à une faible distance au-dessus d'elles ; cet écoulement soulage assez la tension électrique pour empêcher la foudre de se former.

Dans la nuit du 11 août 1854, M. Blackwell stationnant sur les Grands-Mulets (altitude, 3455 mètres), le guide F.-I. Couttet sortit de la cabane vers onze heures du soir et vit les crêtes de ces montagnes tout en feu. Il parla aussitôt de son observation à ses compagnons ; tous voulurent s'assurer du fait, et effectivement ils virent qu'en vertu d'un effet d'électricité produit par la tempête chacune des saillies rocheuses des alentours semblait illuminée. Leurs vêtements étaient littéralement couverts d'étincelles, et, lorsqu'ils levaient les bras, les doigts devenaient phosphorescents.

Le 10 juillet 1863, M. Watson, accompagné de plusieurs touristes

FIG. 296. — Feux follets de fédérés (Issy, juin 1871).

et de guides, visitait le col de la Jungfrau. La matinée avait été très belle; mais, en approchant du col, la caravane fut assaillie par un fort coup de vent accompagné de grêle.

Un formidable coup de tonnerre retentit, et, bientôt après, M. Watson entendit une espèce de sifflement qui partait de son bâton : ce bruit ressemblait à celui que fait une bouilloire dont l'eau en ébullition

chasse vivement la vapeur au dehors. On fit une halte, et l'on remarqua que les cannes ainsi que les haches dont chacun était muni émettaient un son pareil. Ces mêmes objets, enfoncés dans la neige par
l'une de leurs extrémités, n'en continuèrent pas moins à produire
ce singulier sifflement. Alors un des guides ôta son chapeau, en
s'écriant que sa tête brûlait. En effet, ses cheveux étaient hérissés
comme ceux d'une personne que l'on électrise sous l'influence d'une
puissante machine, et chacun éprouva des picotements, une sensation
de chaleur au visage aussi bien que sur d'autres parties du corps.
Les cheveux de M. Watson se tenaient droits et raides; le voile qui
garnissait le chapeau d'un voyageur se dressa verticalement, et
l'on entendait le sifflement électrique au bout des doigts agités
dans l'air.

La *neige elle-même* émettait un bruit analogue à celui qui se serait
produit par la chute d'une vive ondée de grêle. Cependant aucune
apparition de lumière ne se manifesta; il n'en eût certainement pas
été ainsi durant la nuit.

Ces divers phénomènes sont dus uniquement à des dégagements
d'électricité. Il ne faut pas confondre avec les feux Saint-Elme des
lueurs qui offrent avec eux la plus grande ressemblance, les *feux
follets*. Ceux-ci n'ont pas l'électricité pour cause.

Le feu follet est une flamme errante et légère, produite par les
émanations de gaz *hydrogène* phosphoré qui s'élèvent des endroits où
des matières animales ou végétales se décomposent, tels que les
cimetières, les voiries, les marais, et qui s'enflamment spontanément
en se combinant avec l'oxygène de l'air.

Ces lueurs vacillantes ont toujours frappé tristement l'esprit super-
stitieux des populations. L'imagination effrayée les a souvent regar-
dées comme des âmes errantes au-dessus des ruines, et plus d'une fois
elles ont terrifié et jeté à genoux, dans le silence de la nuit, ceux qui
les voyaient glisser entre les tombes sinistres du cimetière.

Il s'en dégage quelquefois subitement à l'ouverture des anciens
sépulcres; et, comme autrefois on plaçait au fond des tombeaux des
lampes allumées, les esprits crédules s'imaginèrent que leur clarté
était inextinguible. On rapporte que, sous le pontificat de Paul III, élu
pape le 13 octobre 1534, on trouva dans la voie Appienne un ancien
tombeau avec cette inscription : *Tulliolæ filiæ meæ*. Au premier souffle
d'air, le corps de la fille de Cicéron fut réduit en poussière, et *une*

lampe encore allumée s'éteignit, dit-on, *après avoir brûlé plus de quinze cents ans.* Certains corps ensevelis depuis longtemps furent même trouvés (Raulin, *Observ. de médecine*, p. 393) brillant dans leur cercueil d'une lumière phosphorescente. Le criminel d'État Freburg ayant été condamné au gibet par suite de ses longues prévarications, on vit pendant plusieurs nuits sa tête environnée d'une auréole lumineuse, et quelques Danois, trompés par cette sorte de prodige dont ils ne connaissaient pas la cause naturelle, la regardèrent comme une preuve d'innocence. Il n'est pas impossible que, parmi les nombreux martyrs chrétiens des premiers siècles, plusieurs n'aient offert autour de leur tête cette auréole que les anciens peintres avaient coutume de représenter autour de la tête des saints.

La Commune de Paris, en 1871, qui s'est éteinte au milieu du sang et de l'incendie, tandis que ses principaux chefs, prétendus démocrates, s'étaient enfuis en laissant fusiller tant d'hommes du peuple, dont un grand nombre ne la soutenaient que pour donner du pain à leurs familles a jeté dans la fosse commune des milliers de pauvres gens qui pourrirent ensemble sous l'action dissolvante de la pluie et de la chaleur de juin. Avant l'entrée des troupes du gouvernement dans Paris, l'ouest de la capitale, théâtre de tant de combats, était déjà criblé de fosses, et les ravins d'Issy et de Meudon avaient servi de dernière demeure aux bataillons fédérés. Comme rien ne se perd dans la nature, l'hydrogène de ces corps décomposés s'élevait le soir dans les airs sous la forme de légères flammes bleuâtres. Feux follets éphémères! c'est tout ce qui devait survivre à une inspiration empoisonnée dès son début par sa constitution même.

CHAPITRE VI

LES PARATONNERRES

DERNIÈRE COMMUNICATION OFFICIELLE DE L'ACADÉMIE DES SCIENCES

I. — PROPOSITIONS GÉNÉRALES.

1. Les nuages orageux qui portent la foudre ne sont autre chose que des nuages ordinaires chargés d'une grande quantité d'électricité.

L'éclair qui sillonne le ciel est une immense étincelle électrique dont les deux points de départ sont sur deux nuages éloignés et chargés d'électricités contraires.

Le tonnerre est le bruit de l'étincelle.

La foudre est l'étincelle elle-même: c'est la recomposition des électricités contraires.

Comment la terre, qui est en général à l'état naturel et sans électricité apparente, se trouve-t-elle ainsi chargée d'électricité, et d'une électricité contraire à celle du nuage au moment même où elle est foudroyée?

Telle est la première question que nous avons à examiner.

2. Avant que la foudre éclate, le nuage orageux qui la porte, bien qu'il soit à plusieurs kilomètres de hauteur, agit par influence pour repousser au loin l'électricité de même nom et pour attirer l'électricité de nom contraire. Cette influence tend à s'exercer sur tous les corps, mais elle n'est réellement efficace que sur de bons conducteurs. Tels sont, à des degrés différents, les métaux, l'eau, le sol très humide, les corps vivants, les végétaux, etc.

Le même conducteur éprouve de la part du nuage des effets très différents, suivant sa forme et ses dimensions, et surtout suivant sa parfaite ou imparfaite communication avec le sol.

Un arbre, par exemple, quand il se trouve dans une terre médiocrement humide, ne reçoit qu'une très faible influence, parce que l'électricité de même nom ne peut pas être repoussée au loin dans cette terre, qui n'est qu'un très mauvais conducteur pour les grandes charges électriques.

Si cet arbre, au contraire, se trouve dans une terre très humide et d'une vaste étendue, il sera fortement influencé, parce que l'électricité de même nom peut s'étendre au loin dans ce bon conducteur. Enfin il sera influencé autant qu'il peut l'être, si ce bon conducteur, vers ses limites, est lui-même en bonne communication avec d'autres nappes d'eau indéfinies.

Quand il s'agit de l'électricité de nos machines, la surface de la terre, telle qu'elle se présente, est ce qu'on appelle le *sol* ou le *réservoir commun*. On peut l'appeler ainsi, puisque sa conductibilité est suffisante pour disperser ou neutraliser toutes les petites charges électriques.

Quand il s'agit de la foudre, la terre végétale, dans son état habituel, n'est plus ce que l'on peut appeler le réservoir commun ; elle devient relativement un mauvais conducteur, ainsi que les formations géologiques de diverses natures sur lesquelles elle repose. Il faut arriver à la première nappe aquifère, c'est-à-dire à la nappe des puits qui ne tarissent jamais (nous l'appellerons ici la *nappe souterraine*), pour trouver une couche dont la conductibilité soit suffisante. Celle-ci, à raison de son étendue et de ses ramifications multipliées, ne peut pas être isolée des cours d'eau voisins, et avec eux, avec les fleuves et les rivières, avec la mer elle-même, elle constitue ce qu'on doit appeler le réservoir commun des nuages foudroyants et par conséquent le réservoir commun des paratonnerres.

En effet, pendant que le nuage orageux exerce partout au-dessous de lui son influence attractive sur le fluide de nom contraire et répul-

FIG. 297. — Paratonnerre.

sive sur le fluide de même nom, c'est surtout la nappe souterraine qui reçoit cette influence avec une incomparable efficacité. Alors toute sa surface supérieure se charge d'électricité contraire que le nuage y accumule par son attraction, tandis que l'électricité de même nom est repoussée et dispersée au loin dans le réservoir commun. Aussi, quand la foudre éclate, les deux points de départ de l'éclair sont l'un sur le nuage, et l'autre sur la nappe souterraine, qui est en quelque sorte le deuxième nuage nécessaire à l'explosion de la foudre.

C'est ainsi que le globe de la terre, sans cesser d'être à l'état naturel dans son ensemble, se trouve éventuellement électrisé sur quelques points par la présence des nuages orageux.

Les édifices, les arbres, les corps vivants frappés par la foudre, ne doivent être considérés que comme des intermédiaires qui se trouvent sur son chemin et qu'elle frappe en passant.

Toutefois il ne faudrait pas en conclure que ces intermédiaires soient essentiellement passifs et qu'ils ne contribuent jamais à modifier ou même à déterminer la direction du coup de foudre. Il est certain, au contraire, qu'ils exercent à cet égard une action d'autant plus grande qu'ils ont une étendue plus considérable et une conductibilité meilleure. Par exemple, quand un vaisseau est foudroyé au milieu de la mer, il est très probable que la foudre n'a pas pris le chemin qui aurait été géométriquement le plus court pour arriver à l'eau qu'elle cherche et où elle doit être neutralisée par le fluide contraire, mais qu'elle a choisi le chemin qui était électriquement le plus court à raison des décompositions par influence que le nuage avait probablement produites sur les mâts, les agrès et autres corps conducteurs du bâtiment, plus ou moins haut placés et plus ou moins conducteurs.

3. Un paratonnerre est un bon conducteur, non interrompu, dont l'extrémité inférieure communique largement avec la nappe souterraine, tandis que son extrémité supérieure s'élève assez haut pour dominer l'édifice qu'il s'agit de protéger.

Une décharge de nos batteries électriques peut fondre plusieurs mètres de longueur d'un fil de fer un peu fin.

Une explosion de la foudre peut fondre ou volatiliser plus d'une centaine de mètres de longueur des fils de sonnettes ou des fils de marteaux des horloges publiques. En 1827, sur le paquebot le *New-York*, une chaîne d'arpenteur de 40 mètres de longueur, faite avec du fil de fer de 6 millimètres de diamètre, servant de conducteur au paratonnerre du bâtiment, a été fondue par un coup de foudre et dispersée en fragments incandescents.

Il n'y a pas d'exemple que la foudre ait pu seulement échauffer et porter au rouge sombre une barre de fer carrée de quelques mètres de longueur et de 15 millimètres de côté, ou de 225 millimètres carrés de section.

C'est donc du fer carré de 15 millimètres de côté que l'on adopte pour composer le conducteur des paratonnerres [1].

On n'est aucunement obligé d'aller chercher la nappe souterraine dans la verticale ou près de la verticale de l'édifice que l'on veut protéger. Un paratonnerre n'est pas moins efficace quand son conducteur est, sur une grande partie de sa longueur, en lignes courbes, horizontales ou inclinées. La condition essentielle, mais absolument essentielle, est qu'il arrive à la nappe souterraine, et qu'il communique largement avec elle, dût-il aller la chercher à plusieurs kilomètres de distance.

4. Supposons un paratonnerre établi dans ces conditions, et examinons d'une manière générale les phénomènes qui vont se produire pendant les orages.

L'électricité développée par influence dans la nappe souterraine, au lieu de s'y accumuler, comme nous venons de le dire, trouve le pied du conducteur qui est une issue où elle se précipite; car, dans l'intérieur même d'une barre métallique pleine et solide, quelque longue qu'elle puisse être, le fluide électrique se répand et se propage avec une vitesse comparable à la vitesse de la lumière. C'est ainsi que le fluide attiré par le nuage dans la nappe souterraine vient subitement s'accumuler vers le sommet du paratonnerre.

Là se produisent des phénomènes curieux dont il faut donner une idée.

Si le paratonnerre se termine par une pointe fine et très aiguë d'or et de platine, le fluide, attiré par le nuage, exerce contre l'air, qui est mauvais conducteur, une

---

1. Un câble de cuivre rouge est préférable, parce qu'il n'est pas exposé à la rouille. (C. F.)

pression assez grande pour s'échapper en produisant une aigrette lumineuse visible dans les ténèbres. Les rayons divergents de cette aigrette diminuent d'éclat à mesure qu'ils s'éloignent de la pointe; ils sont rarement visibles sur une longueur de 15 ou 20 centimètres. L'air en est vivement électrisé, et l'on ne peut guère douter que ces molécules d'air chargées du fluide de la pointe, c'est-à-dire du fluide attiré, ne soient ensuite transportées jusqu'au nuage lui-même, si l'air est calme, pour neutraliser une partie du fluide dont il est chargé.

Cette neutralisation est ce que l'on appelle « l'action préventive du paratonnerre. »

En même temps que la pointe aiguë donne naissance à l'aigrette, le flux d'électricité qui passe acquiert souvent une telle intensité que la pointe s'échauffe jusqu'à la fusion; dans ce cas, l'or et le platine lui-même, quoique beaucoup moins fusible, tombent en gouttes volumineuses le long du cuivre ou du fer qui les porte.

Lorsqu'un paratonnerre a ainsi perdu sa pointe aiguë et que son sommet n'est plus qu'un large bouton de fusion d'or ou de platine, on doit se demander s'il est ou s'il n'est pas hors de service. A cette question, nous répondons : non, le paratonnerre n'est pas hors de service, pourvu qu'il continue d'ailleurs à remplir les deux conditions essentielles, savoir :

1° Que le conducteur soit sans lacunes ;

2° Que par son extrémité inférieure il communique largement avec la nappe souterraine.

Seulement, en perdant sa pointe, le paratonnerre a perdu quelque chose de son action préventive. L'aigrette ne pourrait se reproduire que sous l'influence d'une attraction beaucoup plus forte ; et la fusion, qui dépendait surtout de la finesse et de l'acuité de la pointe, ne pourrait se renouveler que très difficilement.

La conclusion est donc qu'en perdant sa pointe aiguë, un paratonnerre ne perd en réalité qu'un très faible avantage.

La Commission a été conduite à conseiller de terminer le haut du paratonnerre par un cylindre de cuivre rouge de 2 centimètres de diamètre sur 20 à 25 centimètres de longueur totale, dont le sommet est aminci pour former un cône de 3 ou 4 centimètres de hauteur.

Le cône de cuivre pourra donner encore quelquefois le spectacle des aigrettes, mais bien moins souvent que les pointes aiguës d'or ou de platine; même dans ce cas, il résiste à la fusion, à raison de sa forme et surtout à raison de sa grande conductibilité tant électrique que calorifique.

Si la foudre vient à éclater, c'est par le cône de cuivre qu'elle pénètre dans la tige et le conducteur, et c'est par la tige et le conducteur qu'elle va se neutraliser dans la nappe souterraine. C'est un coup de foudre ordinaire : seulement il est sans dommage pour le paratonnerre et pour l'édifice qu'il protège ; il ressemble ainsi aux coups de foudre innombrables qui pendant les orages s'éteignent au milieu de l'Atmosphère.

II. — CONSTRUCTION.

5. *Tige.* — La tige de fer du paratonnerre est prolongée en haut, comme nous venons de le dire, par un cylindre de cuivre rouge terminé en cône ; à ce point de jonction, elle a été arrondie et réduite à 2 centimètres de diamètre ; plus bas, elle reste carrée et va en augmentant d'épaisseur régulièrement, jusqu'au point d'insertion du conducteur, où elle doit avoir 4 ou 5 centimètres de côté. Sa hauteur totale entre le sommet du cône et ce dernier point peut varier de 3 à 5 mètres, suivant

les circonstances. Il y a presque toujours plus d'avantage à augmenter le nombre des tiges, en les maintenant entre ces limites et en les reliant entre elles par un conducteur commun pour les rendre solidaires, qu'à en réduire le nombre en leur donnant des hauteurs de 7 ou 8 mètres.

FIG. 298.
Tige du paratonnerre
et son conducteur.

Toute la longueur de la tige qui est au-dessous du conducteur, au-dessous du plus bas des conducteurs, si elle en porte plusieurs, ne compte plus comme paratonnerre ; on peut en varier à volonté la forme et choisir celle qui convient le mieux pour la fixer très solidement sur ses appuis.

6. *Conducteurs.* — Le conducteur est adapté à la tige par une très bonne soudure à l'étain ; cette première partie du conducteur aura 2 centimètres de côté, et sa partie arrondie, dressée et étamée d'avance, qui traverse la tige de part en part, aura 15 millimètres de diamètre ; ainsi les deux surfaces du fer, métalliquement unies par la soudure, auront près de 20 centimètres carrés.

Les courbures toujours arrondies qu'il faudra donner au conducteur, soit pour descendre au sol, soit pour s'étendre sur le sol jusqu'à la verticale de la nappe d'eau, suffiront au jeu des dilatations.

Comme il importe que ces soudures ne soient pas fatiguées par des flexions ou par des tractions obliques, on aura soin d'établir dans leur voisinage des supports de fer à fourchettes qui permettent le glissement longitudinal en empêchant tout ballottement latéral. Ces supports ne doivent pas être des isoloirs électriques [1].

7. *Communication avec la nappe d'eau.* — La nappe souterraine est, comme nous l'avons dit, celle des puits du voisinage qui ne tarissent jamais et qui conservent au moins 50 centimètres de hauteur d'eau dans les saisons les plus défavorables.

Le puits du paratonnerre sera construit comme un puits ordinaire ; il doit être restreint à ce service spécial et ne recevoir aucune eau de fosse ou d'égout.

Si les circonstances l'exigeaient, le puits ordinaire pourrait être remplacé par un forage de 20 à 25 centimètres de diamètre, tubé avec soin contre les éboulements.

La portion du conducteur qui descend dans le puits sera faite avec du fer de 2 centimètres de côté [2]; son extrémité inférieure portera quatre racines d'environ 60 centimètres de longueur ; un épais nœud de soudure enveloppe tout cet ajustement. Ces racines pourraient être remplacées par une hélice de cinq ou six tours, formée en contournant en tire-bouchon l'extrémité inférieure du conducteur lui-même, ou par un panier de fer rempli de charbon.

1. Il est prudent de relier les poutres de fer des constructions, et en général toutes les surfaces métalliques, au conducteur par des rubans de cuivre. (C. F.)
2. Ou mieux avec un câble de cuivre rouge. (C. F.)

A cette instruction officielle sur la construction des paratonnerres, nous n'avons qu'une remarque à ajouter : c'est que ceux qui ne rempliraient pas toutes les conditions requises sont plus dangereux qu'utiles

En effet, le conducteur doit communiquer avec de vastes nappes d'eau ayant une étendue beaucoup plus grande que celle des nuages orageux ; l'eau elle-même deviendrait foudroyante, si elle n'avait pas un écoulement suffisant. Il est dangereux d'enterrer le conducteur dans le sol humide : 1° parce que trop souvent on s'inquiète peu de savoir si cette couche humide est assez étendue ; 2° parce qu'on ne s'enquiert pas davantage de reconnaître si cette terre conserve une humidité suffisante aux temps de grandes sécheresses, c'est-à-dire au moment où les orages sont le plus à craindre. A défaut de rivière ou de vastes étangs, il faut mettre les conducteurs des paratonnerres en communication par les puits avec des nappes d'eau souterraines intarissables.

Un bon paratonnerre est un utile préservatif. Dans sa statistique des coups de foudre qui ont frappé des paratonnerres ou des édifices et des navires armés de ces appareils, Quételet a mentionné cent soixante-huit cas de paratonnerres foudroyés, parmi lesquels il ne s'en trouve que vingt-sept, c'est-à-dire environ un sixième, où les paratonnerres, par suite de graves imperfections constatées dans leur construction, n'ont point complètement préservé les édifices ou les navires qui les portaient. Ce résultat est un des plus concluants en faveur de l'efficacité des paratonnerres, et il est, sans aucun doute, la meilleure réponse qu'on puisse faire aux objections mises en avant contre l'emploi de ces appareils.

Aucune peinture ne compromet les fonctions électriques d'un paratonnerre, à l'exception de la portion immergée du conducteur.

Le cercle de protection du paratonnerre n'est pas aussi étendu qu'on serait porté à le croire. Il ne s'étend pas à une distance de trois ou quatre fois la hauteur de la tige au-dessus du toit ; ainsi un paratonnerre de 5 mètres ne protège pas à plus de 15 ou 20 mètres de son point d'attache. L'effet dépend d'ailleurs de la nature du terrain et des matériaux qui entrent dans la construction de l'édifice. Les grands édifices en demandent plusieurs pour être efficacement protégés.

Les nouveaux paratonnerres à pointes multiples sont peut-être préférables aux anciens paratonnerres à grandes tiges pour les édifices dont la surface de toits est considérable.

CHAPITRE VII

LES AURORES BORÉALES

Nous sommes arrivés au complément le plus curieux, le plus grandiose des diverses manifestations de l'électricité dans l'Atmosphère. Nous l'avons vu, le globe terrestre est un immense réservoir de cette force si subtile qui existe dans tous les mondes de notre système et dont le foyer rayonne dans le Soleil lui-même. Comme l'attraction, comme la lumière, comme la chaleur, l'électricité est une force générale de la nature. Ses palpitations entretiennent la vie des mondes, et, sur notre planète elle-même, des courants circulent constamment de l'équateur aux pôles, des pôles à l'équateur.

L'aiguille aimantée, la boussole, nous montre de son doigt délicat cette circulation perpétuelle dirigée vers le nord. Elle oscille et s'agite lorsque des perturbations dérangent l'équilibre général. Elle s'affole lorsque ces perturbations deviennent violentes. La foudre qui tombe sur un navire influence souvent pour toujours le caractère de la boussole, et, tandis qu'on prend le nord qu'elle indique pour point de repère, on est tout surpris d'aller se jeter sur des écueils ou vers des côtes inhospitalières. Si une forte aurore boréale illumine le ciel de Stockholm ou de Reikiawik, la boussole de l'Observatoire de Paris se trouble à des centaines de lieues de distance, semble se demander ce qui arrive, et invite le physicien à s'informer des troubles arrivés dans les régions du Nord.

L'aurore boréale est un écoulement en grand de l'électricité atmosphérique. Au lieu d'un orage borné à quelques lieues et gémissant de fureur et de colère, c'est une douce et lente recomposition du fluide négatif du sol avec le fluide positif de l'atmosphère, qui s'accomplit dans les hauteurs aériennes.

Cet écoulement de l'électricité en vaste nappe fluide n'est visible que

pendant la nuit, et revêt toutes les formes imaginables, selon la
manière même dont il s'accomplit et selon la perspective causée par
la distance de l'observateur. Tantôt l'œil étonné saisit à peine des
ondoiements rapides, blancs et roses, parcourant le ciel comme un
trémissement. Quelquefois c'est une draperie de moire d'or et de pourpre
qui semble tomber des célestes hauteurs. Parfois c'est une rosée de feu

Fig. 299. — Aurore boréale sur la mer polaire.

accompagnée d'un étrange bruissement. D'autres fois ce sont des
gerbes de zones enflammées, s'élançant du nord dans les différentes
directions du compas. C'est surtout vers les cercles polaires, où les
orages sont si rares, que ces manifestations de l'électricité terrestre
déploient leur douce splendeur.

Rien de plus solennel. La terre entière y assiste, on peut le dire: elle
est spectateur et acteur. La veille, ou plusieurs heures d'avance, sa
préoccupation est partout constatée par l'aiguille aimantée.

Mais voilà que dans l'arc majestueux d'un jaune pâle, dans sa paisible ascension, éclate comme une effervescence. Un flux et reflux de

lumière se promène comme une draperie d'or qui va, vient, se plie, se replie.

Le spectacle s'anime. De longues colonnes lumineuses, des jets, des rayons sont dardés, impétueux, rapides, changeant du jaune au pourpre, du rouge à l'émeraude.

Les lumières paraissent s'entendre. Elles montent ensemble dans la gloire. Elles se transfigurent en sublime éventail, en coupole de feu, sont comme la couronne d'un divin hyménée.

Le Spitzberg est une région favorite pour les aurores boréales. Dans son voyage scientifique de 1839, M. Ch. Martins en a observé et analysé patiemment un grand nombre, qu'il décrit sous les formes suivantes (voyez *le Tour du Monde*, 1865, t. II, p. 10) :

Tantôt ce sont de simples lueurs diffuses ou des plaques lumineuses, tantôt des rayons frémissants d'une éclatante blancheur, qui parcourent tout le firmament, en partant de l'horizon comme si un pinceau invisible se promenait sur la voûte céleste; quelquefois il s'arrête; les rayons inachevés n'atteignent pas le zénith, mais l'aurore se continue sur un autre point; un bouquet de rayons s'élance, s'élargit en éventail, puis pâlit et s'éteint. D'autres fois de longues draperies dorées flottent au-dessus de la tête du spectateur, se replient sur elles-mêmes de mille manières et ondulent comme si le vent les agitait. En apparence elles semblent peu élevées dans l'Atmosphère, et l'on s'étonne de ne pas entendre le frôlement des replis qui glissent l'un sur l'autre.

Le plus souvent un arc lumineux se dessine vers le nord; un segment noir les sépare de l'horizon et contraste par sa couleur foncée avec l'arc d'un blanc éclatant ou d'un rouge brillant qui lance les rayons, s'étend, se divise et représente bientôt un éventail lumineux qui remplit le ciel boréal, monte peu à peu vers le zénith, où les rayons en se réunissant forment une couronne qui, à son tour, darde des jets lumineux dans tous les sens. Alors le ciel ressemble à une coupole de feu; le bleu, le vert, le jaune, le rouge, le blanc se jouent dans les rayons palpitants de l'aurore. Mais ce brillant spectacle dure peu d'instants; la couronne cesse d'abord de lancer des jets lumineux, puis s'affaiblit peu à peu; une lueur diffuse remplit le ciel; çà et là quelques plaques lumineuses semblables à de légers nuages s'étendent et se resserrent avec une incroyable rapidité, comme un cœur qui palpite. Bientôt ils pâlissent à leur tour, tout se confond et s'efface, l'aurore paraît être à son agonie; les étoiles, que sa lumière avait obscurcies, brillent d'un nouvel éclat, et la longue nuit polaire, sombre et profonde, règne de nouveau en souveraine sur les solitudes glacées de la terre et de l'océan. Devant de tels phénomènes, le poète, l'artiste s'inclinent et avouent leur impuissance : le savant seul ne désespère pas; après avoir admiré ce spectacle, il l'étudie, l'analyse, le compare, le discute, et il arrive à prouver que ces aurores sont dues aux radiations électriques des pôles

FIG. 300. — Aurore boréale observée à Bossekop (Spitzberg) le 21 janvier 1839.

de la Terre, aimant colossal dont le pôle boréal se trouve dans le nord de l'Amérique septentrionale, non loin du pôle du froid de notre hémisphère, tandis que son pôle austral est en mer, au sud de l'Australie, près de la Terre Victoria.

Quelques indications suffiront pour prouver la nature électro-magnétique de l'aurore boréale. Au Spitzberg, une aiguille aimantée suspendue horizontalement à un fil de soie non tordu est tournée vers l'ouest; dès le début de l'aurore, le physicien qui observe cette aiguille s'aperçoit qu'au lieu d'être sensiblement immobile, elle semble en

proie à une inquiétude inusitée. A mesure que l'aurore devient plus
brillante, l'agitation de l'aiguille augmente, et, sans sortir de son
cabinet, l'observateur juge de l'intensité de l'aurore boréale par l'amplitude du déplacement de l'aiguille ; enfin, quand la couronne boréale
se forme, son centre se trouve précisément sur le prolongement d'une
aiguille magnétique librement suspendue sur une chape et orientée
dans le sens du méridien magnétique ; elle n'est point horizontale, mais
inclinée vers le pôle magnétique, et se nomme aiguille d'inclinaison.
Les aurores boréales sont donc intimement unies aux phénomènes
magnétiques du globe terrestre. M. Auguste de la Rive en a réalisé
expérimentalement les principaux phénomènes sur une boule de bois
représentant le globe terrestre et convenablement électrisée.

Quel étrange monde que celui des pôles ! Presque toutes ses nuits
sont éclairées par ces lueurs électriques plus ou moins brillantes ; à
partir du milieu de janvier, on voit à midi un crépuscule d'une heure ;
l'aurore, annonçant le retour du soleil, s'agrandit en montant vers le
zénith ; enfin, le 16 février, un segment du disque solaire, semblable à
un point lumineux, brille un moment, pour s'éteindre aussitôt ; mais, à
chaque midi, le segment augmente, jusqu'à ce que le disque tout entier
s'élève au-dessus de la mer : c'est la fin de la longue nuit d'hiver. Alors
le jour et la nuit se succèdent pendant soixante-cinq jours jusqu'au
21 avril, commencement d'un jour de quatre mois, pendant lesquels
le soleil tourne au-dessus de l'horizon, s'abaissant de plus en plus, et
finit par disparaître.

Dans l'Amérique septentrionale, à l'est du détroit de Bering, il y a
un grand territoire, peu connu des Français : le pays de l'Alaska,
traversé par le cercle arctique. C'était, il y a peu de temps encore,
l'Amérique russe, et il ne mesure pas moins de 45000 lieues carrées ;
les États-Unis l'ont acheté le 18 octobre 1867. Frederick Whymper y
fit en 1865 l'observation rare d'une aurore boréale en forme de ruban,
déployé en ondoiements dans les hauteurs aériennes.

« C'était le 27 décembre, écrit le voyageur lui-même. Au moment
où nous sommes sur le point de nous coucher, on nous annonce une
aurore boréale dans la direction de l'ouest. Cette nouvelle chasse le
sommeil ; nous grimpons en toute hâte sur le toit le plus élevé du fort
pour contempler le splendide phénomène. Ce n'est pas l'arc si souvent
décrit, mais un serpent de lumière souple, ondoyant, variant sans
cesse de forme et de couleur : tantôt il a la teinte pâle et douce des
rayons de la lune ; tantôt de longues bandes bleues, roses, violettes se

roulent sur ce fond argenté; les scintillations vont de bas en haut et mêlent leur clarté à celle des étoiles brillantes, qu'on aperçoit à travers la vaporeuse spirale. »

Parfois l'aurore boréale revêt la forme d'une coupole d'où tombent des pendentifs de pluie lumineuse impalpable. Au moment de

Fig. 301. — Aurore boréale observée à Bossekop (Spitzberg) le 6 janvier 1839.

terminer son voyage en Islande, le 20 août 1886, M. Noël Nougaret en observa de fort intéressantes de cette figure.

« Après avoir donné notre grand bal sur la *Pandore*, dit-il, nous appareillâmes pour le départ, et nos bons amis d'Islande répétaient, en voyant partir la *Pandore* : « Voilà le soleil de l'Islande qui s'en « va ! » En effet, la frégate française arrive avec la belle saison, avec le soleil; elle s'en va dès qu'on aperçoit la première étoile, qui est comme le signal de la première aurore boréale. A partir de ce

moment, on a ordinairement deux aurores par nuit : la première
s'allume de onze heures à onze heures trois quarts; la seconde, plus
brillante que la première, paraît à minuit et éclaire le ciel et la mer
pendant de longues heures. Quand l'aurore va se former, on aperçoit comme un nuage noir à l'horizon, dans la direction du nord-
nord-est; les bords du nuage s'éclairent, puis, tout d'un coup, du
fond de cette cuvette noire part une fusée rapide, qui est immédiatement suivie de plusieurs autres. Ces fusées laissent dans le ciel
une traînée lumineuse; peu à peu elles arrivent jusqu'au zénith
et finissent par s'étendre sur la totalité de la voûte céleste. L'aurore est alors dans tout son éclat; du ciel se détache de longues
franges [qui descendent mollement et que l'observateur croit pouvoir saisir avec les doigts. Une blanche clarté envahit tout le ciel et
la mer. C'est dans ce milieu magique qu'il fallait voir la belle *Pandore*
au moment où elle s'éloignait des côtes d'Islande. Sa gracieuse
mâture, ses vergues élancées se découpaient franchement sur
cette « lumière du nord », comme ils l'appellent dans leur langage
pittoresque, et qui doit être désormais leur unique soleil. »

Les aurores boréales sont assez rares en France, et la vie entière
peut se passer sans qu'on ait eu le plaisir d'en admirer une seule
un peu complète. Nous avons été gratifiés à Paris de quatre de ces
phénomènes, avec un déploiement d'intensité bien remarquable,
les 15 avril et 13 mai 1869, le 24 octobre 1870 et le 4 février 1872.

Celle du 15 avril fut double en quelque sorte. Le premier acte se
montra à huit heures dix minutes sous la forme d'un large faisceau
de colonnes lumineuses, rougeâtres, dirigées des gardes de la Grande-
Ourse vers l'est, comme un éventail. Le fond du ciel sur cette région
était également coloré d'une lumière rougeâtre. L'apparition ne dura
que quelques minutes. Le second acte se joua à dix heures et demie.
Des rayons partirent d'un petit arc lumineux situé au nord. Ces rayons,
d'une couleur verdâtre très prononcée à la base inférieure, présentaient au contraire, à leur extrémité supérieure, une nuance pourpre
magnifique. Puis, à certains moments, le phénomène changeait subitement d'aspect : la lumière s'agglomérait sur plusieurs points, formant
des amas ou plaques très denses, très brillantes, blanches au centre
de l'aurore, rouge sang à la circonférence. Un nombre infini de stries
lumineuses, presque parallèles entre elles, parcouraient la bande dans
la direction du méridien magnétique. Le phénomène dura une demi-
heure avec des variations d'intensité.

AURORE BORÉALE OBSERVÉE DANS L'ALASKA LE 27 DÉCEMBRE 1865.

Celle du 13 mai a été plus remarquable et plus remarquée. Je l'ai observée attentivement, et voici la description que j'en ai donnée dans *le Siècle* du lendemain :

Grande aurore boréale sur Paris. — Hier soir jeudi 13 mai, une magnifique aurore boréale s'est déployée sur le ciel de Paris.

Tandis qu'un grand tumulte régnait dans les quartiers et que des milliers de voix grondaient sourdement comme la tempête aux abords des réunions électorales, des flammes immenses partant du nord rayonnaient dans le ciel étoilé.

En certaines rues dirigées du sud-est au nord-ouest on voyait, occupant le ciel dans cette dernière région, une lueur rouge sombre donnant l'impression de la réverbération d'un lointain incendie.

Sur un horizon découvert, le spectacle était splendide.

A onze heures, une immense gerbe de rayonnements lumineux s'élevait d'un segment obscur, montant verticalement dans le nord, dépassant l'étoile polaire et la Petite-Ourse, et portant jusqu'au zénith sa lueur jaune-orange.

Une autre gerbe s'élevait, obliquement, à gauche, du même pied que celle-ci, et, comme un immense et large jet de rosée lumineuse, allait éteindre les étoiles de la Grande-Ourse, dont les deux dernières, zèta et èta, venaient de passer à leur point culminant et étaient voisines du zénith. delta surtout resta longtemps éclipsé par cet immense rayonnement à l'aspect cométaire.

Un troisième faisceau de lumière, obliquant à droite, traversait la Voie lactée, passait entre alpha de Céphée et alpha du Cygne, et s'étendait jusqu'à la tête du Dragon, laissant la brillante étoile de première grandeur Véga rayonner plus à droite dans les hauteurs de l'est.

A ces trois faisceaux principaux s'en sont joints ou substitués d'autres pendant les différentes phases du phénomène : l'un, entre autres, vers le centre et un peu à droite de la verticale abaissée de l'étoile polaire sur l'horizon ; l'autre, qui ne parut qu'à onze heures vingt minutes et s'éleva à l'ouest, à gauche de la Grande-Ourse et dans la direction d'Arcturus.

L'immense colonne du centre-nord, qui éclipsa complètement l'étoile polaire dans ses variations lumineuses, transforma insensiblement sa lumière, d'abord jaune-orange, et apparut à onze heures cinq minutes avec une teinte rouge-sang, comme les lueurs nébuleuses du feu de Bengale.

Dans le même temps, la colonne oblique de droite, qui d'abord n'avait que l'intensité d'un faisceau de lumière électrique projeté dans l'air, s'accentua dans une clarté plus vive et brilla comme un long cylindre de lumière verte, pâle, et cependant assez intense pour éclipser les étoiles de Cassiopée, alors posées au-dessus de l'horizon comme un W gigantesque, et la belle étoile alpha du Cygne.

En dessinant cette aurore boréale, j'ai observé que les traînées lumineuses variaient d'intensité et de position aussi bien que de couleur.

A la hauteur de 20 degrés environ au-dessus de l'horizon, un segment obscur était formé par des nuages noirs, minces, étendus horizontalement, cachant l'origine des gerbes lumineuses, lesquelles du reste étaient moins intenses en bas qu'à leur hauteur moyenne. Ces nuées noires n'étaient pas très épaisses, car je n'ai pas tardé à distinguer parfaitement Cassiopée, en partie voilée par elles, et la rayonnante étoile Capella, si peu élevée au-dessus de l'horizon.

Quelques étoiles filantes ont signalé cette période. Un bolide est parti du voisinage du zénith à onze heures trente-cinq minutes, pour s'éteindre en arrivant à la hauteur de la Grande-Ourse. Un autre a semblé tomber de Véga à onze heures quarante-cinq minutes.

Le ciel avait été couvert pendant la journée; le soir le vent soufflait du nord avec intensité, et l'atmosphère était sensiblement refroidie.

Celle du 24 octobre 1870 a été plus remarquable, bien plus magnifique encore.

On sait que, pendant le siège de Paris, les astronomes étaient transformés en officiers du génie, et que M. Laussedat avait eu l'ingénieuse idée d'installer des lunettes astronomiques sur tout le périmètre des fortifications pour observer les mouvements de l'ennemi et surtout détruire leurs batteries à mesure qu'elles étaient faites. J'habitais le secteur de Passy pendant ce mémorable hiver, et, le soir de l'aurore, ayant remarqué à six heures et demie une lueur rouge très singulière et persistante sur Cassiopée, je devinai l'imminence d'une aurore boréale et jugeai utile de me rendre sur un point entièrement découvert : au Trocadéro. Il n'y avait pas une âme quand j'y arrivai, et un vent du nord glacial n'invitait guère à s'y arrêter. La lueur rouge persistait toujours. Bientôt une vague lumière blanche éclaira le nord, à l'exception d'un segment obscur, et confirma mes prévisions. Cependant je dus attendre une demi-heure avant de voir apparaître la manifestation électrique.

Elle commença à sept heures trente minutes par un accroissement de la lumière blanche, assez intense pour éclipser les deux étoiles les plus basses de la Grande-Ourse, bêta et gamma. Les cinq autres restaient visibles malgré la lumière : c'était un vaste foyer lumineux occupant le quart du ciel. La nuée rougeâtre, ayant un peu changé de place, était alors sur Andromède. Tout à coup, à sept heures quarante minutes, de larges jets de lumière rouge ondoyante s'élancent jusqu'au zénith. Puis une admirable manifestation se produit. A environ 50 degrés au-dessus de l'horizon, et sur un tiers du ciel, avec plus de 20 degrés de large, une *draperie de moire rouge lumineuse* se déroule avec des ondulations dorées (un peu vertes par contraste) et reste calme dans le ciel silencieux, pendant une minute entière. Ses plis semblent ensuite ondoyer et se fondre. Dans le centre de l'aurore s'ouvre un foyer de lumière profonde, comme un fuseau dirigé au zénith, lumière blanche qui se dissémine à ses bords comme une rosée d'argent. Quelque temps après, un immense jet rouge part de la gauche et s'élève presque au zénith. Les hauteurs du ciel restèrent dès lors illuminées jusqu'après huit heures, comme par l'incendie d'un immense feu de Bengale.

Cette aurore, on le voit, différait beaucoup de la précédente. La première était surtout formée de jets lumineux, droits, lancés du nord; celle-ci fut surtout remarquable par la forme de draperie qu'elle déploya dans le ciel et par la vague lumière qu'elle laissa dans les hauteurs. Elle faisait, dirai-je, plus d'impression; elle fut beaucoup plus belle.

Des milliers de personnes l'ont remarquée, à cause des circonstances surtout. Le Trocadéro, désert à sept heures, était couvert à huit heures d'une multitude compacte, et j'ajouterai même que force me fut de faire une petite conférence en plein air, les avis ayant été partagés dès l'abord si c'était un incendie ou la lumière électrique du mont Valérien. Les gardes nationaux en faction sur les remparts eurent cette soirée-là un spectacle dont ils se souviendront longtemps. Le ciel offrait le même spectacle à l'armée prussienne, qui autrefois y aurait reconnu le doigt de Dieu lui ordonnant de rentrer au nord.

Le lendemain, l'aurore boréale du siège de Paris jetait ses derniers feux vers six heures du soir, avec moins d'intensité et à travers un ciel nuageux.

Le 4 février 1872, la brillante aurore qui est apparue sur l'Europe centrale et méridionale, l'Asie et l'Amérique, consista d'abord en une traînée lumineuse rose, traversant le ciel entier de l'est à l'ouest. Je l'ai observée de la demeure hospitalière de mon ami regretté Henri Martin et en compagnie de Suédois qui n'en avaient pas vu de si curieuses en leur pays. Son foyer se forma bientôt sous les Pléiades, et ce fut comme une aile immense disloquée, couvrant le ciel de son envergure. Aldébaran en fut entièrement éclipsé. Cette aurore magnétique était plutôt australe que boréale.

Commencée vers sept heures, elle se termina vers onze heures par une clarté diffuse répandue dans le ciel entier.

Les aurores se passent à toutes les hauteurs. D'après les mesures de Bravais, leur élévation ordinaire serait comprise entre 100 et 200 kilomètres. D'après celles de Loomis, le point extrême d'où les fusées sont dardées atteindrait 700 et 800 kilomètres! Elles s'effectueraient ainsi dans l'atmosphère supérieure dont nous avons parlé au commencement de cet ouvrage. On en a mesuré toutefois qui étaient beaucoup plus basses et descendaient à la hauteur des nuages.

Leur étendue est très variable. Ainsi une aurore observée à Cherbourg le 19 février 1852 n'a pas été visible de Paris, c'est-à-dire de 370 kilomètres. Elle ne devait pas être, dit M. Liais, à plus de 7000 mètres de hauteur. Par contre, il y a des aurores qui se déploient au-dessus d'immenses horizons. Celle du 3 septembre 1839 a été vue en Amérique et en Europe, ainsi que celle du 5 janvier 1769. Celle du 2 septembre 1859 a été visible depuis New-York jusqu'en Sibérie, et *aux deux côtés de la Terre*, de l'autre hémisphère comme dans le nôtre, au cap de Bonne-Espérance et à Édimbourg! On vérifia alors *de visu* ce que la théorie avançait, que les aurores boréales et australes se produisent en même temps dans les deux hémisphères, sous l'influence d'un même courant. Les extrémités du globe sont en rapport intime l'une avec l'autre. En certains moments solennels, le magnétisme augmente d'intensité et semble ranimer la vie de la planète.

Les aurores boréales sont pour Humboldt l'un des témoignages les plus frappants de la faculté qu'a notre planète d'*émettre de la lumière*. « De ce phénomène, dit-il, il résulte que la Terre émet une lumière distincte de celle que lui envoie le Soleil. L'intensité de cette lumière surpasse un peu celle du premier quartier de la Lune; parfois elle est assez forte pour permettre de lire des caractères imprimés; son émission, qui ne s'interrompt presque jamais vers les pôles, nous rappelle la lumière de Vénus, dont la partie non éclairée par le Soleil brille souvent d'une faible lueur phosphorescente. Peut-être d'autres planètes possèdent-elles aussi une lumière née de leur propre substance. Il y a dans notre atmosphère d'autres exemples de cette production de lumière terrestre. Tels sont les fameux brouillards secs de 1783 et de 1831, qui émettaient une lumière très sensible pendant la nuit; tels sont ces grands nuages brillant d'une lumière calme; telle est enfin cette lumière diffuse qui guide nos pas au milieu des nuits d'automne et de printemps, alors que les nuages cachent les étoiles et que la neige ne couvre point la terre. »

Nous avons montré, dans notre *Astronomie populaire*, que les aurores boréales et les manifestations du magnétisme terrestre par l'aiguille aimantée sont soumises à une périodicité de onze ans, correspondant à celle des taches du Soleil.

Tels sont les derniers et les plus grandioses phénomènes que nous devions contempler dans cette galerie des œuvres de l'Atmosphère.

———

CHAPITRE COMPLÉMENTAIRE

LA PRÉVISION DU TEMPS

Nous venons de terminer, chers lecteurs, la description de ce merveilleux ensemble météorologique qui constitue la vie et la beauté de la Terre. Nous avons vu comment le fluide atmosphérique accompagne le globe dans son cours, comment le Soleil y déploie les splendeurs de la lumière, comment il y distribue les bienfaits de la température, des saisons et des climats; nous avons vu comment naissent les vents et les tempêtes, comment la circulation aérienne s'accomplit en tout lieu, comment les nuages s'élèvent aux sommets des airs et versent la pluie sur les plaines altérées. Nous avons entendu les orages gronder sur nos têtes, et nous avons suivi la capricieuse électricité, depuis l'étincelle subtile qui s'amuse à bouleverser une chaumière jusqu'aux déploiements grandioses de l'aurore boréale dans les profondeurs des cieux. Maintenant notre esprit est meublé de notions exactes sur les grands phénomènes de la nature, sur l'état et l'entretien de la vie du globe que nous habitons, et nous ne sommes plus, au fond de cette atmosphère, comme des aveugles-nés ou des végétaux, qui respirent sans se rendre compte de ce qui les entoure, sans savoir où ils sont ni comment ils vivent. Au moins, le théâtre sur lequel nous sommes venus jouer un rôle plus ou moins brillant, plus ou moins utile, n'est-il plus un monde obscur pour nous, et savons-nous apprécier notre situation, ainsi que l'agencement des décors variés qui se succèdent autour de nous pendant notre jeu, pendant notre vie. Désormais la nature aura pour chacun de nous incomparablement plus d'intérêt, incomparablement plus de charmes. Désormais aussi, malheureusement, les humains nous paraîtront en général incomparablement plus ignorants et plus nuls que nous ne le supposions jusqu'ici; car, au lieu de consacrer leurs loisirs à éclairer et développer leur intelligence, ils perdent leur temps à se tourmenter sous les aiguillons de l'envie et de la jalousie, à se critiquer perpétuellement entre eux, à s'agiter en des intrigues d'ambitions éphémères, à courir à travers les chimères politiques et à jouer sottement aux soldats pour l'amusement de quelques potentats et de leurs états-majors, qui les mènent comme autant de troupeaux.... Singulière race !

Il serait intéressant maintenant pour nous de compléter ces données par un aperçu général de l'histoire de la météorologie et d'apprécier la valeur de son état actuel d'organisation, afin de pouvoir la classer dans notre esprit au rang qu'elle se conquiert de jour en jour parmi les sciences exactes. C'est ce que nous allons essayer de faire aussi succinctement que possible

Les origines de la météorologie remontent, comme celles de l'astronomie, à la plus haute antiquité. Les premiers âges durent longtemps confondre dans une même observation les phénomènes de la voûte céleste et ceux qui s'accomplissent dans l'enveloppe aérienne de la Terre ; les limites du ciel et de l'Atmosphère étaient trop mal déterminées pour que l'étude des astres et celle des météores ne fissent pas partie d'un même ensemble. Les comètes, la voie lactée étaient de sublimes météores ; les feux qui traversent les hautes régions de l'air étaient des astres qui se détachaient de la voûte céleste et tombaient. La météorologie reconnaît donc les mêmes origines que l'astronomie.

En ces temps reculés, où les phénomènes de la nature échappaient à toute explication physique, les hommes ne pouvaient voir dans ces grandes manifestations que des témoignages de la colère ou de la bonté divine ; mais, tandis que les régions supérieures de la voûte céleste n'offraient à leurs yeux éblouis qu'un splendide tableau d'harmonie et n'éveillaient en eux que des sentiments d'admiration, les régions inférieures leur présentaient surtout des phénomènes irréguliers, capricieux, sans liaison apparente, tantôt propices, tantôt funestes. Les hommes peuplèrent le ciel des héros qui avaient mérité leur reconnaissance ; mais ils soumirent l'Atmosphère à l'empire de génies, bons ou mauvais, dont les combats incessants étaient, par la victoire des uns ou des autres, des sources de richesse et de joie, ou de misère et de chagrin.

Aucun peuple n'a échappé à ces superstitions. Les Chaldéens considéraient les éclipses, les tremblements de terre, les météores en général, comme des présages heureux ou malheureux. Le peuple hébreu, adorant un Dieu unique, lui donnait pour demeure le *firmament*, la voûte étoilée; mais le Seigneur descendait parfois de son trône pour entrer en communication avec les hommes, au milieu du prestige des météores. Chez les Étrusques et à Rome, les météores étaient considérés, suivant l'explication des livres sibyllins et selon les circonstances, comme de bons ou de funestes présages. Etc., etc.

La science météorologique, telle qu'elle existe aujourd'hui et telle que nous l'avons exposée dans cet ouvrage, est due à peu près tout entière aux travaux de ce siècle, avant lequel nous n'avions que les éléments, importants sans doute, mais incomplets, établis par les travaux divers de Galilée, Otto de Guéricke, Torricelli, Descartes, Réaumur, Franklin, Dampier, Halley, Hadley, Lavoisier, etc. C'est surtout par le grand nombre des observations, par l'étendue embrassée et analysée, que les travaux de notre siècle auront élevé la science des météores à la dignité de science exacte. Ces observations intelligentes et discutées, nous les devons à un nombre remarquable de savants, disséminés à la surface de l'Europe et de l'Amérique, et dont la plupart vivent encore.

La prévision du temps présente un problème du plus haut intérêt pour tout le monde. Le voyageur qui se confie aux incertitudes de l'Océan, le touriste qui commence un voyage, l'agriculteur penché sur son sillon, le vigneron devant les promesses de l'automne, le jardinier devant ses fleurs et ses fruits, le médecin à l'approche d'une saison nouvelle, le patient pêcheur aussi bien que le chasseur infatigable, l'architecte sur le point de construire, chacun de nous d'ailleurs pour un projet ou pour un autre, tout le monde, en un mot, est plus ou moins intéressé aux variations de la température et de l'état du ciel, et le problème de la prévision du temps est un de ceux qui ont le plus vivement exercé la sagacité des chercheurs.

Aussi n'existe-t-il pas de science qui ait donné naissance, comme la météorologie, à tous ces nombreux dictons, maximes et proverbes qui depuis la plus haute antiquité (car il en est déjà question dans Hésiode) se sont perpétués à travers les siècles malgré toutes les vicissitudes historiques. Un grand nombre de ces proverbes sont fondés sur l'observation et ne doivent pas être dédaignés. C'est à ce légitime désir de connaître d'avance le temps qu'il peut faire que l'on doit attribuer l'immense succès des anciens almanachs, depuis Nostradamus, Mathieu Laensberg et Francis Moore jusqu'à nos jours. Dans l'état actuel de l'instruction publique, chacun devrait savoir que la météoro-

logic n'est pas comparable à l'astronomie, et qu'il est impossible
d'annoncer un an d'avance le temps qu'il fera chaque jour de l'année.
Cependant il y a encore aujourd'hui une quantité considérable de
personnes, surtout dans le fond des campagnes, qui croient à la pré-
diction du temps par les almanachs; s'ils ne suivent plus, comme
autrefois, leurs bizarres indications pour « se saigner, se purger, sevrer

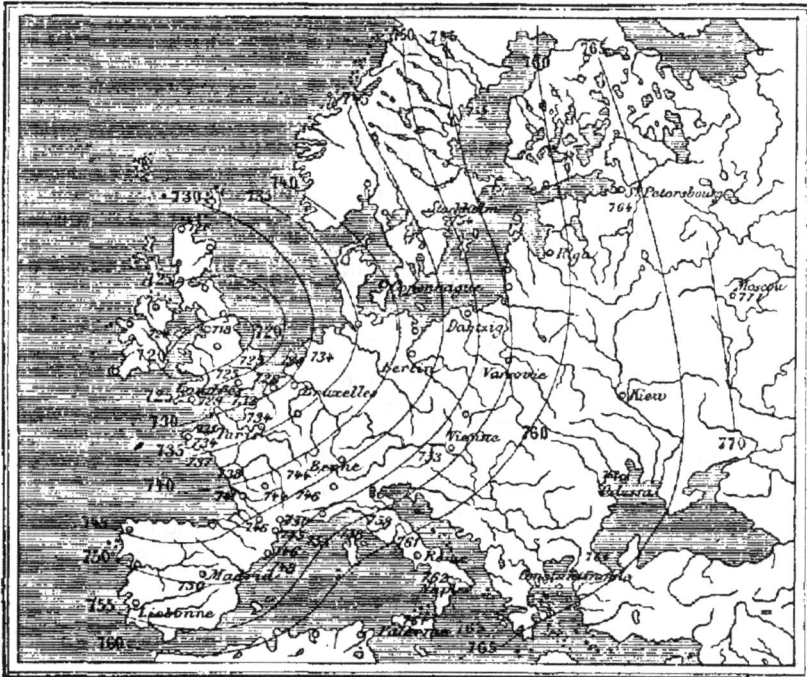

Fig. 303. — Spécimen d'une carte barométrique.

les enfants ou couper les cheveux », ils les consultent encore pour
l'état du ciel et s'y fient plus ou moins, parce qu'ils n'y regardent pas
de bien près dans la réalisation des prédictions, oubliant dix d'entre
elles qui n'arrivent pas pour une qui les satisfait.

L'état local de l'atmosphère, en quelque lieu que ce soit, est la
conséquence de l'état général, et pendant bien longtemps il a été
absolument impossible de se former aucune idée de la marche générale du temps à la surface de la planète. Cette connaissance, du reste,
serait impossible sans l'invention du télégraphe et sans le réseau de fils
électriques qui enveloppent aujourd'hui le monde. L'organisation des
services météorologiques qui fonctionnent actuellement dans les diffé-

rents pays date de 1855 et a été provoquée par la grande tempête du 14 novembre 1854, qui, après être passée sur l'Europe, assaillit dans la mer Noire les flottes alliées de France et d'Angleterre, et amena des désastres considérables. S'il eût existé alors une communication télégraphique avec la Crimée, nos flottes, prévenues à temps, auraient pu se mettre en garde contre l'arrivée de la tempête. Le Verrier, directeur de l'observatoire de Paris, soumit à l'empereur le projet d'un vaste réseau météorologique, lequel fut organisé en 1857, et depuis le 1er janvier 1858 le *Bulletin international* de l'état de l'atmosphère sur l'Europe entière paraît tous les jours à Paris.

En 1872 le service météorologique de l'observatoire de Paris fut transporté à Montsouris, dont l'observatoire avait été créé spécialement pour la météorologie dans le cours de l'année 1868. Mais, dans notre beau pays de France (il en est peut-être de même dans les autres,) les questions d'intérêt personnel ont toujours, dans le monde officiel, dominé et souvent écrasé la science pure et le véritable progrès. Il en résulta que l'établissement scientifique de Montsouris ne réalisa nullement le but de sa fondation, et lorsque en 1878, après la mort de Le Verrier, on décida de fonder sur une large base le service de la météorologie française, on ne s'occupa pas plus de cet observatoire que s'il n'eût pas existé, et l'on créa le Bureau central sur des bases absolument nouvelles. (Le budget spécial de cette fondation exclusivement météorologique est de deux cent mille francs; celui de l'observatoire astronomique est de trois cent dix-sept mille.) Depuis 1878 le *Bulletin international* est publié par ce « Bureau central météorologique de France », pour lequel on créa comme annexe l'observatoire du parc de Saint-Maur. Des services analogues existent en Angleterre, aux États-Unis, en Allemagne, en Belgique, et à peu près maintenant dans tous les pays.

Les variations du temps sont principalement et presque exclusivement dues à celles de la pression atmosphérique, comme nous l'avons constaté au chapitre des tempêtes (pages 552 à 582). Nous avons vu, de plus, que ces variations de la pression barométrique nous arrivent toujours de l'océan Atlantique et marchent en général soit de l'ouest à l'est, soit du sud-ouest au nord-est. C'est surtout d'après l'inspection de la marche du baromètre à l'ouest de l'Europe, c'est-à-dire en Irlande, en Espagne et en Portugal, puisqu'il n'existe pas de stations plus occidentales, qu'il est possible de prévoir douze ou quinze heures d'avance l'arrivée d'une bourrasque sur nos régions. Quelquefois on peut les annoncer de plus loin, car il arrive assez souvent qu'elles sont déjà formées sur les États-Unis avant de traverser l'Atlantique; le journal américain *The New York Herald* télégraphie toujours le passage de ces bourrasques à New-York, mais souvent le cyclone se consume lui-même avant d'atteindre nos régions ou subit dans sa marche une légère déviation qui l'élève jusqu'à la mer du Nord ou l'abaisse jusqu'en Espagne, au lieu de le laisser arriver directement sur la France.

Les petites cartes publiées plus haut (pages 576 et 578) ont déjà montré comment la pression atmosphérique se distribue par zones et de quelle manière se déplacent les centres de dépression. En voici une autre (fig. 303) plus complète encore, celle du 24 janvier 1872, qui présente un ensemble assez rare et qui confirmera pour ceux qui l'examineront l'enseignement des précédentes.

Nous avons également vu plus haut (pages 579-580) comment la marche des nuages de l'ouest à l'est et la baisse du baromètre annoncent le mauvais temps, et nous avons démontré en même temps pourquoi le centre de la tempête ou la dépression barométrique est toujours à gauche de la direction du vent : tournez le dos au vent, comme si vous marchiez avec lui, étendez le bras gauche, il indique la direction du centre de la tempête.

C'est d'après ces règles que sont construites, tous les matins, au Bureau central, les cartes qui annoncent la probabilité du temps, lequel est en somme, comme on le voit, toujours lié à la marche du baromètre.

Dès l'invention du baromètre, du reste, les observateurs avaient remarqué cette connexion permanente de l'état du ciel avec la variation barométrique. Étant donné qu'au niveau de la mer la hauteur moyenne du baromètre est de 760 millimètres et correspond, par conséquent, à l'état moyen du temps, on a adopté depuis longtemps les indications suivantes :

Une hauteur de 79 centimètres correspond à........ TRÈS SEC.
—   78   —   —   .... BEAU FIXE.
—   77   —   —   .... BEAU TEMPS.
—   76   —   —   .... VARIABLE.
—   75   —   —   .... PLUIE OU VENT.
—   74   —   —   .... GRANDE PLUIE.
—   73   —   —   .... TEMPÊTE.

En effet, ces indications se rapportent généralement à l'état de l'atmosphère, pourvu que l'on habite une région qui ne soit pas très élevée au-dessus du niveau de la mer. Mais nous avons vu que plus on est élevé, moins on a d'air au-dessus de soi, moins la pression barométrique est forte, et, par conséquent, plus la colonne barométrique est basse, toutes choses égales d'ailleurs : 10^m,50 d'élévation donnent 1 millimètre de moins dans la hauteur barométrique; 21 mètres = 2 millimètres; 32 mètres = 3 millimètres; 43 mètres = 4 millimètres; 54 mètres = 5 millimètres; 110 mètres = 10 millimètres; 165 mètres = 15 millimètres; 222 mètres = 20 millimètres; 297 mètres = 25 millimètres; 337 mètres = 30 millimètres ; 400 mètres = 35 millimètres ; 500 mètres = 44 millimètres de diminution, etc., avec de faibles variations suivant la température. Par conséquent, pour que les indications barométriques soient exactes, le premier soin doit être de placer le mot *variable* au point de la hauteur moyenne du lieu. Ce point n'est à 760 millimètres qu'au niveau de la mer, et même avec la correction dépendante des lignes isobarométriques indiquées à notre tableau de la page 75. Ainsi, un baromètre qui, à l'Observatoire de Paris (altitude, 67 mètres), a son point moyen ou variable à 756 millimètres, l'a à 742 millimètres à Dijon (altitude, 245 mètres) et à 728 à Clermont, élevé de 400 mètres. Plus on monte, plus cette hauteur moyenne est basse. A Bogota (États-Unis de Colombie), dont l'altitude est de 2640 mètres (observatoire Flammarion), la hauteur moyenne du baromètre est de 562 millimètres. Mais il faudrait aussi corriger l'échelle des variations inscrites de l'amplitude de ces variations, car cette amplitude n'est pas la même pour les différents climats. On peut toutefois la considérer comme uniforme pour toute la France.

Le principe essentiel pour interpréter les indications du baromètre n'est pas, d'ailleurs, de lire tout simplement ses chiffres absolus. Comme on l'a compris au chapitre des tempêtes, ce sont ses *variations* qu'il importe de considérer. Quelle que soit sa hauteur, la baisse d'heure en heure est l'indice d'une dépression barométrique dont le centre passera plus ou moins loin; la hausse, celle du beau temps. Les variations du baromètre sont une sorte de balance extrêmement sensible de l'équilibre de l'Atmosphère, et celui qui les suit avec intelligence ne s'y trompe guère.

Quand le beau temps existe depuis plusieurs semaines, par exemple, et doit persister encore, le baromètre est élevé et reste élevé. S'il commence à baisser lentement et régulièrement, un changement de temps est probable, mais le centre de dépression peut passer au loin, et l'on peut n'avoir qu'un ciel nuageux sans pluie. Si la baisse est forte et rapide, c'est l'indice d'une perturbation voisine et prochaine et de l'arrivée du mauvais temps.

Généralement les dépressions qui pendant l'été causent des orages en France prennent naissance vers le golfe de Gascogne ou nous arrivent de l'Atlantique. Les orages ne se produisent jamais qu'après une baisse barométrique, et il faut de plus que cette baisse soit lente et que le centre de dépression se trouve au sud-ouest et non au sud-est. Les orages même locaux sont liés à l'ensemble général des mouvements atmosphériques.

La direction du vent se rattache, comme nous l'avons vu, à l'état de la pression barométrique. Les vents du nord et du nord-est correspondent aux grandes hauteurs barométriques, c'est-à-dire au beau temps durable, tandis que ceux du sud, du sud-ouest et de l'ouest correspondent aux faibles hauteurs, c'est-à-dire au mauvais temps. Les vents nord-ouest et sud-est sont l'indice d'un temps variable et indécis.

FIG. 304. — Les indications barométriques.

A l'observation du baromètre et de la direction du vent on adjoindra avec avantage celle des nuages. Plusieurs jours avant l'arrivée du mauvais temps, et avant même que le baromètre ait commencé à baisser d'une manière sensible, on voit apparaître dans le ciel en longues bandes parallèles des cirrus fins, déliés, délicats, qui sont les premiers avant-coureurs du mauvais temps. Ils forment souvent de longues bandes étroites qui s'étendent d'une extrémité à l'autre de l'horizon. Ils marchent généralement dans le sens perpendiculaire à leur longueur, ce qui étonne toujours l'observateur, disposé à les voir marcher dans le sens de leur longueur. Tant que ces nuages restent nets et déliés, le centre de dépression est loin de nous; au contraire, lorsqu'ils se joignent entre eux par un léger voile et que le ciel prend cet aspect laiteux favorable à la production des halos, mais fort nuisible aux observations astronomiques, c'est un signe que le mauvais temps ne tardera pas. Bientôt on voit apparaître les cumulus ou balles de coton, d'abord isolés, dans les éclaircies desquels on aperçoit par intervalles les cirrus des couches supérieures. Ces cumulus s'abaissent de plus en plus, l'horizon se couvre, et le ciel devient gris-ardoise, ton caractéristique de l'imminence de la pluie. Pendant cette succession, l'humidité de l'air a augmenté et l'hygromètre monte.

L'humidité des couches inférieures de l'air n'est pas toujours une indication exacte de celle des couches supérieures, et il faudrait pouvoir observer l'état de ces couches où se forment les nuages. C'est ce qu'on essaye de faire depuis quelques années à l'aide du spectroscope. Si l'on prend un petit spectroscope de poche et qu'on regarde le ciel au travers, on voit un spectre solaire avec ses principales raies d'absorp-tion. Or on a remarqué (principalement les observateurs anglais Piazzi Smyth et Rand Capron) que, lorsqu'il doit pleu-voir, le spectre solaire montre à gauche de la double raie D une bande diffuse produite par l'état de la vapeur d'eau dont l'air est alors presque saturé et qui, plus exactement que l'hy-gromètre, annonce l'arrivée très prochaine de la pluie. En même temps le spectre solaire

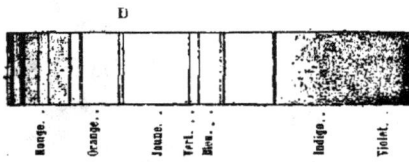

Fig. 305. — Les raies principales du spectre solaire.

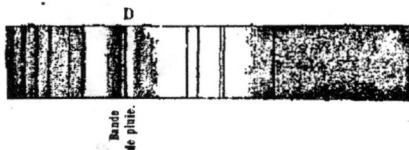

Fig. 306. — Position de la bande indicatrice principale de la pluie dans le spectre solaire.

paraît, dans son ensemble, un peu plus voilé que d'habitude.

Un autre appareil d'observation, inventé par l'Italien Malacredi et mis en pratique par l'amiral anglais Fitz-Roy, qui lui a donné le nom de *Stormglass*, subit des variations assez curieuses. Il se compose d'un tube en verre de 30 centimètres de hauteur sur 8 de diamètre. Ce tube est presque entièrement rempli par une dissolution de deux parties de camphre, une de nitrate de potasse et une de sel ammoniac dans l'esprit-de-vin pur et précipité partiellement au moyen de l'eau distillée. Le tube peut être ouvert ou fermé; on le suspend verticale-ment à un mur. Il paraît (nous ne l'avons pas vérifié) que cet instru-ment donne des indications presque sûres de la prévision du temps. Ce sont les signes suivants :

1° Si le temps doit être beau, la partie supérieure du liquide est claire et trans-parente.

2° A l'approche de la pluie, la composition s'élève et les cristallisations se meuvent dans le liquide.

3° Environ vingt-quatre heures avant la tempête, la composition s'élève à la partie supérieure du liquide, qui paraît en fermentation. Les cristallisations présentent alors la forme d'une feuille ou d'un rameau.

4° La direction d'où doit provenir la tempête est indiquée par la direction et la hauteur de la cristallisation, qui naît toujours du côté d'où doit venir le météore.

5° En hiver, le temps neigeux et la gelée sont indiqués par la hauteur de la composition ainsi que par les particules de la substance qui flottent sous forme de cristallisations étoilées.

6° En été, lorsque le temps doit être chaud et sec, la substance en dissolution est très basse.

7° Enfin le nombre de particules cristallisées indique l'intensité des perturbations à venir.

Ces indications sont-elles bien sûres? Il semble qu'un instrument si utile serait plus universellement répandu si l'on pouvait fonder quelque certitude sur ses variations.

Ce serait ici le lieu de parler des influences de la Lune, si elles avaient la valeur qu'on leur attribue dans le public. Mais les observations les plus rigoureuses ont absolument démontré : 1° que le temps ne change pas plus les jours des quatre quartiers de la Lune que les autres jours du mois; 2° que les hauteurs du baromètre aux nouvelles et pleines lunes n'indiquent aucune marée atmosphérique; 3° qu'il ne pleut pas plus en moyenne un jour déterminé de la lunaison que tout autre jour. Il serait donc superflu de nous perdre ici dans les détails de ces comparaisons.

D'après les expériences faites, la chaleur émise par la Lune est insensible; mais ses rayons chimiques agissent avec efficacité sur la plaque du photographe. Peut-être l'astre des nuits exerce-t-il une influence chimique sur les délicates réactions qui s'opèrent pendant la nuit dans les feuilles et les organes des végétaux. On peut admettre aussi que dans les hauteurs aériennes, en certaines situations des nuages où il suffit d'une cause extrêmement faible pour modifier l'état vésiculaire, la Lune peut les manger, comme dit le proverbe populaire. J'ai moi-même remarqué plusieurs fois dans mes voyages en ballon que certaines nuées se dissolvent rapidement sous l'influence de la pleine lune. A ce point de vue, l'astre des nuits n'est pas tout à fait sans influence sur l'Atmosphère; mais son action ne peut pas être comparée à celle du Soleil, et ne règle point le temps, comme quelques théoriciens le supposent

Dans l'état actuel de nos connaissances, on ne peut absolument rien baser sur les phases de la Lune. Ce qui fait qu'un grand nombre de cultivateurs et de marins donnent la première place aux quatre phases de la lunaison pour la réglementation du temps, c'est qu'ils n'y regardent pas à un ou deux jours près, avant ou après, font attention à une coïncidence et n'en remarquent pas dix qui n'arrivent pas.

La prévision du temps à longue échéance ne saurait donc inspirer aucune confiance, en tant que fondée sur les mouvements de la Lune. Cette prévision ne peut du reste être basée davantage sur d'autres documents. Il est absolument stérile d'aventurer des conjectures sur le beau ou le mauvais temps, une année, un mois, une semaine même à l'avance.

Il ne sera possible de prévoir la marche du temps qu'à l'époque où des observations multipliées sur la surface entière du globe auront permis d'analyser les divers mouvements météorologiques mensuels et diurnes. Lorsque l'homme tiendra sous son regard l'ensemble de la circulation atmosphérique, comme il tient déjà le globe terrestre géologique, climatologique et astronomique, il suivra la marche des ondes qui passent d'un méridien à l'autre, les fluctuations qui traversent les latitudes, les directions de courants déterminées par la différence des terres et des mers, par le relief du sol, par les chaînes de montagnes, — la distribution des pluies suivant les mouvements atmosphériques, les saisons et les contrées, — la succession des vents, etc., etc. : la science arrivera à dominer les lois invariables et les forces constantes qui régissent ces mouvements, quelque compliqués et obscurs qu'ils nous paraissent encore ; car, comme l'a écrit Laplace, *la moindre molécule d'air est soumise dans ses mouvements à des lois aussi invariables que celles qui régissent les corps célestes dans l'espace.*

En dehors des prévisions scientifiques qui précèdent, il y a des remarques populaires qui ne sont pas à dédaigner, et qui rendent souvent les prévisions des habitants des campagnes plus sûres, au point de vue local, que celles des savants des observatoires. Signalons ces principaux pronostics.

Les *halos* et *couronnes* qui apparaissent autour de la Lune annoncent que le ciel sera couvert le lendemain et probablement pluvieux, d'une pluie fine d'assez longue durée.

Le soleil couchant derrière des nuées écarlates et vaporeuses, qui donnent ces merveilleux effets de *pourpre foncé* et colorent tout le paysage, annonce la pluie. Couchant rose ou orangé, beau temps ; couchant jaune brillant, vent. Si le soleil, se couchant derrière un rideau de nuages, ne brille pas un instant en arrivant à l'horizon, « ne soulève pas son chapeau », c'est signe de pluie pour le lendemain.

La *transparence* de l'air, qui rapproche les objets lointains et permet de distinguer de singuliers détails à plusieurs kilomètres de distance, annonce également la pluie.

Les mauvaises odeurs qui s'exhalent de certains lieux, égouts, citernes, etc., sont dues à la diminution de la pression atmosphérique et à des conditions hygrométriques qui annoncent également la pluie.

Si le brouillard descend, il fera beau temps; s'il s'élève, il pleuvra.

Certains animaux offrent des pronostics rarement trompeurs. Aux approches de la pluie, le chat fait sa barbe, l'hirondelle vole bas, les oiseaux lustrent leurs plumes, les poules se couvrent de poussière, les canards bavardent, les poissons sautent hors de l'eau, les mouches piquent plus fortement.

Les nuages qui marchent en un sens différent de celui du vent soufflant à la surface du sol annoncent généralement un changement prochain de direction du vent dans le sens indiqué.

Deux vents de direction opposée qui se succèdent amènent ordinairement la pluie.

Ciel gris le matin, beau temps. Si les premières lueurs du jour paraissent au-dessus d'une couche de nuages, vent. Si elles se montrent à l'horizon, beau temps.

De légers nuages à contours indécis annoncent du beau temps et des brises modérées; des nuages épais à contours bien définis, du vent. Des nuages légers courant rapidement en sens inverse de masses épaisses indiquent du vent et de la pluie.

Un ciel pommelé précède ordinairement un ciel couvert et de la pluie.

Enfin, pour chaque pays, la direction du vent, combinée avec l'état du ciel et de la température, trompe rarement, même vingt-quatre heures à l'avance, les prévisions d'un observateur exercé; on remarque surtout cette sûreté de sensation chez certaines personnes qui, à défaut de baromètre, sont douées de cette sensibilité nerveuse ou maladive qui souffre aux moindres variations de la pression atmosphérique.

À ces données générales nous ajouterons, à titre de documents plus ou moins curieux, quelques dictons en usage dans nos campagnes[1] :

Printemps sec, été pluvieux.
Hiver doux, printemps sec.
Hiver rude, printemps pluvieux.
Été sec, hiver rigoureux.
Été orageux, hiver pluvieux.
Bel automne, printemps pluvieux.
Été humide, automne serein.

On a remarqué qu'une giboulée subite, lorsqu'elle se produisait après un grand vent, était un indice certain de la fin de la tempête, d'où le proverbe :

Petite pluie abat grand vent.

On sait que, lorsque le brouillard semble s'élever, c'est un signe de

1. Voy. Dallet, *la Prévision du temps.*

pluie ; si même il parait monter plus vite que de coutume, c'est une
pluie prochaine. Un proverbe l'exprime en ces termes :

> Brouillard dans la vallée,
> Pêcheur, fais ta journée.
> Brouillard sur les monts,
> Reste à la maison.

Comme nous l'avons vu tout à l'heure, l'aspect du Soleil est un
signe de beau temps lorsque cet astre se lève dans un ciel clair légèrement vaporeux et que les nuages se dissipent à son lever ; s'il se lève
dans un ciel très transparent et cru, il y a probabilité de pluie ; s'il se
couche au milieu de nuages rouges ou rosés sans rayonnements
empourprés à travers l'atmosphère, c'est un indice de beau temps,
que l'on retrouve indiqué dans ce dicton :

> Rouge soirée et grise matinée
> Sont signes certains d'une belle journée.

On connaît le vieil adage :

> Ciel pommelé, femme fardée
> Ne sont pas de longue durée.

Il s'appuie sur la remarque que l'on a faite au sujet de ces petits
nuages moutonnés que l'on appelle des *cirro-cumulus*. On a observé
une baisse barométrique sensible, lorsque le ciel est couvert de ces
nuages. Or une baisse dans la colonne mercurielle annonce le mauvais temps.

Nous avons vu aussi que les animaux peuvent servir de pronostics,
et nous avons cité l'hirondelle :

> Quand l'hirondelle
> A tire-d'aile
> Vole en rasant la terre et l'eau,
> Le mauvais temps viendra bientôt.

DICTONS RELATIFS AUX DIFFÉRENTS MOIS

JANVIER

> Sécheresse de janvier,
> Richesse du fermier.

> Janvier d'eau chiche
> Fait le paysan riche.

> Poussière de janvier,
> Abondance au grenier.

> A la Saint-Laurent
> L'hiver s'en va ou reprend.

FÉVRIER

Pluie de février
Remplit le grenier.

Pluie de février
Vaut jus de fumier.

Février doit remplir les fossés,
Mars après les rendre séchés.

La veille de la Chandeleur,
L'hiver repousse ou prend vigueur.

Saint Mathias
Casse la glace ;
S'il n'y en a pas,
Il en fera.

MARS

Mars pluvieux,
An disetteux.

Mars venteux, avril pluvieux
Font le mai gai et gracieux.

Pluie de mars ne profite pas.

AVRIL

Avril a trente jours ;
S'il pleuvait durant trente-un
Il n'y aurait mal pour aucun.

En avril s'il tonne,
C'est la nouvelle bonne.

Tonnerre en avril,
Apprête ton baril.

En avril et mai
On connaît les biens de l'année.

En avril
Ne te découvre pas d'un fil.

MAI

Mars aride,
Avril humide,
Mai le gai, tenant les deux,
Présagent l'an plantureux.

Mai frais et chaud juin
Amènent pain et vin.

Les trois saints de glace :
Saint Gervais, saint Mamers, saint Pancrace.

JUIN

Pluie de Saint-Jean ôte le vin,
Elle ne donne pas de pain.

S'il pleut le jour de Saint-Médard,
Il pleut quarante jours plus tard.

Le soleil à Saint-Barnabé,
A saint Médard casse le nez.

Beau temps en juin,
Abondance de grain.

JUILLET

En canicule, beau temps,
Bon an.

AOUT

Quand il pleut en août,
Il pleut miel et moût.

Quand il pleut en août,
Les truffes sont au bout.

S'il pleut à Saint-Laurent,
Cette pluie arrive à temps.

SEPTEMBRE

Pluie de Saint-Michel
Ne demeure au ciel.

Pluie de Saint-Michel sans orage
D'un hiver doux est le présage.

OCTOBRE ·

Bel automne vient plus souvent
Que beau printemps.

NOVEMBRE

A la Toussaint
Commence l'été de la Saint-Martin.

En novembre s'il tonne
L'année sera bonne.

DÉCEMBRE

Noël au jeu, Pâques au feu ;
Noël au feu, Pâques au jeu.

A Noël les moucherons,
A Pâques les glaçons.

Si l'hiver ne fait son devoir
Aux mois de décembre et janvier,
Au plus tard il se fera voir
Dès le deuxième février.

Ces dictons et pronostics populaires, quoique résultant, pour la plupart, de remarques réelles, n'ont pas fait beaucoup avancer la science et ne la feront pas avancer d'un seul pas dans l'avenir. La météorologie ne peut être fondée que sur l'observation non d'un événement particulier, de quelques années spéciales ou de quelques localités, mais de l'ensemble de l'état de l'Atmosphère sur de vastes étendues, et surtout sur la synthèse générale de ses incessantes modifications d'équilibre.

Grâce aux services météorologiques organisés maintenant dans tous les pays vivant de la civilisation moderne, nous pouvons être assurés que de jour en jour la Science pénétrera mieux le mécanisme atmosphérique et vital de cette planète, et qu'enfin la météorologie s'établira' comme une science exacte, interprète absolue de la nature.

Pour moi, j'ai essayé de représenter dans cet ouvrage l'état actuel de nos connaissances sur l'Atmosphère. C'est cependant moins un traité de météorologie qu'une description des phénomènes, des lois et des forces en action constante dans l'immense usine de la vie terrestre. Malgré de laborieuses recherches, malgré de si nombreuses pages, qui plus d'une fois ont dû mettre à une rude épreuve l'attention du lecteur, je ne suis pas encore parvenu à décrire le temps comme on décrit les mouvements des astres, à prédire le caractère météorologique des jours à venir, comme nous annonçons par des règles invariables la marche astronomique de la Terre et des mondes, l'arrivée d'une éclipse ou la position d'une planète dans le ciel. J'espère que ce lumineux et fécond dix-neuvième siècle ne se passera pas sans que ce plaisir puisse m'être donné, dans les éditions futures de l'Atmosphère.

Cet ouvrage vient de nous faire vivre pendant quelques heures dans la contemplation et dans l'étude de la nature; il nous a appris à connaître, à apprécier ce monde merveilleux qui nous environne, cette Atmosphère qui entretient notre vie, qui forme elle-même notre propre chair, ces phénomènes lumineux, calorifiques, électriques, qui agissent sans cesse autour de nous, ces mouvements aériens qui, à travers les métamorphoses des saisons, par les bons et les mauvais jours, par les lumières et les ombres, les vents et les pluies, les chaleurs ou les glaces, les calmes ou les tempêtes, constituent l'organisme de notre planète errante. Dans cette contemplation et dans cette étude, nous avons vécu intellectuellement, nous avons appris à observer et à penser, nous nous sommes élevés au-dessus de tous ceux qui, trop nombreux encore, ont des yeux pour ne pas voir et un cerveau pour ne pas s'en servir, et surtout nous avons senti qu'il est plus agréable d'être instruit qu'ignorant, et qu'en vivant ainsi intellectuellement nous doublons, nous décuplons pour nous le plaisir de vivre : nous laissons aux autres la matière et ses appétits; nous choisissons pour nous l'esprit et ses jouissances.

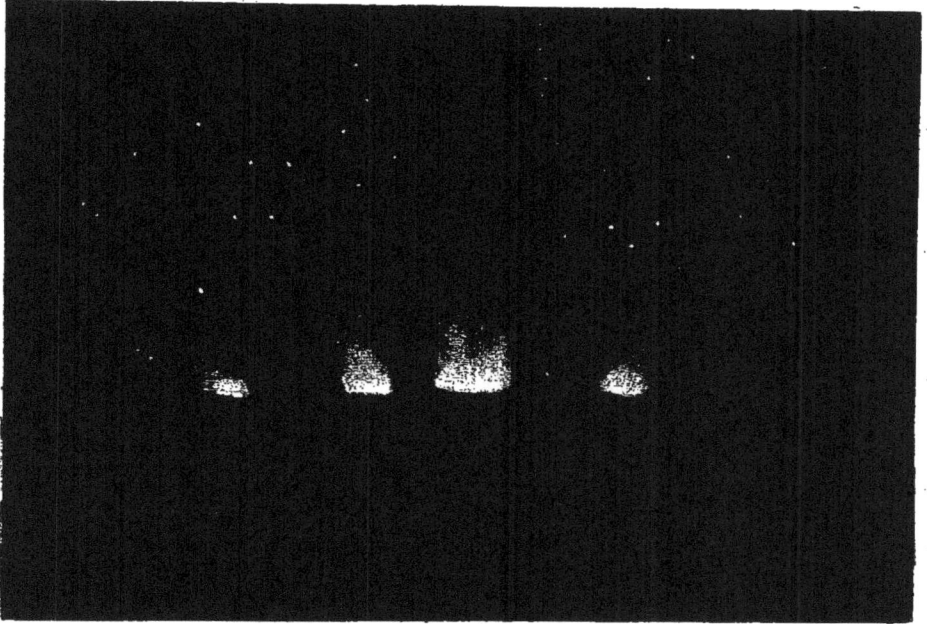

Ad. Marie pinxt   Krakow. sc. imp.

AURORE BORÉALE OBSERVÉE SUR PARIS LE 13 MAI 1869

Hachette et Cie.

APPENDICE

NOTE I (p. 42). — ÉPAISSEUR DES COUCHES D'AIR TRAVERSÉES PAR LES RAYONS DES ASTRES, SUIVANT LES HAUTEURS.

L'épaisseur des couches d'air traversées par les rayons solaires influe notablement sur la chaleur et sur la lumière reçues. Comme, au lieu de descendre verticalement vers la Terre, les rayons arrivent obliquement, la perte est d'autant plus grande que l'obliquité est plus prononcée. On a soumis cette perte à différents calculs : les deux formules qui semblent présenter le plus d'accord sont celles de Bouguer et de Laplace. En faisant usage de ces formules, on arrive aux résultats suivants, sur l'épaisseur des couches d'air pour diverses hauteurs du Soleil :

Hauteur sur l'horizon.	Distance au zénith.	Épaisseur des couches d'air.
90°	0°	1,00
70°	20°	1,06
50°	40°	1,30
30°	60°	2,00
20°	70°	2,93
15°	75°	3,81
10°	80°	5,70
5°	85°	10,21
4°	86°	12,20
3°	87°	14,87
2°	88°	18,88
1°	89°	25,13
0°	90°	35,50

On voit que si l'on représente par 1 l'épaisseur de l'Atmosphère traversée par un rayon du Soleil au zénith, cette épaisseur est plus de trente-cinq fois plus grande à l'horizon.

Le premier résultat de cette inégalité, c'est que la lumière du Soleil s'affaiblit d'autant plus que l'astre du jour est plus oblique sur la verticale. Au zénith et dans les hauteurs du ciel, le soleil est éblouissant, et nul œil humain ne saurait soutenir son éclat. Au lever et au coucher nous pouvons fixer nos regards sur son disque rougi sans en être aveuglés. Les étoiles ne sont visibles qu'à une certaine hauteur, et l'on ne voit se lever et se coucher que celles de première grandeur. D'après les recherches de Bouguer, si l'on représente par le chiffre 10 000 l'intensité lumineuse du Soleil hors de l'Atmosphère, son intensité aux différents points au-dessus de l'horizon est représentée par les chiffres suivants :

Au zénith	....	8123
A 50 degrés de distance zénithale	....	7624
30 — —	....	6613
20 — —	....	5474
10 — —	....	3149
5 — —	....	1201
4 — —	....	802
3 — —	....	451
2 — —	....	192
1 — —	....	47
0 — —	....	6

C'est-à-dire qu'au lever et au coucher du Soleil cet astre paraît 1354 fois moins brillant qu'au zénith et 1300 fois moins qu'à sa hauteur de midi sur notre horizon au solstice d'été. Ces comparaisons supposent un ciel pur, et varient par conséquent suivant l'état plus ou moins brumeux de l'Atmosphère.

NOTE 2 (p. 71). — HAUTEUR, EN MÈTRES, CORRESPONDANT A UNE DIFFÉRENCE DE 1 MILLIMÈTRE DE PRESSION BAROMÉTRIQUE.

Pression atmosphérique.	TÉMPÉRATURE DE L'AIR										
mm.	30°	28°	26°	24°	22°	20°	18°	16°	14°	12°	10°
780	11m,48	11m,40	11m,31	11m,23	11m,14	11m,06	10m,97	10m,89	10m,82	10m,74	10m,66
770	11m,63	11m,55	11m,46	11m,38	11m,29	11m,21	11m,12	11m,04	10m,96	10m,88	10m,80
760	11m,78	11m,70	11m,61	11m,53	11m,44	11m,36	11m,27	11m,19	11m,11	11m,02	10m,94
750	11m,94	11m,85	11m,77	11m,68	11m,60	11m,51	11m,43	11m,34	11m,25	11m,17	11m,08
740	12m,10	12m,01	11m,93	11m,84	11m,75	11m,67	11m,58	11m,49	11m,51	11m,32	11m,23
730	12m,25	12m,17	12m,08	11m,99	11m,90	11m,82	11m,73	11m,64	11m,55	11m,47	11m,38
720	12m,43	12m,35	12m,26	12m,17	12m,08	11m,99	11m,90	11m,81	11m,72	11m,63	11m,55
710	12m,61	12m,52	12m,43	12m,34	12m,25	12m,16	12m,07	11m,98	11m,89	11m,80	11m,71
700	12m,79	12m,70	12m,61	12m,51	12m,42	12m,33	12m,24	12m,15	12m,06	11m,97	11m,87
690	12m,08	12m,88	12m,79	12m,70	12m,61	12m,51	12m,42	12m,33	12m,23	12m,14	12m,05
680	13m,16	13m,07	12m,98	12m,88	12m,79	12m,69	12m,60	12m,51	12m,41	12m,32	12m,22
670	13m,37	13m,27	13m,18	13m,08	12m,99	12m,89	12m,79	12m,70	12m,60	12m,51	12m,41

mm.	8°	6°	4°	2°	0°	— 2°	— 4°	— 6°	— 8°	— 10°	— 12°
780	10m,57	10m,49	10m,41	10m,32	10m,24	10m,16	10m,07	9m,99	9m,91	9m,82	9m,74
770	10m,71	10m,63	10m,55	10m,46	10m,38	10m,30	10m,25	10m,43	10m,05	9m,96	9m,88
760	10m,85	10m,77	10m,69	10m,60	10m,52	10m,44	10m,35	10m,28	10m,20	10m,11	10m,03
750	11m,00	10m,91	10m,83	10m,74	10m,66	10m,58	10m,49	10m,41	10m,32	10m,24	10m,15
740	11m,15	11m,06	10m,97	10m,89	10m,80	10m,71	10m,63	10m,54	10m,45	10m,37	10m,28
730	11m,29	11m,20	11m,12	11m,03	10m,94	10m,85	10m,76	10m,68	10m,59	10m,50	10m,41
720	11m,46	11m,37	11m,28	11m,19	11m,10	11m,01	10m,92	10m,83	10m,74	10m,65	10m,57
710	11m,62	11m,53	11m,44	11m,35	11m,26	11m,17	11m,08	10m,99	10m,90	10m,81	10m,72
700	11m,78	11m,69	11m,60	11m,51	11m,42	11m,33	11m,24	11m,15	11m,06	10m,97	10m,87
690	11m,96	11m,86	11m,77	11m,68	11m,59	11m,50	11m,41	11m,32	11m,22	11m,13	11m,04
680	12m,13	12m,04	11m,94	11m,85	11m,75	11m,65	11m,56	11m,46	11m,37	11m,28	11m,18
670	12m,32	12m,22	12m,13	12m,03	11m,93	11m,83	11m,73	11m,64	11m,54	11m,45	11m,35

Exemples de calcul.

On a trouvé une différence de 4 millimètres de hauteur sur un baromètre observé au pied (sol) et au sommet d'une tour, par une température de 20 degrés (température de l'air à l'ombre), le baromètre étant à 752 millimètres en bas et à 748 millimètres en haut.

Or, pour 750 millimètres (hauteur moyenne) et 20 degrés, la table montre qu'une différence de 1 millimètre correspond à 11^m,51. La hauteur de la tour est donc de 11^m,51$\times$4, c'est-à-dire de 46^m,04. Le résultat sera d'autant plus précis que l'instrument sera plus exact et l'observation plus soignée.

Le baromètre a été observé pendant une tempête, descendu à 725 millimètres par une température de 12 degrés ; l'altitude du lieu d'observation est de 95 mètres. On demande de réduire la hauteur barométrique à ce qu'elle serait au niveau de la mer.

A 12 degrés, 725 millimètres correspondent à 11^m,55. Or $\frac{95}{11.55} = 8,22$. Donc le baromètre doit marquer 725 + 8,22 = 733^{mm},22.

Pour réduire ce chiffre à la température de zéro, on se servira de la table suivante, qui montre que pour 12 degrés et 733 millimètres la différence est de 1^{mm},4, *à retrancher*, puisque la chaleur dilate tous les corps. Le chiffre définitif est donc 731^{mm},8. Cette correction est du reste généralement faite sur les baromètres de précision.

NOTE 3 (p. 71). — TABLE POUR RÉDUIRE LES HAUTEURS BAROMÉTRIQUES A 0° DE TEMPÉRATURE.

HAUTEUR BAROMÉTRIQUE

Température.	660^{mm}	680^{mm}	700^{mm}	720^{mm}	740^{mm}	760^{mm}	780^{mm}	800^{mm}
0°	0^{mm},0	0^{mm},0	0^{mm},0	0^{mm},0	0^{mm},0	0^{mm},0	0^{mm},0	0^{mm},0
1°	0 ,1	0 ,1	0 ,1	0 ,1	0 ,1	0 ,1	0 ,1	0 ,1
2°	0 ,2	0 ,2	0 ,2	0 ,2	0 ,2	0 ,3	0 ,3	0 ,3
3°	0 ,3	0 ,3	0 ,3	0 ,4	0 ,4	0 ,4	0 ,4	0 ,4
4°	0 ,4	0 ,4	0 ,5	0 ,5	0 ,5	0 ,5	0 ,5	0 ,5
5°	0 ,5	0 ,6	0 ,6	0 ,6	0 ,6	0 ,6	0 ,6	0 ,7
6°	0 ,6	0 ,7	0 ,7	0 ,7	0 ,7	0 ,7	0 ,8	0 ,8
7°	0 ,7	0 ,8	0 ,8	0 ,8	0 ,8	0 ,9	0 ,9	0 ,9
8°	0 ,9	0 ,9	0 ,9	0 ,9	1 ,0	1 ,0	1 ,0	1 ,1
9°	1 ,0	1 ,0	1 ,0	1 ,1	1 ,1	1 ,1	1 ,2	1 ,2
10°	1 ,1	1 ,1	1 ,1	1 ,2	1 ,2	1 ,2	1 ,3	1 ,3
11°	1 ,2	1 ,2	1 ,2	1 ,3	1 ,3	1 ,4	1 ,4	1 ,4
12°	1 ,3	1 ,3	1 ,3	1 ,4	1 ,4	1 ,5	1 ,5	1 ,6
13°	1 ,4	1 ,4	1 ,5	1 ,5	1 ,6	1 ,6	1 ,6	1 ,7
14°	1 ,5	1 ,5	1 ,6	1 ,6	1 ,7	1 ,7	1 ,8	1 ,8
15°	1 ,6	1 ,7	1 ,7	1 ,7	1 ,8	1 ,8	1 ,9	1 ,9
16°	1 ,7	1 ,8	1 ,8	1 ,9	1 ,9	2 ,0	2 ,0	2 ,1
17°	1 ,8	1 ,9	1 ,9	2 ,0	2 ,0	2 ,1	2 ,1	2 ,2
18°	1 ,9	2 ,0	2 ,0	2 ,1	2 ,2	2 ,2	2 ,3	2 ,3
19°	2 ,0	2 ,1	2 ,2	2 ,2	2 ,3	2 ,3	2 ,4	2 ,5
20°	2 ,1	2 ,2	2 ,3	2 ,3	2 ,4	2 ,5	2 ,5	2 ,6
21°	2 ,2	2 ,3	2 ,4	2 ,4	2 ,5	2 ,6	2 ,6	2 ,7
22°	2 ,3	2 ,4	2 ,5	2 ,6	2 ,6	2 ,7	2 ,8	2 ,8
23°	2 ,5	2 ,5	,6	2 ,7	2 ,8	2 ,8	2 ,9	3 ,0
24°	2 ,6	2 ,6	2 ,7	2 ,8	2 ,9	2 ,9	3 ,0	3 ,1
25°	2 ,7	2 ,7	2 ,8	2 ,9	3 ,0	3 ,1	3 ,2	3 ,2
26°	2 ,8	2 ,9	2 ,9	3 ,0	3 ,1	3 ,2	3 ,3	3 ,4
27°	2 ,9	3 ,0	3 ,1	3 ,1	3 ,2	3 ,3	3 ,4	3 ,5
28°	3 ,0	3 ,1	3 ,2	3 ,3	3 ,3	3 ,4	3 ,5	3 ,6
29°	3 ,1	3 ,2	3 ,3	3 ,4	3 ,5	3 ,6	3 ,7	3 ,7
30°	3 ,2	3 ,3	3 ,4	3 ,5	3 ,6	3 7	3 ,8	3 ,9

Exemple de calcul. On veut réduire à ce qu'elle serait à zéro de température une colonne barométrique observée à 750 millimètres, la température du baromètre étant de 25 degrés. Pour 750 millimètres, la correction est entre 3^{mm},0 et 3^{mm},1. C'est donc 3^{mm},05 qu'il faut retrancher de 750 pour obtenir la hauteur barométrique à zéro. Cette hauteur est, par conséquent, 746^{mm},95, ou, en nombre rond, 747 millimètres.

NOTE 4 (p. 124). — SUR LES SONS ENTENDUS EN BALLON.

Le sifflet d'une locomotive s'entend à 3000 mètres de hauteur, le bruit d'un train à 2500 mètres, les aboiements jusqu'à 1800 mètres; un coup de fusil se perçoit à la même distance; les cris d'une population se transmettent parfois jusqu'à 1600 mètres, et l'on y discerne également bien le chant du coq et le son d'une cloche. A 1400 mètres on entend très distinctement les coups de tambour et tous les sons d'un orchestre. A 1200 mètres le cahot des voitures sur le pavé est bien perceptible. A 1000 mètres on reconnaît l'appel de la voix humaine; pendant la nuit silencieuse le cours d'un ruisseau ou d'une rivière un peu rapide produit à cette hauteur l'effet de chutes d'eau puissantes et sonores. A 900 mètres le coassement des grenouilles laisse entièrement apprécier son timbre plaintif, et les si légers bruits crépusculaires du grillon champêtre (*cri-cri*) s'entendent très distinctement jusqu'à 800 mètres de hauteur.

Il n'en est pas de même pour les sons dirigés de haut en bas. Tandis que nous entendons une voix qui nous parle à 300 mètres au-dessous de nous, on n'entend pas clairement nos paroles dès que nous planons à plus de 50 mètres.

Le jour où j'ai été le plus frappé par cette étonnante transmission des sons suivant la verticale de bas en haut, c'est pendant mon ascension du 23 juin 1867. Plongé dans le sein des nuages depuis quelques minutes, nous étions environnés de ce voile blanc et opaque nous cachant le ciel et la terre, et je remarquais avec étonnement l'accroissement singulier de lumière qui se faisait autour de nous, lorsque tout à coup les sons d'un orchestre mélodieux vinrent frapper nos oreilles. Nous entendions le morceau exécuté, aussi distinctement et aussi parfaitement que si l'orchestre eût été dans le nuage même, à quelques mètres de nous. Nous étions alors au-dessus d'Antony (Seine-et-Oise). Ayant relaté le fait dans un journal, j'ai reçu avec plaisir, quelques jours après, une lettre du président de la Société philharmonique de cette ville me rapportant que cette société, réunie dans la cour de la mairie, avait aperçu l'aérostat par une éclaircie et m'avait adressé l'un de ses morceaux nuancés le plus délicatement, dans l'espérance qu'il servirait à mes expériences d'acoustique. En vérité, on ne pouvait être mieux inspiré.

Dans cette circonstance, l'aérostat flottait à 900 mètres du lieu du concert et presque à son zénith. A 1000, 1200 et même 1400 mètres de distance, nous continuâmes d'apprécier distinctement les parties. Cette observation a été renouvelée en diverses circonstances, et j'ai toujours constaté la permanence de l'intensité des sons et de *tous* les sons, qui marchent tous avec la même vitesse et apportent le morceau de musique dans son intégrité.

Loin d'opposer un obstacle à la transmission du son, les nuages les renforçaient au contraire et faisaient paraître l'orchestre voisin de nous.

Quant à la vitesse, je n'ai pu faire d'expériences qu'à l'aide de l'écho, par un bon chronomètre. Les vitesses moyennes que j'ai obtenues, composées de la double marche du son de la nacelle à la terre et de la terre à la nacelle, sont comprises entre 333 et 340 mètres.

NOTE 5 (p. 153). — SUR LES MALAISES ÉPROUVÉS DANS LES
HAUTEURS AÉRIENNES.

Respiration. — La respiration est accélérée, gênée, laborieuse.

Circulation. — La plupart des voyageurs ont noté des palpitations, l'accélération du pouls, le battement des carotides, une sensation de plénitude des vaisseaux, parfois l'imminence de suffocation, des hémorragies diverses.

Innervation. — Céphalalgie très douloureuse, somnolence parfois irrésistible, hébétude des sens, affaiblissement de la mémoire, prostration morale.

Digestion. — Soif, vif désir des boissons froides, sécheresse de la langue, inappétence pour les aliments solides, nausées, éructations.

Fonctions de la locomotion. — Douleurs plus ou moins fortes dans les genoux, dans les jambes; là marche est fatigante et amène un épuisement rapide des forces.

Ces troubles ne sont pas réguliers, ils n'arrivent pas tous en même temps et dépendent évidemment du tempérament, des forces, de l'âge, de l'accoutumance, des efforts antérieurs, etc. Ces malaises semblent éprouver avec plus d'intensité les voyageurs dans les Alpes que dans d'autres régions du globe. Ainsi, au Grand-Saint-Bernard, dont le couvent ne se trouve qu'à 2474 mètres d'altitude, la plupart des religieux deviennent asthmatiques. Ils sont obligés de redescendre souvent dans la vallée du Rhône pour se remettre, et au bout de dix à douze ans de service ils sont forcés de quitter le couvent pour toujours, sous peine d'y devenir complètement infirmes, et cependant dans les Andes et le Tibet il y a des cités entières où tout le monde peut jouir d'une santé aussi bonne que partout ailleurs. «Quand on a vu, dit Boussingault, le mouvement qui a lieu dans les villes comme Bogota, Micuipampa, Potosi, etc., qui atteignent 2600 à 4000 mètres de hauteur; quand on a été témoin de la force et de l'agilité des toréadors dans un combat de taureaux à Quito, à 2908 mètres; quand on a vu des femmes jeunes et délicates se livrer à la danse pendant des nuits entières dans des localités presque aussi élevées que le mont Blanc, là où Saussure trouvait à peine assez de force pour consulter ses instruments, et où ses vigoureux montagnards tombaient en défaillance; quand on se souvient qu'un combat célèbre, celui du Pichincha, s'est donné à une hauteur peu différente de celle du mont Rose (4600 mètres), on accordera que l'homme peut s'accoutumer à respirer l'air raréfié des plus hautes montagnes.»

Le même météorologiste pense aussi que sur les vastes champs de neige les malaises sont augmentés par un dégagement d'air vicié sous l'action des rayons solaires, et il s'appuie sur une expérience de Saussure, qui a trouvé l'air dégagé des pores de la neige moins chargé d'oxygène que celui de l'atmosphère ambiante. Dans certaines vallées creuses et renfermées des parties supérieures du mont Blanc, dans le *Corridor* par exemple, on est en général, en montant, si mal à l'aise que longtemps les guides ont cru que cette partie de la montagne était empoisonnée par quelque exhalaison méphitique.

Malgré une lente accoutumance, certains animaux ne peuvent vivre au delà de 4000 mètres; ainsi les chats transportés à cette hauteur succombent après avoir été affectés de secousses tétaniques singulières, de plus en plus fortes; invariablement, après avoir fait des sauts prodigieux, ces animaux tombent épuisés de fatigue et meurent dans un accès de convulsions.

NOTE 6 (p. 176). — LA RÉFRACTION ATMOSPHÉRIQUE.

On a construit des tables de réfraction établies d'après l'hypothèse d'une disposition uniforme des diverses couches d'air superposées. Le pouvoir réfringent de l'air est déterminé dans l'hypothèse où ce fluide ne contiendrait que de l'oxygène et de l'azote; mais nous avons vu qu'il renferme en outre de 4 à 6 dix-millièmes d'acide carbonique et une quantité incessamment variable de vapeur d'eau. Le pouvoir réfringent de la vapeur d'eau diffère assez peu de celui de l'air proprement dit, pour qu'on puisse négliger en général la correction qui en dépendrait.

Au niveau de la mer et à la température moyenne de 10 degrés, voici quelle inflexion cette propriété donne aux rayons lumineux. Les réfractions sont naturellement différentes, selon qu'on observe à des hauteurs plus ou moins élevées au-dessus du niveau moyen de la mer; elles diminuent à mesure que l'on s'élève.

TABLE DES RÉFRACTIONS

Distance au zénith.	Réfraction.	Distance au zénith.	Réfraction.
90°	33′ 47″	75°	3′ 20″
89°	24′ 22″	72°	2′ 57″
88°	18′ 23″	70°	2′ 38″
87°	14′ 28″	65°	2′ 4″
86°	11′ 48″	60°	1′ 40″
85°	9′ 51″	55°	1′ 23″
84°	8′ 30″	50°	1′ 9″
83°	7′ 25″	45°	0′ 58″
82°	6′ 34″	40°	0′ 48″
81°	5′ 53″	30°	0′ 33″
80°	5′ 20″	20°	0′ 21″
78°	4′ 28″	10°	0′ 10″
76°	3′ 50″	1°	0′ 0″

On voit qu'un astre situé juste à l'horizon est relevé de plus de 33 minutes d'arc, c'est-à-dire de plus d'un demi-degré ou d'environ $\frac{1}{180}$ de la distance de l'horizon au zénith. Le soleil et la lune n'ont pas 33 minutes de diamètre. Quand ils arrivent, à leur lever, astronomiquement à l'horizon, nous les voyons donc de toute leur épaisseur plus élevés qu'ils ne sont en réalité; quand ils se lèvent pour notre vue, ils sont encore, en réalité, tout entiers au-dessous de notre horizon. De même, le soleil ne se couche en apparence qu'après l'être en réalité.

NOTE 7 (p. 179). — VARIATION DE LA DURÉE DU JOUR POUR LA FRANCE.

TABLE DES JOURS LES PLUS LONGS ET LES PLUS COURTS			TABLE DE LA DURÉE DU CRÉPUSCULE CIVIL					
LATITUDE	DURÉE DU JOUR		MOIS	LATITUDE				
	le plus long 21 juin.	le plus court 21 décembre.		42°	44°	46°	48°	50°
42°	15ʰ 13ᵐ	9ʰ 00ᵐ	Janvier	34ᵐ	35ᵐ	36ᵐ	38ᵐ	40ᵐ
			Février	32ᵐ	33ᵐ	34ᵐ	35ᵐ	37ᵐ
			Mars	31ᵐ	32ᵐ	33ᵐ	34ᵐ	35ᵐ
44°	15ʰ 28ᵐ	8ʰ 47ᵐ	Avril	32ᵐ	33ᵐ	34ᵐ	36ᵐ	36ᵐ
			Mai	35ᵐ	36ᵐ	38ᵐ	40ᵐ	42ᵐ
			Juin	37ᵐ	39ᵐ	41ᵐ	44ᵐ	46ᵐ
46°	15ʰ 44ᵐ	8ʰ 30ᵐ	Juillet	36ᵐ	38ᵐ	39ᵐ	42ᵐ	44ᵐ
			Août	33ᵐ	34ᵐ	36ᵐ	37ᵐ	39ᵐ
48°	16ʰ 02ᵐ	8ʰ 14ᵐ	Septembre	31ᵐ	32ᵐ	33ᵐ	34ᵐ	36ᵐ
			Octobre	31ᵐ	32ᵐ	33ᵐ	35ᵐ	36ᵐ
			Novembre	33ᵐ	34ᵐ	35ᵐ	37ᵐ	39ᵐ
50°	16ʰ 24ᵐ	7ʰ 55ᵐ	Décembre	34ᵐ	36ᵐ	37ᵐ	39ᵐ	41ᵐ

TABLE DE LA DURÉE DU CRÉPUSCULE ASTRONOMIQUE

MOIS	LATITUDE				
	42°	44°	46°	48°	50°
Janvier...................	1ʰ31ᵐ	1ʰ33ᵐ	1ʰ36ᵐ	1ʰ40ᵐ	1ʰ45ᵐ
Février...................	1ʰ24ᵐ	1ʰ26ᵐ	1ʰ29ᵐ	1ʰ32ᵐ	1ʰ36ᵐ
Mars...................	1ʰ24ᵐ	1ʰ2.7ᵐ	1ʰ29ᵐ	1ʰ33ᵐ	1ʰ37ᵐ
Avril...................	1ʰ33ᵐ	1ʰ35ᵐ	1ʰ39ᵐ	1ʰ44ᵐ	1ʰ50ᵐ
Mai...................	1ʰ46ᵐ	1ʰ52ᵐ	2ʰ01ᵐ	2ʰ11ᵐ	2ʰ26ᵐ
Juin...................	1ʰ56ᵐ	2ʰ05ᵐ	2ʰ19ᵐ	2ʰ36ᵐ	3ʰ13ᵐ
Juillet...................	1ʰ48ᵐ	1ʰ54ᵐ	2ʰ04ᵐ	2ʰ14ᵐ	2ʰ31ᵐ
Août...................	1ʰ32ᵐ	1ʰ37ᵐ	1ʰ42ᵐ	1ʰ47ᵐ	1ʰ54ᵐ
Septembre...............	1ʰ24ᵐ	1ʰ26ᵐ	1ʰ30ᵐ	1ʰ34ᵐ	1ʰ38ᵐ
Octobre...................	1ʰ23ᵐ	1ʰ25ᵐ	1ʰ29ᵐ	1ʰ33ᵐ	1ʰ36ᵐ
Novembre...............	1ʰ30ᵐ	1ʰ32ᵐ	1ʰ25ᵐ	1ʰ3.1ᵐ	1ʰ43ᵐ
Décembre...................	1ʰ34ᵐ	1ʰ36ᵐ	1ʰ40ᵐ	1ʰ45ᵐ	1ʰ50ᵐ

NOTE 8 (p. 245). — DIVERSES POSITIONS ET APPARENCES DU HALO.

Puisque ce complexe phénomène optique n'est dû qu'aux jeux de la lumière du soleil (ou de la lune) sur les particules glacées des nuées atmosphériques, il est évident que sa disposition générale varie suivant la hauteur de l'astre au-dessus de l'horizon. Quatre positions surtout sont très distinctes et nous donneront

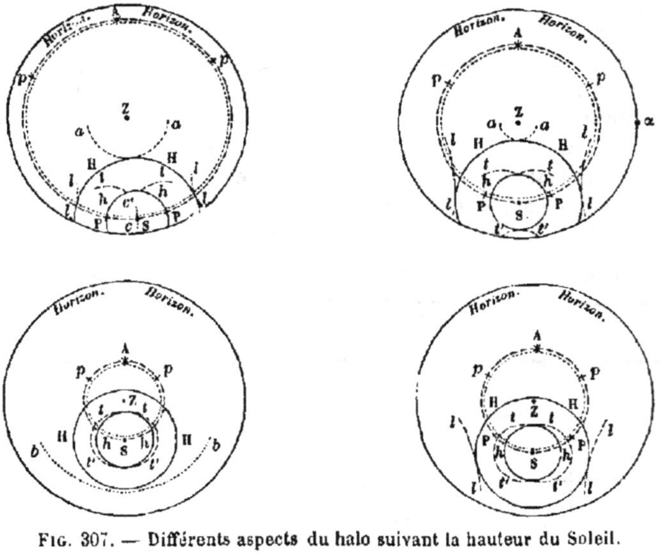

FIG. 307. — Différents aspects du halo suivant la hauteur du Soleil.

l'image théorique de tous les halos possibles. Voici, d'après Bravais, ces quatre halos : le premier, après le lever du soleil (13 degrés); le second, à une plus grande hauteur (25 degrés); le troisième, à 49 degrés, et le quatrième, à 61 degrés. Dans ces figures explicatives, S représente la place du soleil; Z, le zénith; hh, le halo ordinaire ou de 22 degrés; HH, le grand halo ou de 46 degrés; PP, les parhélies; aa, l'arc circumzénithal tangent supérieurement au halo de 46 degrés; S pp, le cercle parhélique horizontal; *pp*, les paranthélies; *cSc'* (dans la première figure), la colonne verticale à l'horizon ; *bb* (dans la troisième), l'arc circumhorizontal tangent inférieurement au halo de 46 degrés; *tt*, l'arc tangent supérieur du halo de 22 degrés; *t't'*, l'arc tangent inférieur du halo de 22 degrés; *tt t't'*, un halo circonscrit formé par la réunion des deux arcs tangents supérieur et inférieur; *ll*, des arcs tangents latéraux du halo de 46 degrés; enfin A, un anthélie.

Le trait plein représente les parties du météore provenant des prismes à axes de direction indéterminée. Le trait ponctué ainsi que la croix indiquent celles qui sont produites par les prismes à axes verticaux. Enfin le trait discontinu, avec l'étoile à six branches, se rapporte à celles qui sont dues aux prismes dont les axes sont horizontaux.

NOTE 9 (p. 350). — TEMPÉRATURES MOYENNES MENSUELLES NOTÉES A L'OBSERVATOIRE DE PARIS DEPUIS 1806

Années.	Janv.	Févr.	Mars.	Avril.	Mai.	Juin.	Juillet.	Août.	Sept.	Oct.	Nov.	Déc.
1806	6°,1	5°,9	7°,0	7°,9	17°,1	18°,0	19°,5	18°,0	16°,3	10°,9	8°,9	8°,7
1807	2°,3	5°,9	— 3°,2	9°,1	16°,1	16°,4	21°,1	21°,4	13°,0	12°,7	5°,8	1°,5
1808	2°,4	2°,4	3°,9	7°,1	17°,7	16°,7	21°,4	19°,4	14°,7	9°,1	7°,5	1°,3
1809	5°,6	7°,8	— 7°,2	6°,5	15°,2	15°,4	17°,4	18°,1	14°,6	9°,9	4°,9	5°,0
1810	— 1°,7	2°,8	8°,1	9°,3	13°,7	17°,0	17°,8	17°,6	17°,8	11°,6	7°,8	5°,3
1811	— 0°,4	7°,1	9°,1	11°,9	17°,2	17°,4	19°,3	17°,7	16°,8	14°,4	8°,5	4°,6
1812	1°,5	6°,2	— 5°,7	7°,5	15°,6	16°,1	17°,5	18°,0	15°,4	11°,0	4°,3	— 1°,0
1813	0°,4	5°,8	6°,4	10°,8	15°,1	15°,5	17°,3	16°,7	13°,9	11°,6	6°,0	3°,1
1814	— 0°,2	0°,0	3°,8	11°,5	12°,4	15°,6	19°,3	17°,4	15°,3	9°,7	6°,1	6°,2
1815	— 0°,6	7°,2	9°,5	10°,3	14°,7	16°,0	17°,5	17°,9	15°,5	12°,2	3°,4	2°,0
1816	2°,6	2°,1	5°,8	10°,0	12°,7	14°,8	15°,5	15°,6	14°,1	11°,6	4°,0	3°,7
1817	5°,0	7°,0	— 6°,4	7°,3	12°,4	17°,8	17°,0	16°,4	16°,9	7°,3	9°,0	2°,3
1818	4°,3	3°,9	6°,5	11°,4	13°,7	19°,3	20°,1	18°,3	15°,7	11°,7	9°,3	2°,1
1819	5°,0	5°,4	6°,9	11°,5	14°,5	16°,0	19°,1	19°,5	16°,4	11°,1	4°,7	3°,3
1820	— 0°,6	3°,0	4°,9	11°,4	14°,1	15°,4	18°,3	18°,7	14°,2	10°,1	5°,2	3°,4
Moyenne.	2°,1	4°,8	6°,3	9°,6	14°,8	16°,5	18°,5	18°,0	15°,4	11°,1	6°,4	3°,4
1821	3°,2	1°,0	7°,3	11°,5	12°,1	14°,5	17°,0	20°,0	16°,7	11°,1	10°,1	7°,5
1822	4°,4	6°,1	9°,9	11°,1	16°,6	21°,2	18°,8	19°,1	15°,9	13°,4	9°,0	— 0°,6
1823	— 0°,3	5°,3	6°,5	9°,1	15°,1	15°,0	17°,2	19°,1	15°,7	10°,5	5°,7	5°,6
1824	2°,7	5°,0	5°,4	9°,2	12°,6	16°,3	18°,7	18°,3	16°,8	11°,9	9°,6	7°,1
1825	3°,5	4°,3	5°,5	11°,8	14°,2	17°,0	20°,3	19°,4	17°,9	12°,2	7°,3	6°,4
1826	— 1°,6	6°,4	7°,4	10°,2	12°,6	18°,8	20°,7	21°,2	17°,0	13°,4	5°,4	5°,8
1827	— 0°,2	— 1°,0	8°,0	11°,4	14°,6	17°,0	19°,8	17°,9	16°,2	13°,1	5°,8	6°,9
1828	5°,8	5°,2	7°,1	10°,8	15°,1	17°,6	19°,1	17°,6	16°,6	10°,9	7°,4	4°,5
1829	— 2°,0	2°,8	5°,7	9°,8	14°,9	17°,1	18°,6	17°,1	13°,7	10°,1	4°,7	— 3°,5
1830	— 2°,5	1°,2	8°,9	12°,0	14°,6	16°,1	18°,9	17°,0	13°,8	10°,7	7°,9	2°,7
1831	2°,2	6°,1	9°,1	11°,5	14°,2	16°,9	19°,8	18°,7	15°,4	14°,7	6°,6	5°,6
1832	1°,5	3°,4	5°,6	10°,7	13°,2	17°,3	19°,5	20°,8	15°,5	11°,3	6°,7	4°,3
1833	— 0°,3	7°,1	— 4°,3	9°,6	17°,6	18°,4	18°,3	16°,4	13°,8	12°,3	6°,1	7°,9
1834	7°,1	3°,7	7°,6	8°,7	16°,4	18°,0	20°,3	19°,4	17°,1	17°,7	6°,8	3°,7
1835	3°,4	6°,0	6°,3	9°,2	13°,3	17°,4	21°,2	19°,4	16°,2	10°,1	5°,5	0°,1
1836	2°,6	2°,9	8°,8	8°,6	12°,4	18°,4	19°,5	18°,9	14°,0	11°,3	7°,5	4°,2
1837	2°,3	5°,1	— 2°,7	5°,7	11°,0	18°,4	18°,3	20°,1	14°,6	11°,3	5°,9	4°,4
1838	— 4°,4	2°,0	7°,1	6°,7	14°,2	16°,2	18°,2	17°,8	15°,5	11°,1	7°,6	1°,7
1839	2°,8	5°,0	5°,8	7°,7	13°,5	18°,9	18°,9	17°,4	15°,8	10°,6	8°,2	5°,5
1840	3°,5	3°,6	3°,5	12°,0	15°,1	18°,3	17°,3	19°,7	14°,7	9°,4	8°,0	— 2°,3
1841	2°,4	2°,5	9°,2	10°,4	17°,3	15°,5	16°,6	17°,9	18°,4	11°,2	6°,7	5°,5
1842	— 1°,3	4°,5	7°,7	10°,2	14°,6	20°,4	19°,4	22°,5	15°,9	8°,5	5°,1	4°,2
1843	4°,5	3°,7	7°,9	10°,5	14°,0	15°,9	18°,0	19°,8	17°,7	11°,4	7°,5	4°,4
1844	2°,8	2°,4	6°,9	12°,7	12°,4	17°,5	17°,3	15°,5	16°,1	10°,8	7°,0	— 0°,5

Années.	Janv.	Févr.	Mars.	Avril.	Mai.	Juin.	Juillet.	Août.	Sept.	Oct.	Nov.	Déc.
1845	2°,4	— 0°,6	1°,3	11°,2	11°,0	17°,7	17°,6	16°,0	15°,1	10°,7	8°,1	5°,5
1846	5°,2	6°,6	7°,6	10°,0	13°,8	21°,0	20°,8	20°,1	17°,7	11°,7	6°,0	0°,3
1847	2°,4	3°,1	5°,7	8°,3	15°,7	15°,7	20°,6	18°,9	14°,1	12°,4	8°,7	4°,0
1848	— 0°,9	6°,9	7°,8	11°,5	16°,3	17°,4	19°,5	18°,2	15°,1	11°,7	6°,6	5°,8
1849	5°,2	6°,5	— 6°,1	8°,6	15°,6	18°,3	18°,1	18°,4	16°,0	12°,1	6°,3	4°,0
1850	— 0°,1	7°,5	— 4°,8	11°,3	13°,1	18°,3	19°,3	17°,6	14°,0	8°,9	8°,9	3°,8
Moyenne.	1°,9	4°,1	6°,6	10°,1	14°,2	17°,5	18°,9	18°,7	15°,8	11°,4	7°,0	3°,8
1851	4°,9	4°,3	7°,5	10°,5	11°,7	17°,5	17°,8	19°,4	14°,0	11°,6	3°,9	2°,8
1852	4°,8	4°,7	6°,1	9°,4	14°,7	16°,3	22°,5	19°,0	15°,0	10°,4	10°,6	8°,1
1853	6°,4	1°,4	4°,0	9°,3	13°,4	16°,3	18°,3	18°,4	15°,3	12°,4	5°,7	— 0°,7
1854	4°,1	4°,2	7°,9	12°,0	12°,6	15°,0	19°,0	17°,6	16°,3	12°,3	5°,5	5°,1
1855	0°,7	0°,4	5°,3	9°,3	11°,9	16°,0	18°,4	18°,9	15°,9	11°,9	4°,1	1°,6
1856	5°,1	5°,6	5°,8	10°,5	11°,4	17°,5	18°,4	20°,4	13°,9	11°,7	4°,7	4°,4
1857	2°,2	3°,4	6°,3	9°,4	15°,0	18°,2	20°,0	19°,9	17°,0	12°,4	7°,7	4°,7
1858	0°,2	2°,3	5°,9	11°,2	12°,0	20°,5	17°,0	17°,8	17°,1	11°,2	3°,1	4°,4
1859	3°,6	5°,4	8°,6	10°,8	14°,1	18°,1	22°,7	20°,2	15°,4	12°,5	5°,8	1°,4
1830	4°,7	1°,3	5°,1	7°,9	11°,5	15°,7	16°,6	16°,3	14°,0	10°,7	5°,0	3°,0
1861	— 1°,5	5°,2	8°,0	9°,5	13°,3	18°,3	17°,6	19°,9	15°,7	12°,6	6°,1	3°,5
1862	3°,1	5°,0	9°,1	12°,0	15°,7	15°,4	18°,2	17°,0	15°,8	12°,1	5°,3	5°,8
1863	5°,1	4°,4	7°,1	11°,3	13°,9	16°,8	18°,3	19°,7	13°,6	11°,7	7°,1	5°,6
1864	1°,0	2°,4	8°,0	10°,9	14°,3	15°,8	19°,0	17°,0	15°,4	10°,4	5°,0	1°,1
1865	3°,4	2°,4	2°,6	15°,1	16°,0	17°,5	19°,7	17°,9	19°,4	12°,2	7°,7	2°,2
1866	5°,5	6°,4	5°,9	11°,6	11°,7	18°,6	18°,4	16°,6	15°,4	11°,2	7°,3	5°,4
1867	2°,1	7°,7	5°,5	11°,0	14°,6	16°,6	17°,4	18°,8	15°,6	9°,6	5°,3	1°,6
1868	1°,0	5°,5	7°,0	10°,4	17°,7	18°,9	21°,3	18°,7	17°,6	10°,7	4°,8	8°,6
1869	3°,1	7°,8	3°,6	12°,3	13°,6	14°,5	20°,3	17°,4	16°,4	10°,0	7°,0	3°,0
1870	3°,3	1°,1	4°,7	11°,1	11°,6	18°,1	21°,2	17°,4	14°,7	11°,2	6°,1	— 0°,6
1871	— 0°,8	6°,0	7°,9	11°,3	13°,0	14°,8	18°,9	20°,1	16°,7	9°,5	3°,1	0°,0
1872	4°,3	7°,3	8°,5	10°,4	12°,2	17°,0	20°,3	17°,5	16°,3	10°,5	8°,6	6°,5
Moyenne.	3°,0	4°,3	6°,4	10°,7	13°,7	17°,0	19°,2	18°,5	15°,7	11°,3	5°,9	3°,4
1873*	4°,9	2°,2	8°,3	9°,0	11°,9	17°,0	19°,9	19°,3	14°,5	11°,0	7°,2	3°,2
1874	4°,7	4°,3	7°,2	11°,8	11°,7	17°,6	21°,5	18°,1	16°,9	11°,6	6°,0	0°,7
1875	5°,4	1°,7	5°,6	10°,4	15°,7	17°,6	17°,8	19°,6	17°,8	10°,3	6°,3	2°,2
1876	0°,4	4°,7	7°,3	10°,6	11°,8	17°,0	20°,6	20°,2	15°,1	13°,1	7°,1	7°,1
1877	6°,4	7°,0	5°,9	10°,1	11°,5	19°,8	18°,4	18°,9	13°,0	10°,4	8°,5	3°,9
1878	2°,7	5°,3	6°,7	11°,6	14°,5	17°,5	18°,9	18°,7	15°,3	11°,7	5°,0	0°,9
1879	— 0°,1	4°,5	7°,1	8°,4	10°,6	16°,2	16°,2	18°,7	15°,7	10°,3	3°,6	— 7°,4
1880	— 0°,5	5°,4	10°,2	10°,0	13°,8	15°,9	19°,1	19°,4	16°,7	10°,0	5°,8	7°,0
1881	— 1°,4	4°,9	8°,2	9°,5	13°,4	16°,3	20°,6	17°,2	14°,5	7°,8	8°,6	2°,4
1882	2°,3	4°,4	9°,3	10°,8	13°,8	15°,8	17°,8	17°,2	14°,4	11°,7	8°,3	5°,1
1883	4°,7	6°,1	3°,8	10°,0	14°,4	16°,9	17°,4	18°,5	15°,7	10°,3	7°,2	4°,7
1884	6°,0	6°,3	8°,1	8°,9	15°,0	15°,5	20°,1	20°,7	17°,1	10°,4	—5°,1	4°,9
1885	0°,4	7°,5	6°,1	10°,9	11°,7	18°,6	19°,4	17°,4	15°,2	9°,3		

* Depuis 1873 les températures sont celles de l'observatoire de Montsouris.

NOTE 10 (p. 397). — TEMPÉRATURES LES PLUS HAUTES
NOTÉES ANNUELLEMENT DEPUIS 1700 A L'OBSERVATOIRE DE PARIS
A L'OMBRE ET A L'ABRI DE TOUT REFLET.

Années.	Température.	Années.	Température.
1700	26°,5	1706	36°,2
1701	23°,7	1707	34°,3
1702	28°,1	1708	25°,2
1703	24°,0	1709	21°,2
1704	30°,0	1710	33°,7
1705	31°,3	1711	27°,8

Années.	Température.	Dates.	Années.	Température.	Dates.
1712	31°,5		1769	36°,9	août.
1713	28°,7		1770	35°,0	août.
1714	30°,3		1771	35°,0	août.
1715	31°,5		1772	36°,8	24 juin.
1716	22°,8		1773	39°,4	14 août.
1717	31°,2		1774	33°,7	26 juillet
1718	35°,0		1775		
1719	36°,8		1776	33°,1	2, 3 août.
1720	40°,0		1777	36°,1	
1721	28°,7		1778	36°,2	5 juillet.
1722	28°,7		1779	34°,4	18 juillet.
1723	31°,2		1780	35°,0	2 juin.
1724	31°,6		1781	34°,4	31 juillet.
1725	31°,8		1782	38°,7	16 juillet.
1726	32°,8		1783	36°,3	11 juillet.
1727	34°,6		1784	29°,6	7 juillet.
1728	31°,2		1785	30°,3	26 juillet.
1729	33°,4		1786	29°,1	12 juin.
1730	31°,8		1787	31°,5	5 août.
1731	36°,9	10, 11 avril.	1788	33°,7	29 août.
1732	30°,1	30 juillet.	1789	30°,3	29 août.
1733	32°,5	7 juillet.	1790	34°,6	22 juin.
1734	31°,9	6, 8 septembre.	1791	34°,1	15 août.
1735	31°,4	16 juillet. 10 août.	1792	31°,1	13 août.
			1793	38°,4	8 juillet.
1736	37°,0	30 juillet.	1794	33°,5	30 juillet.
1737	33°,1	21 juillet.	1795	29°,5	13 août.
1738	36°,9	5 août.	1796	29°,5	21 août.
1739	33°,7	22 juillet.	1797	34°,5	9 juillet.
1740	28°,4	23 juillet.	1798	31°,8	5 août.
1741	33°,8	8 août.	1799	30°,0	8 août.
1742	36°,2	2 juillet.	1800	35°,5	18 août.
1743	32°,5	17 juin. 31 juillet.	1801	28°,0	12 août.
			1802	36°,4	8 août.
1744	30°,0	29 juin.	1803	36°,7	31 juillet.
1745	30°,6	6 juillet.	1804	33°,3	5 juillet.
1746	32°,8	15 juillet.	1805	28°,0	12 août.
1747	34°,4	16 septembre.	1806	35°,6	11 juillet.
1748	36°,9	23 juin.	1807	33°,6	11 juillet.
1749	36°,9	23 juillet.	1808	36°,2	15 juillet.
1750	35°,0	22 juillet.	1809	31°,2	17 août.
1751	36°,9	17 juin.	1810	30°,7	2 septembre.
1752	33°,8	29 juin.	1811	31°,0	19 juillet.
1753	35°,6	7 juillet.	1812	32°,8	14 juin.
1754	35°,0	14 juillet.	1813	29°,7	30 juillet.
1755	34°,7	6 juillet.	1814	33°,8	28 juillet.
1756	35°,6		1815	30°,0	5 août.
1757	37°,7	14 juillet.	1816	27°,9	20 juillet.
1758	34°,3		1817	31°,0	20 juin.
1759	33°,7		1818	34°,5	24 juillet.
1760	37°,7	18, 19 juillet.	1819	31°,3	5 juillet.
1761	33°,7		1820	32°,2	31 juillet.
1762	35°,6		1821	31°,0	24 août.
1763	39°,0	19 août.	1822	33°,8	10 juin.
1764	37°,5	22 juin.	1823	31°,3	26 août.
1765	40°,0	26 août.	1824	35°,2	14 juillet.
1766	37°,8	juillet.	1825	33°,3	19 juillet.
1767	33°,8	juin et août.	1826	36°,2	1er août.
1768	35°,3	juillet.	1827	33°,8	2 août.

Années.	Température.	Dates.	Années.	Température.	Dates.
1828	32°,0	29 juin.	1858	35°,3	3 juin.
1829	31°,3	24 juillet.	1859	34°,5	13 juillet.
1830	31°,0	29 juillet.	1860	27°,8	16 juillet.
1831	29°,5	8 juillet.	1861	32°,7	12 août.
1832	35°,0	13 août.	1862	30°,6	26 juillet.
1833	29°,8	2 juin.	1863	35°,9	9 août.
1834	32°,6	12, 18 juillet	1864	29°,4	31 juillet.
1835	34°,0	23 juillet.	1865	31°,8	15 juillet.
1836	34°,3	1er juillet.	1866	33°,1	13 juillet.
1837	31°,1	19 août.	1867	33°,0	4 août.
1838	34°,3	13 juillet.	1868	34°,0	22 juillet.
1839	33°,3	17 juin.	1869	31°,1	22 juillet.
1840	33°,0	6 août.	1870	33°,1	24 juillet.
1841	33°,2	26 mai.	1871	33°,9	18 juillet.
1842	36°,6	18 août.	1872*	34°,4	22 juillet.
1843	34°,3	5 juillet.	1873	37°,2	8 août.
1844	30°,8	22 juin.	1874	38°,4	9 juillet.
1845	30°,5	7 juillet.	1875	35°,8	17 août.
1846	35°,9	5 juillet.	1876	36°,0	13-17 août.
1847	34°,5	17 juillet.	1877	33°,6	11 juin.
1848	31°,0	7 juillet.	1878	30°,0	18-20 juillet.
1849	31°,4	1er juin.	1879	32°,2	3 août.
1850	33°,0	5 août.	1880	31°,8	26 mai.
1851	30°,4	23 août.	1881	37°,2	19 juillet.
1852	34°,5	16 juillet.	1882	31°,5	12 août.
1853	31°,4	7 juillet.	1883	30°,3	29 juin.
1854	33°,5	25 juillet.	1884	34°,0	{ 13 juillet. / 2 août.
1855	30°,4	23 août.	1885	34°,0	10 août.
1856	33°,3	11 août.	1886	32°,8	21 juillet.
1857	36°,2	4 août.			

* Depuis 1872 les chiffres sont ceux de l'observatoire de Montsouris.

NOTE 11 (p. 434). — TEMPÉRATURES LES PLUS BASSES
NOTÉES ANNUELLEMENT DEPUIS 1700 A L'OBSERVATOIRE DE PARIS.

Années.	Température.	Dates.	Années.	Température.	Dates.
1700	— 3°,7		1722	— 4°,6	
1701	— 1°,8		1723	—10°,3	10 février.
1702	—11°,8		1724	— 0°,0	
1703	— 4°,3		1725	— 4°,0	
1704	—10°,6		1726	— 8°,1	
1705	— 3°,7		1727	— 2°,8	
1706	— 8°,1		1728	— 6°,2	
1707	— 3°,4		1729	—15°,3	19 janvier.
1708	— 3°,4		1730	— 5°,9	
1709	—18°,7		1731	— 6°,2	19 janvier.
1710	—10°,0		1732	— 7°,5	
1711	— 8°,1		1733	— 3°,4	
1712	— 4°,3		1734	— 5°,0	
1713	— 9°,0		1735	— 3°,1	
1714	— 8°,4		1736	— 4°,0	
1715	— 8°,7		1737	— 5°,0	
1716	—19°,7	22 janvier.	1738	— 7°,5	
1717	— 5°,0		1739	— 6°,2	
1718	— 6°,8		1740	—12°,5	
1719	— 3°,1		1741	— 8°,7	
1720	— 0°,0		1742	—16°,5	
1721	— 9°,3		1743	— 8°,1	

Années.	Température.	Dates.	Années.	Température.	Dates.
1744	—11°,8		1802	—15°,5	16 janvier.
1745	—14°,0		1803	—15°,4	12 février.
1746	—10°,9		1804	— 8°,2	20 décembre.
1747	—15°,9		1805	—10°,2	17 et 18 décembre.
1748	—14°,0	12 janvier.	1806	— 3°,9	12 mars.
1749	— 9°,6		1807	— 7°,4	8 décembre.
1750	— 8°,1		1808	—12°,2	21 décembre.
1751	—12°,5		1809	— 9°,6	18 janvier.
1752	— 7°,8		1810	—12°,3	31 janvier.
1753	—13°,4		1811	—10°,3	2 janvier.
1754	—15°,6		1812	—10°,6	9 décembre.
1755	—15°,6		1813	— 7°,0	21 janvier.
1756	—10°,6		1814	—12°,5	24 février.
1757	—13°,1		1815	—10°,3	20 janvier.
1758	—13°,7		1816	—10°,8	11 février.
1759	— 7°,5		1817	— 9°,4	31 décembre.
1760	»		1818	— 6°,4	27 décembre.
1761	— 6°,2		1819	— 6°,3	8 décembre.
1762	—11°,2		1820	—14°,3	11 janvier.
1763	—12°,5		1821	—11°,6	1er janvier.
1764	— 6°,2		1822	— 8°,8	27 décembre.
1765	— 9°,3		1823	—14°,6	14 janvier.
1766	—13°,1		1824	— 4°,8	14 janvier.
1767	—15°,0		1825	— 8°,0	31 décembre.
1768	—15°,0		1826	—11°,7	10 janvier.
1769	— 6°,2		1827	—12°,7	18 février.
1770	— 8°,7		1828	— 7°,8	10 janvier.
1771	—13°,5	13 février.	1829	—17°,0	24 janvier.
1772	»		1830	—17°,2	17 janvier.
1773	—10°,6	5 février.	1831	—10°,3	31 janvier.
1774	— 8°,8	27 novembre.	1832	— 5°,9	1er janvier.
1775	»		1833	— 8°,5	10 janvier.
1776	—19°,1	29 janvier.	1834	— 4°,0	2, 11 février.
1777	»		1835	— 9°,6	22 décembre.
1778	— 5°,9	12 janvier.	1836	—10°,0	2 janvier.
1779	—10°,6	5 janvier.	1837	— 8°,9	2 janvier.
1780	—10°,6	28 janvier.	1838	—19°,0	20 janvier.
1781	— 7°,1	13 janvier.	1839	— 8°,1	1er février.
1782	—12°,5	17 février.	1840	—13°,2	17 décembre.
1783	—19°,1	30 décembre.	1841	—13°,1	8 janvier.
1784	—12°,6	31 janvier.	1842	—10°,0	10 janvier.
1785	—10°,9	1er mars.	1843	— 4°,0	13, 14 décembre.
1786	—13°,0	4 janvier.	1844	— 9°,3	8, 11 décembre.
1787	— 5°,4	27 janvier. / 30 novembre.	1845	—11°,8	21 février.
			1846	—14°,7	19 décembre.
1788	—21°,5	31 décembre.	1847	— 7°,9	1er janvier.
1789	—15°,0	4 janvier.	1848	— 9°,7	28 janvier.
1790	— 5°,0	1er décembre.	1849	— 7°,3	2 janvier.
1791	— 7°,7	9 novembre.	1850	— 7°,0	11 janvier.
1792	—14°,0	19 février.	1851	— 6°,3	30 décembre.
1793	— 7°,6	20 janvier.	1852	— 7°,0	1er, 2 janvier.
1794	— 7°,5	19 décembre.	1853	—14°,0	30 décembre.
1795	—23°,5	25 janvier.	1854	— 9°,0	6 février.
1796	—13°,4	11 décembre.	1855	—13°,3	21 janvier.
1797	— 3°,1	21 février.	1856	— 6°,6	14 janvier.
1798	—17°,6	26 décembre.	1857	— 6°,6	6 février.
1799	—13°,1	31 décembre.	1858	— 9°,8	5, 7 janvier.
1800	—13°,1	30 janvier.	1859	—16°,2	20 décembre.
1801	—10°,1	13 février.	1860	— 7°,8	15 février.

Années.	Température.	Dates.		Années.	Température.	Dates.
1861	—10°,0	16 janvier.		1875	—13°,2	1er janvier.
1862	— 9°,4	19 janvier.		1876	—12°,7	12 février.
1863	— 2°,5	1er mars.		1877	— 6°,2	12 mars.
1864	—10°,1	6 janvier.		1878	— 7°,1	12 janvier.
1865	— 8°,0	13 février.		1879	—23°,9	10 décembre.
1866	— 2°,1	22 février.		1880	—10°,8	29 janvier.
1867	— 9°,0	22 janvier.		1881	—13°,3	16 janvier.
1838	—11°,1	7 janvier.		1882	— 4°,7	divers.
1869	— 9°,0	25 janvier.		1883	— 6°,0	{ 11 mars. / 18 décembre.
1870	—11°,2	24 décembre.				
1871	—21°,3	9 décembre.		1884	— 4°,6	30 décembre.
1872	— 2°,6	23 mars.		1885	— 8°,9	26 janvier.
1873*	— 5°,0	décembre.		1886	— 7°,0	24 janvier.
1874	—11°,6	30 décembre.				

* Depuis 1873 les chiffres sont ceux de l'observatoire de Montsouris.

NOTE 12 (p. 434). — NOMBRE MENSUEL DES JOURS

PENDANT LESQUELS LE THERMOMÈTRE A ÉTÉ NOTÉ AU-DESSOUS DE ZÉRO A L'OBSERVATOIRE DE PARIS.

Hivers.	Octob.	Novemb.	Décemb.	Janvier.	Février.	Mars.	Avril.	Total.
1788-89	»	18	30	15	2	21	»	86
1789-90	»	8	9	11	3	3	2	36
1790-91	»	6	9	7	7	5	»	34
1791-92	2	11	8	11	11	5	»	48
1792-93	»	6	7	18	4	3	2	40
1793-94	»	1	10	18	1	1	»	31
1794-95	»	3	18	29	11	3	»	64
1795-96	»	5	5	»	5	9	»	24
1796-97	»	4	21	7	14	14	1	61
1797-98	»	3	1	10	10	9	1	34
1798-99	1	5	17	22	8	8	4	65
1799-1800	»	3	20	5	10	12	»	50
1800-01	»	4	1	7	9	»	1	22
1801-02	»	1	7	26	2	5	»	41
1802-03	»	»	6	16	12	13	»	47
1803-04	»	3	6	6	14	10	»	39
1804-05	»	5	16	15	10	7	»	53
1805-06	2	8	11	2	5	7	2	37
1806-07	1	2	»	13	4	16	9	45
1807-08	»	4	16	14	17	19	5	75
1808-09	1	2	12	4	2	3	9	33
1809-10	2	4	3	25	12	2	3	51
1810-11	2	»	5	19	1	2	»	29
1811-12	»	3	10	18	5	5	6	47
1812-13	»	11	20	18	7	7	»	63
1813-14	2	6	12	20	17	13	»	70
1814-15	1	4	5	21	»	»	»	31
1815-16	»	14	16	11	13	5	7	66
1816-17	1	10	8	5	1	8	4	37
1817-18	1	1	14	6	10	2	1	35
1818-19	»	1	16	5	4	2	»	28
1819-20	»	2	12	19	12	13	»	57
1820-21	»	6	11	13	23	1	»	54
1821-22	»	»	»	5	4	1	»	10
1822-23	»	»	23	19	4	6	1	53
1823-24	»	5	4	12	4	2	5	32
1824-25	»	1	3	10	9	11	»	34
1825-26	»	1	5	22	3	5	1	37
1826-27	»	4	3	21	23	2	»	53
1827-28	»	8	2	6	9	2	1	28

APPENDICE.

Hivers.	Octob.	Novemb.	Décemb.	Janvier.	Février.	Mars.	Avril.	Total.
1828-29	2	3	10	22	10	8	1	56
1829-30	»	8	26	21	17	4	»	76
1830 31	»	4	12	18	3	1	1	39
1831-32	»	4	6	21	15	7	»	53
1832-33	»	»	5	22	1	14	»	42
1833-34	»	5	1	1	13	6	1	27
1834-35	»	5	12	15	3	»	2	37
1835-36	»	9	21	12	9	2	»	53
1836-37	3	1	8	15	8	17	10	62
1837-38	4	10	15	26	13	4	5	77
1838-39	»	3	19	16	5	9	2	54
1839-40	»	1	6	11	11	19	»	48
1840-41	»	4	27	16	14	»	»	61
1841-42	1	1	5	29	8	3	2	49
1842-43	3	9	14	10	11	5	3	55
1843-44	1	5	7	12	20	4	»	49
1844-45	»	3	22	15	18	21	»	79
1845-46	»	1	2	8	4	»	»	15
1846-47	»	6	21	15	15	10	2	69
1847-48	»	1	8	23	2	1	»	35
1848-49	»	1	4	3	3	5	1	17
1849-50	»	6	13	27	2	11	»	59
1850-51	1	1	11	9	14	4	»	40
1851-52	»	9	14	11	9	10	2	55
1852-53	»	1	1	2	21	18	1	44
1853-54	»	6	28	11	15	4	»	64
1854-55	»	7	3	18	16	10	4	58
1855-56	»	6	16	8	6	6	»	42
1856-57	1	9	13	14	16	6	»	59
1857-58	»	1	10	21	18	13	»	63
1858-59	1	17	8	14	5	2	2	49
1859-60	1	9	15	6	20	8	1	60
1860-61	»	6	13	26	8	»	»	53
1861-62	»	7	15	13	9	5	1	50
1862-63	»	8	4	3	14	3	»	32
1863-64	»	2	4	19	15	1	»	41
1864-65	»	6	19	10	13	13	»	61
1865-66	»	»	7	2	1	4	»	14
1866-67	»	5	5	15	»	5	»	30
1867-68	»	4	11	12	1	»	»	31
1868-69	»	2	»	11	»	1	»	14
1869-70	3	3	11	13	15	6	»	51
1870-71	»	»	22	18	4	8	»	52
1871-72	3	17	23	8	3	5	»	59
1872-73*	»	»	1	6	16	2	3	28
1873-74	»	4	13	9	11	10	1	48
1874-75	2	9	20	6	16	13	1	67
1875-76	1	6	17	21	13	7	4	69
1876-77	»	5	3	7	3	11	»	29
1877-78	5	»	11	16	8	7	1	48
1878-79	»	5	21	24	11	4	3	68
1879-80	1	12	28	24	9	1	»	75
1880-81	3	7	2	23	6	6	1	48
1881-82	1	5	13	15	10	7	1	52
1882-83	0	0	8	9	6	16	0	39
1883-84	0	0	5	1	5	4	0	15
1884-85	1	10	9	24	3	8	0	55
1885-86	»	4	15	16	17	15	1	68

* Depuis 1872 les chiffres sont ceux de l'observatoire de Montsouris.

NOTE 13 (p. 603). — TABLES PSYCHROMÉTRIQUES.

DIFFÉRENCE DES DEUX THERMOMÈTRES

Thermomètre humide	1° Tension de la vapeur	1° Humidité relative	1° Point de rosée	2° Tension	2° Humidité	2° Point de rosée	3° Tension	3° Humidité	3° Point de rosée	4° Tension	4° Humidité	4° Point de rosée	5° Tension	5° Humidité	5° Point de rosée	6° Tension	6° Humidité	6° Point de rosée
	mm			mm			mm			mm			mm			mm		
30°	30,9	93	20°,6	30,3	86	29°,3	29,7	79	28°,9									
29°	29,2	92	28°,6	28,5	85	28°,3	27,9	79	27°,0	27,3	73	27°,5						
28°	27,5	92	27°,6	26,9	85	27°,2	26,2	79	26°,8	25,6	72	26°,4	25,0	67	26°,0			
27°	25,9	92	26°,6	25,3	85	26°,2	24,6	78	25°,8	24,0	72	25°,3	23,4	66	24°,9	22,8	61	24°,1
26°	24,4	92	25°,6	23,7	85	25°,1	23,1	78	24°,7	22,5	71	24°,7	21,9	65	23°,8	21,3	60	23°,3
25°	22,9	92	24°,6	22,3	84	24°,1	21,7	77	23°,6	21,1	71	23°,1	20,5	65	22°,7	19,8	59	22°,1
24°	21,6	92	23°,5	21,0	84	23°,0	20,3	77	22°,6	19,7	70	22°,0	19,1	64	21°,5	18,5	59	21°,0
23°	20,3	91	22°,5	19,7	83	22°,0	19,0	76	21°,5	18,4	69	20°,9	17,8	63	20°,4	16,0	57	18°,6
22°	19,0	91	21°,5	18,4	83	20°,9	17,8	76	20°,4	17,2	69	19°,8	16,6	63	19°,2	14,8	56	17°,5
21°	17,9	91	20°,4	17,3	83	19°,9	16,7	75	19°,3	16,0	68	18°,7	15,4	62	18°,1	13,7	55	16°,2
20°	16,8	91	19°,4	16,2	82	18°,2	15,6	74	18°,2	14,9	67	17°,6	14,3	61	16°,9	12,7	54	14°,0
19°	13,7	91	18°,4	15,1	82	17°,8	14,5	74	17°,1	13,9	66	16°,5	13,3	60	15°,7	11,7	53	13°,7
18°	14,8	90	17°,4	14,1	81	16°,7	13,5	73	16°,0	12,9	66	15°,2	12,3	59	11°,5	10,8	52	12°,5
17°	13,8	90	16°,3	13,2	81	15°,6	12,6	72	14°,9	12,0	65	14°,1	11,4	58	13°,3	9,9	50	11°,1
16°	12,9	90	15°,3	12,3	80	14°,5	11,7	72	13°,7	11,1	64	12°,9	10,5	57	12°,1	9,1	49	9°,8
15°	12,1	89	14°,2	11,5	80	13°,4	10,9	71	12°,6	10,3	63	11°,7	9,7	55	10°,8	8,3	47	8°,4
14°	11,3	89	13°,2	10,7	79	12°,3	10,1	70	11°,4	9,5	62	10°,5	9,0	54	9°,5	7,5	46	7°,1
13°	10,6	89	12°,1	10,0	78	11°,2	9,3	69	10°,3	8,7	61	9°,3	8,1	53	8°,2	6,8	44	5°,6
12°	0,9	88	11°,1	9,3	78	10°,1	8,6	68	9°,1	8,0	59	8°,0	7,4	52	6°,9	6,2	43	4°,1
11°	0,2	88	10°,0	8,6	77	9°,0	8,0	67	7°,9	7,4	58	6°,8	6,8	50	5°,5	5,5	41	2°,6
10°	8,6	87	9°,0	8,0	76	7°,9	7,4	66	6°,7	6,8	57	5°,5	6,2	48	4°,1	5,0	39	1°,1
9°	8,0	86	7°,9	7,4	75	6°,8	6,8	65	5°,5	6,2	55	4°,1	5,6	47	2°,7	4,4	37	— 0°,6
8°	7,4	86	6°,9	6,8	74	5°,6	6,2	63	4°,2	5,6	54	2°,8	5,0	45	1°,2	3,9	35	— 2°,2
7°	6,9	86	5°,8	6,3	73	4°,5	5,7	62	3°,0	5,1	52	1°,5	4,5	43	— 0°,3	3,4	33	— 4°,0
6°	6,4	85	4°,7	5,8	72	3°,3	5,2	61	1°,7	4,6	50	0°,0	4,0	41	— 1°,9	2,9	30	— 5°,8
5°	5,9	85	3°,6	5,3	71	2°,1	4,7	59	0°,4	4,1	48	— 1°,4	3,5	39	— 3°,4	2,5	28	— 7°,7
4°	5,5	84	2°,3	4,9	70	0°,0	4,3	57	— 0°,9	3,7	46	— 2°,8	3,1	36	— 5°,1	2,1	25	— 9°,8
3°	5,1	83	1°,5	4,5	69	— 0°,3	3,9	56	— 2°,2	3,3	44	— 4°,3	2,7	34	— 6°,8	1,7	22	—12°,3
2°	4,7	83	0°,3	4,1	67	— 1°,5	3,5	54	— 3°,5	2,9	42	— 5°,9	2,3	32	— 8°,7	1,4	18	—15°,4
1°	4,4	82	— 0°,7	3,8	66	— 2°,7	3,2	53	— 4°,9	2,6	40	— 7°,5	2,0	30	—10°,5	1,0	15	—18°,5
0°	4,0	81	— 1°,8	3,4	65	— 3°,0	3,0	52	— 5°,9	2,2	39	— 8°,0	1,8	28	—11°,5			
— 1°	3,8	81	— 2°,8	3,2	65	— 4°,0	2,7	51	— 6°,9	2,2	38	— 9°,5	1,6	27	—12°,9			
— 2°	3,4	80	— 3°,8	2,9	63	— 5°,9	2,4	48	— 8°,4	1,9	35	—11°,4	1,3	23	—15°,5			
— 3°	3,1	79	— 5°,0	2,6	61	— 7°,3	2,1	45	— 9°,9	1,6	32	—13°,5	1,0	19	—18°,4			
— 4°	2,9	78	— 6°,1	2,4	59	— 8°,6	1,8	43	—11°,6	1,3	28	—15°,8	0,8	15	—21°,7			
— 5°	2,6	77	— 7°,3	2,1	57	— 9°,9	1,6	40	—13°,5	1,0	24	—18°,5						
— 6°	2,4	76	— 8°,4	1,9	55	—11°,4	1,3	36	—15°,5	0,8	20	—21°,4						
— 7°	2,2	74	— 9°,6	1,6	52	—13°,0	1,1	32	—17°,7	0,6	16	—25°,0						
— 8°	1,9	73	—10°,9	1,4	49	—14°,7	0,9	28	—20°,2	0,4	11	—29°,8						
— 9°	1,7	71	—12°,2	1,2	46	—16°,5	0,7	24	—23°,1	0,2	6							
—10°	1,6	69	—13°,6	1,0	42	—18°,5	0,5	20	—26°,1									
—11°	1,4	67	—15°,0	0,9	39	—20°,4	0,4	15	—30°,3									
—12°	1,3	65	—16°,2	0,7	35	—22°,6	0,2	10	—35°,0									
—13°	1,1	63	—17°,7	0,6	31	—24°,8	0,1	4										
—14°	1,0	61	—19°,0	0,5	27	—27°,5												
	0,9	58	—20°,6	0,4	22	—30°,3												

NOTE 14 (p. 650). — HAUTEURS MENSUELLES DE PLUIE
recueillie sur la terrasse de l'Observatoire de Paris, depuis 1805.

Années.	Janv.	Fév.	Mars.	Avril.	Mai.	Juin.	Juillet.	Août.	Sept.	Octob.	Nov.	Déc.
	mm	mm	mm	mm	mm	mm	mm	mm	mm	mm	mm	mm
1805	40,6	36,2	30,7	25,7	51,0	31,5	31,4	78,4	75,1	65,9	60,3	49,9
1806	73,8	73,8	78,5	15,1	12,1	10,6	28,9	57,1	40,1	51,7	38,4	39,5
1807	32,9	38,8	9,5	27,1	70,2	17,4	11,1	57,5	53,5	32,9	20,9	34,3
1808	22,5	11,8	11,3	11,2	15,3	42,0	63,1	74,6	55,8	31,6	110,5	13,1
1809	49,7	28,9	15,3	19,8	43,3	30,5	59,3	54,2	43,9	67,6	41,7	20,6
1810	0,0	26,7	37,2	20,1	60,3	3,0	94,4	25,5	5,9	1,8	39,1	104,3
1811	28,7	65,7	8,0	59,5	45,0	91,4	61,0	57,0	45,6	54,3	54,1	55,5
1812	33,0	57,9	46,3	60,8	40,0	45,6	16,0	46,3	14,7	45,5	53,8	36,4
1813	25,9	17,6	11,3	36,1	48,8	82,5	94,1	14,1	38,1	89,7	33,0	13

Années.	Janv.	Fév.	Mars.	Avril.	Mai.	Juin.	Juillet.	Août.	Sept.	Octob.	Nov.	Déc.
	mm	mm	mm	mm	mm	mm	mm	mm	mm	mm	mm	mm
1814	31,8	14,5	11,5	45,3	32,9	45,4	9,6	36,2	15,1	59,4	40,7	33,4
1815	17,3	31,4	40,7	30,3	29,0	78,7	31,9	15,0	31,8	38,0	44,6	57,3
1816	49,0	6,0	43,8	12,8	38,0	53,7	96,8	50,8	63,4	61,7	36,7	46,3
1817	38,3	20,7	43,5	1,3	64,8	101,8	58,7	49,5	61,5	20,6	41,7	69,0
1818	45,5	32,7	64,5	66,2	46,0	22,4	16,2	25,5	55,2	52,1	17,2	55,6
1819	131,0	48,3	20,8	24,4	79,6	50,0	87,3	64,2	25,4	14,0	31,7	12,1
1820	28,8	25,5	16,7	20,3	86,5	30,9	14,5	46,7	36,5	57,1	60,0	67,1
Moyenne.	34,3	33,5	30,6	29,7	47,7	48,0	48,4	47,0	41,4	46,5	45,3	44,2

Total........ 211,1

Années.	Janv.	Fév.	Mars.	Avril.	Mai.	Juin.	Juillet.	Août.	Sept.	Octob.	Nov.	Déc.
1821	52,6	4,2	69,4	68,2	46,1	44,0	55,8	45,7	81,5	49,7	5,8	16,6
1822	15,0	18,3	18,1	7,1	42,2	92,3	44,5	23,0	61,0	33,6	33,9	49,2
1823	32,6	56,6	29,2	32,7	52,4	49,9	42,2	22,9	27,4	30,5	49,4	22,7
1824	28,6	36,3	52,7	34,4	65,8	46,3	36,3	52,8	65,8	38,3	15,2	57,6
1825	20,1	24,3	20,4	53,5	59,3	19,1	1,4	34,6	53,9	89,6	36,0	27,5
1826	35,2	40,1	9,8	28,7	40,4	22,1	28,6	44,4	30,6	44,5	105,1	32,8
1827	12,3	19,5	64,8	37,9	100,5	16,9	35,7	30,3	41,4	43,1	40,9	45,8
1828	57,8	43,4	60,5	61,2	62,8	54,0	96,1	56,5	25,7	61,3	21,3	59,1
1829	37,5	27,6	24,0	69,3	20,2	51,0	126,2	42,5	103,9	7,1	36,0	24,3
1830	15,0	2,4	13,1	62,1	113,8	70,7	59,0	68,9	69,1	32,1	23,2	2,3
1831	17,2	37,5	38,8	38,8	59,5	35,8	41,9	48,8	45,3	7,3	50,1	41,5
1832	35,4	8,1	32,2	28,5	51,3	79,0	16,0	38,2	21,2	52,3	76,5	36,6
1833	15,0	69,3	18,9	64,6	22,2	46,4	36,6	38,7	52,8	45,0	67,4	44,0
1834	65,4	14,9	15,5	24,8	41,2	46,6	79,6	82,7	8,0	19,1	32,5	86,8
1835	10,3	41,0	37,3	32,5	48,2	29,5	21,3	22,5	93,8	23,4	10,4	8,4
1836	48,5	20,8	68,3	26,8	21,1	46,7	33,9	78,9	55,6	56,0	33,0	12,2
1837	32,6	74,1	15,1	62,5	55,7	43,3	44,1	53,9	65,9	91,3	52,9	
1838	21,0	42,8	50,6	33,0	40,2	74,5	25,8	40,4	81,1	21,9	38,5	17,7
1839	38,7	57,6	28,6	22,0	30,4	107,9	30,3	26,4	90,2	24,4	85,1	22,9
1840	33,3	10,7	8,2	50,0	32,3	25,7	32,5	27,2	114,1	51,2	54,7	42,3
1841	15,8	21,6	35,6	34,0	40,5	41,2	88,1	39,2	35,2	51,3	59,9	10,0
1842	18,9	29,3	25,8	22,1	21,1	38,7	13,4	13,4	74,6	62,4	49,5	63,6
1843	64,2	62,8	4,2	51,0	61,5	52,4	53,1	44,7	21,6	23,4	55,2	6,3
1844	28,5	54,9	40,1	8,5	56,7	33,3	77,6	68,1	79,1	45,1	72,5	9,1
1845	42,1	27,3	34,4	41,4	51,9	74,8	41,0	47,4	65,4	43,7	59,8	21,5
1846	70,4	15,2	47,1	57,5	36,5	33,1	22,0	78,4	60,0	29,0	62,3	64,5
1847	38,9	33,1	15,8	32,7	27,8	29,1	107,5	39,1	22,4	71,3	24,9	48,1
1848	23,6	44,9	47,3	78,0	18,7	60,4	49,2	102,9	16,3	31,9	25,0	26,9
1849	48,2	16,4	24,9	55,5	62,0	82,6	70,0	26,0	79,5	45,9	33,2	34,8
1850	40,4	30,0	12,6	51,3	55,5	21,6	39,0	148,1	29,3	36,7	53,8	41,7
Moyenne.	33,8	32,8	32,1	43,0	48,3	49,4	48,3	49,2	55,3	41,2	46,7	34,3

Total........ 220,0

Années.	Janv.	Fév.	Mars.	Avril.	Mai.	Juin.	Juillet.	Août.	Sept.	Octob.	Nov.	Déc.
1851	33,8	18,4	70,8	62,0	31,8	12,3	82,7	26,0	23,1	50,5	42,8	41,8
1852	54,4	17,2	33,8	23,1	64,6	68,3	31,5	49,3	69,1	52,8	38,8	16,3
1853	68,8	15,4	27,0	57,9	48,0	47,3	43,4	55,2	26,0	74,1	59,3	50,3
1854	9,1	20,1	1,1	23,6	70,3	170,7	90,5	43,7	12,5	48,2	9,7	7,5
1855	28,5	33,1	36,6	8,2	18,6	46,9	37,3	32,7	10,0	67,0	54,2	51,7
1856	39,7	7,0	31,4	50,8	117,5	48,5	54,0	53,5	58,9	51,3	21,1	19,3
1857	50,9	13,6	18,6	55,1	50,5	68,7	13,1	60,0	71,7	26,9	47,9	29,1
1858	13,0	11,0	47,3	36,1	40,8	35,2	91,9	61,2	17,5	52,5	8,1	29,1
1859	31,5	14,2	16,3	46,3	39,0	68,3	30,3	24,7	73,6	9,7	46,9	55,4
1860	65,0	41,0	38,6	33,4	59,3	37,6	93,3	76,0	76,3	96,4	40,6	64,0
1861	6,3	25,1	55,1	25,8	27,6	74,0	104,5	8,9	43,8	52,0	28,0	54,7
1862	35,5	7,8	66,9	22,3	50,1	52,8	44,4	52,5	50,7	13,4	50,0	23,7
1863	38,4	8,3	24,2	10,4	27,3	45,1	23,7	21,6	59,0	73,4	17,4	42,1
1864	21,9	19,0	41,4	10,1	28,9	65,9	10,5	28,6	47,2	81,8	43,3	43,4
1865	55,9	54,8	28,7	11,7	75,4	28,5	65,0	30,8	52,2	30,6	55,5	6,7

Années.	Janv.	Fév.	Mars.	Avril.	Mai.	Juin.	Juillet.	Août.	Sept	Octob.	Nov.	Déc.
1866	50,9	52,4	51,9	68,2	48,5	46,6	65,9	79,2	92,7	63,1	64,9	11,3
1867	39,0	37,6	64,8	59,9	77,1	40,5	73,6	58,8	42,0	16,1	30,5	41,4
1868	44,8	7,0	15,7	77,7	23,3	42,7	18,7	69,2	49,6	33,0	15,2	24,6
1869	31,0	6,8	53,5	33,8	105,8	25,0	39,4	11,3	50,0	74,5	19,3	60,0
1870	34,3	13,5	16,8	3,6	17,7	2,4	42,9	46,4	38,3	30,8	56,0	33,7
1871	15,8	34,4	16,5	62,1	33,0	114,9	74,3	47,0	58,3	98,6	45,5	27,8
1872	57,1	26,8	19,0	34,0	72,8	47,7	68,9	43,8	37,1	37,3	9,3	21,0
Moy.	37,5	22,0	35,3	37,2	52,6	54,1	54,6	44,6	48,2	51,5	36,5	34,7
1873*	37,3	59,1	40,4	44,5	45,2	137,9	38,8	42,7	53,6	66,9	128,1	85,0
1874	23,1	17,5	11,4	16,1	36,6	47,8	54,5	23,1	65,1	65,2	36,5	6,0
1875	63,2	10,9	8,6	10,1	24,6	82,0	82,1	73,7	32,8	51,0	44,2	81,8
1876	9,1	57,8	62,7	24,3	11,3	70,6	24,6	72,2	65,3	76,9	75,4	22,4
1877	42,2	42,9	70,5	55,9	69,5	26,7	57,7	36,7	50,1	29,2	51,0	34,8
1878	25,6	11,3	40,4	84,9	69,8	82,3	39,2	76,9	21,2	39,5	49,8	47,0
1879	58,2	49,1	26,7	73,2	38,8	46,4	69,5	55.4	34,2	104,1	65,6	54,2
1880	10,9	38,8	5,2	49,3	3,6	63,6	52,1	44,2	43,8	22,4	15,9	43,9
1881	83,2	30,8	39,0	43,0	33,2	34,0	31,7	50,5	86,2	92,4	39,1	45,4
1882	9,3	26,7	28,6	51,2	27,3	33,0	45,1	63,4	64,8	26,7	36,0	27,5
1883	58,3	35,5	27,0	20,1	36,1	39,9	47,8	28,7	85,3	55,2	106,7	72,5
1884	22,1	34,5	20,0	25,2	45,8	45,6	41,1	49,9	32,0	58,2	50,3	22,2

* Depuis 1873, les chiffres sont ceux de l'Observatoire de Montsouris.

NOTE 15 (p. 650). — HAUTEURS ANNUELLES DE PLUIE
recueillie sur la terrasse de l'Observatoire de Paris depuis 1689.

Années.	Pluie.	Années.	Pluie.	Années.	Pluie.
	mm		mm		mm
1689	513,0	1721	342,3	1753	480,8
1690	638,4	1722	395,0	1754	372,2
1691	388,9	1723	229,9		
1692	612,3	1724	334,2	Moyenne.	443,7
1693	613,5	1725	474,4		
1694	319,8	1726	307,5	1773	592,9
1695	531,9	1727	370,0	1774	602,7
1696	526,7	1728	436,6	1775	534,4
1699	505,7	1729	460,3	1776	631,4
1700	542,6	1730	433,8	1777	443,2
1701	578,7	1731	276,6	1778	507,3
1702	442,0	1732	441,3	1779	560,1
1703	466,6	1733	210,2	1780	447,5
1704	537,8	1734	470,7	1781	360,8
1705	372,7	1735	375,4	1782	601,9
1706	412,0	1736	405,9	1783	597,1
1707	485,4	1737	420,2	1784	526,4
1708	494,7	1738	400,0	1785	442,5
1709	588,6	1739	517,1	1786	628,7
1710	427,1	1740	583,6	1787	596,3
1711	681,5	1741	347,0	1788	462,1
1712	573,3	1742	316,9	1789	500,2
1713	558,3	1743	357,4	1790	353,3
1714	399,5	1744	433,4	1791	401,4
1715	474,2	1745	337,7	1792	560,2
1716	388,8	1746	376,4	1793	330,6
1717	478,8	1747	447,2	1794	394,0
1718	355,5	1748	469,4	1795	404,4
1719	275,7	1749	516,0	1796	349,9
1720	483,3	1750	564,5	1797	523,8
Moyenne.	488,2	1751	626,9	Moyenne.	494,1
		1752	497,8		

Années.	Pluie.	Années.	Pluie.	Années.	Pluie.
	mm		mm		mm
1804	703,1	1832	466,3	1860	655,2
1805	530,2	1833	502,0	1861	458,2
1806	488,8	1834	420,9	1862	515,9
1807	473,2	1835	437,6	1863	426,5
1808	434,5	1836	610,7	1864	366,1
1809	490,1	1837	527,5	1865	542,3
1810	437,0	1838	511,8	1866	644,3
1811	507,6	1839	580,3	1867	565,1
1812	496,9	1840	455,2	1868	512,5
1813	502,0	1841	526,7	1869	477,1
1814	382,2	1842	312,3	1870	417,8
1815	450,8	1843	542,2	1871	523,9
1816	545,6	1844	570,8	1872	686,8
1817	565,0	1845	581,5		
1818	432,0	1846	564,5	Moyenne.	515,3
1819	615,2	1847	430,2		
1820	378,5	1848	575,2	1874	422,3
		1849	597,3	1875	503,2
Moyenne.	501,3	1850	562,9	1876	519,4
				1877	579,8
1821	584,2	Moyenne.	516,7	1878	630,6
1822	424,1			1879	448,5
1823	457,0	1851	468,8	1880	487,4
1824	572,1	1852	597,0	1881	482,5
1825	469,0	1853	454,4	1882	554,6
1826	409,7	1854	613,9	1883	476,3
1827	501,0	1855	343,6	1884	369,8
1828	585,4	1856	565,3	1885	501,6
1829	559,8	1857	491,9	1886*	584,6
1830	573,0	1858	466,0		
1831	529,0	1859	545,2	Moyenne.	504,6

* Toute cette série des hauteurs annuelles de pluie est celle du pluviomètre de la terrasse de l'Observatoire de Paris.

NOTE 16 (p. 651). — SUR LA VITESSE DES GOUTTES DE PLUIE.

Il n'est personne qui, voyageant en chemin de fer, n'ait remarqué que la pluie en tombant trace des lignes obliques très inclinées lorsque le train est animé d'une grande vitesse. En effet, en supposant que les gouttes de pluie tombent verticalement en réalité, — ce qui a lieu lorsqu'elles sont assez lourdes ou que le vent est faible, — la fenêtre du compartiment produit en se déplaçant un effet facile à apprécier. Une goutte qui paraît, par exemple, vers le haut du bord antérieur de la fenêtre, tracerait une ligne verticale parallèle à ce bord si le wagon était immobile ; mais comme il marche, elle trace une ligne oblique, résultante de deux forces composantes : 1° la vitesse propre de la goutte ; 2° celle du wagon. Si la goutte était immobile, la ligne projetée par elle derrière la vitre serait horizontale. Ordinairement cette ligne, en la supposant commencer à l'angle supérieur du rectangle qui marche le premier, vient couper le côté vertical opposé vers le bas. La distance de ce point au sommet de l'angle supérieur représente la *vitesse de la pluie* et le côté horizontal celle du wagon. Le rapport de ces deux lignes ; donne celui des vitesses. Celle du train étant connue, l'autre se détermine facilement. Par ce moyen aussi simple qu'ingénieux, le commandant Rozet a trouvé que la pluie tombe en moyenne avec une vitesse de 11 mètres par seconde, vitesse bien faible, si l'on songe à la hauteur de la chute.

TABLE DES PLANCHES

PLANCHES EN CHROMOTYPOGRAPHIES

CARTES

TABLE DES MATIÈRES

--- - - - - --

LIVRE TROISIÈME

LA TEMPÉRATURE

LIVRE QUATRIÈME

LE VENT

LIVRE CINQUIÈME

L'EAU — LES NUAGES — LES PLUIES

LIVRE SIXIÈME

L'ÉLECTRICITÉ. — LES ORAGES ET LA FOUDRE

7831. — BOURLOTON. — Imprimeries réunies, A, rue Mignon, 2. Paris.